哈焊

哈尔滨焊接研究所

HARBIN WELDING INSTITUTE

聚科技英才

领焊接潮流

扬哈焊风采

铸世界名牌

地址：哈尔滨市松北区创新路2077号　邮编：150028　电话：0451-86334894

伊萨，
全球领先的焊接与切割解决方案供应商

1904 年，伊萨创始人 Oscar Kjellberg 研发出全球第一根药皮焊条，并由此创立了伊萨公司。一个多世纪以来，伊萨用创新和严格的标准创造了焊接行业的一个又一个奇迹。今天，从历史悠久的焊接与切割工艺到机械化切割和自动化的革命性技术，伊萨可向全球各地的用户提供包括焊接材料、焊接与切割设备、焊接与切割自动化以及配件的整体解决方案。

进入中国 30 余年来，伊萨的技术和产品成功地应用到国内各重大工程项目中，如一重二重加氢反应堆、宝钢西气东输大口径直缝钢管项目，以及近年来轨道机车行业摩擦搅拌焊和激光复合焊项目，汽车轻量化项目等，将行业焊接技术整体向前推进一大步。未来，伊萨将会实现更多差异化产品本地化，解决本地用户在技术、工艺和应用等方面的各项实际问题，为各个行业的用户提供高效、高产并超越用户预期的解决方案。

伊萨焊接切割器材（上海）管理有限公司

800 820 8115 | esab@esab.cn | esab.com

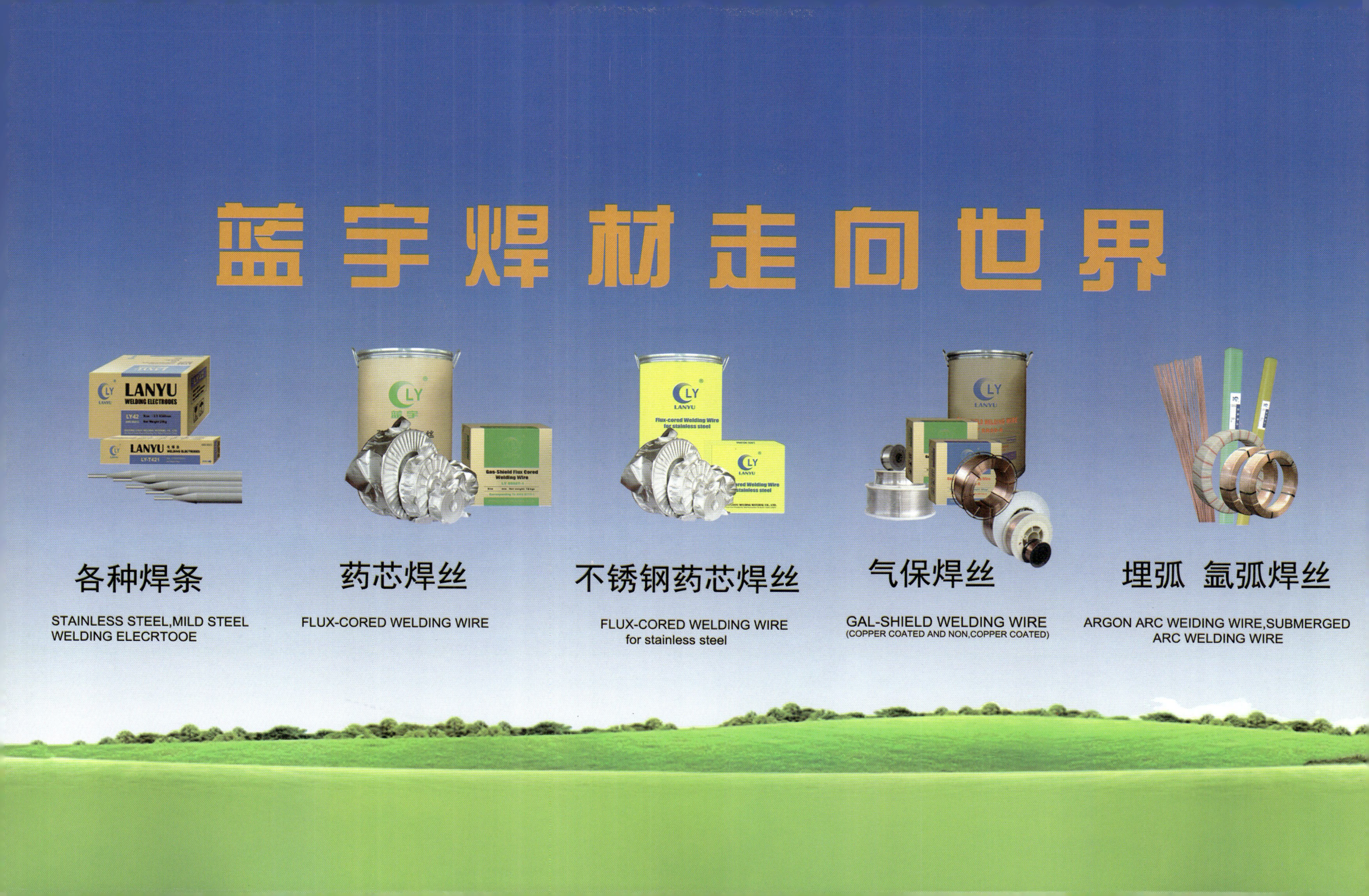

蓝宇焊材走向世界
LANYU
各种焊条
STAINLESS STEEL,MILD STEEL WELDING ELECRTOOE
药芯焊丝
FLUX-CORED WELDING WIRE
不锈钢药芯焊丝
FLUX-CORED WELDING WIRE for stainless steel
气保焊丝
GAL-SHIELD WELDING WIRE
(COPPER COATED AND NON,COPPER COATED)
埋弧 氩弧焊丝
ARGON ARC WEIDING WIRE,SUBMERGED ARC WELDING WIRE

机械工业职业技能鉴定指导中心

机械工业职业技能鉴定指导中心于1998年3月成立，是经国家人力资源和社会保障部批准授权，负责组织实施机械行业特有工种职业技能鉴定工作的事业单位。其行政归属中国机械工业联合会，业务归属国家人力资源和社会保障部。中心肩负机械工业高技能人才队伍建设的重任，多年来坚持扎实、稳健的工作作风，以机械工业高技能人才队伍振兴为己任，以满足企业人力资源开发、配置、管理为目的，以推动整个技能人才队伍建设、做好机械工业企业发展振兴智力技能保障为目标，为行业职业技能鉴定工作与企业人力资源管理的最佳结合，为高技能人才成长、成才搭建广阔的平台。

工作宗旨：

以贯彻执行国家劳动就业准入制度和落实国家《职业资格证书》制度为主线，以在机械行业中广泛开展特有工种职业技能鉴定考核工作为手段，依靠行业重点骨干企业实力和专业技术管理人才集中地优势，为增强机械企业的核心竞争能力，提供智力技能保障。

机械工业职业技能鉴定指导中心的主要职责：

●贯彻国家职业技能鉴定有关方针、政策，组织实施机械行业特有工种职业技能鉴定工作。

●负责机械行业特有工种职业技能鉴定站（分中心）的资格审查工作。

●组织制定机械行业特有工种国家职业标准，编制鉴定教程及培训教材，按国家题库技术标准组建相应试题库。

●制定机械行业特有工种职业技能鉴定管理人员和考评人员技能部分的资格要求，并负责组织管理人员和考评人员的资格培训和考核。

●指导机械行业特有工种职业技能鉴定站开展工作，并对其工作进行检查和评估。

●组织实施和直接管理高级技师资格考评工作。

●负责机械行业特有工种《职业资格证书》的核发与管理。

●加强与有关地区（行业）职业技能鉴定指导中心的联系与协调，承担人力资源和社会保障部委托的职业技能鉴定工作。

●建立机械行业技能人才信息网络和工作信息网络，为企业间劳动管理资源的最佳配置，以及社会就业和人才交流提供服务。

●组织开展机械行业技能职业技能竞赛活动和国内外职业技术交流。

●开展职业技能鉴定及有关问题的研究和咨询服务。

●其他应由“机械工业职业技能鉴定指导中心”承办的工作。

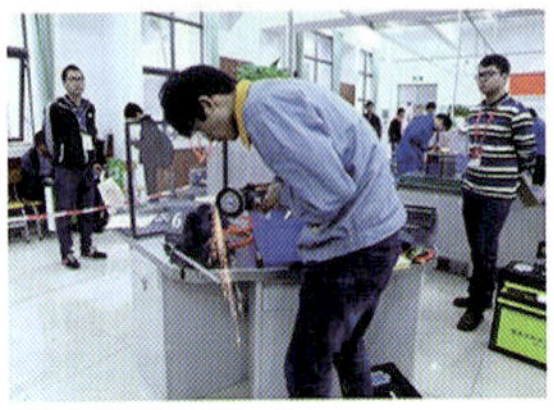

焊接标准汇编

（上）

中　国　焊　接　协　会
全国焊接标准化技术委员会　编
中　国　标　准　出　版　社

中国标准出版社
北京

图书在版编目(CIP)数据

焊接标准汇编. 上/中国焊接协会,全国焊接标准化技术委员会,中国标准出版社编. —北京:中国标准出版社,2017.9

ISBN 978-7-5066-8670-9

Ⅰ.①焊… Ⅱ.①中…②全…③中… Ⅲ.①焊接—国家标准—汇编—中国 Ⅳ.①TG4-65

中国版本图书馆 CIP 数据核字(2017)第 158013 号

中国标准出版社出版发行
北京市朝阳区和平里西街甲 2 号(100029)
北京市西城区三里河北街 16 号(100045)
网址 www.spc.net.cn
总编室:(010)68533533 发行中心:(010)51780238
读者服务部:(010)68523946
中国标准出版社秦皇岛印刷厂印刷
各地新华书店经销

*

开本 880×1230 1/16 印张 52.25 字数 1 570 千字
2017 年 9 月第一版 2017 年 9 月第一次印刷

*

定价 315.00 元

编审委员会

出 版 说 明

随着焊接相关领域技术进步、社会需求的大量增加，近几年我国相继制修订了大量焊接相关国标、行标及团体标准。为更好地满足焊接生产、应用、科研、检验等各方面对焊接相关标准的需求，中国焊接协会在协会成立30周年之际，再次组织编辑了焊接标准汇编。

本汇编收集了截至2017年5月底发布实施的现行有效的国家标准、行业标准及团体标准200余项。此次的修订本是在1996版的基础上，依然保持内容选材广泛的特点，突出标准汇编内容的有效性、实用性；全套汇编共分上、中、下3册，上册主要内容为焊接基础、焊接检验及焊接工艺；中册主要内容为焊接材料、钎焊及其材料、切割；下册主要内容为焊接设备。

本汇编是焊接材料、焊接设备及工艺等相关生产单位、科研机构、检验单位及上下游用户技术人员必备的工具书，也可供大专院校师生使用。

鉴于本汇编收集的标准发布年代不尽相同，汇编时对标准中所用计量单位、符号未做改动。本汇编收集的标准的属性已在目录上标明(GB或GB/T、JB或JB/T)，年号用四位数字表示。鉴于部分标准是在清理整顿前出版的，故正文部分仍保留原样；读者在使用这些标准时，其属性以目录上标明的为准(标准正文“引用标准”中标注的属性请读者注意查对)。

编　者

2017年6月

目　录

焊接基础

焊接检验

焊接工艺

焊接基础

ICS 25.160.01
J 33

中华人民共和国国家标准

GB/T 324—2008
代替 GB/T 324—1988

焊缝符号表示法

Weld symbolic representation on drawings

(ISO 2553:1992, Welded, brazed and soldered joints—Symbolic representation on drawings, MOD)

2008-06-26 发布　　　　2009-01-01 实施

中华人民共和国国家质量监督检验检疫总局
中国国家标准化管理委员会　发布

前　言

本标准修改采用 ISO 2553:1992《焊接、硬钎焊及软钎焊接头　在图样上的符号表示法》(英文版)。

本标准与 ISO 2553:1992 相比，主要差异如下：

——删除了国际标准的前言；

——规范性引用文件中删除了 ISO 123:1982、ISO 544:1989、ISO 1302:1978、ISO 2560:1973、ISO 3098-1:1974、ISO 3581:1976、ISO 8167:1989，增加了 GB/T 12212—1990；

——增加了若干种补充符号；

——尺寸标注方法做了细化；

——删除了国际标准中的部分示例。

本标准代替 GB/T 324—1988《焊缝符号表示法》。

本标准与 GB/T 324—1988 相比主要变化如下：

——适用范围扩大至钎焊接头；

——增加了 7 种基本符号；

——原来的"辅助符号"和"补充符号"合并为"补充符号"，并在其中增加了圆滑过渡符号，原来的衬垫细分为永久衬垫和临时衬垫；

——示例部分按照实用、简明的原则做了调整。

本标准的附录 A 为资料性附录。

本标准由全国焊接标准化技术委员会提出并归口。

本标准起草单位：哈尔滨焊接研究所、北京电力建设公司、兰州兰石机械设备有限责任公司。

本标准主要起草人：朴东光、任永宁、雷万庆。

本标准所代替标准的历次版本发布情况为：

——GB 324—1964、GB/T 324—1980、GB/T 324—1988。

焊缝符号表示法

1 范围

本标准规定了焊缝符号的表示规则。

本标准适用于焊接接头的符号标注。

2 规范性引用文件

下列文件中的条款通过本标准的引用而成为本标准的条款。凡是注日期的引用文件，其随后所有的修改单(不包括勘误的内容)或修订版均不适用于本标准，然而，鼓励根据本标准达成协议的各方研究是否可使用这些文件的最新版本。凡是不注日期的引用文件，其最新版本适用于本标准。

GB/T 5185　焊接及相关工艺方法代号(GB/T 5185—2005，ISO 4063:1998，IDT)

GB/T 12212　技术制图　焊缝符号的尺寸、比例及简化表示法

GB/T 16672　焊缝　工作位置　倾角和转角的定义(GB/T 16672—1996，idt ISO 6947:1993)

GB/T 19418　钢的弧焊接头　缺陷质量分级指南(GB/T 19418—2003，ISO 5817:1992，IDT)

3 总则

在技术图样或文件上需要表示焊缝或接头时，推荐采用焊缝符号。必要时，也可采用一般的技术制图方法表示。

焊缝符号应清晰表述所要说明的信息，不使图样增加更多的注解。

完整的焊缝符号包括基本符号、指引线、补充符号、尺寸符号及数据等。为了简化，在图样上标注焊缝时通常只采用基本符号和指引线，其他内容一般在有关的文件中(如焊接工艺规程等)明确。

符号的比例、尺寸及标注位置参见 GB/T 12212 的有关规定。

4 符号

4.1 基本符号

基本符号表示焊缝横截面的基本形式或特征，具体参见表 1，应用参见附录 A。

表 1　基本符号

序号	名　　称	示　意　图	符　　号
1	卷边焊缝(卷边完全熔化)	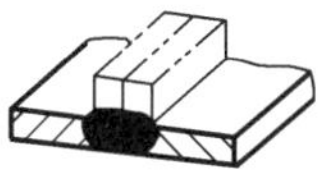	
2	I 形焊缝		
3	V 形焊缝		
4	单边 V 形焊缝		

表 1（续）

序号	名　　称	示 意 图	符　号
5	带钝边 V 形焊缝	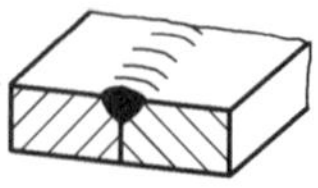	
6	带钝边单边 V 形焊缝	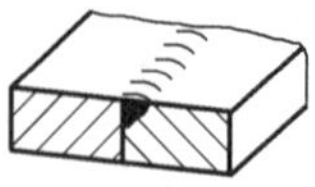	
7	带钝边 U 形焊缝	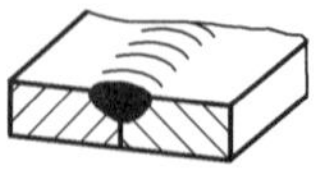	
8	带钝边 J 形焊缝	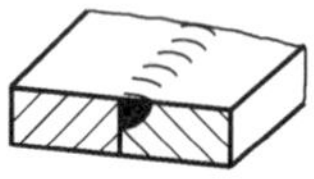	
9	封底焊缝	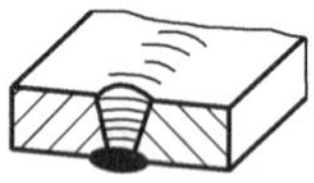	
10	角焊缝	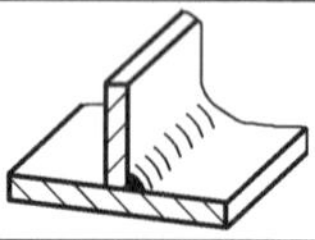	
11	塞焊缝或槽焊缝		
12	点焊缝	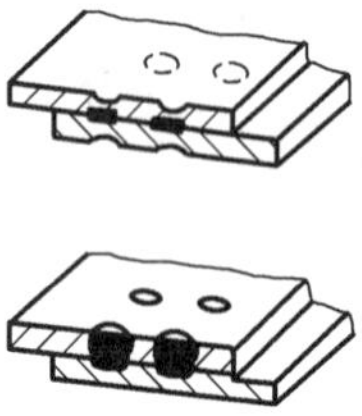	
13	缝焊缝	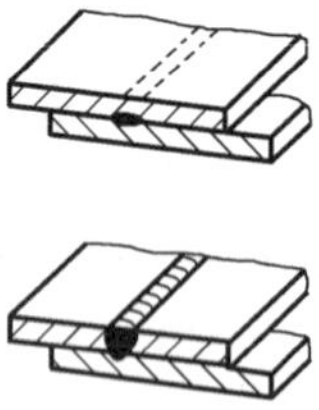	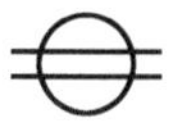
14	陡边 V 形焊缝		
15	陡边单 V 形焊缝	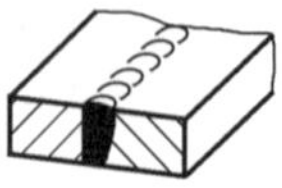	
16	端焊缝		

表 1（续）

序号	名　　称	示　意　图	符　　号
17	堆焊缝	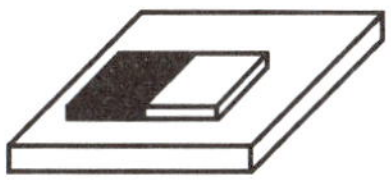	
18	平面连接(钎焊)	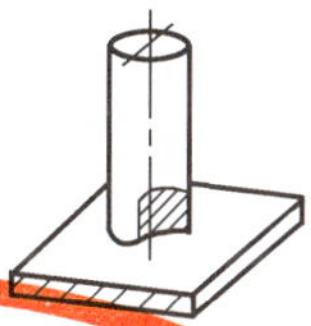 	
19	斜面连接(钎焊)		
20	折叠连接(钎焊)	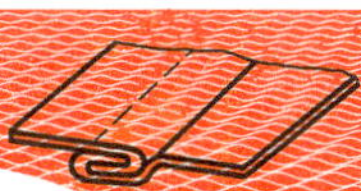	

4.2 基本符号的组合

标注双面焊焊缝或接头时，基本符号可以组合使用，如表 2 所示。

表 2　基本符号的组合

序号	名　　称	示　意　图	符　　号
1	双面 V 形焊缝 (X 焊缝)	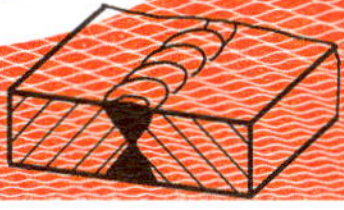	
2	双面单 V 形焊缝 (K 焊缝)	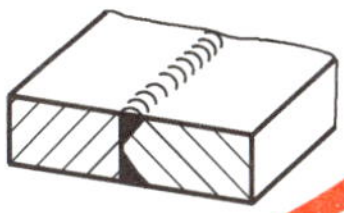	
3	带钝边的双面 V 形焊缝		
4	带钝边的双面单 V 形焊缝	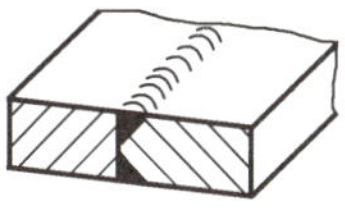	
5	双面 U 形焊缝	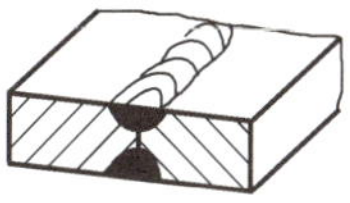	

4.3 补充符号

补充符号用来补充说明有关焊缝或接头的某些特征（诸如表面形状、衬垫、焊缝分布、施焊地点等）。补充符号参见表 3。

表 3 补充符号

序号	名 称	符 号	说 明
1	平面	——	焊缝表面通常经过加工后平整
2	凹面		焊缝表面凹陷
3	凸面		焊缝表面凸起
4	圆滑过渡		焊趾处过渡圆滑
5	永久衬垫	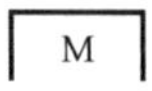	衬垫永久保留
6	临时衬垫	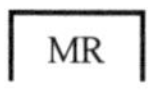	衬垫在焊接完成后拆除
7	三面焊缝		三面带有焊缝
8	周围焊缝		沿着工件周边施焊的焊缝 标注位置为基准线与箭头线的交点处
9	现场焊缝		在现场焊接的焊缝
10	尾部		可以表示所需的信息

5 基本符号和指引线的位置规定

5.1 基本要求

在焊缝符号中，基本符号和指引线为基本要素。焊缝的准确位置通常由基本符号和指引线之间的相对位置决定，具体位置包括：

——箭头线的位置；

——基准线的位置；

——基本符号的位置。

5.2 指引线

指引线由箭头线和基准线(实线和虚线)组成，见图 1。

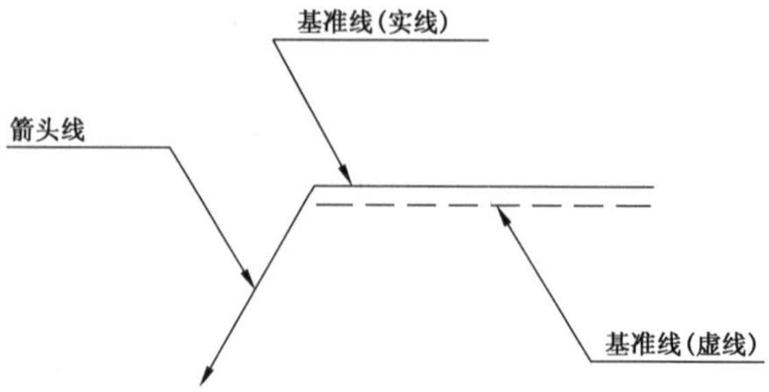

图 1 指引线

5.2.1 箭头线

箭头直接指向的接头侧为“接头的箭头侧”，与之相对的则为“接头的非箭头侧”，参见图 2。

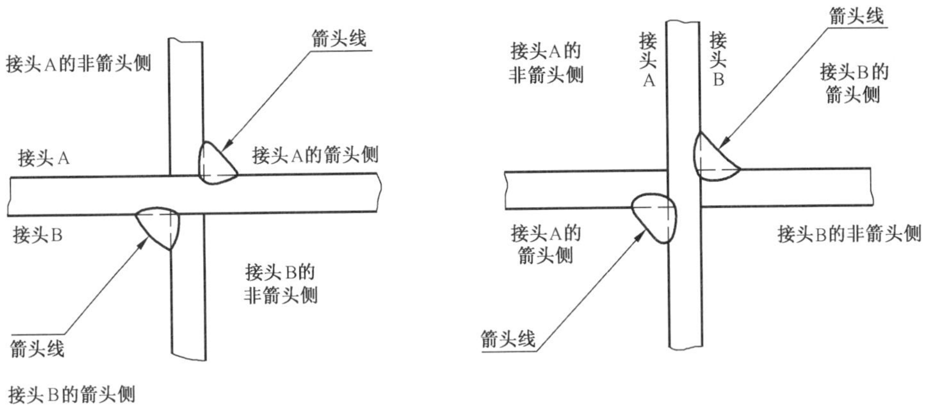

图 2　接头的“箭头侧”及“非箭头侧”示例

5.2.2　基准线

基准线一般应与图样的底边平行，必要时也可与底边垂直。

实线和虚线的位置可根据需要互换。

5.3　基本符号与基准线的相对位置

——基本符号在实线侧时，表示焊缝在箭头侧，参见图 3a)；

——基本符号在虚线侧时，表示焊缝在非箭头侧，参见图 3b)；

——对称焊缝允许省略虚线，参见图 3c)；

——在明确焊缝分布位置的情况下，有些双面焊缝也可省略虚线，参见图 3d)。

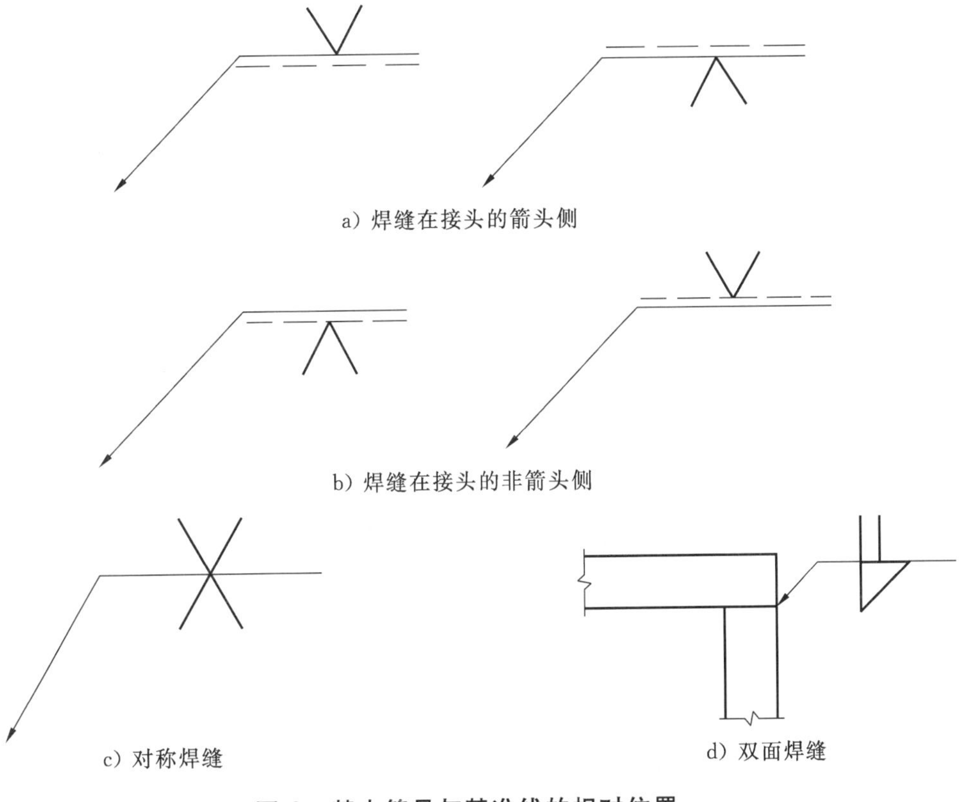

图 3　基本符号与基准线的相对位置

6　尺寸及标注

6.1　一般要求

必要时，可以在焊缝符号中标注尺寸。尺寸符号参见表 4。

表 4　尺寸符号

符号	名　　称	示　意　图	符号	名　　称	示　意　图
δ	工件厚度	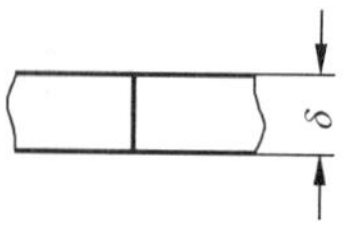	c	焊缝宽度	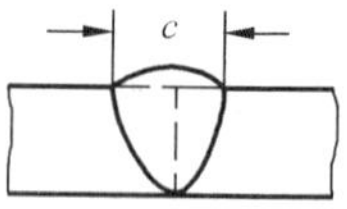
α	坡口角度	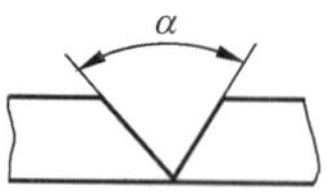	K	焊脚尺寸	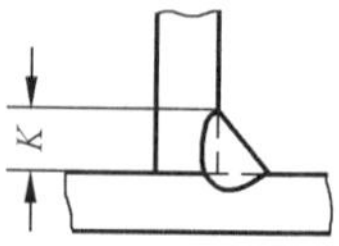
β	坡口面角度	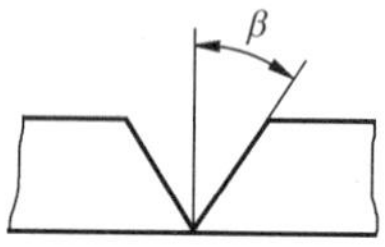	d	点焊：熔核直径 塞焊：孔径	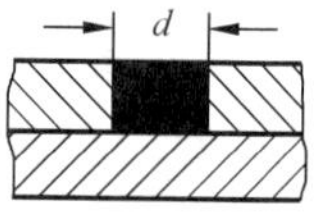
b	根部间隙	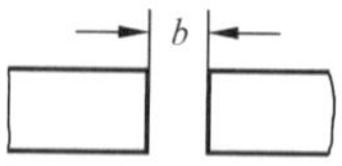	n	焊缝段数	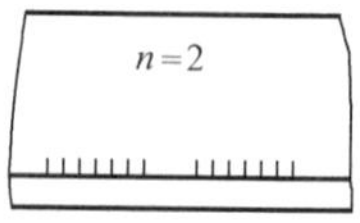
p	钝边	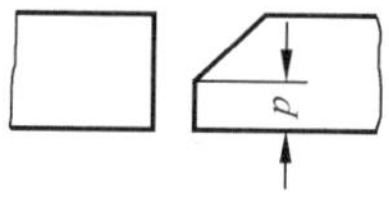	l	焊缝长度	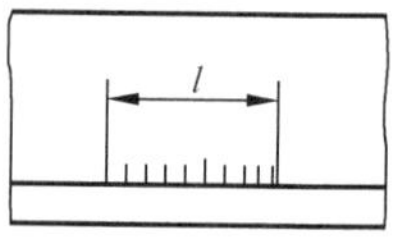
R	根部半径	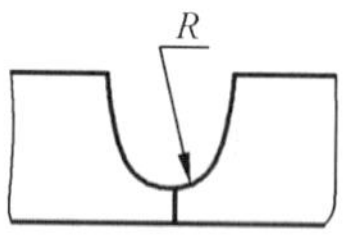	e	焊缝间距	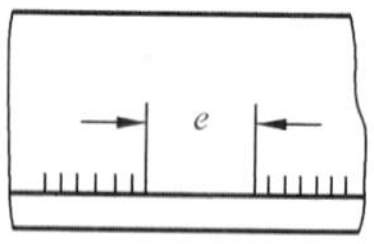
H	坡口深度	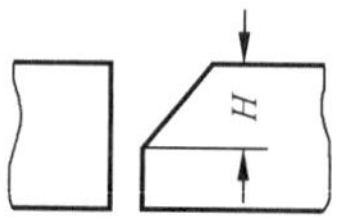	N	相同焊缝数量	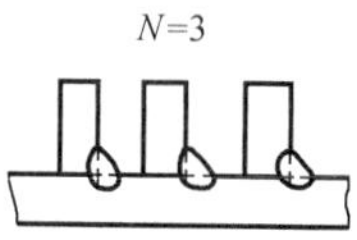
S	焊缝有效厚度	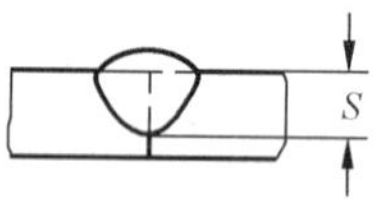	h	余高	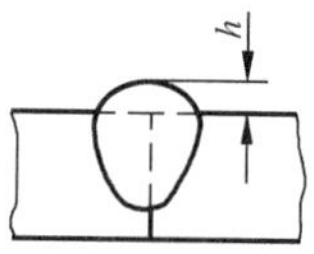

6.2　标注规则

尺寸的标注方法参见图 4。

——横向尺寸标注在基本符号的左侧；

——纵向尺寸标注在基本符号的右侧；

——坡口角度、坡口面角度、根部间隙标注在基本符号的上侧或下侧；

——相同焊缝数量标注在尾部；

——当尺寸较多不易分辨时，可在尺寸数据前标注相应的尺寸符号。

当箭头线方向改变时，上述规则不变。

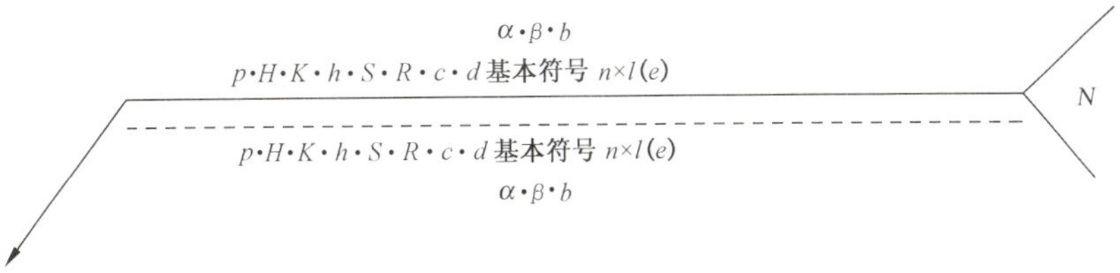

图 4　尺寸标注方法

6.3　关于尺寸的其他规定

确定焊缝位置的尺寸不在焊缝符号中标注，应将其标注在图样上。

在基本符号的右侧无任何尺寸标注又无其他说明时，意味着焊缝在工件的整个长度方向上是连续的。

在基本符号的左侧无任何尺寸标注又无其他说明时，意味着对接焊缝应完全焊透。

塞焊缝、槽焊缝带有斜边时，应标注其底部的尺寸。

附 录 A
（资料性附录）
焊缝符号的应用示例

A.1 基本符号的应用

表 A.1 给出了基本符号的应用示例。

表 A.1 基本符号的应用示例

序号	符号	示 意 图	标 注 示 例	备 注
1		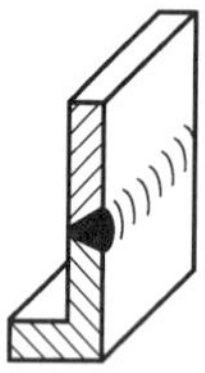	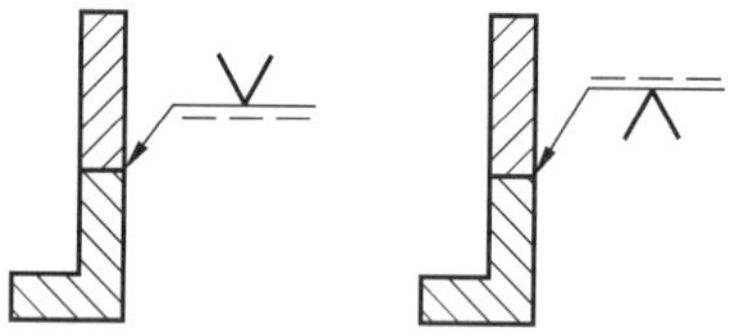	
2		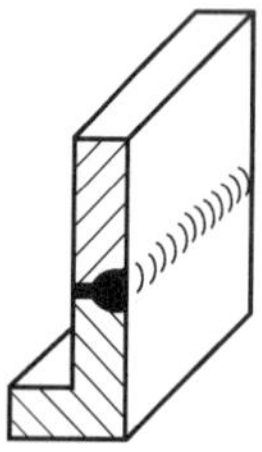	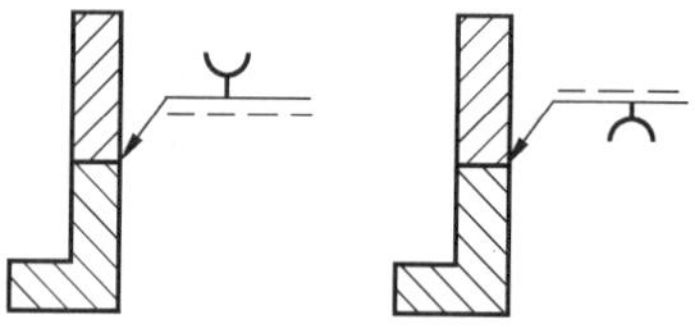	
3		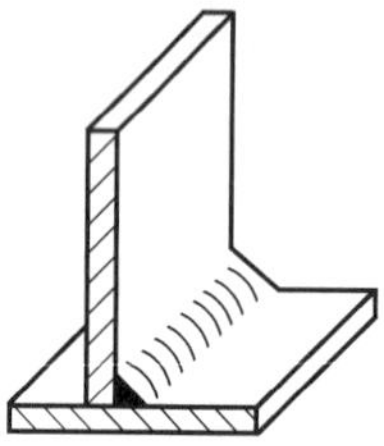	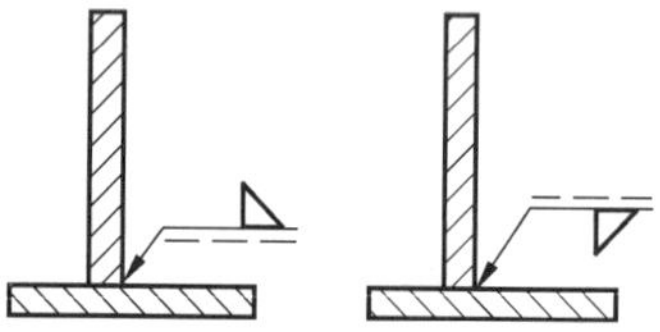	
4		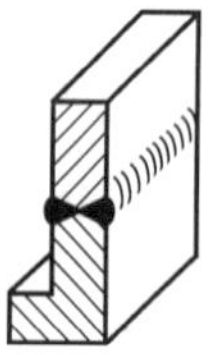	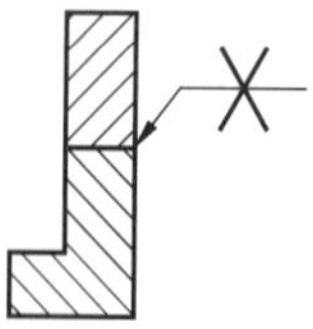	
5		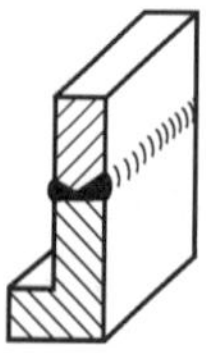	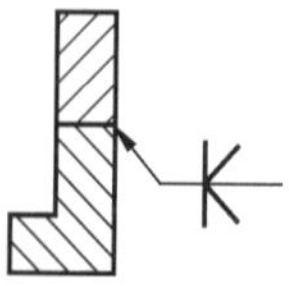	

A.2 补充符号应用示例

A.2.1 表 A.2 和表 A.3 给出了补充符号的应用及标注示例。

表 A.2 补充符号应用示例

序号	名称	示意图	符号
1	平齐的 V 形焊缝	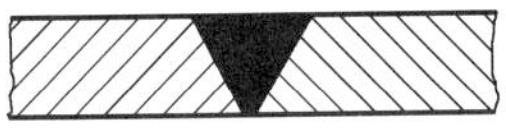	
2	凸起的双面 V 形焊缝		
3	凹陷的角焊缝	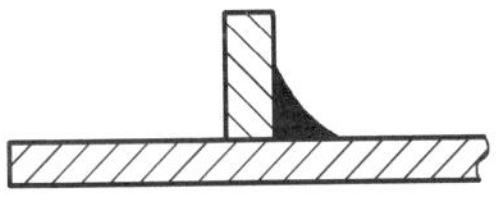	
4	平齐的 V 形焊缝和封底焊缝		
5	表面过渡平滑的角焊缝	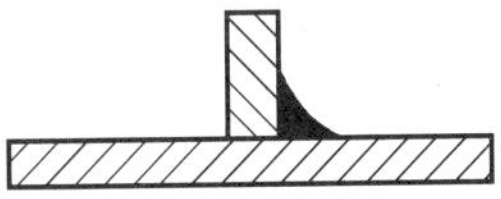	

表 A.3 补充符号的标注示例

序号	符号	示意图	标注示例	备注
1		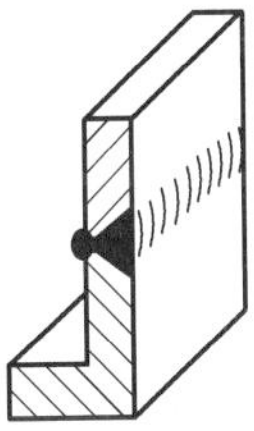	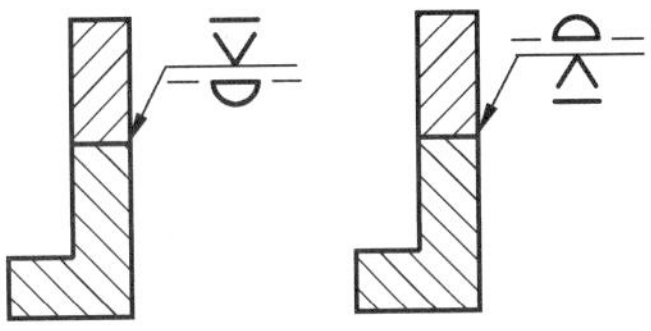	
2		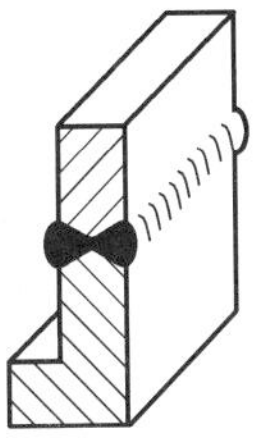	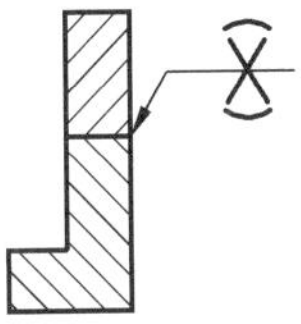	
3		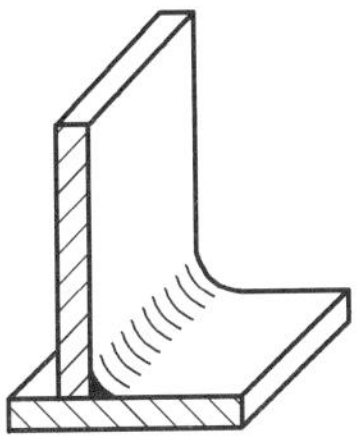	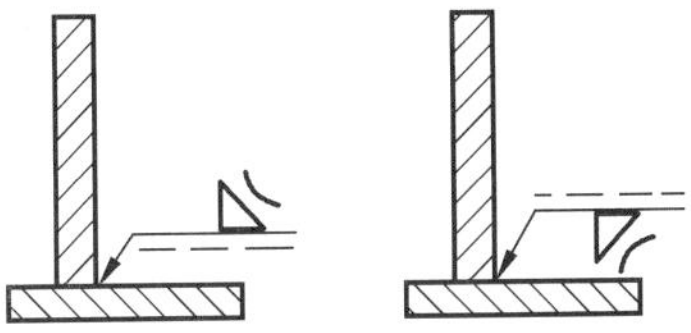	

A.2.2　其他补充说明

A.2.2.1　周围焊缝

当焊缝围绕工件周边时，可采用圆形的符号，如图 A.1 所示。

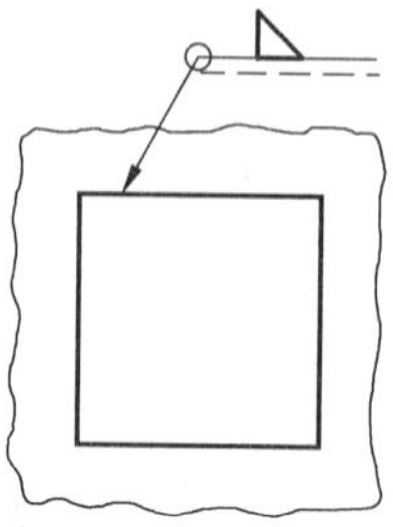

图 A.1　周围焊缝的标注

A.2.2.2　现场焊缝

用一个小旗表示野外或现场焊缝，如图 A.2。

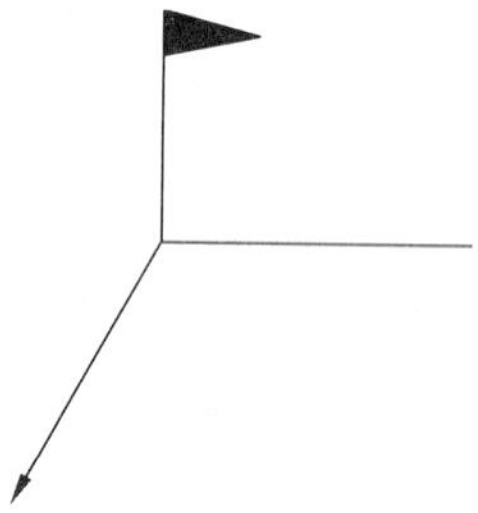

图 A.2　现场焊缝的表示

A.2.2.3　焊接方法的标注

必要时，可以在尾部标注焊接方法代号，见图 A.3。

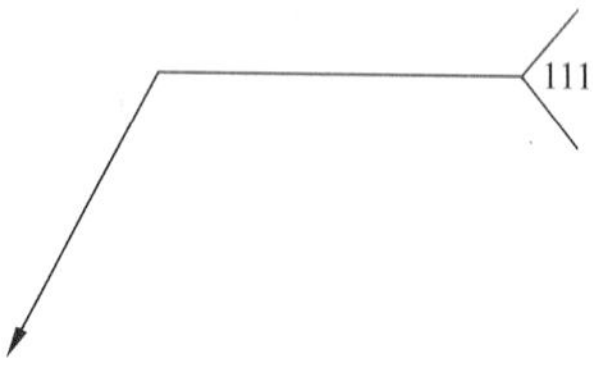

图 A.3　焊接方法的尾部标注

A.2.2.4　尾部标注内容的次序

尾部需要标注的内容较多时，可参照如下次序排列：

——相同焊缝数量；

——焊接方法代号(按照 GB/T 5185 规定)；

——缺欠质量等级(按照 GB/T 19418 规定)；

——焊接位置(按照 GB/T 16672 规定)；

——焊接材料(如按照相关焊接材料标准)；

——其他。

每个款项应用斜线“/”分开。

为了简化图样，也可以将上述有关内容包含在某个文件中，采用封闭尾部给出该文件的编号(如 WPS 编号或表格编号等)，参见图 A.4。

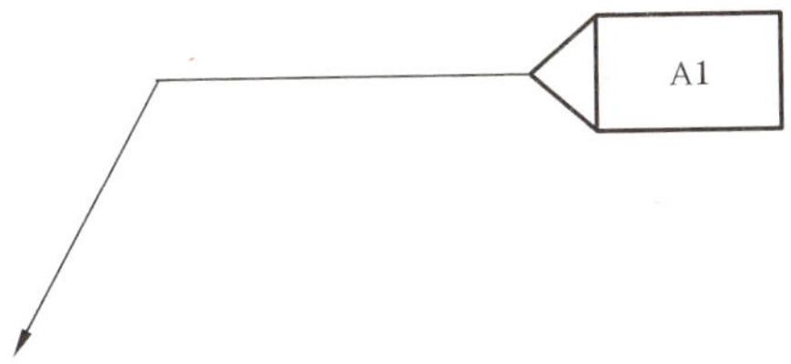

图 A.4　封闭尾部示例

A.3　尺寸标注示例

表 A.4 给出了尺寸标注的示例。

表 A.4　尺寸标注的示例

序号	名称	示 意 图	尺 寸 符 号	标 注 方 法
1	对接焊缝	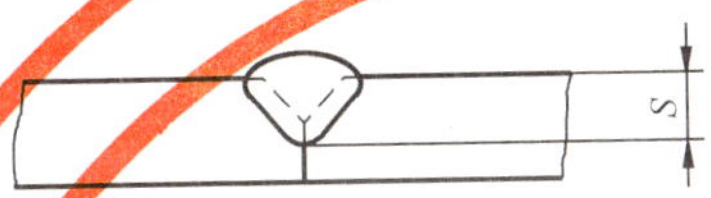	S：焊缝有效厚度	
2	连续角焊缝	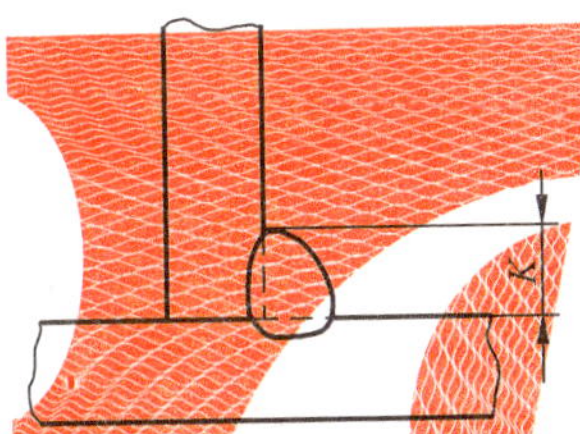	K：焊脚尺寸	
3	断续角焊缝	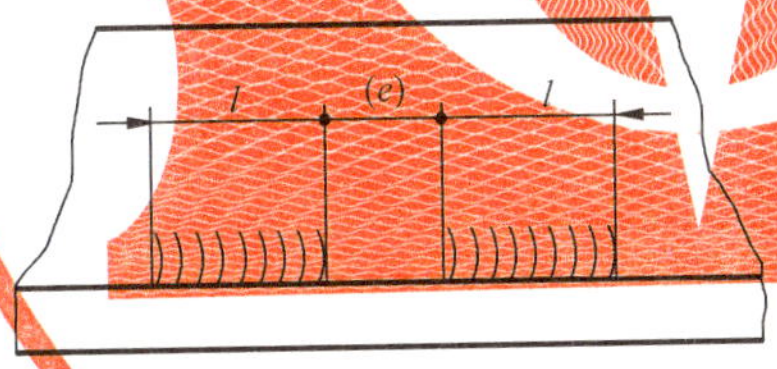	l：焊缝长度； e：间距； n：焊缝段数； K：焊脚尺寸	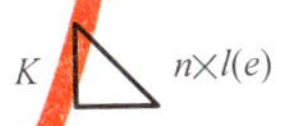
4	交错断续角焊缝	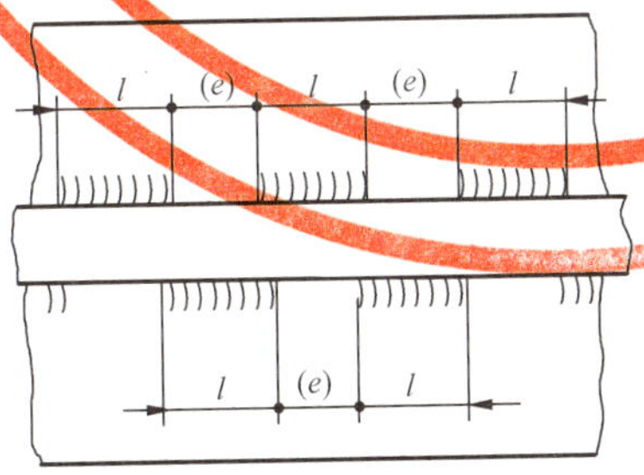	l：焊缝长度； e：间距； n：焊缝段数； K：焊脚尺寸	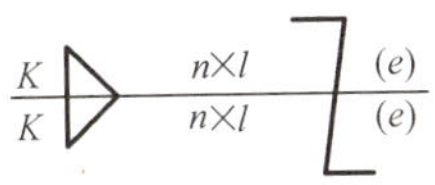
5	塞焊缝或槽焊缝	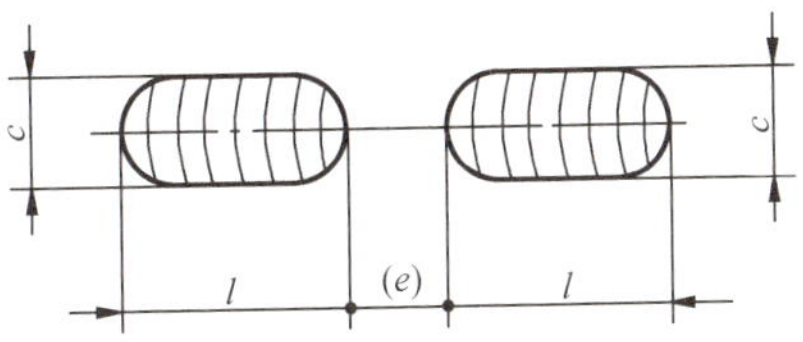	l：焊缝长度； e：间距； n：焊缝段数； c：槽宽	

表 A.4（续）

序号	名称	示 意 图	尺 寸 符 号	标 注 方 法
5	塞焊缝 或 槽焊缝	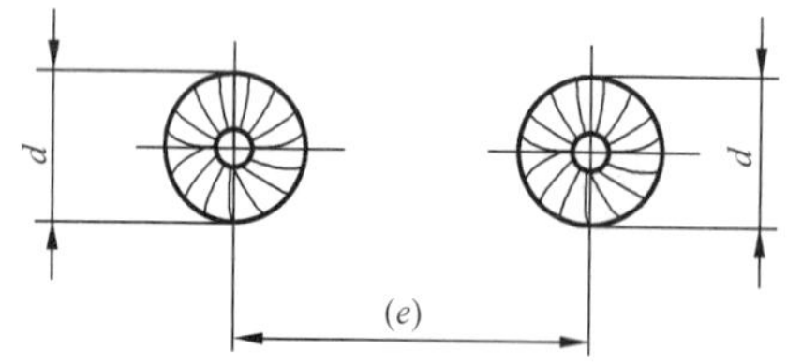	e:间距； n:焊缝段数； d:孔径	
6	点焊缝	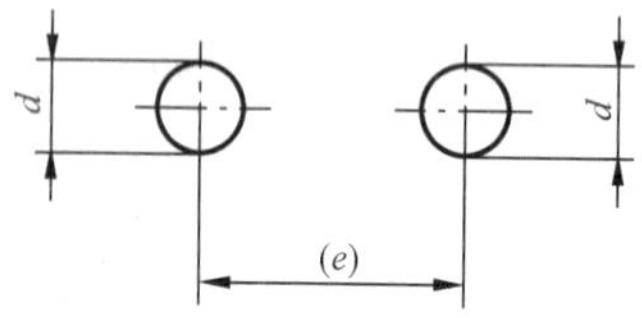	n:焊点数量； e:焊点距； d:熔核直径	
7	缝焊缝	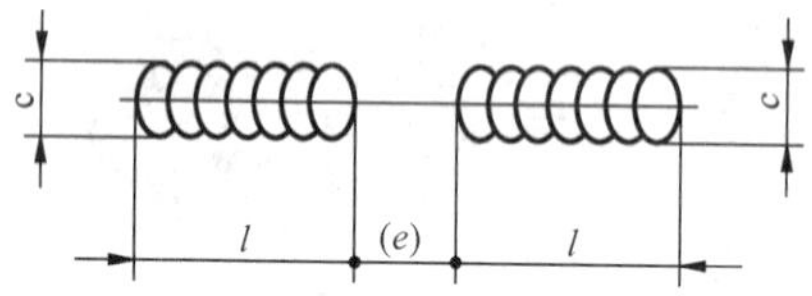	l:焊缝长度； e:间距； n:焊缝段数； c:焊缝宽度	

ICS 25.160.01
J 33

中华人民共和国国家标准

GB/T 985.1—2008
代替 GB/T 985—1988

气焊、焊条电弧焊、气体保护焊和高能束焊的推荐坡口

Recommended joint preparation for gas welding, manual metal arc welding, gas-shield arc welding and beam welding

(ISO 9692-1:2003, Welding and allied processes—Recommendations for joint preparation—Part 1: Manual metal arc welding, gas-shield arc welding, gas welding, TIG welding and beam welding of steels, MOD)

2008-03-31 发布 2008-09-01 实施

中华人民共和国国家质量监督检验检疫总局
中国国家标准化管理委员会 发布

前言

GB/T 985 分为如下 4 个部分：

——GB/T 985.1 气焊、焊条电弧焊、气体保护焊和高能束焊的推荐坡口；

——GB/T 985.2 埋弧焊的推荐坡口；

——GB/T 985.3 铝及铝合金气体保护焊的推荐坡口；

——GB/T 985.4 复合钢的推荐坡口。

本部分为 GB/T 985.1。

本部分修改采用 ISO 9692-1:2003《焊接及相关工艺 推荐的焊接坡口 第 1 部分：钢的焊条电弧焊、熔化极气体保护焊、气焊、TIG 焊和高能束焊》(英文版)。

本部分根据 ISO 9692-1:2003 重新起草。本标准与 ISO 9692-1:2003 相比，技术内容修改如下：

——增加了附录 A。

为了便于使用，本部分做了下列编辑性修改：

——删除了国际标准的前言；

——将标准名称改为"气焊、焊条电弧焊、气体保护焊和高能束焊的推荐坡口"；

——对 ISO 9692-1:2003 中引用的其他国际标准，有被等同或修改采用为我国标准的用我国标准代替对应的国际标准；

——表中的序号做了调整。

本部分代替 GB/T 985—1988《气焊、手工电弧焊及气体保护焊焊缝坡口的基本形式和尺寸》。

本部分与 GB/T 985—1988 相比主要变化如下：

——适用范围增加了高能束焊接头；

——坡口按照单面焊和双面焊划分；

——针对每种坡口推荐了相应的焊接方法；

——增加了窄间隙焊接坡口。

本部分的附录 A 为资料性附录。

本部分由全国焊接标准化技术委员会提出并归口。

本部分起草单位：哈尔滨焊接研究所、东方锅炉(集团)股份有限公司。

本部分主要起草人：朴东光、潘乾刚、储继君。

本部分所代替标准的历次版本发布情况为：

——GB 985—1967、GB 985—1980、GB/T 985—1988。

气焊、焊条电弧焊、气体保护焊和高能束焊的推荐坡口

1 范围

GB/T 985 的本部分规定了钢材焊接的坡口形式和尺寸。本部分适用于气焊、焊条电弧焊、气体保护焊和高能束焊接。

2 规范性引用文件

下列文件中的条款通过 GB/T 985 的本部分的引用而成为本部分的条款。凡是注日期的引用文件,其随后所有的修改单(不包括勘误的内容)或修订版均不适用于本部分,然而,鼓励根据本部分达成协议的各方研究是否可使用这些文件的最新版本。凡是不注日期的引用文件,其最新版本适用于本部分。

GB/T 324 焊缝符号表示法(GB/T 324—1988,eqv ISO 2553:1984)

GB/T 5185 焊接及相关工艺方法代号(GB/T 5185—2005，ISO 4063:1998，IDT)

GB/T 16672 焊缝 工作位置 倾角和转角的定义(GB/T 16672—1996，idt ISO 6947：1993)

3 总则

本部分按照完全熔透的原则,规定了对接接头的坡口形式和尺寸。对于不完全熔透的对接接头,允许采用其他形式的焊接坡口。焊缝符号参见 GB/T 324。焊接位置参见 GB/T 16672。

4 焊接方法

表 1～表 4 规定的各类坡口适用于相应的焊接方法。必要时,也可采用两种以上适用方法组合焊接。

焊接方法代号参见 GB/T 5185。

5 坡口底边的打磨

从工艺角度出发,不带钝边的坡口可对其根部的底边进行打磨处理,保留一定的钝边量(2 mm 以内)。

6 坡口的推荐形式和尺寸

6.1 单面对接焊坡口

表 1 规定了单面对接焊的坡口形式和尺寸。在横焊位置焊接时,坡口角(或坡口面角)可适当加大,而且允许是非对称的。给定的间隙也适用于定位焊条件。

6.2 双面对接焊坡口

表 2 规定了双面对接焊的坡口形式和尺寸。在横焊位置焊接时,坡口角(或坡口面角)可适当加大,而且允许是非对称的。给定的间隙也适用于定位焊条件。

6.3 单面角焊缝

表 3 规定了单面角焊缝的接头形式。

6.4 双面角焊缝

表 4 规定了双面角焊缝的接头形式。

表 1 单面对接焊坡口

单位为毫米

序号	母材厚度 t	坡口/接头种类	基本符号	横截面示意图	尺寸：坡口角 α 或坡口面角 β	尺寸：间隙 b	尺寸：钝边 c	尺寸：坡口深度 h	适用的焊接方法	焊缝示意图	备注
1	≤2	卷边坡口	⅄	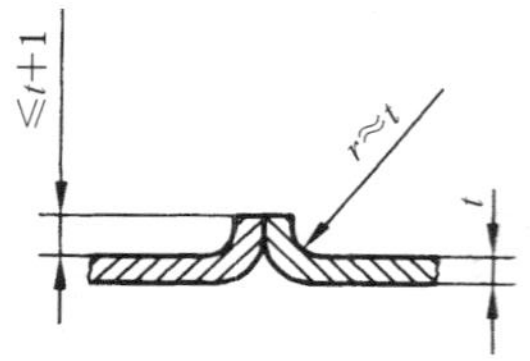	—	—	—	—	3 111 141 512		通常不填加焊接材料
2	≤4	I形坡口	‖	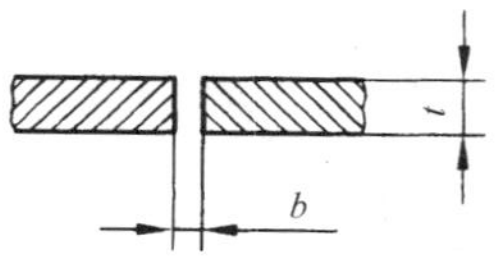	—	≈t	—	—	3 111 141		—
	3<t≤8					3≤b≤8			13		必要时加衬垫
						≈t			141[a]		
	≤15					≤1[b]			52		
						0					

表 1（续）

单位为毫米

<table>
<tr><th rowspan="2">序号</th><th rowspan="2">母材厚度
t</th><th rowspan="2">坡口/接头种类</th><th rowspan="2">基本符号</th><th rowspan="2">横截面示意图</th><th colspan="4">尺寸</th><th rowspan="2">适用的焊接方法</th><th rowspan="2">焊缝示意图</th><th rowspan="2">备注</th></tr>
<tr><th>坡口角
α
或
坡口面角
β</th><th>间隙
b</th><th>钝边
c</th><th>坡口深度
h</th></tr>
<tr><td rowspan="2">3</td><td rowspan="2">≤100</td><td>I形坡口
（带衬垫）</td><td>—</td><td>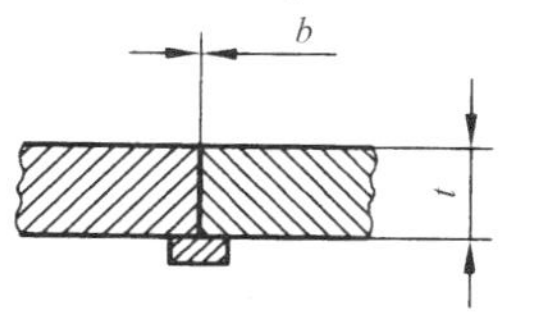</td><td rowspan="2">—</td><td rowspan="2">—</td><td rowspan="2">—</td><td rowspan="2">—</td><td rowspan="2">51</td><td>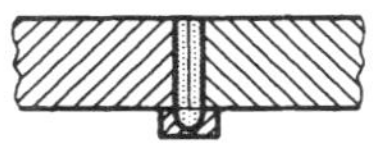</td><td rowspan="2">—</td></tr>
<tr><td>I形坡口
（带锁底）</td><td>—</td><td>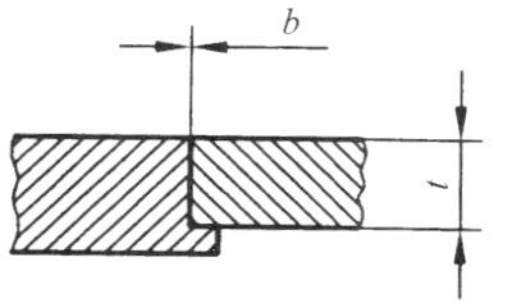</td><td>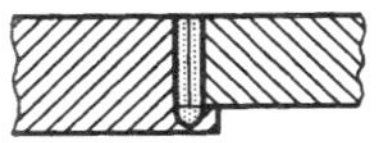</td></tr>
<tr><td rowspan="2">4</td><td>3＜t≤10</td><td rowspan="2">V形
坡口</td><td rowspan="2">V</td><td rowspan="2">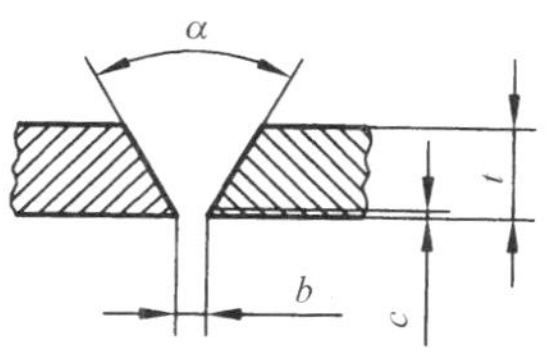</td><td>40°≤α≤60°</td><td>≤4</td><td rowspan="2">≤2</td><td rowspan="2">—</td><td>3
111
13
141</td><td rowspan="2">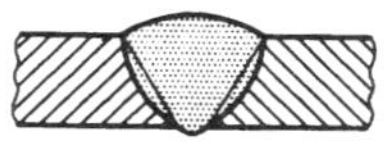</td><td rowspan="2">必要时
加衬垫</td></tr>
<tr><td>8＜t≤12</td><td>6°≤α≤8°</td><td>—</td><td>52[b]</td></tr>
<tr><td>5</td><td>＞16</td><td>陡边
坡口</td><td></td><td>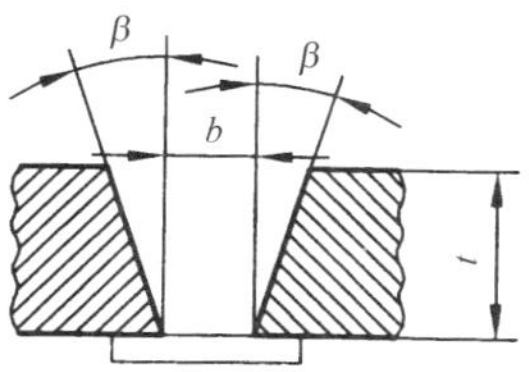</td><td>5°≤β≤20°</td><td>5≤b≤15</td><td>—</td><td>—</td><td>111
13</td><td>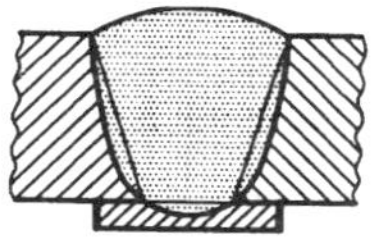</td><td>带衬垫</td></tr>
</table>

表 1（续）

单位为毫米

序号	母材厚度 t	坡口/接头种类	基本符号	横截面示意图	尺寸				适用的焊接方法	焊缝示意图	备注
					坡口角 α 或 坡口面角 β	间隙 b	钝边 c	坡口深度 h			
6	$5 \leqslant t \leqslant 40$	V 形坡口（带钝边）		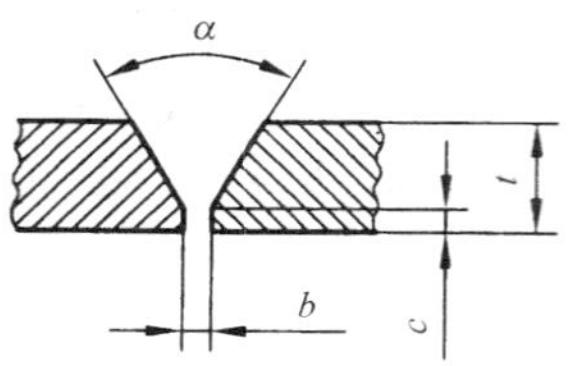	$\alpha \approx 60°$	$1 \leqslant b \leqslant 4$	$2 \leqslant c \leqslant 4$	—	111 13 141	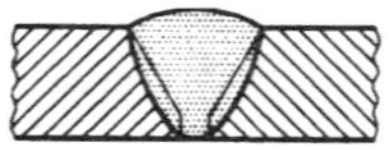	—
7	>12	U-V 形组合坡口		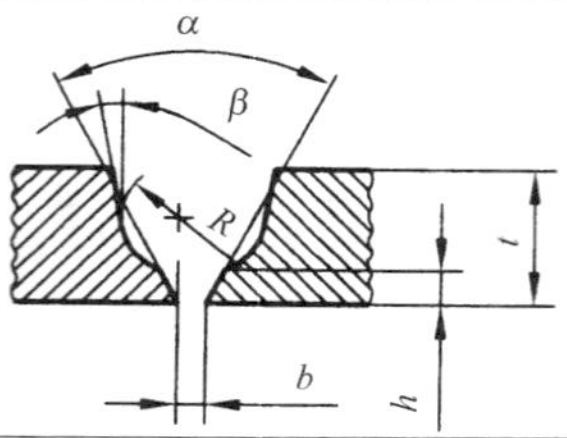	$60° \leqslant \alpha \leqslant 90°$ $8° \leqslant \beta \leqslant 12°$	$1 \leqslant b \leqslant 3$	—	≈ 4	111 13 141	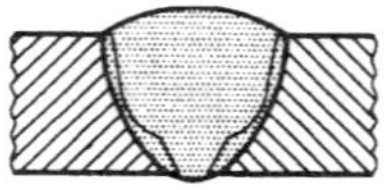	$6 \leqslant R \leqslant 9$
8	>12	V-V 形组合坡口		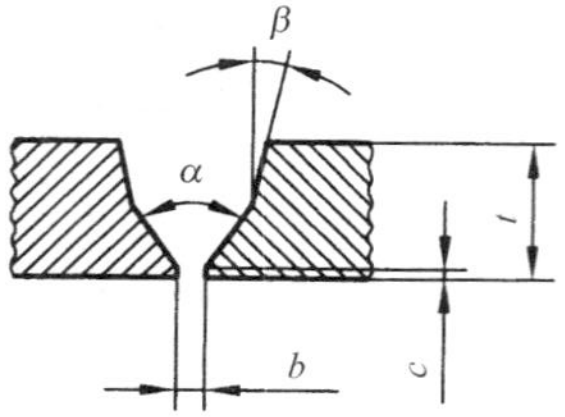	$60° \leqslant \alpha \leqslant 90°$ $10° \leqslant \beta \leqslant 15°$	$2 \leqslant b \leqslant 4$	>2	—	111 13 141	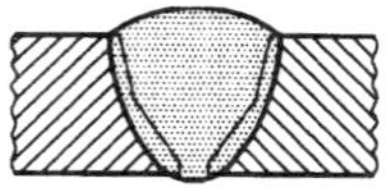	—
9	>12	U 形坡口		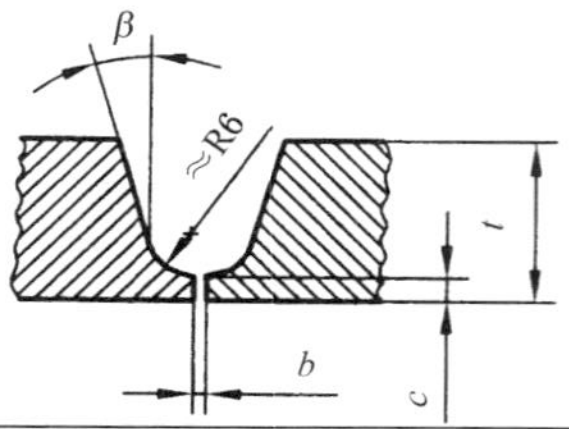	$8° \leqslant \beta \leqslant 12°$	$\leqslant 4$	$\leqslant 3$	—	111 13 141	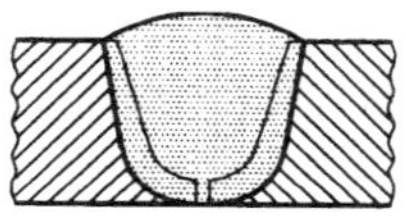	—

表 1（续）

单位为毫米

序号	母材厚度 t	坡口/接头种类	基本符号	横截面示意图	尺寸：坡口角 α 或坡口面角 β	尺寸：间隙 b	尺寸：钝边 c	尺寸：坡口深度 h	适用的焊接方法	焊缝示意图	备注
10	$3<t\leqslant10$	单边 V 形坡口	ⅴ	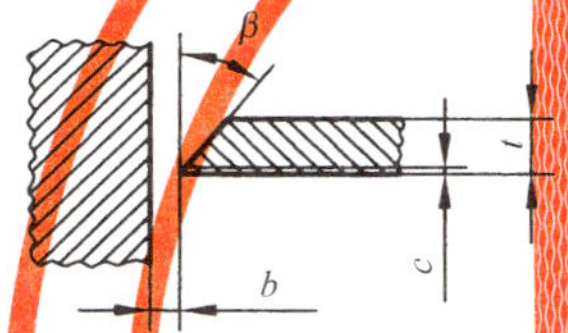 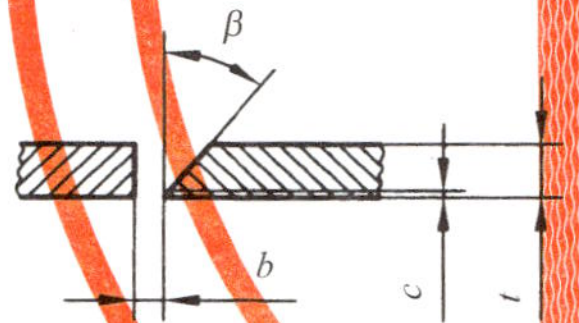	$35°\leqslant\beta\leqslant60°$	$2\leqslant b\leqslant4$	$1\leqslant c\leqslant2$	—	111 13 141	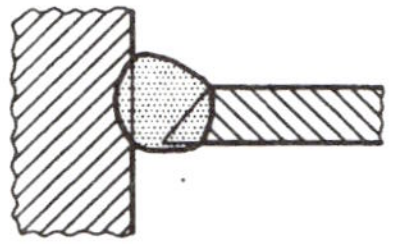 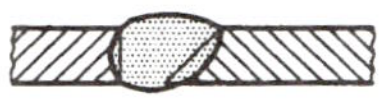	—
11	>16	单边陡边坡口	⊔	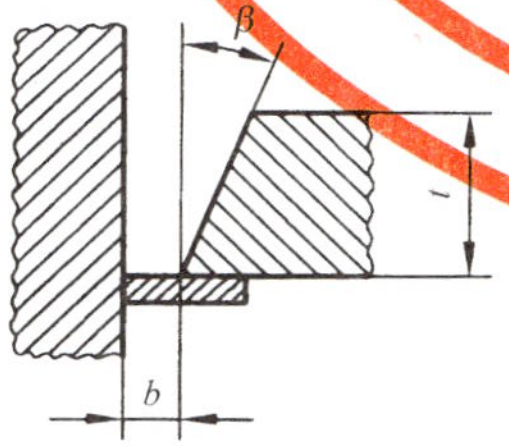	$15°\leqslant\beta\leqslant60°$	$6\leqslant b\leqslant12$	—	—	111	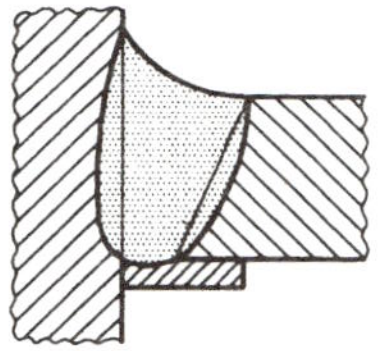	带衬垫
						≈12			13 141		

表 1（续）

单位为毫米

序号	母材厚度 t	坡口/接头种类	基本符号	横截面示意图	尺寸：坡口角 α 或坡口面角 β	尺寸：间隙 b	尺寸：钝边 c	尺寸：坡口深度 h	适用的焊接方法	焊缝示意图	备注
12	>16	J形坡口	Ⴡ	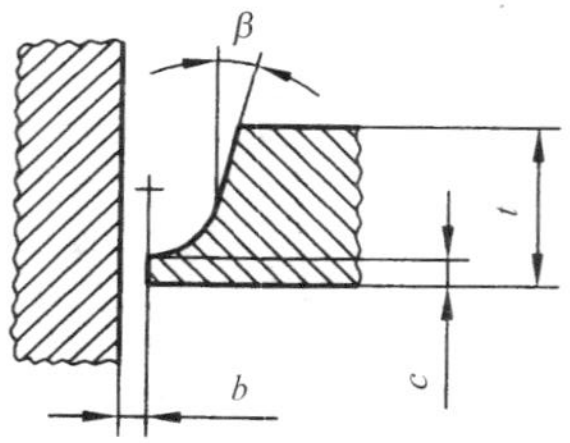	$10° \leqslant \beta \leqslant 20°$	$2 \leqslant b \leqslant 4$	$1 \leqslant c \leqslant 2$	—	111 13 141	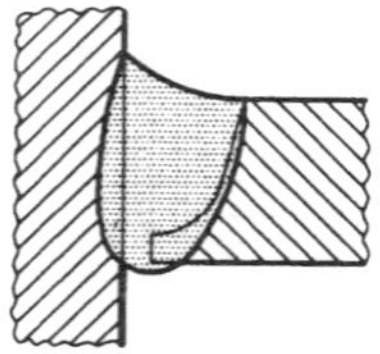	—
13	≤15	T形接头		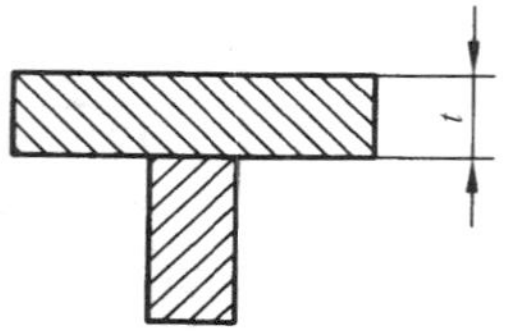	—	—	—	—	52		—
	≤100								51		
14	≤15	T形接头		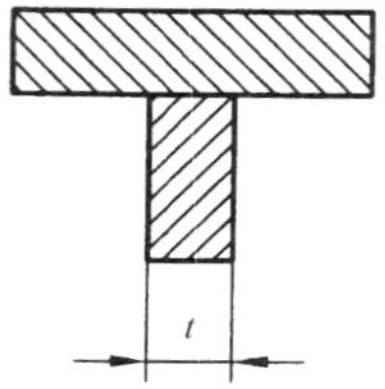	—	—	—	—	52	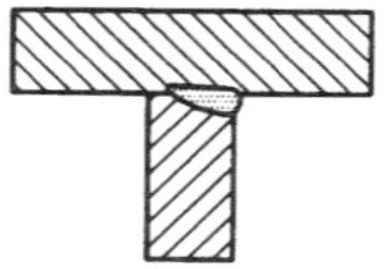	—
	≤100								51		

a 该种焊接方法不一定适用于整个工件厚度范围的焊接。

b 需要添加焊接材料。

表 2　双面对接焊坡口

单位为毫米

序号	母材厚度 t	坡口/接头种类	基本符号	横截面示意图	尺寸：坡口角 α 或坡口面角 β	尺寸：间隙 b	尺寸：钝边 c	尺寸：坡口深度 h	适用的焊接方法	焊缝示意图	备注
1	≤8	I形坡口	‖	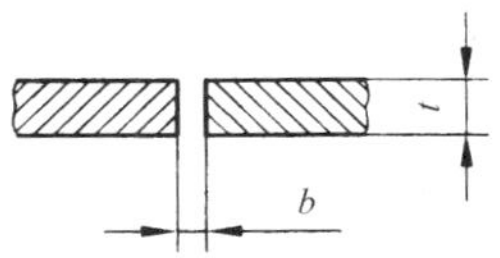	—	≈t/2	—	—	111 141 13	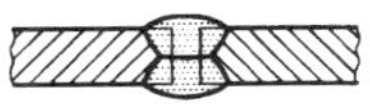	—
	≤15					0			52		
2	3≤t≤40	V形坡口		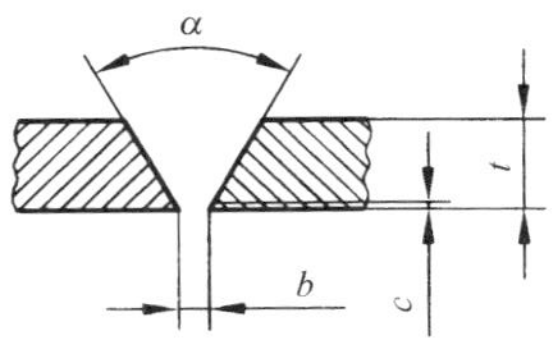	α≈60°	≤3	≤2	—	111 141	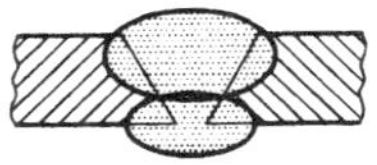	封底
					40°≤α≤60°				13		
3	>10	带钝边V形坡口		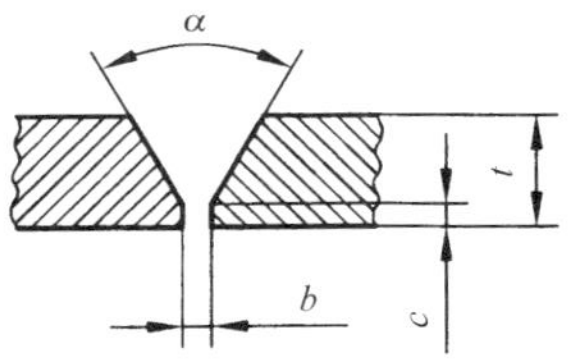	α≈60°	1≤b≤3	2≤c≤4	—	111 141		特殊情况下可适用更小的厚度和气保焊方法。注明封底
					40°≤α≤60°				13		

表 2（续）

单位为毫米

序号	母材厚度 t	坡口/接头种类	基本符号	横截面示意图	尺寸：坡口角 α 或坡口面角 β	尺寸：间隙 b	尺寸：钝边 c	尺寸：坡口深度 h	适用的焊接方法	焊缝示意图	备注
4	>10	双 V 形坡口（带钝边）		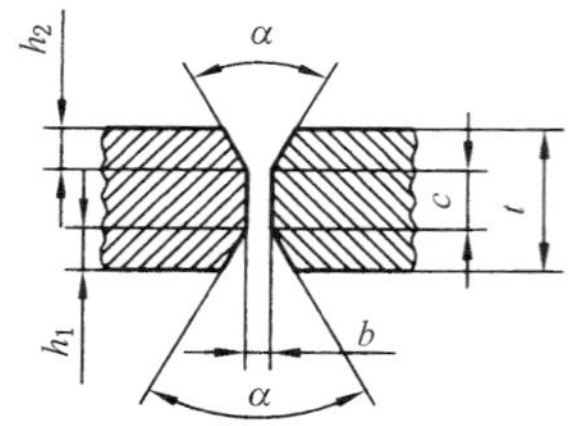	$\alpha\approx60°$	$1\leqslant b\leqslant4$	$2\leqslant c\leqslant6$	$h_1=h_2=\frac{t-c}{2}$	111 141	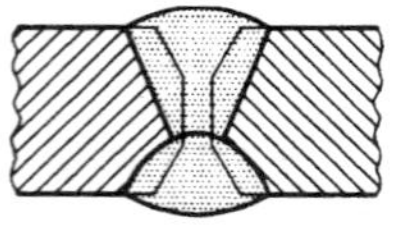	—
					$40°\leqslant\alpha\leqslant60°$				13		
5	>10	双 V 形坡口		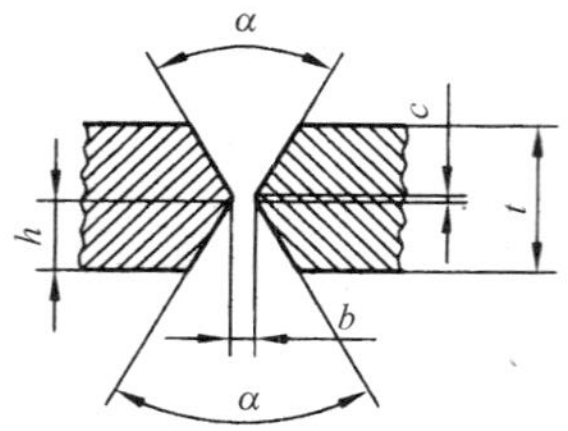	$\alpha\approx60°$	$1\leqslant b\leqslant3$	$\leqslant2$	$\approx t/2$	111 141	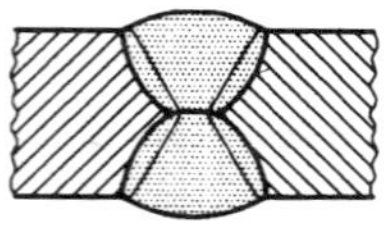	—
					$40°\leqslant\alpha\leqslant60°$				13		
		非对称双 V 形坡口		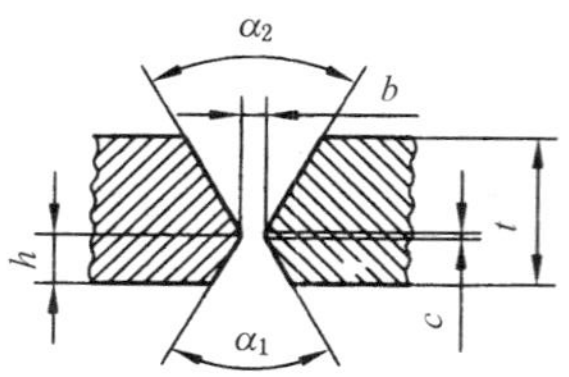	$\alpha_1\approx60°$ $\alpha_2\approx60°$			$\approx t/3$	111 141	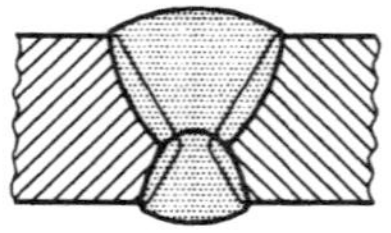	—
					$40°\leqslant\alpha_1\leqslant60°$ $40°\leqslant\alpha_2\leqslant60°$				13		

表 2（续）

单位为毫米

序号	母材厚度 t	坡口/接头种类	基本符号	横截面示意图	尺寸：坡口角 α 或坡口面角 β	尺寸：间隙 b	尺寸：钝边 c	尺寸：坡口深度 h	适用的焊接方法	焊缝示意图	备注
6	＞12	U形坡口		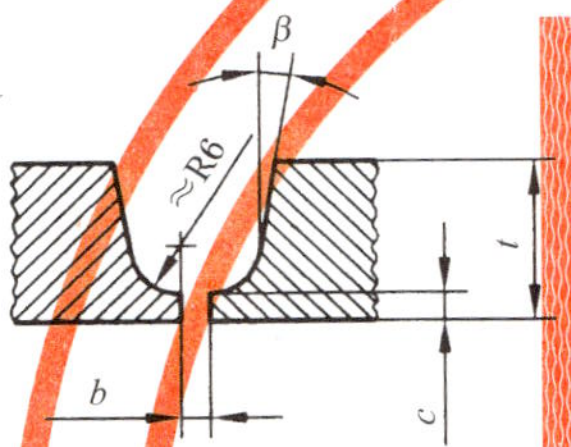	$8° \leqslant \beta \leqslant 12°$	$1 \leqslant b \leqslant 3$ $\leqslant 3$	≈ 5	—	111 13 141[a]	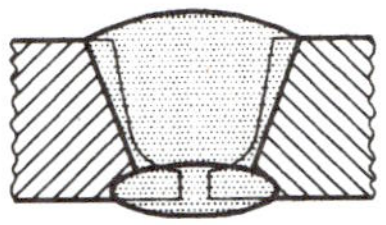	封底
7	$\geqslant 30$	双U形坡口		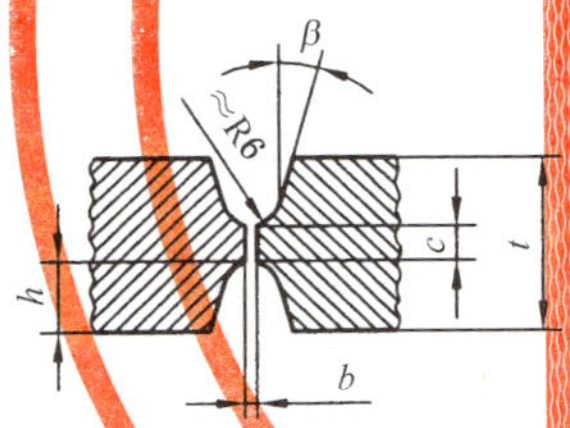	$8° \leqslant \beta \leqslant 12°$	$\leqslant 3$	≈ 3	$\approx \frac{t-c}{2}$	111 13 141[a]	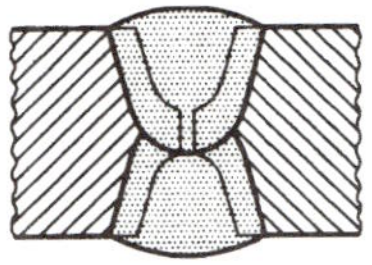	可制成与V形坡口相似的非对称坡口形式
8	$3 \leqslant t \leqslant 30$	单边V形坡口		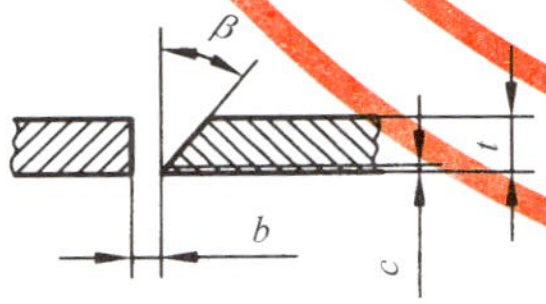	$35° \leqslant \beta \leqslant 60°$	$1 \leqslant b \leqslant 4$	$\leqslant 2$	—	111 13 141[a]	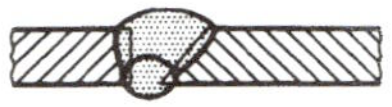	封底

表 2（续）

单位为毫米

序号	母材厚度 t	坡口/接头种类	基本符号	横截面示意图	尺寸：坡口角 α 或坡口面角 β	尺寸：间隙 b	尺寸：钝边 c	尺寸：坡口深度 h	适用的焊接方法	焊缝示意图	备注
9	>10	K 形坡口		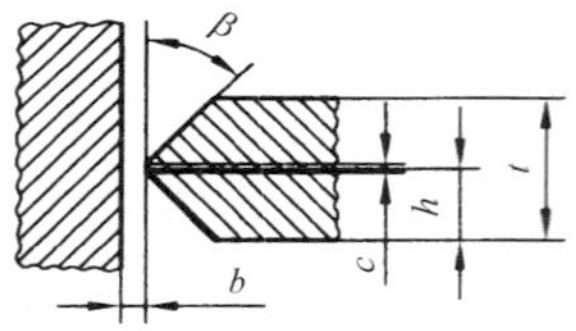 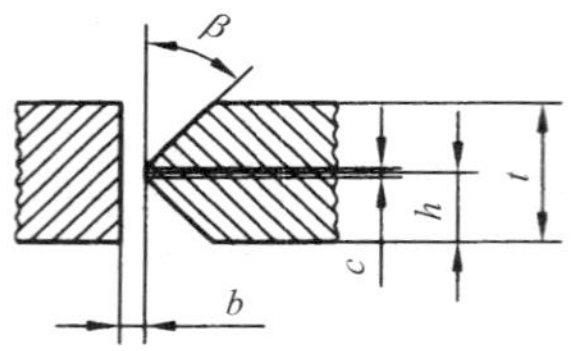	35°≤β≤60°	1≤b≤4	≤2	≈t/2 或 ≈t/3	111 13 141[a]	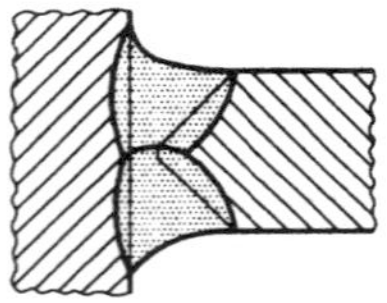 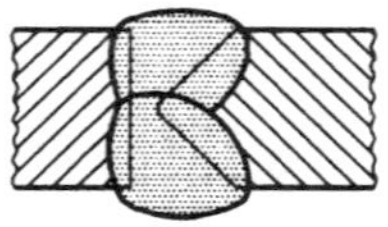	可制成与V形坡口相似的非对称坡口形式
10	>16	J 形坡口		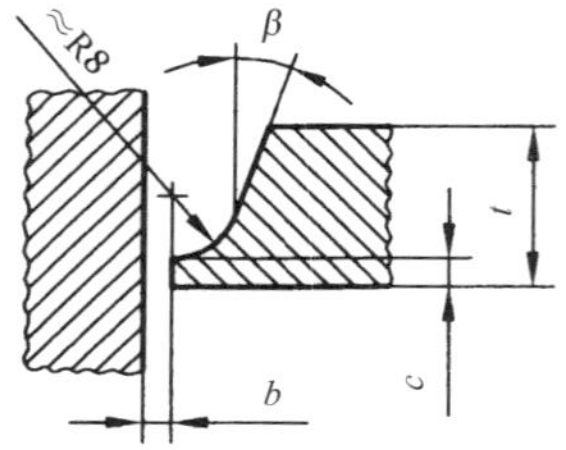	10°≤β≤20°	1≤b≤3	≥2	—	111 13 141[a]	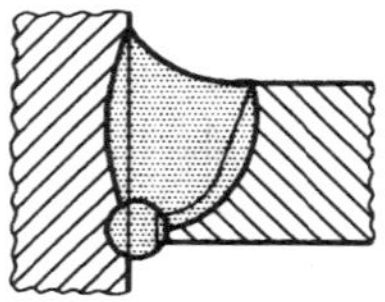	封底

表 2（续）

单位为毫米

序号	母材厚度 t	坡口/接头种类	基本符号	横截面示意图	尺寸：坡口角 α 或坡口面角 β	尺寸：间隙 b	尺寸：钝边 c	尺寸：坡口深度 h	适用的焊接方法	焊缝示意图	备注
11	＞30	双 J 形坡口	⅃⅂	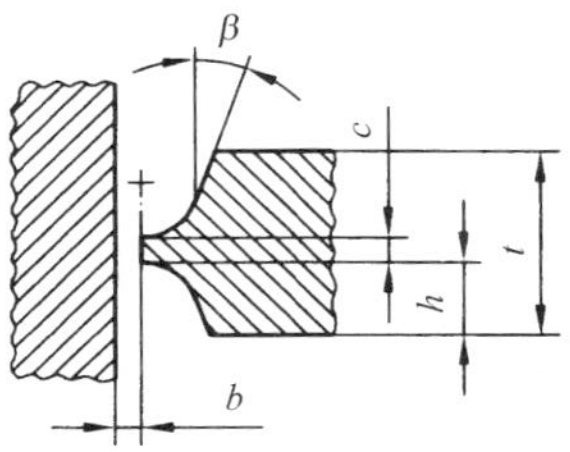	$10° \leqslant \beta \leqslant 20°$	≤3	≥2	$-\frac{t-c}{2}$	111 13 141[a]	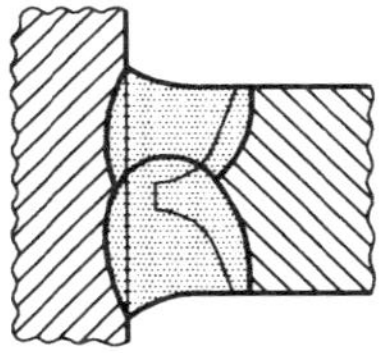	可制成与V形坡口相似的非对称坡口形式
							＜2	$\approx t/2$			
12	≤25	T 形接头		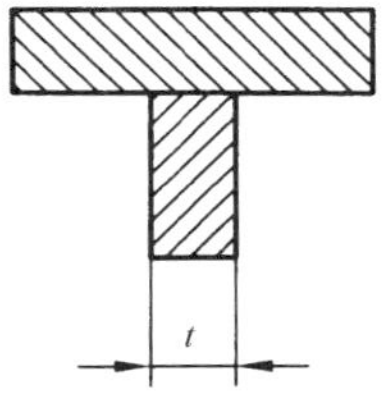	—	—	—	—	52	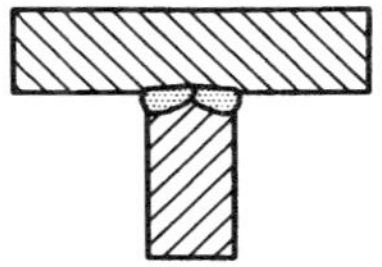	—
	≤170								51		

[a] 该种焊接方法不一定适用于整个工件厚度范围的焊接。

表 3　角焊缝的接头形式(单面焊)

单位为毫米

序号	母材厚度 t	接头形式	基本符号	横截面示意图	尺寸 角度 α	尺寸 间隙 b	适用的焊接方法[a]	焊缝示意图
1	$t_1>2$ $t_2>2$	T形接头		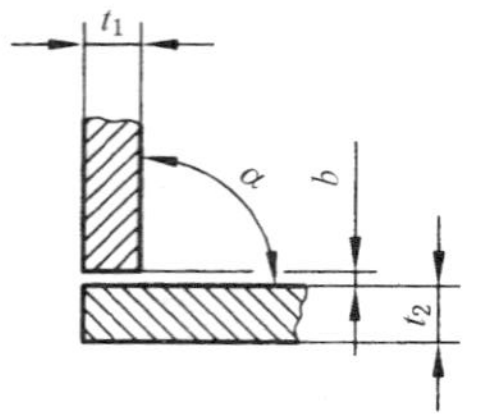	$70°\leqslant\alpha\leqslant100°$	$\leqslant2$	3 111 13 141	
2	$t_1>2$ $t_2>2$	搭接		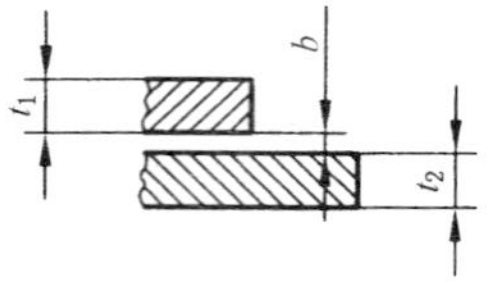	—	$\leqslant2$	3 111 13 141	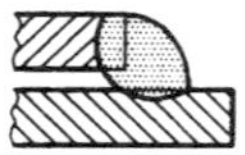
3	$t_1>2$ $t_2>2$	角接		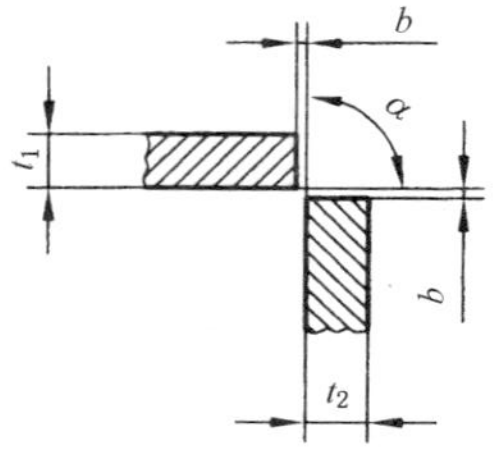	$60°\leqslant\alpha\leqslant120°$	$\leqslant2$	3 111 13 141	

[a] 这些焊接方法不一定适用于整个工件厚度范围的焊接。

表 4　角焊缝的接头形式(双面焊)

单位为毫米

序号	母材厚度 t	接头形式	基本符号	横截面示意图	尺寸 角度 α	尺寸 间隙 b	适用的焊接方法[a]	焊缝示意图
1	$t_1>3$ $t_2>3$	角接		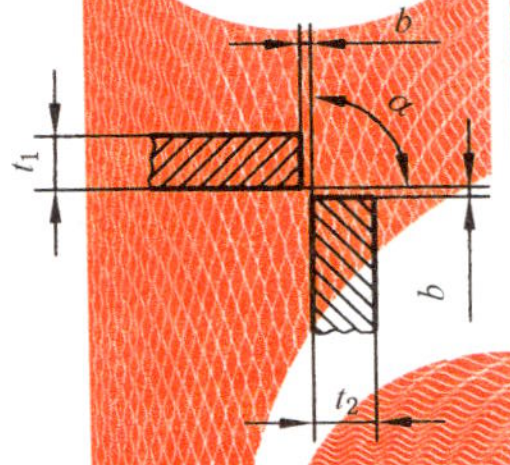	$70°\leqslant\alpha\leqslant100°$	$\leqslant2$	3 111 13 141	
2	$t_1>2$ $t_2>5$	角接		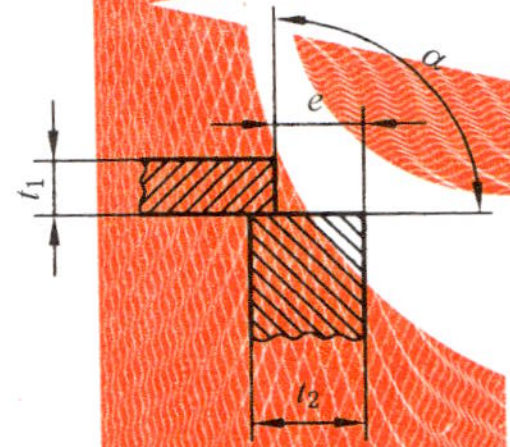	$60°\leqslant\alpha\leqslant120°$	—	3 111 13 141	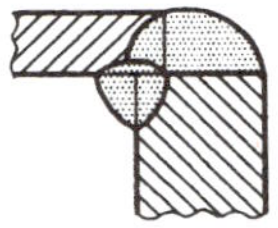
3	$2\leqslant t_1\leqslant4$ $2\leqslant t_2\leqslant4$	T形接头		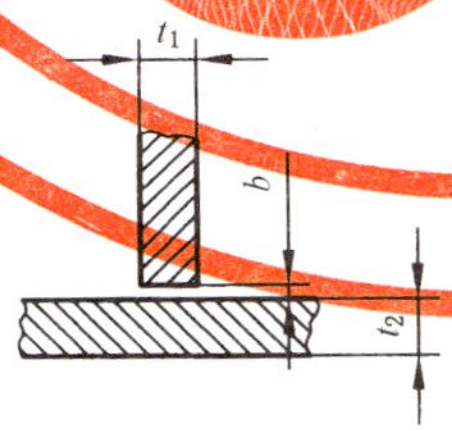	—	$\leqslant2$	3 111 13 141	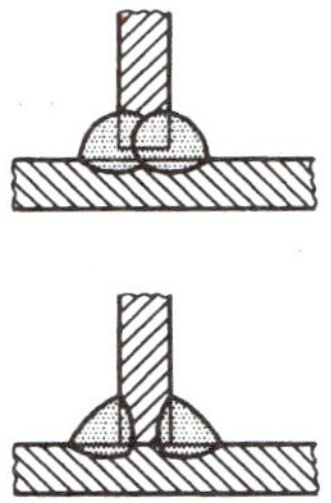
	$t_1>4$ $t_2>4$					—		

a　这些焊接方法不一定适用于整个工件厚度范围的焊接。

附 录 A
（资料性附录）
窄间隙焊接坡口

表 A.1 窄间隙热丝焊坡口

单位为毫米

序号	母材厚度 t	坡口/接头种类	基本符号	横截面示意图	尺寸				适用的焊接方法	焊缝示意图	备注
					坡口角 α 或 坡口面角 β	间隙 b	钝边 c	坡口深度 h			
1	$20 \leqslant t \leqslant 150$	U形坡口	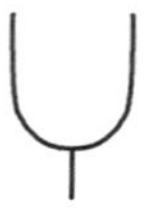	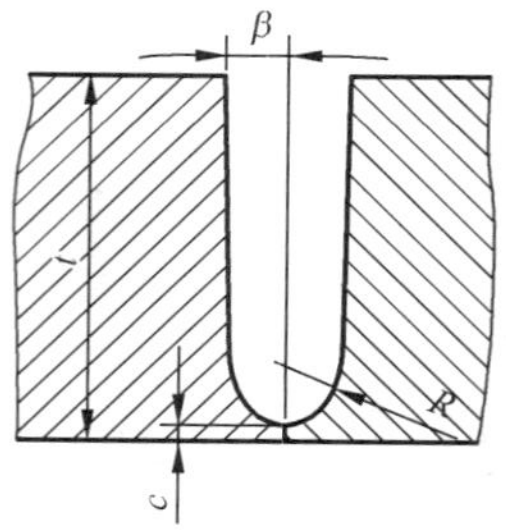	$1° \leqslant \beta \leqslant 1.5°$	—	$c \approx 2$	—	141（热丝）	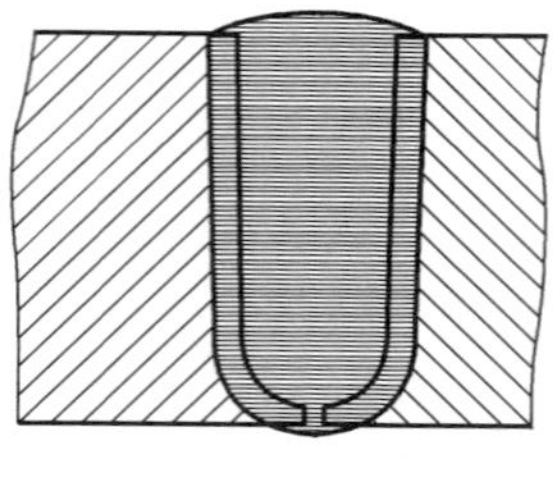	

ICS 25.160.01
J 33

中华人民共和国国家标准

GB/T 985.2—2008
代替 GB/T 986—1988

埋弧焊的推荐坡口

Recommended joint preparation for submerged arc welding

(ISO 9692-2:1998,Welding and allied processes—Joint preparation—Part 2:Submerged arc welding of steels,MOD)

2008-03-31 发布 2008-09-01 实施

中华人民共和国国家质量监督检验检疫总局
中国国家标准化管理委员会 发布

前　　言

GB/T 985 分为如下 4 个部分：

——GB/T 985.1　气焊、焊条电弧焊、气体保护焊和高能束焊的推荐坡口；

——GB/T 985.2　埋弧焊的推荐坡口；

——GB/T 985.3　铝及铝合金气体保护焊的推荐坡口；

——GB/T 985.4　复合钢的推荐坡口。

本部分为 GB/T 985.2。

本部分修改采用 ISO 9692-2:1998《焊接及相关工艺　推荐的焊接坡口　第 2 部分：钢的埋弧焊》（英文版）。

本部分根据 ISO 9692-2:1998 重新起草。本标准与 ISO 9692-2:1998 相比，技术内容修改如下：

——规范性引用文件中删除了 ISO 3834、ISO 9692 和 ISO 9956；

——增加了附录 A。

为了便于使用，本部分做了下列编辑性修改：

——删除了国际标准的前言；

——将标准名称改为“埋弧焊的推荐坡口”；

——对 ISO 9692-2:1998 中引用的其他国际标准，有被等同或修改采用为我国标准的用我国标准代替对应的国际标准；

——表中的序号做了调整。

本部分代替 GB/T 986—1988《埋弧焊焊缝坡口的基本形式和尺寸》。

本部分与 GB/T 986—1988 相比主要变化如下：

——坡口按照单面焊和双面焊划分；

——增加了窄间隙焊接坡口。

本部分的附录 A 为资料性附录。

本部分由全国焊接标准化技术委员会提出并归口。

本部分起草单位：哈尔滨焊接研究所、东方锅炉（集团）股份有限公司。

本部分主要起草人：朴东光、潘乾刚、储继君。

本部分所代替标准的历次版本发布情况为：

——GB 986—1967、GB 986—1980、GB/T 986—1988。

埋弧焊的推荐坡口

1 范围

GB/T 985 的本部分规定了钢材焊接的坡口形式和尺寸。本部分适用于埋弧焊工艺方法。

2 规范性引用文件

下列文件中的条款通过 GB/T 985 的本部分的引用而成为本部分的条款。凡是注日期的引用文件，其随后所有的修改单(不包括勘误的内容)或修订版均不适用于本部分，然而，鼓励根据本部分达成协议的各方研究是否可使用这些文件的最新版本。凡是不注日期的引用文件，其最新版本适用于本部分。

GB/T 324 焊缝符号表示法(GB/T 324—1988,eqv ISO 2553:1984)

GB/T 16672 焊缝 工作位置 倾角和转角的定义(GB/T 16672—1996，ISO 6947：1993，IDT)

3 总则

本部分按照完全熔透的原则，规定了对接接头的坡口形式和尺寸。对于不完全熔透的对接接头，允许采用其他形式的焊接坡口。

4 焊接位置

本部分规定的坡口主要针对的是 GB/T 16672 中的平焊和平角焊位置(PA 和 PB)，采用横焊位置(PC 位置)时，可考虑采用其他的坡口形式和尺寸。

5 坡口形式

表 1 和表 2 规定了推荐的坡口形式和尺寸。基本符号参见 GB/T 324。

在采用定位焊接的情况下，表 1 和表 2 中的间隙是完成定位焊之后的间隙。

本部分未规定衬垫的材料和尺寸，衬垫的选择和使用应结合具体工况条件。

表 1　单面对接焊坡口

单位为毫米

焊缝					坡口形式和尺寸					焊接位置	备　注
序号	工件厚度 t	名称	基本符号	焊缝示意图	横截面示意图	坡口角 α 或坡口面角 β	间隙 b、圆弧半径 R	钝边 c	坡口深度 h		
1	$3\leqslant t\leqslant 12$	平对接焊缝		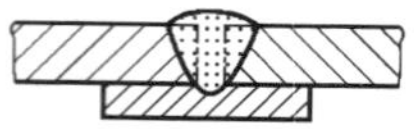	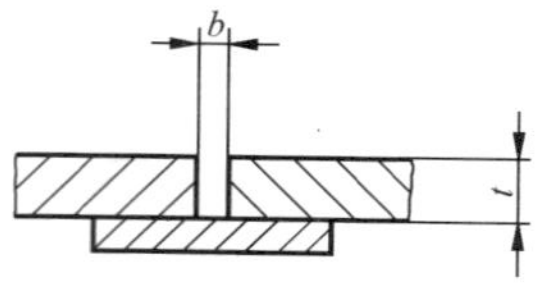	—	$b\leqslant 0.5t$ 最大 5	—	—	PA	带衬垫，衬垫厚度至少:5 mm 或 0.5t
2	$10\leqslant t\leqslant 20$	V 形焊缝		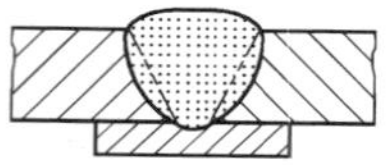	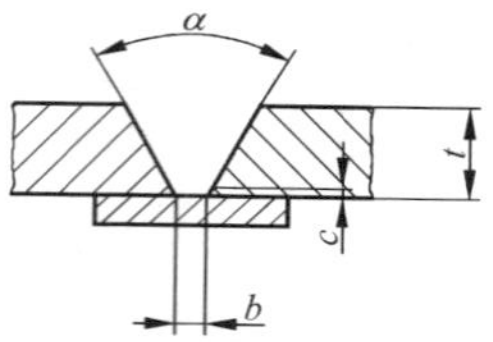	$30°\leqslant\alpha\leqslant 50°$	$4\leqslant b\leqslant 8$	$c\leqslant 2$	—	PA	带衬垫，衬垫厚度至少:5 mm 或 0.5t
3	$t>20$	陡边 V 形焊缝		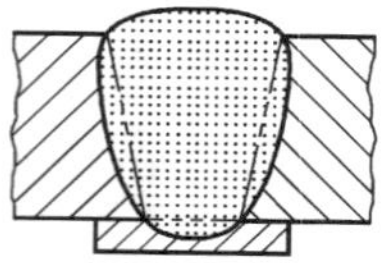	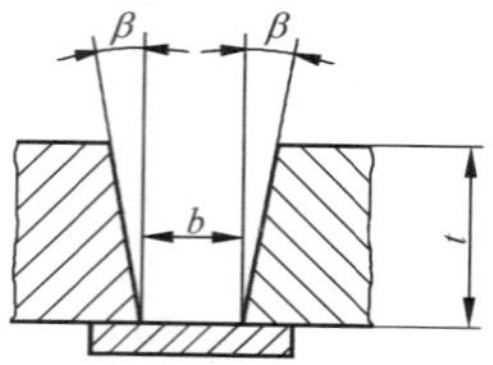	$4°\leqslant\beta\leqslant 10°$	$16\leqslant b\leqslant 25$	—	—	PA	带衬垫，衬垫厚度至少:5 mm 或 0.5t
4	$t>12$	双 V 形组合焊缝		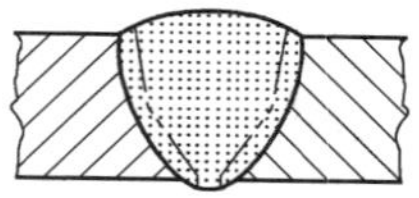	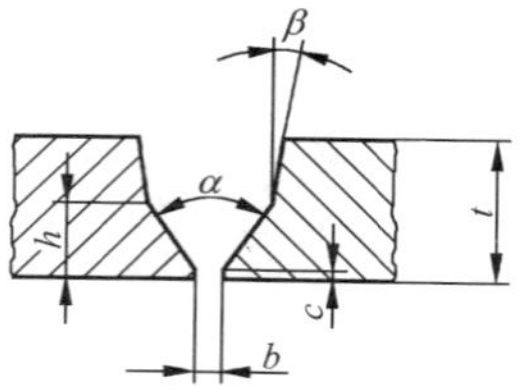	$60°\leqslant\alpha\leqslant 70°$ $4°\leqslant\beta\leqslant 10°$	$1\leqslant b\leqslant 4$	$0\leqslant c\leqslant 3$	$4\leqslant h\leqslant 10$	PA	根部焊道可采用合适的方法焊接
5	$t\geqslant 12$	U-V 形组合焊缝		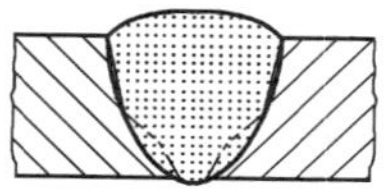	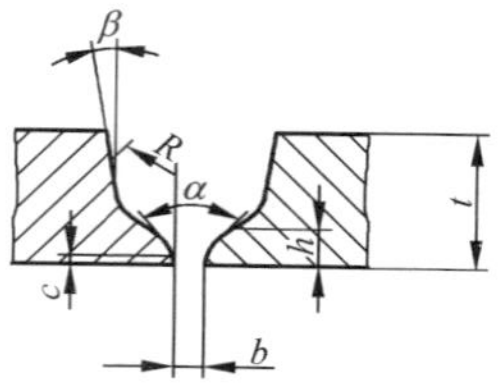	$60°\leqslant\alpha\leqslant 70°$ $4°\leqslant\beta\leqslant 10°$	$1\leqslant b\leqslant 4$ $5\leqslant R\leqslant 10$	$0\leqslant c\leqslant 3$	$4\leqslant h\leqslant 10$	PA	根部焊道可采用合适的方法焊接

表 1（续）

单位为毫米

焊缝					坡口形式和尺寸					焊接位置	备注
序号	工件厚度 t	名称	基本符号	焊缝示意图	横截面示意图	坡口角 α 或坡口面角 β	间隙 b、圆弧半径 R	钝边 c	坡口深度 h		
6	$t \geqslant 30$	U 形焊缝		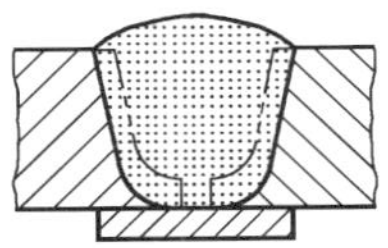	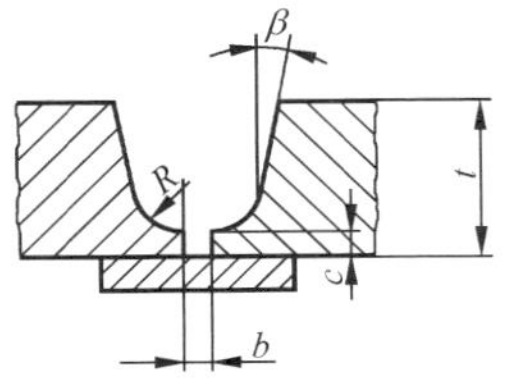	$4° \leqslant \beta \leqslant 10°$	$1 \leqslant b \leqslant 4$ $5 \leqslant R \leqslant 10$	$2 \leqslant c \leqslant 3$	—	PA	带衬垫，衬垫厚度至少：5 mm 或 0.5t
7	$3 \leqslant t \leqslant 16$	单边 V 形焊缝		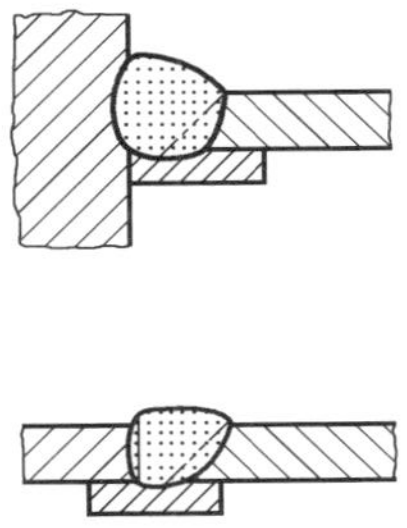	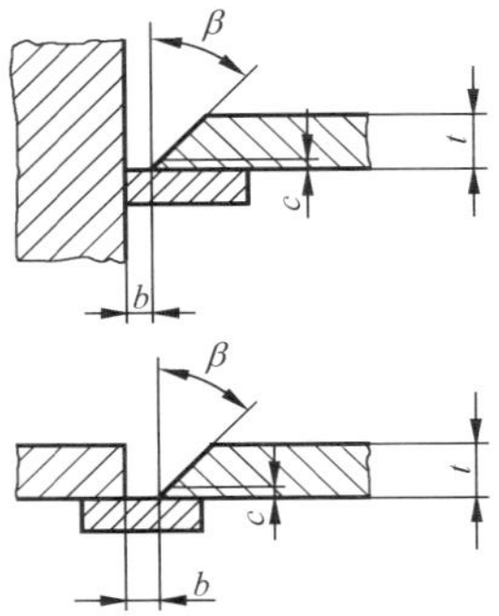	$30° \leqslant \beta \leqslant 50°$	$1 \leqslant b \leqslant 4$	$c \leqslant 2$	—	PA PB	带衬垫，衬垫厚度至少：5 mm 或 0.5t
8	$t \geqslant 16$	单边陡边 V 形焊缝		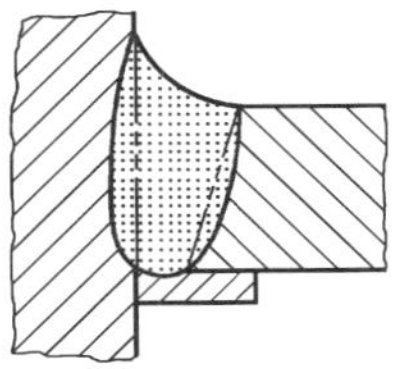	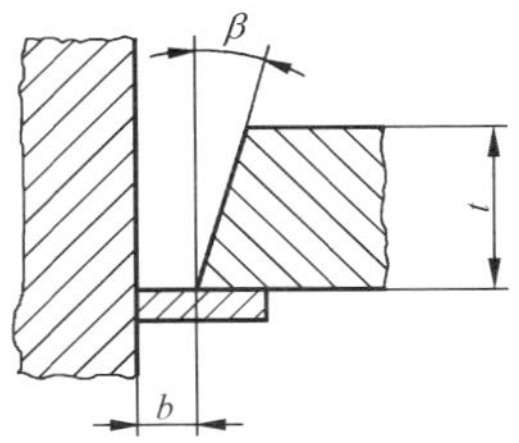	$8° \leqslant \beta \leqslant 10°$	$5 \leqslant b \leqslant 15$	—	—	PA PB	带衬垫，衬垫厚度至少：5 mm 或 0.5t

表 1（续）

单位为毫米

焊缝					坡口形式和尺寸					焊接位置	备注
序号	工件厚度 t	名称	基本符号	焊缝示意图	横截面示意图	坡口角 α 或坡口面角 β	间隙 b、圆弧半径 R	钝边 c	坡口深度 h		
9	$t \geqslant 16$	J 形焊缝		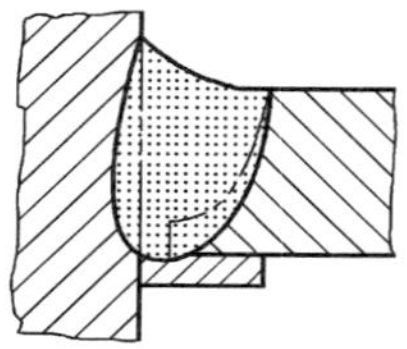	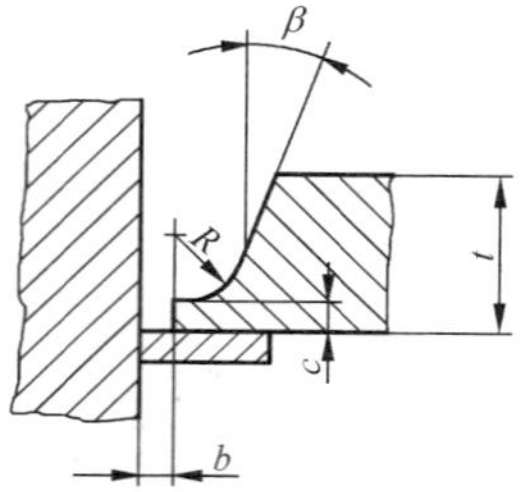	$4° \leqslant \beta \leqslant 10°$	$2 \leqslant b \leqslant 4$ $5 \leqslant R \leqslant 10$	$2 \leqslant c \leqslant 3$	—	PA PB	带衬垫，衬垫厚度[a]至少：5 mm 或 0.5t

表 2　双面对接焊坡口

单位为毫米

焊缝					坡口形式和尺寸					焊接位置	备注
序号	工件厚度 t	名称	基本符号	焊缝示意图	横截面示意图	坡口角 α 或坡口面角 β	间隙 b、圆弧半径 R	钝边 c	坡口深度 h		
1	$3 \leqslant t \leqslant 20$	平对接焊缝		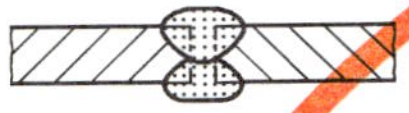	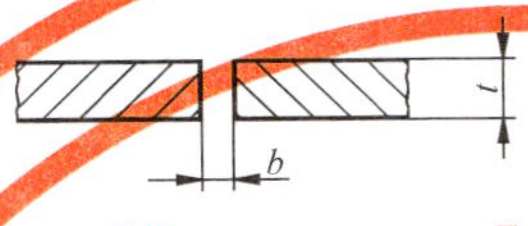	—	$b \leqslant 2$	—	—	PA	间隙应符合公差要求
2	$10 \leqslant t \leqslant 35$	带钝边 V 形焊缝/封底				$30° \leqslant \alpha \leqslant 60°$	$b \leqslant 4$	$4 \leqslant c \leqslant 10$	—	PA	根部焊道可用其他方法焊接
3	$10 \leqslant t \leqslant 20$	V 形焊缝/平对接焊缝		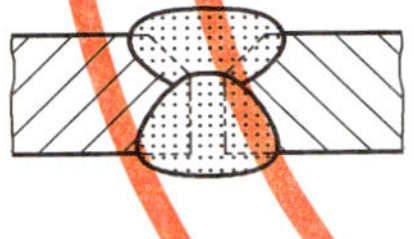		$60° \leqslant \alpha \leqslant 80°$	$b \leqslant 4$	$5 \leqslant c \leqslant 15$	—	PA	根部焊道可用其他方法焊接
4	$t \geqslant 16$	带钝边的双 V 形焊缝		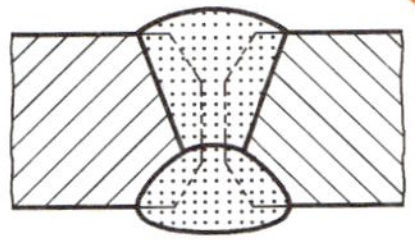	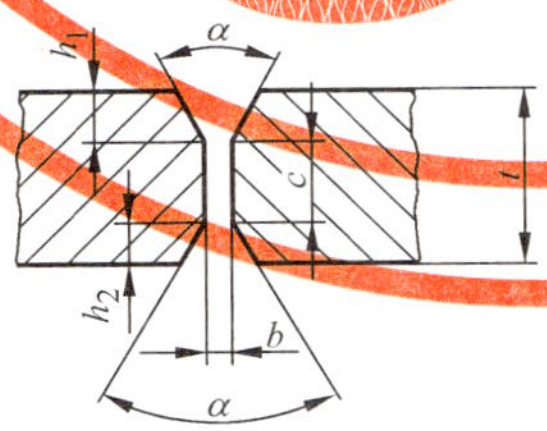	$30° \leqslant \alpha \leqslant 70°$	$b \leqslant 4$	$4 \leqslant c \leqslant 10$	$h_1 = h_2$	PA	—

表 2（续）

单位为毫米

焊缝					坡口形式和尺寸					焊接位置	备注
序号	工件厚度 t	名称	基本符号	焊缝示意图	横截面示意图	坡口角 α 或坡口面角 β	间隙 b、圆弧半径 R	钝边 c	坡口深度 h		
5	$t\geqslant30$	U 形焊缝/封底焊缝		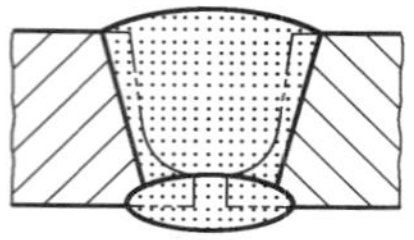	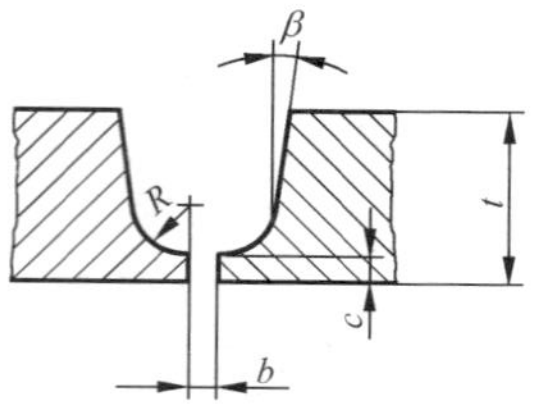	$5°\leqslant\beta\leqslant10°$	$b\leqslant4$ $5\leqslant R\leqslant10$	$4\leqslant c\leqslant10$	—	PA	—
6	$t\geqslant50$	双 U 形焊缝		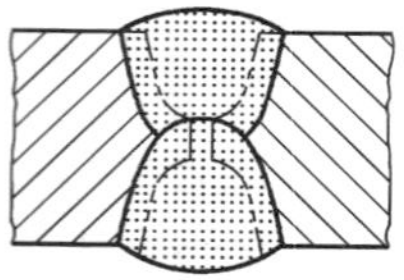	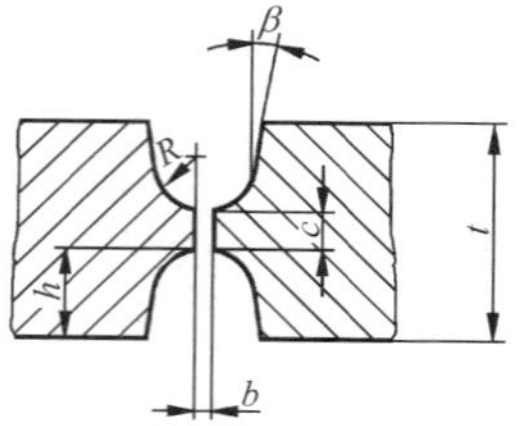	$5°\leqslant\beta\leqslant10°$	$b\leqslant4$ $5\leqslant R\leqslant10$	$4\leqslant c\leqslant10$	$h=0.5$ $(t-c)$	PA	与双 V 形对称坡口相似，这种坡口可制成对称的形式
7	$t\geqslant12$	带钝边的 K 形焊缝		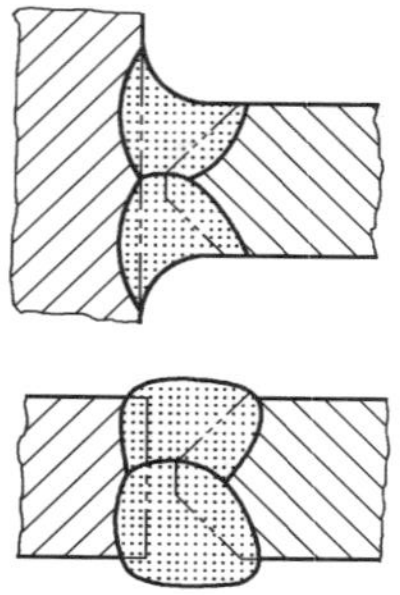	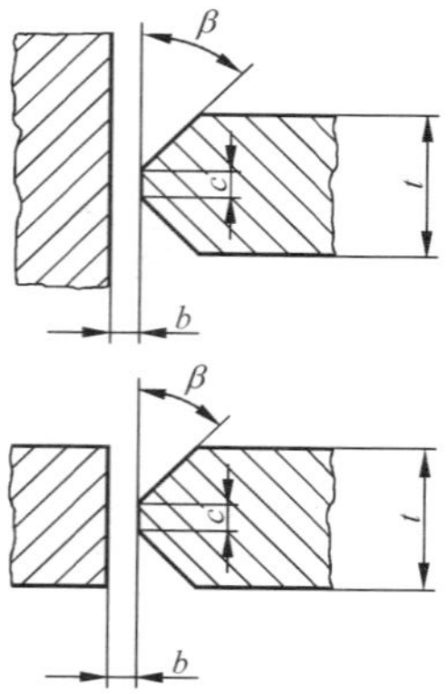	$30°\leqslant\beta\leqslant50°$	$b\leqslant4$	$4\leqslant c\leqslant10$	—	PA PB	与双 V 形对称坡口相似，这种坡口可制成对称的形式。 必要时可进行打底焊

表 2（续）

单位为毫米

焊缝					坡口形式和尺寸					焊接位置	备注
序号	工件厚度 t	名称	基本符号	焊缝示意图	横截面示意图	坡口角 α 或坡口面角 β	间隙 b、圆弧半径 R	钝边 c	坡口深度 h		
8	$t \geqslant 20$	J 形焊缝/封底焊缝		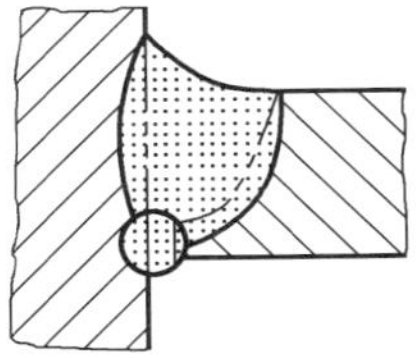	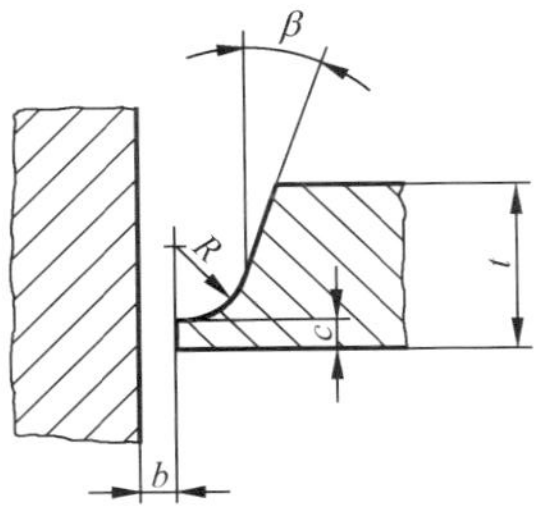	$5° \leqslant \beta \leqslant 10°$	$b \leqslant 4$ $5 \leqslant R \leqslant 10$	$4 \leqslant c \leqslant 10$	—	PA PB	必要时可进行打底焊接
9	$t < 12$	单边 V 形焊缝		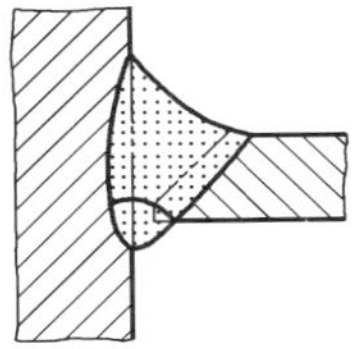	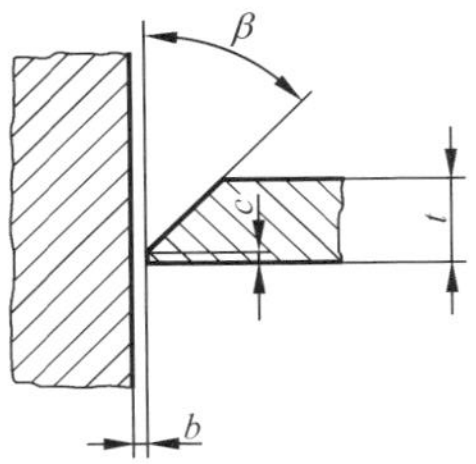	$30° \leqslant \beta \leqslant 50°$	$b \leqslant 4$	$c \leqslant 2$	—	PA PB	必要时可进行打底焊接
10	$t \geqslant 30$	双面 J 形焊缝		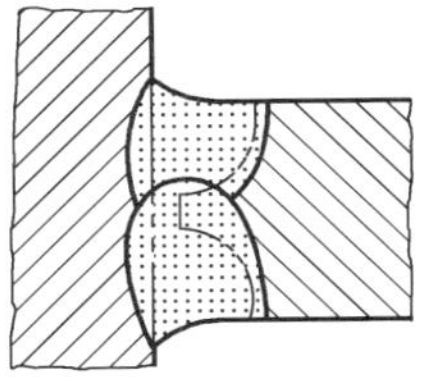	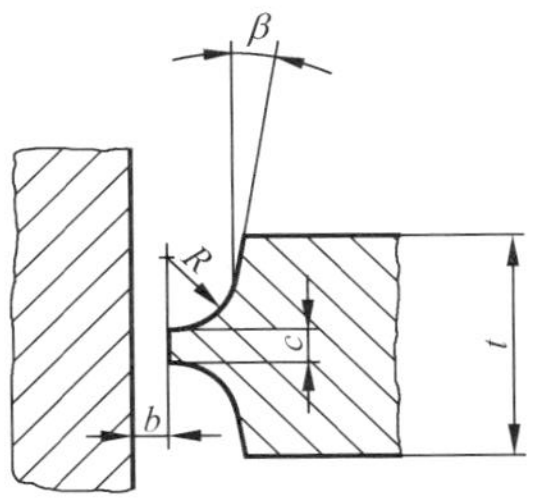	$5° \leqslant \beta \leqslant 10°$	$b \leqslant 4$ $5 \leqslant R \leqslant 10$	$2 \leqslant c \leqslant 7$	—	PA PB	与双 V 形对称坡口相似，这种坡口可制成对称的形式。 必要时可进行打底焊

表 2（续）

单位为毫米

焊缝					坡口形式和尺寸					焊接位置	备注
序号	工件厚度 t	名称	基本符号	焊缝示意图	横截面示意图	坡口角 α 或坡口面角 β	间隙 b、圆弧半径 R	钝边 c	坡口深度 h		
11	$t \leqslant 12$	双面 J 形焊缝		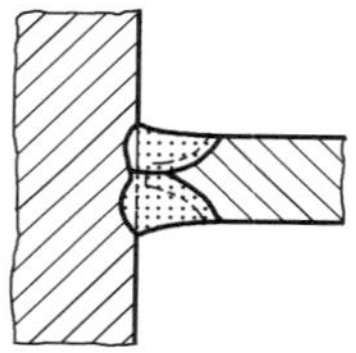	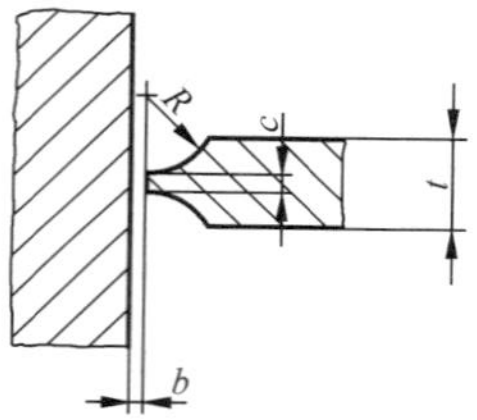	—	$b \leqslant 2$ $5 \leqslant R \leqslant 10$	$2 \leqslant c \leqslant 3$	—	PA PB	单道焊坡口
12	$t > 12$	双面 J 形焊缝		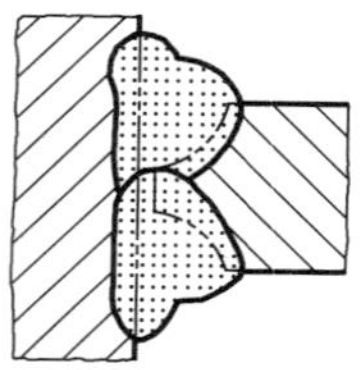	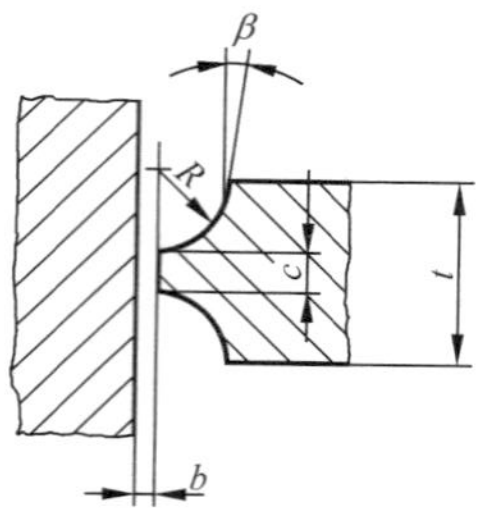	$5° \leqslant \beta \leqslant 10°$	$b \leqslant 4$ $5 \leqslant R \leqslant 10$	$2 \leqslant c \leqslant 7$	—	PA PB	多道焊坡口。 必要时可进行打底焊接

附　录　A
（资料性附录）
窄间隙焊接坡口

表 A.1　窄间隙埋弧焊坡口

单位为毫米

序号	工件厚度 t	名称	基本符号	焊缝示意图	横截面示意图	坡口角 α 或坡口面角 β	间隙 b、圆弧半径 R	钝边 c	坡口深度 h	焊接位置	备注
1	$t \geq 30$	UY 形坡口		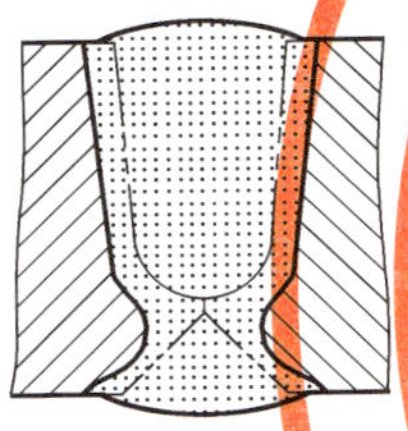	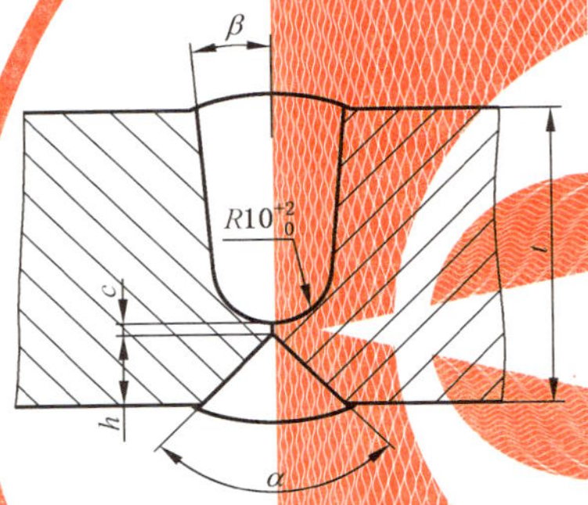	$1° \leq \beta \leq 1.5°$ $85° \leq \alpha \leq 95°$	$0 \leq b \leq 2$	$c \approx 2$	$4 \leq h \leq 10$	PA	适用于环缝，V 形坡口侧焊条电弧焊封底
						$1.5° \leq \beta \leq 2°$ $85° \leq \alpha \leq 95°$	$0 \leq b \leq 2$	$c \approx 2$	$4 \leq h \leq 10$	PA	适用于纵缝，V 形坡口侧焊条电弧焊封底
2	$t \geq 30$	陡边 V 形坡口		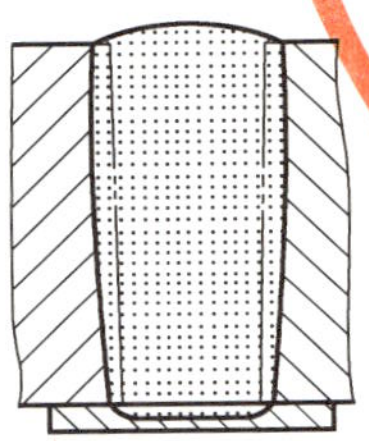	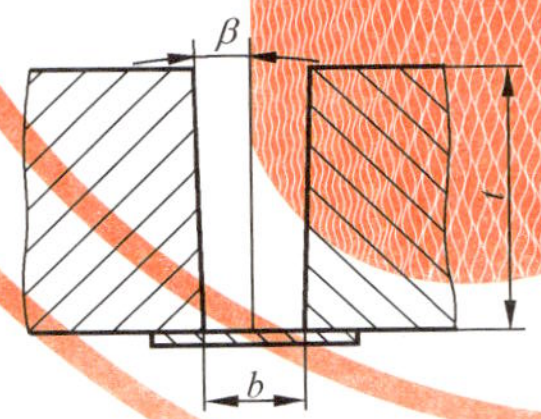	$1.5° \leq \beta \leq 2°$	$b \approx 20$	—	—	PA	带衬垫，衬垫厚度至少：10 mm

ICS 25.160.01
J 33

中华人民共和国国家标准

GB/T 985.3—2008

铝及铝合金气体保护焊的推荐坡口

Recommended joint preparation for gas-shield arc welding on aluminium and its alloys

(ISO 9692-3:2000,Welding and allied processes—Recommendations for joint preparation—Part 3:Metal inert gas welding and tungsten inert gas welding of aluminium and its alloys,MOD)

2008-03-31 发布　　2008-09-01 实施

中华人民共和国国家质量监督检验检疫总局
中国国家标准化管理委员会　发布

前　言

GB/T 985 分为如下 4 个部分：

——GB/T 985.1　气焊、焊条电弧焊、气体保护焊和高能束焊的推荐坡口；

——GB/T 985.2　埋弧焊的推荐坡口；

——GB/T 985.3　铝及铝合金气体保护焊的推荐坡口；

——GB/T 985.4　复合钢的推荐坡口。

本部分为 GB/T 985.3。

本部分修改采用 ISO 9692-3:2000《焊接及相关工艺　推荐的焊接坡口　第 3 部分:铝及铝合金的气体保护焊》(英文版)。

本部分根据 ISO 9692-3:2000 重新起草。为了便于使用，本部分做了下列编辑性修改：

——删除了国际标准的前言；

——将标准名称改为"铝及铝合金气体保护焊的推荐坡口"；

——对 ISO 9692-1:2003 中引用的其他国际标准，有被等同或修改采用为我国标准的用我国标准代替对应的国际标准；

——表中的序号做了调整。

本部分由全国焊接标准化技术委员会提出并归口。

本部分起草单位:哈尔滨焊接研究所。

本部分主要起草人:朴东光、储继君。

铝及铝合金气体保护焊的推荐坡口

1 范围

GB/T 985 的本部分规定了铝及铝合金焊接的坡口形式和尺寸。

本部分适用于铝及铝合金的气体保护焊方法。

2 规范性引用文件

下列文件中的条款通过 GB/T 985 的本部分的引用而成为本部分的条款。凡是注日期的引用文件，其随后所有的修改单(不包括勘误的内容)或修订版均不适用于本部分，然而，鼓励根据本部分达成协议的各方研究是否可使用这些文件的最新版本。凡是不注日期的引用文件，其最新版本适用于本部分。

GB/T 324 焊缝符号表示法(GB/T 324—1988,eqv ISO 2553:1984)

GB/T 5185 焊接及相关工艺方法代号(GB/T 5185—2005,ISO 4063:1998,IDT)

3 总则

本部分推荐的焊接坡口适用于所有可焊铝及铝合金的全熔透接头，对于不完全熔透的对接接头，允许采用其他形式的焊接坡口。

4 焊接方法

表 1～表 3 规定的各类坡口适用于相应的焊接方法。必要时，也可采用两种以上适用方法组合焊接。

焊接方法代号参见 GB/T 5185。

5 坡口的加工处理

坡口的边缘应采用机械方法(如剪切、锯削、研磨)加工。不得使用矿物油类的清洁剂。采用等离子切割时，应注意切割表面的质量(如不得出现裂纹)。

坡口的纵边(特别是不带衬垫的单面对接焊坡口)应做打磨或倒角处理。

6 坡口形式

表 1～表 3 规定了推荐的坡口形式和尺寸。

具体坡口的选择(坡口角、间隙、钝边)取决于接头厚度、焊接位置和焊接方法。较大的间隙(≥1.5 mm)可采用较小的坡口角。

单面焊时，垫板是坡口的组成部分。

表 1 单面对接焊坡口

单位为毫米

焊缝					坡口形式及尺寸					适用的焊接方法[b]	备注
序号	工件厚度 t	名称	基本符号[a]	焊缝示意图	横截面示意图	坡口角 α 或坡口面角 β	间隙 b	钝边 c	其他尺寸		
1	$t\leqslant 2$	卷边焊缝	八		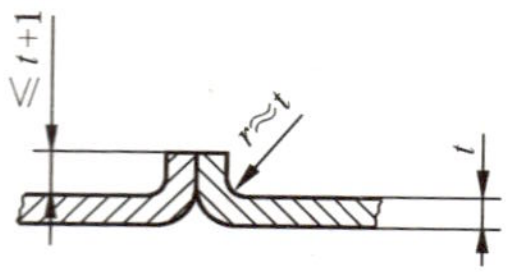	—	—	—	—	141	
2	$t\leqslant 4$	I形焊缝	‖		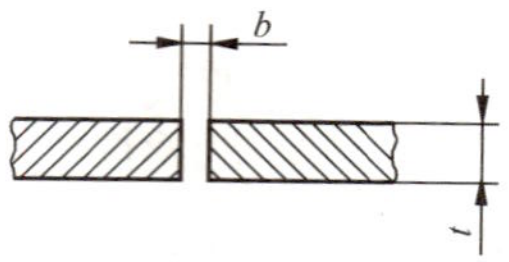	—	$b\leqslant 2$	—	—	141	建议根部倒角
	$2\leqslant t\leqslant 4$	带衬垫的I形焊缝			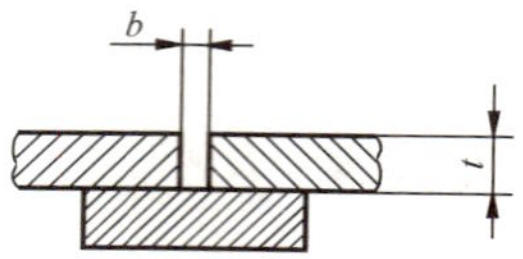	—	$b\leqslant 1.5$	—	—	131	
3	$3\leqslant t\leqslant 5$	V形焊缝	V	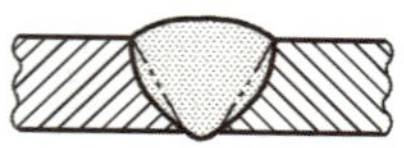	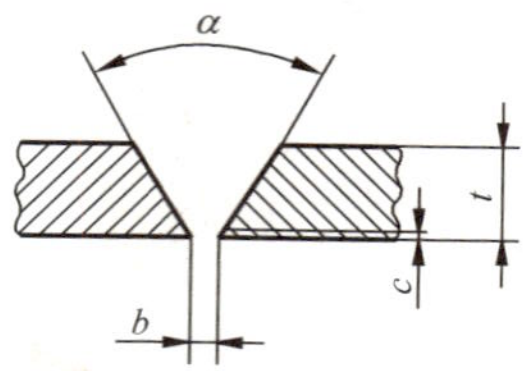	$\alpha\geqslant 50°$	$b\leqslant 3$	$c\leqslant 2$	—	141	
						$60°\leqslant\alpha\leqslant 90°$	$b\leqslant 2$			131	
		带衬垫的V形焊缝		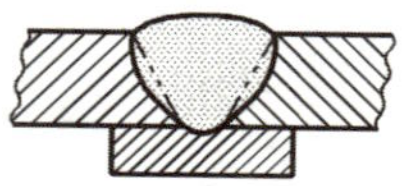	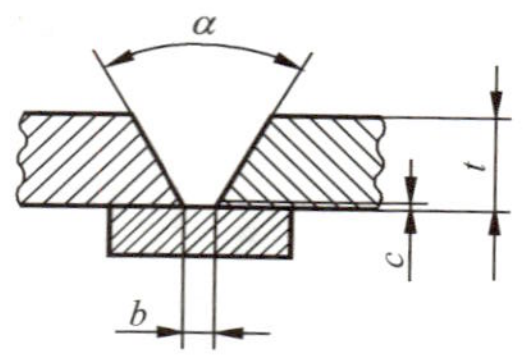	$60°\leqslant\alpha\leqslant 90°$	$b\leqslant 4$	$c\leqslant 2$	—	131	

表 1（续）

单位为毫米

焊缝					坡口形式及尺寸					适用的焊接方法[b]	备注
序号	工件厚度 t	名称	基本符号[a]	焊缝示意图	横截面示意图	坡口角 α 或坡口面角 β	间隙 b	钝边 c	其他尺寸		
4	$8 \leqslant t \leqslant 20$	带衬垫的陡边焊缝		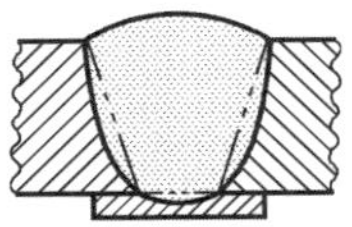	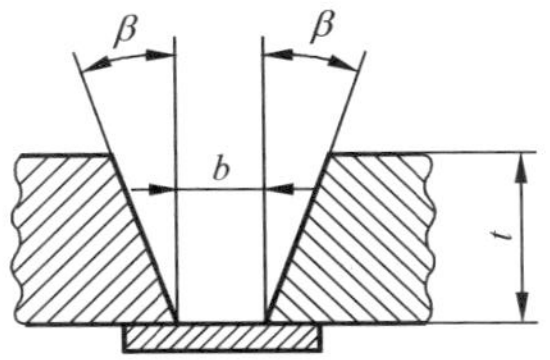	$15° \leqslant \beta \leqslant 20°$	$3 \leqslant b \leqslant 10$	—	—	131	
5	$3 \leqslant t \leqslant 15$	带钝边V形焊缝		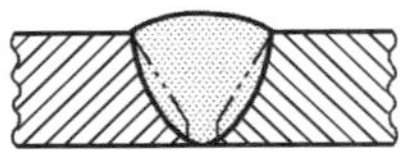	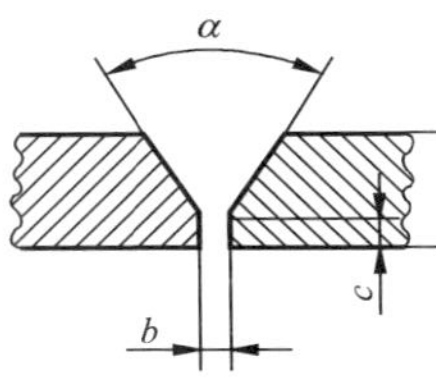	$\alpha \geqslant 50°$	$b \leqslant 2$	$c \leqslant 2$	—	131 141	
	$6 \leqslant t \leqslant 25$	带钝边V形焊缝（带衬垫）		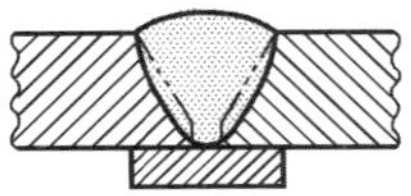	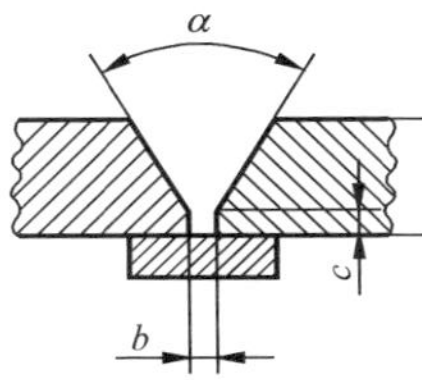	$\alpha \geqslant 50°$	$4 \leqslant b \leqslant 10$	$c=3$	—	131	
6	板 $t \geqslant 12$ 管 $t \geqslant 5$	带钝边U形焊缝		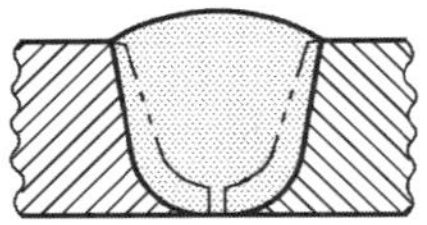	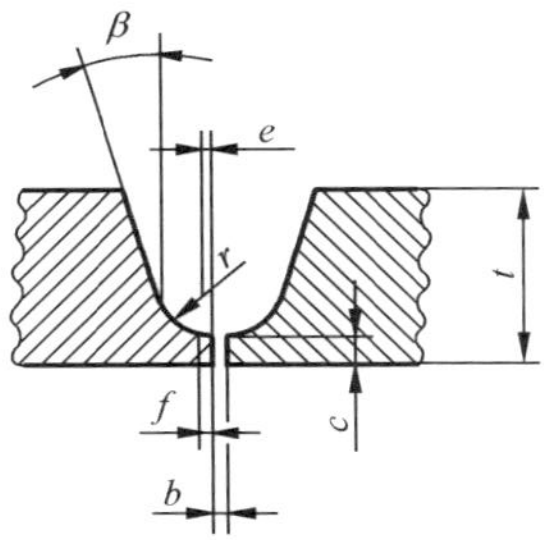	$15° \leqslant \beta \leqslant 20°$	$b \leqslant 2$	$2 \leqslant c \leqslant 4$	$4 \leqslant r \leqslant 6$ $3 \leqslant f \leqslant 4$ $0 \leqslant e \leqslant 4$	141	
	$5 \leqslant t \leqslant 30$					$15° \leqslant \beta \leqslant 20°$	$1 \leqslant b \leqslant 3$	$2 \leqslant c \leqslant 4$		131	根部焊道建议采用 TIG 焊(141)

表 1（续）

单位为毫米

焊缝					坡口形式及尺寸					适用的焊接方法[b]	备注
序号	工件厚度 t	名称	基本符号[a]	焊缝示意图	横截面示意图	坡口角 α 或坡口面角 β	间隙 b	钝边 c	其他尺寸		
7	$4\leqslant t\leqslant 10$	单边V形焊缝	⅃	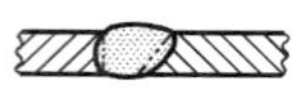	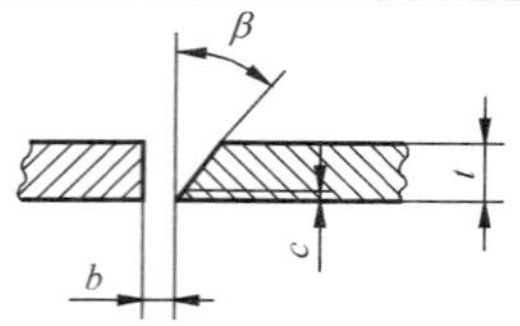	$\beta\geqslant 50°$	$b\leqslant 3$	$c\leqslant 2$	—	131 141	
	$3\leqslant t\leqslant 20$	带衬垫单边V形焊缝		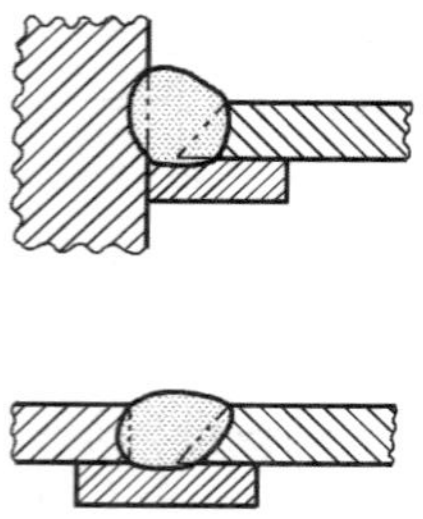	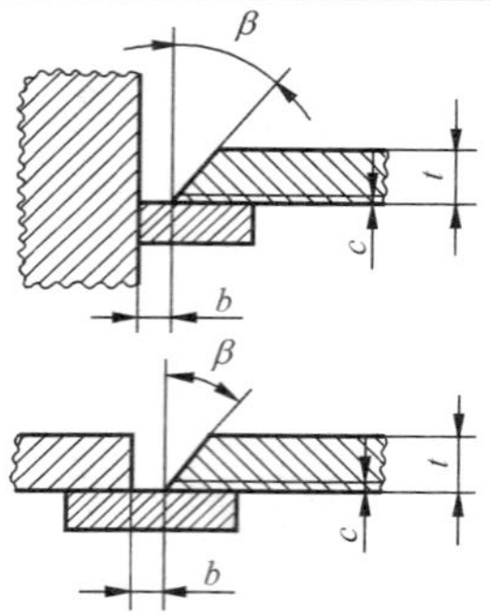	$50°\leqslant\beta\leqslant 70°$	$b\leqslant 6$	$c\leqslant 2$	—	131 141	
8	$2\leqslant t\leqslant 20$	锁底焊缝	—		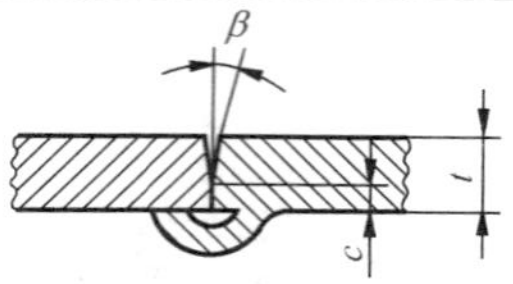	$20°\leqslant\beta\leqslant 40°$	$b\leqslant 3$	$1\leqslant c\leqslant 3$	—	131 141	
9	$6\leqslant t\leqslant 40$	锁底焊缝	—	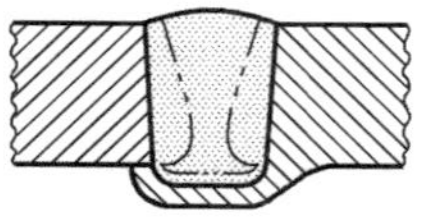	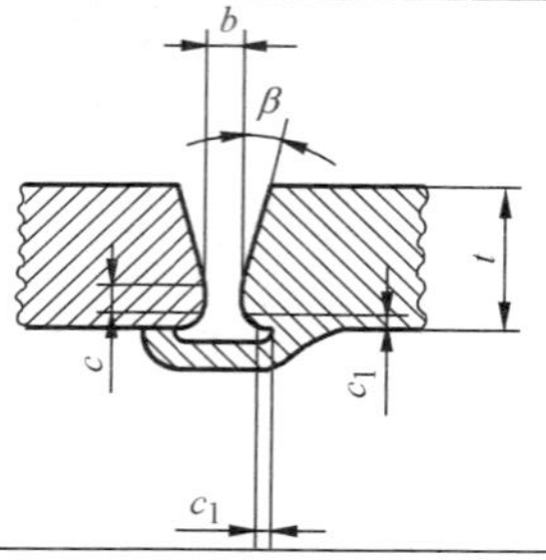	$10°\leqslant\beta\leqslant 20°$	$0\leqslant b\leqslant 3$	$2\leqslant c\leqslant 3$	$c_1\geqslant 1$	131 141	

[a] 基本符号参见 GB/T 324。

[b] 焊接方法代号参见 GB/T 5185。

表 2　双面对接焊坡口

单位为毫米

焊缝					坡口形式及尺寸					适用的焊接方法[b]	备　注
序号	工件厚度 t	名称	基本符号[a]	焊缝示意图	横截面示意图	坡口角 α 或坡口面角 β	间隙 b	钝边 c	其他尺寸		
1	$6\leqslant t\leqslant 20$	I 形焊缝	||		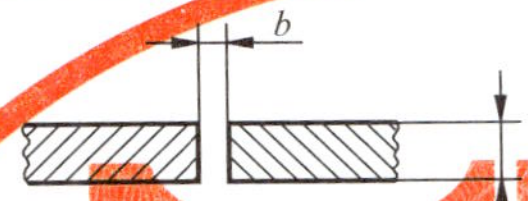	—	$b\leqslant 6$	—	—	131 141	
2	$6\leqslant t\leqslant 15$	带钝边 V 形焊缝封底			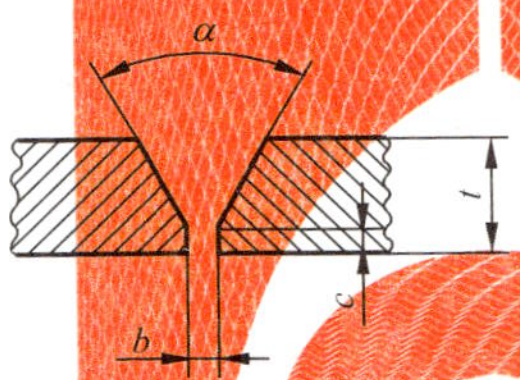	$\alpha\geqslant 50°$	$b\leqslant 3$	$2\leqslant c\leqslant 4$	—	141 131	
3	$6\leqslant t\leqslant 15$	双面 V 形焊缝	X	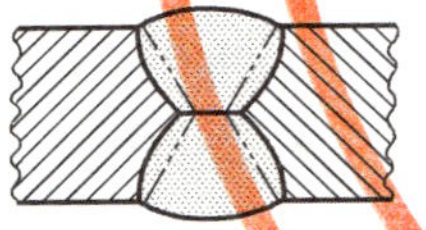	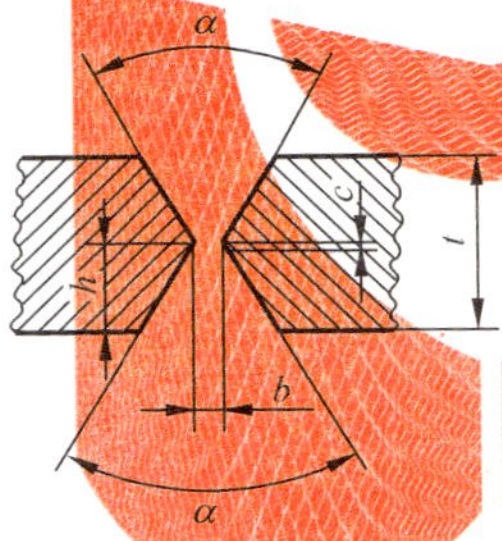	$\alpha\geqslant 60°$	$\leqslant 3$	$c\leqslant 2$	—	141	
	$t>15$					$\alpha\geqslant 70°$		$c\leqslant 2$		131	
4	$6\leqslant t\leqslant 15$	带钝边双面 V 形焊缝		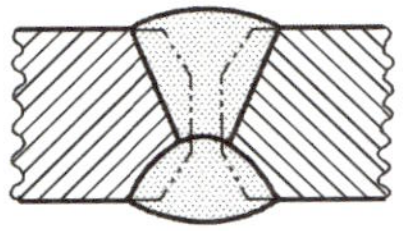	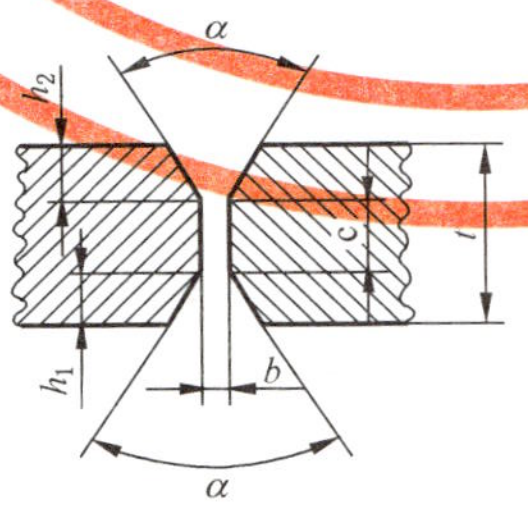	$\alpha\geqslant 50°$	$b\leqslant 3$	$2\leqslant c\leqslant 4$	$h_1=h_2$	141	
	$t>15$					$60°\leqslant\alpha\leqslant 70°$		$2\leqslant c\leqslant 6$		131	

表 2（续）

单位为毫米

焊缝					坡口形式及尺寸					适用的焊接方法[b]	备注
序号	工件厚度 t	名称	基本符号[a]	焊缝示意图	横截面示意图	坡口角 α 或坡口面角 β	间隙 b	钝边 c	其他尺寸		
5	$3\leqslant t\leqslant 15$	单边V形焊缝封底		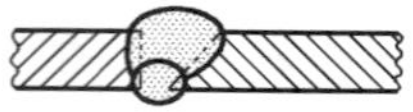	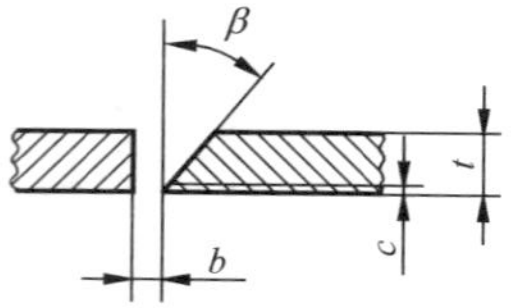	$\beta\geqslant 50°$	$b\leqslant 3$	$c\leqslant 2$	—	141 131	
6	$t\geqslant 15$	带钝边双面U形焊缝		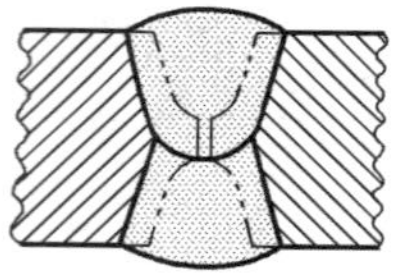	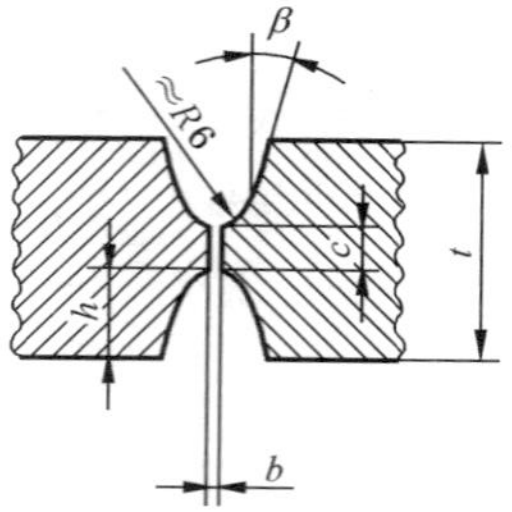	$15°\leqslant\beta\leqslant 20°$	$b\leqslant 3$	$2\leqslant c\leqslant 4$	$h=0.5(t-c)$	131	

[a] 基本符号参见 GB/T 324。

[b] 焊接方法代号参见 GB/T 5185。

表 3　T 型接头

单位为毫米

焊缝					坡口形式及尺寸					适用的焊接方法[b]	备注
序号	工件厚度 t	名称	基本符号[a]	焊缝示意图	横截面示意图	坡口角 α 或坡口面角 β	间隙 b	钝边 c	其他尺寸		
1	—	单面角焊缝		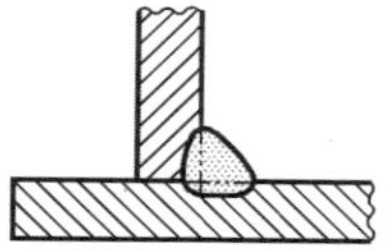	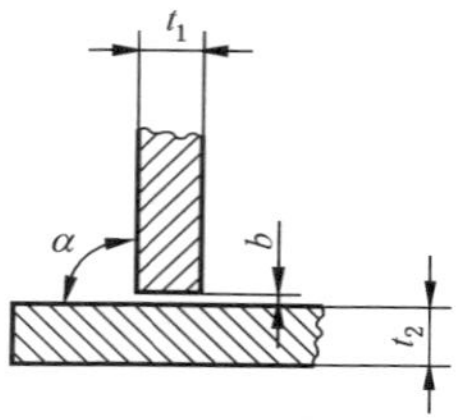	$\alpha=90°$	$b\leqslant 2$	—	—	141 131	

表 3（续）

单位为毫米

焊缝					坡口形式及尺寸					适用的焊接方法[b]	备注
序号	工件厚度 t	名称	基本符号[a]	焊缝示意图	横截面示意图	坡口角 α 或坡口面角 β	间隙 b	钝边 c	其他尺寸		
2	—	双面角焊缝		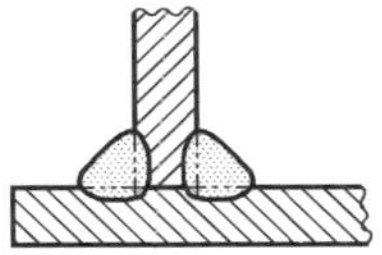	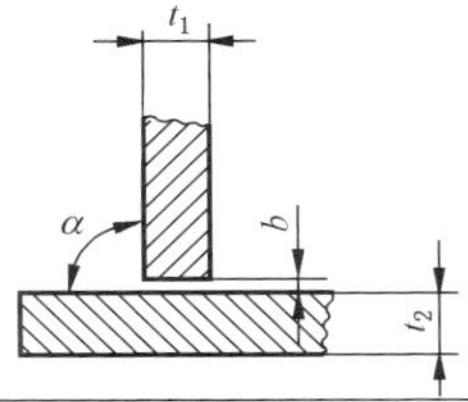	$\alpha=90°$	$b\leqslant2$	—	—	141 131	
3	$t_1\geqslant5$	单V形焊缝		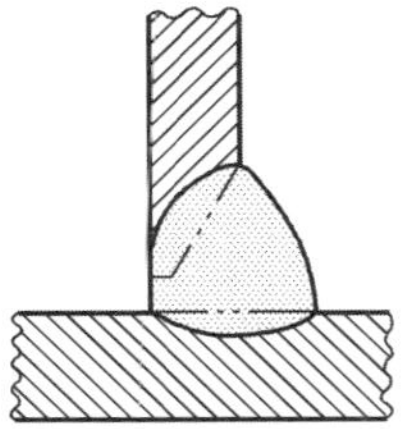	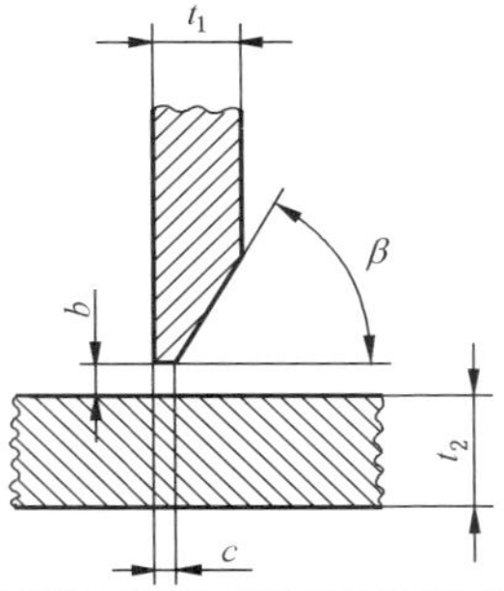	$\beta\geqslant50°$	$b\leqslant2$	$c\leqslant2$	$t_2\geqslant5$	141 131	
4	$t_1\geqslant8$	双V形焊缝		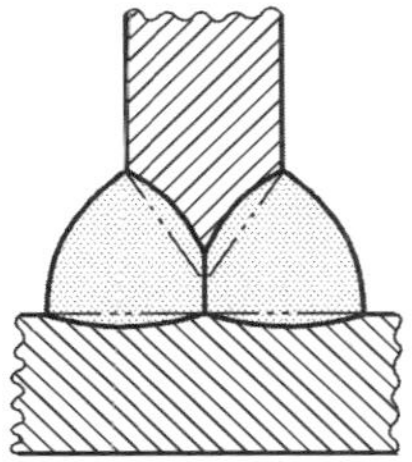	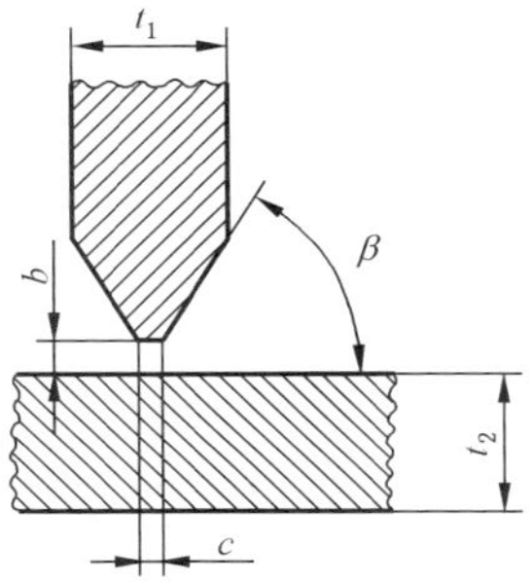	$\beta\geqslant50°$	$b\leqslant2$	$c\leqslant2$	$t_2\geqslant8$	141 131	采用双人双面同时焊接工艺时，坡口尺寸可适当调整

[a] 基本符号参见 GB/T 324。

[b] 焊接方法代号参见 GB/T 5185。

ICS 25.160.01
J 33

GB

中华人民共和国国家标准

GB/T 985.4—2008

复合钢的推荐坡口

Recommended joint preparation for welding on clad steels

(ISO 9692-4:2003, Welding and allied processes—Recommendations for joint preparation—Part 4:Clad steels, MOD)

2008-03-31 发布　　2008-09-01 实施

中华人民共和国国家质量监督检验检疫总局
中国国家标准化管理委员会　发布

前　言

GB/T 985 分为如下 4 个部分：

——GB/T 985.1　气焊、焊条电弧焊、气体保护焊和高能束焊的推荐坡口；

——GB/T 985.2　埋弧焊的推荐坡口；

——GB/T 985.3　铝及铝合金气体保护焊的推荐坡口；

——GB/T 985.4　复合钢的推荐坡口。

本部分为 GB/T 985.4。

本部分修改采用 ISO 9692-4:2003《焊接及相关工艺　推荐的焊接坡口　第 4 部分:复合钢》(英文版)。

本部分根据 ISO 9692-4:2003 重新起草。为了便于使用，本部分做了下列编辑性修改：

——删除了国际标准的前言；

——将标准名称改为“复合钢的推荐坡口”；

——删除了与本标准技术内容无关的规范性引用文件；

——表中的序号做了调整。

本部分由全国焊接标准化技术委员会提出并归口。

本部分起草单位:哈尔滨焊接研究所。

本部分主要起草人:朴东光、储继君。

复合钢的推荐坡口

1 范围

GB/T 985 的本部分规定了复合钢的焊接坡口形式和尺寸。本部分适用于复合钢的焊接。

2 材料

本部分推荐的焊接坡口通常适合所有可焊的复合钢。但复合层含有钛、锆及其合金时，因为可能产生脆化层，必要时可做适当修正。

3 坡口形式及尺寸

复合钢的坡口形式及尺寸参见表 1～表 4。

表 1　复合钢双面焊坡口

单位为毫米

序号	工件厚度 t_1	坡　口	示　意　图	坡口角 α、坡口面角 β	间隙 b、半径 R	钝边 c	坡口深度 h	复合层去除宽度 e	备　注
1	$t_1 \leqslant 18$	带钝边的 V 形对接焊缝	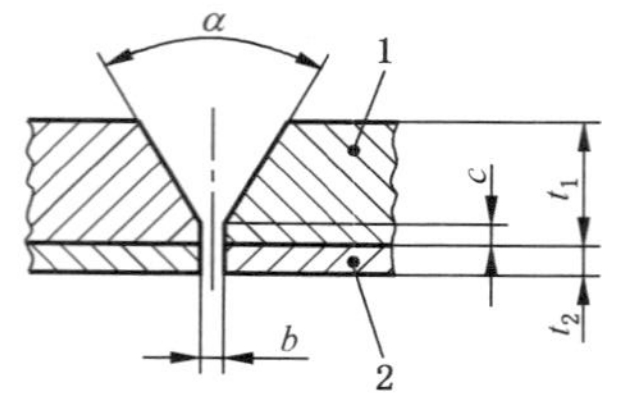	$50° < \alpha < 70°$ $5° < \beta < 15°$	$4 < R < 8$ $b \leqslant 3$	$2 \leqslant c \leqslant 4$	—	—	在复合层侧进行背面打磨或机械加工
2	$t_1 \leqslant 18$	U 形对接焊缝	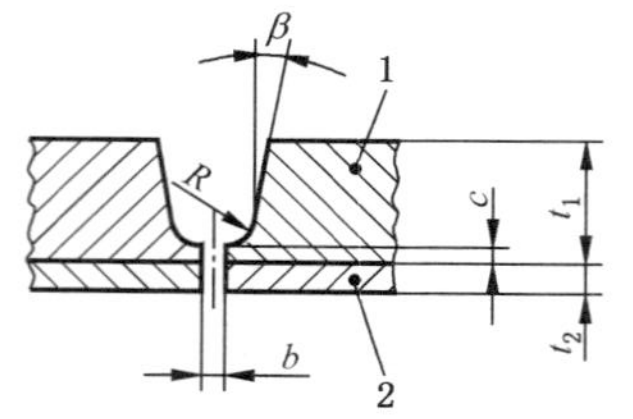						
3	$t_1 > 18$	双 V 形焊缝	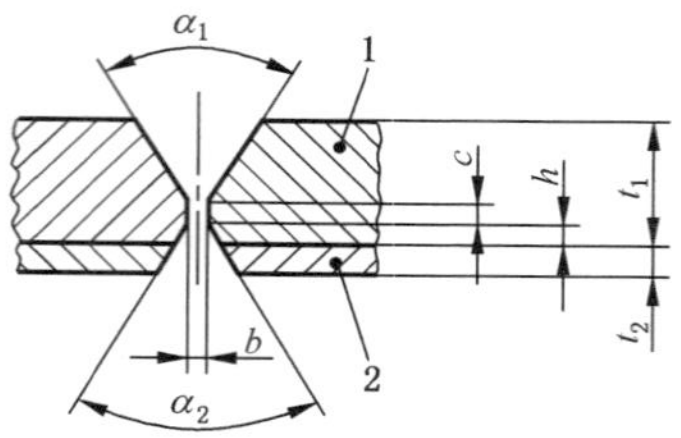	$50° \leqslant \alpha \leqslant 70°$ $5° \leqslant \beta \leqslant 15°$	$4 \leqslant R \leqslant 8$ $b \leqslant 3$	$2 \leqslant c \leqslant 6$	$h=3$	—	
4	$t_1 > 18$	U-V 形组合焊缝	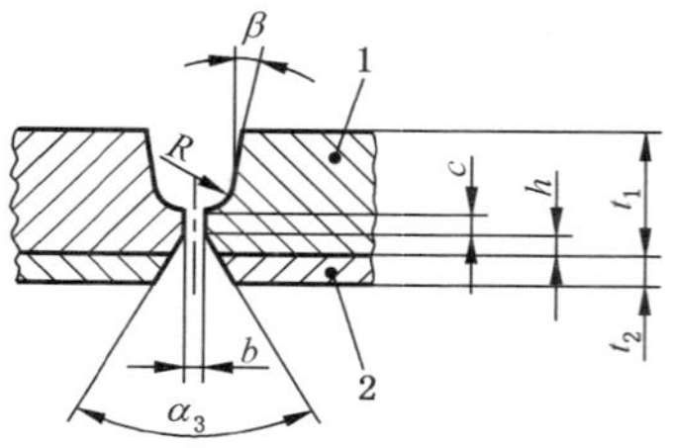						

注：示意图中：1 为基材；2 为复合层；t_2 为复合层厚度。

表 2　复合钢双面焊坡口(复合层做去除加工处理)

单位为毫米

序号	工件厚度 t_1	坡　口	示　意　图	坡口角 α、坡口面角 β	间隙 b、半径 R	钝边 c	坡口深度 h	复合层去除宽度 e	备　注
1	$t_1 \leqslant 18$	V 形对接焊缝	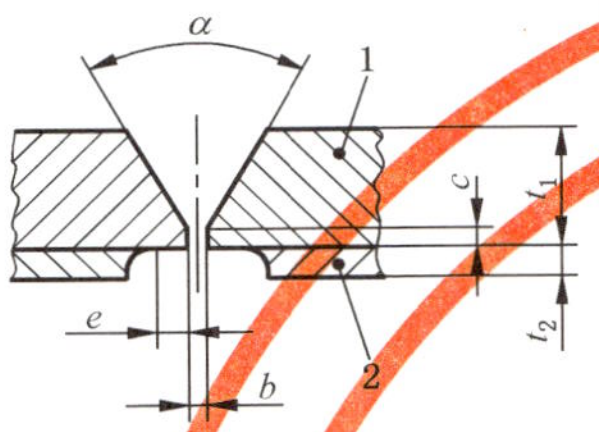	$50° \leqslant \alpha \leqslant 70°$ $5° \leqslant \beta \leqslant 15°$	$3 \leqslant b \leqslant 5$ $4 \leqslant R \leqslant 8$	$c \leqslant 2$	—	$e \geqslant 4$	建议进行背面打磨或机械加工。 邻近的复合层表面应做保护处理,防止打磨颗粒影响。 采用埋弧焊时,e 至少应 8 mm
2	$t_1 \leqslant 18$	U 形对接焊缝	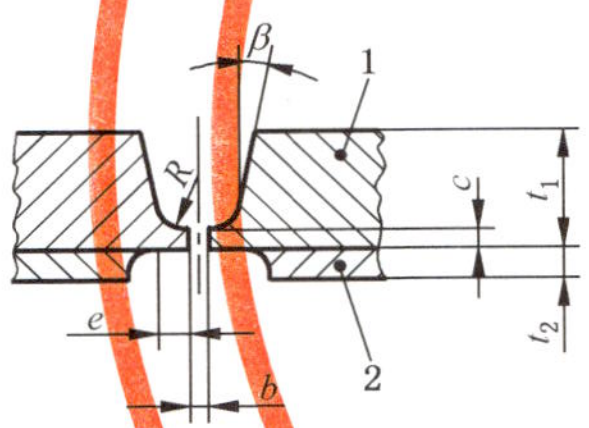						
3	$t_1 > 18$	双 V 形焊缝	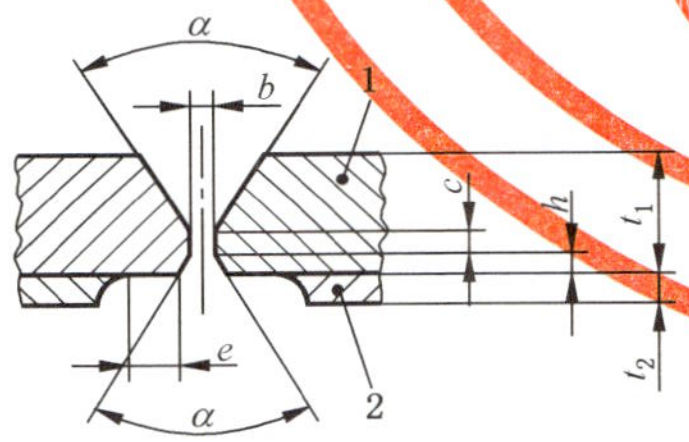	$50° \leqslant \alpha \leqslant 70°$	$3 \leqslant b \leqslant 5$	$c \leqslant 2$	$h \approx \frac{1}{3} t_1$	$e \geqslant 4$	

注:示意图中:1 为基材;2 为复合层;t_2 为复合层厚度。

表 3　复合钢单面焊坡口

单位为毫米

序号	工件厚度 t_1	坡　口	示　意　图	坡口角 α、坡口面角 β	间隙 b、半径 R	钝边 c	坡口深度 h	复合层去除宽度 e	备　注
1	$t_1<8$	V 形对接焊缝	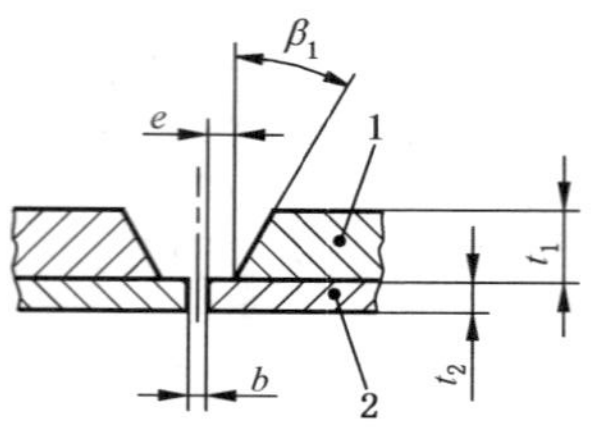	$20°\leqslant\beta_1\leqslant45°$ $20°\leqslant\beta_2\leqslant45°$	$2\leqslant b\leqslant4$	—	—	$e\geqslant3$	
2	$t_1<8$	V-V 形组合焊缝	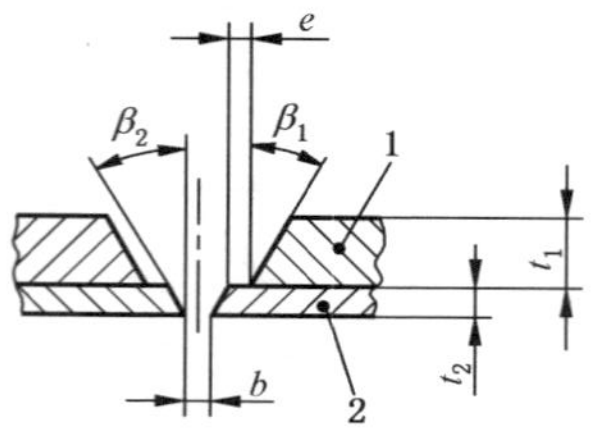						
3	$t_1\leqslant18$ $1\leqslant t_2\leqslant4$	管道焊缝	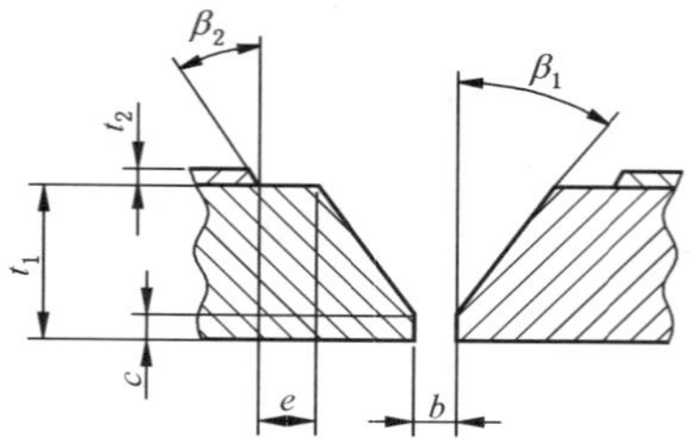	$30°\leqslant\beta_1\leqslant40°$ $20°\leqslant\beta_2\leqslant45°$	$1\leqslant b\leqslant4$	$c\leqslant2$	—	$e\geqslant2$	适合管道焊接

注：示意图中：1 为基材；2 为复合层；t_2 为复合层厚度。

表 4　复合钢焊接坡口(带衬垫、垫板或盖板)

单位为毫米

序号	工件厚度 t_1	坡　口	示　意　图	坡口角 α、坡口面角 β	间隙 b、半径 R	钝边 c	坡口深度 h	复合层去除宽度 e	备　注
1	$t_1 \leqslant 18$	V 形 对接焊缝	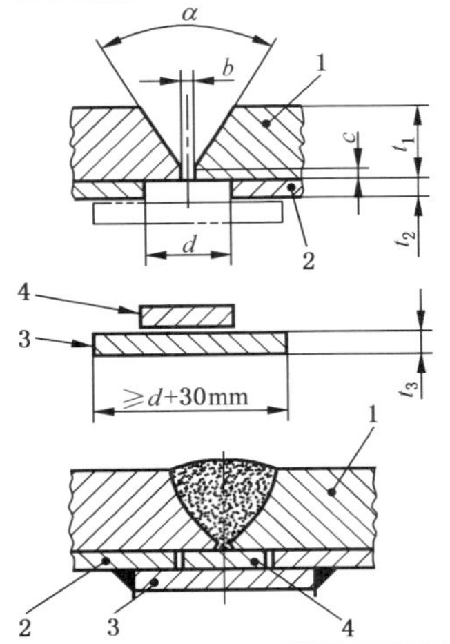	$50° \leqslant \alpha \leqslant 70°$	$b \leqslant 3$	$c \leqslant 2$	—	—	为了组成坡口,在复合层去除之后在复合层一侧放置插件(其尺寸约为: $d \approx (b+10)t_2$ $t_3 \geqslant t_2$
2	$t_1 \leqslant 18$	V 形 对接焊缝	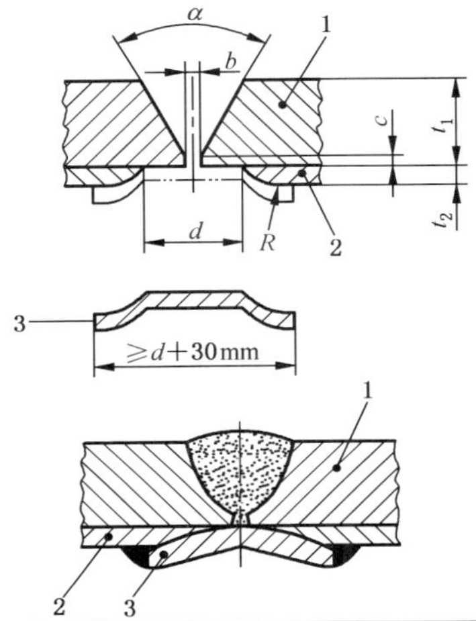	$50° \leqslant \alpha \leqslant 70°$	$b \leqslant 3$ $R > 10$	$c \leqslant 2$	—	—	复合层去除宽度: $d \approx b+15$

注:示意图中:1 为基材;2 为复合层;3 为盖板;4 为垫板;t_2 为复合层厚度。

中华人民共和国国家标准

GB/T 3375—94

焊　接　术　语

代替 GB 3375—82

Welding terminology

1 主题内容与适用范围

本标准规定了焊接(包括软、硬钎焊及热切割)专业的常用标准术语名称、定义及对应英文名称。

本标准适用于编写国家标准、行业标准、企业标准以及技术书籍、教材、论文报告。

2 一般术语

2.1 焊接 welding

通过加热或加压,或两者并用,并且用或不用填充材料,使工件达到结合的一种方法。

2.2 焊接技能 welding technique

手焊工或焊接操作工执行焊接工艺细则的能力。

2.3 焊接方法 welding process

指特定的焊接方法,如埋弧焊、气保护焊等,其含义包括该方法涉及的冶金、电、物理、化学及力学原则等内容。

2.4 焊接工艺 welding procedure

制造焊件所有关的加工方法和实施要求,包括焊接准备、材料选用、焊接方法选定、焊接参数、操作要求等。

2.5 焊接工艺规范(程) welding procedure specification

制造焊件所有关的加工和实践要求的细则文件,可保证由熟练焊工或操作工操作时质量的再现性。

2.6 焊接操作 welding operation

按照给定的焊接工艺完成焊接过程的各种动作的统称。

2.7 焊接顺序 welding sequence

工件上各焊接接头和焊缝的焊接次序。

2.8 焊接方向 progress of welding

焊接热源沿焊缝长度增长的移动方向。

2.9 焊接回路 welding circuit

焊接电源输出的焊接电流流经工件的导电回路。

2.10 坡口 groove

根据设计或工艺需要,在焊件的待焊部位加工并装配成的一定几何形状的沟槽。各种坡口形式见图1。

国家技术监督局1994-06-20批准　　1995-05-01实施

序号	简图	坡口形式	接头形式	焊缝形式
1		I 形	对接接头	对接焊缝
2		I 形	对接接头	对接焊缝
3		I 形(有间隙带垫板)	对接接头	对接焊缝
4		I 形	对接接头	对接焊缝（双面焊）
5		V 形（带垫板）	对接接头	对接焊缝
6		V 形（带垫板）	对接接头	对接焊缝
7		V 形（带钝边）	对接接头	对接焊缝（有根部焊道）
8		X 形（带钝边）	对接接头	对接焊缝
9		V 形（带钝边）	对接接头	对接焊缝和角焊缝的组合焊缝
10	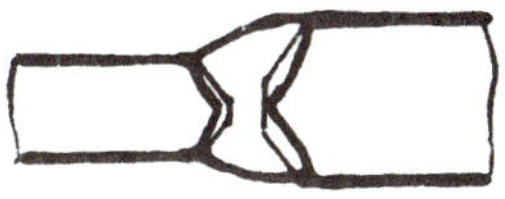	X 形（带钝边）	对接接头	对接焊缝

图 1

序号	简图	坡口形式	接头形式	焊缝形式
11	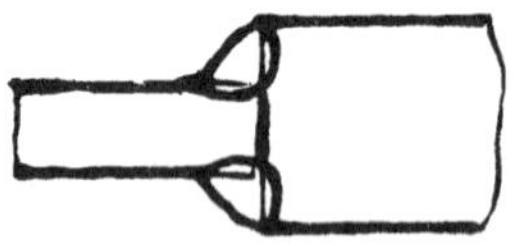	I 形	对接接头	角焊缝
12		单边 V 形 （带钝边）	对接接头	对接焊缝
13		单边 V 形 （带钝边、厚板削薄）	对接接头	对接焊缝
14	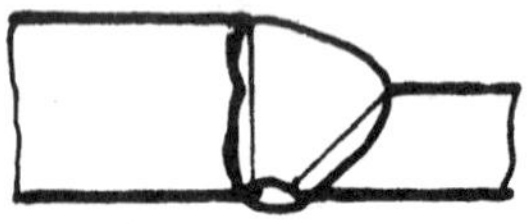	单边 V 形 （带钝边）	对接接头	对接和角接的组合焊缝
15	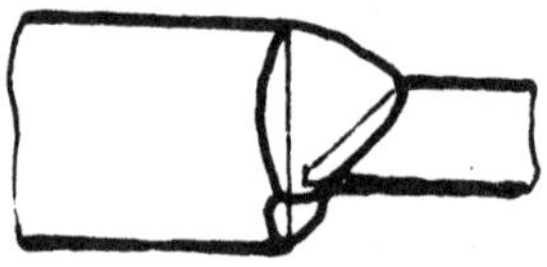	单边 V 形 （带钝边）	对接接头	对接和角接的组合焊缝
16	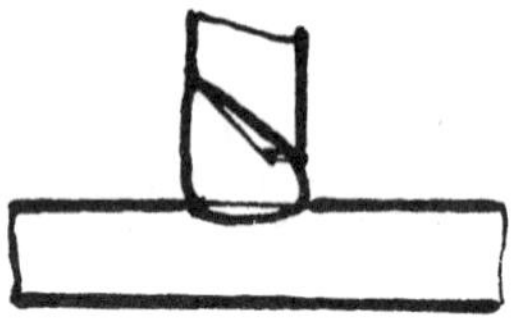	单边 V 形	T 形接头	对接焊缝
17	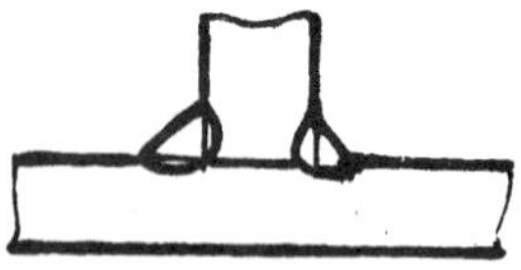	I 形	T 形接头	角焊缝
18	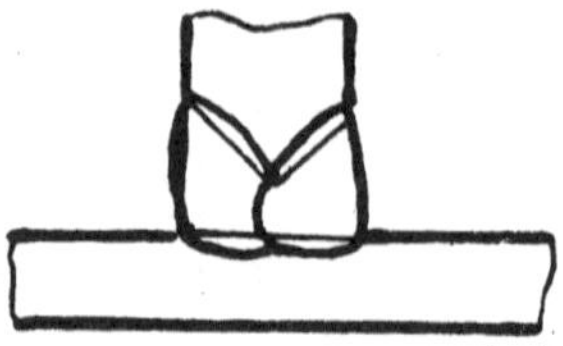	K 形	T 形接头	对接焊缝

续图 1

序号	简图	坡口形式	接头形式	焊缝形式
19	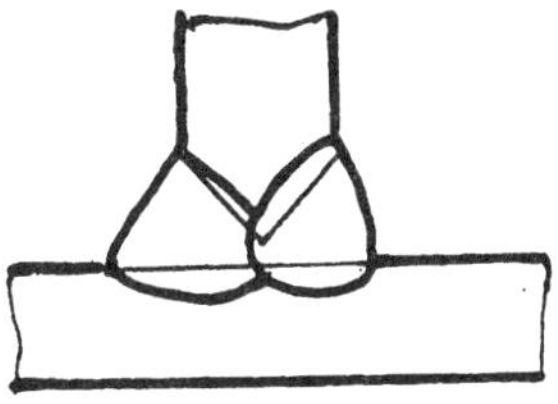	K 形	T 形接头	对接和角接的组合焊缝
20	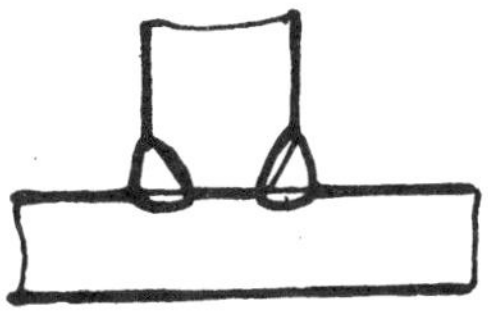	K 形 （带钝边）	T 形接头	对接焊缝
21		单边 V 形	T 形接头	对接焊缝
22	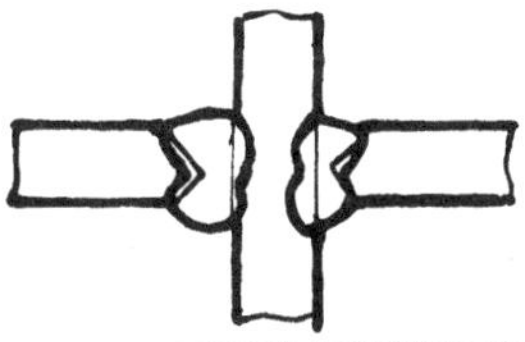	K 形	十字接头	对接焊缝
23	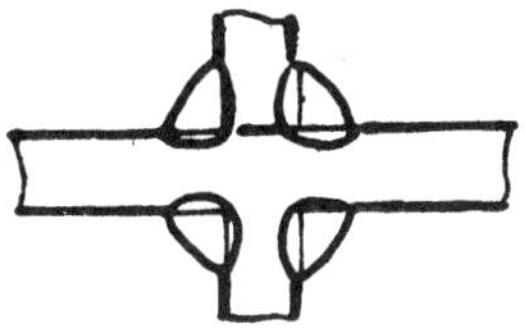	I 形	十字接头	角焊缝
24		I 形	搭接接头	角焊缝
25		—	塞焊搭接 接头	塞焊缝
26		—	槽焊接头	槽焊缝

续图 1

序号	简图	坡口形式	接头形式	焊缝形式
27	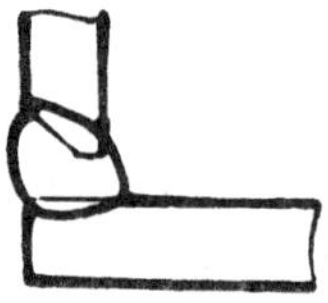	单边 V 型 （带钝边）	角接接头	对接焊缝
28	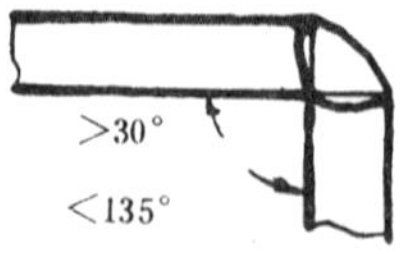	—	角接接头	角焊缝
29	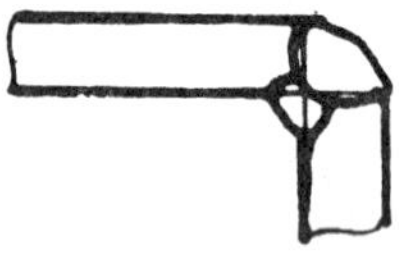	—	角接接头	角焊缝
30	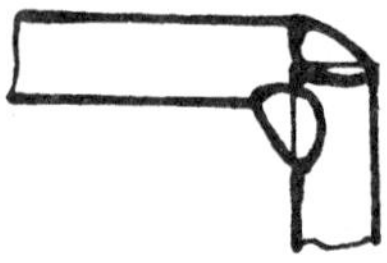	—	角接接头	角焊缝
31		—	端接接头	端接焊缝
32		—	套管接头	角焊缝
33	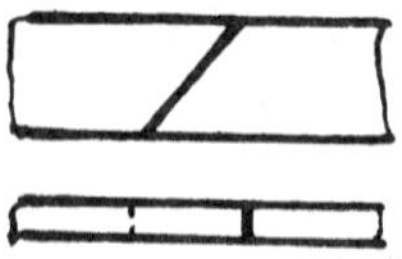	—	斜对接接头	对接焊缝

续图 1

序号	简图	坡口形式	接头形式	焊缝形式
34		—	卷边接头	对接焊缝
35		U形 （带钝边）	对接接头	对接焊缝
36		双U形 （带钝边）	对接接头	对接焊缝
37		J形 （带钝边）	T形接头 （A） 对接接头 （B）	对接焊缝
38		双J形	T形接头 （A） 对接接头 （B）	对接焊缝
39		V形	锁底接头	对接焊缝
40		喇叭形		

续图 1

2.11 开坡口 beveling (of the edge)

用机械、火焰或电弧等加工坡口的过程。

2.12 单面坡口 single groove

只构成单面焊缝(包括封底焊)的坡口。

2.13 双面坡口 double groove

形成双面焊缝的坡口。

2.14 坡口面 groove face

待焊件上的坡口表面,见图 2。

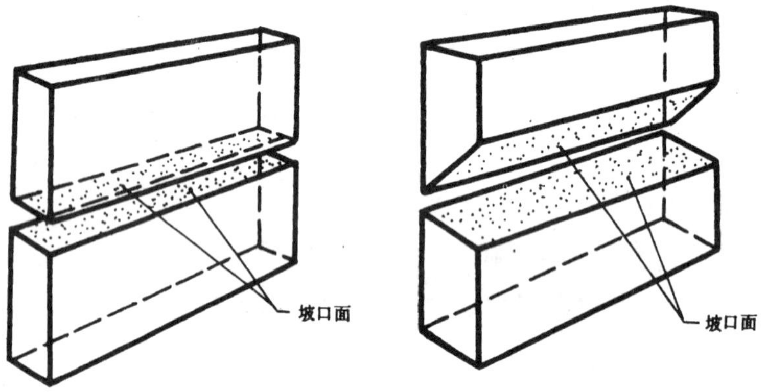

图 2

2.15 坡口角度 groove angle

两坡口面之间的夹角,见图 3。

2.16 坡口面角度 bevel angle,angle of preparation

待加工坡口的端面与坡口面之间的夹角,见图 3。

2.17 接头根部 root of joint

组成接头两零件最接近的那一部位,见图 4。

2.18 根部间隙 root opening

焊前在接头根部之间预留的空隙,见图 3。

2.19 根部半径 root radius,groove radius

在 J 形、U 形坡口底部的圆角半径,见图 3。

2.20 钝边 root face

焊件开坡口时,沿焊件接头坡口根部的端面直边部分,见图 3。

2.21 接头 joint

由二个或二个以上零件要用焊接组合或已经焊合的接点。检验接头性能应考虑焊缝、熔合区、热影响区甚至母材等不同部位的相互影响。

2.22 接头设计 joint design

根据工作条件所确定的接头形式、坡口形式和尺寸以及焊缝尺寸等。

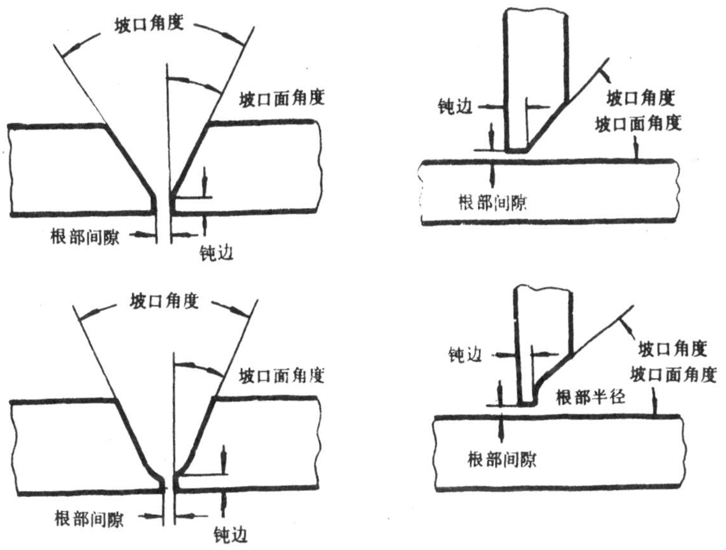

图 3

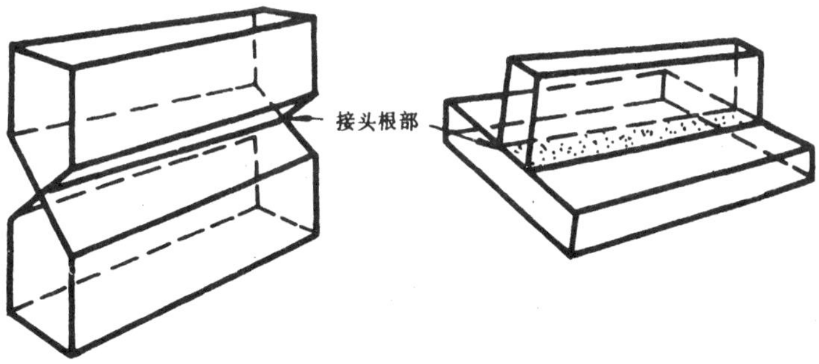

图 4

2.23　对接接头　butt joint

两件表面构成大于或等于 135°，小于或等于 180°夹角的接头，见图 1。

2.24　角接接头　corner joint

两件端部构成大于 30°，小于 135°夹角的接头，见图 1。

2.25　T 形接头　T-joint

一件之端面与另一件表面构成直角或近似直角的接头，见图 1。

2.26　搭接接头　lap joint

两件部分重叠构成的接头，见图 1。

2.27　十字接头　cruciform joint

三个件装配成“十字”形的接头，见图 1。

2.28　端接接头　edge joint

两件重叠放置或两件表面之间的夹角不大于 30°构成的端部接头，见图 1。

2.29 卷边接头 edge-flange joint

待焊件端部预先卷边，焊后卷边只部分熔化的接头，见图 1。

2.30 套管接头 sleeve joint

将一根直径稍大的短管套于需要被连接的两根管子的端部构成的接头，见图 1。

2.31 斜对接接头 scarf joint

接缝在焊件平面上倾斜布置的对接接头，见图 1。

2.32 锁底接头 lock joint

一个件的端部放在另一件预留底边上所构成的接头，见图 1。

2.33 母材金属 base metal，parent metal

被焊金属材料的统称。

2.34 热影响区 heat-affected zone

焊接或切割过程中，材料因受热的影响(但未熔化)而发生金相组织和机械性能变化的区域。

2.35 过热区 overheated zone

焊接热影响区中，具有过热组织或晶粒显著粗大的区域。

2.36 熔合区(熔化焊) (无对应英文标准术语)

焊缝与母材交接的过渡区，即熔合线处微观显示的母材半熔化区。

2.37 熔合线(熔化焊) weld interface

焊接接头横截面上，宏观腐蚀所显示的焊缝轮廓线。

2.38 焊缝 weld

焊件经焊接后所形成的结合部分。

2.39 焊缝区 weld zone

焊缝及其邻近区域的总称。

2.40 焊缝金属区 weld metal area

在焊接接头横截面上测量的焊缝金属的区域。熔焊时，由焊缝表面和熔合线所包围的区域。电阻焊时，指焊后形成的熔核部分。

2.41 定位焊缝 tack weld

焊前为装配和固定构件接缝的位置而焊接的短焊缝。

2.42 承载焊缝 strength weld

焊件上用作承受载荷的焊缝。

2.43 连续焊缝 continuous weld

连续焊接的焊缝。

2.44 断续焊缝 intermittent weld

焊接成具有一定间隔的焊缝。

2.45 纵向焊缝 longitudinal weld

沿焊件长度方向分布的焊缝。

2.46 横向焊缝 transverse weld

垂直于焊件长度方向的焊缝。

2.47 环缝 girth weld，circumferential weld

沿筒形焊件分布的头尾相接的封闭焊缝。

2.48 螺旋形焊缝 spiral weld，helical weld

用成卷板材按螺旋形方式卷成管接头后焊接所得到的焊缝。

2.49 密封焊缝 seal weld

主要用于防止流体渗漏的焊缝。

2.50 对接焊缝　butt weld

在焊件的坡口面间或一零件的坡口面与另一零件表面间焊接的焊缝，见图 1。

2.51 角焊缝　fillet weld

沿两直交或近直交零件的交线所焊接的焊缝，见图 1。

2.52 正面角焊缝　fillet weld in normal shear

焊缝轴线与焊件受力方向相垂直的角焊缝，见图 5。

2.53 侧面角焊缝　fillet weld in parallel shear

焊缝轴线与焊件受力方向相平行的角焊缝，见图 6。

图 5

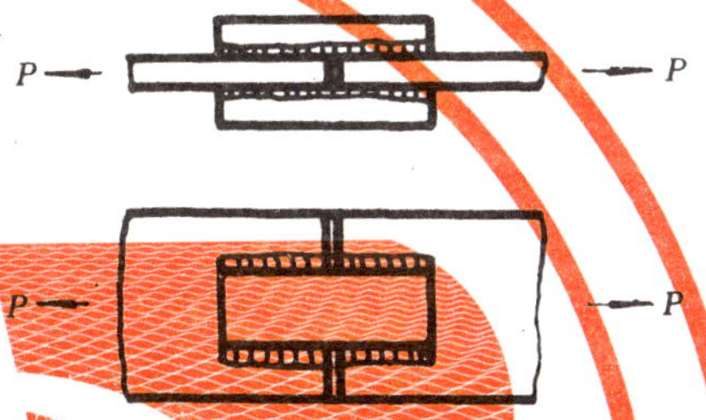

图 6

2.54 并列断续角焊缝　chain intermittent fillet weld

T 形接头两侧互相对称布置、长度基本相等的断续角焊缝，见图 7。

2.55 交错断续角焊缝　staggered intermittent fillet weld

T 形接头两侧互相交错布置、长度基本相等的断续角焊缝，见图 8。

图 7

图 8

2.56 凸形角焊缝　convex fillet weld

焊缝表面突起的角焊缝，见图 9。

2.57 凹形角焊缝　concave fillet weld

焊缝表面下凹的角焊缝，见图 10。

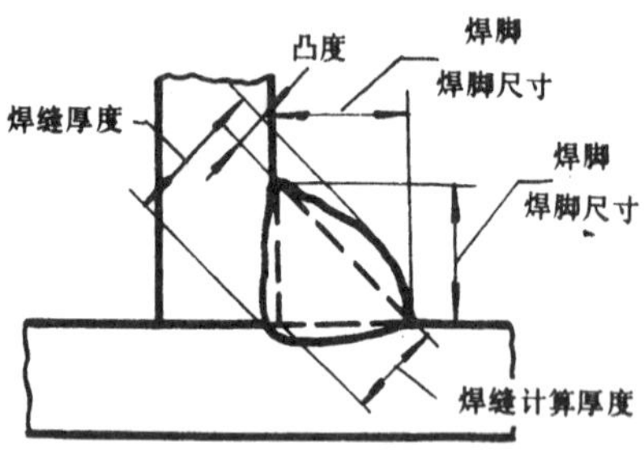

图 9

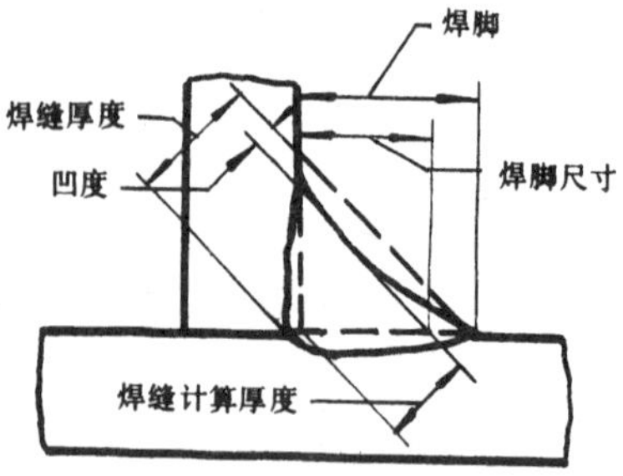

图 10

2.58 端接焊缝 edge weld

构成端接接头所形成的焊缝，见图 1。

2.59 塞焊缝 plug weld

两零件相叠，其中一块开圆孔，在圆孔中焊接两板所形成的焊缝，只在孔内焊角焊缝者不称塞焊，见图 1。

2.60 槽焊缝 slot weld

两板相叠，其中一块开长孔，在长孔中焊接两板的焊缝，只焊角焊缝者不称槽焊。

2.61 焊缝正面 face of weld

焊后，从焊件的施焊面所见到的焊缝表面。

2.62 焊缝背面 root surface

焊后，从焊件施焊面的背面所见到的焊缝表面。

2.63 焊缝宽度 weld width

焊缝表面两焊趾之间的距离，见图 11。

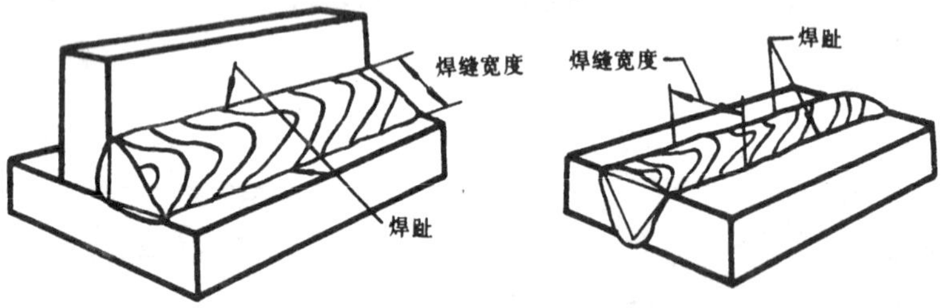

图 11

2.64 焊缝厚度 actual throat

在焊缝横截面中，从焊缝正面到焊缝背面的距离，见图 9、图 10。

2.65 焊缝计算厚度 theoretical throat

设计焊缝时使用的焊缝厚度。对接焊缝焊透时它等于焊件的厚度；角焊缝时它等于在角焊缝横截面内画出的最大直角等腰三角形中，从直角的顶点到斜边的垂线长度，习惯上也称喉厚，见图 9、图 10。

2.66 焊缝凸度 convexity

凸形角焊缝横截面中，焊趾连线与焊缝表面之间的最大距离，见图 9。

2.67 焊缝凹度 concavity

凹形角焊缝横截面中，焊趾连线与焊缝表面之间的最大距离，见图 10。

2.68 焊趾 weld toe

焊缝表面与母材的交界处，见图 11。

2.69 焊脚 fillet weld leg

角焊缝的横截面中，从一个直角面上的焊趾到另一个直角面表面的最小距离，见图 9、图 10。

2.70 焊脚尺寸 fillet weld size

在角焊缝横截面中画出的最大等腰直角三角形中直角边的长度，见图 10。

2.71 熔深 depth of fusion

在焊接接头横截面上，母材或前道焊缝熔化的深度，见图 12。

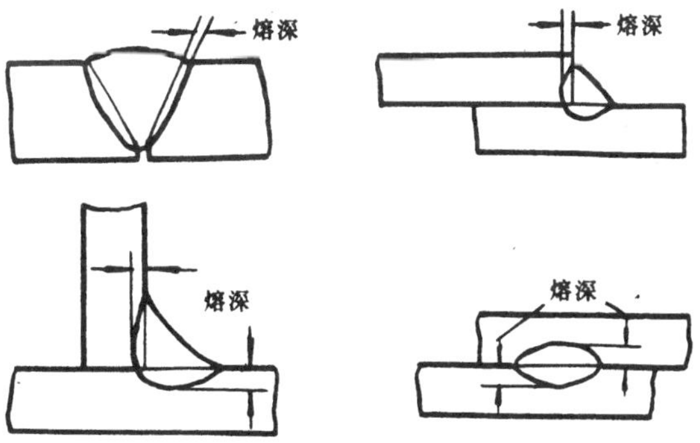

图 12

2.72 焊缝成形系数 form factor (of the weld)

熔焊时，在单道焊缝横截面上焊缝宽度(B)与焊缝计算厚度(H)的比值($\varphi=B/H$)，见图 13。

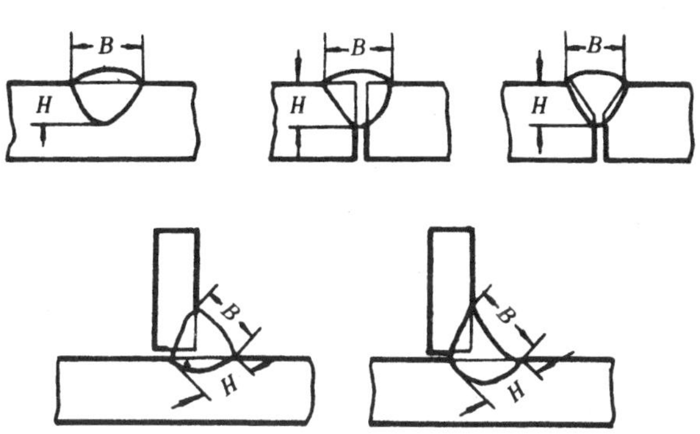

图 13

2.73 余高 weld reinforcement

超出母材表面连线上面的那部分焊缝金属的最大高度，见图 14。

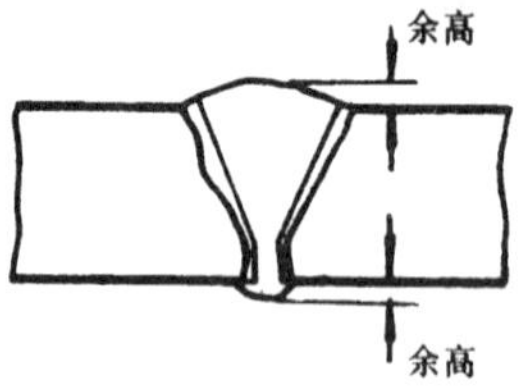

图 14

2.74 焊根 weld root

焊缝背面与母材的交界处，见图 15。

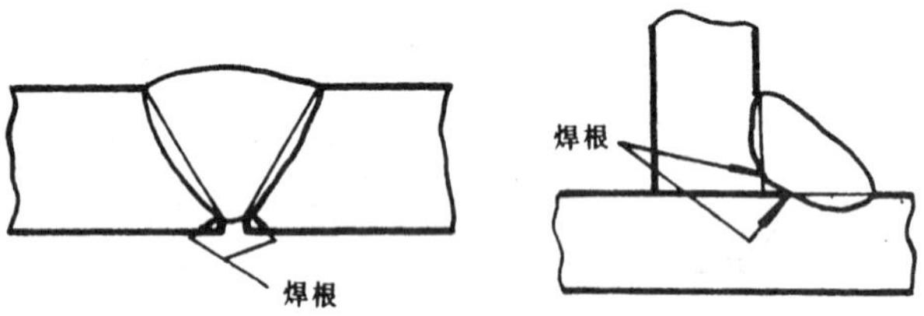

图 15

2.75 焊缝轴线 axis of weld

焊缝横断面几何中心沿焊缝长度方向的连线。

2.76 焊缝长度 weld length

焊缝沿轴线方向的长度。

2.77 焊缝金属 weld metal

构成焊缝的金属。一般指熔化的母材和填充金属凝固后形成的那部分金属。

2.78 焊缝符号 welding symbols

在图样上标注焊接方法、焊缝形式和焊缝尺寸等技术内容的符号。

2.79 手工焊 manual welding

手持焊炬、焊枪或焊钳进行操作的焊接方法。

2.80 自动焊 automatic welding

用自动焊接装置完成全部焊接操作的焊接方法。

2.81 机械化焊接 mechanized welding

焊炬、焊枪或焊钳由机械装备夹持并要求随着观察焊接过程而调整设备控制部分的焊接方法。

2.82 定位焊 tack welding

为装配和固定焊件接头的位置而进行的焊接。

2.83 连续焊 continuous welding

为完成焊件上的连续焊缝而进行的焊接。

2.84 断续焊 intermittent welding

沿接头全长获得有一定间隔的焊缝所进行的焊接。

2.85 对接焊 butt welding

焊件装配成对接接头进行的焊接。

2.86 角焊 fillet welding

为完成角焊缝而进行的焊接。

2.87 搭接焊 lap welding

焊件装配成搭接接头进行的焊接。

2.88 卷边焊 flange welding

焊件装配成卷边接头进行的焊接。

2.89 车间焊接 shop welding

在车间进行的焊接。

2.90 工地焊接 field welding

焊接结构在工地安装后就地进行的焊接，也称现场焊接。

2.91 补焊（返修焊） repair welding

为修补工件（铸件、锻件、机械加工件或焊接结构件）的缺陷而进行的焊接。

2.92 焊接参数 welding parameter

焊接时，为保证焊接质量而选定的各项参数（例如，焊接电流、电弧电压、焊接速度、线能量等）的总称。

2.93 焊接电流 welding current

焊接时，流经焊接回路的电流。

2.94 焊接速度 welding speed

单位时间内完成的焊缝长度。

2.95 引弧电压 striking voltage

能使电弧引燃的最低电压。

2.96 电弧电压 arc voltage

电弧两端（两电极）之间的电压。

2.97 热输入 heat input

熔焊时，由焊接能源输入给单位长度焊缝上的热能。

2.98 熔化速度 melting rate

熔焊过程中，熔化电极在单位时间内熔化的长度或质量。

2.99 熔化系数 melting coefficient

熔焊过程中，单位电流、单位时间内，焊芯（或焊丝）的熔化量（g/(A・h)）。

2.100 熔敷速度 deposition rate

熔焊过程中，单位时间内熔敷在焊件上的金属量（kg/h）。

2.101 熔敷系数 deposition coefficient

熔焊过程中，单位电流、单位时间内，焊芯（或焊丝）熔敷在焊件上的金属量（g/(A・h)）。

2.102 合金过渡系数 transfer efficiency; recovery (of an element)

焊接材料中的合金元素过渡到焊缝金属中的数量与其原始含量的百分比。

2.103 熔敷效率 deposition efficiency

熔敷金属量与熔化的填充金属（通常指焊芯、焊丝）量的百分比。

2.104 送丝速度 wire feed rate

焊接时，单位时间内焊丝向焊接熔池送进的长度。

2.105 保护气体流量 shield gas flow rate

气体保护焊时，通过气路系统送往焊接区的保护气体的流量。通常用流量计进行计量。

2.106 焊丝间距 distance between wire

使用两根或两根以上焊丝作电极的电渣焊或电弧焊时，相邻两根焊丝间的距离。

2.107 稀释 dilution

填充金属受母材或先前焊道的熔入而引起的化学成分含量降低，通常可用母材金属或先前焊道的焊缝金属在焊道中所占质量比来确定。

2.108 预热 preheat

焊接开始前，对焊件的全部(或局部)进行加热的工艺措施。

2.109 后热 postheat

焊接后立即对焊件的全部(或局部)进行加热或保温，使其缓冷的工艺措施。它不等于焊后热处理。

2.110 预热温度 preheat temperature

按照焊接工艺的规定，预热需要达到的温度。

2.111 后热温度 postheat temperature

按照焊接工艺的规定，后热需要达到的温度。

2.112 道间温度(俗称层间温度) interpass temperature

多层多道焊时，在施焊后继焊道之前，其相邻焊道应保持的温度。

2.113 焊态 as welded

焊接过程结束后，焊件未经任何处理的状态。

2.114 焊接热循环 weld thermal cycle

在焊接热源作用下，焊件上某点的温度随时间变化的过程。

2.115 焊接温度场 welding temperature field

焊接过程中的某一瞬间焊接接头上各点的温度分布状态，通常用等温线或等温面来表示。

2.116 焊后热处理 postweld heat treatment

焊后，为改善焊接接头的组织和性能或消除残余应力而进行的热处理。

2.117 焊接性 weldability

材料在限定的施工条件下焊接成按规定设计要求的构件，并满足预定服役要求的能力。焊接性受材料、焊接方法、构件类型及使用要求四个因素的影响。

2.118 焊接性试验 weldability test

评定母材焊接性的试验。例如：焊接裂纹试验、接头力学性能试验、接头腐蚀试验等。

2.119 焊接应力 welding stress

焊接构件由焊接而产生的内应力。

2.120 焊接残余应力 residual stress

焊后残留在焊件内的焊接应力。

2.121 焊接变形 welding deformation

焊件由焊接而产生的变形。

2.122 焊接残余变形 welding residual deformation

焊后，焊件残留的变形。

2.123 拘束度 restraint intensity

衡量焊接接头刚性大小的一个定量指标。拘束度有拉伸和弯曲两类：拉伸拘束度是焊接接头根部间隙产生单位长度弹性位移时，焊缝每单位长度上受力的大小；弯曲拘束度是焊接接头产生单位弹性弯曲角变形时，焊缝每单位长度上所受弯矩的大小。

2.124 碳当量 carbon equivalent

把钢中合金元素(包括碳)的含量按其作用换算成碳的相当含量。可作为评定钢材焊接性的一种参考指标。

2.125 扩散氢 diffusible hydrogen

焊缝区中能自由扩散运动的那一部分氢。

2.126 残余氢 residual hydrogen

焊件中扩散氢充分逸出后仍残存于焊缝区中的氢。

2.127 焊件 weldment

由焊接方法连接的组件。

2.128 焊接车间 welding shop

以生产焊件为主的车间。

2.129 电极 electrode

熔化焊时用以传导电流,并使填充材料和母材熔化或本身也作为填充材料而熔化的金属丝(焊丝、焊条)、棒(石墨棒、钨棒)。

电阻焊时指用以传导电流和传递压力的金属极。

2.130 熔化电极 consumable electrode

焊接时不断熔化并作为填充金属的电极。

2.131 焊接循环 welding cycle

完成一个焊点或一条焊缝所包括的全部程序。

3 熔焊术语

3.1 熔焊(熔化焊) fusion welding

将待焊处的母材金属熔化以形成焊缝的焊接方法。

3.2 熔池 molten pool;puddle

熔焊时在焊接热源作用下,焊件上所形成的具有一定几何形状的液态金属部分。

3.3 弧坑 crater

弧焊时,由于断弧或收弧不当,在焊道末端形成的低洼部分。

3.4 熔敷金属 deposited metal

完全由填充金属熔化后所形成的焊缝金属。

3.5 熔敷顺序 build up sequence

堆焊或多层焊时,在焊缝横截面上各焊道的施焊次序,见图16。

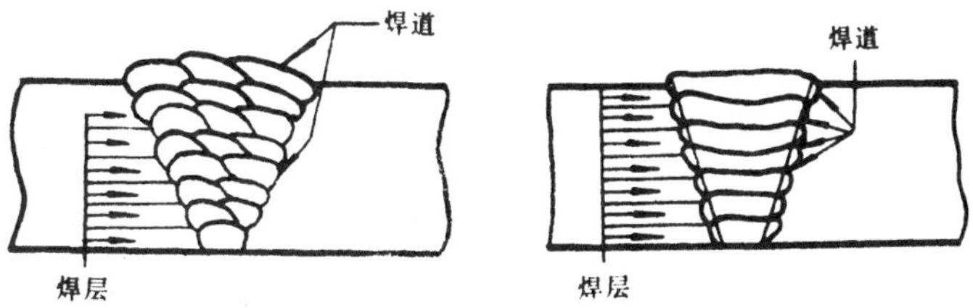

图16

3.6 焊道 bead

每一次熔敷所形成的一条单道焊缝。见图16。

3.7 根部焊道 root bead

多层焊时,在接头根部焊接的焊道。

3.8 打底焊道 backing bead

单面坡口对接焊时,形成背垫(起背垫作用的焊道。见图17。

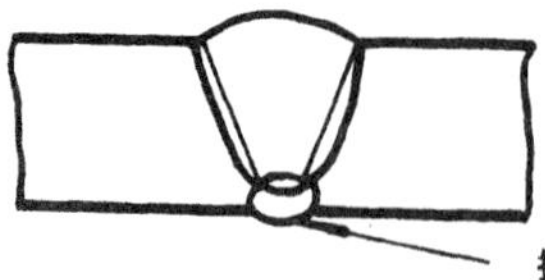

图 17

3.9 封底焊道 back bead

单面对接坡口焊完后，又在焊缝背面侧施焊的最终焊道(是否清根可视需要确定)。见图 18。

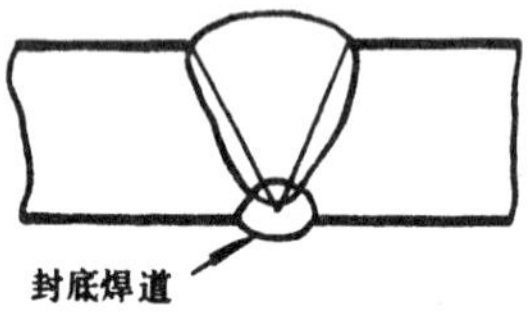

图 18

3.10 熔透焊道 penetration bead

只从一面焊接而使接头完全熔透的焊道，一般指单面焊双面成形焊道，见图 19。

图 19

3.11 摆动焊道 weave bead

焊接时，电极作横向摆动所完成的焊道。

3.12 线状焊道 stringer bead

焊接时，电极不摆动，呈线状前进所完成的窄焊道。

3.13 焊波 ripple

焊缝表面上的鱼鳞状波纹。

3.14 焊层 layer

多层焊时的每一个分层。每个焊层可由一条焊道或几条并排相搭的焊道所组成，见图 16。

3.15 焊接电弧 welding arc

由焊接电源供给的，具有一定电压的两电极间或电极与母材间，在气体介质中产生的强烈而持久的放电现象。

3.16 引弧 stiking

弧焊时，引燃焊接电弧的过程。

3.17 电弧稳定性 arc stability

电弧保持稳定燃烧(不产生断弧、飘移和磁偏吹等)的程度。

3.18 电弧挺度 arc stiffness

在热收缩和磁收缩等效应的作用下，电弧沿电极轴向挺直的程度。

3.19 电弧力 arc force

等离子电弧在离子体所形成的轴向力,也可指电弧对熔滴和熔池的机械作用力。

3.20 电弧动特性 dynamic characteristic of arc

对于一定弧长的电弧,当电弧电流发生连续的快速变化时,电弧电压与电流瞬时值之间的关系。

3.21 电弧静特性 static characteristic of arc

在电极材料、气体介质和弧长一定的情况下,电弧稳定燃烧时,焊接电流与电弧电压变化的关系。一般也称伏-安特性。

3.22 脉冲电弧 pulsed arc

以脉冲方式供给电流的电弧。

3.23 硬电弧 forceful arc

电弧电压(或弧长)稍微变化,引起电流明显变化的电弧。

3.24 软电弧 soft arc

电弧电压变化时,电流值几乎不变的电弧。

3.25 电弧自身调节 arc self-regulation

熔化极电弧焊中,当焊丝等速送进时,电弧本身具有的自动调节并恢复其弧长的特性。

3.26 电弧偏吹(磁偏吹) arc blow

电弧受磁力作用而产生偏移的现象。

3.27 弧长 arc length

焊接电弧两端间(指电极端头和熔池表面间)的最短距离。

3.28 熔滴过渡 metal transfer

熔滴通过电弧空间向熔池转移的过程,分粗滴过渡、短路过渡和喷射过渡三种形式。

3.29 粗滴过渡(颗粒过渡) globular transfer

熔滴呈粗大颗粒状向熔池自由过渡的形式,见图20(a)。

图20

3.30 短路过渡 short circuiting transfer

焊条(或焊丝)端部的熔滴与熔池短路接触,由于强烈过热和磁收缩的作用使其爆断,直接向熔池过渡的形式,见图20(b)。

3.31 喷射过渡 spray transfer

熔滴呈细小颗粒并以喷射状态快速通过电弧空间向熔池过渡的形式,见图20(c)。

3.32 脉冲喷射过渡 pulsed spray transfer

利用脉冲电流控制的喷射过渡。

3.33 极性 polarity

直流电弧焊或电弧切割时,焊件的极性。焊件接电源正极称为正极性,接负极为反极性。

3.34 正接 straight polarity

焊件接电源正极,电极接电源负极的接线法。

3.35 反接 reversed polarity

焊件接电源负极，电极接电源正极的接线法。

3.36 焊接位置 welding position

熔焊时，焊件接缝所处的空间位置，可用焊缝倾角和焊缝转角来表示。有平焊、立焊、横焊和仰焊位置等。

3.37 焊缝倾角 inclination of weld axis

焊缝轴线与水平面之间的夹角，见图21。

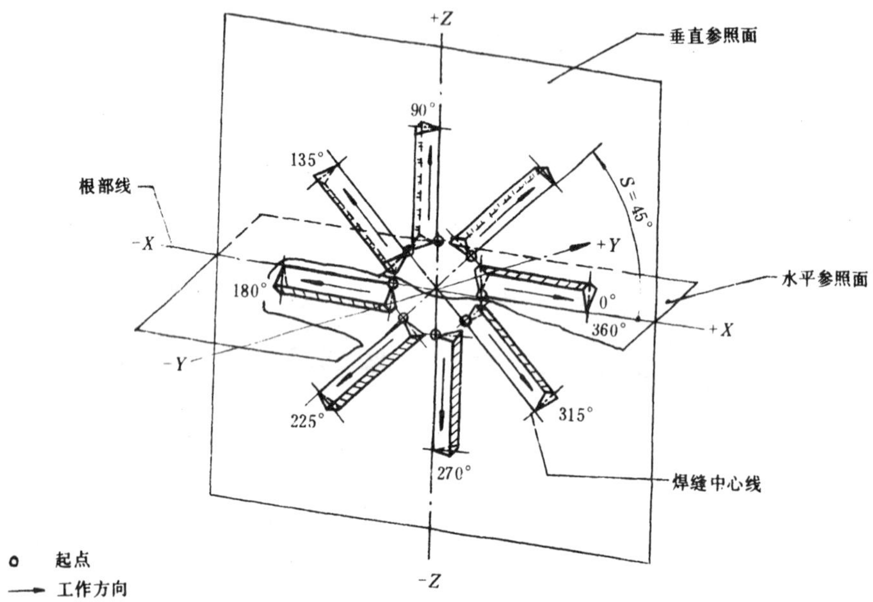

图21 焊缝倾角

3.38 焊缝转角 weld rotation

焊缝中心线(焊根和盖面层中心连线)和水平参照面Y轴的夹角。见图22。

3.39 平焊位置 flat position

焊缝倾角0°，焊缝转角90°的焊接位置，见图23。

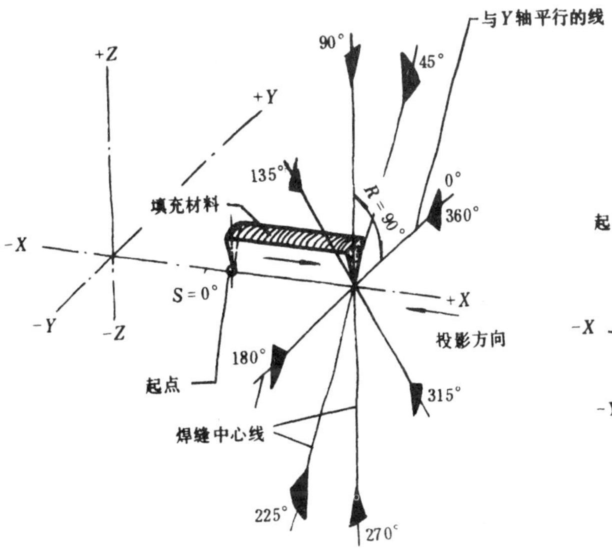

(a) $S=0°$(或360°)及$R=90°$的工作位置

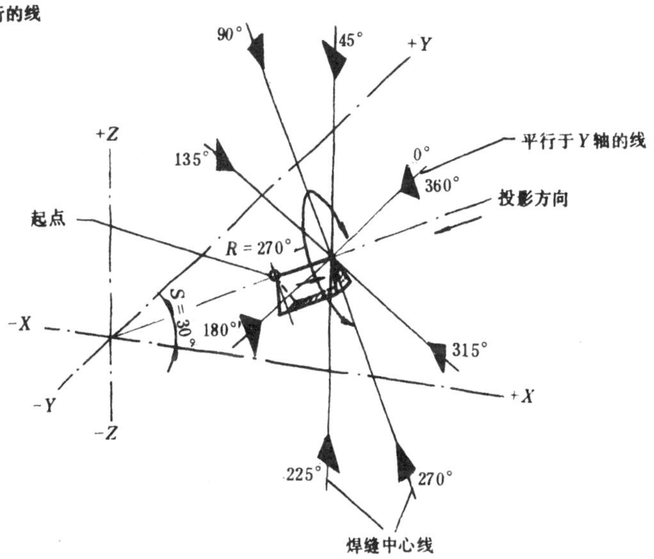

(b) $S=30°$及$R=270°$的工作位置

图 22 焊缝转角

3.40 横焊位置 horizontal position

焊缝倾角 0°,180°;焊缝转角 0°,180°的对接位置,见图 23。

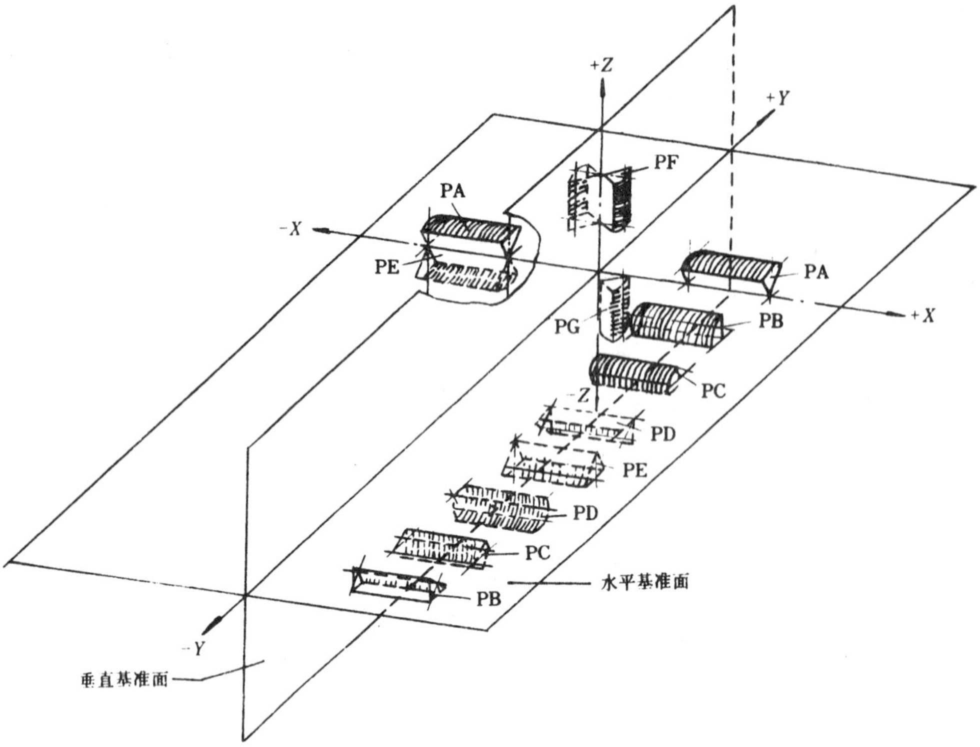

图 23 焊接位置

PA—平焊位置;PB—平角焊位置,PC—横焊位置;PD—仰角焊位置;

PE—仰焊位置;PF—立焊位置;PG—立焊位置

3.41 立焊位置 vertical position

焊缝倾角 90°(立向上),270°(立向下)的位置见图 23。

3.42 仰焊位置 overhead position

对接焊缝倾角 0°,180°;转角 270°的焊接位置,见图 23。

3.43 平角焊位置 horizontal vertical position

角接焊缝倾角 0°,180°;转角 45°,135°的角焊位置见图 23。

3.44 仰角焊位置 horizontal overhead position

倾角 0°,180°;转角 250°,315°的角焊位置见图 23。

3.45 平焊 flat position welding

在平焊位置进行的焊接。

3.46 横焊 horizontal position welding

在横焊位置进行的焊接。

3.47 立焊 vertical position welding

在立焊位置进行的焊接。

3.48 仰焊 overhead position welding

在仰焊位置进行的焊接。

3.49 船形焊 fillet welding in the flat position

T 形、十字形和角接接头处于平焊位置进行的焊接。

3.50 向上立焊 vertical up position welding
立焊时，热源自下向上进行的焊接。

3.51 向下立焊 vertical down position welding
立焊时，热源自上向下进行的焊接。

3.52 平角焊 horizontal vertical position welding
在平角焊位置的焊接。

3.53 仰角焊 horizontal overhead position welding
在仰角焊位置的焊接。

3.54 倾斜焊 inclined position welding
焊件接缝置于倾斜位置(除平、横、立、仰焊位置以外)时进行的焊接。

3.55 左焊法 forehand welding
焊接热源从接头右端向左端移动，并指向待焊部分的操作法。

3.56 右焊法 backhand welding
焊接热源从接头左端向右端移动，并指向已焊部分的操作法。

3.57 分段退焊 backstep sequence
将焊件接缝划分成若干段，分段焊接，每段施焊方向与整条焊缝增长方向相反的焊接法，见图 24。

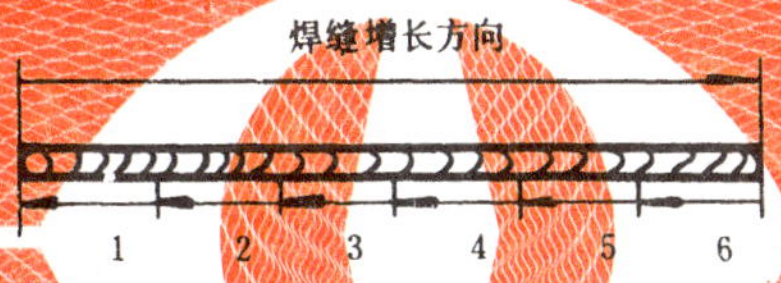

图 24 各分段焊接方向

3.58 跳焊 skip sequence
将焊件接缝分成若干段，按预定次序和方向分段间隔施焊，完成整条焊缝的焊接法。见图 25。

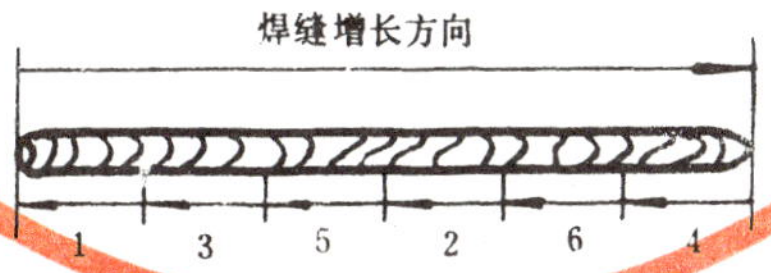

图 25 各分段焊接方向

3.59 单面焊 welding by one side
只在接头的一面(侧)施焊的焊接。

3.60 双面焊 welding by both sides
在接头的两面(侧)施焊的焊接。

3.61 单道焊 single-pass welding
只熔敷一条焊道完成整条焊缝所进行的焊接。

3.62 多道焊 multi-pass welding
由两条以上焊道完成整条焊缝所进行的焊接，见图 16。

3.63 多层焊 multi-layer welding
熔敷两个以上焊层完成整条焊缝所进行的焊接，见图 16。

3.64 分段多层焊 block sequence welding

将焊件接缝划分成若干段，按工艺规定的顺序对每段进行多层焊，最后完成整条焊缝所进行的焊接，见图 26。

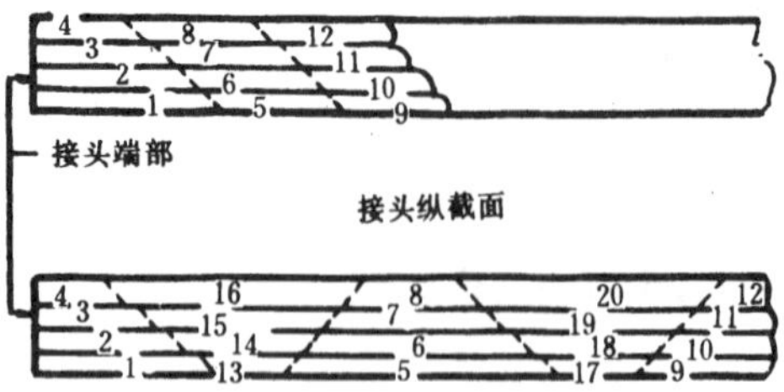

图 26

3.65 堆焊 surfacing

为增大或恢复焊件尺寸，或使焊件表面获得具有特殊性能的熔敷金属而进行的焊接。

在 AWS 中单为增大或恢复尺寸的堆焊称 buildup，为满足耐热、耐蚀的堆焊称 cladding，为满足耐磨要求的堆焊称 hardfacing，为调整表面成分起隔离作用的称 buttering。

3.66 带极堆焊 strip surfacing

使用带状熔化电极进行堆焊的方法。

3.67 打底焊 backing welding

打底焊道的焊接，见“打底焊道”。

3.68 封底焊 back welding

封底焊道的焊接，见“封底焊道”。

3.69 衬垫焊 welding with backing

在坡口背面放置焊接衬垫进行焊接的方法。

3.70 焊剂垫焊 welding with flux backing

用焊剂作衬垫的衬垫焊。

3.71 气焊 oxyfuel gas welding

利用气体火焰作热源的焊接法，最常用的是氧乙炔焊，但近来液化气或丙烷燃气的焊接也已迅速发展。

3.72 氧乙炔焊 oxy-acetylene welding

利用氧乙炔焰进行焊接的方法

3.73 氢氧焊 oxy-hydrogen welding

利用氢氧焰进行焊接的方法。

3.74 氧乙炔焰 oxy-acetylene flame

乙炔与氧混和燃烧所形成的火焰。

3.75 氢氧焰 oxy-hydrogen flame

氢与氧混和燃烧所形成的火焰。

3.76 中性焰 neutral flame

在一次燃烧区内既无过量氧又无游离碳的火焰。

3.77 氧化焰 oxidizing flame

火焰中有过量的氧，在尖形焰芯外面形成一个有氧化性的富氧区。

3.78 碳化焰(还原焰) carburizing flame (reducing flame)

火焰中含有游离碳，具有较强的还原作用，也有一定的渗碳作用的火焰。

3.79 焰芯 cone

火焰中靠近焊炬(或割炬)喷嘴孔的呈锥状而发亮的部分，见图 27(a)、(b)。

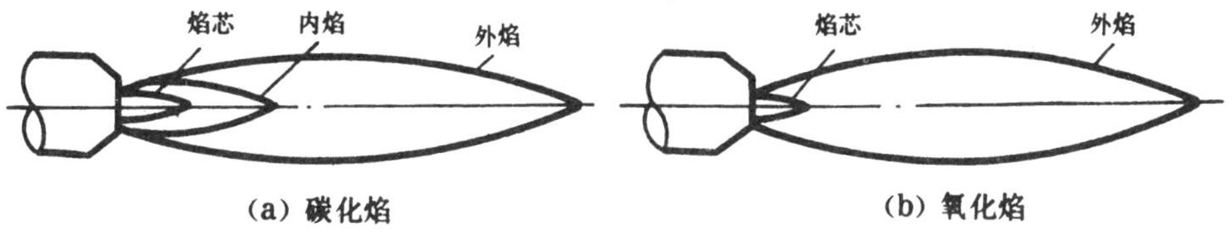

图 27

3.80 内焰 internal flame

火焰中含碳气体过剩时，在焰芯周围明显可见的富碳区，只在碳化焰中有内焰，见图 27(a)。

3.81 外焰 flame envelope

火焰中围绕焰芯或内焰燃烧的火焰，见图 27(a)、(b)。

3.82 一次燃烧 primary combustion

可燃性气体在预先混合好的空气或氧中的燃烧。一次燃烧形成的火焰叫一次火焰。

3.83 二次燃烧 secondary combustion

一次燃烧的中间产物与外围空气再次反应而生成稳定的最终产物的燃烧。二次燃烧形成的火焰叫二次火焰。

3.84 火焰稳定性 flame stability

火焰燃烧的稳定程度。以是否容易发生回火与脱火(火焰在离开喷嘴一定距离处燃烧)的程度来衡量。

3.85 混合比 mixing ratio

气焊时，指氧气(或空气)与可燃性气体的混合比例，它决定了火焰的温度和化学性质。混合气体保护焊时，指两种(或两种以上)保护气体的混合比例。

3.86 气焊炬 oxyfuel gas welding torch

气焊及软、硬钎焊时，用于控制火焰进行焊接的工具。

3.87 射吸式焊(割)炬 low pressure blowpipe

可燃气体靠喷射氧流的射吸作用与氧气混合的焊(割)炬。也可称为低压焊(割)炬。

3.88 等压式焊(割)炬 high pressure blowpipe

氧气与可燃气体压力相等，混合室出口压力低于氧气及燃气压力的焊(割)炬。

3.89 焊割两用炬 combined blowpipe for cutting and welding

在同一炬体上，装上气焊用附件可进行气焊，装上气割用附件可进行气割的两用器具。

3.90 乙炔发生器 acetylene generator

能使水与电石进行化学反应产生一定压力乙炔气体的装置。

3.91 低压乙炔发生器 low pressure acetylene generator

产生表压力低于 0.006 9 MPa 乙炔气体的乙炔发生器。

3.92 中压乙炔发生器 medium pressure acetylene generator

产生表压力为 0.006 9～0.012 7 MPa 乙炔气体的乙炔发生器。

3.93 减压器 gas regulator

将高压气体降为低压气体的调节装置。

3.94 回火 backfire

火焰伴有爆鸣声进入焊(割)炬，并熄灭或在喷嘴重新点燃。

3.95 持续回火 sustained backfire

火焰回进焊(割)炬并继续在管颈或混合室燃烧[随着火焰进入焊(割)炬,可以由爆鸣声转为嗞嗞声]。

3.96 回烧 flashback

通过焊(割)炬再进入软管甚至到调压器。也可能达到乙炔气瓶,可造成气瓶内含物的加热分解。

3.97 回流 backflow

气体由高压区通过软管流向低压区,这种现象可由喷嘴出口堵塞而成。

3.98 回火保险器 flashback arrester

装在燃料气体系统上的防止向燃气管路或气源回烧的保险装置,一般有水封式与干式两种。

3.99 电弧焊 arc welding

利用电弧作为热源的熔焊方法,简称弧焊。

3.100 焊条电弧焊 shielded metal arc welding

用手工操纵焊条进行焊接的电弧焊方法。

3.101 重力焊 gravity feed welding

将重力焊条的引弧端对准焊件接缝,另一端夹持在可滑动夹具上,引燃电弧后,随着电弧的燃烧,焊条靠重力下降进行焊接的一种高效率焊接法。

3.102 碳弧焊 carbon arc welding

利用碳棒作电极进行焊接的电弧焊方法。

3.103 槽焊 slot welding

为获得槽焊缝而进行的电弧焊。

3.104 塞焊 plug welding

为获得塞焊缝而进行的电弧焊。

3.105 深熔焊 deep penetration welding

采用一定的焊接工艺或专用焊条以获得大熔深焊道的焊接法。

3.106 螺柱焊 stud welding

将螺柱一端与板件(或管件)表面接触,通电引弧,待接触面熔化后,给螺柱一定压力完成焊接的方法。

3.107 电弧点焊 arc spot welding

以电弧为热源将两块相叠工件熔化形成点状焊缝的焊接法,得到的焊缝称电弧点焊缝。见图28。

图 28

3.108 埋弧焊 submerged arc welding

电弧在焊剂层下燃烧进行焊接的方法。

3.109 多丝埋弧焊 multiple-wire submerged arc welding

使用二根以上焊丝完成同一条焊缝的埋弧焊。

3.110 气体保护电弧焊 gas metal arc welding (GMAW)

用外加气体作为电弧介质并保护电弧和焊接区的电弧焊,简称气体保护焊。

3.111 二氧化碳气体保护焊 CO_2 shielded arc welding

利用 CO_2 作为保护气体的气体保护焊。简称 CO_2 焊。

3.112 气电立焊 electrogas welding

厚板立焊时，在接头两侧使用成形器具(固定式或移动式冷却块)保持熔池形状，强制焊缝成形的一种电弧焊，通常加 CO_2 气保护熔池，在用自保护焊丝时可不加保护气。

3.113 惰性气体保护焊 inert-gas welding, inertgas shielded arc welding

使用惰性气体作为保护气体的气体保护焊。

3.114 钨极惰性气体保护焊 gas tungsten arc welding (GTAW)

使用纯钨或活化钨(钍钨、铈钨等)电极的惰性气体保护焊。

3.115 熔化极惰性气体保护焊 metal inert-gas welding

使用熔化电极的惰性气体保护焊。

3.116 氩弧焊 argon shielded arc welding

使用氩气作为保护气体的气体保护焊。

3.117 脉冲氩弧焊 argon shielded arc welding-pulsed arc

利用基值电流保持主电弧的电离通道，并周期性地加一同极性高峰值脉冲电流产生脉冲电弧，以熔化金属并控制熔滴过渡的氩弧焊。

3.118 钨极脉冲氩弧焊 gas tungsten arc welding-pulsed arc

使用钨极的脉冲氩弧焊。

3.119 熔化极脉冲氩弧焊 gas metal arc welding-pulsed arc

使用熔化电极的脉冲氩弧焊。

3.120 氦弧焊 helium shielded arc welding

使用氦气作保护气体的气体保护焊。

3.121 混合气体保护焊 mixed gas welding

由两种或两种以上气体，按一定比例组成的混合气体作为保护气体的气体保护焊。

3.122 药芯焊丝电弧焊 flux cored arc welding

依靠药芯焊丝在高温时反应形成的熔渣和气体保护焊接区进行焊接的方法，也有另加保护气体的。

3.123 等离子弧焊 plasma arc welding(PAW)

借助水冷喷嘴对电弧的拘束作用，获得较高能量密度的等离子弧进行焊接的方法。

3.124 微束等离子弧焊 micro-plasma arc welding

利用小电流(通常小于 30 A)进行焊接的等离子弧焊。

3.125 脉冲等离子弧焊 pulsed-plasma arc welding

利用脉冲电流进行焊接的等离子弧焊。

3.126 等离子弧堆焊 plasma arc surfacing

利用等离子弧作热源的堆焊法。

3.127 转移弧 transferred arc

等离子弧焊时，在电极与焊件之间建立的等离子弧。

3.128 非转移弧 nontransferred arc

等离子弧焊接、切割和热喷涂时，在电极与喷嘴之间建立的等离子弧。也称等离子焰。

3.129 穿透型焊接法 keyhole welding

电弧在熔池前穿透工件形成小孔，随着热源移动在小孔后形成焊道的焊接方法。

3.130 熔透型焊接法 penetration welding

焊接过程中熔透焊件的焊接法。简称熔透法。

3.131 压缩喷嘴 constricting nozzle

等离子焊枪中产生等离子弧的关键零件之一。它对电弧直径起着机械压缩的作用，它是一个铜质的水冷喷嘴。见图29。

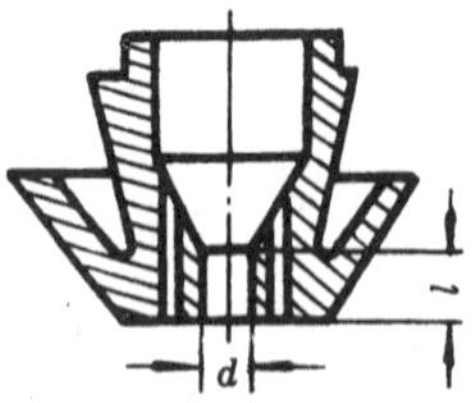

图29

d—压缩喷嘴孔径；l—孔道长度；l/d—孔道比

3.132 压缩喷嘴孔径 orifice diameter

压缩喷嘴中心孔的直径。它直接影响等离子弧柱的直径，见图29。

3.133 孔道长度 orifice throat length

压缩喷嘴中心孔孔道的长度。

当喷嘴孔径一定时，孔道愈长，压缩作用愈强，见图29。

3.134 孔道比 orifice throat ratio

压缩喷嘴孔道长度与孔道直径之比，见图29。它表示该喷嘴的压缩特征。

3.135 等离子气 orifice gas

等离子焊接、切割和喷涂时，作为产生等离子弧的气体。

焊接和喷涂时常用的有纯氩或以氩为主的混合气；切割时常用压缩空气或富氮混合气也有采用氧气。

3.136 窄间隙焊 narrow gap welding

厚板对接接头，焊前不开坡口或只开小角度坡口，并留有窄而深的间隙，采用气体保护焊或埋弧焊的多层焊完成整条焊缝的高效率焊接法。

3.137 原子氢焊 atomic hydrogen welding

分子氢通过两个钨极之间的电弧热分解成原子氢，当其在焊件表面重新结合为分子氢时放出热量，以此为主要热源进行焊接的方法。

3.138 电渣焊 electroslag welding

利用电流通过液体熔渣所产生的电阻热进行焊接的方法。根据使用的电极形状，可分为丝极电渣焊、板极电渣焊、熔嘴电渣焊等。

3.139 渣池 slag bath

电渣焊过程中，由焊剂熔化并覆盖在金属熔池上面的有一定深度的液态熔渣。

3.140 电子束焊 electron beam welding

利用加速和聚焦的电子束轰击置于真空或非真空中的焊件所产生的热能进行焊接的方法。

3.141 电子枪 electron gun

电子束焊机中发射电子，并使其加速和聚焦的装置。主要由阴极、阳极、栅极、聚焦透镜等组成。

3.142 加速电压 accelerating potential

电子枪中，用以加速电子运动的阴极和阳极之间的电压。

3.143 束流 beam current

由电子枪阴极发射流向阳极的电子束电流。

3.144 电子束功率 beam power

电子束在单位时间内放出的能量，用加速电压与束流的乘积表示。

3.145 激光焊 laser beam welding

以聚焦的激光束作为能源轰击焊件所产生的热量进行焊接的方法。

3.146 水下焊 under water welding

在水中进行的焊接方法。按排水方式可分为干式、湿式和局部干式三种。

3.147 热剂反应 thermit reaction

热剂(如铝粉与氧化铁)之间放热的氧化-还原反应。它的主要产物为高温液态金属和熔渣。

3.148 热剂焊 thermit welding

将留有适当间隙的焊件接头装配在特制的铸型内，当接头预热到一定温度后，采用经热剂反应形成的高温液态金属注入铸型内，使接头金属熔化实现焊接的方法。因常用铝粉作为热剂，故也常称铝热焊。主要用于钢轨的焊接。

3.149 热喷涂 thermal spraying

将熔融状态的喷涂材料，通过高速气流使其雾化喷射在零件表面上，形成喷涂层的一种金属表面加工方法。

3.150 火焰喷涂 flame spraying

以气体火焰为热源的热喷涂。

3.151 电弧喷涂 arc spraying

以电弧为热源的热喷涂。

3.152 等离子弧喷涂 plasma spraying

以等离子弧为热源的热喷涂。

3.153 焊钳 electrode holder

用以夹持焊条(或碳棒)并传导电流以进行焊接的工具。

3.154 焊枪 arc welding gun

具有导送焊丝、馈送电流、给送保护气体或贮送焊剂等功能的装置(器具)。

3.155 焊接机头 welding head

焊接机器中包含有焊枪或焊炬的部件，一般带有焊丝校直机构，有时也可有摆动机构。

3.156 喷嘴 nozzle

焊炬或焊枪的嘴头部分，保护气体或可燃气体由此喷出。

3.157 气体喷嘴 gas nozzle

送输保护气体的焊枪或焊炬的出口装置。

3.158 电弧喷涂喷嘴 nozzle for arc spraying

电弧喷涂用导送气体的喷枪出口装置。

3.159 火焰喷涂喷嘴 nozzle for flame spraying

火焰喷涂时用于导送气流并形成雾化颗粒的喷枪出口装置。

3.160 导电嘴 contact tube

熔焊时，焊枪和焊接机头上用以将焊丝导向熔池并向焊丝馈送电流的零件。

3.161 送丝机构 wire feeder

焊接设备中，用以输送焊丝的专用装置。

3.162 铜滑块 backing shoe

电渣焊或气电立焊时，为保持熔池形状，强制焊缝成形，在接头一侧或两侧使用的成形器具。

3.163 清根 backgouging

从焊缝背面清理焊根，为背面焊接作准备的操作。

3.164 飞溅 spatter

熔焊过程中向周围飞散的金属颗粒。

3.165 飞溅率 spatter loss rate

飞溅损失的金属量与熔化的焊丝(或焊条)金属质量的百分比。

3.166 焊接烟尘 weld fumes

焊接时由焊接材料和母材蒸发、氧化产生的烟雾状微粒。

3.167 焊接有害气体 weld harmful gases

焊接时由焊接材料、母材及其冶金反应产生的有害气体,如CO,NO,HF和O_3等。

3.168 焊接发尘量 total amount of weld fumes

焊接时,单位质量的焊接材料(如焊条、焊丝等)所产生的烟尘量,单位为mg/g或g/kg。

4 压焊术语

4.1 压焊 pressure welding

焊接过程中,必须对焊件施加压力(加热或不加热),以完成焊接的方法。包括固态焊、热压焊、锻焊、扩散焊、气压焊及冷压焊等。

4.2 固态焊 solid-state welding (SSW)

焊接温度低于母材金属和填充金属的熔化温度,加压以进行原子相互扩散的焊接工艺方法。

4.3 热压焊 hot pressure welding(HPW)

加热并加压到足以使工件产生宏观变形的一种固态焊。

4.4 锻焊 forge welding(FOW)

将工件加热到焊接温度并予打击,使接合面足以造成永久变形的固态焊接方法。

4.5 扩散焊 diffusion welding(DFW)

将工件在高温下加压,但不产生可见变形和相对移动的固态焊接方法。使用这种方法时接合面间可预置填充金属。

4.6 气压焊 pressure gas welding(DGW)

用氧燃气加热接合区并加压使整个接合面焊接的方法。

4.7 冷压焊 cold welding(CW)

在室温下对接合处加压使产生显著变形而焊接的固态焊接方法。

4.8 摩擦焊 friction welding

利用焊件表面相互摩擦所产生的热,使端面达到热塑性状态,然后迅速顶锻,完成焊接的一种压焊方法。

4.9 爆炸焊 explosion welding

利用炸药爆炸产生的冲击力造成焊件的迅速碰撞,实现连接焊件的一种压焊方法。

4.10 超声波焊 ultrasonic welding

利用超声波的高频振荡能对焊件接头进行局部加热和表面清理,然后施加压力实现焊接的一种压焊方法。

4.11 电阻焊 resistance welding

工件组合后通过电极施加压力,利用电流通过接头的接触面及邻近区域产生的电阻热进行焊接的方法。

4.12 电阻对焊 upset welding

将工件装配成对接接头,使其端面紧密接触,利用电阻热加热至塑性状态,然后迅速施加顶锻力完成焊接的方法。

4.13 闪光对焊 flash welding

工件装配成对接接头，接通电源，并使其端面逐渐移近达到局部接触，利用电阻热加热这些接触点（产生闪光），使端面金属熔化，直至端部在一定深度范围内达到预定温度时，迅速施加预锻力完成焊接的方法。闪光对焊又可分为连续闪光焊和预热闪光焊。

4.14 高频电阻焊 high frequency upset welding

利用 10～500 kHz 的高频电流，进行焊接的一种电阻焊方法。

4.15 电阻点焊 resistance spot welding

焊件装配成搭接接头，并压紧在两电极之间，利用电阻热熔化母材金属，形成焊点的电阻焊方法。

4.16 多点焊 multiple spot welding

用两对或两对以上电极，同时或按自控程序焊接两个或两个以上焊点的点焊。

4.17 手压点焊 push welding

用点焊枪，以人工加压而完成的单面点焊。

4.18 间接点焊 indirect welding

焊接电流通过焊点处和远离焊点处的母材构成电流回路，同时在焊点侧加压以形成焊点的电阻点焊。见图 30。

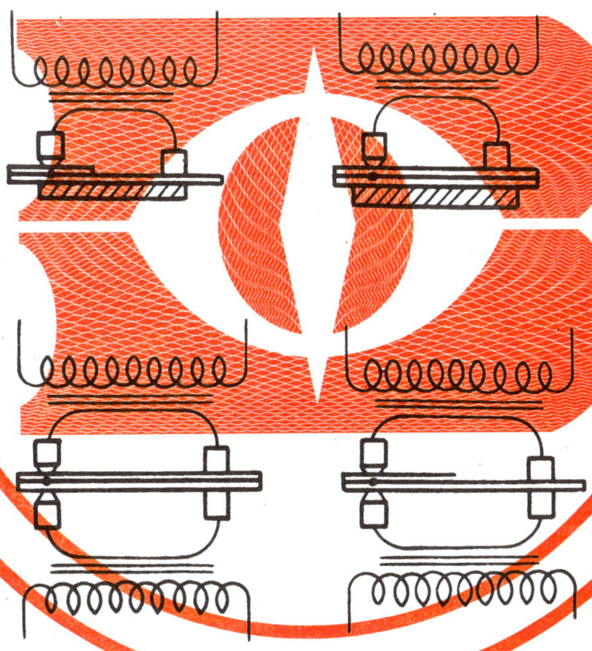

图 30

4.19 串联电阻点焊 series welding

用串联电路同时焊接两个焊点的点焊，缝焊或凸焊的电阻焊方法。

4.20 并联电阻点焊 parallel welding

以并联电路同时焊接两个或两个以上焊点的电阻焊方法。

4.21 脉冲点焊 multiple-impulse welding

在一个焊接循环中，通过两个以上焊接电流脉冲的点焊。

4.22 胶接点焊 weld bonding

以胶接加强电阻点焊强度的连接方法。

4.23 缝焊 seam welding

工件装配成搭接或对接接头并置于两滚轮电极之间，滚轮加压工件并转动，连续或断续送电，形成一条连续焊缝的电阻焊方法。

4.24 滚点焊 roll spot welding

将工件搭接并置于两滚轮电极之间，滚轮电极连续滚动并加压，断续通电，焊出有一定间距焊点的点焊方法。

4.25 步进点焊 step-by-step spot welding

工件置于滚轮电极间，滚轮连续加压，通电时滚轮停止滚动，断电时滚动，交替进行形成焊点的焊接方法。

4.26 步进缝焊 step-by-step seam welding

将工件置于两滚轮电极之间，滚轮电极连续加压，间歇滚动，当滚轮停止滚动时通电，滚动时断电，交替进行的缝焊法。

4.27 凸焊 projection welding

在一工件的贴合面上预先加工出一个或多个突起点，使其与另一工件表面相接触并通电加热，然后压塌，使这些接触点形成焊点的电阻焊方法。

4.28 电容贮能点焊 condenser discharge spot welding

利用电容贮存电能，然后迅速释放进行加热完成点焊的方法。

4.29 电极压力 electrode force

电阻焊时，通过电极施加在工件上的压力。

4.30 顶锻力 upset force

闪光对焊和电阻对焊时，顶锻阶段施加给焊件端面上的力。

4.31 预压时间 squeeze time

电阻点焊时，从电极开始加压至开始通电的时间。

4.32 预热时间 preheat time

工件通过预热电流的持续时间。

4.33 闪光时间 flash time

闪光焊时，闪光阶段所持续的时间。

4.34 顶锻时间 upset time

电阻或闪光对焊时，在顶锻阶段，顶锻力所持续的时间。包括有电顶锻时间和无电顶锻时间。

4.35 锻压时间 forge time

点焊时，从焊接电流结束到撤消电极压力之间的一段时间。

4.36 焊接通电时间（电阻焊） resistance welding weld time

电阻焊时的每一个焊接循环中，自焊接电流接通到焊接电流停止的持续时间。

4.37 间歇时间 quench time

从焊接通电时间结束到后热电流开始接通之间的时间。

4.38 回火时间（电阻焊） temper time

回火电流持续的时间。

4.39 休止时间 off time

电阻点焊或缝焊过程中，两个相邻焊接循环之间的间隔时间。

4.40 预热电流 preheat current

电阻焊时，预热阶段通过焊件的电流。

4.41 回火电流 temper current

电阻焊过程中，对焊件进行回火加热时所通过的电流。

4.42 闪光电流 flash current

闪光对焊时，闪光阶段通过焊件的电流。

4.43 顶锻电流 upset current

闪光对焊和电阻对焊时，有电顶锻阶段通过焊件的电流。

4.44 分流 shunting

从焊接主回路以外流过的电流。

4.45 闪光 flash

闪光对焊时，由接触面间飞散出光亮金属微粒的现象。

4.46 闪光留量 flash allowance

闪光对焊时，考虑工件因闪光烧化缩短而预留的长度。

4.47 顶锻 upset

闪光对焊和电阻对焊时，对工件施加顶锻力，使接头贴合面紧密接触并使其实现优质结合所必须的操作。

4.48 顶锻留量 upset allowance

考虑工件因顶锻缩短而预留的长度。

4.49 顶锻速度 upset speed

闪光对焊和电阻对焊过程中，顶锻阶段动夹具的移动速度。

4.50 工作行程 operational stroke

电阻焊过程中，活动电极在加压方向上规定移动的距离。

4.51 辅助行程 electrode travel

电阻焊时，活动电极在工作行程以外，可以移动的距离。

4.52 调伸长度 extension

闪光对焊、电阻对焊和摩擦焊时，工件从动夹具和静夹具中外伸出的长度。

4.53 总留量 total allowance

闪光对焊、电阻对焊和摩擦焊时，考虑工件在焊接过程中可能产生的总减短量而预留的长度。

4.54 熔核 nugget

电阻点焊、凸焊和缝焊时，在工件贴合面上熔化金属凝固后形成的金属核，见图 31。

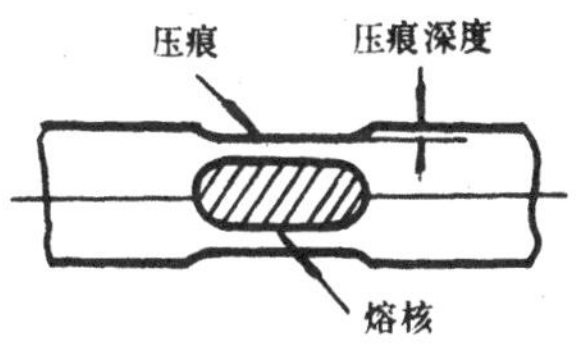

图 31

4.55 熔核直径 nugget size

点焊时，垂直于焊点中心的横截面上熔核的宽度。缝焊时，垂直焊缝横截面上测量的熔核宽度。

4.56 焊透率 penetration rate

点焊、凸焊和缝焊时焊件的焊透程度，以熔深与板厚的百分比表示。

4.57 电阻焊点 resistance spot weld

点焊后形成的连接焊件的点状焊缝。

4.58 焊点距 spot weld spacing

点焊时，两个相邻焊点间的中心距。

4.59 边距 edge distance

焊点(或焊缝)中心至焊件板边的距离。

4.60 压痕 indentation

点焊和缝焊后，由于通电加压，在焊件表面上所产生的与电极端头形状相似的凹痕，见图 31。

4.61 压痕深度 depth of indentation

焊件表面至压痕底部的距离，见图 31。

4.62 电极头 electrode tip

点焊或缝焊时与焊件表面相接触的电极端头部分。

4.63 滚轮电极 circular electrode

缝焊和滚点焊用的圆盘状电极。焊接时，它与焊件表面相接触，以便导电和传递压力。与焊机传动机构相连的称主动滚轮，不相连的称从动滚轮。

4.64 电极滑移 electrode skid

点焊、凸焊和缝焊时，电极沿焊件表面滑动的现象。

4.65 电极粘损 electrode pick-up

点焊、凸焊和缝焊时，电极工作面被焊件表面的金属和氧化皮粘附污损的现象。

4.66 贴合面 faying surface

点焊和缝焊时，在电极压力作用下，两焊件彼此紧密接触的表面。

4.67 缩孔 shrinkage cavity

熔化金属在凝固过程中收缩而产生的，残留在熔核中的孔穴。

4.68 喷溅 splash

点焊、凸焊或缝焊时，从焊件贴合面间或电极与焊件接触面间飞出熔化金属颗粒的现象。

4.69 飞边 fin

电阻对焊和摩擦焊时，顶锻后残留在接头处向两侧翻卷的光滑的金属。

5 钎焊术语

5.1 钎焊 （无对应英文词）

硬钎焊和软钎焊的总称。采用比母材熔点低的金属材料作钎料，将焊件和钎料加热到高于钎料熔点，低于母材熔化温度，利用液态钎料润湿母材，填充接头间隙并与母材相互扩散实现连接焊件的方法。

5.1.1 硬钎焊 brazing

使用硬钎料进行的钎焊。

5.1.2 软钎焊 soldering

使用软钎料进行的钎焊。

5.2 硬钎料 brazing filler metal

熔点高于 450℃的钎料。

5.3 软钎料 solder

熔点低于 450℃的钎料。

5.4 自钎剂硬钎料 self-fluxing brazing filler metal

钎料中有起钎剂作用成分的硬钎料。

5.5 钎焊焊剂 brazing (soldering) flux

钎焊时使用的熔剂。它的作用是清除钎料和母材表面的氧化物，并保护焊件和液态钎料在钎焊过程中免于氧化，改善液态钎料对焊件的润湿性。简称钎剂。

5.6 钎焊温度 brazing (soldering) temperature

钎焊时，为使钎料熔化填满钎焊间隙及与母材发生必要的相互扩散作用所需要的加热温度。

5.7 硬钎缝 braze

由硬钎焊形成的焊缝。

5.8 软钎缝 solder

由软钎焊形成的焊缝。

5.9 硬钎缝金属 braze metal

硬钎焊时被熔化的硬钎缝金属。

5.10 软钎缝金属 solder metal

软钎焊时软钎焊接头中被熔化的金属。

5.11 钎焊接头 brazed (soldered) joint

用钎焊方法连接的接头。

5.12 硬钎焊面 braze interface

硬钎焊接头中母材金属和硬钎缝金属的界面。

5.13 软钎焊面 solder interface

软钎焊接头中母材金属和软钎缝金属的界面。

5.14 钎缝间隙 joint clearance(brazing and soldering)

钎焊前,在焊件钎焊面间的装配间隙。

5.15 烙铁钎焊 iron soldering

使用烙铁进行加热的软钎焊。

5.16 火焰钎焊 torch brazing(soldering)

使用可燃气体与氧气(或压缩空气)混合燃烧的火焰进行加热的钎焊。分火焰硬钎焊 torch brazing 和火焰软钎焊 torch soldering。

5.17 电阻钎焊 resistance brazing(soldering)

将焊件直接通以电流或将焊件放在通电的加热板上利用电阻热进行钎焊的方法。

5.18 电弧硬钎焊 arc brazing

利用电弧加热工件所进行的硬钎焊。

5.19 感应钎焊 induction brazing(soldering)

利用高频、中频或工频交流电感应加热所进行的钎焊。

5.20 浸渍硬钎焊 dip brazing(DB)

用盐浴或金属浴进行的硬钎焊方法,在用盐浴时盐可起钎剂的作用,在用金属浴时金属本身提供硬钎料,故又可称:金属浴浸渍硬钎焊 metal-bath dip brazing 和盐浴浸渍硬钎焊 salt-bath dip brazing。

5.21 浸渍软钎焊 dip soldering(DS)

用金属浴进行的软钎焊方法,本身提供软钎料。

5.22 炉中钎焊 furnace brazing(soldering)

将装配好的工件放在炉中加热并进行钎焊的方法。

5.23 真空硬钎焊 vacuum brazing

将装配好钎料的焊件置于真空环境中加热所进行的硬钎焊。

5.24 超声波软钎焊 ultrasonic soldering

利用超声波的振动使液体钎料产生空蚀过程破坏焊件表面的氧化膜,从而改善钎料对母材的润湿作用而进行的钎焊。

5.25 钎焊性 brazability (solderability)

在专门、适当设计构件的制造条件下,材料被硬钎焊或软钎焊并在短期使用中有良好运行的能力。

5.26 润湿性 wettability

钎焊时，液态钎料对母材浸润和附着的能力。

5.27 铺展性 spreadability

液态钎料在母材表面上流动展开的能力，通常以一定质量的钎料熔化后覆盖母材表面的面积来衡量。

5.28 烙铁 soldering iron

软钎焊使用的一种加热工具。

5.29 钎炬 soldering(brazing) blowpipe

火焰钎焊时用以产生气体火焰的一种加热工具。

5.30 溶蚀 erosion

母材表面被熔化的钎料过度溶解而形成的凹陷。

6 焊接材料术语

6.1 焊接材料 welding material

焊接时所消耗材料（包括焊条、焊丝、焊剂、气体等）的通称。

6.2 焊条 covered electrode

涂有药皮的供手弧焊用的熔化电极。它由药皮和焊芯两部分组成。

6.3 焊芯 core wire

焊条中被药皮包覆的金属芯。

6.4 药皮 coating

压涂在焊芯表面上的涂料层。

6.5 涂料 coating mixture,coating material

在焊条制造过程中，由各种粉料、粘结剂，按一定比例配制的待压涂的药皮原料。

6.6 钛铁矿型焊条 ilmenite electrode

药皮中含有30%以上钛铁矿的焊条。

6.7 钛钙型焊条 titania calcium electrode

药皮中以氧化钛和碳酸钙（或镁）为主的焊条。附加铁粉后称铁粉钛钙型焊条(iron powder titania calcium electrode)。

6.8 高纤维钠型焊条 high cellulose sodium electrode

药皮中含有15%以上有机物并以钠水玻璃为粘结剂的焊条。

6.9 高纤维钾型焊条 high cellulose potassium electrode

药皮中含有15%以上有机物并以钾水玻璃为粘结剂的焊条。

6.10 高钛钠型焊条 high titania sodium electrode

以氧化钛为主要组分并以钠水玻璃为粘结剂的焊条，附加铁粉后称铁粉钛型。

6.11 高钛钾型焊条 high titania potassium electrode

以氧化钛为主要组分并以钾水玻璃为粘结剂的焊条。

6.12 低氢钠型焊条 low hydrogen sodium electrode

以碱性氧化物为主并以钠水玻璃为粘结剂的焊条，附加以铁粉后称铁粉低氢型焊条。

6.13 低氢钾型焊条 low hydrogen potassium electrode

以碱性氧化物为主并以钾水玻璃为粘结剂的焊条。

6.14 氧化铁型焊条 high iron oxide electrode

药皮中含有多量氧化铁的焊条，附加铁粉后称铁粉氧化钛型焊条。

6.15 重力焊条 gravity electrode

重力焊用的高效率焊条。这种焊条较长（通常为500～1 000 mm），焊条引弧端涂有引弧剂，以便自动引弧。

6.16 底层焊条 backing welding electrode

开坡口焊接时,焊接第一条焊道的单面焊双面成形的专用焊条。

6.17 立向下焊条 electrode for vertical down position welding

立焊时,由上向下操作的专用焊条。这种焊条较通用焊条有焊缝成形好、生产效率高的特点。

6.18 低尘低毒焊条 low fume and toxic electrode

焊接发尘量低,对人体有害的可溶性氟化物及锰的化合物含量少的一种焊条。

6.19 稳弧剂 arc stabilizer

加入药皮和焊剂中的物质,它有助于引弧和使电弧稳定燃烧。

6.20 粘结剂 binder

制造焊条和焊剂过程中,用以粘结配粉的一种化工材料,常用的为水玻璃。又分:钠水玻璃 sodium silicate binder 和钾水玻璃 potassium silicate binder。

6.21 熔渣 slag

焊接过程中,焊(钎)剂和非金属夹杂互相熔解,经化学变化形成覆盖于焊(钎)缝表面的非金属物质。

6.22 碱性渣 basic slag

化学性质呈碱性的熔渣。

6.23 酸性渣 acid slag

化学性质呈酸性的熔渣。

6.24 碱度 basicity

表征熔渣碱性强弱程度的一个量,计算方法有多种,粗略计算可用下式:

$$\text{碱度} = \frac{\sum \text{碱性氧化物}(\%)}{\sum \text{酸性氧化物}(\%)} \quad \cdots\cdots(1)$$

6.25 酸度 acidity

表征熔渣酸性强弱程度的一个量,通常用碱度的倒数表示。

6.26 熔渣流动性 fluidity of the slag

液态熔渣流动难易的程度。

6.27 焊渣 solidified slag

焊后覆盖在焊缝表面上的固态熔渣。

6.28 脱渣性 detachability

渣壳从焊缝表面脱落的难易程度。

6.29 焊条工艺性 usability of electrode

焊条操作时的性能,主要包括电弧稳定性、焊缝成形情况、脱渣性和飞溅大小等。

6.30 药皮重量系数 gravity coefficient of coating

焊条药皮与焊芯(不包括夹持端)的重量比。

6.31 偏心度 concentricity

焊条药皮沿焊芯直径方向偏心的程度,可按下式计算:

$$\text{偏心度}(\%) = \frac{T_1 - T_2}{\frac{1}{2}(T_1 + T_2)} \times 100 \quad \cdots\cdots(2)$$

式中：T_1——任一断面处药皮层最大厚度＋焊芯直径；

T_2——同一断面处药皮层最小厚度＋焊芯直径。

6.32 焊丝 welding wire

焊接时作为填充金属或同时作为导电的金属丝。

6.33 药芯焊丝 flux cored electrode

由薄钢带卷成圆形钢管或异形钢管的同时，填进一定成分的药粉料，经拉制而成的一种焊丝。

6.34 保护气体 shielding gas

焊接过程中用于保护金属熔滴、熔池及焊缝区的气体，它使高温金属免受外界气体的侵害。

6.35 焊条规格 size of electrode

表示焊条规格的一个主要尺寸。用焊芯的直径来表示。

6.36 焊条夹持端 bare terminal(of an electrode)

焊条端部未涂药皮的焊芯部分，供焊钳夹持之用。

6.37 焊条引弧端 striking end(of an electrode)

焊条引弧的一端。为便于引弧，将该端部药皮磨成倒角，露出焊芯。

6.38 焊条压涂机 welding rod extrusion press

用压涂法制造焊条时，在焊芯上压涂药皮的专用设备。

6.39 焊条保温筒 thermostat container for electrode

在施工现场，供焊工携带的可储存少量焊条的一种保温容器。它与电焊机的二次电压相连，使其保持一定的温度。

6.40 焊剂 flux

焊接时，能够熔化形成熔渣和气体，对熔化金属起保护和冶金处理作用的一种物质。用于埋弧焊的为埋弧焊剂 welding flux。用于钎焊时有：硬钎焊钎剂 brazing flux 和软钎焊钎剂 soldering flux。

6.41 熔炼焊剂 fused flux

将一定比例的各种配料放在炉内熔炼，然后经过水冷粒化、烘干、筛选而制成的一种焊剂。

6.42 烧结焊剂 sintered flux，agglomerated flux

将一定比例的粉料加入适量粘结剂，混合搅拌并形成颗粒，然后经高温烧结而成。

7 热切割术语

7.1 热切割 thermal cutting

利用热能使材料分离的方法。

7.2 气割 oxygen cutting

利用气体火焰的热能将工件切割处预热到一定温度后，喷出高速切割氧流，使其燃烧并放出热量实现切割的方法。

7.3 氧熔剂切割 metal power cutting

在切割氧流中加入纯铁粉或其他熔剂，利用它们的燃烧热和造渣作用实现气割的方法。

7.4 氧矛切割 oxygen lance cutting

利用在钢管中通入氧气流对金属进行切割的方法。切割开始时，首先将切割处用火焰预热到燃点，然后将钢管一端紧贴该部位，并在钢管中通入氧气流，使钢管及工件燃烧，并排除熔渣，形成切口。

7.5 电弧切割 arc cutting

利用电弧热能熔化切割处的金属，实现切割的方法。

7.6 等离子弧切割 plasma arc cutting

利用等离子弧的热能实现切割的方法。

7.7 激光切割 laser beam cutting

利用激光束的热能实现切割的方法。

7.8 火焰气刨 oxygen gouging

利用气割原理在金属表面上加工沟槽的方法。

7.9 火焰穿孔 flame boring

火焰穿孔是用氧矛在矿石或金属材料上穿孔，它是一种热穿孔方法。氧矛的外露端被加热到熔点，并在加入氧的条件下燃烧。

在矿石材料中，氧矛燃烧时所产生的金属氧化物使粘性的矿石熔融物转变为一种稀薄的熔渣（熔岩），然后用氧流将此熔渣排出。

在金属材料中，金属在氧流中氧化燃烧，并用氧流排出，于是产生一个孔，许多孔相连便形成一排孔或一条切口。

7.10 火焰净化 flame clearing

火焰净化是用燃气-氧火焰去除表面上的覆层或涂层的热切割方法。金属或矿石工件的表面迅速地短时被加热，使有机或无机覆层或涂层剥落或转变而被除去。

7.11 碳弧气刨 carbon arc cutting

使用石墨棒或碳棒与工件间产生的电弧将金属熔化，并用压缩空气将其吹掉，实现在金属表面上加工沟槽的方法。

7.12 火焰表面清理 scarfing

利用气割火焰铲除钢锭表面缺陷的方法。

7.13 仿形切割 shape cutting

气割炬跟着磁头沿一定形状的钢质靠模移动进行的机械化切割。

7.14 数控切割 NC cutting

按照数字指令规定的程序进行的热切割。

7.15 水下切割 under water cutting

在水下进行的热切割。

7.16 割炬 oxyfuel gas cutting torch

是气割的主要工具，可以安装或更换割嘴，调节预热火焰气体流量和控制切割氧流量。

7.17 割嘴 cutting tip

割炬上的嘴头部分。由此喷出切割氧流及混合气流。

7.18 快速割嘴 high speed nozzle

能够喷射超音速切割氧流的割嘴。

7.19 预热火焰 preheat flame

气割开始和气割过程中用于预热切口附近金属使其达到燃点的火焰。

7.20 预热氧 preheat oxygen

形成预热火焰所用的氧。

7.21 切割氧 cutting oxygen

气割时具有一定压力的氧射流，它使切割金属燃烧，排除熔渣，并形成切口。

7.22 切割速度 cutting speed

切割过程中割炬与工件间的相对移动速度，也即切口增长速度。

7.23 切口 kerf

热切割过程中，金属被切除所留下的空隙。

7.24 切口宽度 kerf width

由切割束流造成的两个切割面在切口上缘的距离，在上缘熔化的情况下，指紧靠熔化层下两切割面的距离。

7.25 切割面 face of cut

热切割后,工件沿切割方向的断面。

7.26 切割线 line of cut

切割前,在图纸上或工件表面上预先画出的标志切割路径的一条线。

7.27 后拖量 drag

在同一条割纹上,沿切割方向的两点最大距离,见图32。

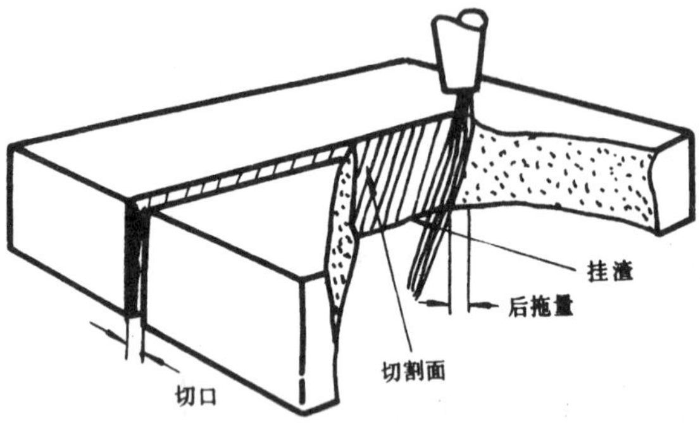

图32

7.28 切割面平面度

evenness of surface

过所测部位切割面上的最高点和最低点,按切割面倾角方向所作两条平行线的间距,为切割面平面度。

7.29 割纹深度 stria depth

在沿着切割方向20 mm长的切割面上,以理论切割线为基准的轮廓峰顶线与轮廓谷底线之间的距离。

7.30 上缘熔化度 melting degree

上缘熔化度 r 是确定切口上缘形状的尺寸。

7.31 切口角 kerf angle

指理论切割面与实际切割面之间的角度。

8 焊接工艺装备和辅助器具术语

8.1 焊接夹具 fixture

为保证焊件尺寸,提高装配精度和效率,防止焊接变形所采用的夹具。

8.2 焊接工作台 welding bench

为焊接小型焊件而设置的工作台。

8.3 焊接操作机 manipulator

将焊接机头或焊枪送到并保持在待焊位置,或以选定的焊接速度沿规定的轨迹移动焊机的装置。

8.4 焊接变位机 positioner

将焊件回转或倾斜,使接头处于水平或船形位置的装置。

8.5 焊接滚轮架 turning rolls

借助焊件与主动滚轮间的摩擦力来带动圆筒形(或圆锥形)焊件旋转的装置。

8.6 电磁平台　electromagnetic platen

装配和焊接用的带电磁吸力的平台。

8.7 焊工升降台　welder's lifting platform

焊接高大焊件时，带动焊工升降的装置。

8.8 定位板　strong-back

为保持焊件间的相对位置，防止变形和便于装配而临时焊上的金属板。

8.9 引弧板　starting weld tab

为在焊接接头始端获得正常尺寸的焊缝截面，焊前装配的一块金属板。焊接在这块板上开始，焊后割掉。

8.10 引出板　runoff weld tab

为在接头末端获得正常尺寸的焊缝截面，焊前装配的一块金属板，焊接在这块板上结束，焊后割掉。

8.11 焊接衬垫　backing

为保证接头根部焊透和焊缝背面成形，沿接头背面预置的一种衬托装置。

8.12 焊剂垫　flux backing

利用一定厚度的焊剂层作接头背面衬托装置的焊接衬垫。

8.13 敲渣锤　chipping hammer

清除焊渣用的尖锤。

8.14 面罩　helmet

为防止焊接时的飞溅，弧光及其他辐射对焊工面部及颈部损伤的一种遮盖工具，有手持式和头盔式两种。

8.15 滤光玻璃　filter plate

用以遮蔽焊接有害光线的黑色玻璃，可用于焊接或切割防护。

8.16 防护白玻璃　plain glass

为保护黑玻璃不受飞溅损坏而罩在其外的一种无色透明玻璃。

8.17 焊工手套　welding glove

保护焊工手和手腕不受损伤和防止触电而使用的专用手套。

8.18 护脚　spats

保护焊工脚和脚腕不受损伤而使用的劳动保护用品。

9 焊接缺陷和检验术语

9.1 焊接缺陷　weld defects

焊接过程中在焊接接头中产生的金属不连续、不致密或连接不良的现象。

9.2 未焊透　incomplete joint penetration

焊接时接头根部未完全熔透的现象，见图 33，对对接焊缝也指焊缝深度未达到设计要求的现象。

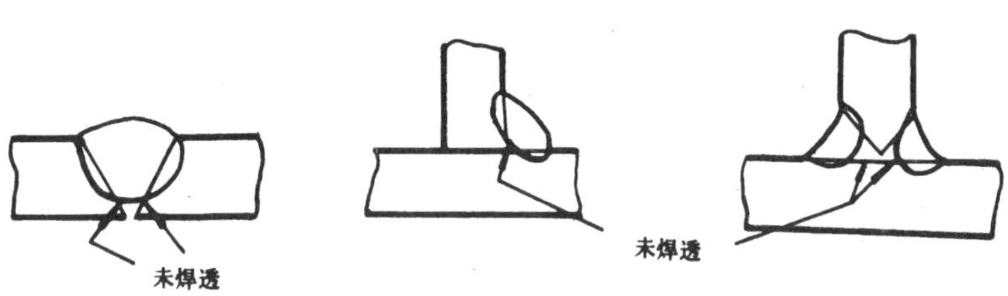

图 33

9.3 未熔合 incomplete fusion,lack of fusion

熔焊时,焊道与母材之间或焊道与焊道之间,未完全熔化结合的部分,电阻点焊指母材与母材之间未完全熔化结合的部分,见图 34。

图 34

9.4 夹渣 slag inclusion

焊后残留在焊缝中的焊渣。

9.5 夹杂物 inclusion

由于焊接冶金反应产生的,焊后残留在焊缝金属中的微观非金属杂质(如氧化物、硫化物等)。

9.6 夹钨 tungsten inclusion

钨极惰性气体保护焊时由钨极进入到焊缝中的钨粒。

9.7 气孔 porosity

焊接时,熔池中的气泡在凝固时未能逸出而残留下来所形成的空穴。气孔可分为密集气孔、条虫状气孔和针状气孔等。

9.8 咬边 undercut

由于焊接参数选择不当,或操作方法不正确,沿焊趾的母材部位产生的沟槽或凹陷。见图 35。

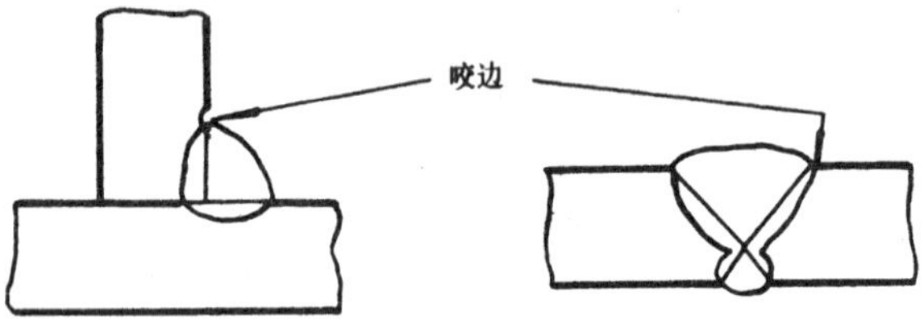

图 35

9.9 焊瘤 overlap

焊接过程中,熔化金属流淌到焊缝之外未熔化的母材上所形成的金属瘤。见图 36。

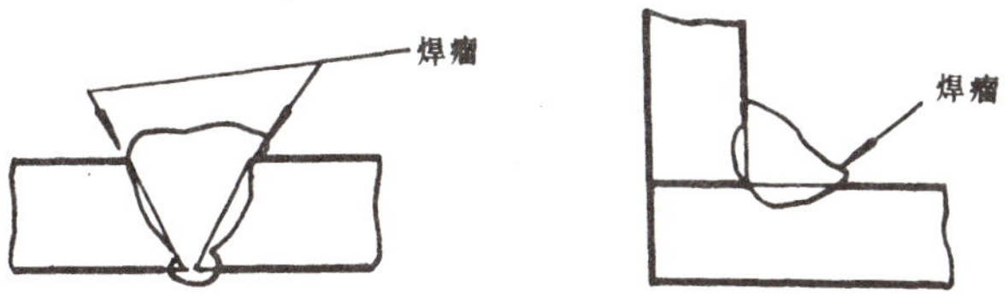

图 36

9.10 白点 fish eye

在焊缝金属拉断面上，出现的如鱼目状的一种白色圆形斑点。

9.11 烧穿 burn-through

焊接过程中，熔化金属自坡口背面流出，形成穿孔的缺陷。

9.12 凹坑 pit

焊后在焊缝表面或焊缝背面形成的低于母材表面的局部低洼部分，见图 37。

图 37

9.13 未焊满 incompletely filled groove

由于填充金属不足，在焊缝表面形成的连续或断续的沟槽。

9.14 下塌 excessive penetration

单面熔化焊时，由于焊接工艺不当，造成焊缝金属过量透过背面，而使焊缝正面塌陷，背面凸起的现象，见图 38。

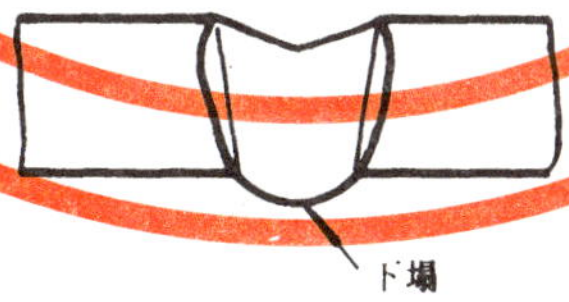

图 38

9.15 焊接裂纹 weld crack

在焊接应力及其他致脆因素共同作用下，焊接接头中局部地区的金属原子结合力遭到破坏而形成的新界面所产生的缝隙。它具有尖锐的缺口和大的长宽比的特征。

9.16 热裂纹 hot crack

焊接过程中，焊缝和热影响区金属冷却到固相线附近的高温区产生的焊接裂纹。

9.17 弧坑裂纹 crater crack

在弧坑中产生的热裂纹。

9.18 冷裂纹 cold crack

焊接接头冷却到较低温度下(对于钢来说在MS温度以下)时产生的焊接裂纹。

9.19 延迟裂纹 delayed crack

钢的焊接接头冷却到室温后并在一定时间(几小时、几天、甚至十几天)才出现的焊接冷裂纹。

9.20 焊根裂纹 root crack

沿应力集中的焊缝根部所形成的焊接冷裂纹。

9.21 焊趾裂纹 toe crack

沿应力集中的焊趾处所形成的焊接冷裂纹。

9.22 焊道下裂纹 under bead crack

在靠近堆焊焊道的热影响区内所形成的焊接冷裂纹。

9.23 消除应力裂缝 stress relief cracking

焊后焊件在一定温度范围再次加热时由于高温及残余应力的共同作用而产生的晶间裂纹。

9.24 层状撕裂 lamellar tearing

焊接时,在焊接构件中沿钢板轧层形成的呈阶梯状的一种裂纹。

9.25 裂纹敏感性 crack sensitivity

金属材料在焊接时产生裂纹的敏感程度。

9.26 试件 test piece

按照预定的焊接工艺制成的用于试验的焊件,或从构件上切取的用于试验的焊接接头的一部分。

9.27 试样 test specimen

从试件上按规定切取的供试验用的样品。

9.28 无损检验 non-destructive testing

不损坏被检查材料或成品的性能和完整性而检测其缺陷的方法。

9.29 外观检查 visual examination

用肉眼或借助样板,或用低倍放大镜观察焊件,以发现未熔合气孔、咬边、焊瘤以及焊接裂纹等表面缺陷的方法。

9.30 超声波探伤 ultrasonic inspection

利用超声波探测材料内部缺陷的无损检验法。

9.31 射线探伤 radiographic inspection

采用X射线或γ射线照射焊接接头检查内部缺陷的无损检验法。

9.32 磁粉探伤 magnetic particle inspection

利用在强磁场中,铁磁性材料表层缺陷产生的漏磁场吸附磁粉的现象而进行的无损检验法。

9.33 渗透探伤 penetrant inspection

采用带有荧光染料(荧光法)或红色染料(着色法)的渗透剂的渗透作用,显示缺陷痕迹的无损检验法。

9.34 密封性检验 leak test

检查有无漏水、漏气和渗油、漏油等现象的试验。

9.35 气密性检验 air tight test

将压缩空气(或氨、氟利昂、氦、卤素气体等)压入焊接容器,利用容器内外气体的压力差检查有无泄漏的试验法。

9.36 破坏检验 destructive test

从焊件或试件上切取试样,或以产品(或模拟件)的整体做破坏试验,以检查其各种力学性能的试验法。

9.37 裂纹试验　cracking test

检验焊接裂纹敏感性的试验。

9.38 耐压检验　pressure test

将水、油、气等充入容器内徐徐加压，以检查其泄漏、耐压、破坏等的试验。

附 录 A
汉 语 索 引
（补充件）

E

F

G

H

S

T

W

X

附 录 B
英 文 索 引
（补充件）

A

B

C

G

J

K

L

M

N

O

P

T

U

V

W

附加说明：

本标准由中华人民共和国机械工业部提出。

本标准由哈尔滨焊接研究所归口并负责修订。

本标准主要起草人郭寿汾、朴东光、吴成材。

ICS 25.160.10
J 33

中华人民共和国国家标准

GB/T 5185—2005/ISO 4063:1998
代替 GB/T 5185—1985

焊接及相关工艺方法代号

Welding and allied processes—Nomenclature of processes and reference numbers

(ISO 4063:1998,IDT)

2005-08-10 发布　　　　2006-04-01 实施

中华人民共和国国家质量监督检验检疫总局
中国国家标准化管理委员会　发布

前　言

本标准等同采用ISO 4063:1998《焊接及相关工艺方法　焊接方法名称和代号》(英文版)。

为了保证标准的协调性和可操作性，本标准在等同转化国际标准时做了必要的编辑性改动。

与ISO 4063标准相比，本标准在内容方面主要有如下变化：

——直接采用了GB/T 3375《焊接术语》的定义；

——在正常的标注方法基础上，增加了代号的简化标注方法和示例。

本标准是对GB/T 5185—1985《金属焊接及钎焊方法在图样上的表示代号》的修订，与GB/T 5185—1985相比，主要有两方面变化：

——增加了新型的焊接方法；

——删除了一些陈旧、落后的焊接方法代号。

本标准自实施之日起代替GB/T 5185—1985。

本标准的附录A为资料性附录。

本标准由中国机械工业联合会提出。

本标准由全国焊接标准化技术委员会归口。

本标准负责起草单位：哈尔滨焊接研究所。

本标准主要起草人：朴东光。

本标准于1985年首次制定，本次系首次修订。

焊接及相关工艺方法代号

1 范围

本标准规定了焊接及相关工艺方法代号。

本标准规定的这种代号体系可用于计算机、图样、工作文件和焊接工艺规程等。

2 规范性引用文件

下列文件中的条款通过本标准的引用而成为本标准的条款。凡是注日期的引用文件，其随后所有的修改单(不包括勘误的内容)或修订版均不适用于本标准，然而，鼓励根据本标准达成协议的各方研究是否可使用这些文件的最新版本。凡是不注日期的引用文件，其最新版本适用于本标准。

GB/T 3375 焊接术语

3 标注方法

本标准所涉及的焊接及相关工艺方法，其定义按照 GB/T 3375 标准的相关规定。

需要对某种工艺方法做完整的标注时，应采用完整的标注方法，即"工艺方法＋标准编号＋工艺方法代号"。如"摩擦焊方法"可采用如下方法：

工艺方法 GB/T 5185—42

在不会产生误解的情况下，一般可以采用简化的方法，即仅标注代号。如"摩擦焊方法"可采用"42"表示。

4 焊接及相关工艺方法代号

每种工艺方法可通过代号加以识别。焊接及相关工艺方法一般采用三位数代号表示。其中，一位数代号表示工艺方法大类，二位数代号表示工艺方法分类，而三位数代号表示某种工艺方法。

焊接及相关工艺方法代号如下：

1 电弧焊

101 金属电弧焊

11 无气体保护的电弧焊
111 焊条电弧焊
112 重力焊
114 自保护药芯焊丝电弧焊

12 埋弧焊
121 单丝埋弧焊
122 带极埋弧焊
123 多丝埋弧焊
124 添加金属粉末的埋弧焊
125 药芯焊丝埋弧焊

13 熔化极气体保护电弧焊
131 熔化极惰性气体保护电弧焊(MIG)
135 熔化极非惰性气体保护电弧焊(MAG)
136 非惰性气体保护的药芯焊丝电弧焊
137 惰性气体保护的药芯焊丝电弧焊

14 非熔化极气体保护电弧焊
141 钨极惰性气体保护电弧焊(TIG)

15 等离子弧焊
151 等离子 MIG 焊
152 等离子粉末堆焊

18 其他电弧焊方法
185 磁激弧对焊

2　电阻焊

21　点焊
211　单面点焊
212　双面点焊

22　缝焊
221　搭接缝焊
222　压平缝焊
225　薄膜对接缝焊
226　加带缝焊

23　凸焊
231　单面凸焊
232　双面凸焊

24　闪光焊
241　预热闪光焊
242　无预热闪光焊

25　电阻对焊

29　其他电阻焊方法
291　高频电阻焊

3　气焊

31　氧燃气焊
311　氧乙炔焊
312　氧丙烷焊
313　氢氧焊

4　压力焊

41　超声波焊
42　摩擦焊
44　高机械能焊
441　爆炸焊
45　扩散焊
47　气压焊
48　冷压焊

5　高能束焊

51　电子束焊
511　真空电子束焊
512　非真空电子束焊

52　激光焊
521　固体激光焊
522　气体激光焊

7　其他焊接方法

71　铝热焊
72　电渣焊
73　气电立焊

74　感应焊
741　感应对焊
742　感应缝焊

75　光辐射焊
753　红外线焊

77　冲击电阻焊

78　螺柱焊
782　电阻螺柱焊
783　带瓷箍或保护气体的电弧螺柱焊
784　短路电弧螺柱焊
785　电容放电螺柱焊
786　带点火嘴的电容放电螺柱焊
787　带易熔颈箍的电弧螺柱焊
788　摩擦螺柱焊

8　切割和气刨

81　火焰切割

82　电弧切割
821　空气电弧切割
822　氧电弧切割

83 等离子弧切割
84 激光切割
86 火焰气刨

87 电弧气刨
871 空气电弧气刨
872 氧电弧气刨

88 等离子气刨

9 硬钎焊、软钎焊及钎接焊

91 硬钎焊
911 红外线硬纤焊
912 火焰硬钎焊
913 炉中硬钎焊
914 浸渍硬钎焊
915 盐浴硬钎焊
916 感应硬钎焊
918 电阻硬钎焊
919 扩散硬钎焊
924 真空硬钎焊

93 其他硬钎焊

94 软钎焊

941 红外线软钎焊
942 火焰软钎焊
943 炉中软钎焊
944 浸渍软钎焊
945 盐浴软钎焊
946 感应软钎焊
947 超声波软钎焊
948 电阻软钎焊
949 扩散软钎焊

951 波峰软钎焊
952 烙铁软钎焊
954 真空软钎焊
956 拖焊

96 其他软钎焊

97 钎接焊
971 气体钎接焊
972 电弧钎接焊

附 录 A
（资料性附录）
其他焊接方法

本附录给出了一些在旧标准(GB/T 5185—1985)中规定的焊接方法代号。这些焊接方法由于在技术上比较陈旧、落后，在标准更新时被删除了。但这些焊接方法仍可能用于某些特定场合，或者出现在以前的各种文件中。

这些焊接方法代号如下：

113 光焊丝电弧焊

115 涂层焊丝电弧焊

118 躺焊

149 原子氢焊

181 碳弧焊

32 空气燃气焊

321 空气乙炔焊

322 空气丙烷焊

43 锻焊

752 弧光光束焊

781 电弧螺柱焊

917 超声波硬钎焊

923 摩擦硬钎焊

953 刮擦软钎焊

前　　言

本标准是根据美国标准 ANSI/AWS Z49.1《焊接与切割安全》对 GB 9448—1988《焊接与切割安全》进行修订的，在技术要素上与之等效；在具体技术内容方面有如下变动：

——本标准以我国标准作为引用依据。由于标准体系的不同，在引用相关标准技术内容的部分，做了不同程度上的调整，文字叙述上亦有相应的改动；

——ANSI/AWS Z49.1《焊接与切割安全》中个别内容重复、难以操作的部分结合我国的实际国情均做了适当删改；

——根据我国的实际情况，保留了 ANSI/AWS Z49.1《焊接与切割安全》中没有、但在原标准中存在、而且证明确实有效合理的技术内容；

——本标准主要适用于一般的焊接、切割操作，故删除了原标准中与操作基本无关的内容及特殊的安全要求，如：登高作业、汇流排系统中的设计、安装细节等；

——根据技术内容的编排需要，本标准增加了附录部分。

本标准自实施之日起，同时代替 GB 9448—1988。

本标准的附录 A、附录 B 和附录 C 均为提示的附录。

本标准由国家机械工业局提出。

本标准由全国焊接标准化技术委员会归口。

本标准主要负责起草单位：哈尔滨焊接研究所。

本标准主要起草人：朴东光、张伶。

中华人民共和国国家标准

GB 9448—1999

焊接与切割安全

代替 GB 9448—1988

Safety in welding and cutting

第一分篇　通用规则

1　范围

本标准规定了在实施焊接、切割操作过程中避免人身伤害及财产损失所必须遵循的基本原则。

本标准为安全地实施焊接、切割操作提供了依据。

2　引用标准

下列标准所包含的条文，通过在本标准中引用而构成为本标准的条文。本标准出版时，所示版本均为有效。所有标准都会被修订，使用本标准的各方应探讨使用下列标准最新版本的可能性。

GBJ 87—1985　工业企业噪声控制设计规范

GB/T 2550—1992　焊接及切割用橡胶软管　氧气橡胶软管

GB/T 2551—1992　焊接及切割用橡胶软管　乙炔橡胶软管

GB/T 3609.1—1994　焊接眼、面防护具

GB/T 4064—1983　电气设备安全设计导则

GB/T 5107—1985　焊接和切割用软管接头

GB 7144—1985　气瓶颜色标记

GB/T 11651—1989　劳动防护用品选用规则

GB 15578—1995　电阻焊机的安全要求

GB 15579—1995　弧焊设备安全要求　第一部分：焊接电源

GB 15701—1995　焊接防护服

GB 16194—1996　车间空气中电焊烟尘卫生标准

JB/T 5101—1991　气割机用割炬

JB/T 6968—1993　便携式微型焊炬

JB/T 6969—1993　射吸式焊炬

JB/T 6970—1993　射吸式割炬

JB 7496—1994　焊接、切割及类似工艺用气瓶减压器安全规范

JB/T 7947—1995　等压式焊炬、割炬

3　总则

3.1　设备及操作

3.1.1　设备条件

所有运行使用中的焊接、切割设备必须处于正常的工作状态，存在安全隐患（如：安全性或可靠性不足）时，必须停止使用并由维修人员修理。

国家质量技术监督局 1999-09-03 批准　　2000-05-01 实施

3.1.2 操作

所有的焊接与切割设备必须按制造厂提供的操作说明书或规程使用，并且还必须符合本标准要求。

3.2 责任

管理者、监督者和操作者对焊接及切割的安全实施负有各自的责任。

3.2.1 管理者

管理者必须对实施焊接及切割操作的人员及监督人员进行必要的安全培训。培训内容包括：设备的安全操作、工艺的安全执行及应急措施等。

管理者有责任将焊接、切割可能引起的危害及后果以适当的方式（如：安全培训教育、口头或书面说明、警告标识等）通告给实施操作的人员。

管理者必须标明允许进行焊接、切割的区域，并建立必要的安全措施。

管理者必须明确在每个区域内单独的焊接及切割操作规则。并确保每个有关人员对所涉及的危害有清醒的认识并且了解相应的预防措施。

管理者必须保证只使用经过认可并检查合格的设备（诸如焊割机具、调节器、调压阀、焊机、焊钳及人员防护装置）。

3.2.2 现场管理及安全监督人员

焊接或切割现场应设置现场管理和安全监督人员。这些监督人员必须对设备的安全管理及工艺的安全执行负责。在实施监督职责的同时，他们还可担负其他职责，如：现场管理、技术指导、操作协作等。

监督者必须保证：

——各类防护用品得到合理使用；

——在现场适当地配置防火及灭火设备；

——指派火灾警戒人员；

——所要求的热作业规程得到遵循。

在不需要火灾警戒人员的场合，监督者必须要在热工作业完成后做最终检查并组织消灭可能存在的火灾隐患。

3.2.3 操作者

操作者必须具备对特种作业人员所要求的基本条件，并懂得将要实施操作时可能产生的危害以及适用于控制危害条件的程序。操作者必须安全地使用设备，使之不会对生命及财产构成危害。

操作者只有在规定的安全条件得到满足；并得到现场管理及监督者准许的前提下，才可实施焊接或切割操作。在获得准许的条件没有变化时，操作者可以连续地实施焊接或切割。

4 人员及工作区域的防护

4.1 工作区域的防护

4.1.1 设备

焊接设备、焊机、切割机具、钢瓶、电缆及其他器具必须放置稳妥并保持良好的秩序，使之不会对附近的作业或过往人员构成妨碍。

4.1.2 警告标志

焊接和切割区域必须予以明确标明，并且应有必要的警告标志。

4.1.3 防护屏板

为了防止作业人员或邻近区域的其他人员受到焊接及切割电弧的辐射及飞溅伤害，应用不可燃或耐火屏板（或屏罩）加以隔离保护。

4.1.4 焊接隔间

在准许操作的地方、焊接场所，必要时可用不可燃屏板或屏罩隔开形成焊接隔间。

4.2 人身防护

在依据 GB/T 11651 选择防护用品的同时，还应做如下考虑：

4.2.1 眼睛及面部防护

作业人员在观察电弧时，必须使用带有滤光镜的头罩或手持面罩，或佩戴安全镜、护目镜或其他合适的眼镜。辅助人员亦应配戴类似的眼保护装置。

面罩及护目镜必须符合 GB/T 3609.1 的要求。

对于大面积观察(诸如培训、展示、演示及一些自动焊操作)，可以使用一个大面积的滤光窗、幕而不必使用单个的面罩、手提罩或护目镜。窗或幕材料必须对观察者提供安全的保护效果、使其免受弧光、碎渣飞溅的伤害。

镜片遮光号可参照表 1 选择。

表 1 护目镜遮光号的选择指南

焊接方法	焊条尺寸，mm	电弧电流，A	最低遮光号	推荐遮光号*)
手工电弧焊	<2.5 2.5～4 4～6.4 >6.4	<60 60～160 160～250 250～550	7 8 10 11	— 10 12 14
气体保护电弧焊及药芯焊丝电弧焊	—	<60 60～160 160～250 250～500	7 10 10 10	— 11 12 14
钨极气体保护电弧焊	—	<50 50～100 150～500	8 8 10	10 12 14
空气碳弧切割	—	<500 500～1 000	10 11	12 14
等离子弧焊接	—	<20 20～100 100～400 400～800	6 8 10 11	6～8 10 12 14
等离子弧切割	* *)	<300 300～400 400～800	8 9 10	9 12 14
焊炬硬钎焊	—	—	—	3 或 4
爆炬软钎焊	—	—	—	2
碳弧焊	—	—	—	14
气焊	板厚，mm <3 3～13 >13		—	4 或 5 5 或 6 6 或 8
气割	板厚，mm <25 25～150 >150		—	3 或 4 4 或 5 5 或 6

*) 根据经验，开始使用太暗的镜片难以看清焊接区，因而建议使用可看清焊接区域的适宜镜片，但遮光号不要低于下限值。在氧燃气焊接或切割时焊炬产生亮黄光的地方，希望使用滤光镜以吸收操作视野范围内的黄线或紫外线。

* *) 这些数值适用于实际电弧清晰可见的地方，经验表明，当电弧被工件所遮蔽时，可以使用轻度的滤光镜。

4.2.2 身体保护

4.2.2.1 防护服

防护服应根据具体的焊接和切割操作特点选择。防护服必须符合 GB 15701 的要求，并可以提供足够的保护面积。

4.2.2.2 手套

所有焊工和切割工必须佩戴耐火的防护手套，相关标准参见附录 C(提示的附录)。

4.2.2.3 围裙

当身体前部需要对火花和辐射做附加保护时，必须使用经久耐火的皮制或其他材质的围裙。

4.2.2.4 护腿

需要对腿做附加保护时，必须使用耐火的护腿或其他等效的用具。

4.2.2.5 披肩、斗篷及套袖

在进行仰焊、切割或其他操作过程中，必要时必须佩戴皮制或其他耐火材质的套袖或披肩罩，也可在头罩下佩带耐火质地的斗篷以防头部灼伤。

4.2.2.6 其他防护服

当噪声无法控制在 GBJ 87 规定的允许声级范围内时，必须采用保护装置(诸如耳套、耳塞或用其他适当的方式保护)。

4.3 呼吸保护设备

利用通风手段无法将作业区域内的空气污染降至允许限值或这类控制手段无法实施时，必须使用呼吸保护装置，如：长管面具、防毒面具等(相关标准参见附录 C)。

5 通风

5.1 充分通风

为了保证作业人员在无害的呼吸氛围内工作，所有焊接、切割、钎焊及有关的操作必须要在足够的通风条件下(包括自然通风或机械通风)进行。

5.2 防止烟气流

必须采取措施避免作业人员直接呼吸到焊接操作所产生的烟气流。

5.3 通风的实施

为了确保车间空气中焊接烟尘的污染程度低于 GB 16194 的规定值，可根据需要采用各种通风手段(如：自然通风、机械通风等)。

6 消防措施

6.1 防火职责

必须明确焊接操作人员、监督人员及管理人员的防火职责，并建立切实可行的安全防火管理制度。

6.2 指定的操作区域

焊接及切割应在为减少火灾隐患而设计、建造(或特殊指定)的区域内进行。因特殊原因需要在非指定的区域内进行焊接或切割操作时，必须经检查、核准。

6.3 放有易燃物区域的热作业条件

焊接或切割作业只能在无火灾隐患的条件下实施。

6.3.1 转移工件

有条件时，首先要将工件移至指定的安全区进行焊接。

6.3.2 转移火源

工件不可移时，应将火灾隐患周围所有可移动物移至安全位置。

6.3.3 工件及火源无法转移

工件及火源无法转移时，要采取措施限制火源以免发生火灾，如：

a）易燃地板要清扫干净，并以撒水、铺盖湿沙、金属薄板或类似物品的方法加以保护。

b）地板上的所有开口或裂缝应覆盖或封好，或者采取其他措施以防地板下面的易燃物与可能由开口处落下的火花接触。对墙壁上的裂缝或开口、敞开或损坏的门、窗亦要采取类似的措施。

6.4 灭火

6.4.1 灭火器及喷水器

在进行焊接及切割操作的地方必须配置足够的灭火设备。其配置取决于现场易燃物品的性质和数量，可以是水池、沙箱、水龙带、消防栓或手提灭火器。在有喷水器的地方，在焊接或切割过程中，喷水器必须处于可使用状态。如果焊接地点距自动喷水头很近，可根据需要用不可燃的薄材或潮湿的棉布将喷头临时遮蔽。而且这种临时遮蔽要便于迅速拆除。

6.4.2 火灾警戒人员的设置

在下列焊接或切割的作业点及可能引发火灾的地点，应设置火灾警戒人员：

a）靠近易燃物之处　建筑结构或材料中的易燃物距作业点 10 m 以内。

b）开口　在墙壁或地板有开口的 10 m 半径范围内（包括墙壁或地板内的隐蔽空间）放有外露的易燃物。

c）金属墙壁　靠近金属间壁、墙壁、天花板、屋顶等处另一侧易受传热或辐射而引燃的易燃物。

d）船上作业　在油箱、甲板、顶架和舱壁进行船上作业时，焊接时透过的火花、热传导可能导致隔壁舱室起火。

6.4.3 火灾警戒职责

火灾警戒人员必须经必要的消防训练，并熟知消防紧急处理程序。

火灾警戒人员的职责是监视作业区域内的火灾情况；在焊接或切割完成后检查并消灭可能存在的残火。

火灾警戒人员可以同时承担其他职责，但不得对其火灾警戒任务有干扰。

6.5 装有易燃物容器的焊接或切割

当焊接或切割装有易燃物的容器时，必须采取特殊的安全措施并经严格检查批准方可作业，否则严禁开始工作。

7 封闭空间内的安全要求

在封闭空间内作业时要求采取特殊的措施。

注：封闭空间是指一种相对狭窄或受限制的空间，诸如箱体、锅炉、容器、舱室等等。“封闭”意味着由于结构、尺寸、形状而导致恶劣的通风条件。

7.1 封闭空间内的通风

除了正常的通风要求之外，封闭空间内的通风还要求防止可燃混合气的聚集及大气中富氧。

7.1.1 人员的进入

封闭空间内在未进行良好的通风之前禁止人员进入。如要进入，必须佩戴合适的供气呼吸设备并由戴有类似设备的他人监护。

必要时在进入之前，对封闭空间要进行毒气、可燃气、有害气、氧量等的测试，确认无害后方可进入。

7.1.2 邻近的人员

封闭空间内适宜的通风不仅必须确保焊工或切割工自身的安全，还要确保区域内所有人员的安全。

7.1.3 使用的空气

通风所使用的空气，其数量和质量必须保证封闭空间内的有害物质污染浓度低于规定值。

供给呼吸器或呼吸设备的压缩空气必须满足正常的呼吸要求。

呼吸器的压缩空气管必须是专用管线，不得与其他管路相连接。

除了空气之外，氧气、其他气体或混合气不得用于通风。

在对生命和健康有直接危害的区域内实施焊接、切割或相关工艺作业时，必须采用强制通风、供气呼吸设备或其他合适的方式。

7.2 使用设备的安置

7.2.1 气瓶及焊接电源

在封闭空间内实施焊接及切割时，气瓶及焊接电源必须放置在封闭空间的外面。

7.2.2 通风管

用于焊接、切割或相关工艺局部抽气通风的管道必须由不可燃材料制成。这些管道必须根据需要进行定期检查以保证其功能稳定，其内表面不得有可燃残留物。

7.3 相邻区域

在封闭空间邻近处实施焊接或切割而使得封闭空间内存在危险时，必须使人们知道封闭空间内的危险后果，在缺乏必要的保护措施条件下严禁进入这样的封闭空间。

7.4 紧急信号

当作业人员从人孔或其他开口处进入封闭空间时，必须具备向外部人员提供救援信号的手段。

7.5 封闭空间的监护人员

在封闭空间内作业时，如存在着严重危害生命安全的气体，封闭空间外面必须设置监护人员。

监护人员必须具有在紧急状态下迅速救出或保护里面作业人员的救护措施；具备实施救援行动的能力。他们必须随时监护里面作业人员的状态并与他们保持联络，备好救护设备。

8 公共展览及演示

在公共场所进行焊接、切割操作的展览、演示时，除了保障操作者的人身安全之外，还必须保证观众免受弧光、火花、电击、辐射等伤害。

9 警告标志

在焊接及切割作业所产生的烟尘、气体、弧光、火花、电击、热、辐射及噪声可能导致危害的地方，应通过使用适当的警告标志使人们对这些危害有清楚的了解。

第二分篇 专用规则

10 氧燃气焊接及切割安全

10.1 一般要求

10.1.1 与乙炔相接触的部件

所有与乙炔相接触的部件(包括：仪表、管路、附件等)不得由铜、银以及铜(或银)含量超过70%的合金制成。

10.1.2 氧气与可燃物的隔离

氧气瓶、气瓶阀、接头、减压器、软管及设备必须与油、润滑脂及其他可燃物或爆炸物相隔离。严禁用沾有油污的手、或带有油迹的手套去触碰氧气瓶或氧气设备。

10.1.3 密封性试验

检验气路连接处密封性时，严禁使用明火。

10.1.4 氧气的禁止使用

严禁用氧气代替压缩空气使用。氧气严禁用于气动工具、油预热炉、启动内燃机、吹通管路、衣服及工件的除尘，为通风而加压或类似的应用。氧气喷流严禁喷至带油的表面、带油脂的衣服或进入燃油或其他贮罐内。

10.1.5　氧气设备

用于氧气的气瓶、设备、管线或仪器严禁用于其他气体。

10.1.6　气体混合的附件

未经许可，禁止装设可能使空气或氧气与可燃气体在燃烧前（不包括燃烧室或焊炬内）相混合的装置或附件。

10.2　焊炬及割炬

只有符合有关标准（如：JB/T 5101、JB/T 6968、JB/T 6969、JB/T 6970 和 JB/T 7947 等）的焊炬和割炬才允许使用。

使用焊炬、割炬时，必须遵守制造商关于焊、割炬点火、调节及熄火的程序规定。点火之前，操作者应检查焊、割炬的气路是否通畅、射吸能力、气密性等等。

点火时应使用摩擦打火机、固定的点火器或其他适宜的火种。焊割炬不得指向人员或可燃物。

10.3　软管及软管接头

用于焊接与切割输送气体的软管，如氧气软管和乙炔软管，其结构、尺寸、工作压力、机械性能、颜色必须符合 GB/T 2550、GB/T 2551 的要求。软管接头则必须满足 GB/T 5107 的要求。

禁止使用泄漏、烧坏、磨损、老化或有其他缺陷的软管。

10.4　减压器

只有经过检验合格的减压器才允许使用。减压器的使用必须严格遵守 JB 7496 的有关规定。

减压器只能用于设计规定的气体及压力。

减压器的连接螺纹及接头必须保证减压器安在气瓶阀或软管上之后连接良好、无任何泄漏。

减压器在气瓶上应安装合理、牢固。采用螺纹连接时，应拧足五个螺扣以上；采用专门的夹具压紧时，装卡应平整牢固。

从气瓶上拆卸减压器之前，必须将气瓶阀关闭并将减压器内的剩余气体释放干净。

同时使用两种气体进行焊接或切割时，不同气瓶减压器的出口端都应装上各自的单向阀，以防止气流相互倒灌。

当减压器需要修理时，维修工作必须由经劳动、计量部门考核认可的专业人员完成。

10.5　气瓶

所有用于焊接与切割的气瓶都必须按有关标准及规程[参见附录 A（提示的附录）]制造、管理、维护并使用。

使用中的气瓶必须进行定期检查，使用期满或送检未合格的气瓶禁止继续使用。

10.5.1　气瓶的充气

气瓶的充气必须按规定程序由专业部门承担，其他人不得向气瓶内充气。除气体供应者以外，其他人不得在一个气瓶内混合气体或从一个气瓶向另一个气瓶倒气。

10.5.2　气瓶的标志

为了便于识别气瓶内的气体成分，气瓶必须按 GB 7144 规定做明显标志。其标识必须清晰、不易去除。标识模糊不清的气瓶禁止使用。

10.5.3　气瓶的储存

气瓶必须储存在不会遭受物理损坏或使气瓶内储存物的温度超过 40℃的地方。

气瓶必须储放在远离电梯、楼梯或过道，不会被经过或倾倒的物体碰翻或损坏的指定地点。在储存时，气瓶必须稳固以免翻倒。

气瓶在储存时必须与可燃物、易燃液体隔离，并且远离容易引燃的材料（诸如木材、纸张、包装材料、油脂等）至少 6 m 以上，或用至少 1.6 m 高的不可燃隔板隔离。

10.5.4　气瓶在现场的安放、搬运及使用

气瓶在使用时必须稳固竖立或装在专用车（架）或固定装置上。

气瓶不得置于受阳光暴晒、热源辐射及可能受到电击的地方。气瓶必须距离实际焊接或切割作业点足够远(一般为 5 m 以上),以免接触火花、热渣或火焰,否则必须提供耐火屏障。

气瓶不得置于可能使其本身成为电路一部分的区域。避免与电动机车轨道、无轨电车电线等接触。气瓶必须远离散热器、管路系统、电路排线等,及可能供接地(如电焊机)的物体。禁止用电极敲击气瓶,在气瓶上引弧。

搬运气瓶时,应注意:

——关紧气瓶阀,而且不得提拉气瓶上的阀门保护帽;

——用吊车、起重机运送气瓶时,应使用吊架或合适的台架,不得使用吊钩、钢索或电磁吸盘。

——避免可能损伤瓶体、瓶阀或安全装置的剧烈碰撞。

气瓶不得作为滚动支架或支撑重物的托架。

气瓶应配置手轮或专用搬手启闭瓶阀。气瓶在使用后不得放空,必须留有不小于 98～196 kPa 表压的余气。

当气瓶冻住时,不得在阀门或阀门保护帽下面用撬杠撬动气瓶松动。应使用 40℃以下的温水解冻。

10.5.5　气瓶的开启

10.5.5.1　气瓶阀的清理

将减压器接到气瓶阀门之前,阀门出口处首先必须用无油污的清洁布擦拭干净,然后快速打开阀门并立即关闭以便清除阀门上的灰尘或可能进入减压器的脏物。

清理阀门时操作者应站在排出口的侧面,不得站在其前面。不得在其他焊接作业点、存在着火花、火焰(或可能引燃)的地点附近清理气瓶阀。

10.5.5.2　开启氧气瓶的特殊程序

减压器安在氧气瓶上之后,必须进行以下操作:

a) 首先调节螺杆并打开顺流管路,排放减压器的气体。

b) 其次,调节螺杆并缓慢打开气瓶阀,以便在打开阀门前使减压器气瓶压力表的指针始终慢慢地向上移动。打开气瓶阀时,应站在瓶阀气体排出方向的侧面而不要站在其前面。

c) 当压力表指针达到最高值后,阀门必须完全打开以防气体沿阀杆泄漏。

10.5.5.3　乙炔气瓶的开启

开启乙炔气瓶的瓶阀时应缓慢,严禁开至超过 1½圈,一般只开至 3/4 圈以内以便在紧急情况下迅速关闭气瓶。

10.5.5.4　使用的工具

配有手轮的气瓶阀门不得用榔头或扳手开启。

未配有手轮的气瓶,使用过程中必须在阀柄上备有把手、手柄或专用扳手,以便在紧急情况下可以迅速关闭气路。在多个气瓶组装使用时,至少要备有一把这样的扳手以备急用。

10.5.6　其他

气瓶在使用时,其上端禁止放置物品,以免损坏安全装置或妨碍阀门的迅速关闭。使用结束后,气瓶阀必须关紧。

10.5.7　气瓶的故障处理

10.5.7.1　泄漏

如果发现燃气气瓶的瓶阀周围有泄漏,应关闭气瓶阀拧紧密封螺帽。

当气瓶泄漏无法阻止时,应将燃气瓶移至室外,远离所有起火源,并做相应的警告通知。缓缓打开气瓶阀,逐渐释放内存的气体。

有缺陷的气瓶或瓶阀应做适宜标识,并送专业部门修理,经检验合格后方可重新使用。

10.5.7.2　火灾

气瓶泄漏导致的起火可通过关闭瓶阀,采用水、湿布、灭火器等手段予以熄灭。

在气瓶起火无法通过上述手段熄灭的情况下，必须将该区域做疏散，并用大量水流浇湿气瓶，使其保持冷却。

10.6 汇流排的安装与操作

在气体用量集中的场合可以采用汇流排供气。汇流排的设计、安装必须符合有关标准规程的要求。汇流排系统必须合理地设置回火保险器、气阀、逆止阀、减压器、滤清器、事故排放管等。安装在汇流排系统的这些部件均应经过单件或组合件的检验认可，并证明符合汇流排系统的安全要求。

气瓶汇流排的安装必须在对其结构和使用熟悉的人员监督下进行。

乙炔气瓶和液化气气瓶必须在直立位置上汇流。与汇流排连接并供气的气瓶，其瓶内的压力应基本相等。

11 电弧焊接及切割安全

11.1 一般要求

11.1.1 弧焊设备

根据工作情况选择弧焊设备时，必须要考虑到焊接的各方面安全因素。进行电弧焊接与切割时所使用的设备必须符合相应的焊接设备标准规定，参见附录B(提示的附录)，还必须满足GB 15579的安全要求。

11.1.2 操作者

被指定操作弧焊与切割设备的人员必须在这些设备的维护及操作方面经适宜的培训及考核，其工作能力应得到必要的认可。

11.1.3 操作程序

每台(套)弧焊设备的操作程序应完备。

11.2 弧焊设备的安装

弧焊设备的安装必须在符合GB/T 4064规定的基础上，满足下列要求。

11.2.1 设备的工作环境与其技术说明书规定相符，安放在通风、干燥、无碰撞或无剧烈震动、无高温、无易燃品存在的地方。

11.2.2 在特殊环境条件下(如：室外的雨雪中；温度、湿度、气压超出正常范围或具有腐蚀、爆炸危险的环境)，必须对设备采取特殊的防护措施以保证其正常的工作性能。

11.2.3 当特殊工艺需要高于规定的空载电压值时，必须对设备提供相应的绝缘方法(如：采用空载自动断电保护装置)或其他措施。

11.2.4 弧焊设备外露的带电部分必须设置完好的保护，以防人员或金属物体(如：货车、起重机吊钩等)与之相接触。

11.3 接地

焊机必须以正确的方法接地(或接零)。接地(或接零)装置必须连接良好，永久性的接地(或接零)应做定期检查。

禁止使用氧气、乙炔等易燃易爆气体管道作为接地装置。

在有接地(或接零)装置的焊件上进行弧焊操作，或焊接与大地密切连接的焊件(如：管道、房屋的金属支架等)时，应特别注意避免焊机和工件的双重接地。

11.4 焊接回路

11.4.1 构成焊接回路的焊接电缆必须适合于焊接的实际操作条件。

11.4.2 构成焊接回路的电缆外皮必须完整、绝缘良好(绝缘电阻大于1 MΩ)。用于高频、高压振荡器设备的电缆，必须具有相应的绝缘性能。

11.4.3 焊机的电缆应使用整根导线，尽量不带连接接头。需要接长导线时，接头处要连接牢固、绝缘良好。

11.4.4 构成焊接回路的电缆禁止搭在气瓶等易燃品上，禁止与油脂等易燃物质接触。在经过通道、马路时，必须采取保护措施(如：使用保护套)。

11.4.5 能导电的物体(如：管道、轨道、金属支架、暖气设备等)不得用做焊接回路的永久部分。但在建造、延长或维修时可以考虑作为临时使用，其前提是必须经检查确认所有接头处的电气连接良好，任何部位不会出现火花或过热。此外，必须采取特殊措施以防事故的发生。锁链、钢丝绳、起重机、卷扬机或升降机不得用来传输焊接电流。

11.5 操作

11.5.1 安全操作规程

指定操作或维修弧焊设备的作业人员必须了解、掌握并遵守有关设备安全操作规程及作业标准。此外，还必须熟知本标准的有关安全要求(诸如：人员防护、通风、防火等内容)。

11.5.2 连线的检查

完成焊机的接线之后，在开始操作设备之前必须检查一下每个安装的接头以确认其连接良好。其内容包括：

——线路连接正确合理，接地必须符合规定要求；

——磁性工件夹爪在其接触面上不得有附着的金属颗粒及飞溅物；

——盘卷的焊接电缆在使用之前应展开以免过热及绝缘损坏；

——需要交替使用不同长度电缆时应配备绝缘接头，以确保不需要时无用的长度可被断开。

11.5.3 泄漏

不得有影响焊工安全的任何冷却水、保护气或机油的泄漏。

11.5.4 工作中止

当焊接工作中止时(如：工间休息)，必须关闭设备或焊机的输出端或者切断电源。

11.5.5 移动焊机

需要移动焊机时，必须首先切断其输入端的电源。

11.5.6 不使用的设备

金属焊条和碳极在不用时必须从焊钳上取下以消除人员或导电物体的触电危险。焊钳在不使用时必须置于与人员、导电体、易燃物体或压缩空气瓶接触不到的地方。半自动焊机的焊枪在不使用时亦必须妥善放置以免使枪体开关意外启动。

11.5.7 电击

在有电气危险的条件下进行电弧焊接或切割时，操作人员必须注意遵守下述原则：

11.5.7.1 带电金属部件

禁止焊条或焊钳上带电金属部件与身体相接触。

11.5.7.2 绝缘

焊工必须用干燥的绝缘材料保护自己免除与工件或地面可能产生的电接触。在坐位或俯位工作时，必须采用绝缘方法防止与导电体的大面积接触。

11.5.7.3 手套

要求使用状态良好的、足够干燥的手套。

11.5.7.4 焊钳和焊枪

焊钳必须具备良好的绝缘性能和隔热性能，并且维修正常。

如果枪体漏水或渗水会严重威胁焊工安全时，禁止使用水冷式焊枪。

11.5.7.5 水浸

焊钳不得在水中浸透冷却。

11.5.7.6 更换电极

更换电极或喷嘴时，必须关闭焊机的输出端。

11.5.7.7 其他禁止的行为

焊工不得将焊接电缆缠绕在身上。

11.6 维护

所有的弧焊设备必须随时维护，保持在安全的工作状态。当设备存在缺陷或安全危害时必须中止使用，直到其安全性得到保证为止。修理必须由认可的人员进行。

11.6.1 焊接设备

焊接设备必须保持良好的机械及电气状态。整流器必须保持清洁。

11.6.1.1 检查

为了避免可能影响通风、绝缘的灰尘和纤维物积聚，对焊机应经常检查、清理。电气绕组的通风口也要做类似的检查和清理。发电机的燃料系统应进行检查，防止可能引起生锈的漏水和积水。旋转和活动部件应保持适当的维护和润滑。

11.6.1.2 露天设备

为了防止恶劣气候的影响，露天使用的焊接设备应予以保护。保护罩不得妨碍其散热通风。

11.6.1.3 修改

当需要对设备做修改时，应确保设备的修改或补充不会因设备电气或机械额定值的变化而降低其安全性能。

11.6.2 潮湿的焊接设备

已经受潮的焊接设备在使用前必须彻底干燥并经适当试验。设备不使用时应贮存在清洁干燥的地方。

11.6.3 焊接电缆

焊接电缆必须经常进行检查。损坏的电缆必须及时更换或修复。更换或修复后的电缆必须具备合适的强度、绝缘性能、导电性能和密封性能。电缆的长度可根据实际需要连接，其连接方法必须具备合适的绝缘性能。

11.6.4 压缩气体

在弧焊作业中，用于保护的压缩气体应参照第10章的相应条款管理和使用。

12 电阻焊安全

12.1 一般要求

12.1.1 电阻焊设备

根据工作情况选择电阻焊设备时，必须考虑焊接各方面的安全因素。电阻焊所使用的设备必须符合相应的焊接设备标准(参见附录B)规定及GB 15578标准的安全要求。

12.1.2 操作者

被指定操作电阻焊设备的人员必须在相关设备的维护及操作方面经适宜的培训及考核，其工作能力应得到必要的认可。

12.1.3 操作程序

每台(套)电阻焊设备的操作程序应完备。

12.2 电阻焊设备的安装

电阻焊设备的安装必须在专业技术人员的监督指导下进行，并符合GB/T 4064标准规定。

12.3 保护装置

12.3.1 启动控制装置

所有电阻焊设备上的启动控制装置(诸如：按钮、脚踏开关、回缩弹簧及手提枪体上的双道开关等)必须妥善安置或保护，以免误启动。

12.3.2 固定式设备的保护措施

12.3.2.1 有关部件

所有与电阻焊设备有关的链、齿轮、操作连杆及皮带都必须按规定要求妥善保护。

12.3.2.2 单点及多点焊机

在单点或多点焊机操作过程中，当操作者的手需要经过操作区域而可能受到伤害时，必须有效地采用下述某种措施进行保护。这些措施包括(但不局限于)：

a）机械保护式挡板、挡块；

b）双手控制方法；

c）弹键；

d）限位传感装置；

e）任何当操作者的手处于操作点下面时防止压头动作的类似装置或机构。

12.3.3 便携式设备的保护措施

12.3.3.1 支撑系统

所有悬挂的便携焊枪设备(不包括焊枪组件)应配备支撑系统。这种支撑系统必须具备失效保护性能，即当个别支撑部件损坏时，仍可支撑全部载荷。

12.3.3.2 活动夹头

活动夹头的结构必须保证操作者在作业时，其手指不存在被剪切的危险，否则必须提供保护措施。如果无法取得合适的保护方式，可以使用双柄，即每只手柄上带有安在适当位置上的一或两个操作开关。这些手柄及操作开关与剪切点或冲压点保持足够的距离，以便消除手在控制过程中进入剪切点或冲压点的可能。

12.4 电气安全

12.4.1 电压

所有固定式或便携式电阻焊设备的外部焊接控制电路必须工作在规定的电压条件下。

12.4.2 电容

高压贮能电阻焊的电阻焊设备及其控制面板必须配置合适的绝缘及完整的外壳保护。外壳的所有拉门必须配有合适的联锁装置。这种联锁装置应保证：当拉门打开时可有效地断开电源并使所有电容短路。

除此之外，还可考虑安装某种手动开关或合适的限位装置作为确保所有电容完全放电的补充安全措施。

12.4.3 扣锁和联锁

12.4.3.1 拉门

电阻焊机的所有拉门、检修面板及靠近地面的控制面板必须保持锁定或联锁状态以防止无关人员接近设备的带电部分。

12.4.3.2 远距离设置的控制面板

置于高台或单独房间内的控制面板必须锁定、联锁住或者是用挡板保护并予以标明。当设备停止使用时，面板应关闭。

12.4.4 火花保护

必须提供合适的保护措施防止飞溅的火花产生危险，如：安装屏板、佩带防护眼镜。由于电阻焊操作不同，每种方法必须做单独考虑。

使用闪光焊设备时，必须提供由耐火材料制成的闪光屏蔽并应采取适当的防火措施。

12.4.5 急停按钮

在具备下述特点的电阻焊设备上，应考虑设置一个或多个安全急停按钮：

a）需要 3 s 或 3 s 以上时间完成一个停止动作。

b）撤除保护时，具有危险的机械动作。

急停按钮的安装和使用不得对人员产生附加的危害。

12.4.6 接地

电阻焊机的接地要求必须符合 GB 15578 标准的有关规定。

12.5 维修

电阻焊设备必须由专人做定期检查和维护。任何影响设备安全性的故障必须及时报告给安全监督人员。

13 电子束焊接安全

13.1 一般要求

13.1.1 电子束焊接设备

根据工作情况选择电子束焊接设备时,必须考虑焊接的各方面安全因素。

13.1.2 操作者

被指定操作电子束焊接设备的人员必须在相关设备的维护及操作方面经适宜的培训及考核,其工作能力应得到必要的认可。

13.1.3 操作程序

每台(套)电子束焊接设备的操作程序应完备。

13.2 潜在的危害

电子束焊接引发的下述危害必须予以防护。

13.2.1 电击

设备上必须放置合适的警告标志。

电子束设备上的所有门、使用面板必须适当固定以免突然或意外启动。所有高压导体必须完整地用固定好的接地导电障碍物包围。运行电子束枪及高压电源之前,必须使用接地探头。

13.2.2 烟气

对低真空及非真空工艺,必须提供正面通风抽气和过滤。高真空电子束焊接过程中,清理真空腔室里面时必须特别注意保持溶剂及清洗液的蒸汽浓度低于有害程度。

焊接任何不熟悉的材料或使用任何不熟悉的清洗液之前,必须确认是否存在危险。

13.2.3 X 射线

为了消除或减少 X 射线至无害程度,对电子束设备要进行适当保护。对辐射保护的任何改动必须由设备制造厂或专业技术人员完成。修改完成后必须由制造厂或专业技术人员做辐射检查。

13.2.4 眩光

用于观察窗上的涂铅玻璃必须提供足够的射线防护效果。为了减低眩光使之达到舒适的观察效果,必须选择合适的滤镜片。

13.2.5 真空

电子束焊接人员必须了解和掌握使用真空系统工作所要求的安全事项。

附　录　A
（提示的附录）
有关焊接与切割用气瓶标准

GB 5099—1994　钢质无缝气瓶
GB 5100—1994　钢质焊接气瓶
GB 5842—1996　液化石油气钢瓶
GB 7512—1998　液化石油气钢瓶阀
GB 8334—1987　液化石油气钢瓶定期检验与评定
GB 8335—1998　气瓶专用螺纹
GB 10877—1988　氧气瓶阀
GB/T 10878—1989　气瓶锥螺纹丝锥
GB 10879—1989　溶解乙炔气瓶阀
GB 11638—1989　溶解乙炔气瓶
GB 11640—1989　铝合金无缝气瓶
GB 12135—1989　气瓶定期检验站技术条件
GB 12136—1989　溶解乙炔气瓶用回火防止器
GB 13004—1991　钢质无缝气瓶定期检验与评定
GB 13075—1991　钢质焊接气瓶定期检验与评定
GB 13076—1991　溶解乙炔气瓶定期检验与评定
GB 13077—1991　铝合金无缝气瓶定期检验与评定
气瓶安全监察规程
溶解乙炔气瓶安全监察规程

附　录　B
（提示的附录）
有关焊接设备标准

GB/T 8118—1995　电弧焊机　通用技术条件
GB 8366—1996　电阻焊机　通用技术条件
GB/T 10235—1988　弧焊变压器防触电装置
GB/T 13164—1991　埋弧焊机
JB 685—1992　直流弧焊发电机
JB/T 2751—1993　等离子弧切割机
JB/T 3158—1999　电阻点焊直电极
JB/T 3643—1992　小型弧焊变压器
JB/T 3946—1999　凸焊机电极平板槽子
JB/T 3947—1999　电阻点焊电极接头
JB/T 3948—1999　电阻点焊电极帽
JB/T 3957—1999　电极锥度　配合尺寸
JB/T 5249—1991　移动式点焊机
JB/T 5250—1991　缝焊机

JB/T 5251—1991 固定式对焊机
JB/T 5340—1991 多点焊机用阻焊变压器 特殊技术条件
JB 7107—1993 弧焊设备 电焊钳的安全要求
JB/T 7108—1993 碳弧气刨机
JB/T 7109—1993 等离子弧焊机
JB/T 7824—1995 逆变式弧焊整流器技术条件
JB/T 7834—1995 弧焊变压器
JB/T 7835—1995 弧焊整流器
JB/T 8085—1995 摩擦焊机
JB/T 8747—1999 钨极惰性气体保护弧焊机(TIG 焊机)技术条件
JB/T 8748—1998 MIG/MAG 弧焊机
JB/T 9528—1999 原动机 弧焊发电机组
JB/T 9529—1999 电阻焊机变压器 通用技术条件
JB/T 9530—1999 电阻焊设备的绝缘帽和绝缘衬套
JB/T 9531—1999 点焊 电极挡块和夹块
JB/T 9191—1999 等离子喷焊枪 技术条件
JB/T 9192—1999 等离子喷焊电源
JB/T 9532—1999 MIG/MAG 焊焊枪 技术条件
JB/T 9533—1999 焊机送丝机构 技术条件
JB/T 9534—1999 引弧装置 技术条件
JB/T 9959—1999 电阻点焊 内锥度 1：10 的电极接头
JB/T 9960—1999 电阻点焊 凸型电极帽
JB/T 10101—1999 固定式凸点焊机
JB/T 10110—1999 电阻焊机控制器 通用技术条件

附 录 C
(提示的附录)
有关安全、劳动保护标准

GB 2890—1995 过滤式防毒面具通用技术条件
GB 2894—1996 安全标志
GB 5083—1985 生产设备安全卫生设计总则
GB 6095—1985 安全带
GB 6220—1986 长管面具
GB/T 6223—1997 过滤式防微粒口罩
GB 8196—1987 机械设备防护罩安全要求
GB 8197—1987 防护屏安全要求
GB 12011—1989 绝缘皮鞋
GB 12265—1995 机械防护安全距离
GB 12623—1990 防护鞋通用技术条件
GB 12624—1990 劳动保护手套通用技术条件
GB 12801—1991 生产过程安全卫生要求总则
GB 13495—1992 消防安全标志

GB 15630—1995　消防安全标志设置要求
GB 16179—1996　安全标志使用导则
GB 16556—1996　自给式空气呼吸器

ICS 25.160.10
J 33

中华人民共和国国家标准

GB/T 15169—2003
代替 GB/T 15169—1994

钢熔化焊焊工技能评定

Qualification test of welders—Fusion welding for steels

(ISO/DIS 9606-1:2002,Qualification test of welders
—Fusion welding—Part 1:Steels,IDT)

2003-11-25 发布　　2004-06-01 实施

中华人民共和国
国家质量监督检验检疫总局 发布

前　言

本标准是对GB/T 15169—1994《钢熔化焊手焊工资格考试方法》进行的修订。本标准在修订过程中，在借鉴ISO 9606:1994及其补充件ISO 9606/Amd:1998的基础上，等同采用了最新的欧洲标准草案pr EN ISO 9606-1:2002《焊工考试　熔化焊　第1部分：钢》（该草案与ISO草案是完全等同一致的）。为了保证标准的适用性及协调性，本标准在等同转化时，对规范性引用文件做了必要的处理。

与原标准相比，本标准在技术内容方面主要有如下变化：

——焊工考试更侧重于操作考核，业务知识方面的考核未做硬性规定；

——考试规则及认可范围重点以焊工考试的主要参数为基础；

——材料分组、试验方法及验收规则偏重于国际上的统一要求。

本标准自实施之日起，代替GB/T 15169—1994。

本标准由中国机械工业联合会提出。

本标准由全国焊接标准化技术委员会归口。

本标准负责起草单位：哈尔滨焊接研究所、哈尔滨焊接技术培训中心、东方锅炉股份有限公司。

本标准主要起草人：朴东光、王　林、秦光楣、邹　杰。

钢熔化焊焊工技能评定

1 范围

本标准规定了钢材熔化焊的焊工考试方法。

为了确保考试适合不同的产品类型、地区和考试机构，本标准提供了系统的焊工技能评定规则。

本标准侧重于考核焊工手工操作焊钳、焊枪、焊炬，焊接合格焊缝的技能。

本标准适用于手工焊和半自动焊接方法。本标准不适用于全机械化或自动化焊接方法。

2 规范性引用文件

下列文件中的条款通过本标准的引用而成为本标准的条款。凡是注日期的引用文件，其随后所有的修改单(不包括勘误的内容)或修订版均不适用于本标准，然而，鼓励根据本标准达成协议的各方研究是否可使用这些文件的最新版本。凡是不注日期的引用文件，其最新版本适用于本标准。

GB/T 3375 焊接术语

GB/T 5185 金属焊接及钎焊方法在图样上的表示代号

GB/T 16672—1996 焊缝 工作位置 倾角和转角的定义

GB/T 19418—2003 钢的弧焊接头 缺陷质量分级指南

ISO 9017:2001 金属材料焊缝的破坏性检验 断裂试验

ISO/TR 15608 焊接 金属材料分类体系指南

3 术语

本标准采用了GB/T 3375的有关定义和下列术语。

3.1

焊工 welder

用手操持焊钳、焊枪、焊炬进行焊接的人。

3.2

考官 examiner

被任命验证是否符合应用标准的某个人。

3.3

考试机构 examining body

被任命验证是否符合应用标准的某个组织。

3.4

焊接衬垫 backing

为保证接头根部焊透和焊缝背面成形，沿接头背面预置的一种衬托物。

3.5

根部焊道 root run

多层焊时，在接头根部焊接的焊道。

3.6

填充焊道 filling run

多层焊时，在根部焊道之后、盖面焊道之前熔敷的焊道。

3.7

盖面焊道 capping run

多层焊时,焊接完成之后在焊缝表面可见的焊道。

3.8

焊缝金属厚度 weld metal thickness

除余高以外的焊缝厚度。

4 符号及缩略语

4.1 概述

填写焊工资格证书时应使用下列符号及缩略语(见附录A)。

4.2 焊接方法代号

本标准包含了下列手工焊和半自动焊接方法(焊接方法代号见GB/T 5185):

111 手工电弧焊(焊条电弧焊)

114 药芯焊丝电弧焊(自保护)

121 丝极埋弧焊(单丝)

125 管状焊丝埋弧焊

131 熔化极惰性气体保护焊(MIG)

135 熔化极非惰性气体保护焊(MAG)

136 管状焊丝非惰性气体保护焊

141 钨极惰性气体保护焊(TIG)

15 等离子弧焊

311 氧乙炔焊

4.3 缩略语

4.3.1 有关试件的缩略语代号

a 公称焊缝厚度(角焊缝的焊缝计算厚度)

BW 对接焊缝

D 管外径

FW 角焊缝

l_1 试件宽度

l_2 试件长度

l_f 试验长度

P 板

s 对接焊缝的焊缝金属厚度(对单个焊接方法而言,为板厚或管子壁厚)

s_1 采用焊接方法1施焊的焊缝金属厚度

s_2 采用焊接方法2施焊的焊缝金属厚度

t 试件厚度(板厚或管子壁厚)

T 管

z 角焊缝的焊脚尺寸(我国有些行业习惯用K表示焊脚尺寸)

4.3.2 有关焊接材料的缩略语

nm 无填充金属

A 酸性药皮

B 碱性药皮或药芯

C 纤维素型药皮

M　药芯-金属粉末

P　药芯-金红石，快凝固型渣

R　金红石型药皮或药芯，慢凝固型渣

RA　金红石酸性药皮

RB　金红石碱性药皮

RC　金红石纤维素型药皮

RR　金红石型厚药皮

S　实芯焊丝/填充丝

V　药芯-金红石或碱性/氟化物

W　药芯-碱性/氟化物，慢凝固型渣

Y　药芯-碱性/氟化物，快凝固型渣

Z　药芯-其他型

4.3.3　有关其他焊接因素的缩略语代号

bs　双面焊

lw　左焊法

mb　衬垫焊接

nb　无衬垫焊接

rw　右焊法

ng　背面不清根或不打磨

sl　单层

ss　单面焊

4.3.4　有关弯曲试验的缩略语

A　材料规程要求的最低延伸率

d　弯头（或内辊）的直径

t_s　弯曲试样的厚度

5　主要参数及认可范围

5.1　概述

焊工考试以主要参数为基础。本标准确定了每个主要参数的认可范围。除5.7和5.8所述之外，所有试件应使用主要参数焊接。如果焊工从事认可范围之外的焊接工作，则需要进行新的考试。主要参数为：

——焊接方法；

——试件类型（板和管子）；

——焊缝种类（对接焊缝和角焊缝）；

——母材；

——焊接材料；

——尺寸（母材厚度和管子外径）；

——焊接位置；

——焊接细节（衬垫、单面焊、双面焊、单层、多层、左焊法、右焊法）。

5.2　焊接方法

每项考试一般只认可一种焊接方法。改变焊接方法需要进行新的考试。但将实芯焊丝改为金属粉末芯焊丝（或反之）的非惰性气体保护焊，即焊接方法由135变为136（或反之），不要求新的考试（见表3）。

允许焊工使用多种工艺焊接一个试件取得两种(或更多种)焊接方法的认可。表 1 给出了针对对接焊缝单个焊接方法及多种焊接方法的认可范围。

表 1 对接焊缝单种或多种工艺的认可范围

<table>
<tr><td rowspan="2">用于试件的焊接方法</td><td colspan="2">认可范围</td></tr>
<tr><td>单个焊接方法接头</td><td>多种焊接方法接头</td></tr>
<tr><td>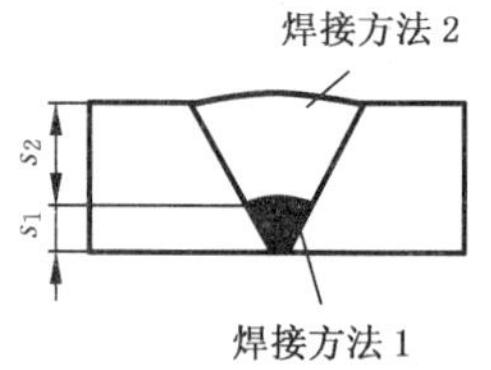</td><td>根据表 4
焊接方法 1：
$t \equiv s_1$
焊接方法 2：
$t \equiv s_2$</td><td>根据表 4
$t = s_1 + s_2$</td></tr>
<tr><td>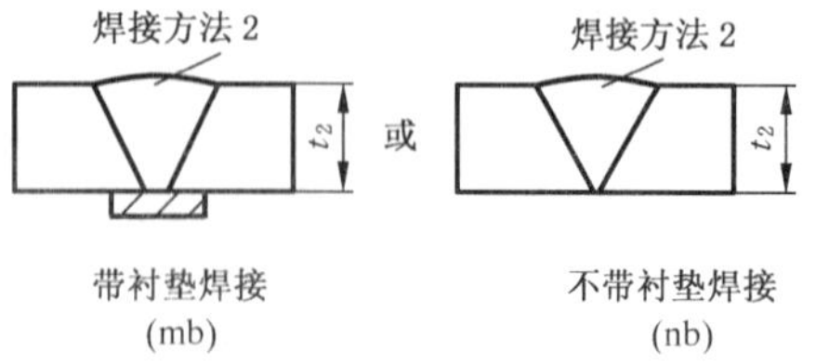</td><td rowspan="2">根据表 4
焊接方法 1：
$t \equiv t_1$
焊接方法 2：
$t \equiv t_2$</td><td rowspan="2">根据表 4
$t \equiv t_1 + t_2$
焊接方法 1 仅针对根部焊接</td></tr>
<tr><td>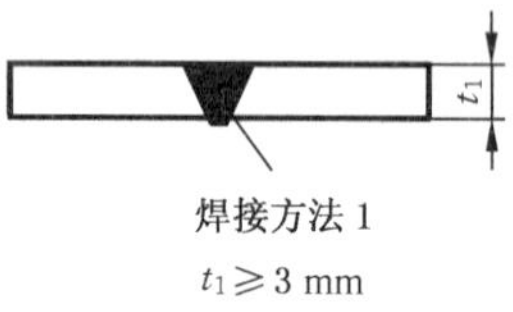</td></tr>
</table>

5.3 试件类型

考试应在板或管子上进行，并采用下列准则：

a) 管子上的焊缝(外径 $D>25$ mm)适合于板子上的焊缝；

b) 板子上的焊缝在以下条件下适合于管子上的焊缝：

——管子外径 $D \geqslant 150$ mm，焊接位置 PA、PB 和 PC；

——管子外径 $D \geqslant 500$ mm，所有其他焊接位置。

5.4 焊缝种类

考试应采用对接焊缝或角焊缝，并依据下列准则进行：

a) 对接焊缝适合于任何接头类型上的对接焊缝，支管连接除外；

b) 如果在相同条件下焊接，对接焊缝的焊接适用于角焊缝。在生产中主要为角焊缝焊接时，应对焊工进行相应的角焊考试。

c) 不带衬垫的管子对接焊缝适合于角度大于 60°的支管及表 1～表 8 所示的相同范围。对支管而言，其认可范围以支管的外径为基础；

d) 如果生产工件以支管焊接为主或者涉及到复杂的支管连接，焊工应接受特殊的培训，并应在必要时进行支管连接方面的焊工考试。

5.5 母材

5.5.1 母材类组

为了减少考试数量，根据 ISO/TR 15608 将焊接特性类似的钢材进行分组。

5.5.2 认可范围

某类组中任何一种钢材的焊接，对该类组中所有其他钢材及按表 2 规定的其他类组焊接的焊工考试均有效。

焊接该类组之外的母材时，需做单独考试。

异种钢接头的认可：使用8组或10组中（见表2）的填充金属时，将适合于8组（或10组）与其他组的所有组合。

锻件材料的考试适用于同组中铸件之间及铸件和锻件的焊接。

表2　母材的认可范围

试件的母材类组[a]	认可范围											
	1.1 1.2 1.4	1.3	2	3	4	5	6	7	8	9 9.1	9 9.2+9.3	10	11
1.1　1.2　1.4	×	—	—	—	—	—	—	—	—	—	—	—	—
1.3	×	×	×	×	—	—	—	—	—	×	—	—	×
2	×	×	×	×	—	—	—	—	—	×	—	—	×
3	×	×	×	×	—	—	—	—	—	×	—	—	×
4	×	×	×	×	×	×	×	×	—	×	—	—	×
5	×	×	×	×	×	×	×	×	—	×	—	—	×
6	×	×	×	×	×	×	×	×	—	×	—	—	×
7	×	×	×	×	×	×	×	×	—	×	—	—	—
8	—	—	—	—	—	—	—	—	×	—	×	×	—
9　9.1	×	×	×	×	—	—	—	—	—	×	—	—	—
9　9.2+9.3	×	—	—	—	—	—	—	—	—	—	×	—	—
10	—	—	—	—	—	—	—	—	×	—	×	×	—
11	×	×	—	—	—	—	—	—	—	—	—	—	×

注：×表示焊工得到认可的类组；—表示焊工未得到认可的类组。

[a] 母材类组按ISO/TR 15608划分，详见附录E。

5.6 焊接材料

带填充金属的认可（如：141、15及311焊接方法）适合于不带填充金属的焊接，反之则不行。

焊接材料的认可范围参见表3。

表3　焊接材料的认可范围[a]

焊接方法	考试所使用的焊接材料	认可范围			
		A、RA、RB、RC、RR、R		B	C
111[b]	A、RA、RB、RC、RR、R	×		—	—
	B	×		×	—
	C	—		—	×
—	—	实芯焊丝(S)	药芯焊丝(M)	药芯焊丝(B)	药芯焊丝(R、P、V、W、YZ)
131 135 136 141	实芯焊丝(S)	×	×	—	—
	药芯焊丝(M)	×	×	—	—

表 3(续)

焊接方法	考试所使用的焊接材料	认可范围			
		A、RA、RB、RC、RR、R		B	C
136	药芯焊丝(B)	—	—	×	×
114 136	药芯焊丝 (R、P、V、W、YZ)	—	—	—	×

注：×表示焊工得到认可的这些焊接材料；—表示焊工未得到认可的这些焊接材料。

[a] 缩略语见 4.3.2。

[b] 焊工考试时，无衬垫打底焊道所使用的药皮类型应与实际生产相同。

5.7 尺寸

对接焊缝的焊工考试以母材厚度或管子外径为基础。表 4 及表 5 规定了认可范围。

注：厚度或直径的精确尺寸实际上并不重要，而应遵循的则是表 4 和表 5 中数值背后的基本原则。

表 6 规定了角焊缝的材料厚度认可范围。

对于支管焊接，表 4 的母材厚度临界值和表 5 的管子外径临界值适用如下：

——骑座式：支管的母材厚度及外径；

——插入式或穿入式：主管或壳体的母材厚度及支管外径。

对不同的外径及材料厚度的试件，考试应针对：

a) 按表 4 认可最薄和最厚的母材厚度。

b) 按表 5 认可最小和最大的管子外径。

表 4 对接焊缝试件的母材厚度认可范围

单位为毫米

试件的母材厚度 t	认可范围
$t \leqslant 3$	t 至 $2t$[a]
$3 < t \leqslant 12$	3 至 $2t$[b]
$t > 12$	$\geqslant 5$

[a] 对氧乙炔焊(311)：$t \sim 1.5t$。

[b] 对氧乙炔焊(311)：$3 \sim 1.5t$。

表 5 试件直径及认可范围[a]

单位为毫米

试件的外径 D	认可范围
$D \leqslant 25$	$D \sim 2D$
$D > 25$	$\geqslant 0.5D$(最小 25)

[a] 对于中空结构而言，D 为较小边的尺寸。

表 6 角焊缝试件的母材厚度认可范围[a]

单位为毫米

试件的材料厚度 t	认可范围
$t < 3$	$t \sim 3$
$t \geqslant 3$	$\geqslant 3$

[a] 见表 9。

5.8 焊接位置

每个焊接位置的认可范围由表 7 给出。这些焊接位置及代号参见 GB/T 16672。

考试试件应按 GB/T 16672 规定的正常位置焊接。

管子上的 J-L045 和 H-L045 焊接位置认可了生产工件上所有的管子角度。

焊接两个直径相同的管子(一个在 PF 位置,一个在 PC 位置),也包括了在 H-L045 位置上焊接的管子的认可范围。

焊接两个直径相同的管子(一个在 PG 位置,一个在 PC 位置),也包括了在 J-L045 位置上焊接的管子的认可范围。

直径 $D \geqslant 150$ mm 的管子可以只用一个试件在两个焊接位置(PF 或 2/3 周长的 PG,1/3 周长的 PC)上焊接。

表 7 焊接位置的认可范围

考试位置	认可范围[a]										
	PA	PB[b]	PC	PD[b]	PE	PF(板)	PF(管)	PG(板)	PG(管)	H-L045	J-L045
PA	×	×	—	—	—	—	—	—	—	—	—
PB[b]	×	×	—	—	—	—	—	—	—	—	—
PC	×	×	×	—	—	—	—	—	—	—	—
PD[b]	×	×	×	×	×	—	—	—	—	—	—
PE	×	×	×	×	×	—	—	—	—	—	—
PF(板)	×	×	—	—	—	—	×	—	—	—	—
PF(管)	×	×	—	×	×	×	×	—	—	—	—
PG(板)	—	—	—	—	—	—	—	×	—	—	—
PG(管)	×	×	—	×	×	—	—	×	×	—	—
H-L045	×	×	×	×	×	×	×	—	—	×	—
J-L045	×	×	×	×	×	—	—	×	×	—	×

注:×表示焊工得到认可的那些焊接位置;—表示焊工未得到认可的那些焊接位置。

a 此外还必须参阅 5.3 和 5.4 的要求。

b PB 和 PD 的考试位置适用于角焊缝(见 5.4b),而且只能认可其他位置上的角焊缝。

5.9 其他焊接因素

表 8 和表 9 给出了其他焊接因素的认可范围。

使用氧乙炔焊方法进行焊接时,左焊法改成右焊法或反之均要求新的考试。

表 8 对接焊缝的认可范围

试件的焊接因素	认可范围		
	单面焊/不带衬垫 (ss nb)	单面焊/带衬垫 (ss mb)	双面焊 (bs)
单面焊/不带衬垫(ss nb)	×	×	×
单面焊/带衬垫(ss mb)	—	×	×
双面焊(bs)	—	×	×

注:×表示焊工得到认可的那些焊缝;—表示焊工未得到认可的那些焊缝。

表 9 角焊缝的认可范围

试件[a]	认可范围	
	单层(sl)	多层(ml)
单层(sl)	×	—
多层(ml)	×	×

注：×表示认可的焊层种类；—表示未认可的焊层种类。

a 焊缝有效厚度应在一定范围内，$0.5\ t \leqslant a \leqslant 0.7\ t$。

6 试验及检验

6.1 监督

试件的焊接及检验应在考官或考试机构的监督下进行。

在焊接开始之前，应在试件上做考官及焊工的标记。此外，所有试件应在试件上标记焊接位置，对固定管子焊缝，应做焊接位置标记。

如果焊接条件不正确或者发现焊工不具备满足要求的技能(如返修过多)，考官或考试机构可以终止考试。

6.2 试件的形状和尺寸

试件的形状和尺寸(见 5.7)要求如图 1 至图 4 所示。

检验长度应至少 150 mm。如果管子的周长小于 150 mm，需要增加试件，但试件数量不得超过 3 个。

单位为毫米

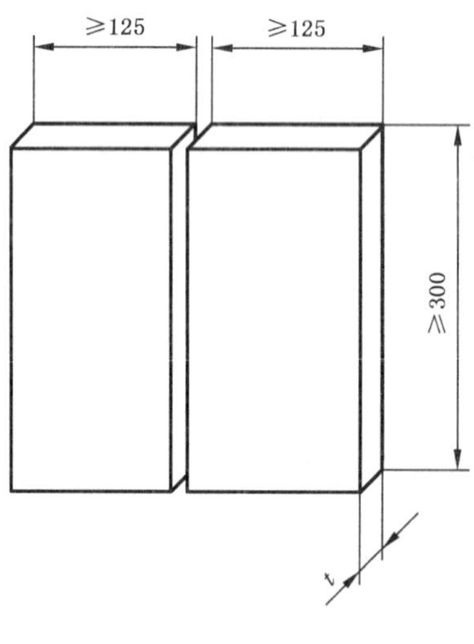

注：t 为试件的材料厚度。

图 1 板对接焊缝试件尺寸

单位为毫米

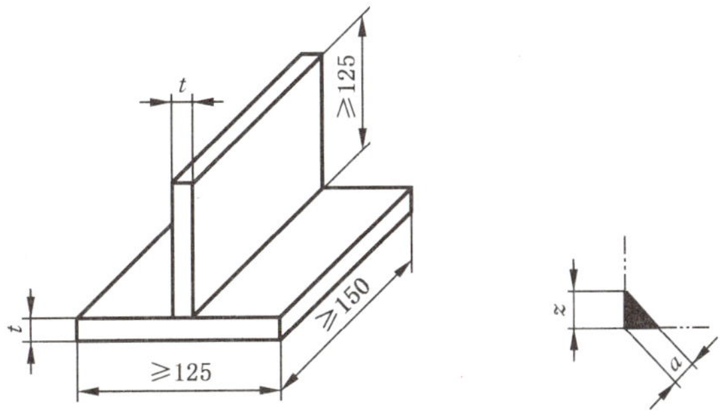

注：a 为焊缝有效厚度；t 为试件的材料厚度；z 为焊脚尺寸。

图 2　板角焊缝试件尺寸

单位为毫米

注：D 为管子外径；t 为试件的材料厚度(壁厚)。

图 3　管子对接焊缝试件尺寸

单位为毫米

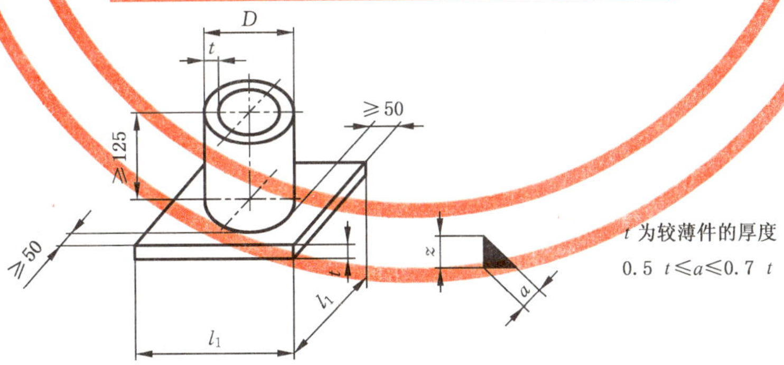

注：a 为焊缝有效厚度；D 为管子外径；l_1 为试件长度；t 为试件的材料厚度(板厚或壁厚)；z 为焊脚尺寸。

图 4　管子角焊缝试件尺寸

6.3　焊接条件

焊工考试应遵照有关标准或规程编制的焊接工艺规程(WPS)或焊接工艺预规程(pWPS)。

考试时的焊接应满足下述要求：

——试件的焊接时间应与普通生产条件下的工作时间一致；

——试件在根部焊道和盖面焊道上应至少有一次停弧和再起弧，并在检查长度范围内做标记，以便检查；

——试件的施焊应符合 pWPS 或 WPS 的预热(或热输入控制)要求；

——无弯曲试验要求时，可以省去 pWPS 或 WPS 中所要求的焊后热处理；

——除盖面焊道之外，允许焊工在征得考官(或考试机构)同意的条件下，通过打磨、刨削或生产中使用的其它方法去除轻微的缺陷。

6.4 检验方法

每条焊完的焊缝应按照表 10 的规定在焊态下检验。

表 10 所要求的附加检验应在外观检验合格后进行。

考试采用永久衬垫时，应在检验之前将其去除。

为了清晰地显示焊缝，宏观试样应在一侧制备并腐蚀。一般不要求抛光。

进行射线检验时，要求附加两个横向弯曲试验(一个正弯、一个背弯或两个侧弯)或两个断裂试验。对于采用 131、135、136(仅金属粉末芯焊丝)和 311 焊接方法焊接的对接焊缝而言，要求附加一个正弯和一个背弯(见表 10，注 b)。

表 10 检验方法

检验方法	对接焊缝 (板或管)	角焊缝及支管连接
外观检验	强制	强制
射线检验	强制[a,b,d]	非强制
弯曲试验	强制[a,b,f]	不适用
断裂试验	强制[a,b,f]	强制[c,e]

a 射线检验、弯曲或断裂试验三者任选其一。

b 做射线检验时，131、135、136(仅金属粉末芯焊丝)和 311 焊接方法还必须附加弯曲或断裂试验(见 6.4)。

c 必要时，断裂试验可用至少两个磁粉试样代替。

d 对于厚度≥8 mm 的铁素体钢，射线检验可用超声波检验代替。

e 管子的断裂试验可用射线检验代替。

f 外径 $D \leqslant 25$ mm 时，弯曲或断裂试验可用整个试件的缺口拉伸试验代替(示例见图 8)。

6.5 试件和试样

6.5.1 概述

在 6.5.2 至 6.5.5 中给出了试件和试样的种类、尺寸和制备等方面的细节，此外还说明了破坏性试验的要求。

6.5.2 板及管子的对接焊缝

做射线检验时，试件上焊缝的受检长度[参见图 5a)、图 7a)和图 7b)]应在焊态下(未去除焊缝余高)检验。

做断裂试验时，试件受检长度应切成宽度相等的若干试样。每个试样的受检长度应大于或等于 40 mm。缺口外形可按 ISO 9017 要求加工。

做横弯或侧弯试验时，对于延伸率 $A \geqslant 20\%$ 的母材，弯头(或内辊)直径应为 4 t，弯曲角度应为 180°。而延伸率 $A < 20\%$ 的母材，应采用下列公式：

$$d = 100\, t_s / A - t_s$$

式中：

d——弯头或内辊的直径；

t_s——弯曲试样厚度；

A——母材标准要求的最低延伸率。

做横弯试验时，整个受检长度应切成宽度相等的若干试样，所有试样都要试验。仅做侧弯试验时，要在受检长度内均匀切取至少 4 组试样。其中一个试样必须要取自试验长度内的起弧及止弧区。

对厚度大于 12 mm 的板材，横弯试验可由 2 个侧弯试验代替。

对于管子而言，进行射线检验时对 131、135、136(仅金属粉末芯焊丝)或 311 焊接方法所附加的断裂或横弯的试样数量应按焊接位置确定。对于 PA 或 PC 焊接位置，应做一个背弯和正弯试验(见图 7a)，所有其他焊接位置应做两个背弯和两个正弯试验[(见图 7b)]。

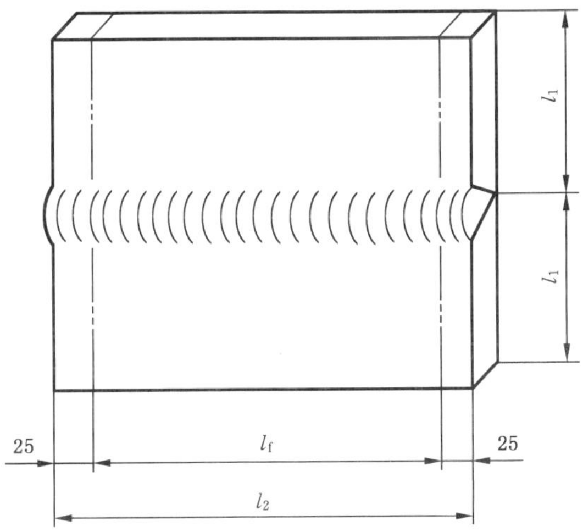

注：l_1 为试板宽度；l_2 为试件长度；l_f 为试验长度。

a) 加工成偶数试样

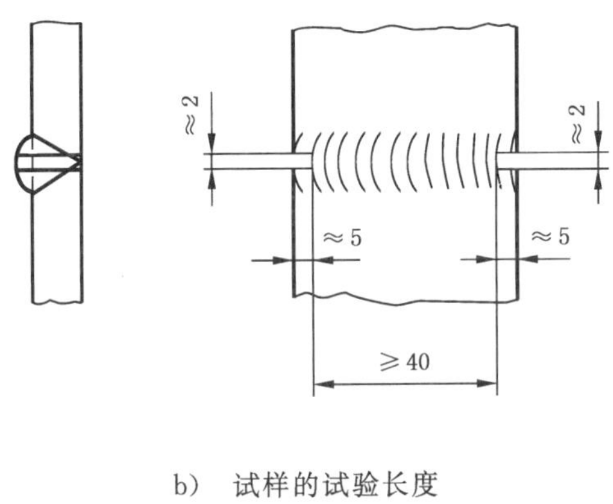

b) 试样的试验长度

注：此外，为确保试件在焊缝处断裂，可在试件受拉面焊缝中线上开纵向缺口。

图 5 板对接焊缝试样的制备及断裂试验

6.5.3 板角焊缝

对于断裂试验(见图 6)，如有必要可将试件分割成若干个试样。每个试样应按照 ISO 9017 放置并破断，并在破断后检查。

进行宏观检验时，应在试验长度内等距离地截取至少 4 个试样。

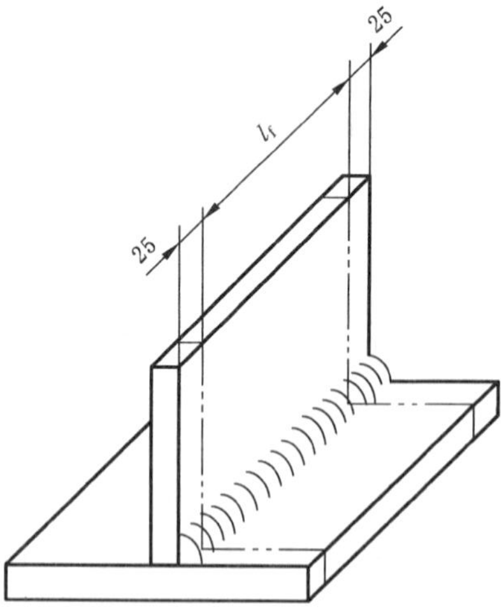

注：l_f 为试验长度。

图 6 板材角焊缝的断裂试验长度

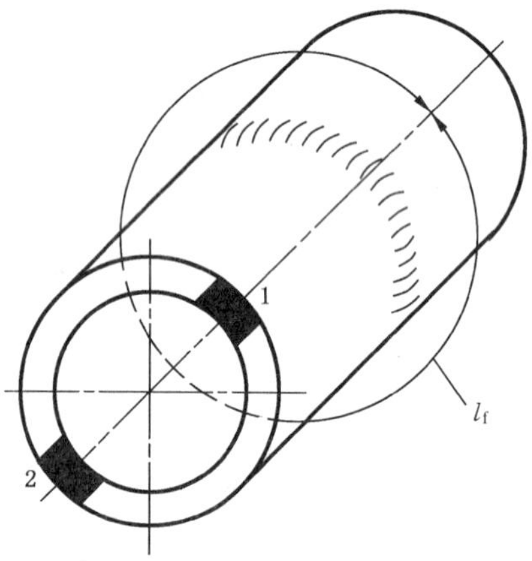

注：l_f——试验长度；

1——一个背面断裂或背面横弯或侧弯试样的部位；

2——一个正面断裂或正面横弯或侧弯试样的部位。

a) PA 及 PC 焊接位置附加的断裂或弯曲试样加工示意图

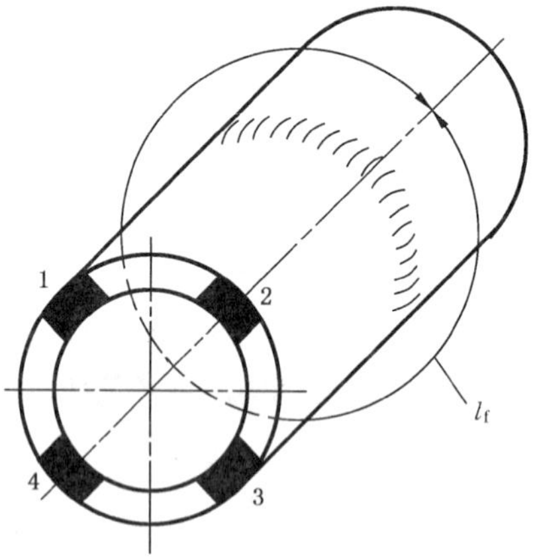

注：l_f——试验长度；

1——一个背面断裂或背面横弯或侧弯试样；

2——一个正面断裂或正面横弯或侧弯试样；

3——一个背面断裂或背面横弯或侧弯试样；

4——一个正面断裂或正面横弯或侧弯试样。

b) PF、PG、H-L045 及 J-L045 焊接位置附加的断裂或弯曲试样加工示意图

图 7 管对接焊缝试样的制备

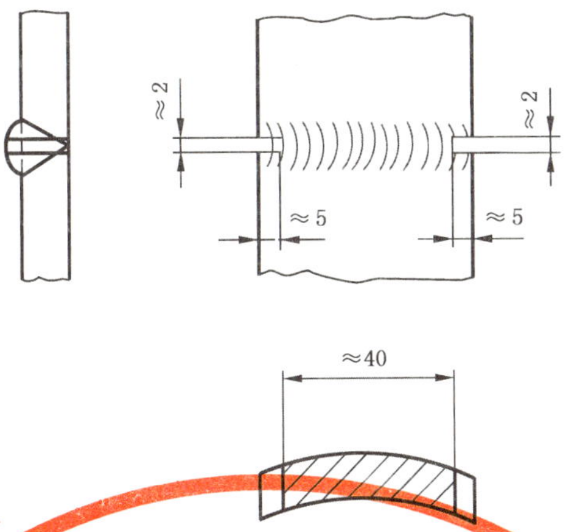

c) 断裂试样的试验长度

注：此外，为确保试样焊缝处断裂，可在试样拉伸面焊缝中线上开纵向缺口。

图 7(续)

$t \geqslant 1.8$ mm；$d = 4.5$ mm；

$t < 1.8$ mm；$d = 3.5$ mm。

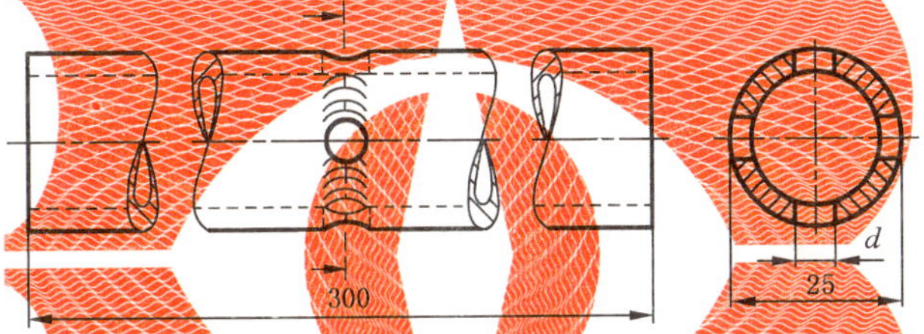

孔不许开在引弧和熄弧区域

注：圆周方向上的缺口形状允许按 ISO 9017 规定采用尖(s)形和方(q)形。

图 8 直径小于 25 mm 管试件缺口拉伸试验示例

6.5.4 管子角焊缝

做断裂试验时，应将试件切成 4 块或 4 块以上试样并破断(图 9 给出了一种示例)。

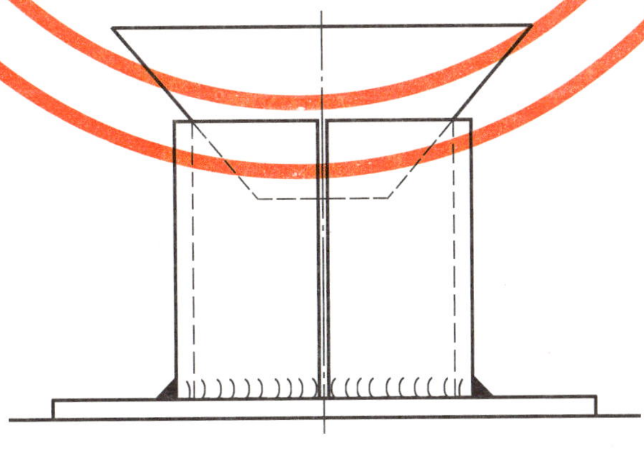

图 9 管子角焊缝试样的制备及断裂试验

做宏观试验时，应沿管子一周等距离地截取至少 4 个试样。

6.5.5 试验报告

所有的试验结果应整理成书面报告，并确保在焊工证书上可追溯到(见 10 章)。

7 试件验收要求

试件应按相应缺陷种类所规定的验收要求进行评价。

进行任何试验之前应做下列检查：

——所有焊渣及飞溅应清除；

——焊缝正面和背面不得打磨(按 6.3)；

——根部焊道和盖面焊道的熄弧点和起弧点应做标记(按 6.3)；

——轮廓和尺寸。

除非另有规定，否则按本标准的检验方法所发现的缺陷，其验收要求应按 GB/T 19418 评价。如果试件内的缺陷处于 GB/T 19418 规定的 B 级限值范围内(但下列缺陷种类除外，如：焊缝金属过多、凸度过大、焊缝厚度过大和塌陷，这些缺陷的限值为 C 级)，则判定焊工合格。

弯曲试样不允许出现在任何方向上大于 3 mm 的单个缺陷。弯曲时出现在试样边缘处的裂纹应在评估时忽略，但由于未焊透、夹渣(或其他操作缺陷)造成的裂纹除外。

如果焊工试件中的缺陷超过了规定的限值，则焊工的考试不合格。

无损检验相应的验收指标也应参照有关标准。所有的破坏性试验和无损检验应采用规定的程序。

8 补考

如果考试不合格，允许焊工补考。

如果考试不合格是由于冶金或其他外界因素造成的，不能归咎于焊工技能不足，允许焊工重新考试。

9 有效期

9.1 初次认可

焊工认可的有效期从试件的焊接之日开始。其前提条件是要求的考试已经完成而且考试结果合格。

9.2 有效期的确认

颁发的焊工资格证书有效期为 2 年，前提条件是雇主的焊接主管(或负责)人员每 6 个月做一次确认，确定该焊工在最初的认可范围内持续工作。

9.3 延期

考官/考试机构可按本标准要求，将焊工资格证书每 2 年延期一次。

证书延期之前，必须要满足 9.2 的要求而且确认下列条件：

a) 所有用于支持延期的记录和证据应具有完整的可追溯性并与生产中所使用的焊接工艺规程一致；

b) 用于支持延期的依据充分，如：6 个月之前在两个产品焊缝上做的射线(或超声)探伤，或有关产品试件的破坏性试验(断裂或弯曲)结果符合要求。有关延期的依据要求至少 2 年获取一次；

c) 焊缝满足本标准规定的缺陷合格等级；

注：需要确认并追溯的参数示例见附录 D。

10 证书

如果焊工成功地通过了技能考试，应授予证书。所有相关的考试条件应记录在证书上。

焊工资格证书应由考试机构单独负责颁发，并应包括附录 A 列出的内容。推荐以附录 A 的格式作为焊工考试合格的资格证书。如果采用任何其他格式的焊工资格证书，证书也应包含附录 A 所要求的内容。

原则上应针对每一种试件颁发一个证书。

如果焊工焊接了多个试件，可以在一个焊工证书上进行归纳，所有的试件应使用单独的主要参数(5章条文除外)。

技能考核和专业知识考试(见附录A)应用“合格”或“未考试”加以说明。

考试主要参数超出认可范围的任何变化都需要新的考试和认证。

11 焊工考试认可标记

焊工考试认可的标记应包括下列内容：

a) 本标准编号；

b) 主要参数；

1) 焊接方法：参照4.2,5.2和GB/T 5185标准；

2) 试件类型：板(P)、管(T)，参照4.3.1和5.3；

3) 接头种类：对接焊缝(BW)、角焊缝(FW)，参照5.4；

4) 材料类组：参照5.5；

5) 焊接材料：参照5.6；

6) 试件尺寸：材料厚度(t)和管子外径(D)，参照5.7；

7) 焊接位置：参照5.8及GB/T 16672标准；

8) 其他焊接因素：参照5.9。

在标记中可以不包括保护气体及衬垫的种类，但这些内容可包括在焊工资格证书中(见附录A)。

标记示例见附录B。

附 录 A
（资料性附录）
焊工资格证书

标记：______________________________

焊接工艺规程编号 No： 考官或考试机构编号 No：

焊工姓名：

识别代码：

标识方式：

出生日期和地点：

雇主：

规程/考试标准：

专业知识：合格/未考试（可按需要删除）

照片

	考试细节	认可范围
焊接方法		
试件类型（板或管）		
接头种类		
母材类组		
填充金属种类/型号		
保护气体		
辅助材料（衬垫）		
焊缝熔敷厚度/mm		
管外径/mm		
焊接位置		
其他焊接因素		

试验种类	操作和验收	不要求
外观检验		
射线检验		
磁粉/渗透检验		
宏观检验		
断裂试验		
弯曲试验		
缺口拉伸		
附加试验[a]		

[a] 需要时增加单独的试验单。

考官或考试机构名称：

地点、日期及考官或考试机构签名：

有效期：

考官或考试机构认可延期 2 年（参见 9.3）

日期	签名	职务或职称

雇主/主管人员认可延期 6 个月（参见 9.2）

日期	签名	职务或职称

附 录 B
(资料性附录)
焊工考试认可标记示例

B.1 示例 1

焊工考试 GB/T 15169 135 P FW 1.2 S t10 PB ss ml

说明			认可范围
135	焊接方法	MAG 焊	135
P	板	—	板、管($D \geqslant 500$ mm)
FW	角焊缝	—	FW
1.2	材料类组 (按 ISO/TR 15608)	1.2 组:屈服强度 275 $N/mm^2 < R_{eh} \leqslant 360$ N/mm^2	1.1、1.2、1.4
S	焊接材料	实芯焊丝	S、M
t10	试件材料厚度	材料厚度:10 mm	≥3 mm
PB	焊接位置	角焊位置	PA、PB
ss ml	其他焊接因素	单面焊 多层	ss、bs sl、ml

B.2 示例 2

焊工考试 GB/T 15169 136 P BW 1.3 B t15 PE ss nb ml

说明			认可范围
136	焊接方法	管状焊丝活性气体保护焊	136
P	板	—	板 管($D \geqslant 150$ mm)PA、PB、PC ($D \geqslant 500$ mm)PF
BW	对接焊缝	—	BW、FW
1.3	材料类组 (按 ISO/TR 15608)	1.3 组:细晶粒正火钢 屈服强度 $R_{eh} > 360$ N/mm^2	1、2、3、9.1、11
B	焊接材料	碱性药芯	B、R、P、V、W、Y、Z
t15	试件材料厚度	材料厚度:15 mm	≥5 mm
PE	焊接位置	对接焊,仰焊位置	PA、PB、PC、PD、PE、PF
ss nb ml	其他焊接因素	单面焊 无衬垫 多层	ss、bs nb、mb sl、ml

B.3 示例3

焊工考试 GB/T 15169 141 T BW 8 S t3.6 D60 PF ss nb ml

说明			认可范围
141	焊接方法	TIG 焊	141
T	管	—	板、管
BW	对接焊缝	—	BW、FW
8	材料类组 (按 ISO/TR 15608)	8 组:奥氏体不锈钢	8、9.2、9.3、10
S	焊接材料	实芯焊丝	S
t3.6	试件材料厚度	材料厚度:3.6 mm	3～7.2 mm
D60	试验管子外径	管子外径	≥30 mm
PF	焊接位置	管子对接焊,管子水平固定	PA、PB、PD、PE、PF
ss nb ml	其他焊接因素	单面焊 无衬垫 多层	ss、bs nb、mb sl、ml

B.4 示例4

焊工考试 GB/T 15169 111 P BW 2 B t13 PA ss nb ml

焊工考试 GB/T 15169 111 P FW 2 Bt13 PB ss ml

说明			认可范围
111	焊接方法	手工焊	111
P	板	—	板、管(D≥150 mm)
BW FW	对接焊缝 角焊缝	—	BW、FW
2	材料类组 (按 ISO/TR 15608)	2 组:热机械处理的细晶粒钢 屈服强度 R_{eh}>360 N/mm^2	1、2、3、9.1、11
B	焊接材料	碱性焊条	除纤维素型以外的所有药皮
t13	试件的材料厚度	材料厚度:13mm	≥5 mm
PA PB	焊接位置	对接焊缝,平焊 角焊缝,水平立焊	PA、PB
ss nb mb	其他焊接因素	单面焊 无衬垫 多层	ss、bs nb、mb sl、ml

B.5 示例5

焊工考试 GB/T 15169 141/135 T BW 1.2 S t20 D200 PA ss nb ml

说明			认可范围
141 135	焊接方法	TIG 焊(打底两层) MAG 焊,填充	141 135
T	管	—	板、管
BW	对接焊缝	—	BW、FW
1.2	材料类组 (按 ISO/TR 15608)	1.2 组:屈服强度 275 $N/mm^2 < R_{eh} \leqslant 360$ N/mm^2	1.1、1.2、1.4
S	焊接材料	实芯焊丝	141:S 135:S、M
t20	试件的材料厚度	141:s=5 mm 135:s=15 mm	141:3 mm～10 mm 135:≥5 mm
D200	试验管外径	管子外径:200 mm	≥100 mm
PA	焊接位置	管子对接,管子水平旋转	PA、PB
ss nb ml	其他焊接因素	单面焊 无衬垫 多层	141:ss、bs 135:ss+mb、bs 141:nb、mb 135:mbs sl、ml

B.6 示例6

焊工考试 GB/T 15169 141 T BW 10 S t8.0 D 100 H-L045 ss nb ml

焊工考试 GB/T 15169 141 T BW 10 S t1.2 D 16 H-L045 ss ml

说明			认可范围
141	焊接方法	TIG 焊	141
T	管	—	板、管
BW	对接焊缝	—	BW、FW
10	材料类组 (按 ISO/TR 15608)	10 组:奥氏体铁素体不锈钢	8、9.2、9.3、10
S	焊接材料	实芯焊丝	S
t8.0 t1.2	试件的材料厚度	材料厚度:1.2 mm/8 mm	1.2～16 mm
D100 D16	试验管的外径	管子外径:100 mm/16 mm	≥16 mm
H-L045	焊接位置	管子对接焊缝,管倾斜 45°固定	除 PG 和 J-L045 以外的所有位置
ss nb mb sl	其他焊接因素	单面焊 无衬垫 多层　单层	ss、bs nb、mb sl、ml

B.7 示例 7

焊工考试 GB/T 15169 141 T BW 5 S t5.0 D60 PF ss nb ml
焊工考试 GB/T 15169 141 T BW 5 S t5.0 D60 PC ss nb ml

说明			认可范围
141	焊接方法	TIG 焊	141
T	管	—	板、管
BW	对接焊缝	—	BW、FW
5	材料类组 (按 ISO/TR 15608)	5 组:C≤0.35%,无钒的Cr-Mo钢	1、2、3、4、5、6、7、9.1、11
S	焊接材料	实芯焊丝	S
t5.0	试件的材料厚度	材料厚度:5.0 mm	3～10 mm
D60	试验管的外径	管子外径:60 mm	≥30 mm
PF PC	焊接位置	管子对接焊缝,管水平固定 管垂直	除 PG 和 J-L045 以外的所有位置
ss nb mb sl	其他焊接因素	单面焊 无衬垫 多层　单层	ss、bs nb、mb sl、ml

附 录 C
（规范性附录）
专业知识

C.1 概述

建议对焊工进行专业知识考核，但并不做硬性规定。

如果进行了专业知识考核，应在焊工资格证书上予以记录。

本附录概括了焊工应该掌握、以确保其遵循工艺规程并完成实际工作所需的专业知识。本附录仅对总体目标或专业知识的类别做了规定，这些内容只是最基本的要求。

专业知识考核可按下列某种方式（或这些方式的组合）进行：

a) 笔试（多项选择）；

b) 按一组书面题做口试；

c) 计算机考试；

d) 按照书面的规程做示范/观察考核。

专业知识考核针对所使用焊接方法的有关内容。

C.2 要求

C.2.1 焊接设备

C.2.1.1 氧乙炔焊

a) 气瓶的标识；

b) 主要部件的标识和装配；

c) 喷嘴和焊炬的正确选择。

C.2.1.2 弧焊

a) 主要部件和设备的标识和装配；

b) 焊接电流种类；

c) 焊接回路的正确连接。

C.2.2 焊接方法

C.2.2.1 氧乙炔焊(311)

a) 气压；

b) 喷嘴种类的选择；

c) 气体火焰的种类；

d) 过热的影响。

C.2.2.2 手工电弧焊(111)

a) 焊条保管和烘干；

b) 焊条种类差异。

C.2.2.3 气体保护焊(114、131、135、136、141、15)

a) 电极规格和种类；

b) 保护气体的标识和流速（不含 141）；

c) 喷嘴/导电嘴的种类、规格和维护；

d) 金属过渡形式的选择和限制；

e) 焊接电弧的防风保护。

C.2.2.4 埋弧焊(121、125)

a) 焊剂的烘干、输送和正确回收;

b) 焊接机头的正确定位和行进。

C.2.3 母材

a) 材料标识;

b) 预热方式和控制;

c) 道间温度的控制。

C.2.4 焊接材料

a) 焊接材料的标识;

b) 焊接材料的储存、保管和条件;

c) 规格的正确选择;

d) 焊条和焊丝的清洁;

e) 焊丝盘的控制;

f) 气体流速和质量的监控。

C.2.5 安全防护

C.2.5.1 概述

a) 安全装置的建立及去除程序;

b) 焊接烟气的安全控制;

c) 个人防护;

d) 火灾;

e) 狭窄空间内的焊接;

f) 焊接环境知识。

C.2.5.2 氧乙炔焊

a) 压缩气体的安全储存、保管和使用;

b) 气体软管及接头的泄漏检查;

c) 回火时应采取的措施。

C.2.5.3 所有弧焊工艺

a) 增加电击危害的环境;

b) 弧光射线;

c) 散射弧光的影响。

C.2.5.4 气体保护焊

a) 压缩气体的安全储存、保管和使用;

b) 气体软管及接头的泄漏检查。

C.2.6 焊接顺序/规程

对焊接规程要求和焊接参数影响的理解。

C.2.7 坡口制备及焊缝符号

a) 焊缝坡口制备符合焊接工艺规程(WPS);

b) 熔化面的清理。

C.2.8 焊接缺陷

a) 缺陷的标识;

b) 原因;

c) 预防及纠正。

C.2.9 焊工认可

焊工应了解认可的范围。

附　录　D
（规范性附录）
延期需确认及可追溯的参数

为了延长焊工资格证书的期限，应当确认该焊工从事了与其原始考试相关的焊接工作，有关参数如表 D.1 所示。

表 D.1　延期需确认及可追溯的参数

参数	需要确认
焊接方法	×
试件类型（管子、板、支管）	×
焊缝种类	×
母材	×
焊接材料（型号）	×
材料厚度[a]	×
管子外径[b]	×
焊接位置	×
其他焊接因素	×

a　材料厚度可在原始试件的±25%范围内变化。

b　管子外径可在原始试件的±25%范围内变化。

附 录 E
（资料性附录）
钢材分类指南

根据ISO/TR 15608，钢材分类见表E.1。

表E.1 钢材类组

成分单位为%

类别	组别	钢种
1		屈服极限 R_{eh}^{a}≤460 N/mm²，且成分为如下： C≤0.25；Si≤0.60；Mn≤1.70；Mo≤0.70[b]；S≤0.045；P≤0.045；Cu≤0.40[b]；Ni≤0.5[b]；Cr≤0.3(0.4铸钢)；Nb≤0.05；V≤0.12[b]；Ti≤0.05
	1.1	屈服极限 R_{eh}≤275 N/mm² 的钢
	1.2	屈服极限 275 N/mm²<R_{eh}≤360 N/mm² 的钢
	1.3	屈服极限 R_{eh}>360 N/mm² 的细晶粒正火钢
	1.4	改进型耐候钢(某一种元素允许超标)
2		屈服极限 R_{eh}<360 N/mm² 的热控轧处理的细晶粒钢和铸钢
	2.1	屈服极限 360 N/mm²<R_{eh}≤460 N/mm² 的热控轧处理的细晶粒钢和铸钢
	2.2	屈服极限 R_{eh}>460 N/mm² 的热控轧处理的细晶粒钢和铸钢
3		屈服极限 R_{eh}>360 N/mm² 的调质钢和沉淀硬化钢(不锈钢除外)
	3.1	屈服极限 360 N/mm²<R_{eh}≤690 N/mm² 的调质钢
	3.2	屈服极限 R_{eh}>690 N/mm² 的调质钢
	3.3	沉淀硬化钢(不锈钢除外)
4		Mo≤0.7且V≤0.1的低钒Cr-Mo-(Ni)钢
	4.1	Cr≤0.3且Ni≤0.7的钢
	4.2	Cr≤0.7且Ni≤1.5的钢
5		Cr≤0.35的无钒Cr-Mo钢[c]
	5.1	0.75≤Cr≤1.5且Mo≤0.7的钢
	5.2	1.5<Cr≤3.5且0.7<Mo≤1.2的钢
	5.3	3.5<Cr≤7.0且0.4<Mo≤0.7的钢
	5.4	7.0<Cr≤10.5且0.7<Mo≤1.2的钢
6		高钒Cr-Mo-(Ni)合金钢
	6.1	0.3≤Cr≤0.75，Mo≤0.7，V≤0.35的钢
	6.2	0.75<Cr≤3.5，0.7<Mo≤1.2，V≤0.35的钢
	6.3	3.5<Cr≤7.0，Mo≤0.7，0.45≤V≤0.55的钢
	6.4	7.0<Cr≤12.5，0.7<Mo≤1.2，V≤0.35的钢

表 E.1(续) 成分单位为%

类别	组别	钢种
7		C≤0.35,10.5≤Cr≤30 的铁素体钢、马氏体钢或沉淀硬化不锈钢
	7.1	铁素体不锈钢
	7.2	马氏体不锈钢
	7.3	沉淀硬化不锈钢
8		奥氏体不锈钢
	8.1	Cr≤19 的奥氏体不锈钢
	8.2	Cr>19 的奥氏体不锈钢
	8.3	4.0<Mn≤12 的含锰奥氏体不锈钢
9		Ni≤10 的镍合金钢
	9.1	Ni≤3.0 的镍合金钢
	9.2	3.0<Ni≤8.0 的镍合金钢
	9.3	8.0<Ni≤10 的镍合金钢
10		奥氏体-铁素体双相不锈钢
	10.1	Cr≤24 的奥氏体-铁素体不锈钢
	10.2	Cr>24 的奥氏体-铁素体不锈钢[d]
11		0.25<C≤0.5,其余成分与1类钢相同的钢
	11.1	0.25<C≤0.35,其余成分与1类钢相同的钢
	11.2	0.35<C≤0.5,其余成分与1类钢相同的钢

[a] 按照钢的产品标准,R_{eh}可用$R_{p0.2}$或$R_{t0.5}$代替。

[b] 当Cr+Mo+Ni+Cu+V≤0.75时,更高的值也可接受。

[c] "无钒"表示没特意添加该元素。

[d] 当Cr+Mo+Ni+Cu+V≤1时,更高的值也可接受。

附 录 F
(资料性附录)
关于 ISO 9017 断裂试验的说明

F.1 缺口的形状及位置

根据需要,可以选择合适的缺口形状和位置,如图 F.1 所示。

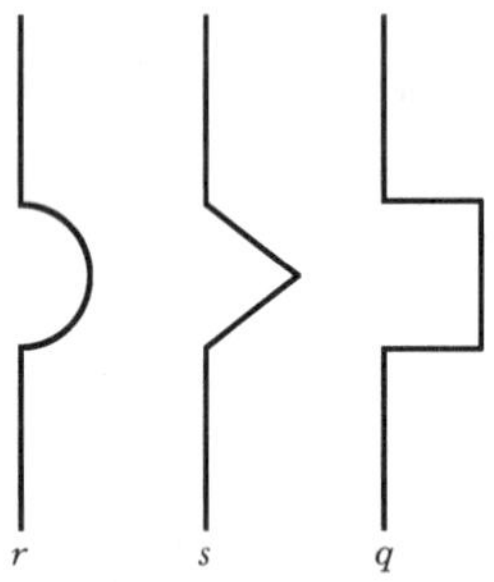

a) 缺口形式

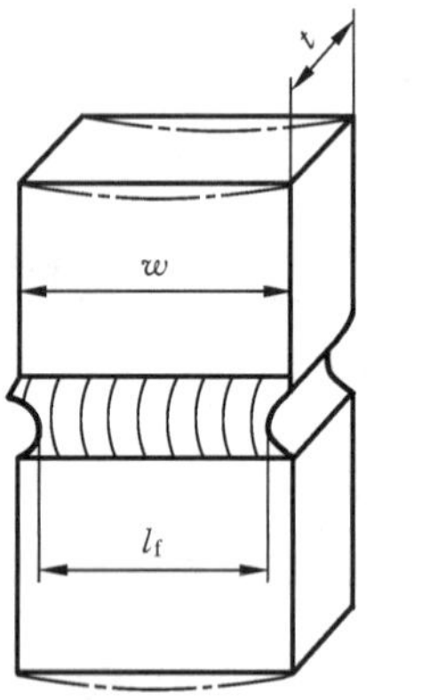

b) 侧面缺口

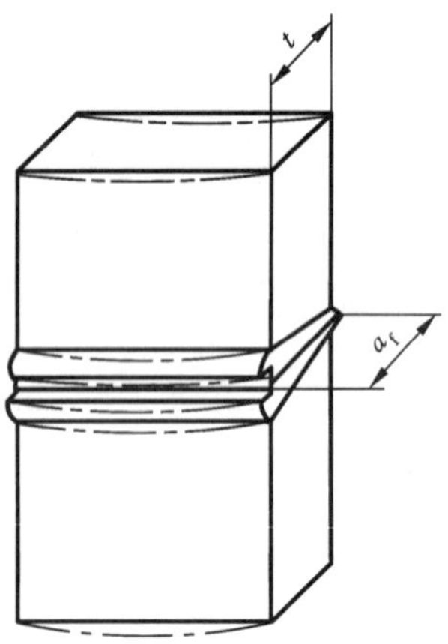

c) 正面缺口

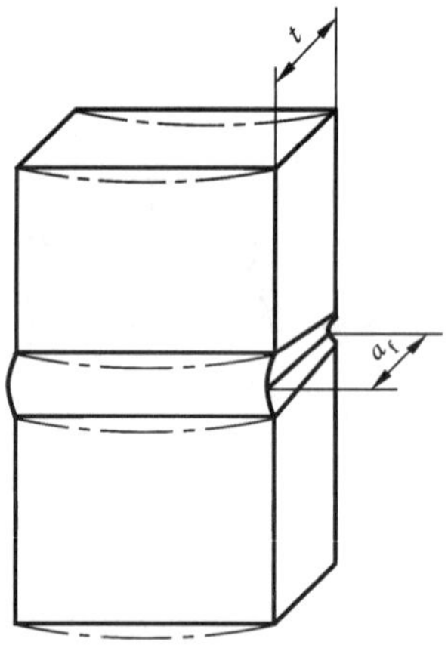

d) 背面缺口

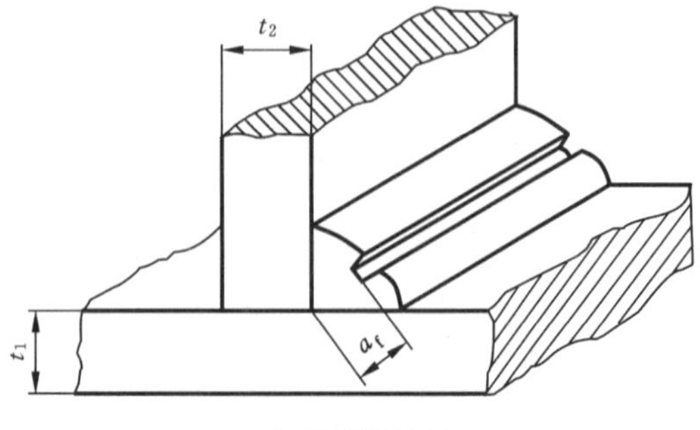

e) 角焊缝缺口

图 F.1 缺口的形式和位置

F.2 断裂方法

应通过施加动态载荷(冲击)或静态载荷(压、拉)的方式使试件断裂。图 F.2 和 F.3 给出了一些示例。

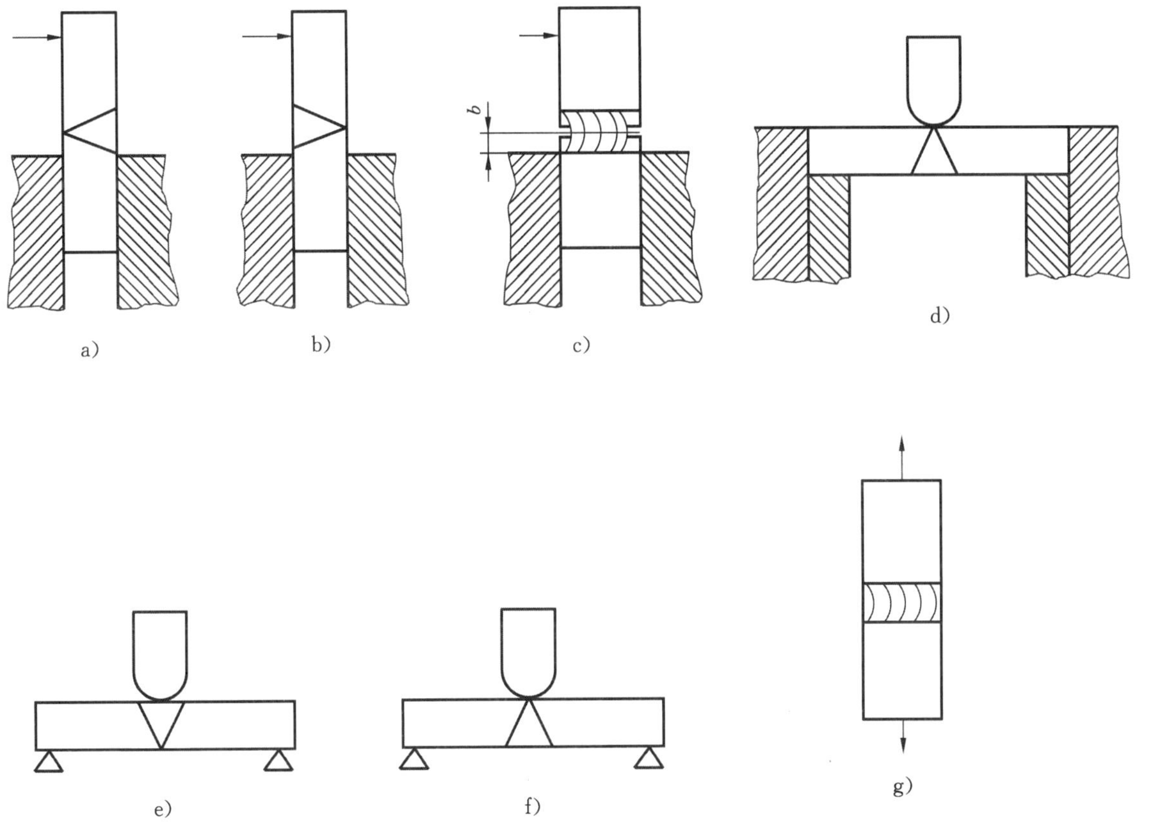

图 F.2 对接焊缝的断裂试验示意图

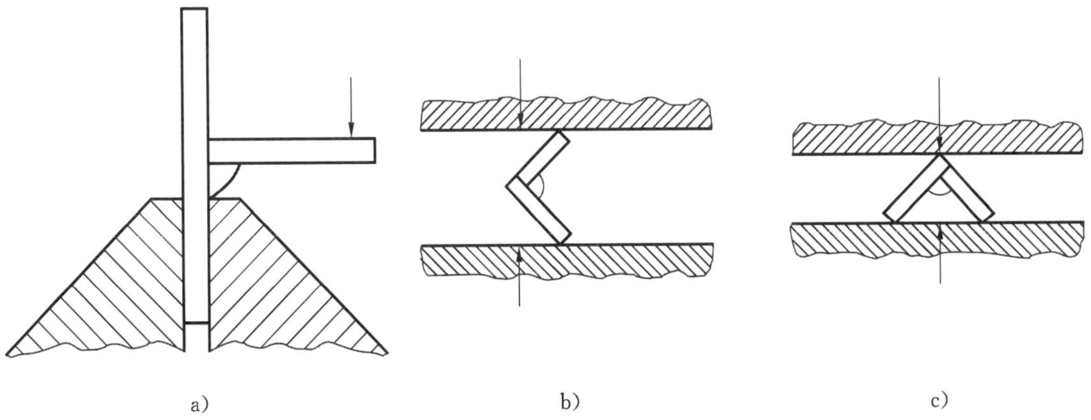

图 F.3 角焊缝的断裂试验示意图

前　　言

为促进焊接技术的国际间交流的需要，根据基础通用类标准优先等同、等效采用国际标准的原则，本标准等同采用国际标准 ISO 6947：1990《焊缝——工作位置——倾角和转角的定义》。

本标准是焊接基础通用类标准之一，首次发布。

本标准从 1997 年 7 月 1 日起实施。

本标准由中华人民共和国机械工业部提出。

本标准由全国焊接标准化技术委员会归口。

本标准起草单位：机械工业部哈尔滨焊接研究所。

本标准主要起草人：刘雅芳。

中华人民共和国国家标准

焊缝——工作位置——倾角和转角的定义

GB/T 16672—1996
idt ISO 6947:1990

Welds—Working positions—Definitions of angles of slope and rotation

1 范围

本标准规定了工作位置，以利用与周围结构环境无关的倾角和转角确定焊缝在空间相对水平基准面（一般平行于车间地面）的位置。

2 定义

本标准采用下列定义。

2.1 工作位置 working position

由焊缝在空间的位置及工作方向确定的位置。

2.2 倾角，*S* slope

对于直焊缝，倾角为焊缝根部轴线与水平基准面正向 *X* 轴之间的夹角（见图 1）。倾角方向按逆时针方向确定。

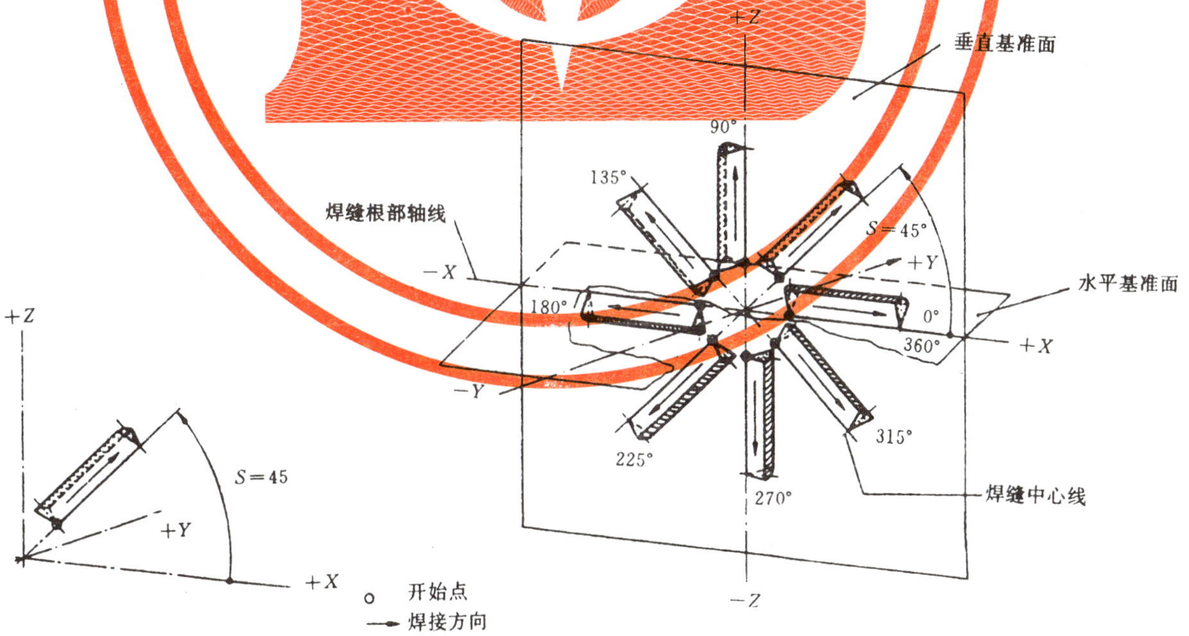

a) *S*+45°　　b) 倾角 *S* 由 0°～360°的变化实例

图 1 倾角，*S*

坐标系的设置应使焊缝根部轴线在垂直基准面内（*X*/*Z* 平面，见图 1），工作方向由坐标原点向外辐射。

国家技术监督局1996-12-18批准　　1997-07-01实施

对于曲线焊缝，使用相同的规定，倾角为所考虑的具体焊缝截面上根部轴线的切线与 X 轴的夹角。每个具体截面具有特定的坐标系。

注：对于倾斜管，倾角由焊接方向确定（见 3.2）。

2.3 转角，R rotation

焊缝截面中心线（即焊缝根部和焊缝表面的中点连线）与 Y 轴正方向或平行于 Y 轴的直线之间的夹角。转角方向按逆时针方向确定。

焊缝截面的视图方向是指向坐标原点，即与工作方向相反（见图 2）。

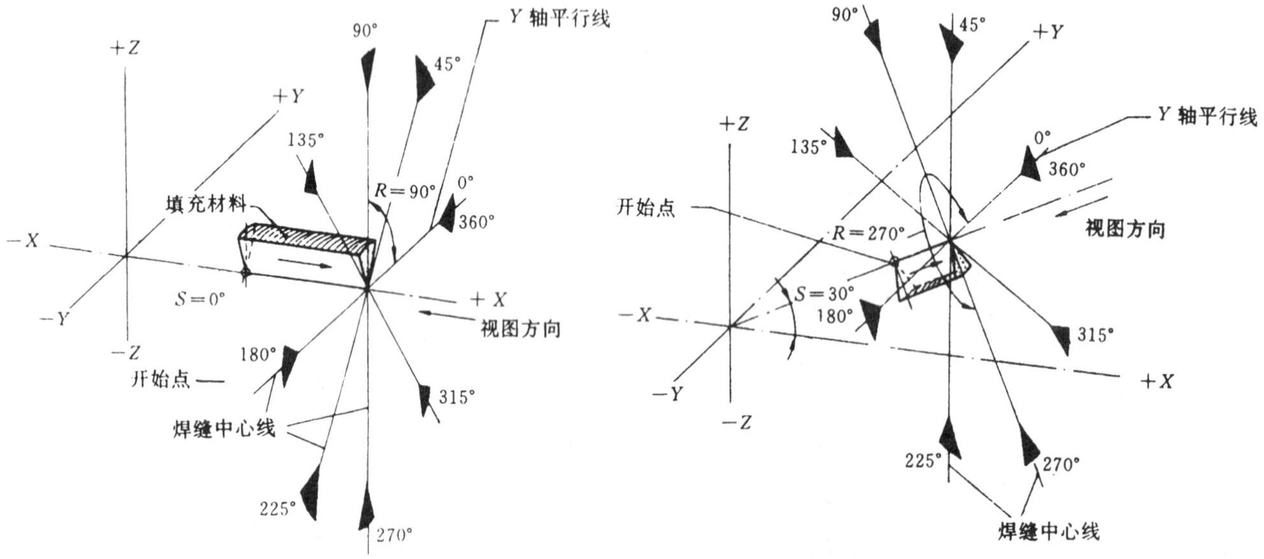

a）当 $S=0°$（或 360°）和 $R=90°$ 时工作位置　　b）当 $S=30°$ 和 $R=270°$ 时工作位置

图 2　转角，R

当倾角 $S=90°$ 或 $S=270°$ 时（见图 1）因为各种角度都可以存在，所以没有必要确定转角。如何确定对称和非对称的对接和角接焊缝的转角实例见图 3 至图 5。

注

1 焊缝中心线通常与填充材料即焊条相重合。

2 对于倾斜管，转角实际上是由倾斜角度确定（见 3.2）。

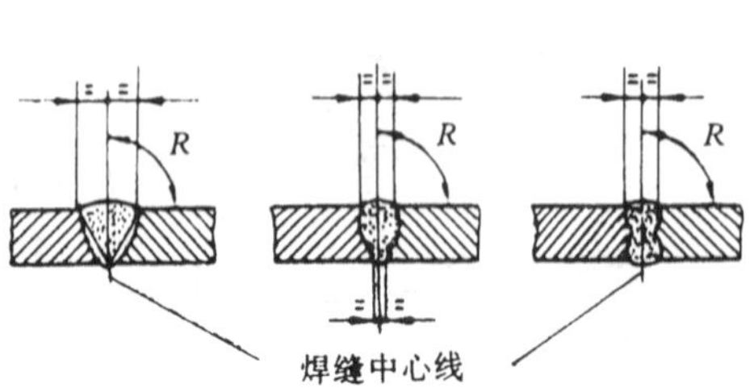

图 3　水平位置上对称对接焊缝的转角（$R=90°$）示例

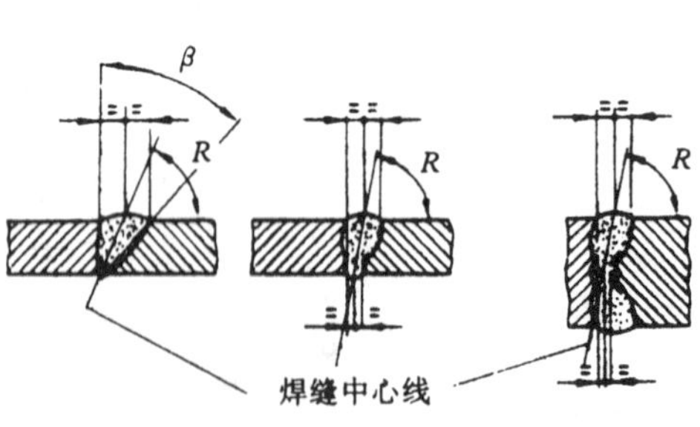

图 4　水平位置上非对称对接焊缝的转角 R 示例

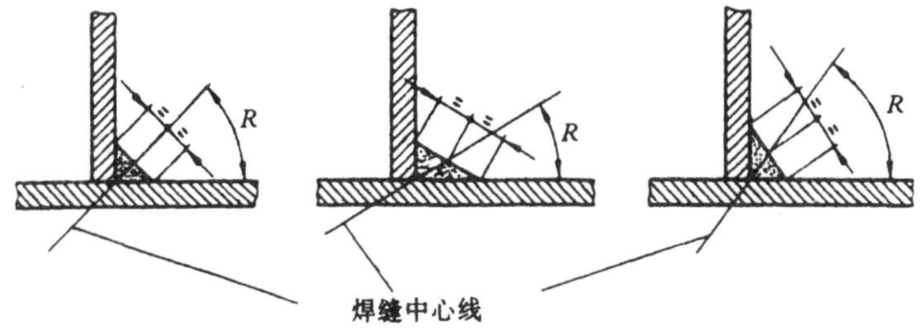

图 5　等脚与不等脚的角焊缝转角 R 示例

3　工作位置

3.1　主要位置

由倾角和转角确定的主要位置见表 1，其说明见图 6。为了清楚起见，主要工作位置符号由坐标原点给出，工作方向向外。

对接焊缝和角焊缝的主要位置实例说明详见图 7。

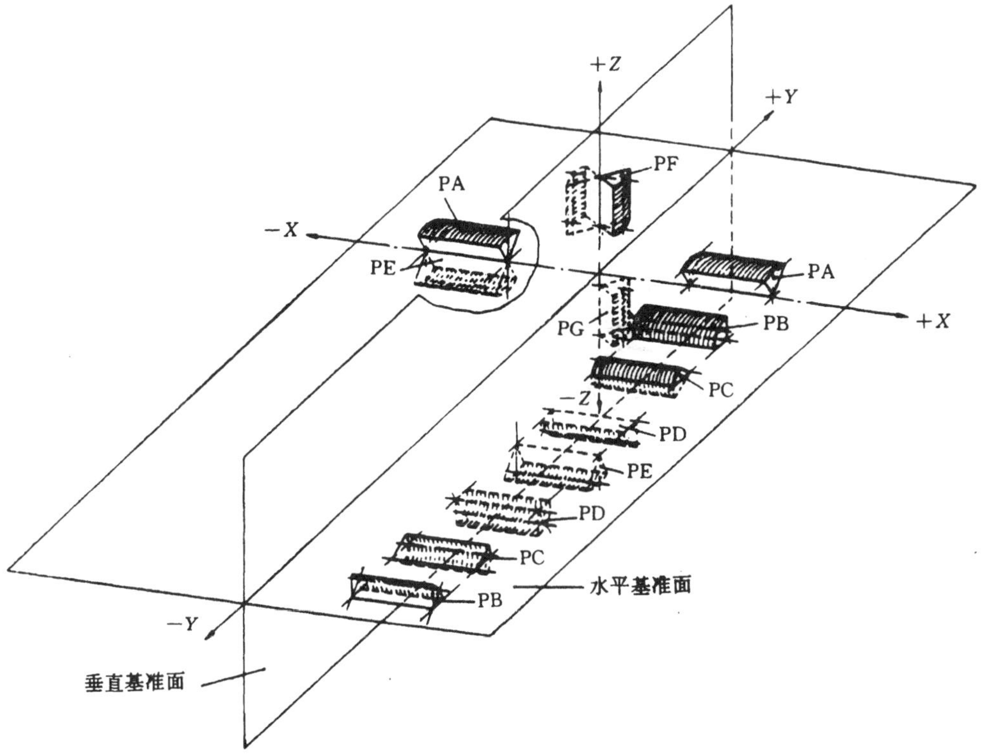

a）示意图

图 6　主要位置

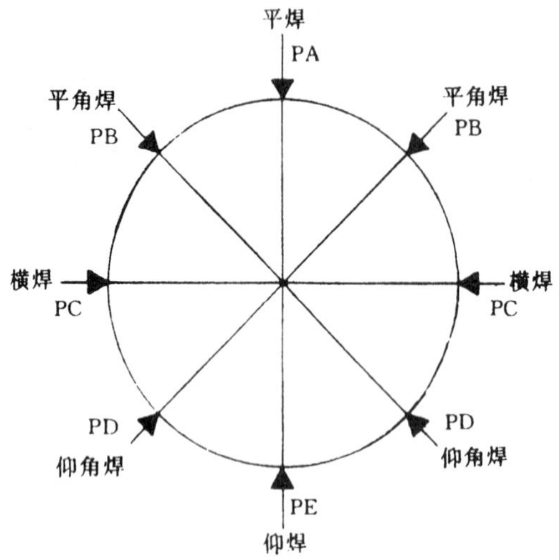

b）简化视图

图 6（完）

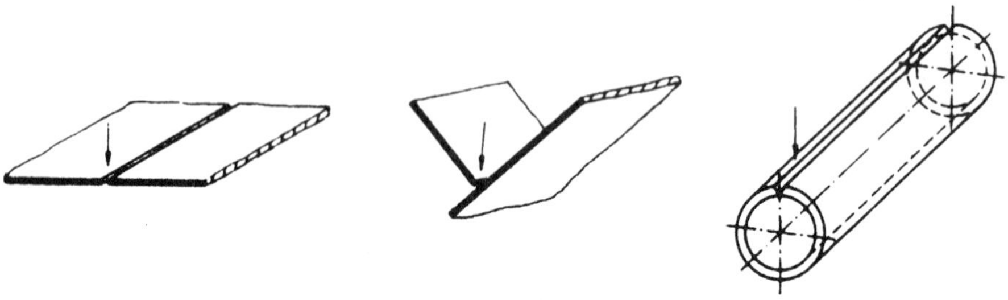

a） PA：平焊位置

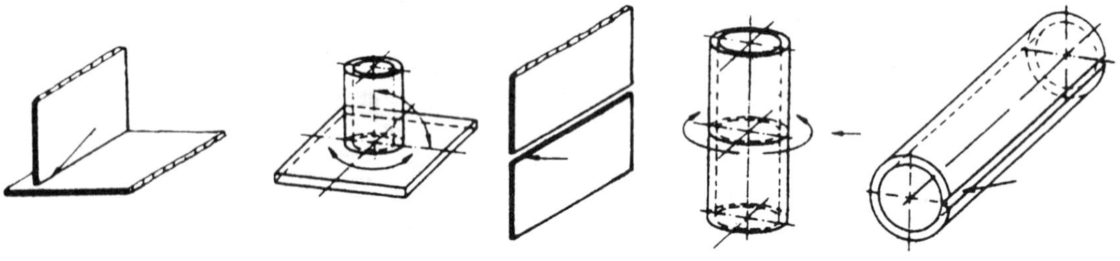

b） PB：平角焊位置　　　　c） PC：横焊位置

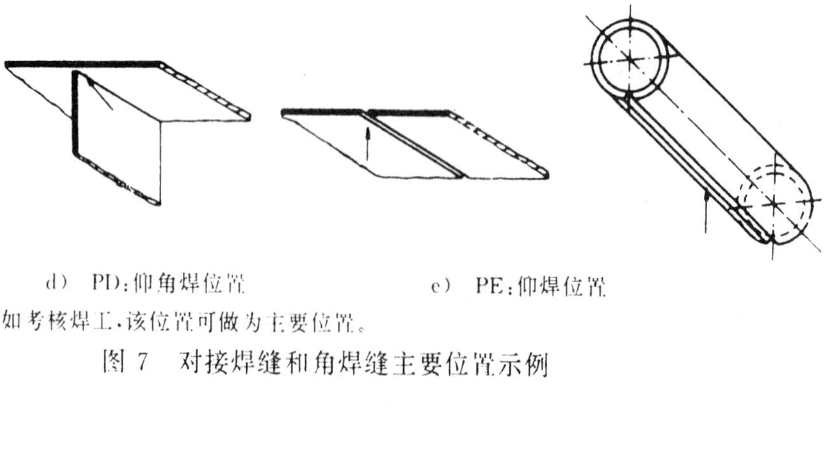

d） PD：仰角焊位置　　　　e） PE：仰焊位置

注：出于特殊的目的，如考核焊工，该位置可做为主要位置。

图 7　对接焊缝和角焊缝主要位置示例

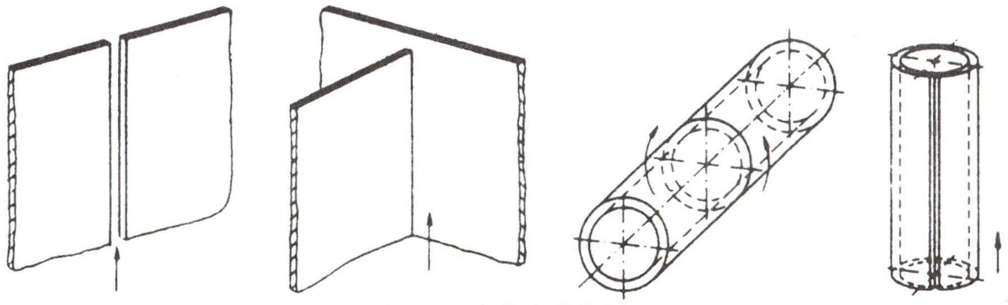

f) PF:向上立焊位置

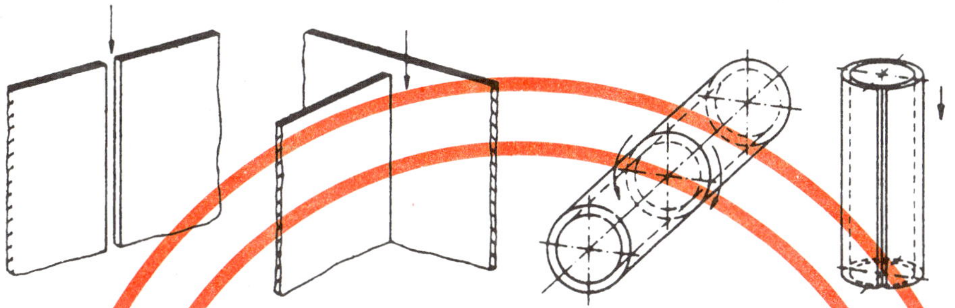

g) PG:向下立焊位置

图 7(完)

表 1 主要位置的术语和符号

术 语	说 明	符 号	倾角 S	转角 R
平焊位置	水平焊接,焊缝中心线是垂直的,焊缝表面向上	PA	0° 180°	90° 90°
平角焊位置	水平焊接,焊缝表面向上	PB	0° 0° 180° 180°	45° 135° 45° 135°
横焊位置	水平焊接,焊缝中心线是水平的	PC	0° 0° 180° 180°	0° 180° 0° 180°
仰角焊位置	水平焊接,仰视,焊缝表面向下	PD	0° 0° 180° 180°	225° 315° 225° 315°
仰焊位置	水平焊接,仰视,焊缝中心线是垂直的,焊缝表面向下	PE	0° 180°	270° 270°
向上立焊位置	焊接方向由下向上	PF	90°	
向下立焊位置	焊接方向由上向下	PG	270°	

注

1 为了避免与已有简写混淆,例如平焊用“F”表示,原则上表示位置的字母“P”应放在表示主要位置符号的前面。

2 在本标准里没有规定主要位置的公差,因为它取决于所使用的不同焊接工工艺。

3.2 倾斜位置

3.2.1 板材及管子上的纵向焊缝

倾斜位置由倾角和转角确定(见图 8 和表 1)。

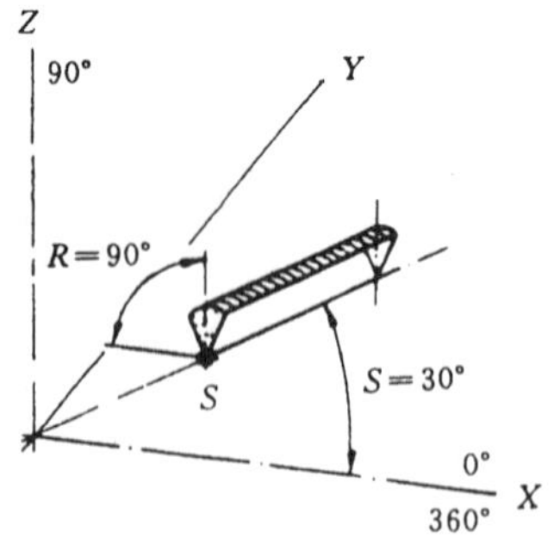

图 8　板材的倾斜位置

3.2.2　管子的环焊缝

对于倾斜管上的焊缝位置，倾向和转角的表示可按下述方法简化：

a）转角用字母 L 和倾角的角度表示（见图 9）。

注：180°～360°之间的角度通常不使用，除非在机器人焊接时，而这时则需要一个固定的基准面。

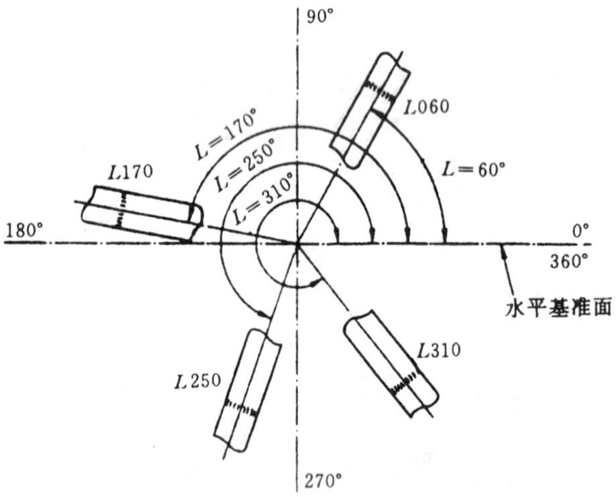

图 9　倾斜管倾斜的符号表示方法示例

b）倾角的表示由焊接方向的相应字母代替（见图 10 中的示例）：

1）H：表示向上焊；

2）J：表示向下焊；

3）K：表示回转焊。

对于固定倾斜管的焊缝，最高点应看成是与基准面构成直角的点（见图 11 中的示例）。

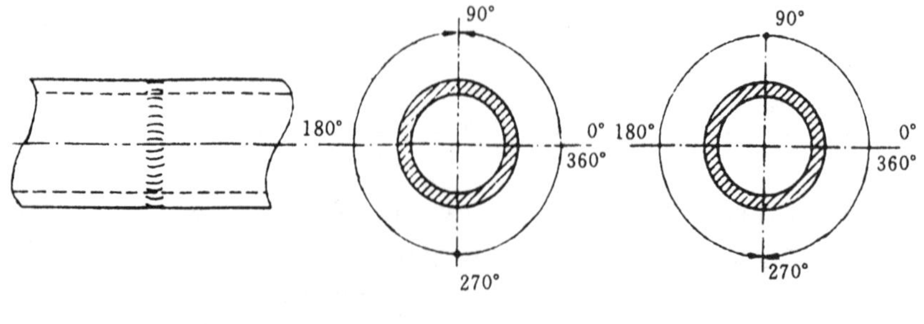

a）向上焊方向（H）　　　　b）向下焊方向（J）

图 10　水平固定管子上的焊接方向示例

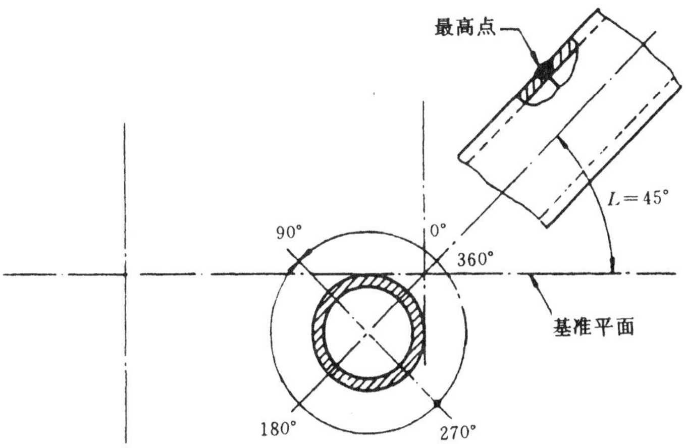

a）向上焊到最高点：H-L045

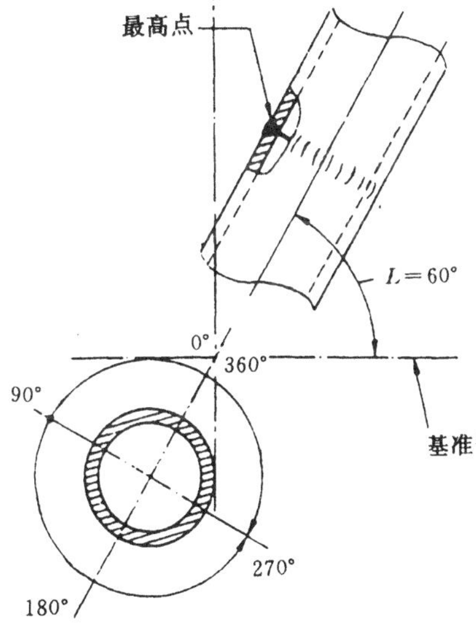

b）由最高点向下焊接：J-L060

图 11　固定倾斜管的最高点、焊接方向及倾斜角表示方法示例

4　表示符号

主要位置应由表 1 中规定的相应符号表示（见示例 1）；主要位置的符号亦可用三位数的倾角和转角数值做补充（见示例 2）。

除了倾斜管以外（见示例 3），倾斜位置应按 3.2.1 用倾角和转角表示。

对于倾斜管上的环焊缝、倾角和转角的表示方法可按 3.2.2 规定进行简化（见示例 4 和示例 5）。

示例：板材

示例 1　“平角焊”（PB）主要位置表示如下：

PB

示例 2　倾角为 130°而转角为 45°的平角焊（PB）主要位置表示如下：

PB130-045

示例 3　倾角为 30°而转角为 90°的倾斜位置表示如下：

030-090

示例：管子

示例 4　倾斜角度为 30°且焊接方向为“向上焊”(H),倾斜管的焊接位置表示如下:

H-L030

示例 5　倾斜角度为 60°且焊接方向为“向下焊”(J),倾斜管的焊接位置表示如下:

J-L060

前　　言

本标准等同采用国际标准 ISO 13916:1996《焊接　预热温度、道间温度及预热维持温度的测量指南》。在等同转化 ISO 13916:1996 的过程中，仅对该标准做了编辑性修改，其主要技术内容没有变化。

本标准系首次制定。

本标准由中国机械工业联合会提出。

本标准由全国焊接标准化技术委员会归口。

本标准起草单位：哈尔滨焊接研究所。

本标准主要起草人：朴东光。

ISO 前言

ISO(国际标准化组织)是全球性国家标准机构(ISO 成员)的联合体。国际标准的制定工作一般通过 ISO 的技术委员会进行。对于已建立技术委员会的专业感兴趣的各成员团体有权参加派员该技术委员会。与 ISO 合作的官方或非官方国际组织也参与这项工作。ISO 在电气标准化事务方面与国际电工委员会(IEC)保持着密切合作。

被技术委员会采纳的国际标准草案将在成员团体范围内投票表决。国际标准的颁布要求获得至少75%成员团体的赞成票。

国际标准 ISO 13916 由与“焊接及相关工艺技术委员会”下属的“金属焊接领域内的统一要求”分技术委员会(ISO/TC44/SC10)合作的欧洲标准化委员会(CEN)根据 ISO 及 CEN 的技术合作协议(维也纳协议)起草制定。

中华人民共和国国家标准

焊接　预热温度、道间温度及预热维持温度的测量指南

GB/T 18591—2001
idt ISO 13916:1996

Welding—Guidance on the measurement of preheating temperature, interpass temperature and preheat maintenance temperature

1　适用范围

本标准规定了熔化焊预热温度、道间温度及预热维持温度的测量要求。其他焊接方法也可参照采用本标准。本标准不包括焊后热处理温度的测量。

2　定义

本标准采用下列定义：

2.1　预热温度　preheating temperature (T_p)

任何焊接操作开始之前，焊接区域内工件的瞬时温度。预热温度一般用最低值表示，而且通常与最低的道间温度相同。

2.2　道间温度　interpass temperature (T_i)

多道焊缝及相邻母材在施焊下一焊道之前的瞬时温度。道间温度一般用最高值表示。

2.3　预热维持温度　preheating maintenance temperature (T_m)

焊接中断时焊接区域必须要保持的最低温度。

3　要求

3.1　测量点

温度一般在正对着焊工的工件表面，距坡口边缘4倍板厚，且不超过50 mm的距离处测量(见图1)。这一规定适用于焊缝处工件厚度t不超过50 mm的场合。

当工件厚度超过50 mm时，要求的测温点应位于至少75 mm距离的母材或坡口任何方向上的相应位置。条件允许时，温度应在加热面的背面上测定。否则，应在加热面上移开热源一段时间，使母材厚度上的温度均匀后测定温度。使用固定的永久性加热器且无法在背面测量温度时，应从靠近焊缝坡口处暴露的母材表面上测取温度。温度均匀化的时间按每25 mm母材厚度2 min的比例计。

道间温度应在焊缝金属或相邻的母材金属处测得。

3.2　测量时间

道间温度应在电弧经过之前的焊接区域内瞬时测得。

如果对预热维持温度有规定时，应在焊接中断期间予以监测。

中华人民共和国国家质量监督检验检疫总局 2001-12-17 批准　　　　2002-06-01 实施

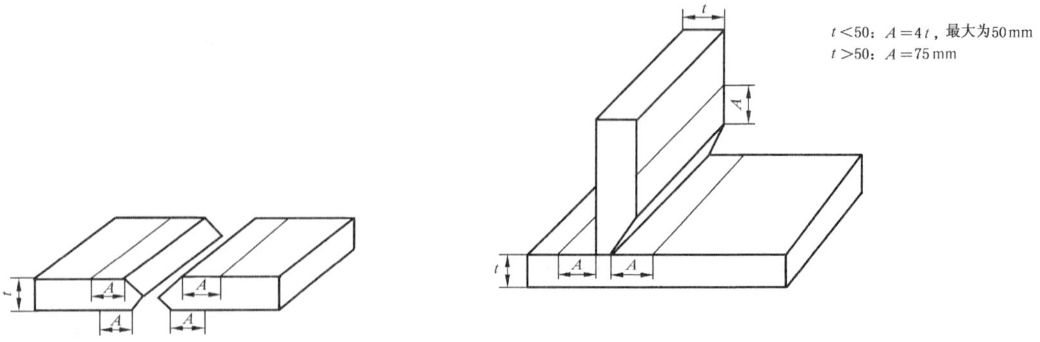

a）对接焊缝　　b）角焊缝

图 1　测量点的距离

3.3　测试设备

用于温度测量的设备应在焊接工艺规程中明确，如：

——热敏材料，如：蜡笔或油漆（TS）；

——接触式测温仪（CT）；

——热电偶（TE）；

——非接触式光学或电子测温装置（TB）。

4　测试报告

要求提供测试报告时，测试报告应参照本标准并按照焊接工艺规程要求给出下列内容：

——测得的预热温度，℃；

——测得的道间温度，℃；

——测得的预热维持温度，℃；

——任何与本标准不符的事项。

5　标志

测试报告中应采用的标志示例如下：

5.1　示例 1

使用接触式测温仪（CT）按照本标准测得的预热温度（T_p）为 155℃时，应做如下标识：

温度 GB/T 18591-T_p155-CT

5.2　示例 2

使用热电偶（TE）按照本标准多次测得的道间温度（T_i）分别为 130℃、153℃和 160℃时，应做如下标识：

温度 GB/T 18591-T_i130/160-TE

ICS 25.160.01
J 33

GB

中华人民共和国国家标准

GB/T 19419—2003/ISO 14731:1997

焊接管理　任务与职责

Welding coordination—Tasks and responsibilities

(ISO 14731:1997,IDT)

2003-11-28 发布　　2004-06-01 实施

中华人民共和国
国家质量监督检验检疫总局　发布

前　言

本标准等同采用 ISO 14731:1997《焊接管理　任务与职责》。为了保证标准的适用性及协调性,本标准在等同转化过程中,结合我国的实际应用情况,针对不同语种文本的翻译、措辞做了必要的处理;删除了某些非技术性说明内容,并按 GB/T 1.1 的规定加以表述。

本标准的附录 A 为资料性附录。

本标准由中国机械工业联合会提出。

本标准由全国焊接标准化技术委员会归口。

本标准起草单位:哈尔滨焊接研究所、哈尔滨焊接技术培训中心。

本标准主要起草人:朴东光、王林。

焊接管理 任务与职责

1 范围

本标准规定了焊接管理活动中相关人员任务及其职责的属性。

焊接管理要求由制造商、合同或某个应用标准规定。在制造组织中,焊接管理可由一人或多人承担。

2 术语和定义

下列术语和定义适用于本标准。

2.1

制造组织 manufacturing organization

具有同一技术及质量管理条件下的焊接车间或工地。

2.2

焊接管理人员 welding coordination personnel

对焊接及相关制造活动负有责任,其能力和知识已通过培训、教育及(或)相关制造经验证实的人员。

焊接管理人员一般为从事一项或多项管理和协调任务的某个人。

2.3

焊接检验 welding inspection

焊接相关事项的检查、试验及测定。

3 任务及职责

3.1 有关活动的属性

表 1 可用作确定焊接管理人员有关任务及职责特性的指南。在某些特殊应用条件下,可能需要做些补充。对于所有制造组织或质量体系要求而言,并非所有款项都适用。因此,应当结合具体情况做某些筛选。

3.2 任务及职责规定

表 1 中的每个单项活动可能与某些任务和职责相关,如:

——技术条件或准备工作;

——管理;

——控制;

——检验、检查或验证。

由多人进行焊接管理时,应明确各自的任务及职责。

制造商应确定至少一名授予管理权限的焊接管理人员。

焊接管理是制造组织的责任。

对于某些工作活动而言,管理的任务和职责可能由分承包商承担。这时分承包商的活动也应符合本标准的焊接管理要求。

表 1　需要考虑的焊接环节及要素

序　号	焊接环节及要素
1.1	合同评审 —制造组织的焊接能力、资质及有关活动
1.2	设计评审 —有关焊接标准 —设计要求的接头部位 —焊接、检验及试验的可行性 —焊接接头的详细要求 —焊缝的质量及合格要求
1.3	材料
1.3.1	母材 —母材的焊接性 —材料采购规程中包括材料证书种类在内的所有附加要求 —母材的标识、贮存及保管 —可追溯性
1.3.2	焊接材料 —匹配性及选用合理性 —供货条件 —材料采购规程中包括焊接材料证书种类在内的所有附加要求 —焊接材料的标识、贮存及保管
1.4	分承包 —所有分承包商的能力及资质
1.5	生产计划 —焊接工艺规程(WPS)及焊接工艺评定报告(WPAR 或 WPQR)的适用性 —工作指令 —焊接夹具及固定装置 —焊工认可的适用性及有效性 —结构的焊接及组装顺序 —产品焊接试验要求 —焊接检验要求 —环境条件 —健康与安全
1.6	设备 —焊接及相关设备的适用性 —设备及附件的供应、标识及保管 —健康与安全
1.7	焊接操作
1.7.1	准备工作 —颁发工作指令 —接头制备、组装及清理 —产品焊接试验准备 —工作区域(包括环境在内)的适用性

表 1（续）

序　号	焊接环节及要素
1.7.2	焊接 —焊工的分派、指示 —设备及附件的使用或功能 —焊接材料及辅助材料 —定位焊接 —焊接工艺参数 —所有的中间试验 —预热及焊后热处理方法 —焊接顺序 —焊工标识 —焊后处理
1.8	试验
1.8.1	外观检验 —焊接的完整性 —焊缝尺寸 —焊接结构的形状、尺寸及公差 —接头的外形
1.8.2	破坏性试验及无损检验 —破坏性试验及无损检验的应用 —特殊试验
1.9	焊接接头的验收 —试验及检验结果的评定 —焊缝返修 —修复焊缝的重新评定 —改进措施
1.10	文件 —必要记录的准备及管理 （包括分承包活动在内）

4　工作规程

4.1　一般原则

对焊接管理人员有工作规程要求时，工作规程应包括其任务及职责。

4.2　任务

指派的任务见3.2条。

4.3　职责

指派的职责：

——在制造组织内部的地位及责任；

——为完成所指派任务代表制造组织签发有关文件（如工艺规程、管理报告）的权限范围；

——从事指派任务的权限范围。

5 技术知识

5.1 焊接管理人员的一般要求

对于指定的任务，每个焊接管理人员应具备相应的技术知识以确保这些任务得到圆满执行。

下列要素应当予以考虑：

——一般的技术知识；

——与指派任务有关的特殊技术知识。这部分知识可能通过某种理论知识、培训及（或）实践相结合的方式获得。

制造经验、教育及技术知识的所需程度应当由制造组织确定，并取决于所指派的任务和职责。

5.2 授权的焊接管理人员

5.2.1 一般原则

授权的焊接管理人员（参见3.2条）一般应根据生产的性质及（或）复杂程度，从下列类组中选派。

5.2.2 综合技术知识

根据5.1规定，焊接管理人员应具备全面的技术知识完成其在焊接制造过程中的所有任务及职责，包括：计划、执行、监督及检验等（见附录A）。

5.2.3 特殊技术知识

在某个特定或限定技术领域内，焊接管理人员应具备足够的技术知识完成其在焊接制造过程中的任务及职责，包括：计划、执行、监督及检验等（见附录A）。

5.2.4 基本技术知识

在仅涉及简单焊接结构的限定技术领域内，焊接管理人员应具备足够的技术知识完成其任务及职责，包括：计划、执行、监督及检验等（见附录A）。

附 录 A
（资料性附录）
有关技术知识方面的建议

从国际接轨的角度出发，中国焊接培训与资格认证委员会(CANB)已经颁布了一系列有关焊接教育、培训和资格认证方面的文件，这些文件包括：

CANB—TC—001—2001 国际焊接工程师教育、培训和资格认证最低限要求

CANB—TC—002—1999 国际焊接技术员教育、培训和资格认证最低限要求

CANB—TC—003—2001 国际焊接技师教育、培训和资格认证最低限要求

满足上述文件要求(或持有相关证书)的人员可视为符合5.2.2、5.2.3和5.2.4条款的相应要求。

焊接检验

ICS 25.160.20
J 33

中华人民共和国国家标准

GB/T 1954—2008
代替 GB/T 1954—1980

铬镍奥氏体不锈钢焊缝铁素体含量测量方法

Methods of measurement for ferrite content in austenitic Cr-Ni stainless steel weld metals

(ISO 8249:2000,Welding—Determination of Ferrite Number(FN)in austenitic and duplex ferrite-austenitic Cr-Ni stainless steel weld metals,MOD)

2008-06-26 发布　　　　2009-01-01 实施

中华人民共和国国家质量监督检验检疫总局
中国国家标准化管理委员会　发布

前　言

本标准修改采用国际标准ISO 8249:2000《奥氏体及铁素体-奥氏体Cr-Ni不锈钢焊缝金属铁素体数FN的测定》(英文版)。

为了保证标准的适用性,采用ISO 8249:2000时做了如下技术内容修改:

——未引用国际标准中标准磁铁、标准磁性仪器、校准曲线等内容,直接使用了相关定义和规定;

——增加了对产品测量的相关规定;

——保留了GB/T 1954—1980中金相法测量方法。

本标准是对GB/T 1954—1980《铬镍奥氏体不锈钢缝铁素体含量测量方法》的修订。与GB/T 1954—1980相比主要技术内容变化如下:

——增加了磁性法部分试样的制备、产品测量的规定;

——修改了对仪器校准的规定;

——增加了奥氏体-铁素体不锈钢的内容;

——增加了测试报告的规定,取消了仲裁试验章节;

——附录A提供测试数据参考格式。

本标准自实施之日起,代替GB/T 1954—1980。

本标准的附录A为资料性附录。

本标准由全国焊接标准化技术委员会提出并归口。

本标准起草单位:哈尔滨焊接研究所、天津大桥焊材集团有限公司、天津市金桥焊材集团有限公司、安泰科技股份有限公司。

本标准主要起草人:孙少凡、宋毓瑛、侯来昌、李箕福。

本标准所代替标准的历次版本发布情况为:

——GB/T 1954—1980。

铬镍奥氏体不锈钢焊缝铁素体含量测量方法

1 范围

本标准规定了铁素体含量的测量方法。

本标准适用于奥氏体型、奥氏体-铁素体型铬镍不锈钢焊缝金属。

本标准规定的磁性法不适用于奥氏体不锈钢铸件和锻件。

2 规范性引用文件

下列文件中的条款通过本标准的引用而成为本标准的条款。凡是注日期的引用文件，其随后所有的修改单(不包括勘误的内容)或修订版均不适用于本标准，然而，鼓励根据本标准达成协议的各方研究是否可使用这些文件的最新版本。凡是不注日期的引用文件，其最新版本适用于本标准。

GB/T 20878 不锈钢和耐热钢 牌号及化学成分。

3 术语

下列术语和定义适用于本标准。

3.1

铁素体 ferrite

直接由液态金属凝固结晶而形成的高温铁素体，并被保留到室温。

3.2

铁素体数 Ferrite Number(FN)

人为选定用来表示奥氏体不锈钢、铁素体-奥氏体不锈钢焊缝金属铁素体含量的标准化数值。

3.3

一级标样 primary standard

在含碳量低于0.18%碳钢基体上制作一层精确的非磁性涂层标样，非磁性涂层材料是铜制作，并镀硬铬、抛光。每个标样上标识出国际通用的某一当量磁性焊缝金属的FN值。适用于马格尼仪(Mange-Gage)等标准磁吸引力原理测量仪器的校准。

3.4

二级标样 secondary standard

按标准规程制成的焊接熔敷金属或类似熔敷金属组织的试样。用一级标样校准的马格尼仪确定每个试样的FN值，用于磁性法铁素体测量仪器周期性校准。

4 磁性法

4.1 一般原则

应采用以磁吸引力或导磁率原理的铁素体测量仪器进行测量。以测量的铁素体数FN表示奥氏体不锈钢、奥氏体-铁素体不锈钢焊缝金属中的铁素体含量。

4.2 焊条电弧焊熔敷金属的测量

4.2.1 试样制备

a) 按图1所示的形状和尺寸在基板上用被测焊条堆焊试样。堆焊时可在基板上平行摆放两条铜板。

b) 堆焊层最小高度 H 为 13 mm(见图 1 注 b)。焊条直径≥4.0 mm 时，每一堆焊层应由单焊道组成。焊条直径<4.0 mm 时，焊道宽度应不大于 3 倍焊芯直径。每一堆焊层应由两道或更多焊道组成。焊接时不允许电弧接触铜板。

c) 焊接电流按表 1 的规定，应在焊层的首端和尾端起弧、灭弧。每焊完一焊道后改变焊接方向。

d) 焊完每一焊道 20 s 后用水冷，道间温度应不大于 100 ℃。最上面一层焊道在水冷之前应先空冷到 425 ℃以下。

e) 每一焊道应清理干净之后才能堆焊下一焊道。

f) 最上面一层由单焊道组成，宽度不大于 3 倍焊芯直径。

g) 奥氏体不锈钢(FN<30)堆焊层用粗牙板锉把堆焊表面锉平，不应采用机械冷加工[1)]，锉刀轴线应与焊道长度方向垂直，锉刀施加压力时平稳向前推进，使锉磨的表面沿焊道长度方向延伸，不应交叉锉磨焊道。

单位为毫米

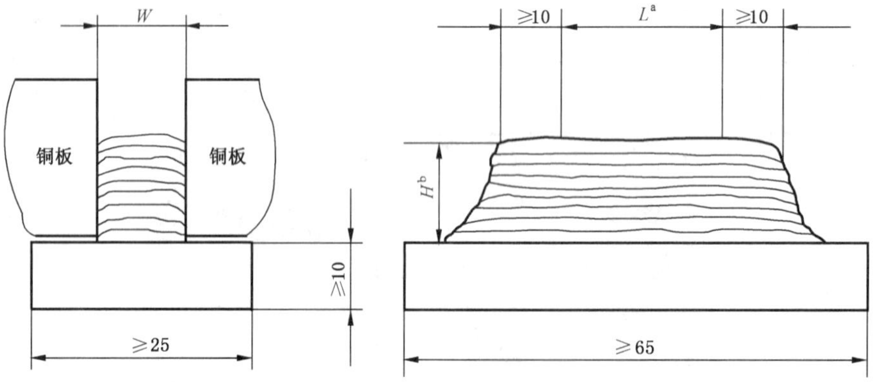

铜板尺寸：70 mm×25 mm×25 mm

[a] 在此范围内测量铁素体含量。

[b] 基板是 Cr-Ni 奥氏体不锈钢时，钢号 06Cr19Ni10a 或 02Cr19Ni10a(见 GB/T 20878)，堆焊层最小高度 H 为 13 mm；基板也可采用低碳钢(C-Mn 钢)，此时堆焊层最小高度 H 为 18 mm。

图 1 用于测量铁素体的焊接试样

表 1 焊接规范和堆焊尺寸

焊条直径/mm	焊接电流[a]/A	堆焊尺寸/mm	
		宽度 W	长度 L
1.6	35～45	12.5	30
2.0	45～55	12.5	30
2.5	65～75	12.5	40
3.2	90～100	12.5	40
4.0	120～140	12.5	40
5.0	165～180	15	40
6.3	240～260	18	40

[a] 也可采用焊条制造厂推荐的最大电流值的 90%。

双相不锈钢(FN>30)的堆焊表面允许先用砂轮打磨，最后直到用 600 目或更细的磨料磨光，打磨时要小心避免过力产生过热现象。

1) 机械冷加工会产生马氏体，马氏体的导磁性会对铁素体测量带来影响。

锉磨后的表面应平整光滑，无焊接波纹，该表面沿焊道长度方向应是连续的，宽度不小于 5 mm。

4.2.2 测量

在锉磨后的表面沿焊道长度方向不同的位置至少测取 6 个读数。在测量过程中注意不应有振动，测头应接触测试面并保持垂直。FN≤20 的堆焊层，每个测量位置取 5 个读数的平均值作为测试结果；FN>20 时，每个测量位置测取 5 次读数中最大的值作为测试结果。至少 6 个测量位置的平均值作为该试样的测量结果。

4.3 其他熔敷金属试样的制备与测量

其他熔敷金属试样的制备与测量，可参照上述焊条电弧焊的有关规定进行。埋弧焊、药芯焊丝堆焊等，在制备这样的试样时，试样的长度，宽度都应增加。两侧的铜板可视工艺特点放置。任何其他焊接工艺方法，试样至少应焊 6 层，最上面一层为单焊道。测量应沿焊道的中心线进行。一般情况下，焊接试样的制备和测量应尽可能符合 4.2 规定。

4.4 产品焊缝的测量

4.4.1 测量产品焊缝和堆焊金属可从产品提供检验用的焊接试件上取样或直接测量，也可以直接在产品的焊缝或堆焊层上测量。测量仪器应符合 4.5 的规定，测量程序应符合 4.2 的规定。

4.4.2 测量产品焊缝和堆焊金属时，其测量部位应按产品技术条件规定或由协议双方商定。通常被测表面应磨平。若焊缝表面加工能引起抗腐蚀或其他特定性能变化而影响产品质量时，则这类产品的焊缝(包括堆焊金属)在测量时表面是否磨平由协议双方商定。在选定的测量部位每隔 5 mm～10 mm 取一个测量点，测量按 4.2.2 规定进行。

4.4.3 对于长焊缝和大面积堆焊，应按一定比例抽测。抽测的比例和部位由协议双方商定。抽测的部位应具有代表性。测量点应均匀地分布在所选定的测量部位范围内。当更换焊接操作人员、改变焊接参数、改变板厚或改变冷却条件时，均应及时地重新测量。

4.4.4 根据技术条件要求测量过渡层时，则应以其最外层两焊道搭接区作为测量部位。

4.4.5 测量过程中如发现铁素体分布很不均匀，应在测量结果中分别给出平均值、最高值和最低值及其部位。

4.4.6 测量时应保证排除仪器附近的强磁性物质对测量结果的影响，如低碳钢和铸铁等。对标准磁铁仪器而言，测量时周围的铁磁性物质距离测头应在 18 mm 之外，其他类型的探头式仪器应根据仪器要求的距铁磁性物质的最小距离操作。

测量复合板的不锈层焊缝和较薄的不锈钢堆焊层时(层厚<5 mm)要谨慎，要了解仪器测头的敏感深度，避免对正确测量结果带来的影响。

4.5 测量仪器的校准

铁素体测量仪器及仪器上自带的校准块应定期(通常不超过一年)用马格尼仪或二级标样校准。使用的仪器每一测量范围(见表 2)中应有一个校准点。测量仪器对每一范围的标样上同一测量点的 5 次测量平均值应符合表 2 规定。

仪器在使用之前，应由使用者先用仪器上附带的校准块校准。

表 2 校准的最大允差

范　围	与指定标样的最大允差
0<FN≤4	±0.5
4<FN≤10	±0.5
10<FN≤16	±0.6
16<FN≤25	±0.8
25<FN≤50	标样值 FN 的±5%
50<FN≤110	标样值 FN 的±8%

5 金相法

5.1 试样制备

5.1.1 焊缝金属是从产品上所带的供检验用的试板上至少取6个金相试样。

5.1.2 堆焊金属是在厚度12 mm～16 mm的钢板上如图2所示进行平焊位置堆焊至少5层，每道焊缝宽度不大于焊芯直径4倍。堆焊金属顶面尺寸应不小于20 mm×100 mm，道间温度冷至100 ℃左右方可开始下道焊接。最后焊道应在焊缝中央。不允许在堆焊金属有效长度之内起弧和灭弧。

单位为毫米

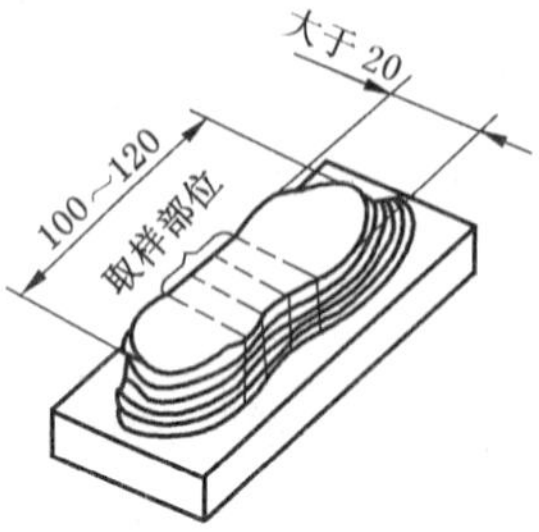

图2 堆焊供测量用试板及取样部位示意图

5.1.3 从焊缝金属或堆焊金属长度方向中段切取金相试样尺寸10 mm～20 mm，垂直于焊接方向的横断面是金相观测面，不应在起弧和灭弧处取样。

5.1.4 金相试样的观测面按常规金相操作进行研磨和抛光。机械抛光应以能得到基本上不存在金属表面紊乱层的光洁镜面为原则。电解抛光则以得到无任何磨痕和不损害铁素体的完整性为准。推荐的电解液成分、规范和操作要点见表3。

5.1.5 抛光后的试样磨面，可用化学方法或电解浸蚀方法显示铁素体。推荐的试剂种类、成分、规范见表4和表5。不论采用何种方法显示铁素体，均应以能完整、真实、清晰地显现出铁素体的轮廓为准，不应有浸蚀不足或浸蚀过度现象。

表3 电解抛光液

编号	成　分	电流密度/(A/cm²)	电压/V	温度/℃	时间/min	备　注
1	磷酸 48 甘油 50 水 2 (重量百分比)	1～8		70～80	1～3	铅做阴极。阴-阳极面积之比不小于5。 溶液用久发黑后，温度应提高到100 ℃～120 ℃
2	磷酸 57 甘油 43 (体积百分比)	5～6		70～80	0.3～2.0	铅做阴极。阴-阳极面积之比不小于5。 溶液用久发黑后，温度应提高到100 ℃～120 ℃
3	过氯酸 20 乙　醇 70 甘　油 10 (体积百分比)		40～60	室温	10～26 s	铂做阴极。使用时注意乙醇挥发，引起氯酸浓缩爆炸。反应强烈，要求操作迅速准确
4	硫酸 30 磷酸 45 铬酐(10%)25 (体积百分比)	4～6		60～70	0.5～5.0	铅做阴极。操作得当，可同时完成抛光与浸蚀过程，铁素体清晰地显示出来

表 4　化学浸蚀剂

编号	成　　分	备　　注
1	氯化高铁 5 g 盐　酸 50 mL 水 100 mL	擦拭方法，1～3 s 即可
2	硫酸铜 4 g 盐　酸 20 mL 水(或乙醇) 100 mL	用棉花擦拭。 对于铁素体含量较高的试样磨面，建议用乙醇，以防止试样表面氧化
3	氯化铜 1 g 盐　酸 100 mL 乙醇(或水) 100 mL	该试剂对碳化物作用缓慢铁素体优先显现出来。适用于有一定量碳化物析出情况

表 5　电解浸蚀剂

编　号	成　　分	电流密度/(A/cm^2)	时间/s	备　　注
1	铬酐 10 g 水 100 mL	0.03～0.1	10～20	不锈钢做阴极，试件为阳极。最好使用新配制的试剂
2	草酸 10 g 水 100 mL	0.05～0.1	20～60	不锈钢做阴极，试件做阳极。最好使用新配制的试剂
3	盐酸 10 mL 乙醇 100 mL	0.05～0.1	10～20	不锈钢做阴极，试件为阳极。最好使用新配制的试剂

5.2　测量

5.2.1　用金相割线法测量铁素体体积百分比。

在显微镜放大倍数不小于 500 倍的情况下，用带有 100 个刻度(格)的测微目镜或有 100 个分度的目镜片上的分度直尺(线)切割到的相对量(占 100 个格中的多少格)，所得数值即为该视场内铁素体的相对含量，如图 3 所示。移动载物台，变更视场位置，可以选测任意的视场数目，一般只须选择不少于 10 个有代表性视场[2)]，取其平均值作为该试样中铁素体的平均含量，按式(1)计算：

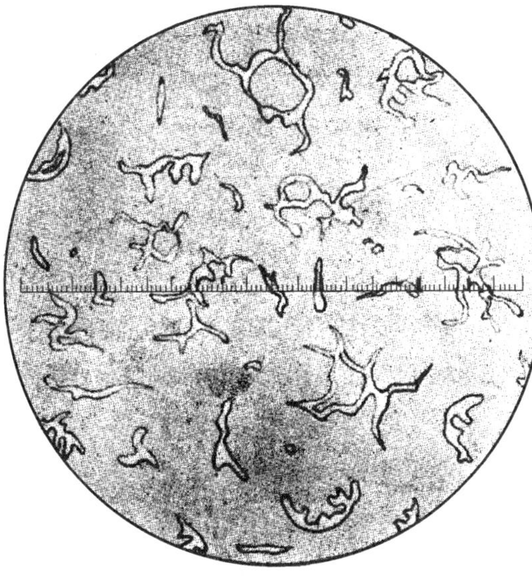

图 3　割线法测量示意图，测得数值为 14 格(14%)

2)　代表性视场系指均匀分布在测量部位的区域内，铁素体分布较均匀的视场(零除外)。

$$\phi = \frac{\sum_{1}^{d} P_i}{d} \times 100\% \qquad \cdots\cdots(1)$$

式中：

ϕ——铁素体含量平均值；

d——选测的视场数目；

P_i——第 i 个视场内切割到的铁素体占据直尺格数。

示例：

场　次	1	2	3	4	5	6	7	8	9	10
每个视场内切割到铁素体占有的格数	24.5	31.0	27.5	40.0	17.3	18.0	37.7	41.0	23.0	20.0

则：　$\phi = \frac{24.5+31.0+27.5+40.0+17.3+18.0+37.7+41.0+23.0+20.0}{10} \times 100\% = 28\%$

在一个视场内，铁素体分布不均匀时，须将测微目镜的直尺沿水平和垂直方向各测量一次，取平均值作为该视场内平均格数。当铁素体在视场内呈明显的方向性分布时，则将直尺与此方向成45°角测量一次即可。

5.2.2　对单面焊缝，一般以其大面最外层焊道中部横断面作为测量部位，双面焊缝则以两个大面最外层焊道中部横断面作为测量部位如图4所示。

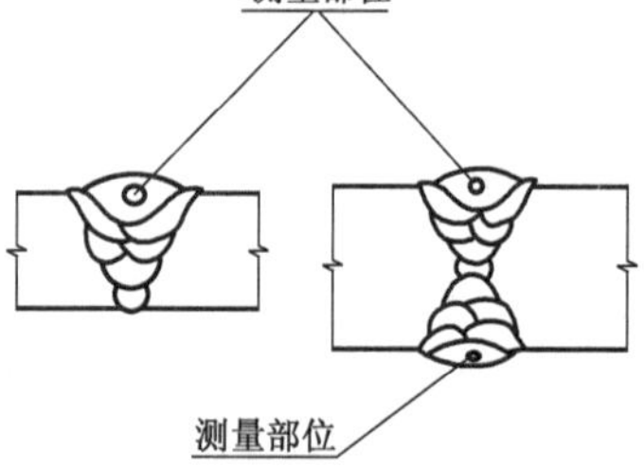

图4　焊接接头测量部位

5.2.3　堆焊金属应以其最外层中部断面作为测量部位(如图5所示)。

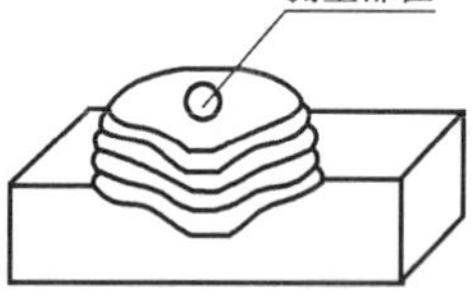

图5　堆焊金属测量部位

大面积堆焊有过渡层时，根据技术条件测量过渡层的铁素体含量，则以其最外层两焊道搭接处作为测量部位。

如需要，经双方协商可对某层、某部位或逐层进行测量。

5.2.4　一般情况下，取三个金相试样，每个试样都测10个以上有代表性视场，取平均值作为该试样测量结果。再以三个试样测量结果的平均值作为最后结果。

5.2.5　对双面焊缝，以两个大面的平均值作为测量结果。如有特殊要求，可列出每一大面平均含量。

5.2.6　经双方协议决定对某层、某部位或逐层进行测量时，均以10个以上有代表性视场平均值作为测量结果。

5.2.7　如果在测量过程中发现铁素体分布特别不均匀，则在测量结果中应给出平均含量、最高含量和最低含量,并加以说明。

5.3　金相标样图谱

5.3.1　金相标样图谱属于近似的或半定量的金相方法,只能给出铁素体含量的大致含量范围。本标准附有两组金相标样图谱(焊条电弧焊焊缝 500 倍和 1 000 倍各一组)供比较筛选试验、中间近似测量及其他半定量试验时用(见图 6 和图 7)。

5.3.2　用金相标样图谱测量铁素体含量时,其试样数量、试样制备、测量部位和测量结果评定等均与前述割线法的有关规定相同。

6　测试报告

测试报告应包括如下内容,格式参照附录 A:

a)　测量方法;

b)　焊接材料型号;

c)　焊接材料规格;

d)　数量[FN 或铁素体百分比(%)];

e)　测量值。

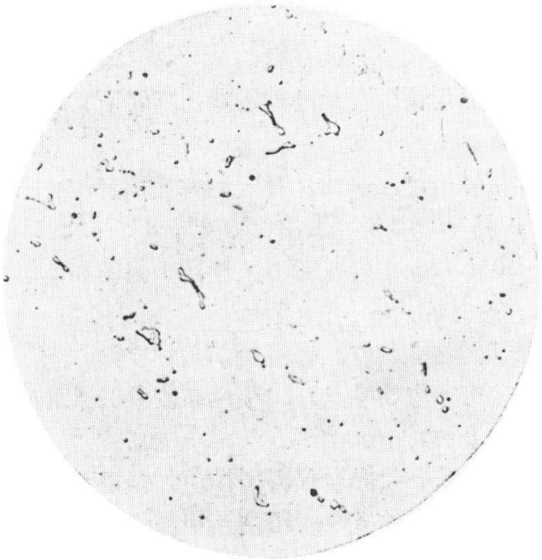

2%

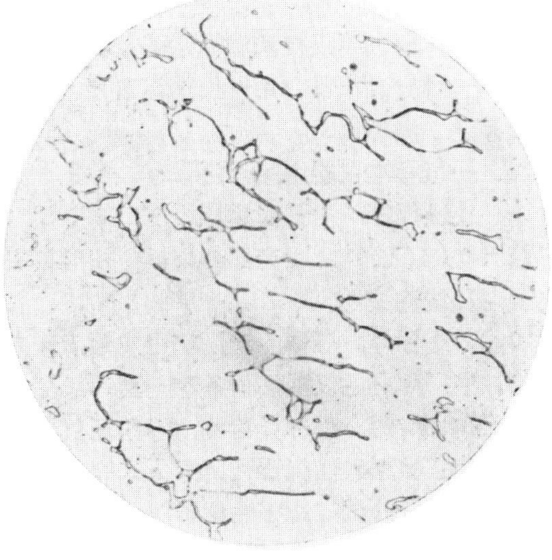

5%

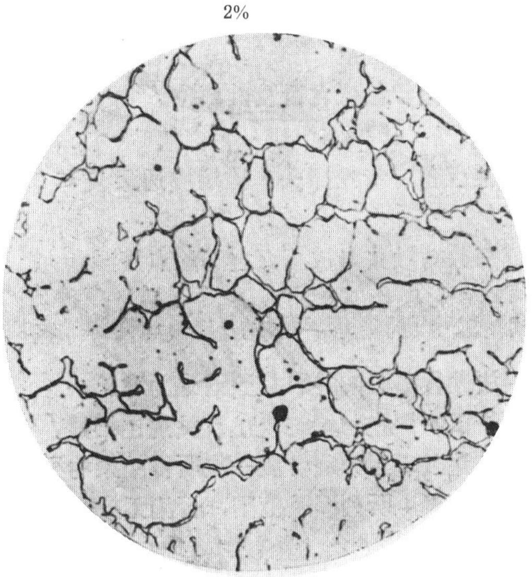

7.5%

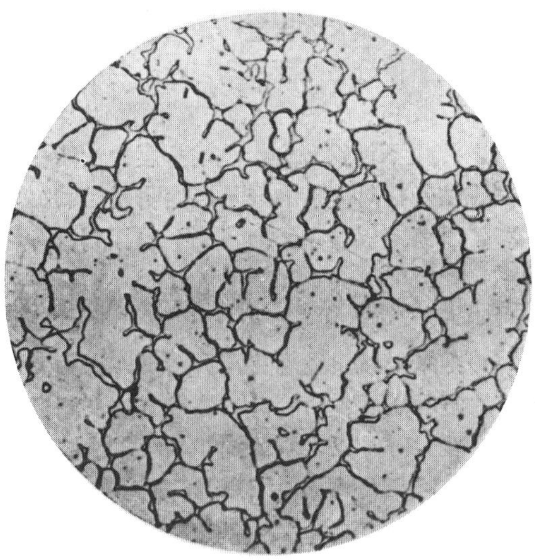

10%

图 6　焊条电弧焊焊缝×500 倍

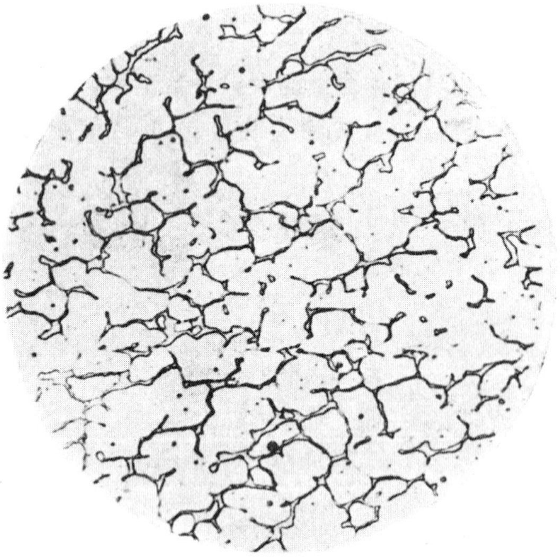

15%

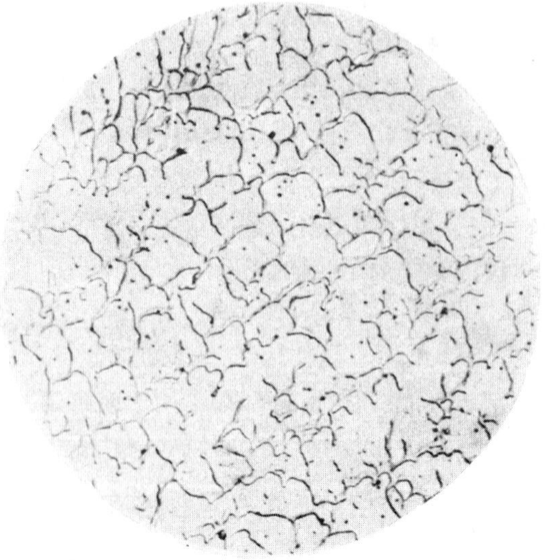

20%

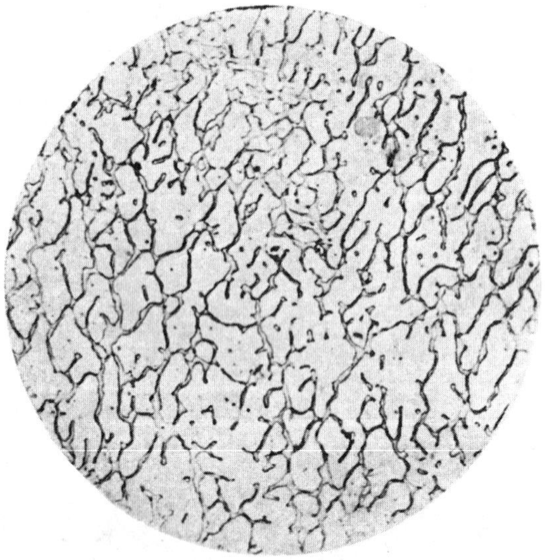

25%

30%

图 6（续）

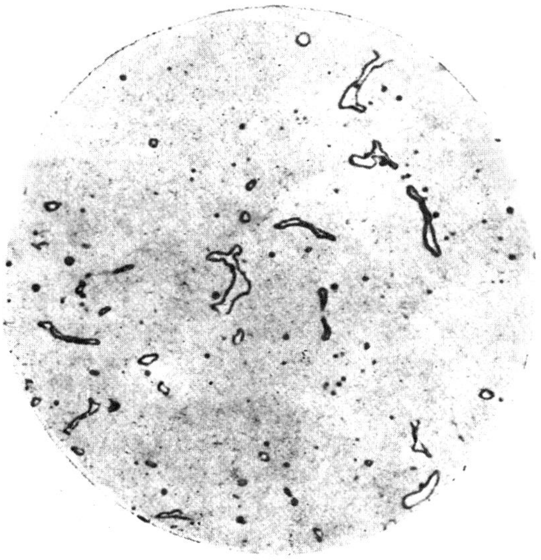

2%

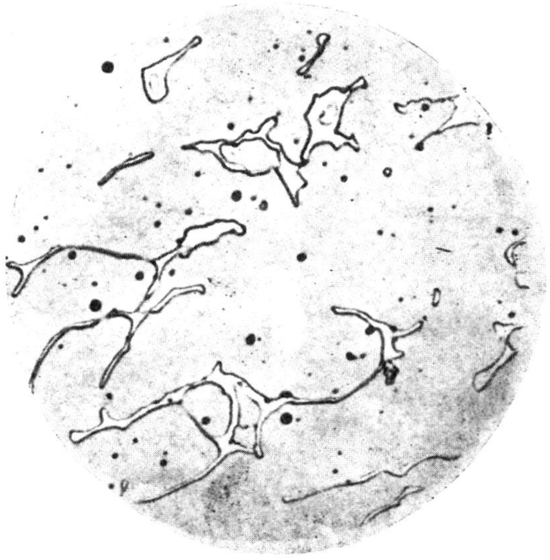

5%

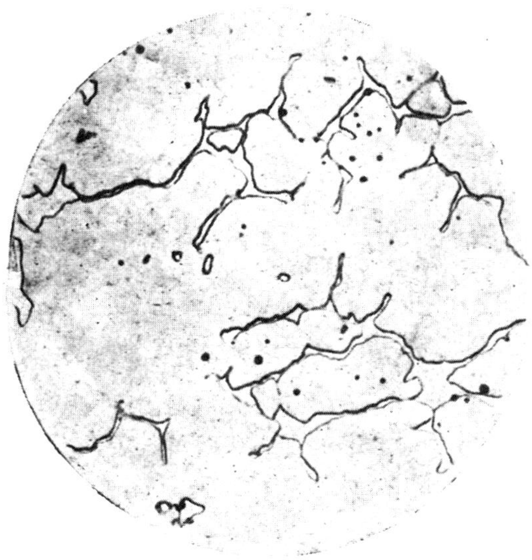

7.5%

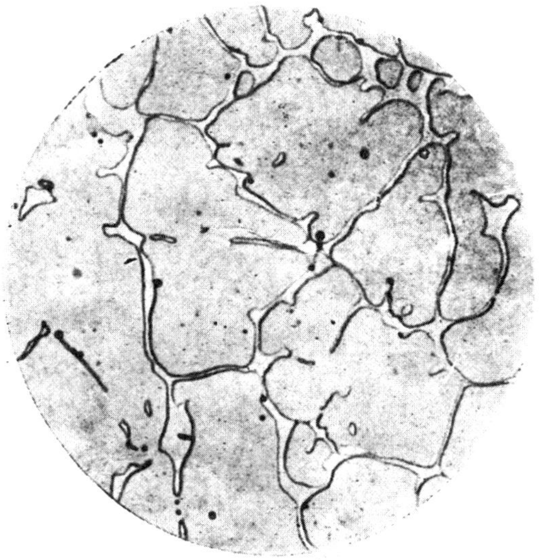

10%

图7 焊条电弧焊焊缝×1 000倍

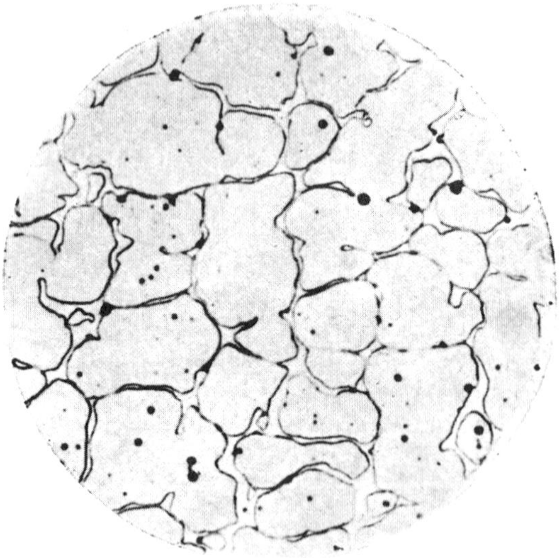

15%

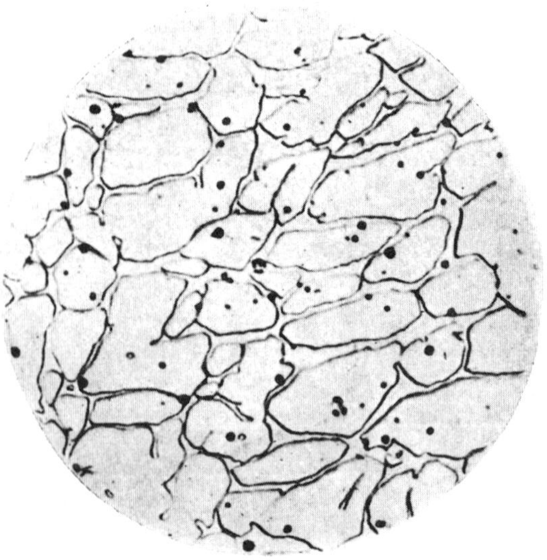

20%

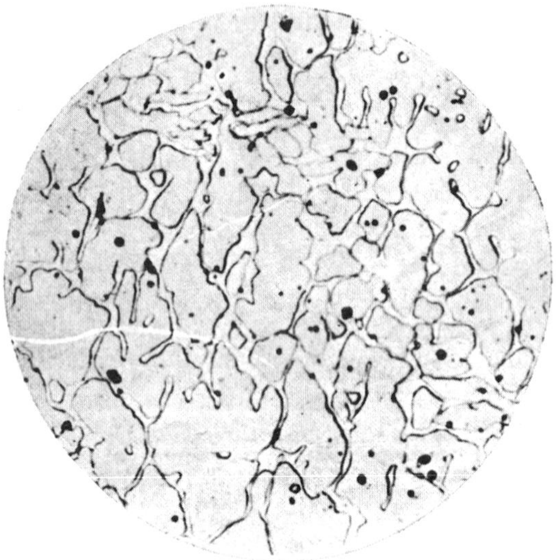

25%

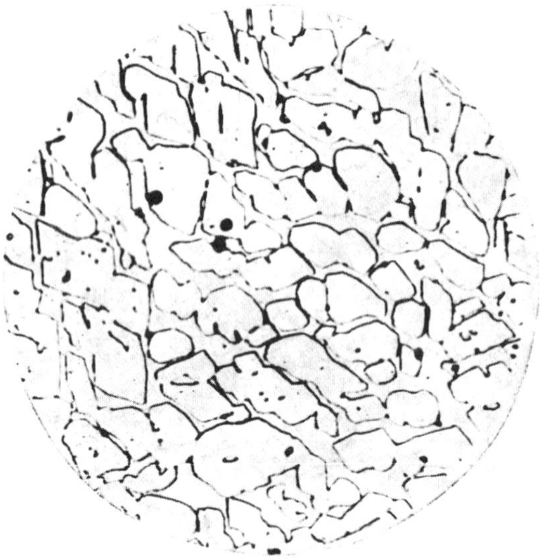

30%

图 7（续）

附 录 A
（资料性附录）
测试数据参考格式

下面给出的是测试报告数据页格式，供参考。

焊缝铁素体测试数据

No　　　　　　　　　　　　　　　　　　　　　　　　　　　　　　共　页第　页

<table>
<tr><td>产品名称</td><td></td><td>型 号</td><td></td><td>规 格</td><td></td></tr>
<tr><td>测量方法</td><td></td><td colspan="4">测 试 结 果</td></tr>
<tr><td>测试位置</td><td colspan="5">□FN　　　　□%</td></tr>
<tr><td rowspan="6">试件 1：</td><td colspan="5">测试数据(10 点)：</td></tr>
<tr><td>1</td><td>2</td><td>3</td><td>4</td><td>5</td></tr>
<tr><td></td><td></td><td></td><td></td><td></td></tr>
<tr><td>6</td><td>7</td><td>8</td><td>9</td><td>10</td></tr>
<tr><td></td><td></td><td></td><td></td><td></td></tr>
<tr><td colspan="5">测试平均值：</td></tr>
<tr><td rowspan="6">试件 2：</td><td colspan="5">测试数据(10 点)：</td></tr>
<tr><td>1</td><td>2</td><td>3</td><td>4</td><td>5</td></tr>
<tr><td></td><td></td><td></td><td></td><td></td></tr>
<tr><td>6</td><td>7</td><td>8</td><td>9</td><td>10</td></tr>
<tr><td></td><td></td><td></td><td></td><td></td></tr>
<tr><td colspan="5">测试平均值：</td></tr>
<tr><td rowspan="6">试件 3：</td><td colspan="5">测试数据(10 点)：</td></tr>
<tr><td>1</td><td>2</td><td>3</td><td>4</td><td>5</td></tr>
<tr><td></td><td></td><td></td><td></td><td></td></tr>
<tr><td>6</td><td>7</td><td>8</td><td>9</td><td>10</td></tr>
<tr><td></td><td></td><td></td><td></td><td></td></tr>
<tr><td colspan="5">测试平均值：</td></tr>
<tr><td rowspan="2">检测仪器</td><td>名 称</td><td>型 号</td><td colspan="2">生 产 单 位</td><td>编 号</td></tr>
<tr><td></td><td></td><td colspan="2"></td><td></td></tr>
<tr><td>备注</td><td colspan="5"></td></tr>
</table>

检验人：　　　　　　　　　　　　　审核：　　　　　　　　　　　　　　年　月　日

ICS 25.160.40
J 33

中华人民共和国国家标准

GB/T 2650—2008/ISO 9016:2001
代替 GB/T 2650—1989

焊接接头冲击试验方法

Impact test methods on welded joints

(ISO 9016:2001, Destructive tests on welds in metallic materials—Impact tests—Test specimen location, notch orientation and examination, IDT)

2008-03-31 发布　　2008-09-01 实施

中华人民共和国国家质量监督检验检疫总局
中国国家标准化管理委员会　发布

前　言

本标准等同采用 ISO 9016:2001《金属材料焊缝破坏性试验　冲击试验　试样位置、缺口方向和检验方法》(英文版)。

本标准等同翻译 ISO 9016:2001。为便于使用,本标准做了如下编辑性修改:

——删除了国际标准的前言;

——将标准名称改为“焊接接头冲击试验方法”;

——对 ISO 9016:2001 中引用的国际标准,用已被等同采用的 GB/T 229—2007 代替。

本标准是对 GB/T 2650—1989《焊接接头冲击试验方法》的修订,并整合了 GB/T 2649—1989《焊接接头机械性能试验取样方法》中有关“焊接接头冲击试验取样方法”的内容。

本标准与 GB/T 2650—1989 相比,主要修改内容如下:

——增加了“原理”、“符号及说明”部分内容;

——增加了取样位置、缺口方向方面的内容;

——删去了原标准附录 A、附录 B 中有关辅助试样的内容;

——增加了“试验报告示例”部分。

本标准的附录 A 为资料性附录。

本标准由全国焊接标准化技术委员会提出并归口。

本标准起草单位:哈尔滨焊接研究所。

本标准主要起草人:成炳煌、曲维力。

本标准所代替标准的历次版本发布情况为:

——GB 2650—1981,GB/T 2650—1989。

焊接接头冲击试验方法

1 范围

本标准规定了对接接头冲击试验取样、缺口方向和试验报告要求。

本标准适用于金属材料熔化焊和压焊接头的冲击试验。

2 规范性引用文件

下列文件中的条款通过本标准的引用而成为本标准的条款。凡是注日期的引用文件，其随后所有的修改单(不包括勘误的内容)或修订版均不适用于本标准，然而，鼓励根据本标准达成协议的各方研究是否可使用这些文件的最新版本。凡是不注日期的引用文件，其最新版本适用于本标准。

GB/T 229 金属材料 夏比摆锤冲击试验方法(GB/T 229—2007,ISO 148-1:2006,MOD)

3 原理

冲击试验按 GB/T 229 进行。除按 GB/T 229 要求外，缺口位置可以通过宏观腐蚀确定。

4 符号及说明

4.1 符号组成

符号中的字母说明试样类型、位置和缺口方向，而数字表明缺口距参考线(RL)和焊缝表面的距离(单位：mm)。表示方法见表 1 和表 2。应从焊接接头截取试样，试样的纵轴与焊缝长度方向垂直。

4.2 字母

符号由下列字母组成：

第一个字母：U 为夏比 U 型缺口；V 为夏比 V 型缺口。

第二个字母：W 为缺口在焊缝；H 为缺口在热影响区。

第三个字母：S 为缺口面平行于焊缝表面[1)]；T 为缺口面垂直于焊缝表面。

第四个字母：a 为缺口中心线距参考线的距离(如果缺口中心线在参考线，则记录 $a=0$)。

第五个字母：b 为试样表面距焊缝表面[2)]的距离(如果试样表面在焊缝表面，则记录 $b=0$)。

4.3 附加信息

当用上述方法还不能充分确定试样位置和缺口方向时，应提供焊接接头示意图作为参考。

5 符号示例

符号示例在表 1、表 2 和图 1 中给出。表中 RL 实际上是参考线。缺口在焊缝时，RL 为试样上焊缝中心线；缺口在热影响区时，RL 为试样上熔合线或压焊接头的结合线。

---

1) 这个方向的含义相当于在断裂力学试验中“表面缺口”的含义。

2) 在双 V 形、K 形或类似焊缝的情况下，焊缝表面为焊缝较宽一侧或开始焊接一侧。

表 1　S 位置(缺口面平行于试件表面)

符　号	缺口在焊缝 示意图	符　号	缺口在热影响区 示意图
VWS a/b	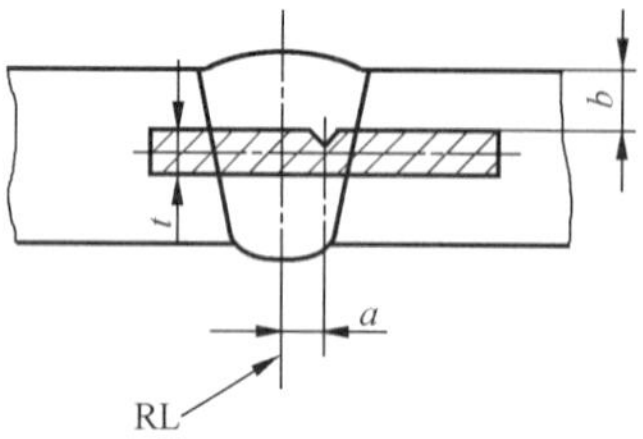	VHS a/b (压焊)	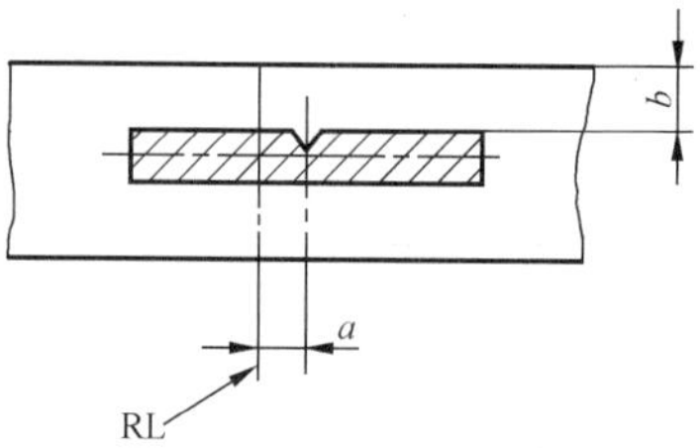
		VHS a/b (熔化焊)	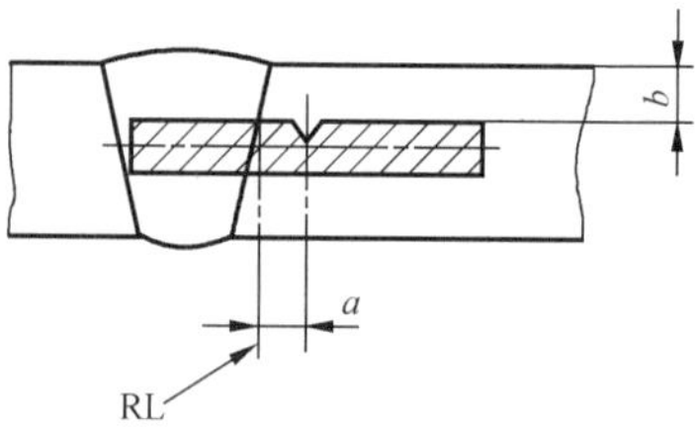

表 2　T 位置(缺口面垂直于试件表面)

符　号	缺口在焊缝 示意图	符　号	缺口在热影响区 示意图
VWT 0/b	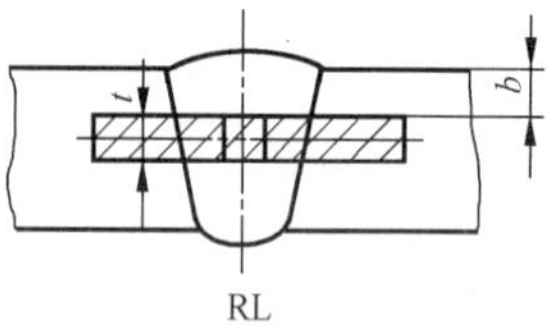	VHT 0/b	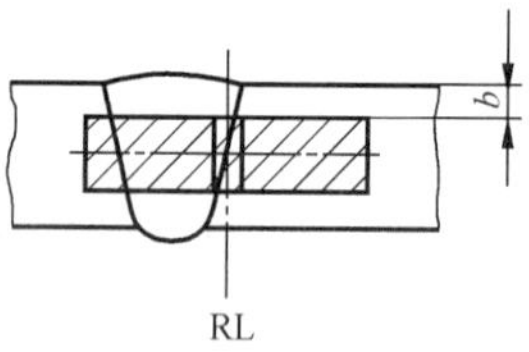
VWT a/b	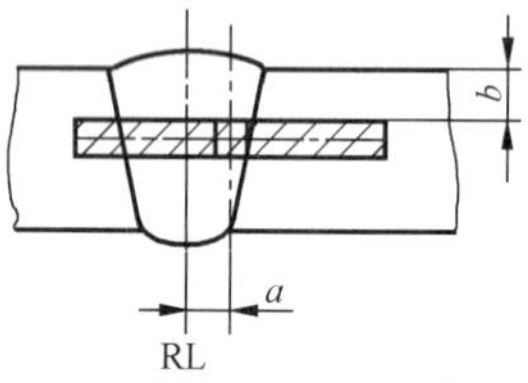	VHT a/b	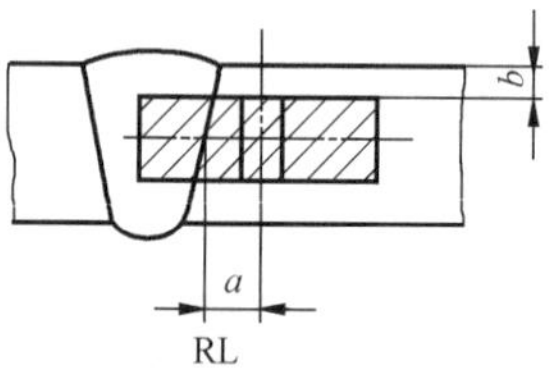
VWT 0/b	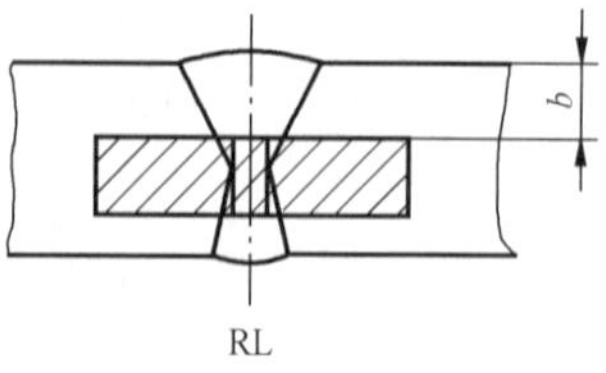	VHT a/b	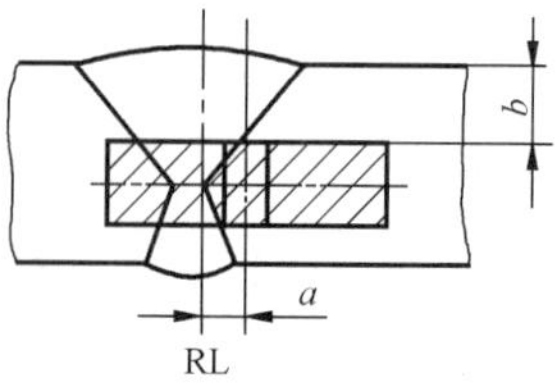
VWT a/b	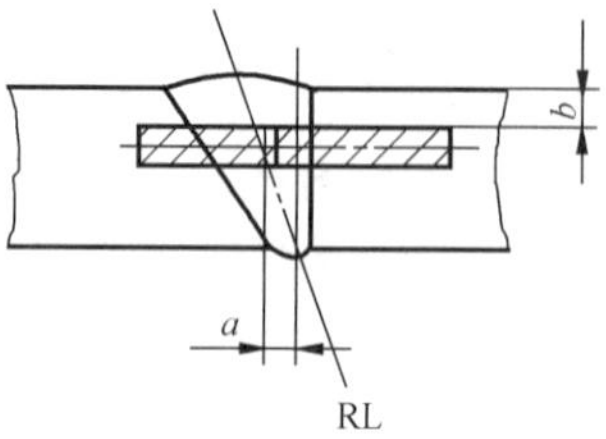	VHT a/b	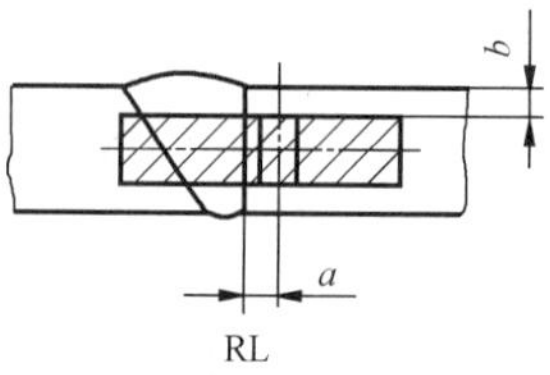

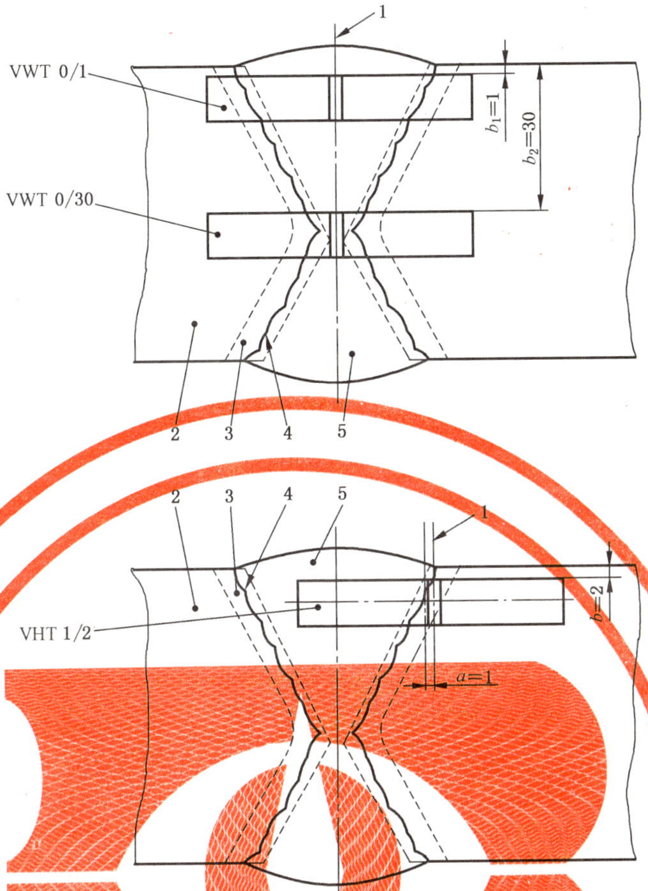

1——缺口轴线；

2——母材；

3——热影响区；

4——熔合线；

5——焊缝金属。

图 1　典型的符号示例

6　试验

按本标准标明的试样应按 GB/T 229 的规定进行试验。

7　试验报告

试验报告内容除按 GB/T 229 的规定要求的内容外，还应包括下列内容：

a)　依据的国家标准，例如 GB/T 2650；

b)　试样的符号；

c)　如需要，给出示意图；

d)　观察到的缺欠的类型和尺寸；

e)　相关标准和/或协议所要求的其他内容。

附录 A 给出了典型的试验报告示例。

附 录 A
（资料性附录）
试验报告示例

编号：

依据的焊接工艺规程(WPS)或焊接工艺预规程(pWPS)：

依据 GB/T 2650 进行焊接接头冲击试验。

试验结果：

制造商：

试验目的：

产品种类：

母材：

填充金属：

表 A.1 依据 GB/T 2650 的冲击试验

试样编号 No.	符 号	尺寸/mm	试验温度/℃	冲击韧度/(J/mm²)	冲击吸收功/J	说 明		
						断口的位置[a]	断口的类型[a]	缺欠类型及尺寸

[a] 必要时。

检测：
（签名和日期）

审核：
（签名和日期）

ICS 25.160.40
J 33

中华人民共和国国家标准

GB/T 2651—2008/ISO 4136:2001
代替 GB/T 2651—1989

焊接接头拉伸试验方法

Tensile test method on welded joints

(ISO 4136:2001, Destructive tests on welds in metallic materials—Transverse tensile test, IDT)

2008-03-31 发布　　2008-09-01 实施

中华人民共和国国家质量监督检验检疫总局
中国国家标准化管理委员会　发布

前　言

本标准等同采用 ISO 4136:2001《金属材料焊缝破坏性试验　横向拉伸试验》(英文版)。

本标准等同翻译 ISO 4136:2001。为便于使用,本标准做了如下编辑性修改:

——删除了国际标准的前言;

——将标准名称改为“焊接接头拉伸试验方法”;

——对 ISO 4136:2001 中引用的国际标准,用已被等同采用的我国标准代替。

本标准是对 GB/T 2651—1989《焊接接头拉伸试验方法》的修订,并整合了 GB/T 2649—1989《焊接接头机械性能试验取样方法》中有关“焊接接头拉伸试验取样方法”的内容。

本标准与 GB/T 2651—1989 相比,主要修改内容如下:

——增加了“原理”、“符号及缩略语”及“试验程序”部分内容;

——增加了试样制备方面的内容;

——删去了原标准点焊接头抗剪试验的内容;

——增加了“试验报告示例”部分。

本标准附录 A 为资料性附录。

本标准由全国焊接标准化技术委员会提出并归口。

本标准起草单位:哈尔滨焊接研究所。

本标准主要起草人:成炳煌、曲维力。

本标准所代替标准的历次版本发布情况为:

——GB 2651—1981、GB/T 2651—1989。

焊接接头拉伸试验方法

1 范围

本标准规定了焊接接头拉伸试验的程序及试样尺寸要求。

本标准适用于金属材料熔化焊和压焊接头。

2 规范性引用文件

下列文件中的条款通过本标准的引用而成为本标准的条款。凡是注日期的引用文件，其随后所有的修改单(不包括勘误的内容)或修订版均不适用于本标准，然而，鼓励根据本标准达成协议的各方研究是否可使用这些文件的最新版本。凡是不注日期的引用文件，其最新版本适用于本标准。

GB/T 228—2002 金属材料 室温拉伸试验方法 (eqv ISO 6892:1998)

GB/T 5185—2005 焊接及相关工艺方法代号(ISO 4063:1998,IDT)

3 原理

拉伸试验按 GB/T 228 进行。

除非另有规定，试验应在环境温度为 23℃±5℃条件下进行。

4 符号

表 1 给出了拉伸试验所使用的符号及相应的说明，符号的具体含义可参见图 1～图 3。

表 1 符号及说明

符号	说明	单位
b	平行长度部分宽度	mm
b_1	夹持端宽度	mm
d	管塞直径	mm
D	管外径	mm
L_c	平行长度	mm
L_0	原始标距	mm
L_s	加工后焊缝的最大宽度	mm
L_t	试样总长度	mm
r	过渡弧半径	mm
t	焊接接头的厚度	mm
t_s	试样厚度	mm

5 试样的制备

5.1 取样位置

试样应从焊接接头垂直于焊缝轴线方向截取，试样加工完成后，焊缝的轴线应位于试样平行长度部分的中间。对小直径管试样可采用整管(参见图 3)。相关标准或协议未做特殊规定时，“小直径管”是指外径小于或等于 18 mm 的管子。

5.2 标记

每个试件应做标记以便识别其从产品或接头中取出的位置。

如果相关标准有要求，应标记机加工方向(例如轧制方向或挤压方向)。

每个试样应做标记以便识别其在试件中的准确位置。

5.3 热处理及/或时效

焊接接头或试样一般不进行热处理，但相关标准规定或允许被试验的焊接接头进行热处理除外，这时应在试验报告中详细记录热处理的参数。对于会产生自然时效的铝合金，应记录焊接至开始试验的间隔时间。

注：钢铁类焊缝金属中有氢存在时，可能会对试验结果带来显著影响，可能需要采取适当的去氢处理。

5.4 取样

5.4.1 一般要求

取样所采用的机械加工方法或热加工方法不得对试样性能产生影响。

5.4.2 钢

厚度超过 8 mm 时，不得采用剪切方法。当采用热切割或可能影响切割面性能的其他切割方法从焊件或试件上截取试样时，应确保所有切割面距离试样的表面至少 8 mm 以上。平行于焊件或试件的原始表面的切割，不应采用热切割方法。

5.4.3 其他金属材料

不得采用剪切方法和热切割方法，只能采用机械加工方法(如锯或铣、磨等)。

5.5 机械加工

5.5.1 一般要求

公差按照 GB/T 228 规定。

5.5.2 位置

试样的厚度 t_s 一般应与焊接接头处母材的厚度相等，参见图 1a)。当相关标准要求进行全厚度(厚度超过 30 mm)试验时，可从接头截取若干个试样覆盖整个厚度，参见图 1b)。在这种情况下，试样相对接头厚度的位置应做记录。

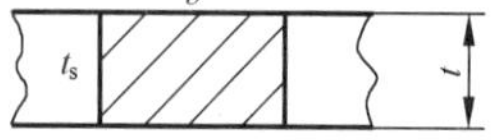

a) 全厚度试验

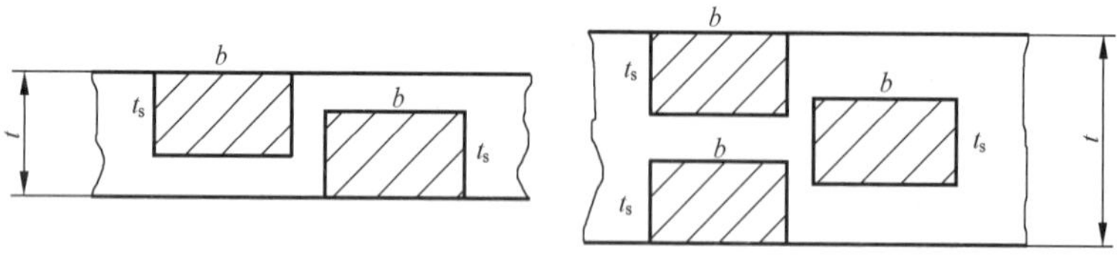

注：试样可以相互搭接。

b) 多试样试验

图 1 试样的位置示例

5.5.3 尺寸

5.5.3.1 板及管板状试样

试样厚度沿着平行长度 L_c 应均衡一致，其形状和尺寸应符合表 2 及图 2 的规定。

对于从管接头截取的试样，可能需要校平夹持端；然而，这种变平及可能产生的厚度的变化不应波及平行长度 L_c。

表 2　板及管板状试样的尺寸

单位为毫米

名　称		符　号	尺　寸
试样总长度		L_t	适合于所使用的试验机
夹持端宽度		b_1	$b+12$
平行长度部分宽度	板	b	12($t_s\leqslant 2$) 25($t_s>2$)
	管子	b	6 ($D\leqslant 50$) 12 ($50<D\leqslant 168$) 25 ($D>168$)
平行长度		L_c	$\geqslant L_s+60$
过渡弧半径		r	$\geqslant 25$

注 1：对于压焊及高能束焊接头而言(根据 GB/T 5185—2005，其工艺方法代号为 2、4、51 和 52)，焊缝宽度为零($L_s=0$)。

注 2：对于某些金属材料(如铝、铜及其合金)可以要求 $L_c\geqslant L_s+100$。

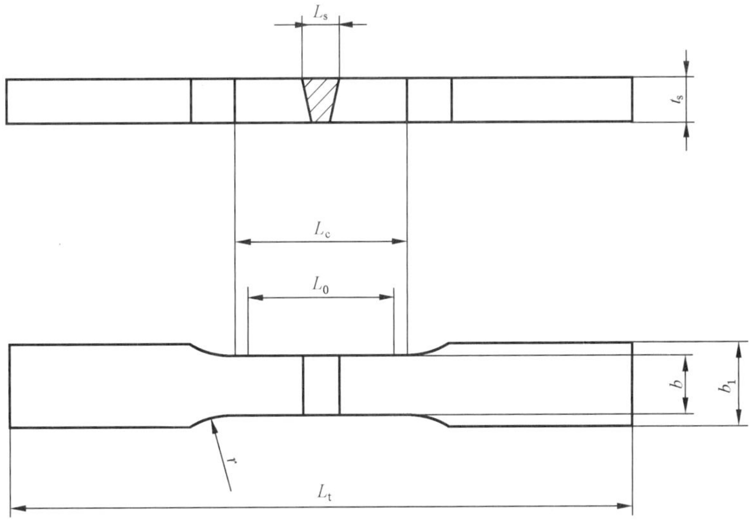

a)　板接头

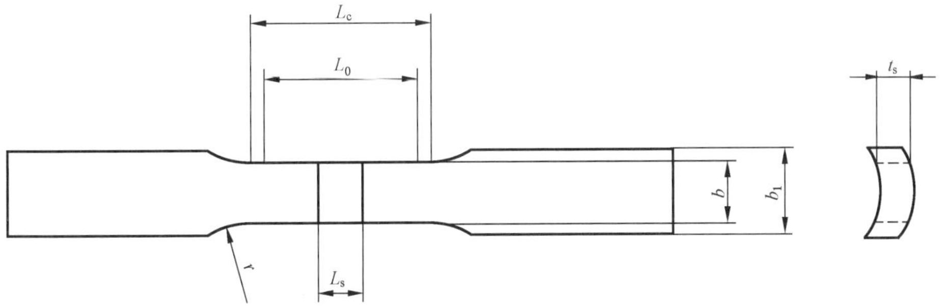

b)　管接头

图 2　板和管接头板状试样

5.5.3.2　整管试样

整管试样尺寸见图 3。

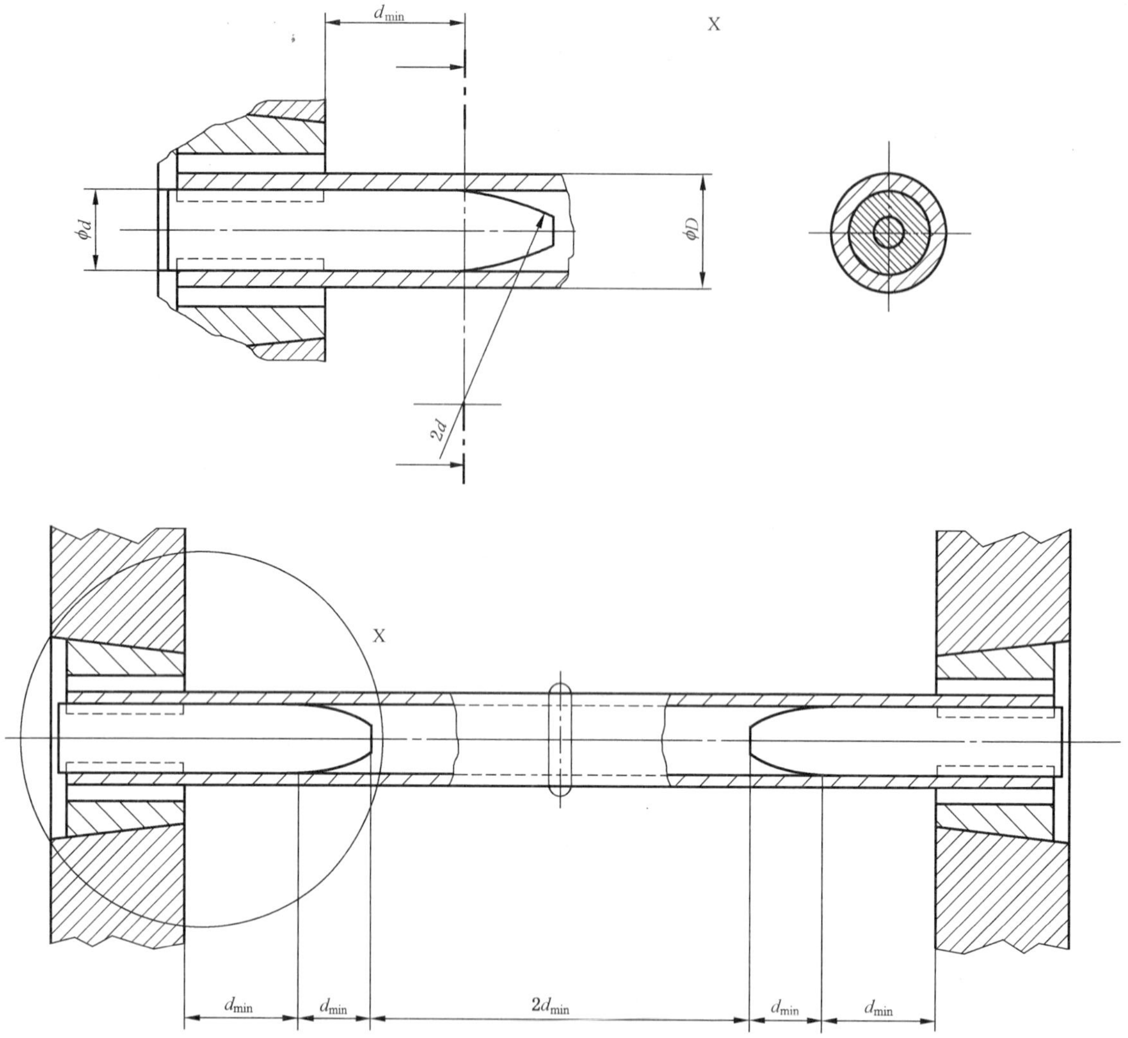

图 3 整管拉伸试样

5.5.3.3 实心截面试样

实心截面试样尺寸应根据协议要求。当需要机加工成圆柱形试样时，试样尺寸应依据 GB/T 228 要求，只是平行长度 L_c 应不小于 L_c + 60 mm，见图 4。

铝、铜及其合金的尺寸要求参见表 2。

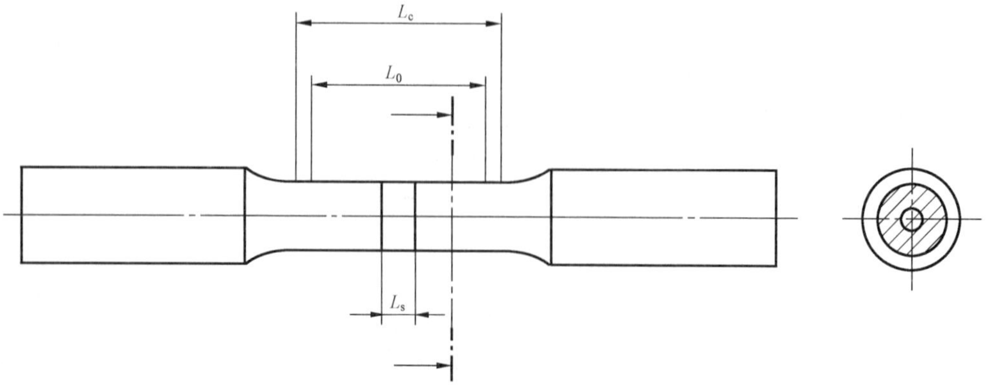

图 4 实心圆柱形试样

5.5.4 表面制备

试样制备的最后阶段应进行机加工，应采取预防措施避免在表面产生变形硬化或过热。试样表面应没有垂直于试样平行长度 L_c 方向的划痕或切痕，不得除去咬边，除非相关标准另有要求。

超出试样表面的焊缝金属应通过机加工除去。除非另有要求，对于有熔透焊道的整管试样应保留管内焊缝。

6 试验程序

依据 GB/T 228 规定对试样逐渐连续加载。

7 试验结果

7.1 一般要求

依据 GB/T 228 规定确定试验结果。

7.2 断裂位置

在报告中应写明断裂位置。

必要时，可以通过宏观浸蚀试样侧面的方式确定焊缝位置。

7.3 断口表面检验

试样断裂后，应检验断口表面，在断口上对试验可能产生有害影响的缺欠都应在报告中记录，记录内容包括缺欠类型、尺寸和数量。如果出现白点，应予以记录，白点的中心区域应视为缺欠。

8 试验报告

除 GB/T 228 要求的内容，试验报告还应包括以下内容：

a) 依据的国家标准，例如 GB/T 2651；

b) 试样的类型和位置，如果需要可附示意图(见图 1)；

c) 试验温度；

d) 断口位置；

e) 观察到的缺欠的类型和尺寸。

典型的试验报告示例在附录 A 给出。

附 录 A
（资料性附录）
试验报告示例

编号：

依据的焊接工艺规程(WPS)或焊接工艺预规程(pWPS)：

依据 GB/T 2651 进行焊接接头拉伸试验。

试验结果：

制造商：

试验目的：

产品种类：

母材：

填充金属：

试验温度：

表 A.1 依据 GB/T 2651 焊接接头拉伸试验

试样编号 No./ 位置	尺寸/直径/ mm	最大载荷 F_m/N	抗拉强度 R_m/(N/mm^2)	断口位置	说明 (例如缺欠的 类型和尺寸)

检测：　　　　　　　　　　　　　　　　审核：

(签名和日期)　　　　　　　　　　　　　(签名和日期)

ICS 25.160.40
J 33

中华人民共和国国家标准

GB/T 2652—2008/ISO 5178:2001
代替 GB/T 2652—1989

焊缝及熔敷金属拉伸试验方法

Tensile test methods on weld and deposited metal

(ISO 5178:2001, Destructive tests on welds in metallic materials—Longitudinal tensile test on weld metal in fusion welded joints, IDT)

2008-03-31 发布　　2008-09-01 实施

中华人民共和国国家质量监督检验检疫总局
中国国家标准化管理委员会　发布

前　言

本标准等同采用 ISO 5178:2001《金属材料焊缝破坏性试验　熔化焊接头焊缝金属纵向拉伸试验》(英文版)。

本标准等同翻译 ISO 5178:2001。为便于使用,本标准做了如下编辑性修改:

——删除了国际标准的前言;

——将标准名称改为"焊缝及熔敷金属拉伸试验方法";

——对 ISO 5178:2001 中引用的国际标准,用已被等同采用的 GB/T 228—2002 代替。

本标准是对 GB/T 2652—1989《焊缝及熔敷金属拉伸试验方法》的修订,并整合了 GB/T 2649—1989《焊接接头机械性能试验取样方法》中有关"焊缝试验取样方法"的内容。

本标准与 GB/T 2652—1989 相比,主要修改内容如下:

——增加了"原理"、"符号及缩略语"及"试验条件"部分内容;

——增加了试样制备方面的内容;

——增加了"试验报告示例"部分。

本标准附录 A 为资料性附录。

本标准由全国焊接标准化技术委员会提出并归口。

本标准起草单位:哈尔滨焊接研究所。

本标准主要起草人:成炳煌、曲维力。

本标准所代替标准的历次版本发布情况为:

——GB 2652—1981、GB/T 2652—1989。

焊缝及熔敷金属拉伸试验方法

1 范围

本标准规定了焊缝及熔敷金属拉伸试验的程序及试样尺寸要求。

本标准适用于金属材料熔化焊焊缝及熔敷金属的拉伸试验。

2 规范性引用文件

下列文件中的条款通过本标准的引用而成为本标准的条款。凡是注日期的引用文件,其随后所有的修改单(不包括勘误的内容)或修订版均不适用于本标准,然而,鼓励根据本标准达成协议的各方研究是否可使用这些文件的最新版本。凡是不注日期的引用文件,其最新版本适用于本标准。

GB/T 228—2002 金属材料 室温拉伸试验方法(eqv ISO 6892:1998)

3 原理

拉伸试验按 GB/T 228 进行。

除非另有规定,试验应在环境温度为 23℃±5℃条件下进行。

4 符号及缩略语

拉伸试验所使用的符号及缩略语遵照 GB/T 228 的规定。

5 试样的制备

5.1 取样位置

试样应从试件的焊缝及熔敷金属上纵向截取。加工完成后,试样的平行长度应全部由焊缝金属组成(参见图 1 和图 2)。

为了确保试样在接头中的正确定位,试样两端的接头横截面可做宏观腐蚀。

5.2 标记

每个试件都应做标记以识别其在接头中的准确位置。

每个试样都应做标记以识别其在试件中的准确位置。

5.3 热处理及/或时效

焊接接头或试样一般不进行热处理,但相关标准有规定或允许的除外,这时应在试验报告中详细记录热处理的参数。对于会产生自然时效的铝合金,应记录焊接至开始试验的间隔时间。

注:钢铁类焊缝金属中有氢存在时,可能会对试验结果带来显著影响,可能需要采取适当的去氢处理方法。

5.4 取样

5.4.1 一般要求

取样所采用的机械加工方法或热加工方法不得对试样性能产生影响。

5.4.2 钢

厚度超过 8 mm 时,不得采用剪切方法。当采用热切割或可能影响切割面性能的其他切割方法从焊件或试件上截取试样时,应确保所有切割面距离试样的表面至少 8 mm 以上。平行于焊件或试件的原始表面的切割,不应采用热切割方法。

5.4.3 其他金属材料

不得采用剪切方法和热切割方法,只能采用机械加工方法。

5.5 机械加工

5.5.1 一般要求

公差按照 GB/T 228 规定。

5.5.2 位置

除非应用标准对受检接头另有规定，试样应取自焊缝金属的中心(见图 1)，其横截面位置按照图 2 规定。未能在中间厚度位置截取试样时，应记录其中心距表面的距离 t_1，见图 2 b)。在厚板或双面焊接头情况下，可以在厚度方向不同位置截取若干试样，见图 2 c)，应记录每个试样中心距表面的距离 t_1 和 t_2。

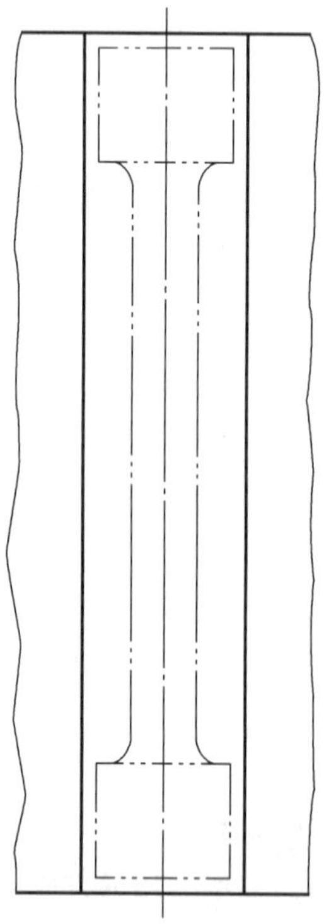

图 1 试样的位置示例(纵向截面)

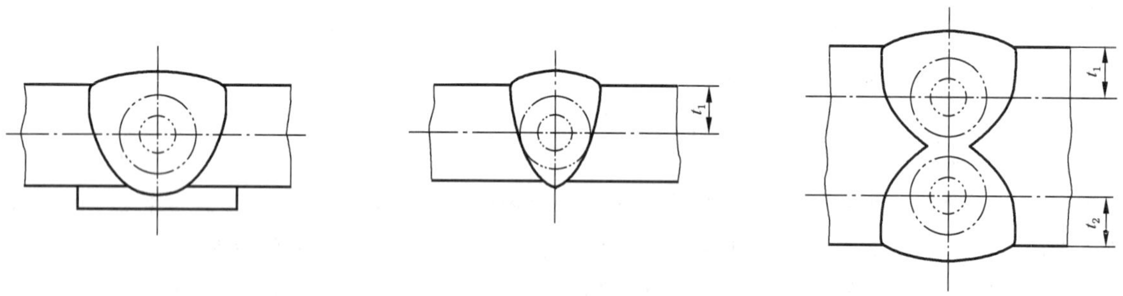

a) 用于焊接材料分类的熔敷金属试样

b) 取自单面焊接头的试样

c) 取自双面焊接头的试样

图 2 试样的位置示例(横向截面)

5.6 尺寸

每个试样应具有圆形横截面，而且平行长度范围内的直径 d 应符合 GB/T 228 的规定。

试样的公称直径 d 应为 10 mm。如果无法满足这一要求，直径应尽可能大，且不得小于 4 mm。试验报告应记录实际的尺寸。

试样的夹持端应满足所使用的拉伸试验机的要求。

5.7 表面质量

试样表面应避免产生变形硬化或过热。

6 试验条件

按照 GB/T 228 规定对试样逐步连续加载。

7 试验结果

7.1 一般要求

试验结果应按照 GB/T 228 确定。

7.2 断面检查

试样断裂后，应检验断口表面，在断口上对试验可能产生有害影响的缺欠都应在报告中记录，记录内容包括缺欠类型、尺寸和数量。有白点存在时，应做记录且仅将白点的中心区域视为缺欠。

8 试验报告

试验报告除应包含 GB/T 228 规定的内容之外，还应包括以下内容：

a) 依据的国家标准，例如 GB/T 2652；

b) 试样的位置，如果需要可附示意图(见图 1 和图 2)；

c) 试验温度；

d) 观察到的缺欠类型和尺寸；

e) 试样直径 d。

附录 A 提供了典型的试验报告示例。

附 录 A
（资料性附录）
试验报告示例

编号：

依据的焊接工艺规程(WPS)或焊接工艺预规程(pWPS)：

依据 GB/T 2652 进行焊缝及熔敷金属拉伸试验。

试验结果：

制造商：

试验目的：

产品种类：

母材：

填充金属：

表 A.1 依据 GB/T 2652 焊缝及熔敷金属拉伸试验

试样编号 No./位置	尺寸/直径/mm	屈服力 F_p/N	最大力 F_m/N	屈服强度 R_p/(N/mm^2)	抗拉强度 R_m/(N/mm^2)	原始标距 L_0/mm	伸长率 A/%	断面收缩率 Z/%	试验温度/℃	备注（例如缺欠类型和尺寸）

检测： 审核：

（签名和日期） （签名和日期）

ICS 25.160.40
J 33

中华人民共和国国家标准

GB/T 2653—2008/ISO 5173:2000
代替 GB/T 2653—1989

焊接接头弯曲试验方法

Bend test methods on welded joints

(ISO 5173:2000,Destructive tests on welds in metallic materials—Bend tests,IDT)

2008-03-31 发布 2008-09-01 实施

中华人民共和国国家质量监督检验检疫总局
中国国家标准化管理委员会 发布

前　言

本标准等同采用 ISO 5173:2000《金属材料焊缝破坏性试验　弯曲试验》(英文版)。

本标准等同翻译 ISO 5173:2000。为便于使用,本标准做了如下编辑性修改:

——删除了国际标准的前言;

——将标准名称改为"焊接接头弯曲试验方法"。

本标准是对 GB/T 2653—1989《焊接接头弯曲及压扁试验方法》的修订,并整合了 GB/T 2649—1989《焊接接头机械性能试验取样方法》中有关"焊接接头弯曲试验取样方法"的内容。

本标准与 GB/T 2653—1989 相比,主要修改内容如下:

——增加了"原理"、"符号和缩略语"、"试验结果"部分内容;

——增加了"试样的制备"方面的内容;

——删去了原标准"压扁试验"的内容;

——增加了"试验报告示例"部分。

本标准的附录 A 为资料性附录。

本标准由全国焊接标准化技术委员会提出并归口。

本标准起草单位:哈尔滨焊接研究所。

本标准主要起草人:成炳煌、曲维力。

本标准所代替标准的历次版本发布情况为:

——GB 2653—1981、GB/T 2653—1989。

焊接接头弯曲试验方法

1 范围

本标准规定了焊接接头弯曲试验方法。

本标准适用于金属材料熔化焊接头的弯曲试验。

2 术语和定义

本标准采用下列术语,其定义如下。

2.1

对接接头正弯试样 face bend test specimen for a butt weld(FBB)

焊缝表面为受拉面的试样,双面焊时焊缝表面为焊缝较宽或焊接开始的一面(见图1和图3)。

2.2

对接接头背弯试样 root bend test specimen for a butt weld(RBB)

焊缝根部为受拉面的试样(见图1和图3)。

2.3

对接接头侧弯试样 side bend test specimen for a butt weld(SBB)

焊缝横截面为受拉面的试样(见图2)。

2.4

带堆焊层正弯试样 face bend test specimen for cladding without a butt weld(FBC)

堆焊层表面为受拉面的试样(见图4)。

2.5

带堆焊层侧弯试样 side bend test specimen for cladding without a butt weld(SBC)

堆焊层的横截面为受拉面的试样(见图5)。

2.6

带堆焊层对接接头正弯试样 face bend test specimen for cladding with a butt weld(FBCB)

对接接头堆焊层表面为受拉面的试样(见图6)。

2.7

带堆焊层对接接头侧弯试样 side bend test specimen for cladding with a butt weld(SBCB)

对接接头横截面为受拉面的试样(见图7)。

3 原理

对从焊接接头截取的横向或纵向试样进行弯曲,不改变弯曲方向,通过弯曲产生塑性变形,使焊接接头的表面或横截面发生拉伸变形。

除非另有规定,试验环境温度应为23℃±5℃。

试验按第6章的说明进行。

4 符号及缩略语

4.1 符号

符号及其说明见表1和图1～图17。

表 1 符号及说明

符　　号	名　　称	单　　位
b	试样宽度	mm
b_1	熔合线外宽度	mm
d	压头直径	mm
D	管外径	mm
l	辊筒间距离	mm
L_f	焊缝中心线与试样和辊筒接触点间初始距离	mm
L_0	原始标距	mm
L_s	加工后试样上焊缝的最大宽度	mm
L_t	试样总长度	mm
r	试样棱角半径	mm
R	辊筒半径	mm
t	试件厚度	mm
t_c	堆焊层厚度	mm
t_s	试样厚度	mm
t_w	焊接接头的厚度或带有堆焊层的母材的厚度	mm
α	弯曲角度	(°)

4.2 弯曲试样的缩略语及示意图

图 1～图 7 分别表示与缩略语对应的弯曲试样示意图。

试样的拉伸面棱角应加工成半径为 r 的圆角。

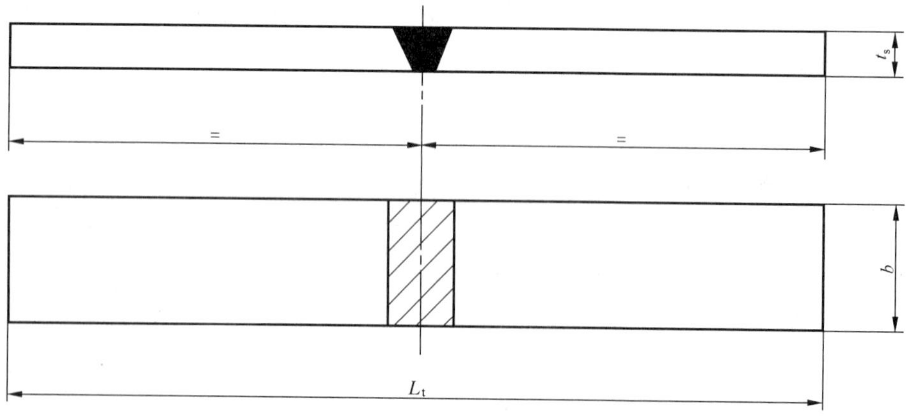

图 1 对接接头横向弯曲试样(FBB 和 RBB)

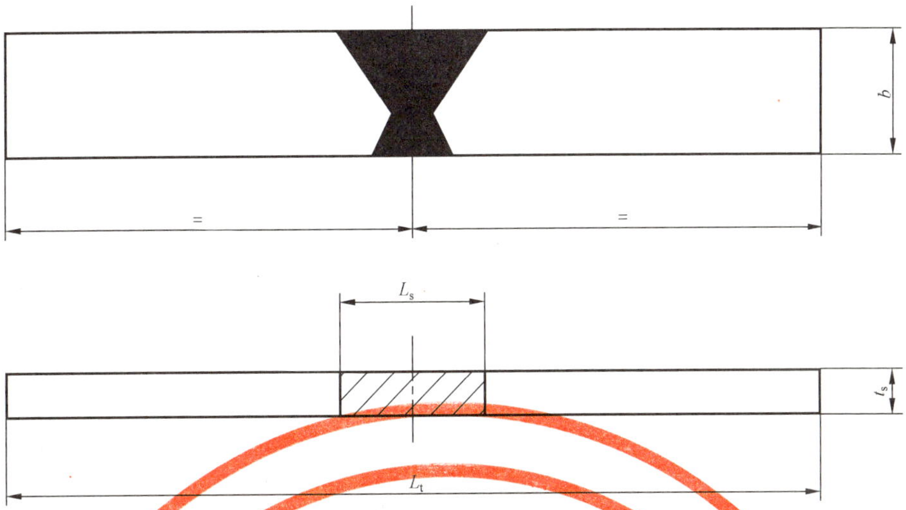

图 2　对接接头侧弯试样(SBB)

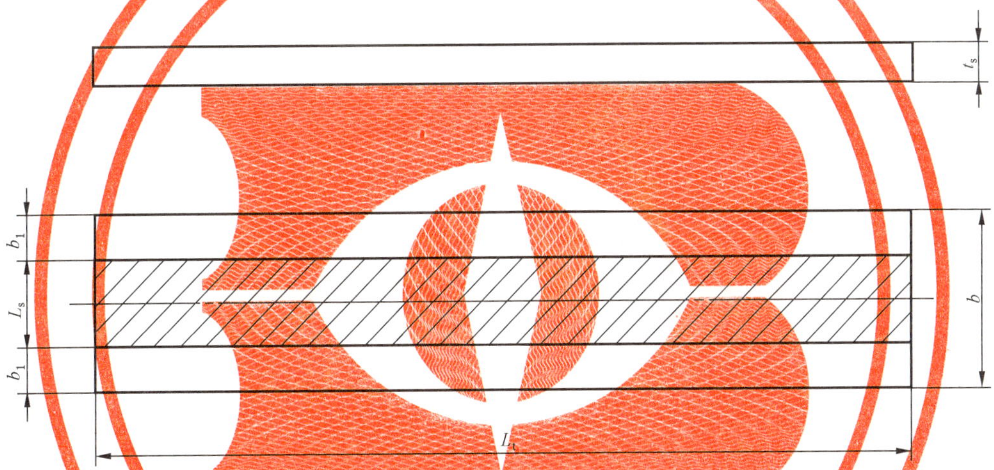

$b_1=(b-L_s)/2$。

图 3　对接接头纵向弯曲试样(FBB 和 RBB)

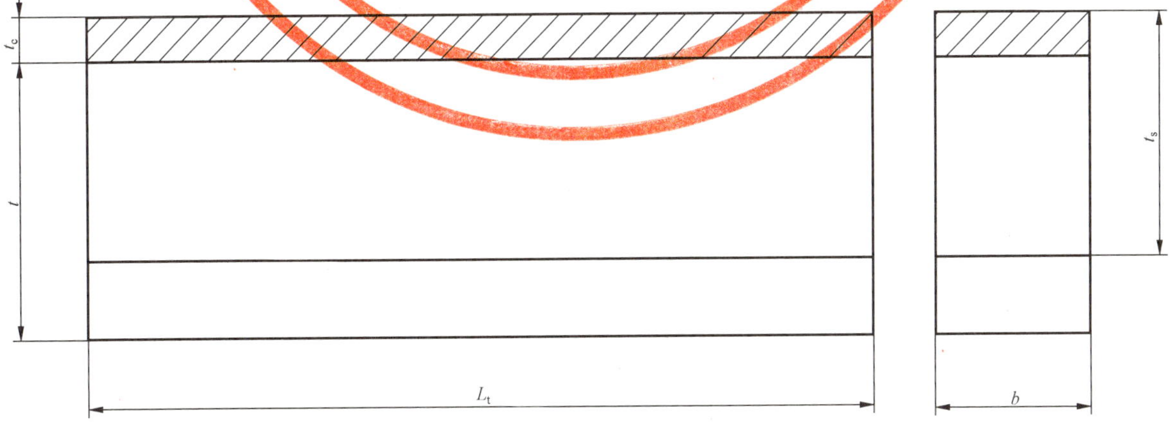

图 4　带堆焊层正弯试样(FBC)

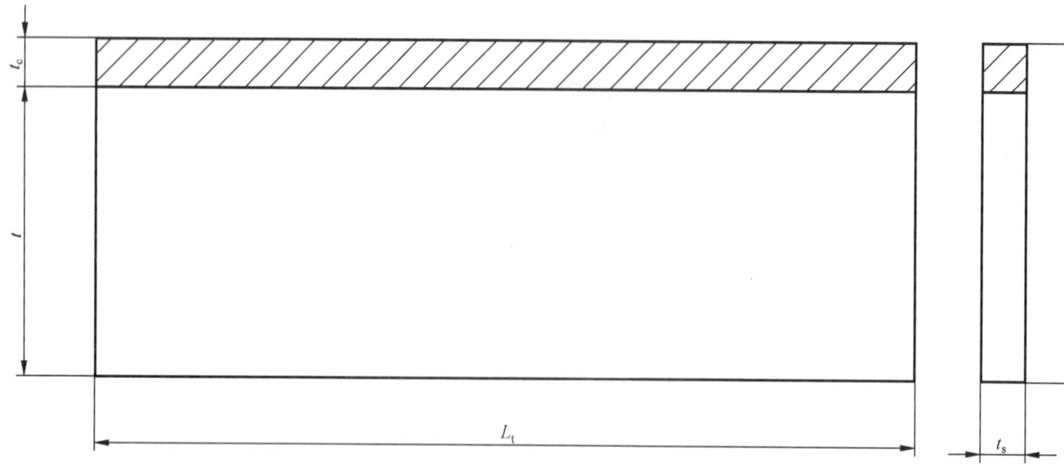

图 5　带堆焊层侧弯试样(SBC)

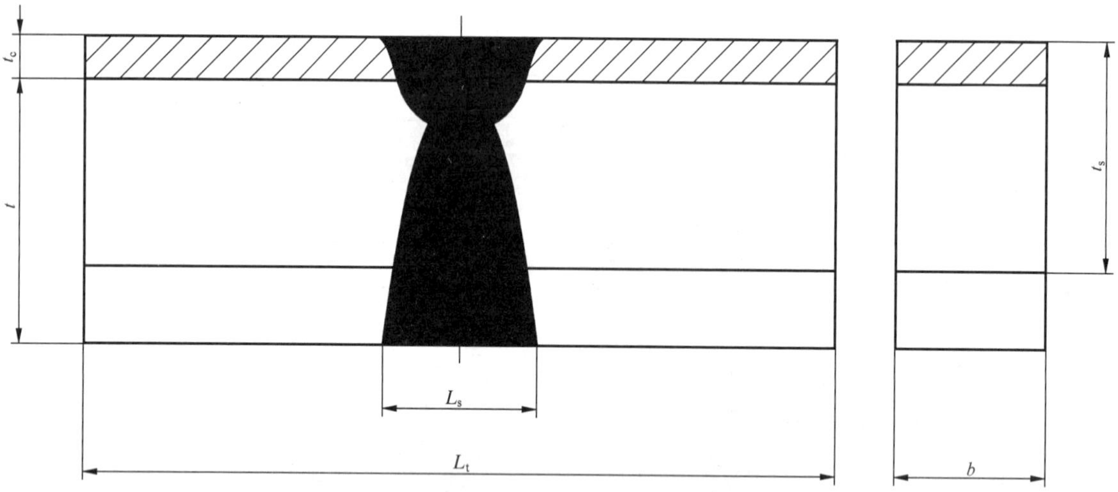

图 6　带堆焊层对接接头正弯试样(FBCB)

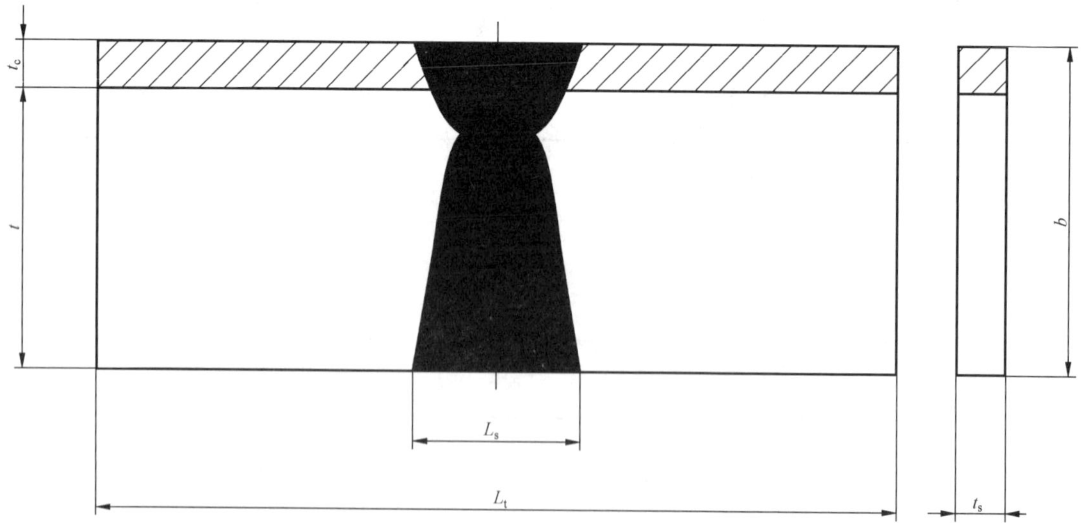

$b=t+t_c$。

图 7　带堆焊层对接接头侧弯试样(SBCB)

5 试样的制备

5.1 一般要求

试样的制备应不影响母材和焊缝金属性能。

5.2 位置

对于对接接头横向弯曲试验，应从产品或试件的焊接接头上横向截取试样以保证加工后焊缝的轴线在试样的中心或适合于试验的位置。

对于对接接头纵向弯曲试验，应从产品或试件的焊接接头上纵向截取试样。

带堆焊层的弯曲试样的位置和方向应符合相关标准或协议的规定。

5.3 标记

每个试件都应标记以便识别其在产品或接头中的准确位置。

如相关标准有要求，应标记试样的加工方向(例如轧制方向或挤压方向)。

每个试样都应标记以便识别其在试件中的准确位置。

5.4 热处理和/或时效处理

除非相关标准规定或允许被试验的焊接接头要进行热处理，焊接接头和试样不进行热处理。如进行热处理应在报告中详细记录热处理的参数。对于铝合金如果产生了自然时效，应记录焊接至开始试验的间隔时间。

5.5 试样截取

5.5.1 一般要求

采用机械加工方法或热加工方法截取的试样不应改变试样的性能。

5.5.2 钢

当厚度大于 8 mm 时不能采用剪切方法截取。如果采用热切割或其他可能产生影响切割表面的切割方法从试件截取试样时，任意切割面距离试样的表面应大于或等于 8 mm。

5.5.3 其他金属材料

不允许采用剪切方法或热切割方法；只能采用机械加工方法。

5.6 试样的尺寸

5.6.1 对接接头弯曲试样(FBB 和 RBB)

试样的截取参见图 8。

试样厚度 t_s 应等于焊接接头处母材的厚度。

当相关标准要求对整个厚度(30 mm 以上)进行试验时，可以截取若干个试样覆盖整个厚度。在这种情况下，试样在焊接接头厚度方向的位置应做标识。

5.6.2 对接接头侧弯试样(SBB)

试样的截取参见图 9。

试样宽度 b 应等于焊接接头处母材的厚度。试样厚度 t_s 至少应为(10±0.5) mm，而且试样宽度应大于或等于试样厚度的 1.5 倍。

当接头厚度超过 40 mm 时，允许从焊接接头截取几个试样代替一个全厚度试样，试样宽度 b 的范围为 20 mm～40 mm。在这种情况下，试样在焊接接头厚度方向的位置应做标识。

5.6.3 对接接头纵向弯曲试样(FBB 和 RBB)

试样的截取参见图 10。

试样厚度 t_s 应等于焊接接头处母材的厚度。如果试件厚度 t 大于 12 mm，试样厚度 t_s 应为(12±0.5) mm，而且试样应取自焊缝的正面或背面。

5.6.4 带堆焊层的正弯试样(FBC)

试样的截取参见图 11。

试样厚度 t_s 应等于基材厚度加上堆焊层的厚度，最大为 30 mm。

当基材厚度加上堆焊层的厚度超过 30 mm 时，允许去除部分基材使加工好的试样厚度 t_s 符合相关标准或协议的要求。

5.6.5 带堆焊层的侧弯试样(SBC)

试样的截取参见图 12。

试样宽度 b 应等于基材厚度加上堆焊层的厚度，最大为 30 mm。试样厚度 t_s 至少应为 (10±0.5) mm，而且试样宽度应大于或等于试样厚度的 1.5 倍。

当基材厚度加上堆焊层的厚度超过 30 mm 时，允许去除部分母材使加工好的试样宽度 b 符合相关标准或协议的要求。

5.6.6 带堆焊层对接接头的正弯试样(FBCB)

试样的截取参见图 13。

试样厚度 t_s 应等于基材厚度加上堆焊层的厚度。在这种情况下，焊缝应位于试样的中心或适合于试验的位置。

当试验要求覆盖整个接头既要有对接接头又要有堆焊层且接头的厚度超过 30 mm 时，可以按 5.6.1 和图 8 的要求截取几个试样。

当试验的目的仅是检验堆焊层且试样的厚度超过 30 mm 时，不需要对基材部分做试验。

5.6.7 带堆焊层对接接头的侧弯试样(SBCB)

试样的截取参见图 7。

试样宽度 b 应等于基材厚度加上堆焊层的厚度。试样厚度 t_s 至少应为(10±0.5) mm，而且试样宽度应大于或等于试样厚度的 1.5 倍。在这种情况下，焊缝应位于试样的中心或适合于试验的位置。

当试验要求覆盖整个接头既要有对接接头又要有堆焊层且接头的厚度超过 40 mm 时，可以按 5.6.2 和图 9 的要求截取几个试样。

当试验的目的仅是检验堆焊层且试样的厚度超过 30 mm 时，不需要对基材部分做试验。

图 8～图 13 给出了对接接头和堆焊层的弯曲试样位置示例。

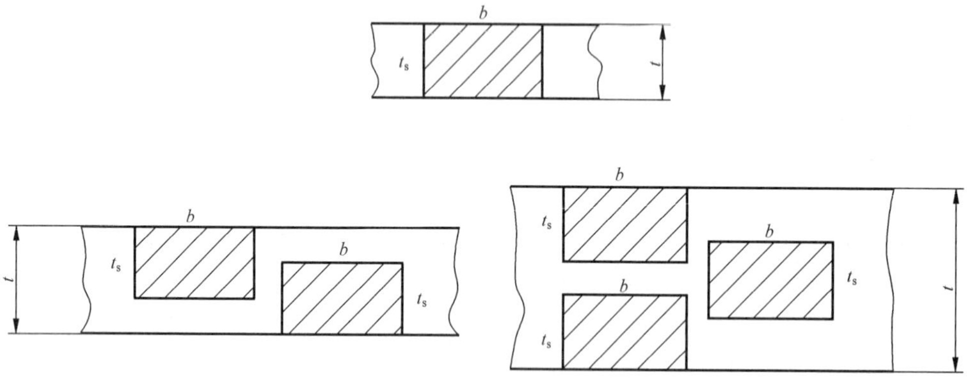

图 8 对接接头弯曲试样(FBB 和 RBB)

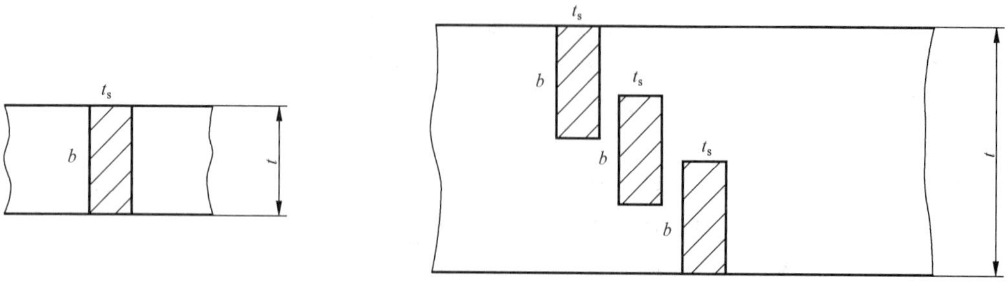

图 9 对接接头侧弯试样(SBB)

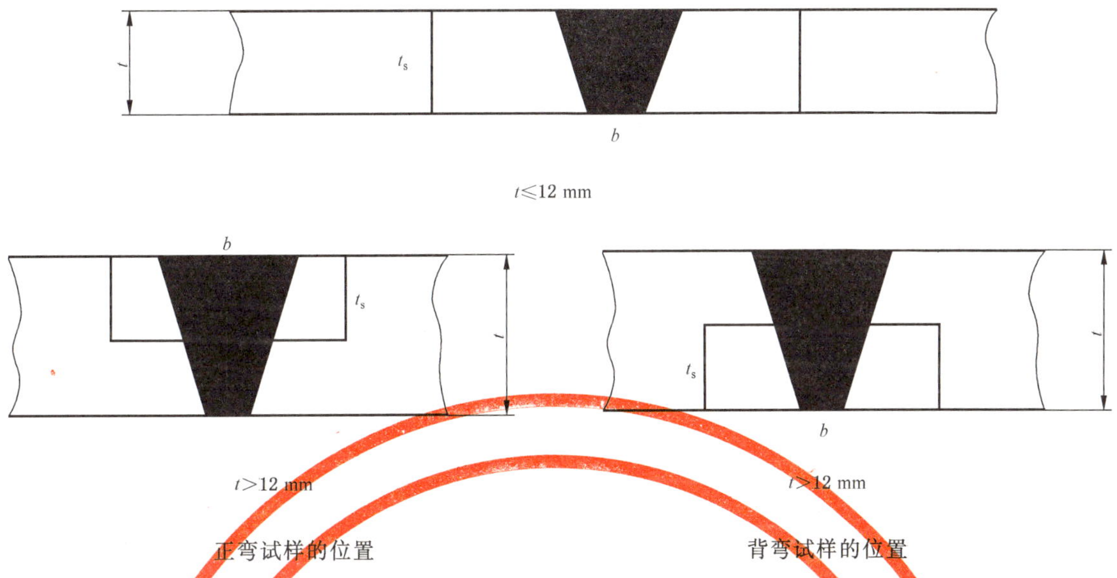

图 10　对接接头纵向弯曲试样(FBB 和 RBB)

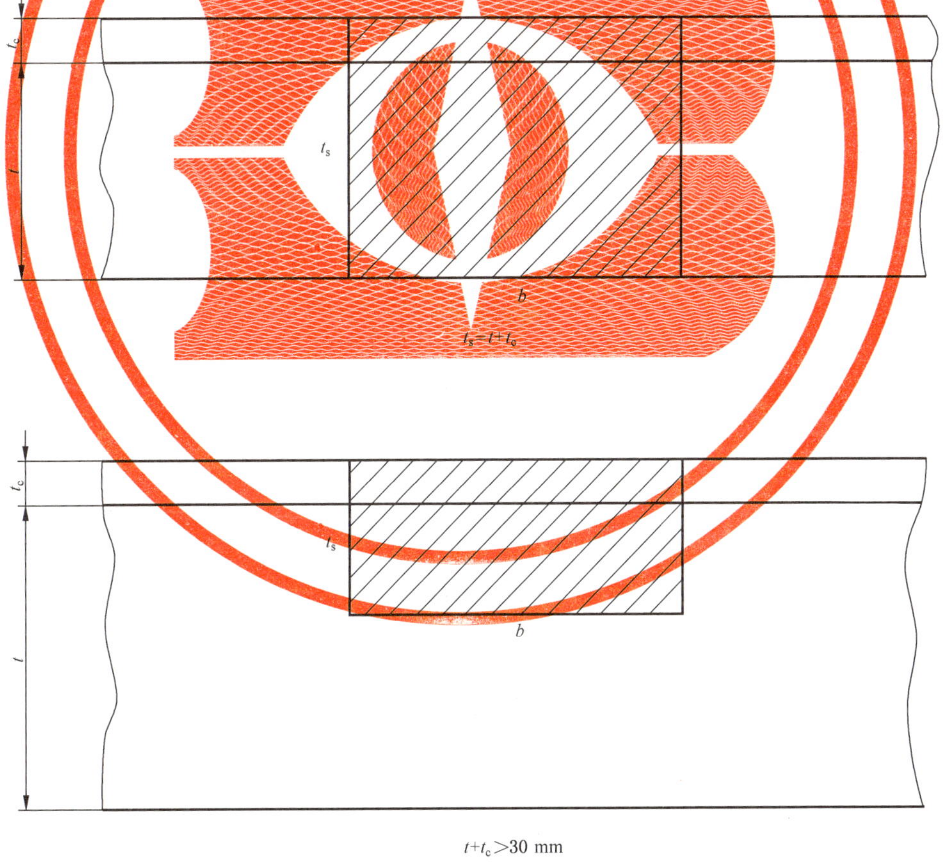

$b>t_s$，$t_s \leqslant 30$ mm。

图 11　带堆焊层正弯试样(FBC)

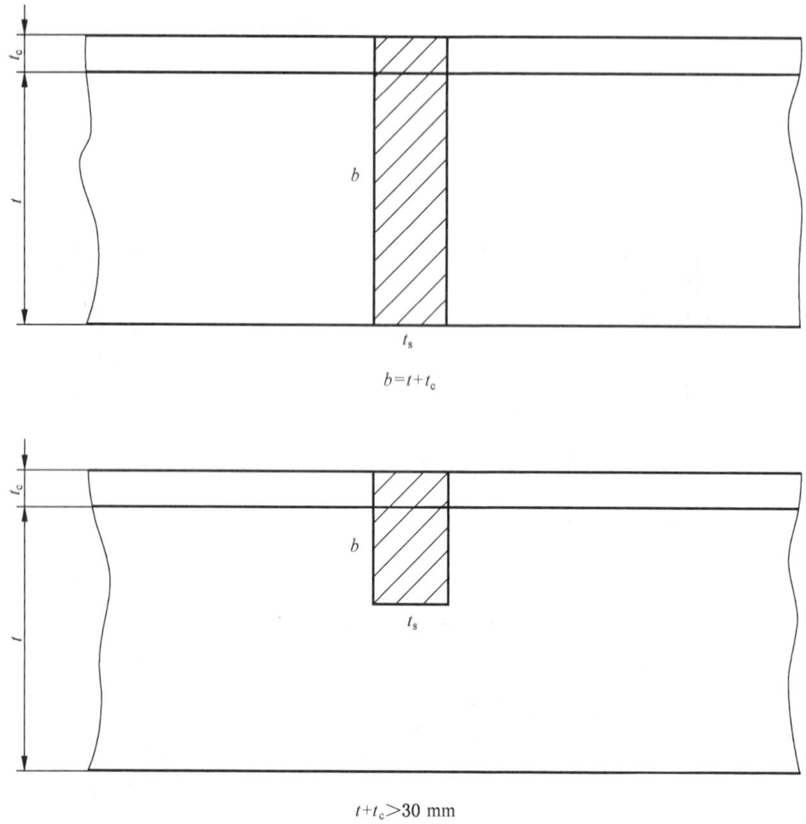

$b \leqslant 30$ mm。

图 12 带堆焊层侧弯试样(SBC)

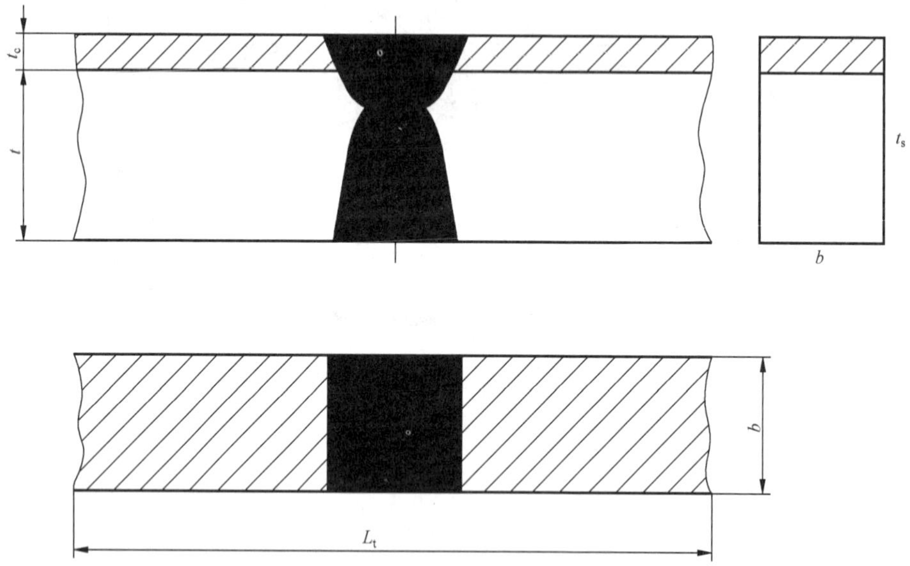

$t_s=t+t_c$，$t_s \leqslant 30$ mm。

注：如果 $t+t_c>30$ mm 参照图 8。

图 13 带堆焊层对接接头正弯试样(FBCB)

5.6.8 尺寸

5.6.8.1 长度

试样的长度 L_t 应为 $L_t \geqslant l+2R$，且至少应满足相关标准的要求。

5.6.8.2 厚度

试样厚度 t_s 的要求见 5.6.1～5.6.7。

5.6.8.3 宽度

a) 横向正弯和背弯试样

——钢板试样宽度 b 应不小于 $1.5t_s$，最小为 20 mm。

——铝、铜及其合金板试样宽度 b 应不小于 $2t_s$，最小为 20 mm。

——管径≤50 mm 时，管试样宽度 b 最小应为 $t+0.1D$(最小为 8 mm)。

——管径>50 mm 时，管试样宽度 b 最小应为 $t+0.05D$(最小为 8 mm，而最大为 40 mm)。

注：外径 $D>25\times$ 管壁厚，试样的截取按板要求。

b) 侧弯试样

试样宽度 b 一般等于焊接接头处母材厚度。

c) 纵向弯曲试样

试样宽度 b 应为 $b=L_s+2b_1$，尺寸见表 2。

表 2 纵向弯曲试样宽度 单位为毫米

材料	试样厚度 t_s	试样宽度 b(见图 3)
钢	≤20	$L_s+2\times10$
	>20	$L_s+2\times15$
铝、铜及其合金	≤20	$L_s+2\times15$
	>20	$L_s+2\times25$
注：其他金属材料试样宽度按协议要求。		

5.6.8.4 棱角

试样拉伸面棱角应加工成圆角，其半径 r 不超过 $0.2t_s$，最大为 3 mm(见图 14)。

5.6.9 表面制备

试样加工的最后工序应采用机加工或磨削，其目的是为了避免材料的表面变形硬化或过热。在试验的长度 l 范围内(见图 14～图 16)，试样表面应没有横向划痕或切痕，不得除去咬边除非相关标准和/或协议另有要求。

除非相关标准和/或协议另有要求，超出试样表面的焊缝金属一般应通过机加工方法除去。小直径管内壁的熔透焊缝允许保留。

6 试验条件

6.1 腐蚀

在开始弯曲试验前，可对试样表面稍做腐蚀以分清熔化区域的形状、位置或熔合线。

6.2 试验

6.2.1 圆形压头弯曲

圆形压头弯曲见图 14～图 16。

把试样放在两个平行的辊筒上进行试验。焊缝应在两个辊筒间中心线位置，纵向弯曲除外。在两个辊筒间中点，即焊缝的轴线，垂直于试样表面通过压头施加载荷(三点弯曲)，使试样逐渐连续地弯曲。

6.2.2 辊筒弯曲

辊筒弯曲见图 17。

辊筒弯曲是另一种试验方法，用于铝合金和异种材料接头，对于异种材料接头其焊缝金属或一侧母材的屈服强度或规定非比例延伸强度低于(另一侧)母材。

将试样的一端牢固的卡紧在两个平行辊筒的试验装置内,进行试验。通过外辊筒沿以内辊筒轴线为中心的圆弧转动,向试样施加载荷,使试样逐渐连续地弯曲。

6.3 压头和辊筒尺寸

压头的直径 d 应依据相关标准确定。

辊筒的直径至少为 20 mm,除非相关标准另有规定。

6.4 辊筒间的距离

辊筒间的距离 l(见图 14～图 16)应在 $d+2t_s$ 和 $d+3t_s$ 之间。

6.5 弯曲角度

当弯曲角度 α(见图 14～图 17)达到相关标准规定的值时试验完成。

6.6 弯曲伸长率

当需要测量伸长率时,钢正弯和背弯试样应采用的标距如下:

——熔化焊焊缝:$L_o=L_s$或 $2L_s$ 或 L_s+t_s

——压焊焊缝、电子束焊焊缝和激光焊焊缝:$L_o=t_s$ 或 $2t_s$

对于其他金属材料,如果需要测量伸长率,标距按协议规定。

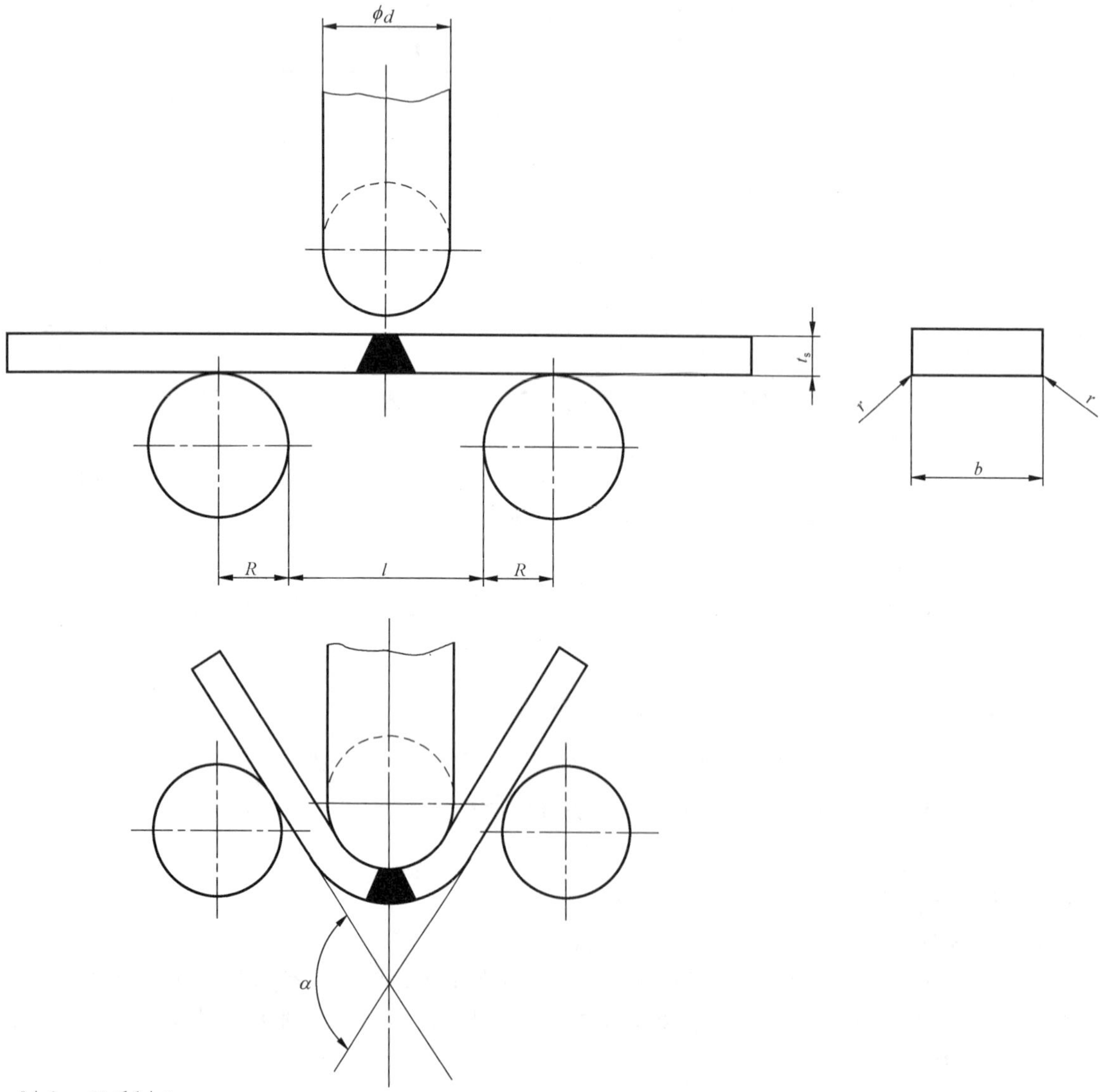

$d+2t_s<l\leqslant d+3t_s$。

图 14　横向正弯或背弯试验

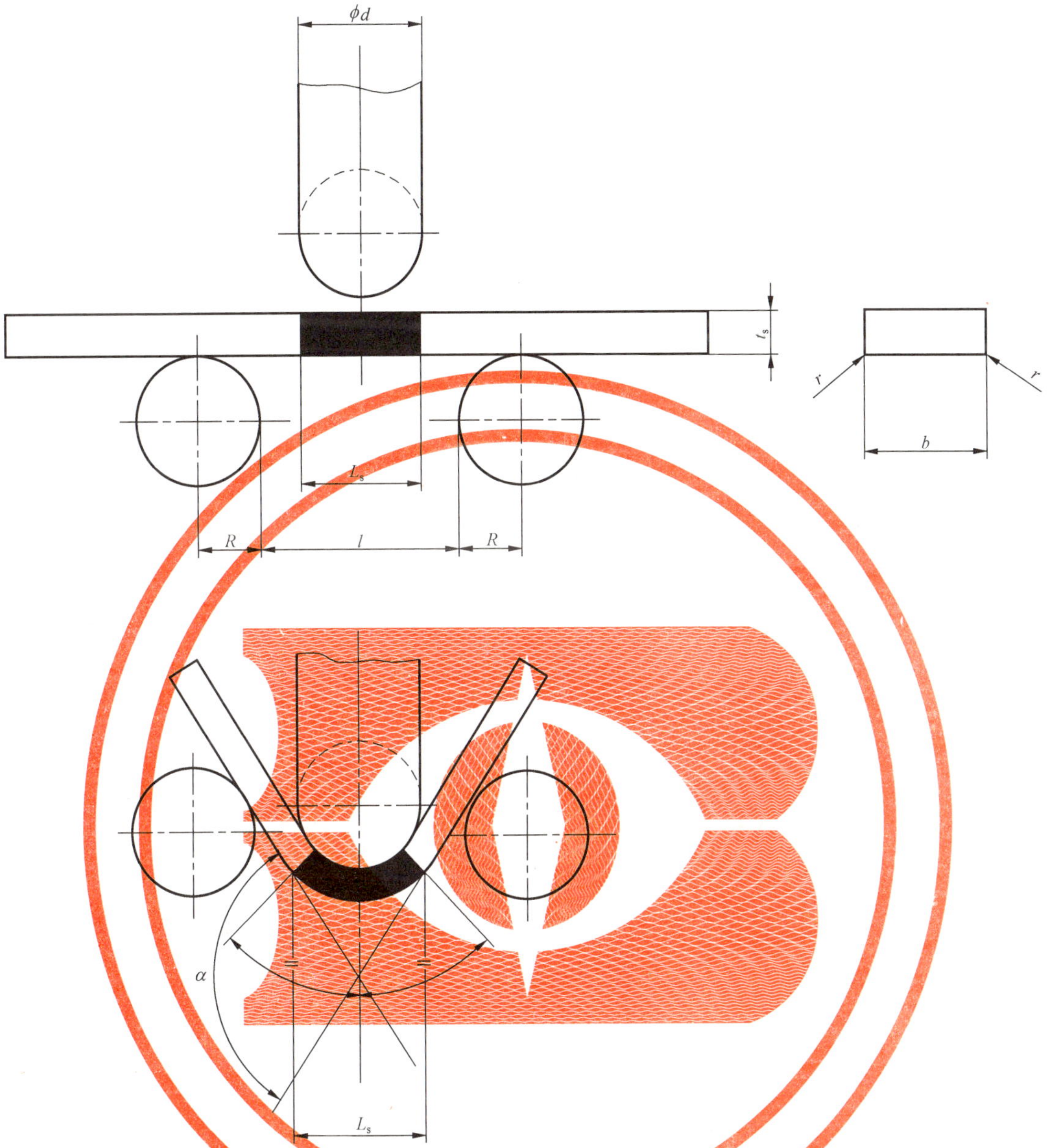

$d+2t_s<l\leqslant d+3t_s$；

$d\geqslant 1.3L_s-t_s$。

图 15 横向侧弯试验

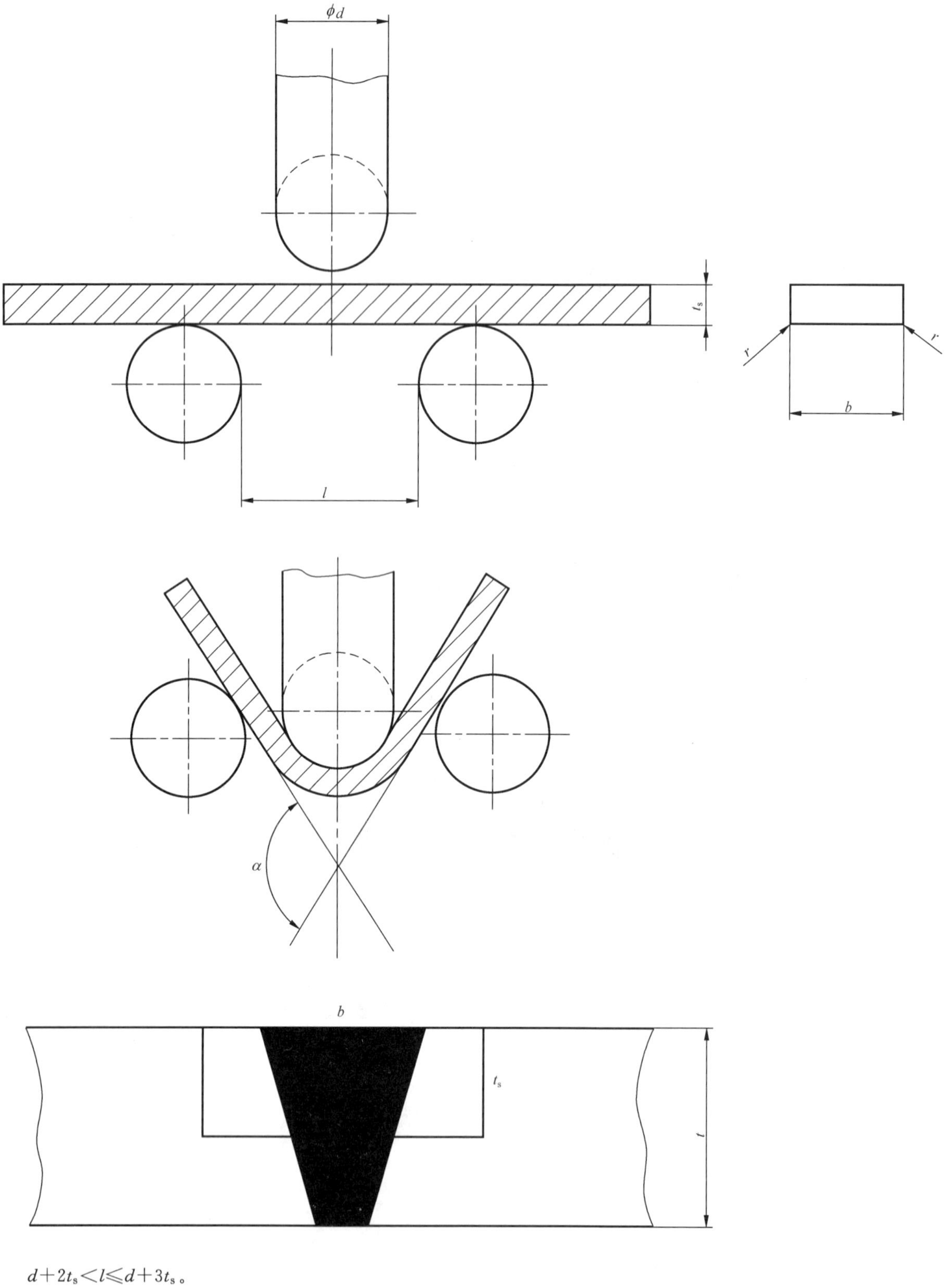

$d+2t_s<l\leqslant d+3t_s$。

图 16 纵向弯曲试验

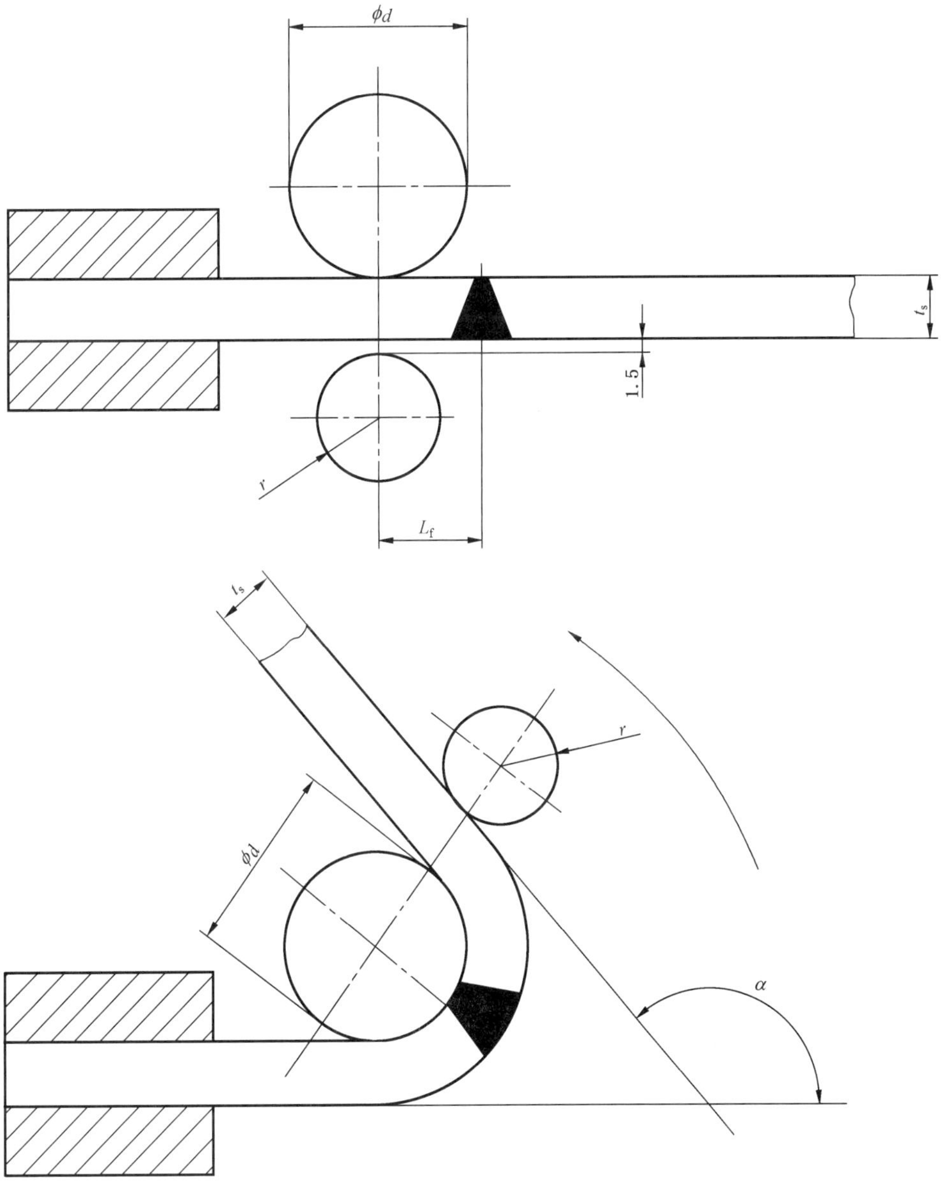

$0.7d < L_f < 0.9d$。

图 17　辊筒弯曲试验方法

7　试验结果

弯曲结束后，试样的外表面和侧面都应进行检验。

依据相关标准对弯曲试样进行评定并记录。

除非另有规定，在试样表面上小于 3 mm 长的缺欠应判为合格。

8　试验报告

试验报告至少应包括以下内容：

a)　依据的国家标准，例如 GB/T 2653。

b)　试样说明（标记、母材类型、热处理等）。

c)　试样的形状和尺寸。

d） 弯曲试验的类型和代号(正弯和背弯、横向弯曲或纵向弯曲、侧弯等)。

e） 试验条件(见第6章)：

——试验方法(圆形压头弯曲或辊筒弯曲)；

——压头直径；

——辊筒间距离。

f） 试验温度。

g） 观察到的缺欠的类型和尺寸。

h） 弯曲角。

附录A给出了典型的试验报告示例。

附 录 A
（资料性附录）
试验报告示例

序号：

依据的焊接工艺规程(WPS)或焊接工艺预规程(pWPS)：

依据 GB/T 2653 进行焊接接头弯曲试验。

试验结果：

制造商：

试验目的：

产品种类：

母材：

填充金属：

试验温度：

表 A.1 依据 GB/T 2653 焊接接头弯曲试验

试样编号 No./位置	试验类型	尺寸/mm	压头直径/mm	辊筒间距离/mm	弯曲角/(°)	原始标距/mm	伸长率/%	说明例如缺欠的类型和尺寸

检测： 审核：

（签名和日期） （签名和日期）

ICS 25.160.40
J 33

中华人民共和国国家标准

GB/T 2654—2008/ISO 9015-1:2001
代替 GB/T 2654—1989

焊接接头硬度试验方法

Hardness test methods on welded joints

(ISO 9015-1:2001,Destructive tests on welds in metallic materials—Hardness testing—Part 1:Hardness test on arc welded joints,IDT)

2008-03-31 发布　　2008-09-01 实施

中华人民共和国国家质量监督检验检疫总局
中国国家标准化管理委员会　发布

前　言

本标准等同采用 ISO 9015-1:2001《金属材料焊缝破坏性试验　硬度试验　电弧焊接头硬度试验》(英文版)。

本标准等同翻译 ISO 9015-1:2001。为便于使用，本标准做了如下编辑性修改：

——删除了国际标准的前言；

——将标准名称改为“焊接接头硬度试验方法”；

——对 ISO 9015-1:2001 中引用的其他国际标准，有被等同采用为我国标准的用我国标准代替对应的国际标准，未被等同采用为我国标准的直接引用国际标准。

本标准是对 GB/T 2654—1989《焊接接头及堆焊金属硬度试验方法》的修订。

本标准与 GB/T 2654—1989 相比，主要修改内容如下：

——增加了“原理”、“符号及说明”、“试样的制备”部分内容；

——删去了原标准“堆焊金属硬度试验”的内容；

——增加了“试验报告示例”部分。

本标准的附录 A、附录 B 为资料性附录。

本标准自实施之日起代替 GB/T 2654—1989。

本标准由全国焊接标准化技术委员会提出并归口。

本标准起草单位：哈尔滨焊接研究所。

本标准主要起草人：成炳煌、曲维力。

本标准所代替标准的历次版本发布情况为：

——GB 2654—1981、GB/T 2654—1989。

焊接接头硬度试验方法

1 范围

本标准规定了焊接接头的硬度试验方法。

本标准适用于金属材料的电弧焊接头,其他接头种类(如压焊接头和堆焊金属)的硬度测试亦可参照本标准实行。

本标准不适用于奥氏体不锈钢焊缝的硬度试验。

2 规范性引用文件

下列文件中的条款通过本标准的引用而成为本标准的条款。凡是注日期的引用文件,其随后所有的修改单(不包括勘误的内容)或修订版均不适用于本标准,然而,鼓励根据本标准达成协议的各方研究是否可使用这些文件的最新版本。凡是不注日期的引用文件,其最新版本适用于本标准。

GB/T 231.1 金属材料布氏硬度试验 第1部分:试验方法(GB/T 231.1—2002,eqv ISO 6506-1:1999)

GB/T 4340.1 金属材料维氏硬度试验 第1部分:试验方法(GB/T 4340.1—1999,eqv ISO 6507-1:1997)

ISO 9015-2 金属材料焊缝破坏性试验 硬度试验 第2部分:焊接接头显微硬度试验

3 原理

试验的类型和范围应遵照相关使用标准或协议的规定。

硬度试验应按 GB/T 4340.1 或 GB/T 231.1 要求进行。

硬度可以标线测定(R)或者单点测定(E)。

当焊缝的类型与图1和图2表示的类型不同时,测量工艺应适合焊接接头。

除非另有规定,试验的环境温度应为23℃±5℃。

4 符号及说明

符号及其说明见表1,在图1~图8中说明。

表1 符号及说明

符号	说明	备注
E	单点测定	
R	标线测定	
HV	维氏硬度	
HBW	布氏硬度	
L	在热影响区两个相邻测点中心的距离	以 mm 计
H	标线测定时测点中心距表面或熔合线的距离	以 mm 计
t	试样的厚度	以 mm 计

注1:维氏硬度符号表示的单位按照 GB/T 4340.1 规定。
注2:布氏硬度符号表示的单位按照 GB/T 231.1 规定。

5 试样的制备

试样的制备应按 GB/T 4340.1 或 GB/T 231.1 要求进行。

试件横截面应通过机械切割获取，通常垂直于焊接接头。

试样表面的制备过程应正确进行以保证硬度测量没有受到冶金因素的影响。

被检测表面制备完成后最好进行适当的腐蚀，以便准确确定焊接接头不同区域的硬度测量位置。

6 试验工艺

6.1 标线测定(R)

图 1～图 7 给出了标线测定测点位置示例图，包括标线距表面的距离，通过这些测点可以对接头进行评定。必要时，可以增加标线数量和/或在其他位置测定。测点位置应在试验报告中说明。

对于铝、铜及其合金对接接头可能不需要对根部位置进行标线测定，见图 2a)。其典型的 T 形接头的标线测定测点位置见图 2。

测点的数量和间距应足以确定由于焊接导致的硬化或软化区域。在热影响区相邻测点中心的推荐距离见表 2。

表 2 在热影响区两个测点中心之间的推荐距离 *L*

硬度符号	两个测点中心间的推荐距离 *L*/mm[a]	
	钢铁材料[b]	铝、铜及其合金
HV 5	0.7	2.5～5
HV 10	1	3～5
HBW 1/2.5	不使用	2.5～5
HBW 2.5/15.625	不使用	3～5

[a] 任何测点中心距已检测点中心的距离应不小于 GB/T 4340.1 允许值。

[b] 奥氏体钢除外。

注 1：表 2 也可用于布氏硬度试验，但使用的载荷要适当。

在母材上检测时应有足够的检测点以保证检测的准确。在焊缝金属上检测时，测点间距离的选择应确保对其做出准确评定。

热影响区中由于焊接引起硬化的区域应增加两个测点，测点中心与熔合线之间的距离小于或等于 0.5 mm(见图 3～图 7)。

对于其他形状的接头或金属(例如奥氏体钢)，其具体要求可根据相关标准或协议要求。

注 2：对于电渣焊焊缝，检测使用的载荷可参照表 2。电渣焊焊缝的标线测定测点位置与图 1a)相同。

6.2 单点测定(E)

图 8 给出了测点位置的典型区域。图中 1～4 点表示在母材，5～10 点表示在热影响区，11～14 点表示在焊缝。此外，还可根据金相检验确定测点位置。

为了防止由测点压痕变形引起的影响，在任何测点中心间的最小距离不得小于最近测点压痕的对角线或直径的平均值的 2.5 倍。

热影响区中由于焊接引起硬化的区域，至少有一个测点，测点中心与熔合线之间的距离小于或等于 0.5 mm。

对于单点测定，测定区域应按图 8 所示予以编号。

7 试验结果

应记录测量点位置及对应硬度值。

8 试验报告

试验报告需要记录的内容列在附录A和附录B。附录A和附录B还给出推荐的记录格式。

可以使用其他格式，但应包括所有要求记录的内容。还可以包括由相关标准或协议要求的附加内容。

单位为毫米

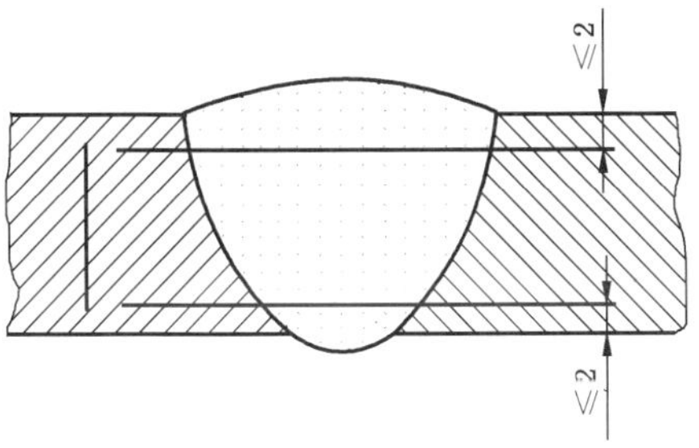

a) 单面焊对接焊缝

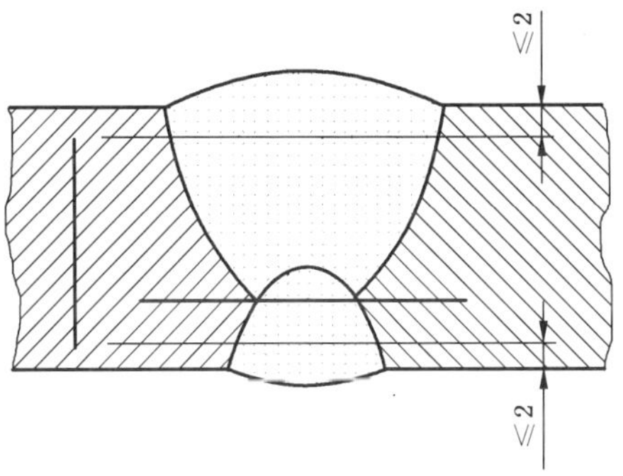

b) 双面焊对接焊缝

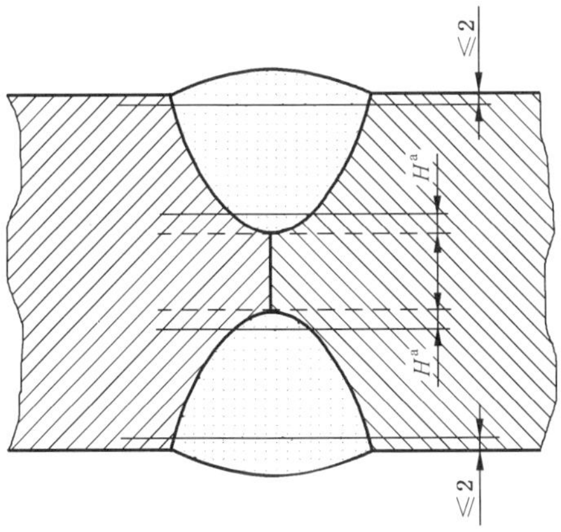

a 表示仅用于多道焊。

c) 双面焊部分熔透对接焊缝

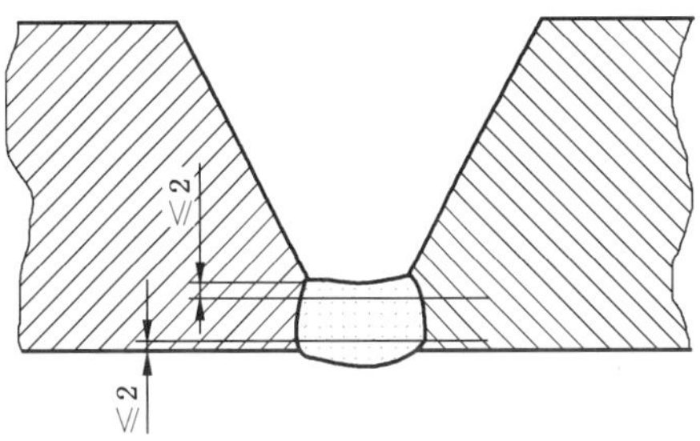

d) 用于对单道根部焊缝硬化程度的评估（例如管和/或板TIG焊焊缝）

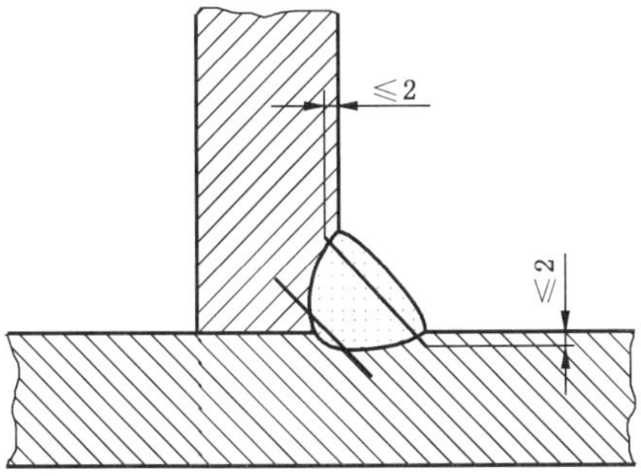

e) 角焊缝

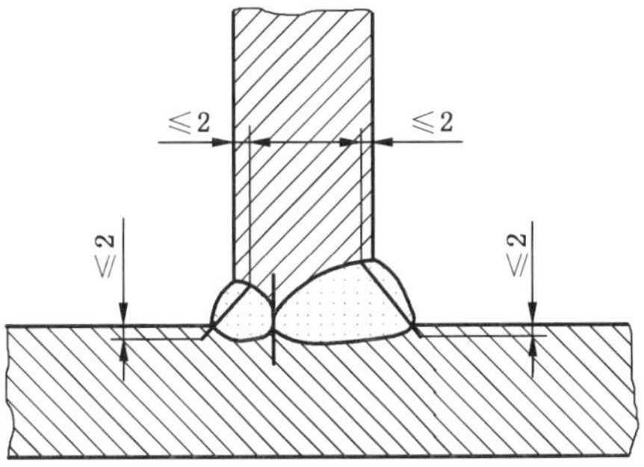

f) T形接头

图1 钢焊缝标线测定(R)示例

单位为毫米

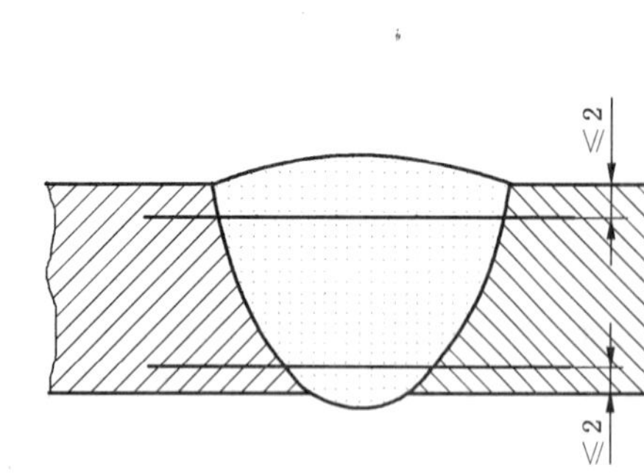

a）单面焊对接焊缝

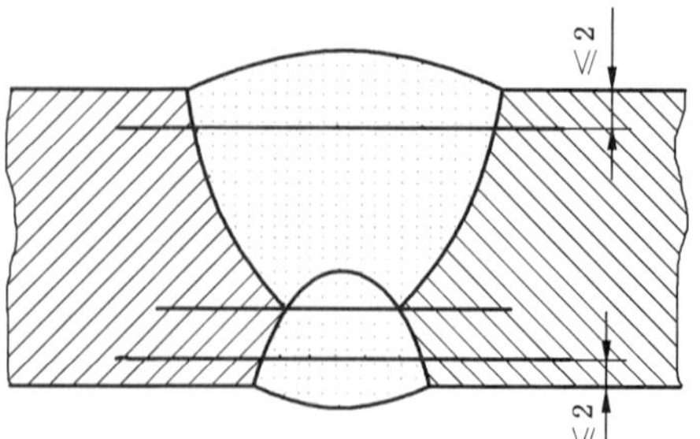

注：对于厚度 $t \leqslant 4$ mm 试样，标线测定的位置应在厚度方向的中间部位。

b）双面焊对接焊缝

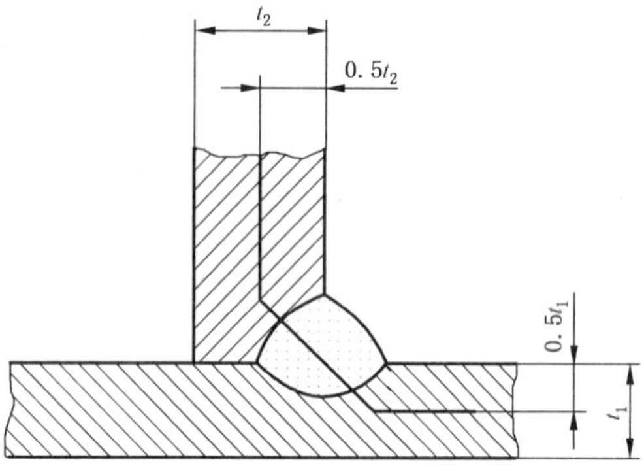

c）单面角焊缝（单道）

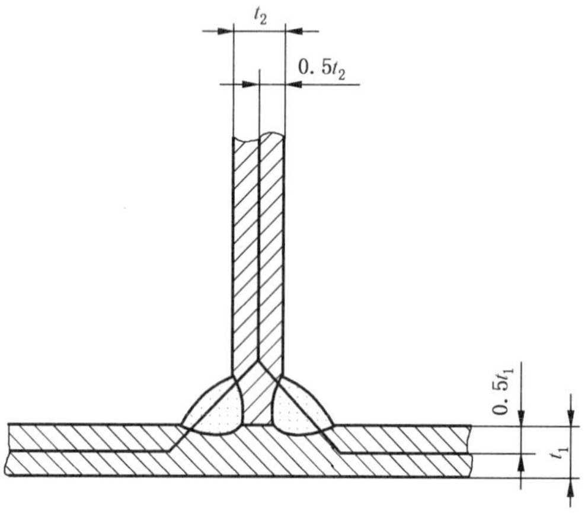

d）双面角焊缝（单道）

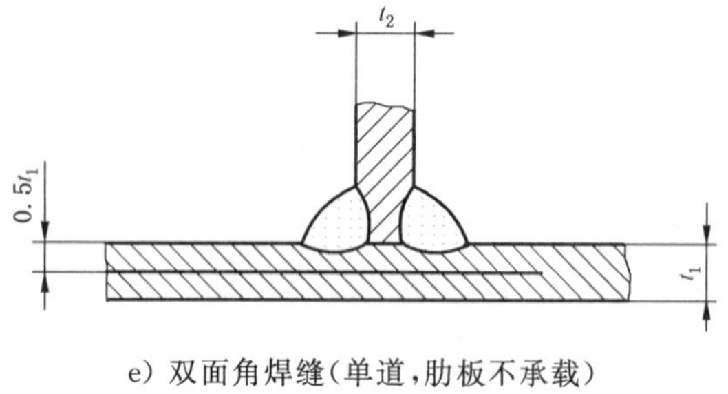

e）双面角焊缝（单道，肋板不承载）

（$t \leqslant 4$ mm）

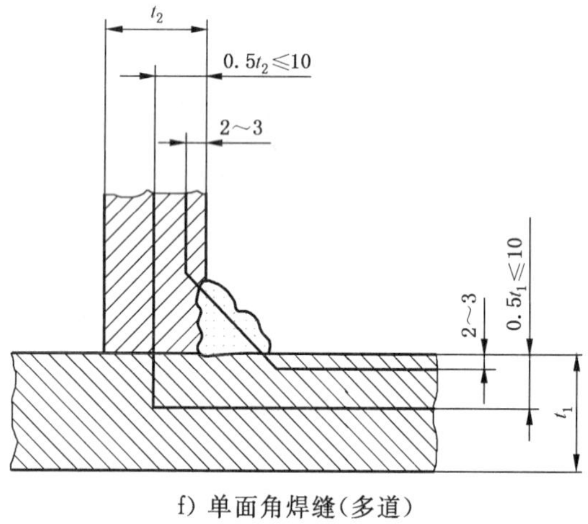

f）单面角焊缝（多道）

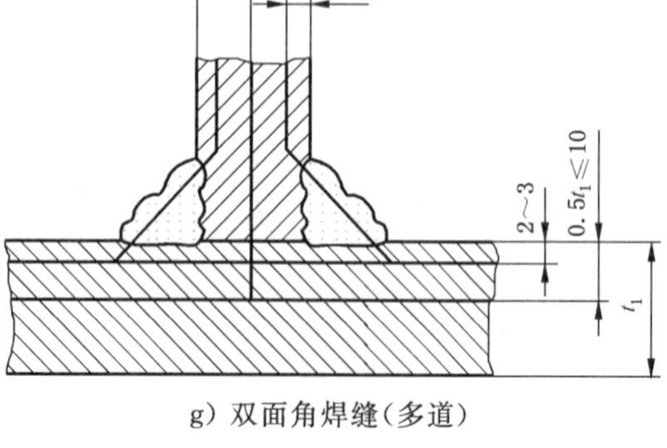

g）双面角焊缝（多道）

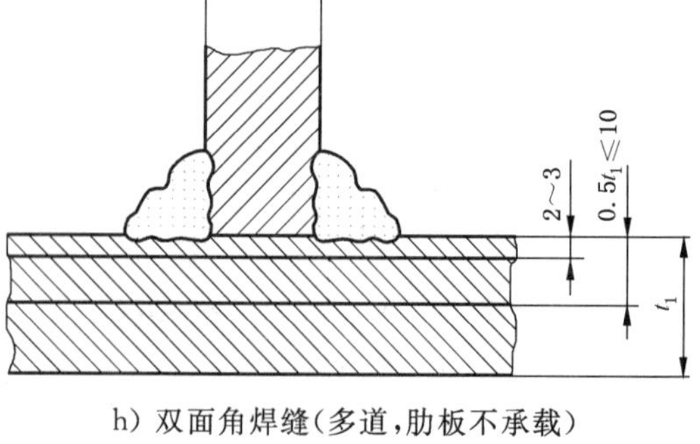

h）双面角焊缝（多道，肋板不承载）

图 2 铝、铜及其合金焊缝标线测定（R）示例

单位为毫米

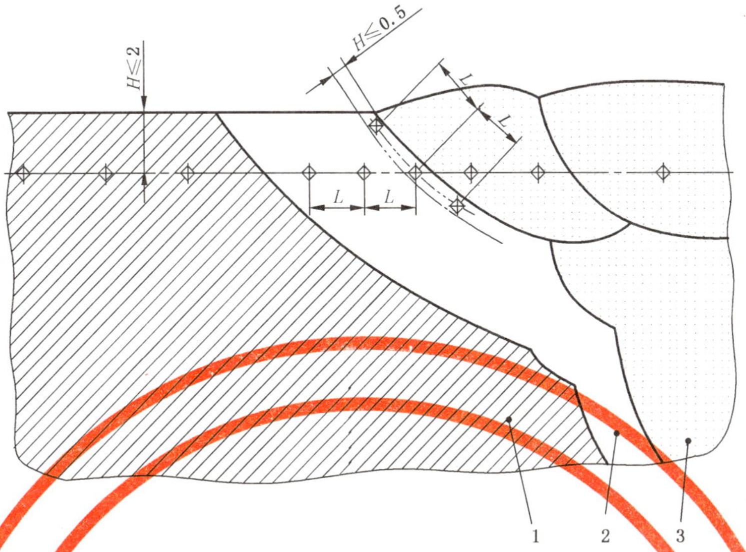

1——母材；

2——热影响区；

3——焊缝金属。

图 3 钢(奥氏体钢除外)对接焊缝的测点位置

单位为毫米

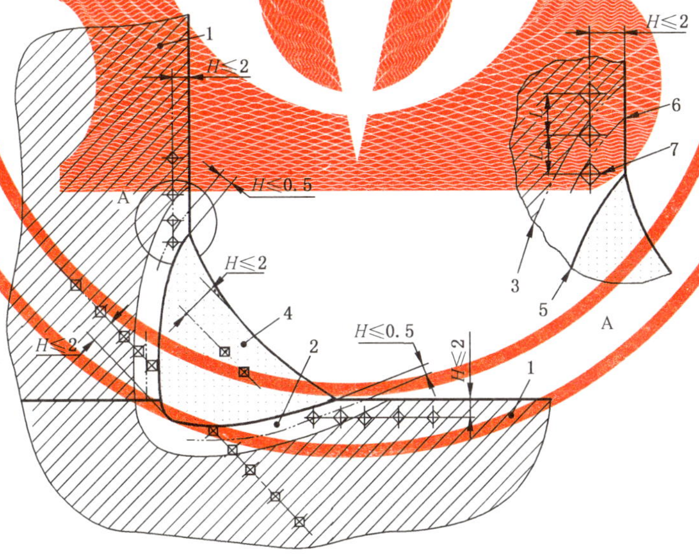

1——母材；

2——热影响区；

3——热影响区靠近母材侧区域；

4——焊缝金属；

5——熔合线；

6——热影响区靠近熔合线侧区域；

7——第一个检测点位置。

图 4 钢(奥氏体钢除外)角焊缝的测点位置

单位为毫米

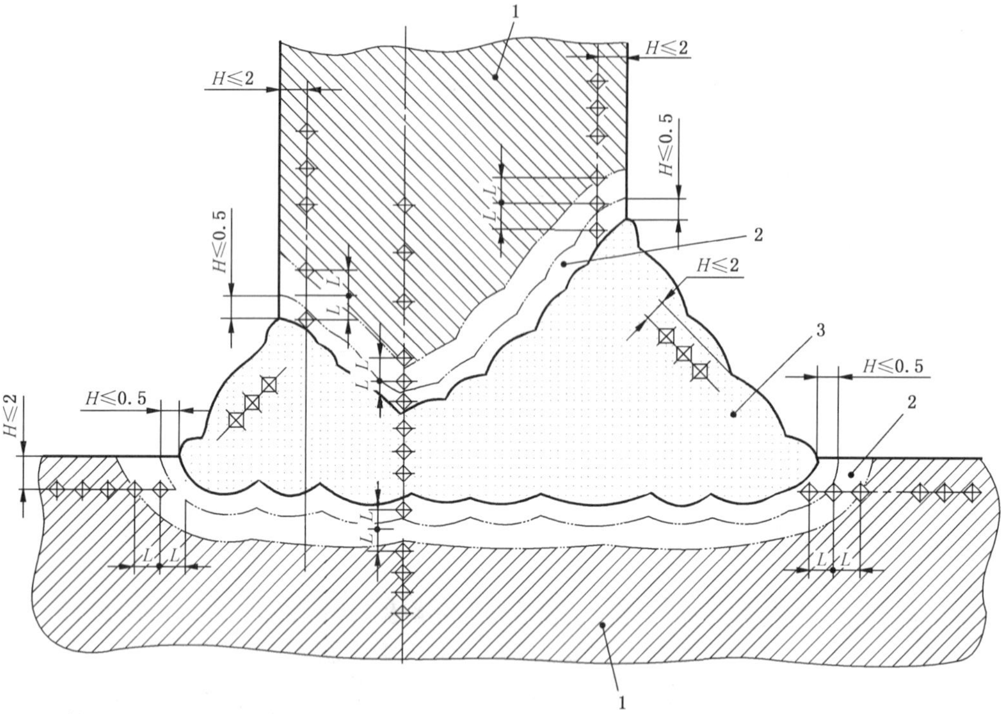

1——母材；

2——热影响区；

3——焊缝金属。

图 5　钢(奥氏体钢除外)T 形接头的测点位置

单位为毫米

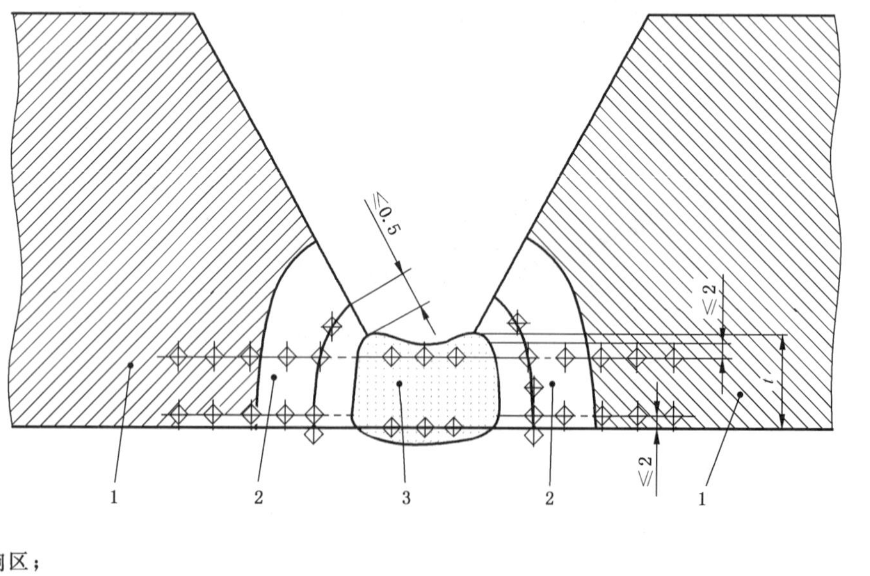

1——母材；

2——热影响区；

3——焊缝金属。

对于厚度 $t \leqslant 4$ mm 试样，标线测定的位置应在厚度方向的中间部位。

图 6　钢根部单道焊缝评估硬化程度的测点位置

单位为毫米

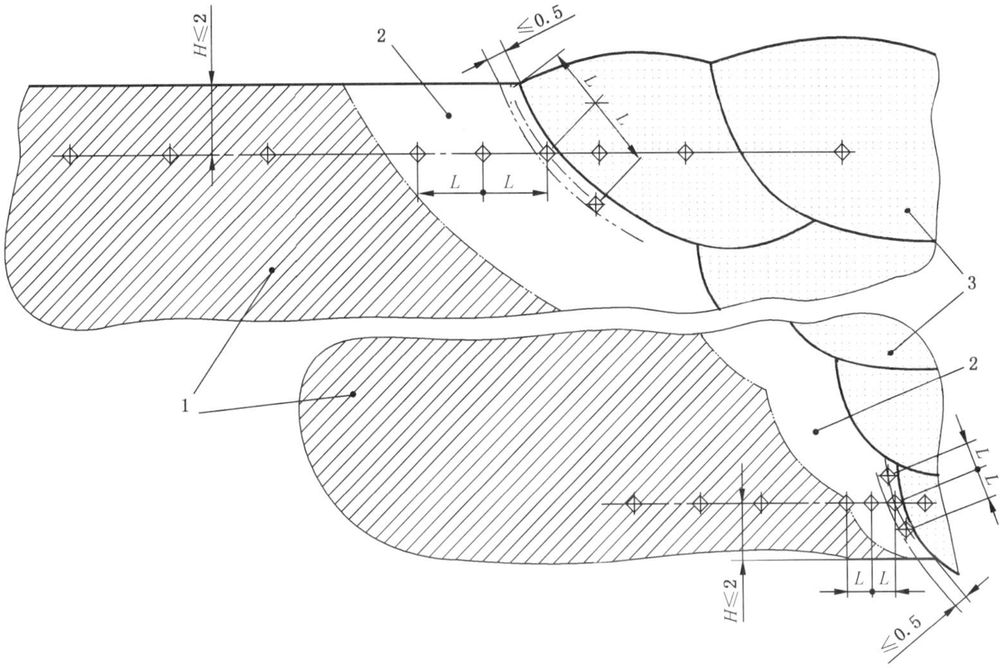

1——母材；
2——热影响区；
3——焊缝金属。

图 7　钢根部多道焊焊缝评估硬化程度的测点位置示意图

单位为毫米

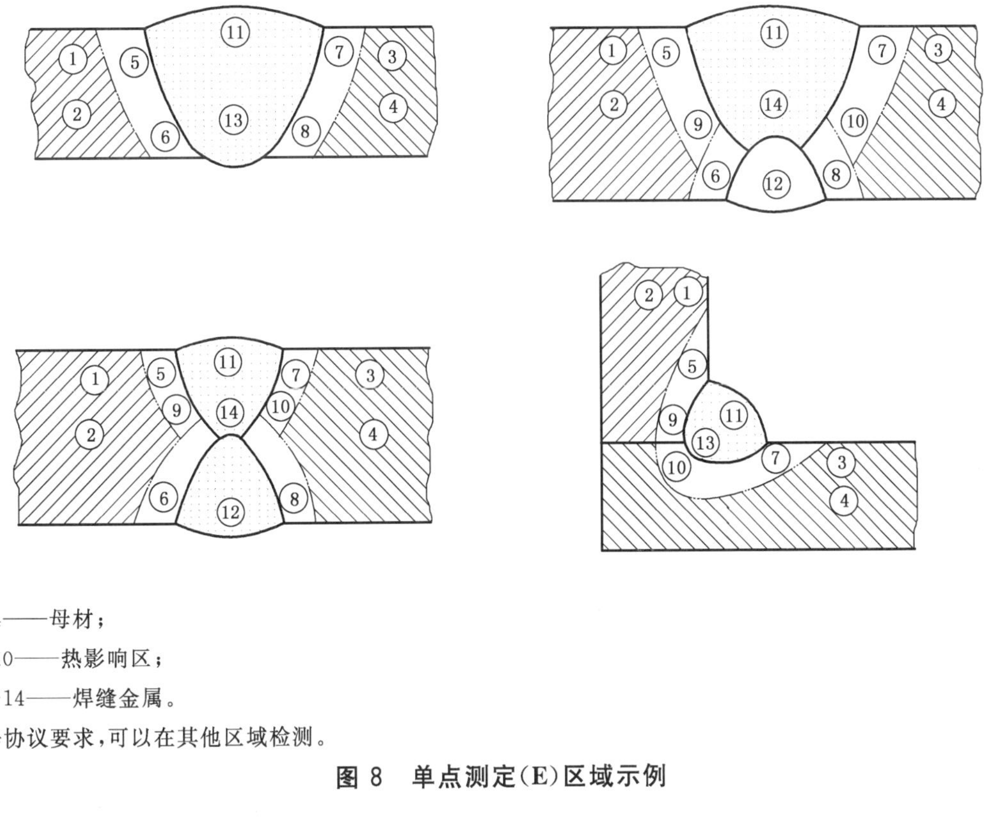

1～4——母材；
5～10——热影响区；
11～14——焊缝金属。
依据协议要求，可以在其他区域检测。

图 8　单点测定(E)区域示例

附 录 A
（资料性附录）
试验报告示例(R)

硬度试验类型：

母材：

试样厚度：

焊缝类型：

焊接方法：

焊接材料：

热处理和/或时效处理：

标线测定的简要说明：

注：

检测试样示意图且图中给出尺寸和检测点位置

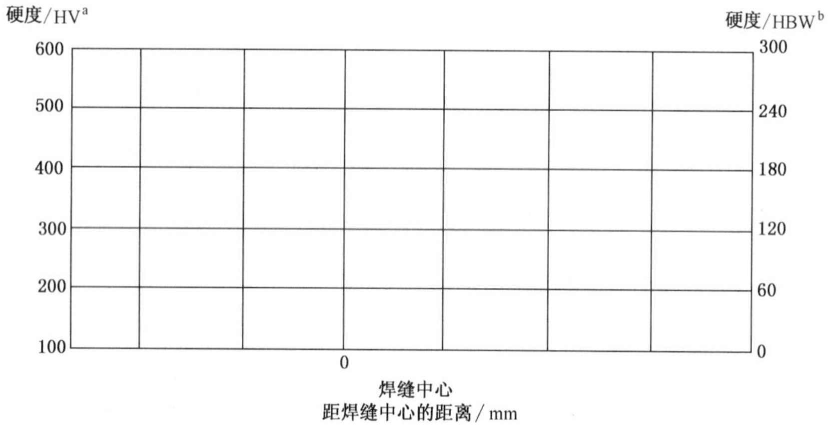

[a] 载荷依据 GB/T 4340.1 的规定。

[b] 载荷依据 GB/T 231.1 的规定。

附 录 B
（资料性附录）
试验报告示例(E)

硬度试验类型：

母材：

试样厚度：

焊缝类型：

焊接方法：

焊接材料：

焊后热处理和/或时效处理：

注：

检测试样示意图且图中给出检测区域及位置

检测部位	检测区域	检 测 位 置	硬度值 HV 或 HBW[a]
母材	1	表层	
	2	心部	
	3	表层	
	4	心部	
热影响区	5	焊缝上部	
	6	焊缝底部	
	7	焊缝上部	
	8	焊缝底部	
	9	根部焊道	
	10	根部焊道	
焊缝金属	11	最后的焊道	
	12	最后的焊道	
	13	根部焊道	
	14	根部焊道，内侧	
	15 至		

[a] 载荷按 GB/T 4340.1 或 GB/T 231.1 要求选取。

ICS 25.160.20
J 33

中华人民共和国国家标准

GB/T 3965—2012
代替 GB/T 3965—1995

熔敷金属中扩散氢测定方法

Determination of diffusible hydrogen in deposited metal

(ISO 3690:2000, Welding and allied processes—Determination of hydrogen content in ferritic steel arc weld metal, MOD)

2012-11-05 发布 2013-03-01 实施

中华人民共和国国家质量监督检验检疫总局
中国国家标准化管理委员会 发布

前　言

本标准按照 GB/T 1.1—2009 给出的规则起草。

本标准是对 GB/T 3965—1995《熔敷金属中扩散氢测定方法》的修订。与 GB/T 3965—1995 相比，主要修改内容如下：

——增加了试验原理的概述；

——增加了水银法适用的焊接方法，调整了水银法的试样尺寸，均与 ISO 3690:2000(E)的规定一致；

——增加了热导法（含原气相色谱法）的收集规范，细化了操作程序，保留了原方法中的三种试样尺寸；

——删除了基本方法中的甘油法；

——引弧板和引出板的长度均规定最小尺寸；

——试板去氢规范统一为“650 ℃±10 ℃，保温 1 h，随炉冷却”，与 ISO 3690:2000(E)的规定一致；

——将铜夹具尺寸调整为通用型，可视情况加装水冷通道；

——调整了试件制备和清理等要求，增加了仲裁之外的试样处理要求，如能快速完成操作可不放入低温槽中；

——增加了与 ISO 3690:2000(E)一致的 Y 型收集量管及对应的扩散氢计算公式，同时也保留了原理相同的 U 型收集量管；

——增加了对水银安全操作的要求；

——增加了焊缝金属扩散氢的换算公式；

——增加了试验数据记录的推荐通用表格；

——增加了规范性附录 A，列出了可靠性评定要素；

——增加了资料性附录 B，列出了甘油法及其测定程序；

——增加了资料性附录 C，对扩散氢及测定方法进行了说明。

本标准使用重新起草法修改采用 ISO 3690:2000《焊接及相关方法　铁素体钢电弧焊焊缝金属中氢含量的测定》(英文版)。

本标准与 ISO 3690:2000 的主要技术性差异及其原因如下：

——删除了规范性引用文件 ISO 14175《焊接材料　电弧焊接和切割用保护气体》，以便适用我国技术条件；

——增加了 A 型尺寸的试件组合，调整了引弧板和收弧板的长度要求，以便于操作；

——增加了热输入计算公式以便控制参数；

——将简易夹具合并到通用型夹具中，以便于实际应用；

——将三类焊接材料的焊接数据表及测定分析数据表合并为一个通用表格，以便于数据整理；

——增加了松开夹具和冰水冷却的时间要求，以确保测试精度；

——增加了原理相同的 U 型收集量管及示意图，以方便操作；

——增加了热导法的收集规范，以便于操作。

为便于使用，本标准还做了下列编辑性修改：

——名称改为“熔敷金属中扩散氢测定方法”；

——标准结构方面，按范围、概述、焊前准备、试样制备、基本测定方法——水银法、基本测定方法——热导法和氢含量的报告等几方面进行编写；

——将可靠性评定要素作为规范性附录 A；

——增加了两个资料性附录，将引言和附录 A 的内容合并放入附录 C 中。

本标准由全国焊接标准化技术委员会(SAC/TC 55)提出并归口。

本标准起草单位：哈尔滨焊接研究所、张家港市亨昌焊材有限公司、株洲湘江电焊条有限公司、天津大桥焊材集团有限公司、天津市金桥焊材集团有限公司、四川大西洋焊接材料股份有限公司、江苏中江焊丝有限公司。

本标准起草人：陈默、李春范、李建华、李金华、崔伟、肖辉英、陈义岗、嵇文斌、孙少凡、李苏珊。

本标准代替了 GB/T 3965—1995。

GB/T 3965—1995 的历次版本发布情况为：

——GB/T 3965—1983。

熔敷金属中扩散氢测定方法

1 范围

本标准规定了水银法和热导法为熔敷金属中扩散氢含量的基本测定方法。

本标准适用于焊条电弧焊、埋弧焊、实心焊丝气体保护电弧焊及药芯焊丝电弧焊等方法焊接而成的马氏体、贝氏体和铁素体焊缝中扩散氢含量的测定。

2 概述

将焊接材料用电弧焊方法在试样上熔敷一条线状焊缝，经过处理后，在给定的温度和时间条件下收集扩散氢，通过置换的水银体积（水银法）或热导率（热导法）测定收集的氢含量。结果换算成每百克熔敷金属标准状况（0 ℃、101.325 kPa）下的扩散氢体积，单位为 mL/100 g。

本标准中水银法在室温下收集数天或在 45 ℃收集 72 h，适用于 B 型和 C 型试块。

本标准中热导法使用热导检测器，分为载气热提取法和集氢法，通常采用气相色谱技术，适用于 A 型、B 型和 C 型试块。其中载气热提取法是将试样加热到较高温度（最高至 400 ℃），持续进行收集和分析，快速测定扩散氢；集氢法是将试样加热到中等温度（一般为 45 ℃～150 ℃）收集扩散氢，结束后再进行分析。

3 焊前准备

3.1 试块

3.1.1 试块应选用 C≤0.18%、S≤0.02%的非合金镇静钢。

3.1.2 试件组合由引弧板、中心试块及引出板组成，尺寸见图 1。每组试验包括至少 3 个试件组合，仲裁时采用 4 个试件组合。

3.1.3 试件组合在加工前应进行（650±10）℃保温 1 h 随炉冷却的去氢处理；也可以加工后在真空或干燥的惰性气体中作去氢处理，若在空气中去氢应去掉氧化皮。试块应在干燥条件下保存。

3.1.4 中心试块及引弧板、引出板平面磨时应一次加工完成，保证宽度一致，光滑洁净，各接触面成直角以确保在铜夹具中夹紧。

3.1.5 将中心试块背面打上标号、称重并记为 m_1，A 型试块精确到 0.1 g，B 型或 C 型试块精确到 0.01 g。

3.2 焊接材料

3.2.1 焊条

对焊条的试验要求如下：

a) 为产品分类而进行试验时，焊条直径及焊接参数应与制备力学性能试验试件所用的参数相同。若无规定，应采用 ϕ4.0 mm 的焊条，焊接电流应比制造厂推荐的最大电流低 15 A 或采用最大电流的 90%，公差控制在±10 A。调整焊接速度以保证在 A 型中心试块上获得（10±1.5）g 的熔敷金属，或在 B 型中心试块上获得（4±0.5）g 的熔敷金属，通常是每 10 mm 焊缝消耗

12 mm 到13 mm 焊条；

b) 为产品检验而进行试验时，焊接参数应按制造厂的推荐。若无规定，焊接电流应采用制造厂推荐的最大电流的 90%；

c) 焊条药皮应无开裂或破损。焊条以到样状态下试验时，应确认包装是否密封完好，避免在施焊前吸潮；

d) 当要求焊前进行再烘干时，应按制造厂规定的温度和时间进行。如果烘干规范推荐的是一个范围，应取中间值；

e) 使用经过检定的烘干炉，炉内应仅放置试验用焊条，焊条之间以及与炉壁之间应互不接触；

f) 烘干结束后焊条应在密封的干燥容器内冷却到室温暂存最多 1 h。不允许重新烘干使用。

单位为毫米

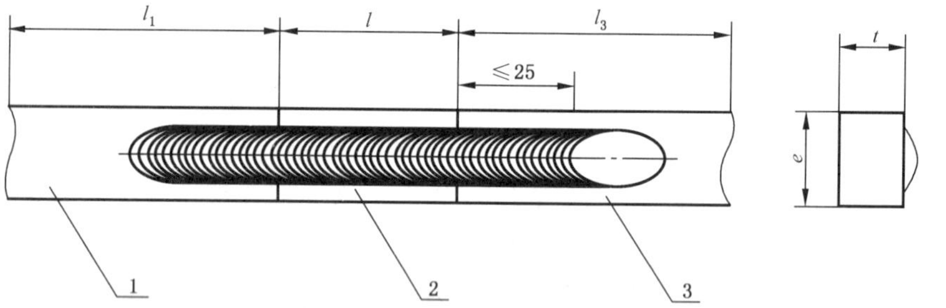

试块代号	试块尺寸				适用焊接方法[a]				适用分析方法	
	中心试块长度	宽度[b]	厚度[b]	引弧板、引出板长度	焊条电弧焊	埋弧焊	实心焊丝气体保护电弧焊	药芯焊丝电弧焊	水银法	热导法
	l	e	t	l_1、l_3						
A 型	80[c]	25	12	≥50 [d]	√	√	√		—	√
B 型	30	15	10	≥50 [d]	√	—	√		√	√
C 型	15	30	10	≥50	—	√	—		√	√

[a] 各种焊接方法的热输入应不大于 3 kJ/mm。热输入计算公式为：

$$热输入(kJ/mm)=\frac{电压(V)\times电流(A)\times燃弧时间(s)}{焊缝长度(mm)\times1\ 000}$$

[b] 公差为±0.25 mm；

[c] 可由两块长度 40mm 的试块代替；

[d] 对于焊条电弧焊为≥25 mm。

说明：

1——引弧板；

2——中心试块；

3——引出板。

图 1 焊缝试件组合的尺寸及适用方法

3.2.2 埋弧焊材

3.2.2.1 对埋弧焊丝的试验要求如下：

a) 为产品分类而进行试验时，焊丝规格及焊接参数应与制备力学性能试验试件所用的参数相同。调整焊接速度以保证在 A 型中心试块上获得(21±5)g 的熔敷金属，或在 C 型中心试块上获得(4±0.5)g 的熔敷金属；

b) 为产品检验而进行试验时，焊接参数应按制造厂的推荐。若给定了一个范围，应取中间值。如果使用经过真空或惰性气体中 650 ℃保温 1 h 处理后的实心焊丝，有利于反映焊接参数、焊剂类型及烘干规范对焊缝氢含量的影响；

c) 焊接参数的选用应保证热输入不超过 3 kJ/mm。

3.2.2.2 对埋弧焊剂的试验要求如下：

a) 当要求焊前再烘干时，烘干规范应执行产品标准的规定(为产品分类时)或制造厂的推荐(为产品检验时)；

b) 使用经过检定的烘干炉，炉内应仅放置试验用焊剂，在敞口托盘中堆放高度应不大于 15 mm；

c) 烘干结束后应冷却到室温并立即使用，或在密封容器中冷却并暂存。用过的焊剂不应重复使用。

3.2.3 气保护实心焊丝和气/自保护药芯焊丝

3.2.3.1 对焊丝的试验要求如下：

a) 为产品分类而进行试验时，焊接参数(包括干伸长)应与制备力学性能试验试件所用的参数相同。调整焊接速度以保证在 A 型中心试块上获得(10±1.5)g 的熔敷金属，或在 B 型中心试块上获得(4±0.5)g 的熔敷金属；

b) 为产品检验而进行试验时，焊接参数应按制造厂的推荐。如果给定的是一个范围，应取中间值。

3.2.3.2 对保护气体的试验要求如下：

a) 为产品分类而进行试验时，所用保护气体及流量应符合产品标准中的要求；

b) 为产品检验而进行试验时，所用保护气体及流量应按制造厂的推荐；若有要求，可对保护气体进行干燥以除去水分，这时应测量气体的含水量并记录。

3.3 焊接铜夹具

3.3.1 铜夹具

图 2 示例的铜夹具应用于对齐和夹紧试件组合，能施加均匀一致的压紧力，以保证良好的接触和散热，并能在熄弧后快速松开试件组合。

加装水冷通道有利于快速完成每组试验。应控制冷却水的温度以避免铜夹具和试件组合的接触面出现冷凝。

3.3.2 薄铜片

试件组合与铜夹具之间宜放入约 1 mm 厚、长度及高度适宜的薄铜片以避免铜夹具烧损，埋弧焊时薄铜片应有足够的高度来容纳焊剂。

薄铜片退火并水淬后可在稀释的硝酸(10%)中去除氧化物，然后用蒸馏水清洗并干燥。

4 试样制备

4.1 试件焊接

4.1.1 为产品分类而进行试验时，试件焊接过程中环境的绝对湿度应为每 1 kg 干燥空气中至少含 3 g 水蒸气(这相当于 5 ℃时相对湿度约 54%以上、10 ℃时相对湿度约 38%以上、20 ℃时相对湿度约 20%以上)。使用悬挂式湿度计或其他经过校准的仪器进行测定。

4.1.2 焊剂堆放厚度为 25 mm 或按制造厂的规定。可通过调整薄铜片的高度以达到规定的焊剂堆放厚度。

4.1.3 焊丝外面一层应弃掉不用。施焊前清洗送丝轮，通过反复通气排除焊枪和导丝管中残留的气体和水分等。连续焊接时可省略清洗步骤。

4.1.4 试件组合应在丙酮或酒精中清洗后按引弧板、中心试块及引出板长度方向排列在铜夹具中夹紧。每道试验焊缝施焊前铜夹具的表面温度应在室温之上，但不超过室温 25 ℃。

4.1.5 在引弧板上沿中心线开始起弧，施焊一条线状焊缝。焊接中若断弧，则该试件作废。

4.1.6 每根焊条焊前不允许燃弧，应短弧操作并保持稳定。引弧板上熔敷长度应不超过 25 mm。

4.1.7 除焊条外对其他焊接材料引弧板上的熔敷长度不做规定，起弧位置应保证在到达中心试块前电弧和焊缝成形均已稳定。

4.1.8 注意熔敷时间，收弧板上的弧坑距中心试块应不大于 25 mm，见图 1 所示。

单位为毫米

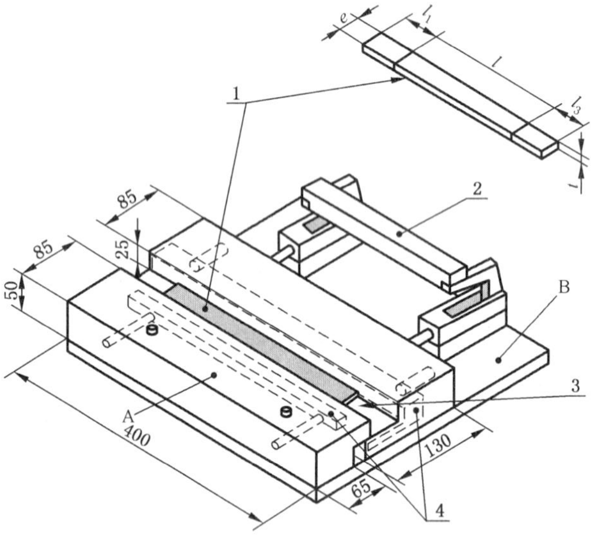

说明：

1——试件组合；

2——杠杆压板；

3——薄铜片；

4——冷却水套(如需要)；

A——铜制；

B——碳钢制 。

图 2 铜夹具(有水冷通道)结构示例及尺寸

4.2 试件处理

4.2.1 熄弧后 3 s～5 s 内完成松开夹具、取出试件组合浸入冰水混合物的操作。在冰水混合物中搅动(20±2)s。应保证试验结束前冰水中一直有冰。

4.2.2 取出试件组合完全浸入干冰酒精溶液或液氮的低温槽中，至少 2 min 后取出，将引弧、引出板敲断，用钢丝刷去除中心试样的焊渣等，检查背面的热影响区痕迹，如均匀、宽度一致、黑色氧化痕迹未延伸至背面边缘则表明试件组合对齐和夹紧正确。如果不能在 60 s 内完成敲断和清理检查，中心试样应放回低温槽至少 2 min 再取出完成。

4.2.3 如果试件组合从冰水中取出开始敲断到中心试样清理检查完毕的整个过程能在 15 s 内完成，可不使用低温槽。仲裁试验时需使用低温槽。

4.2.4 迅速将中心试样在丙酮或酒精中清洗并用冷风吹干，表面无残余水迹或清洗剂即可，放入收集器中处理后开始收集扩散氢。

4.2.5 如果试样不能立即放入收集器，应浸在低温槽中储存。在−78 ℃的干冰酒精溶液中不超过72 h，或在−196 ℃的液氮中不超过21天。中心试样从低温槽取出应回复常温，宜放入水中搅动使冰壳融化。

4.3 试验记录

记录试验时涉及到的材料、参数和条件等相关数据，见表1的示例。焊接极性、电流、电压、焊接速度、保护气体及流量、干伸长和焊接时的室温与相对湿度等应与分析结果一同报告。

表1 扩散氢试验数据记录表格

焊材种类		规格/mm /焊剂目数		焊接方法		
型　　号		牌　　号		批　　号		
委托单位/生产企业						
焊接记录						
母材牌号		施焊日期	月　日　时	焊接环境	温度/℃ 相对湿度/%	
试块代号		烘干规范/(℃×h)				
焊接极性		焊丝干伸长/mm		钨极类型		
焊接电流/A		电弧电压/V		钨极牌号		
燃弧时间/s		焊接速度/(mm/min)		钨极直径		
焊缝长度/mm		热输入/(kJ/mm)		保护气体组成 流量/(L/min)		
引弧板上焊缝长度(仅对焊条)/mm		________≤25				
收弧板上焊缝长度/mm		________≤25		低温槽存放时间/(℃×h)		
测定记录						
开始收集时间	月　日　时	结束收集时间	月　日　时	操作人员		
测定方法		______℃下收集扩散氢______h		毛细管内半径 r/mm		
测量时	大气压 P/mmHg 环境温度 T/℃	________	标准状况(STP)	温度 $T_0=273$ K 大气压 $P_0=760$ mmHg		
序号		1	2	3	4	
氢气柱长度 C/mm 或氢气体积 V/mL						
水银液面高度差 H/mm						
标准状况的氢气体积 V_D/mL						
中心试块焊前质量 m_1/g						
中心试样焊后质量 m_2/g						
熔敷金属质量 m/g						
熔敷金属扩散氢含量 H_D/(mL/100g)						
熔敷金属扩散氢含量 H_D 平均值/(mL/100 g)						
其他需要记录的内容						

5 基本测定方法——水银法

5.1 测定原理及装置

5.1.1 使用置换法把扩散氢收集到一个真空、充满水银的毛细管内进行测量。适用于B型和C型试块。

5.1.2 使用的收集器见图3的Y型收集量管示例，也可使用原理相同的其他类型收集装置，如图4的U型收集量管示例。收集量管应填充洁净水银，约需110 mL，既保证平放抽真空时毛细管可以与外界连通，又保证竖直时粗臂管的水银面处于刻度范围内。

5.1.3 液态水银和蒸气是有害的，可以通过吸入、摄取或与皮肤接触进入人体。所有涉及到水银的操作至少应包括以下预防措施：

a) 扩散氢试验装置应置于排气罩下，任何涉及到水银的操作都应在排气罩下进行；

b) 收集量管应放置于托盘或有边沿的容器上以便挡住任何可能洒落的水银，洒落后应立即清理；

c) 当处理水银或沾有水银的试样、器具时，应全程使用塑胶或橡胶手套。

单位为毫米

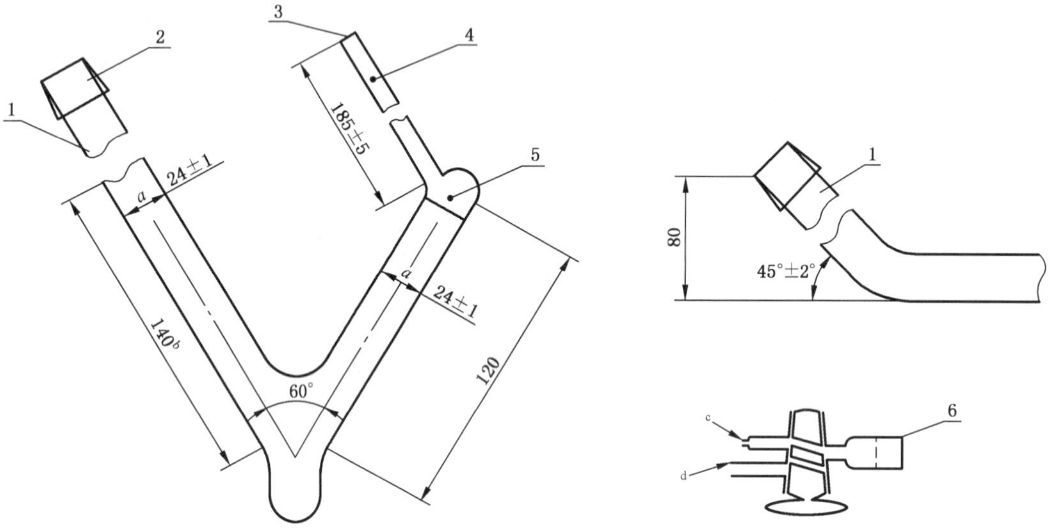

说明：

1——45°曲臂；

2——29/32 锥形管口；

3——密闭(内端平)；

4——精密内径管；

5——试样放置处；

6——29/32 锥形管帽；

a——内径(24±1)mm；

b——弯曲之前平直部分；

c——通空气；

d——抽真空。

图3 水银法Y型收集量管示意图(未按比例)

单位为毫米

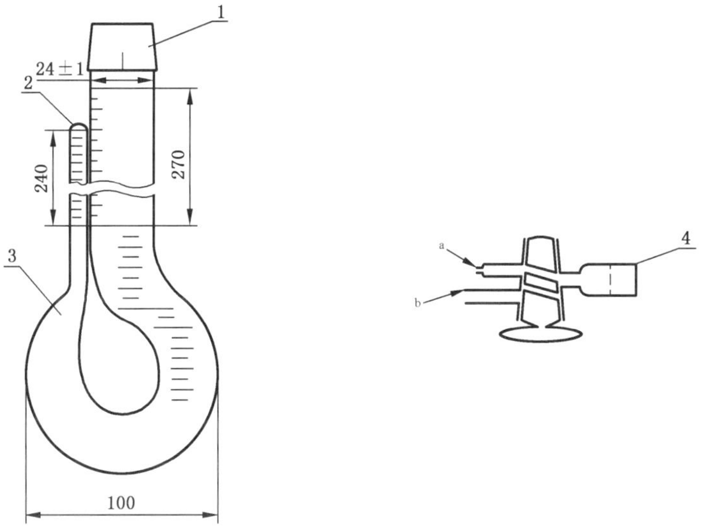

说明：

1 ——29/32 锥形管口，粗臂管标注 mm，最小刻度为 1；

2 ——密闭（内端平），毛细管标注 mL，最小刻度为 0.01；

3 ——试样放置处；

4 ——29/32 锥形管帽；

[a] ——通空气；

[b] ——抽真空。

图 4 水银法 U 型收集量管示意图（未按比例）

5.2 测定程序

5.2.1 将填装水银的气体收集量管缓缓放平，旋转三通阀连通收集量管与真空泵，抽取整个管腔内的空气。抽气时间依真空泵情况而定。然后将收集量管缓缓竖起，旋转三通阀让空气缓缓进入粗臂管，使水银充满毛细管。应确保毛细管顶端没有空气气泡，否则应重复上述过程。

5.2.2 将按 4.2 的规定处理的试样送入收集量管的粗臂管，用磁铁在管外吸住试样，盖上三通阀连通真空泵抽气，将收集量管稍稍放低，用磁铁小心将试样带入水银中并转动试样使附着的气泡排出，再移动到毛细管下端的位置，使试样刚好浮在水银面上。移开磁铁，竖起收集量管，停止抽气，旋转三通阀将空气放入粗臂管后再关闭管阀，应确保毛细管顶端没有空气气泡。从开始清洗到试样就位应不超过 2 min。

5.2.3 将试样在室温下释放扩散氢并收集在毛细管中，直到扩散氢体积不再增加，即 24 h 里增加的扩散氢体积（换算成标准状况）不大于 1%时，结束收集。一般需要十余天。

或者在 45 ℃收集 72 h，加热过程中应保持收集量管的管阀处于良好密封状态。

5.2.4 测量收集的氢气柱长度 C 或氢气体积 V 以及收集量管的粗细两管中水银液面高度差 H，并记录当时的大气压 P 和毛细管中氢气柱附近的环境温度 T，见表 1。

5.2.5 取出试样清理后称重并记为 m_2，B 型或 C 型试样精确到 0.01 g。

5.3 数据处理

5.3.1 将测量的氢气体积换算成标准状况（0℃、101.325 kPa 即 273K、760 mmHg），按以下公式：

$$V_D=\frac{273\times(P-H)(\pi r^2\times C)}{760\times(273+T)\times 1\,000}=\frac{273\times(P-H)V}{760\times(273+T)} \quad \cdots\cdots(1)$$

式中：

V_D ——测量的扩散氢换算成标准状况下的体积，单位为毫升(mL)；

P ——收集结束时的大气压，单位为毫米汞柱(mmHg)；

H ——收集量管的粗细两管中水银液面高度差，单位为毫米汞柱(mmHg)；

r ——毛细管内半径，单位为毫米(mm)；

C ——氢气柱长度，单位为毫米(mm)；

T ——氢气柱附近的环境温度，单位为摄氏度(℃)；

V ——测量的氢气柱体积，单位为毫升(mL)。

5.3.2 每组试验应保证至少3个有效数据。

6 基本测定方法——热导法

6.1 测定原理及装置

6.1.1 热导法采用热导检测器(TCD)通过测量不同组分的热导率将浓度变成电信号来测定氢气体积。适用于A型、B型和C型试块。

6.1.2 热导法分为载气热提取法和集氢法。给定温度下收集扩散氢最短时间按表2的规定。

6.1.3 载气热提取法是将试样加热到较高温度释放扩散氢，通过惰性载气热提取，持续收集和分析扩散氢。当加热温度在300 ℃～400 ℃时，最短可在几十分钟内快速测定扩散氢含量，但应控制不超过400 ℃，以免释放残余氢。载气热提取/热导检测设备可能采用气相色谱装置。

6.1.4 集氢法是将收集器中试样先加热(一般为45 ℃～150 ℃)使氢气释放，收集结束后通常采用气相色谱仪分析。

6.1.5 任何一种采用热导检测器系统(气相色谱或载气热提取)的其他方法作为测定金属中氢含量的可替代方法，其准确度和再现性都必须与本标准中的水银法和热导法基本相当。特别是对于典型使用气相色谱和热导检测器的测量系统，其校准程序可能不同。

6.2 测定程序

6.2.1 载气热提取法：按制造商的说明操作仪器，将按4.2的规定处理的试样放入适宜的收集器加热最高至400 ℃，持续进行扩散氢的收集和测定。

6.2.2 集氢法：将按4.2的规定处理的试样放入适宜的收集器，用氩气这样的惰性气体清洗、填充，密封后放入炉中或其他适用装置中加热。完成加热/收集过程后，收集器应冷却到室温，按制造商的说明操作仪器进行分析。

6.2.3 记录测量时的大气压 P 和环境温度 T。

6.2.4 取出试样称重并记为 m_2，A型试样精确到0.1 g，B型或C型试样精确到0.01 g。

6.3 数据处理

6.3.1 将测量的氢气体积换算成标准状况(0℃、101.325 kPa即273K、760 mmHg)，按以下公式：

$$V_D=\frac{273\times P\times V}{760\times(273+T)} \quad \cdots\cdots(2)$$

式中：

V_D ——测量的扩散氢换算成标准状况下的体积，单位为毫升(mL)；

P ——测量时的大气压，单位为毫米汞柱(mmHg)；

V ——测量的氢气体积，单位为毫升(mL)；

T ——测量时的环境温度，单位为摄氏度(℃)。

6.3.2 每组试验应保证至少3个有效数据。一块A型中心试块如果由40 mm长度的两块代替，其测得的两个扩散氢体积和熔敷金属质量均应合计为一个数值。

表2 给定温度下收集扩散氢最短时间

释放温度/℃±3 ℃	最短收集时间/h	释放温度/℃±3 ℃	最短收集时间/h
400	0.35	140	8
390	0.4	125	10
360	0.5	120	12
285	1	115	14
225	2	110	15
195	3	100	18
175	4	70	36
160	5	50	64
150	6	45	72

7 氢含量的报告

7.1 熔敷金属的扩散氢含量

计算熔敷金属中扩散氢含量按以下公式：

$$H_D = \frac{V_D}{m} \times 100 = \frac{V_D}{(m_2 - m_1)} \times 100 \quad \cdots\cdots(3)$$

式中：

H_D ——熔敷金属中扩散氢含量，单位为毫升每百克(mL/100g)；

V_D ——测量的扩散氢换算成标准状况下的体积，单位为毫升(mL)；

m ——熔敷金属质量，单位为克(g)；

m_2 ——焊后中心试样质量，单位为克(g)；

m_1 ——焊前中心试块质量，单位为克(g)。

每组试验应取算术平均值并保留一位小数作为测定结果。

7.2 焊缝金属的扩散氢含量

评定焊接接头的扩散氢含量必须确定焊缝金属的扩散氢，即评定熔敷金属加上母材的熔化部分。通过放大的描图、照片或图像分析显微镜测量试样的两个端面上熔敷金属和焊缝金属的横截面积，得出平均值。计算焊缝金属中扩散氢含量按以下公式：

$$H_F = 0.9 \times H_D \times \frac{S_D}{S_F} \quad \cdots\cdots(4)$$

式中：

H_F ——单位质量焊缝金属的扩散氢的质量，单位为微克每克(μg/g)或10^{-6}；

H_D ——熔敷金属的扩散氢含量，单位为毫升每百克(mL/100 g)；

S_D ——熔敷金属的平均面积，单位为平方毫米(mm^2)；

S_F ——焊缝金属的平均面积，单位为平方毫米（mm^2）。

7.3 焊缝金属的总氢含量

对于包含扩散氢和残余氢的总氢量的分析应在400℃以上使用热萃取方法进行。在650 ℃条件下收集30 min可得到总氢量。

当加热到500 ℃以上时试样表面的状态对测量的氢体积有一定影响。

7.4 可靠性评定

对于校准、线性、准确度、再现性和空白值等可靠性评定要素见附录A。

由可靠性评定则甘油法不能作为可替代方法进行扩散氢含量的测定，可用于一般试验，参见附录B。

关于扩散氢及测定方法的说明参见附录C。

附 录 A
（规范性附录）
可靠性评定要素

一种测量方法的准确度包括“正确度”和“精密度”。

正确度指大量测试结果得到的平均数与接受参照值之间的一致程度，即给出正确结果的能力，是系统误差的总和；精密度指规定条件下独立测试结果之间的一致程度，即重复同样结果的能力，仅依赖于随机误差的分布，其量值用测试结果的标准差来表示。

精密度的两种极端情况为重复性和再现性。重复性是在同一实验室、由同一操作员使用相同的设备、按相同的测试方法、在短时间内对同一被测对象相互独立进行测试的精密度，描述变异最小条件；再现性是在不同的实验室、由不同的操作员使用不同设备、按相同的测试方法、对同一被测对象相互独立进行测试的精密度，描述变异最大条件。

准确度试验通常可以认为是一次标准测量方法是否适合的一个实际测试。准确度试验根据其限定目标也可以称为“精密度试验”或“正确度试验”。如果目标是确定正确度，那么应事先或同时进行精密度试验。

A.1 校准

载气热提取系统应提供已知的氢气体积进行校准，校准应覆盖所涉及的测定范围。分析仪器应最好包含有不同体积的多个密闭气体校准管。

应按制造商的说明安装和操作装置。保证分析仪器所需的通气时间以达到稳定。在正常的仪器使用中，任何现有的校准在准备分析前应通过气体定量进行检验。在随后的分析过程中每小时间隔应进行检查以确保仪器校准中没有发生飘移。检测器应在覆盖适用的氢含量范围上进行校准。

A.2 线性

可以使用线性回归分析来判断仪器响应的线性符合校准数据，然后计算相关系数 R，R 的值越接近表示关联程度越高。

所测氢含量的范围应在标准状况的 0.05 mL～1 mL。

氢注射应覆盖这个范围，以验证响应的线性，但是还应采用焊缝试样进行试验，验证仪器仍以线性关系遵从试样的氢逸出特性。

A.3 准确度

如果一种标准样品适用于扩散氢测定，应采用。评价准确度最好是通过相同的焊缝金属试样的统计比对，以随机方式将试样分成两组，例如每组 9 个试样，一组以可替代方法进行分析，同时另一组以基本方法之一的水银法或热导法进行分析。

可替代方法的准确度应在几个氢含量级别上分别确定，这些包括每 100 g 熔敷金属标准状况下的 1 mL、5 mL、10 mL 和 15 mL 氢含量级别，为了覆盖非控氢材料的分析，应进一步对 25 mL 级别进行检测。

通过两组结果差异的统计学含义来判定可替代方法的准确度。如果非偶然性产生的差异概率大于 95%，那么需要重视方法间的差异。

方法间的比较时最常用的统计量是 t 值，按以下公式计算：

$$t=\frac{\bar{x}_R-\bar{x}_P}{\sqrt{s_R^2/n_R+s_p^2/n_p}} \qquad \cdots\cdots(A.1)$$

式中：

t ——“方法间的差异”与“差异的基准”的比值；

$\bar{x}_R$——可替代方法的均值；

$\bar{x}_P$——基本方法的均值；

s_R ——可替代方法的标准差；

n_R ——可替代方法的试样数量；

s_P ——基本方法的标准差；

n_P ——基本方法的试样数量。

得到的 t 值代入有关(n_P+n_R-2)自由度的统计表中，就得到由偶然性产生的该值概率。如果方法间的差异被判定由偶然性造成，那么两种方法应该会给出同样的结果。

A.4 再现性

一系列分析用于评定试验准确度的重复焊缝也可为再现性提供数据。再现性是重复性试验的一致性，用标准差的估计值 s 来表示，可以定义一个再现性指数 $2s$，在统计术语中是结果的 95%落于 $x\pm2s$ 范围内，这里 x 是平均值。s 值越低意味着再现性越好。

一种方法的再现性最好由来自几个实验室的操作员的计划性试验来确定，以便确定操作员自身和操作员之间的标准差的关系，按以下公式计算：

$$s=\sqrt{s_b^2+s_w^2} \qquad \cdots\cdots(A.2)$$

式中：

s ——再现性标准差的估计值；

s_b ——实验室间操作员的标准差；

s_w ——实验室内操作员的标准差。

对于可替代方法和基本方法，s_w 的值为 A.3 中提到的每一控制级别的 9 个结果的标准差。

A.5 空白值

采用去氢处理后的标准试块测定可替代方法的空白值，以确定仪器的响应。这一操作最好定期进行以便验证仪器的功能正常。如示值增加，对于准确度和再现性都有影响。例如，对于 4 g 的熔敷质量，标准状况下 0.01 mL 的示值，代表每 100 g 熔敷金属中 0.25 mL 的氢，或焊缝金属中大约 0.11×10^{-6}。

附 录 B
（资料性附录）
甘油法测定扩散氢

B.1 甘油法的精度

甘油法作为测定焊缝金属扩散氢的方法已经应用多年。虽然使用甘油收集氢操作简单且成本低廉，但精度不够高，主要原因是扩散出来的氢在甘油中的弥散和溶解以及一些较细的气泡不好收集。对于超低氢焊缝金属，使用甘油收集氢可能显示读数为零。随着低氢、超低氢焊接材料的广泛应用，对于扩散氢的测定精度要求也愈来愈高，甘油法已被精度较高的水银法和热导法等替代。

B.2 设备及试样

使用甘油法测定扩散氢含量的设备应能恒温加热，集气管最小刻度一般为 0.02 mL。设备及集气管示例参见图 B.1。中心试样尺寸为 100 mm×25 mm×12 mm，引弧、收弧板长度不做限定。

B.3 测定程序

B.3.1 用橡胶吸气球从集气管上端管口处将甘油吸起，充满整个集气管，直到甘油进入到阀门上面，然后关闭阀门。

B.3.2 将制备好的试样放入集气管，甘油恒温在 45 ℃左右，收集 72 h。

B.3.3 收集结束后，将集气管里的氢气泡通过吹热、振动等方式收集到集气管的测量部分上端，准确读取气体体积 V，并记录当时的大气压和集气管附近的环境温度，即为所收集气体的气压 P 和温度 T。

B.3.4 取出试样，清理后称重(精确到 0.1 g)。

B.4 数据处理

将收集的氢气体积换算成标准状况(0 ℃、101.325 kPa 即 273 K、760 mmHg)并计算熔敷金属中扩散氢含量按以下公式：

$$H_{GL}=\frac{V_{GL}}{m}\times 100=\frac{273\times P\times V}{760\times(273+T)(m_2-m_1)}\times 100 \qquad \text{(B.1)}$$

式中：

H_{GL}——甘油法测定的熔敷金属扩散氢含量，单位为毫升每百克(mL/100 g)；

V_{GL}——甘油法收集的熔敷金属扩散氢换算成标准状况下的体积，单位为毫升(mL)；

m——熔敷金属质量，单位为克(g)；

P——收集的氢气气压即大气压，单位为毫米汞柱(mmHg)；

V——测量的氢气的体积，单位为毫升(mL)；

T——读数时氢气的温度，单位为摄氏度(℃)；

m_2——焊后中心试样质量，单位为克(g)；

m_1——焊前中心试块质量，单位为克(g)。

单位为毫米

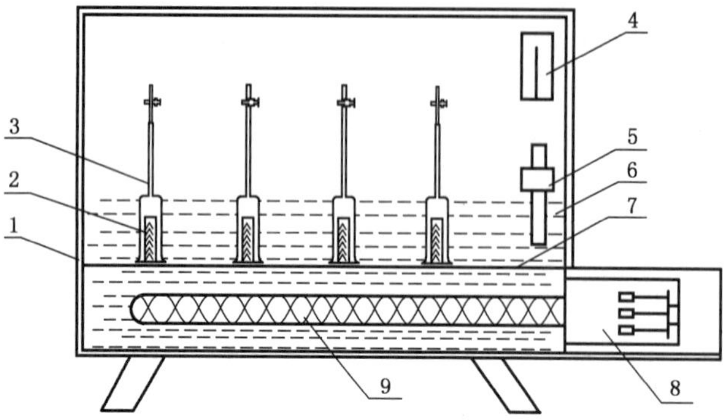

a） 恒温收集箱

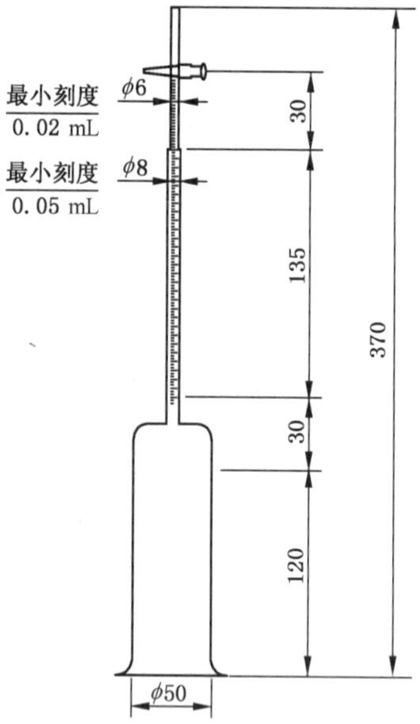

b） 集气管

说明：

1——恒温收集箱；

2——试样；

3——集气管；

4——温度计；

5——水银接触温度计；

6——恒温甘油浴；

7——集气管支撑板；

8——恒温控制器；

9——加热电阻丝。

图 B.1 甘油法测氢装置及集气管示意图

附 录 C
（资料性附录）
关于扩散氢及测定方法的说明

C.1 焊缝中氢的危害

电弧焊中含氢化合物在电弧高温中分解成单原子氢并大量溶解在熔池中，当熔池凝固时一部分氢逸出，另一部分氢存在于焊缝中，其数量取决于原始吸收数量、焊缝尺寸和冷却的时间等一些因素。

在金属焊缝中，氢大部分是以 H、H^+或 H^-形式存在，与焊缝金属形成间隙固溶体。由于氢半径小，一部分氢在焊缝金属的晶格中自由扩散，而成为扩散氢。另一部分扩散聚集到晶格缺陷、显微裂纹和非金属夹杂物边缘的空隙中，结合为分子，而不能自由扩散，称之为残余氢。

在不同的金属或同一种金属的不同组织结构中，氢具有不同的扩散性能，扩散速度会随温度的降低而减缓，但在室温下也会扩散。已确认应力(例如焊接残余应力)、高屈服强度材料和扩散氢之间的相互影响关系，如果这三个要素存在足够量时，会导致焊缝金属或热影响区开裂。在接头不同部位，因存在不同塑性变形量，而有不同的位错密度，这样将捕捉到不同量的氢。研究表明，在焊根及焊趾等有缺口效应部位往往存在氢的聚集，将直接影响冷裂纹的产生，这些开裂经常是在焊后延迟数小时甚至更长时间发生。

残余氢不会造成焊件开裂，除非在随后的焊道中它重新进入电弧被转换成扩散氢。加热温度在大约 400 ℃以上将会激活残余氢。

焊缝中氢含量的测量，提供了一种判定焊接材料在焊接过程中氢气进入焊接熔池程度的手段，有助于区别氢的来源，并且对不同的焊接材料进行分类。此外也为制定预热温度和焊后去氢处理温度提供了依据。

C.2 焊缝中氢的来源

焊接中氢的主要来源是：

——焊接材料中药皮、药芯或焊剂中含有和吸入的水分；产品包装损坏、环境潮湿或存放时间过长等都能导致扩散氢含量的显著增加。因此，制造厂及使用单位应关注焊接材料的设计、制造、包装、贮存、运输和使用等方面。在焊接材料已吸潮的情况下，应建议、咨询或协商有关对低氢级别的影响和可能进行的处理。试验表明，再吸潮的水分比制造态药皮含水量对带入焊缝中扩散氢的影响要小。

——母材表面的漆、锈、涂层、防飞溅化合物和油脂、焊丝的表面润滑剂等都能影响到扩散氢含量。

——焊接环境温湿度对扩散氢含量影响较大；空气中的水分能够进入电弧，从而增加扩散氢含量。如在干燥的十月份试验，扩散氢含量较低；而在潮湿的七月份试验时，扩散氢含量就会高一些。在保持电弧稳定的条件下尽量缩短弧长会降低这种影响。经验表明，调整电弧长度在熔敷金属扩散氢 H15 级别时影响最小，而在 H5 级别时可能非常明显。一种在规定大气条件下满足 H5 要求的焊丝，在高湿度条件下进行焊接、特别是不能调整电弧长度时，有可能达不到这一扩散氢含量级别。

——焊接用保护气体通常具有很低的露点和杂质，但实际上气瓶受污染、通过一些管路渗透的水分和在未用过的气瓶中凝结的水分等在焊接过程中可能造成扩散氢含量明显增加。

——焊接电流、电弧电压、焊丝干伸长、保护气体类型、电流种类/极性、单丝焊还是多丝焊等都对扩散氢含量试验结果有不同程度的影响，且根据实际情况发生变化。例如较大的焊丝干伸长使焊丝受到较多的预热，导致带氢化合物(如水分、油脂等)在其到达电弧之前被释放从而减少扩散氢含量；然而，采用保护气体焊接时，假如导电嘴位置不合适，焊丝干伸长过大则会降低保护效果，增大空气进入电弧的可能性，扩散氢含量将增加。

C.3 焊缝中氢含量测量方法的标准

鉴于焊缝中氢不像其他组分那样可以在室温状态快速扩散，有一部分可能在进行分析之前已经扩散，同时考虑到氢含量通常是百万分之几的水平，为了使结果在不同的实验室之间具有可比性，则必须采用通用的取样方法和测量程序，所以制定统一的测量标准尤为必要。

国际焊接学会的工作已经清楚地表明，同样的取样和分析程序局部修正后可被用于许多熔化焊接方法，以及用于除单纯焊接材料分类之外的其他用途。因此本标准旨在确定使用不同的焊接方法和工艺进行氢测定的焊缝金属取样和分析的标准程序。主要用于以下两种场合：

——为焊接材料分类以及进行质量控制，这种情况下焊材则必须按规定方式处理，即采用规定的烘干温度及时间、焊接电流等条件，已确定保护气体流量、焊丝干伸长等对结果的影响较大，应按制造厂的推荐值进行试验并记录。

——提供在特定状态下(例如潮湿或者干燥)使用焊接材料而产生的焊缝含氢级别的有关数据，或者作为特定焊接参数(例如不同的电流值)的使用结果。对于这些用途，该方法能够使用各种焊接参数和各种状态的焊接材料，进行相应的试验以便得到特定的数据，但是在报告中必须注明各种试验条件以免发生误解。

C.4 氢含量的测量方法

水银是有危害的物质，在一些国家可能会被限制使用。本标准提供了两种基本方法，一旦相对于这两种基本方法的任何一种可替代方法建立了正式的标准化，也可使用这种标准化的可替代方法进行正式试验。

热导检测器(TCD)又称热导池或热丝检热器，是色谱法中最早出现和应用最广的检测器，因其结构简单、性能稳定、灵敏度适宜、线性范围宽，最适合作微量分析[10^{-6}级(ppm 级)]。敏感元件为热丝，如钨丝、铂丝、铼丝，并由热丝组成电桥。在通过恒定电流以后，钨丝温度升高，其热量经四周的载气分子传递至池壁。当被测氢气与载气一起进入热导池时，由于混合气的热导率与纯载气不同(通常是低于载气的热导率)，钨丝传向池壁的热量也发生变化，致使钨丝温度发生改变，其电阻也随之改变，进而使电桥输出端产生不平衡电位而作为信号输出。

试验中涉及的水银、丙酮、乙醇、干冰、液氮和标定用氢气需严格按相关安全规定操作和处理。

C.5 采用本标准方法和其他方法得到的扩散氢之间的关系

原版本标准中水银法采用较小的中心试样尺寸在大约 20 ℃下收集氢 72 h，除非焊后清理非常熟练，否则测定结果很可能明显少于总的扩散氢含量，可能收集到扩散总氢量的 67% 到 80%。因此，对于焊接材料，即使产品本身没有任何改变，依据本标准试验，可能会比依据原版本标准中采用小尺寸试样收集的氢含量高。

本标准的 B 型、C 型试样(30 mm×15 mm×10 mm)比 A 型试样(相当于美国 AWS 标准的 80 mm×25 mm×12 mm)和日本 JIS 标准(40 mm×25 mm×12 mm)使用的试样尺寸要小。美国和欧洲的实验室进行的试验表明，实验室间的平均值在 10 mL/100 g 以下时，结果差异大概在±1 mL/100 g，即两个实验室间的试验结果单值差异小于 2 mL/100 g 时也视为正常。在可接受的实验室偏差内，由于还有相当大的统计分散度，这些方法之间的比例关系约为 1∶1。但扩散氢含量级别较低时，误差也相对大一些。采用本标准中 A 型试样，对于较低的氢含量也能得到相对准确的测定值。

由于甘油法测定扩散氢的实验室间的再现性极差，因此，甘油法试验结果只能看出氢含量的趋势，与水银法、热导法等试验结果之间没有很好的关联关系。

ICS 25.160.40
J 33

中华人民共和国国家标准

GB/T 11345—2013
代替 GB/T 11345—1989

焊缝无损检测　超声检测　技术、检测等级和评定

Non-destructive testing of welds—Ultrasonic testing—Techniques, testing levels, and assessment

(ISO 17640:2010, MOD)

2013-09-18 发布　　2014-06-01 实施

中华人民共和国国家质量监督检验检疫总局
中国国家标准化管理委员会　发布

前　言

本标准按照 GB/T 1.1—2009 给出的规则起草。

本标准代替 GB/T 11345—1989《钢焊缝手工超声波探伤方法和探伤结果分级》，与 GB/T 11345—1989 相比，主要技术变化如下：

——修改了范围(见第 1 章，1989 年版的第 1 章)；

——修改了规范性引用文件(见第 2 章，1989 年版的第 2 章)；

——修改了术语定义和符号(见第 3 章，1989 年版的第 3 章)；

——增加了总则(见第 4 章)；

——增加了合同协议项目内容，检测前所需必要信息和书面检测工艺规程等信息(见第 5 章)；

——修改了人员和设备要求(见第 6 章，1989 年版的第 4 章、第 5 章和第 6 章)；

——修改了检测区域(见第 7 章，1989 年版的 8.1)；

——修改了探头移动区(见第 8 章，1989 年版的 8.1)；

——修改了母材检测(见第 9 章，1989 年版的 8.5)；

——修改了时基线扫描和灵敏度调节或校验，增加校验温度要求，校验偏离后纠正措施，和调节或校验基准线参考水平的检测技术，删除评定线设置方法，修改传输修正方法(见第 10 章，1989 年版的第 9 章)；

——修改了检测等级(见第 11 章，1989 年版的第 7 章)；

——修改了检测技术(见第 12 章，1989 年版的第 10、11 章)；

——删除了缺陷评定和评级(见 1989 年版的第 12 章和第 13 章)；

——修改了检测报告(见第 13 章，1989 年版的第 14 章)；

——增加了附录 A～附录 F，删除 1989 年版的附录 A～附录 F。

本标准使用重新起草法修改采用 ISO 17640:2010《焊缝无损检测　超声检测　技术、检测等级和评定》(英文版)。

本标准与 ISO 17640:2010 相比，主要技术性差异及其原因如下：

关于规范性引用文件，本标准做了具有技术性差异的调整，以适应我国的技术条件，调整的情况集中反映在第 2 章"规范性引用文件"中，具体调整如下：

——用修改采用国际标准的 GB/T 29712 代替了 ISO 11666(见第 4 章、6.3.1 和 10.3)；

——用修改采用国际标准的 GB/T 29711 代替了 ISO 23279(见第 4 章、6.3.1 和 12.5.5)；

——删除规范性引用文件 ISO 17635，将其与本标准有关的内容增加至 11 中(见第 11 章)；

——删除规范性引用文件 EN 583-1，将本标准所引用的 EN 583-1 中的条款直接编入本标准条款中(见 6.3.5)；

——删除规范性引用文件 EN 583-2，将其与本标准有关的内容增加至附录 D(见 6.3.2)、附录 E(见 10.1)和附录 F(见 10.4)；

——删除规范性引用文件 EN 583-4，将其与本标准有关的内容增加至附录 B(见 5.1)；

——增加引用了 GB/T 19799.1(见附录 E.2、E.3 和 E.4)；

——增加引用了 GB/T 19799.2(见附录 E.2、E.3 和 E.4)；

——增加引用了 GB/T 5616(见 6.2.1)；

——增加引用了 GB/T 23905(见 6.2.1)；

——用 JB/T 9214 和 JB/T 10061 代替了 EN 12668(所有部分)(见 6.2)；

——增加了探头接触面宽度示意图(见 6.3.4 中图 1)。

本标准还做了下列编辑性修改：

——用等同采用国际标准的 GB/T 19418 代替了 ISO 5817(见第 11 章)；

——用等同采用国际标准的 GB/T 9445 代替了 ISO 9712 和 EN 473(见 6.1)；

——用等同采用国际标准的 GB/T 12604.1 代替了 EN 1330-4(见 3.1)。

本标准由全国焊接标准化技术委员会(SAC/TC 55)提出并归口。

本标准起草单位：上海材料研究所、中国特种设备检测研究院、济宁瑞祥模具有限责任公司(山东济宁模具厂)、浙江省特种设备检验研究院、南车戚墅堰机车车辆工艺研究所。

本标准主要起草人：郑晖、庄志强、金宇飞、丁杰、姜炜、魏忠瑞、黄文大、万升云、王森、张文杰、奚力峰、马君。

本标准所代替标准的历次版本发布情况为：

——GB/T 11345—1989。

焊缝无损检测　超声检测　技术、检测等级和评定

1　范围

本标准规定了母材厚度不小于 8 mm 的低超声衰减(特别是散射衰减小)金属材料熔化焊焊接接头手工超声检测技术。检测时焊缝及其母材温度在 0～60 ℃之间。本标准主要应用于母材和焊缝均为铁素体类钢的全熔透焊缝。

本标准规定了依赖材料的超声波数值,是基于纵波声速为(5 920±50)m/s 和横波声速为(3 255±30)m/s 的钢材。

本标准规定了四个检测等级。不同的检测等级对应不同的缺欠检出率。附录 A 给出了检测等级 A、B 和 C 的选择指导。

本标准规定了仅在特殊应用中使用检测等级 D 的一般要求。检测等级 D 仅在规范中有规定时才能使用。特殊应用包括非铁素体类焊缝检测、部分熔透焊缝检测、应用自动化设备的焊缝检测,和温度在 0～60 ℃范围外的焊缝检测。

通过下列任一技术,本标准可用于显示评定或验收:

a)　基于显示长度和回波幅度的评定;

b)　基于显示特性和显示尺寸(采用探头移动技术)的评定。

应明确规定使用哪种技术。

2　规范性引用文件

下列文件对于本文件的应用是必不可少的。凡是注日期的引用文件,仅注日期的版本适用于本文件。凡是不注日期的引用文件,其最新版本(包括所有的修改单)适用于本文件。

GB/T 5616　无损检测　应用导则

GB/T 9445　无损检测　人员资格鉴定与认证(GB/T 9445—2008,ISO 9712:2005,IDT)

GB/T 12604.1　无损检测　术语　超声检测(GB/T 12604.1—2005,ISO 5577:2000,IDT)

GB/T 19418　钢的弧焊接头　缺陷质量分级指南(GB/T 19418—2003,ISO 5817:1992,IDT)

GB/T 19799.1　无损检测　超声检测　1 号校准试块(GB/T 19799.1—2005,ISO 2400:1972,IDT)

GB/T 19799.2　无损检测　超声检测　2 号校准试块(GB/T 19799.2—2012,ISO 7963:2006,IDT)

GB/T 23905　无损检测　超声检测用试块

GB/T 29711　焊缝无损检测　超声检测　焊缝中的显示特征(ISO 23279:2010,IDT)

GB/T 29712　焊缝无损检测　超声检测　验收等级(ISO 11666:2010,MOD)

JB/T 9214　无损检测　A 型脉冲反射式超声检测系统工作性能测试方法

JB/T 10061　A 型脉冲反射式超声波探伤仪　通用技术条件

3　术语、定义和符号

3.1　GB/T 12604.1 界定的术语和定义适用于本文件。

3.2　本标准中使用的符号、定义和单位见表 1 所示。

显示应分为纵向显示或横向显示。纵向和横向显示的划分与焊缝轴向尺寸 x 方向有关，如图 3 所示。

表 1 符号、定义和单位

符号	定义	单位
D_{DSR}	平底孔直径	mm
h	显示自身高度	mm
l	显示长度	mm
lx	显示在 X 方向的投影长度	mm
ly	显示在 Y 方向的投影长度	mm
p	全跨距	mm
t	母材厚度(取最薄部位)	mm
x	显示的纵向位置	mm
y	显示的横向位置	mm
z	显示的深度位置	mm

4 总则

本标准的目的是，对于温度范围为 0～60 ℃的普通焊接接头，使用标准条款进行超声检测的通用技术。本标准规定了检测设备、检测准备、检测实施和报告等具体要求。具体参数(尤其探头)符合 GB/T 29712和 GB/T 29711 要求。

5 检测前需要的信息

5.1 必要的项目

合同或技术协议中至少包括下列项目：

a) 参考等级设定方法；
b) 显示评定方法；
c) 验收等级；
d) 检测等级；
e) 检测时被检对象所处的制造和加工状态；
f) 人员资格；
g) 横向显示的检测范围；
h) 附加串列检测的要求(见附录 B)；
i) 焊前和(或)焊后的母材检测；
j) 是否需要书面检测工艺规程；
k) 书面检测工艺规程的要求。

5.2 检测前所需的必要信息

焊接接头超声检测前，检测人员应获得下列必要信息：

a) 书面检测工艺规程,如需要(参见5.3);
b) 母材类型和产品门类(例如:铸件、锻件、轧制件);
c) 检测时被检对象所处的制造或加工状态,包括热处理状态或其他;
d) 任何焊后热处理的时机和程度;
e) 坡口型式和尺寸;
f) 表面状态要求;
g) 焊接工艺规程或相关焊接工艺参数;
h) 报告要求;
i) 验收等级;
j) 检测范围(包括横向显示的检测要求,如相关);
k) 检测等级;
l) 人员资格等级;
m) 发现不可验收显示后的纠正规程。

5.3 书面检测工艺规程

本标准的规定和要求,通常满足了编制书面检测工艺规程的需要。

如不满足,或本标准描述的检测技术不适用于被检焊缝,如果技术协议有要求,应使用补充的书面检测工艺规程。

6 人员和设备要求

6.1 人员资格

按本标准实施检测的人员,应按GB/T 9445或合同各方同意的体系进行资格鉴定与认证,取得超声检测相关工业门类的资格等级证书,并由雇主或其代理对其进行职位专业培训和操作授权。

从事焊缝检测人员应掌握焊缝超声检测通用知识,具有足够的焊缝超声检测经验,并掌握一定的材料和焊接基础知识。

6.2 设备

6.2.1 采购和维修

宜采购按GB/T 5616或合同各方同意的体系取得认证或合格评定的超声检测仪、探头和试块。

超声检测仪应符合JB/T 10061或等效标准的要求。探头应符合相应标准的要求。试块应符合GB/T 23905的要求。

注:等效标准可以是经标准化技术委员会认可的企业产品标准。

制造商的质量体系应是经GB/T 19001(ISO 9001)认证的。制造商在交付产品时,随行文件应符合产品标准的规定,且至少包括:

a) 装箱单;
b) 产品合格证;
c) 产品使用说明书;
d) 出厂检验证书;
e) 型式检验报告(合同约定时);
f) 技术参数(参见附录C)。

超声检测仪维修以后,维修方应按产品标准出厂检验的要求出具检验证书。

6.2.2 仪器性能测试(性能验证)

超声检测仪应定期进行性能测试。仪器性能测试应按 JB/T 9712 推荐的方法进行。

除另有约定外,超声检测仪宜符合下列要求:

a) 温度的稳定性:环境温度变化 5 ℃,信号的幅度变化不大于全屏高度的±2%,位置变化不大于全屏宽度的±1%;

b) 显示的稳定性:频率增加约 1 Hz,信号幅度变化不大于全屏高度的±2%,信号位置变化不大于全屏宽度的±1%;

c) 水平线性的偏差不大于全屏宽度的±2%;

d) 垂直线性的测试值与理论值的偏差不大于±3%。

出具仪器性能测试报告的机构应是具有资质的,报告的有效期不宜大于 12 个月。

6.2.3 系统性能测试

至少在每次检测前,应按 JB/T 9214 推荐的方法,对超声检测系统工作性能进行测试。

除另有约定外,系统性能宜符合下列要求:

a) 用于缺欠定位的斜探头入射点的测试值与标称值的偏差不大于±1 mm;

b) 用于缺欠定位的斜探头折射角的测试值与标称值的偏差不大于±2°;

c) 灵敏度余量、分辨力和盲区,视实际应用需要而定。

系统性能的测试项目、时机、周期及其性能要求,应在书面检测工艺规程中予以详细规定。

6.3 探头参数

6.3.1 检测频率

检测频率应在 2 MHz~5 MHz 范围内,同时应遵照验收等级要求选择合适的频率。

当按 GB/T 29712 标准评定显示时,初始检测应尽可能在上述范围内选择较低的检测频率。当按 GB/T 29711 标准评定显示时,如有需要,可选择较高的检测频率,以改善探头分辨力。

当被检对象的衰减系数高于材料的平均衰减系数时,可选择 1 MHz 左右的检测频率。

6.3.2 折射角

当检测采用横波且所用技术需要超声从底面反射时,应注意保证声束与底面反射面法线的夹角在 35°至 70°之间。当使用多个斜探头进行检测时,其中一个探头应符合上述要求,且应保证一个探头的声束尽可能与焊缝熔合面垂直。多个探头间的折射角度差应不小于 10°。

当探测面为曲面时,工件中横波实际折射角和底面反射角可由焊缝截面图确定,见附录 D。当折射角的选择不遵循本标准规定时,检测报告应给出声束扫查范围、声束未覆盖的检测区域及其原因等内容。

6.3.3 晶片尺寸

晶片尺寸选择应与频率和声程有关。

在给定频率下,探头晶片尺寸越小,近场长度和宽度就越小,远场中声束扩散角就越大。

晶片直径为 6 mm~12 mm(或等效面积的矩形晶片)的小探头,最适合短声程检测。对于长声程检测,比如单晶直探头检测大于 100 mm 或斜探头检测大于 200 mm 的声程,选择直径为 12 mm~24 mm(或等效面积的矩形晶片)的晶片更为合适。

6.3.4 曲面扫查时的探头匹配

检测面与探头靴底面之间的间隙 g，不应大于 0.5 mm。

对于圆柱面或球面，上述要求可由下式检查：

$$g=\frac{a^2}{D}$$

式中：

a ——探头接触面宽度，单位为毫米(mm)。环缝检测时为探头宽度，纵缝检测为探头长度，见图 1；

D ——工件直径，单位为毫米(mm)。

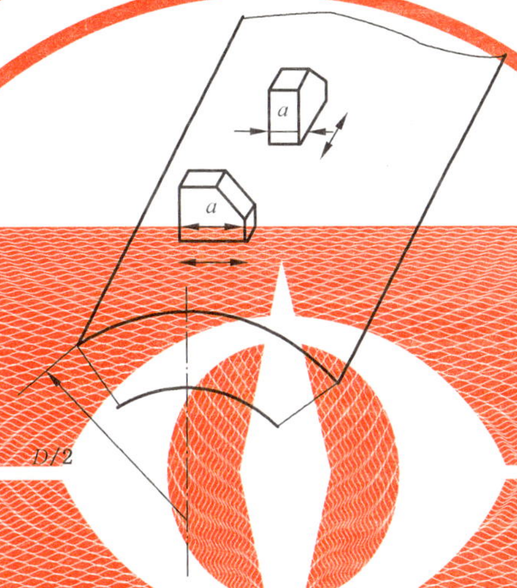

图 1 探头接触面宽度

如果间隙 g 值大于 0.5 mm，则探头靴底面应修磨至与曲面吻合，灵敏度和时基范围也应作相应调整。

6.3.5 耦合剂

耦合剂应选用适当的液体或糊状物，应具有良好透声性和适宜流动性，不应对检测对象和检测人员有损伤作用，同时应便于检验后清理。典型的耦合剂为水、机油、甘油和浆糊，耦合剂中可加入适当的“润湿剂”或活性剂以改善耦合性能。时基范围调节、灵敏度设定和工件检测时应采用相同耦合剂。

7 检测区域

检测区域(见图 2)是指焊缝和焊缝两侧至少 10 mm 宽母材或热影响区宽度(取二者较大值)的内部区域。

任何情况下，声束扫查应覆盖整个检测区域。如果声束不能覆盖整个检测区域，或者折射角不能满足 6.3.2 的要求时，检测双方应协商确定更换超声检测技术或者增加其他无损检测方法。如有可能，宜磨平焊缝余高。

可更换的超声检测技术，宜为双晶斜射波束检测，爬波检测或其他超声检测技术。可增加的无损检测方法，宜为渗透检测、磁粉检测和射线检测等方法。在选择附加的检测技术时，宜充分考虑焊缝类型和各种缺欠易出现的部位和走向。

单位为毫米

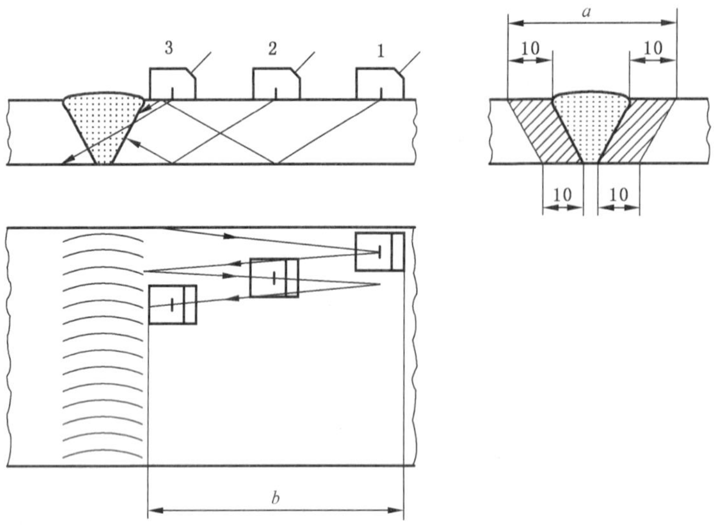

说明：

1 ——位置 1；

2 ——位置 2；

3 ——位置 3；

a ——检测区域宽度；

b ——探头移动区宽度。

图 2　扫查纵向显示时检测区域示意图

8　探头移动区

探头移动区应足够宽，以保证声束能覆盖整个检测区域（见图 2）。增加探测面，比如在焊接接头双面进行扫查，可缩短探头移动区宽度。

探头移动区表面应平滑，无焊接飞溅、铁屑、油垢及其他外部杂质。探头移动区表面的不平整度，不应引起探头和工件的接触间隙超过 0.5 mm。如果间隙超标，应修整探头移动区表面。当焊缝表面局部变形导致探头与焊缝的间隙大于 1 mm，可在受影响位置用其他角度探头进行补充扫查。如果该扫查能弥补未扫查到的检测区域，此局部变形是允许的。

探头移动区和声束反射面应允许无干扰的耦合剂和反射物。

9　母材检测

除非能证实（比如制造过程的预检）母材金属高衰减或缺欠的存在不影响横波检测，否则探头移动区（见图 2）的母材金属应在焊前或焊后进行纵波检测。

存在缺欠的母材部位，应对其是否影响横波检测效果进行评定。如有影响，调整焊缝超声检测技术，严重影响声束覆盖整个检测区域时则应考虑更换其他检测方法（比如射线检测）。

10　时基线和灵敏度设定

10.1　概述

依据本标准和附录 E 要求，每次检测前应设定时基线和灵敏度，并考虑温度的影响。时基线和灵敏度设定时的温度与焊缝检测时的温度之差不应超过 15 ℃。

检测过程中至少每 4 小时或检测结束时，应对时基线和灵敏度设定进行校验。当系统参数发生变化或等同设定变化受到质疑时，也应重新校验。

如果在检测过程中发现偏离，应按表 2 要求进行修正。

表 2　灵敏度和时基线修正

灵敏度		
1	偏离值≤4 dB	继续检测前，应修正设定
2	灵敏度降低值>4 dB	应修正设定，同时该设备前次校验后检查的全部焊缝应重新检测
3	灵敏度增加值>4 dB	应修正设定，同时该设备前次校验后检查的全部已记录的显示应重新检测
时基线		
1	时基线偏差值≤2%	继续检测前，应修正设定
2	时基线偏差值>2%	应修正设定，同时该设备前次校验后检查的全部焊缝应重新检测

10.2　设定参考灵敏度

应选用下列任一技术设定参考灵敏度：

a)　技术 1：以直径为 3 mm 横孔作为基准反射体，制作距离-波幅曲线(DAC)。

b)　技术 2：以规定尺寸的平底孔(见表 3 和表 4)作为基准反射体，制作纵波/横波距离-增益-尺寸曲线(DGS)。

c)　技术 3：应以宽度和深度均为 1 mm 的矩形槽作为基准反射体。该技术仅应用于斜探头(折射角≥70°)检测厚度 8 mm≤t<15 mm 的焊缝。

d)　技术 4：串列技术。以直径为 6 mm 平底孔(所有厚度)作为基准反射体，垂直于探头移动区。该技术仅应用于斜探头(折射角为 45°)检测厚度 t≥15 mm 的焊缝。

横孔和矩形槽的长度应大于用 −20 dB 法测得的声束宽度。

表 3　技术 2 的验收等级 2 和验收等级 3 的参考等级(斜射波束横波检测)

标称探头频率/MHz	母材板厚，t					
	8 mm≤t<15 mm		15 mm≤t<40 mm		40 mm≤t<100 mm	
	验收等级 2 (AL2)	验收等级 3 (AL3)	验收等级 2 (AL2)	验收等级 3 (AL3)	验收等级 2 (AL2)	验收等级 3 (AL3)
1.5～2.5	—	—	D_{DSR}=2.5 mm	D_{DSR}=2.5 mm	D_{DSR}=3.0 mm	D_{DSR}=3.0 mm
3.0～5.0	D_{DSR}=1.5 mm	D_{DSR}=1.5 mm	D_{DSR}=2.0 mm	D_{DSR}=2.0 mm	D_{DSR}=3.0 mm	D_{DSR}=3.0 mm
D_{DSR}为平底孔直径。						

表 4　技术 2 的验收等级 2 和验收等级 3 的参考等级(直射波束纵波检测)

标称探头频率/MHz	母材板厚，t					
	8 mm≤t<15 mm		15 mm≤t<40 mm		40 mm≤t<100 mm	
	AL2	AL3	AL2	AL3	AL2	AL3
1.5～2.5	—	—	D_{DSR}=2.5 mm	D_{DSR}=2.5 mm	D_{DSR}=3.0 mm	D_{DSR}=3.0 mm
3.0～5.0	D_{DSR}=2.0 mm	D_{DSR}=2.0 mm	D_{DSR}=2.0 mm	D_{DSR}=2.0 mm	D_{DSR}=3.0 mm	D_{DSR}=3.0 mm
D_{DSR}为平底孔直径。						

10.3 评定等级

应评定所有等于或超过评定等级的显示。

GB/T 29712 中表 A.1 给出了技术 1～4 的评定等级。

10.4 传输修正

当使用对比试块建立参考等级时，应在工件和试块有代表性的位置测量声能传输损失差值。适用技术见附录 F。

如差值小于等于 2 dB，无需修正。

如差值大于 2 dB 且小于 12 dB，应进行补偿。

如差值大于等于 12 dB，应考虑原因，如适用应进一步修整探头移动区。

当检测对象存在较大的声能传输损失差值，但未发现明显原因时，应测量检测对象不同位置的声能传输损失，并应采取修正措施。

10.5 信噪比

焊缝检测过程中，噪声电平，不包括表面伪显示，应至少保持在评定等级－12 dB 以下。可根据技术协议放宽信噪比要求。

11 检测等级

焊接接头的质量要求，主要与材料、焊接工艺和服役状况有关。依据质量要求，本标准规定了四个检测等级(A、B、C 和 D 级)。

从检测等级 A 到检测等级 C，增加检测覆盖范围(如增加扫查次数和探头移动区等)，提高缺欠检出率。检测等级 D 适用于特殊应用，在制定书面检测工艺规程时应考虑本标准的通用要求。通常，检测等级与焊缝质量等级有关(如 GB/T 19418)。相应检测等级可由焊缝检测标准、产品标准或其他文件规定。

当规定使用 ISO 17635 时，表 5 给出了推荐的检测等级和验收等级。

表 5 推荐的检测等级

按 GB/T 19418 标准的质量等级	按本标准的检测等级[a]	按 GB/T 29712 标准的验收等级
B	至少 B 级	2
C	至少 A 级	3
D	无适用的检测等级[b]	无应用[b]

[a] 当需要评定显示特征时，应按 GB/T 29711 评定。

[b] 不推荐做超声检测。但如果协议规定使用，参考 GB/T 19418 的 C 级执行。

针对各种接头类型，附录 A 给出了检测等级 A 到 C 的规定要求。附录 A 给出的各种接头类型仅是理想状态，实际的焊缝条件或可检性与附录 A 不完全一致时，应修改检测技术以满足本标准通用要求和检测等级规定要求。针对上述情况，应制定一份书面检测工艺规程。

12 检测技术

12.1 概述

应依据 12.2～12.5 要求进行超声检测。

12.2 手工扫查路径

在保持声束垂直焊缝作前后移动(见图 2)的同时,探头还应作 10°左右的转动。

12.3 与检测面垂直的缺欠检测

单一斜角检测技术很难检测与检测面垂直的近表面平面型缺欠。宜考虑采用特定的检测技术检测此类缺欠(尤其厚焊缝检测)。上述检测技术的使用应写入技术协议中。

12.4 显示位置

所有显示的位置,应参考一个坐标系定义,如图 3 所示。

应选择检测面的某一点作为测量原点。

当从多个面进行检测时,每个检测面都应确定参考点。在这种情况下,应当建立所有参考点之间的位置关系,以便所有显示的绝对位置可以从指定的参考点确定。

环形焊缝可在装配前确定内外圈的参考点。

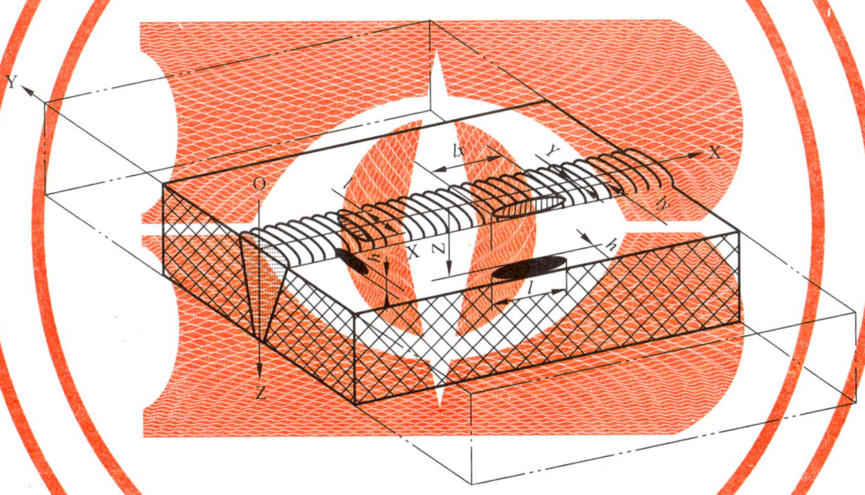

说明:

O——原点。

注:符号 h,l,lx,ly,x,y,z 含义见表 1。

图 3 显示位置的坐标

12.5 显示评定

12.5.1 概述

所有超过评定等级的相关显示应按 12.5.2~12.5.4 评定。

12.5.2 最大回波幅度

应移动探头找到最大回波幅度,并记录相对于参考等级的幅度差值。

12.5.3 显示长度

除非另有规定,纵向显示长度(l_x)或横向显示长度(l_y),应尽可能使用验收等级标准规定的技术测定。

12.5.4 显示自身高度

仅在技术协议要求时,应测定显示自身高度。

12.5.5 显示特征

如有规定,显示特征应符合 GB/T 29711 要求。

13 检测报告

检测报告应至少包含下列信息:

a) 被检对象特征:
   1) 材质和产品门类;
   2) 尺寸;
   3) 被检焊缝/焊接接头所处位置;
   4) 几何结构草图(如需);
   5) 焊接工艺,技术协议和热处理状态;
   6) 制造状态;
   7) 表面状态;
   8) 被检对象温度。

b) 合同要求,例如工艺、导则、和特殊协议等;

c) 检测地点和检测日期;

d) 检测机构标识和检测人员资格认证信息;

e) 超声检测仪制造商、机型和编号,如要求;

f) 探头制造商、类型、标称频率、晶片尺寸、实际折射角度和编号,如要求;

g) 参考试块编号,附带草图,如需;

h) 耦合剂;

i) 检测等级和引用的书面检测工艺规程;

j) 检测范围;

k) 探头移动区位置;

l) 参考点和所用坐标系详情,参见 12.4;

m) 探头放置部位,参考附录 A 或草图示意;

n) 时基线范围;

o) 灵敏度设定方法和所用值(参考等级的增益设定和传输修正值);

p) 参考等级;

q) 母材检测结果;

r) 验收等级标准;

s) 与本标准或合同要求的偏离;

t) 显示坐标(参见 12.4),给出相关检测探头及其位置;

u) 最大回波幅度(参见 12.5.2),如要求,给出显示的类型和尺寸;

v) 显示长度(参见 12.5.3);

w) 按规定的验收等级给出评价结果;

x) 引用本标准。

附　录　A
（规范性附录）
各种类型焊接接头的检测等级

各种类型焊接接头的检测等级，见图 A.1～图 A.7 和表 A.1～表 A.7。

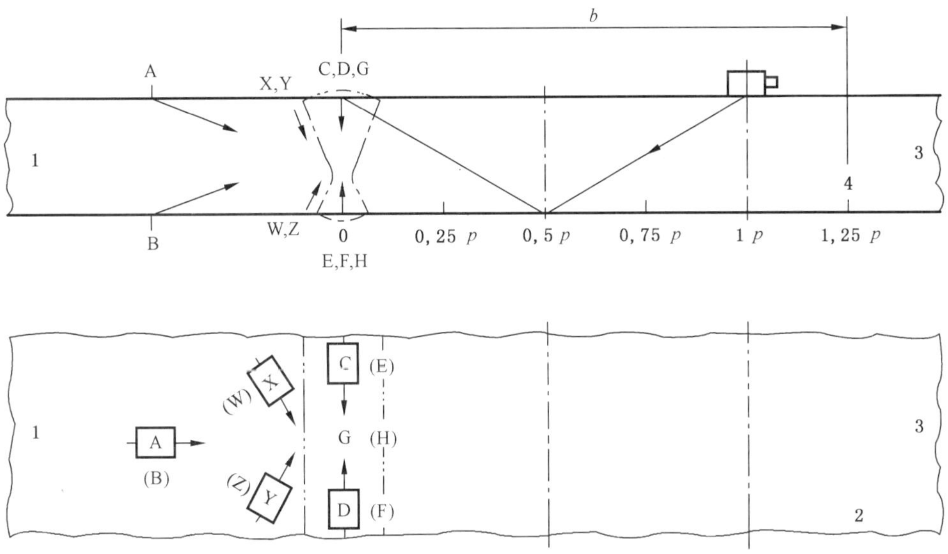

说明：

1——位置 1；

2——位置 2；

3——位置 3；

4——位置 4；

A,B,C,D,E,F,G,H,W,X,Y,Z——探头位置；

b——与跨距(p)相关的探头移动区宽度(SZW)；

p——全跨距。

图 A.1　板-板和管-管对接接头

表 A.1 板-板和管-管对接接头(典型结构,见图 A.1)

检测等级	母材厚度 mm	纵向显示						横向显示			
		数量要求				合计扫查次数	备注	数量要求		合计扫查次数	备注
		探头角度	探头位置	探头移动区宽度	探头位置			探头角度	探头位置		
		L-扫查			N-扫查			T-扫查			
A	$8 \leq t < 15$	1	A 或 B	$1.25p$	—	2	[a]	1	(X 和 Y)或(W 和 Z)	4	[c]
	$15 \leq t < 40$	1	A 或 B	$1.25p$	—	2	[a]	1	(X 和 Y)或(W 和 Z)	4	[c]
B	$8 \leq t < 15$	1	A 或 B	$1.25p$	—	2	[e]	1	(X 和 Y)或(W 和 Z)	4	[c]
	$15 \leq t < 40$	2[f]	A 或 B	$1.25p$	—	4	[b,e]	1	(X 和 Y)或(W 和 Z)	4	[c]
	$40 \leq t < 60$	2	A 或 B	$1.25p$	—	4	[b]	2	(X 和 Y)或(W 和 Z)	8	[c]
	$60 \leq t \leq 100$	2	A 或 B	$1.25p$	—	4	[b]	2	(C 和 D)或(E 和 F)	4	[c,d]
C	$8 \leq t < 15$	1	A 或 B	$1.25p$	G 或 H	3	[d]	1	(C 和 D)或(E 和 F)	2	[d]
	$15 \leq t \leq 40$	2	A 或 B	$1.25p$	G 或 H	5	[b,d]	2	(C 和 D)或(E 和 F)	4	[d]
	>40	2	A 或 B	$1.25p$	G 或 H	5	[b,d]	2	(C 和 D)或(E 和 F)	4	[d]

注:L-扫查:使用斜探头扫查纵向显示;
N-扫查:使用直探头扫查;
T-扫查:使用斜探头扫查横向显示;
p:全跨距。

[a] 可由检测合同限制为单面一次扫查。

[b] 附加串列检测技术由检测合同特别规定。

[c] 仅由检测合同特别规定。

[d] 焊缝表面应符合第 8 章要求。焊缝表面可要求磨平,单面环焊缝只磨外表面即可。

[e] 如果只进行单面扫查,应选用 2 个角度的探头。

[f] 在 15 mm$< t \leq$25 mm 范围内,如果选用低于 3 MHz 的频率,1 个角度的探头扫查即可。

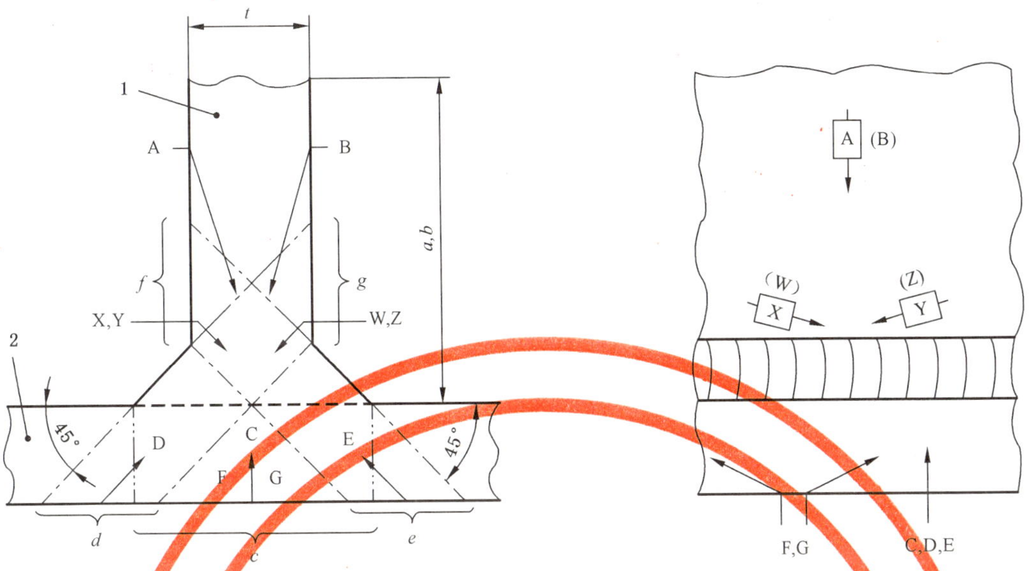

a） 端视　　　　b） 侧视

说明：

1——部件 1；

2——部件 2；

A,B,C,D,E,F,G,W,X,Y,Z——探头位置；

a,*b*,*c*,*d*,*e*,*f*,*g*—— 探头移动区宽度；

t ——厚度。

图 A.2　T 型接头

表 A.2　T 型接头(典型结构,见图 A.2)

检测等级	母材厚度 mm	纵向显示						横向显示				
		数量要求					合计扫查次数	数量要求			合计扫查次数	备注
		探头角度	探头位置	探头移动区宽度	探头位置	探头移动区宽度		探头角度	探头位置	探头移动区宽度		
		L-扫查			N-扫查			T-扫查				
A	$8 \leqslant t < 15$	1	A 或 B	$1.25p$	C[c]	—	1	—	—	—	—	[a]
A	$15 \leqslant t < 40$	1	A 或 B	$1.25p$	C[c]	c	2	—	—	—	—	[a]
B	$8 \leqslant t < 15$	1	A 或 B	$1.25p$	C[c]	—	2	1	F 和 G	c	2	[b]
B	$15 \leqslant t < 40$	1	A 和 B	$1.25p$	C[c]	c	3	1	(F 和 G)或(X 和 Y)或(W 和 Z)	c $f+g$	2	[b]
B	$40 \leqslant t \leqslant 100$	2	A 和 B	$0.75p$	C[c]	c	5	1	(F 和 G)或(X 和 Y)或(W 和 Z)	c $f+g$	2	[b]
C	$8 \leqslant t < 15$	1	A 和 B	$1.25p$	C[c]	c	3	2	F 和 G	c $f+g$	4	[b]
C	$15 \leqslant t < 40$	2 1	(A 和 B)和 (D 和 E)	$1.25p$ $d+e$	C[c]	c	7	1	(F 和 G)和(X 和 Y)或(W 和 Z)	c $f+g$	4	[b]
C	$40 \leqslant t \leqslant 100$	2 1	(A 和 B)和 (D 和 E)	$0.75p$ $d+e$	C[c]	c	7	2	(F 和 G)和(X 和 Y)或(W 和 Z)	c $f+g$	8	[b]
C	>100	3 1	(A 和 B)和 (D 和 E)	$0.75p$ $d+e$	C[c]	c	9	2	(F 和 G)和(X 和 Y)或(W 和 Z)	c $f+g$	8	[b]

注：L-扫查：使用斜探头扫查纵向显示；

N-扫查：使用直探头扫查；

T-扫查：使用斜探头扫查横向显示；

p：全跨距。

[a] 不适用。

[b] 执行仅在检测合同特别规定时。

[c] 如果位置 C 不能扫查，可从位置 A 或位置 B 用串列检测技术代替。

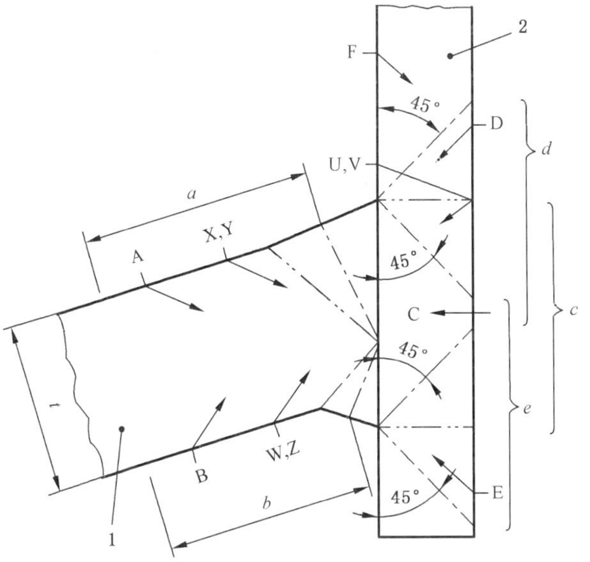

a） 横截面

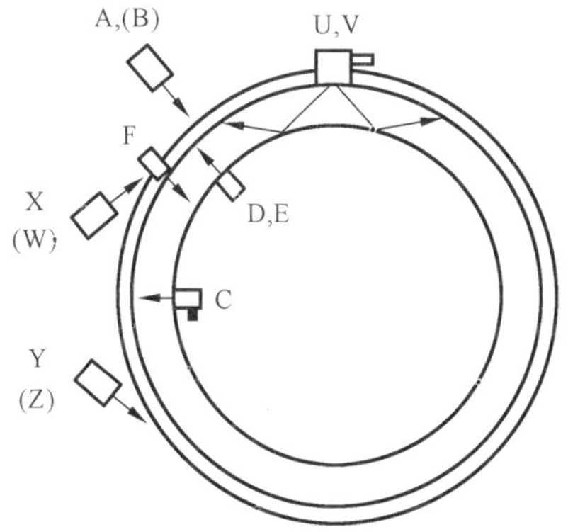

b） 俯视

说明：

1——部件1,筒体/平板；

2——部件2,接管；

A,B,C,D,E,F,U,V,W,X,Y,Z——探头位置；

a,*b*,*c*,*d*,*e* ——探头移动区宽度；

t ——厚度。

图 A.3 插入式管座角接头

表 A.3 插入式管座角接头(典型结构,见图 A.3)

检测等级	母材厚度 mm	纵向显示						横向显示			
		数量要求					合计扫查次数	数量要求		合计扫查次数	备注
		探头角度	探头位置	探头移动区宽度	探头位置	探头移动区宽度		探头角度	探头位置		
		L-扫查			N-扫查			T-扫查			
A	8≤t<15	1	A	1.25p	C	c	1	—	—	—	[a]
	15≤t≤40	1	A 或 F 或 D	1.25p d	C	c	2	—	—	—	[a]
B	8≤t<15	1	A 或 D	1.25p $d+e$	C	c	2	1	(U 和 V)或(X 和 Y)或(W 和 Z)	2	[b]
	15≤t<40	1	A 或 (D 和 E)	1.25p $d+e$	C	c	2 或 3	1	(U 和 V)或(X 和 Y)或(W 和 Z)	2	[b]
	40≤t<60	1	(A 或 B)和 (D 和 E)	1.25p $d+e$	C	c	4	1	(X 和 Y)和(W 和 Z)	4	[b]
	60≤t≤100	2 1	(A 和 B)和 (D 和 E)	0.5p $d+e$	C	c	7	2	(X 和 Y)和(W 和 Z)	8	[b]
C	8≤t<15	1	(A 或 B)和 (D 或 E)	1.25p d 或 e	C	c	3	1	(U 和 V)或(X 和 Y)和(W 和 Z)	2 或 4	[b]
	15≤t≤40	2	(A 或 B)和 (D 或 E)	0.5p d 或 e	C	c	5	2	(X 和 Y)和(W 和 Z)	8	[b]
	>40	2	(A 或 B)和 (D 或 E)	0.5p $d+e$	C	c	9	2	(X 和 Y)和(W 和 Z)	8	[b]

注: L-扫查:使用斜探头扫查纵向显示;
N-扫查:使用直探头扫查;
T-扫查:使用斜探头扫查横向显示;
p:全跨距。

[a] 不适用。

[b] 仅在检测合同特别规定时执行。

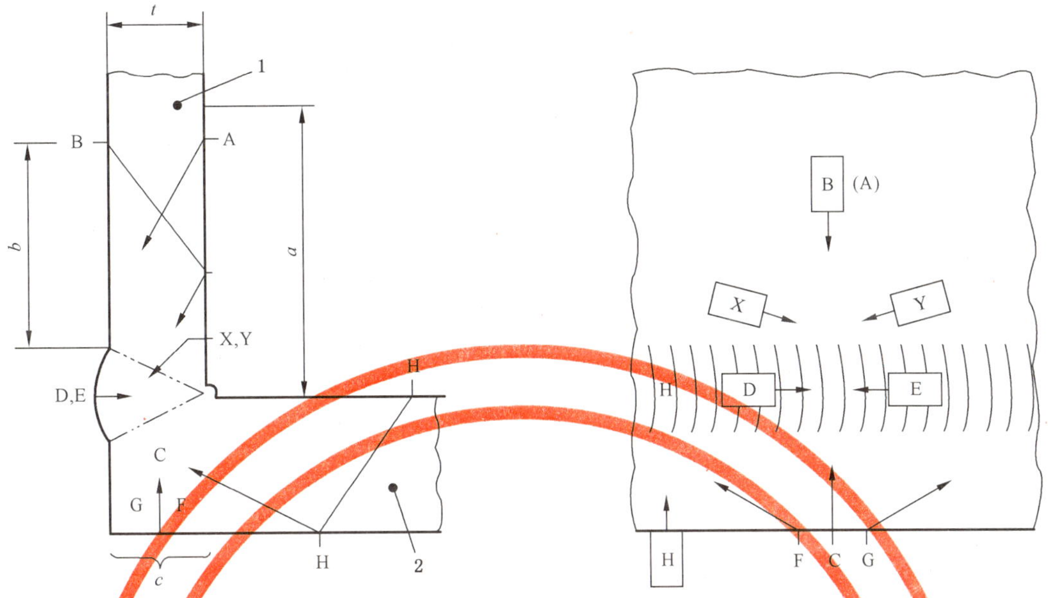

a） 横截面　　　　b） 端视

说明：

1——部件 1，接件；

2——部件 2，主件；

A，B，C，D，E，F，G，H，X，Y——探头位置；

a，*b*，*c*——探头移动区宽度；

t——厚度。

图 A.4　L 型接头

表 A.4　L 型接头(典型结构,见图 A.4)

检测等级	母材厚度 mm	纵向显示						横向显示			备注
		数量要求					合计扫查次数	数量要求		合计扫查次数	
		探头角度	探头位置	探头移动区宽度	探头位置	探头移动区宽度		探头角度	探头位置		
		L-扫查			N-扫查			T-扫查			
A	$8 \leqslant t < 15$	1	A 或 B 或 H	$1.25p$	C	c	1	—	—	—	[a]
	$15 \leqslant t \leqslant 40$	1	A 或 B 或 H	$1.25p$	C	c	2	—	—	—	[a]
B	$8 \leqslant t < 15$	1	A 或 B 或 H	$1.25p$	C	c	1	1	(F 和 G)或(X 和 Y)	2	[b]
	$15 \leqslant t < 40$	2	A 或 B 或 H	$1.25p$	C	c	3	2	(F 和 G)或(X 和 Y)	4	[b]
	$40 \leqslant t \leqslant 100$	2	(H 或 A)和 B	$0.75p$	C	c	5	2	D 和 E	4	[b,c]
C	$8 \leqslant t < 15$	1	(H 或 A)和 B	$1.25p$	C	c	3	1	D 和 E	2	[b,c]
	$15 \leqslant t < 40$	2	(H 或 A)和 B	$1.25p$	C	c	5	1	D 和 E	2	[b,c]
	$40 \leqslant t \leqslant 100$	3	(H 或 A)和 B	$1.25p$	C	c	7	2	D 和 E	4	[b,c]
	>100	3	(H 或 A)和 B	$0.5p$	C	c	7	2	D 和 E	4	[b,c]

注:L-扫查:使用斜探头扫查纵向显示;
N-扫查:使用直探头扫查;
T-扫查:使用斜探头扫查横向显示;
p:全跨距。

[a] 不适用。
[b] 仅在检测合同特别规定时执行。
[c] 焊缝表面应符合第 8 章要求。焊缝表面可要求磨平。

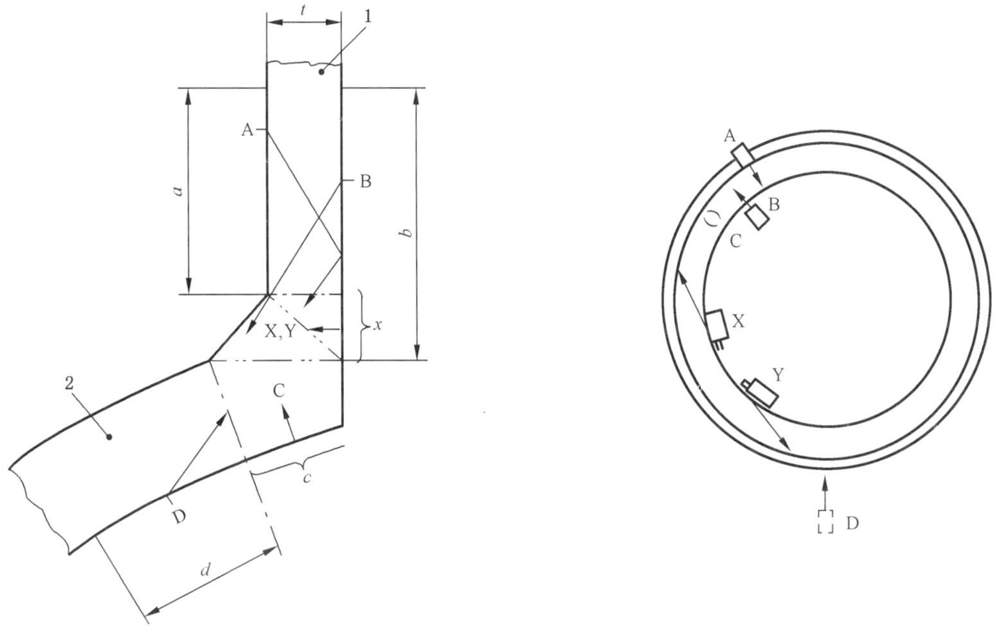

a） 横截面　　　　b） 俯视

说明：

1——部件 1，支管；

2——部件 2，主管；

A，B，C，D，X，Y——探头位置；

a，b，c，d，x ——探头移动区宽度；

t ——厚度。

图 A.5　骑坐式管座角接头

表 A.5 骑坐式管座角接头(典型结构,见图 A.5)

检测等级	母材厚度 mm	纵向显示						横向显示			
		数量要求					合计扫查次数	数量要求		合计扫查次数	备注
		探头角度	探头位置	探头移动区宽度	探头位置	探头移动区宽度		探头角度	探头位置		
		L-扫查			N-扫查			T-扫查			
A	8≤t<15	1	A 或 B	1.25p 0.50p	—	—	1	—	—	—	[a]
	15≤t≤40	1	A 或 B	1.25p 0.50p	C	c	2	—	—	—	[a]
B	8≤t<15	2	A 或 B	1.25p 0.50p	—	—	2	1	X 和 Y	2	[b,c]
	15≤t<40	2	A 或 B	1.25p 0.50p	C	c	3	1	X 和 Y	2	[b,c]
	40≤t<60	2	A 和(B 或 D)	1.25p 0.50p	C	c	5	2	X 和 Y	4	[b,c]
	60≤t≤100	2	A 和(B 或 D)	1.25p 0.50p	C	c	5	2	X 和 Y	4	[b,c]
C	8≤t<15	3	A 或 B	1.25p 0.50p	C	c	4	1	X 和 Y	2	[b,c]
	15≤t<40	3	A 或 B	1.25p 0.50p	C	c	4	1	X 和 Y	2	[b,c]
	40≤t<60	3	A 和 B	1.25p 0.50p	C	c	7	2	X 和 Y	4	[b,c]
	60≤t≤100	3	A 和 B	1.25p 0.50p	C	c	7	2	X 和 Y	4	[b,c]

注:L-扫查:使用斜探头扫查纵向显示;
N-扫查:使用直探头扫查;
T-扫查:使用斜探头扫查横向显示;
p:全跨距。

[a] 不适用。
[b] 仅由检测合同特别规定时执行。
[c] 焊缝表面应符合第 8 章要求。焊缝表面可要求磨平。

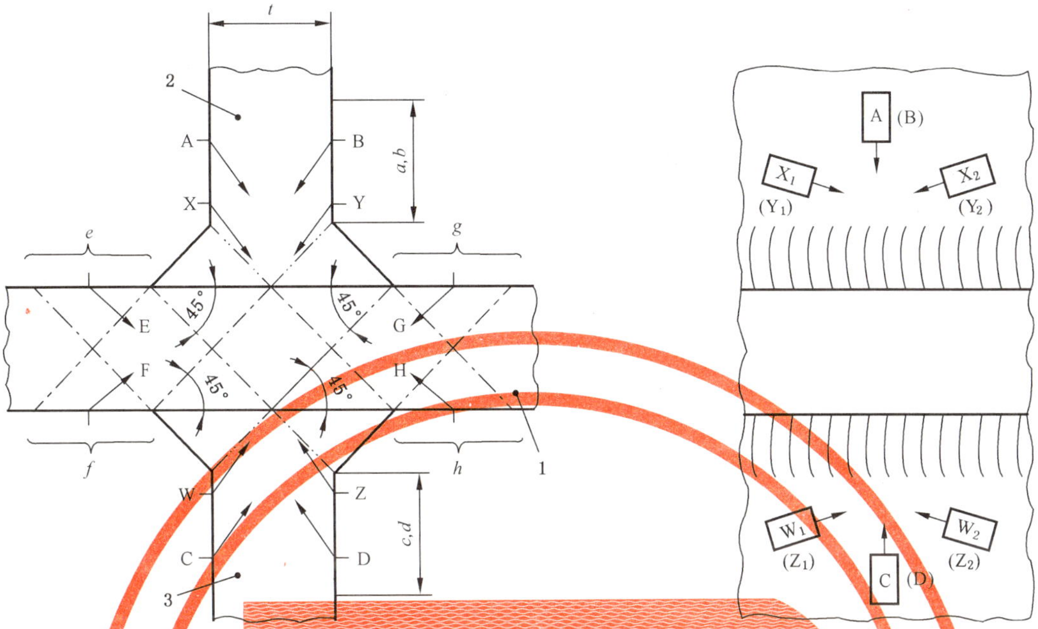

a) 端视　　　　b) 侧视

说明：

1——部件1；

2——部件2；

3——部件3；

A,B,C,D,E,F,G,H,W,W_1,W_2,X,X_1,X_2,Y,Y_1,Y_2,Z,Z_1,Z_2——探头位置；

a,b,c,d,e,f,g,h——探头移动区宽度；

t——厚度。

图 A.6　十字接头

表 A.6　十字接头(典型结构,见图 A.6)

检测等级	母材厚度 mm	纵向显示					横向显示			
		数量要求			合计扫查次数	备注	数量要求		合计扫查次数	备注
		探头角度	探头位置	探头移动区宽度			探头角度	探头位置		
		L-扫查					T-扫查			
A	$8\leqslant t<15$	1	(A 和 C)或(B 和 D)	$1.25p$	2	—	—	—	—	a
	$15\leqslant t<40$	1	A 和 B 和 C 和 D	$0.75p$	4	c	—	—	—	a
	$40\leqslant t\leqslant 100$	2	A 和 B 和 C 和 D	$0.75p$	8	c	—	—	—	///
B	$8\leqslant t<15$	1	A 和 B 和 C 和 D	$1.25p$	4	—	1	(X_1 和 Y_1 和 W_1 和 Z_1)和 (X_2 和 Y_2 和 W_2 和 Z_2)	8	b
	$15\leqslant t<40$	2	A 和 B 和 C 和 D	$0.75p$	8	c	1	(X_1 和 Y_1 和 W_1 和 Z_1)和 (X_2 和 Y_2 和 W_2 和 Z_2)	8	b
	$40\leqslant t\leqslant 100$	2 1	(A 和 B 和 C 和 D)和 (E 和 F 和 G 和 H)	$0.75p$ e-h	12	d d	2	(X_1 和 Y_1 和 W_1 和 Z_1)和 (X_2 和 Y_2 和 W_2 和 Z_2)	16	b
C	$40\leqslant t\leqslant 100$	2 1	(A 和 B) 和(C 和 D) 和(E 和 F) 和(G 和 H) 和串列扫查 (A 或 B) 和(C 或 D)	$0.75p$ e-h	14	—	2	(X_1 和 Y_1 和 W_1 和 Z_1)和 (X_2 和 Y_2 和 W_2 和 Z_2)	16	b

注：L-扫查：使用斜探头扫查纵向显示；
N-扫查：使用直探头扫查；
T-扫查：使用斜探头扫查横向显示；
p：全跨距。

a 不适用。
b 仅由检测合同特别规定时执行。
c 若要求更高的灵敏度等级，应使用串列检测技术。
d 若要求更高的灵敏度等级，应使用串列检测技术。在此情况下，应略去位置 E,F,G,H 的扫查。

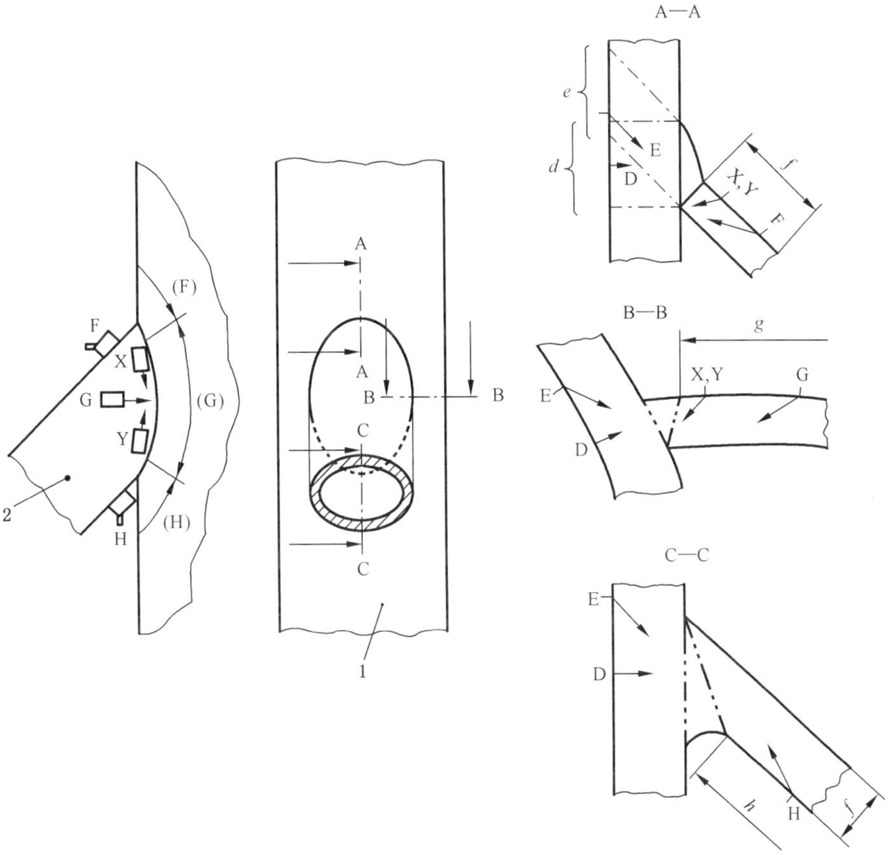

说明：

1——部件 1，主管；

2——部件 2，支管；

A，B，C，D，E，F，G，H，X，Y ——探头位置；

d，*e*，*f*，*g*，*h*——探头移动区宽度。

图 A.7　管座相贯角接头

表 A.7 管座相贯角接头(典型结构,见图 A.7)

检测等级	母材厚度 mm	纵向显示						横向显示			
		数量要求					合计扫查次数	数量要求		合计扫查次数	备注
		探头角度	探头位置	探头移动区宽度	探头位置	探头移动区宽度		探头角度	探头位置		
		L-扫查			N-扫查			T-扫查			
A	8≤t<15	2	F 和 G 和 H	1.25p	—	—	6	—	—	—	a,b
	15≤t<40	3	F 和 G 和 H	1.25p	—	—	9	—	—	—	a,b
	40≤t≤100	3	F 和 G 和 H	1.25p	—	—	9	—	—	—	a,b
B	8≤t<15	2	F 和 G 和 H	1.25p 0.50p	D	d	7	1	X 和 Y	2	a,c
	15≤t<40	3	F 和 G 和 H	1.25p 0.50p	D	d	10	2	X 和 Y	4	a,c
	40≤t≤100	3 1	(F 和 G 和 H) 和 E	1.25p e	D	d	11	2	X 和 Y	4	a,c
C	—										

注:L-扫查:使用斜探头扫查纵向显示;
N-扫查:使用直探头扫查;
T-扫查:使用斜探头扫查横向显示;
p:全跨距。

[a] 相贯接头检测通常应使用检测等级 D,由检测合同特别规定。
[b] 不适用。
[c] 如果部件 1 内孔不可达(位置 D 和 E),则检测等级 B 不适用。

附 录 B
（规范性附录）
串列检测

B.1 概述

串列检测使用两个折射角为45°的斜探头，一个探头用于发射超声波，一个探头用于接收超声波。当焊缝厚度大于160 mm时，可选用不同晶片尺寸的探头，以确保在检验区域内得到相同截面尺寸的声束。

受检测对象几何条件的限制，可使用折射角不为45°的斜探头，但要避免产生波形转换。

两个斜探头应置于同一直线上，以保证前一探头发射的声束经底面反射后能斜入射检测区域的某一显示，该显示的反射声束能被后一探头接收。

斜探头间距(y)、声束轴线交叉点检测深度(t_m)和检测区域高度(t_z)之间的关系见图B.1。

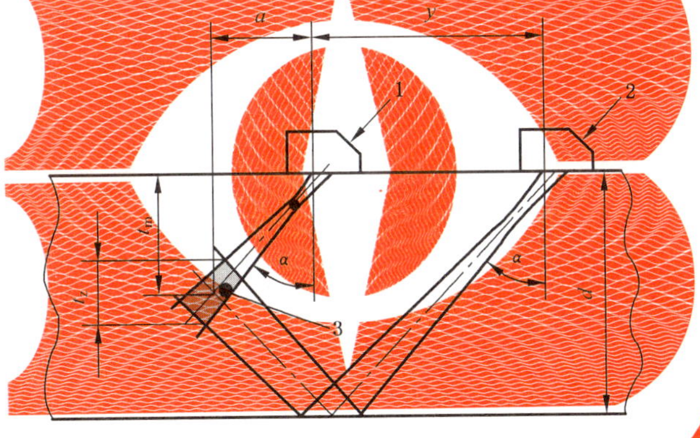

说明：

1 ——探头1；

2 ——探头2；

3 ——检验区域；

a ——水平距离；

d ——材料厚度；

t_m——检测深度；

y ——探头间距；

t_z——检测区域高度。

图B.1 串列检测基本原理

当检测两平行端面的工件时，探头间距由下式决定：

$$y=2\tan\alpha(d-t_m)$$

如$\alpha=45°$：

$$y=2(d-t_m)$$

可选用下列任一方法进行扫查：

——两探头沿工件表面以固定探头间距(y)移动。

此方法一次只能检测一定深度的检测区域。需要调整探头间距，以覆盖整个深度截面的检测区域。

——两探头同时移动，保持它们声轴平面交叉距离之和不变（声轴要垂直焊缝轴），从而在一个连续运动中扫查整个厚度范围。

B.2 时基线调节

基本上所有相关回波都显示相同声程距离，且都符合 V 声程路径。建议把 V 声程路径回波调在一固定位置，如时基线 8 格上。

B.3 灵敏度设定

用以下反射体设定灵敏度：

平行面：底面反射波形成 V 路径反射波；

平底孔：垂直扫查面，在声轴交叉处；

横孔：在声轴交叉处且在检测区域边缘。

B.4 检测区域计算

划分相等的检验区域以确保灵敏度不降低。检验区域高度的计算：检验区边缘的灵敏度与声轴交叉处的灵敏度相比不低于 6 dB，见图 B.2。

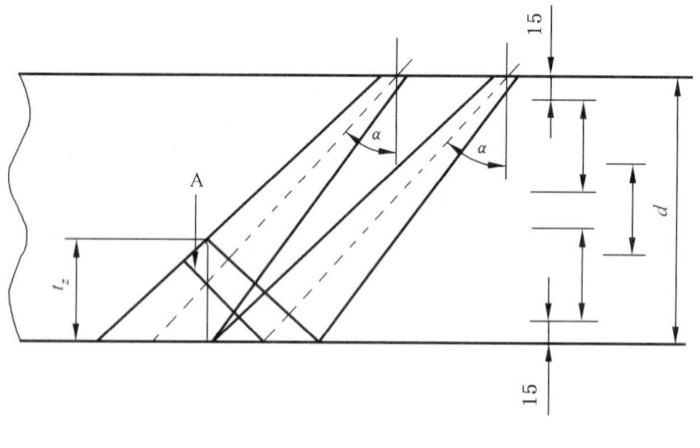

说明：

A ——声束有效直径；

d ——材料厚度；

t_z ——检测区域高度。

图 B.2 检测区域

检测区域高度（t_z）可用参考试块上不同深度反射体来测定，或用接近对面最大声程结合声束有效直径来计算：

$$t_z \approx \frac{\lambda(d-15\ \text{mm})}{\sin\alpha \cdot \cos\alpha \cdot D_{\text{eff}}}$$

如 $\alpha=45°$：

$$t_z \approx \frac{2 \cdot \lambda(d-15\ \text{mm})}{D_{\text{eff}}}$$

式中：

D_{eff}——晶片有效直径。

检测区域数量按下式计算：

$$n_{tz}=\left|\frac{d-30\ \text{mm}}{t_z}+1\right|,n_{tz}=1,2,3$$

调整探头间距离 y(见图 B.1),使声轴交叉点在每一个检测区域中心。检测区域的宽度和数量用比例图或 6 dB 声束有效直径计算。

B.5 灵敏度修正

设定灵敏度时需对传输和衰减损耗进行修正。除此之外,由于侧壁干扰引起的灵敏度降低也要作补偿。可用 6 dB 法或测量检测区域边缘平底孔值的方法来设定灵敏度修正。

附　录　C
（资料性附录）
设备技术参数

本附录给出了超声检测仪器和探头的常用技术参数，这些技术参数由制造商提供。如果制造商与客户同意，可删减和/或增加本附录给出的技术参数内容。

C.1　超声仪器

C.1.1　一般特性参数包括：

a）尺寸；

b）重量；

c）使用电源类型；

d）探头插头型号；

e）电池工作时间（新电池在最大功耗情况下）；

f）温度和电压（电源和/或电池的）范围（在给定的技术指标范围内进行工作），如需预热则说明预热时间；

g）低电压（超声仪器不能正常工作时）的显示方式；

h）电池正常放电和充电过程中、在电池电压范围内，标准恒定信号的幅度和水平基线位置的变化的百分数；

i）脉冲重复频率（PRF）（开关位置和/或可变范围）；

j）可（通过插座）输出不检波（RF）和/或检波信号；

k）提供闸门信号输出（即：go/no go 和/或比例输出以及输出响应时间、线性，比例输出的最大电流驱动能力和稳定性。go/no go 闸门的阈值迟滞和精度以及开关输出的保持时间）。

C.1.2　显示器的特性参数包括：

a）显示刻度区域的尺寸；

b）垂直和水平方向的主、子刻度线的数量；

c）仪器内置的、操作人员无法控制的抑制；

d）时基的速度、延迟范围，时基线性。

C.1.3　发射器的特性参数包括：

a）发射脉冲波形（即方波，单向或双向），必要时还包括极性；

b）在 50 Ω 无感电阻输出负载条件下脉冲强度设置及脉冲重复频率：

　1）发射脉冲电压（峰-峰电压）；

　2）脉冲上升时间；

　3）脉冲宽度（对方波，脉冲宽度可调范围）；

　4）脉冲下降时间（仅方波）；

　5）有效输出阻抗（有误差）；

　6）脉冲回响幅度；

　7）频谱图。

C.1.4　放大器与衰减器的特性参数包括：

a）校准衰减器的特性（又称为“增益控制”），如 dB 范围、步进、精度；

b）未校准可变增益（例 dB 范围）的特性；

c） 与屏幕刻度相关的垂直线性；

d） 每个频带设置(给出误差值)的中心频率及带宽(在－3 dB点之间)，衰减器设置的影响；

e） 发射脉冲后的盲区，包括脉冲强度、阻尼、衰减器/增益控制和频带设置的影响；

f） 所有频率设置时的输入等效噪声(微伏)；

g） 在所有规定频率范围内屏幕高度10%的最小输入电压；

h） 在所有规定频率范围内超声仪器的动态范围；

i） 在规定频率范围内超声仪器的等效输入阻抗；

j） 距离幅度校准功能包括：动态范围、最大校准斜率(分贝/微秒)、校准形式、DAC控制的影响。

C.1.5 数字超声仪器除上述以外还包括：

a） 数模转换；

b） A型显示的像素数量；

c） 数据输出及存贮设备；

d） 打印输出；

e） 校准存贮设备；

f） 显示与存取设备；

g） 自动校准；

h） 显示器的类型及其响应时间。

必要时，还包括使用的采样率、采样率和响应时间对脉冲重复频率显示范围的影响、显示数据处理的数学原理、安装软件的版本。

C.2 超声探头

超声探头的特性参数包括：

a） 制造商名称；

b） 探头类型；

c） 探头重量、尺寸；

d） 接头类型；

e） TR连接线(发-收)，可更换的；

f） 换能器材料；

g） 换能器形状、尺寸；

h） 楔块材料、延迟；

i） 耐磨片材料；

j） 耐磨允许公差；

k） 串扰衰减；

l） 脉冲波形(时间和频率)；

m） 中心频率、带宽；

n） 脉冲回波灵敏度；

o） 距离幅度曲线；

p） 阻抗静电容；

q） 探头入射点；

r） 声束角；

s） 扩散角；

t） 声束轴线偏移；

u） 偏向角；

v） 焦距、近场；

w） 焦点宽度；

x） 焦点长度；

y） 外观。

附 录 D
（规范性附录）
曲面工件实际折射角计算

D.1 纵向曲面磨弧探头

探头的入射角度(α_d)可从已测量的声束折射角(α)与一条线之间来计算，一条线可从探头入射点与平行于入射声束来得到，并将线在探头一侧做记号，如图 D.1 所示。

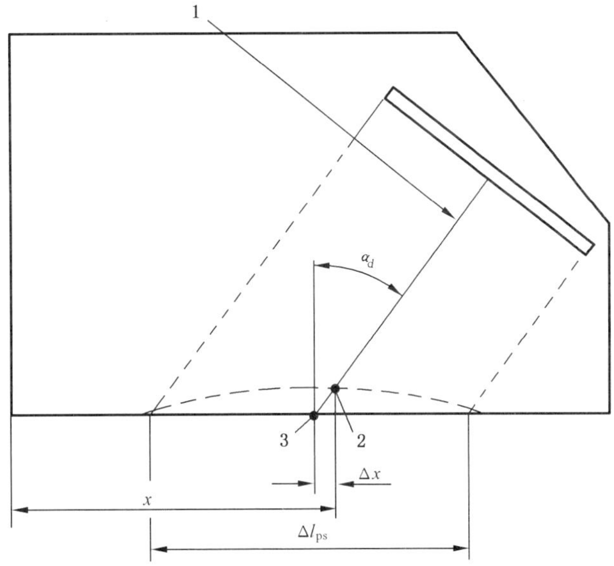

说明：

1——探头主声束轴线；

2——修整后的探头入射点；

3——修整前的探头入射点。

图 D.1 纵向曲面磨弧探头入射点变化的测定

入射角度可从下式来得出：

$$\alpha_d = \arcsin\left(\frac{c_d}{c_t}\sin\alpha\right)$$

式中：

c_d ——探头斜楔纵波声速(通常有机玻璃纵波声速为 2 730 m/s)；

c_t ——被检工件横波声速(一般钢横波声速为 3 255 m/s±15 m/s)。

修整后的探头入射点将会沿着标记线移动，并且它的新位置可以用手工方法直接在探头外壳上测定，如图 D.1 所示。

探头折射角可通过满足要求的横孔最大回波来测定，也可在工件、参考试块或者是在比例图纸上直接测定，如图 D.2 所示。

或者折射角可以用手工方法在参考试块上测量的声程长度来计算出来，使用下式来计算：

$$\alpha=\arccos\left\{\frac{\left[(D_{\mathrm{SDH}}/2)^2+s^2-t^2+sD_{\mathrm{SDH}}+tD_{\mathrm{obj}}\right]}{D_{\mathrm{obj}}\left[s+(D_{\mathrm{SDH}}/2)\right]}\right\}$$

图 D.2 中示意了方程式中各符号的含义。

校准所用表面的曲率半径与被检工件相比，误差应控制在±10%之内。

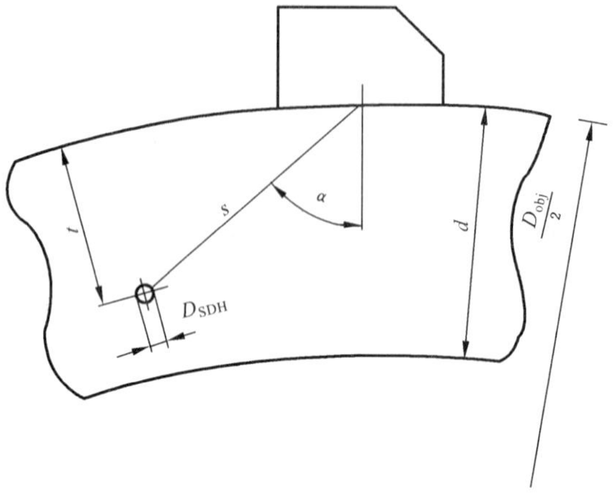

图 D.2　纵向磨弧探头折射角 α 的测定

D.2　横向曲面磨弧探头

横向曲面磨弧探头修整后，探头入射点位置的变化量(Δx)如图 D.3 所示。

$$\Delta x=g\tan(\alpha_{\mathrm{d}})$$

有机玻璃斜楔($c_{\mathrm{d}}=2\ 730\ \mathrm{m/s}$)，非合金钢被检件($c_{\mathrm{t}}=3\ 255\ \mathrm{m/s}$)，探头入射点位置的变化量($\Delta x$)，三个最常用的声束角度和修正深度($g$)可从图 D.4 中读出。

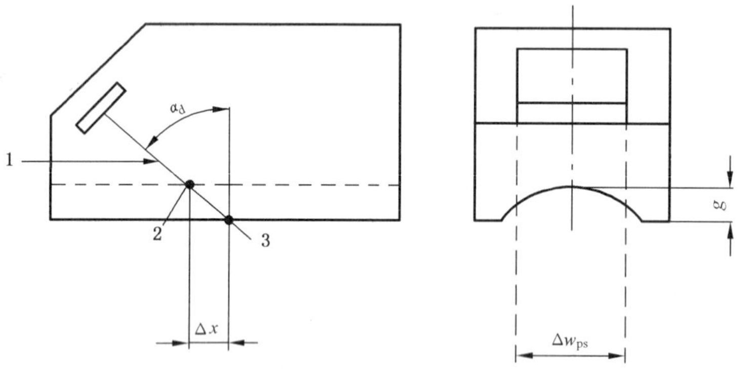

说明：

1——探头主声束轴线；

2——修整后的探头入射点；

3——修整前的探头入射点。

图 D.3　横向曲面磨弧探头入射点变化的测定

修整时不能改变声束角度。如果声束角度变化是未知的，或者修正深度沿着探头长度的有任何变化时，应在一块合适的修整后的参考试块上利用横孔来测定。声束角度由以下决定：

a)　在比例图纸上，在横孔与探头入射点之间画一条直线：或者

b)　按图 D.5 所建立的方程式来进行计算。

$$\alpha = \arctan\left(\frac{A' + x - q}{t}\right)$$

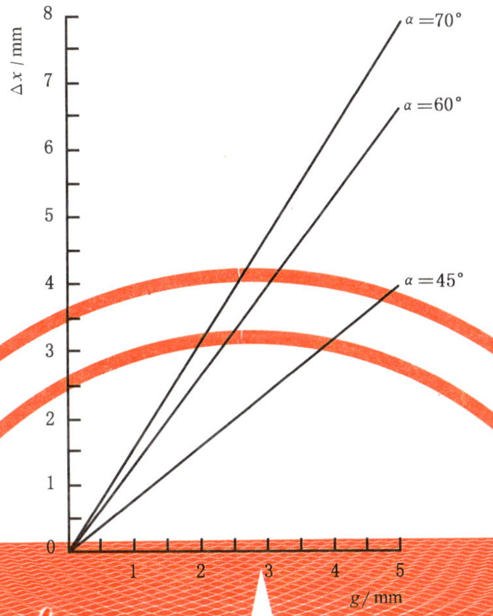

图 D.4 探头入射点的变化量 Δx,有机玻璃中的延迟路径

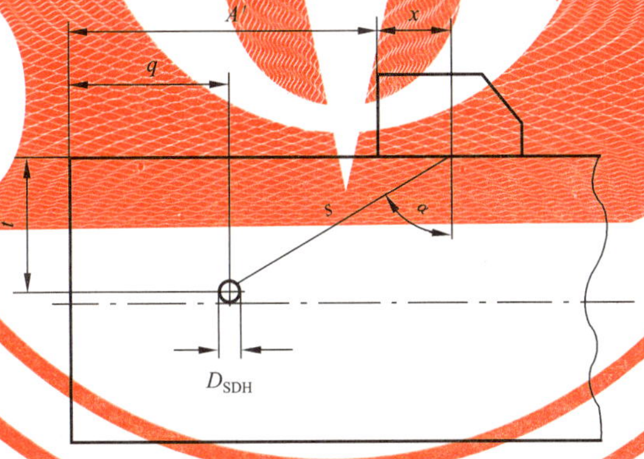

图 D.5 横孔测定声束折射角度

D.3 折射角变化规律

见图 D.6。

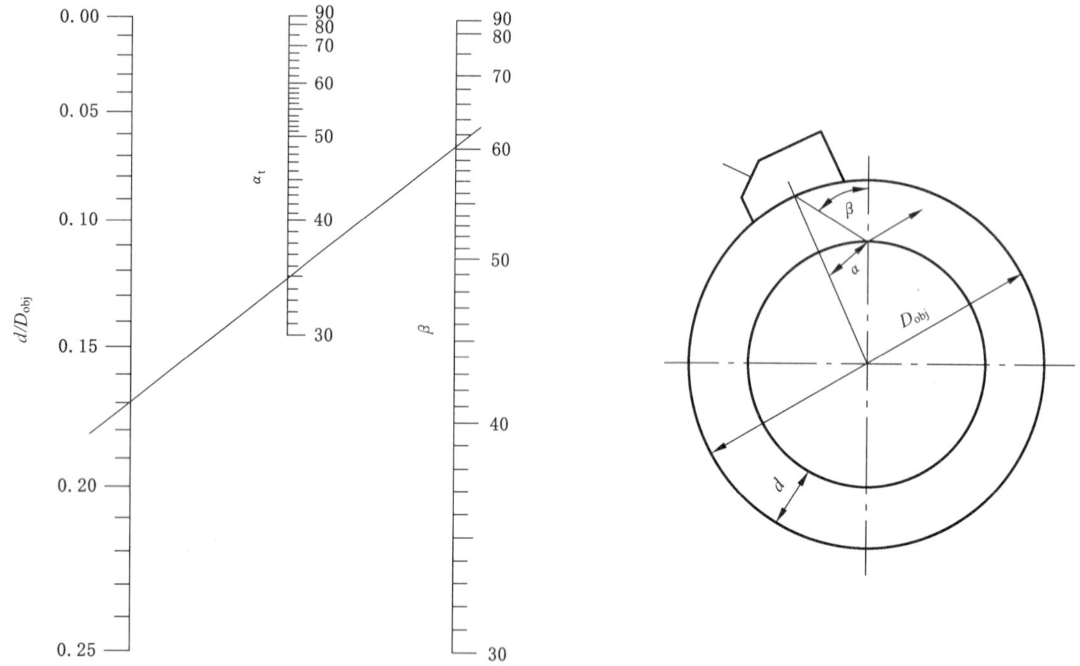

图 D.6　曲面工件声束实际折射角度变化诺模图

D.4　当从外圆面扫查时的声程

$$s=(D_{\mathrm{obj}}\cos\alpha)-\sqrt{(D_{\mathrm{obj}}\cos\alpha)^2-4d(D_{\mathrm{obj}}-d)}$$

D.4.1　全跨距

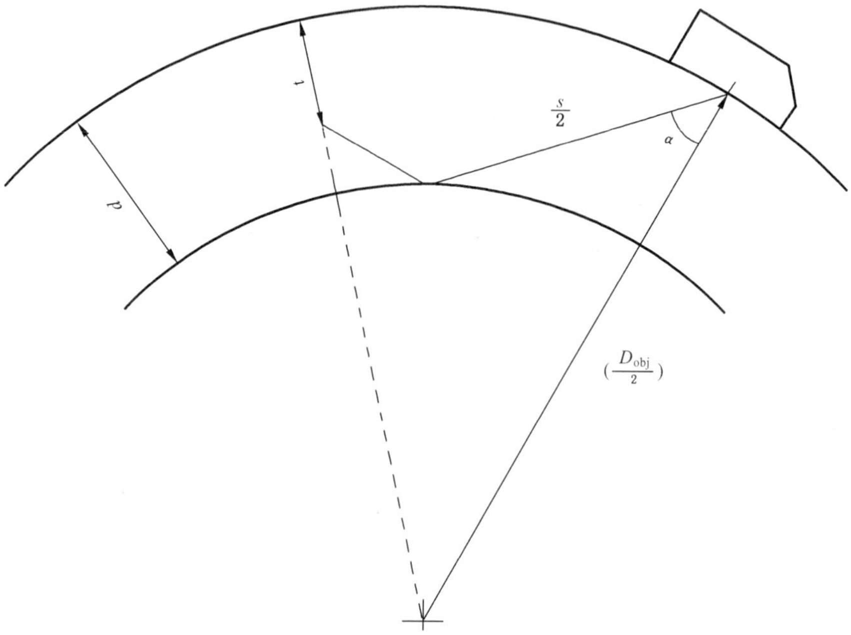

图 D.7　从外圆面扫查时的全跨距声程距离

$$s_t=[1-(\frac{t}{2d})][(D_{obj}\cos\alpha)-\sqrt{(D_{obj}\cos\alpha)^2-4d(D_{obj}-d)}]$$

D.4.2 半跨距

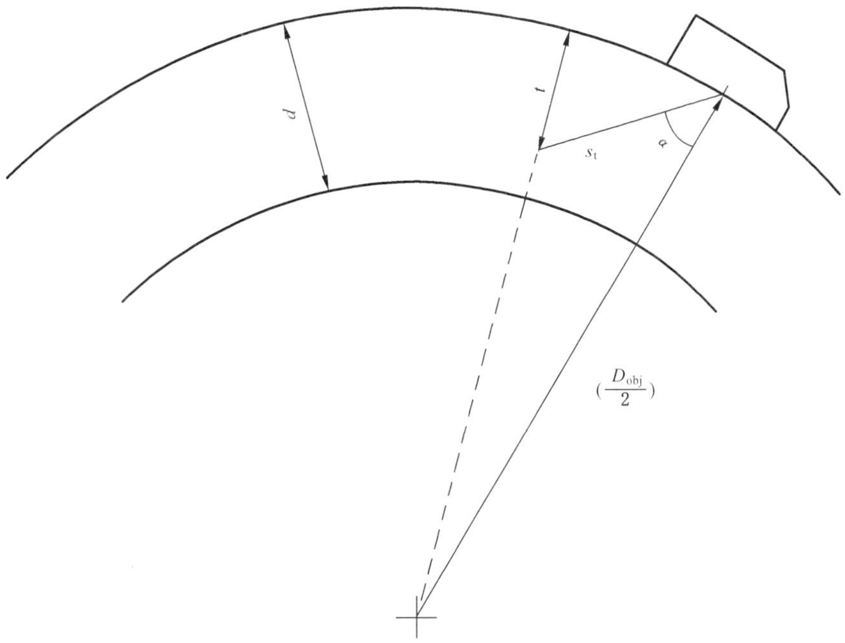

图 D.8 从外圆面扫查时的半跨距声程距离

$$s_t=(\frac{t}{2d})[(D_{obj}\cos\alpha)-\sqrt{(D_{obj}\cos\alpha)^2-4d(D_{obj}-d)}]$$

D.5 当从内圆面扫查时的声束路径

$$s=-2[(\frac{D_{obj}}{2}-d)\cos\alpha-\sqrt{([\frac{D_{obj}}{2}-d]\cos\alpha)^2+d(D_{obj}-d)}]$$

D.5.1 全跨距

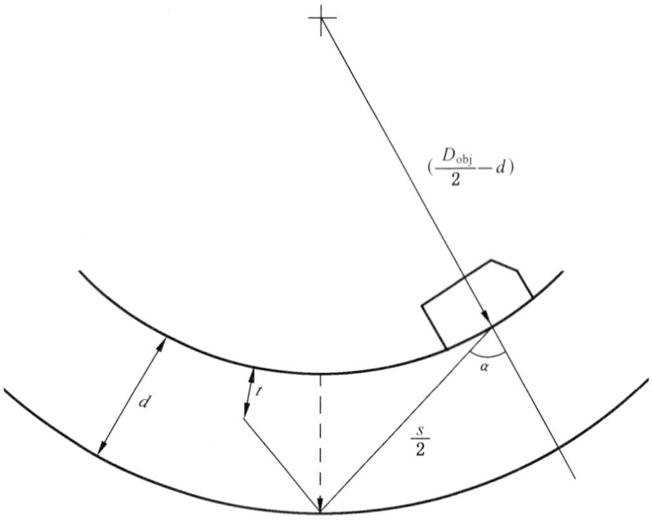

图 D.9 从内圆面扫查时的全跨距声程距离

$$s_t=-2[1-(\frac{t}{2d})][(\frac{D_{obj}}{2}-d)\cos\alpha-\sqrt{([\frac{D_{obj}}{2}-d]\cos\alpha)^2+d(D_{obj}-d)}]$$

D.5.2 半跨距

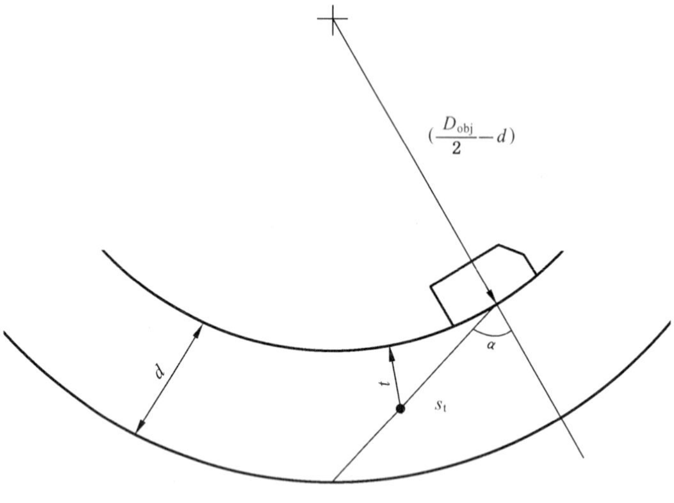

图 D.10 从内圆面扫查时的半跨距声程距离

$$s_t=-(\frac{t}{d})[(\frac{D_{obj}}{2}-d)\cos\alpha-\sqrt{([\frac{D_{obj}}{2}-d]\cos\alpha)^2+d(D_{obj}-d)}]$$

图中：

s_t ——总声程；

s ——声程；

D_{obj}——被检件的外径或扫查面的曲率；

t ——反射体的深度；

d ——厚度。

附 录 E
（规范性附录）
时基线和灵敏度设定

E.1 概述

使用脉冲波技术，应在示波屏上设置超声时基线。一束透射声束的声程距离、深度、水平距离、或者扣除前沿的水平距离的坐标，见图 E.1。除非另有注明，下述所提及设定时基线工艺是指声束传播的声程距离（一个回波等于两次的传播路径）。

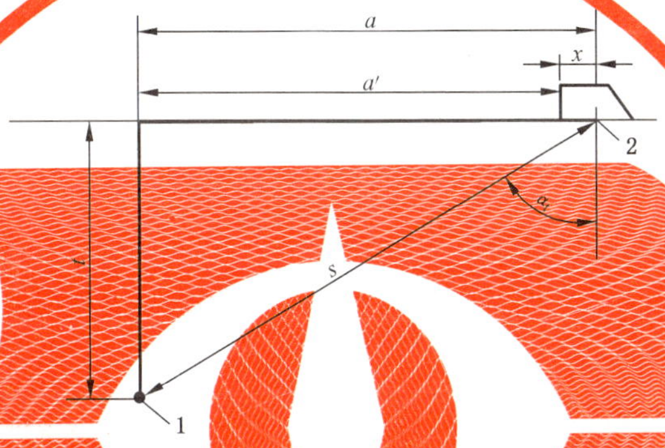

说明：
1——反射体；
2——入射点。

图 E.1 声束坐标示意图

时基线的设定应使用两个已知时间或距离的参考回波进行。根据预定的校准值，能得知各自的声程，深度，水平距离，或者扣除前沿的水平距离。该技术能够确保通过延时块（如探头楔块）的声束传播自动校准。假设参考试块声速可知，在该情况下设备的电子时基线通过一个回波就可以校准。在时基线范围内的两参考回波之间距离可等同于实际距离。运用时基线扫描控制旋钮将最高回波的波的前沿对应于屏幕上预定的水平刻度值。准确的校准可用一个检查信号来验证，检查信号不一定与之前校准设置的信号显示在示波屏的同一位置，但能显示在示波屏适当的位置。

E.2 参考试块和参考反射体

对于铁素体钢的检测建议使用 GB/T 19799.1 中规定的 1 号校准试块或 GB/T 19799.2 中规定的 2 号校准试块。只要已知参考试块或被检工件本身的探测面至反射体的声程距离就可以用其来校准时基线。参考试块与被检工件的声速误差应在±5%之内，否则应进行修正。

E.3 直探头调节技术

E.3.1 单反射体调节

参考试块的厚度不得超过时基线设定范围。可从 1 号校准试块厚度为 25 mm 或 100 mm 处得到合适的底面回波，或从 2 号校准试块的 12.5 mm 处得到。也可选择已知厚度的被检工件，试块与工件应有相同的平表面或曲面，且试块与工件的声速应相同。

E.3.2 多反射体调节

要求参考试块(或组合试块)应有不同声程的两个反射体(如横孔)。重复地不断移动探头位置找到每个反射体各自的最高回波；再通过调节时基线扫描控制旋钮将相邻两个反射体的回波设置到准确的位置来进行时基线校准。

E.4 斜探头调节技术

E.4.1 试块圆弧面调节

用 1 号校准试块或 2 号校准试块的圆弧面来设定时基线。

E.4.2 纵波探头调节转换

横波探头时基线可通过纵波探头在 1 号校准试块的 91 mm 厚度处设置，相对于在钢中 50 mm 的横波声程。完成时基线设定之后，通过检测时所用的探头和已知声程距离的反射体，仅用零点校准旋钮就可以来进行时基线的设置。

E.4.3 参考试块调节

这与 E.3.2 中针对直探头的调节原理相似。

然而要达到足够精确，就必须找到最高回波，在试块表面标出声束入射点，然后用手工方法测量反射体与相应的标记之间的距离。对所有后面的时基线校准，探头应在这些标记重新定位。

E.5 斜探头时基线的设置

E.5.1 平面

平面工件检测时，深度和水平距离主要取决于给定的声束角度，可参照比例图或以下公式：

深度(t)： $t=s\cdot\cos\alpha_t$

水平距离(a)： $a=s\cdot\sin\alpha_t$

扣除前沿的水平距离(a')： $a'=(s\cdot\sin\alpha_t)-x$

E.5.2 曲面

E5.1 中阐述的时基线设置的原理在这里仍适用，但深度和水平距离不再是线性的。非线性标度比例的建立，可在声程距离比例图上通过一系列的位置来绘出，或由适当的公式计算出，或可从曲面试块上得到一系列反射体的最高回波来确定标度，中间值可通过插值法获得，见图 E.2。

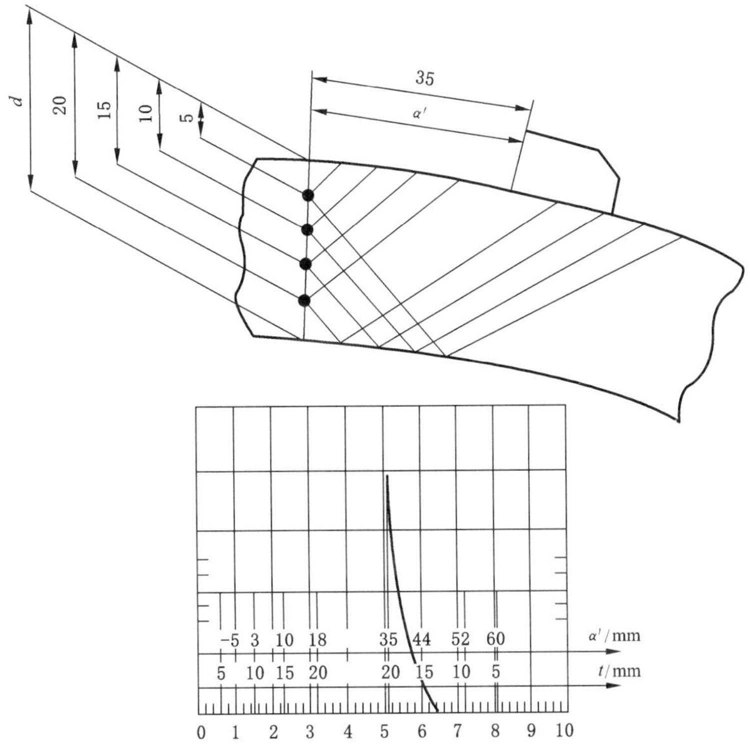

图 E.2 反射体回波位置的水平距离(去除前沿长度)和深度的时基线

($\alpha_t=51°, S_{max}=100$ mm)

E.6 灵敏度设定和回波高度评定

E.6.1 概述

在校准完时基线之后,超声设备的灵敏度(增益调节)应按以下任一技术进行设定:

a) 单反射体技术

当评定的回波与参考反射体回波的声程距离相同,即可利用单个参考反射体作参考。

b) 距离波幅曲线(DAC)技术

DAC 曲线是通过得到参考试块上一系列不同声程的相同反射体(例如:横孔或平底孔)回波来绘制的。

c) DGS 技术

该技术是使用一系列理论上与声程、增益、与声束轴线垂直的平底孔尺寸相关的导出曲线。

E.6.2 角度影响

当利用斜探头二次波(例如:在半跨距之后)探测曲面工件时,由底面引起的入射角度的变化(例如角度影响)应予以考虑。当探头在外圆面对筒体型工件进行扫查时,由于内表面是曲面,经内表面反射之后将使声束角度变大。反之,当探头在内圆面进行扫查时,由于外表面是曲面的原因,经外表面反射之后将使声束角度变小。

E.6.3 距离波幅曲线(DAC)技术

制作 DAC 曲线所使用的参考试块,应具有一系列不同声程距离的反射体,且试块上反射体的深度应大于被检工件的高度。表 E.1 详细给出间距、试块最小尺寸和反射体的具体要求。

对不同回波波高的评价，按以下要求执行：

如果回波波高通过增加 XdB 到达参考线时，回波波高记录为(参考水平－X)dB。如果回波波高通过降低 YdB 到达参考线时，回波波高记录为(参考水平＋Y)dB。

表 E.1　技术 1 参考试块和参考反射体

板厚 d/mm	参考试块和参考反射体	条件
	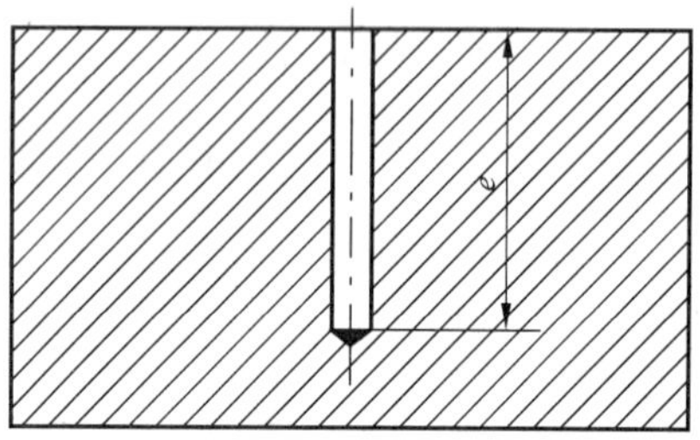	—
10≤d≤15	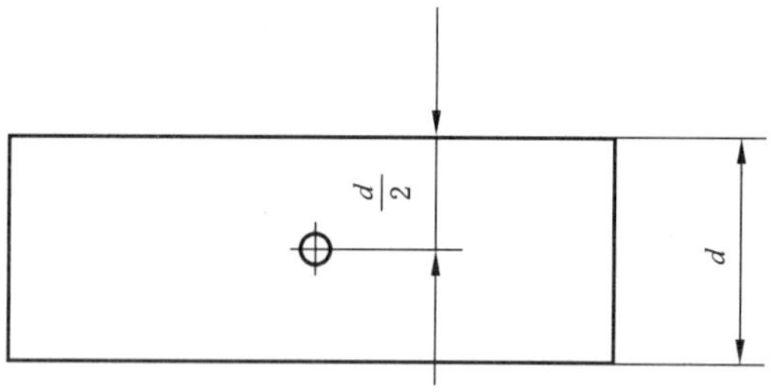	—
15<d≤20	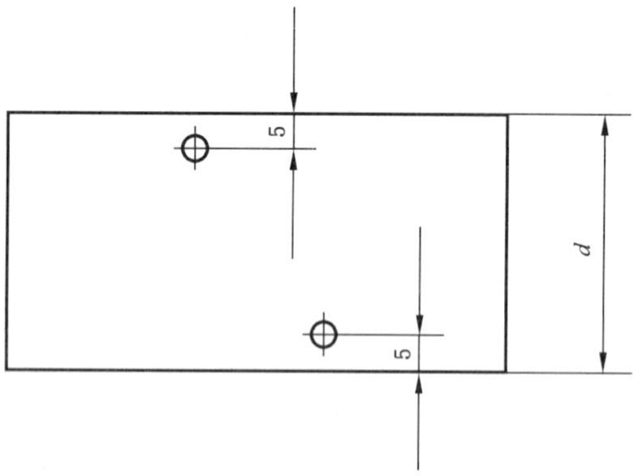	$e>\frac{2\lambda s}{D_{eff}}$

表 E.1（续）

板厚 d/mm	参考试块和参考反射体	条件
$20<d\leqslant 40$	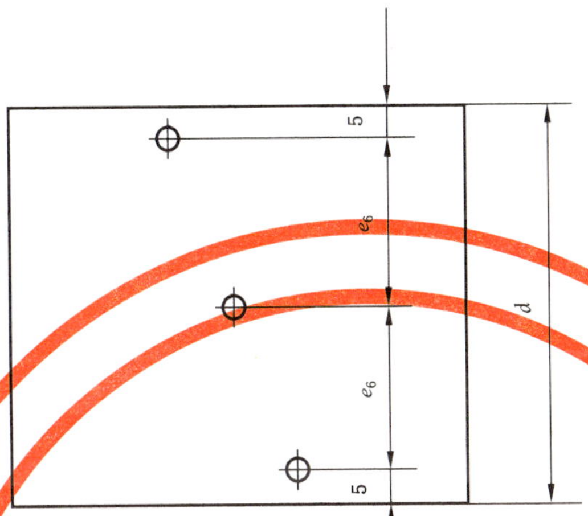	$D_{SDH}\geqslant 1.5\lambda$ $e_6=\frac{d-10}{2}$
$d>40$	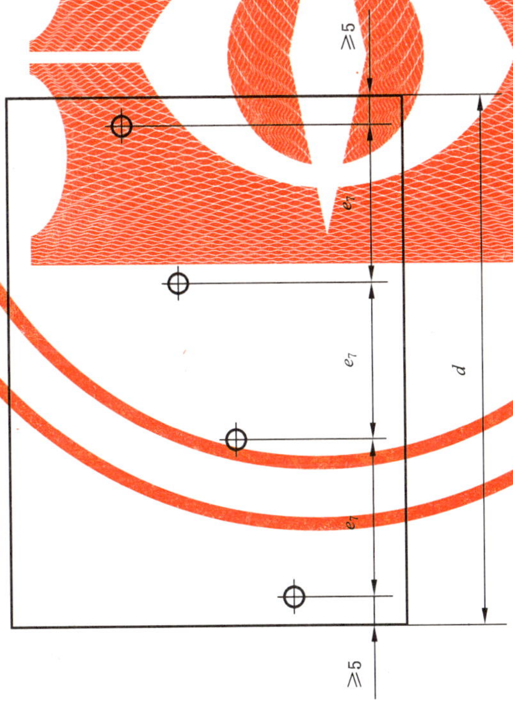	$e_7\leqslant\frac{d-10}{2}$

D_{SDH}——横孔直径；

λ——波长；

s——声程；

D_{eff}——晶片有效直径。

附 录 F
（规范性附录）
传输修正

除非设定检测灵敏度时所用试块的声学性能能代表被检工件，否则在设定检测灵敏度或评定不连续性回波波高时，都应考虑传输修正。

传输修正 ΔV_t 由 2 个参数组成：

1） 检测表面的耦合损耗，与声程无关；

2） 材质衰减，与声程有关；

两种方法的名称描述：一种叫固定声程法，即补偿量由耦合损耗和仅在最大声程处材质衰减组成。另一种叫比较法，即补偿量由这 2 个参数共同组成。

F.1 固定声程法

这种方法仅用于声能衰减小于耦合损耗，或反射体的回波靠近工件底部时的情况。使用直探头时，分别将参考试块和工件的第一次底面回波，调整至示波屏的同一高度，并记下相应的 dB 值（用 $V_{t,t}$ 和 $V_{t,r}$ 表示）。使用斜探头时，用 2 个相同的探头，一发一收，同时作 V 型放置来得到相应的回波。若两个底面回波的声程不同，2 回波之间的声程差（ΔV_s）可通过 DGS 曲线来得到，传输修正（ΔV_t）可根据下式计算：

$$\Delta V_t = V_{t,t} - V_{t,r} - \Delta V_s$$

F.2 比较法

F.2.1 直探头

将探头置于参考试块上，分别将第一次和第二次底波调整至示波屏的同一高度，并记下相应的增益值（V_{A1}，V_{A2} 见图 F.1）。依据增益值与声程距离的关系绘制出图 G.1 中的线 2。然后将探头重新置于工件上，重复上述步骤得到（V_{B1}，V_{B2} 和图 F.1 中的线 1）。对应适当的声程（s_u），通过两线得出增益差值，即传输修正（ΔV_t），见图 F.1。

注：通过 V_{B1} 和 V_{B2} 所画的斜线不能给出工件的真实衰减情况，因为其中没有考虑声束扩散和检测面上多次反射对探头声能的影响。

F.2.2 斜探头

除了要用 2 个相同斜探头且为一发一收外，斜探头测试方法在原理上与直探头相似。测试所用探头频率应与检测工件所用探头频率相同。将探头置于 DAC 参考试块上，首先作 V 型放置，接着作 W 型放置，调节增益使所得的回波显示在示波屏的同一高度，并记下相应的增益值（用 V_{A1} 和 V_{A2} 表示）。然后将探头置于工件上，重复上述步骤得到（V_{B1} 和 V_{B2}）。依据增益值与声程距离的关系绘制出线。对应适当的声程，通过两线得出增益差值，即传输修正（ΔV_t）。

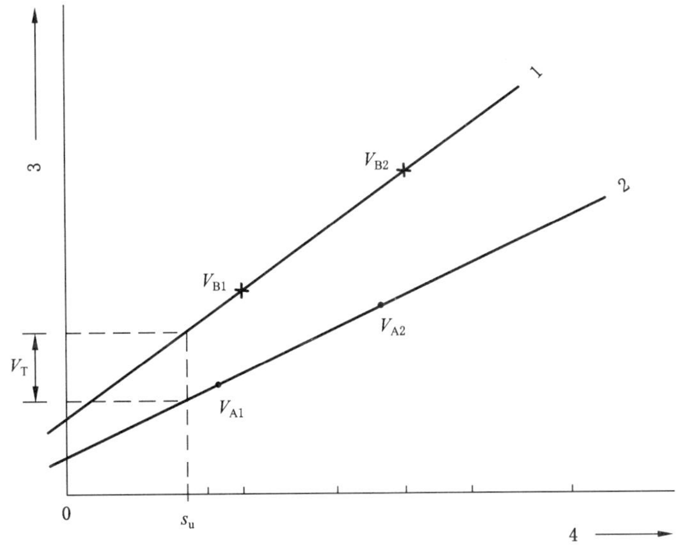

说明：

1——被检工件的曲线；

2——参考试块的曲线；

3——增益设定为满幅 80%；

4——声程距离。

图 F.1 通过比较法得到的传输修正

F.3 传输修正对局部变化进行补偿

如果有理由怀疑在被检区域上存在局部变化需进行传输修正时，传输修正应选在一些具有代表性的位置进行测定。如果传输修正的变化量值在±6 dB 之内，应将所有测试所得的值进行平均，均值为 ΔV_t。如果变化量值超过 6 dB 时，应使用下面(a)或(b)的方法：

a) 所有超过 ΔV_t 以上的测试值与 ΔV_t 的差值相加，得出均值 ΔV～。修正后的传输修正(ΔV_t＋ΔV～)将被用于整个区域的检查。

b) 检测部位分区，使得每个区域的传输修正的变化量值就不超过 6 dB。将 ΔV_t 值分开应用于各自区域。

对于斜探头测试时，应将串列式所得的信号来代替底面回波。

ICS 19.100
J 04

中华人民共和国国家标准

GB/T 14693—2008
代替 GB/T 14693—1993

无损检测　符号表示法

Non-destructive testing—Symbolic representation on drawings

2008-02-28 发布　　　　2008-07-01 实施

中华人民共和国国家质量监督检验检疫总局
中国国家标准化管理委员会　发布

前　言

本标准代替 GB/T 14693—1993《焊缝无损检测符号》。

本标准与 GB/T 14693—1993 相比主要变化如下：

——修改了标准名称；

——修改和拓展了范围(见第 1 章)；

——修改和补充了规范性引用文件(见第 2 章)；

——增加了术语和定义(见第 3 章)；

——修改和调整了无损检测符号要素(1993 年版的第 3 章，本版的第 4 章)；

——调整了一般规则(1993 年版的 4.1 和 4.2，本版的第 5 章)；

——调整了辅助符号(1993 年版的 4.3，本版的第 6 章)；

——调整了技术条件、规范和引用标准(1993 年版的 4.4，本版的第 7 章)；

——调整了无损检测的区域、位置和方向(1993 年版的 4.5、4.6 和 4.7，本版的第 8 章)。

本标准由中国机械工业联合会提出。

本标准由全国无损检测标准化技术委员会(SAC/TC 56)归口。

本标准起草单位：北京维泰凯信新技术有限公司、首都师范大学、上海材料研究所。

本标准主要起草人：金万平、王迅、徐义广、金宇飞。

本标准所代替标准的历次版本发布情况为：

——GB/T 14693—1993。

无损检测　符号表示法

1　范围

本标准规定了用符号标注无损检测信息的方法，并为这些符号的构成和注释提供了详细的信息和示例。该符号系统用于标注无损检测所使用的方法、频次、区域以及引用的技术条件、规范或标准。

本标准适用于技术图样及有关技术文件。在被检工件上做标记时也可参照使用。

2　规范性引用文件

下列文件中的条款通过本标准的引用而成为本标准的条款。凡是注日期的引用文件，其随后所有的修改单(不包括勘误的内容)或修订版均不适用于本标准，然而，鼓励根据本标准达成协议的各方研究是否可使用这些文件的最新版本。凡是不注日期的引用文件，其最新版本适用于本标准。

GB/T 324　焊缝符号表示法

GB 3100～3102　量和单位

GB/T 4457.2　技术制图　图样画法　指引线和基准线的基本规定

GB/T 4458.4　机械制图　尺寸注法

GB/T 5616　无损检测　应用导则

GB/T 7027　信息分类和编码的基本原则与方法

GB/T 12212　技术制图　焊缝符号的尺寸、比例及简化表示法

GB/T 12604(所有部分)　无损检测　术语

GB/T 13361　技术制图　通用术语

GB/T 16675.2　技术制图　简化表示法　第2部分：尺寸注法

GB/T 20737　无损检测　通用术语和定义(GB/T 20737—2006，ISO/TS 18173：2005，IDT)

3　术语和定义

GB/T 12604、GB/T 13361 和 GB/T 20737 确立的术语和定义适用于本标准。

4　无损检测符号要素

4.1　概述

无损检测符号由以下要素组成：

a)　基准线；

b)　箭头；

c)　检测方法字母标识代码；

d)　检测范围和抽检数目；

e)　辅助符号；

f)　基准线的尾部(技术条件、规范或标准)。

无损检测符号的图样画法应符合 GB/T 4457.2 的规定，尺寸标注应符合 GB/T 4458.4 和 GB/T 16675.2的规定。

无损检测的区域、位置、方向、角度等的标示应符合 GB 3100～3102 的相关规定，采用国际单位制。

4.2　无损检测方法的字母标识代码

无损检测方法的字母标识代码见表1。

表1规定了一些无损检测方法的字母标识代码，但是这些方法不可能涵盖全部无损检测的方法。无损检测的方法种类见GB/T 5616。由于不断有新的无损检测方法出现，在技术图样和技术文件中如需要标示本标准未规定的无损检测方法及其代码时，应在文件中做出规定，代码规则应遵循GB/T 7027的规定。

表1 无损检测方法的字母标识代码

无损检测方法	字母标识代码
声发射	AET或AT
电磁	ET
泄漏	LT
磁粉	MT
中子辐射	NRT
耐压试验	PRT
渗透	PT
射线	RT
超声	UT
目视	VT

4.3 辅助符号

用于无损检测符号的辅助符号如图1所示。

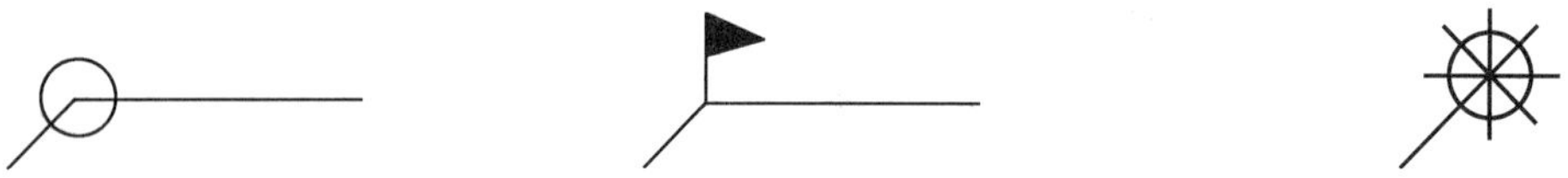

a) 全周检测　　b) 现场检测　　c) 射线方向

图1 无损检测符号的辅助符号

4.4 无损检测符号要素的标准位置

无损检测符号要素标注的标准位置如图2所示。

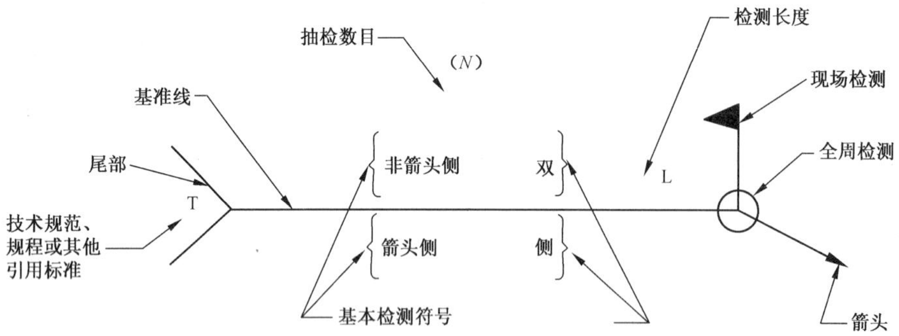

图2 无损检测符号要素的标准位置

5 一般规则

5.1 箭头

基准线的箭头应指向被检工件，箭头指向的被检工件一侧称为被检工件的箭头侧，与箭头侧相反的一侧称为非箭头侧。

5.2 检测方法字母标识代码位置的含义

5.2.1 箭头侧的检测

当需要对箭头侧进行检测时，所选择的检测方法字母标识代码应置于基准线下方，如图 3。

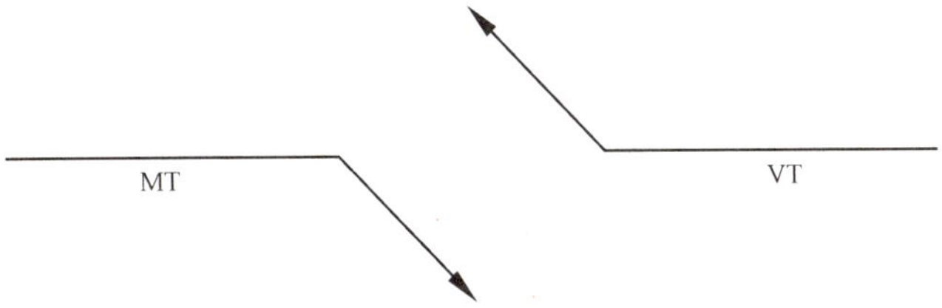

图 3 箭头侧的检测

5.2.2 非箭头侧的检测

当需要对非箭头侧进行检测时，所选择的检测方法字母标识代码应置于基准线上方，如图 4。

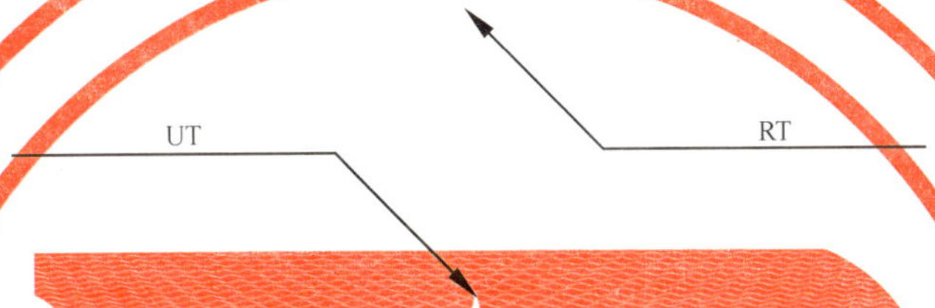

图 4 非箭头侧的检测

5.2.3 箭头侧和非箭头侧的检测

当箭头侧和非箭头侧均需进行检测时，所选择的检测方法字母标识代码应同时置于基准线两侧，如图 5。

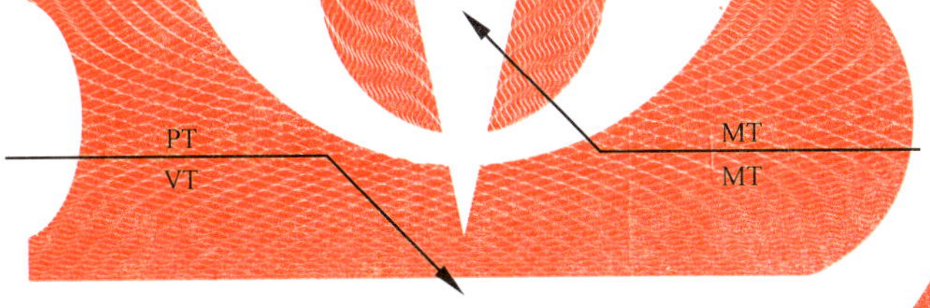

图 5 箭头侧和非箭头侧的检测

5.2.4 箭头侧或非箭头侧的检测

当可在箭头侧或非箭头侧中任选一侧进行检测时，所选择的检测方法字母标识代码应置于基准线中间，如图 6。

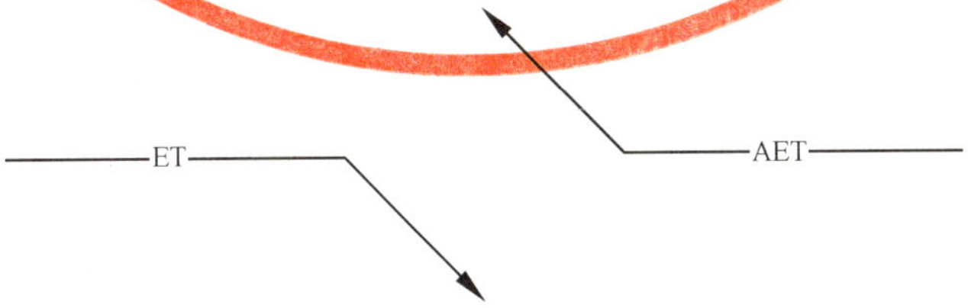

图 6 箭头侧或非箭头侧的检测

5.2.5 组合检测

当对同一部分使用两种或两种以上检测方法时，应该把所选择的几种检测方法字母标识代码置于相对于基准线的正确位置。当把两种或两种以上的检测方法字母标识代码置于基准线同侧或基准线中间时，应用加号分开，如图 7。

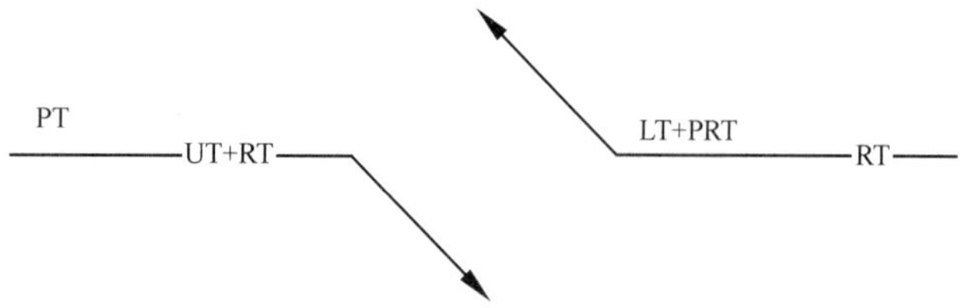

图 7 组合检测

5.2.6 无损检测符号和焊接符号组合使用

无损检测符号和焊接符号可以组合使用,如图 8。焊接符号应符合 GB/T 324 和 GB/T 12212 等相关标准的规定。

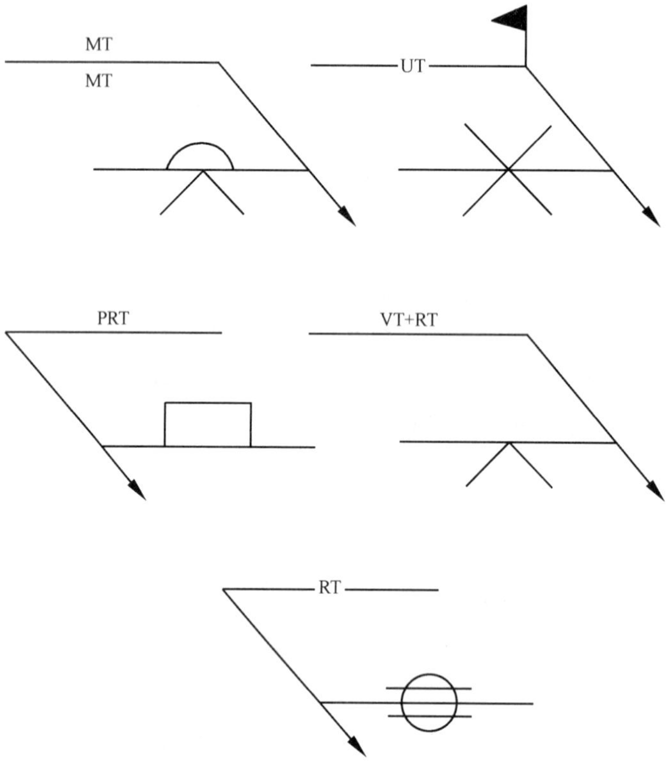

图 8 无损检测符号和焊接符号组合使用

6 辅助符号

6.1 全周检测

当需要对焊缝、接头或零件进行全周检测时,应该把全周检测符号置于箭头和基准线的连接处,如图 9。

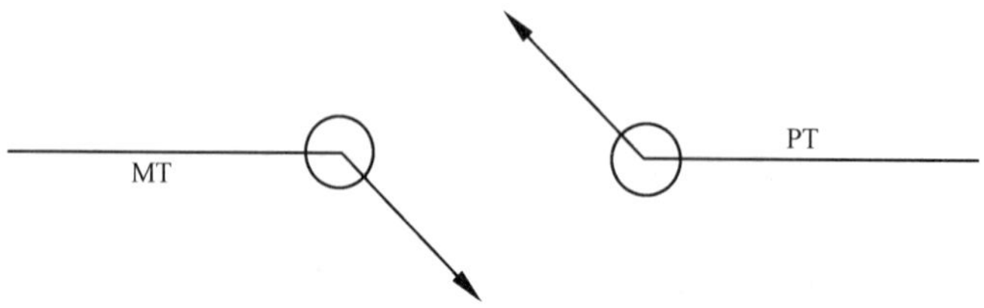

图 9 全周检测

6.2 现场检测

当需要在现场(不是在车间或初始制造地)检测时,应该把现场检测符号置于箭头和基准线的连接处，如图 10。

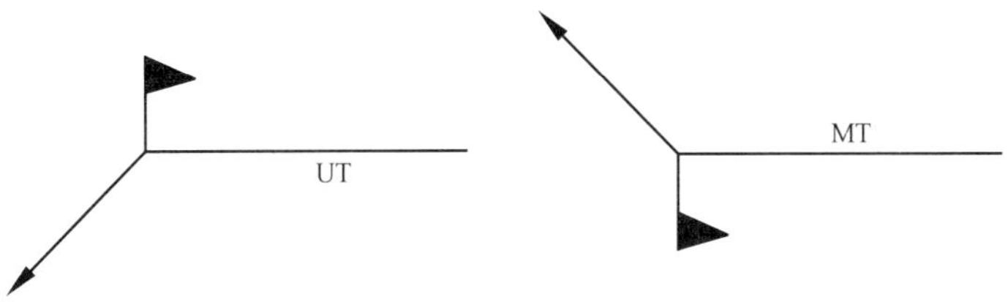

图 10 现场检测

6.3 射线方向

射线穿透的方向可以用射线方向符号以所需的角度在图上标出，并应标明该角度的度数以保证无误解，如图 11。

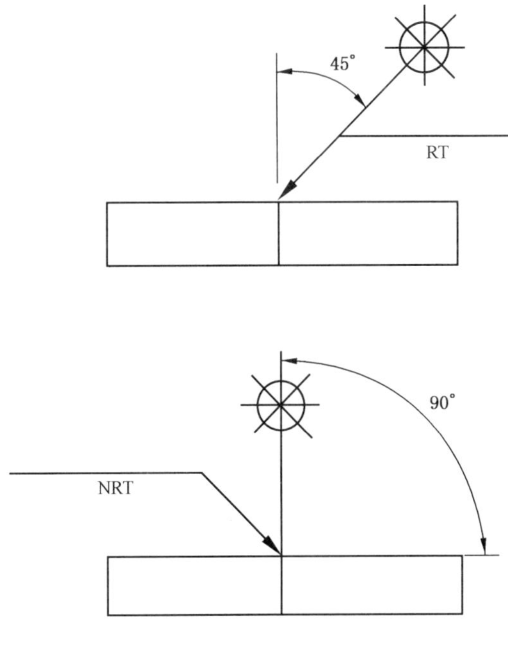

图 11 射线方向

7 技术条件、规范和引用标准

如果没有用其他方式提供指定检测的信息(技术条件、规范和引用标准)，可以把这些信息置于无损检测符号的尾部，如图 12。

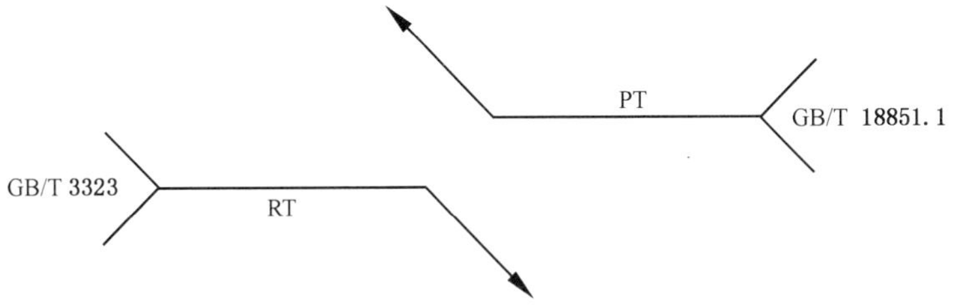

图 12 尾部信息

8 无损检测的区域、位置和方向

8.1 被检区域长度标示

8.1.1 长度表示

当只需考虑被检工件的长度时，应标出长度尺寸并置于检测方法字母标识代码的右侧，如图 13。

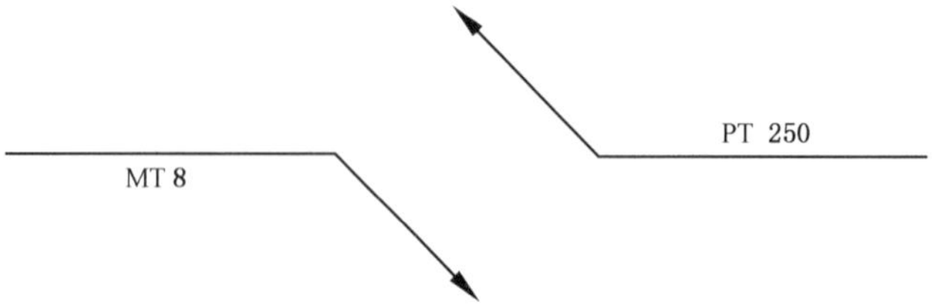

图 13 检测长度表示

8.1.2 位置表示

当需标示被检区域的确切位置及其长度，应使用长度标定线，如图 14。

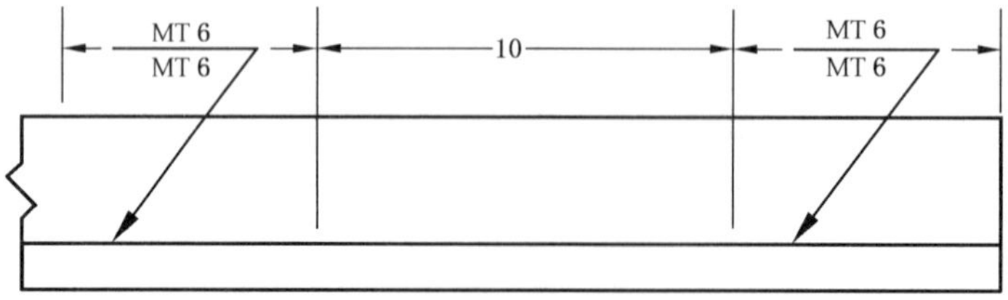

图 14 检测位置表示

8.1.3 全长检测

当被检工件全长都需要检测时，无损检测符号中不必包含长度。

8.1.4 局部检测

当被检工件不需做全长检测时，检测长度可以百分比标注在检测方法字母标识代码右侧，如图 15。

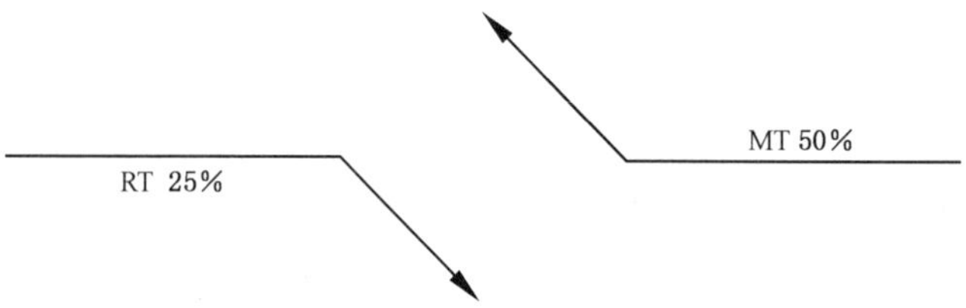

图 15 局部检测

8.2 抽检数目

当需要在被检工件的任意位置上进行抽检时，应将抽检数目标在检测方法字母标识代码之上或之下的圆括号内，并且不与基准线相邻，如图 16。

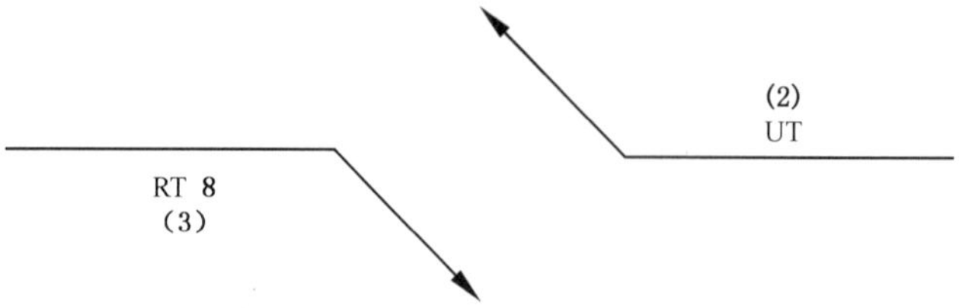

图 16 抽检数目

8.3 检测区域

8.3.1 平面区域

当在图上表示无损检测的区域为平面时，应该用直虚线封闭该区域，并在封闭线的每个拐角处标一圆，所选择的检测方法字母标识代码应如图 17 所示方式与这些线相连接。必要时，用坐标和标尺给这些封闭线定位。

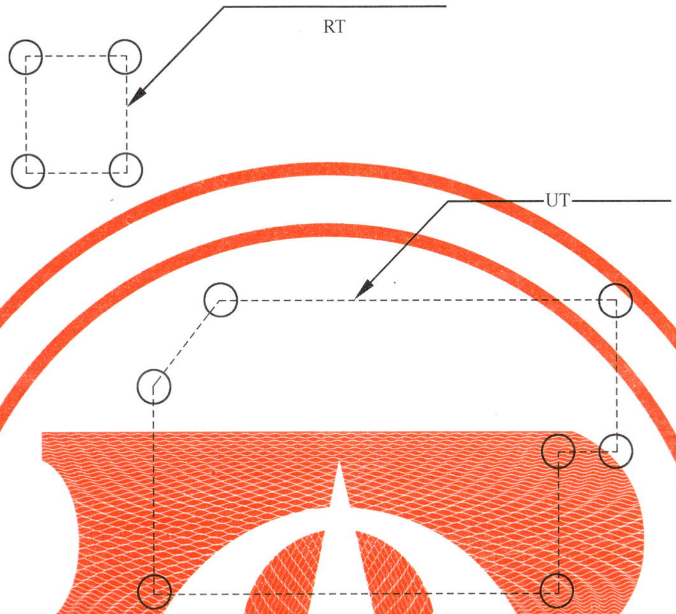

图 17 平面区域的检测

8.3.2 环形区域

对于环形区域的无损检测，应用全周检测符号和恰当的尺寸标明检测区域，如图 18 a)和图 18 b)所示。

图 18 a)中，右上角符号表示距右端面 2 mm 范围内的法兰孔应用磁粉进行全周检测，左下角符号表示用射线检测图中未标尺寸的环形区域。

图 18 b)中的符号表示环形区域的内表面需要耐压检测，外表面需要电磁检测，图中没标尺寸，全长均需检测。

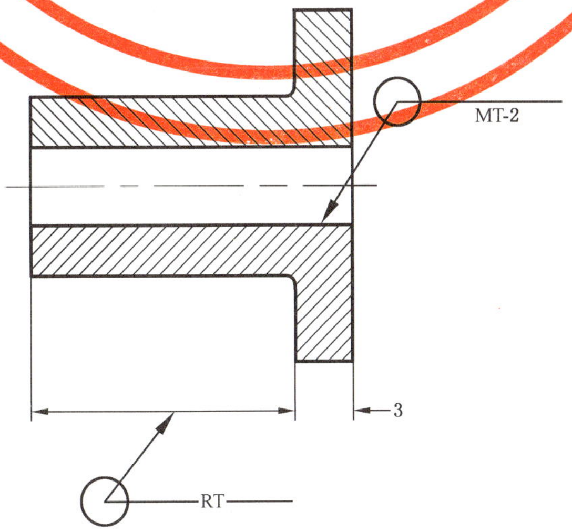

a) 法兰孔

图 18 环形区域的检测

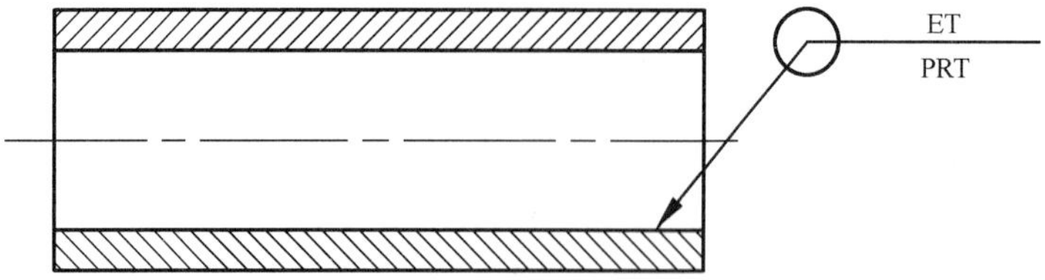

b） 环形件

图 18（续）

8.3.3 声发射

声发射一般用于构件的全部或大部分检测，例如压力容器或管道的检测。图 19 中的符号表示该图中的构件用声发射方法检测，符号中没有特别说明探头的位置。

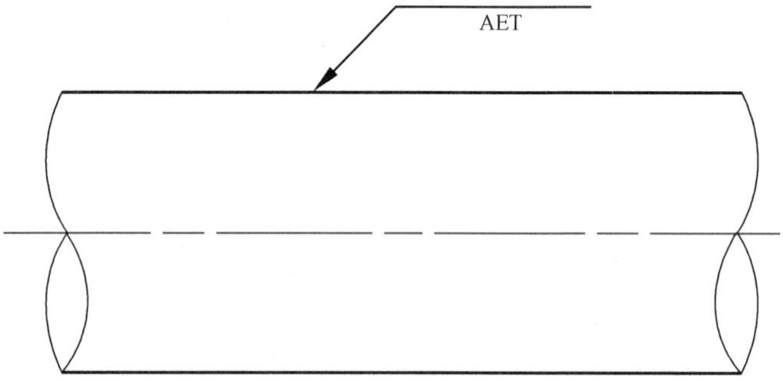

图 19 声发射检测

ICS 25.160.40
J 33

中华人民共和国国家标准

GB/T 16957—2012
代替 GB/T 16957—1997

复合钢板　焊接接头力学性能试验方法

Clad teel plates—Mechanical technical tests on welded joints

2012-12-31 发布　　2013-10-01 实施

中华人民共和国国家质量监督检验检疫总局
中国国家标准化管理委员会　发布

前言

本标准按照 GB/T 1.1—2009 给出的规则起草。

本标准代替 GB/T 16957—1997《复合钢板焊接接头力学性能试验方法》。

本标准此次修订对于 GB/T 16957—1997 的下列主要内容进行了修改：

——规范性引用文件中删除了 JJG 139 等七个标准，增加了 GB/T 8165 等九个标准；

——删除了 GB/T 6396、GB/T 10623、GB/T 2650、GB/T 2651、GB/T 2652、GB/T 2653 和 GB/T 2654 已经定义的术语；

——将术语面弯改为正弯；

——增加了“试板尺寸、试验项目及试样的截取部位应按相关标准要求执行，如相关标准没有规定时，按本标准执行”；

——删除对于有引弧板和引出板的试板，两端弃去部分的可以少弃或不弃；

——增加了“注：选择何种试样应按照相关产品要求选择，一般以覆层是否计入设计强度来决定采取那一种”；

——将试样宽度 $b \geqslant 25$ mm 改为试样宽度 b 为 25mm；

——删除了所有的“试验机能力不足”

——对于纯基材拉伸试样改为“一般采用全基材厚度试样，当复合钢板基材厚度 $T_b \geqslant 30$ mm，可以按照 GB/T 2651 标准在厚度方向均匀分层取样，最终以这样的多片试样的组合结果代替一个全厚度试验结果”；

——增加了“除非另有规定，试验应在环境温度为 23±5 条件下进行”；

——弯曲试验结果评定改为“弯曲结束后，试样的外表面和侧面都应进行检验，需要时也可以检查结合面处开裂的程度”。

本标准由全国焊接标准化技术委员会(SAC/TC 55)提出并归口。

本标准起草单位：大连船舶重工集团爆炸加工研究所有限公司、大连船舶重工集团有限公司、中国船舶工业综合技术经济研究院、上海材料研究所、大连希望设备有限公司。

本标准主要起草人：王勇、张丽艳、阎均、孙义明、武晶、王滨、殷建军。

本标准所代替标准的历次版本发布情况为：

——GB/T 16957—1997。

复合钢板　焊接接头力学性能试验方法

1　范围

本标准规定了复合钢板焊接接头(以下简称焊接接头)的拉伸、弯曲、冲击和硬度试验方法。

本标准适用于压力容器、核反应堆、储槽和舰船及其他用途的以钢材为基材,以不锈钢或有色金属为覆材,总厚度不小于 8 mm 的轧制、爆炸、堆焊、铸造、爆炸轧制、堆焊轧制及铸造轧制的单面和双面复合钢板焊接接头力学和工艺性能试验。对于总厚度小于 8 mm 的复合钢板和其他金属复合板焊接接头力学性能试验亦可执行本标准。

2　规范性引用文件

下列文件对于本文件的应用是必不可少的。凡是注日期的引用文件,仅注日期的版本适用于本文件。凡是不注日期的引用文件,其最新版本(包括所有的修改单)适用于本文件。

GB 150.2　压力容器　第 2 部分:材料

GB 150.4　压力容器　第 4 部分:制造、检验和验收

GB/T 228.1　金属材料　拉伸试验　第 1 部分:室温试验方法(GB/T 228.1—2010,ISO 6892-1:2009,MOD)

GB/T 229　金属材料　夏比摆锤冲击试验方法(GB/T 229—2007,ISO 148-1:2006,MOD)

GB/T 232　金属材料　弯曲试验方法(GB/T 232—2010,ISO 7438:2005,MOD)

GB/T 2650　焊接接头冲击试验方法(GB/T 2650—2008,ISO 9016:2001,IDT)

GB/T 2651　焊接接头拉伸试验方法(GB/T 2651—2008,ISO 4136:2001,IDT)

GB/T 2652　焊缝及熔敷金属拉伸试验方法(GB/T 2652—2008,ISO 5178:2001,IDT)

GB/T 2653　焊接接头弯曲试验方法(GB/T 2653—2008,ISO 5173:2000,IDT)

GB/T 2654　焊接接头硬度试验方法(GB/T 2654—2008,ISO 9015-1:2001,IDT)

GB/T 4340.1　金属材料　维氏硬度试验　第 1 部分:试验方法(GB/T 4340.1—2009,ISO 6507-1:2005,MOD)

GB/T 6396　复合钢板力学及工艺性能试验方法

GB/T 8165　不锈钢复合钢板和钢带

GB/T 8546　钛-不锈钢复合板

GB/T 8547　钛-钢复合板

GB/T 10623　金属材料　力学性能试验术语(GB/T 10623—2008,ISO 23718:2007,MOD)

GB/T 13147　铜及铜合金复合钢板焊接技术要求

GB/T 13148　不锈钢复合钢板焊接技术要求

GB/T 13149　钛及钛合金复合钢板焊接技术要求

GB/T 13238　铜钢复合钢板

NB/T 47002.1　压力容器用爆炸焊接复合板　第 1 部分:不锈钢-钢复合板

NB/T 47002.2　压力容器用爆炸焊接复合板　第 2 部分:镍-钢复合板

NB/T 47002.3　压力容器用爆炸焊接复合板　第 3 部分:钛-钢复合板

NB/T 47002.4　压力容器用爆炸焊接复合板　第 4 部分:铜-钢复合板

NB/T 47014 承压设备焊接工艺评定
NB/T 47016 承压设备产品焊接试件的力学性能检验

3 术语和定义

GB/T 6396、GB/T 10623、GB/T 2650、GB/T 2651、GB/T 2652、GB/T 2653和GB/T 2654界定的以及下列术语和定义适用于本文件。

3.1

轧制复合钢板 roll clad steel plates

用轧制方法使基材与覆材产生冶金结合的复合钢板。

3.2

爆炸复合钢板 explosive clad steel plates

用爆炸焊接方法使基材与覆材产生冶金结合的复合钢板。

3.3

堆焊复合钢板 overlaying clad steel plates

在基材上用堆焊方法产生覆材的复合钢板。

3.4

铸造复合钢板 cast clad steel plates

用铸造方法使基材与覆材产生冶金结合的复合钢板。

3.5

爆炸轧制复合钢板 explosive roll clad steel plates

轧制爆炸复合钢坯所获得的复合钢板。

3.6

堆焊轧制复合钢板 overlaying roll clad steel plates

轧制堆焊复合钢坯所获得的复合钢板。

3.7

铸造轧制复合钢板 cast roll clad steel plates

轧制铸造复合钢坯所获得的复合钢板。

3.8

正弯试验 face bend test

覆材位于弯曲受拉面的弯曲试验。

3.9

背弯试验 root bend test

覆材位于弯曲受压面的弯曲试验。

3.10

侧弯试验 side bend test

试样的覆材和基材均处于同一弯曲状态的弯曲试验。

4 符号说明

本标准使用的符号见表1。

表1 符号说明

符 号	单 位	说 明
T_t	mm	复合钢板总厚度
T_b	mm	复合钢板基材厚度
T_c	mm	复合钢板覆材厚度
a_b	mm	试样的基材厚度
a_c	mm	试样的覆材厚度
a_0	mm	试样厚度
b	mm	试样宽度
d_0	mm	试样直径
L_t	mm	试样总长度
d	mm	弯心直径
H_k	mm	焊缝最大宽度
α	(°)	弯曲角度

5 试板

5.1 试板尺寸、试验项目及试样的截取部位应按相关标准要求执行，如相关标准没有规定时，按本标准执行。

单位为毫米

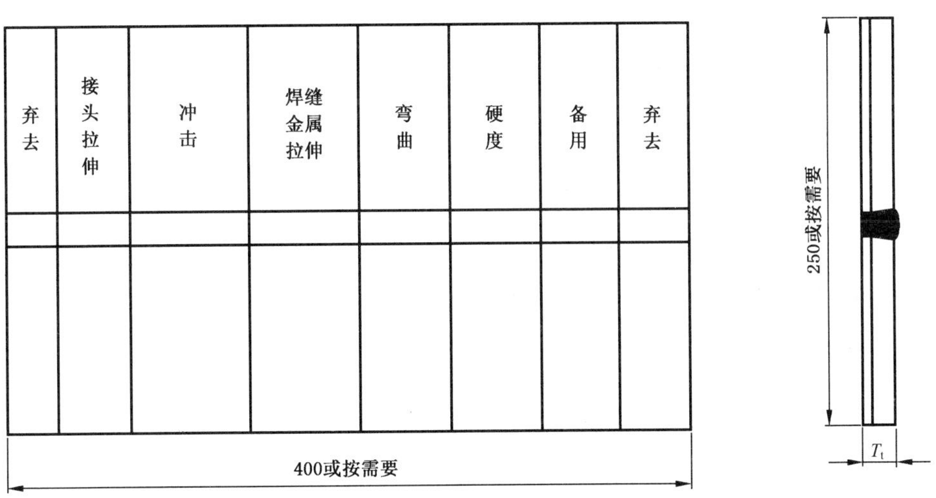

图1 试板尺寸及截取部位

5.2 试板焊缝应进行外观检查和无损检测，然后在检验合格的部位上截取试样(见图1)。

5.3 试板两端弃去部分的长度，焊条电弧焊不小于30 mm，自动焊和机动焊不小于40 mm。

5.4 试样从试板上的截取应采用机械加工方法，如果采用热加工切割，则必须除去热影响区。

6 拉伸试验

6.1 试样

6.1.1 拉伸试样分为焊接接头拉伸试样和焊缝金属拉伸试样两种，其取样数量等应按 GB 150.2、GB 150.4、NB/T 47014、NB/T 47016、GB/T 13147、GB/T 13148、GB/T 13149 等产品和有关焊接标准，或按 GB/T 8165 、GB/T 8546、GB/T 8547、GB/T 13238、NB/T 47002.1、NB/T 47002.2、NB/T 47002.3、NB/T 47002.4 等复合钢板标准执行。

6.1.2 焊接接头拉伸试样分为两种，一是去除覆材的纯基材试样，试样厚度 $a \leqslant T_b$；另一种是包括覆材的试样，试样厚度 $a=T_t$。

注：选择何种试样应按照相关产品要求选择，一般以覆层是否计入设计强度来决定采取那一种。

6.1.3 焊接接头拉伸试样一般为矩形横截面试样，加工可按 GB/T 2651 执行，具体尺寸如图 2 所示。试样宽度 b 为 25 mm，试样长度 L 与夹持部分长度 l_1 应根据需要确定，试样夹持部分长度一般应超过 2/3 夹钳钳口高度。试样焊缝处的余高部分应机械加工到与母材平齐，加工方向应平行于试样长度方向。

单位为毫米，表面粗糙度为微米

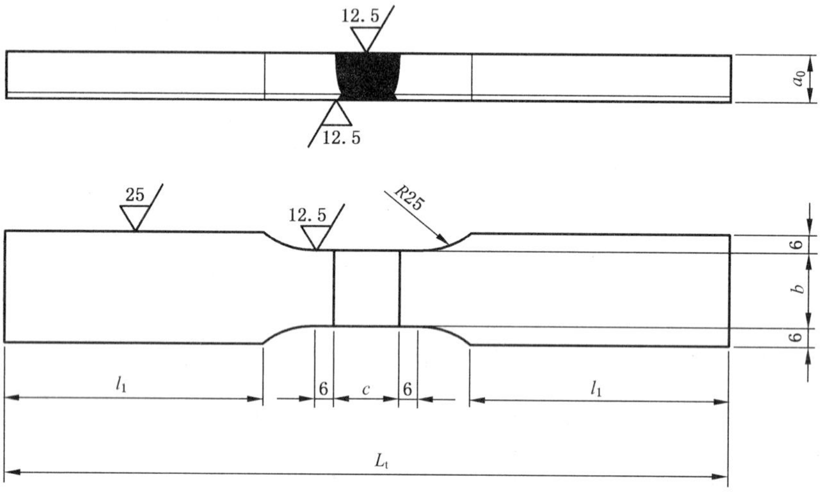

图 2 焊接接头拉伸试样

6.1.4 对于包括覆材的试样，应采用全厚度试样。当复合钢板总厚度 $T_t>40$ mm，可从基材和覆材两面按复合比例机械加工，使其厚度 $a \leqslant 40$ mm，但应保证试样覆材厚度 $T_c>3$ mm，当 $T_c \leqslant 3$ mm 时，只加工减薄基材厚度 T_b。

6.1.5 对于纯基材的试样，一般采用全基材厚度试样，当复合钢板基材厚度 $T_b \geqslant 30$ mm，可以按照 GB/T 2651 标准在厚度方向均匀分层取样，最终以这样的多片试样的组合结果代替一个全厚度试验结果。

6.1.6 焊缝金属拉伸样坯应取自复合钢板基材的焊缝上，其样坯截取方位和方法可参照 GB/T 2652，其试样按 GB/T 228.1 取样，试样公称直径应为 10 mm，如果无法满足要求，直径应尽可能大，但不得小于 4 mm。

6.2 试验设备和试验条件

试验设备应定期检定/校准，试验条件应按 GB/T 228.1 有关执行。除非另有规定，试验应在环境温度为(23±5)℃条件下进行。

6.3 试验方法

试验方法按 GB/T 228.1 规定进行。试验内容应按照 GB 150.2 和 GB 150.4、NB/T 47014、NB/T 47016、GB/T 13147、GB/T 13148、GB/T 13149 等产品和有关焊接标准，或按 GB/T 8165、GB/T 8546、GB/T 8547、GB/T 13238、NB/T 47002.1、NB/T 47002.2、NB/T 47002.3 和NB/T 47002.4 等复合钢板标准要求执行。

6.4 试验结果处理

6.4.1 各种应力、强度的计算应以其相应的试验力 F 除以试样原始横截面积 S_0，其参数的计算按 GB/T 228.1 规定。

6.4.2 对于包括覆材的拉伸试验试样，抗拉强度的合格值应按式(1)计算：

$$R_m \geqslant (R_{m1}t_1 + R_{m2}t_2)/(t_1 + t_2) \qquad (1)$$

式中

R_{m1}——覆材抗拉强度标准下限值，单位为牛每平方毫米(N/mm^2)；

R_{m2}——基材抗拉强度标准下限值，单位为牛每平方毫米(N/mm^2)；

t_1——覆层厚度，单位为毫米(mm)；

t_2——基层厚度，单位为毫米(mm)。

6.5 试验报告

试验报告除了 GB/T 228.1 要求之外，还应包括如下信息：

a) 本标准号；

b) 试样类型、尺寸等；

c) 断裂位置和缺陷。

7 弯曲试验

弯曲试验包括正弯、背弯和侧弯试验。

7.1 试样

7.1.1 正弯和背弯试样的形状和尺寸如图 3 所示，加工要求按 GB/T 2653 规定，其取样数量等应按 GB 150.4、NB/T 47014、NB/T 47016、GB/T 13147、GB/T 13148、GB/T 13149 等产品和有关焊接标准，或按 GB/T 8165、GB/T 8546、GB/T 8547、GB/T 13238、NB/T 47002.1、NB/T 47002.2、NB/T 47002.3 和 NB/T 47002.4 等复合钢板标准执行。

单位为毫米，表面粗糙度为微米

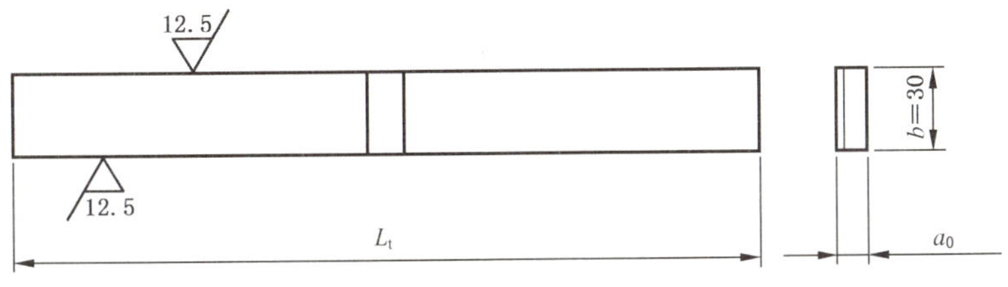

图 3 正弯和背弯试样

7.1.2 当复合钢板总厚度 $T_t>30$ mm，对于背弯试样，可以从覆材一侧机械加工减薄至 $a_0=20$ mm；对于正弯试样，可从基材一侧机械加工减薄至 $a_0=20$ mm；试样焊缝余高部分应机械加工到与母材平齐，加工方向应平行于试样长度方向。

7.1.3 对于双面复合钢板，当 $T_t>30$ mm，可分别机械加工减薄至 $a_0=20$ mm。其中一个试样保留一面覆材，另一个试样保留另一面覆材；当试验机能力允许时，应采用全厚度试样试验。试样焊缝处余高部分应机械加工到与母材平齐，加工方向应平行于试样长度方向。

7.1.4 侧弯取样数量等同正弯和背弯的规定，试样形状和尺寸如图 4 所示，加工要求按 GB/T 2653 规定，试样宽度 $b=T_t$。当复合钢板 $T_t>40$ mm 时，可采用多片组合试样代替全厚度试样，当使用两片组合时，每一个试样的宽度不能小于 $1/2T_t$；当使用超过两个的组合时，每一片试样的宽度不能小于 40 mm；对双面复合钢板，按照上述原则同样处理，试样厚度 a_0 为 10 ± 0.5 mm。

单位为毫米，表面粗糙度为微米

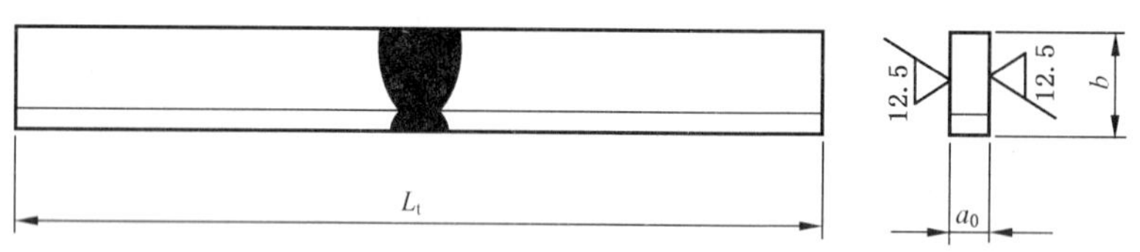

图 4 侧弯试样

7.2 试验设备和试验条件

7.2.1 弯曲试验可在压力机或万能材料试验机上进行，试验设备应满足 GB/T 232 标准要求。

7.2.2 在开始弯曲试验前，可对试样表面稍做腐蚀以分清熔化区域的形状、位置或熔合线。

7.3 试验方法

7.3.1 弯曲的试验方法按 GB/T 232、GB/T 2653 和 GB/T 6396 规定，弯心直径和弯曲角度应按 GB 150.4、NB/T 47014、NB/T 47016、GB/T 13147、GB/T 13148、GB/T 13149 等产品和有关焊接标准，或按 GB/T 8165、GB/T 8546、GB/T 8547、GB/T 13238、NB/T 47002.1、NB/T 47002.2、NB/T 47002.3 和 NB/T 47002.4 等复合钢板标准规定执行，其确定原则为：正弯按覆材焊接接头的要求，背弯按基材焊接接头的要求，侧弯按基材和覆材中要求低的材料选择弯心直径和弯曲角度。

7.3.2 对于双面复合钢板的两组试样均进行正弯试验。

7.3.3 当复合钢板总厚度 $T_t\geqslant10$ mm 时，可采用侧弯取代正弯和背弯试验。

7.4 试验结果评定

7.4.1 弯曲结束后，试样的外表面和侧面都应进行检验，需要时也可以检查结合面处开裂的程度。

7.4.2 依据相关标准对弯曲试样进行评定并记录。

7.5 试验报告

试验报告除了 GB/T 232 要求之外，还应包括如下信息：

a) 本标准号；

b) 试验类别（正弯、背弯和侧弯）；

c) 试验结果（应注明开裂的方向、长度、数量及部位）。

8 硬度试验

8.1 试样

8.1.1 试样应取自复合钢板焊接接头的横截面，具体尺寸视需要和试验条件而定。
8.1.2 试样应满足 GB/T 4340.1 有关规定。
8.1.3 经抛光加工后的试样表面须进行相应的腐蚀，以显示覆材、过渡层（如果有的话）和基材各自的焊缝金属、热影响区等的分界线。

8.2 试验设备和试验条件

试验设备应定期检定/校准，试验条件应按 GB/T 4340.1 有关规定。

8.3 试验方法

8.3.1 试验方法按 GB/T 4340.1 和 GB/T 6396 规定。
8.3.2 试验位置应根据有关标准要求，测定覆材、过渡层和基材不同区域的硬度，每一区域测试一般不少于 3 点。
8.3.3 应按相关标准要求选择试验力，如未规定，应选用 98.07 N 的试验力。

8.4 试验结果处理

试验结果按 GB/T 4340.1 处理。

8.5 试验报告

试验报告除了 GB/T 4340.1 要求之外，还应包括如下信息：

a) 本标准号；
b) 试验结果（包括硬度试验符号、不同区域硬度值及示意图等）。

9 冲击试验

9.1 试样

9.1.1 冲击试样加工要求按 GB/T 229 规定。冲击试样缺口在焊接接头上的部位应按相关标准或技术条件要求，取自焊缝中心、熔合线（如相关标准需要）、热影响区和母材等部位，如图 5 所示。

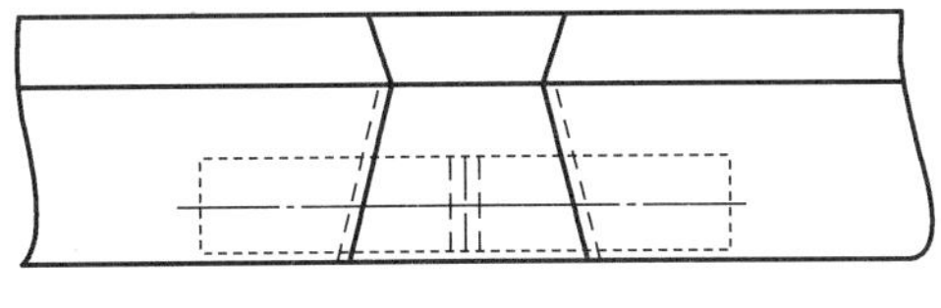

(a) 焊缝中心处

图 5 冲击试样缺口在焊缝上的部位

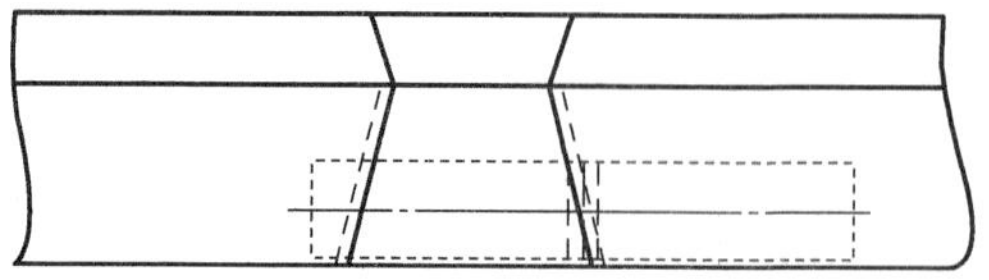

(b) 熔合线处

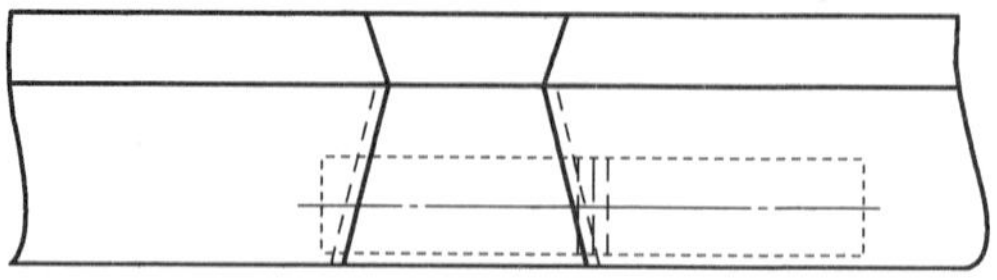

(c) 热影响区处

图 5（续）

9.1.2 每一部位的取样数量一般为三个。

9.1.3 冲击试样在试板厚度方向应在靠近复合钢板基材一侧上取样，试样上表面应距基材表面约 2 mm。对于取自焊缝中心的试样，不允许带有过渡层。当无法截取标准试样时，可截取辅助小尺寸试样。如有特殊要求，冲击试样可取自厚度方向的其他部位。

9.1.4 试样的纵轴与焊缝长度方向垂直，缺口面垂直于试件表面。

9.1.5 冲击试样缺口的类型应按有关标准确定，缺口型式与基材冲击试验一致。

9.2 试验设备和试验条件

试验设备应定期检定校准，试验条件应按 GB/T 229 有关规定。

9.3 试验方法

9.3.1 试验应按 GB/T 229 规定执行，冲击试样缺口的类型和冲击摆锤刀刃半径的选择应按照相关产品标准或工艺规范执行。

9.3.2 试验温度应按照相关产品标准或工艺规范执行。

9.4 试验结果处理

试验结果按 GB/T 229 有关规定处理。

9.5 试验报告

试验报告除了 GB/T 229 要求之外，还应包括如下信息：

a) 本标准号；

b) 试样标记，如材料规格、材质、试样代号、试样部位(在热影响区处还需要注明缺口轴线距熔合线的距离等)；

c) 如需要，注明试样在厚度方向上截取的位置。

ICS 25.160.40
J 33

中华人民共和国国家标准

GB/T 22085.1—2008/ISO 13919-1:1996

电子束及激光焊接接头缺欠质量分级指南 第1部分:钢

Electron and laser beam welded joints—Guidance on quality levels for imperfections—Part 1:Steel

(ISO 13919-1:1996,Welding—Electron and laser-beam welded joints—Guidance on quality levels for imperfections—Part 1:Steel,IDT)

2008-06-26 发布　　2009-01-01 实施

中华人民共和国国家质量监督检验检疫总局
中国国家标准化管理委员会　发布

前　言

GB/T 22085《电子束及激光焊接接头　缺欠质量分级指南》分为如下两部分：

——第1部分：钢；

——第2部分：铝及铝合金。

本部分为GB/T 22085的第1部分。

本部分等同采用ISO 13919-1:1996《焊接　电子束及激光焊接接头　缺欠质量分级指南　第1部分：钢》(英文版)。

本部分等同翻译ISO 13919-1:1996。为了便于使用，本部分做了下列编辑性改动：

——删除了国际标准的前言；

——将标准名称改为“电子束及激光焊接接头　缺欠质量分级指南　第1部分：钢”；

——对ISO 13919-1:1996中引用的其他国际标准，有被等同采用为我国标准的用我国标准代替对应的国际标准；

——将ISO 13919-1:1996中的“说明”合并入附录A。

本部分的附录A为资料性附录。

本部分由全国焊接标准化技术委员会提出并归口。

本部分起草单位：哈尔滨焊接研究所。

本部分主要起草人：朴东光、王旭友、王威、雷振。

电子束及激光焊接接头
缺欠质量分级指南　第1部分:钢

1　范围

GB/T 22085 的本部分规定了钢电子束及激光焊接接头的缺欠质量分级。

本部分适用于厚度为 0.5 mm 以上的钢材。

2　规范性引用文件

下列文件中的条款通过 GB/T 22085 的本部分的引用而成为本部分的条款。凡是注日期的引用文件,其随后所有的修改单(不包括勘误的内容)或修订版均不适用于本部分,然而,鼓励根据本部分达成协议的各方研究是否可使用这些文件的最新版本。凡是不注日期的引用文件,其最新版本适用于本部分。

GB/T 6417.1—2005　金属熔化焊接头缺欠分类及说明(ISO 6520-1:1998,IDT)

GB/T 19418—2003　钢的弧焊接头 缺陷质量分级指南(ISO 5817 :1992,IDT)

3　符号

表 1 采用了以下符号:

ΔL——两缺欠(气孔、缩孔)之间的距离;

b——焊缝宽度;

d——缺欠(气孔、缩孔)的最大尺寸;

f——气孔或缩孔的投影面积比率;

g——偏离 T 型接头中心线的距离;

h——缺欠尺寸 (高度、宽度);

h_1;h_2——焊缝熔透偏差;

l——缺欠长度(从任何方向测量);

L——焊缝受检长度;

L_c——受组合气孔影响的焊缝长度;

s——焊缝熔深;

s_1——T 型接头焊缝熔深;

t——母材厚度。

4　焊缝评估

表 1 规定了缺欠及限值。

一个焊接接头通常应针对各种缺欠类型分别进行评估。如果不同种类的缺欠出现在同一横截面上,需要做专门评估。

表 1　缺欠及限值

序号	缺欠名称	GB/T 6417.1 代号	说　明	缺欠质量等级限值		
				一般 D	中等 C	严格 B
1	裂纹	100	除微裂纹(裂纹长度和宽度均小于 1 mm)外的所有裂纹,弧坑裂纹参见序号 2	不允许	不允许	不允许

表 1（续）

序号	缺欠名称	GB/T 6417.1 代号	说 明	缺欠质量等级限值		
				一般 D	中等 C	严格 B
2	弧坑裂纹	104		允许局部弧坑裂纹	不允许	不允许
3	气孔及多个气孔	200	应满足下述条件及缺欠限值： a) 单个气孔的最大尺寸 l(l_1、l_2 或 h)。 b) 投影区域内缺欠总和的最大尺寸。 投影方向平行于焊缝表面并垂直于焊缝轴线。因此投影区域实际上就是 $t \times L$。这里的焊缝受检长度 L 应为焊缝的实际长度(或按 100 mm 计)，取两者中的较小值 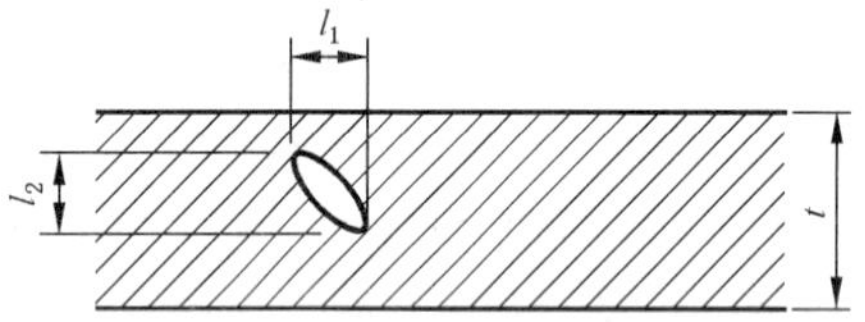 	l 或 $h \leqslant 0.5t$，且不大于 5 mm $f \leqslant 6\%$	l 或 $h \leqslant 0.4t$，且不大于 3 mm $f \leqslant 2\%$	l 或 $h \leqslant 0.3t$，且不大于 2 mm $f \leqslant 0.7\%$
4	局部密集气孔链状气孔	2013 2014	应满足下述条件及缺欠限值： a) 单个气孔的最大尺寸 l(l_1、l_2 或 h)。 b) 投影区域缺欠总和的最大尺寸。 投影方向平行于焊缝表面并垂直于焊缝轴线。因此投影区域实际上就是 $t \times L$。这里的焊缝受检长度 L 应为焊缝的实际长度(或按 100 mm 计)，取两者中的较小值。 c) 对于局部密集气孔或链状气孔，应考虑相邻气孔的间距 ΔL。间距 ΔL 小于规定值时应作为一个组合气孔评估。 d) 受气孔影响的焊缝长度 L_c 小于规定值时，允许组合气孔存在： 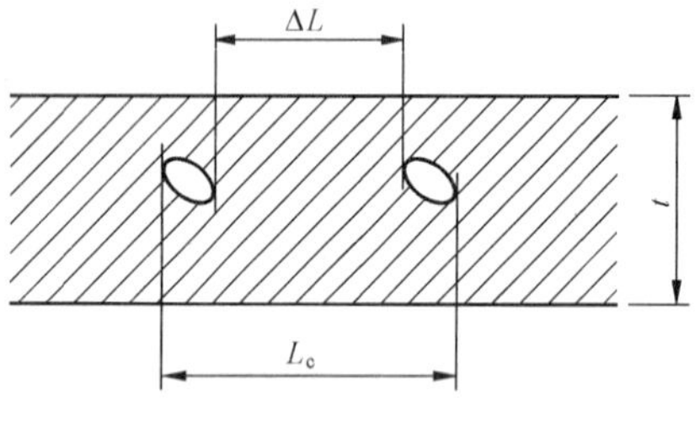 	l 或 $h \leqslant 0.5t$，且不大于 5 mm $f \leqslant 6\%$ $\Delta L \leqslant 0.25t$ 且不大于 5 mm $L_c \leqslant 2t$	l 或 $h \leqslant 0.4t$，且不大于 3 mm， $f \leqslant 2\%$ $\Delta L \leqslant 0.5t$， 且不大于 10 mm $L_c \leqslant t$	l 或 $h \leqslant 0.3t$，且不大于 2 mm $f \leqslant 0.7\%$ $\Delta L \leqslant 0.5t$， 且不大于 15 mm $L_c \leqslant t$
5	缩孔 弧坑缩孔	202 2024		限值规定与气孔相同		
6	固体夹杂	300		—		
7	未熔合	401		$h \leqslant 0.25\ s$，且不大于 1 mm	不允许	不允许

表 1（续）

序号	缺欠名称	GB/T 6417.1 代号	说　明	缺欠质量等级限值		
				一般 D	中等 C	严格 B
8	未焊透	402	对于全熔透焊缝而言，未焊透 h_1 最大尺寸为： 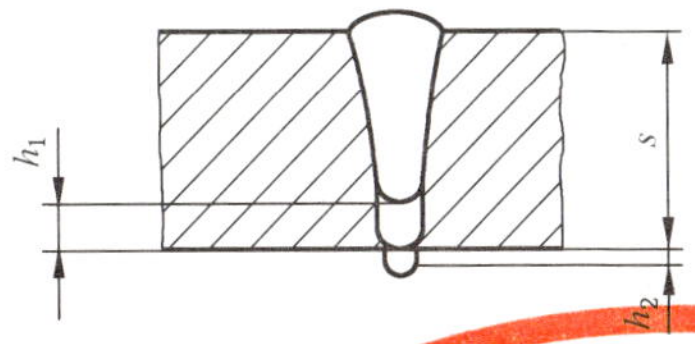 有些情况下可能会规定部分熔透。下述示图提供了示例。这时未焊透的偏差 h_1 应当小于规定数值，熔深过大也可能成为缺欠。h_2 的限值取决于具体应用条件，而且应当针对特殊情况做规定。h_1 的最大尺寸： 焊至衬垫： 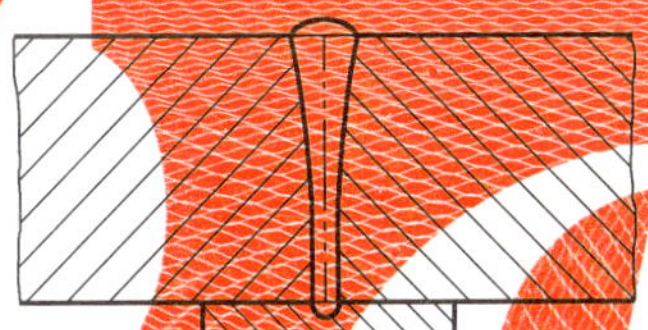 密封焊道： 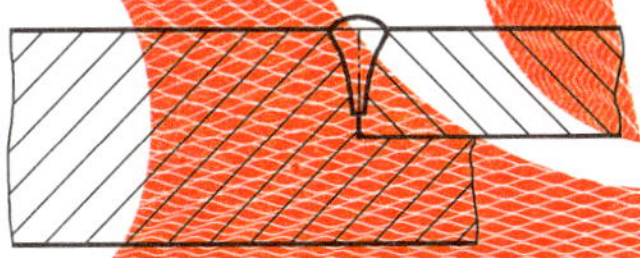 复合材料的焊接：对复合层进行气刨后，用弧焊焊接 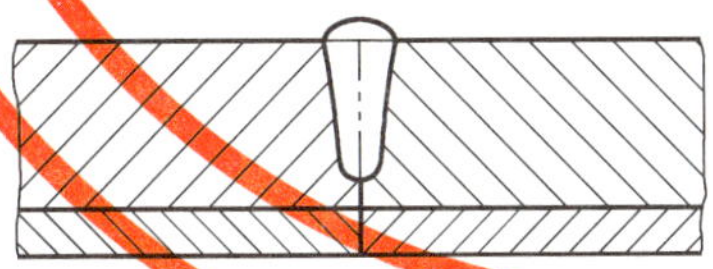	$h_1 \leqslant 0.15s$，且不大于 1 mm $h_1 \leqslant 0.25s$，且不大于 1 mm	不允许 $h_1 \leqslant 0.2s$，且不大于 0.7 mm	不允许 $h_1 \leqslant 0.15s$，且不大于 0.5 mm
9	角焊缝缺欠		参见 GB/T 19418—2003 中的序号 10、13、14、15、20。角焊缝装配不良（GB/T 19418—2003 序号 10）取决于具体条件，并应针对各种特殊情况做规定	采用弧焊的限值，详见 GB/T 19418—2003 的 D 级	采用弧焊的限值，详见 GB/T 19418—2003 的 C 级	采用弧焊的限值，详见 GB/T 19418—2003 的 B 级
10	咬边	5011 5012	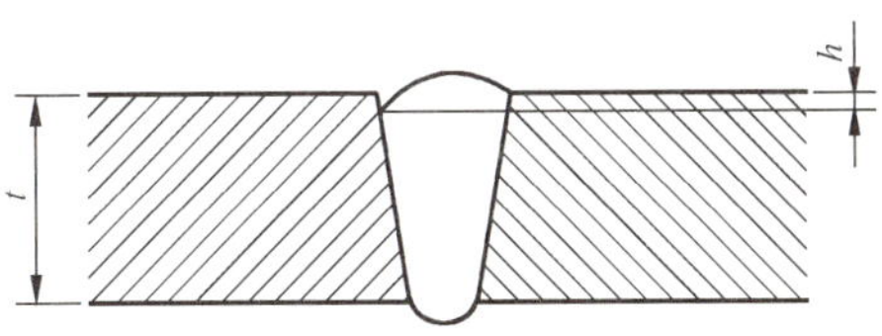 	$h \leqslant 0.15t$，且不大于 1 mm	$h \leqslant 0.1t$，且不大于 0.5 mm	$h \leqslant 0.05t$，且不大于 0.5 mm
11	焊缝超高	502	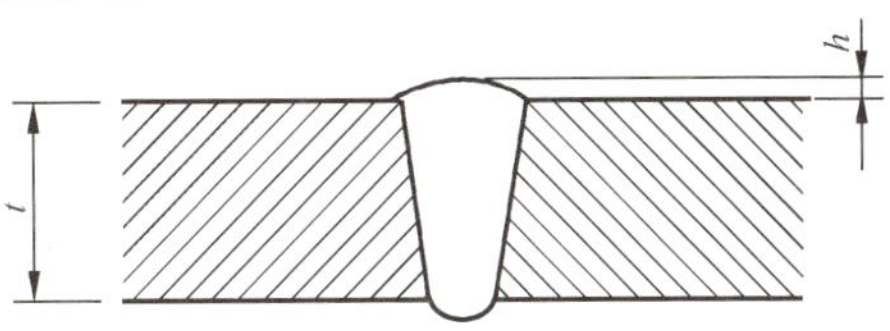 	$h \leqslant 0.2\ \text{mm} + 0.3t$，且不大于 5 mm	$h \leqslant 0.2\ \text{mm} + 0.2t$，且不大于 5 mm	$h \leqslant 0.2\ \text{mm} + 0.15t$，且不大于 5 mm

表 1(续)

序号	缺欠名称	GB/T 6417.1 代号	说 明	缺欠质量等级限值		
				一般 D	中等 C	严格 B
12	下塌	504	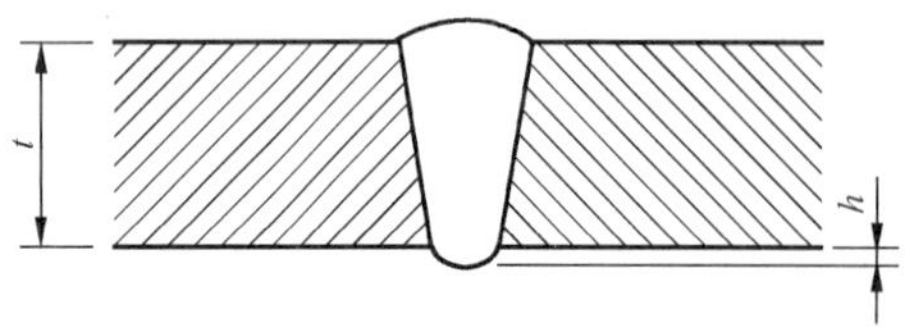	$h \leqslant 0.2$ mm$+0.3t$, 且不大于 5 mm	$h \leqslant 0.2$ mm$+0.2t$, 且不大于 5 mm	$h \leqslant 0.2$ mm$+0.15t$, 且不大于 5 mm
13	错边	507	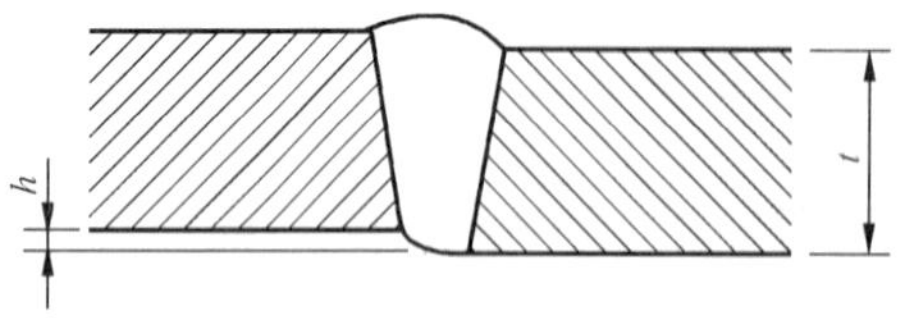	$h \leqslant 0.25t$, 且不大于 3 mm	$h \leqslant 0.15t$, 且不大于 2 mm	$h \leqslant 0.1t$, 且不大于 2 mm
14	下垂	509	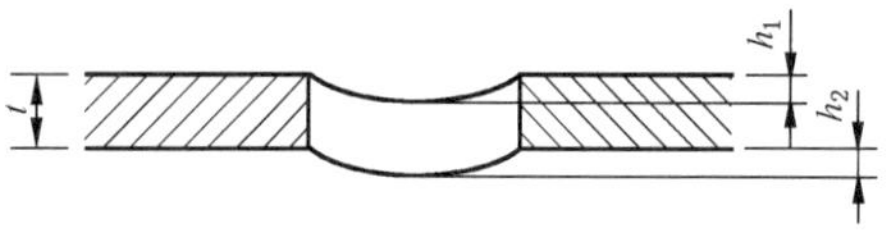 过度熔透在一定程度上可能造成下垂。 仅适用于厚度小于 2 mm,焊缝宽度小于 0.5 t 的薄板焊接	$h_1 \leqslant 0.3t+h_2$, 且不大于 $0.5t$	$h_1 \leqslant 0.2t+h_2$, 且不大于 $0.3t$	$h_1 \leqslant 0.1t+h_2$, 且不大于 $0.2t$
15	未焊满	511	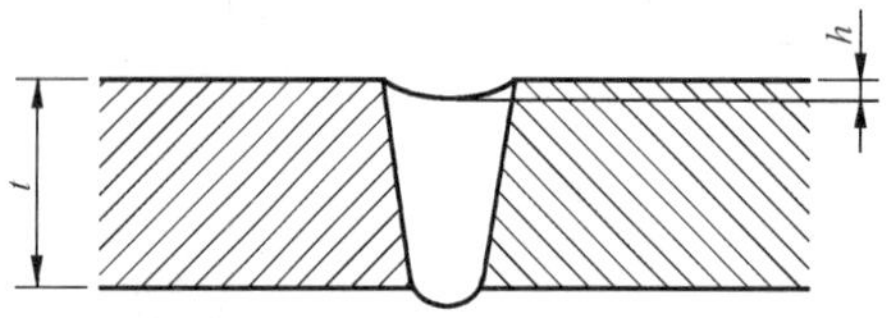	$h \leqslant 0.3t$, 且不大于 1 mm	$h \leqslant 0.2t$, 且不大于 0.5 mm	$h \leqslant 0.1t$, 且不大于 0.5 mm
16	根部收缩缩沟	515 5013	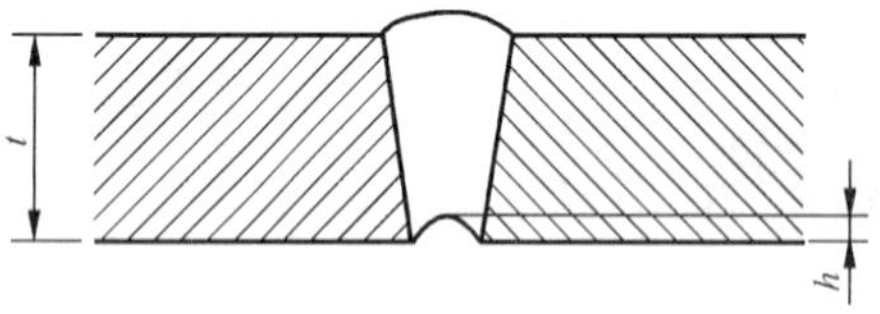	$h \leqslant 0.3t$, 且不大于 1 mm	$h \leqslant 0.2t$, 且不大于 0.5 mm	$h \leqslant 0.1t$, 且不大于 0.5 mm
17	焊缝偏移规定的接头轴线		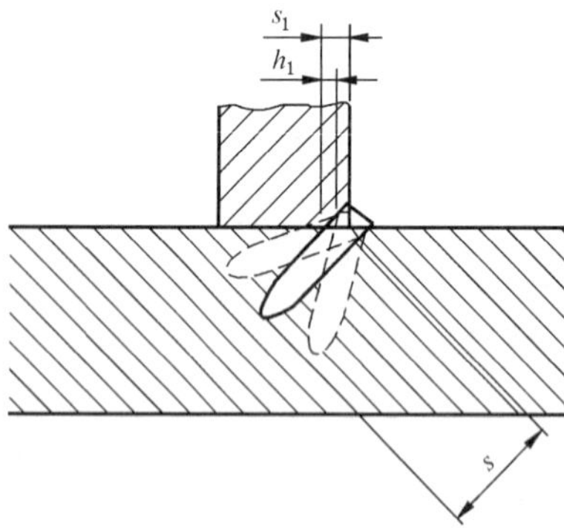	$h_1 \leqslant 0.15s_1$, 且不大于 1 mm	$h_1 \leqslant 0.1s_1$, 且不大于 0.5 mm	$h_1 \leqslant 0.05s_1$, 且不大于 0.3 mm
18	飞溅	602	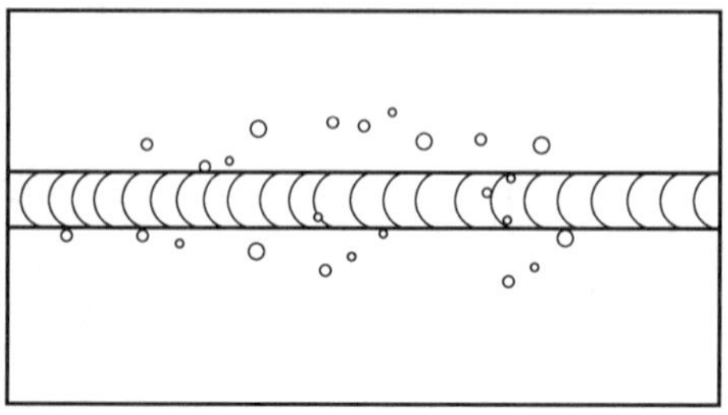	允许与否取决于具体应用条件		

附　录　A
（资料性附录）
标准应用指南

A.1　总则

本部分可作为制定应用规程及(或)其他应用标准的参考文本。它可用于某个生产合格焊接接头的完整质量体系中。本部分规定了三个质量等级，从中可针对具体应用做选择。具体的质量等级要求应由应用标准或受雇于制造商的设计负责人员、用户及(或)其他相关方确定。质量等级应在生产开始之前(最好是在咨询和订货阶段)予以明确。出于某些特殊目的，可能需要规定附加细节。

本部分给出的这些质量等级目的在于提供基本的参考数据，与任何特定应用无特殊关联。这些质量等级仅涉及到了焊接接头，而与整个产品或构件无直接关联。因此，在一个产品或构件中，各个焊接接头可能采用不同的质量等级。表 A.1 列出了质量等级。

表 A.1　缺欠质量等级

等级符号	质量等级
D	一般
C	中等
B	严格

这些质量等级划分为 B、C、D 三级，力求适用于大多数的实际应用需求。

如果需要更高的焊缝要求(如动载)，可以通过焊后焊缝表面机加工或打磨处理，去除表面缺欠来实现。

对于某个焊接接头而言，通常希望用一个质量等级来限定所有缺欠尺寸。然而，在某些情况下，例如某些钢种、结构及疲劳载荷或对密封性有要求的条件，同一个焊接接头中的不同缺欠，可能需要规定不同的质量等级，或者给定附加条件。

在应用过程中选择质量等级时应考虑设计因素、工艺因素(例如表面处理、静态或动态的应力状态)、制造成本、服役条件(如温度、环境)以及失效造成的后果等。

尽管本部分包含了电子束和激光焊的所有焊接缺欠，但是在实际应用过程中，应当考虑那些可能出现的缺欠种类。

焊接缺欠以其实际尺寸进行衡量，但缺欠的检测和评估可能需要使用一种或多种无损检测方法。缺欠的检验及测量取决于应用标准或合同所规定的检验方法和范围。

本部分未包含检验及测量方法的细节内容，因此，在应用中应当根据需要对检查测试方法加以补充。需要明确的是：对于表 1 所列的某些缺欠，无损检测方法可能无法测到，或者测出缺欠的特征和尺寸。

电子束焊缝厚度超过 50 mm，激光焊缝厚度超过 12 mm 时，通常认为是安全的。正因为如此，这些缺欠的限值要求就有些偏低，可能需要采取特殊的措施，如对焊道做修饰，使余高或咬边满足规定限值。在焊接工艺评定过程中特别要注意这类特殊措施，必要时，可规定特殊要求。

A.2　其他附加说明

不同构件通常应用目的不同，但却具有相类似的制造要求。因此，为了保证采用相同的标准条件进行生产，在不同车间生产的类似构件应具有相同的要求。共同使用本标准是用于焊接结构生产质量保证体系的基础之一。

在理论上存在着单个缺欠相叠加的可能性。这时所有允许偏差的总和应当由不同质量等级的规定值限定。

本部分可以与无损检测合格等级标准结合使用。

ICS 25.160.40
J 33

中华人民共和国国家标准

GB/T 22085.2—2008/ISO 13919-2:2001

电子束及激光焊接接头缺欠质量分级指南 第2部分:铝及铝合金

Electron and laser beam welded joints—Guidance on quality levels for imperfections—Part 2: Aluminium and its weldable alloys

(ISO 13919-2:2001, Welding—Electron and laser beam welded joints—Guidance on quality levels for imperfections—Part 2: Aluminium and its weldable alloys, IDT)

2008-06-26 发布　　2009-01-01 实施

中华人民共和国国家质量监督检验检疫总局
中国国家标准化管理委员会　发布

前　言

GB/T 22085《电子束及激光焊接接头　缺欠质量分级指南》分为如下两部分：

——第1部分：钢；

——第2部分：铝及铝合金。

本部分为GB/T 22085的第2部分。

本部分等同采用ISO 13919-2:2001《焊接　电子束及激光焊接接头　缺欠质量分级指南　第2部分：铝及铝合金》(英文版)。

本部分等同翻译ISO 13919-2:2001。为了便于使用，本部分做了下列编辑性改动：

——删除了国际标准的前言；

——将标准名称改为“电子束及激光焊接接头　缺欠质量分级指南　第2部分：铝及铝合金”；

——对ISO 13919-2:2001中引用的其他国际标准，有被等同采用为我国标准的用我国标准代替对应的国际标准；

——将ISO 13919-2:2001中的“说明”合并入附录A。

本部分的附录A为资料性附录。

本部分由全国焊接标准化技术委员会提出并归口。

本部分起草单位：哈尔滨焊接研究所。

本部分主要起草人：朴东光、王旭友、雷振、王威。

电子束及激光焊接接头
缺欠质量分级指南
第2部分:铝及铝合金

1 范围

GB/T 22085的本部分规定了铝及铝合金电子束及激光焊接接头的缺欠质量分级。

本部分适用于厚度为1 mm以上的铝及铝合金。

2 规范性引用文件

下列文件中的条款通过GB/T 22085的本部分的引用而成为本部分的条款。凡是注日期的引用文件,其随后所有的修改单(不包括勘误的内容)或修订版均不适用于本部分,然而,鼓励根据本部分达成协议的各方研究是否可使用这些文件的最新版本。凡是不注日期的引用文件,其最新版本适用于本部分。

GB/T 6417.1—2005 金属熔化焊接头缺欠分类及说明(ISO 6520-1:1998,IDT)

GB/T 22087—2008 铝及铝合金的弧焊接头 缺欠质量分级指南(ISO 10042:2005,IDT)

3 符号

表1采用以下符号:

ΔL——两缺欠(气孔、缩孔)之间的距离;

b——焊缝宽度;

b_r——焊缝根部宽度;

d——缺欠(气孔、缩孔)的最大尺寸;

f——气孔或缩孔的投影面积比率;

h——缺欠尺寸(高度、宽度);

h_1,h_2——焊缝熔透偏差;

l——缺欠长度(从任何方向测量);

L——焊缝受检长度;

L_c——受组合气孔影响的焊缝长度;

s——焊缝熔深;

s_1——T型接头焊缝熔深;

t——母材厚度。

4 焊缝评估

表1规定了缺欠及限值。

一个焊接接头通常应针对各种缺欠类型分别进行评估。如果不同种类的缺欠出现在同一横截面上,需要做专门评估。

表 1 缺欠及限值

序号	缺欠名称	GB/T 6417.1 代号	说明	缺欠质量等级限值		
				一般 D	中等 C	严格 B
1	裂纹	100	除微裂纹（裂纹长度和宽度均小于 1 mm）外的所有裂纹，弧坑裂纹参见序号 2	不允许	不允许	不允许
2	弧坑裂纹	104		允许局部弧坑裂纹	允许局部弧坑裂纹	不允许
3	气孔及多个气孔	200	应满足下述条件及缺欠限值： a) 单个气孔的最大尺寸 l(l_1、l_2 或 h)。 b) 投影区域内缺欠总和的最大尺寸。 投影方向平行于焊缝表面并垂直于焊缝轴线。因此投影区域实际上就是 $t \times L$。这里的焊缝受检长度 L 应为焊缝的实际长度（或按 100 mm 计），取两者中的较小值 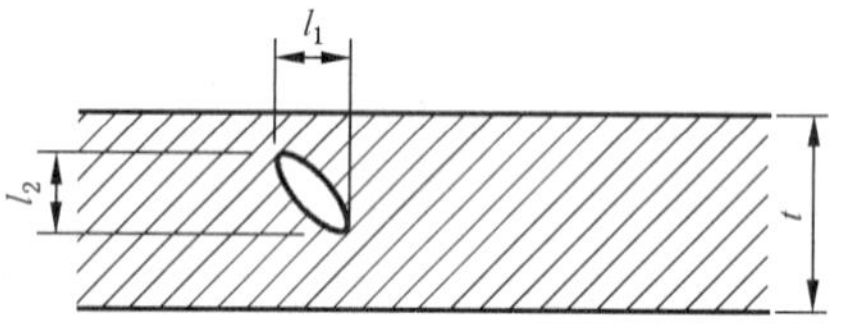	l 或 $h \leqslant 0.5\ t$，且不大于 6 mm。 电子束焊：$f \leqslant 6\%$； 激光焊：$f \leqslant 10\%$	l 或 $h \leqslant 0.4\ t$，且不大于 5 mm。 电子束焊：$f \leqslant 3\%$； 激光焊：$f \leqslant 6\%$	l 或 $h \leqslant 0.3\ t$，且不大于 4 mm。 电子束焊：$f \leqslant 1.5\%$； 激光焊：$f \leqslant 3\%$
4	局部密集气孔 链状气孔	2013 2014	应满足下述条件及缺欠限值： a) 单个气孔的最大尺寸 l(l_1、l_2 或 h)。 b) 投影区域缺欠总和的最大尺寸。 投影方向平行于焊缝表面并垂直于焊缝轴线。因此投影区域实际上就是 $t \times L$。这里的焊缝受检长度 L 应为焊缝的实际长度（或按 100 mm 计），取两者中的较小值。 c) 对于局部密集气孔或链状气孔，应考虑相邻气孔的间距 ΔL。 间距 ΔL 小于规定值时应作为一个组合气孔评估。 d) 受气孔影响的焊缝长度 L_c 小于规定值时，允许组合气孔存在： 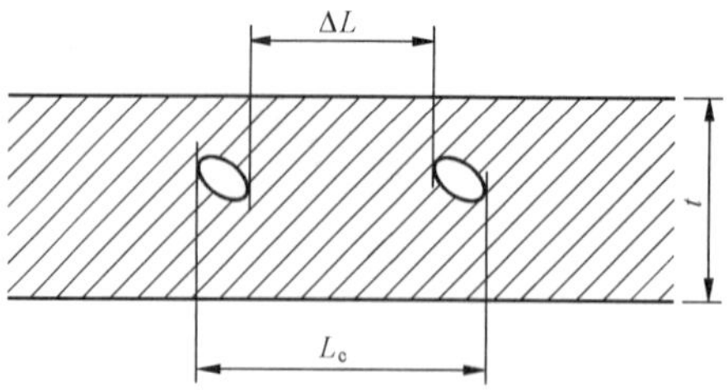	l 或 $h \leqslant 0.5\ t$，且不大于 6 mm。 $f \leqslant 15\%$。 $\Delta L \leqslant 0.25\ t$，且不大于5 mm。 $L_c \leqslant 2\ t$	l 或 $h \leqslant 0.4\ t$，且不大于 5 mm。 $f \leqslant 5\%$。 $\Delta L \leqslant 0.5\ t$，且不大于 10 mm。 $L_c \leqslant t$	l 或 $h \leqslant 0.3\ t$，且不大于 4 mm。 $f \leqslant 2\%$。 $\Delta L \leqslant 0.5\ t$，且不大于 15 mm。 $L_c \leqslant t$
5	缩孔	202		限值规定与气孔相同		
6	弧坑缩孔	2024		$h \leqslant 0.15\ t$，且不大于 2 mm	$h \leqslant 0.1\ t$，且不大于 1.5 mm	$h \leqslant 0.05\ t$，且不大于 1 mm
7	固体夹杂	300	仅允许氧化物夹杂	限值规定与气孔相同		

表 1（续）

序号	缺欠名称	GB/T 6417.1 代号	说　　明	缺欠质量等级限值		
				一般 D	中等 C	严格 B
8	未熔合	401		$h \leqslant 0.25\ s$，且不大于 1 mm	不允许	不允许
9	未焊透	402	对于全熔透焊缝而言，未焊透 h_1 应小于： 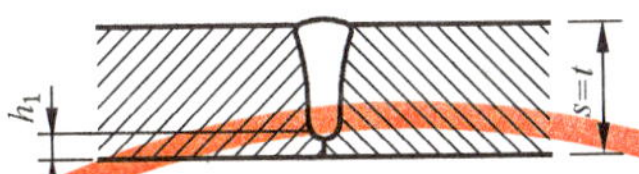 焊至衬垫： 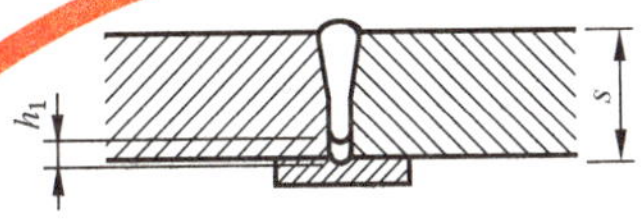	$h_1 \leqslant 0.25\ s$，且不大于 1 mm。	不允许	不允许
			有些情况下可能会规定部分熔透。下述示图提供了示例。这时未焊透的偏差 h_1 应当小于规定数值，熔深过大也可能成为缺欠。h_2 的限值取决于具体应用条件，而且应当针对特殊情况做规定。h_1 的最大偏差： 密封焊道： 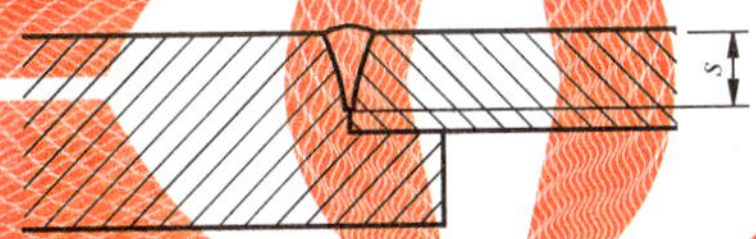 复合材料的焊接：对复合层进行气刨后，用弧焊焊接 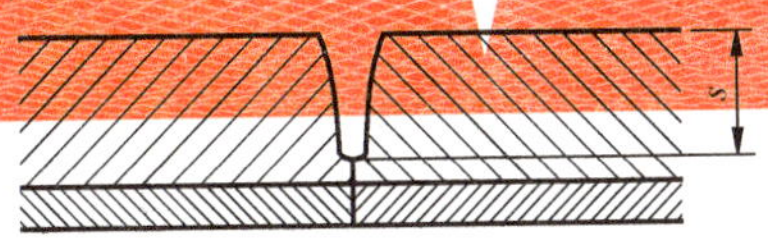	$h_1 \leqslant 0.25\ s$，且不大于 1 mm	$h_1 \leqslant 0.2\ s$，且不大于 0.7 mm	$h_1 \leqslant 0.15\ s$，且不大于 0.5 mm
10	角焊缝缺欠		仅允许带填充金属的焊接。缺欠规定(凸度过大、下榻、下垂、未焊满、焊脚不对称、根部收缩、缩沟等)参见 GB/T 22087—2008。角焊缝厚度不足取决于具体条件，并应针对各种特殊情况做规定	采用弧焊的限值，详见 GB/T 22087—2008 的 D 级	采用弧焊的限值，详见 GB/T 22087—2008 的 C 级	采用弧焊的限值，详见 GB/T 22087—2008 的 B 级
11	咬边	5011 5012	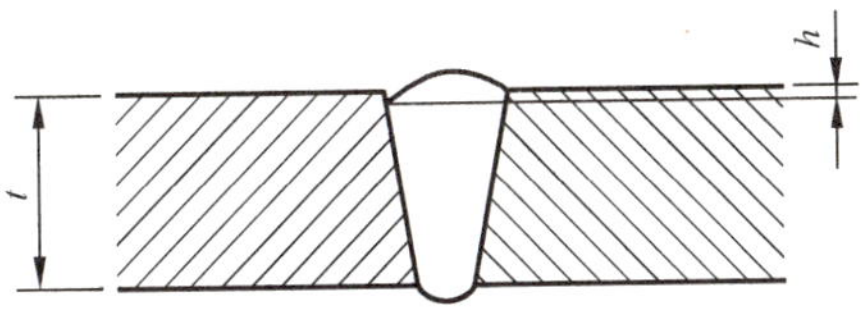 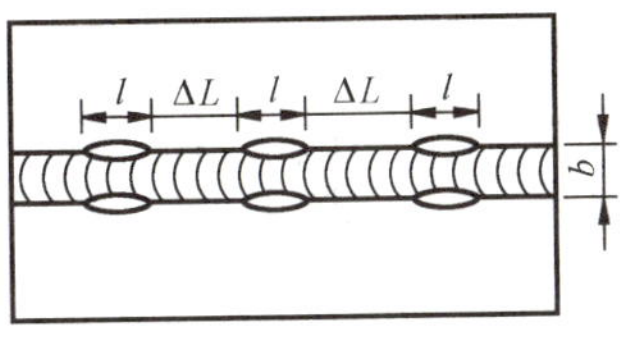	$h \leqslant 0.15\ t$，且不大于 2 mm。 当 $l \leqslant 2\ b$，且 $\Delta L \geqslant 5\ b$ 时，$h \leqslant 0.3\ t$，且不大于 2.5 mm	$h \leqslant 0.1\ t$，且不大于 1.5 mm。 当 $l \leqslant 2\ b$，且 $\Delta L \geqslant 5\ b$ 时，$h \leqslant 0.2\ t$，且不大于 2 mm	$h \leqslant 0.05\ t$，且不大于 1 mm。 当 $l \leqslant 2\ b$，且 $\Delta L \geqslant 5\ b$ 时，$h \leqslant 0.1\ t$，且不大于 1.5 mm

表 1（续）

序号	缺欠名称	GB/T 6417.1 代号	说明	缺欠质量等级限值		
				一般 D	中等 C	严格 B
12	焊缝超高	502	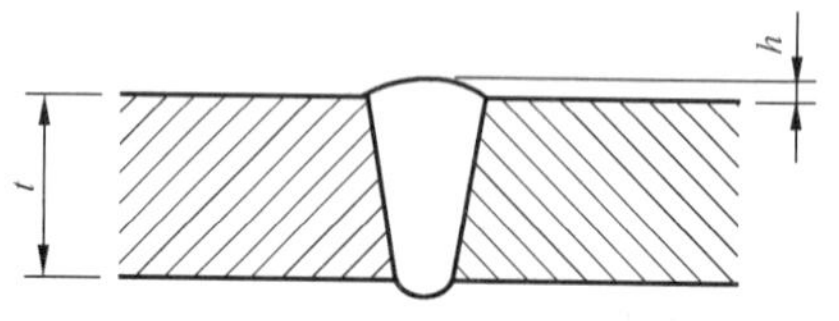	$h \leqslant 0.2$ mm $+0.3\,t$，且不大于 5 mm	$h \leqslant 0.2$ mm $+0.2\,t$，且不大于 5 mm	$h \leqslant 0.2$ mm $+0.15\,t$，且不大于 5 mm
13	下塌	504	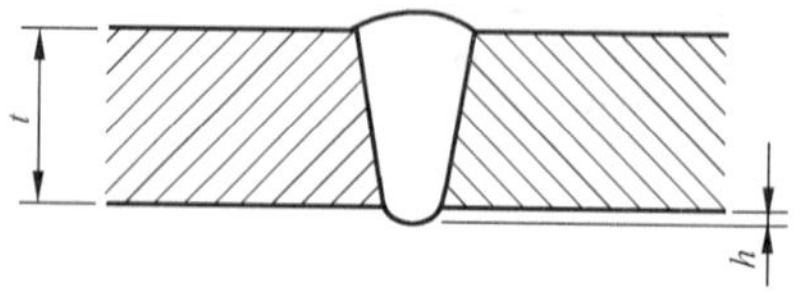	$h \leqslant 0.2$ mm $+0.3\,t$，且不大于 5 mm	$h \leqslant 0.2$ mm $+0.2\,t$，且不大于 5 mm	$h \leqslant 0.2$ mm $+0.15\,t$，且不大于 5 mm
14	错边	507	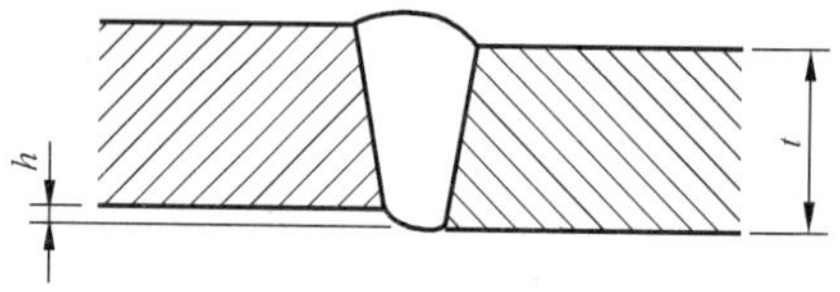	$h \leqslant 0.25\,t$，且不大于 3 mm	$h \leqslant 0.15\,t$，且不大于 2 mm	$h \leqslant 0.1\,t$，且不大于 1 mm
15	下垂	509	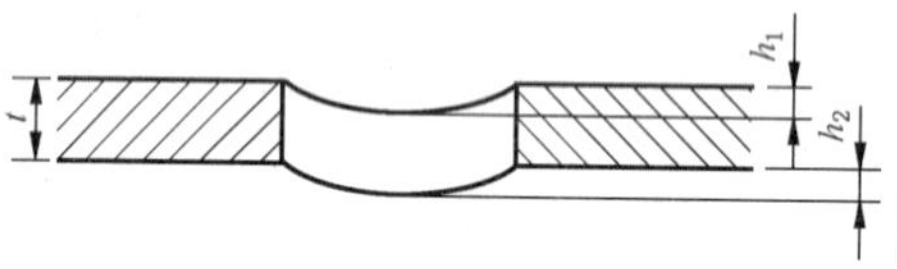过度熔透在一定程度上可能造成下垂。 仅适用于厚度小于 2 mm，焊缝宽度小于 0.5 *t*的薄板焊接	$h_1 \leqslant 0.3\,t+h_2$，且不大于 0.5 *t*	$h_1 \leqslant 0.2\,t+h_2$，且不大于 0.3 *t*	$h_1 \leqslant 0.1\,t+h_2$，且不大于 0.2 *t*
16	未焊满	511	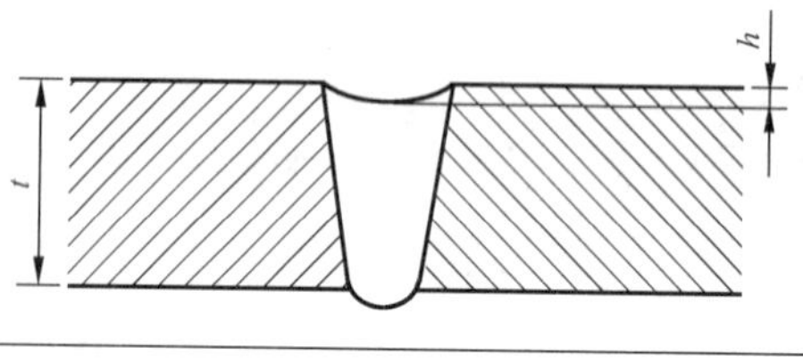	$h \leqslant 0.15\,t$，且不大于 2 mm	$h \leqslant 0.1\,t$，且不大于 1.5 mm	$h \leqslant 0.05\,t$，且不大于 1 mm
17	根部收缩	515	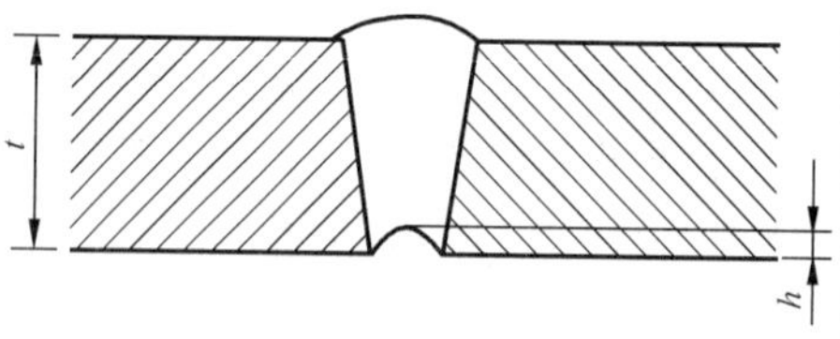	$h \leqslant 0.3\,t$，且不大于 1 mm	$h \leqslant 0.2\,t$，且不大于 0.5 mm	$h \leqslant 0.1\,t$，且不大于 0.5 mm
18	缩沟	5013	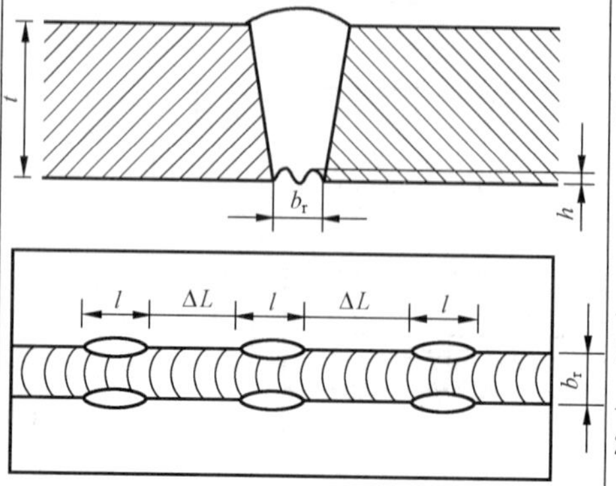	$h \leqslant 0.15\,t$，且不大于 2 mm 当 $l \leqslant 2\,br$，且 $\Delta L \geqslant 5\,br$ 时，$h \leqslant 0.3\,t$，且不大于 2.5 mm	$h \leqslant 0.1\,t$，且不大于 1.5 mm 当 $l \leqslant 2\,br$，且 $\Delta L \geqslant 5\,br$ 时，$h \leqslant 0.2\,t$，且不大于 2 mm	$h \leqslant 0.05\,t$，且不大于 1 mm 当 $l \leqslant 2\,br$，且 $\Delta L \geqslant 5\,br$ 时，$h \leqslant 0.1\,t$，且不大于 1.5 mm

表 1（续）

<table>
<tr><th rowspan="2">序号</th><th rowspan="2">缺欠名称</th><th rowspan="2">GB/T 6417.1 代号</th><th rowspan="2">说　明</th><th colspan="3">缺欠质量等级限值</th></tr>
<tr><th>一般 D</th><th>中等 C</th><th>严格 B</th></tr>
<tr><td>19</td><td>焊缝偏移规定的接头轴线</td><td></td><td>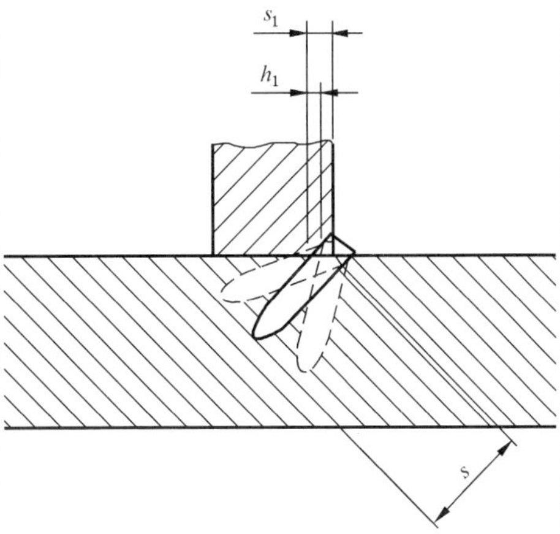</td><td>$h_1 \leqslant 0.15s_1$，且不大于 1 mm</td><td>$h_1 \leqslant 0.1s_1$，且不大于 0.5 mm</td><td>$h_1 \leqslant 0.05s_1$，且不大于 0.3 mm</td></tr>
<tr><td>20</td><td>飞溅</td><td>602</td><td>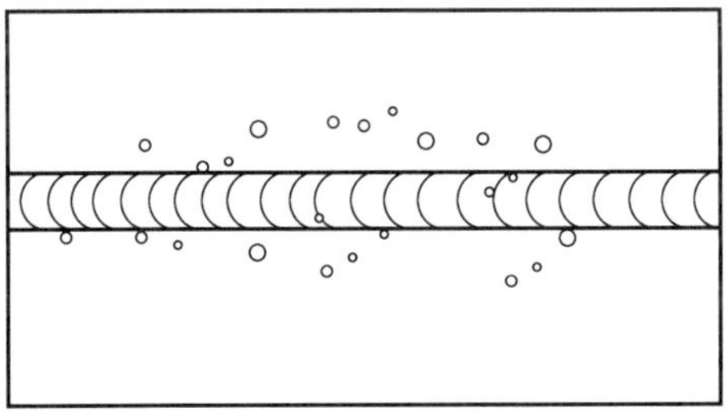</td><td colspan="3">允许与否取决于具体应用条件</td></tr>
</table>

附 录 A
（规范性附录）
标准应用指南

A.1 总则

本部分可作为制定应用规程及(或)其他应用标准的参考文本。它可用于某个生产合格焊接接头的完整质量体系中。本部分规定了三个质量等级，从中可针对具体应用做选择。具体的质量等级要求应由应用标准或受雇于制造商的设计负责人员、用户及(或)其他相关方确定。质量等级应在生产开始之前(最好是在咨询和订货阶段)予以明确。出于某些特殊目的，可能需要规定附加细节。

本部分给出的这些质量等级目的在于提供基本的参考数据，与任何特定应用无特殊关联。这些质量等级仅涉及到了焊接接头，而与整个产品或构件无直接关联。因此，在一个产品或构件中，各个焊接接头可能采用不同的质量等级。表A.1列出了质量等级。

表 A.1 缺欠质量等级

等级符号	质量等级
D	一般
C	中等
B	严格

这些质量等级划分为B、C、D三级，力求适用于大多数的实际应用需求。

如果需要更高的焊缝要求(如动载)，可以通过焊后焊缝表面机加工或打磨处理，去除表面缺欠来实现。

对于某个焊接接头而言，通常希望用一个质量等级来限定所有缺欠尺寸。然而，在某些情况下，例如某些铝合金种类、结构及疲劳载荷或对密封性有要求的条件，同一个焊接接头中的不同缺欠，可能需要规定不同的质量等级，或者给定附加条件。

在应用过程中选择质量等级时应考虑设计因素、工艺因素(例如表面处理、静态或动态的应力状态)、制造成本、服役条件(如温度、环境)以及失效造成的后果等。

尽管本标准包含了电子束和激光焊的所有缺欠种类，但是在实际应用过程中，应当考虑那些可能出现的缺欠。

焊接缺欠以其实际尺寸进行衡量，而缺欠的检测和评估可能需要使用一种或多种无损检测方法。缺欠的检验及测量取决于应用标准或合同所规定的检验方法和范围。

本部分未包含检验及测量方法的细节内容，因此，在应用中应当根据需要对检查测试方法加以补充。需要明确的是：对于表1所列的某些缺欠，无损检测方法可能无法测到，或者测出缺欠的特征和尺寸。

尽管本部分规定了激光焊和电子束焊的材料厚度(熔深)为1 mm以上，但值得注意的是：所有缺欠种类的允许值是有上限规定的。

电子束焊缝厚度超过50 mm，激光焊缝厚度超过12 mm时，通常认为是安全的。正因为如此，这些缺欠的限值要求就有些偏低，可能需要采取特殊的措施，如对焊道做修饰，使余高或咬边满足规定限值。在焊接工艺评定过程中特别要注意这类特殊措施，必要时，可规定特殊要求。

本部分也可能适用于1 mm以下的厚度，但对某些缺欠的要求可能过低。

A.2 其他附加说明

不同构件通常应用目的不同，但却具有相类似的制造要求。因此，为了保证采用相同的标准条件进行生产，在不同车间生产的类似构件应具有相同的要求。共同使用本标准是用于焊接结构生产质量保证体系的基础之一。

在理论上存在着单个缺欠相叠加的可能性。这时所有允许偏差的总和应当由不同质量等级的规定值限定。

本部分可以与无损检测合格等级标准结合使用。

ICS 25.160.40
J 33

中华人民共和国国家标准

GB/T 22087—2008/ISO 10042:2005

铝及铝合金的弧焊接头缺欠质量分级指南

Arc-welded joints in aluminium and its alloys—Guidance on quality levels for imperfection

(ISO 10042:2005, Welding—Arc-welded joints in aluminium and its alloys—Quality levels for imperfections, IDT)

2008-06-26 发布　　2009-01-01 实施

中华人民共和国国家质量监督检验检疫总局
中国国家标准化管理委员会　发布

前　言

本标准等同采用 ISO 10042:2005《焊接　铝及铝合金的弧焊接头　缺欠质量分级指南》(英文版)。

本标准根据 ISO 10042:2005 重新起草。为了便于使用，本部分做了下列编辑性修改：

——删除了国际标准的前言；

——将标准名称改为“铝及铝合金的弧焊接头　缺欠质量分级指南”；

——“范围”按照我国标准的编写要求做了调整，并将 ISO 10042:2005 中“范围”的部分内容并入了附录 B；

——对 ISO 10042:2005 中引用的其他国际标准，有被等同采用为我国标准的用我国标准代替对应的国际标准。

本标准附录 A 和附录 B 为资料性附录。

本标准由全国焊接标准化技术委员会提出并归口。

本标准起草单位：长春轨道客车股份有限公司。

本标准主要起草人：王炎金、宫文彪、陈永刚、刘庆祝、张红艳、胡立国。

铝及铝合金的弧焊接头
缺欠质量分级指南

1 范围

本标准规定了铝及铝合金弧焊接头的缺欠质量等级。

本标准适用于母材厚度 0.5 mm 以上的铝及铝合金。

2 规范性引用文件

下列文件中的条款通过本标准的引用而成为本标准的条款。凡是注日期的引用文件，其随后所有的修改单(不包括勘误的内容)或修订版均不适用于本标准，然而，鼓励根据本标准达成协议的各方研究是否可使用这些文件的最新版本。凡是不注日期的引用文件，其最新版本适用于本标准。

GB/T 5185 焊接及相关工艺方法代号(GB/T 5185—2005,ISO 4063:1998,IDT)

GB/T 6417.1—2005 金属熔化焊接头缺欠分类及说明(ISO 6520-1:1998,IDT)

3 术语及定义

下列术语和定义适用于本标准。

3.1

质量等级 quality level

根据特定缺欠的种类、尺寸和数量，划分的焊缝质量级别。

3.2

适用性 fitness for purpose

在特定条件下，某个产品或方法适用于规定目的的能力。

3.3

短缺欠 short imperfections

焊缝长度大于或等于 100 mm 时，100 mm 范围内总长小于 25 mm 的缺欠为短缺欠；

焊缝长度小于 100 mm 时，总长小于焊缝长度 25%的缺欠为短缺欠。

3.4

系统性缺欠 systematic imperfection

在焊缝长度方向重复出现的缺欠，且每一个缺欠的长度都在规定的限值内。

3.5

横截面 cross-sectional area

垂直于焊缝长度方向的截面，一般为焊缝断裂或截断后，接受检验的断面区域。

3.6

投影面 projected area

焊缝在二维空间成像后观察到的缺欠所分布的平面。

注：与横截面不同，投影面在 X 射线照射下，其缺欠的显现取决于焊缝的厚度(见图 1)。

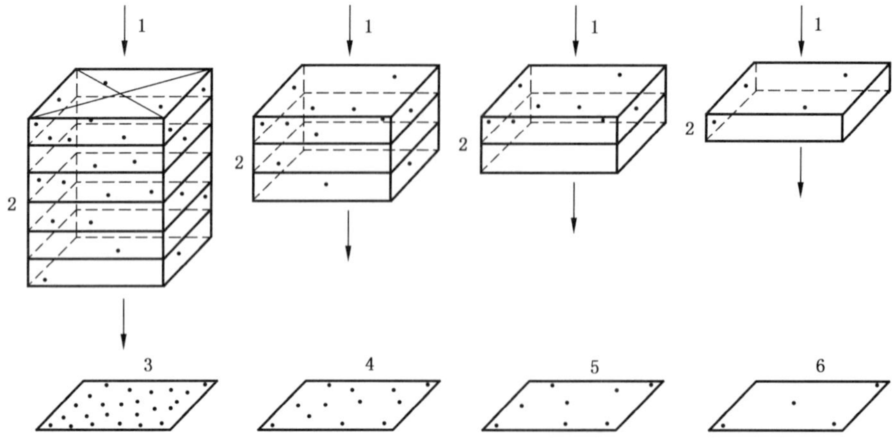

1——X 射线的方向；

2——每个单位体积上 4 个气孔；

3——6 层厚度；

4——3 层厚度；

5——2 层厚度；

6——1 层厚度。

图 1　单位面积不同厚度试样的 X 射线底片

4　符号

表 1 采用了下列符号：

A——气孔涉及的面积；

a——焊缝计算厚度；

b——焊缝余高的宽度；

d——气孔的直径；

d_A——气孔涉及区域的直径；

d_{Ac}——整个气孔区域的圆周直径；

h——缺欠的高度或宽度；

l——焊缝纵向上的缺欠长度；

l_p——投影面或横截面的长度；

s——对接焊缝厚度；

t——板厚或壁厚(名义尺寸)；

w_p——焊缝宽度，或横截面的宽度或高度；

z——焊脚尺寸。

5　缺欠的评定

表 1 规定了缺欠的限值。

宏观检测应只考虑用肉眼或 10 倍以下放大镜可观察到的那些缺欠，但微裂纹除外(具体参见表 1 中 2.2)。

在满足表 1 其他要求(参见表 1 中 1.1～3.2)的前提下，仅 D 级质量等级允许系统性缺欠。

在接头横截面出现的不同缺欠种类需做特殊考虑(参见表 1 中 4.1 的多重缺欠)。

多重缺欠的限值(见表 1)只有在单个缺欠不超标时才合格。

两个相邻缺欠，当其之间的距离小于较小缺欠的主要尺寸时，可视为一个缺欠。

表 1　缺欠的限值

序号	GB/T 6417.1 代号	缺欠名称	说　　明	t/mm	缺欠质量等级限值		
					D	C	B
1　表面缺欠							
1.1	100	裂纹	—	≥0.5	不允许	不允许	不允许
1.2	104	弧坑裂纹	h:高度或宽度	≥0.5	$h \leqslant 0.4s$ 或 $0.4a$ $l \leqslant 0.4s$ 或 $0.4a$	不允许	不允许
1.3	2012	不均匀气孔	气孔的评估参见附录 A	≥0.5	≤2%	≤1%	≤0.5%
1.4	2013	局部密集气孔	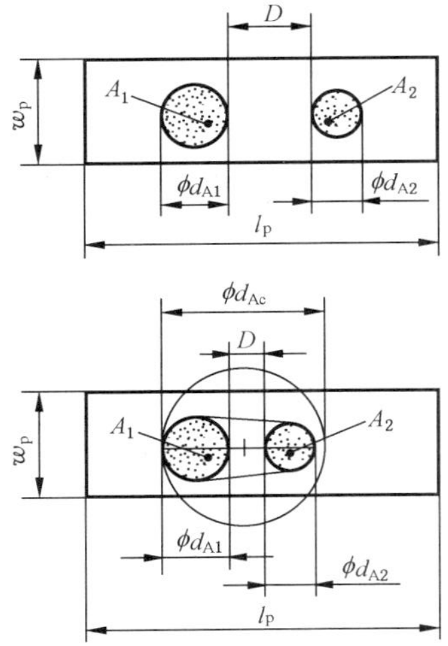 整个密集气孔区域用包括所有气孔的直径为 d_A 的圆表示。 该圆区内的所有气孔应满足单个气孔的要求。 允许的多孔区必须是局部的。应该考虑到密集气孔可能掩盖其他缺欠的可能。 如果 D 小于 d_{A1} 或 d_{A2} 中的较小者，整个气孔区域应当用直径为 d_{Ac} 的圆表示 $d_{Ac}=d_{A1}+d_{A2}+D$ 系统性的密集气孔不允许	≥0.5	$d_A \leqslant 25$ mm 或 $d_{Amax} \leqslant w_p$ d_A 对应 d_{A1}、d_{A2} 或 d_{Ac}	不允许	不允许

表 1（续）

序号	GB/T 6417.1 代号	缺 欠 名 称	说　　明	t/mm	缺欠质量等级限值 D	缺欠质量等级限值 C	缺欠质量等级限值 B
1.5	2014	链状气孔	—	≥0.5	不允许	不允许	不允许
1.6	2017	表面气孔	单个气孔的最大尺寸	0.5～3； >3	d≤0.3s 或 0.3a； d≤0.4s 或 0.4a， 且不大于 3 mm	d≤0.2s 或 0.2a； d≤0.3s 或 0.3a， 且不大于 1.5 mm	d≤0.1s 或 0.1a； d≤0.2s 或 0.2a， 且不大于 1 mm
1.7	2025	末端弧坑缩孔	—	≥0.5	h≤0.4t，且不大于 3 mm	h≤0.2t，且不大于 1.5 mm	不允许
					短缺欠		
1.8	401	未熔合	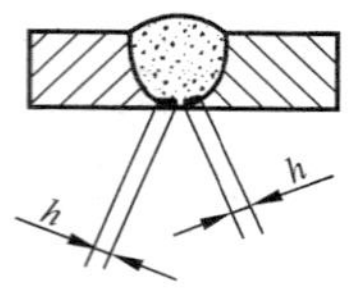	≥0.5	h≤0.1s 或 0.1a， 最大 3 mm	不允许	不允许
					非系统性的短缺欠		
1.9	4021	根部未焊透	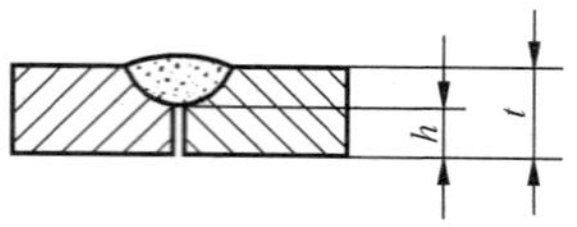	≥0.5	h≤0.2s， 且不大于 2 mm	不允许	不允许
1.10	5011	连续咬边	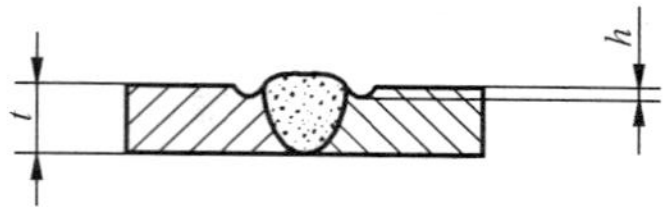	0.5～3； >3	h≤0.2t； h≤0.2t， 且不大于 1 mm	h≤0.1t； h≤0.1t， 且不大于 0.5 mm	不允许； 不允许
	5012	间断咬边(短缺欠)	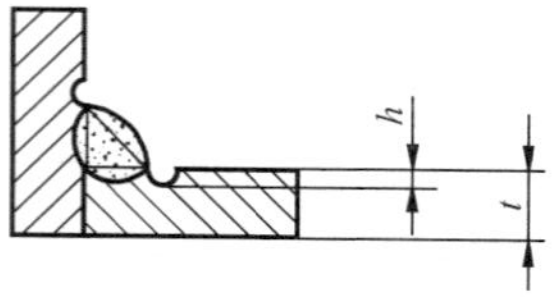 焊缝应和母材圆滑过渡，但这类缺欠不视为系统性缺欠	0.5～3； >3	h≤0.2t； h≤0.2t， 且不大于 1.5 mm	h≤0.1t； h≤0.1t， 且不大于 1 mm	h≤0.1t； h≤0.1t， 且不大于 0.5 mm

表 1（续）

序号	GB/T 6417.1 代号	缺欠名称	说明	t/mm	缺欠质量等级限值		
					D	C	B
1.11	502	焊缝超高	要求焊缝应和母材圆滑过渡 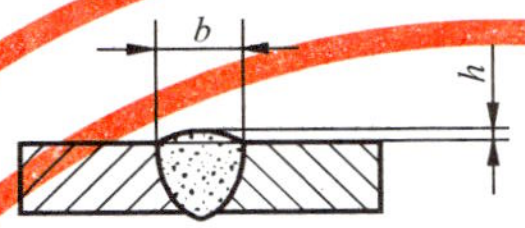	≥0.5	$h\leqslant 1.5$ mm+ $0.2\,b$，且不大于 10 mm	$h\leqslant 1.5$ mm+ $0.15\,b$，且不大于 8 mm	$h\leqslant 1.5$ mm+ $0.1\,b$，且不大于 6 mm
1.12	503	凸度过大	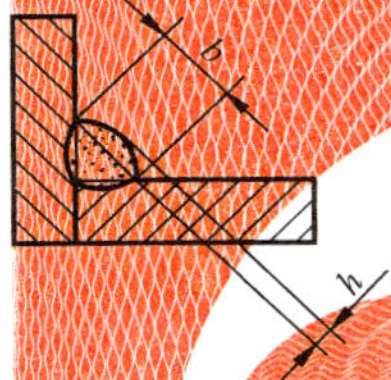	≥0.5	$h\leqslant 1.5$ mm+ $0.3\,b$，且不大于 5 mm	$h\leqslant 1.5$ mm+ $0.15\,b$，且不大于 4 mm	$h\leqslant 1.5$ mm+ $0.1\,b$，且不大于 3 mm
					短缺欠		
1.13	5213	焊缝有效厚度不足	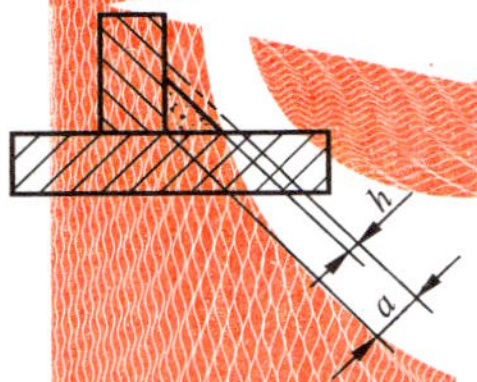	≥0.5	$h\leqslant 0.3\,a$，且不大于 2 mm	$h\leqslant 0.2\,a$，且不大于 1.5 mm	$h\leqslant 0.1\,a$，且不大于 1 mm
1.14	504	下塌	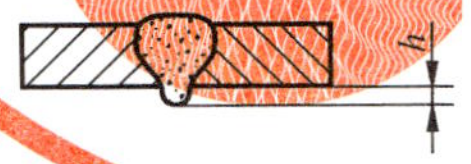	≥0.5	$h\leqslant 5$ mm	$h\leqslant 4$ mm	$h\leqslant 3$ mm
1.15	506	焊瘤	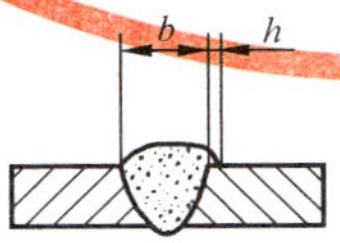	≥0.5	短缺欠，$h\leqslant 0.2\,b$	不允许	不允许

表 1（续）

序号	GB/T 6417.1 代号	缺欠名称	说明	t/mm	缺欠质量等级限值 D	缺欠质量等级限值 C	缺欠质量等级限值 B
1.16	509 511	下垂 未焊满	要求过渡光滑 	≥0.5	$h\leqslant 0.2\,t$， 且不大于 2 mm	$h\leqslant 0.1\,t$， 且不大于 1 mm	$h\leqslant 0.05\,t$， 且不大于 0.5 mm
1.17	512	焊脚不对称	在未规定焊脚不对称的场合下 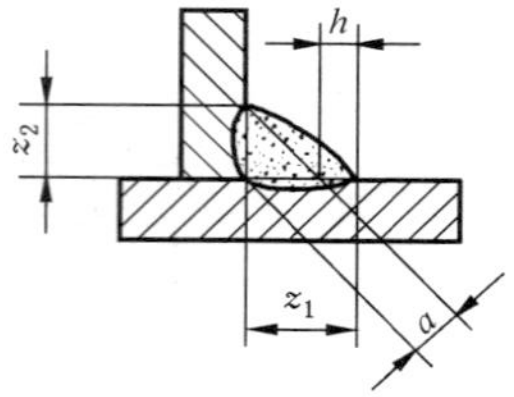	≥0.5	$h\leqslant 3\text{ mm}+0.3\,a$	$h\leqslant 2\text{ mm}+0.25\,a$	$h\leqslant 1.5\text{ mm}+0.2\,a$
1.18	515 5013	根部收缩 缩沟	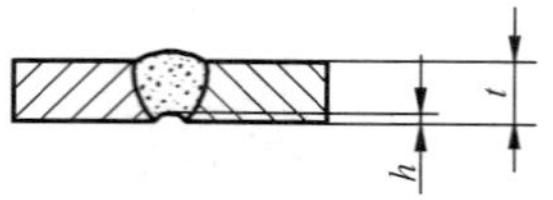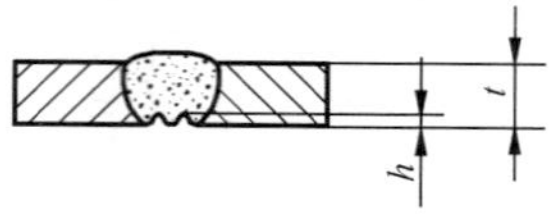	≥0.5	短缺欠 $h\leqslant 0.2\,t$， 且不大于 1.5 mm	$h\leqslant 0.1\,t$， 且不大于 1.0 mm	$h\leqslant 0.05\,t$， 且不大于 0.5 mm
2　内部缺欠							
2.1	100	裂纹	除微观裂纹和弧坑裂纹以外的所有裂纹	≥0.5	不允许	不允许	不允许
2.2	1001	微观裂纹	只能在显微镜下(50 倍)观察到的裂纹	≥0.5	允许	是否允许，根据母材种类和裂纹敏感性决定	
2.3	2011	球形气孔	单个气孔的最大尺寸	≥0.5	$d\leqslant 0.4s$ 或 $0.4\,a$， 且不大于 6 mm	$d\leqslant 0.3s$ 或 $0.3\,a$， 且不大于 5 mm	$d\leqslant 0.2s$ 或 $0.2\,a$， 且不大于 4 mm

表 1（续）

序号	GB/T 6417.1 代号	缺欠名称	说明	t/mm	缺欠质量等级限值 D	缺欠质量等级限值 C	缺欠质量等级限值 B
2.4	2012	均布气孔	气孔评估相对横截面，示例参见附录 A	≥0.5	≤6%	≤2%	≤1%
			缺欠评估相对投影面，示例参见附录 A	0.5～3 >3～12 >12～30 >30	≤6% ≤10% ≤15% ≤20%	≤2% ≤4% ≤6% ≤8%	≤1% ≤2% ≤3% ≤4%
2.5	2013	局部密集气孔	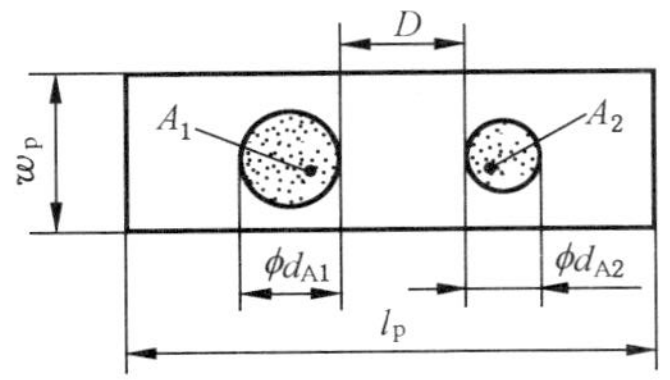 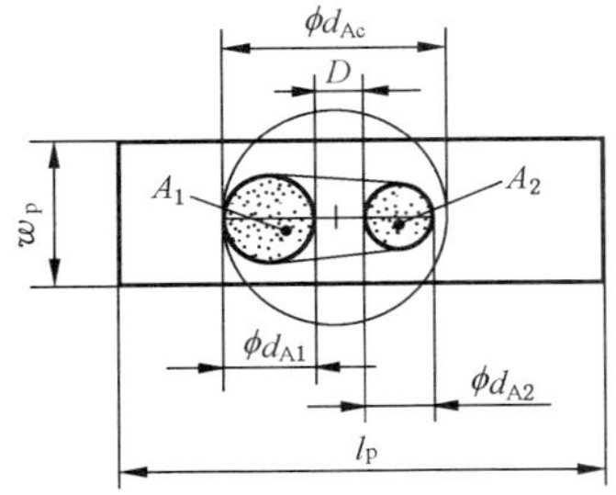 密集区内的整个气孔面积用包含所有气孔在内直径为 d_A 的圆表示。 该区域内的所有气孔应符合单个气孔的要求。 允许的多孔区应为局部的。应该考虑到密集气孔可能掩盖其他缺欠。 如果 D 小于 d_{A1} 或 d_{A2} 中的较小者，整个气孔区域应当用直径为 d_{Ac} 的圆表示 $d_{Ac}=d_{A1}+d_{A2}+D$ 系统性的密集气孔不允许	≥0.5	$d_A\leqslant 25$ mm 或 $d_{Amax}\leqslant w_p$ d_A 对应 d_{A1}、d_{A2} 或 d_{Ac}	$d_A\leqslant 20$ mm 或 $d_{Amax}\leqslant w_p$ d_A 对应 d_{A1}、d_{A2} 或 d_{Ac}	$d_A\leqslant 15$ mm 或 $d_{Amax}\leqslant w_p/2$ d_A 对应 d_{A1}、d_{A2} 或 d_{Ac}

表 1（续）

序号	GB/T 6417.1 代号	缺欠名称	说明	t/mm	缺欠质量等级限值		
					D	C	B
2.6	2014	链状气孔		≥0.5	允许短缺欠	不允许	
2.7	2015 2016	条形气孔 虫形气孔		≥0.5	$l \leqslant 0.4s$ 或 $0.4a$，且不大于 6 mm	$l \leqslant 0.3s$ 或 $0.3a$，且不大于 4 mm	$l \leqslant 0.2s$ 或 $0.2a$，且不大于 3 mm
2.8	303	氧化物夹杂	如果一个横截面内存在若干个氧化物夹杂，则总计为： $l = l_1 + l_2 + l_3 + \cdots + l_n$	≥0.5	短缺欠		
					$l \leqslant s$ 或 a，且不大于 10 mm	$l \leqslant 0.5s$ 或 $0.5a$，且不大于 5 mm	$l \leqslant 0.2s$ 或 $0.2a$，且不大于 2 mm
2.9	3041	夹钨		≥0.5	$l \leqslant 0.4s$ 或 $0.4a$，且不大于 6 mm	$l \leqslant 0.3s$ 或 $0.3a$，且不大于 5 mm	$l \leqslant 0.2s$ 或 $0.2a$，且不大于 4 mm
2.10	401	未熔合	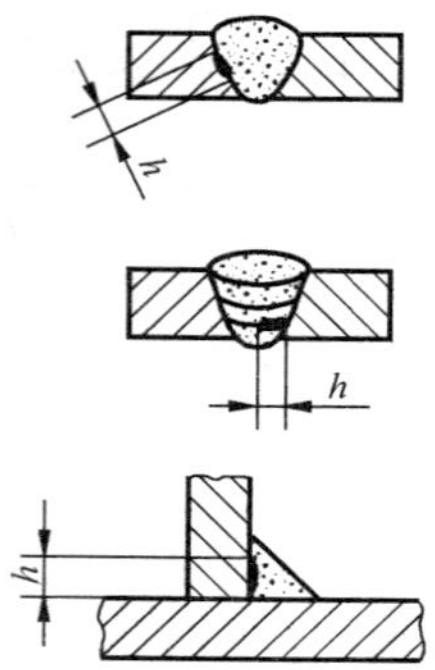	≥0.5	允许短缺欠 $l \leqslant 0.3s$ 或 $0.3a$，且不大于 3 mm	不允许	不允许

表 1（续）

序号	GB/T 6417.1 代号	缺欠名称	说明	t/mm	缺欠质量等级限值 D	缺欠质量等级限值 C	缺欠质量等级限值 B
2.11	402	未焊透	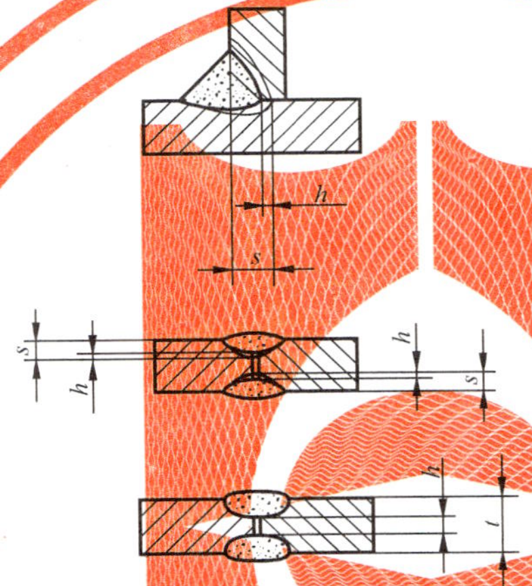	≥0.5	允许短缺欠存在，但不允许系统性缺欠存在		不允许
					$h \leqslant 0.4s$，且不大于 3 mm	$h \leqslant 0.2s$，且不大于 2 mm	
2.12	402	未焊透（角焊缝）	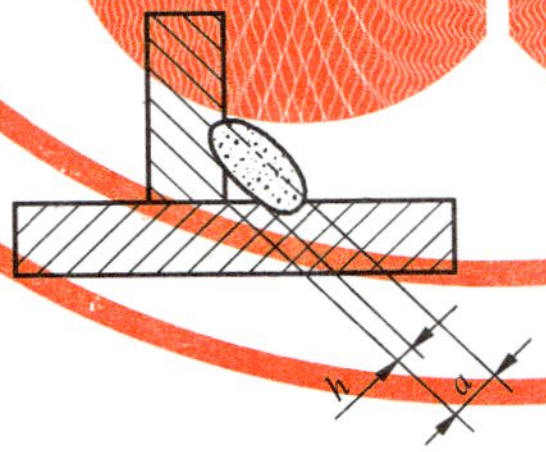	≥0.5	短缺欠		
					$h \leqslant 0.3a$，且不大于 2 mm	$h \leqslant 0.2a$，且不大于 1.5 mm	$h \leqslant 0.1a$，且不大于 1 mm

表 1（续）

序号	GB/T 6417.1 代号	缺 欠 名 称	说　　明	t/mm	缺欠质量等级限值 D	缺欠质量等级限值 C	缺欠质量等级限值 B
3　接头的几何缺欠							
3.1	507	错边	板材及纵焊缝 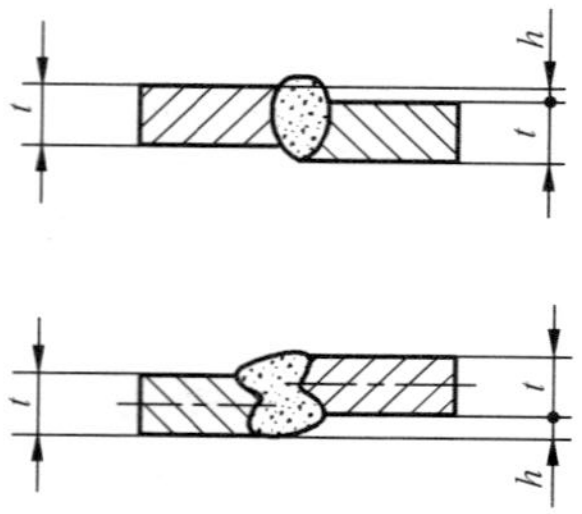 t 为较小的厚度	≥0.5	$h \leqslant 0.4t$， 且不大于 8 mm	$h \leqslant 0.3t$， 且不大于 4 mm	$h \leqslant 0.2t$， 且不大于 2 mm
			环缝 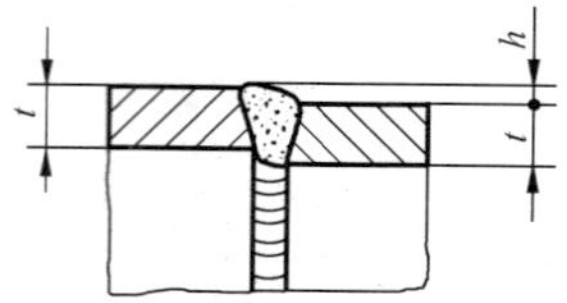 t 为较小的厚度	≥0.5	$h \leqslant 0.4t$， 且不大于 10 mm	$h \leqslant 0.3t$， 且不大于 6 mm	$h \leqslant 0.2t$， 且不大于 4 mm
3.2	617	根部间隙不良	被焊件之间的间隙 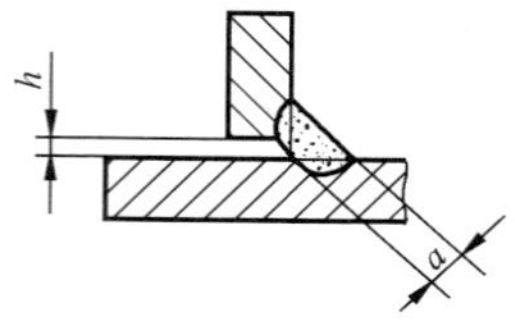 	≥0.5	$h \leqslant 1$ mm＋ $0.2a$， 且不大于 5 mm	$h \leqslant 0.5$ mm＋ $0.15a$， 且不大于 4 mm	$h \leqslant 0.5$ mm＋ $0.1a$， 且不大于 3 mm

表 1（续）

序号	GB/T 6417.1 代号	缺欠名称	说明	t/mm	缺欠质量等级限值		
					D	C	B
4 多重缺欠							
4.1		横截面内的多重缺欠	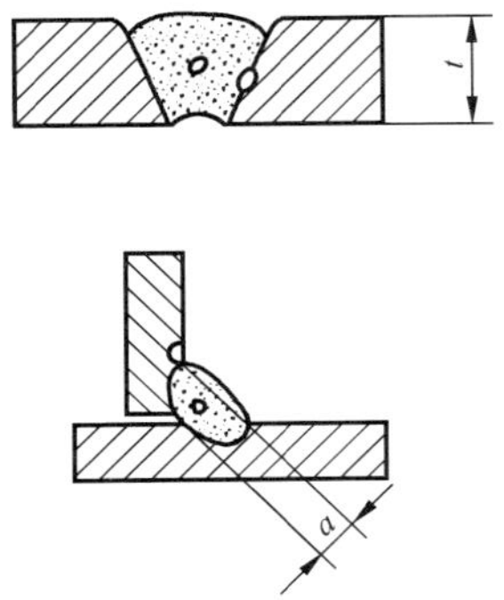	≥0.5	横截面内所有符合要求的单个缺欠的总和不得超过：		
					0.4 t 或 0.4 a	0.3 t 或 0.3 a	0.2 t 或 0.2 a

附 录 A
（资料性附录）
气孔率评定示例

图 A.1～图 A.10 表示不同的气孔率。这些图例可用于评估横截面或射线投影面上的气孔。

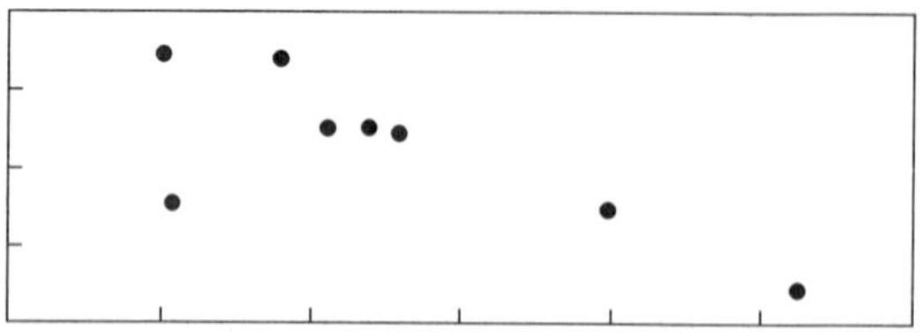

图 A.1 气孔率为 0.5%

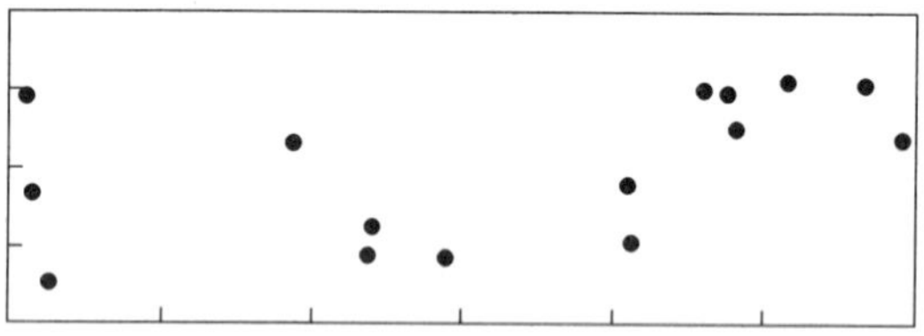

图 A.2 气孔率为 1%

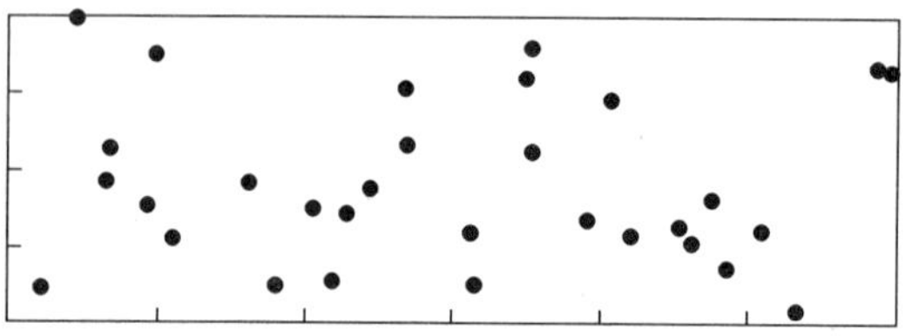

图 A.3 气孔率为 2%

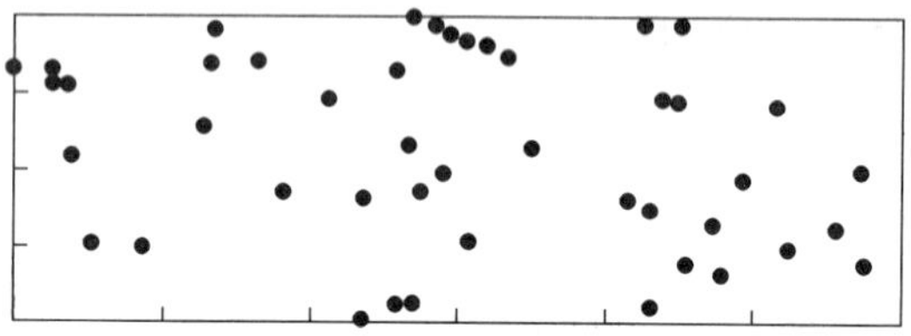

图 A.4 气孔率为 3%

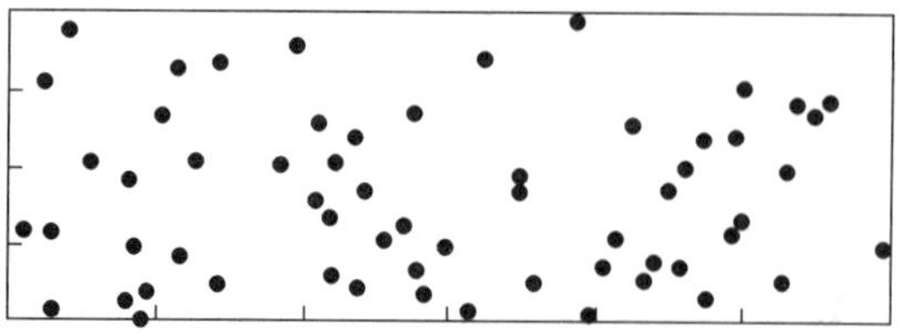

图 A.5 气孔率为 4%

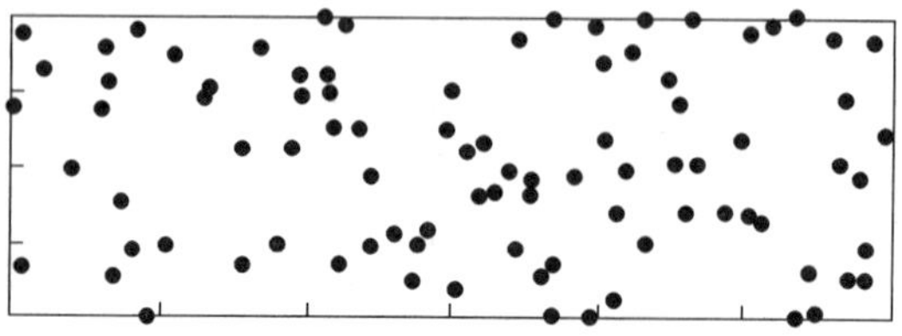

图 A.6 气孔率为 6%

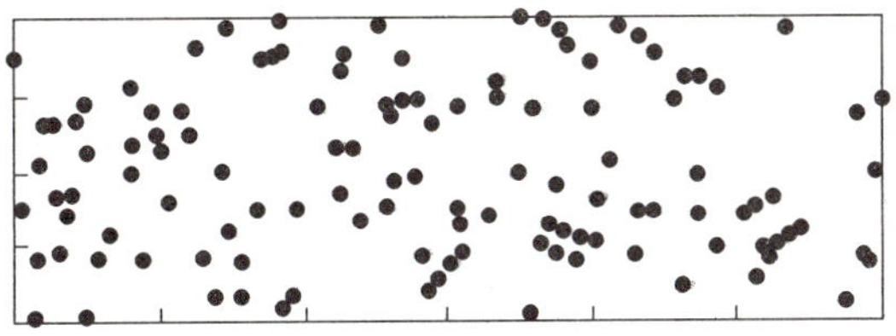

图 A.7 气孔率为 8%

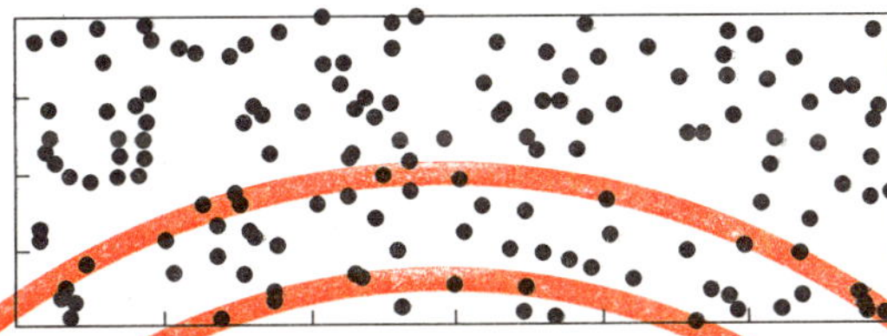

图 A.8 气孔率为 10%

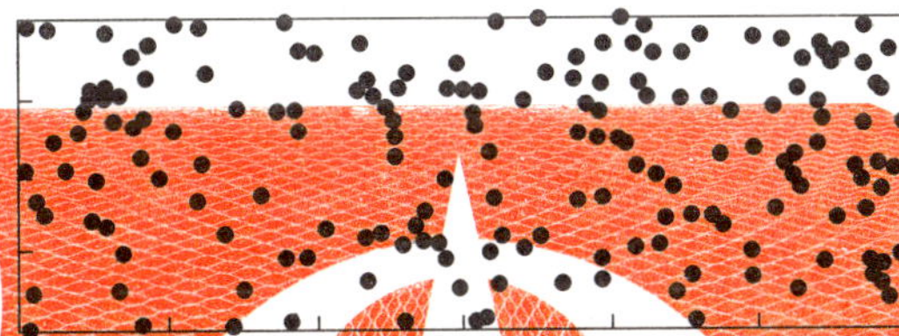

图 A.9 气孔率为 15%

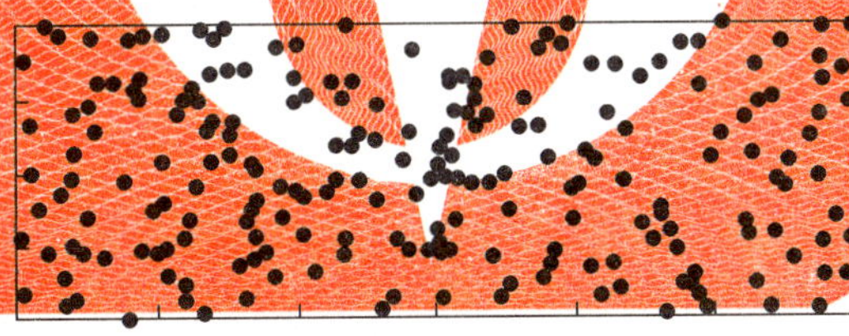

图 A.10 气孔率为 20%

附 录 B
（资料性附录）
标准应用说明

B.1 适用范围及等级说明

本标准适用于各种铝及铝合金焊缝(对接焊缝和角焊缝;全熔透焊缝和不完全熔透焊缝)的缺欠评定。本标准适用的焊接方法(焊接方法代号参见GB/T 5185)包括:

——131 熔化极惰性气体保护焊(MIG焊);

——141 钨极惰性气体保护焊(TIG焊);

——15 等离子弧焊。

本标准没有焊接位置方面的限定。

本标准规定了三个级别的质量分级以适用于大范围的焊接结构。这三个级别分别为B、C、D级。B级为最高级,焊缝质量要求最高。这些质量等级仅与产品质量有关,而与制造产品的适用性无关。

本标准未考虑冶金因素(如晶粒尺寸、硬度)。

B.2 应用指南

本标准虽然明确规定了其适用的领域和范围,但在条件合适时,还可能适用于其他熔焊方法或焊缝厚度。

不同构件通常应用目的不同,但却具有相类似的制造要求。因此,为了保证采用相同的标准条件进行生产,在不同车间生产的类似构件应具有相同的质量要求。共同使用本标准是用于焊接结构生产质量保证体系的基础之一。

当累计多种缺欠时,在理论上存在单个缺欠(的显示)被重合的可能。在这种情况下,所有偏差的总和应当由不同质量等级的规定值限制。但是,单个缺欠(如单个气孔)的尺寸值可能超过 h 值。

本标准可能与某种以焊缝正面及背面的射线翻拍照片及(或)焊缝截面显微照片,显示各质量等级允许缺欠尺寸的实际应用手册结合使用。国际焊接学会(IIW)出版的《根据ISO 5817评定焊缝缺欠的参照射线底片》就是这样一种手册。可参照该手册用做评估各种缺欠,而且在对缺欠允值存在争议时作为仲裁。

ICS 25.160.20
J 33

中华人民共和国国家标准

GB/T 25774.1—2010

焊接材料的检验 第1部分:钢、镍及镍合金熔敷金属力学性能试样的制备及检验

**Test methods for welding consumables—
Part 1: Preparation and testing of deposited metal specimens for mechanical properties in steel, nickel and nickel alloys**

(ISO 15792-1:2000, Welding consumables—Test methods—
Part 1: Test methods for all-weld metal test specimens in steel,
nickel and nickel alloys, MOD)

2010-12-23 发布　　　　2011-06-01 实施

中华人民共和国国家质量监督检验检疫总局
中国国家标准化管理委员会　发布

前　言

GB/T 25774《焊接材料的检验》分为三个部分：

——第1部分：钢、镍及镍合金熔敷金属力学性能试样的制备及检验；

——第2部分：钢的焊接接头力学性能试样的制备及检验；

——第3部分：T型接头角焊缝试样的制备及检验。

本部分是GB/T 25774《焊接材料的检验》的第1部分，修改采用国际标准ISO 15792-1:2000《焊接材料　试验方法　第1部分：钢、镍及镍合金熔敷金属试样制备方法》。

考虑我国焊接材料熔敷金属力学性能试验的实际情况，采用ISO 15792-1:2000时做了如下技术内容修改：

——删除了规范性引用文件ISO 5178、ISO 9016:2000及ISO 13916:1996等国际标准，用已被等同采用的我国相应标准替代；

——增加了12种试件类型1.8、1.9、2.0、2.1、2.2、2.3、2.4、2.5、2.6、2.7、2.8、2.9；

——按国内习惯，对于ISO 15792-1中的1.0和1.1类型的试件，以及增加的2.2、2.3、2.7、2.8类型的试件，未采用ϕ8 mm的拉棒，而采用ϕ6 mm的拉棒；

——在第4章"试验用母材"中增加了隔离层厚度不小于3 mm的要求；

——明示了拉伸试样和冲击试样尺寸的要求。

本部分还做了如下编辑性修改：

——标准名称修改为"焊接材料的检验　第1部分：钢、镍及镍合金熔敷金属力学性能试样的制备及检验"。

本部分由全国焊接标准化技术委员会(SAC/TC 55)提出并归口。

本部分起草单位：天津大桥焊材集团有限公司、哈尔滨焊接研究所、建德市新安江电焊条厂、北京金威焊材有限公司、武汉铁锚焊接材料股份有限公司、天津市金桥焊材集团有限公司。

本部分起草人：高盛平、储继君、徐和生、边境、程宁、侯永泰、陈默。

焊接材料的检验
第1部分:钢、镍及镍合金熔敷金属力学性能试样的制备及检验

1 范围

GB/T 25774 的本部分规定了钢、镍及镍合金焊接材料的熔敷金属拉伸试样和冲击试样的制备及检验方法。

本部分适用于钢、镍及镍合金的焊接材料或其他电弧焊熔敷金属力学性能的测定。

2 规范性引用文件

下列文件中的条款通过 GB/T 25774 的本部分的引用而成为本部分的条款。凡是注日期的引用文件,其随后所有的修改单(不包括勘误的内容)或修订版均不适用于本部分,然而,鼓励根据本部分达成协议的各方研究是否可使用这些文件的最新版本。凡是不注日期的引用文件,其最新版本适用于本部分。

GB/T 2650 焊接接头冲击试验方法(GB/T 2650—2008,ISO 9016:2001,IDT)

GB/T 2652 焊缝及熔敷金属拉伸试验方法(GB/T 2652—2008,ISO 5178:2001,IDT)

GB/T 18591 焊接 预热温度、道间温度及预热维持温度的测量指南(GB/T 18591—2001,ISO 13916:1996,IDT)

3 一般原则

试验的焊接材料按相关的产品标准的要求进行选取,熔敷金属的拉伸试样和冲击试样按以下要求进行制备。

4 试验用母材

试验用母材应与焊接材料产品标准中要求的熔敷金属力学性能试验用材料一致。若采用其他母材,应采用试验的焊接材料在坡口面和垫板面至少焊接两层隔离层,隔离层的厚度加工后不小于3 mm,以确保稀释最小。

5 试件制备

试件应制备成带垫板的 V 型坡口形式,垫板固定焊在试件的背面,见图 1 和表 1。

试板焊前应予以反变形或拘束,以防止角变形。试件焊后不允许矫正,角变形超过 5°的试件应予报废。

各类型的试件尺寸见表 1。试件类型按相关焊接材料产品标准的规定进行选择。

6 焊接条件

试件应在平焊位置制备,除非焊接材料产品标准中规定了其他位置,才允许采用其他位置焊接。

启焊时试板温度应加热到焊接材料产品标准规定的预热温度,并在焊接过程中保持道间温度,试板温度超过时,应在静态大气中冷却。预热温度和道间温度可使用表面温度计、测温笔或者热电偶,按 GB/T 18591 规定进行测量,推荐试件纵向中部距焊缝中心 25 mm 处的表面做为测温点。

道间温度和焊接规范按焊接材料产品标准要求。如果必须中断焊接，应将试板在静态大气中冷却。重新焊接时，试板应加热到规定的道间温度。

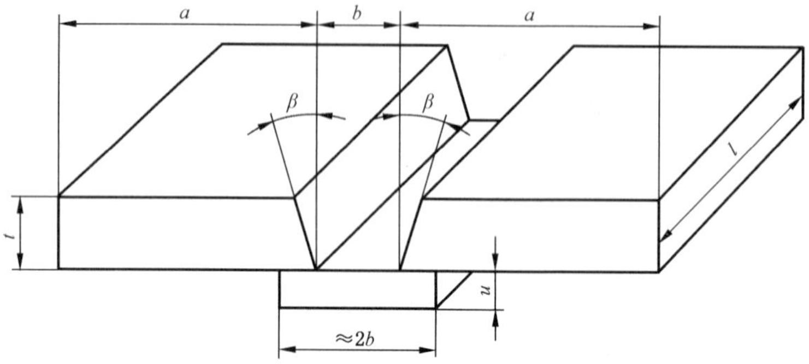

图 1 试件尺寸

表 1 试件类型和尺寸

试件类型	试板厚度 t mm	试板宽度 a mm	试板长度 l mm	垫板厚度 u mm	根部间隙 b mm	坡口面角度 β (°)
1.0	12	≥80	≥150	≥6	10	$10^{+2.5}_{0}$
1.1	12	≥90	≥150	≥6	12	$10^{+2.5}_{0}$
1.2	16	≥100	≥150	≥6	14	$10^{+2.5}_{0}$
1.3	20	≥150	≥150	≥6	16	$10^{+2.5}_{0}$
1.4	25	≥150	≥150	≥6	20	$10^{+2.5}_{0}$
1.5	30	≥200	≥150	≥6	25	$10^{+2.5}_{0}$
1.6	20	≥150	≥150	≥6	20	$10^{+2.5}_{0}$
1.7	25	≥150	≥150	≥6	24	$10^{+2.5}_{0}$
1.8	20	≥125	≥250	≥6	24	$10^{+2.5}_{0}$
1.9	30	≥125	≥250	≥6	28	$10^{+2.5}_{0}$
2.0	20	≥150	≥300	≥6	12	$15^{+2.5}_{0}$
2.1	25	≥125	≥300	≥6	12	$15^{+2.5}_{0}$
2.2	12	≥90	≥100	≥6	6.5	$22.5^{+2.5}_{-2.5}$
2.3	12	≥90	≥100	≥6	10	$22.5^{+2.5}_{-2.5}$
2.4	20	≥90	≥150	≥6	10	$22.5^{+2.5}_{-2.5}$
2.5	20	≥90	≥150	≥6	12	$22.5^{+2.5}_{-2.5}$
2.6	20	≥125	≥250	≥6	12	$22.5^{+2.5}_{-2.5}$
2.7	14	≥80	≥100	≥6	5	30～45
2.8	14	≥80	≥100	≥6	7	30～45
2.9	20	≥80	≥150	≥6	12	30～45

7 热处理

除去氢处理外，热处理应在试件上进行，或经机械加工切断后进行。热处理按焊接材料产品标准规定进行。

去氢处理在加工拉伸试样前后均可进行。试样可进行不高于 250 ℃，不超过 16 h 的去氢处理。

8 取样位置和试样尺寸

拉伸试样的取样位置见图 2，冲击试样的取样位置见图 3。取样时可采用机械切割或热切割，当采用热切割时，应至少保证 10 mm 的机械加工余量。镍及镍合金材料仅允许采用机械加工方法。

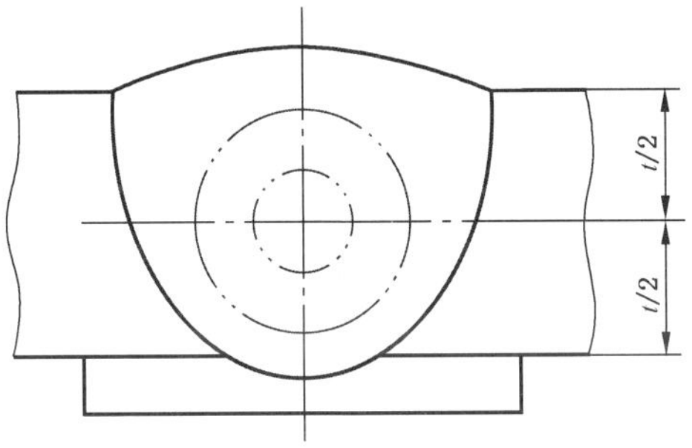

图 2 拉伸试样取样位置

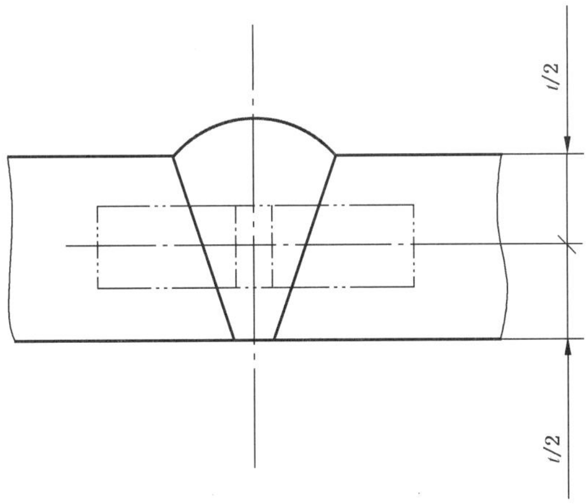

图 3 冲击试样取样位置

拉伸试验按 GB/T 2652 进行，对于 1.0、1.1、2.2、2.3、2.7、2.8 类型的试件，采用 ϕ6 mm 的拉棒，其他类型的试件采用 ϕ10 mm 的拉棒，试样尺寸见图 4 和表 2。

冲击试验按 GB/T 2650 进行，试样尺寸见图 5 和表 3。

9 复验

任何一项检验不合格时，按相关产品标准的要求进行复验。

10 试验报告

试验报告中应包括以下内容：

a) 试件和焊接材料

——试件类型；

——试板材料；

——垫板材料；

——焊接材料型号、牌号和隔离层层数(如存在);
——焊接材料的烘干规范(如需要);
——焊接材料的批号或炉号;
——焊接材料尺寸。

b) 采用的焊接条件
——焊接方法;
——焊接位置;
——焊接电源;
——电流类型和极性;
——电流(送丝速度)、电压和焊接速度;
——干伸长;
——保护气类型和流量;
——焊道数/焊层数;
——不摆动焊道或摆动焊道;
——预热温度;
——道间温度。

c) 热处理(包括去氢处理)
——温度;
——保温时间;
——冷却条件。

d) 与本标准规定不一致的情况。

e) 试验结果
——试验温度;
——射线检查(如需要);
——屈服强度、抗拉强度、断后伸长率;
——冲击吸收能量;
——缺陷。

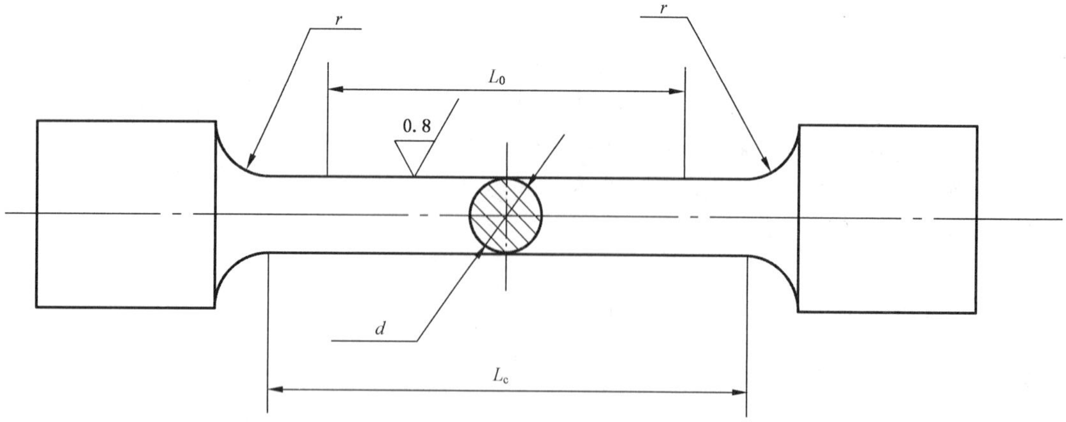

L_0——原始标距;
L_c——平行长度;
d——拉棒直径;
r——过渡弧的半径。

图 4 熔敷金属拉伸试样

表 2 熔敷金属拉伸试样尺寸

单位为毫米

试板厚度	d	r	L_0	L_c[a]
≤14	6±0.07	≥0.75d	5d	≥$L_0+d/2$
≥16	10±0.07	≥0.75d	5d	≥$L_0+d/2$
注：试样夹持端尺寸根据试验机夹具结构确定。				
[a] 仲裁试验时，平行长度采用 L_0+2d，除非材料尺寸不够。				

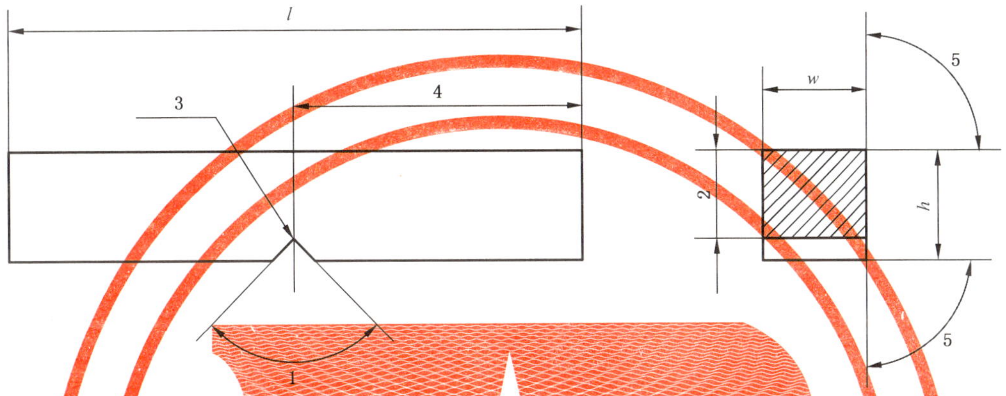

图 5 冲击试样

表 3 冲击试样尺寸及偏差

名　称	符号及序号	公称尺寸	机加工偏差
长度	l	55 mm	±0.60 mm
高度	h	10 mm	±0.075 mm
宽度	w	10 mm	±0.11 mm
缺口角度	1	45°	±2°
缺口底部高度	2	8 mm	±0.075 mm
缺口根部半径	3	0.25 mm	±0.025 mm
缺口对称面—端部距离	4	27.5 mm	±0.42 mm
试样纵向面间夹角	5	90°	±2°
缺口对称面—试样纵轴角度	—	90°	±2°
注：除端部外，试样表面粗糙度应优于 Ra5 μm。			

ICS 25.160.20
J 33

中华人民共和国国家标准

GB/T 25774.2—2016

焊接材料的检验 第2部分:钢的单面单道焊和双面单道焊焊接接头力学性能试样的制备及检验

Test methods for welding consumables—Part 2:Preparation of single-run and two-run technique test specimens in steel

(ISO 15792-2:2000,Welding consumables—Test methods—Part 2:Preparation of single-run and two-run technique test specimens in steel,MOD)

2016-02-24 发布　　2016-09-01 实施

中华人民共和国国家质量监督检验检疫总局
中国国家标准化管理委员会　发布

前　言

GB/T 25774《焊接材料的检验》分为三个部分：

——第1部分：钢、镍及镍合金熔敷金属力学性能试样的制备及检验；

——第2部分：钢的单面单道焊和双面单道焊焊接接头力学性能试样的制备及检验；

——第3部分：T型接头角焊缝试样的制备及检验。

本部分为GB/T 25774的第2部分。

本部分按照GB/T 1.1—2009给出的规则起草。

本部分使用重新起草法修改采用ISO 15792-2：2000《焊接材料　试验方法　第2部分：钢的单面及双面焊试样制备方法》。

为便于使用，本部分还做了如下编辑性修改：

——标准名称修改为“焊接材料的检验　第2部分：钢的单面单道焊和双面单道焊焊接接头力学性能试样的制备及检验”；

——删除了规范性引用文件ISO 4136：2000、ISO 9016：2000及ISO 13916等国际标准，直接引用我国已相应转化的国内相关标准；

——明示了焊接接头冲击试样尺寸的要求。

本部分由全国焊接标准化技术委员会(SAC/TC 55)提出并归口。

本标准起草单位：哈尔滨焊接研究所、天津大桥焊材集团有限公司、昆山京群焊材科技有限公司、四川大西洋焊接材料股份有限公司、天津市金桥焊材集团有限公司、武汉铁锚焊接材料股份有限公司、郑州华威焊业有限公司。

本标准起草人：储继君、李志提、童天旺、蒋勇、肖辉英、杨恒闯、冯纪东、苏金花、齐万利、郝龙宇。

焊接材料的检验 第2部分:钢的单面单道焊和双面单道焊焊接接头力学性能试样的制备及检验

1 范围

GB/T 25774 的本部分规定了钢的焊接材料的单面单道焊和双面单道焊焊接接头拉伸试样和冲击试样的制备及检验方法。

本部分适用于钢的电弧焊焊接材料在单面单道焊和双面单道焊焊接条件下接头强度和韧性的测定。

本部分不适用于电渣焊和气电立焊。

2 规范性引用文件

下列文件对于本文件的应用是必不可少的。凡是注日期的引用文件,仅注日期的版本适用于本文件。凡是不注日期的引用文件,其最新版本(包括所有的修改单)适用于本文件。

GB/T 2650 焊接接头冲击试验方法(GB/T 2650—2008,ISO 9016:2001,IDT)

GB/T 2651 焊接接头拉伸试验方法(GB/T 2651—2008,ISO 4136:2001,IDT)

GB/T 18591 焊接 预热温度、道间温度及预热维持温度的测量指南(GB/T 18591—2001,idt ISO 13916:1996)

3 一般原则

试验的焊接材料是制造商需要进行分类或检验的有代表性的产品。焊接接头的拉伸试样和冲击试样按以下要求进行制备。

4 试验用母材

试验用母材应符合相应的焊接材料产品标准中的要求。

5 试件制备

试板焊前应予以反变形或拘束,以防止角变形,试件焊后不允许矫正。单面焊可以在背面加垫板。焊接时可采用引弧板和收弧板,见表1。

6 焊接条件

试件应在平焊位置制备。启焊时试板温度应加热到焊接材料产品标准规定的预热温度,如果没有规定,则在室温下进行。道间温度应符合焊接材料产品标准中的规定。

预热温度和道间温度可使用测温笔、表面温度计或者热电偶,按 GB/T 18591 的规定进行测量。

所采用的焊接条件，如电流、电压、焊接速度、焊缝尺寸，应在制造商推荐的范围之内。如果是按焊接材料产品标准进行的分类试验，则按照相关的焊接材料产品标准的要求进行。

7 热处理

除去氢处理外，热处理应在试件上进行，或经机械加工切断后进行。热处理按焊接材料产品标准规定进行。

去氢处理在加工拉伸试样前后均可进行。试样可进行不高于 250 ℃，不超过 16 h 的去氢处理。

8 取样位置、试样尺寸和试验

试件尺寸、取样位置和试样数量见图 1 和图 2。取样时可采用机械切割或热切割，当采用热切割时，应至少保证 10 mm 的机械加工余量。建议对试件进行射线检查或低倍金相检查，以确定试样制备前焊缝中是否存在缺陷。

焊接接头拉伸试验应按 GB/T 2651 进行。试样尺寸见 GB/T 2651。

表 1 单面焊及双面焊对接试件

单位为毫米

试件类型	试板厚度	接头形式	埋弧焊焊丝直径[a]	药芯焊丝直径[a]
2.1	12	单面焊 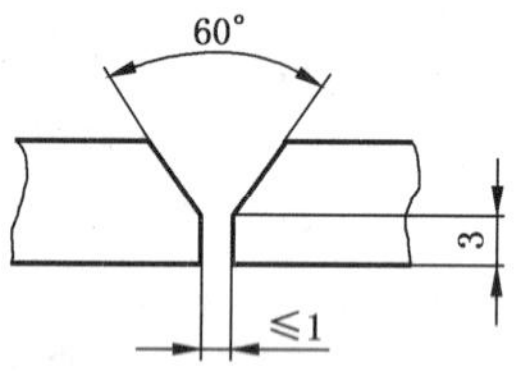	4	—
2.2	12	双面焊 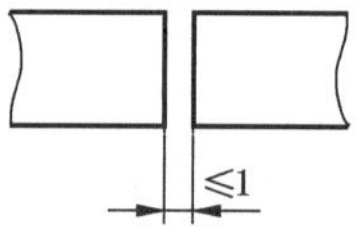	4	—
2.3	6	单面焊 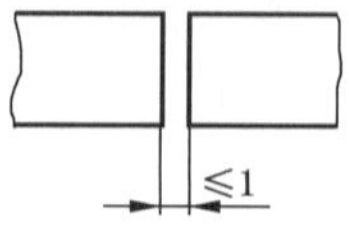	—	见产品标准
2.4	6	单面焊 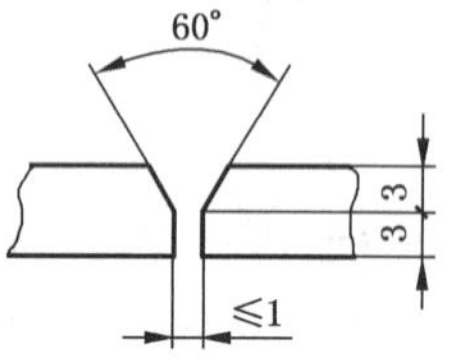	—	1.6[b]

表 1（续）

单位为毫米

试件类型	试板厚度	接头形式	埋弧焊焊丝直径[a]	药芯焊丝直径[a]
2.5	20	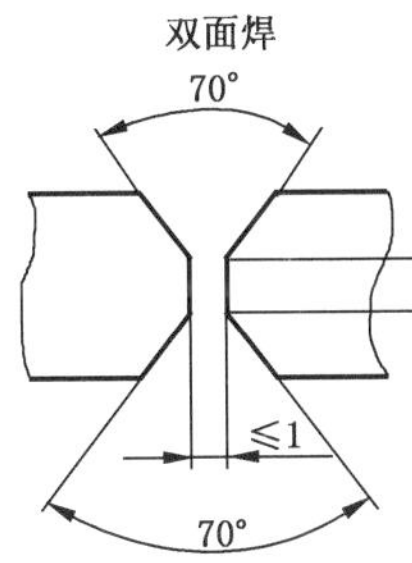	5[b]	—

[a] 除分类试验外，可以使用其他直径焊丝。

[b] 单面焊时可采用制造商提供的最大直径焊丝。

当要求冲击试验时，冲击试验方法应按 GB/T 2650 进行。对于 2.1 型和 2.2 型，冲击试样的取样位置位于板厚的中心；对于 2.5 型，冲击试样取自图 2 中的后焊面一侧。2.3 型和 2.4 型不适于取冲击试样。

冲击试样的尺寸见图 3 和表 2。如果对 2.3 型和 2.4 型要求作冲击试验，则应采用小尺寸的试样，即 5 mm×10 mm 的冲击试样。

单位为毫米

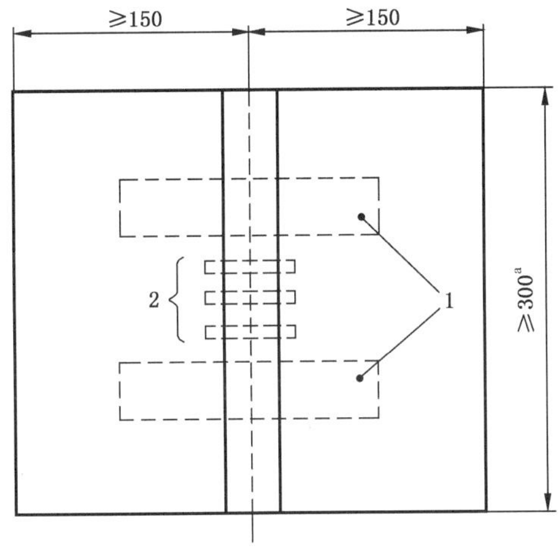

说明：

1——拉伸试样；

2——冲击试样。

[a] 焊缝长度。

图 1　取样位置

单位为毫米

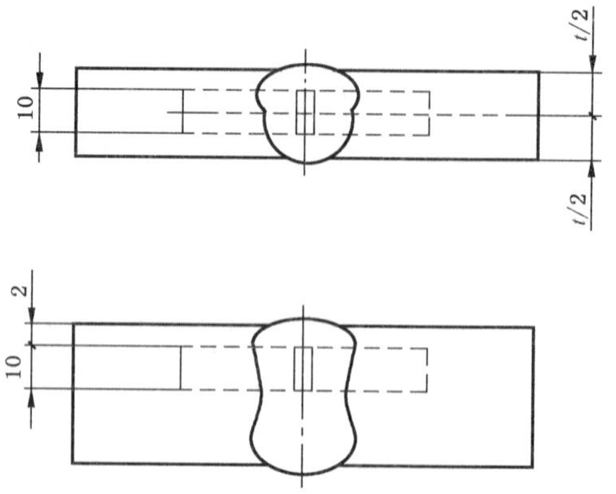

图 2　冲击试样取样位置

9　复验

任何一项检验不合格时，按相关要求进行复验。

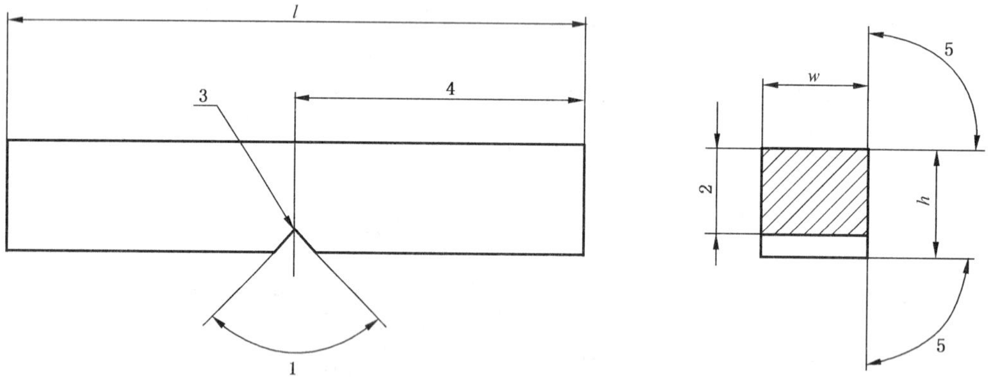

图 3　冲击试样尺寸

表 2　冲击试样尺寸及偏差

名称	符号及序号	公称尺寸	机加工偏差
长度	*l*	55 mm	±0.60 mm
高度	*h*	10 mm	±0.075 mm
宽度[a]	*w*	10 mm	±0.11 mm
缺口角度	1	45°	±2°
缺口底部高度	2	8 mm	±0.075 mm
缺口根部半径	3	0.25 mm	±0.025 mm
缺口对称面—端部距离	4	27.5 mm	±0.42 mm
试样纵向面间夹角	5	90°	±2°
缺口对称面—试样纵轴角度	—	90°	±2°
注：除端部外，试样表面粗糙度应优于 *Ra* 5 μm。			
[a] 如对试件类型 2.3 和 2.4 进行冲击试验，可采用宽度为 5 mm，机加工误差为±0.06 mm 的小试样。			

10 试验报告

试验报告中应包括以下内容：

a) 试件和焊接材料：
——试件类型；
——试板材料和垫板材料(如采用垫板)；
——焊接材料型号和牌号；
——焊接材料的烘干规范；
——焊接材料的批号或炉号；
——焊接材料尺寸；

b) 焊接条件：
——焊接方法；
——焊接电源；
——电流类型和极性；
——电流(送丝速度)、电压和焊接速度；
——干伸长；
——保护气类型和流量；
——预热温度；
——道间温度；

c) 热处理(包括去氢处理)：
——温度；
——保温时间；
——冷却条件；

d) 与本标准规定不一致的情况；

e) 试验结果：
——试验温度；
——射线检测和/或低倍金相检查；
——抗拉强度；
——冲击吸收能量；
——断裂位置；
——缺陷。

ICS 25.160.20
J 33

中华人民共和国国家标准

GB/T 25774.3—2010/ISO 15792-3:2000

焊接材料的检验 第3部分:T型接头角焊缝试样的制备及检验

Test methods for welding consumables—
Part 3:Preparation and testing of a fillet weld specimens for T-joint

(ISO 15792-3:2000,Welding consumables—Test methods—
Part 3:Classification testing of positional capacity and
root penetration of welding consumables in a fillet weld,IDT)

2010-12-23 发布　　2011-06-01 实施

中华人民共和国国家质量监督检验检疫总局
中国国家标准化管理委员会　发布

前言

GB/T 25774《焊接材料的检验》分为三个部分：

——第1部分：钢、镍及镍合金熔敷金属力学性能试样的制备及检验；

——第2部分：钢的焊接接头力学性能试样的制备及检验；

——第3部分：T型接头角焊缝试样的制备及检验。

本部分是GB/T 25774《焊接材料的检验》的第3部分，等同采用ISO 15792-3:2000《焊接材料 试验方法 第3部分：焊接材料角焊缝根部熔深及承载能力试验分类》。

为便于使用，本部分做了如下编辑性修改：

——标准名称修改为“焊接材料的检验 第3部分：T型接头角焊缝试样的制备及检验”；

——删除了规范性引用文件ISO 5817、ISO 6947等国际标准，用已被等同采用的我国相应标准替代。

本部分由全国焊接标准化技术委员会(SAC/TC 55)提出并归口。

本部分起草单位：天津市金桥焊材集团有限公司、哈尔滨焊接研究所、张家港亨昌焊材有限公司、建德市新安江电焊条厂、天津大桥焊材集团有限公司。

本部分起草人：侯永泰、储继君、李建华、徐和生、于国宏、栾敬岳。

焊接材料的检验 第3部分:T型接头角焊缝试样的制备及检验

1 范围

GB/T 25774的本部分规定了焊接材料的T型接头角焊缝试验用母材、试件制备、试件检查和试验报告等内容。

本部分适用于钢、镍及镍合金等焊接材料的T型接头角焊缝试验评定。

本部分未规定验收要求,验收要求按相关焊接材料产品标准要求。

2 规范性引用文件

下列文件中的条款通过GB/T 25774的本部分的引用而成为本部分的条款。凡是注日期的引用文件,其随后所有的修改单(不包括勘误的内容)或修订版均不适用于本部分,然而,鼓励根据本部分达成协议的各方研究是否可使用这些文件的最新版本。凡是不注日期的引用文件,其最新版本适用于本部分。

GB/T 16672 焊缝 工作位置 倾角和转角的定义(GB/T 16672—1996,ISO 6947:1993,IDT)

GB/T 19418—2003 钢的弧焊接头 缺陷质量分级指南(ISO 5817:1992,IDT)

3 一般原则

试验的焊接材料按相关焊接材料产品标准的要求进行选取。试件应按焊接材料产品标准和以下要求进行制备和试验,试验结果应满足相关焊接材料产品标准的要求。

4 试验用母材

试验用母材应采用焊接材料产品标准中要求的试板材料和规定的试板尺寸。焊接面应去除氧化皮、锈蚀及其他缺陷。

5 试件制备

5.1 试板由立板和底板组成,底板应平直、光洁,当立板装配在底板上时,两板结合处应无明显缝隙。立板和底板的装配按图1所示。接头的两端应进行牢固的定位焊,以保证沿整个接头长度方向的紧密接触及立板和底板之间保持90°角。立板和底板的尺寸按相关焊接材料产品标准的要求。

单位为毫米

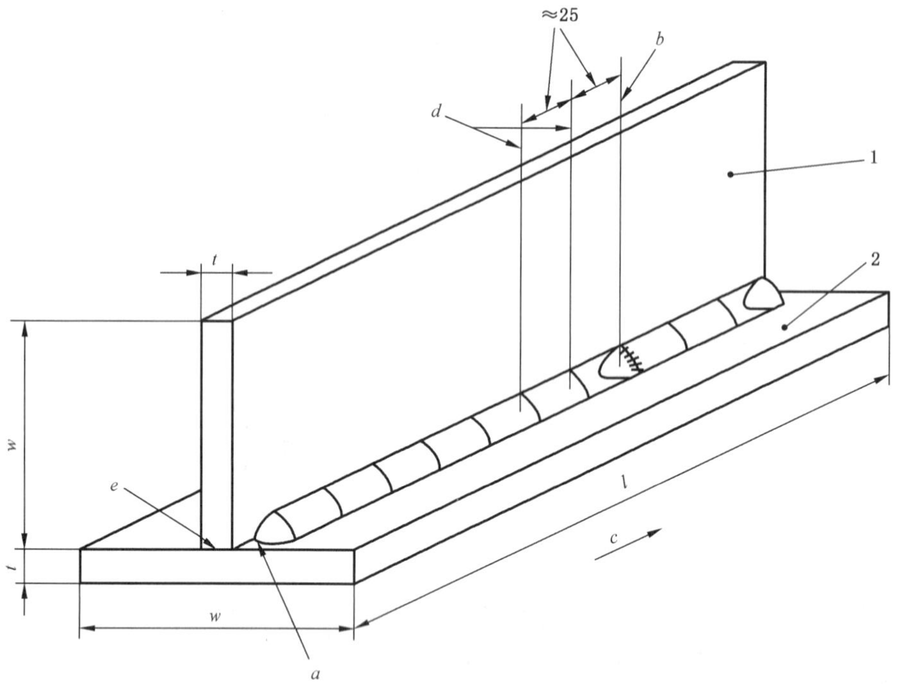

1——立板；

2——底板；

a——起焊点；

b——第一根焊条收弧处；

c——焊接方向；

d——切取断面位置；

e——底板应平直且与立板在整个长度方向紧密接触。

注：如果焊接材料产品标准中未规定 t、w 和 l 的数值，可采用 t=10 mm～12 mm，w≥75 mm，l≥300 mm。

图 1　角焊缝试件制备

5.2　焊接位置和焊接条件按照焊接材料产品标准的规定，焊接位置的定义见 GB/T 16672。试件的启焊温度应至少 5 ℃以上。在接头的一侧焊接一条接近整个试件长度的单道角焊缝。对于焊条，允许采用多根焊条，第一根焊条应连续熔化至焊条剩余长度不大于 50 mm 为止。对于超出 450 mm 长，为重力焊特殊设计的焊条，角焊缝可以手工焊或采用特殊设计的重力焊装置。对于实心焊丝和药芯焊丝，角焊缝的焊接应连续进行。

5.3　角焊缝的焊接速度应与焊接材料产品标准的要求相一致。

5.4　如果焊接材料产品标准中要求焊接另一侧角焊缝，在开始焊接前，试件应冷却至室温。如果采用水冷却，在焊接另一侧角焊缝前，应去除接头上所有的水分。

6　试件检查

6.1　焊后的角焊缝试件应目视检查，焊缝应无裂纹、咬边、焊瘤、夹渣和表面气孔。焊缝厚度和焊脚应采用适宜的量具，沿焊缝至少测量三点，以保证其满足产品标准的要求。如使用两根或两根以上焊条时，应从距离第一根焊条收弧处往回大约 25 mm，切割出一个大约 25 mm 宽的试样，如图 1 所示。对于连续的焊接材料和仅使用一根焊条，应在焊缝的中间位置切割出一个大约 25 mm 宽的试样。

6.2　断面的一个面应磨光、腐蚀并按图 2 所示划线。焊缝计算厚度、焊缝凸度、焊脚及焊脚尺寸应从磨光腐蚀后的断面上测量，精确至 0.5 mm。如果焊接材料产品标准中要求试件双侧角焊缝，则两侧角焊缝在同一断面测量。

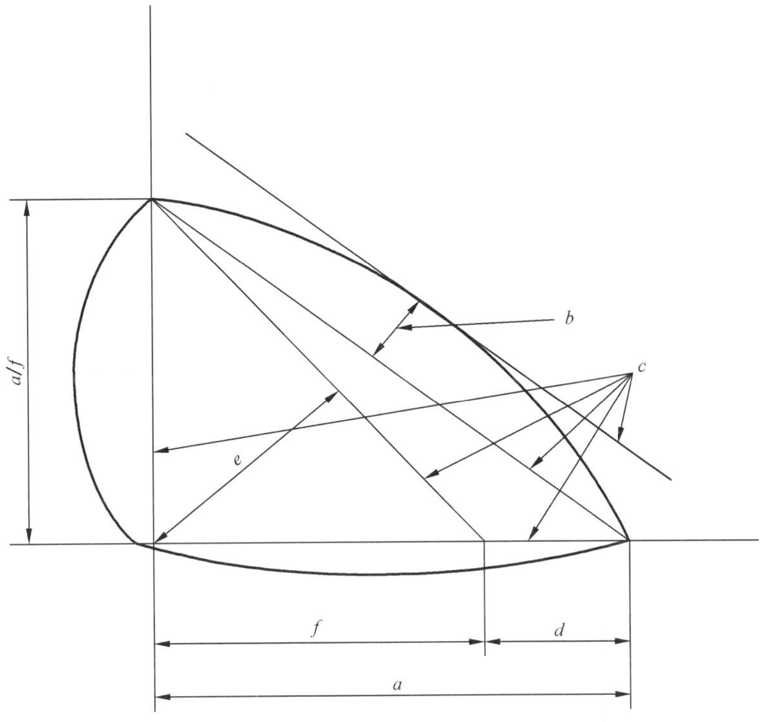

a）凸角焊缝

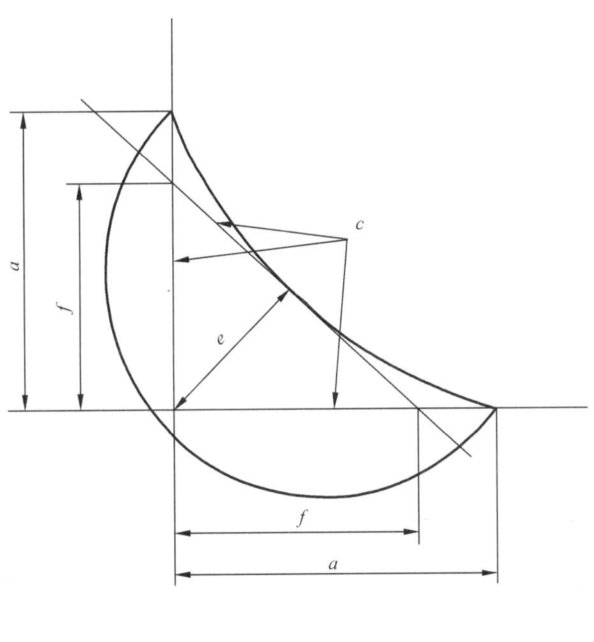

b）凹角焊缝

a——焊脚；

b——焊缝凸度；

c——为测量而进行的划线；

d——两焊脚长度差；

e——焊缝计算厚度；

f——焊脚尺寸。

注：焊脚、焊脚尺寸和焊缝凸度应在所示的断面上实际进行测量，精确至 0.5 mm。

图 2　角焊缝尺寸

6.3 对于焊接材料产品标准中仅要求一侧角焊缝的试件，余下的两个接头按图3所示方向对角焊缝施加力使其纵向折断。折断后的表面应进行检查，并符合GB/T 19418—2003中的B级要求。在折断过程中，如果试件断在母材上，不能认为角焊缝试验不合格，试验应重新进行。

6.4 为了保证在焊缝上折断，可以采用以下一种或多种方法：

a） 按图3a)，在每个焊趾上增加加强焊缝；

b） 按图3b)，改变立板在底板上的位置；

c） 按图3c)，在焊缝表面开槽；

d） 试件冷却至0℃以下。

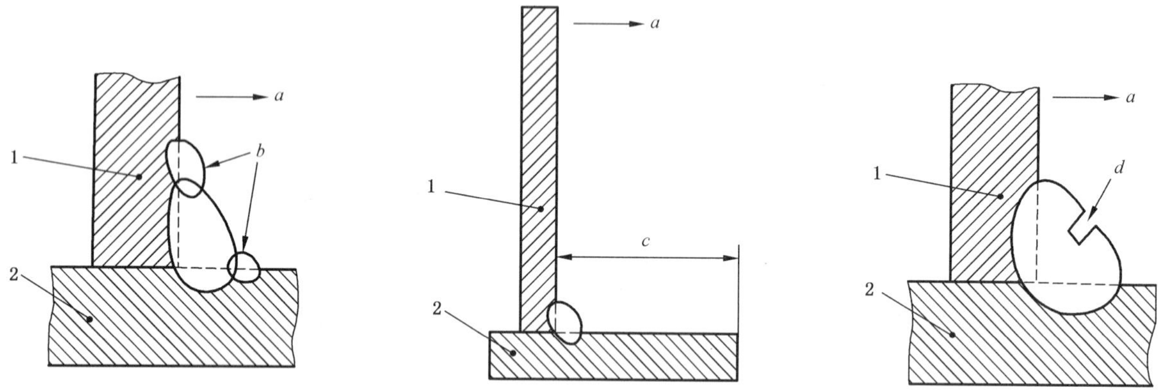

a）增加加强焊缝　　b）立板偏移　　c）开槽

1——立板；
2——底板；
a——折断的力；
b——加强焊缝；
c——底板的3/4宽；
d——槽最大深度不大于实际厚度的1/2。

图3 确保角焊缝折断的方法

7 试验报告

试验报告中应包括以下内容：

a） 试件和焊接材料
——焊接材料产品标准名称；
——试板材料；
——焊接材料的型号和牌号；
——焊接材料的批号或炉号；
——焊接材料的烘干规范；
——焊接材料尺寸。

b） 焊接条件
——焊接方法；
——焊接电源；
——电流类型和极性；
——焊接电流；
——送丝速度；

——电弧电压；
——焊接速度；
——干伸长；
——保护气类型和流量；
——预热和道间温度；
——焊接位置。

c) 与本标准规定不一致的情况。

d) 试验结果

——目视检查结果；
——焊脚和两焊脚长度差；
——焊脚尺寸；
——焊缝凸度；
——焊缝计算厚度；
——沿角焊缝长度方向根部未熔合长度；
——断裂表面的缺陷。

ICS 25.160.20
J 33

中华人民共和国国家标准

GB/T 25777—2010/ISO 6847:2000

焊接材料熔敷金属化学分析试样制备方法

Preparation methods of deposited metal specimens for chemical analysis

(ISO 6847:2000, Welding consumables—Deposition of a weld metal pad for chemical analysis, IDT)

2010-12-23 发布　　2011-06-01 实施

中华人民共和国国家质量监督检验检疫总局
中国国家标准化管理委员会　发布

前　言

本标准等同采用 ISO 6847:2000《焊接材料　熔敷金属化学分析试样制备方法》。

为便于使用,本标准做了如下编辑性修改:

——标准名称修改为“焊接材料熔敷金属化学分析试样制备方法”;

——删除了规范性引用文件 ISO 6947,用已被等同采用的我国相应标准替代。

本标准由全国焊接标准化技术委员会(SAC/TC 55)提出并归口。

本标准起草单位:建德市新安江电焊条厂、哈尔滨焊接研究所、武汉铁锚焊接材料股份有限公司、天津大桥焊材集团有限公司、天津市金桥焊材集团有限公司、常州市运河焊材有限公司。

本标准起草人:邵海建、储继君、程宁、柳江、侯永泰、刘丽萍、方乃文。

焊接材料熔敷金属化学分析试样制备方法

1 范围

本标准规定了熔敷金属化学分析试样制备的试验用母材、试件制备、熔敷金属尺寸及取样等内容。

本标准适用于焊条、气体保护电弧焊焊丝、气体保护电弧焊药芯焊丝和自保护药芯焊丝、钨极气体保护电弧焊药芯焊丝、埋弧焊的焊丝焊剂组合等熔敷金属化学分析试样的制备。

本标准适用于钢、镍及镍合金、铜及铜合金等焊接材料。

2 规范性引用文件

下列文件中的条款通过本标准的引用而成为本标准的条款。凡是注日期的引用文件，其随后所有的修改单(不包括勘误的内容)或修订版均不适用于本标准，然而，鼓励根据本标准达成协议的各方研究是否可使用这些文件的最新版本。凡是不注日期的引用文件，其最新版本适用于本标准。

GB/T 16672—1996 焊缝 工作位置 倾角和转角的定义(idt ISO 6947:1990)

ISO 14175 焊接材料 电弧焊和切割用保护气体(Welding consumables—Shielding gases for arc welding and cutting)

3 试验用母材

3.1 母材类型

母材应采用化学成分与熔敷金属化学成分相当的母材，或是采用碳含量不超过0.2%的碳锰焊接结构钢。

3.2 母材尺寸

试验用母材的尺寸见表1。

3.3 表面要求

堆焊熔敷金属的母材表面应采用打磨或其他方法，去除铁锈、氧化皮、油污等缺陷，以保证清洁。

表 1 试验用母材尺寸

单位为毫米

焊接材料	焊条/焊丝直径 ϕ	试板尺寸	
		长度	厚度
		不小于	
焊条、钨极气体保护电弧焊用药芯焊丝	1.6≤ϕ≤4 4<ϕ≤8	55 65	10
气体保护电弧焊用焊丝	0.6≤ϕ≤2.5	100	10
气保护或自保护药芯焊丝	0.6≤ϕ≤4	100	10
埋弧焊焊丝	1.2≤ϕ≤4 4<ϕ≤6.4	200 300	15

4 试件制备

4.1 焊接材料烘干规范

焊接材料(焊条、埋弧焊焊剂)的烘干规范应按制造商推荐的规范进行。药芯焊丝的填充物应保持干燥。

4.2 焊接位置

熔敷金属化学分析试样的制备应在平焊位置进行(GB/T 16672—1996 规定的 PA 位置)。

4.3 电流类型

熔敷金属化学分析试样的制备应按焊接材料产品标准规定的电流类型或按制造商推荐的进行。对于交直流两用的焊接材料,试验时采用交流。

4.4 焊接条件

采用的焊接条件如电流、电压、焊接速度等,应按相关产品标准规定。如果相关产品标准中未规定焊接条件,应采用制造商推荐的最大电流的 70%~90%进行焊接。试样制备时采用的焊接条件应进行记录。

4.5 焊接方法

4.5.1 一般原则

熔敷金属化学分析试样的制备可按图 1 示例的任一种形式进行。每一道焊后,试样允许在水中冷却约 30 s,表面干燥后进行下一道焊接。每道焊后应清渣,每层焊接应交替焊接方向进行。

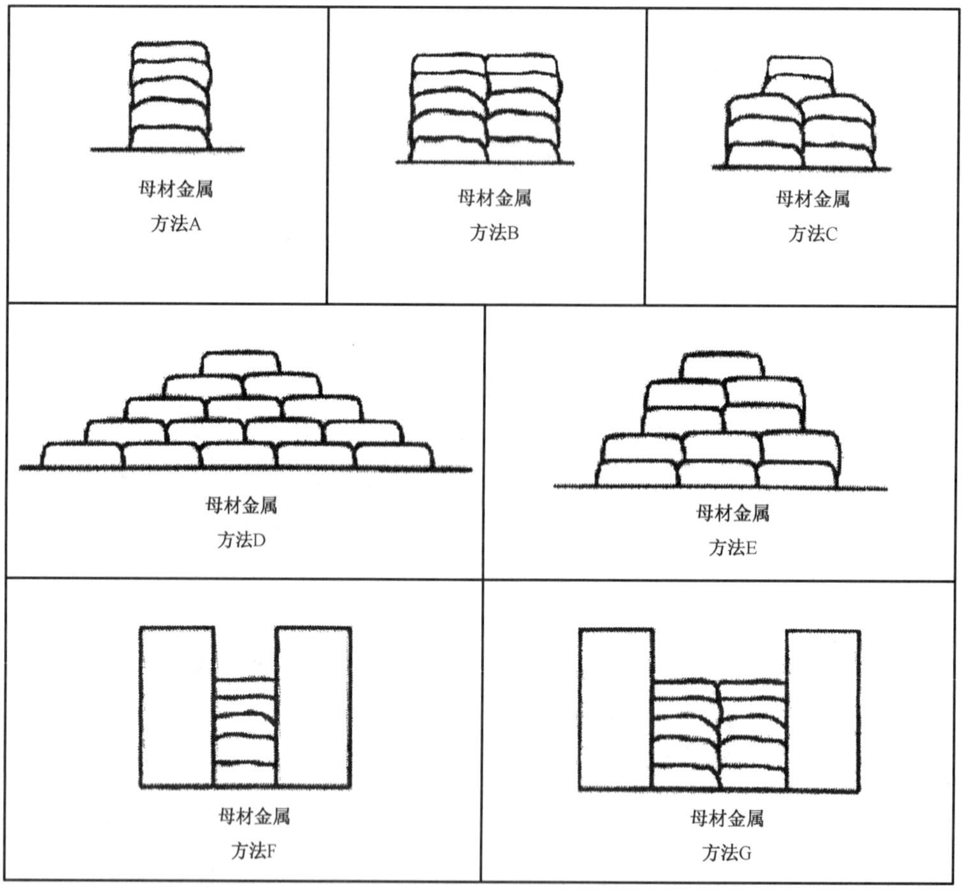

注:方法 F 和方法 G 的熔敷金属两侧是铜板。

图 1 熔敷金属化学分析试样制备方法示例

4.5.2 焊条

在保持电弧稳定燃烧的情况下,尽可能采用短弧焊接,最大摆动宽度不超过焊芯直径的 2.5 倍。

4.5.3 实心焊丝和药芯焊丝

焊道的数量和尺寸根据焊丝尺寸、摆动宽度和使用的电流强度而不同。焊丝干伸长按相关产品标准的规定或按制造商推荐值的±3 mm。保护气应按相关产品标准的规定或使用制造商推荐的保护气类型,否则,应选用 ISO 14175 规定的保护气类型。在采用埋弧焊时,应选用适宜的焊剂。

5 熔敷金属尺寸

熔敷金属的尺寸应不小于表 2 规定的数值。

6 取样

熔敷金属化学分析取样部位表面的氧化物应采用机械或打磨的方法去除。试样制备应采用铣床、刨床或钻床，不能使用气割方法。取样位置应按相关焊接材料产品标准规定，如果产品标准没有规定，则应取自堆焊金属的第五层或五层以上，不允许在起弧和收弧处取样。

表 2 最小熔敷金属尺寸

单位为毫米

焊接材料	焊条/焊丝直径 ϕ	熔敷金属尺寸		最少焊接层数
		宽度	长度	
焊条、钨极气体保护电弧焊用药芯焊丝	$1.6 \leqslant \phi \leqslant 2.6$ $2.6 < \phi \leqslant 5$ $5 < \phi \leqslant 8$	12 12 12	30 40 55	5 5 5
气体保护电弧焊用焊丝	$0.6 \leqslant \phi \leqslant 2.5$	12	80	5
气保护或自保护药芯焊丝	$0.6 \leqslant \phi \leqslant 4$	12	80	5
埋弧焊焊丝	$1.2 \leqslant \phi \leqslant 6.4$	12	150	5

ICS 25.160.40
J 33

中华人民共和国国家标准

GB/T 26951—2011

焊缝无损检测 磁粉检测

Non-destructive testing of welds—Magnetic particle testing

(ISO 17638:2003,MOD)

2011-09-29 发布 2012-03-01 实施

中华人民共和国国家质量监督检验检疫总局
中国国家标准化管理委员会 发布

前言

本标准按照 GB/T 1.1—2009 给出的规则起草。

本标准使用重新起草法修改采用 ISO 17638:2003《焊缝无损检测　磁粉检测》。

本标准与 ISO 17638:2003 的技术性差异及其原因如下：

——关于规范性引用文件，本标准做了具有技术性差异的调整，以适应我国的技术条件，调整的情况集中反映在第 2 章"规范性引用文件"中，具体调整如下：

- 用等同采用国际标准的 GB/T 5097 代替了 ISO 3059(见 5.8)；
- 增加引用了 GB/T 5616(见 5.1)；
- 用等同采用国际标准的 GB/T 9445 代替了 ISO 9712(见 5.3)；
- 增加引用了 GB/T 12604.5(见第 3 章)；
- 用等同采用国际标准的 GB/T 15822.2 代替了 ISO 9934-2(见 5.7.1)；
- 用等同采用国际标准的 GB/T 15822.3 代替了 ISO 9934-3(见 5.5.1 和 B.2)；
- 用等同采用国际标准的 GB/T 20737 代替了 ISO 17635(见第 3 章)；
- 增加引用了 GB/T 23907(见 C.1)；
- 用修改采用国际标准的 GB/T 26952 代替了 ISO 23278(见第 1 章)。

——增加了附录 B(规范性附录)"交叉磁轭技术"，以明确该技术的应用条件；

——增加了附录 C(规范性附录)"用试片对系统灵敏度进行综合性能测试"，以明确该技术的应用条件。

本标准由全国焊接标准化技术委员会(SAC/TC 55)提出并归口。

本标准起草单位：上海泰司检测科技有限公司、上海诚友实业集团有限公司、上海新美达探伤器材有限公司、天津诚信达金属检测技术有限公司、哈尔滨锅炉厂有限责任公司、上海材料研究所。

本标准主要起草人：张平、金宇飞、夏建国、杨贵、赵成、吴勤箴。

焊缝无损检测　磁粉检测

1　范围

本标准规定了采用磁粉检测方法检测铁磁性材料焊缝(包括热影响区)表面缺欠的技术。其中附录A描述了能提供较高或较低检测灵敏度的有关基本技术的因素。

本标准适用于大多数焊接工艺和接头结构。

本标准不涉及显示的验收等级。有关显示的验收等级的信息可在GB/T 26952或在产品或应用标准中查到。

2　规范性引用文件

下列文件对于本文件的应用是必不可少的。凡是注日期的引用文件,仅注日期的版本适用于本文件。凡是不注日期的引用文件,其最新版本(包括所有的修改单)适用于本文件。

GB/T 5097　无损检测　渗透检测和磁粉检测　观察条件(GB/T 5097—2005,ISO 3059:2001,IDT)

GB/T 5616　无损检测　应用导则

GB/T 9445　无损检测　人员资格鉴定与认证(GB/T 9445—2008,ISO 9712:2005,IDT)

GB/T 12604.5　无损检测　术语　磁粉检测

GB/T 15822.2　无损检测　磁粉检测　第2部分:检测介质(GB/T 15822.2—2005,ISO 9934-2:2002,IDT)

GB/T 15822.3　无损检测　磁粉检测　第3部分:设备(GB/T 15822.3—2005,ISO 9934-3:2002,IDT)

GB/T 20737　无损检测　通用术语和定义(GB/T 20737—2006,ISO/TS 18173:2005,IDT)

GB/T 23907　无损检测　磁粉检测用试片

GB/T 26952　焊缝无损检测　焊缝磁粉检测　验收等级(GB/T 26952—2011,ISO 23278:2006,MOD)

3　术语和定义

GB/T 12604.5和GB/T 20737界定的术语和定义适用于本文件。

4　安全警示

应始终遵守国家和地方的安全和环境保护法规。对于有毒、易燃、易爆的材料、电气安全及未滤波的紫外辐射,均应注意防护。

5　总则

5.1　检测前所需信息

检测前,下列内容若有应用时应作规定:

a) 专用的检测工艺规程(见 GB/T 5616);
b) NDT 人员的资格要求;
c) 覆盖范围;
d) 加工状态;
e) 采用的检测技术;
f) 综合性能测试;
g) 退磁要求;
h) 验收等级;
i) 不可接受显示的处理。

5.2 附加的检测前信息

检测前,也可能需要下列附加信息:
a) 母材和焊缝材料的类型和名称;
b) 焊接工艺;
c) 被检焊缝的部位和范围;
d) 接头准备和尺寸;
e) 已返修的部位和范围;
f) 焊后处理(若需时);
g) 表面状况。
操作者还可寻求有助于确定显示性质的更多信息。

5.3 人员资格

焊缝的磁粉检测及最终验收结果的评定应由有资格和能力的人员来完成。相关工业门类的适当等级的人员的资格鉴定,推荐按 GB/T 9445 或等效标准、法规进行。

5.4 表面状况和准备

被检区域应无氧化皮、机油、油脂、焊接飞溅、机加工刀痕、污物、厚实或松散的油漆和任何能影响检测灵敏度的外来杂物。

必要时,可用砂纸或局部打磨来改善表面状况,以便准确解释显示。

任何清理或表面准备都不应影响磁粉显示的形成。

5.5 磁化

5.5.1 磁化设备

除非应用标准另有规定,通常使用下列类型的交流磁化设备:
a) 电磁轭;
b) 带触头的通电设备;
c) 电磁感应设备(近体导体或穿过导体或线圈)。

使用直流磁化或永久磁体的,应在检测前予以规定。

磁化设备应符合 GB/T 15822.3。

使用触头时,应采取措施尽量减少接触点的过热、烧伤或起弧。必要时应去除弧烧。有影响的区域应采用适当的方法检测,以确保表面完好。

5.5.2 磁化验证

切向磁场强度的推荐值为 2 kA/m～6 kA/m(有效值)。

应采用下列方法之一来验证磁场强度：

a) 在最不利的部位带有细微的自然或人工缺欠的工件；

b) 使用霍尔效应探头尽可能接近表面来测量切向磁场强度。部件形状突变处或磁通离开表面的部位所对应的切向磁场强度的测量会变得困难；

c) 为达到推荐的磁场强度进行近似电流值的计算；计算时可按图 5 和图 6 规定的电流值为基准；

d) 基于已知原理的其他方法。

注：紧贴于被检表面的试片，只能提供一个切向场强大小和方向的指示；故不宜用于验证切向场强是否可接受。

5.6 应用技术

5.6.1 磁场方向和检测区域

缺欠的可探测性取决于其主轴线相对于磁场方向的夹角。图 1 说明了一个磁化的方向。

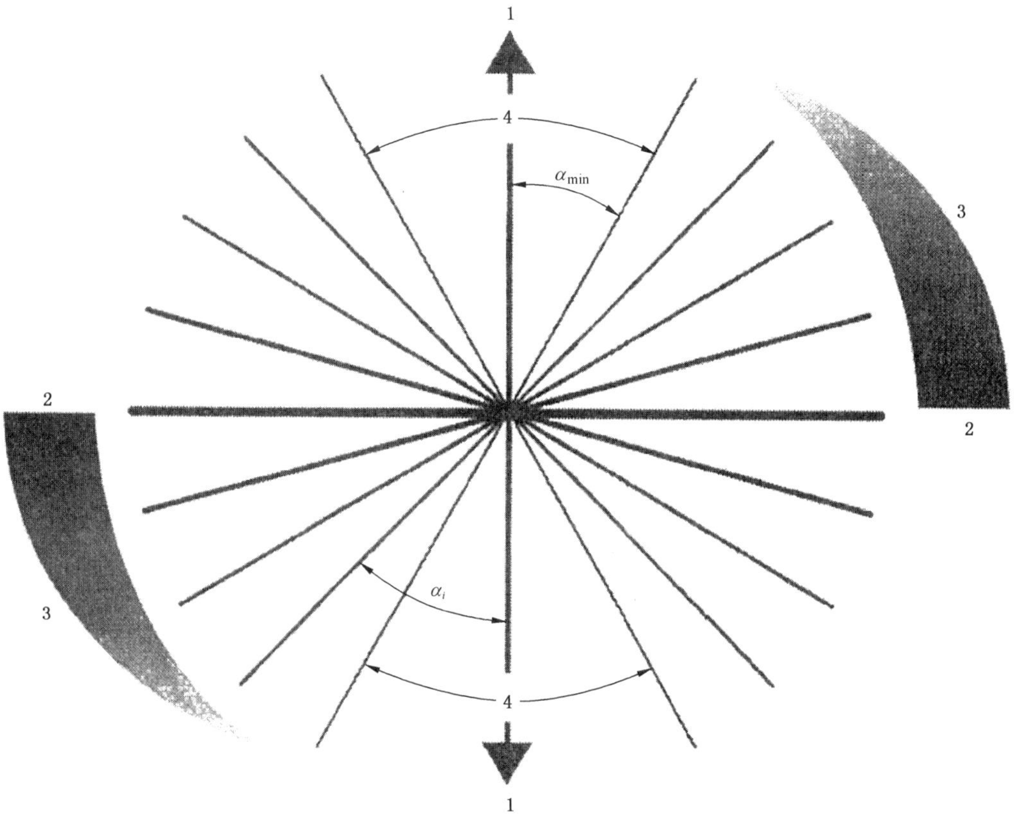

说明：

α ——磁场和缺欠方向的夹角；

α_{min}——缺欠方向的最小角，$\alpha_{min}=30°$；

α_i ——缺欠方位的一个示例。

1 ——磁场方向；

2 ——最佳灵敏度；

3 ——灵敏度降低；

4 ——灵敏度不足。

图 1 可检测出的缺欠方向

为确保检测出所有方位上的缺欠，焊缝应在最大偏差角为 30°的两个近似互相垂直的方向上进行磁化。使用一种或多种磁化能实现这一要求。

除非应用标准上另有规定，不推荐检测时仅做一个磁场方向上的磁化。只要合适，可使用附录 B 所述的交叉磁轭技术。

当使用磁轭或触头时，由于超强的磁场强度，在靠近每个极头或尖部的工件部位存在不可检测区。

注意，应确保如图 2 和图 3 所示的检测区域的足够覆盖（和重叠）。

单位为毫米

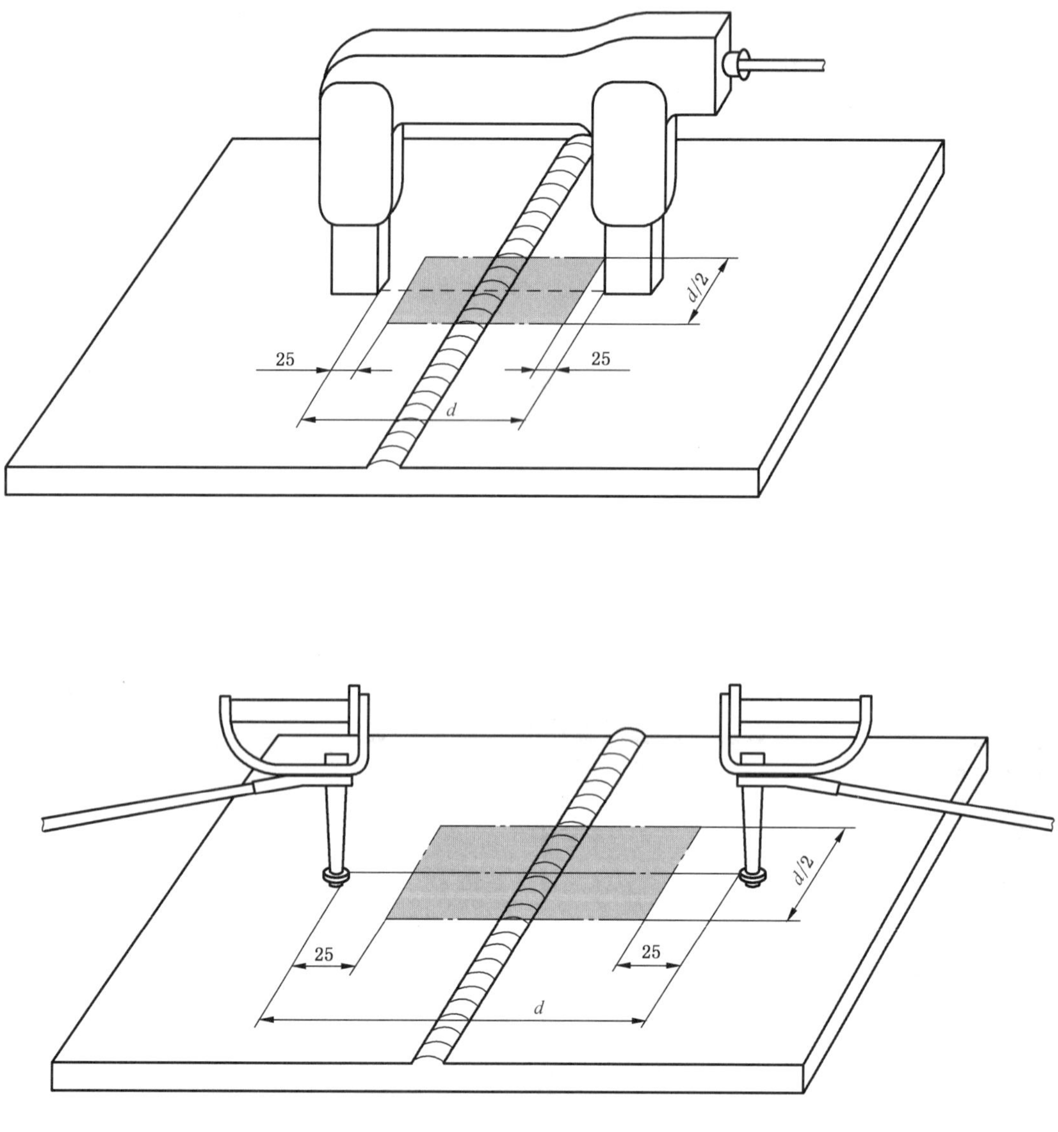

说明：

d——磁轭或触头的间距。

图 2　磁轭和触头磁化的有效检测区域（阴影）示例

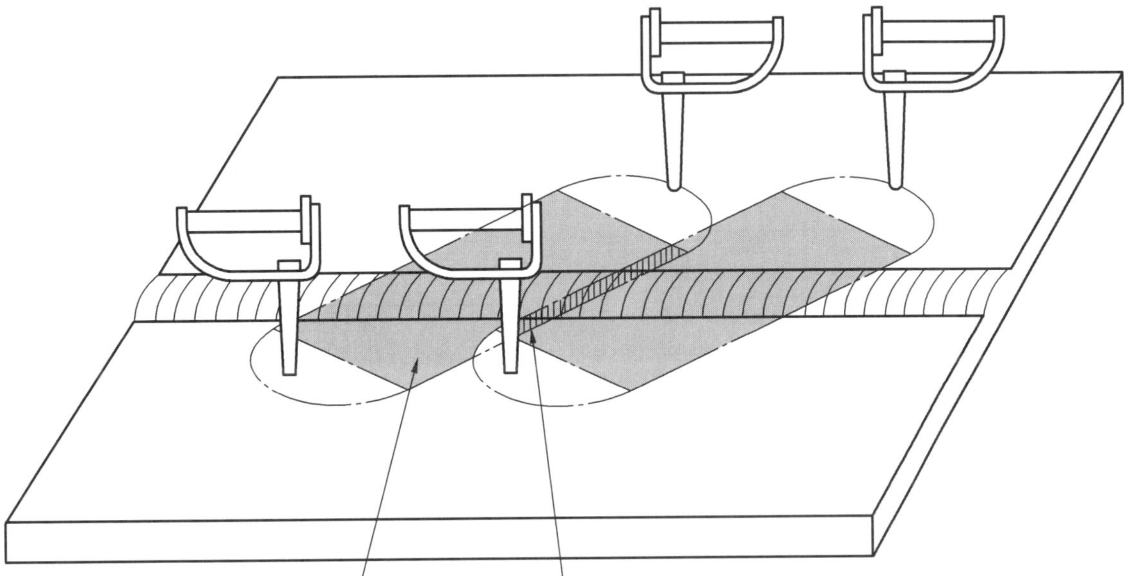

说明：
1——有效区域；
2——重叠。

图 3 有效区域的重叠

5.6.2 典型的磁粉检测技术

常用焊接接头型式的磁粉检测技术如图 4、图 5、图 6 和图 B.1 所示。给出的数值仅起指导目的。检测其他焊缝结构时，宜使用相同的磁化方向及磁场覆盖。极间距 d 应大于或等于焊缝及热影响区再加上 50 mm 的宽度，且在任何情况下，焊缝及热影响区应处于有效区域内。应规定相对于焊缝方位的磁化方向。

单位为毫米

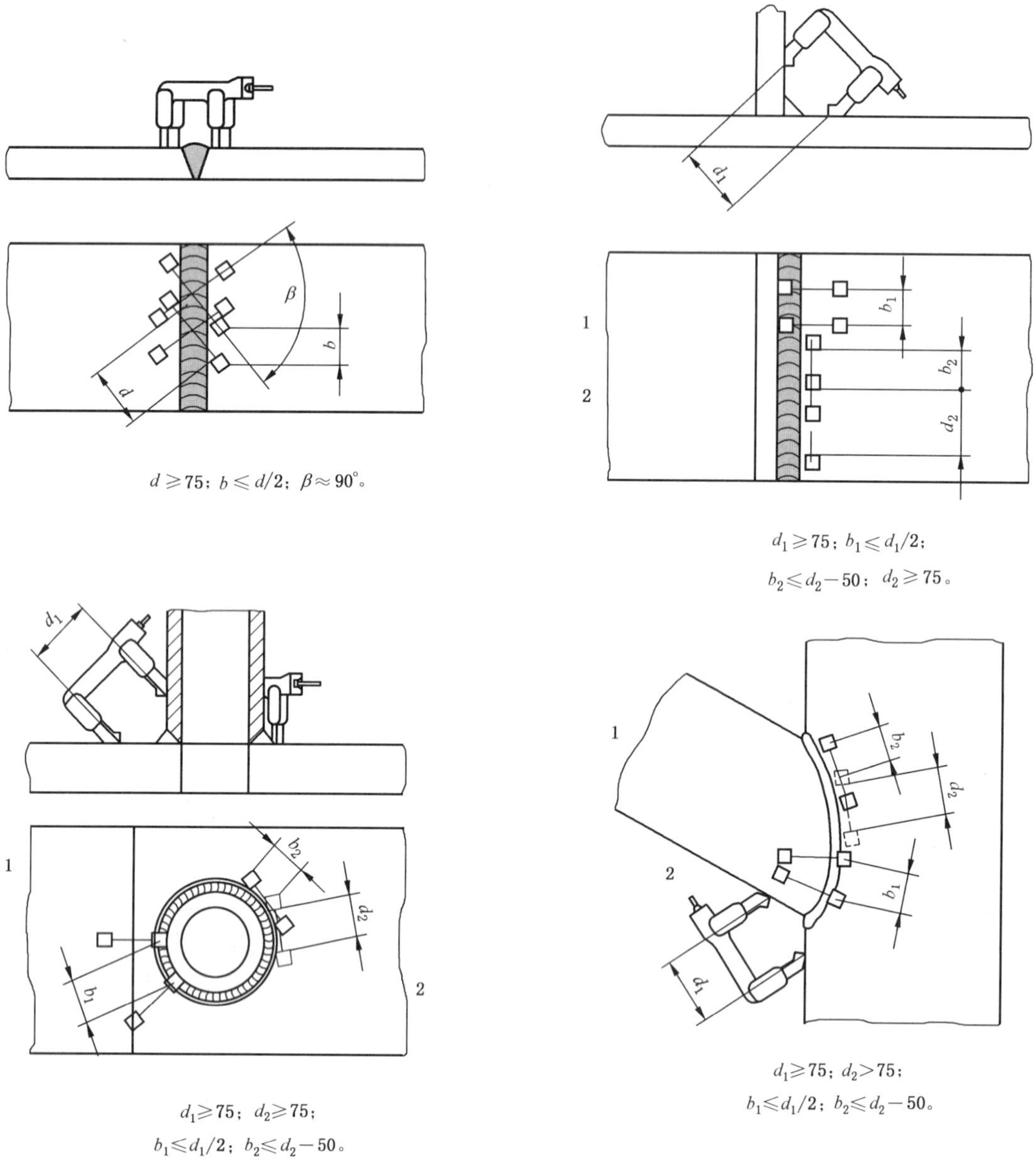

说明：

1——纵向裂纹；

2——横向裂纹。

图4 磁轭的典型磁化技术

单位为毫米

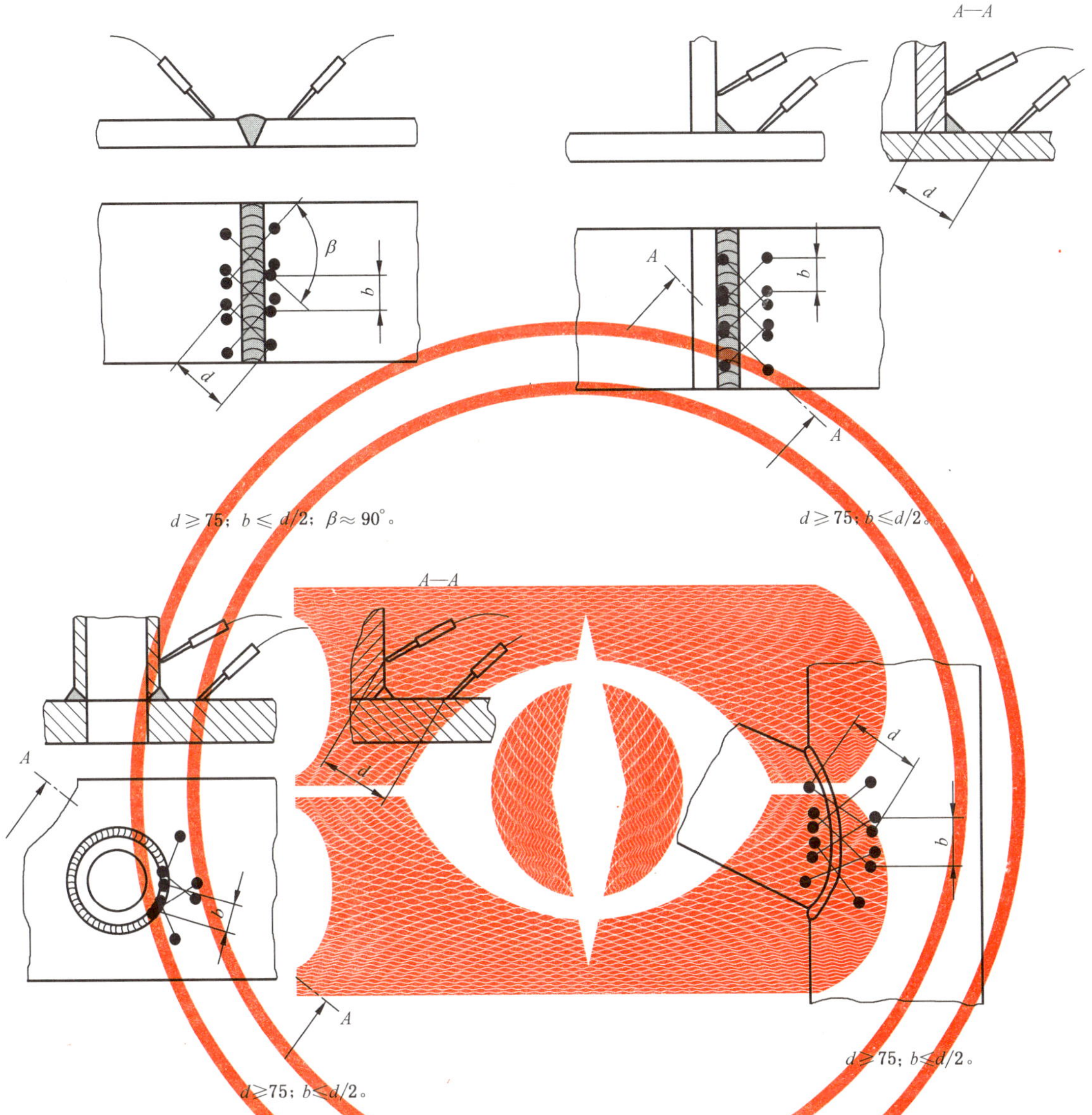

说明：

选用的磁化电流值大于等于5倍触头间距(有效值)。

图5 触头的典型磁化技术

单位为毫米

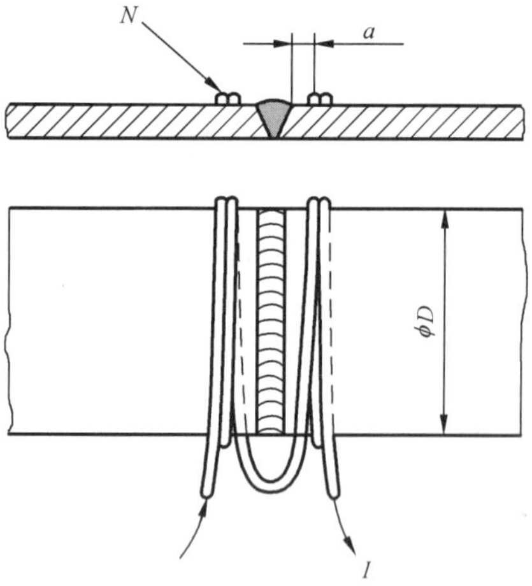

20≤a≤50；$N \cdot I$≥8D。

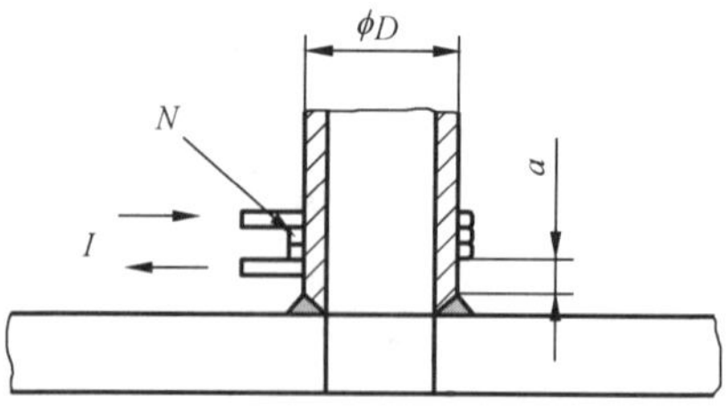

20≤a≤50；$N \cdot I$≥8D。

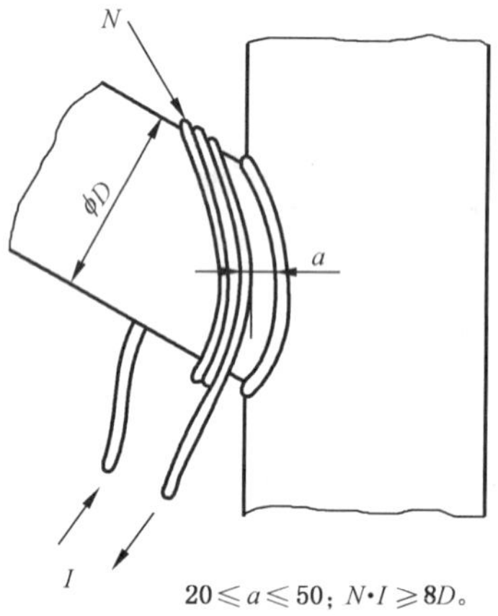

20≤a≤50；$N \cdot I$≥8D。

说明：

N——匝数；

I——电流(有效值)；

a——焊缝与线圈或电缆之间的距离。

图6　柔性电缆或线圈的典型磁化技术(适用于检测纵向裂纹)

5.7　检测介质

5.7.1　概述

检测介质既可以是干粉也可以是磁悬液，且符合GB/T 15822.2。

5.7.2　检测介质性能验证

应对检测介质定期进行性能验证，以确保持续满意的性能。

应在带有已知或人工表面缺欠的工件上、或在预先磁化的参考试件上进行验证。

所需验证的介质所得到的显示，应与已知的且性能已认可的介质所得显示进行对比。此参考显示可以是：

a)　实际缺欠；

b)　照片；

c)　复制件。

5.8 观察条件

观察条件应按 GB/T 5097。

5.9 检测介质的施加

工件做好检测准备后，在磁化前和磁化的同时立即通过喷、浇或洒施加检测介质。随之，磁化时间应使得显示在磁场移离前形成。

用磁悬液时，应在工件上保持磁场直至大多数磁悬液从工件表面流走。这样可防止显示被冲走。

视被检材料及其表面状态和磁导率，即使磁场移离，由于工件的剩磁，显示通常仍将保留在表面上。然而，不能擅自推测剩磁的存在，仅在保留显示的工件的综合性能测试已经被证实，才允许采用移离初始磁场源后的评定技术。

5.10 综合性能测试

有规定时，应在现场对每个工艺规程的系统灵敏度进行综合性能测试。性能测试用于确保包括设备、磁场强度和方向、表面特性、检测介质和照明等系列参数的特定功能。

最可靠的测试是使用带有已知类型、部位、尺寸和尺寸分布的真实缺欠的具有代表性的试件。若无此试件，则可采用带有人工缺欠的试件，也可采用试片（见附录 C）。

试件上先前测试时曾有显示的部位应得到充分磁化。

注：很有必要在现场对每个专用工艺规程的系统灵敏度进行综合性能测试。

5.11 伪显示

可能掩盖相关显示的伪显示由多种原因造成，例如咬边、热影响区内的磁导率变化。凡怀疑存在掩盖时，宜修整检测表面或使用替代的检测方法。

5.12 显示的记录

可用下列一种或数种方法记录显示：

a） 文字描述；

b） 草图；

c） 照片；

d） 透明胶带；

e） 透明漆“冻结”被检表面的显示；

f） 可剥离的反差增强剂；

g） 录像；

h） 环氧树脂或化学磁粉混合物；

i） 磁带；

j） 电子扫描。

5.13 退磁

交流检测后焊缝的剩磁通常很低，一般不需要对被检工件做退磁处理。

要求退磁时，应按限定的方法和预先限定的等级实施。[1]

1） 对于金属切削工艺，推荐的典型剩磁强度值 $H \leqslant 0.4\ \mathrm{kA/m}$。

5.14 检测报告

应出具检测报告。

报告宜至少包括：

a) 检测公司名称；

b) 被检工件；

c) 检测日期；

d) 母材和焊材；

e) 焊后热处理；

f) 接头形式；

g) 材料厚度；

h) 焊接工艺；

i) 超出环境温度时的被检工件温度；

j) 检测工艺规程标识号和采用参数的描述，包括：
- 磁化类型；
- 电流类型；
- 检测介质；
- 观察条件；

k) 综合性能测试的细节和结果(有应用时)；

l) 验收等级；

m) 所有记录显示的描述和部位；

n) 根据验收等级的检测结果；

o) 检测人员的姓名、相应的资格和签名。

附 录 A
（资料性附录）
影响磁粉检测灵敏度的因素

A.1 表面状况和准备

任何磁粉检测方法能达到的最大检测灵敏度取决于许多因素，但会受到工件表面粗糙度和不规则状态的严重影响。在某些情况下，可能需要：

——打磨咬边和表面不规则；

——去除或减小焊缝余高。

假如涂层表面是非破损的，且涂层厚度不超过 50 μm，则覆盖有非磁性薄涂层（如底漆）的表面也可检测。超过该厚度时灵敏度变低，进行检测前可能要证实其灵敏度。

A.2 磁化设备特性

使用交流电检测表面缺欠时，具有最佳灵敏度。

在简单的对接焊缝上，磁轭能产生足够的磁场，但对于 T 型接头，由于间隙或通过工件的磁路过长使得磁通减少，可能导致灵敏度降低。

对于复杂的接头结构，如带有倾角小于 90°的分支连接，使用磁轭检测是不合适的。可采用电缆缠绕或触头通电。

A.3 磁场强度和磁导率

磁粉检测时，足以形成显示所需要的磁场强度主要取决于工件的磁导率。

通常，软磁材料（如低合金钢）具有高磁导率，而硬磁材料（如马氏体）具有低磁导率。由于磁导率与磁化电流有关，低磁导率材料施加的磁化值通常比软磁合金要高，以产生相同的磁通密度。因此，开始进行磁粉检测前确定磁通密度值是否合适是非常必要的。

A.4 检测介质

检测表面缺欠，磁悬液通常比干粉给出较高的灵敏度。

由于暗背景和荧光显示两者间的较高对比度，荧光磁粉检测介质通常比彩色介质给出较高的灵敏度。然而，荧光法灵敏度会随着由于表面粗糙度的增加所导致的磁粉附着并产生干扰的背景荧光而降低。

当背景亮度不能足够低，或背景荧光产生干扰时，彩色介质连同反差增强剂的调均效应通常给出更好的灵敏度。

附　录　B
（规范性附录）
交叉磁轭技术

B.1　概述

交叉磁轭技术，是利用两个交叉的磁轭，采用交流电移相技术，使之产生大小与方向随时间成圆形或椭圆形变化的磁场（旋转磁场），对工件实现一次性全方位的复合磁化。

B.2　设备

交叉磁轭，由两个交流电磁体（磁轭）在空间或平面以一定的夹角交叉组合而成，电源采用不同相位的两相交流电。

交叉磁轭应符合 GB/T 15822.3。

交叉磁轭提升力应至少为 88 N（即按 GB/T 15822.3 所述的提升试验方法，可提起 9 kg 的钢板）。

交叉磁轭的四个磁级应在同一个平面内。

为提高检测速度，交叉磁轭的四个极上可装有滚轮。

B.3　检测

应按本标准和制造商推荐的使用说明书用交叉磁轭技术进行磁粉检测。

普通焊接接头型式的交叉磁轭技术如图 B.1 所示。

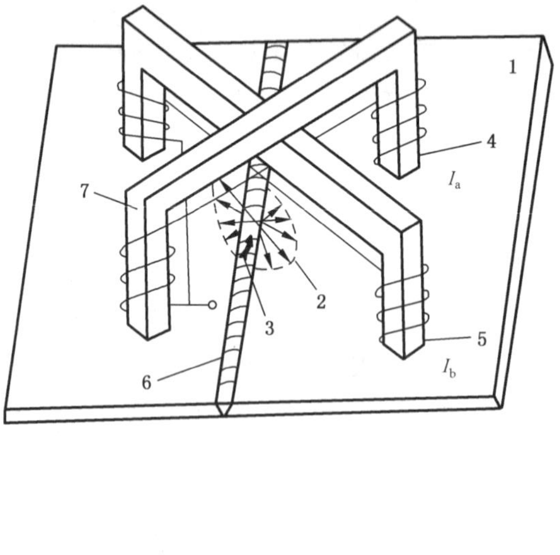

说明：
1——工件；
2——旋转磁场；
3——缺欠；
4、5——两相电流；
6——焊缝；
7——交叉磁轭。

图 B.1　交叉磁轭的典型磁化技术

交叉磁轭技术可实现较高的检测速度，但过高的检测速度可能会降低检测灵敏度。因此选择合适的检测速度至关重要。对于不同制造商生产的设备，以及已使用了较长时间的设备，有效的检测速度可能都是不同的。达到规定检测灵敏度要求的有效检测速度范围，宜通过综合性能测试来验证或确定。

B.4 综合性能测试

应在现场对每个专用工艺规程的系统灵敏度进行综合性能测试。

对于装有滚轮的交叉磁轭，检测速度、滚轮与被检工件的接触状态，都可能随时影响到检测灵敏度，因此应经常进行综合性能测试。

附　录　C
（规范性附录）
用试片对系统灵敏度进行综合性能测试

C.1　概述

5.10 所述的试片，即 GB/T 23907 所规定的磁粉检测用试片，主要用于验证磁粉检测综合性能（系统灵敏度）。

A 型试片适用于在较宽大或平整的被检表面上使用；C 型和 D 型试片适用于在较窄小或弯曲的被检表面上使用。高灵敏度的试片用于验证要求有较高系统灵敏度的磁粉检测综合性能；低灵敏度的试片用于验证要求有较低系统灵敏度的磁粉检测综合性能。

只有符合要求的磁粉检测综合性能，相应的磁粉检测结果才是有效和可靠的。

C.2　试片的选用原则

根据工件被检表面的大小、形状和有效磁场强度，选取合适的试片。

被检表面较大的可选用 A 型试片；被检表面较小或弯曲的可选用 C 型或 D 型试片。

对系统灵敏度要求较高（有效磁场相对要求较强）的可选用高、中灵敏度的试片；对系统灵敏度要求较低（有效磁场相对要求较弱）的可选用低、中灵敏度的试片。

注：同一类型和灵敏度等级的试片，未经退火处理的比经退火处理的试片的灵敏度约高 1 倍。

C.3　试片的使用方法

用粘纸或相当的方法，将试片有人工槽的一面与工件被检表面相接触（间隙应小于 0.1 mm），粘纸不可盖住试片上人工槽所对应的部位。

注：C 型试片可将原片直接使用，也可将原片沿分割线剪切成小片使用。

对试片及其相接触的工件被检表面，按本标准进行磁粉检测。所采用的磁粉检测技术和工艺规程，应与实际应用的一致。磁粉检测工艺规程应明确系统灵敏度要求，规定试片的型号和显示程度。

对试片施加磁粉检测介质时，应采用连续法。

依据试片上人工槽的显示状况与程度，来评定所验证的磁粉检测综合性能（系统灵敏度）是否符合要求。

C.4　注意事项

试片使用前，应先将试片上的防锈溶剂擦净。

应经常对试片的外观、形状、尺寸进行检查。如果检查结果表明试片的性能已发生变化，则该试片应报废。

ICS 25.160.40
J 33

中华人民共和国国家标准

GB/T 26952—2011

焊缝无损检测　焊缝磁粉检测 验收等级

Non-destructive testing of welds—Magnetic particle testing of welds—Acceptance levels

(ISO 23278:2006,MOD)

2011-09-29 发布　　2012-03-01 实施

中华人民共和国国家质量监督检验检疫总局
中国国家标准化管理委员会　发布

前　言

本标准按照 GB/T 1.1—2009 给出的规则起草。

本标准使用重新起草法修改采用 ISO 23278:2006《焊缝无损检测　焊缝磁粉检测　验收等级》。

本标准与 ISO 23278:2006 的技术性差异及其原因如下：

——关于规范性引用文件，本标准做了具有技术性差异的调整，以适应我国的技术条件，调整的情况集中反映在第 2 章"规范性引用文件"中，具体调整如下：

- 用 GB/T 12604.5 代替了 EN 1330-7(见第 3 章)；
- 用等同采用国际标准的 GB/T 20737 代替了 ISO/TS 18173(见第 3 章)；
- 用修改采用国际标准的 GB/T 26951 代替了 ISO 17638(见第 1 章)；
- 删除了 ISO 5817；
- 删除了 ISO 17635；
- 删除了 EN 1330-2。

本标准由全国焊接标准化技术委员会(SAC/TC 55)提出并归口。

本标准起草单位：上海泰司检测科技有限公司、上海诚友实业集团有限公司、上海新美达探伤器材有限公司、天津诚信达金属检测技术有限公司、哈尔滨锅炉厂有限责任公司、上海材料研究所。

本标准主要起草人：张平、金宇飞、夏建国、杨贵、赵成、吴勤箴。

焊缝无损检测　焊缝磁粉检测
验收等级

1　范围

本标准规定了铁磁性钢焊缝中缺欠的磁粉检测显示的验收等级。

此验收等级主要用于制造检验，若认为合适，也可用于在役检验。

本标准中的验收等级基于采用 GB/T 26951 规定的方法和附录 A 推荐的参数可望达到的检测能力。验收等级与焊接标准、应用标准、技术条件或法规等有关。有关显示的验收等级的更多信息可在产品或应用标准中查到。

2　规范性引用文件

下列文件对于本文件的应用是必不可少的。凡是注日期的引用文件，仅注日期的版本适用于本文件。凡是不注日期的引用文件，其最新版本(包括所有的修改单)适用于本文件。

GB/T 12604.5　无损检测　术语　磁粉检测

GB/T 20737　无损检测　通用术语和定义(GB/T 20737—2006，ISO/TS 18173:2005，IDT)

GB/T 26951　焊缝无损检测　磁粉检测(GB/T 26951—2011，ISO 17638:2003，MOD)

3　术语和定义

GB/T 12604.5 和 GB/T 20737 界定的以及下列术语和定义适用于本文件。

3.1

线状显示　linear indication

长度大于 3 倍宽度的显示。

3.2

非线状显示　non-linear indication

长度小于或等于 3 倍宽度的显示。

4　检测参数

许多参数，无论是单独的还是复合的，影响某种技术检测一给定尺寸和取向的缺欠的能力，与检测表面的状况有关。

小缺欠的检出在很大程度上取决于焊缝的表面状况和所用的检测介质。附录 A 给出了一些提供较高检测能力参数的应用实例。

5　验收等级

5.1　概述

检测表面的宽度应包括焊缝金属和每侧各 10 mm 距离的邻近母材金属。

对缺欠所规定的验收等级相当于评定等级，不应考虑低于该水平的显示。通常，可接受的显示不应做记录。

当所期望的较高检测极限，因现有焊缝表面状况而达不到工作要求时，可通过局部打磨来改善全部或局部的检测表面等级。

表1给出了验收等级。

表1　显示的验收等级

单位为毫米

显示类型	验收等级[a]		
	1	2	3
线状显示 (l 为显示长度)	$l \leqslant 1.5$	$l \leqslant 3$	$l \leqslant 6$
非线状显示 (d 为主轴长度)	$d \leqslant 2$	$d \leqslant 3$	$d \leqslant 4$

[a] 验收等级2和3可规定用一个后缀“X”，表示所检测出的所有线状显示应按1级进行评定。但对于小于原验收等级所表示的显示，其可探测性可能偏低。

5.2　群显示

相邻且间距小于其中较小显示主轴尺寸的显示，应作为单个的连续显示评定。

群显示应按应用标准评定。

5.3　缺欠的去除

若产品技术条件允许，可通过局部打磨减小或去除引起不可接受的显示的缺欠。返修区域应使用相同的磁化系统和技术重新检测和评定。

附 录 A
(资料性附录)
推荐的检测参数

表 A.1 给出了可靠检测小缺欠的推荐检测参数。表面为焊后状况。必要时可用砂纸或局部打磨来改善表面状况，以准确解释显示。检测介质按优先顺序给出。

表 A.1 推荐的检测参数

验收等级	表面状况	检测介质
1	良好表面[a]	荧光磁粉，或彩色磁粉＋反差增强剂
2	光滑表面[b]	荧光磁粉，或彩色磁粉＋反差增强剂
3	一般表面[c]	彩色磁粉＋反差增强剂，或荧光磁粉

[a] 焊缝盖面和母材表面光滑清洁，无咬边、焊波和焊接飞溅。此类表面通常是自动 TIG 焊、埋弧焊(全自动)及用铁粉电极的手工金属电弧焊。

[b] 焊缝盖面和母材表面较光滑，有轻微咬边、焊波和焊接飞溅。此类表面通常是手工金属电弧焊(平焊)、盖面焊道用氩气保护的 MAG 焊。

[c] 焊缝盖面和母材表面为焊后自然状况。此类表面是手工金属电弧焊或 MAG 焊(任意焊接部位)。

ICS 25.160.40
J 33

中华人民共和国国家标准

GB/T 26953—2011

焊缝无损检测　焊缝渗透检测
验收等级

Non-destructive testing of welds—Penetrant testing of welds—Acceptance levels

(ISO 23277:2006,MOD)

2011-09-29 发布　　　　2012-03-01 实施

中华人民共和国国家质量监督检验检疫总局
中国国家标准化管理委员会　发布

前　言

本标准按照 GB/T 1.1—2009 给出的规则起草。

本标准使用重新起草法修改采用 ISO 23277:2006《焊缝无损检测　焊缝渗透检测　验收等级》。

本标准与 ISO 23277:2006 的技术性差异及其原因如下：

——关于规范性引用文件，本标准做了具有技术性差异的调整，以适应我国的技术条件，调整的情况集中反映在第 2 章“规范性引用文件”中，具体调整如下：

- 用等同采用国际标准的 GB/T 12604.3 代替了 ISO 12706(见第 3 章)；
- 用等同采用国际标准的 GB/T 18851.1 代替了 ISO 3452(见第 1 章、4.4 和 5.2)；
- 用等同采用国际标准的 GB/T 18851.2 代替了 ISO 3452.2(见 4.2)；
- 用等同采用国际标准的 GB/T 20737 代替了 ISO/TS 18173(见第 3 章)；
- 删除了 ISO 5817；
- 删除了 ISO 10042；
- 删除了 ISO 17635；
- 删除了 EN 1330-2。

本标准由全国焊接标准化技术委员会(SAC/TC 55)提出并归口。

本标准起草单位：上海泰司检测科技有限公司、上海诚友实业集团有限公司、上海新美达探伤器材有限公司、天津诚信达金属检测技术有限公司、哈尔滨锅炉厂有限责任公司、上海材料研究所。

本标准主要起草人：张平、金宇飞、夏建国、杨贵、赵成、吴勤箴。

焊缝无损检测　焊缝渗透检测 验收等级

1　范围

本标准规定了金属焊缝中表面开口缺欠的渗透检测显示的验收等级。

本标准主要用于制造检验，若认为适合，也可用于在役检验。

本标准中的验收等级基于采用GB/T 18851.1规定的方法和附录A推荐的参数可望达到的检测能力。验收等级与焊接标准、应用标准、技术条件或法规等有关。有关显示的验收等级的更多信息可在产品或应用标准中查到。

2　规范性引用文件

下列文件对于本文件的应用是必不可少的。凡是注日期的引用文件，仅注日期的版本适用于本文件。凡是不注日期的引用文件，其最新版本(包括所有的修改单)适用于本文件。

GB/T 12604.3　无损检测　术语　渗透检测(GB/T 12604.3—2005，ISO 12706:2000，IDT)

GB/T 18851.1　无损检测　渗透检测　第1部分：总则(GB/T 18851.1—2005，ISO 3452:1984，IDT)

GB/T 18851.2　无损检测　渗透检测　第2部分：渗透材料的检验(GB/T 18851.2—2008，ISO 3452-2:2006，IDT)

GB/T 20737　无损检测　通用术语和定义(GB/T 20737—2006，ISO/TS 18173:2005，IDT)

3　术语和定义

GB/T 12604.3和GB/T 20737界定的以及下列术语和定义适用于本文件。

3.1

线状显示　linear indication

长度大于3倍宽度的显示。

3.2

非线状显示　non-linear indication

长度小于或等于3倍宽度的显示。

4　检测参数

4.1　概述

许多参数，无论是单独的还是复合的，都会影响焊缝缺欠渗透显示的形状和尺寸。

4.2～4.4是影响显示形状和尺寸的重要因素。

4.2　灵敏度

渗透材料是按GB/T 18851.2分类的，包括了有关检测小缺欠的灵敏度等级。

通常，检测小缺欠宜采用较高灵敏度材料。

4.3 表面状况

表面状况与最小可检测缺欠尺寸直接有关。检测光滑表面通常能得到最佳结果。表面粗糙或不规则(如咬边、飞溅)能形成高背景和非相关显示，从而导致降低小缺欠的可探测性。

4.4 过程和技术

宜根据检测表面状况来选择渗透系统和技术。有时这种选择会直接影响检测的可靠性，例如，若要寻找小缺欠，不推荐采用擦洗方式在粗糙表面上去除多余渗透剂。

附录 A 和 GB/T 18851.1 中给出了有关这方面的指导。

5 验收等级

5.1 概述

检测表面的宽度应包括焊缝金属和每侧各 10 mm 距离的邻近母材金属。

渗透检测产生的显示，通常与形成这个显示的缺欠尺寸和形状特征不同。

对缺欠所规定的验收等级相当于评定等级，不应考虑低于该水平的显示。通常，可接受的显示不应做记录。

当表 A.1 所推荐的较高检测极限，因现有焊缝表面状况而达不到工作要求时，可通过局部打磨来改善全部或局部的检测表面等级。

表 1 给出了金属材料焊缝的验收等级。

表 1 显示的验收等级

单位为毫米

显示类型	验收等级[a]		
	1	2	3
线状显示 (l 为显示长度)	$l\leqslant 2$	$l\leqslant 4$	$l\leqslant 8$
非线状显示 (d 为主轴长度)	$d\leqslant 4$	$d\leqslant 6$	$d\leqslant 8$

[a] 验收等级 2 和 3 可规定用一个后缀“X”，表示所检测出的所有线状显示应按 1 级进行评定。但对于小于原验收等级所表示的显示，其可探测性可能偏低。

5.2 显示的评定

最初评定应按 GB/T 18851.1 进行，显示尺寸的最终评定应在规定的最短显像时间过后和缺欠形成的显示消退之前(即不再有增长趋势时)进行。

5.3 群显示

相邻且间距小于其中较小显示主轴尺寸的显示，应作为单个的连续显示评定。

群显示应按应用标准评定。

5.4 缺欠的去除

若产品技术条件允许，可通过局部打磨减小或去除引起不可接受的显示的缺欠。返修区域应使用相同的渗透系统和技术重新检测和评定。

附 录 A
（资料性附录）
推荐的检测参数

表 A.1 给出了推荐的可靠检出小缺欠的参数。

表 A.1 推荐的检测参数

验收等级	表面状况	渗透系统的类型
1	良好表面[a]	荧光渗透系统，GB/T 18851.2 中的普通或高灵敏度； 着色渗透剂，GB/T 18851.2 中的高灵敏度
2	光滑表面[b]	任意
3	一般表面[c]	任意

[a] 焊缝盖面和母材表面光滑清洁，无咬边、焊波和焊接飞溅。此类表面通常是自动 TIG 焊、埋弧焊（全自动）及用铁粉电极的手工金属电弧焊。

[b] 焊缝盖面和母材表面较光滑，有轻微咬边、焊波和焊接飞溅。此类表面通常是手工金属电弧焊（平焊）、盖面焊道用氩气保护的 MAG 焊。

[c] 焊缝盖面和母材表面为焊后自然状况。此类表面是手工金属电弧焊或 MAG 焊（任意焊接部位）。

ICS 25.160.40
J 33

中华人民共和国国家标准

GB/T 26954—2011

焊缝无损检测 基于复平面分析的焊缝涡流检测

Non-destructive testing of welds—
Eddy current testing of welds by complex-plane analysis

(ISO 17643:2005,MOD)

2011-09-29 发布　　2012-03-01 实施

中华人民共和国国家质量监督检验检疫总局
中国国家标准化管理委员会　发布

前　言

本标准按照 GB/T 1.1—2009 给出的规则起草。

本标准采用重新起草法修改采用 ISO 17643:2005《焊缝无损检测　基于复平面分析的焊缝涡流检测》。

本标准与 ISO 17643:2005 的技术性差异及其原因如下：

——关于规范性引用文件，本标准做了具有技术性差异的调整，以适应我国的技术条件，调整的情况集中反映在第 2 章"规范性引用文件"中，具体调整如下：
- 用我国标准 GB/T 12604.6 代替了 EN 1330-5(见第 3 章)；
- 用我国标准 GB/T 5616 代替了 EN 12084(见第 5 章)；
- 增加引用了 GB/T 15822.1、GB/T 18851.1、GB/T 26951、GB/T 26952、GB/T 26953(见 6.6.2)。

——增加了图 8"推荐的涡流检测方法流程图"，以方便使用。

——增加了 6.6.2"不可接受信号的评价"，以明确本方法的局限性并指导应用。

——增加了 6.6.1 标题"影响因素"，将原 6.6 的内容置于 6.6.1，以方便 6.6.2 的增加。

本标准由全国焊接标准化技术委员会(SAC/TC 55)提出并归口。

本标准起草单位：中国特种设备检测研究院、爱德森(厦门)电子有限公司、厦门涡流检测技术研究所、上海材料研究所、华北电力科学研究院。

本标准主要起草人：沈功田、胡斌、吴彦、景为科、林俊明、刘凯、金宇飞、胡先龙。

焊缝无损检测 基于复平面分析的焊缝涡流检测

1 范围

本标准规定了主要用于检测铁磁性材料(焊缝、热影响区、母材)表面开口和近表面面型缺陷的涡流检测技术。

如设计规范有要求,本标准也可用于非铁磁性材料的检测。

本标准适用于陆上、海上制造、安装、在用过程中的裸露或带涂层焊缝的检测。

检测可以在所有可接近的、各种形式的焊缝表面上进行。

涡流检测通常在焊态下进行,表面粗加工可能会影响其检测精度。

2 规范性引用文件

下列文件对于本文件的应用是必不可少的。凡是注日期的引用文件,仅注日期的版本适用于本文件。凡是不注日期的引用文件,其最新版本(包括所有的修改单)适用于本文件。

GB/T 5616 无损检测 应用导则

GB/T 12604.6 无损检测 术语 涡流检测

GB/T 15822.1 无损检测 磁粉检测 第1部分:总则(GB/T 15822.1—2005,ISO 9934-1:2001,IDT)

GB/T 18851.1 无损检测 渗透检测 第1部分:总则(GB/T 18851.1—2005,ISO 3452:1984,IDT)

GB/T 26951 焊缝无损检测 磁粉检测(GB/T 26951—2011,ISO 17638:2003,MOD)

GB/T 26952 焊缝无损检测 焊缝磁粉检测 验收等级(GB/T 26952—2011,ISO 23278:2006,MOD)

GB/T 26953 焊缝无损检测 焊缝渗透检测 验收等级(GB/T 26953—2011,ISO 23277:2006,MOD)

3 术语和定义

GB/T 12604.6 界定的术语和定义适用于本文件。

4 人员资格

按本标准进行检测的人员应按规定取得有关无损检测人员资格鉴定机构颁发或认可的涡流检测等级资格证书,从事相应资格等级规定的检测工作。

5 工艺规程制定

如果要求制定工艺规程,应满足 GB/T 5616 或本标准中对检测工艺规程的规定。

6 常规应用

6.1 基本信息

在进行检测前，需要通过资料审查和现场实地考察获取一些基本信息，至少应包括如下的要素：

——检测人员的资格；

——检测计划；

——检测设备；

——仪器校准状态；

——校准试块；

——验收准则；

——信号记录；

——报告格式；

——不可接受信号的处理。

6.2 附加信息

在进行检测前，以下信息需明确。同时，其他有助于缺陷判断和母材的成分或等级的信息也是必要的：

——填充金属的种类；

——待检测焊缝的位置和范围；

——焊缝表面几何形状；

——表面状态；

——涂层类型和厚度。

6.3 表面条件

根据灵敏度的要求，涡流方法一般能够穿透 2 mm 厚的非金属涂层探测出表面裂纹。如果相应的灵敏度能得到保证，也可超过 2 mm 厚度的涂层。

涡流检测与探头和被测表面的接近程度有关，被检焊缝表面几何形状及表面状态应能保证探头与检测面的良好接触。对焊缝进行涡流检测时，应考虑焊缝表面的不规则形状、焊接飞溅、焊瘤、腐蚀物和涂漆的剥落等都会使探头与被检测表面的距离发生变化并引起噪声，从而影响检测的灵敏度。

对于表面有热喷涂铝和铅等某些种类的导电性材料涂层工件，因为这些导电金属材料可沉积在表面开口的裂纹内，用涡流方法进行检测时，由于这些沉积材料导电从而大大影响了检测效果，导致不能有效检测出可能存在的裂纹缺陷。

6.4 检测设备

6.4.1 检测仪器（不包括探头）

6.4.1.1 概述

检测仪器应具有复平面相位和幅度显示与分析的功能，且至少满足以下要求。

6.4.1.2 频率

涡流仪器应能在从 1 kHz～1 MHz 的范围内的某个选定的频率点上工作。

6.4.1.3　**灵敏度校准**

对于选定的检测探头，在平衡和提离效应补偿后，(带涂层厚度试片)校准试块上 1 mm 深人工缺陷的信号幅度应达到全屏，0.5 mm 深人工缺陷的信号幅度至少为 1 mm 人工缺陷的 50%。

6.4.1.4　**信号显示**

应能够显示缺陷信号的阻抗平面(复平面)图，并具有信号示踪冻结功能，信号示踪在检测场地日光、灯光照明或无照明条件下应清晰可见。

6.4.1.5　**相位控制**

相位控制应能使信号以不大于 10°的步距进行全角(360°)旋转。

6.4.1.6　**信号分析**

能对信号阻抗平面图上的任一矢量进行相位和幅度分析，并可将当前信号与先前存储的参考信号进行对比分析。

6.4.2　**检测探头**

6.4.2.1　**以校准试块进行涂层厚度测量和材料评价的探头**

在绝对模式、1 kHz～1 MHz 频率下工作，在被检工件或校准试块上提离时应能在仪器上产生满屏提离信号。所有的探头都应清晰地标示出其操作的频率范围(见图 1)。

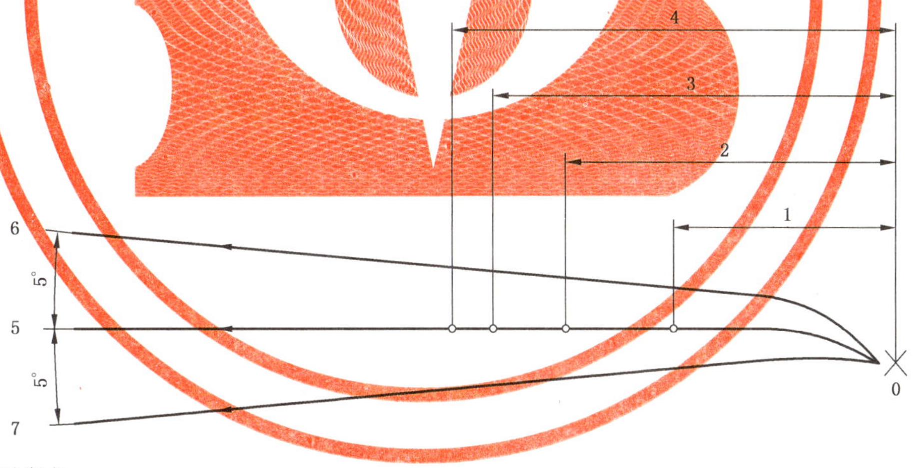

0——平衡点；
1,2,3,4——在校准试块上不同厚度模拟涂层下的偏转信号；
5——校准试块材料的提离信号；
6,7——相对于校准试块被检材料的信号偏转显示的范围。

图 1　采用绝对式探头进行涂层厚度测量和材质分选

6.4.2.2　**用于焊缝检测的探头**

为了检测铁磁性材料的焊缝，应使用特殊设计的焊缝检测探头。探头的组装可以是差动式、正交式、正切式或与之等效的方式，采用这些方式的目的是使探头在焊缝和热影响区受材料电导率、磁导率和提离效应等变化的影响最小。

探头的直径应根据被测工件的几何形状来选择。探头在接触面上覆盖了非金属耐磨薄层材料后仍应能正常工作。如果探头采用封装结构，在校准过程中封装外壳与校准试块表面应始终处于接触的状态。探头应能在 1 kHz～1 MHz 范围内的任意选定的频率下正常工作。

6.4.3 附件

6.4.3.1 校准试块

校准试块应采用与被检工件相同的材料制作。除合同有关各方另有约定之外，应在校准试块上用电火花(EDM)加工出 0.5 mm、1.0 mm 和 2.0 mm 深的人工刻槽。刻槽深度的公差应为±0.1 mm。刻槽的推荐宽度应≤0.2 mm(见图 2)。

单位为毫米

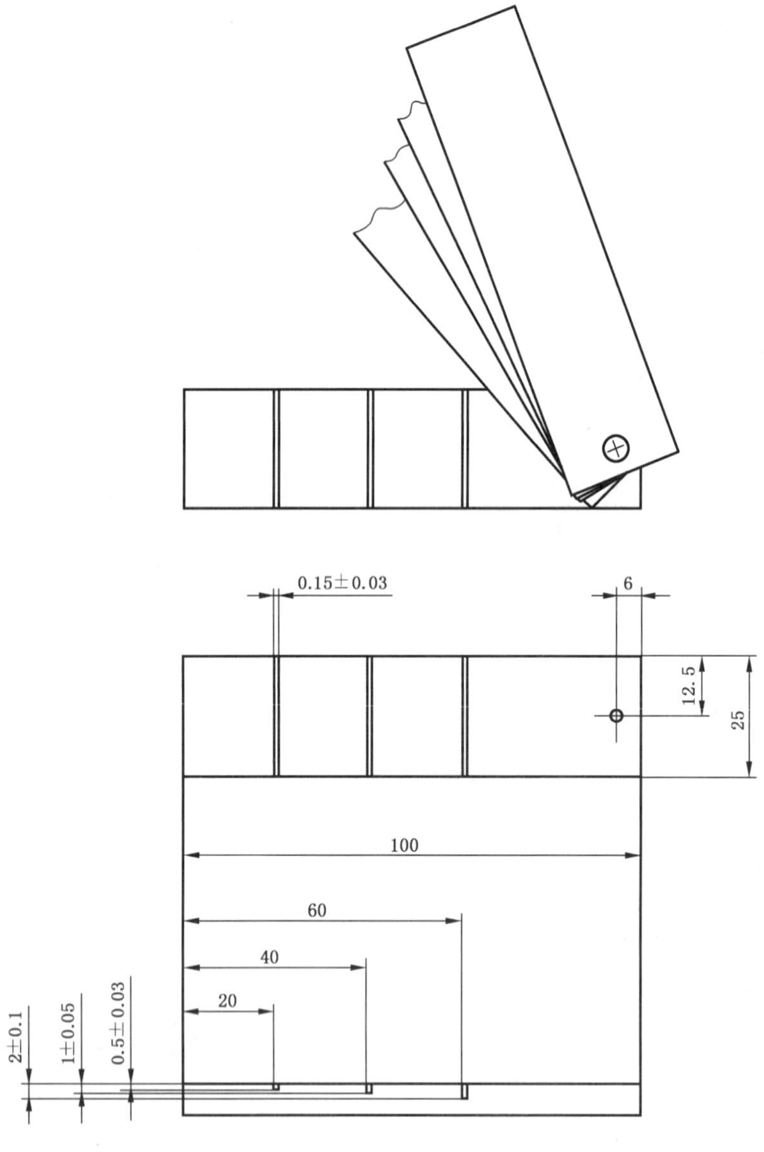

图 2　校准试块

6.4.3.2 非导体软垫片

可采用已知厚度的非导体弹性垫片来模拟涂层，也可直接在校准试块上喷涂实际涂层。推荐垫片厚度为0.5 mm的倍数。

6.4.3.3 探头延长电缆

在保证整个系统功能、灵敏度和分辨率的情况下，可用延长电缆连接探头和仪器。

6.4.3.4 远程显示和控制

使用较长的延长电缆操作时，仪器应具有使操作者进行远程信号显示的装置。

6.4.4 检测设备的维护

6.4.4.1 校准证书

设备应由有资格的实验室出具的校准证书。该校准工作应至少每年度进行一次。

6.4.4.2 功能检查

应对检测设备进行周期性的检查和调节来校正仪器的功能。在现场进行检测时，如发现检测设备产生错误或部分变化，也应对仪器进行功能的检查和调节。维护工作应按照制定的书面检测工艺规程进行，并应对每次维护检查的结果进行记录。

6.5 检测工艺规程

6.5.1 涂层厚度估计及被检材料与校准试块材料符合性的评价

焊缝表面的涂层厚度一般是不均匀的，但由于其对检测灵敏度产生影响，因此在焊缝检测之前有必要对热影响区处的最大涂层厚度进行估计。

采用6.4.2的探头，分别得出校准试块和被检试件的提离信号，通过比较可估计被检试件上的涂层厚度，参考图1和图2。

被检试件的提离信号对校准试块提离信号的偏离应在±5°范围内，否则应采用更接近被检试件的材料重新加工制作校准试块。

6.5.2 铁磁性材料焊缝检测工艺规程

6.5.2.1 频率

应根据提离和其他不希望出现的信号将频率调到最佳灵敏度。通常情况下，推荐采用约100 kHz的频率。

6.5.2.2 校准

校准是将探头在校准试块上扫查过人工刻槽来进行的。刻槽表面应先覆盖上一层非导体弹性垫片，其厚度等于或大于被测工件的涂层厚度。

将1 mm深刻槽的信号幅度调到满屏高度的约80%。然后调节灵敏度的水平来补偿工件几何形状带来的影响。

校准检查应周期性地进行，且至少在检测开始和结束及工况每次改变时进行。每次校准均应记录。

当校准完成后，将平衡点调至显示屏中央。

6.5.2.3 扫查

对焊缝表面和热影响区采用所选探头进行扫查。只要被检测工件几何形状允许，探头应沿与可能出现缺陷主要走向垂直的方向移动。如果其走向未知或估计缺陷有不同的走向，则至少应在相互垂直的两个方向分别进行扫查。

检测可分两部分进行：热影响区（见图3、图4和图5）和焊缝表面（见图6和图7）。

应注意检测的可靠性高度依赖于线圈与被测表面之间的方向。还应注意确保探头在热影响区以最佳的角度扫查通过各种状况的表面。

差动式探头灵敏度受缺陷与线圈夹角的影响。因此在检测过程中应注意控制角度。

推荐的涡流检测流程图如图8所示。

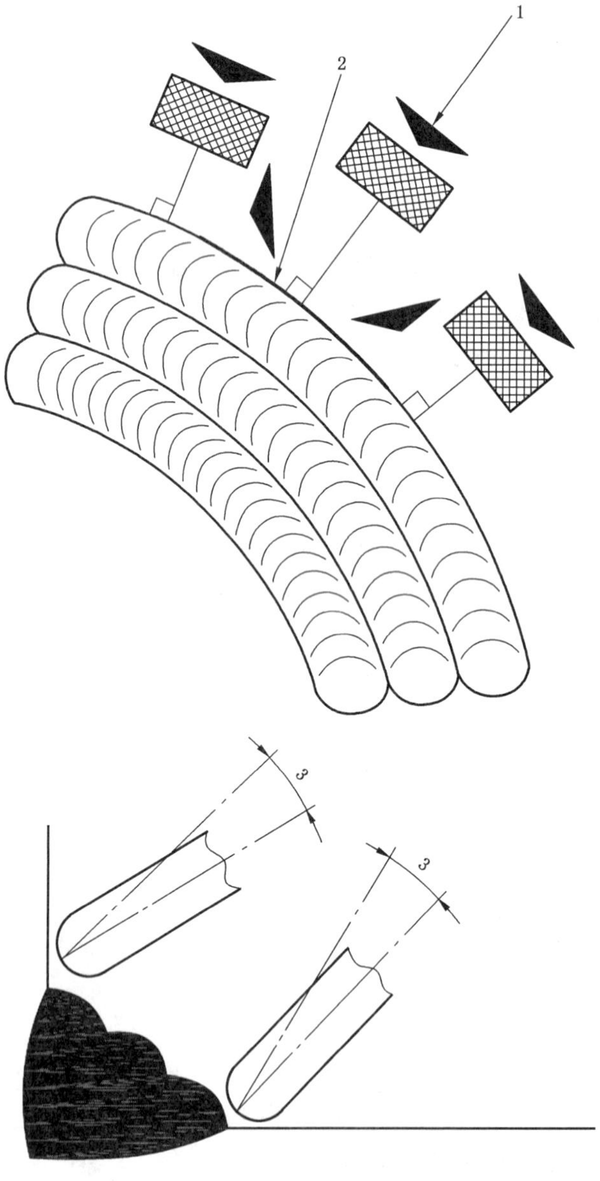

1——探头方向；

2——缺陷；

3——满足不同表面条件下的最佳角度。

图3 母材和热影响区检测

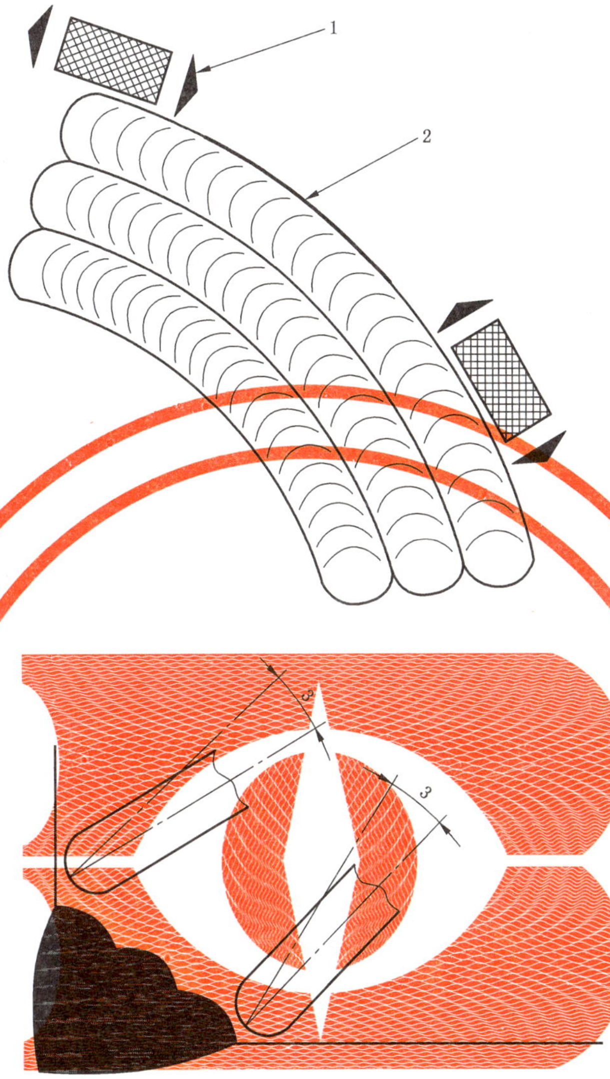

1——探头方向；

2——缺陷；

3——满足不同表面条件下的最佳角度。

图 4　焊趾的一次扫查

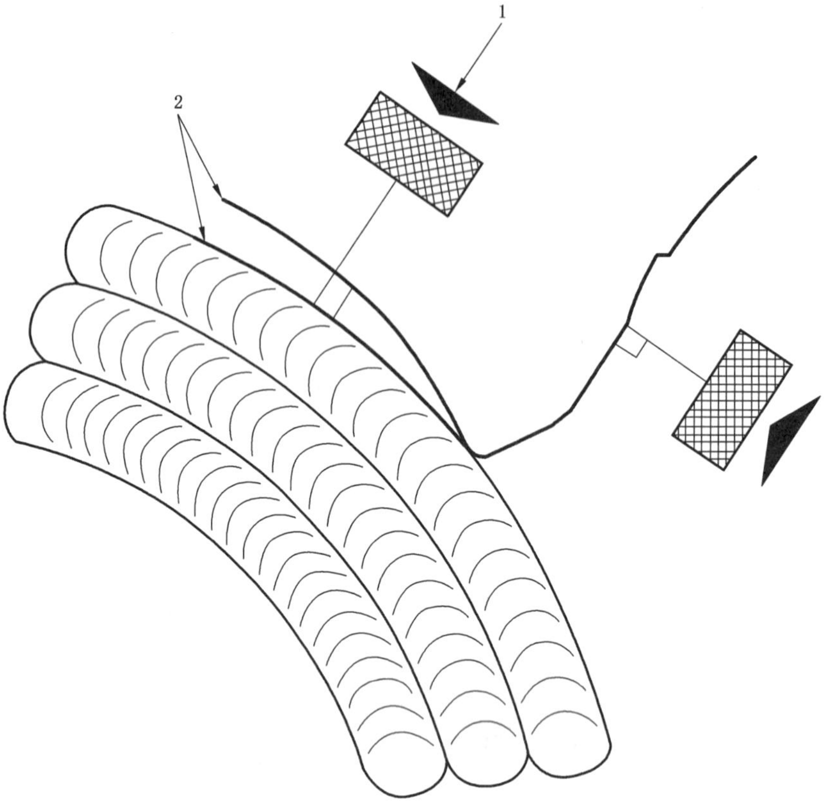

1——探头方向；

2——缺陷。

图5 热影响区的补充扫查

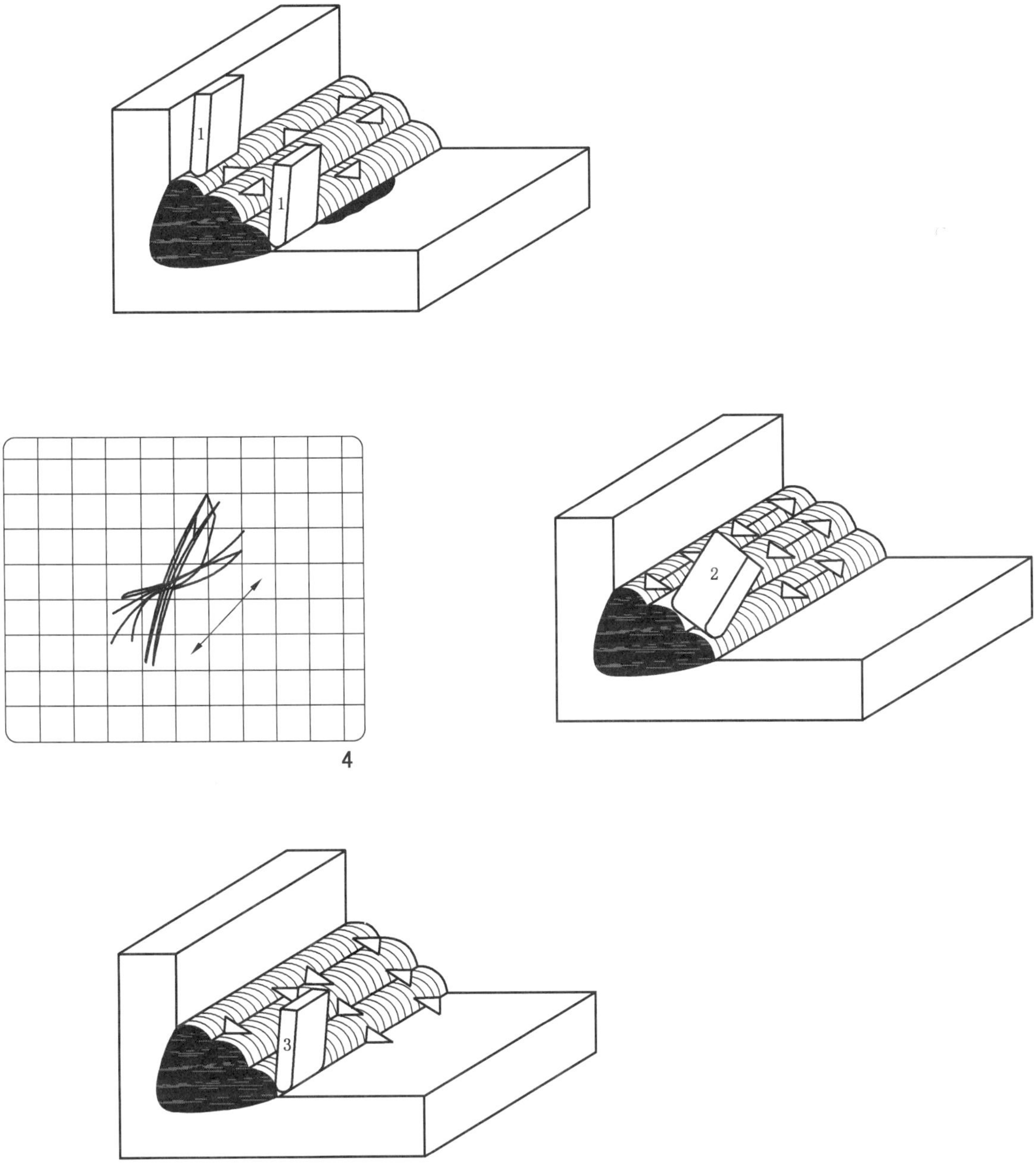

1、2、3——探头的不同位置；

4——沿焊缝表面扫查的信号覆盖区。

图6 焊缝表面检测的扫查

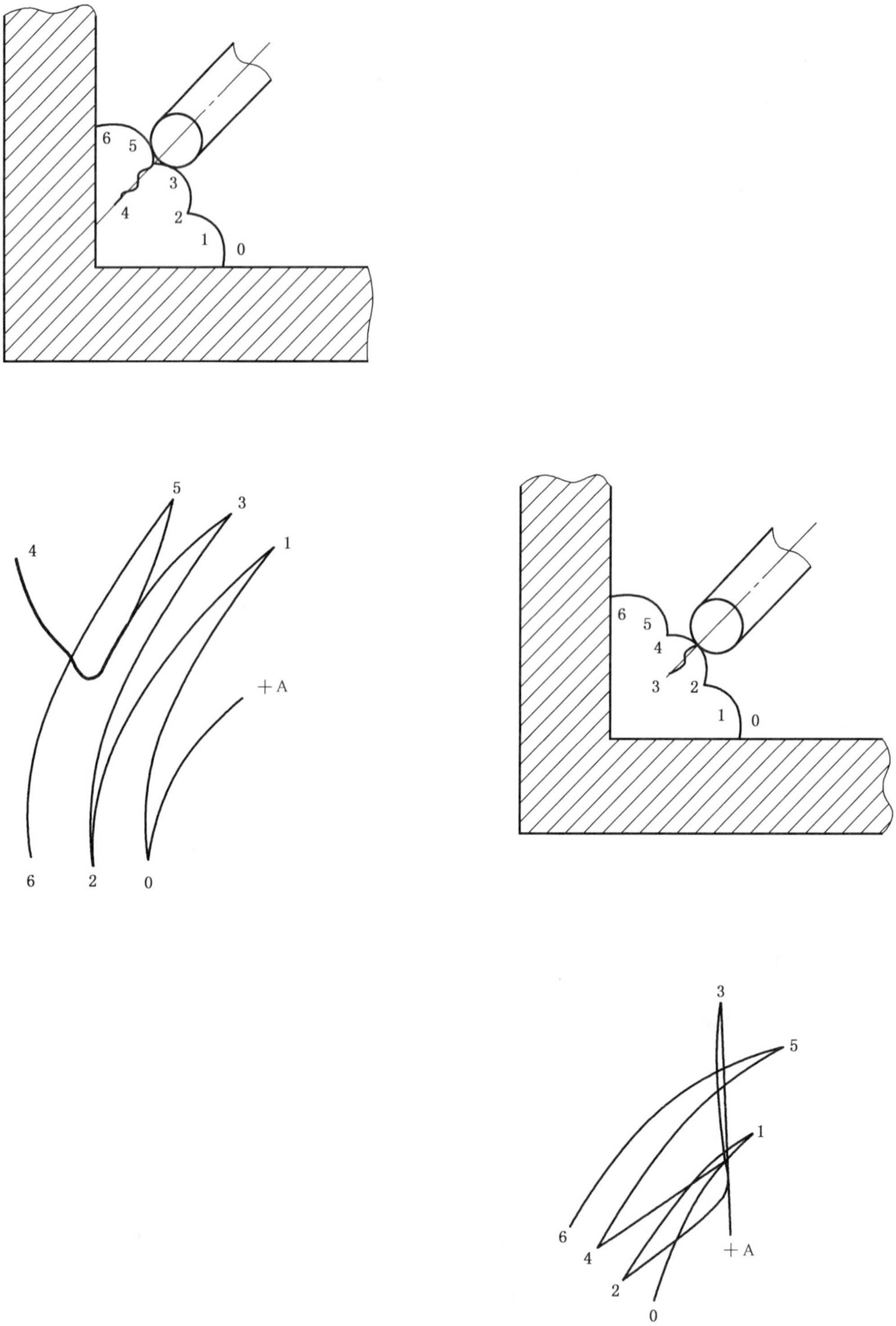

0——平衡点；
1～6——探头的不同位置。

图 7　焊缝表面扫查时的典型缺陷信号

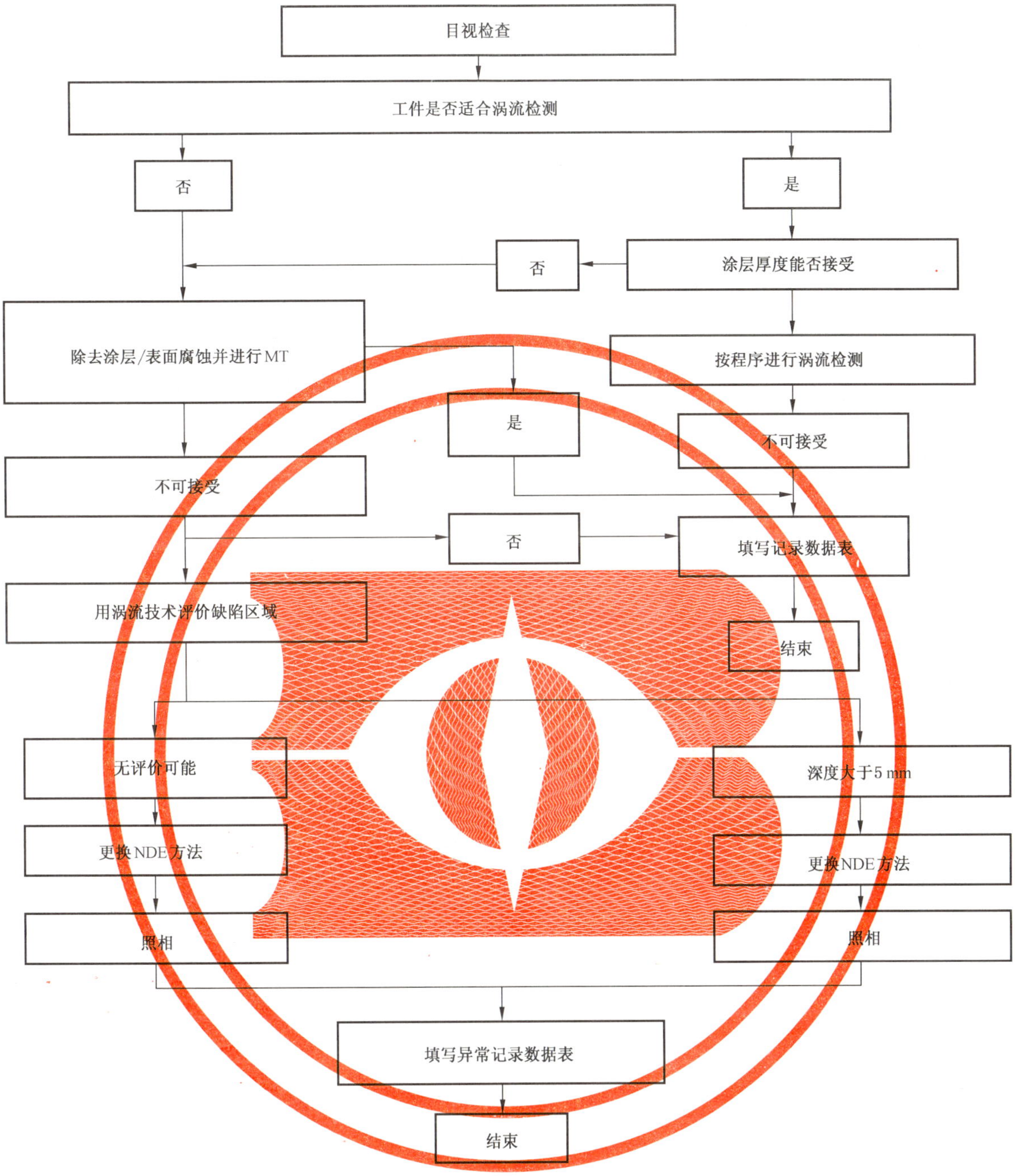

图 8 推荐的涡流检测方法流程图

6.6 缺陷的可检测性

6.6.1 影响因素

对缺陷的探测能力受许多因素的影响，而且现有对焊接工件进行涡流检测的应用知识也不能满足作出精确判断的要求，检测方与用户可以按照校准试块来共同确定验收标准。下面给出一些影响缺陷检测能力的因素。

a) 校准试块的材料应尽可能接近被检工件;
b) 导体涂层降低了检测的灵敏度,最大涂层厚度和电导率影响检测的灵敏度;
c) 非导体涂层对检测灵敏度的降低程度依赖于探头与被测工件之间的距离;
d) 工件的几何形状和探头与被测区域的接近程度可影响检测的灵敏度,十字形板和衬板上具有复杂几何形状的焊缝应根据表面几何形状和可能的缺陷方位来进行检测;
e) 线圈与缺陷的取向:
 1) 倾角:注意确保线圈与被测区域之间保持最佳的角度;
 2) 感应电流的方向:感应电流是有方向性的,因此应注意确保感应电流的方向与预测的缺陷方向保持垂直和(或)平行;
f) 缺陷的最小尺寸:在焊缝表面自然成型条件下涡流检测方法对铁磁性钢焊缝可探测出的最小缺陷尺寸为 1 mm 深、5 mm 长。

6.6.2 不可接受信号的评价

不可接受信号定义为被检测工件信号显示区域之外出现的异常信号显示。

一旦发现不可接受的信号(见图 9),建议对该区域进行进一步的检查。

可以采用纵向扫查并标识出异常信号区域的长度(见图 4)。

在可能的情况下,应沿异常信号指示长度方向进行一次扫查来获得信号幅度。应标识出最大的幅度(见图 10)。

如果还需要进一步澄清,或当确定要去除缺陷时,建议用磁粉检测(MT)(按 GB/T 15822.1 或 GB/T 26951 执行)或渗透检测(PT)(按 GB/T 18851.1 执行)等其他无损检测方法进行验证检测。

MT 或 PT 的验收标准按选定的 GB/T 26952 或 GB/T 26953 的规定执行。

当不可接受信号出现而又不能得到缺陷的深度时(见图 11),可以改用超声检测和(或)交流电压降检测等其他的 NDT 方法来确定信号的深度和方向。

当一个信号被显示为不可接受信号且涡流评价认为该区域缺陷深度超过 5 mm 时,该区域应用超声检测或交流电压降检测方法进一步确定产生信号缺陷的范围和方向。

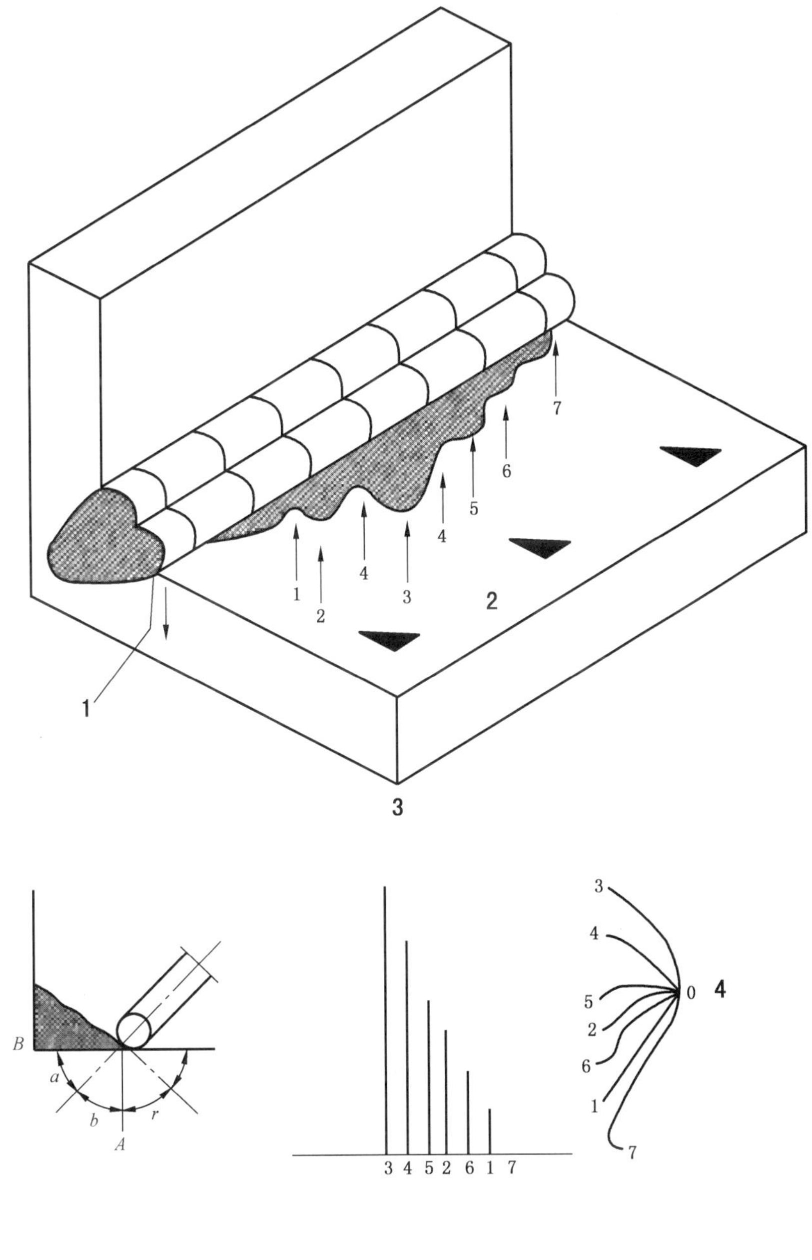

1——取向；

2——扫查方向；

3——缺陷 A；

4——平衡点；

1～7——探头的不同位置。

图 9 “穿壁”缺陷的典型响应

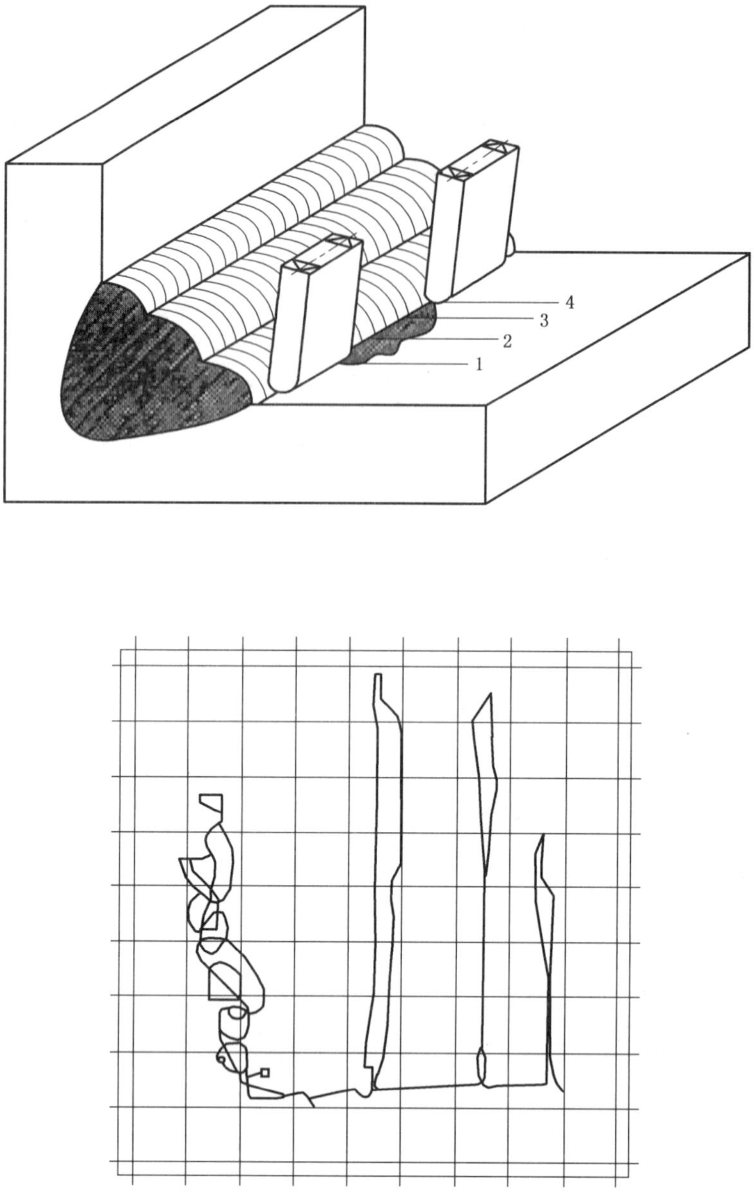

1～4——探头的不同位置。

图 10　疲劳和未熔合缺陷纵向扫查的典型响应

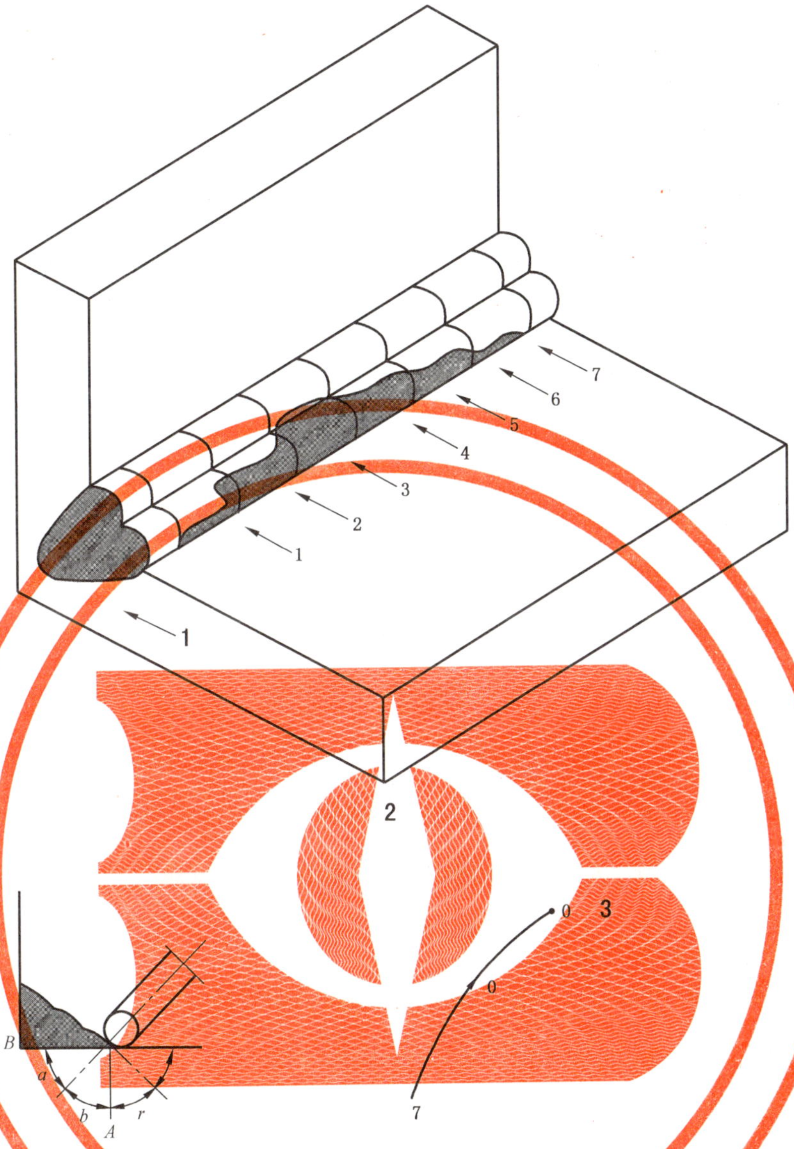

1——取向；
2——缺陷；
3——平衡点；
1～7——探头的不同位置。

图 11 “部分贯穿”缺陷的典型响应

6.7 其他材料焊缝的检测步骤

如前所述，涡流检测方法同样可以用于铝和不锈钢等其他金属材料工件的焊缝检测。

检测这些焊缝的工艺规程通常与 6.5.2 的规定相同，但频率、探头、校准试块和扫查模式等的选择应该与实际材料的性能相适应，这些选择可能会与所推荐的铁磁性材料相去甚远。

因此，检测工艺规程应根据基于适当仪器、探头和校准试块上的实际经验来制定，并应详细制定特殊的工艺规程。

在各种情况下的限制因素都应详细说明。

7 检测报告

检测报告的内容应根据检测要求制定，应至少包括以下要素：

——检测单位的名称(如适用)；

——工件识别；

——材料；

——涂层种类和厚度(必要时)；

——热处理；

——接头型式；

——材料厚度；

——焊接方法；

——检测工艺规程编号；

——验收准则；

——表面准备；

——用图标示的检测部位；

——校准试块；

——检测仪器；

——检测条件(如频率、灵敏度和相位等)；

——校准报告；

——描述并定位超出验收标准的不可接受信号的指示(用草图或照相)；

——检测结果；

——检测人员姓名和检测日期；

——用户签名和(涉及到授权时)有关授权机构的签名。

ICS 25.160.40
J 33

中华人民共和国国家标准

GB/T 26955—2011

金属材料焊缝破坏性试验 焊缝宏观和微观检验

Destructive tests on welds in metallic materials—Macroscopic and microscopic examination of welds

(ISO 17639:2003(E),MOD)

2011-09-29 发布　　2012-03-01 实施

中华人民共和国国家质量监督检验检疫总局
中国国家标准化管理委员会　发布

前 言

本标准按照 GB/T 1.1—2009 给出的规则起草。

本标准使用重新起草法修改采用 ISO 17639:2003(E)《金属材料焊缝破坏性试验 焊缝宏观和微观检验》(英文版)。

本标准与 ISO 17639:2003(E)相比,主要做了下列修改:

——“本国际标准”一词改为“本标准”;

——删除国际标准的前言;

——在第 2 章“规范性引用文件”中直接引用了与 ISO 17639:2003(E)中引用的国际标准相对应的中国国家标准;

——将原国际标准第 10 章中对于焊缝金属和母材金属的缩略语按照 ISO/TR 15608 作了相应修改;

——删除了附录 A 检验报告示例中字母代号;

——增加了附录 B,用于说明钢的类组划分;

——增加了附录 C,用于说明铝及铝合金的类组划分;

——增加了附录 D,用于说明铜及铜合金的类组划分;

——增加了附录 E,用于说明镍及镍合金的类组划分;

——增加了附录 F,用于说明钛及钛合金的类组划分。

本标准由全国焊接标准化技术委员会(SAC/TC 55)提出并归口。

本标准起草单位:上海材料研究所、耐博检测技术(上海)有限公司、哈尔滨焊接研究所。

本标准主要起草人:陆慧、杨力、王春亮、王滨、章利球、闫家树。

金属材料焊缝破坏性试验 焊缝宏观和微观检验

1 范围

本标准规定了金属材料焊缝宏观和微观检验的术语和定义、原理、检验目的、试样的截取、检验程序及检验报告。

本标准适用于金属材料焊缝的宏观和微观检验。

2 规范性引用文件

下列文件对于本文件的应用是必不可少的。凡是注日期的引用文件，仅注日期的版本适用于本文件。凡是不注日期的引用文件，其最新版本(包括所有的修改单)适用于本文件。

GB/T 6417.1 金属熔化焊接头缺欠分类及说明(GB/T 6417.1—2005, Welding and processes-Classification of geometric imperfections in metallic—Part 1:Fusion welding ISO 6520-1:1998, IDT)

GB/T 26956 金属材料焊缝破坏性试验 宏观和微观检验用侵蚀剂(GB/T 26956—2011, ISO/TR 16060:2003(E), IDT)

3 术语与定义

下列术语及定义适用于本文件。

3.1 宏观检验 macroscopic examination

用肉眼或低倍光学仪器(一般放大倍数小于 50×)对未侵蚀或侵蚀的试面进行检验。

3.2 微观检验 microscopic examination

用显微镜(一般放大倍数 50×～500×)对未侵蚀或侵蚀的试面进行检验。

3.3 检验员 operator

进行宏观和/或微观检验的人员。

4 缩略语

本标准采用的缩略语如下：

A 表示宏观检验；

I 表示微观检验；

E 表示侵蚀；

U 表示未侵蚀。

母材金属使用的缩略语，对于钢根据附录 B 中的类组划分，对于铝及铝合金根据附录 C 中的类组划分，对于铜及铜合金根据附录 D 中的类组划分，对于镍及镍合金根据附录 E 中的类组划分，对于钛及钛合金根据附录 F 中的类组划分。

对于焊缝金属应使用相同的类组划分。

适用时侵蚀剂的缩略语应取自 GB/T 26956 中相应的缩略语。

注：如果 GB/T 26956 中的侵蚀剂不适用时，可使用相关侵蚀剂的商标名称作为缩略语。

5 原理

通过宏观和微观检验来显示焊接接头的宏观和微观特性，通常检验焊接接头的横截面。

在未侵蚀或侵蚀的制备试面上，采用目视和/或借助光学仪器进行检验。

6 检验目的

宏观和微观检验既可用于单独评定组织（包括晶粒结构、形态和取向、沉淀相和固体夹杂），也可用于评定组织与裂纹和孔穴的关系。试面应能覆盖整个焊接接头截面。表 1 为宏观和微观特征的评定指南。

7 试样的截取

试面一般垂直于焊缝轴线（横截面），并覆盖焊缝熔敷金属和焊缝两侧的热影响区。如有需要，也可以沿其他方向取样。

试验前应按照相关标准确定试件的取样位置、取样方向和数量。

表 1 宏观和微观特征的评定指南

序号	特征	缺欠代号（根据 GB/T 6417.1）	宏观检验		微观检验	
			未侵蚀	侵蚀	未侵蚀	侵蚀
1	热裂纹	100	×	×	×	×
2	冷裂纹	100	×	×	×	×
3	层状撕裂	100	×	×	×	×
4	孔穴	200	×	×	×	×
5	固体夹杂	300	×	×	×	×
6	未熔合及未焊透	400	×	×	×	×
7	形状和尺寸不良	500	×	×	—	—
8	热影响区	—	—	×	—	×
9	焊道和焊层	—	—	×	—	(×)
10	晶界	—	—	—	(×)	×
11	晶粒组织	—	—	—	—	×
12	凝固组织	—	—	×	—	×
13	接头制备	—	(×)	×	×	×
14	轧制或拉拔方向	—	—	×	—	×
15	纤维组织（晶粒）方向	—	—	×	—	×
16	偏析	—	—	×	—	×

表 1（续）

序号	特征	缺欠代号（根据 GB/T 6417.1）	宏观检验		微观检验	
			未侵蚀	侵蚀	未侵蚀	侵蚀
17	沉淀相	—	—	—	—	×
18	补焊和不合格品	—	（×）	×	（×）	×
19	机械影响或热影响	—	—	×	—	×

注 1：×表示可显示的特征；（×）表示可能显示（或不显示）的特征。
注 2：表中所列的一些特征可能超出光学显微镜的分辨能力，例如沉淀相和固体夹杂。

8 检验程序

8.1 一般原则

检验中应给出下列信息：
——母材和焊接材料；
——检验对象；
——侵蚀剂的名称和组成；
——表面粗糙度（见 8.3）；
——侵蚀方法（见 8.4）；
——侵蚀时间；
——安全措施（见 8.6）；
——其他附加要求。

8.2 试样制备

检验用试样应经适当的切割、镶嵌、研磨和/或抛光和/或侵蚀等方式制备（见 GB/T 26956）。这些制备过程不应对试面产生有害的影响。

8.3 表面粗糙度

表面粗糙度的要求取决于下列因素：
——检验类型（宏观检验或微观检验）；
——材料类型；
——记录（例如照片）。

注：有关研磨和抛光的使用介质及方法详见 GB/T 26956。

8.4 侵蚀方法

侵蚀前应先确定侵蚀方法。最常用的方法有：
——将试样浸入侵蚀剂中侵蚀；
——用侵蚀剂擦拭试面侵蚀；
——电解侵蚀。

也可根据相关标准使用其他方法进行侵蚀。

试样宜在侵蚀完成后进行清洗和干燥。

8.5 侵蚀剂

GB/T 26956 给出了适用于不同的母材、焊缝熔敷金属、检验类型和检验项目的典型侵蚀剂。

根据检验要求，以及被检材料和检验类型选取侵蚀剂的种类和浓度、侵蚀温度和时间。

相似的焊接接头可能使用不同的侵蚀剂。

8.6 安全措施

应遵守下列安全措施：

——配戴合适的保护眼镜或保护面罩；

——使用侵蚀剂时采用合适的手套或夹钳；

——侵蚀剂应在通风橱里配制；

——应将酸倒入水中，不允许将水倒入酸中；

——应将溶质倒入溶剂中。

9 检验

采用适当的方法、或者根据相关标准和/或规程，检验未侵蚀和/或侵蚀的制备试面。

10 检验代号

应将检验用如下代号表示：

——本国家标准号；

——检验的类型(宏观和/或微观检验)；

——未侵蚀或侵蚀；

——检验对象(焊缝金属和/或母材金属)；

——焊接接头(左侧母材金属，右侧母材金属和焊缝金属)；

——侵蚀剂(GB/T 26956 标准中的表号)。

代号可用完整或简化形式表示，见示例 1 和示例 2。

注：用“-”连接代号中的不同部分。

示例 1 完整形式

微观检验条件如下(图 1)：

——侵蚀；

——检验对象：43；

——母材金属：左侧：5.4；右侧：9.2；

——焊接材料：43；

——侵蚀剂：xy。

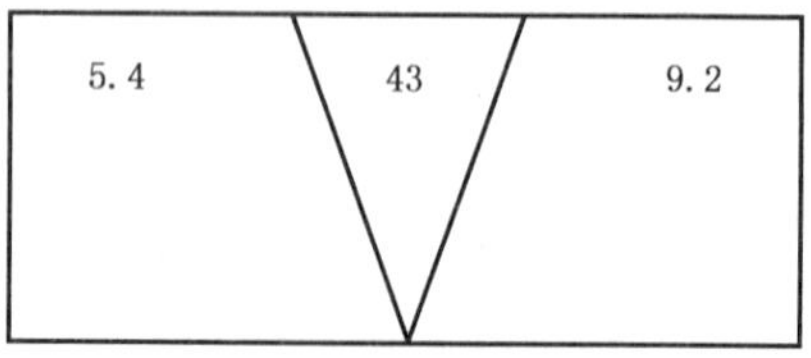

图 1

示例 1a) 仅检验焊缝金属时用下式表示：

检验-GB/T 26955-I-E-43-5.4/9.2/43/xy

式中：

GB/T 26955　本国家标准号；

I　微观检验；

E　侵蚀；

43　检验对象；

5.4　7.0%<Cr≤10.0%且 0.7%<Mo≤1.2%的钢；

9.2　3.0%<Ni≤8.0%的镍合金钢；

43　焊缝金属：Ni≥40%的 Ni-Cr-Fe-Mo 合金；

xy　侵蚀剂。

注： xy 代表 GB/T 26955 相关附录中表的数字代号。

示例 1b) 检验焊缝金属和左侧母材金属时用下式表示：

检验-GB/T 26955-I-E-43,5.4-5.4/9.2/43/xy

GB/T 26955　本国家标准号；

I　微观检验；

E　侵蚀；

43,5.4　检验对象；

5.4　7.0%<Cr≤10.0%且 0.7%<Mo≤1.2%的钢；

9.2　3.0%<Ni≤8.0%的镍合金钢；

43　焊缝金属：Ni≥40%的 Ni-Cr-Fe-Mo 合金；

xy　侵蚀剂。

示例 1c) 检验焊缝金属和左侧及右侧母材金属时用下式表示：

检验-GB/T 26955-I-E-43,5.4,9.2-5.4/9.2/43/xy

GB/T 26955　本国家标准号；

I　微观检验；

E　侵蚀；

43,5.4,9.2　检验对象；

5.4　7.0%<Cr≤10.0%且 0.7%<Mo≤1.2%的钢；

9.2　3.0%<Ni≤8.0%的镍合金钢；

43　焊缝金属：Ni≥40%的 Ni-Cr-Fe-Mo 合金；

xy　侵蚀剂。

示例 2 简化形式

宏观检验条件如下(图 2)：

——侵蚀；

——检验对象：22.2；

——母材金属：左侧：22.2；右侧：22.2；

——焊接材料：22.2；

——侵蚀剂：xy。

注： 检验对象(22.2)表示焊缝金属及左侧和右侧母材。

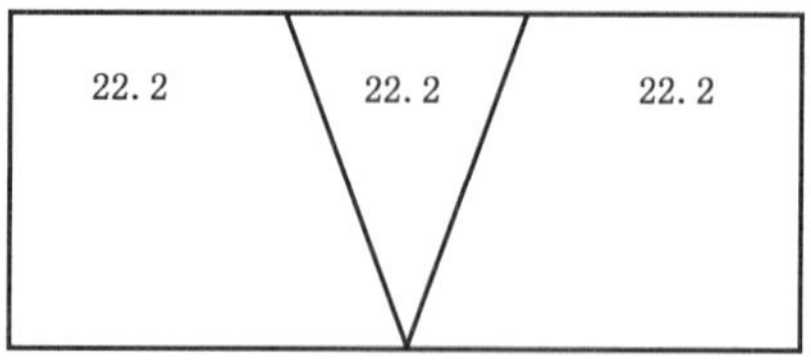

图 2

检验焊缝金属及左侧和右侧母材用下式表示：

检验-GB/T 26955-A-E-22.2-22.2/xy

式中

GB/T 26955	本国家标准号；
A	宏观检验；
E	侵蚀；
22.2	试验对象；
22.2	母材和焊缝金属：Mg≤1.5%的 Al-Mg 合金；
xy	侵蚀剂。

11 检验报告

检验报告至少宜包括下列内容：

a) 本国家标准号，例如 GB/T 26955；

b) 检验代号；

c) 试样的取样位置、取样方向以及试面；

d) 焊接工艺评定报告(WPAR)，不做工艺评定时，至少应提供母材型号、焊接材料型号及所采用的焊后热处理方法及/或腐蚀方法；

e) 侵蚀剂类型和侵蚀方法；

f) 检验面的描述(必要时)；

g) 照片和/或示意图及放大倍数(有要求时)。

典型的检验报告示例在附录 A 给出。

附 录 A
（资料性附录）
检验报告的示例

根据 GB/T 26955 进行检验的检验报告

WPAR 编号：

制造商：

检验目的：

试件：

试样：

母材金属：

焊接材料：

焊后热处理或时效处理：

检验代号	
宏观侵蚀剂	微观侵蚀剂
图片编号 位置 放大倍数 试面的描述	照片编号 位置 放大倍数 试面的描述
检验员 （姓名、日期、签名）	审核员/机构 （姓名、日期、签名）

附 录 B
（规范性附录）
钢材分类指南

根据 ISO/TR 15608 的钢材分类见表 B.1。

表 B.1 钢材类组

成分单位：%

类别	组别	钢 种
1		屈服极限 R_{eH}^{a}≤460 N/mm² 且成分如下： C≤0.25；Si≤0.60；Mn≤1.8；Mo≤0.70[b]；S≤0.045；P≤0.045；Cu≤0.40[b]；Ni≤0.5[b]；Cr≤0.3（0.4 铸钢）[b]；Nb≤0.06；V≤0.1[b]；Ti≤0.05
	1.1	屈服极限 R_{eH}≤275 N/mm² 的钢
	1.2	屈服极限 275 N/mm²<R_{eH}≤360 N/mm² 的钢
	1.3	屈服极限 R_{eH}>360 N/mm² 的细晶粒正火钢
	1.4	改进型耐大气腐蚀钢（某一种元素允许超标）
2		屈服极限 R_{eH}>360 N/mm² 的热控轧处理的细晶粒钢和铸钢
	2.1	屈服极限 360 N/mm²<R_{eH}≤460 N/mm² 的热控轧处理的细晶粒钢和铸钢
	2.2	屈服极限 R_{eH}>460 N/mm² 的热控轧处理的细晶粒钢和铸钢
3		屈服极限 R_{eH}>360 N/mm² 的调质和沉淀硬化细晶粒钢（不锈钢除外）
	3.1	屈服极限 360 N/mm²<R_{eH}≤690 N/mm² 的调质细晶粒钢
	3.2	屈服极限 R_{eH}>690 N/mm² 的调质细晶粒钢
	3.3	沉淀硬化细晶粒钢（不锈钢除外）
4		Mo≤0.7 且 V≤0.1 的低钒 Cr-Mo-（Ni）钢
	4.1	Cr≤0.3 且 Ni≤0.7 的钢
	4.2	Cr≤0.7 且 Ni≤1.5 的钢
5		Cr≤0.35 的无钒 Cr-Mo 钢[b]
	5.1	0.75≤Cr≤1.5 且 Mo≤0.7 的钢
	5.2	1.5<Cr≤3.5 且 0.7<Mo≤1.2 的钢
	5.3	3.5<Cr≤7.0 且 0.4<Mo≤0.7 的钢
	5.4	7.0<Cr≤10.0 且 0.7<Mo≤1.2 的钢
6		高钒 Cr-Mo-（Ni）合金钢
	6.1	0.3≤Cr≤0.75，Mo≤0.7，V≤0.35 的钢
	6.2	0.75<Cr≤3.5，0.7<Mo≤1.2，V≤0.35 的钢
	6.3	3.5<Cr≤7.0，Mo≤0.7，0.45≤V≤0.55 的钢
	6.4	7.0<Cr≤12.5，0.7<Mo≤1.2，V≤0.35 的钢

表 B.1（续）

成分单位：%

类别	组别	钢　　种
7		C≤0.35,10.5≤Cr≤30 的铁素体、马氏体或沉淀硬化不锈钢
	7.1	铁素体不锈钢
	7.2	马氏体不锈钢
	7.3	沉淀硬化不锈钢
8		Ni≤31 的奥氏体不锈钢
	8.1	Cr≤19 的奥氏体不锈钢
	8.2	Cr>19 的奥氏体不锈钢
	8.3	4.0<Mn≤12 的含锰奥氏体不锈钢
9		Ni≤10.0 的镍合金钢
	9.1	Ni≤3.0 的镍合金钢
	9.2	3.0<Ni≤8.0 的镍合金钢
	9.3	8.0<Ni≤10.0 的镍合金钢
10		奥氏体-铁素体双相不锈钢
	10.1	Cr≤24 的奥氏体-铁素体双相不锈钢
	10.2	Cr>24 的奥氏体-铁素体双相不锈钢
11		0.25<C≤0.85，其余成分与 1 类钢[c] 相同的钢
	11.1	0.25<C≤0.35 的 11 类钢
	11.2	0.35<C≤0.5 的 11 类钢
	11.3	0.5<C≤0.85 的 11 类钢

注：基于实际产品分析结果，类别 2 中的钢可能被划入类别 1 中。

[a] 按照钢的产品标准，R_{eH} 可用 $R_{p0.2}$ 或 $R_{p0.5}$ 代替。

[b] 当 Cr+Mo+Ni+Cu+V≤0.75 时，更高的值也可接受。

[c] 当 Cr+Mo+Ni+Cu+V≤1 时，更高的值也可接受。

附　录　C
（规范性附录）
铝及铝合金分类指南

根据 ISO/TR 15608 的铝及铝合金分类见表 C.1。

表 C.1　铝及铝合金的类组

类别	组别	铝及铝合金种类
21		杂质或合金元素≤1%的纯铝
22		未热处理合金
	22.1	Al-Mg 合金
	22.2	Mg≤1.5%的 Al-Mg 合金
	22.3	1.5%<Mg≤3.5%的 Al-Mg 合金
	22.4	Mg>3.5%的 Al-Mg 合金
23		热处理合金
	23.1	Al-Mg-Si 合金
	23.2	Al-Zn-Mg 合金
24		Cu≤1%的 Al-Si 合金
	24.1	Cu≤1%且 5%<Si≤15%的 Al-Si 合金
	24.2	Cu≤1%;5%<Si≤15%且 0.1%<Mg≤0.8%的 Al-Si-Mg 合金
25		5%<Si≤14%;1%<Cu≤5%且 Mg≤0.8%的 Al-Si-Cu 合金
26		2%<Cu≤6%的 Al-Cu 合金
注：21～23 类通常为锻造材料,24～26 类通常为铸造材料。		

附 录 D
（规范性附录）
铜及铜合金分类指南

根据 ISO/TR 15608 的铜及铜合金分类见表 D.1。

表 D.1 铜及铜合金的类组

类别	组别	铜及铜合金种类
31		Ag≤6%且 Fe≤3%的 Cu 合金
32		Cu-Zn 合金
	32.1	二元 Cu-Zn 合金
	32.2	多元 Cu-Zn 合金
33		Cu-Sn 合金
34		Cu-Ni 合金
35		Cu-Al 合金
36		Cu-Ni-Zn 合金
37		31～36 类以外的 Cu 合金，低合金含量(其他元素<5%)
38		31～36 类以外的 Cu 合金(其他元素≥5%)

附 录 E
（规范性附录）
镍及镍合金分类指南

根据 ISO/TR 15608 的镍及镍合金分类见表 E.1。

表 E.1 镍及镍合金的类组

类别	组别	镍及镍合金种类
41		纯镍
42		Ni≥45%，Cu≥10%的 Ni-Cu 合金
43		Ni≥40%的 Ni-Cr-Fe-Mo 合金
44		Ni≥45%，Mo≤32%的 Ni-Mo 合金
45		Ni≥31%的 Ni-Fe-Cr 合金
46		Ni≥45%，Co≥10%的 Ni-Cr-Co 合金
47		Ni≥45%的 Ni-Fe-Cr-Cu 合金
48		31%≤Ni≤45%且 Fe≥20%的 Ni-Fe-Co-Cr-Mo-Cu 合金

附　录　F
（规范性附录）
钛及钛合金分类指南

根据 ISO/TR 15608 的钛及钛合金分类见表 F.1。

表 F.1　钛及钛合金的类组

类别	组别	钛及钛合金种类
51		纯钛
	51.1	O_2＜0.20％的钛
	51.2	0.20％＜O_2≤0.25％的钛
	51.3	0.25％＜O_2≤0.35％的钛
	51.4	0.35％＜O_2≤0.40％的钛
52		α合金[a]
53		α-β合金[b]
54		近β和β合金[c]

[a] 52类钛合金包括：Ti-0.2Pd；Ti-2.5Cu；Ti-5Al-2.5Sn；Ti-8Al-1Mo-1V；Ti-6Al-2Sn-4Zr-2Mo；Ti-6Al-2Nb-1Ta-0.8Mo。

[b] 53类钛合金包括：Ti-3Al-2.5V；Ti-6Al-4V；Ti-6Al-6V-2Sn；Ti-7Al-4Mo。

[c] 54类钛合金包括：Ti-10V-2Fe-3Al；Ti-13V-11Cr-3Al；Ti-11.5Mo-6Zr-4.5Sn；Ti-3Al-8V-6Cr-4Zr-4Mo。

ICS 25.160.40
J 33

中华人民共和国国家标准

GB/T 26956—2011/ISO/TR 16060:2003

金属材料焊缝破坏性试验 宏观和微观检验用侵蚀剂

Destructive tests on welds in metallic materials—Etchants for macroscopic and microscopic examination

(ISO/TR 16060:2003(E),IDT)

2011-09-29 发布 2012-03-01 实施

中华人民共和国国家质量监督检验检疫总局
中国国家标准化管理委员会 发布

前　言

本标准按照GB/T 1.1—2009给出的规则起草。

本标准等同采用ISO/TR 16060:2003(E)《金属材料焊缝破坏性试验　宏观和微观检验用侵蚀剂》(英文版)。

为了便于使用，本标准做了下列编辑性修改：

——删除国际标准的前言；

——“本国际标准”一词改为“本标准”。

本标准由全国焊接标准化技术委员会(SAC/TC 55)提出并归口。

本标准起草单位：上海材料研究所、哈尔滨焊接研究所、耐博检测技术(上海)有限公司。

本标准主要起草人：杨力、陆慧、王春亮、王滨、章利球、安洪亮。

金属材料焊缝破坏性试验
宏观和微观检验用侵蚀剂

1 范围

本标准规定了依据 ISO 17639:2003(E)金属材料焊缝破坏性试验宏观和微观检验方法对以下材料的焊接接头进行宏观和微观检验常用侵蚀剂。

——碳钢和低合金钢；

——不锈钢；

——镍及镍合金；

——钛及钛合金；

——铜及铜合金；

——铝及铝合金。

本标准适用于金属材料焊缝宏观和微观检验用侵蚀剂。

2 规范性引用文件

下列文件对于本文件的应用是必不可少的。凡是注日期的引用文件，仅注日期的版本适用于本文件。凡是不注日期的引用文件，其最新版本(包括所有的修改单)适用于本文件。

ISO 17639:2003(E) 金属材料焊缝破坏性试验 宏观和微观检验方法(Destructive tests on welds in metallic materials—Macroscopic and microscopic examination of welds)

3 通则

当试剂的浓度或结晶水数没有在附录中规定时，可使用表 1 中的数据，同时这些数据宜得到侵蚀剂供应商的确认。

4 碳钢和低合金钢用侵蚀剂

碳钢和低合金钢用侵蚀剂见附录 A。

5 不锈钢用侵蚀剂

不锈钢用侵蚀剂见附录 B。

6 镍及镍合金用侵蚀剂

镍及镍合金用侵蚀剂见附录 C。

7 钛及钛合金用侵蚀剂

钛及钛合金用侵蚀剂见附录D。

8 铜及铜合金用侵蚀剂

铜及铜合金用侵蚀剂见附录E。

9 铝及铝合金用侵蚀剂

铝及铝合金用侵蚀剂见附录F。

10 表述

对应附录G，侵蚀剂按名称或表号进行表述。

表1 组元的性质

组元	性质			
	密度 g/cm³	浓度 %	结晶水数	备注
HCl（盐酸）	1.18 1.16	35～38 31.5～33	—	
HF（氢氟酸）	1.13	40	—	
HNO_3（硝酸）	1.42	69	—	
H_2SO_4（硫酸）	1.84	98	—	
H_2O_2（过氧化氢）	—	30	—	
H_3PO_4（磷酸）	1.70	85	—	
CH_3COOH（乙酸）	1.05	99.1	—	冰状
HBF_4（氟硼酸）	1.23	35	—	
$C_2H_2O_4$（草酸）	—	—	2	
$FeCl_3$（氯化铁）	—	—	6	
$CuCl_2$（氯化铜）	—		2	
$MgCl_2$（氯化镁）	—	—	6	
$Fe(NO_3)_3$（硝酸铁）	—		9	

附 录 A
（资料性附录）
碳钢和低合金钢用的侵蚀剂

碳钢和低合金钢用的侵蚀剂见表A.1～表A.13。

表A.1 硝酸酒精溶液

侵蚀剂类型	宏观和微观侵蚀剂
体积组成和混合顺序	99 mL～95 mL工业酒精*； 1 mL～5 mL硝酸(HNO_3)。 * 工业酒精为含少量甲醇的乙醇。 也可以用甲醇或戊醇[$(CH_3)_2CH(CH_2)$ OH]代替工业酒精
安全放置时间	无限期
试面制备	宏观试样用P600或更细的砂纸研磨，用5%硝酸酒精溶液侵蚀。 微观试样用3.0 μm或更细的金刚石粉磨抛，用2%硝酸酒精溶液侵蚀
侵蚀温度	室温
侵蚀时间	若干秒，目视观察确定
附加预防措施/要求	常规的酸处理和处置预防措施
说明	若显示铁素体晶界，区分铁素体与马氏体，硝酸浓度可大于15%。 较好的通用侵蚀剂。 对于镀锌钢最好使用戊醇

表A.2 苦味酸酒精溶液(4%)

侵蚀剂类型	微观侵蚀剂
体积组成和混合顺序	100 mL乙醇(C_2H_5OH)； 4 g苦味酸[$C_6H_2OH(NO_2)_3$][如果需要可加湿润剂(十二烷基苯磺酸钠)($C_{18}H_{29}NaSO_4$)]
安全放置时间	无限期
试面制备	用3.0 μm或更细金刚石粉磨抛
侵蚀温度	室温
侵蚀时间	若干秒，目视观察确定
附加预防措施/要求	常规的酸处理和处置预防措施
说明	轻微侵蚀原奥氏体晶界。 显示碳化物。 对细珠光体、马氏体、回火马氏体和贝氏体组织分辨率高

表 A.3 苦味酸水溶液

侵蚀剂类型	微观侵蚀剂
体积组成和混合顺序	1 L 饱和苦味酸溶液[$C_6H_2OH(NO_2)_3$]; 10 mL 湿润剂(十二烷基苯磺酸钠)($C_{18}H_{29}NaSO_4$)
安全放置时间	无限期
试面制备	用 3.0 μm 或更细的金刚石粉磨抛
侵蚀温度	55 ℃～60 ℃
侵蚀时间	若干秒,目视观察确定
附加预防措施/要求	常规的酸处理和处置预防措施
说明	显示原始晶界和偏析

表 A.4 苦味酸酒精溶液(15%)

侵蚀剂类型	微观侵蚀剂
体积组成和混合顺序	100 mL 乙醇*(C_2H_5OH); 15 g 苦味酸[$C_6H_2OH(NO_2)_3$]。 * 也可以用甲醇(CH_3OH)
安全放置时间	无限期
试面制备	用 2.0 μm 或更细的金刚石粉磨抛
侵蚀温度	室温
侵蚀时间	几秒～1 min,目视观察确定
附加预防措施/要求	常规的酸处理和处置预防措施
说明	可显示一般组织。 为饱和苦味酸溶液

表 A.5 盐酸苦味酸酒精溶液

侵蚀剂类型	微观侵蚀剂
体积组成和混合顺序	100 mL 乙醇(C_2H_5OH); 1 mL 盐酸(HCl); 4 g 苦味酸[$C_6H_2OH(NO_2)_3$]
安全放置时间	无限期
试面制备	用 3.0 μm 或更细的金刚石粉磨抛
侵蚀温度	室温
侵蚀时间	10 s～几分钟
附加预防措施/要求	常规的酸处理和处置预防措施
说明	显示热影响区、焊缝和母材的显微组织。 对非常细的组织特别有效。 显示铁素体晶界的效果不如硝酸酒精侵蚀液

表 A.6 过二硫酸铵水溶液

侵蚀剂类型	微观侵蚀剂
体积组成和混合顺序	100 mL 水(H_2O)； 10 g 过二硫酸铵[$(NH_4)_2S_2O_8$]
安全放置时间	即配即用
试面制备	用 6.0 μm 或更细的金刚石粉磨抛
侵蚀温度	室温
侵蚀时间	2 min～3 min
附加预防措施/要求	无
说明	显示热影响区范围。 多道焊缝显微组织特征

表 A.7 盐酸酒精溶液

侵蚀剂类型	微观侵蚀剂
体积组成和混合顺序	100 mL 乙醇(C_2H_5OH)； 1 mL～5 mL 盐酸(HCl)
安全放置时间	无限期
试面制备	用 3.0 μm 或更细的金刚石粉磨抛
侵蚀温度	40 ℃～50 ℃
侵蚀时间	几秒～1 min
附加预防措施/要求	常规的酸处理和处置预防措施。 盐酸加到水中
说明	无

表 A.8 120/10/30 侵蚀剂

侵蚀剂类型	微观侵蚀剂
体积组成和混合顺序	120 mL 乙醇(C_2H_5OH)或甲醇(CH_3OH)； 10 mL 氯化铁($FeCl_3$)(60%W/V)； 30 mL 盐酸(HCl)
安全放置时间	无限期
试面制备	用 2.0 μm 或更细的金刚石粉磨抛
侵蚀温度	室温
侵蚀时间	浸蚀若干秒，目视观察确定
附加预防措施/要求	常规的酸处理和处置预防措施
说明	好的通用侵蚀剂

表 A.9 1#氯化铜溶液

侵蚀剂类型	宏观侵蚀剂
体积组成和混合顺序	30 mL 水(H_2O)； 25 mL 乙醇(C_2H_5OH)； 40 mL 盐酸(HCl)； 5 g 氯化铜($CuCl_2$)
安全放置时间	2 h
试面制备	用 P 1 000 或更细的砂纸研磨
侵蚀温度	室温
侵蚀时间	10 s～20 s
附加预防措施/要求	侵蚀后，洗干净试样以除去沉积的铜； 常规的酸处理和处置预防措施
说明	显示冷加工变形线

表 A.10 氯化镁和氯化铜的盐酸溶液

侵蚀剂类型	微观侵蚀剂
体积组成和混合顺序	100 mL 乙醇(C_2H_5OH)； 20 mL 水(H_2O)； 1 mL 盐酸(HCl)； 4 g 氯化镁($MgCl_2$)； 1 g 氯化铜($CuCl_2$)
安全放置时间	2 h
试面制备	用 3.0 μm 或更细的金刚石粉磨抛
侵蚀温度	室温
侵蚀时间	60 s
附加预防措施/要求	用尽可能少的热水将氯化镁和氯化铜溶解，然后用乙醇稀释。 侵蚀后用 1.0 μm 的抛光粉轻微抛光可得到最佳的衬度
说明	显示磷及相关的偏析，铜首先全部沉积在磷含量最少的区域

表 A.11 阿德勒(Adler's)侵蚀剂

侵蚀剂类型	宏观侵蚀剂
体积组成和混合顺序	25 mL 水(H_2O)； 3 g 四氯二水络铜酸铵 [$(NH_4)_2CuCl_4 \cdot 2H_2O$]； 50 mL 盐酸(HCl)； 15 g 氯化铁($FeCl_3$)
安全放置时间	几个月
试面制备	用 P 320 或更细的砂纸研磨
侵蚀温度	室温
侵蚀时间	5 s～10 s
附加预防措施/要求	把[$(NH_4)_2CuCl_4 \cdot 2H_2O$]加到 H_2O 中得到混合液 a。 把 $FeCl_3$ 加到 HCl 中得到混合液 b。 把混合液 b 加到混合液 a 中
说明	无

表 A.12 海恩(Heyn)侵蚀剂

侵蚀剂类型	宏观侵蚀剂
体积组成和混合顺序	120 mL 水(H_2O); 10 g 四氯二水络铜酸铵[$(NH_4)_2CuCl_4 \cdot 2H_2O$]
安全放置时间	几个月
试面制备	用 P 240 或更细的砂纸研磨
侵蚀温度	室温
侵蚀时间	10 s～1 min
附加预防措施/要求	把[$(NH_4)_2CuCl_4 \cdot 2H_2O$]加到 H_2O 中
说明	应清除沉积的铜

表 A.13 氯化铁水溶液

侵蚀剂类型	宏观侵蚀剂
体积组成和混合顺序	70 mL 水(H_2O); 30 mL 氯化铁($FeCl_3$)(60%W/V)
安全放置时间	无限期
试面制备	用 P 1 000 或更细的砂纸研磨
侵蚀温度	室温
侵蚀时间	若干秒
附加预防措施/要求	常规的酸处理和处置预防措施
说明	(1)擦净表面; (2)用水冲洗; (3)重新擦净表面; (4)侵蚀后,用水冲洗,再用乙醇冲洗,然后干燥

附　录　B
（资料性附录）
不锈钢用的侵蚀剂

不锈钢用侵蚀剂见表 B.1～表 B.12。

表 B.1　草酸溶液

侵蚀剂类型	微观侵蚀剂
体积组成和混合顺序	100 mL 水(H_2O)； 10 g 草酸(乙二酸)($C_2H_2O_4$)
安全放置时间	无限期
试面制备	用 3.0 μm 或更细的金刚石粉磨抛
侵蚀温度	室温
侵蚀时间	若干秒，目视观察确定
附加预防措施/要求	常规的酸处理和处置预防措施
说明	电解电压 2 V～6 V。可以显示晶间腐蚀敏感性。 显示一般组织。 显示晶界碳化物

表 B.2　硫氰酸铵溶液

侵蚀剂类型	微观侵蚀剂
体积组成和混合顺序	80 mL 水(H_2O)； 20 mL 硫酸(H_2SO_4)； 10 g 硫氰酸铵(NH_4SCN)
安全放置时间	无限期
试面制备	用 3.0 μm 或更细的金刚石粉磨抛
侵蚀温度	室温
侵蚀时间	若干秒，目视观察确定
附加预防措施/要求	常规的酸处理和处置预防措施
说明	电解电压 1.5 V～2.0 V。 好的通用侵蚀剂

表 B.3 氯化铁盐酸溶液

侵蚀剂类型	宏观侵蚀剂
体积组成和混合顺序	480 mL 水(H_2O); 120 mL 盐酸(HCl); 50 g 氯化铁($FeCl_3$)
安全放置时间	无限期
试面制备	用 P 600 或更细的砂纸研磨
侵蚀温度	室温
侵蚀时间	几秒到 1 min,目视观察确定
附加预防措施/要求	常规的酸处理和处置预防措施
说明	对于奥氏体铬镍钢及其他不锈钢是好的通用宏观侵蚀剂

表 B.4 改进的村上(Murakami)侵蚀剂

侵蚀剂类型	微观侵蚀剂
体积组成和混合顺序	600 mL 水(H_2O); 30 g 六氰络铁酸钾[$K_3Fe(CN)_3$]; 30 g 氢氧化钾(KOH)
安全放置时间	即配即用
试面制备	用 1.0 μm 或更细的金刚石粉磨抛
侵蚀温度	配制溶液温度(热)
侵蚀时间	20 s～40 s
附加预防措施/要求	常规的酸处理和处置预防措施
说明	显示 δ 铁素体中的 σ 相和碳化物。 不显示奥氏体基体

表 B.5 2# 氯化铜溶液

侵蚀剂类型	微观侵蚀剂
体积组成和混合顺序	100 mL 水(H_2O); 100 mL 乙醇(C_2H_5OH); 100 mL 盐酸(HCl); 5 g 氯化铜($CuCl_2$)
安全放置时间	2 h
试面制备	用 1.0 μm 或更细的金刚石粉磨抛
侵蚀温度	室温
侵蚀时间	10 s 至几分钟
附加预防措施/要求	侵蚀后,应洗干净试样以除去沉积的铜。 常规的酸处理和处置预防措施
说明	特别用于铁素体和马氏体不锈钢,可替代电解侵蚀。 显示奥氏体晶界效果较差,侵蚀时间较长。 对碳化物无效

表 B.6 铬酸溶液

侵蚀剂类型	微观侵蚀剂
体积组成和混合顺序	100 mL 水(H_2O); 10 g 氧化铬(CrO_3)
安全放置时间	几天
试面制备	用 1.0 μm 或更细的金刚石粉磨抛
侵蚀温度	室温
侵蚀时间	10 s～1 min
附加预防措施/要求	常规的酸处理和处置预防措施
说明	显示奥氏体晶界。区分 σ 相和碳化物。 常规的侵蚀采用电解侵蚀(3 V)。分析碳化物时电解侵蚀分两步进行:首先采用 1 V,然后采用 3 V

表 B.7 盐酸酒精溶液

侵蚀剂类型	微观侵蚀剂
体积组成和混合顺序	100 mL 乙醇(C_2H_5OH); 1 mL～5 mL 盐酸(HCl)
安全放置时间	无限期
试面制备	用 3.0 μm 或更细的金刚石粉磨抛
侵蚀温度	40 ℃～50 ℃
侵蚀时间	几秒到 1 min
附加预防措施/要求	把 HCl 倒入 C_2H_5OH 中。 常规的酸处理和处置预防措施
说明	无

表 B.8 盐酸硝酸溶液

侵蚀剂类型	微观侵蚀剂
体积组成和混合顺序	39 mL 水(H_2O); 52 mL 盐酸(HCl); 9 mL 硝酸(HNO_3)(浓度 65%)
安全放置时间	无限期
试面制备	用 3.0 μm 或更细的金刚石粉磨抛
侵蚀温度	室温
侵蚀时间	几秒～几分钟
附加预防措施/要求	把 HCl 和 HNO_3 倒入 H_2O 中。 常规的酸处理和处置预防措施
说明	无

表 B.9 阿德勒(Adler's)侵蚀剂

侵蚀剂类型	宏观侵蚀剂
体积组成和混合顺序	25 mL 水(H_2O)； 3 g 四氯二水络铜酸铵[$(NH_4)_2CuCl_4 \cdot 2H_2O$]； 50 mL 盐酸(HCl)； 15 g 氯化铁($FeCl_3$)
安全放置时间	几个月
试面制备	用 P 320 或更细的砂纸研磨
侵蚀温度	室温
侵蚀时间	5 s～10 s
附加预防措施/要求	把[$(NH_4)_2CuCl_4 \cdot 2H_2O$]倒入 H_2O 中得到混合液 a。 把 $FeCl_3$ 倒入 HCl 中得到混合液 b。 把混合液 b 加到混合液 a 中
说明	无

表 B.10 1# 氢氟酸硝酸溶液

侵蚀剂类型	微观侵蚀剂
体积组成和混合顺序	50 mL 硝酸(HNO_3)； 50 mL 氢氟酸(HF)
安全放置时间	使用后不能储存
试面制备	用 2.0 μm 或更细的金刚石粉磨抛
侵蚀温度	室温
侵蚀时间	浸蚀 5 min～30 min
附加预防措施/要求	**警告：当处理氢氟酸(HF)时，必须戴手套及眼罩。万一身体接触到酸，立即用大量的水冲洗皮肤并去医院就诊。** 使用塑料容器配制。 常规的酸处理和处置预防措施
说明	显示一般组织

表 B.11 2# 氢氟酸硝酸溶液

侵蚀剂类型	微观侵蚀剂
体积组成和混合顺序	100 mL 水(H_2O)； 100 mL 硝酸(HNO_3)； 100 mL 氢氟酸(HF)
安全放置时间	使用后不能储存
试面制备	用 2.0 μm 或更细的金刚石粉磨抛
侵蚀温度	室温
侵蚀时间	浸蚀 1 min～15 min
附加预防措施/要求	**警告：当处理氢氟酸(HF)时，必须戴手套及眼罩。万一身体接触到酸，立即用大量的水冲洗皮肤并去医院就诊。** 使用塑料容器配制。 常规的酸处理和处置预防措施
说明	显示境界

表 B.12 硝酸水溶液

侵蚀剂类型	微观侵蚀剂
体积组成和混合顺序	50 mL 水(H_2O); 50 mL 硝酸(HNO_3)
安全放置时间	无限期
试面制备	用 2.0 μm 或更细的金刚石粉磨抛
侵蚀温度	室温
侵蚀时间	若干秒
附加预防措施/要求	常规的酸处理和处置预防措施
说明	电解电压 3 V ~ 6 V。 在该溶液中漂洗以除去表面存在的膜

附 录 C
（资料性附录）
镍及镍合金用的侵蚀剂

镍及镍合金用侵蚀剂见表 C.1～表 C.4。

表 C.1 含过氧化氢盐酸酒精溶液

侵蚀剂类型	微观侵蚀剂
体积组成和混合顺序	65 mL 乙醇(C_2H_5OH)； 35 mL 盐酸(HCl)； 4 mL 过氧化氢(H_2O_2 浓度 30%)
安全放置时间	无限期
试面制备	用 2.0 μm 或更细的金刚石粉磨抛
侵蚀温度	室温
侵蚀时间	1 min～15 min
附加预防措施/要求	常规酸处理和处置预防措施
说明	电解电压 3 V～6 V。 在该溶液中漂洗以除去表面存在的膜

表 C.2 硫氰酸铵溶液

侵蚀剂类型	微观侵蚀剂
体积组成和混合顺序	80 mL 水(H_2O)； 20 mL 硫酸(H_2SO_4)； 10 g 硫氰酸铵(NH_4SCN)
安全放置时间	无限期
试面制备	用 3.0 μm 或更细的金刚石粉磨抛
侵蚀温度	室温
侵蚀时间	若干秒，目视观察确定
附加预防措施/要求	常规酸处理和处置预防措施
说明	电解电压 1.5 V～2.0 V。 好的通用侵蚀剂

表 C.3 硝酸醋酸溶液

侵蚀剂类型	微观侵蚀剂
体积组成和混合顺序	30 mL 丙酮[$(CH_3)_2CO$]; 30 mL 硝酸(HNO_3); 30 mL 醋酸(CH_3COOH)
安全放置时间	使用后不能存放
试面制备	用 3.0 μm 或更细的金刚石粉磨抛
侵蚀温度	室温
侵蚀时间	若干秒,目视观察确定
附加预防措施/要求	保持冷的状态。 释放出一氧化二氮。 常规酸处理和处置预防措施
说明	好的通用侵蚀剂

表 C.4 阿德勒(Adler's)侵蚀剂

侵蚀剂类型	宏观侵蚀剂
体积组成和混合顺序	25 mL 水(H_2O); 3 g 四氯二水络铜酸铵 [$(NH_4)_2CuCl_4 \cdot 2H_2O$]; 50 mL 盐酸(HCl); 15 g 氯化铁($FeCl_3$)
安全放置时间	几个月
试面制备	用 P 320 或更细的砂纸研磨
侵蚀温度	室温
侵蚀时间	5 s～10 s
附加预防措施/要求	把[$(NH_4)_2CuCl_4 \cdot 2H_2O$]倒入 H_2O 中得到混合液 a。 把 $FeCl_3$ 倒入 HCl 中得到混合液 b。 两者分别混合后把混合液 b 加到混合液 a 中
说明	无

附 录 D
（资料性附录）
钛及钛合金用的侵蚀剂

钛及钛合金用侵蚀剂见表 D.1 和表 D.2。

表 D.1 凯勒(Keller's)侵蚀剂

侵蚀剂类型	微观侵蚀剂
体积组成和混合顺序	950 mL 水(H_2O)； 25 mL 硝酸(HNO_3)； 15 mL 盐酸(HCl)； 10 mL 氢氟酸(HF)
安全放置时间	无限期
试面制备	用 3.0 μm 或更细的金刚石粉磨抛
侵蚀温度	室温
侵蚀时间	若干秒，目视观察确定
附加预防措施/要求	**警告：当处理氢氟酸(HF)时，必须戴手套及眼罩。万一身体接触到酸，立即用大量的水冲洗皮肤并去医院就诊。** 使用塑料容器。 常规酸处理和处置预防措施
说明	好的通用侵蚀剂

表 D.2 3# 硝酸氢氟酸溶液

侵蚀剂类型	微观侵蚀剂
体积组成和混合顺序	880 mL 水(H_2O)； 100 mL 硝酸(HNO_3)； 20 mL 氢氟酸(HF)
安全放置时间	无限期
试面制备	用 3.0 μm 或更细的金刚石粉磨抛
侵蚀温度	室温
侵蚀时间	若干秒，目视观察确定
附加预防措施/要求	**警告：当处理氢氟酸(HF)时，必须戴手套及眼罩。万一身体接触到酸，立即用大量的水冲洗皮肤并去医院就诊。** 使用塑料容器。 常规酸处理和处置预防措施
说明	好的通用侵蚀剂

附 录 E
（资料性附录）
铜及铜合金用的侵蚀剂

铜及铜合金用侵蚀剂见表 E.1～表 E.3。

表 E.1 酒精酸性氯化铁溶液

侵蚀剂类型	微观侵蚀剂
体积组成和混合顺序	960 mL 工业酒精*； 20 mL 盐酸(HCl)； 50 g 氯化铁($FeCl_3$)。 *工业酒精为含少量甲醇的乙醇
安全放置时间	无限期
试面制备	用 3.0 μm 或更细的金刚石粉磨抛
侵蚀温度	室温
侵蚀时间	若干秒，目视观察确定
附加预防措施/要求	常规的酸处理和处置预防措施
说明	好的通用侵蚀剂，特别适用于含铜量高的铜合金

表 E.2 过二硫酸铵溶液

侵蚀剂类型	微观侵蚀剂
体积组成和混合顺序	90 mL 水(H_2O)； 10 mg 过二硫酸铵[$(NH_4)_2S_2O_8$]； 10 mL 氨水(NH_3 溶于 H_2O)密度 0.880 g/cm³
安全放置时间	即配即用，使用后不能存放
试面制备	用 3.0 μm 或更细的金刚石粉磨抛
侵蚀温度	室温
侵蚀时间	若干秒，目视观察确定
附加预防措施/要求	常规的酸处理和处置预防措施
说明	好的通用侵蚀剂

表 E.3　含硝酸铵和硝酸铁的硝酸溶液

侵蚀剂类型	微观侵蚀剂
体积组成和混合顺序	500 mL 水(H_2O)； 2 mL 硝酸(HNO_3) 2 g 硝酸铵(NH_4NO_3)； 20 g 硝酸铁[$Fe(NO_3)_3$]
安全放置时间	无限期
试面制备	用 3.0 μm 或更细的金刚石粉磨抛
侵蚀温度	室温
侵蚀时间	若干秒，目视观察确定
附加预防措施/要求	常规的酸处理和处置预防措施
说明	好的通用侵蚀剂

附　录　F
（资料性附录）
铝及铝合金用的侵蚀剂

铝及铝合金用侵蚀剂见表 F.1～表 F.7。

表 F.1　氢氧化钠溶液

侵蚀剂类型	宏观侵蚀剂
体积组成和混合顺序	100 mL 水(H_2O)； 15 g 氢氧化钠(NaOH)
安全放置时间	无限期
试面制备	用 P600 或更细的砂纸研磨
侵蚀温度	室温
侵蚀时间	若干秒，目视观察确定
附加预防措施/要求	常规的碱性溶液处理和处置的预防措施。 在通风柜中操作
说明	好的通用侵蚀剂。 可以稀释使用

表 F.2　凯勒(Keller's)侵蚀剂

侵蚀剂类型	微观侵蚀剂
体积组成和混合顺序	950 mL 水(H_2O)； 25 mL 硝酸(HNO_3)； 15 mL 盐酸(HCl)； 10 mL 氢氟酸(HF)
安全放置时间	无限期
试面制备	用 3.0 μm 或更细的金刚石粉磨抛
侵蚀温度	室温
侵蚀时间	若干秒，目视观察确定
附加预防措施/要求	**警告：当处理氢氟酸(HF)时，必须戴手套及眼罩。万一身体接触到酸，立即用大量的水冲洗皮肤并去医院就诊。** 使用塑料容器配制。 常规的酸处理和处置预防措施
说明	好的通用侵蚀剂。 注意：侵蚀的晶界可能看起来像裂纹

表 F.3 盐酸硝酸氢氟酸水溶液

侵蚀剂类型	微观侵蚀剂
体积组成和混合顺序	350 mL 水(H_2O); 300 mL 硝酸(HNO_3); 300 mL 盐酸(HCl); 50 mL 氢氟酸(HF)
安全放置时间	反应到颜色变为褐绿色同时反应不激烈时为止
试面制备	用 3.0 μm 或更细的金刚石粉磨抛
侵蚀温度	室温
侵蚀时间	开始反应后 30 s～ 60 s
附加预防措施/要求	**警告:当处理氢氟酸(HF)时,必须戴手套及眼罩。万一身体接触到酸,立即用大量的水冲洗皮肤并去医院就诊。** 使用塑料容器配制。 常规的酸处理和处置预防措施
说明	注意:侵蚀的晶界可能看起来像裂纹

表 F.4 盐酸硝酸正磷酸水溶液

侵蚀剂类型	微观侵蚀剂
体积组成和混合顺序	480 mL 水(H_2O); 200 mL 盐酸(HCl); 200 mL 硝酸(HNO_3); 120 mL 正磷酸(H_3PO_4)
安全放置时间	反应到颜色变为褐绿色同时反应不激烈时为止
试面制备	用 3.0 μm 或更细的金刚石粉磨抛
侵蚀温度	30 ℃ ～ 40 ℃
侵蚀时间	开始反应后 60 s～120 s
附加预防措施/要求	常规的酸处理和处置预防措施
说明	注意:侵蚀的晶界可能看起来像裂纹

表 F.5 巴克(Barker's)侵蚀剂

侵蚀剂类型	微观侵蚀剂
体积组成和混合顺序	940 mL 水(H_2O); 60 mL 氟硼酸(HBF_4)
安全放置时间	无限期
试面制备	用 3.0 μm 或更细的金刚石粉磨抛
侵蚀温度	室温
侵蚀时间	40 s～ 60 s
附加预防措施/要求	见 F.1 中巴克"Barker"的工艺说明
说明	注意:侵蚀的晶界可能看起来像裂纹 对于检验铝及铝合金的晶粒和/或纤维组织,巴克"Barker"用偏振光检验阳极化的试样证明是成功的并且能得到满意的结果

表 F.6 波尔顿(Poulton's)侵蚀剂

侵蚀剂类型	宏观侵蚀剂
体积组成和混合顺序	50 mL 水(H_2O); 600 mL 盐酸(HCl); 300 mL 硝酸(HNO_3); 50 mL 氢氟酸(HF)
安全放置时间	使用后不能存放
试面制备	用 P 1 000 或更细的砂纸研磨
侵蚀温度	室温
侵蚀时间	若干秒,目视观察确定
附加预防措施/要求	**警告:当处理氢氟酸(HF)时,必须戴手套及眼罩。万一身体接触到酸,立即用大量的水冲洗皮肤并去医院就诊。** 使用塑料容器配制。 常规的酸处理和处置预防措施
说明	通常显示宏观组织

表 F.7 克罗尔(Kroll's)侵蚀剂

侵蚀剂类型	微观侵蚀剂
体积组成和混合顺序	960 mL 水(H_2O); 30 mL 硝酸(HNO_3) 10 mL 氢氟酸(HF)
安全放置时间	无限期
试面制备	用 3.0 μm 或更细的金刚石粉磨抛
侵蚀温度	室温
侵蚀时间	小于 5 s
附加预防措施/要求	**警告:当处理氢氟酸(HF)时,必须戴手套及眼罩。万一身体接触到酸,立即用大量的水冲洗皮肤并去医院就诊。** 使用塑料容器配制。 常规的酸处理和处置预防措施
说明	注意:侵蚀的晶界可能看起来像裂纹

F.1 巴克"Barker"工艺说明

F.1.1 一般原则

使用巴克(Barker)阳极氧化工艺(见表 F.5)。图 F.1 给出了这种方法的示意图。

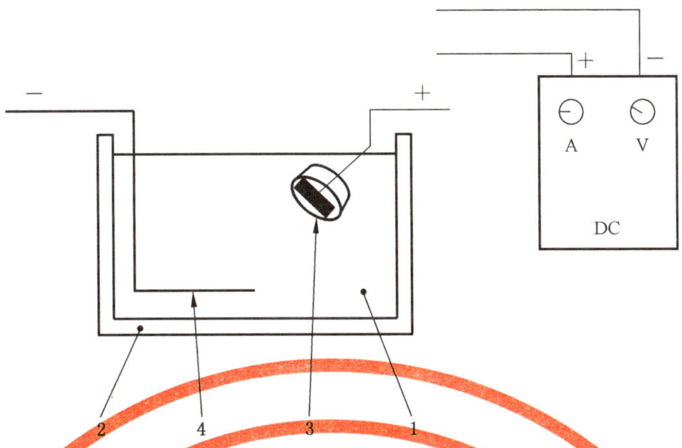

1——电解液[在蒸馏水中 HBF_4 的浓度为体积分数 6%(质量分数 35%)];

2——塑料容器;

3——阳极(用良导体例如铝线把试样连接到电极上);

4——阴极(纯铝板)。

电压:25 V～30 V(D.C);

时间:40 s～60 s。

最高温度:环境温度(通过搅动或冷却电解槽)。

图 F.1 "巴克"("Barker")工艺示意图

F.1.2 处理

阳极氧化后,用流动水清洗试样,然后用酒精除去水,最后在热空气中干燥。不能使用超声处理。

F.1.3 检验

在光学显微镜下用偏振光观察氧化表面。

附 录 G
（资料性附录）
侵蚀剂列表

按材料组分类的侵蚀剂列表见表 G.1 和表 G.2。

表 G.1 按材料组分类的侵蚀剂列表

材料	名称	表序号	检验类型
碳钢和低合金钢	阿德勒(Adler's)侵蚀剂	A.11	宏观检验
	1#氯化铜溶液	A.9	
	氯化铁水溶液	A.13	
	海恩(Heyn's)侵蚀剂	A.12	
	硝酸酒精侵蚀液	A.1	宏观检验和微观检验
	盐酸酒精溶液	A.7	微观检验
	过二硫酸铵水溶液	A.6	
	盐酸苦味酸酒精溶液	A.5	
	氯化镁和氯化铜的盐酸溶液	A.10	
	苦味酸酒精溶液(4%)	A.2	
	苦味酸酒精溶液(15%)	A.4	
	苦味酸水溶液	A.3	
	120/10/30 侵蚀剂	A.8	
不锈钢	氯化铁盐酸溶液	B.3	宏观检验
	阿德勒(Adler's)侵蚀剂	B.9	
	盐酸酒精溶液	B.7	微观检验
	铬酸溶液	B.6	
	2#氯化铜溶液	B.5	
	1#氢氟酸硝酸溶液	B.10	
	2#氢氟酸硝酸溶液	B.11	
	盐酸硝酸溶液	B.8	
	改进的村上(Murakami)侵蚀剂	B.4	微观检验
	硝酸水溶液	B.12	微观检验
	草酸溶液	B.1	
	硫氰酸铵溶液	B.2	

表 G.1（续）

材料	名称	表序号	检验类型
镍及镍合金	阿德勒(Adler's)侵蚀剂	C.4	宏观检验
	含过氧化氢盐酸酒精溶液	C.1	微观检验
	硝酸醋酸溶液	C.3	
	硫氰酸铵溶液	C.2	
钛及钛合金	凯勒(Keller's)侵蚀剂	D.1	微观检验
	3#氢氟酸硝酸溶液	D.2	
铜及铜合金	盐酸氯化铁酒精溶液	E.1	微观检验
	过二硫酸铵氨水溶液	E.2	
	含硝酸铵和硝酸铁硝酸溶液	E.3	
铝及铝合金	巴克(Barkert's)侵蚀剂	F.5	微观检验
	盐酸硝酸氢氟酸水溶液	F.3	
	盐酸硝酸正磷酸水溶液	F.4	
	凯勒(Keller's)侵蚀剂	F.2	
	克罗尔(Kroll's)侵蚀剂	F.7	
	波尔顿(Poulton's)侵蚀剂	F.6	
	氢氧化钠水溶液	F.1	宏观检验

表 G.2 按汉语拼音顺序排列的侵蚀剂列表

名　　称	表号	检验类型[a]	材　　料
1#氯化铜溶液	A.9	A	碳钢和低合金钢
1#氢氟酸硝酸溶液	B.10	I	不锈钢
120/10/30 侵蚀剂	A.8		碳钢和低合金钢
2#氯化铜溶液	B.5		不锈钢
2#氢氟酸硝酸溶液	B.11		不锈钢
3#氢氟酸硝酸溶液	D.2		钛及钛合金
阿德勒(Adler's)侵蚀剂	A.11	A	碳钢和低合金钢
	B.9		不锈钢
	C.4		镍及镍合金
巴克(Barker's)侵蚀剂	F.5	I	铝及铝合金
波尔顿(Poulton's)侵蚀剂	F.6	A	铝及铝合金
草酸溶液	B.1	I	不锈钢
改进的村上(Murakami's)侵蚀剂	B.4		不锈钢
铬酸溶液	B.6		不锈钢
过二硫酸铵水溶液	E.2		铜及铜合金
	A.6		碳钢和低合金钢

表 G.2（续）

名　　称	表号	检验类型[a]	材　　料
海恩(Heyn's)侵蚀剂	A.12	A	碳钢和低合金钢
含过氧化氢盐酸酒精溶液	C.1	I	镍及镍合金
含硝酸铵和硝酸铁硝酸溶液	E.3	I	铜及铜合金
凯勒(Keller's)侵蚀剂	D.1	I	钛及钛合金
凯勒(Keller's)侵蚀剂	F.2	I	铝及铝合金
克罗尔(Kroll's)侵蚀剂	F.7	I	铝及铝合金
苦味酸酒精溶液(15%)	A.4	I	碳钢和低合金钢
苦味酸酒精溶液(4%)	A.2	I	碳钢和低合金钢
苦味酸水溶液	A.3	I	碳钢和低合金钢
硫氰酸铵溶液	B.2	I	不锈钢
硫氰酸铵溶液	C.2	I	镍及镍合金
氯化镁和氯化铜的盐酸溶液	A.10	I	碳钢和低合金钢
氯化铁水溶液	A.13	A	碳钢和低合金钢
氯化铁盐酸溶液	B.3	A	不锈钢
氢氧化钠水溶液	F.1	A	铝及铝合金
硝酸醋酸溶液	C.3	I	镍及镍合金
硝酸酒精侵蚀液	A.1	A 和 I	碳钢和低合金钢
硝酸溶液	B.12	I	不锈钢
盐酸酒精溶液	A.7	I	碳钢和低合金钢
盐酸酒精溶液	B.7	I	不锈钢
盐酸苦味酸溶液	A.5	I	碳钢和低合金钢
盐酸氯化铁酒精溶液	E.1	I	铜及铜合金
盐酸硝酸氢氟酸水溶液	F.3	I	铝及铝合金
盐酸硝酸溶液	B.8	I	不锈钢
盐酸硝酸正磷酸水溶液	F.4	I	铝及铝合金

[a] 根据 GB/T 26955，A 为宏观检验；I 为微观检验。

ICS 25.160.40
J 33

中华人民共和国国家标准

GB/T 26957—2011/ISO 9018:2003

金属材料焊缝破坏性试验 十字接头和搭接接头拉伸试验方法

Destructive tests on welds in metallic materials—Tensile test on cruciform and lapped joints

(ISO 9018:2003,IDT)

2011-09-29 发布 2012-03-01 实施

中华人民共和国国家质量监督检验检疫总局
中国国家标准化管理委员会 发布

前　言

本标准按照 GB/T 1.1—2009 给出的规则起草。

本标准使用翻译法等同采用国际标准 ISO 9018:2003 英文版《金属材料焊接的破坏性试验　十字接缝和搭接缝的抗拉试验》。

本标准的结构编排、层次划分、编写方法和技术内容与 ISO 9018:2003 完全一致。

本标准做了下列编辑性修改：

a) “本国际标准”一词改为“本标准”；

b) 删除了国际标准前言；

c) 在规范性引用文件中，本标准直接引用与国际标准相对应的我国国家标准。

本标准由全国焊接标准化技术委员会(SAC/TC 55)提出并归口。

本标准起草单位：上海材料研究所、上海中远川崎重工钢结构有限公司、哈尔滨焊接研究所。

本标准起草人：奚建法、王滨、方乃文、刘绪明、吴益文。

金属材料焊缝破坏性试验 十字接头和搭接接头拉伸试验方法

1 范围

本标准规定了带有横向应力角焊缝焊接接头拉伸试验的程序和试样尺寸要求，以测定其抗拉强度和断裂位置。

本标准适用于金属板材的十字接头和搭接接头。

本标准不包含试验结果的评估内容。

2 规范性引用文件

下列文件对于本文件的应用是必不可少的。凡是注日期的引用文件，仅注日期的版本适用于本文件。凡是不注日期的引用文件，其最新版本(包括所有的修改单)适用于本文件。

GB/T 228 金属材料 室温拉伸试验方法(GB/T 228—2002,eqv ISO 6892:1998)

GB/T 5185 焊接及相关工艺方法代号(GB/T 5185—2005,ISO 4063:1998,IDT)

3 原理

对焊接接头试样连续施加拉伸力直至破断。

除非另有规定，试验一般应在 23 ℃±5 ℃温度条件下进行。

除非另有规定，拉伸试验按 GB/T 228 进行。

4 符号

表 1 给出了拉伸试验所使用的符号及相应的说明，符号的具体含义可参见图 1～图 5。

表 1 符号及说明

符号	说明	单位
a、a_1、a_2、a_3、a_4	角焊缝的有效厚度	mm
A_f	断裂面积($w_f \cdot b$)	mm^2
b	试样宽度(与断裂面长度相等)	mm
c	试验机夹头之间受试部分的自由长度	mm
d	试板长度	mm
f	搭接试样之间的间隙	mm
F_m	试验过程中试样承受的最大力	N
L_t	试样的总长度	mm
R_m	抗拉强度(F_m/A_f)	N/mm^2
t_1、t_2、t_3	用于制备试件和试样的材料厚度	mm
w_f	断裂面的宽度[a]	mm

[a] 见图 1。

5 试件和试样

5.1 试件

试件应按相关标准和图 2 或图 4 规定焊接并制备。试件的线性错边和角度偏差应保持最低,并记录在试验报告中。

5.2 试样

5.2.1 试样尺寸应符合图 3 或图 5 规定。焊缝轴线应保持与试样的纵向垂直。

5.2.2 每个试样应打标记以便识别其从试件的取样部位。相关标准有要求时,还应标出加工方向(例如轧制方向或挤压方向)。

5.3 热处理和/或时效

焊剂接头或试样一般不进行热处理,但相关标准规定或允许被试验的焊接接头进行热处理除外,这时应在试验报告中详细记录热处理的参数。对于会产生自然时效的铝合金,应记录焊接至开始试验的间隔时间。

5.4 取样

5.4.1 一般要求

取样所采用的机械加工方法或热加工方法不得对试样性能产生影响。

5.4.2 钢

应采用锯或铣床加工。

如果采用可能影响切割面的热切割(或其他切割)方法将试样从试件中切取下来的话,切口应距离试样边缘至少 8 mm。

5.4.3 表面制备

试样制备的最后阶段应采用机械加工,应采取预防措施避免在表面产生形变硬化或过热。试样的受试表面应当无横向划痕或缺口,不得除去咬边,除非相关标准另有要求。

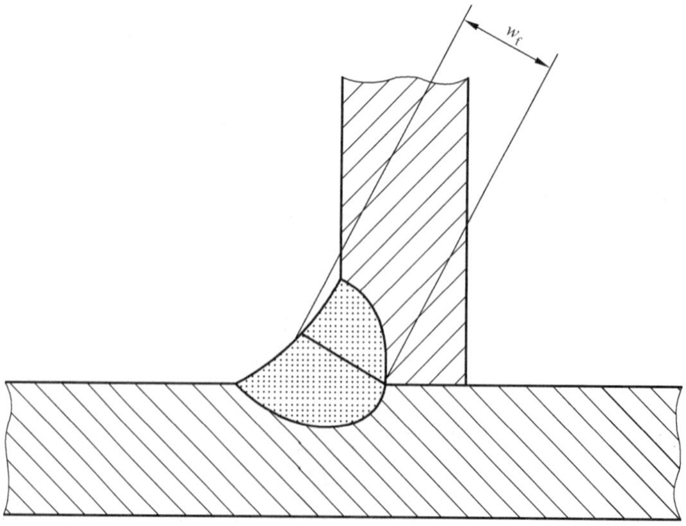

图 1 断裂面的宽度定义

单位为毫米

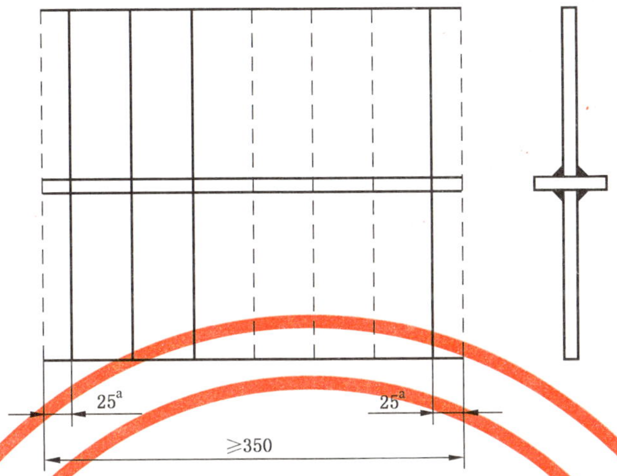

[a] 舍弃。

图2 十字接头的取样部位

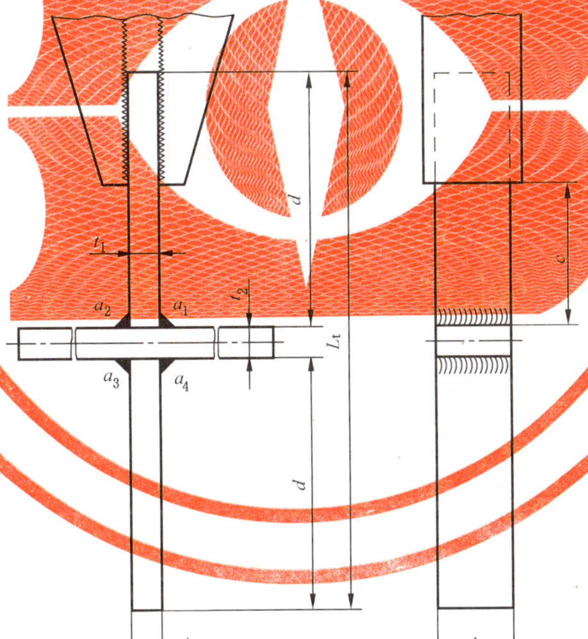

注：

对生产试验，t 为产品厚度；对工艺试验，$t_1 = t_2 = t_3$。

$d \geqslant 150$；$30 \leqslant b \leqslant 50$；$3t \leqslant b \leqslant 50$；

$c \geqslant 2b$；

$L_t = 2d + t_2$。

a 对工艺试验，按照应用标准要求。如应用标准未做规定则：

$a \approx 0.5t$；$a_1 \approx a_2 \approx a_3 \approx a_4$；

a 对生产试验，按照供货要求。

图3 十字接头试样

单位为毫米

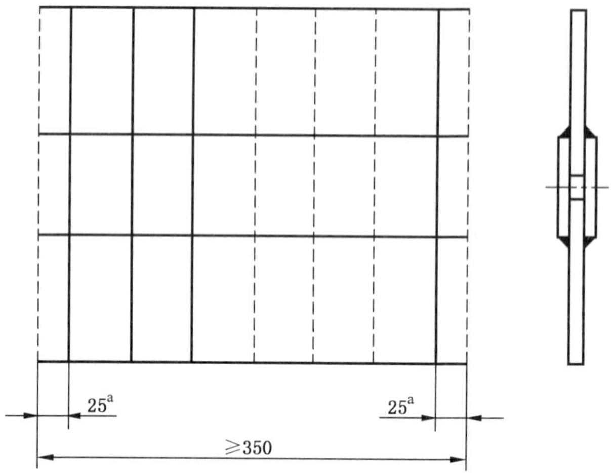

a 舍弃。

图 4　搭接接头的取样部位

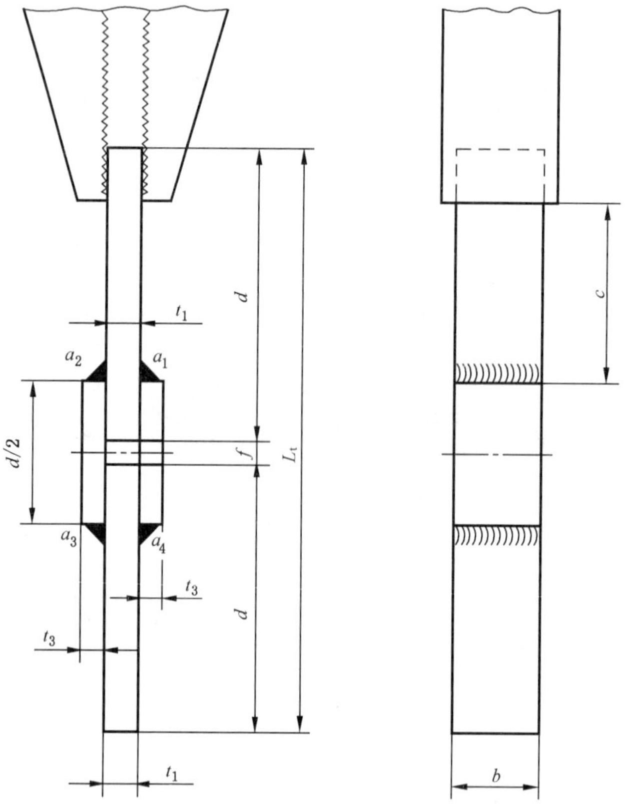

注：

对生产试验，t 为产品厚度；对工艺试验，$t_1 = t_3$；

$d \geqslant 150$；

$30 \leqslant b \leqslant 50$；$3t \leqslant b \leqslant 50$；

$c \geqslant 2b$；

$L_t = 2d + f$。

a 对工艺试验，按照应用标准要求。如应用标准未做规定则：

$a \approx 0.5t_1$；$a_1 \approx a_2 \approx a_3 \approx a_4$；

a 对生产试验，按照供货要求。

图 5　搭接接头试样

6 试验程序

试验开始前，应测量并记录试样尺寸。

沿焊缝轴线垂直方向对试样连续施加拉伸力直至其破断，加力速度应保持均匀，不得有突变（见GB/T 228）。

7 试验结果

7.1 试验后应记录和测量下列信息

检查断裂面和记录缺欠情况（包括种类、尺寸、数量）。如果发现有白点，应记录其位置，白点的中心部位才可视为缺欠：

应在若干个点测量断裂面宽度，每个测量点之间的距离为 $3a$，求出断裂面宽度平均值 w_f（见图 1）。

注：若试板分层，则试验结果无效。

7.2 抗拉强度计算及试验结果修约

7.2.1 抗拉强度 R_m 由试验过程中试样承受的最大力 F_m 和断裂面积 A_f 计算得出，单位为 MPa。

7.2.2 试验结果可按相关标准或 GB/T 228 有关数值修约规定执行。

8 试验报告

试验报告应包括下列内容：

a) 本标准编号；

b) 试验日期；

c) 检验员或检验机构情况；

d) 断裂之前的试样尺寸（a_1、a_2、a_3、a_4、t_1、t_2、t_3、b）；

e) 错边量和角度偏差；

f) 断裂位置；

g) 缺欠的位置、种类、尺寸和数量（关于鱼眼的规定见第 7 章）；

h) 断裂面的平均宽度，w_f；

i) 拉伸强度，R_m；

j) 单位长度上的载荷，F_m/b；

k) 试验温度，当试验温度不在 23 ℃±5 ℃温度范围内时；

l) 按照相关标准记录热处理情况（见 5.4）。

附录 A 给出了典型的试验报告示例。

9 试验结果评定

试验结果应按相关标准要求进行评定。

附 录 A
（资料性附录）
试验报告示例

编号：____________________ 日期：______________

根据 WPS ____________

根据试验结果“拉伸试验”

试验结果__________

制造商：______________________________

试验目的：____________________________

板材：________________________________

母材：________________________________

焊接材料：____________________________

焊接方法：____________________________

表 A.1 依据 GB/T 26957 进行的拉伸试验

试样编号	尺寸/mm										断面宽度 mm w_f	断面面积 mm² A_f	F_m N	R_m N/mm²	断裂位置	备注
	a_1	a_2	a_3	a_4	b	c	d	t_1	t_2	t_3						

检验员或检验机构：

____

（名称、日期和签名）

ICS 25.160.40
J 33

中华人民共和国国家标准

GB/T 27551—2011/ISO 9017:2001

金属材料焊缝破坏性试验　断裂试验

Destructive tests on welds in metallic materials—Fracture test

(ISO 9017:2001,IDT)

2011-11-21 发布　　2012-06-01 实施

中华人民共和国国家质量监督检验检疫总局
中国国家标准化管理委员会　发布

前　言

本标准按照 GB/T 1.1—2009 给出的规则起草。

本标准使用翻译法等同采用 ISO 9017:2001《金属材料焊缝破坏性试验　断裂试验》。

为了便于使用，结合我国实际情况对本标准做了下列编辑性修改：

——删除了国际标准的前言；

——将 ISO 9017:2001 中引用的 ISO 标准，用等同的我国标准代替；

——对表 1 做了编辑性修改。

本标准由全国焊接标准化技术委员会(SAC/TC 55)提出并归口。

本标准起草单位：哈尔滨焊接研究所、天津市金桥焊材集团有限公司、建德市新安江电焊条厂。

本标准主要起草人：苏金花、李波、王大梁、邵海建、王克楠。

金属材料焊缝破坏性试验　断裂试验

1　范围

本标准规定了金属材料焊缝的断裂试验方法。

本标准适用于厚度 2 mm 以上金属材料熔化焊焊缝断裂试验。

2　规范性引用文件

下列文件对于本文件的应用是必不可少的。凡是注日期的引用文件,仅注日期的版本适用于本文件。凡是不注日期的引用文件,其最新版本(包括所有的修改单)适用于本文件。

GB/T 19418　钢的弧焊接头　缺陷质量分级指南(ISO 5817:1992,IDT)

GB/T 22087　铝及铝合金的弧焊接头　缺欠质量分级指南(ISO 10042:2005,IDT)

EN 970　熔化焊焊缝的无损检验　外观检验(Non-destructive examination of fusion welds—Visual examination)

3　术语和定义

下列术语及定义适用于本文件。

3.1

检验长度 L_f　examination length

试样沿焊缝轴线任何两侧边缺口之间受检长度(见图 6)。

3.2

检验总长 $\sum L_f$　total examination length

试件中所有试样沿焊缝轴线任何两侧边缺口之间受检长度的总和(见图 6)。

3.3

检验厚度 a_f　examination thickness

每个试样断裂面的厚度(见图 7 和图 8)。

3.4

检验面积 A_f　examination area

每个试样的受检区域,通常为检验厚度和检验长度的乘积。

3.5

总检验面积 $\sum A_f$　total examination area

所有检验面积的总和。

4　一般原理

采用弯曲或拉伸的方法,通过对焊缝施加静载荷或动载荷使其断在焊缝处以便检验断裂面,为了引发断裂可以改变缺口尺寸和温度。

除非另有规定,试验的环境温度为 23 ℃±5 ℃条件下进行。

5　符号及说明

表 1 规定了断裂试验所使用的符号和说明,图 5 至图 8 给出了相应的示例。

通常只需给出基本符号，但对一些特殊应用，可能还须给出有关缺口和试验方法的附加符号。

示例 1：

检验长度为 40 mm、检验厚度为 10 mm 的，取自角焊缝的试样。

对缺口及试验方法无要求：

基本符号为：FW/($L_f a_f$)

该示例符号为：FW/(40×10)

有附加要求时(方缺口及试验方法)：

完整的符号为：FW/($L_f a_f$)/Fq 见图 8。

该示例符号为：FW/(40×10)/Fq 见图 8。

示例 2：

检验长度为 40 mm、检验厚度为 10 mm 的，取自对接焊缝的试样。

对缺口及试验方法无要求：

基本符号为：BW/($L_f a_f$)

该示例符号为：BW/(40×10)

有附加要求时(圆缺口及试验方法)：

完整的符号为：BW/($L_f a_f$)/Sr 见图 6。

该示例符号为：BW/(40×10)/Sr 见图 6。

表 1　符号及说明

符号	说明	单位
BW	对接焊缝	
FW	角焊缝	
t、t_1、t_2	试件厚度	mm
l_1、l_2	试件长度	mm
D	管外径	mm
	试样及试件	
L_f	检验长度	mm
a_f	检验厚度	mm
A_f	检验面积	mm^2
A_i	缺欠面积	mm^2
S	侧面缺口	—
Sq	方形缺口	—
Sr	圆形缺口	—
Ss	尖锐缺口	—
	纵向缺口	
F	正面缺口	—
Fq	方形缺口	—
Fr	圆形缺口	—
Fs	尖锐缺口	—
R	背面缺口	—
Rq	方形缺口	—
Rr	圆形缺口	—
Rs	尖锐缺口	—

6 试件的尺寸

除非相关标准或签约双方另有规定，试件尺寸应符合图1至图4的规定。试件应能提供足够数量的试样，满足检验需求。

单位为毫米

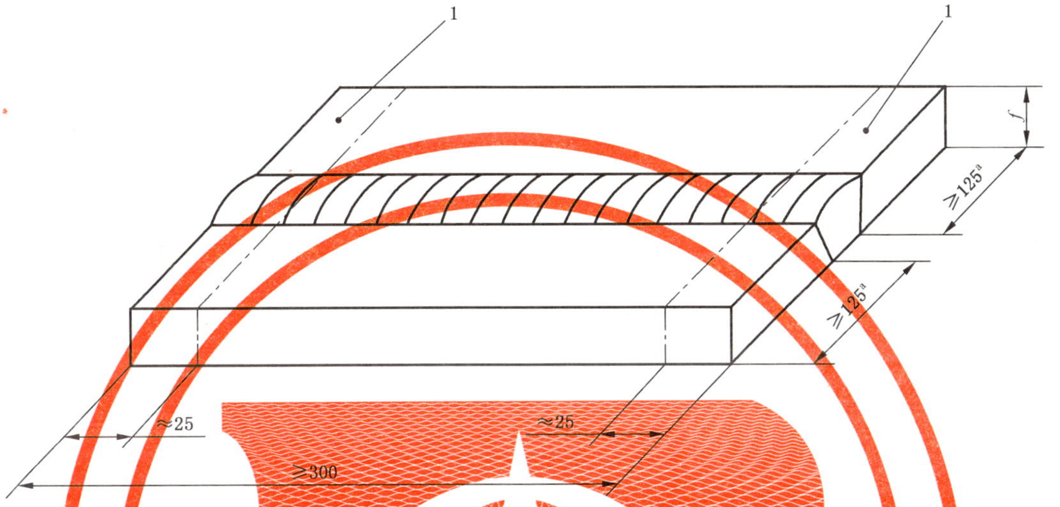

注：

1 舍弃

a 热传导性高的材料（如铝、铜）为≥150 mm。

图1 板对接焊缝试件

单位为毫米

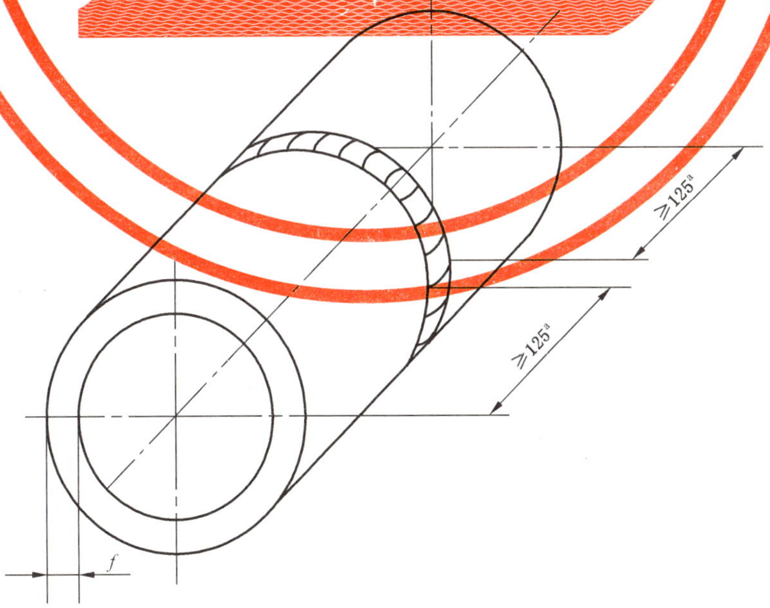

a 热传导性高的材料（如铝、铜）为≥150 mm。

图2 管对接焊缝试件

单位为毫米

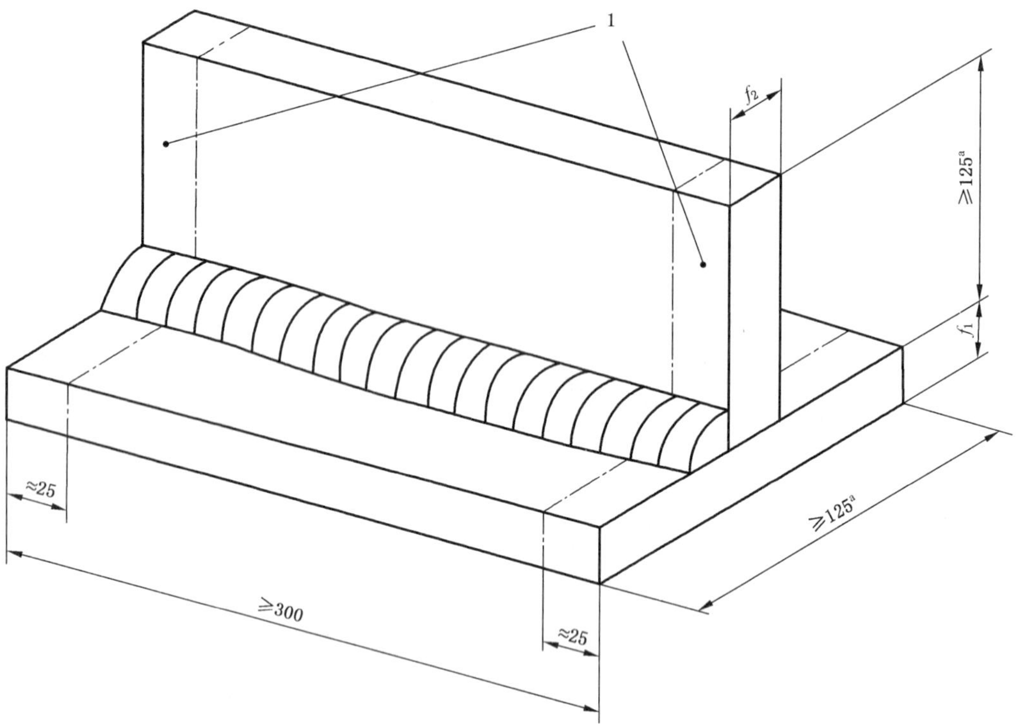

注：

1　舍弃

[a] 热传导性高的材料(如铝、铜)为≥150 mm。

图 3　板角焊缝试件

单位为毫米

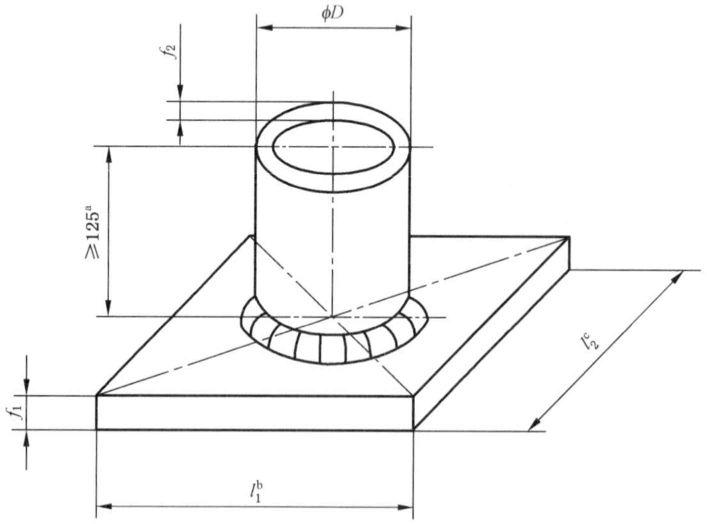

[a] 热传导性高的材料(如铝、铜)为≥150 mm。

[b] $l_1 \approx l_2$；$l_1 \geq (D+100)$。

[c] $l_2 \geq (D+100)$。

图 4　管角焊缝试件

7 试样的制备

7.1 总则

相关标准或签约双方应规定检验长度(L_f)、检验面积(A_f)和试样数量。

对于板焊缝试样应横向切取,所有试样的焊缝长度应基本一致。对接焊缝的焊缝轴线应位于试样的中心。

对于管焊缝,应从试件上切取两个以上的试样,除非相关标准或签约双方另有规定。

进行弯曲试验时,面弯和背弯的试样数量应相同。如果管径太小,无法切取足够数量的试样时,应增加附加试件。

7.2 标记

应对试件和试样做合适的标记,明确其原始位置或部位。

7.3 取样

7.3.1 一般要求

取样所采用的机械加工方法或热加工方法不得对试样性能产生影响。

在一般情况下,应弃掉试验焊缝两端 25 mm,要求评估引弧或熄弧缺欠时除外。

7.3.2 钢

允许采用热切割方法或机械加工方法切取试样。

7.3.3 其他金属材料

只能采用机械加工方法切取试样。

7.4 制备

为使断裂发生在焊缝处,可以采用下述方法:

——去除焊缝余高;

——在焊缝的两侧开缺口(侧面缺口);

——在焊缝余高上开缺口(纵向缺口)。

根据焊缝金属的延性不同,可以采用方形缺口、圆形缺口或尖锐缺口(参见图 5、图 6、图 7 和图 8)。高延性材料(如铝、铜)建议采用尖锐缺口。

缺口的深度应足以导致焊缝断裂。

除非相关标准或签约双方另有规定,缺口深度宜为:

——侧面缺口:$L_f \geqslant 70\% \ w$(见图 6);或$\sum L_f \geqslant 60\% \ L$。

——纵向缺口:$a_f \geqslant 80\% \ t$(见图 7)。

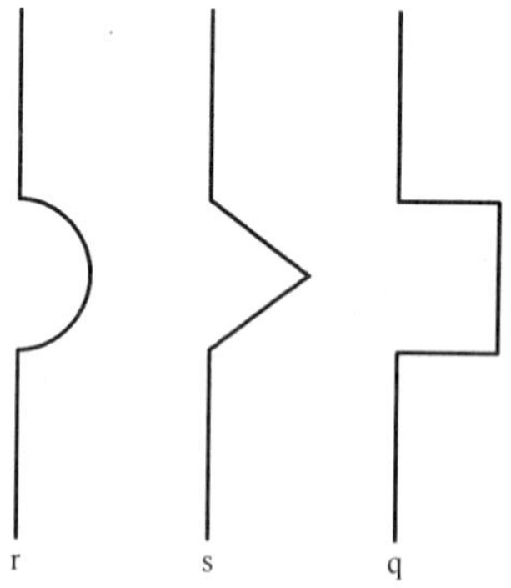

图 5 缺口形状

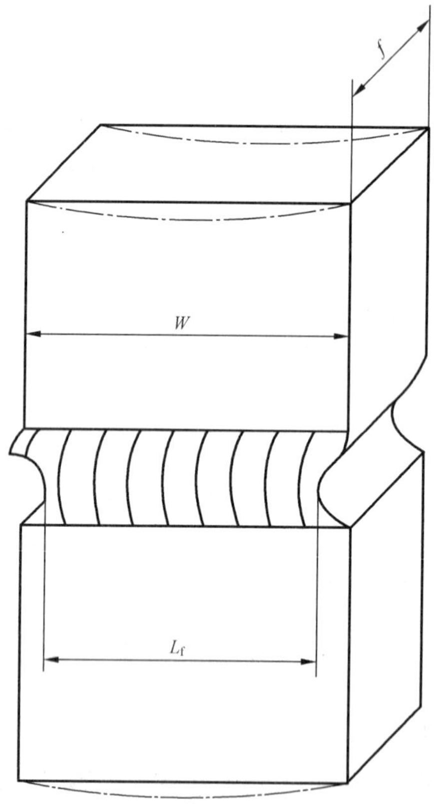

注：实线为板材；虚线为管材。

图 6 侧面缺口

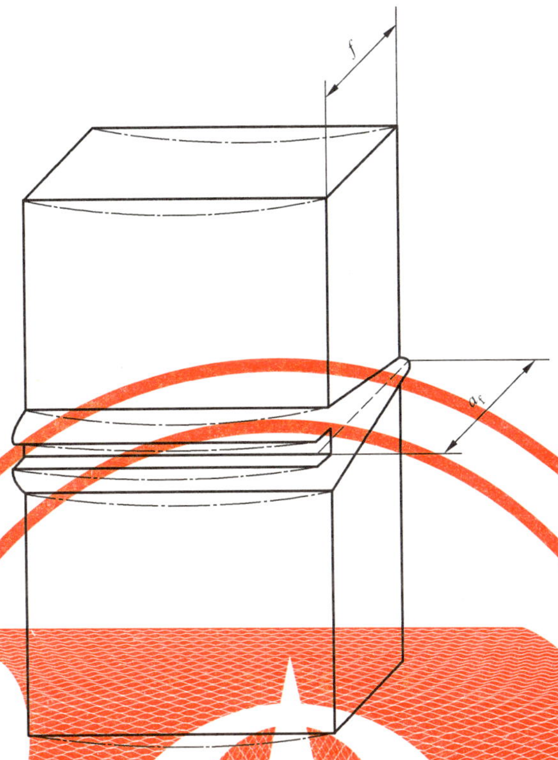

a） 正面缺口

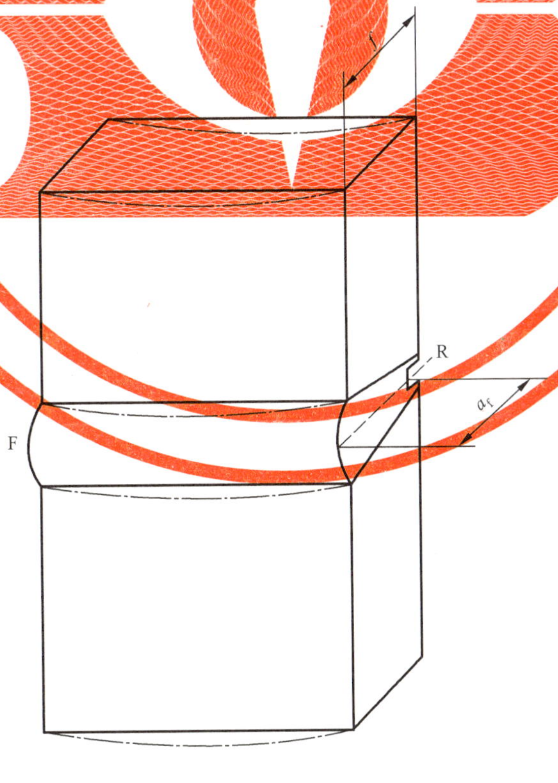

b） 背面缺口

注：实线为板材；虚线为管材。

图 7 对接焊缝的纵向缺口

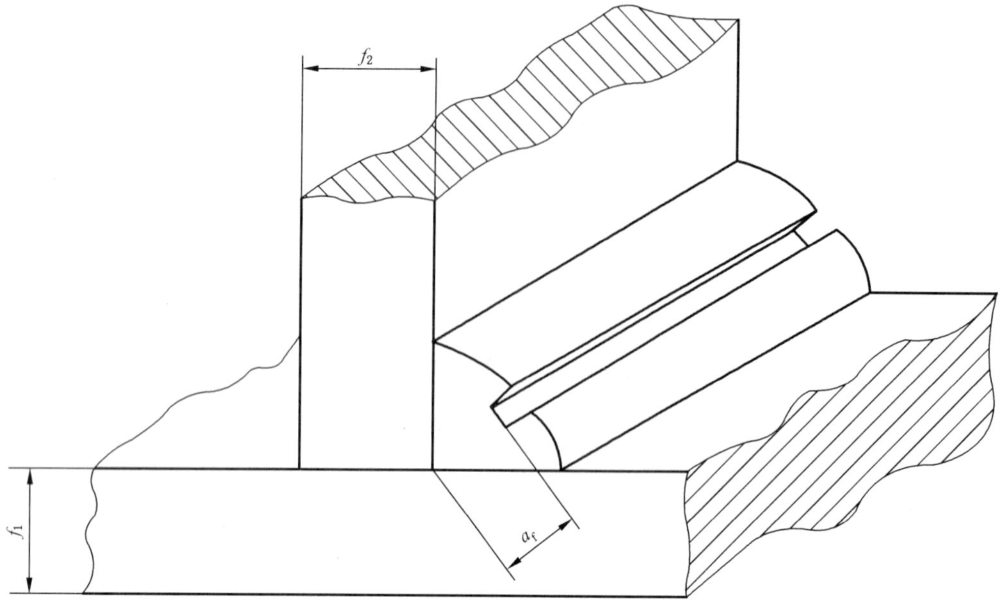

图 8 角焊缝的纵向缺口

8 试验程序

8.1 对接焊缝

8.1.1 总则

断裂方法包括：

——动载撞击(如锤击)，见图 9a)、b)、c)；

——弯曲试验，见图 9d)、e)、f)；

——拉伸试验，见图 9g)。

对于高延性材料而言，有必要规定缺口至固定装置卡口之间的最小距离 b(见图 9c)。

为了便于引发断裂，某些材料需要在低温下进行试验。

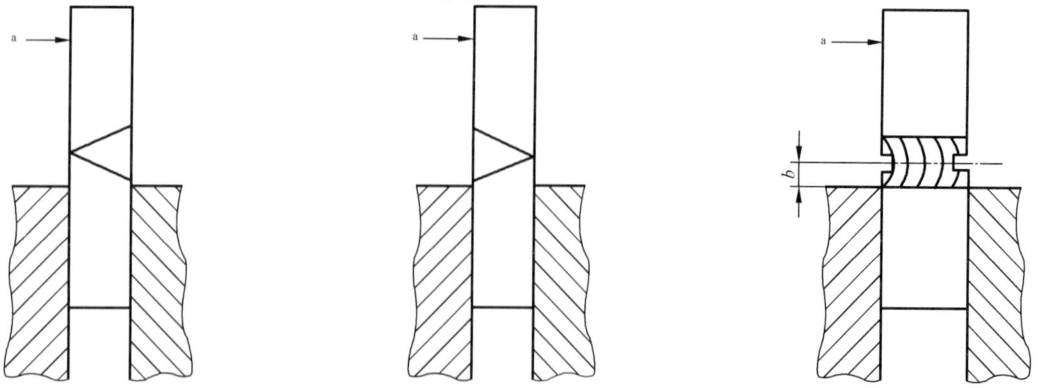

a)　　b)　　c)

图 9 对接焊缝试验方法示例

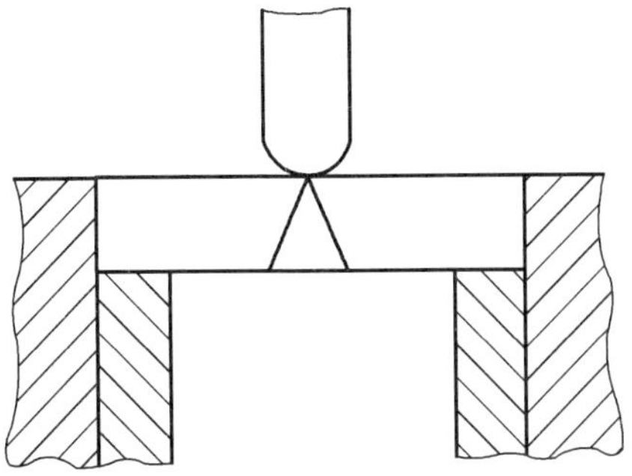

d)

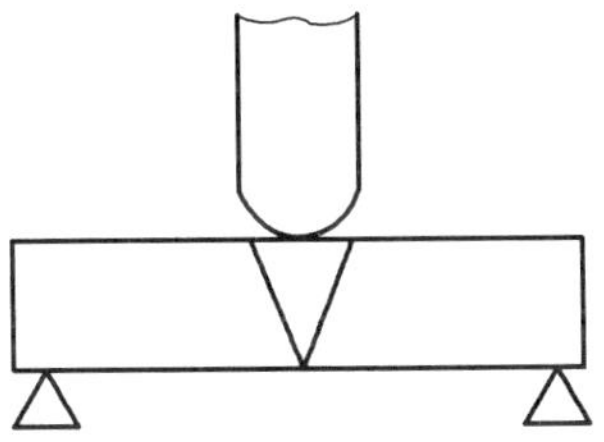

e)

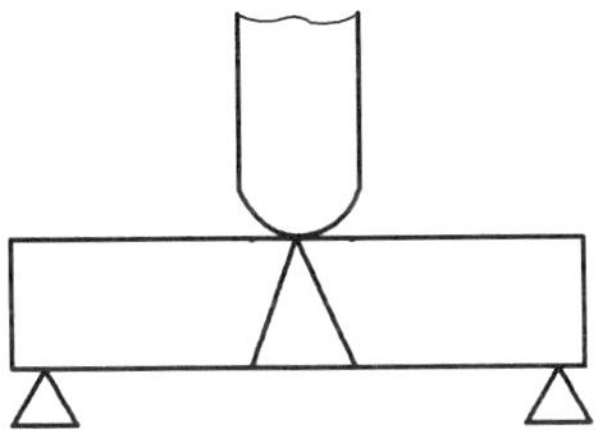

f)

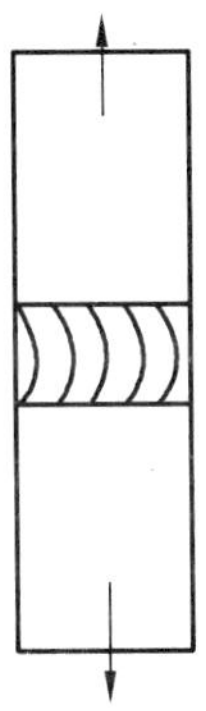

g)

[a] 冲击

图 9（续）

8.1.2 薄材

薄材焊缝的断裂可以采用反复弯曲的方法。

也可采用拉伸方法产生断裂(见图 9g)。薄材的断裂,不适用锤击方法。

8.1.3 厚材

厚材可采用锤击方法使其断裂。

采用弯曲试验机时,压头直径的选择应确保可以产生断裂而勿需反复弯曲。

弯曲时,加载方向可以垂直于焊缝,也可以平行于焊缝,如图 9c)、d)、e)、f)。

对于铝试样最小厚度为 8 mm。

8.2 角焊缝

除了无法进行拉伸试验之外,角焊缝的试验方法与对接焊缝(见 8.1)相似。图 10 给出了具体示例。

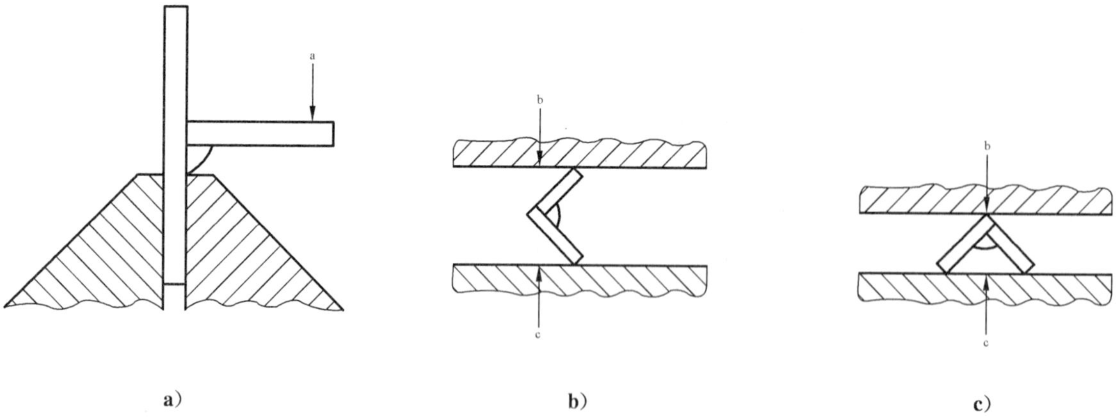

ᵃ 撞击

ᵇ 加载方向

ᶜ 加载(可行时)

图 10 角焊缝试验方法示例(缺口按照图 5—图 8 要求)

8.3 高延性焊缝金属的特殊规定

对于高延性焊缝金属(如奥氏体不锈钢、铝、铜、镍及其合金),如果要想在焊缝金属处产生断裂,需要限制试样的厚度和焊缝有效厚度,增加缺口的宽度,减少缺口半径,增加试验的速率(动载荷、锤击)。

对于高延性的铁素体钢,可采用降低试样温度的方法。

9 试验结果

断裂面的检验应参照焊缝外观检验条件进行。为了便于观察和辨别,可以采用放大倍数 5 倍以内的放大镜。

断面形貌、缺欠类型及尺寸应完整地记录。应按照 GB/T 19418 和 GB/T 22087,对质量等级做评定。质量等级由相关标准或合同双方协议规定。

10 试验报告

试验报告应包括下列内容:

a) 本标准编号 GB/T 27551—2011;

b) 试样标识;

c) 试样符号(参见表 1);

d) 根据有关质量等级要求,缺陷的种类、位置和尺寸。

附录 A 给出了试验报告示例。

附 录 A
（资料性附录）
试验报告示例

编号：________________

根据 pWPS________________

根据试验结果“断裂试验”

试验结果________________

制造商：________________

试验目的：________________

产品形式：________________

母材：________________

焊接材料：________________

试件符号：________________

表 A.1 断裂试验结果记录

试样	符号	结果	
		缺欠类型和尺寸	质量等级

检验员或检验机构：

____

（名称、日期和签名）

发证：

____

（名称、日期和签名）

ICS 25.160.40
J 33

中华人民共和国国家标准

GB/T 27552—2011/ISO 9015-2:2003

金属材料焊缝破坏性试验 焊接接头显微硬度试验

Destructive tests on welds in metallic materials—Microhardness testing of welded joints

(ISO 9015-2:2003,Destructive tests on welds in metallic materials—Hardness testing—Part 2:Microhardness testing of welded joints,IDT)

2011-11-21 发布 2012-06-01 实施

中华人民共和国国家质量监督检验检疫总局
中国国家标准化管理委员会 发布

前　　言

本标准按照 GB/T 1.1—2009 给出的规则起草。

本标准使用翻译法等同采用国际标准 ISO 9015-2:2003《金属材料焊缝破坏性试验　硬度试验　第 2 部分:焊接接头显微硬度试验》(英文第一版)。

本标准在文本结构和技术内容方面与 ISO 9015-2:2003 一致,但根据我国编写标准的有关规定做了如下编辑性修改:重新编写了前言,代替 ISO 9015-2:2003 的前言。

本标准由全国焊接标准化技术委员会(SAC/TC 55)提出并归口。

本标准起草单位:上海材料研究所、耐博检测技术(上海)有限公司、哈尔滨焊接研究所。

本标准主要起草人:王春亮、杨力、陆慧、王滨、章利球、栾敬岳。

金属材料焊缝破坏性试验
焊接接头显微硬度试验

1 范围

本标准规定了硬度梯度大的金属材料焊接接头横截面显微硬度试验。依据 ISO 6507-1 进行维氏硬度试验，通常使用的试验力范围为 0.98 N 到小于 49.03 N(HV 0.1 到小于 HV 5)。

注：硬度试验应确保测出焊缝金属和两侧母材(两侧母材为不同金属材料)的最高硬度和最低硬度。

本标准规定的焊缝硬度试验使用的试验力不包括 ISO 9015-1 规定的大于等于 49.03 N 的试验力。

本标准不适用于窄焊缝试样的硬度试验，例如激光焊和电子束焊焊缝。

本标准适用于金属材料焊接接头横截面显微硬度试验。

2 规范性引用文件

下列文件对于本文件的应用是必不可少的。凡是注日期的引用文件，仅注日期的版本适用于本文件。凡是不注日期的引用文件，其最新版本(包括所有的修改单)适用于本文件。

ISO 6507-1:2005 金属材料 维氏硬度试验 第1部分：试验方法(Metallic materials—Vickers hardness test—Part 1:Test method)

3 原理

显微硬度试验应按 ISO 6507-1 要求进行。

显微硬度可以标线测定(R)或单点测定(E)。

当焊缝的类型与示例类型不同时，测量工艺应适合焊接接头。

除非另有规定，试验的环境温度应为(23±5)℃。

4 符号及说明

符合及其说明见表1，在图1～图3中说明。

表 1 符号及说明

符号	说明	单位
E	单点测定	—
H	标线测定时测点中心距表面或熔合线的距离	mm
HAZ	热影响区	—
HV[a]	维氏硬度	—
L	在热影响区两个相邻检测点中心的距离	mm
R	标线测定	—
t	试样厚度	mm
[a] 维氏硬度符号表示按照 ISO 6507-1 规定。		

5 试样的制备

试样的制备应按 ISO 6507-1 要求进行。

试件横截面应通过机加工制备，通常垂直于焊缝轴线。

试样表面的制备过程应正确进行以保证硬度测量不受冶金因素的影响。

被检测表面制备完成后最好进行适当的侵蚀，以便准确确定焊接接头不同区域的硬度测量位置。

6 试验工艺

6.1 标线测定(R)

图 1～图 3 给出了标线测定检测点位置示意图，图中给出了标线测定检测点距表面的距离，通过用图中标示的检测点来评定焊接接头。如果需要，例如参照的应用标准要求，可以增加标线测定的数量和/或在其他位置检验。但检验位置应记录在试验报告中。

对于铝、铜及其合金对接焊缝不一定总是需要对根部位置进行标线测定(见图 1)，可以省去。

检测点的位置和数量选择应是足以确定出由于焊接引起的硬化或软化的区域。在热影响区相邻检测点的推荐距离 L 参照表 2 和 ISO 6507-1。

注：更大尺寸时依据表 2 或 ISO 6507-1 执行。

在检测母材时应有足够的检测点以保证检测的准确。在检测焊缝金属时，检测点间距离的选择应确保对其做出准确评定。在检测热影响区时，由于焊接引起硬化的区域应增加两个检测点，检测点中心与熔合线之间的距离小于等于 0.5 mm(见图 2)。

对于其他形状的接头或金属(例如奥氏体钢)，其具体要求可根据相关标准或协议要求。

表 2 标线测定时热影响区两个检测点中心间的推荐距离 L

维氏硬度符号	两个检测点中心间的推荐距离[a] L mm	
	钢铁材料[b]	铝、铜及其合金
HV 0.1	0.2	0.8～2
HV 1	0.5	1.5～4
HV 5	0.7	2.5～5

[a] 检测点间的距离应不小于 ISO 6507-1 允许的最小值。

[b] 奥氏体钢除外。

6.2 单点测定(E)

图 4 给出了单点测定检测点位置的典型区域。图中 1～4 点表示在母材，5～8 点表示在热影响区，9～11 点表示在焊缝区。此外，可以根据金相检验确定检测点位置。

为了防止由检测点压痕变形引起的影响，在任何方向检测点间的最小距离应符合 ISO 6507-1 的规定。

在热影响区中由于焊接引起硬化的区域，至少应有一个检测点，检测点中心与熔合线之间的距离小于等于 0.5 mm。

对于单点测定，测定区域应按图 4 所示予以编号。

7 试验结果

应记录检测点位置及对应硬度值。

8 试验报告

试验报告需要记录的内容列在附录 A 和附录 B。

附录 A 和附录 B 还给出了推荐的记录格式。

可以使用其他格式，但应包括所有要求记录的内容。还可以包括由相关标准或协议要求的附加内容。

单位为毫米

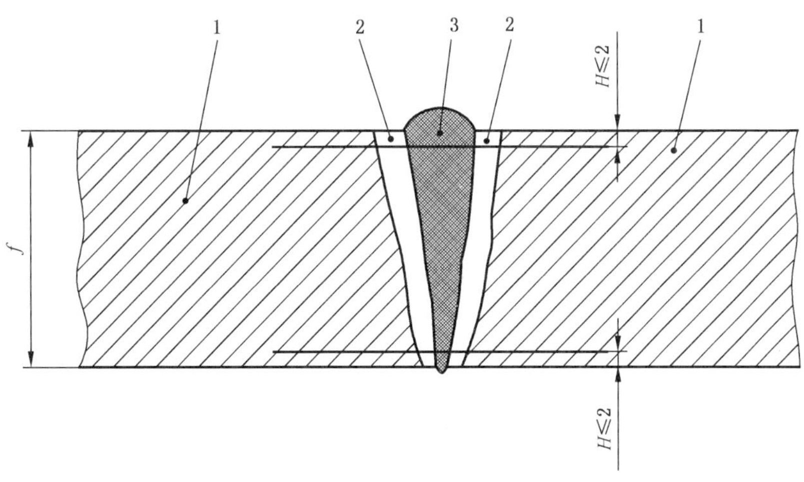

说明：

1——母材；

2——热影响区；

3——焊缝金属。

图 1 钢对接焊缝标线测定(R)示例

单位为毫米

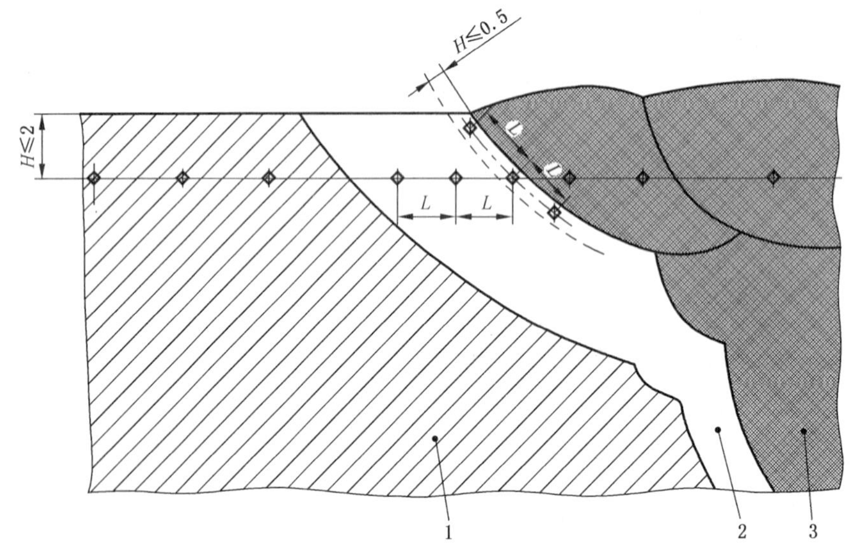

说明：

1——母材；

2——热影响区；

3——焊缝金属。

图 2　钢(奥氏体钢除外)对接焊缝检测点位置示例

单位为毫米

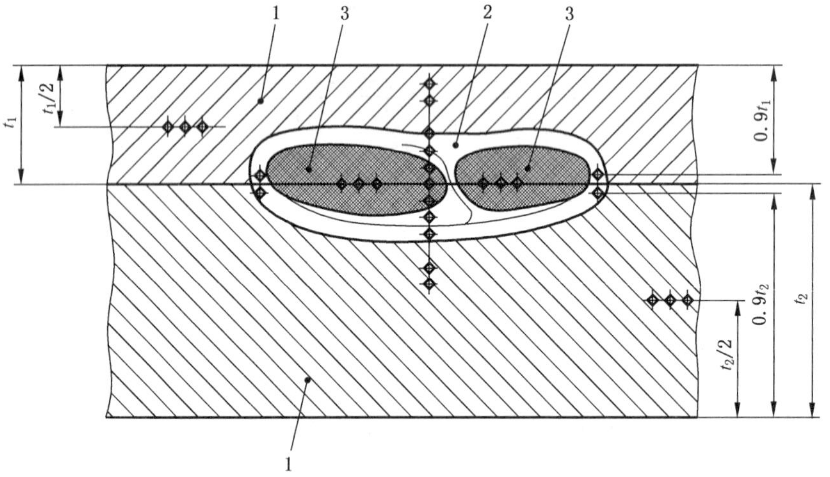

说明：

1——母材；

2——热影响区；

3——焊缝金属。

图 3　钢点焊和凸缝焊焊缝检测点位置示例

单位为毫米

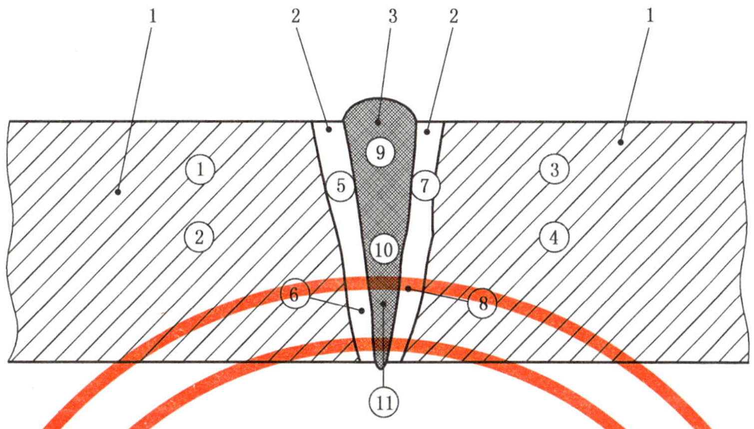

说明：

1——母材；

2——热影响区；

3——焊缝金属。

圆圈中的数字表示检测点的位置。

注：可以在其他位置检测。

图4　单点测定(E)硬度检验区域示例

附 录 A
(资料性附录)
焊接接头标线测定(R)试验报告实例

硬度试验类型:______________________________

试验机型号:______________________________

母材:______________________________

材料厚度:______________________________

焊缝类型:______________________________

焊接方法:______________________________

焊接材料:______________________________

热处理和/或时效处理:______________________________

标线测定的简要说明:______________________________

注:______________________________

检测试样示意图且图中给出尺寸和检测点位置

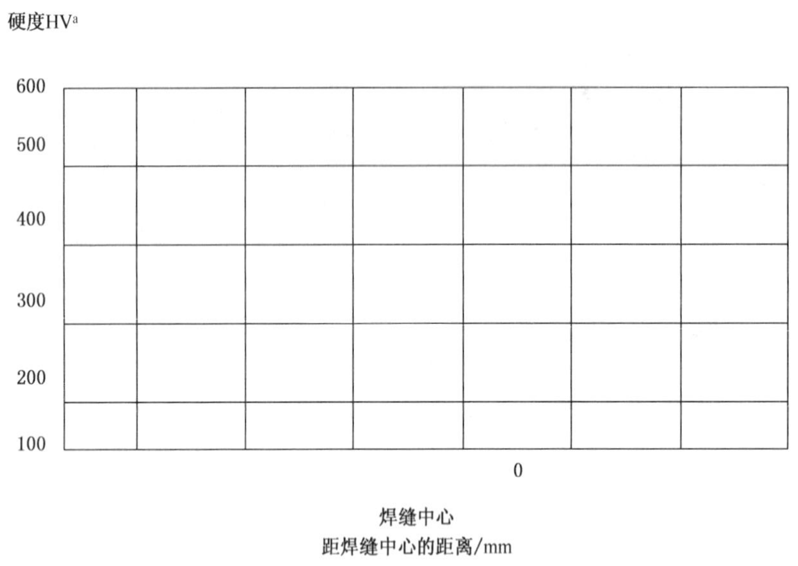

[a] 试验力依据 ISO 6507-1 的规定。

附　录　B
（资料性附录）
焊接接头单点测定(E)试验报告实例

硬度试验类型：______

试验机型号：______

母材：______

材料厚度：______

焊缝类型：______

焊接方法：______

焊接材料：______

焊后热处理和/或时效处理：______

注：______

检测试样示意图且图中给出检测区域及位置

检测部位	检测区域	检测位置	硬度值 HV[a]
母材	1	表面	
	2	心部	
	3	表面	
	4	心部	
热影响区	5	焊缝上部	
	6	焊缝底部	
	7	焊缝上部	
	8	焊缝底部	
焊缝金属	9	焊缝上部	
	10	焊缝中部	
	11	焊缝底部	

[a] 检验试验力按 ISO 6507-1 要求选取。

参 考 文 献

[1] ISO 9015-1 金属材料焊缝破坏性试验 硬度试验 第1部分:电弧焊接头硬度试验

[2] ISO 22826 金属材料焊缝破坏性试验 激光焊和电子束焊窄焊缝硬度试验(维氏和努氏硬度试验)

ICS 77.040.10
H 22

中华人民共和国国家标准

GB/T 28896—2012

金属材料　焊接接头准静态断裂韧度测定的试验方法

Metallic materials—Method of test for the determination of quasistatic fracture toughness of welds

(ISO 15653:2010,MOD)

2012-11-05 发布　　2013-05-01 实施

中华人民共和国国家质量监督检验检疫总局
中国国家标准化管理委员会　发布

前 言

本标准按照 GB/T 1.1—2009 给出的规则起草。

本标准修改采用 ISO 15653:2010《金属材料　焊接接头准静态断裂韧度测定的试验方法》。

本标准的结构和技术内容(规范性引用文件除外)与 ISO 7087:1984 保持一致;规范性引用文件中分别用相应的国家标准代替对应的 ISO 标准:用 GB/T 20832 代替 ISO 3785,用 GB/T 21143 代替 ISO 12135。

本标准由中国钢铁工业协会提出。

本标准由全国钢标准化技术委员会(SAC/TC 183)归口。

本标准起草单位:天津大学、武汉钢铁(集团)公司、冶金工业信息标准研究院。

本标准主要起草人:王东坡、李荣锋、邓彩艳、霍立兴、邱保文、余立、董莉。

金属材料　焊接接头准静态断裂韧度测定的试验方法

1　范围

本标准规定了测试金属材料焊接接头焊缝金属及其热影响区部位断裂韧度 K、δ(裂纹张开位移，CTOD)和 J 积分的具体试验过程与方法。

本标准是 GB/T 21143 的补充，GB/T 21143 涵盖了有关断裂韧度测试的所有方面，与本标准在使用过程中有着非常紧密的联系。本标准所介绍的断裂韧度测试方法适用于测定工程意义上的启裂韧度而不能用于测试所谓的裂纹扩展阻力曲线。本标准介绍的测试方法采用的是金属材料经过焊接之后再机加工缺口并预制相应疲劳裂纹的试样，缺口应位于焊缝金属或者热影响区部位的待测区域，而待测区域和缺口方向的选择则由使用者根据实际情况来确定。

2　规范性引用文件

下列文件对于本文件的应用是必不可少的。凡是注日期的引用文件，仅注日期的版本适用于本文件。凡是不注日期的引用文件，其最新版本(包括所有的修改单)适用于本文件。

GB/T 20832　金属材料　试样轴线相对于产品织构的标识(GB/T 20832—2007，ISO 3785:2006，IDT)

GB/T 21143　金属材料　准静态断裂韧度的统一试验方法(GB/T 21143—2007，ISO 12135:2002，MOD)

3　术语和定义

GB/T 21143 界定的以及下列术语和定义适用于本文件。

3.1

伸张区宽度　stretch zone width

SZW

伸张区宽度是指裂纹钝化时所产生的裂纹延伸长度。而裂纹钝化一般发生在裂纹不稳定扩展、突进(pop-in)或者裂纹缓慢扩展之前，其位置与预制疲劳裂纹在同一平面之上。

3.2

待测区域　target area

预制疲劳裂纹尖端在焊缝金属或热影响区中所处的位置。

注：见 3.7 和 3.9。

3.3

突进　pop-in

在力-位移记录曲线上出现的不连续点，一般具有位移陡然增加、力突然下降的特征，而随后力与位移却能够继续增加。

3.4

局部压缩　local compression

在预制疲劳裂纹之前，沿试样厚度方向上对包含裂纹尖端在内的韧带部分用较硬钢块所进行的挤压处理。

注：见附录 C。

3.5

焊接　welding

焊接是通过加热、摩擦、加压或三者并用的方法，使两个或更多个工件之间形成结合的连接方式。

注：可用也可不用的填充材料，其熔点与母材相近。

3.6

焊缝　weld

经过焊接之后，在焊件中所形成的结合部分。

3.7

焊缝金属　weld metal

形成焊缝且保留在焊缝中的熔化金属。

3.8

母材(也称基材)　parent metal (also known as base metal)

被焊接的金属材料。

3.9

热影响区　heat-affected zone

HAZ

由于受到焊接过程热循环的影响，使得金属材料显微组织发生变化的母材区域。

3.10

熔合线　fusion line

FL

焊缝金属和热影响区之间的结合部位。

3.11

焊缝位置试样　weld positional　specimen

WP

疲劳裂纹尖端位于焊接区域特定参考位置的试样。

注：如图 A.1 所示。

3.12

特定显微组织试样　specific microstructure specimen

SM

疲劳裂纹尖端位于特定显微组织区域内的试样。

注：如图 A.2 所示。

3.13

毛坯试样　specimen blank

缺口加工之前所制备的焊接接头试样。

3.14

焊后热处理　postweld heat treatment

为降低焊接残余应力或改善焊缝性能在焊接之后所实施的热处理。

4 符号和说明

GB/T 21143 规定的以及下列符号、单位和说明适用于本标准，见表 1。

表 1 符号和说明

符号	单位	说明
d_1, d_2	mm	与突进相关的显微组织特征长度
h	mm	有效焊缝宽度，在焊缝中心 75%厚度范围内，疲劳裂纹尖端至两侧熔合线的最短距离(见图 13 和图 14)
HV10		施加 10 kg 力时测得的维氏硬度
N		焊接法线方向
P		焊接平行方向
Q		贯穿焊接接头的厚度方向
$R_{p0.2b}$	MPa	母材在断裂试验温度条件下发生 0.2%塑性变形量所对应的规定塑性延伸强度
$R_{p0.2w}$	MPa	焊缝金属在断裂试验温度条件下发生 0.2%塑性变形量所对应的规定塑性延伸强度
R_{mb}	MPa	母材在断裂试验温度条件下的抗拉强度
R_{mw}	MPa	焊缝金属在断裂试验温度条件下的抗拉强度
s_1	mm	疲劳裂纹尖端与待测区域之间在裂纹平面方向上的距离(见图 12)
s_2	mm	疲劳裂纹尖端与待测区域之间在垂直于裂纹平面方向上的距离(见图 12)
V, V_1, V_2	mm	裂纹嘴张开位移
X		平行母材轧制方向
Y		垂直母材轧制方向
Z		贯穿母材厚度方向
Δa_{pop}	mm	与突进效应相关的最大脆性裂纹扩展长度(但不包括伸张区宽度 SZW，见 3.1)
λ	mm	在试验前后金相检查的特定显微组织区域的长度(参见图 B.2)

5 原理

本标准制定了单边缺口带预制疲劳裂纹焊接接头试样的断裂韧度测试程序。根据裂纹尖端位置把试样类型分为两种：

a) 只需考虑裂纹尖端位于特定宏观位置而不考虑显微组织的试样，称为 WP 试样；

b) 需金相检查来确定裂纹尖端位于特定显微组织的试样，称为 SM 试样。

对焊接接头进行金相检查来确认是否有待测特定显微组织存在，并且其数量是否足够用于断裂韧度试验。

试样的几何尺寸和预制缺口方位确定后，施加一定的交变力，使疲劳裂纹扩展并进入到试样存有特定显微组织的区域。试验的目的是为了在消除焊接残余应力影响的条件下测定焊接接头的断裂韧度。

为了达到该目的并且确保所预制的疲劳裂纹前沿能够平直扩展，有必要对原始焊态或应力部分释放的焊接接头试样的预制疲劳裂纹方法进行改进。

断裂韧度试验与结果评定过程在 GB/T 21143 中均有详细的说明，但按本标准进行试验时还需要遵守试验后金相分析(见 12.1、12.2 和 12.3)和有效性(见 12.4)涉及的要求。

试验后应该通过金相检查判断裂纹尖端是否位于特定显微组织区域内且评定突进效应(pop-in)的有效性。

试验流程如图 1 所示。

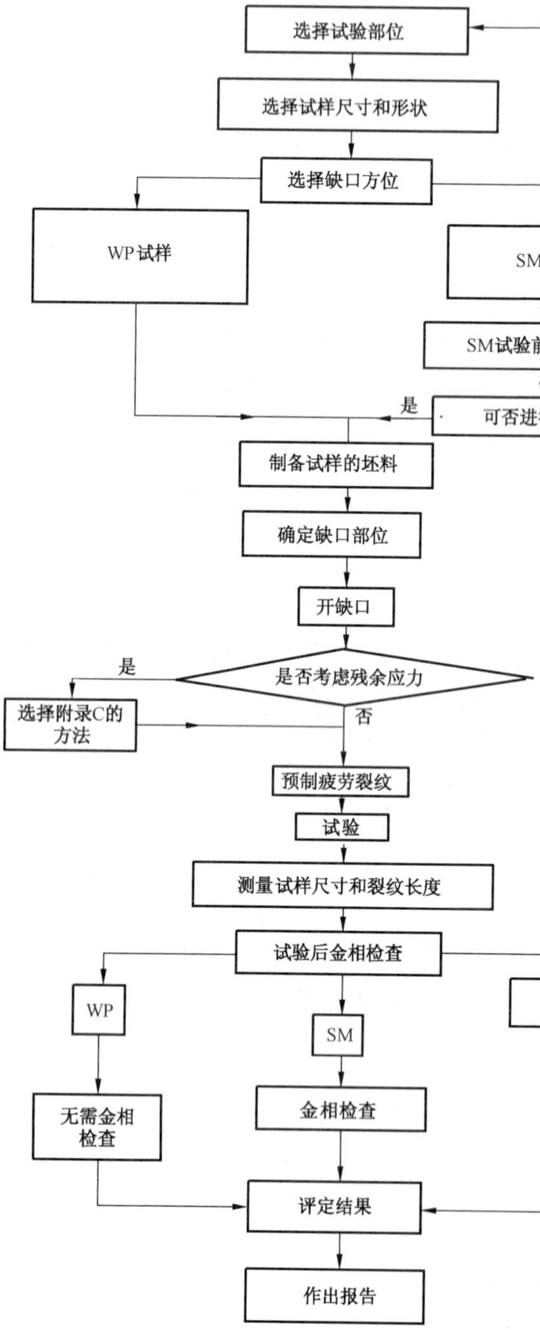

图 1 断裂韧度试验流程图

6 试样设计、方位和缺口位置选择

6.1 缺口处待测区域分类

WP 试样缺口在特定焊接区域的某参考位置(例如焊缝金属中心线位置)。

SM 试样缺口全部或部分疲劳裂纹前缘在试样中心 75%范围内的指定显微组织区域内。

注:典型 WP 和 SM 试样的缺口位置实例参见附录 A。

对于对中不好的双道或者多道焊焊缝,当 WP 试样缺口取在焊缝金属中心线且细晶区占主导的位置时,可能得到错误的(过高的)断裂韧度值。对于这种焊接接头,本标准推荐使用 SM 试样进行断裂韧度测试,缺口位置分别参见图 A.2 d)和图 A.2 e)。

6.2 试样设计

应将试样设计成由 GB/T 21143 中所定义的单边缺口弯曲试样或紧凑拉伸类型且试样侧面应刨平或开侧槽。沿试板厚度开缺口的弯曲试样称为贯穿厚度缺口试样(见图 2、图 3 和图 4,母材试样为 XY 和 YX,焊缝试样为 NP 和 PN),在试板表面开缺口的弯曲试样称为表面缺口试样(见图 2、图 3 和图 4,母材试样为 XZ 和 YZ,焊缝试样为 NQ 和 PQ)。

注:焊接接头试样尺寸公差比母材试样更加宽松,见 8.1。

试样尺寸 B 或 W(见图 5)应等于或尽量接近待测近缝区母材厚度(不包括焊缝余高)。

容许采用小尺寸(即 B 或 W 小于图 2、图 3 和图 4 中所指示的 Z 方向母材厚度和 Q 方向焊缝厚度)及(或)开侧面槽的试样进行断裂韧度试验,但应在试验报告中注明。使用小尺寸及(或)侧面开槽试样进行断裂韧度测定所得到的试验结果,可能会由于尺寸效应或者因为试验部分显微组织区域的不同,而与使用全厚度试样获得的断裂韧度值存在一定的差异。

6.3 试样和裂纹面方位

试样和裂纹面相对于焊缝和母材加工方向的方位应由图 2、图 3 和图 4 所描述的方法加以确定。

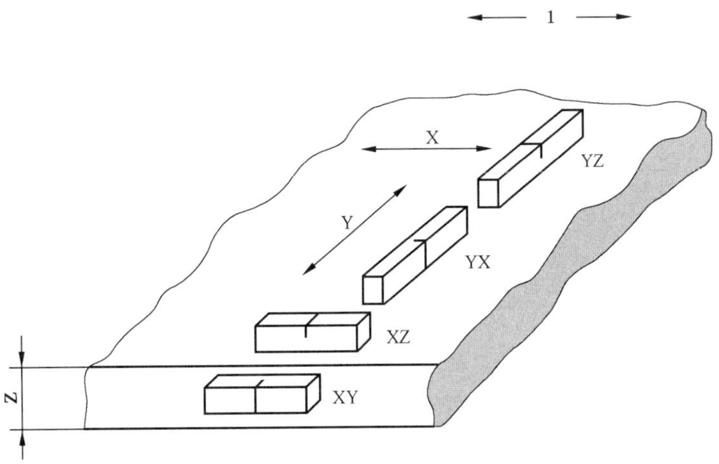

a) 母材

图 2 母材和焊缝断裂韧度试样裂纹面取样方位

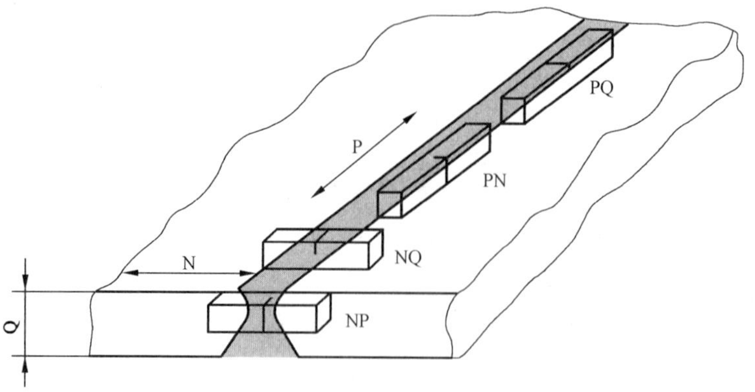

b） 焊缝

说明：

1 ——轧制方向；
N——垂直焊缝方向；
P ——平行焊缝方向；
Q——焊缝厚度方向。
参考 ISO 3875 对 X、Y、Z 方向的定义。
第一个字母表示裂纹平面的法向，第二个字母表示预期裂纹扩展的方向。
NP 和 PN 为贯穿厚度缺口试样，NQ 和 PQ 为表面缺口试样。

图 2（续）

对于 HAZ 试件，当母材轧制方向影响到裂纹扩展阻力时，由于母材轧制方向和焊缝方向之间存在取向不同的问题，导致试样的焊缝和母材方向之间存在多种组合形式，具体实例见图 3 和图 4。

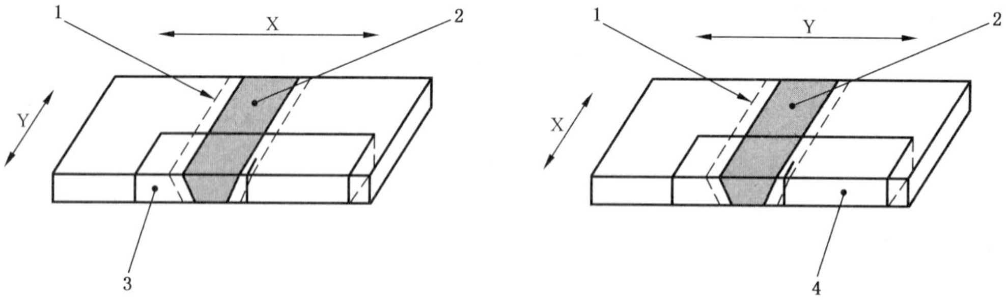

a） 典型对接接头

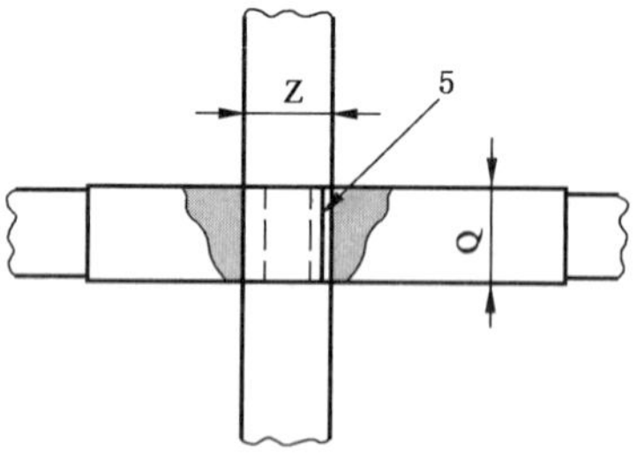

b） 十字接头

说明：

1 ——热影响区；
2 ——焊缝金属；
3 ——焊缝试样取样方向 NP/XY；
4 ——焊缝试样取样方向 NP/YX；
5 ——贯穿厚度裂纹，NP/ZX 或 NP/ZY；
X——轧制方向；
Q——焊接厚度方向。

图 3 典型对接接头和十字接头断裂韧度试样裂纹面

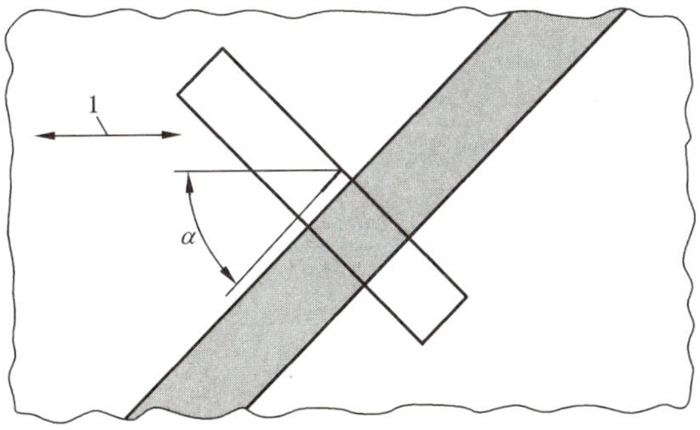

a） 典型对接接头

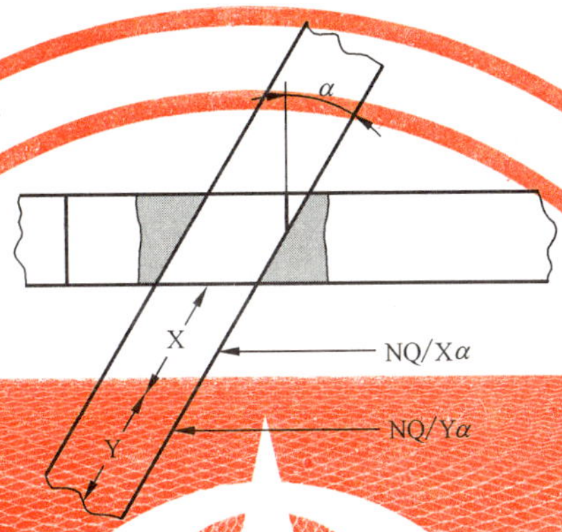

b） 倾斜的十字接头

说明：

1——轧制方向。

图 4 HAZ 断裂韧度试样裂纹面与母材轧制方向成 α 角

7 机加工前金相检查

7.1 宏观金相检查

当试验采用 SM 试样时，应该在垂直于焊接方向的平面上选取宏观试样或者在焊接试板末端截取试样进行金相检查。横截面位置应该在即将进行试验的焊缝长度范围内选取，以确保特定显微组织出现在疲劳裂纹尖端部位来满足试验要求。在制备宏观金相检查试样时，应注意及时地将取样位置记录下来，而所截取试样的宏观剖面应经过抛光、腐蚀处理后再进行相应的金相检查，最后通过放大适当倍数对该样品进行观测，确认待测区域的显微组织是否满足试验的有关要求。

宏观剖面检查的目的是为了判断裂纹尖端的位置：

a） 对于贯穿厚度缺口试样，判断在中心 75％厚度范围之内试样的疲劳裂纹尖端是否位于待测区域；

b） 对于表面缺口试样，要求疲劳裂纹尖端距离待测区域不能超过 0.5 mm。

如果在待测区域内指定的显微组织不存在，或因其数量不足而难以确保试验结果的可靠性，或疲劳裂纹尖端位置无法满足标准（深缺口试样）的相应规定，则该焊接试板将因为不满足制备 SM 试样的标准要求而不能用于断裂韧度试验。在这种情况下，可重新选择待测区域或者重新焊接符合标准要求的试板。如果使用单边缺口弯曲类型的 SM 试样并且其显微组织数量达到试验要求，但裂纹尖端位置却不满足相关标准（深缺口试样）的规定，经相关方协商，则允许使用附录 E 中介绍的浅缺口试样方法进行断裂韧度试验。

由于浅缺口试样的裂纹尖端拘束度较低，浅缺口试样（0.10≤a_0/W≤0.45）（a_0为初始裂纹长度，W为试样厚度）得到的断裂韧度数值可能高于裂纹尖端部位具有相同显微组织的深缺口试样（0.45≤a_0/W≤0.70）。因此使用浅缺口试样时需要考虑上述原因所带来的相应影响。

7.2 有关热影响区试样试验的补充要求

当SM试样的待试区位于HAZ时，除遵照7.1规定之外，还应在经过磨削、腐蚀之后所获得的清晰宏观组织截面上沿着疲劳裂纹尖端位置的前沿区域进行金相检查，其目的是判别特定显微组织是否存在于试样厚度中心75%范围之内且特定显微组织的数量可以满足成功地进行试验的相关要求。

当确认好待测区域的相应位置和长度之后，可以用图示的形式将其表示出来（对应实例见附录B）。在图示中应标出宏观试样厚度与特定显微组织的具体位置，特定显微组织所占比例应在试样中心75%厚度的范围内进行计算。

对于表面缺口试样，应检查其宏观截面以便确保其特定显微组织存在于0.45≤a_0/W≤0.70的范围之内。

如果SM试样疲劳裂纹尖端位置的选择条件得不到满足，则考虑重新选择待测区域位置或者重新焊接试板，或使用7.1中提及的浅缺口试样。

8 机械加工

8.1 试样尺寸公差

为了保证试样缺口位置的正确性，首先在产品试板上切取试样样坯。试样样坯应机加工到满足尺寸公差要求后再开机械缺口。

紧凑拉伸类型试样应满足GB/T 21143对试样尺寸和公差的具体要求；弯曲类型试样的尺寸公差要求在图5中标出。当使用浅缺口弯曲类型试样时（见7.1、7.2和附录E），除裂纹长度应在0.10≤a_0/W≤0.45范围内，试样还应遵循图5所标注的尺寸和公差要求。

注1：为了尽量不改变焊接接头的原始状态，图5中单边缺口弯曲试样的尺寸公差比GB/T 21143有所放松。

对于存在焊接错边、焊接变形和样坯弯曲（当试样的样坯取自管件时）的试样，应按照图6的相应要求进行机械加工。对于半径与焊缝厚度比值≥10的管件，由于管道弯曲而允许样坯侧面存在2.5%W的平直度公差。对于不平直试样，如果不能达到规定的平直度和对正要求时，可采用局部弯曲的方法在加工缺口前予以矫直。注意矫直时加载点或支撑点至焊缝缺口部位之间的距离应不小于厚度B。变形或弯曲样坯的矫直方法如图7所示。

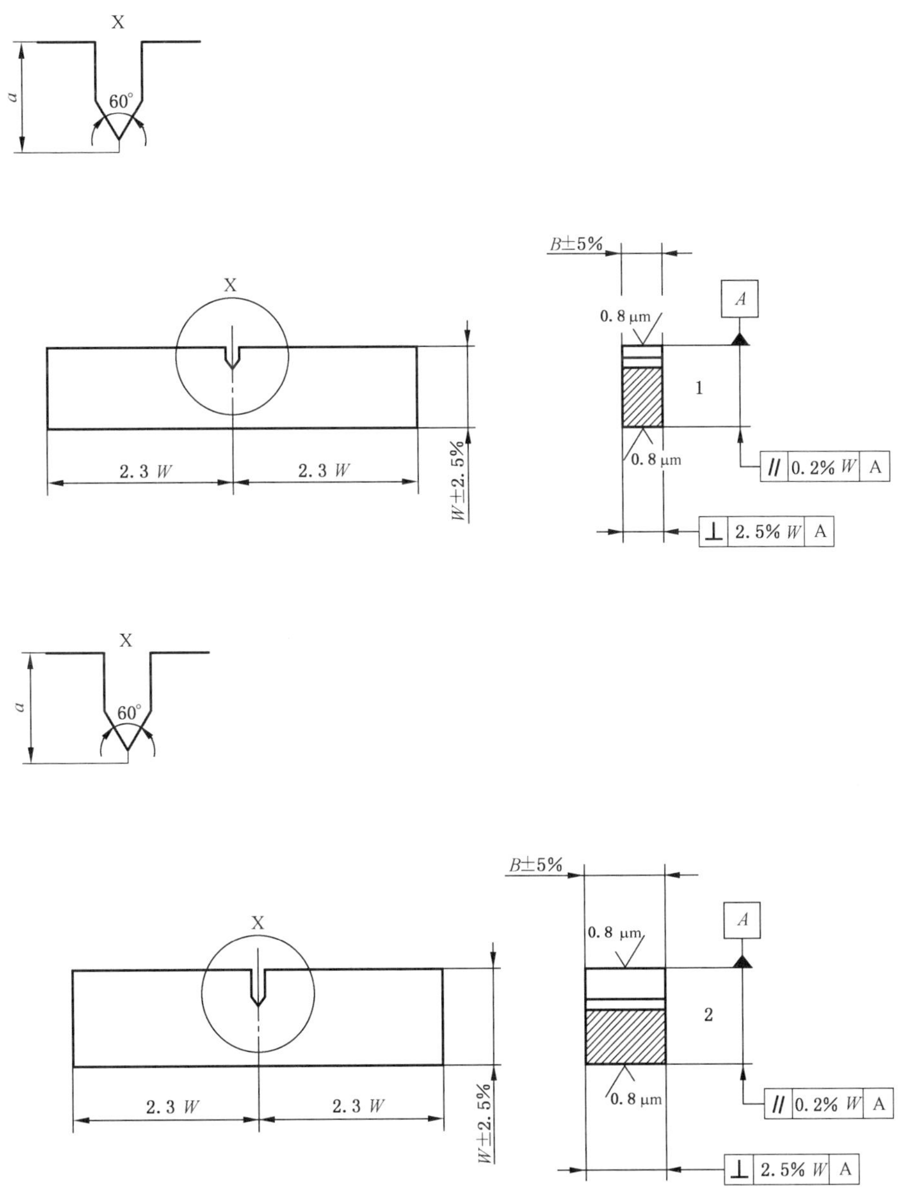

1——长方形截面试样。
宽度＝W
厚度＝B＝0.5W
裂纹长度＝a＝0.45W～0.7W
力跨距－4W
缺口宽度＝0.065W_{max}
试样平直度要求见图6。

2——正方形截面试样。
宽度＝W
厚度＝B＝W
裂纹长度＝a＝0.45W～0.7W
力跨距＝4W
缺口宽度＝0.065W_{max}
试样平直度要求见图6。

图5 断裂韧度试验的弯曲试样尺寸

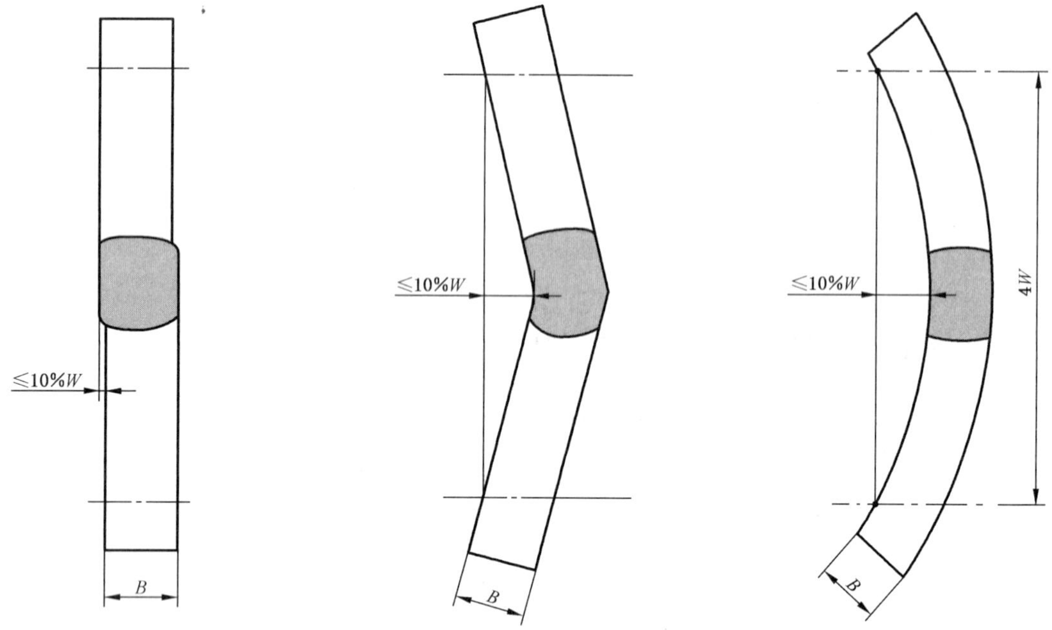

a） 错边　　b） 角变形　　c） 曲面

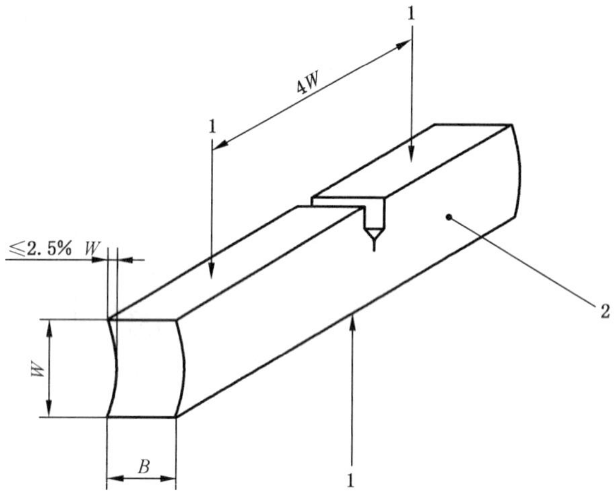

d） 曲面

说明：

1 ——加载点；

2 ——弧面；

4W——跨距。

图 6　弯曲试样所允许的几何尺寸公差

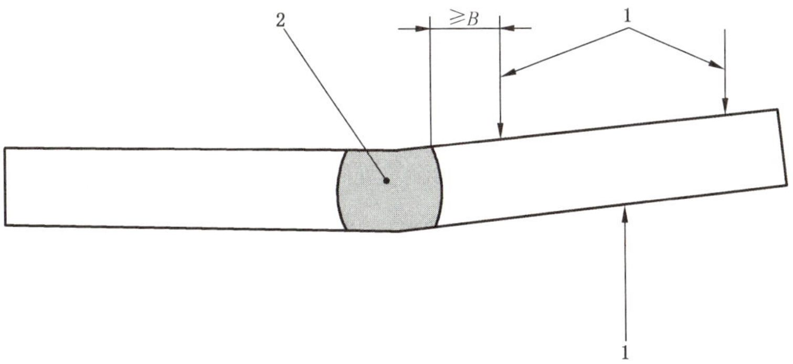

a） 减少角变形

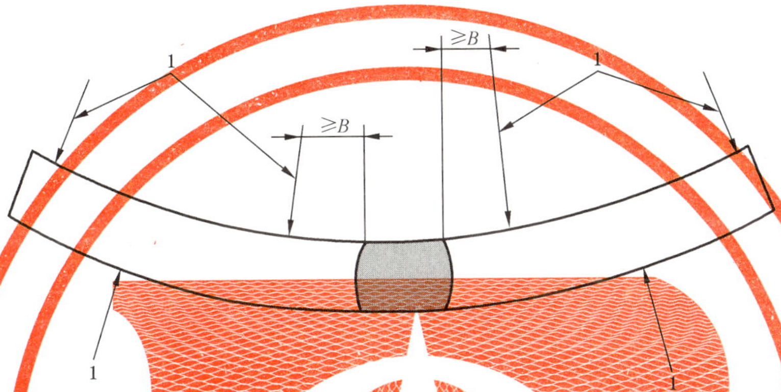

b） 降低管件的曲率（试件两侧分别加载）

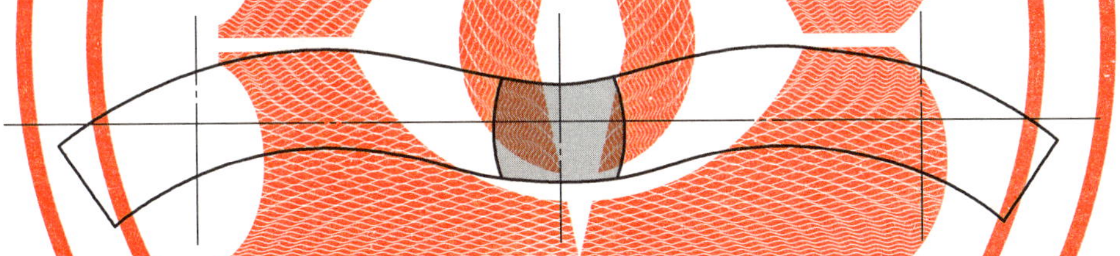

c） 呈现“羽翼”形状的管截面试样

说明：

1——矫直加载点；

2——焊缝。

图 7 弯曲毛坯试样的平直方法

当取自管材的样坯无法矫直时，可从管材上取下一方形块并与一个适当长度的延伸板焊接在一起。该方形块与延伸板组成一个具有足够长度的试样来满足图 6 的曲率要求。方形块与延伸板的焊接位置应远离原焊缝以便不影响待测区域的显微组织。

注 2：激光或电子束焊方法在焊接方形块与延伸板时具有焊缝窄、变形小的优点。

当试样采用全厚度样坯时，机加工量应尽量小，以保证获得接近全尺寸厚度试样的试验结果并满足局部压缩的相应要求（见 C.2）。

焊缝余高部分应加工到与试件母材原始表面具有相同高度的位置。

当焊缝两侧材料厚度相差 10％或更多时，则应按厚度较薄一侧尺寸来加工试样，并应在报告中说明试样原始厚度与机加工后厚度的相应情况。

8.2 贯穿厚度试样缺口位置的确定

NP 裂纹面方向的贯穿厚度试样缺口位置的确定如图 8 所示。在试样待加工缺口表面（面 A）及相对的另一表面上(面 B)均需进行研磨处理并腐蚀显现出焊缝和热影响区轮廓位置。然后沿着特定显微组织区域在面 A 和面 B 各画出一条参考标识线。两条标识线延伸到面 A 和面 B 的同一垂直侧面上。在两条延伸线中间等间距的位置画一条新的标识线,用来最终确定 A 面的缺口加工位置。

注:上述确定缺口位置的方法,其目的是当出现试样轴线方向与焊接方向不垂直且 $a_0/W=0.5$ 的情况时,保证裂纹尖端最终落在目标区域(尤其是 HAZ 试件)。如果 $a_0/W\neq0.5$,可对标识线进行适当调整来保证裂纹尖端最终落在目标区域。

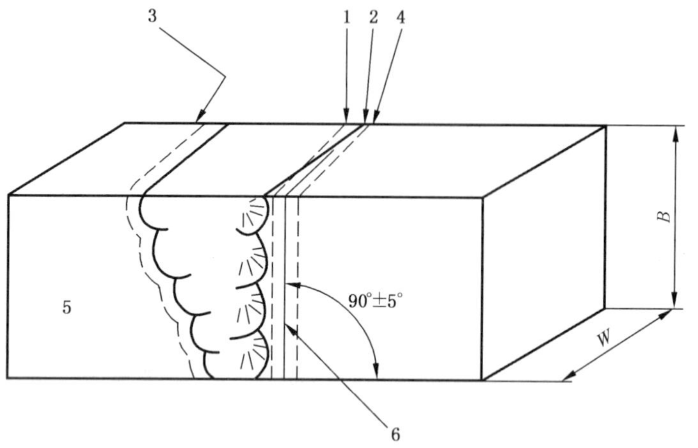

说明:

1——标识线 A;

2——熔合线;

3——面 B(不开缺口面);

4——标识线 B;

5——面 A(开缺口面);

6——缺口。

图 8 应用参考标识线来确定贯穿厚度缺口试样的切口位置

8.3 表面缺口试样缺口位置的确定

表面缺口试样缺口位置的确定如图 9 所示。首先将试样的两个侧面在进行磨削加工之后腐蚀出焊缝和热影响区。在两个侧面上分别从特定显微组织区域画标识线至缺口加工面。两条标识线的横向中间位置进行机械缺口加工。

注:上述确定缺口位置的方法,其目的是当出现试样轴线方向与焊接方向不垂直情况时,保证试样中间厚度处的裂纹尖端最终落在目标区域。

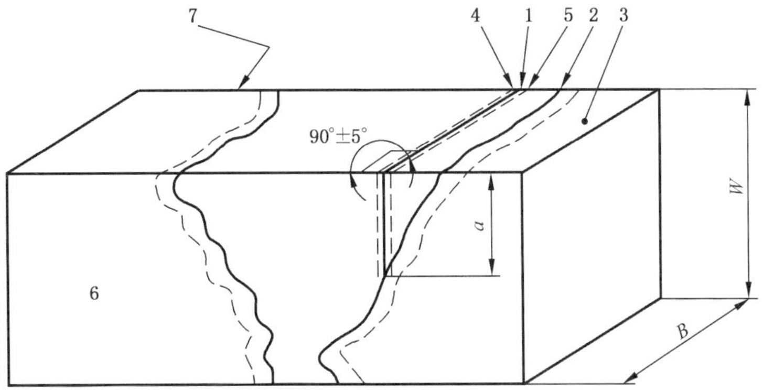

说明：
1——缺口；
2——熔合线；
3——开缺口面；
4——标识线 B；
5——标识线 A；
6——面 A；
7——面 B。

图 9 表面缺口试样缺口位置的确定

8.4 缺口加工

缺口加工应遵循 GB/T 21143 的要求。

9 试样制备

9.1 疲劳裂纹预制

疲劳裂纹预制的一般要求与 GB/T 21143 完全相同。对于焊缝(中心)金属试样，预制疲劳裂纹的最大力 F_f以及最大疲劳应力强度因子 K_f应根据焊缝金属的拉伸性能进行估算，即根据疲劳裂纹所在部位材质的相应力学性能进行估算。而在其他任何情况下，所预制疲劳裂纹的最大力应当使用焊接接头各区域最低的拉伸性能进行估算。

所有焊后热处理或消除应力热处理都应当在预制疲劳裂纹之前进行。

在条件允许的情况下，推荐使用 GB/T 21143 规定的最短预制疲劳裂纹长度，这样使得因疲劳裂纹前缘弯曲而导致裂纹尖端偏离特定待测区域的可能性降到最低。

当预制疲劳裂纹过程中满足 12.4 中有关疲劳裂纹前端平直度的相应要求出现困难时，尤其对于焊态或局部消除焊接残余应力的试样，这时应当考虑使用附录 C 中的试验程序。

注 1： 焊态和局部消除焊接残余应力试样中残余应力的大小和分布取决于母材、焊接工艺参数、拘束水平和焊后试样加工方式等诸多方面。

注 2： 焊接残余应力可能对裂纹前缘平直度有不利的影响，而且可能对最终断裂韧度值有一定影响。

若试样是由已经消除了焊接残余应力的焊接接头加工而成，则可不必按照附录 C 的相应规定进行疲劳裂纹预制。

注 3： 如果试样疲劳裂纹尖端区域的残余应力数值低或残余应力均匀分布，则所预制的疲劳裂纹有可能获得平直的前缘形状。

如果所预制的疲劳裂纹不满足 12.4 中对其前缘不平度的相应要求，则应按照附录 C 的要求修改预制疲劳裂纹的方法。当使用附录 C 中修改的预制疲劳裂纹方法时，其断裂韧度测试结果应当按照 12.4.4 所述方法进行计算。

9.2 侧面开槽试样

对于侧面开槽试样，疲劳裂纹预制按 GB/T 21143 的有关要求进行。

10 试验装置、试验要求及步骤

测定 K_{IC}、δ 和 J 积分的试验装置、试验要求及试验程序应符合 GB/T 21143 的相关规定。

11 试验后金相检查

11.1 概述

对于 SM 试样，为了辨别疲劳裂纹尖端位置是否落在指定的显微组织区域之内，在试验之后应再次进行金相检查。方法是从试样上截取含有断裂面的切片，当检查热影响区试样时，应在焊缝一侧切下含有热影响区的切片。截取切片后，应根据 11.2 和 11.3 的有关规定进行分析，确认疲劳裂纹尖端位置的显微组织。

WP 试样试验后不要求进行切片金相检查。

在脆性断裂情况下，如果已证实疲劳裂纹尖端落入特定显微组织区域之内，但这并不能保证解理裂纹一定启裂于该显微组织。为确认裂纹萌生部位的显微组织，（如有要求）或许有必要进行更进一步的切片与金相检查以验证该组织就是脆性裂纹启裂部位，切片的切取方法、金相检查方法与 pop-in 的评定过程中所采用的方法类似，详见附录 D。

11.2 贯穿厚度缺口试样

11.2.1 切片

对于贯穿厚度缺口试样，切片应垂直断裂表面切割，截取位置距疲劳裂纹尖端的最大长度为2 mm，并保证在试样厚度中心 75％范围含有疲劳裂纹（B 为试样厚度，对于侧开槽试样则为 B_N）（见图 10 中切片 A）。然后，对切片进行金相检查确定疲劳裂纹尖端是否位于特定显微组织范围之内。

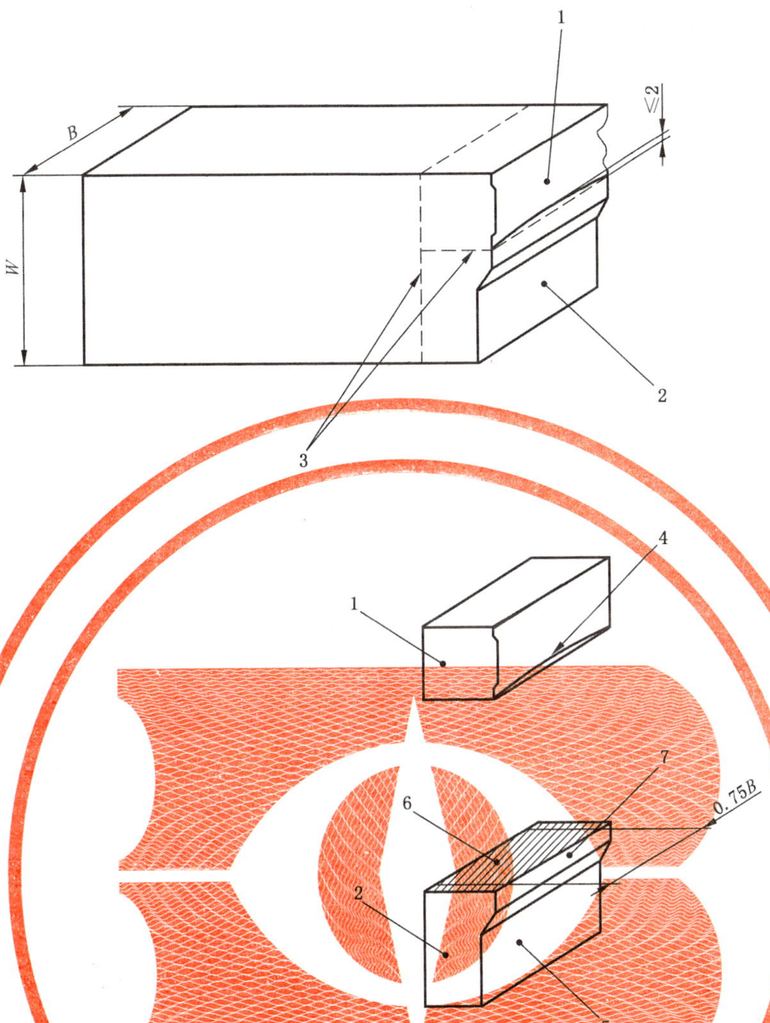

说明：
1——切片 B；
2——切片 A；
3——切口；
4——疲劳裂纹尖端；
5——机械缺口；
6——待检测表面(抛光和腐蚀)；
7——疲劳预制裂纹。

图 10　贯穿厚度缺口试样试验后金相检查切片的切取法

11.2.2　评定

切片金相检查是为了判断在试样厚度中心 75%(B 或者 B_N)范围内，疲劳裂纹尖端部位是否为特定显微组织并记录在试样厚度中心 75%范围内特定显微组织区域的长度及其相应位置。热影响区缺口试样的切片金相检查实例见附录 B。

11.3　表面缺口试样

11.3.1　切片

如果试样发生解理断裂，那么需要采用适当的放大倍数对断裂面进行检查以确定裂纹萌生的确切位置。应至少在靠近断裂裂纹萌生部位制取一个切片，切片平面应垂直于缺口表面与裂纹平面（见图11）。当仅发生裂纹稳定扩展时，切片应在疲劳裂纹尖端最深处截取。

裂纹萌生位置的确定需要目测，有时也会借助于光学显微镜或扫描电镜进行观察确认。

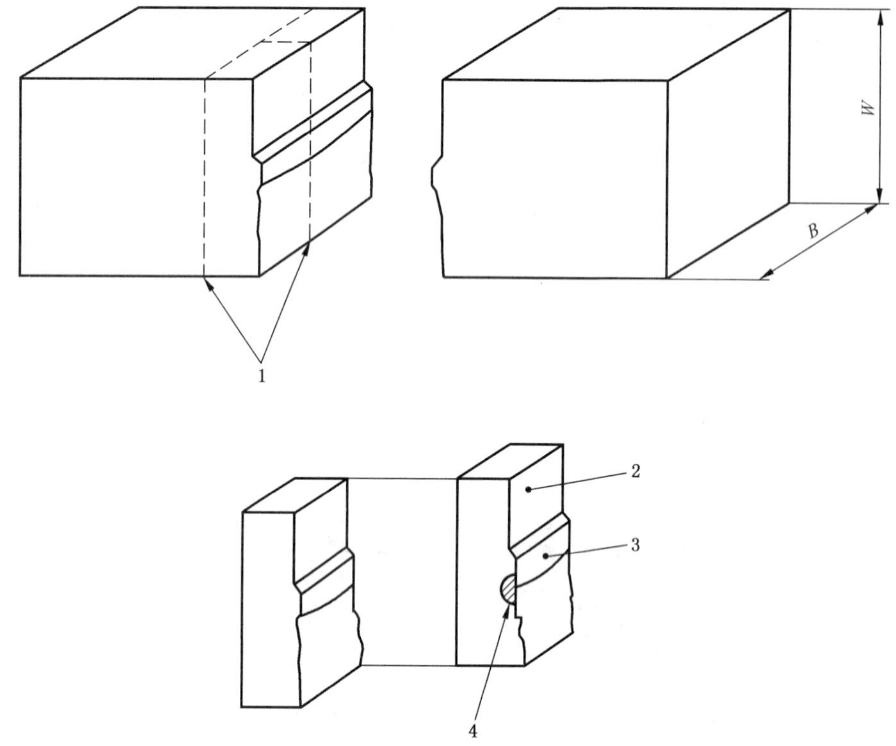

说明：

1——切口；

2——机械缺口；

3——疲劳预制裂纹；

4——待检测表面（抛光和腐蚀）。

图 11　表面缺口试样试验后金相检查切片的切取方法

11.3.2　评定

切片金相检查用以确认疲劳裂纹尖端是否位于特定显微组织区域内。当特定显微组织区位于疲劳裂纹尖端前面时，这两者之间最小距离用 s_1[s_1 的测量准确度至少为±0.05 mm，见图 12 a)]表示。当特定显微组织区位于疲劳裂纹尖端的一侧时，两者之间最小距离用 s_2[s_2 的测量准确度也至少为±0.05 mm，见图 12 b)]表示。

注：为了确定这些距离可能需要在断裂表面两侧截取切片。

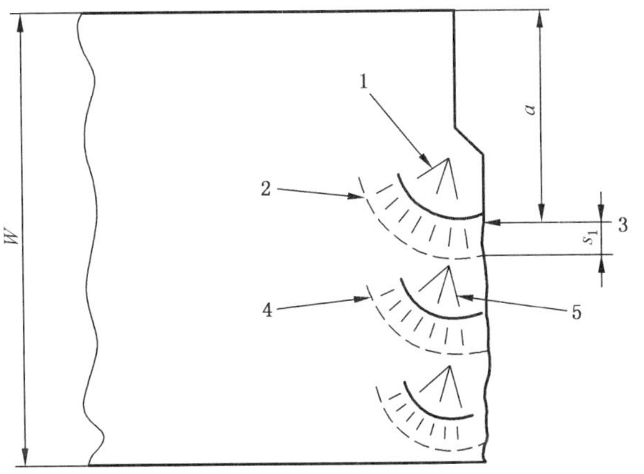

a） 待测区域微观组织位于疲劳裂纹尖端前沿

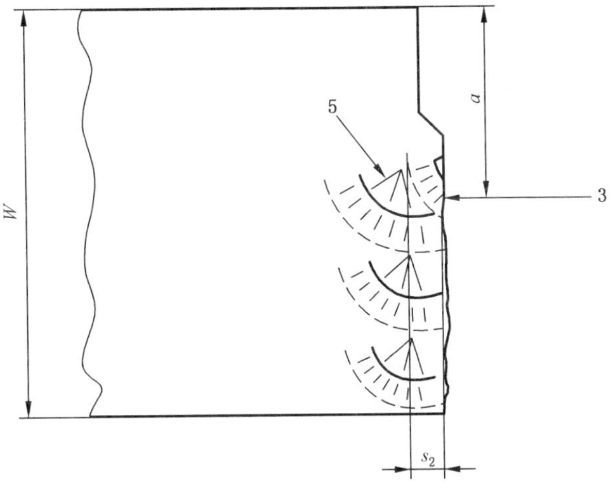

b） 待测区域微观组织位于疲劳裂纹尖端一侧

说明：

1——焊珠；

2——再热焊缝金属；

3——疲劳裂纹尖端；

4——再热焊缝金属；

5——SM 试样(待测区域微观组织)。

图 12 SM 表面缺口试样 s_1 和 s_2 的测量

11.4 pop-in 效应评定

当力下降和位移增加均不足 1%时，该 pop-in 应忽略不计。除非根据附录 D 规定的相应程序进行断口形貌分析和金相检查后认定 pop-in 可忽略，否则应对试验过程中产生的 pop-in 效应予以考虑。

注：GB/T 21143 介绍的有关 pop-in 评定准则主要适用于均质材料的断裂韧度试验，但不一定适用于焊缝金属试样。大量试验表明，对于焊接部位断裂韧度试验，pop-in 尺寸可能与存在于疲劳裂纹尖端区域的脆性材料长度有关，裂纹尖端位置微小的变动会改变 pop-in 尺寸大小。

12 试验分析

12.1 拉伸性能选择

当裂纹尖端完全位于焊缝金属时，应采用全焊缝金属拉伸试样测出其拉伸性能；当裂纹尖端位于或部分位于热影响区时，应采用母材或焊缝二者中较高的拉伸性能。

注：热影响区 CTOD 变化很复杂，总的来说，它受热影响区尺寸、屈服强度以及附近显微组织的影响。当采用母材和焊缝二者中强度较高的拉伸性能时，则能够得到趋于保守的 CTOD 断裂韧度值。

对于碳钢和碳-锰钢，当母材和焊缝的拉伸性能不能直接测量时，采用硬度值来估算其拉伸性能。式(1)～式(4)描述了室温下拉伸性能(MPa)与硬度(HV10)之间的关系：

当 $160<HV10<495$，母材[1]：$R_{p0.2b}=3.28HV10-221$ ……(1)

当 $170<HV10<330$，焊缝：$R_{p0.2w}=2.35HV10+62$ ……(2)

当 $100<HV10<400$，母材：$R_{mb}=3.3HV10-8$ ……(3)

当 $170<HV10<330$，焊缝：$R_{mw}=3.0HV_{10}+22.1$ ……(4)

对于铁素体钢，当试验温度低于室温且在试验温度下的 0.2% 塑性变形量所对应的规定塑性延伸强度没有提供时，低温时的屈服强度关系可用式(5)估算[2]：

$$R_{p0.2}=R_{p0.2}(\text{室温下})+10^5/(491+1.8T)-189 \quad \cdots\cdots(5)$$

式中：

T——试验温度，单位为摄氏度(℃)。

12.2 K_{IC}

测定 K_{IC} 的试验数据分析应根据标准 GB/T 21143 的有关规定执行，但根据 12.1 的相应要求，还应注意考虑如何合理选用 $R_{p0.2}$。

12.3 δ 和 J 积分

标准弯曲或紧凑拉伸试样的 δ 和 J 积分的验数据分析应根据 GB/T 21143 的有关规定执行，但还应同时遵循 12.1 的各项要求。当在试验过程中采用浅缺口弯曲试样($0.10\leqslant a_0/W\leqslant 0.45$)时，则 δ 和 J 积分试验的数据分析计算应按附录 E 的有关规定执行。

12.4 有效性评定

12.4.1 概述

除按 GB/T 21143 的有关规定进行有效性评定外，还应增加下述评定内容。

12.4.2 焊缝宽度与韧带尺寸比

当裂纹位于焊缝金属中心时，如果还可以满足如下条件[3,4]，则 δ 试验的相应步骤应依据本标准进行：

a) 当裂纹位于焊缝中心线：要求焊缝宽度(在试样厚度中心 75% 范围内焊缝两侧熔合线之间的最短距离)与试样厚度中心 75% 范围内韧带尺寸之间的比值大于 0.2，即 $2h/(W-a_0)>0.2$(贯穿厚度缺口试样参见图 13a)和图 13 b)，表面缺口试样参见图 14a)和图 14b)；

b) 当裂纹偏离焊缝中心线：要求有效焊缝宽度(在试样厚度中心 75% 范围内裂纹平面与焊缝熔合线之间的最短距离)与试样厚度中心 75% 范围内韧带尺寸之间的比值大于 0.1，即 $h/(W-a_0)>0.1$(贯穿厚度缺口试样参见图 13c)和图 13d)，表面缺口试样参见图 14c)和图 14d)；

c) 对于 a)、b)两种情况，附加要求是焊缝金属与母材金属 0.2% 塑性变形量所对应的规定塑性延伸强度之比的限定范围是 0.5～1.50，即

$$0.5<R_{p0.2w}/R_{p0.2b}<1.50 \quad \cdots\cdots(6)$$

对于焊缝金属试样，如果焊缝金属与母材金属 0.2% 塑性变形量所对应的规定塑性延伸强度之比为 0.5～1.25，则 J 积分评定程序[3,4]应依据本标准，即

$$0.5 < R_{p0.2w}/R_{p0.2b} < 1.25 \qquad \cdots\cdots(7)$$

对于热影响区试样，δ 和 J 积分评定程序应采用 GB/T 21143 的相应规定（根据 12.1 选用屈服强度计算 δ）。在试验报告中，应分列出母材和焊缝金属的 0.2%塑性变形量所对应的规定塑性延伸强度。

注：焊缝金属 δ 和 J 积分评定结果可能会产生±10%左右的误差。当 $R_{p0.2w}/R_{p0.2b}>1.50$（对于 δ）或 1.25（对于 J 积分），试验结果将比真实值高出 10%以上；而当 $R_{p0.2w}/R_{p0.2b}<0.50$（对于 δ 和 J[3,4]），试验计算结果将比真实值低出 10%以上。当 $0.7<R_{p0.2w}/R_{p0.2b}<2.5$ 时，热影响区 J 积分评定程序可能会产生±5%左右的误差，热影响区 δ 评定程序所产生的误差范围介于－20%～＋10%之间[5]。

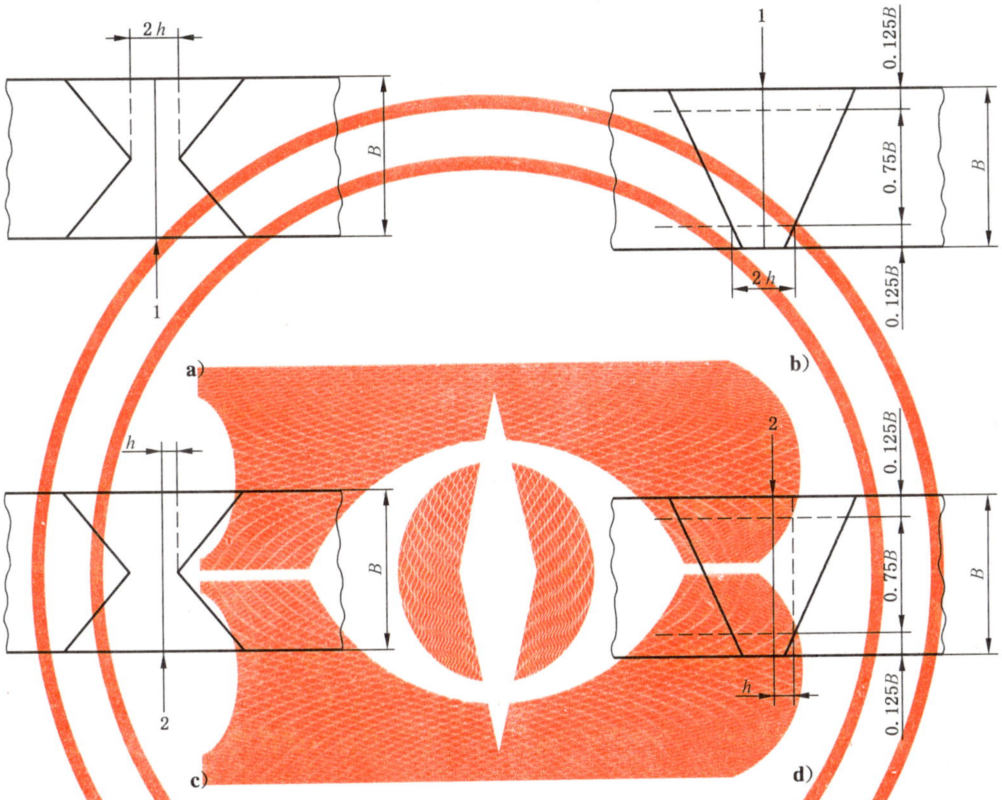

说明：

1——裂纹沿焊缝中心线；

2——裂纹偏离焊缝中心线。

图 13　贯穿厚度缺口试样(NP)焊缝中 h 和 $2h$ 的定义

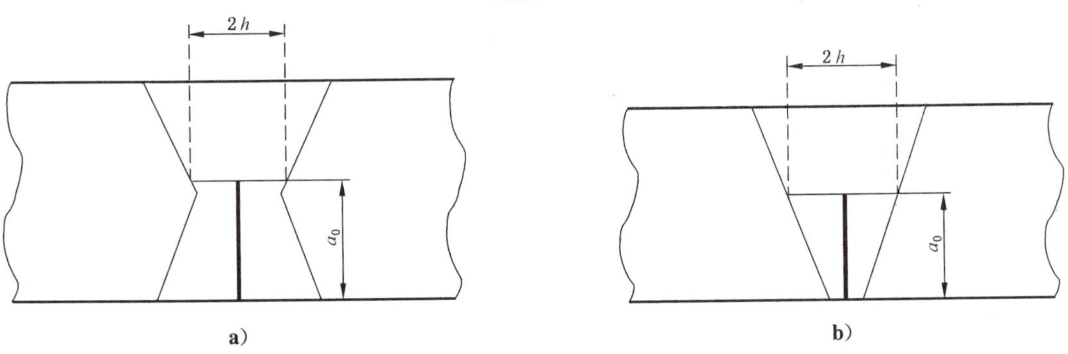

图 14　表面缺口试样(NQ)焊缝中 h 和 $2h$ 的定义

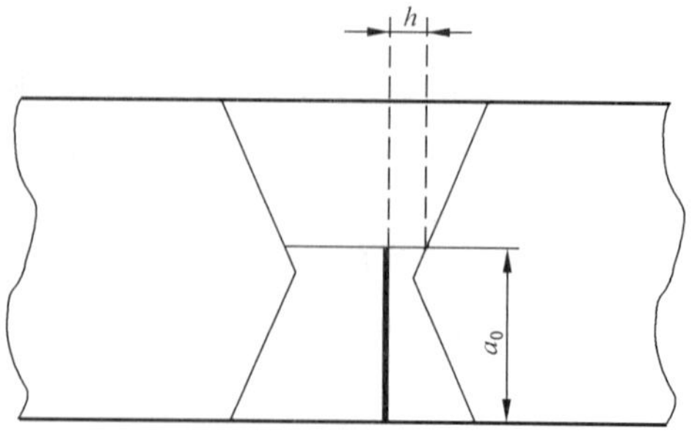

c)

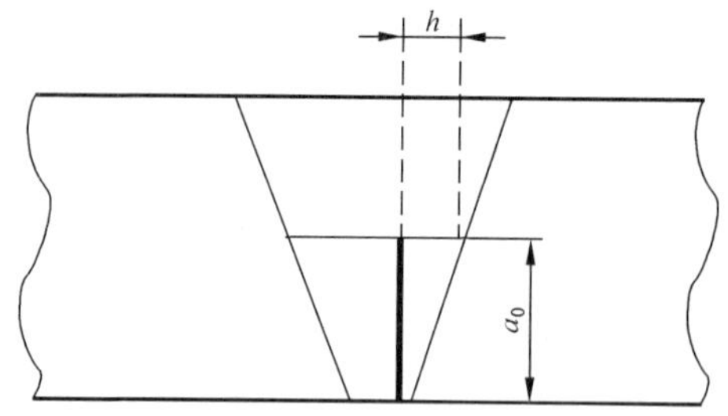

d)

图 14（续）

12.4.3 裂纹平直度要求

当采用弯曲试样进行 δ 和 J 积分试验时，疲劳裂纹前端平直度的要求可放宽到 $20\%a_0$，而对紧凑拉伸试样则不适用。K_{IC}试验（弯曲试样和紧凑拉伸试样两种）的疲劳裂纹前端的平直度要求则应完全遵循 GB/T 21143。

注 1：对裂纹尖端平直度的要求是基于弯曲类型试样的经验获得的[6]。

注 2：为满足 SM 和 WP 试验的要求，不允许降低 K_{IC}试验和采用紧凑拉伸类型试样的 δ 和 J 积分试验对疲劳裂纹前端平直度的要求，如果有必要可采用标准 GB/T 21143 中更为严格的要求。

12.4.4 区别不同断裂韧度值的符号

除了在标准 GB/T 21143 已经定义过的用于区别不同断裂韧度值的符号之外，本标准中还将有下列符号被使用：

a) 如果采用按照附录 C 的相应步骤进行疲劳裂纹预制的试样获得的断裂韧度值，则应采用 K，J，δ（没有上标）来表示；

b) 如果采用没有按照附录 C 的相应步骤进行疲劳裂纹预制的试样获得的断裂韧度值，则应采用 K^M，J^M，δ^M（M 为上标）表示。

12.4.5 贯穿厚度缺口试样

当按照 11.2 对 SM 试样切片所进行金相检验的结果满足下列条件时，才可认定试验测定的断裂韧度是有效的，即疲劳裂纹尖端位于试样厚度中心 75%范围（B 或者 B_N）指定的显微组织区域内。如未满足上述要求，则判定特定显微组织的断裂韧度值没有被测出，即试验结果无效。

12.4.6 表面缺口试样

当按照 11.3 对 SM 试样切片所进行金相检验的结果满足下列条件时，才可认定试验测定的断裂韧度结果有效：疲劳裂纹尖端位于待测区域或者 s_1 和 s_2 值（见 11.3.2）小于 0.5 mm。如果不能满足上述要求，则判定特定显微组织的断裂韧度值没有被测出，试验结果无效。

13 试验报告

应在 GB/T 21143 的有关要求所出具的试验报告基础之上加入以下内容：

a) 指明试样类型，标明试验采用的是焊缝位置 WP 试样还是特定显微组织 SM 试样；

b) 依照图 2、图 3 和图 4 指明裂纹平面方位；

c) 列出焊缝及近缝区母材的原始厚度；
d) 列出试验前宏观金相检查结果(如果需要)；
e) 列出焊缝金属和母材金属拉伸性能及其试验方法；
f) 列出有效焊缝宽度 h(如果需要)；
g) 指明预制平直疲劳裂纹尖端的具体方法，在试验报告应使用 12.4.4 规定的试验结果符号上标标注规则(如果需要)；
h) 根据附录 D，应给出 pop-in 效应的评定结果(如果需要)；
i) 给出疲劳裂纹尖端位置是否位于待测区域的确认结果；
j) 给出 SM 缺口的 s_1 和 s_2 值(如果需要)。

根据附录 E 采用浅缺口弯曲试样进行试验，应给出相应的 a_0/W 值(如果需要)。

附　录　A
（资料性附录）
试样缺口位置示例

本附录给出了焊缝和热影响区(HAZ)贯穿厚度和表面缺口试样的典型缺口位置示例。图 A.1 给出了 WP 试样缺口位置示例，图 A.2 给出了 SM 试样缺口位置示例。

		方位	尺寸 （厚度×宽度）	缺口部位
a)	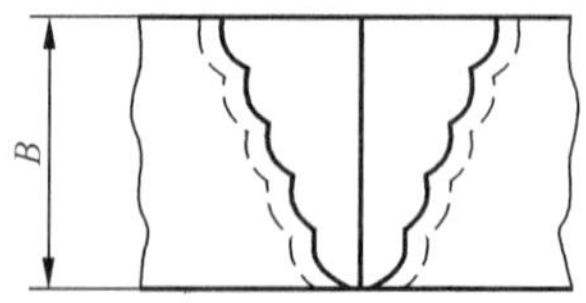	NP	$B\times B$ 或 $B\times 2B$	焊缝金属中心线
b)	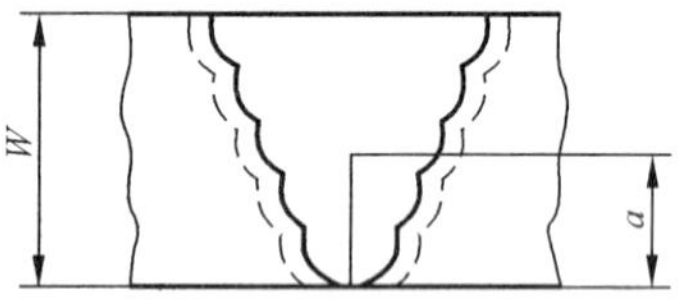	NQ	$B\times B$	起始于焊缝根部的中心线
c)	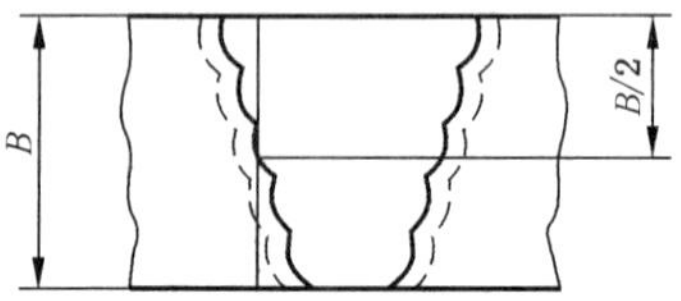	NP	$B\times B$ 或 $B\times 2B$	缺口与熔合区在板中心相交的热影响区
d)	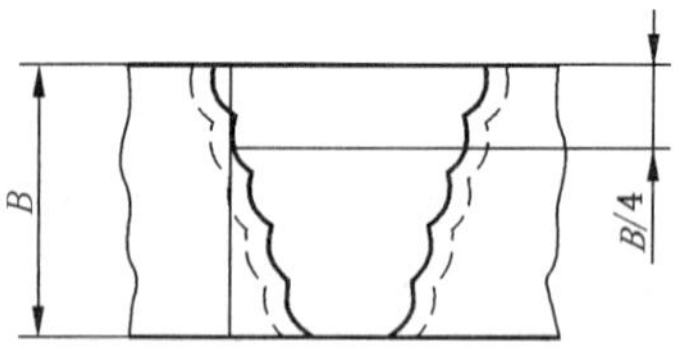	NP	$B\times B$ 或 $B\times 2B$	缺口与熔合区在 1/4 板厚处相交的热影响区
e)	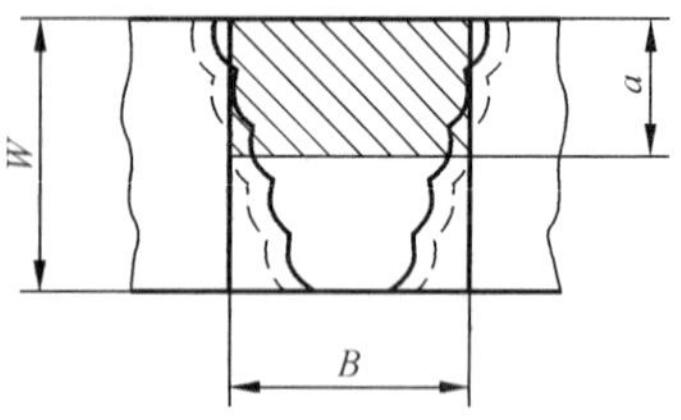	PQ	$B\times B$	横切焊缝

图 A.1　WP 试样缺口位置示例

		方位	尺寸 （厚度×宽度）	缺口部位
f)	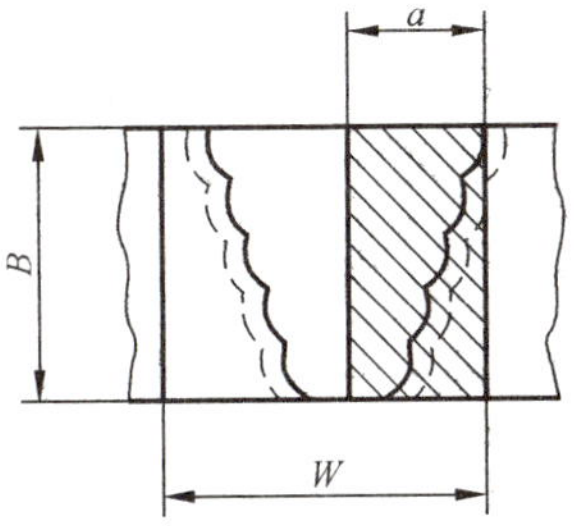	PN	$B \times B$	横切焊缝和焊缝中心线

图 A.1（续）

		方位	尺寸 （厚度×宽度）	缺口部位
a)	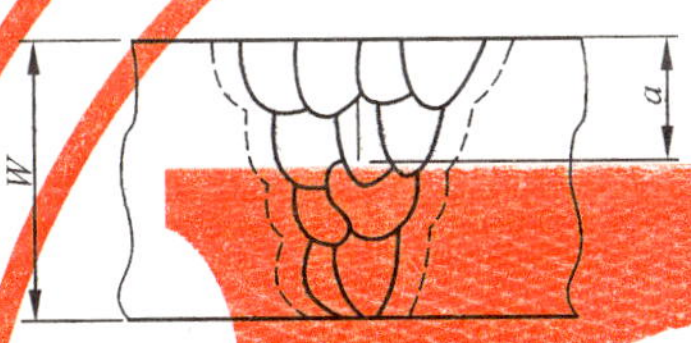	NP	$B \times B$	焊缝中心线为 柱状焊缝金属
b)	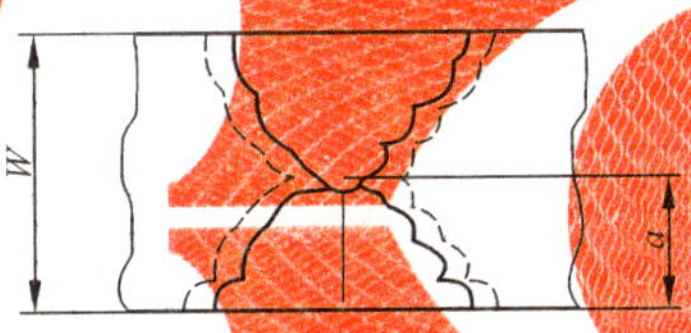	NQ	$B \times B$	先焊一侧焊缝的 根部
c)	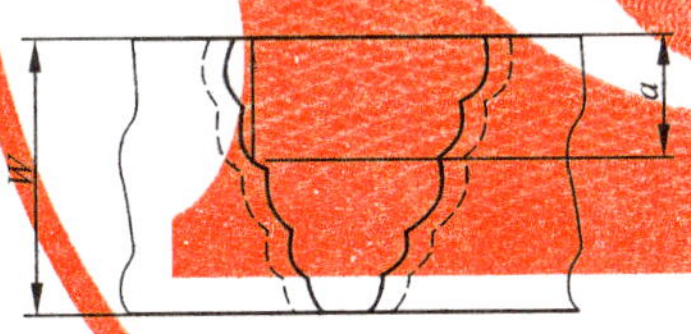	NQ	$B \times B$	靠近柱状焊缝 金属的 GCHAZ
d)	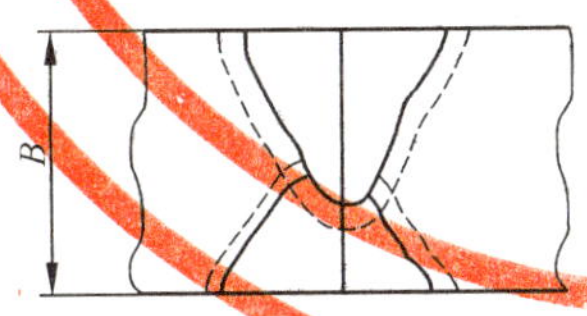	NP	$B \times B$ 或 $B \times 2B$	堆敷柱状焊缝 金属的最大体积处
e)	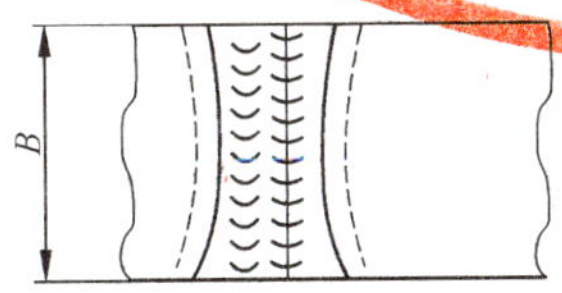	NP	$B \times B$ 或 $B \times 2B$	柱状焊缝 金属的最大体积处

图 A.2　SM 试样缺口位置示例

		方位	尺寸 （厚度×宽度）	缺口部位
f)	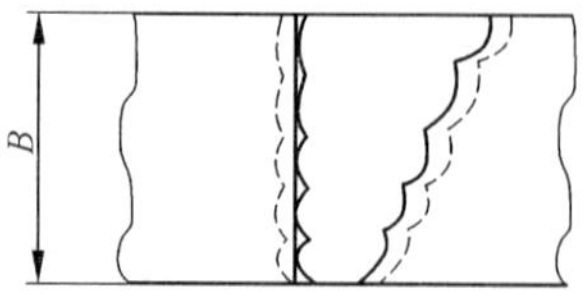	NP	$B \times B$ 或 $B \times 2B$	裂纹前沿位于 HAZ 的一个特定组织区

图 A.2（续）

附　录　B
（资料性附录）
试验前后金相检查示例

对于HAZ(热影响区)SM试样,试验前要进行宏观腐蚀和金相检查。图B.1和图B.2给出了紧邻柱状焊缝金属的HAZ显微组织数量的计算方法。图B.2显示了如何在试样厚度中心75%范围内的宏观金相切面(图B.1)上绘制确定的特定显微组织分布图。在图B.2中沿着理想缺口线分布的各个SM特定显微组织块,其长度通常用λ比表示。在试样厚度中心75%范围内,长度λ的百分比之和(∑λ)即为SM试样特定显微组织的百分数。

对于SM试件,当要求特定显微组织应出现在疲劳裂纹尖端附近时,对图10的切面A要按照图B.2所示的方法绘制显微组织分布图并进行显微组织百分数统计。

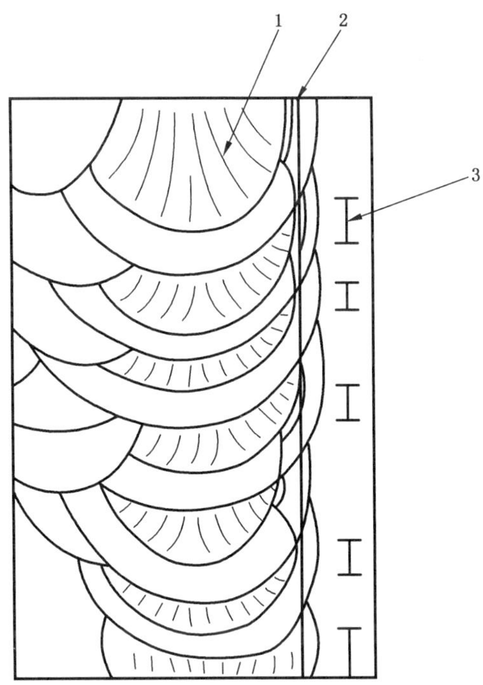

说明：

1——柱状焊缝金属；

2——理想缺口线；

3——柱状焊缝金属对应的热影响区。

图B.1　在宏观金相切面上紧邻柱状焊缝金属的HAZ理想缺口线

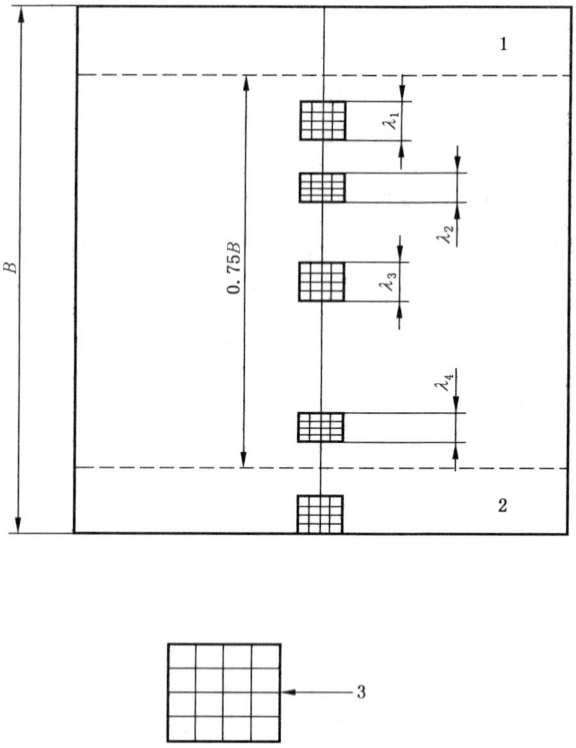

说明：

1——顶部；

2——根部；

3——指定的热影响区。

$$\text{指定的微观组织(在厚度的中心 75\%部位)} = \frac{\sum_{\lambda_1}^{\lambda_n} \lambda}{0.75B} \times 100$$

图 B.2　紧邻柱状焊缝金属的 HAZ 显微组织分布图

附 录 C
（规范性附录）
消除残余应力和预制疲劳裂纹方法

C.1 概述

对焊态或应力部分释放试样，在预制疲劳裂纹之前，可以考虑采用 C.2 或 C.3 介绍的技术手段进行预处理，经相关方协商，其他文献列举并证实有效的预处理方法也可以被采用。并在试验报告中指明所使用预处理技术的名称。

注 1：对于通过焊后热处理消除应力的焊接接头试样一般不需采用此技术。

注 2：焊态或应力部分释放试样会存在一定数值的焊接残余应力，但试样内的残余应力大小与分布可能不同于制备试样的焊接试板。由于残余应力的存在可能导致疲劳裂纹前缘形状不可接受，更有甚者会影响断裂韧度值。经验表明：为了减少这些影响，可以在预制疲劳裂纹之前采用局部压缩的方法降低残余应力大小并且使其分布均匀化[7,8]，当焊缝截面厚度较大时局部压缩处理法不方便采用，这时可采用另一种能够产生平直疲劳裂纹前缘的双循环应力比方法[9]。然而，该方法的缺点是在疲劳裂纹尖端韧带区域($W-a_0$)仍然会保留一定的残余应力，从而影响断裂韧度的测试结果[10]。

注 3：局部压缩方法在特定试验条件下，会影响某些材料的断裂韧性，但是其影响程度很难预测。但是经验表明，与保证裂纹尖端平直度这一有利影响相比，该方法是可取的。

C.2 局部压缩方法

局部压缩的具体方法[7,8]是：在预制疲劳裂纹和开侧槽之前对包括缺口尖端在内的 88%～92% 韧带($W-a_0$)部分用较硬的钢块进行挤压，使其产生约为试样厚度 1% 的压缩塑性变形（见注 1 和注 2）。矩形截面试样的加载方式参见图 C.1。根据试样厚度(B)，即可采用单面压缩的方式，也可采用双面压缩的方式。如果采用双面压缩的方法，应保证两个面均产生 0.5%B 的压缩塑性变形（见图 C.1）。

也可以采用压力较低的多次压缩方法，在这种情况下钢块压面尺寸应大于 0.5B（见图 C.1）。在实施压缩过程应注意最后压缩部位应靠近缺口尖端，此时压缩塑性变形量测量准确度应取 ±0.025 mm 或 ±0.1%B 中的较大值。

对于局部压缩试样还应当注意的是在预制疲劳裂纹力和应力强度因子参量计算中，其 B 值应采用压缩之后的试样厚度进行计算。

注 1：可以对试样两侧面的压缩韧带部分进行表面加工，以便保证加压时表面光滑一致且变形均匀。

导致三点弯曲试样加载部位产生变形的任何韧带背面凸起应加工去除。

注 2：经验表明，1%B 的总变形量对于一些焊缝和母材来说可能太大。因此，为了得到更平直的疲劳裂纹前缘，应减少塑性变形量，有必要通过试验获得最佳压缩值。

注 3：无论选用哪种方法，或者在选用方法时没有可借鉴的经验情况下，建议以实现平直的裂纹尖端为目标。

C.3 双循环应力比方法

双循环应力比方法中，疲劳裂纹的预制分两步，每步采用不同的疲劳循环应力比 R。第一步采用循环应力比 $R=0.1$（也就是常用的预制疲劳裂纹 R 值），预制约 1 mm 长的疲劳裂纹。第二步的疲劳循环应力比 R 增加到 0.7 左右，将疲劳裂纹扩展到预定的长度。需要注意的是在这两个疲劳裂纹预制阶段均采用同一 K_{fmax} 值（最大力所对应的应力强度因子值）。

注：使用 $R>0.1$ 预制疲劳裂纹的方法与 GB/T 21143 的要求不一致，经验表明这种预制疲劳裂纹的方法可能会使断裂韧度的测量值偏高[8,11]。

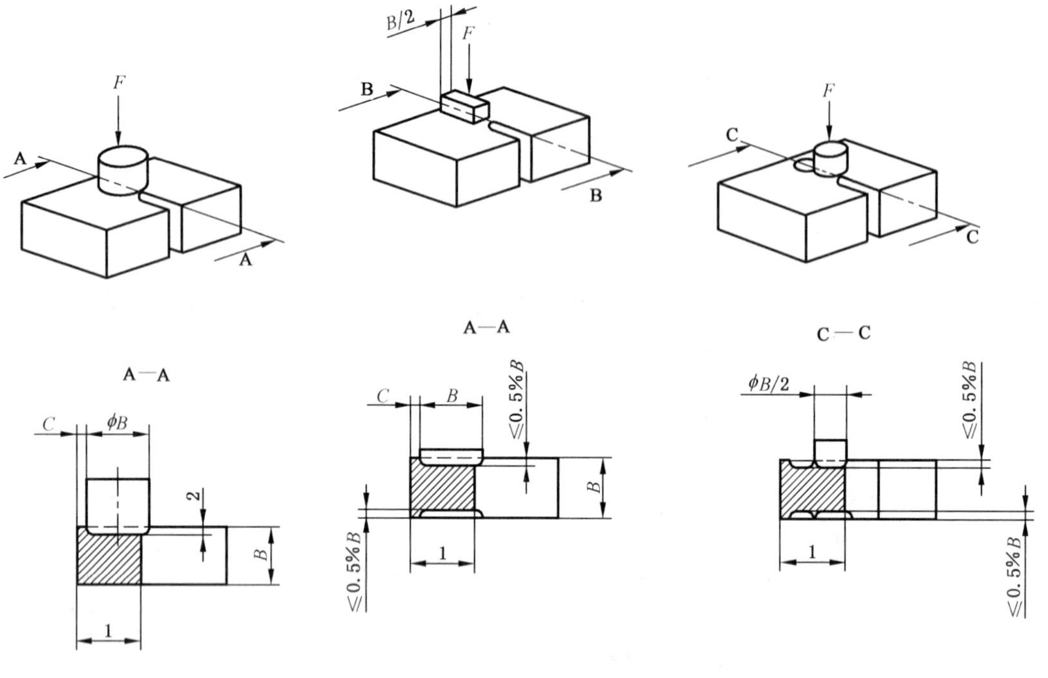

A—A $F=1.4B^2R_{p0.2}$　　B—B $F=0.8B^2R_{p0.2}$　　C—C $F=0.3B^2R_{p0.2}$

说明：

1——W 减去机械缺口长度；

2——1%B(或两侧各 0.5%B)。

$R_{p0.2}$取母材和焊缝金属的较低值。

$C=(8\%\sim12\%)(W-a)$

图 C.1　局部压缩处理的几种方法

附　录　D
（规范性附录）
pop-in 效应评定

D.1　概述

此评定步骤用于评定由 11.4 确定为有效的 pop-in 效应。

根据 GB/T 21143 确认为有效的 pop-in 效应，无需在试验后进行断口分析和金相检查，即可判定为有效的 pop-in 效应。如果根据 GB/T 21143 被判定确认为无效的 pop-in 效应，应根据 D.2～D.5 逐步进行断口分析与金相检查来确定其有效性。

除经过金相检查后被确认无效的 pop-in 效应之外，所有 pop-in 效应都应予以重视。第一次出现 pop-in 效应的 δ 和 J 积分值应分别标记为 δ_{pop} 和 J_{pop}。

D.2　断口分析

对两个断裂表面进行仔细检查，确认在疲劳裂纹平面内有无脆性裂纹止裂现象，并且测出不包括伸张区 SZW(Δa_{pop})在内的脆性裂纹扩展量(见图 D.1)。如果在疲劳裂纹平面内无脆性裂纹止裂现象出现，该 pop-in 效应的确认仍按 GB/T 21143 的有关规定进行。

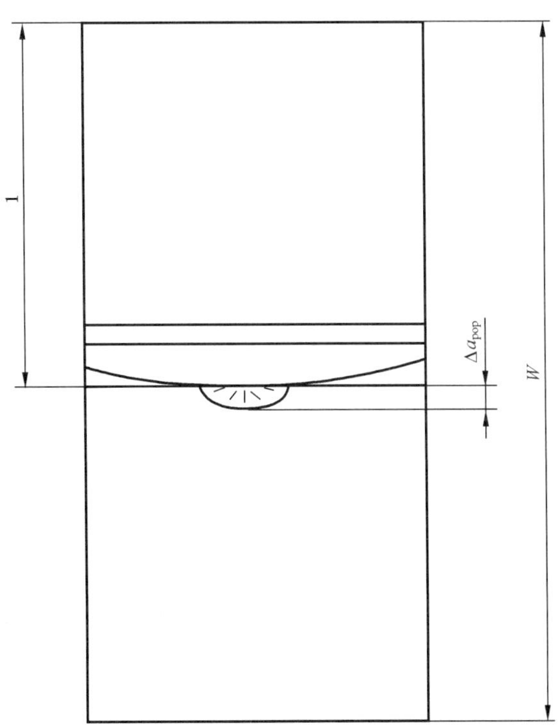

说明：

1——a 或 $a+\Delta a$。

图 D.1　Δa_{pop} 的测量

垂直于疲劳预制裂纹面扩展的裂纹被止住时也可能会引起 pop-in 效应，这情况被认为是“撕裂”。对于由撕裂 pop-in 效应获得的断裂韧度应在报告中予以说明，但此结果可能并不代表预期裂纹面方位材料的断裂韧度，撕裂面的断裂韧度可有必要用不同裂纹面方位的其他试样来确定[12,13]。关于撕裂 pop-in 效应的有效性评定已超出本标准的范围。

D.3 切片与金相检查

将含有脆性裂纹止裂痕迹的两个断面或其中的一个断面用光学显微镜或扫描电镜进行检查，确认裂纹起始部位。如果裂纹尖端位于热影响区内，则应检查靠近焊缝一侧的断面。确认完毕起裂点位置之后，在起裂点部位并沿垂直于疲劳裂纹面的方位截取金相检查切片，用于对起始点进行金相检查。贯穿厚度缺口试样的切片截取方法见图 D.2，表面缺口试样的切片截取方法见图 D.3。切片试样的抛光、腐蚀应按常规的金相方法进行。

D.4 评定

对于贯穿厚度缺口试样，需要测量裂纹产生区域与裂纹尖端平行的特定显微组织长度 d_1 以及在试样厚度中心 75%范围内与裂纹尖端不相交的相似显微组织长度，并记录其最大值 d_2，如图 D.4 所示。当疲劳裂纹尖端不在切片内时，为了测量 d_2，有必要在疲劳裂纹尖端后面再截取切片。对于表面缺口试样，需要测量产生 pop-in 效应的显微组织整体长度 d_1，注意该长度应是位于疲劳裂纹尖端前面的显微组织长度，如图 D.5（为测量 d_1 尺寸可截取多个切片）所示。

D.5 确认 pop-in 效应

根据金相检查结果，判断 pop-in 效应是否可以忽略：

a) 对于贯穿厚度缺口试样，根据 GB/T 21143 计算得到参数 P，如果 P 小于 5%且 $d_1 > d_2$，则可忽略该 pop-in 效应；

b) 对于表面缺口试样，如果 P 小于 5%且 $\Delta a_{pop} < d_1$，则可忽略该 pop-in 效应。

如果 $d_1 < d_2$ 或 $\Delta a_{pop} > d_1$，则确认该 pop-in 效应有效而不能忽略，因为如果取样时获得更多的脆性显微组织或者它们出现在裂纹尖端时，程度更大的 pop-in 效应就可能会出现，因此需进一步试验来确认或排除这种可能性。图 D.6 为 pop-in 评定的流程图。

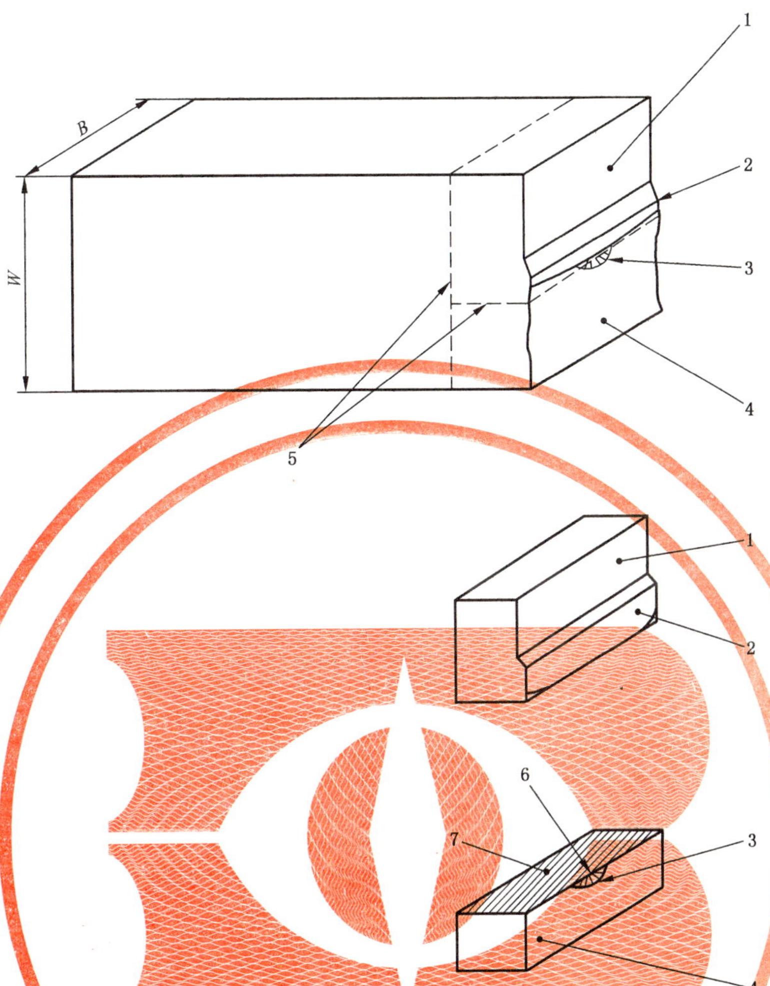

说明：
1——切片 A；
2——疲劳预制裂纹；
3——裂纹停止；
4——切片 B；
5——切口；
6——起裂；
7——待检测表面(抛光和腐蚀)(见图 D.4)。

图 D.2　试验后贯穿厚度缺口试样切片的切取方法及断裂起始点的显微组织检测

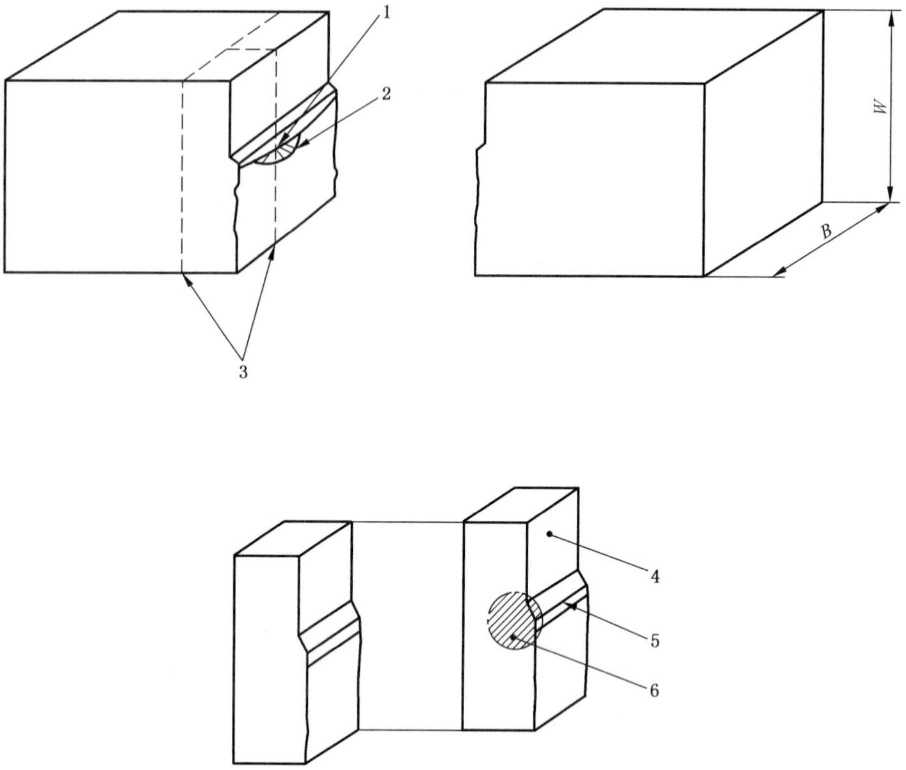

说明：

1——起裂；

2——裂纹停止；

3——切口；

4——机械缺口；

5——疲劳预制裂纹；

6——待检测表面(抛光和腐蚀)(见图 D.5)。

图 D.3　试验后表面缺口试样切片的切取方法及断裂起始点的显微组织检查

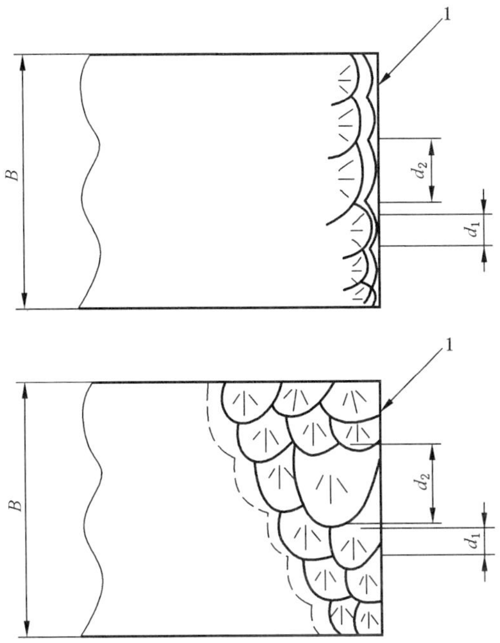

说明：

1——疲劳预制裂纹；

d_1——位于疲劳裂纹面之上且落入断裂萌生区域内的特定 HAZ 组织长度(上面的图)或焊缝金属组织长度(下面的图)；

d_2——试样厚度中心 75％范围内特定 HAZ 组织最大长度(上面的图)或焊缝金属组织最大长度(下面的图)。

图 D.4　贯穿厚度缺口试样切片显微组织 d_1(位于疲劳裂纹前沿)和 d_2(位于疲劳裂纹一侧)的测量(图 D.2 切面 B)

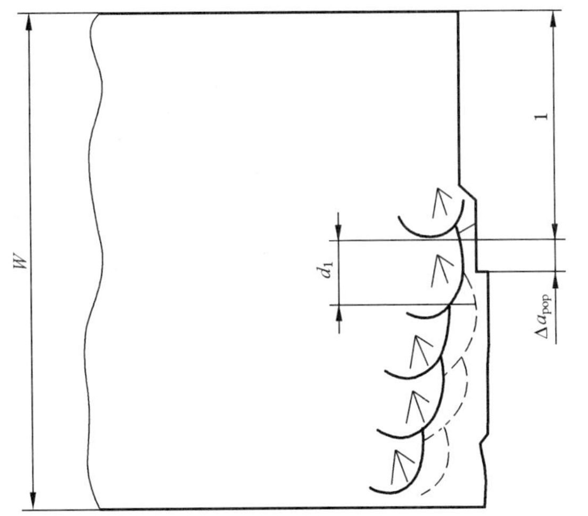

说明：

1——a 或 $a+\Delta a$。

图 D.5　表面缺口试样切片 d_1 和 Δa_{pop} 的测量，见图 D.3 (HAZ 示例)

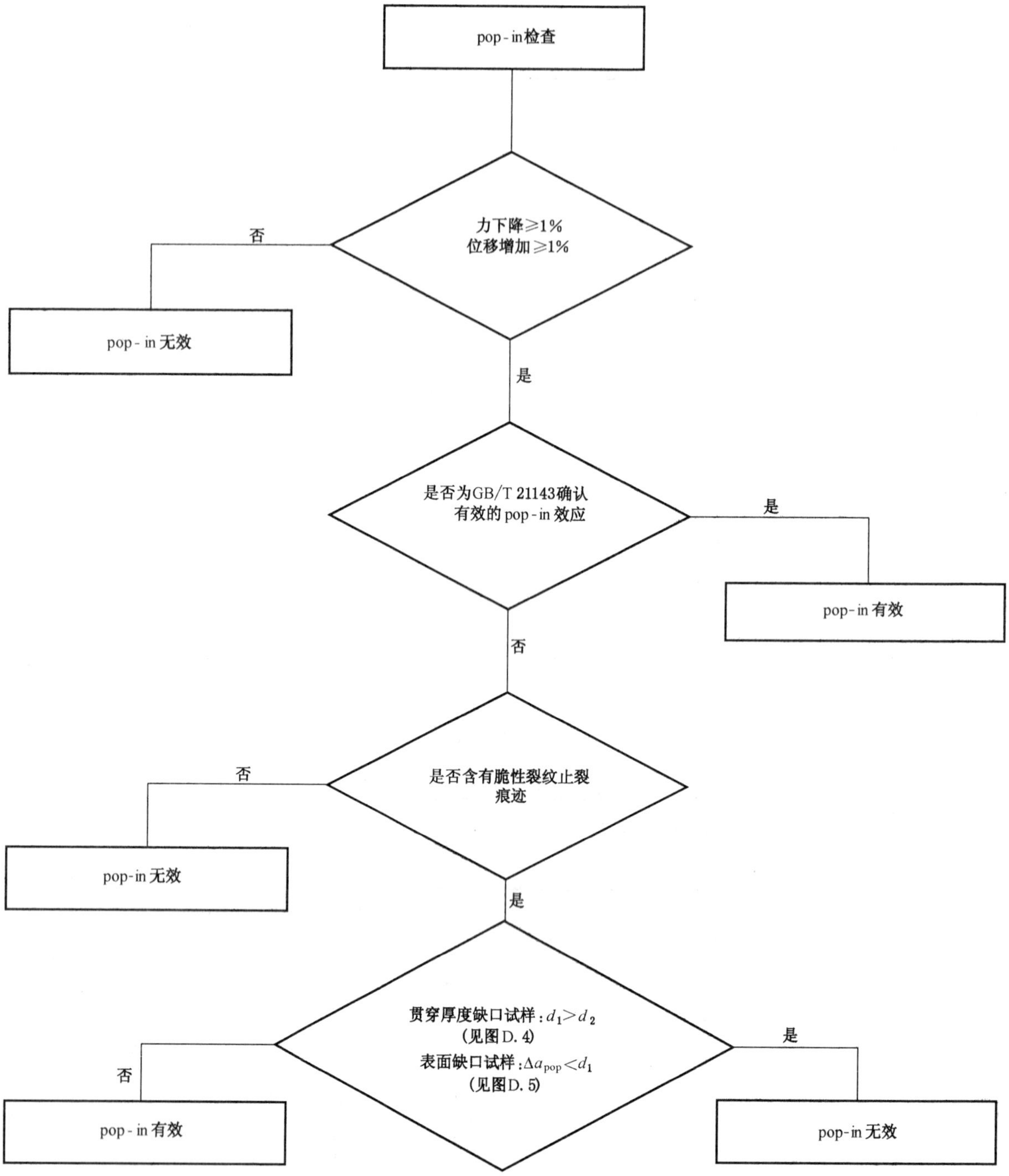

图 D.6　pop-in 评定流程图

附 录 E
(资料性附录)
浅缺口试样试验

E.1 概述

当只能采用浅裂纹弯曲加载试样($0.1 \leqslant a_0/W \leqslant 0.45$)测试特定显微组织的断裂韧度时，经相关方协商，可根据本附录进行相应的断裂韧度测试。除了根据 E.2 和 E.3 进行修正外，浅裂纹试样制备和评定步骤与有关深裂纹试样标准的相应规定完全相同。

注：焊接的特点决定了某些特定显微组织只出现在靠近表面的位置，这样就排除了使用标准深缺口试样的可能性。采用浅缺口试样可以完成这些特定显微组织断裂韧度的测定工作。由于浅缺口试样裂纹尖端拘束度较低，在针对完全相同的疲劳裂纹尖端区域显微组织所进行的断裂韧度测试过程中，采用浅缺口试样测量值一般比深缺口试样要高，这是由于浅缺口试样裂纹尖端拘束度较低的缘故。考虑到最终应用，这种情况能否忽略需由涉及的相关方进行评估。

E.2 试样制备和试验设备

除了裂纹长度在 $0.1 \leqslant a_0/W \leqslant 0.45$ 范围之外，弯曲类型试样应遵循 8.1 和图 5 所示的有关规定。试样刀口类型可以选择 GB/T 21143 中介绍的整体刀口，也可采用图 E.1 所示的附加刀口。当采用整体刀口方式时，可以通过引伸计直接测量裂纹嘴张开位移 V，当采用附加刀口方式时，应采用双引伸计测量裂纹尖端张开位移。

注：对于 a_0/W 接近 0.1 的试样，疲劳裂纹尖端达到 12.4.3 对平直度的要求是很困难的。但是采用附录 C.2 的局部压缩方法对试样进行处理，有利于保证疲劳裂纹平直度。

E.3 J 和 δ 的求解

J 和 δ 的求解步骤按照 GB/T 21143 的有关规定执行，求解方程如下：

三点弯曲类型试样的 K_0 按式(E.1)计算：

$$K_0 = \left(\frac{S}{W}\right)\frac{F}{(BB_NW)^{0.5}} \cdot g_1(a_0/W) \qquad \text{(E.1)}$$

S 为 GB/T 21143 中所定义的跨距，$g_1(a_0/W)$ 的具体关系表达式参见 GB/T 21143。

K_0 是用于计算 F_c，F_u，F_{uc} 和 F_m 对应试样断裂韧度的参量，其确切含义已在 GB/T 21143 中予以具体定义。

三点弯曲类型试样[3,4,5,14]的 J_0 按式(E.2)计算：

$$J_0 = \frac{K_0^2(1-\nu^2)}{E} + \frac{\eta_c A_0}{(BB_N)^{0.5}(W-a_0)} \qquad \text{(E.2)}$$

其中，A_0 为对应于力-裂纹嘴张开位移曲线之下的塑性区域面积：

使用在张开位移 V_c 处对应的 K_c、F_c 和 A_c 计算出的 J_0 计为 J_c；

使用在张开位移 V_u 处对应的 K_u、F_u 和 A_u 计算出的 J_0 计为 J_u；

使用在张开位移 V_{uc} 处对应的 K_{uc}、F_{uc} 和 A_{uc} 计算出的 J_0 计为 J_{uc}；

使用在张开位移 V_m 处对应的 K_m、F_m 和 A_m 计算出的 J_0 计为 J_m。

$$\eta_c = 3.785 - 3.101\left(\frac{a_0}{W}\right) + 2.018\left(\frac{a_0}{W}\right)^2 \quad \cdots\cdots (E.3)$$

当不采用整体刀口时，可用式(E.4)采用双钳式引伸计计算裂纹嘴张开位移。

$$CMOD = V_1 - z_1\left(\frac{V_2 - V_1}{z_2 - z_1}\right) - 2x \cdot \cos\left[\arcsin^{-1}\frac{1}{2}\left(\frac{V_2 - V_1}{z_2 - z_1}\right)\right] + 2x \quad \cdots\cdots (E.4)$$

V_1 与 V_2 分别是对应于安装在缺口表面上 z_1 和 z_2 处钳式引伸计的张开位移值，见图 E.1。

x 为图 E.1 中的距离。

将式(E.2)计算得到的 J_0 带入式(E.5)用来计算 δ_0。如果试样的疲劳缺口开在母材或焊缝金属位置，则采用式(E.6)、式(E.7)和式(E.8)进行计算；如果试样的疲劳缺口位于热影响区部位，则应采用式(E.9)～式(E.18)进行计算[6]。

$$\delta_0 = \frac{J_0}{m\left(\frac{R_{p0.2} + R_{mw}}{2}\right)} \quad \cdots\cdots (E.5)$$

$$m = 1.221 + 0.793(a_0/W) + 2.751n - 1.418n(a_0/W) \quad \cdots\cdots (E.6)$$

$$n = 1.724 - \frac{6.098}{R} + \frac{8.326}{R^2} - \frac{3.965}{R^3} \quad \cdots\cdots (E.7)$$

$$R = \frac{R_{mw}}{R_{p0.2w}} \quad \cdots\cdots (E.8)$$

对于缺口开在焊缝金属位置的试样，在式(E.6)和式(E.8)中分别用 $R_{p0.2w}$ 和 R_{mw} 代替 $R_{p0.2b}$ 和 R_{mb}。

对于热影响区(HAZ)试样：

$$\delta_0 = \frac{J}{m\sigma_{nom}} \quad \cdots\cdots (E.9)$$

$$m = -0.111 + 0.817(a_0/W) + 1.36R_{nom} \quad \cdots\cdots (E.10)$$

$$R_{nom} = \frac{R_{mb} + R_{mw}}{R_{p0.2b} + R_{p0.2w}} \quad \cdots\cdots (E.11)$$

当 $M<1$ 时：

$$\sigma_{nom} = \lambda_u R_{p0.2w} + (1 - \lambda_u)R_{p0.2b} \quad \cdots\cdots (E.12)$$

当 $M=1$ 时：

$$\sigma_{nom} = R_{p0.2} \quad \cdots\cdots (E.13)$$

当 $M>1$ 时：

$$\sigma_{nom} = \lambda_0 R_{p0.2w} + (1 - \lambda_0)R_{p0.2b} \quad \cdots\cdots (E.14)$$

$$M = \frac{R_{p0.2w}}{R_{p0.2b}} \quad \cdots\cdots (E.15)$$

$$\lambda_0 = 0.5\exp[-(1 + 0.01n^2)(M - 1)] \quad \cdots\cdots (E.16)$$

$$\lambda_u = 1 - 0.5\exp\left[-(1 + 0.01n^2)\left(\frac{1}{M} - 1\right)\right] \quad \cdots\cdots (E.17)$$

$$n=\frac{41.34}{[1.464+82.68(R_{nom}-1)]^{0.5}-1.210} \qquad \cdots\cdots(E.18)$$

注：数值分析结果表明，在 $0.1<a_0/W<0.5$，$0.75<M<1.50$，$h/(W-a_0)>0.1$[3,4] 的情况下，J 积分与 δ 按上述步骤试验获得的焊缝金属断裂韧度测试结果的误差小于 10%；在 $0.1<a_0/W<0.5$，$0.70<M<2.50$，$0.5<h/B<1.25$[5,15] 的情况下，获得的热影响区断裂韧度测试结果的误差小于 10%。

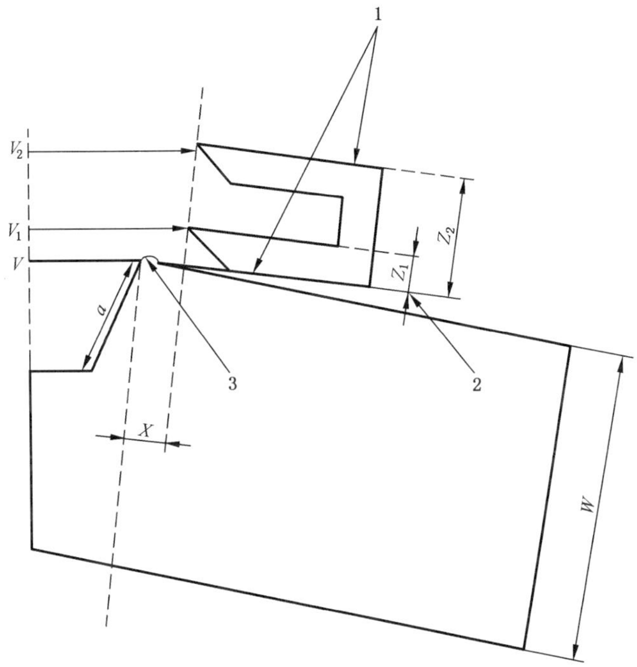

说明：

1——刀口；

2——垫片；

3——微弧 TIG 焊或激光焊。

注 1：刀口与采用微弧 TIG 焊或激光焊方法焊在试样缺口嘴处的钢垫片连接。

注 2：刀口高度 Z_1 和 Z_2 包括钢垫片的高度。

图 E.1　用于计算裂纹嘴张开位移 V 的双钳式引伸计的刀口设计和位置图

参 考 文 献

[1] Hart P H M: 'Yield strength from hardness data'. TWI Research Bulletin, Vol. 16, No. 6, June 1975, pp. 76.

[2] Irwin G R: 'Linear fracture mechanics, fracture transition and fracture control'. Engineering Fracture Mechanics, Vol. 1, No. 2, 1968, pp. 241-257.

[3] Pisarski H G, Want Y Y, Kirk M and Gordon J R: 'The effect of strength mismatch on CTOD and J estimation procedures for weld metal fracture toughness determination'. Offshore Mechanics and Arctic Engineering (OMAE '95) Conference, Copenhagen, ASME Vol. 3, 1995, pp. 77-85.

[4] Pisarski H G, Wang Y Y, Kirk M and Gordon J R: 'The effect of strength mismatch on CTOD and J estimation procedures for weld fracture toughness measurement'. IIW Sub-Commission X-F 'Weld Mismatch Effect', GKSS, Geesthact, Germany, 24-15 April 1995.

[5] Wang Y Y: 'Development of fracture assessment and testing procedures for HAZ cracks-Progress report—Development of J and CTOD correlation equations'. EWI Report 06224-CPG/1/97, December 1997.

[6] Hadley I and Dawes M G: 'Fracture toughness testing of weld metal-results of a European round-robin'. Fatigue Frac. Engng. Mater. Struct. Vol. 19, No. 8, 1996, pp. 963-973.

[7] Dawes M G: 'Fatigue precracking weldment fracture mechanics specimens'. Metal Construction & British Welding Journal, February 1971, pp. 61-65.

[8] Towers O L and Dawes M G: 'Welding Institute research on the fatigue precracking of fracture toughness specimens'. ASTM STP 856, 1985, pp. 23-26.

[9] Koçak M, Seifert K. Yao S and Lampe H: 'Comparison of fatigue precracking methods for fracture toughness testing of weldments'. Proc. Int. Conf. Welding 90-Technology, Material, Fracture-GKSS, Geesthacht, Germany, October 1990, i. i. t. t. International, France, pp. 307-318.

[10] Reemsnyder H S, Pisarski H G and Dawes M G: 'Residual stresses and fatigue precracking techniques for weldment fracture toughness specimens'. Journal of Testing and Evaluation, JTEVA, Vol. 20, No. 6, November 1991, pp. 416-423.

[11] Steffan A A: 'On the effect of R-ratio and K_{fmax} on fracture toughness measurement, fatigue crack propagation and fatigue closure'. Dissertation, Southern Methodist University, Texas, USA, December 1987.

[12] Wiesner C S and Pisarski H G: 'Significance of pop-ins during initiation fracture toughness tests' 3R International, 35, October/November 1996, pp 638-643.

[13] Pisarski H G, Hammond R and Watt K: 'Significance of splits and pop-ins observed during fracture toughness testing of line pipe steel'. Proceedings of IPC2008, 7th International Pipeline Conference, Calgary, Alberta, Canada, 2008, ASME, Paper IPC2008-64676.

[14] Kirk M T and Dodds R H: 'J and CTOD estimation equations for shallow cracks in single edge notch bend specimens'. Journal of Testing and Evaluation, JTEVA, Vol. 21, No. 4, July 1993, pp. 228-238.

[15] WANG, Y. Y., Fracture Mechanics Analysis of HAZ and Interfacial Cracks, CRP summary, EWI report MR9819, November 1998.

ICS 25.160.40
J 33

中华人民共和国国家标准

GB/T 29711—2013/ISO 23279:2010

焊缝无损检测　超声检测　焊缝中的显示特征

Non-destructive testing of welds—Ultrasonic testing—Characterization of indications in welds

(ISO 23279:2010,IDT)

2013-09-18 发布　　2014-06-01 实施

中华人民共和国国家质量监督检验检疫总局
中国国家标准化管理委员会　发布

前　言

本标准按照 GB/T 1.1—2009 给出的规则起草。

本标准使用翻译法等同采用 ISO 23279:2010《焊缝无损检测　超声检测　焊缝中的显示特征》。

与本标准中规范性引用的国际文件有一致性对应关系的我国文件如下：

——GB/T 11345—2013　焊缝无损检测　超声检测　技术、检测等级和评定(ISO 17640:2010, MOD)。

本标准对 ISO 23279:2010 进行了下列编辑性修改：

——删除了国际标准的前言；

——将 ISO 23279:2010 中引用的 ISO 标准，用我国对应的标准代替；

——按照 ISO 11666:2010，在本标准“参考文献”中描述其英文标题。

本标准由全国焊接标准化技术委员会(SAC/TC 55)归口。

本标准起草单位：上海材料研究所、中国特种设备检测研究院、江苏方天电力技术有限公司、济宁瑞祥模具有限责任公司(山东济宁模具厂)。

本标准主要起草人：姜炜、金宇飞、丁杰、庄志强、郑晖、马君鹏、魏忠瑞、王森、张文杰、马君、奚力峰。

焊缝无损检测　超声检测
焊缝中的显示特征

1　范围

本标准规定了如何来表征内部显示，即把它们分类为平面型或非平面型。

本标准也适用于去除焊缝余高后裸露在焊缝表面的显示。

2　规范性引用文件

下列文件对于本文件的应用是必不可少的。凡是注日期的引用文件，仅注日期的版本适用于本文件。凡是不注日期的引用文件，其最新版本(包括所有的修改单)适用于本文件。

ISO 17640　焊缝无损检测　超声检测　技术、检测等级和评定(Non-destructive testing of welds—Ultrasonic testing—Techniques，testing levels，and assessment)

3　原则

根据以下参数，将显示分类为平面型或非平面型：

a)　焊接技术；

b)　显示的几何位置；

c)　最大回波幅度；

d)　定向反射；

e)　静态回波波形(例如：A-扫描)；

f)　动态回波波形。

综合考虑上述每一个参数，即会得到准确的分类结果。

作为指导，图 A.1 给出了适于常规应用的焊缝内部显示的分类。图 A.1 宜结合上述所列的前 2 个参数进行应用，而不能独立分开考察。

本标准规定的分类流程，也适于去除焊缝余高后裸露在焊缝表面显示的分类(见图 1)。

单位为毫米

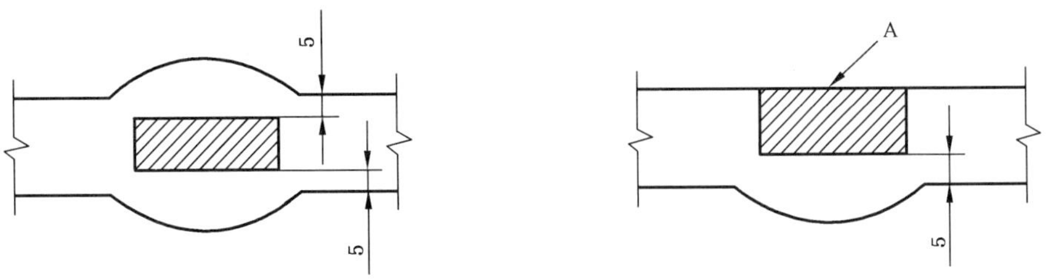

说明：

A——磨平的焊缝。

图 1　焊缝中显示的位置

4 准则

4.1 概述

显示是按以下几个准则依次进行分类：

a) 回波幅度；

b) 定向反射；

c) 静态回波波形(A-扫描)；

d) 动态回波波形。

以上准则可通过流程图来实施(见附录A)。

对显示进行判断和特征分类时，推荐选用相同的探头。流程图将显示分类系统标准化。通过与距离波幅曲线(DAC)的比较，或与来自不连续的不同方向的最大回波幅度相比较，定义几个阈值(以分贝表示)。

流程图中不同步骤采用的阈值，见表A.1。

流程图分为5个步骤：

a) 步骤1：非常低的回波幅度显示，不分类；

b) 步骤2：高回波幅度显示，分类为平面型；

c) 步骤3：主要分类未熔合；

d) 步骤4：主要分类夹杂物；

e) 步骤5：主要分类裂纹。

注：根据流程图，夹杂物与未熔合同时存在的混合型显示，分类为平面型。图A.2给出了该类型伤的一个示例。

4.2 回波幅度准则(步骤1和步骤2)

4.2.1 低回波幅度(步骤1)

回波幅度低于ISO 11666规定评定等级的(图A.1中定义为T_1)显示是无关紧要的，不应进行表征，可验收。

对于特殊应用，如果技术协议中有规定，T_1值可再降低。

4.2.2 高回波幅度(步骤2)

回波幅度不低于参考等级+6 dB(在图A.1中定义为T_2)的显示，分类平面型显示。

4.3 定向反射准则(步骤3)

4.3.1 基于显示长度的适用性判定

流程图中的步骤3应仅用于显示长度超过：

a) t，8 mm≤板厚t≤15 mm时；

b) $t/2$或15 mm，取两者较大值，板厚t>15 mm时。

没有超过以上规定长度的显示，按步骤4处理。

4.3.2 应用条件

执行如下应用条件：

a) 所比较的回波应来自同一反射体；

b) 回波的比较应在显示的回波达到最高位置$H_{d,max}$时进行；

c) 当同时使用直探头和斜探头时，应选择合适的探头频率，使得横波和纵波的波长近似相等(如 4 MHz 的纵波和 2 MHz 的横波)；

d) 当使用 2 个或多个斜探头时，标称折射角之差应大于等于 10°；

e) 若是对通过焊缝的回波与仅通过母材的回波进行比较，焊缝中的衰减应予以考虑。

4.3.3 准则

对于同一显示，比较最高回波幅度 $H_{d,max}$ 与从其他方向得到的最低回波幅度 $H_{d,min}$。

为满足定向反射，应同时符合如下条件：

a) $H_{d,max} \geqslant T_3$(参考等级－6 dB)；

b) 从 2 个不同方向得到的显示回波幅度之间的差值 $|H_{d,max}-H_{d,min}|$，至少为：

  1) 9 dB，仅用横波斜探头，或

  2) 15 dB，用 1 个横波斜探头和 1 个纵波直探头。

定向反射取决于折射角和检测条件(半跨距，全跨距)。

不同检测方向的示例，参见图 B.1。

应用本准则的一个示例，参见图 B.2。

4.4 静态回波波形准则(步骤 4)

在此步骤，显示的静态回波波形(例如：A 扫描)与参考反射体(3 mm 直径的横孔)的静态回波波形进行比较。

如果静态回波波形单一且平滑，将显示分类为非平面型。

如果静态回波波形既不单一也不平滑的，按步骤 5 处理。

应至少从 2 个方向进行检测，才符合本准则。

4.5 横向动态回波波形准则(步骤 5)

显示的横向动态回波波形，是探头按 ISO 17640 要求沿垂直于显示长度方向移动时所获得的回波包络线。分析时不仅要考虑包络线，也要考虑包络线内的回波变化情况。

显示的分类取决于获得的波形：

a) 波形 1：单一的非平面型显示；

b) 波形 2：不属于波形 1 的非平面型显示；

c) 波形 3 和波形 4：平面型显示，如果观察到有 2 个方向的最高反射，或如果只观察到 1 个反射方向，采用附加检测(见 4.6)；

d) 波形 5：密集的非平面型显示。

  附录 C 给出了波形分类规则。

  应至少从 2 个方向进行检测，才符合本准则。

4.6 附加检测

在有怀疑的情况下，执行附加检测，例如：

a) 增加反射方向或探头；

b) 分析探头平行于显示长度方向移动时获得的回波包络线。[参见图 C.1 c)、图 C.2 c)、图 C.3 c)、图 C.4 c)和图 C.5 c)]；

c) 使用其他无损检测方法获得的结果(例如射线检测)。

以上所列项不受限制。

附 录 A

（规范性附录）

焊缝中的内部显示分类 流程图

流程图见图 A.1。

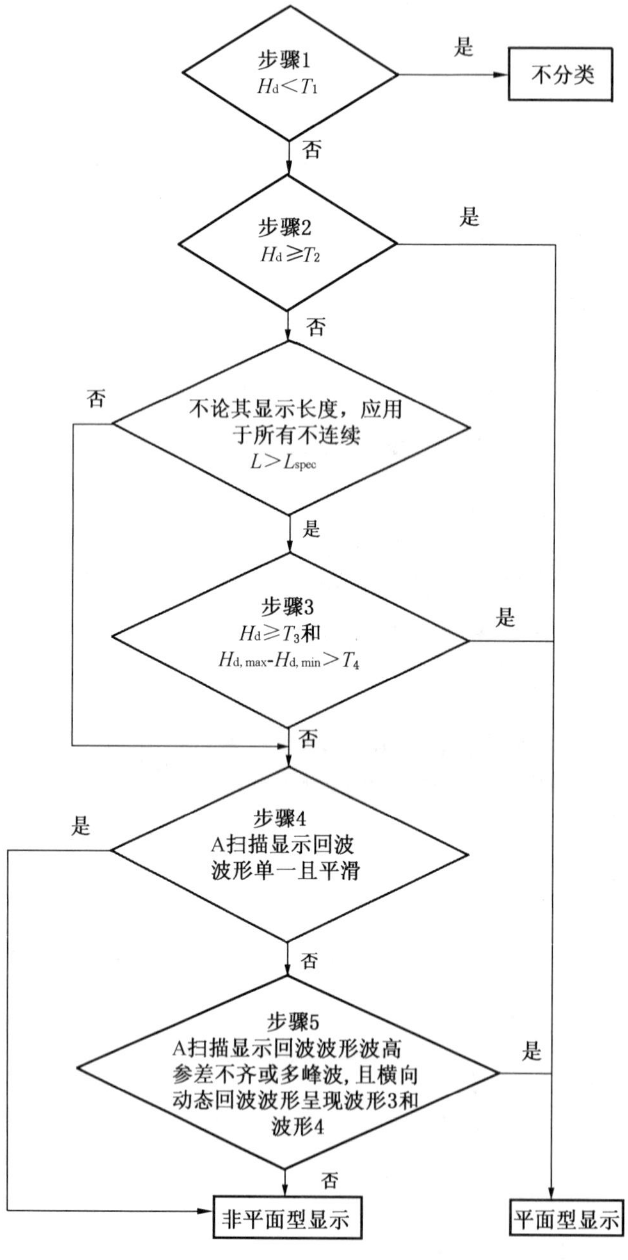

说明：

H_d ——显示回波幅度；	$H_{d,min}$——最低回波幅度；	L_{spec} ——规定长度；
$H_{d,max}$ ——最高回波幅度；	L ——长度；	T_1，T_2，T_3，T_4——见表 A.1。

图 A.1 流程图

表 A.1 流程图中使用的阈值

阈	T_1	T_2	T_3	T_4
阈值	评定等级	参考等级+6 dB	参考等级−6 dB	9 dB[a] 或 15 dB[b]

[a] 横波。

[b] 横波和纵波反射之间。

步骤 1(T_1,例如评定等级):所有显示回波幅度≤T_1 时,不分类。

步骤 2(T_2,例如参考等级+6 dB):当显示达到至少 2 倍参考回波时,分类为平面型。

步骤 3(T_3,例如参考等级−6 dB):当显示回波幅度至少达到参考回波一半,且反射回波幅度差值大于或等于 T_4,分类为平面型显示。

——当 2 个探头都做横波检测时,T_4=9 dB;

——当 1 个探头做横波检测,另 1 个探头做纵波检测时,T_4=15 dB;

入射至显示上的超声声束的角度之间应至少差 10°。

应在显示的相同区域进行比较。

步骤 4 和步骤 5:符合本准则应至少从 2 个方向进行检测。

步骤 5:若动态回波波形与图形 3 不吻合,分类为非平面型。

回波波形的定义,参见附录 C。

夹杂物和未熔合同时存在的混合型显示,在流程图中将其分类为平面型,见图 A.2 所示。

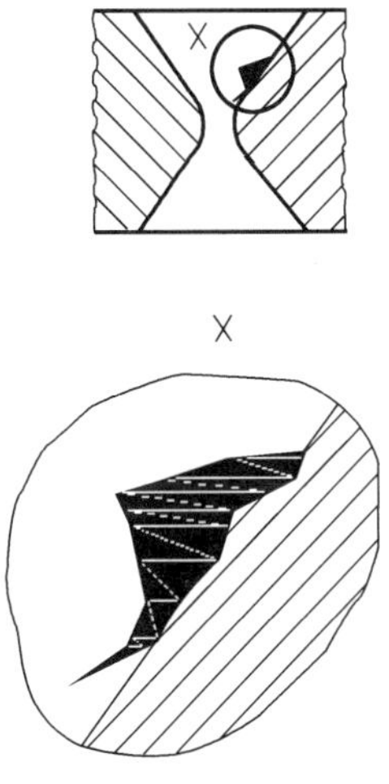

图 A.2 夹杂物和未熔合同时存在的混合型显示示例

附　录　B
（资料性附录）
定向反射

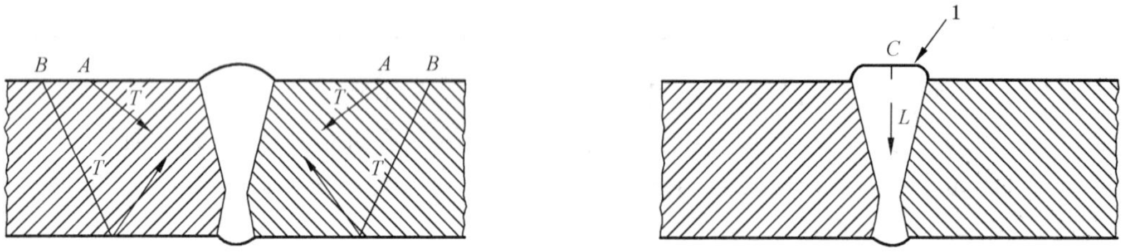

说明：

A、B、C——探头位置；

L　　——纵波；

T　　——横波；

1　　——焊缝打磨部位。

图 B.1　检测方向示例

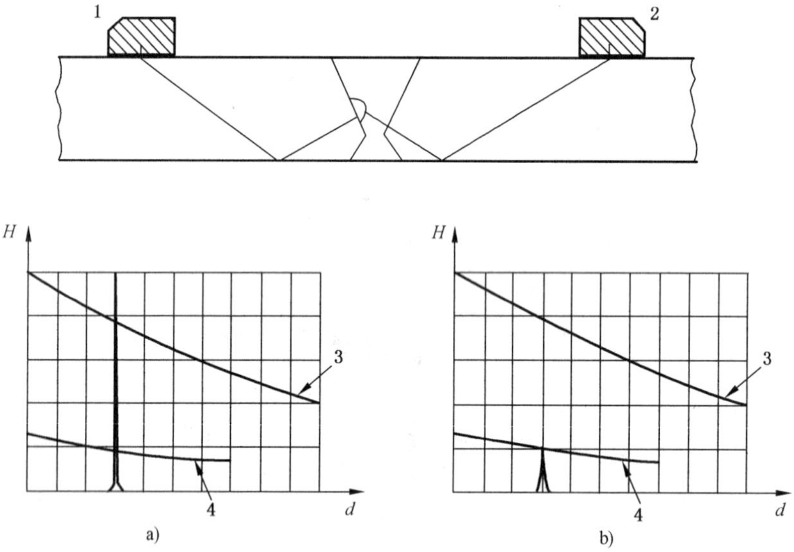

说明：

1 ——位置 1；

2 ——位置 2；

3 ——参考等级；

4 ——参考等级－9 dB；

d ——声程；

H——回波幅度。

图 B.2　定向反射准则的应用示例

附 录 C
（资料性附录）
反射体的基本动态波形

C.1 波形 1

类似点状反射体的波形，参见图 C.1 所示。探头在任意位置时，A 型显示为单一尖锐回波。探头移动时，A 扫回波平滑地上升至最高波后，再平滑地降至噪声电平。

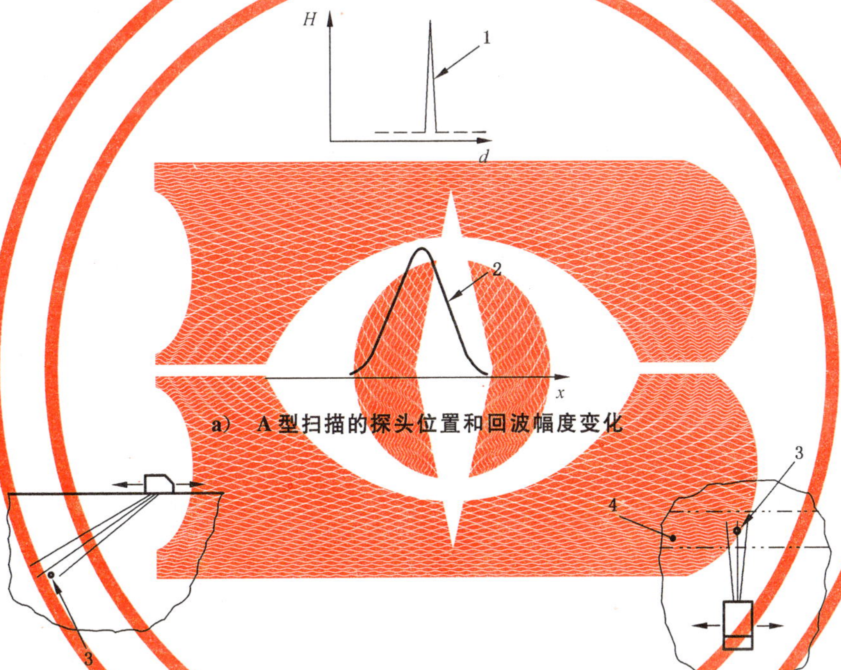

a） A 型扫描的探头位置和回波幅度变化

b） 厚度方向上的典型示例　　　　c） 长度方向上的典型示例

说明：

1 ——A 型扫描；
2 ——波峰的变化；
3 ——反射体；
4 ——焊缝；
d ——水平时基线范围；
H——回波幅度；
x ——探头位置。

图 C.1 超声响应的波形 1

C.2 波形2

有一定延伸长度的光滑反射体波形，参见图C.2。探头在任意位置时，A型显示为单一尖锐回波。当超声波束沿着反射体移动时，A扫回波平滑地上升至某一高度并保持峰值在4 dB之内变化。声束离开反射体时，再平滑地降至噪声电平。

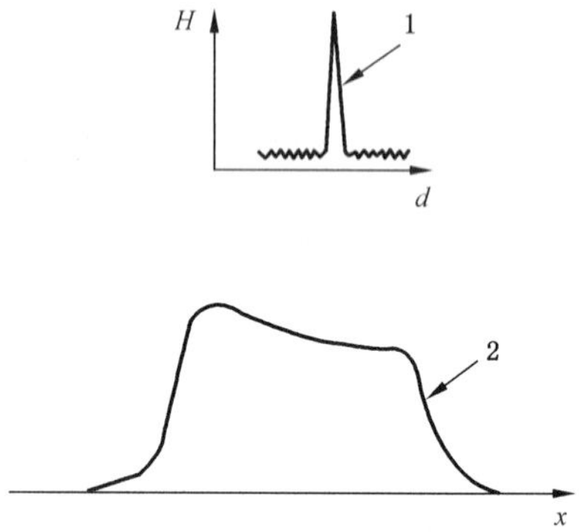

a） A型扫描的探头位置和回波幅度变化

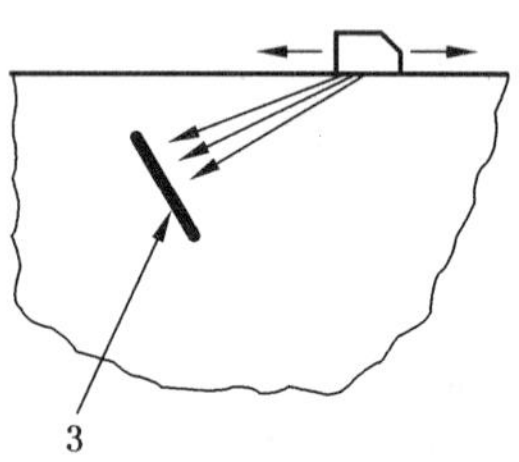

b） 厚度方向上的典型示例

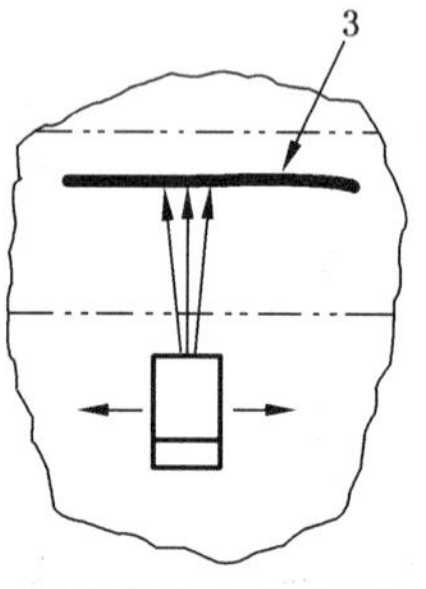

c） 长度方向上的典型示例

说明：

1 ——A型扫描；

2 ——波峰的变化；

3 ——反射体；

d ——水平时基线范围；

H——回波幅度；

x ——探头位置。

图C.2 超声响应的波形2

C.3 波形3

有一定延伸长度的粗糙反射体波形，波形的变化有2种，主要取决于探头声束入射至反射体的角度。

第1种：探头声束近似垂直入射至反射体，参见图C.3所示。探头在任意位置时，A型显示为单一锯齿状回波。当探头移动时，A扫回波明显(>±6 dB)的随机的回波幅度变化。产生该现象的主要原因为反射回波来自于反射体的不同面，或多个面的反射回波随机干涉产生的。

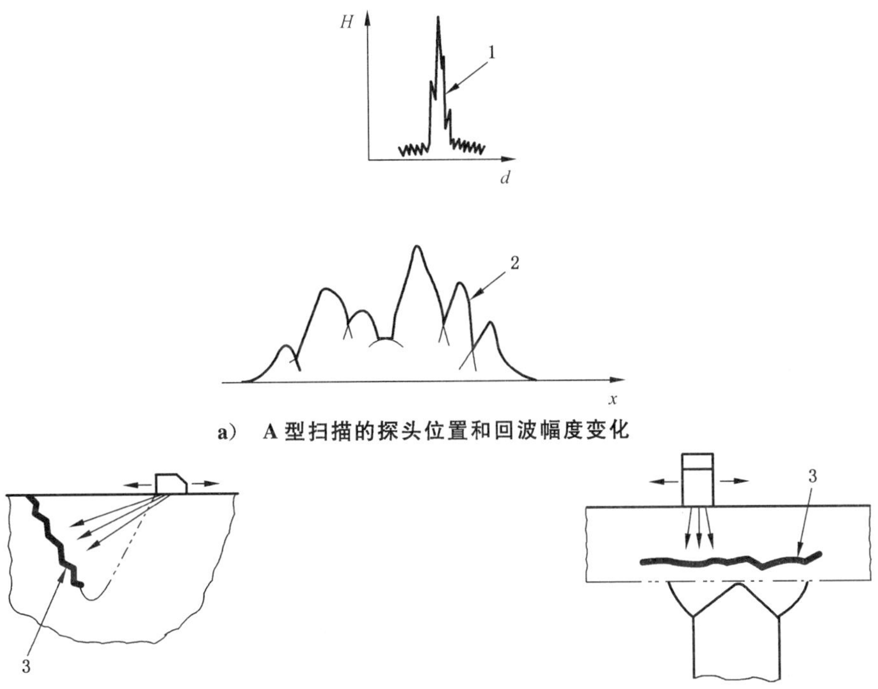

a） A 型扫描的探头位置和回波幅度变化

b） 厚度方向上的典型示例

c） 长度方向上的典型示例

说明：

1 ——A 型扫描；

2 ——波峰的变化；

3 ——反射体；

d ——水平时基线范围；

H——回波幅度；

x ——探头位置。

图 C.3 超声响应的波形 3

C.4 波形 4

第 2 种：探头声束斜入射至反射体，波形为“游动的回波波形”，参见图 C.4 所示。探头在任意位置时，波峰呈多个高点的起伏变化。峰值包络线呈钟形显示。当探头移动时，每个峰值的变化都在包络线内，并依次上升到包络中心线最大值，然后再下降至噪声电平。所有回波峰值将造成明显(>±6 dB)的随机的波幅变化。

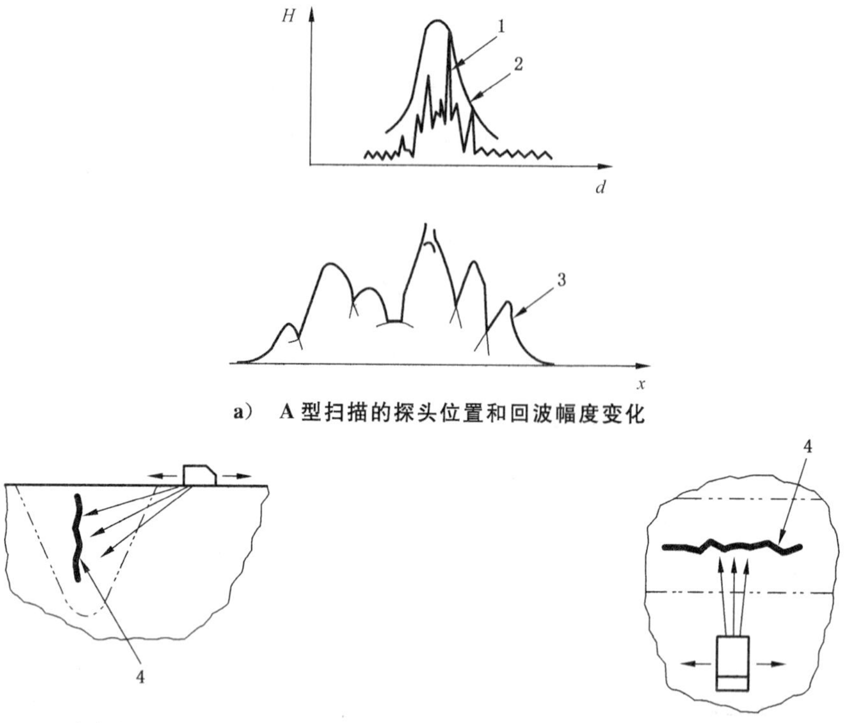

a） A 型扫描的探头位置和回波幅度变化

b） 厚度方向上的典型示例

c） 长度方向上的典型示例

说明：

1 ——A 型扫描；

2 ——回波包络线；

3 ——波峰的变化；

4 ——反射体；

d ——水平时基线范围；

H——回波幅度；

x ——探头位置。

图 C.4 超声响应的波形 4

C.5 波形 5

密集性反射体的波形见图 C.5。探头在任意位置时，A 型显示为束状密集型回波。在一定范围内，密集型回波有时可分辨相邻回波，有时不可辨相邻回波。当探头移动时，回波幅度随机地升高和降低，若相邻回波可辨，则可发现每个单独的反射体信号，显现波形 1 的波形。

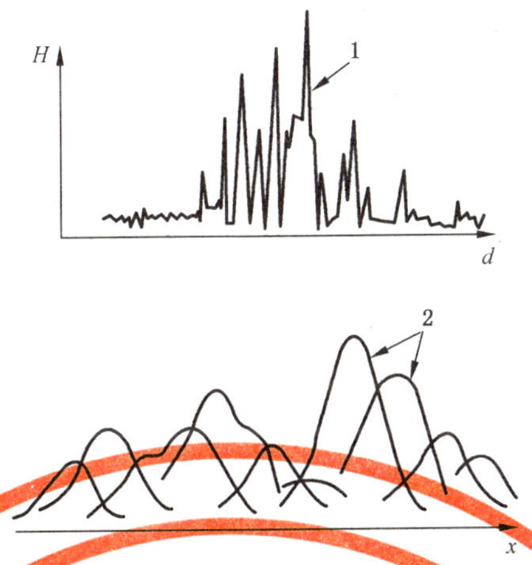

a) A型扫描的探头位置和回波幅度变化

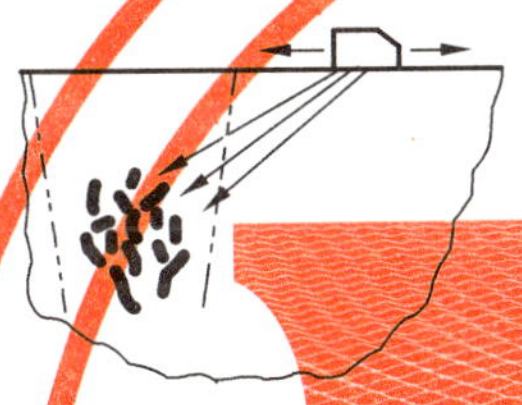

b) 厚度方向上超声响应的波形5

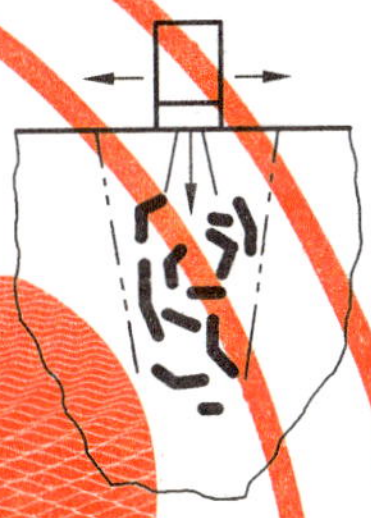

c) 长度方向上超声响应的波形5

说明：

1 ——A型扫描；

2 ——波峰的变化：

实线：长范围信号；

虚线：短范围信号；

d ——水平时基线范围；

H——回波幅度；

x ——探头位置。

图 C.5　超声响应的波形5

参 考 文 献

[1] GB/T 11345—2013 焊缝无损检测 超声检测 技术、检测等级和评定(ISO 17640:2010,MOD)

[2] GB/T 29712—2013 焊缝无损检测 超声检测 验收等级(ISO 11666:2010,MOD)

[3] ISO 11666 Non-destructive testing of welds—Ultrasonic testing—Acceptance levels

ICS 25.160.40
J 33

中华人民共和国国家标准

GB/T 29712—2013

焊缝无损检测　超声检测　验收等级

Non-destructive testing of welds—Ultrasonic testing—Acceptance levels

(ISO 11666:2010, MOD)

2013-09-18 发布　　2014-06-01 实施

中华人民共和国国家质量监督检验检疫总局
中国国家标准化管理委员会　发布

前　言

本标准按照 GB/T 1.1—2009 给出的规则起草。

本标准使用重新起草法修改采用 ISO 11666:2010《焊缝无损检测　超声检测　验收等级》(英文版)。

本标准与 ISO 11666:2010 相比,主要技术性差异及其原因如下:

——关于规范性引用文件,为适应我国的技术条件,做了以下调整:

- 用等同采用国际标准的 GB/T 19418 代替了 ISO 5817(见 5.1);
- 用修改采用国际标准的 GB/T 11345 代替了 ISO 17640(见 1,5.1,5.2);
- 用修改采用国际标准的 GB/T 29711 代替了 ISO 23279(见 5.1);
- 删除 ISO 17635 标准,将其相关内容直接写入正文(见 5.1)。

本标准由全国焊接标准化技术委员会(SAC/TC 55)提出并归口。

本标准起草单位:上海材料研究所、中国特种设备检测研究院、江苏方天电力技术有限公司、济宁瑞祥模具有限责任公司(山东济宁模具厂)。

本标准主要起草人:丁杰、金宇飞、姜炜、庄志强、郑晖、马君鹏、魏忠瑞、王森、张文杰、马君、奚力峰。

焊缝无损检测　超声检测　验收等级

1　范围

本标准规定了铁素体全熔透焊接接头超声检测的验收等级 2 级和 3 级。本标准的验收等级 2 级和 3 级，分别对应着 GB/T 19418 中的 B 级和 C 级焊缝质量要求。由于 GB/T 19418 中的 D 级焊缝通常不要求超声检测，因此本标准中没有与 GB/T 19418 中的 D 级焊缝质量要求相对应的超声检测验收等级。

本标准的验收等级，适用于依据 GB/T 11345 的超声检测。

本标准适用于厚度为 8 mm～100 mm 的铁素体全熔透焊缝。如果在充分考虑工件的几何形状和声学性能情况下，能按照本标准验收等级所需检测灵敏度的要求下进行检测，本标准也可适用于其他类型、其他材质和厚度超过 100 mm 的焊缝。除非材质衰减或较高探头分辨力要求需要其他频率的探头，本标准使用的探头标称频率为 2 MHz～5 MHz。使用的频率不在此范围，则验收等级需要仔细考虑。

2　规范性引用文件

下列文件对于本文件的应用是必不可少的。凡是注日期的引用文件，仅注日期的版本适用于本文件。凡是不注日期的引用文件，其最新版本(包括所有的修改单)适用于本文件。

GB/T 11345　焊缝无损检测　超声检测　技术、检测等级和评定(GB/T 11345—2013，ISO 17640：2010，MOD)

GB/T 19418　钢的弧焊接头　缺陷质量分级指南(GB/T 19418—2003，ISO 5817：1992，IDT)

GB/T 29711　焊缝无损检测　超声检测　焊缝中的显示特征(GB/T 29711—2013，ISO 23279：2010，IDT)

3　显示长度的测量

显示长度应由固定回波幅度等级技术获得。测量回波超过评定等级的探头移动距离，使用附录 B 规定的固定回波幅度等级技术。

如另有规定，可用替代技术测量显示长度。

4　灵敏度设定和等级

灵敏度设定和随后的焊缝检测，应采用同种技术。灵敏度设定可选用下列之一技术：

a)　横孔技术：基于直径为 3 mm 的横孔；

b)　平底孔技术：基于平底孔的距离-增益-尺寸(DGS)曲线；

c)　矩形槽技术：基于深度和宽度均为 1 mm 矩形槽的距离-波幅(DAC)曲线；

d)　串列技术：基于直径为 6 mm 平底孔的串列技术。

本标准采用 GB/T 11345 中规定的四个等级：

1)　参考等级；

2)　评定等级；

3) 记录等级(对应两个验收等级,其值均由相关验收等级−4 dB 引出);

4) 验收等级(对应两个质量等级)。

与参考反射体相对应的所有等级的规定见表 A.1。

等级的规定见附录 A。

5 验收等级

5.1 概述

表 1 给出了验收等级、检测等级和质量等级的关系。

表 1 超声脉冲回波检测技术(UT)

按 GB/T 19418 的焊缝质量等级	按 GB/T 11345 的检测技术和等级[a]	按本标准的验收等级
B	至少 B	2
C	至少 A	3
D	至少 A	3[b]

[a] 当需要评定显示特征时,应按 GB/T 29711 评定;

[b] 不推荐做超声检测,但可在规范中规定后使用(与 C 级焊缝质量要求一致)

本标准的验收等级对 GB/T 11345 中的检测等级和检测技术均适用,包括直射波束纵波检测技术。

如果特征是按 GB/T 29711 所规定的,则平面型显示是不可验收的,非平面显示的验收等级按照本标准执行。

如果特征未作规定,则本标准的验收等级适用于所有显示。

5.2 纵向显示

表 A.1 给出了按 GB/T 11345 评定显示的技术信息,以及相应的评定和验收等级。表 A.2 规定了采用横波平底孔技术的验收等级。表 A.3 规定了采用纵波平底孔技术的验收等级。

横孔技术和矩形槽技术的验收等级,见图 A.1~图 A.4。

平底孔技术和串列技术的验收等级,见图 A.5~图 A.8。

任何显示的回波幅度虽低于验收等级,但长度(高于评定等级)超过:

a) t,8 mm≤板厚 t≤15 mm 时;

b) $t/2$ 或 15 mm,取两者较大值,板厚 t>15 mm 时。

应倾向于做进一步检测,即要求使用其他角度的探头,以及串列检测(若有约定)。

最终评定应基于显示的最高回波幅度和所测得的长度。

5.3 横向显示

当规定检测横向显示时,验收等级按 5.2 所述执行。

5.4 群显示

群是建立在回波幅度超过记录等级的两相邻可验收显示的长度及其显示间距的基础上。每个群中的显示长度均不应再用于其他群中。

如下情况时,群显示应评定为单个显示:

a) 间距 d_x 小于其中较长显示的 2 倍长度数值(见图 1);

b) 间距 d_y 小于板厚的一半且不超过 10 mm；

c) 间距 d_z 小于板厚的一半且不超过 10 mm；

组合长度(见图 2)见式(1)：

$$l_{12}=l_1+l_2+d_x \qquad \cdots\cdots(1)$$

组合长度 l_{12}，和两显示中的最高回波幅度的较大值，应按表 A.1 给出的适用的验收等级进行评定。

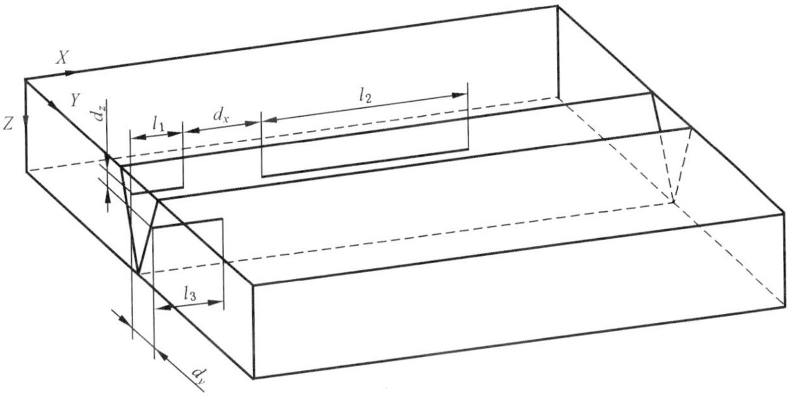

说明：

d_x，d_y，d_z——X，Y 和 Z 方向上两显示的间距；

l_n ——$n=1\cdots3$ 时，单个显示的长度。

图 1 群显示几何模型

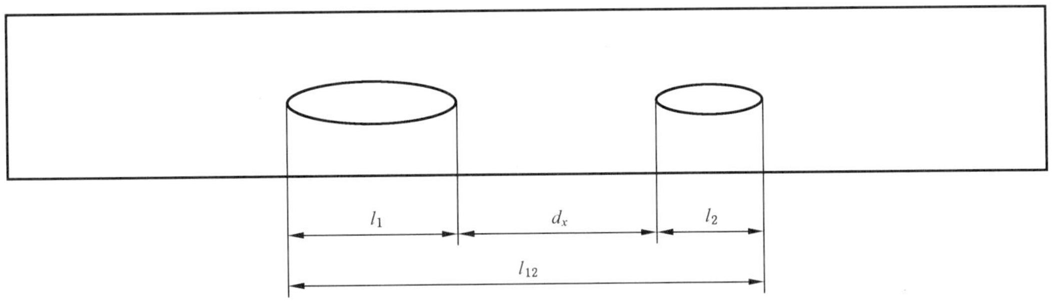

说明：

d_x ——X 方向上两显示的间距；

l_1，l_2——单个显示的长度；

l_{12} ——群显示的长度。

图 2 群显示的长度

5.5 可验收显示的累计长度

超过记录等级的所有单独的可验收显示的累计长度，定义为在给定的焊缝长度范围内，单个显示与组合长度的显示在一条直线的长度总和。

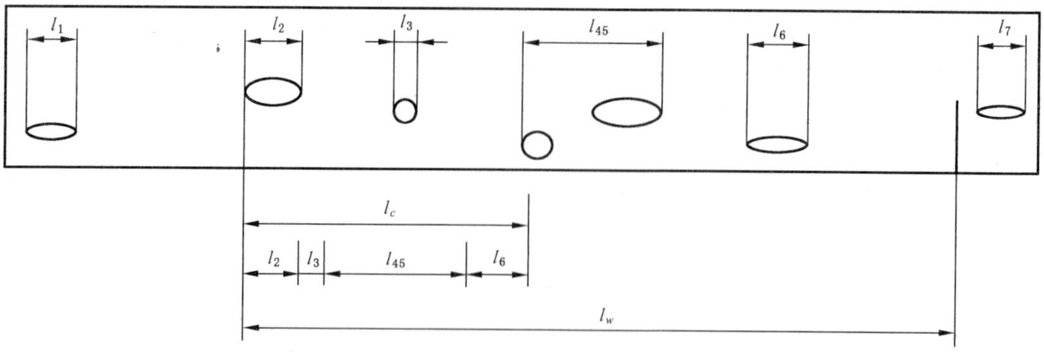

说明：

l_c——累计长度，$l_c=l_2+l_3+l_{45}+l_6$；

l_w——焊缝长度；

l_n——当 $n=1\cdots7$ 时，单个显示的长度。

图 3　显示的累计长度

对于任意的焊缝长度 l_w（当 $t<15$ mm 时，$l_w=6t$；当 $t\geqslant15$ mm 时，$l_w=100$ mm），超过记录等级的所有单独的可验收显示的最大累计长度：

对于验收等级 2 级，不应大于焊缝长度 l_w 的 20%；

对于验收等级 2 级，不应大于焊缝长度 l_w 的 30%。

附 录 A
（规范性附录）
等 级

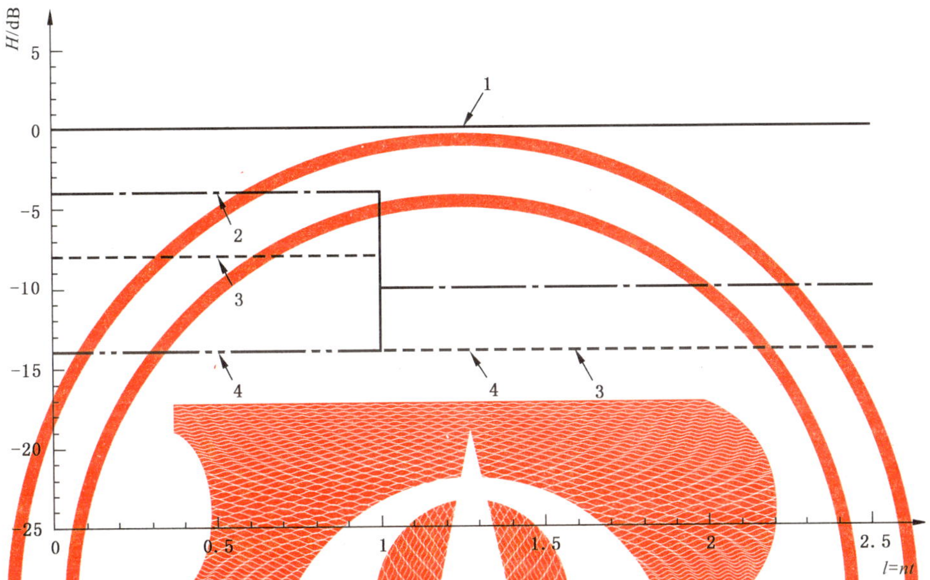

说明：
1 ——参考等级；
2 ——验收等级 2 级；
3 ——记录等级；
4 ——评定等级；
H ——回波幅度；
l ——显示长度；
n ——板厚 *t* 的倍数；
t ——板厚。

图 A.1 适用于板厚 8 mm～15 mm 的横孔技术（技术 1）和矩形槽技术（技术 3）的等级 验收等级 2 级

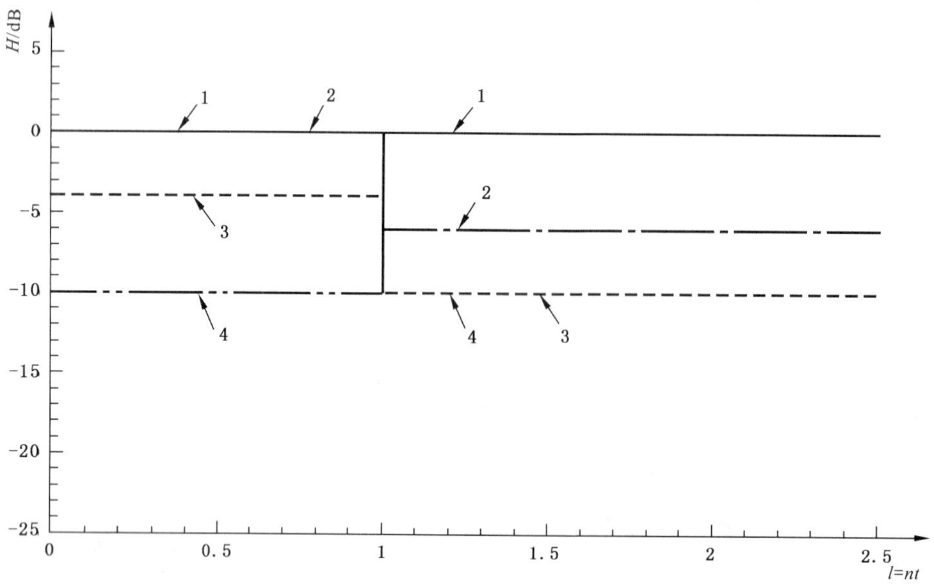

说明：

1——参考等级；

2——验收等级3级；

3——记录等级；

4——评定等级；

H ——回波幅度；

l ——显示长度；

n ——板厚 t 的倍数；

t ——板厚。

图 A.2　适用于板厚 8 mm～15 mm 的横孔技术(技术 1)和矩形槽技术(技术 3)的等级　验收等级 3 级

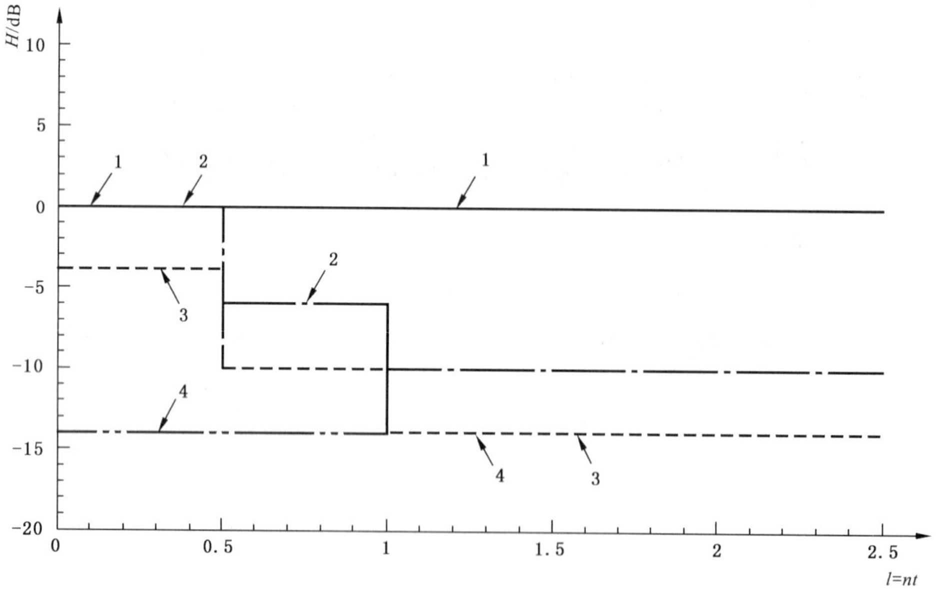

说明：

1——参考等级；

2——验收等级2级；

3——记录等级；

4——评定等级；

H ——回波幅度；

l ——显示长度；

n ——板厚 t 的倍数；

t ——板厚。

图 A.3　适用于板厚 15 mm～100 mm 的横孔技术(技术 1)的等级　验收等级 2 级

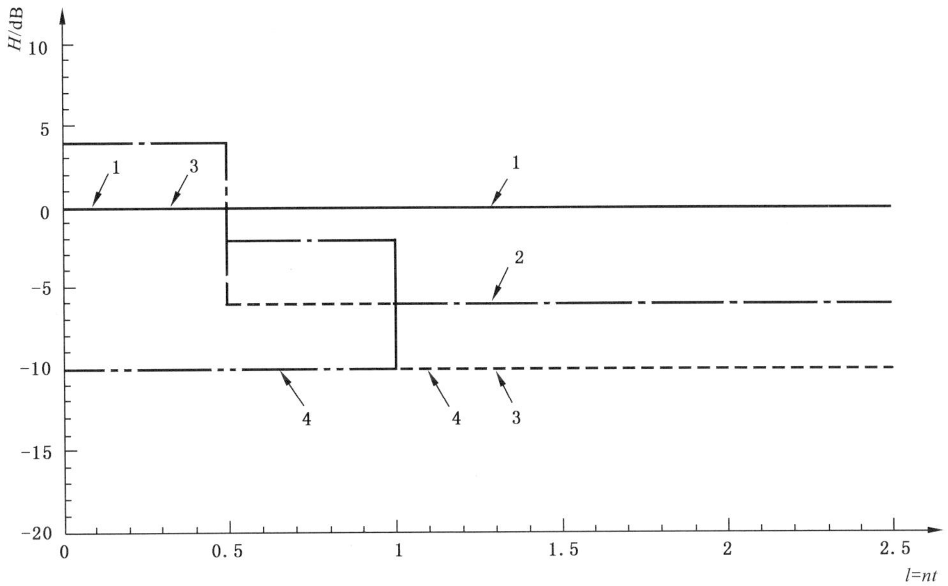

说明：

1——参考等级；
2——验收等级 3 级；
3——记录等级；
4——评定等级；
H ——回波幅度；
l ——显示长度；
n ——板厚的倍数；
t ——板厚。

图 A.4 适用于板厚 15 mm～100 mm 的横孔技术(技术 1)的等级 验收等级 3 级

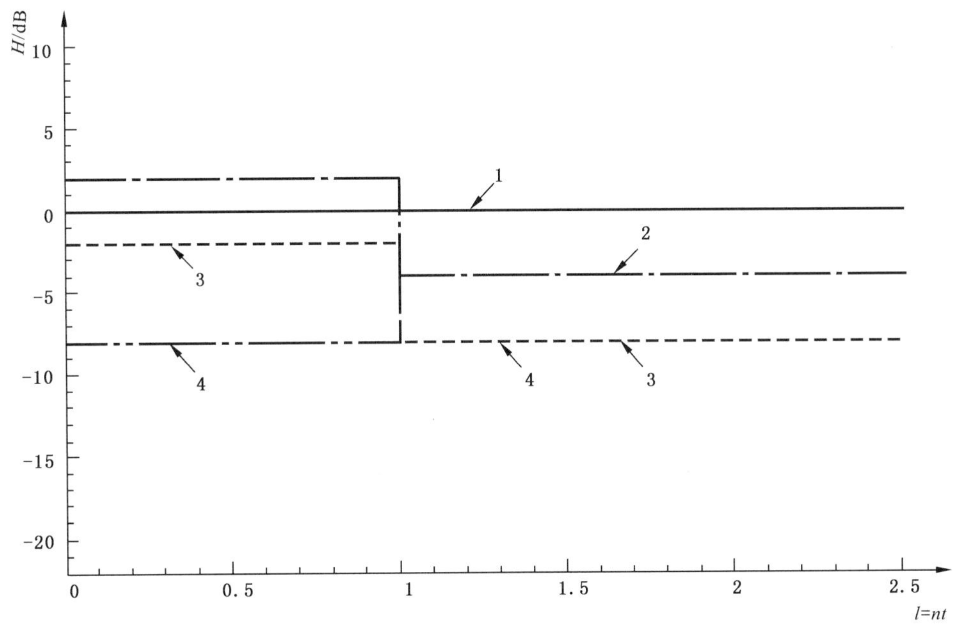

说明：

1——参考等级；
2——验收等级 2 级；
3——记录等级；
4——评定等级；
H ——回波幅度；
l ——显示长度；
n ——板厚 t 的倍数；
t ——板厚。

图 A.5 适用于板厚 8 mm～15 mm 的平底孔技术(技术 2)的等级 验收等级 2 级

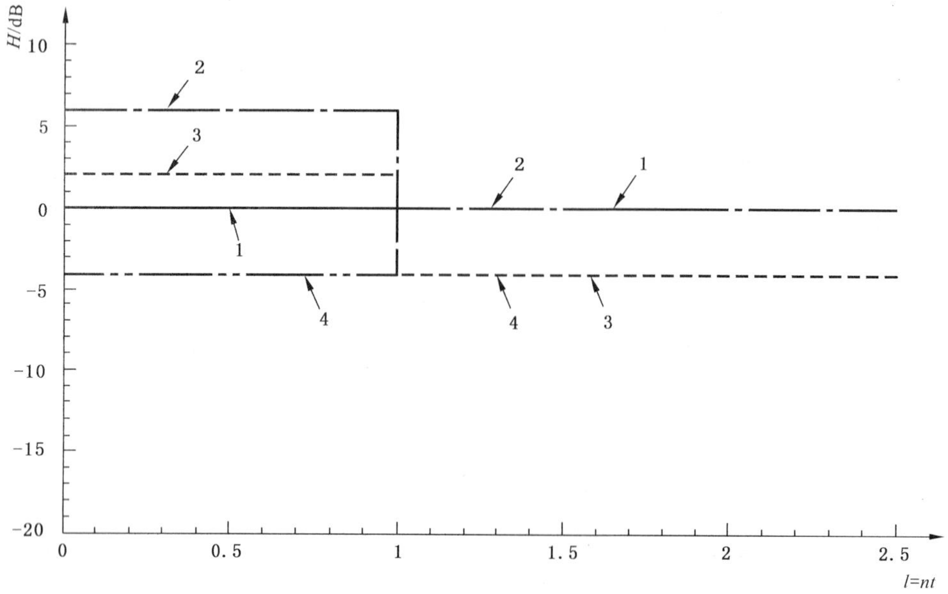

说明：

1——参考等级；

2——验收等级3级；

3——记录等级；

4——评定等级；

H——回波幅度；

l——显示长度；

n——板厚 t 的倍数；

t——板厚。

图 A.6　适用于板厚 8 mm～15 mm 的平底孔技术(技术 2)的等级　验收等级 3 级

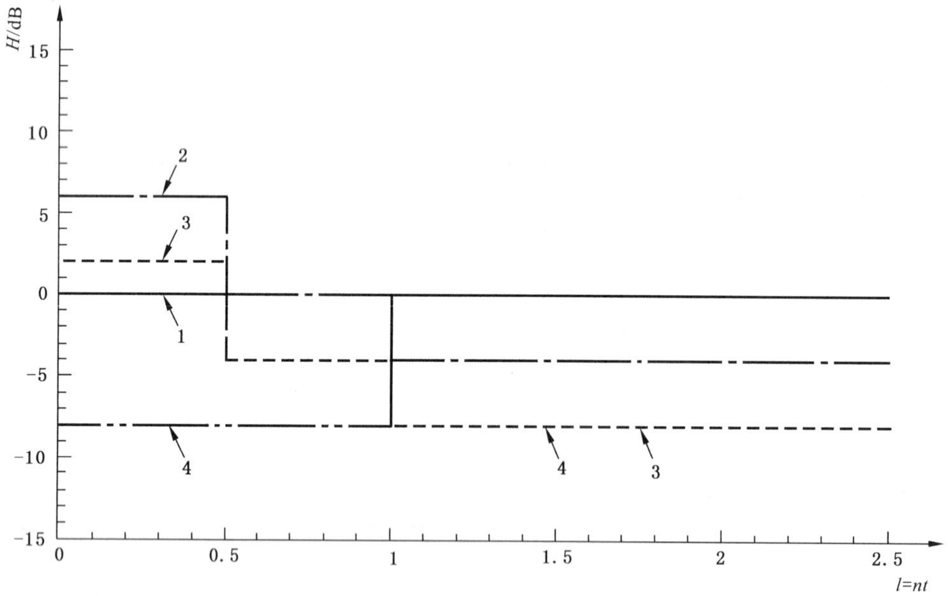

说明：

1——参考等级；

2——验收等级2级；

3——记录等级；

4——评定等级；

H——回波幅度；

l——显示长度；

n——板厚 t 的倍数；

t——板厚。

图 A.7　适用于板厚 15 mm～100 mm 的平底孔技术(技术 2)的等级　验收等级 2 级

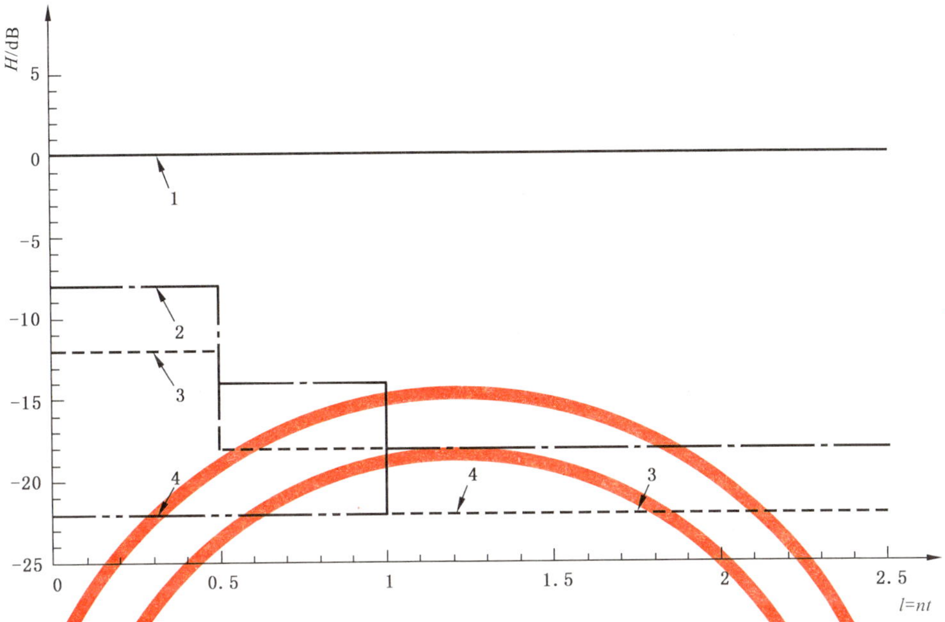

说明：

1——参考等级；
2——验收等级 2 级；
3——记录等级；
4——评定等级；

H——回波幅度；
l——显示长度；
n——板厚 t 的倍数；
t——板厚。

图 A.8　适用于板厚 15 mm～100 mm 的串列式技术(技术 4)的等级　验收等级 2 级

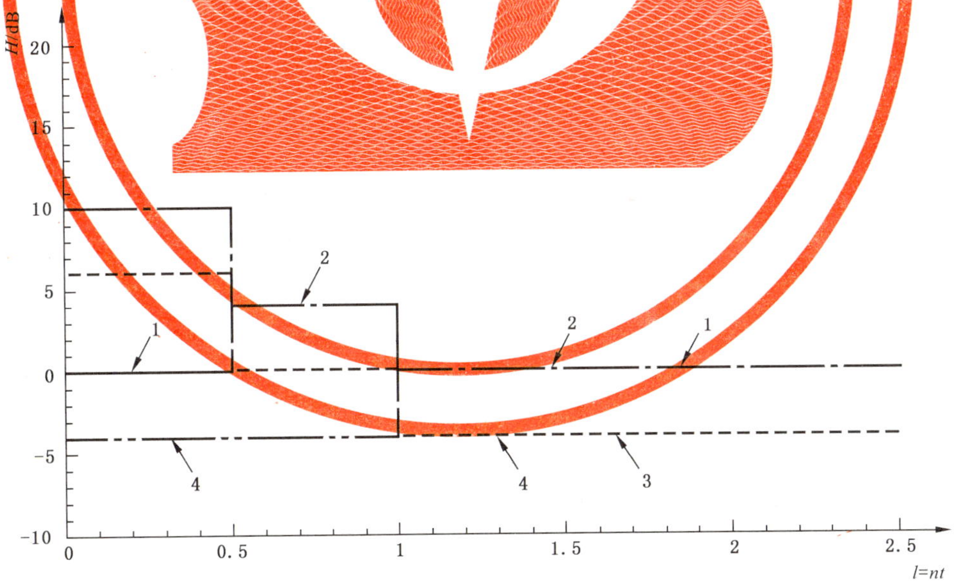

说明：

1——参考等级；
2——验收等级 3 级；
3——记录等级；
4——评定等级；

H——回波幅度；
l——显示长度；
n——板厚 t 的倍数；
t——板厚。

图 A.9　适用于板厚 15 mm～100 mm 的平底孔技术(技术 2)的等级　验收等级 3 级

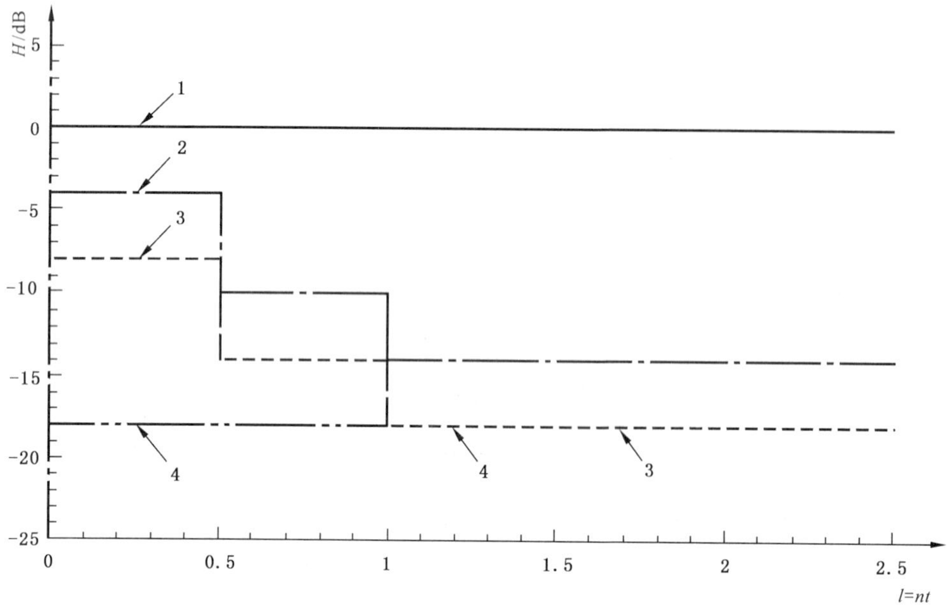

说明：

1 ——参考等级；

2 ——验收等级 3；

3 ——记录等级；

4 ——评定等级；

H——回波幅度；

l ——显示长度；

n ——板厚 *t* 的倍数；

t ——板厚。

图 A.10 （板厚 15 mm～100 mm）技术 4 的等级　验收等级 3

表 A.1　技术 1、2、3、4 的验收等级 2 和验收等级 3

技术(按GB/T 11345)	评定等级		验收等级 2(AL2)		验收等级 3(AL3)	
	验收等级 2	验收等级 3	8 mm≤t<15 mm	15 mm≤t<100 mm	8 mm≤t<15 mm	15 mm≤t<100 mm
1 （横孔）	H_0-14 dB	H_0-10 dB	1≤t 时： H_0-4 dB 1>t 时： H_0-10 dB	1≤0.5t 时：H_0 0.5 t<1≤t 时， H_0-6 dB 1>t 时： H_0-10 dB	1≤t 时： H_0 1>t 时： H_0-6 dB	1≤0.5t 时， H_0+4 dB 0.5t<1≤t 时： H_0-2 dB 1>t 时： H_0-6 dB
2 （平底孔）	H_0-8 dB 按表 A.2 或 A.3	H_0-4 dB 按表 A.2 或 A.3	1≤t 时： H_0+2 dB 1>t 时： H_0-4 dB	1≤0.5t 时： H_0+6 dB 0.5t<1≤t 时： H_0 1>t 时： H_0-4 dB	1≤t 时， H_0+6 dB 1>t 时， H_0	1≤0.5t 时： H_0+10 dB 0.5t<1≤t 时： H_0+4 dB 1>t 时： H_0

表 A.1（续）

技术(按GB/T 11345)	评定等级		验收等级 2(AL2)		验收等级 3(AL3)	
	验收等级 2	验收等级 3	8 mm≤t<15 mm	15 mm≤t<100 mm	8 mm≤t<15 mm	15 mm≤t<100 mm
3 (矩形槽)	H_0−14 dB	H_0−10 dB	1≤t 时： H_0−4 dB 1>t 时： H_0−10 dB	—	1≤t 时， H_0 1>t 时， H_0−6 dB	—
4 (串列技术)	H_0−22 dB	H_0−18 dB	—	1≤0.5t 时： H_0−8 dB 0.5t<1≤t 时： H_0−14 dB 1>t 时： H_0−18 dB	—	1≤0.5 t 时： H_0−4 dB 0.5t<1≤t 时： H_0−10 dB 1>t 时： H_0−14 dB
记录等级=相应验收等级−4 dB。 H_0——参考等级。						

表 A.2　技术 2 的验收等级 2 和验收等级 3 的参考等级(斜射波束横波检测)

标称探头频率/MHz	母材板厚,t					
	8 mm≤t<15 mm		15 mm≤t<40 mm		40 mm≤t<100 mm	
	验收等级 2(AL2)	验收等级 3(AL3)	验收等级 2(AL2)	验收等级 3(AL3)	验收等级 2(AL2)	验收等级 3(AL3)
1.5～2.5	—	—	D_{DSR}=2.5 mm	D_{DSR}=2.5 mm	D_{DSR}=3.0 mm	D_{DSR}=3.0 mm
3.0～5.0	D_{DSR}=1.5 mm	D_{DSR}=1.5 mm	D_{DSR}=2.0 mm	D_{DSR}=2.0 mm	D_{DSR}=3.0 mm	D_{DSR}=3.0 mm
D_{DSR}为平底孔直径。						

表 A.3　技术 2 的验收等级 2 和验收等级 3 的参考等级(直射波束纵波检测)

标称探头频率/MHz	母材板厚,t					
	8 mm≤t<15 mm		15 mm≤t<40 mm		40 mm≤t<100 mm	
	AL2	AL3	AL2	AL3	AL2	AL3
1.5～2.5	—	—	D_{DSR}=2.5 mm	D_{DSR}=2.5 mm	D_{DSR}=3.0 mm	D_{DSR}=3.0 mm
3.0～5.0	D_{DSR}=2.0 mm	D_{DSR}=2.0 mm	D_{DSR}=2.0 mm	D_{DSR}=2.0 mm	D_{DSR}=3.0 mm	D_{DSR}=3.0 mm
D_{DSR}为平底孔直径。						

附 录 B
（规范性附录）
固定回波幅度等级技术

该技术用于测量回波幅度等于或大于评定等级的显示的水平长度。

测量时，将探头左右移动，使波幅降低至评定等级，以此测定显示长度（位置 1 和位置 2 见图 B.1）。水平长度 l，即为位置 1 和位置 2 的距离。

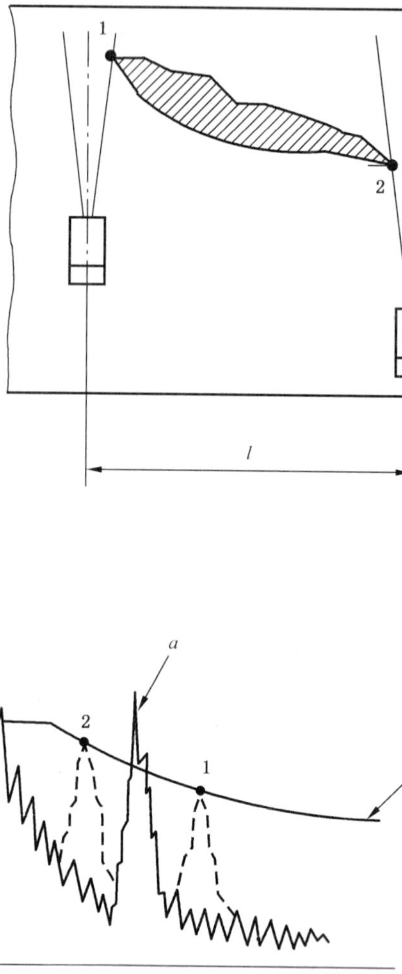

说明：

1 ——显示的水平长度；

1、2——回波幅度等于评定等级的位置；

a ——最高回波；

b ——评定等级。

图 B.1 应用探头声束轴线的固定回波幅度技术

ICS 25.160.40
J 33

中华人民共和国国家标准

GB/T 32259—2015

焊缝无损检测　熔焊接头目视检测

Non-destructive testing of welds—Visual testing of fusion-welded joints

(ISO 17637:2003, MOD)

2015-12-10 发布　　2016-07-01 实施

中华人民共和国国家质量监督检验检疫总局
中国国家标准化管理委员会 发布

前　言

本标准按照 GB/T 1.1—2009 给出的规则起草。

本标准使用重新起草法修改采用 ISO 17637:2003《焊缝无损检测　熔焊接头目视检测》。

本标准与 ISO 17637:2003 的技术性差异及其原因如下：

——为适应我国的技术条件，增加了第 2 章“规范性引用文件”，包括 GB/T 9445、GB/T 19418、GB/T 22087，并同时在“参考文献中”删除了 ISO 5817、ISO 9712、ISO 10042。

本标准由全国焊接标准化技术委员会(SAC/TC 55)归口。

本标准起草单位：上海材料研究所、济南新吉尔机械有限公司、上海中远川崎重工钢结构有限公司、洛阳 lyc 轴承有限公司、哈尔滨焊接研究所。

本标准主要起草人：姜炜、袁兆富、丁杰、金宇飞、庄志强、刘绪明、陈翠丽、苏金花。

焊缝无损检测　熔焊接头目视检测

1　范围

本标准适用于金属材料熔焊接头的目视检测，也可用于接头的焊前目视检测。

2　规范性引用文件

下列文件对于本文件的应用是必不可少的。凡是注日期的引用文件，仅注日期的版本适用于本文件。凡是不注日期的引用文件，其最新版本(包括所有的修改单)适用于本文件。

GB/T 9445　无损检测人员资格鉴定与认证(GB/T 9445—2008，ISO 9712:2005，IDT)

GB/T 19418　钢的弧焊接头　缺陷质量分级指南(GB/T 19418—2003，ISO 5817:1992，IDT)

GB/T 22087　铝及铝合金的弧焊接头　缺欠质量分级指南(GB/T 22087—2008，ISO 10042:2005，IDT)

3　检测条件和设备

表面光照度应至少达到 350 lx，但推荐光照度为 500 lx。

对于直接目视检测，在待检表面 600 mm 之内，应提供人眼足够的观测空间，且检测视角不小于 30°(见图 1)。

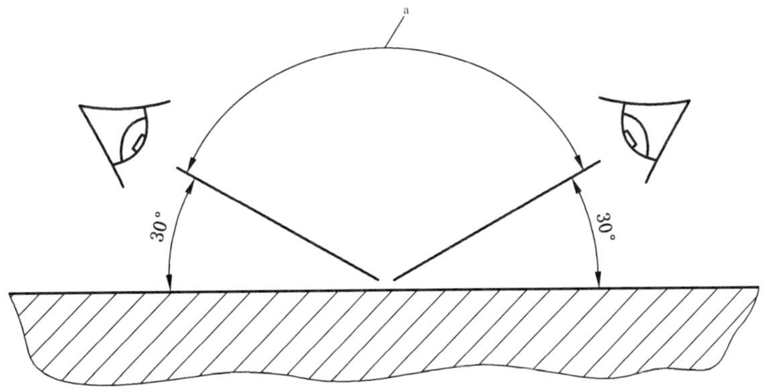

[a] 范围。

图 1　检测方式

当不能满足图 1 的检测方式或相关应用标准规定时，应考虑采用镜子、内窥镜、光纤电缆或相机进行间接目视检测。

可采用辅助光源以提高缺欠和背景之间的对比度和锐度。

目视检测结果存在疑义时，宜附做其他表面无损检测方法。

目视检测用设备的示例参见附录 A。

4 人员资格

焊缝目视检测和最终验收结果评定，应由有资格和能力的人员执行。推荐检测人员按照GB/T 9445或相关工业门类合适水平的等同标准进行资格鉴定。

5 目视检测

5.1 概述

本标准不定义目视检测范围。但检测范围宜在检测前约定，例如参照对应的应用或产品标准。

检测人员应获取所需的检测和生产文件。

在物理方式可行的情况下，宜执行焊前、焊接过程中或成型焊缝的任何目视检测。该检测可包含表面处理的目视检测。

5.2 接头准备的目视检测

当要求进行焊前目视检测时，应检测接头，核查如下内容：

a） 焊缝坡口的型式和尺寸满足焊接工艺规程的要求；

b） 熔合面及其相邻表面清洁，并且根据应用或产品标准进行任何所需的表面处理；

c） 待焊部件根据图纸或规程要求相互装配正确。

5.3 焊接过程中的目视检测

如需要，焊接过程中应检测焊缝，核查如下内容：

a） 每条焊道或焊层在下一道焊层覆盖前应清理干净，特别要注意焊缝金属和熔合面的结合处；

b） 无可见的缺欠，如裂纹或孔穴；如发现缺欠，应报告，以便在下一步焊接前采取补修措施；

c） 焊道之间、焊缝与母材之间的过渡成型良好，便于完成下一道焊接；

d） 为确保焊缝金属按规定完全去除，根据WPS或比较原先坡口形状，确定清除的深度和外形；

e） 在任何必要的返修/补修措施后，焊缝需符合原先WPS的要求。

5.4 成型焊缝的目视检测

5.4.1 概述

成型焊缝检测应判定焊缝是否满足应用或产品标准要求或其他双方协商认可的验收条件，如GB/T 19418或GB/T 22087。成型焊缝应至少根据5.4.2～5.4.5给出的要求进行检测。

5.4.2 清理和修磨

应检测焊缝，核查如下内容：

a） 以人工或机械方式去除所有焊渣，为避免掩盖任何缺欠；

b） 无工具印记或敲击迹痕；

c） 当需要修磨焊缝时，避免因打磨引起的接头过热，修磨痕迹和不平整的表面；

d） 对于修磨角焊缝和对接焊缝，接头和母材圆滑平整过渡。

如果发现缺欠（因修磨或其他原因引起），应报告，以便采取修补措施。

5.4.3 外形和尺寸

应检测焊缝，核查如下内容：

a) 焊缝外形和焊缝余高满足验收标准要求（见5.4.1）；
b) 焊缝表面规整；焊波形状和间距呈现均匀一致和满意的目视表现；如WPS要求，测量最后一层焊道和母材的距离和各焊道的位置；
c) 整个接头的焊缝宽度基本一致，满足焊接图纸或验收标准（见5.4.1）；对于对接焊缝，应核查焊缝坡口，确保其是否完全焊满。

5.4.4 焊缝根部和表面

目视可及的焊缝部位，如单面对接焊缝根部和焊缝表面，应检测以确定与验收标准的偏离（见5.4.1）。

应检测焊缝，核查如下内容：

a) 对于单面对接焊缝，整个接头的熔透性、根部凹陷、烧穿或缩沟符合验收标准规定的范围；
b) 任何咬边符合验收标准要求；
c) 位于焊缝表面或热影响区的任何缺欠如裂纹或气孔，符合适当的验收条件，如需要采用光学辅助检测；
d) 去除任何便于构件拼装或装配而临时焊接到工件上，和完成焊接后影响工件使用或检测工作的辅件；应核查安装辅件的部位，确保无裂纹；
e) 任何弧击符合验收标准规定。

5.4.5 焊后热处理

焊后热处理后可要求进一步检测。

5.5 返修焊缝的目视检测

5.5.1 概述

当整条或部分焊缝不符合验收条件且需要返修时，焊接接头应在补焊前根据5.5.2和5.5.3要求进行检测。

每条返修焊缝应按原先焊缝的相同要求进行复检。

5.5.2 部分返修焊缝

焊缝金属挖补应足够深和长，以便去除所有缺欠。补挖口的侧面和底部应有一定的坡度。挖补部分的宽度和外形应适于补焊要求。

5.5.3 完全返修焊缝

当有缺陷焊缝完全去除后，不论是否需要增加新的衬垫，焊接坡口的形状和尺寸应满足原先焊缝的规定要求。

6 检测记录

当需检测记录时，检测报告中宜至少包含如下信息：

a) 构件生产商的名称；
b) 检测主体的名称，如与a)不同；

c) 检测对象的标识；

d) 材质；

e) 接头类型；

f) 材料厚度；

g) 焊接工艺；

h) 验收条件；

i) 超过验收条件的缺欠及其位置；

j) 参照图纸要求的检测范围；

k) 使用的检测设备；

l) 参照验收条件的检测结果；

m) 检测人员的姓名和检测日期。

检测完毕并合格的焊缝宜在合适的部位标记或标识。

如需被检焊缝的永久目视检测记录，宜对任何缺欠进行拍照或绘制准确的草图进行记录，或两种方式都采用。

附 录 A
（资料性附录）
检测设备示例

A.1 用于焊接接头目视检测的典型设备清单如下：

a） 1 mm 或更高精度的直尺或测量带；

b） 满足 ISO 3599 要求的游标卡尺；

c） 测量范围在 0.1 mm～3 mm 之间，精度不小于 0.1 mm 的塞尺；

d） 半径量规；

e） 2 倍～5 倍放大镜，放大镜上宜有明确的测量比例范围，见 GB/T 20968；

f） 灯具。

A.2 也可需要的设备如下：

a） 外形测量装置，线径或宽度≤1 mm，线端为圆形；

b） 焊缝印记材料，如冷作塑料或泥土；

c） 对于焊缝目视检测有限制条件时，可使用镜子、内窥镜、内孔表面检查仪、光纤电缆或摄像机；

d） 其他测量装置，如特殊设计的焊接量规，高度/深度量规，尺子或量角器。

A.3 典型的测量装置和量规如表 A.1 所示。

注：这些装置和量规是检测设备的示例。有些设计可能已经注册或是专利项目。

表 A.1　测量装置和焊缝量规的测量范围及读数精度

焊缝量规	说 明	焊缝类型				测量范围 mm	读数精度 mm	坡口角度或圆角(°)	坡口角度或圆角允许偏差
		角焊缝			对接焊缝				
		平面焊缝	凹面焊缝	凸面焊缝					
	简易焊缝量规： a) 测量厚度在 3 mm～15 mm 之间的角焊缝。量规的曲线部分放置在熔合面上，为了有三个点可与工件和角焊缝相接触； b) 用直线部分测量对接焊缝的余高。 因为量规是用相对较软的铝制作的，所以会快速地遭到磨损	×	×	—	×	3～15	≈0.5	90	小
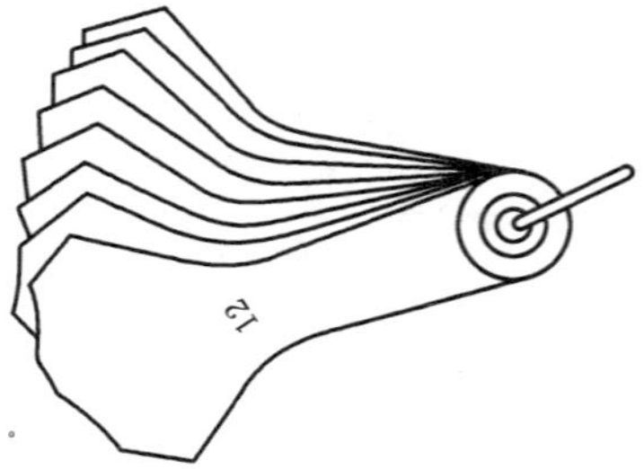	一套焊接量规： 测量厚度在 3 mm～12 mm 之间的角焊缝； 从 3 mm～7 mm，刻度为 0.5 mm；之后是 8 mm，10 mm 和 12 mm。 该量规用其三点接触的原理进行测量	×	×	—	—	3～12	依据扇状部分	90	无
	有游标的焊缝量规： 可测角焊缝，也可用测对接焊缝余高。 利用量规角部测量 V 型和单面 V 型对接焊缝的 60°、70°、80°和 90°的夹角。由于测量造成的轻微偏差会导致重大错误	×	×	—	×	0～20	0.1	90	无

表 A.1（续）

焊缝量规	说 明	焊缝类型				测量范围 mm	读数精度 mm	坡口角度或圆角(°)	坡口角度或圆角允许偏差
		角焊缝			对接焊缝				
		平面焊缝	凹面焊缝	凸面焊缝					
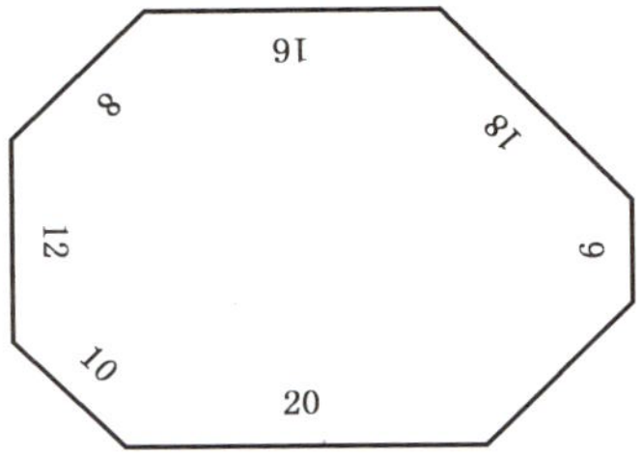	自制焊缝量规： 利用90°的坡口角度，测量7个角焊缝焊喉厚度	×	—	—	—	0～20	0.2	90	无
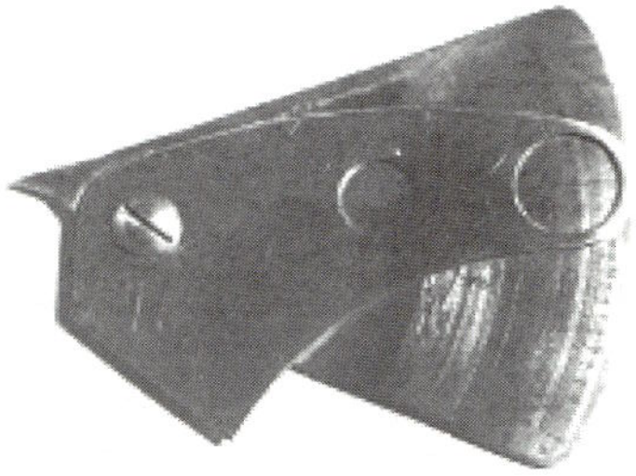	三刻度焊缝量规： 测量焊喉厚度和焊角长度。也可测对接焊缝余高。易于使用，也适用于不均匀角焊缝	×	×	×	×	0～15	0.1	90	小
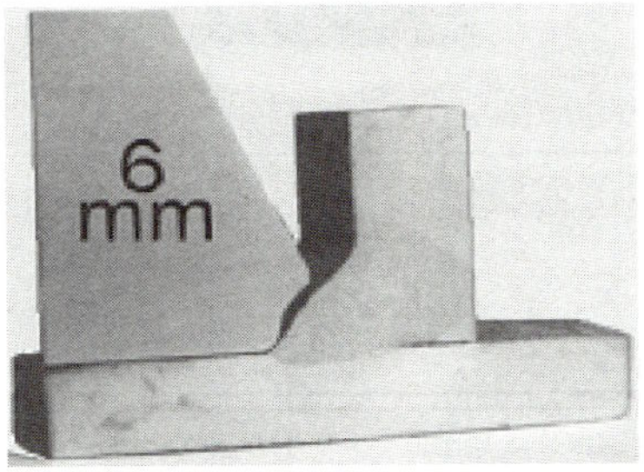	核查角焊缝外形的量规： 核查某一尺寸角焊缝的一外形。 对于每一尺寸角焊缝，这种量规都需某一模型	—	—	—	—	—	—	—	—

表 A.1（续）

焊缝量规	说 明	焊缝类型				测量范围 mm	读数精度 mm	坡口角度或圆角(°)	坡口角度或圆角允许偏差
		角焊缝			对接焊缝				
		平面焊缝	凹面焊缝	凸面焊缝					
	多用途量规： 用于测量倒角角度，角焊缝焊角长度、咬边、焊角不对称、焊喉厚度和焊缝余高	×	×	×	×	0～50	0.3	0～45 （倒角角度）	无
	万用焊接量规： 测量任务 ——角焊缝：外形和尺寸； ——对接焊缝：错边量、接头准备（角度）、焊缝余高、焊缝宽度、咬边	×	×	×	×	0～30	0.1	—	±25%
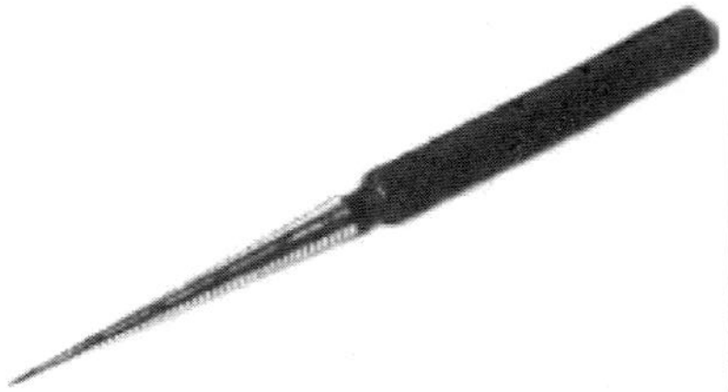	间隙量规： 测量间隙宽	—	—	—	×	0～6	0.1	—	—

表 A.1（续）

焊缝量规	说明	焊缝类型				测量范围 mm	读数精度 mm	坡口角度或圆角(°)	坡口角度或圆角允许偏差
		角焊缝			对接焊缝				
		平面焊缝	凹面焊缝	凸面焊缝					
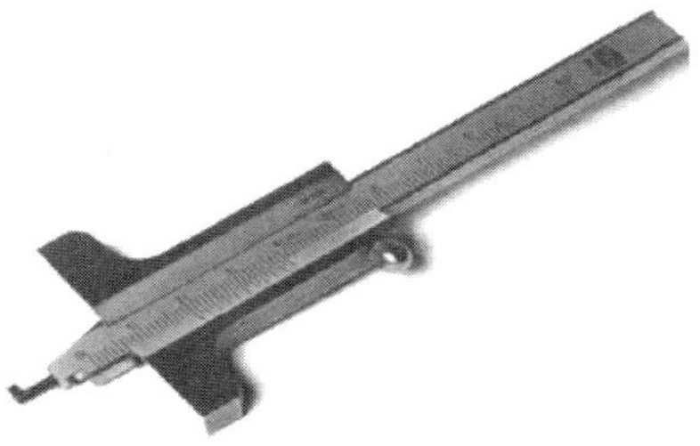	错边量钩状量规： 测量板材和管材对接焊缝坡口错边量	—	—	—	×	0～100	0.05	—	—
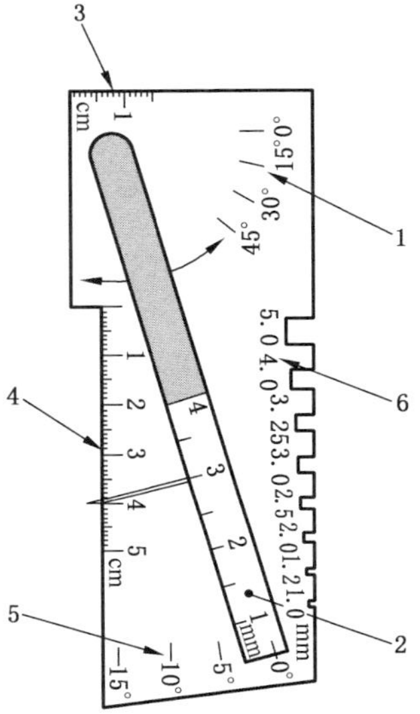	万用对接焊缝量规： 测量坡口和成型焊缝。 1——坡口角度； 2——根部间隙宽度； 3——焊缝余高； 4——焊缝表面宽度； 5——咬边的深度； 6——填充材料的直径	×	×	×	×	0～30	0.1	—	±25%

注：×表示适用。
—表示不适用。

参 考 文 献

[1] GB/T 20968 无损检测 目视检测辅助工具 低倍放大镜的选用
[2] ISO 3599 Vernier callipers reading to 0.1 and 0.05 mm
[3] ISO 17635 Non-destructive testing of welds—General rules for fusion welds in metallic materials

ICS 25.160.40
J 33

中华人民共和国国家标准

GB/T 32260.1—2015

金属材料焊缝的破坏性试验 焊件的冷裂纹试验 弧焊方法 第1部分:总则

Destructive tests on welds in metallic materials—Cold cracking tests for weldments—Arc welding processes—Part 1:General

(ISO 17642-1:2004,MOD)

2015-12-10 发布 2016-07-01 实施

中华人民共和国国家质量监督检验检疫总局
中国国家标准化管理委员会 发布

前　言

GB/T 32260《金属材料焊缝的破坏性试验　焊件的冷裂纹试验　弧焊方法》分为3个部分：

——第1部分：总则；

——第2部分：自拘束试验；

——第3部分：外载荷试验。

本部分为GB/T 32260的第1部分。

本部分按照GB/T 1.1—2009给出的规则起草。

本部分使用重新起草法修改采用ISO 17642-1：2004《金属材料焊缝的破坏性试验　焊件的冷裂纹试验　弧焊方法　第1部分：总则》。

本部分与ISO 17642-1：2004的技术性差异及其原因如下：

——关于规范性引用文件，本部分做了具有技术性差异的调整，以适应我国的技术条件。调整的情况集中反映在第2章"规范性引用文件"中，具体调整如下：

- 增加了GB/T 3375《焊接术语》；
- 将ISO 17642-1：2005中引用的部分国际标准和欧洲标准，用我国对应的标准代替。

本部分由全国焊接标准化技术委员会(SAC/TC 55)提出并归口。

本部分起草单位：上海市特种设备监督检验技术研究院、哈尔滨焊接研究所、东莞前程激光科技有限公司、中国特种设备检测研究院、天津市金桥焊材集团有限公司、中国石油天然气管道科学研究院。

本部分起草人：徐彬、苏金花、欧小军、王克楠、石坤、杨咏梅、隋永莉、朴东光。

金属材料焊缝的破坏性试验　焊件的冷裂纹试验　弧焊方法　第1部分:总则

1　范围

GB/T 32260的本部分规定了冷裂纹试验的基本术语、定义及原理。

本部分适用于评定焊接材料、母材和焊接接头的冷裂纹敏感性。

2　规范性引用文件

下列文件对于本文件的应用是必不可少的。凡是注日期的引用文件，仅注日期的版本适用于本文件。凡是不注日期的引用文件，其最新版本(包括所有的修改单)适用于本文件。

GB/T 3375　焊接术语

GB/T 32260.2　金属材料焊缝的破坏性试验　焊件的冷裂纹试验　弧焊方法　第2部分:自拘束试验(GB/T 32260.2—2015,ISO 17642-2:2005,MOD)

GB/T 32260.3　金属材料焊缝的破坏性试验　焊件的冷裂纹试验　弧焊方法　第3部分:外载荷试验(GB/T 32260.3—2015,ISO 17642-3:2005,MOD)

3　术语和定义

GB/T 3375界定的以及下列术语和定义适用于本文件。

3.1

冷裂纹　cold cracks

焊接接头冷却到较低温度下(对于钢来说，在Ms温度以下)时产生的焊接裂纹。冷裂纹是由于显微组织、应力和氢含量综合作用而导致的局部开裂(晶内或穿晶开裂)。

注：冷裂纹又称氢致裂纹或延迟裂纹。

3.2

冷裂纹试验程序　cold cracking test procedures

与所使用焊接规程相关，用于确定母材、焊缝金属和焊接接头冷裂纹敏感性的程序。

3.3

自拘束试验　self restraint tests

试验时，试验载荷来源于试件的拘束焊缝。

3.4

外载荷试验　externally loaded tests

试验时，试验载荷来源于试验过程中试件外部施加的载荷。

4　基本原理

完全冷却后，显微组织、附加应力和氢含量等条件达到临界状态的焊件会出现冷裂纹：

——显微组织主要由化学成分和$t_{8/5}$(800 ℃～500 ℃之间的冷却时间)决定；

——附加应力主要受潜在的应力水平(即材料的屈服强度),拘束应力和焊接操作后在焊缝附近产生的收缩应力影响;

——氢含量取决于由于药皮或焊剂受潮,预热、道间温度和保温温度下扩散等导致的吸氢。

注:对于转变温度 A_{c1} 远低于 500 ℃的钢材,通常考虑 700 ℃~300 ℃之间的冷却时间。

在冷裂纹试验程序中,自拘束试验的试验应力完全由拘束焊缝提供。试验类型及主要应用见表 1。

外载荷试验的试验应力通过一个适当的外部加载装置施加。其试验及应用见表 2。

表 1 自拘束试验(见 GB/T 32260.2)及其应用

试验类型	应用
控制热强度试验 (CTS 试验) 铁研试验 (斜 Y 型坡口试验) 里海试验 (U 型坡口试验)	评定焊接材料、母材和焊接工艺。 确定: ——最低焊接热输入; ——最低预热温度; ——最低后热温度; ——扩散氢含量上限
注:这些程序给出了定性(开裂/不裂)或定量(裂纹率/不裂的极限值)评定。	

表 2 外载荷试验(见 GB/T 32260.3)及其应用

试验类型	应用
插销试验	焊接材料、母材的评定试验。 确定: ——最低焊接热输入; ——最低预热温度; ——最低道间温度; ——最低后热温度; ——扩散氢含量上限; ——临界应力
注:这些程序给出了定性(开裂/不裂)或定量(裂纹率/不裂的极限值)评定。	

ICS 25.160.40
J 33

中华人民共和国国家标准

GB/T 32260.2—2015

金属材料焊缝的破坏性试验 焊件的冷裂纹试验 弧焊方法 第2部分:自拘束试验

Destructive tests on welds in metallic materials—Cold cracking tests for weldments—Arc welding processes—Part 2:Self-restraint tests

(ISO 17642-2:2005,MOD)

2015-12-10 发布 2016-07-01 实施

中华人民共和国国家质量监督检验检疫总局
中国国家标准化管理委员会 发布

前　言

GB/T 32260《金属材料焊缝的破坏性试验　焊件的冷裂纹试验　弧焊方法》分为3个部分：

——第1部分：总则；

——第2部分：自拘束试验；

——第3部分：外载荷试验。

本部分为GB/T 32260的第2部分。

本部分按照GB/T 1.1—2009给出的规则起草。

本部分使用重新起草法修改采用ISO 17642-2:2005《金属材料焊缝的破坏性试验　焊件的冷裂纹试验　弧焊方法　第2部分：自拘束试验》。

本部分与ISO 17642-2:2005的技术性差异及其原因如下：

——关于规范性引用文件，本部分做了具有技术性差异的调整，以适应我国的技术条件。调整的情况集中反映在第2章"规范性引用文件"中，具体调整如下：

- 增加了GB/T 3375《焊接术语》；
- 将ISO 17642-2:2005中引用的部分国际标准和欧洲标准，用我国对应的标准代替。

本部分与ISO 17642-2:2005相比，在结构上减少了附录ZA。

本部分由全国焊接标准化技术委员会(SAC/TC 55)提出并归口。

本部分起草单位：哈尔滨焊接研究所、中船圣汇装备有限公司、东莞前程激光科技有限公司、上海市特种设备监督检验技术研究院、中国石油天然气管道科学研究院、中国特种设备检测研究院、天津市金桥焊材集团有限公司。

本部分起草人：王克楠、苏金花、张连伟、戴海、徐彬、隋永莉、石坤、杨咏梅、朴东光。

金属材料焊缝的破坏性试验 焊件的冷裂纹试验　弧焊方法 第2部分:自拘束试验

1　范围

GB/T 32260 的本部分规定了下列自拘束冷裂纹试验的试件尺寸、取样要求、试验程序和评定方法:

——CTS(控制热强度)试验;

——铁研(斜 Y 型坡口)或里海(U 型坡口)试验。

本部分主要适用于(但不限于)碳钢和低合金钢焊接冷裂纹敏感性评定。

2　规范性引用文件

下列文件对于本文件的应用是必不可少的。凡是注日期的引用文件,仅注日期的版本适用于本文件。凡是不注日期的引用文件,其最新版本(包括所有的修改单)适用于本文件。

GB/T 2654　焊接接头硬度试验方法(GB/T 2654—2008,ISO 9015-1:2001,IDT)

GB/T 3375　焊接术语

GB/T 3965　熔敷金属中扩散氢测定方法(GB/T 3965—2012,ISO 3690:2000,MOD)

GB/T 26955　金属材料焊缝破坏性试验　焊缝宏观和微观检验(GB/T 26955—2011,ISO 17639:2003,MOD)

GB/T 32260.1　金属材料焊缝的破坏性试验　焊件的冷裂纹试验　弧焊方法　第1部分:总则(GB/T 32260.1—2015,ISO 17642-1:2004,MOD)

3　术语和定义

GB/T 3375 和 GB/T 32260.1 界定的术语和定义适用于本文件。

4　试验参数的名称及符号

试验参数的名称及符号见表1。

表1　名称及符号

符号	名　称	单位
CTS(控制热强度)试验		
t	材料厚度	mm
L_V	焊脚尺寸(垂向)	mm
L_H	焊脚尺寸(横向)	mm
L	试验焊道长度	mm

表 1（续）

符号	名　　称	单位
铁研(斜 Y 型坡口)和里海(U 型坡口)试验		
t	材料厚度	mm
g	根部间隙	mm
W	钻孔直径和坡口宽度	mm
C_f	表面裂纹率	%
C_r	根部裂纹率	%
C_s	断面裂纹率	%
l_f	表面裂纹长度	mm
l_r	根部裂纹长度	mm
H_c	根部裂纹高度	mm
H	试验焊道的最小厚度	mm
L	试验焊道长度	mm

5　原则

5.1　概述

自拘束试验用于评定电弧焊母材及焊接材料的冷裂纹敏感性。试验内容为:在拘束条件下的两块试板上熔敷试验焊道,然后将焊道解剖、检验横截面上焊缝金属或热影响区内的开裂状况。

5.2　定性评估

可使用成熟工艺焊接对某一材料时,可进行一个简单的评定试验。如 CTS 试验时,检验两条焊缝。

5.3　定量评估

确定裂纹的临界条件时,应做一系列的试验。试验未发现裂纹时应持续进行直至产生裂纹为止。

6　试验

6.1　CTS 试验

6.1.1　试件尺寸

试件尺寸应符合图 1。

单位为毫米

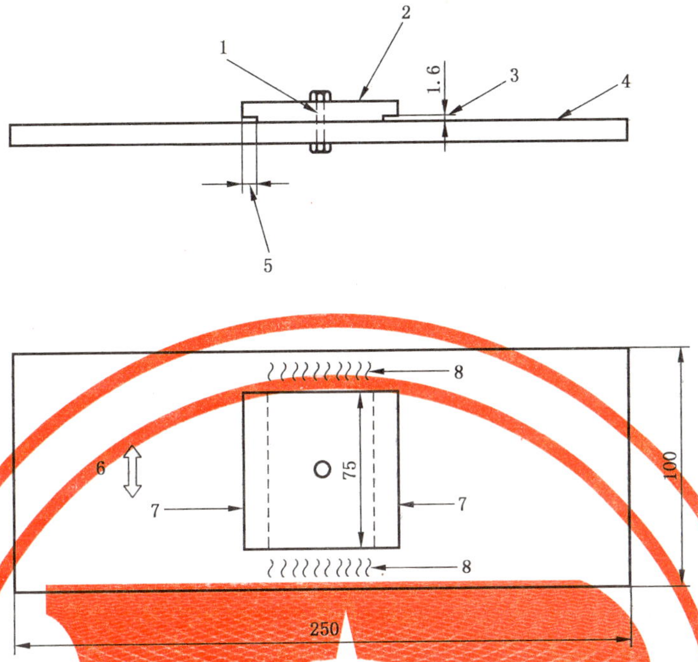

说明：

1——中孔(直径为 13 mm)；

2——上板；

3——根部缺口间隙；

4——下板；

5——根部缺口深度；

6——板材的轧制方向；

7——试验焊缝；

8——拘束焊缝。

图 1　CTS 试件

6.1.2　试件的制备

试件应使用待试母材和焊材焊制而成，见图 2。

采用锯割、铣削或磨削方式加工试验材料，保证被焊表面打磨光滑。在加工过程中，注意减少材料的受热及变形。

图 1 给出了试件的一般要求，表 2 规定了公差和表面加工要求。

表 2　CTS 试件尺寸、条件及公差

尺寸/条件	参　　数
材料厚度 t	≥6 mm
上板	(75±1)mm×(75±1)mm×t
下板	(250±3)mm×(100±3)mm×t
根部缺口深度	(10±0.5)mm

表 2（续）

尺寸/条件	参　　数
根部缺口间隙	(1.6±0.1)mm
螺栓扭矩	(100±5)N·m
贴合面的表面加工要求	Ra≤3.2 μm
被焊面的表面加工要求	Ra≤6.3 μm
贴合间隙	≤0.05 mm

上板和下板厚度应相同。上板应采用机械方法加工，下板可采用机械加工或火焰加工而成。上、下板材质应相同。

在某些特殊情况下，如上、下板无法用试验材料制备，则上板应采用试验材料，下板可采用强度等级相同的其他材料制备，但要保证下板材料对氢致裂纹的敏感性低于上板。

能确定板材的轧制方向时，上、下板的轧制方向应一致(见图 1)。

应确保被焊表面打磨光滑，无划痕、灰尘、油污、油脂及其他污染物。

上、下板应用 12 mm 直径的螺栓固定。螺栓、螺母和垫圈在使用前应做去污处理。不得使用经电镀加工处理的螺栓、螺母。将螺栓穿过上、下板，加上垫圈和螺母紧固至规定的扭矩(见表 2)。焊前应检查扭矩大小，如不合适应按要求进行调整。

6.1.3　拘束焊缝

用与母材强度等级(母材屈服强度一般不超过 895 N/mm²)相同或更高的焊接材料焊接拘束焊缝，如图 1 所示。

注：母材屈服强度超过 895 N/mm² 时，可选择强度低于母材的焊材，但焊材强度应高于 895 N/mm²，或者堆敷奥氏体不锈钢焊缝金属。

拘束角焊缝应从上板的边角 10 mm 处(误差范围为±3 mm)开始和结束。拘束焊缝的有效厚度如下：

——板厚≤15 mm 时，(6±1)mm；

——板厚>15 mm 时，(13±1)mm。

焊缝的熔敷应避免产生氢致裂纹，必要时可采用预热、控制道间温度和后热等措施。

焊接拘束焊缝的焊接材料应按材料说明书烘干，控制尽可能低的氢含量。

检查螺栓的扭矩，并按要求紧固。试验装置在焊接试验焊缝前应放置 12 h。

6.1.4　试验焊缝

6.1.4.1　预热

试件预热时，应将组件整体置于炉内并放置足够时间，使其均匀热透。炉温可设置一定的过热度，以补偿组件移出或组对时温度的降低。

焊接之前，应使用温度表或热电偶检查试板的表面温度。试验区域内，上板和下板的温度差不应超过 5 ℃。试件应达到预热要求后才可施焊。

6.1.4.2　熔敷

应采用定位卡具，焊条相对试板的位置应使试验焊缝能在一个焊道中沿一个方向的试板边缘均匀熔敷(见图 2)，并确保试验焊缝不超出试板边缘。

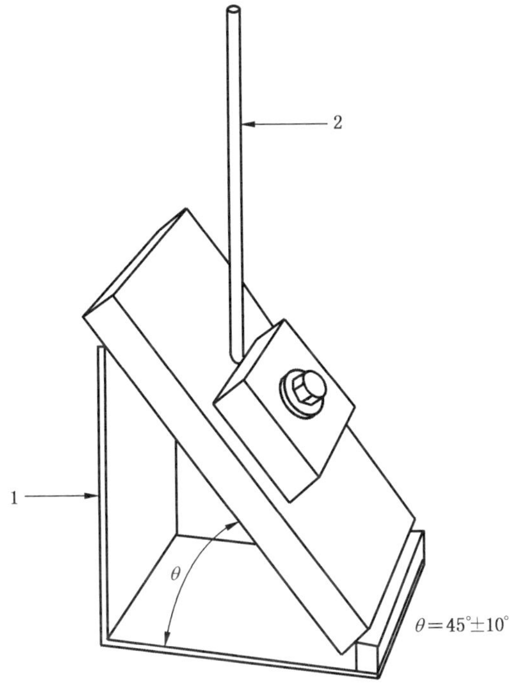

说明：
1——试验卡具；
2——焊接材料。

图 2　用于试件定位的卡具

按图 3 所示，测量焊缝长度（从焊缝起点至弧坑中心点的距离），计算热输入（单位为 kJ/mm）。

注：手工焊的过程控制和测量比较困难，推荐采用机械化焊接装置。

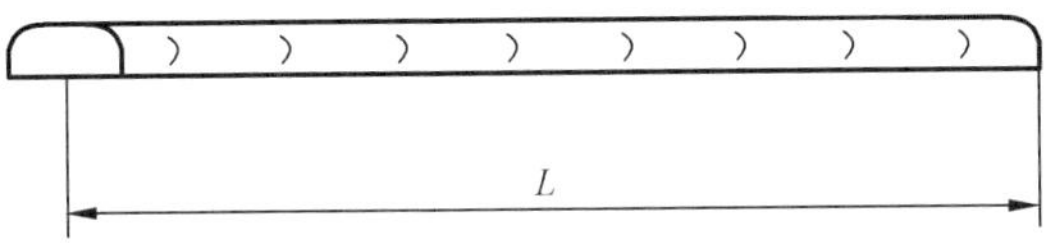

图 3　焊缝长度的测量

6.1.4.3　后热

进行后热时，第一道试验焊缝完成后应立即将组件送进炉内。后热的监控应采用经校准的表面温度计或热电偶。

6.1.4.4　冷却

第一道试验焊缝熔敷并完成后热之后，应在 60 s 内将试验组件移至冷却槽中，试件未焊一侧应没入水中(60±5)mm 深，见图 4。

试验过程中，冷却槽出口的水温不应超过 30 ℃。

试件应在冷却槽中冷却至室温后移出。

单位为毫米

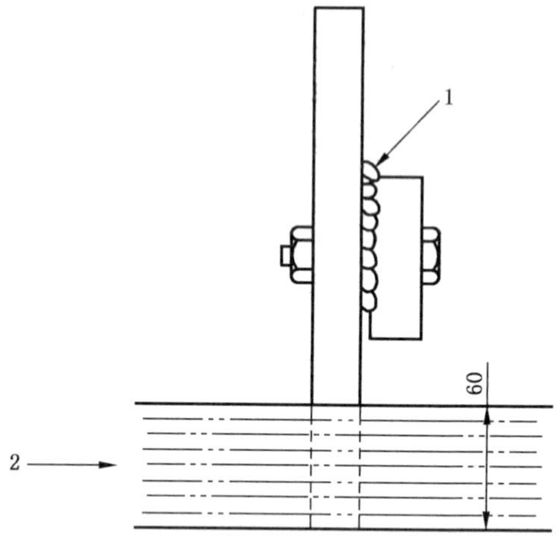

说明：

1——试验焊缝；

2——冷却水。

图 4　冷却槽的设置

6.1.4.5　第二道焊缝的熔敷

试件从冷却槽中移出至少 48 h 后，才可熔敷第二道焊缝。

第二道焊缝的冷却方式与第一道焊缝的冷却相同。

后续试验应在试件冷却至室温至少 48 h 后才可进行。

6.1.4.6　氢量测定

焊接材料扩散氢含量的测定应按照 GB/T 3965 进行，测氢的环境条件应与裂纹试验条件相同。

6.1.5　试验结果

6.1.5.1　金相检验

6.1.5.1.1　试样制备

试件应按 GB/T 26955 的规定切取成尺寸同样的金相试样，见图 5。

注：切取试样时不宜过度用力，避免试样振动和受热。

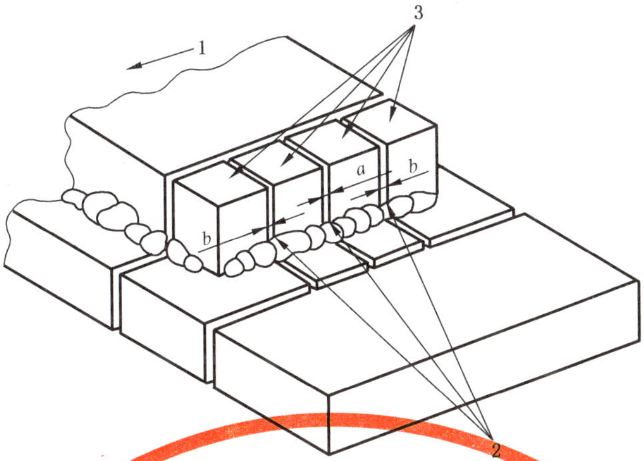

说明：

1 ——焊接方向；

2 ——抛光面及裂纹检测面；

3 ——试样；

a、*b* ——抛光面和裂纹检测面。

图 5 CTS 试样的切取

6.1.5.1.2 试样观察

制备 6 个显微金相试面。用 50 倍以上的显微镜进行试面上焊缝金属和热影响区的裂纹观察，首先按照 GB/T 26955 规定观察试面 2b 或 3a(见图 5)。未开裂试验结果应采用倍数合适的(一般推荐 200 倍)显微镜进行观察确认。

6.1.5.1.3 测量

在焊缝金属中如果发现根部裂纹的总长度超过了焊缝有效厚度的 5%，则试件无效，试验终止。

如热影响区裂纹超过焊脚尺寸的 5%，试验结果可定为“开裂”。焊脚尺寸的测量参照图 6。如果未发现裂纹，则检查所有的 6 个试面。

上、下板材料不同时，如仅在下板出现热影响区裂纹，则试验无效。

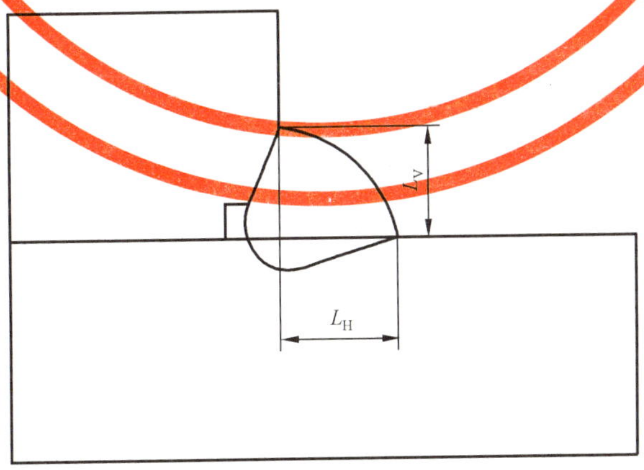

$$焊脚尺寸=\frac{L_V+L_H}{2}$$

图 6 焊脚尺寸的测量

6.1.5.2 硬度试验

每条焊缝选择中心的一个剖面(图 5 中的 2b 或 3a)进行维氏硬度试验(具体方法见 GB/T 2654)。

根据热影响区中粗晶区的大小,选择合适的载荷(2.5 kg、5 kg 或 10 kg)进行 10 个测点的维氏硬度试验(参见图 7)。热影响区向焊缝、细晶区或未受影响的母材区的测点可减少,以便其他区域能有更多的测点。

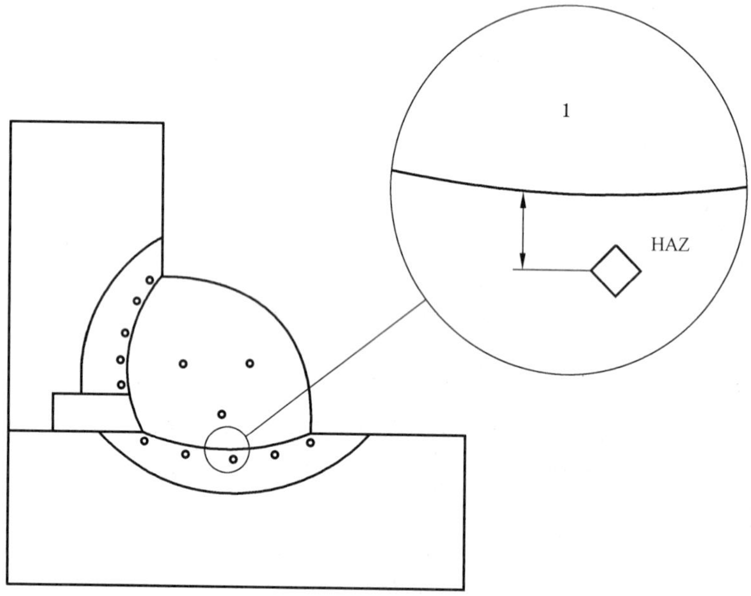

说明:

1——焊缝。

注:压痕之间的距离按照 GB/T 2654 规定。

图 7 硬度试验压痕的典型位置

6.2 铁研(斜 Y 型坡口)试验和里海(U 型坡口)试验

6.2.1 概述

斜 Y 型坡口试验条件较为苛刻,推荐为母材试验项目。U 型坡口试验条件较宽松,推荐为焊缝金属试验项目。

6.2.2 试件尺寸

试件尺寸如图 8 所示。

单位为毫米

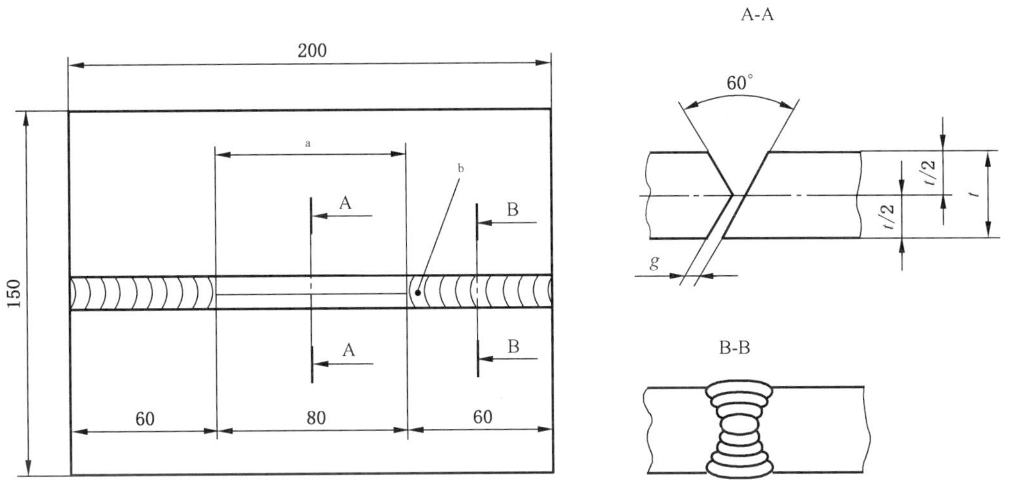

a) 斜 Y 型坡口试验试件

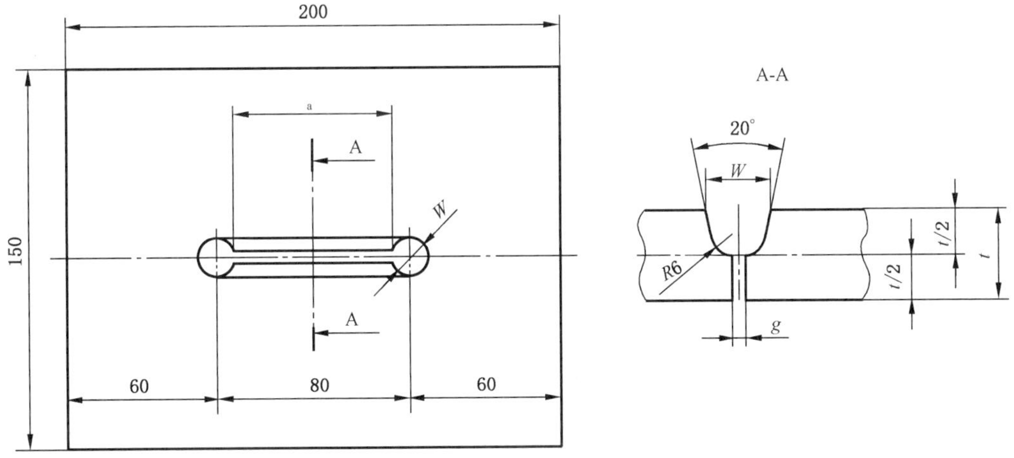

b) U 型坡口试验试件

说明：

t ——试件厚度；

g ——根部间隙，2 mm±0.2 mm；

W——孔径及坡口宽度。

[a] 试验焊缝(斜 Y 型坡口或 U 型坡口)；

[b] 拘束焊缝。

图 8 试件的尺寸及形状

6.2.3 试件制备

试件机加工应采用锯割、铣削或磨削的方法，待焊表面需精磨加工，加工时应注意避免材料受热及变形。试件的形状和尺寸按图 8 规定。

试件的非焊接面可以用火焰切割加工。

板材的轧制方向宜一致，并与焊接方向平行。

被焊表面应平整光滑，无划痕、灰尘、油污、锈蚀及其他污染物。

6.2.4 拘束焊缝

斜Y型坡口试验拘束焊缝所用的焊接材料应与试验焊缝所用的焊接材料屈服强度相同或更高。

拘束焊缝的焊接应避免产生氢致裂纹，必要时可采用预热、控制道间温度和后热措施。

焊接拘束焊缝的焊接材料应按材料说明书烘干，控制尽可能低的氢含量。

6.2.5 试验焊缝

6.2.5.1 预热

试件预热时，应将试件整体置于炉内并放置足够时间，使其均匀热透。炉温可设置一定的过热度，以补偿组件移出或组对时温度的降低。

焊接之前，应使用温度表或热电偶检查试板的表面温度。试验区域内，试板上、下表面的温度差不应超过5 ℃。

试件应达到预热要求后才可施焊。

6.2.5.2 熔敷

试验焊道应在平焊位置上施焊。焊接应在试件达到规定的预热温度后开始。

手工焊接应按图9a)焊接。自动焊可按图9b)或图9c)焊接。计算热输入(单位为kJ/mm)。

注：手工焊的过程控制和测量比较困难，推荐采用机械化焊接装置。

单位为毫米

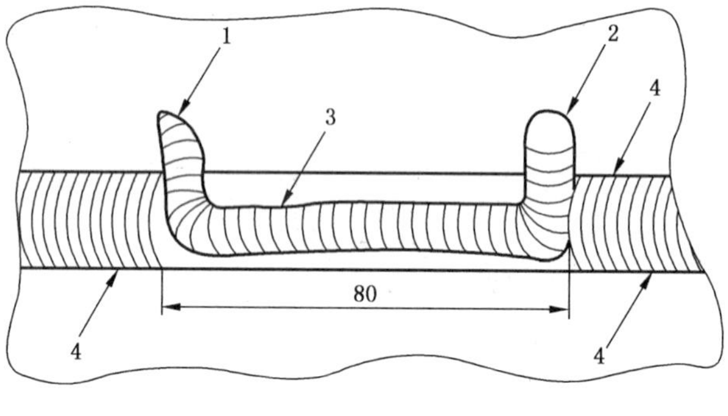

a) 铁研试验(手工焊接)

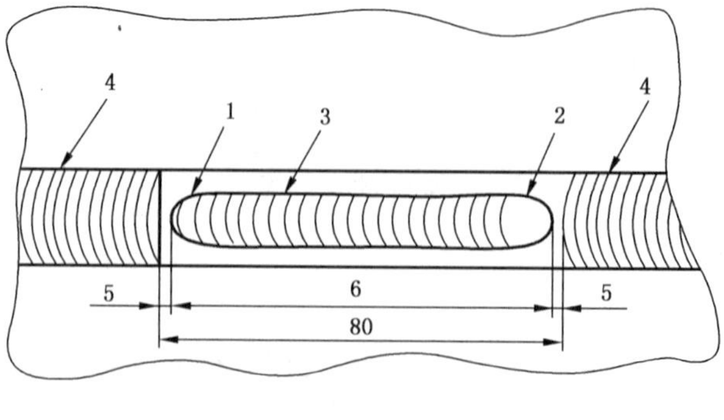

b) 铁研试验(自动焊接)

图9 试验焊缝的焊接方法

单位为毫米

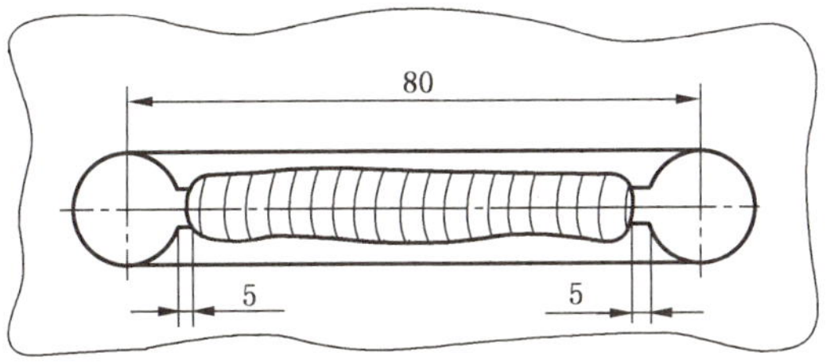

c) 里海试验

说明：
1——起弧；
2——收弧；
3——试验焊道；
4——拘束焊缝；
5——约 2 mm；
6——约 76 mm。

图 9（续）

6.2.5.3 焊后热处理

有焊后热处理要求时，第一道试验焊缝焊完后应立即将组件送入炉内。
热处理温度可采用经校准的表面高温计或热电偶进行监控。
试件应在完成热处理冷却至室温至少 48 h 以后再进行其他后续工作。

6.2.5.4 氢量测定

焊接材料扩散氢含量的测定应按照 GB/T 3965 进行，测氢的环境条件应与裂纹试验条件相同。

6.2.6 试验结果

6.2.6.1 概述

根据要求，检查焊缝表面、根部及剖面裂纹的长度，计算裂纹率，测定热影响区的硬度。

6.2.6.2 目视检查

试验焊缝表面裂纹采用目视检查，并按式(1)计算裂纹率。

$$C_f = \frac{\sum l_f}{L} \times 100\% \qquad \cdots\cdots(1)$$

式中：
C_f ——表面裂纹率，%；
L ——试验焊缝长度，单位为毫米(mm)；
$\sum l_f$——表面裂纹总长度，单位为毫米(mm)。

6.2.6.3 金相检验

6.2.6.3.1 解剖

试件应按 GB/T 26955 的规定切取金相试样，见图 10。

注：切取试样时不宜过度用力，避免试样振动和受热。

按图 9a)焊接的焊缝，5 个剖面应将整个试验焊缝均匀四等分，并与坡口平行分布，见图 10a)。

按图 9b)焊接的焊缝，应以引弧处和弧坑中心之间焊道宽度均匀部分做四等分，5 个剖面与坡口平行分布，见图 10b)。

单位为毫米

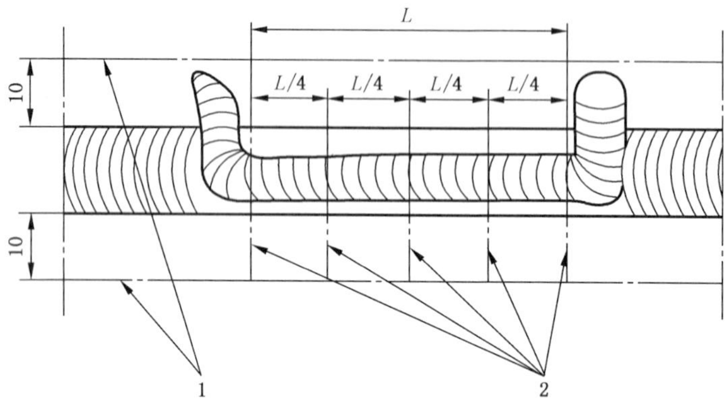

a) 铁研试验(手工焊接)

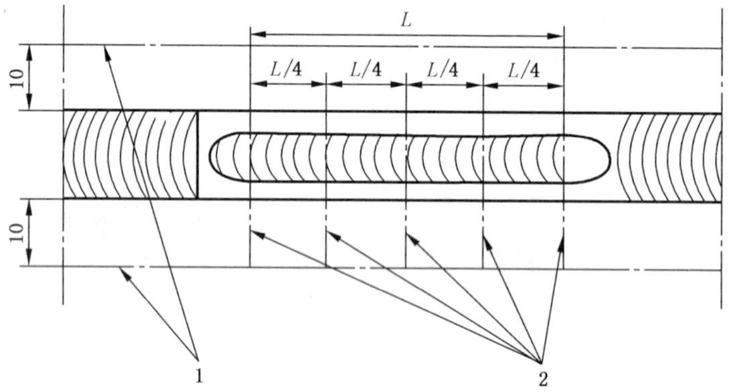

b) 铁研试验(自动焊接)

说明：

1——沿宽度方向切割；

2——剖面位置。

图 10 裂纹检测位置

6.2.6.3.2 试样观察

用 50 倍以上显微镜观察剖面上焊缝金属和热影响区的裂纹。未开裂试样应用合适倍数(至少 200 倍)的显微镜观察确认。

6.2.6.3.3 测量和计算

发现裂纹应测量裂纹尺寸，并按照式(2)测算剖面裂纹率：

$$C_s = \frac{H_c}{H} \times 100\% \qquad \cdots\cdots(2)$$

式中：
C_s ——剖面裂纹率，%；
H ——试验焊缝最小厚度，单位为毫米(mm)，见图 11；
H_c——根部裂纹的高度，单位为毫米，(mm)，见图 11。

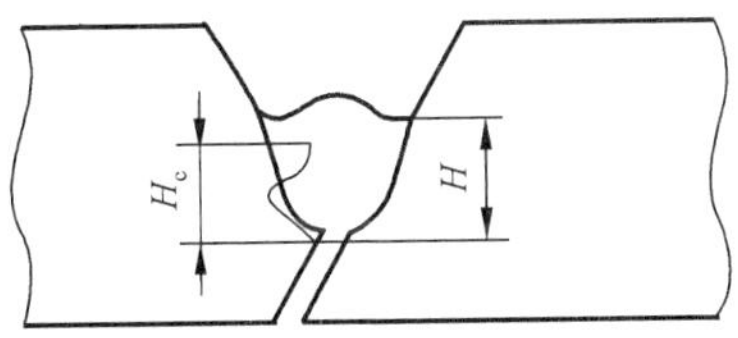

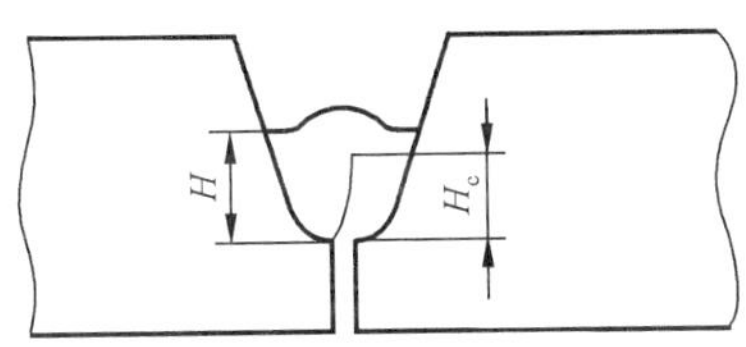

注：高度小于 0.5 mm 的缺陷(H_c≤0.5 mm)不视为氢致裂纹。

图 11　测量方法

6.2.6.4　硬度试验

试验焊缝选择中心一个剖面做硬度试验(具体方法参见 GB/T 2654)。

根据热影响区中粗晶区的大小，选择合适的载荷(2.5 kg、5 kg 或 10 kg)进行 10 个测点的维氏硬度试验。热影响区向焊缝、细晶区或未受影响的母材区的测点可减少，以便其他区域能有更多的测点。

7　试验报告

试验报告应包含如下内容：

a)　标准编号；
b)　试件种类；
c)　试件标识；
d)　试板、试件的材料；
e)　试件尺寸；
f)　焊接及试验条件；
g)　裂纹的长度及数量、硬度值及位置(必要时)；
h)　硬度(必要时)；
i)　扩散氢。

试验报告示例参见附录 A 和附录 B。

附 录 A
（资料性附录）
CTS试验报告

制造商：

试验目的：

试验描述：	日期： 试验编号：
炉号： 其他细节： 化学成分： 力学性能： 屈服强度： 断后伸长率：	材料厚度： 轧制方向：

焊接细节		方法		
参数	试验焊缝	焊接材料	拘束焊缝	试验焊缝
焊条/焊丝直径		技术条件		
焊接电流		型号		
电压		保护气体、焊剂		
极性		烘干条件		
焊接速度		预热温度： 道间温度： 后热温度： 测量方法：		
气体种类				
气体流量				
热输入				

测氢方法：	日期： 结果：

金相检验/硬度试验

剖面	金相检验		硬度试验		
	焊脚尺寸	结果(裂或不裂)	热影响区	焊缝金属	母材
裂/不裂/失败			硬度取平均值		
结论：开裂/不裂			签名：		

附　录　B
（资料性附录）
铁研（或里海）试验报告

制造商：

试验目的：

试验描述：	日期： 试验编号：
炉号： 其他细节： 化学成分： 力学性能： 屈服强度： 断后伸长率：	材料厚度： 轧制方向：

焊接细节		方法		
参数	试验焊缝	焊接材料	拘束焊缝	试验焊缝
焊条/焊丝直径		技术条件		
焊接电流		型号		
电压		保护气体、焊剂		
极性		烘干条件		
焊接速度		预热温度：		
气体种类		道间温度：		
气体流量		后热温度：		
热输入		测量方法：		

测氢方法：	日期： 结果：

金相检验/硬度试验

剖面	金相检验		硬度试验			
	l_f, l_r, H_c mm	L, H mm	C_f, C_T, C_s %	热影响区	焊缝金属	母材
裂/不裂/失败			硬度取平均值			
结论：开裂/不裂			签名：			

ICS 25.160.40
J 33

中华人民共和国国家标准

GB/T 32260.3—2015

金属材料焊缝的破坏性试验
焊件的冷裂纹试验 弧焊方法
第3部分:外载荷试验

Destructive tests on welds in metallic materials—Cold cracking tests for weldments—Arc welding processes—Part 3:Externally load tests

(ISO 17642-3:2005,MOD)

2015-12-10 发布 2016-07-01 实施

中华人民共和国国家质量监督检验检疫总局
中国国家标准化管理委员会 发布

前　言

GB/T 32260《金属材料焊缝的破坏性试验　焊件的冷裂纹试验　弧焊方法》分为3个部分：

——第1部分：总则；

——第2部分：自拘束试验；

——第3部分：外载荷试验。

本部分为GB/T 32260的第3部分。

本部分按照GB/T 1.1—2009给出的规则起草。

本部分使用重新起草法修改采用ISO 17642-3:2005《金属材料焊缝的破坏性试验　焊件的冷裂纹试验弧焊方法　第3部分：外载荷试验》。

本部分与ISO 17642-3:2005的技术性差异及其原因如下：

——关于规范性引用文件，本部分做了具有技术性差异的调整，以适应我国的技术条件。调整的情况集中反映在第2章“规范性引用文件”中，具体调整如下：

——增加了GB/T 3375《焊接术语》；

——将ISO 17642-3:2005中引用的部分国际标准和欧洲标准，用我国对应的标准代替。

本部分与ISO 17642-3:2005相比，在结构上减少了附录ZA。

本部分由全国焊接标准化技术委员会(SAC/TC 55)提出并归口。

本部分起草单位：哈尔滨焊接研究所、上海市特种设备监督检验技术研究院、东莞前程激光科技有限公司、天津市金桥焊材集团有限公司、中国石油天然气管道科学研究院、中国特种设备检测研究院。

本部分起草人：苏金花、王克楠、徐彬、朴东光、简建军、杨咏梅、隋永莉、石坤。

金属材料焊缝的破坏性试验 焊件的冷裂纹试验 弧焊方法 第3部分：外载荷试验

1 范围

GB/T 32260的本部分规定了外载荷试验底板和试样的制备、尺寸、试验程序及要求。

本部分适用于(但不限于)碳钢和低合金钢焊接冷裂纹敏感性评定。

2 规范性引用文件

下列文件对于本文件的应用是必不可少的。凡是注日期的引用文件，仅注日期的版本适用于本文件。凡是不注日期的引用文件，其最新版本(包括所有的修改单)适用于本文件。

GB/T 2654 焊接接头硬度试验方法(GB/T 2654—2008, ISO 9015-1:2001, IDT)

GB/T 3375 焊接术语

GB/T 3965 熔敷金属中扩散氢测定方法(GB/T 3965—2012, ISO 3690:2000, MOD)

GB/T 32260.1 金属材料焊缝的破坏性试验 焊件的冷裂纹试验 弧焊方法 第1部分：总则(GB/T 32260.1—2015, ISO 17642-1:2004, MOD)

ISO/TR 15608 焊接 金属材料分类指南(Welding—Guidelines for a metallic materials grouping system)

3 术语和定义

GB/T 3375和GB/T 32260.1界定的术语和定义适用于本文件。

4 试验参数的名称及符号

试验参数的名称及符号见表1。

表1 名称及符号

符号	名称	单位
L	试验焊道长度	mm
d	插销直径	mm
D	钻孔直径	mm

5 原则

外载荷试验用于评定冷裂纹敏感性，具体应用条件参见GB/T 32260.1规定。

外载荷试验既可做定性的评估，也可以做定量评估（定量参数包括：预热温度、热输入、扩散氢含量及外加应力）。

6 试验

6.1 概述

外载冷裂纹试验可定量地评估材料母材弧焊冷裂纹敏感性。

该试验方法适用于焊条电弧焊、半自动气体保护电弧焊（包括实心和药芯焊丝）和埋弧焊。

在不同条件下，通过施加外载荷模拟焊接应力，可以确定裂纹的临界条件（如最低预热温度、最小热输入、扩散氢含量上限和最大应力等）。

6.2 插销试验

6.2.1 试验材料

插销试样和底板材料类组应当相同（材料类组划分参见 ISO/TR 15608）。

6.2.2 试件尺寸

底板尺寸和插销试样的尺寸见图 1、图 2、图 3 和表 2。

推荐的尺寸不适用于焊接热循环条件时，可以使用其他尺寸，但在试验报告中应予以说明。

单位为毫米

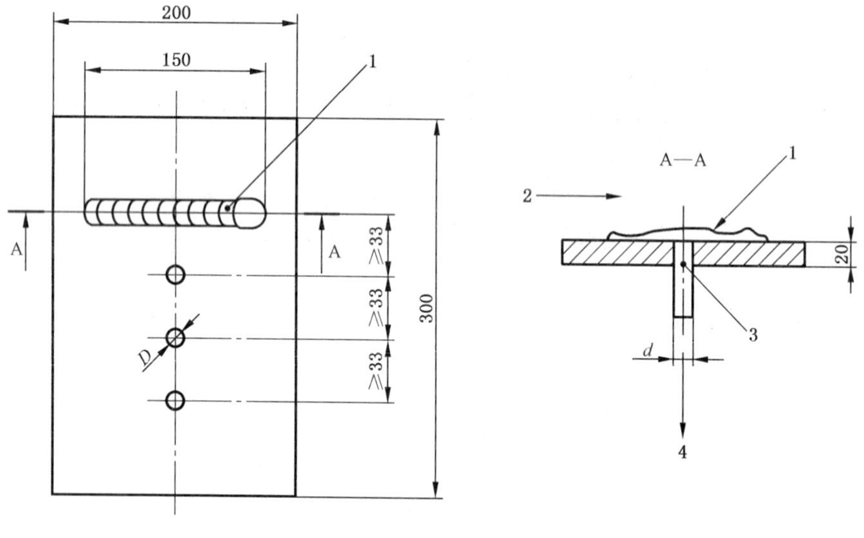

说明：

1——测温点；

2——焊接方向；

3——插销试样；

4——试验载荷，F。

注 1：试验焊缝至少长 150 mm。

注 2：第一道试验焊缝至少距离板底边缘 100 mm。

图 1 插销试验

单位为毫米

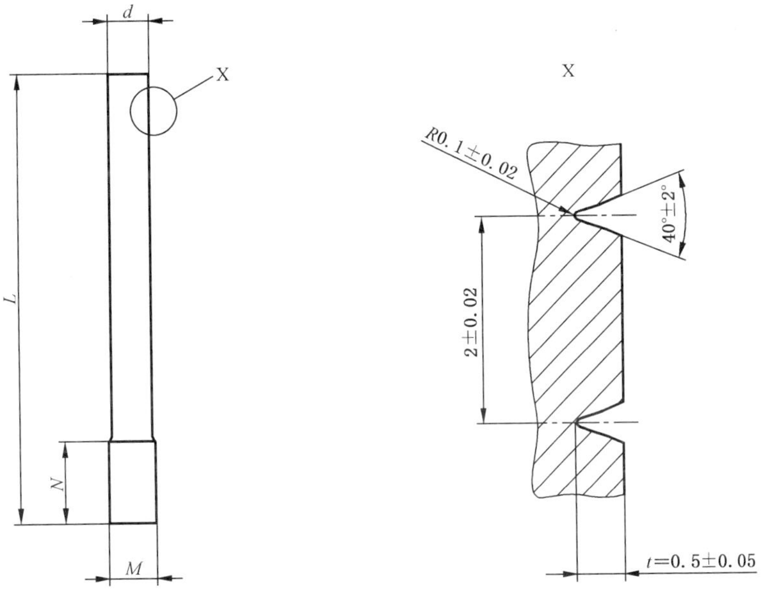

注：M、N 尺寸视试验设备而定。

图 2 插销试样(螺形缺口)

单位为毫米

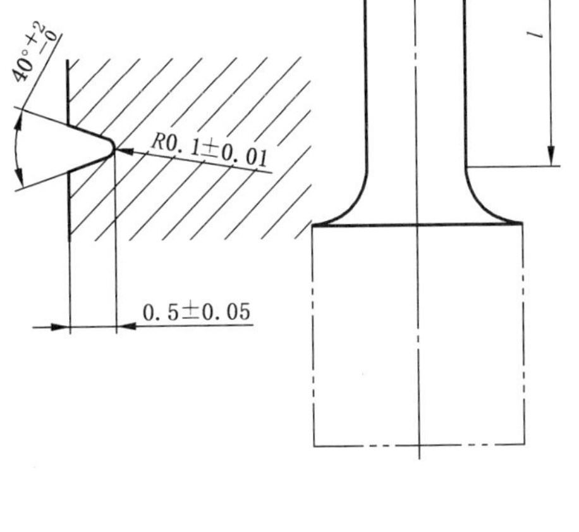

图 3 插销试样(环形缺口)

6.2.3 试件制备

插销试样和底板应采用机械加工，加工时应注意防止材料过热和变形。

表2给出了底板尺寸。

图1～图3给出的底板和插销的尺寸偏差见表2。

插销应完全被试验焊道所覆盖。一般情况下，建议采用直径为8 mm的插销，焊接规范较低时推荐采用直径为6 mm的插销。

表2 底板、插销试样的尺寸/条件及偏差

底板	
板厚	20 mm
宽度	200 mm
长度	300 mm
孔径，D	$D-d=(0.05-0.15)$mm
材料	碳锰钢或与插销相似的材料
孔间距，a	≥33 mm
钻孔数量	4，见图1
插销试样	
长度	根据设备而定
直径，d	$6^{+0}_{-0.05}$ $8^{+0}_{-0.05}$
缺口形状	螺形、环形、V形缺口
缺口角度，α	$(40\pm2)°$
缺口深度，t	(0.5 ± 0.05)mm
缺口半径，R	(0.1 ± 0.01)mm
缺口螺距	(1 ± 0.02)mm

钻孔与插销的加工应确保插销与底板保持滑动配合，间隙在0.05 mm～0.15 mm范围内。

6.2.4 试验焊缝的焊接

6.2.4.1 预热

有预热要求时，底板和插销试样应采用合适的方式进行预热。

焊接之前，应使用经校准的热电偶检查试板的表面温度。试验区域内，底板和插销的温度差不应超过5 ℃。试件应达到预热要求后才可施焊。

6.2.4.2 熔敷

在平焊位置沿一个方向均匀地熔敷单个焊道。焊接方法应采用自动焊或机械化焊接，不得采用过程监控困难的手工焊接。

熔深的控制应确保试插销样缺口处于热影响区的粗晶区，见图4。

单位为毫米

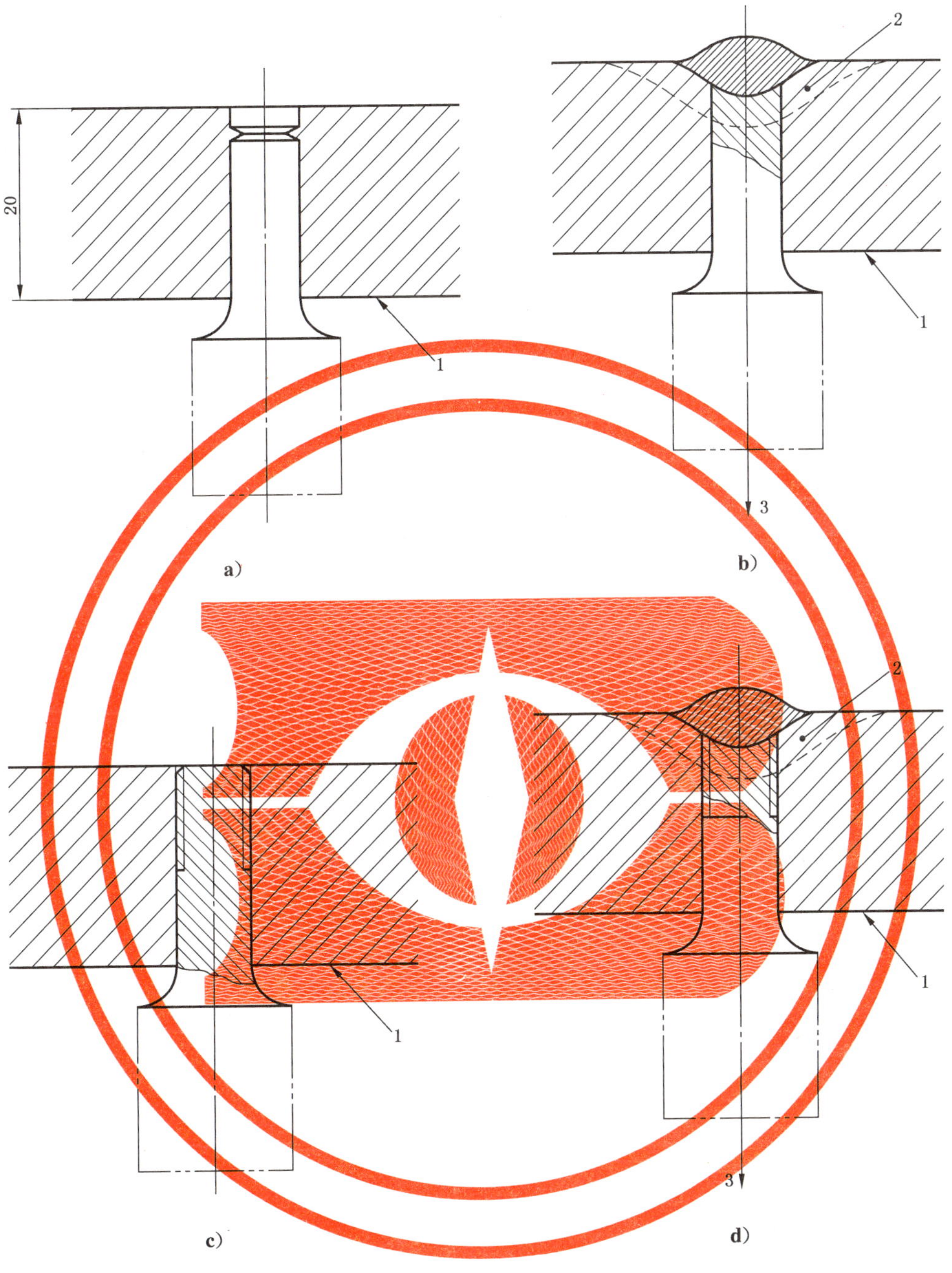

说明：

1——底板；

2——热影响区；

3——载荷。

图 4 熔敷(环形和螺形缺口插销)

6.2.4.3 插销加载

插销应施加静态拉应力。加载时的温度(T_L)根据预热温度(T_V)决定。

——预热温度 $T_V \leqslant 100$ ℃时，加载温度应在 100 ℃～150 ℃之间(100 ℃$<T_L<$150 ℃)；

——预热温度 $T_V>100$ ℃时，加载温度应高于预热温度 50 ℃($T_L=T_V+50$ ℃)。

试样应缓慢加载，在 20 s～60 s 之内，在上述温度范围内加至规定的载荷。

试样加载完成后，至少应保持 16 h 方可卸载。

载荷应力按照缺口根部截面积确定，参见式(1)：

$$\sigma_J=\frac{4F}{\pi(d-2t)^2} \qquad (1)$$

式中：

σ_J ——载荷应力，该值与缺口处的横截面积有关单位为牛每平方毫米(N/mm^2)；

F ——载荷单位为牛(N)；

d ——试样直径单位为毫米(mm)；

t ——缺口深度单位为毫米(mm)。

载荷应力 σ_J 通常选取等于插销材料的规定塑性强度($R_{p0.2}$)。

加载装置应符合下列条件：选定的载荷精度在±1%以内，并在试验过程中保持稳定。试样不应有严重的弯曲、扭曲或承受冲击载荷。

6.2.4.4 冷却时间($t_{8/5}/t_{3/1}$)

无后热要求时，应通过测量和记录 800 ℃～500 ℃之间的冷却时间($t_{8/5}$)以及 300 ℃～100 ℃之间的冷却时间($t_{3/1}$)表征热循环。

如果后热温度大于 100 ℃，则只测 $t_{8/5}$，不测 $t_{3/1}$。

冷却时间可采用下述方法之一测量：

——置于影响区的热电偶，热影响区测定点的最高温度不低于 1 100 ℃；

——熔敷时置于焊缝金属的热电偶。

插销试样热影响区和焊缝金属的温度测量应相互对应，并做定期校验。

6.2.4.5 氢量测定

焊接材料的扩散氢含量测定可按照 GB/T 3965 进行，测氢的环境条件应与裂纹试验条件相同。

6.2.5 试验结果

6.2.5.1 断裂

插销可能会在持续加载时断裂，这时应记录载荷及断裂时间。

6.2.5.2 裂纹的金相检验

没有发生破断时，缺口在载荷作用下可能会有裂纹产生，应采用放大倍数在 400 倍～600 倍的显微镜，对焊道的 3 个纵截面进行金相检验，见图 5。

单位为毫米

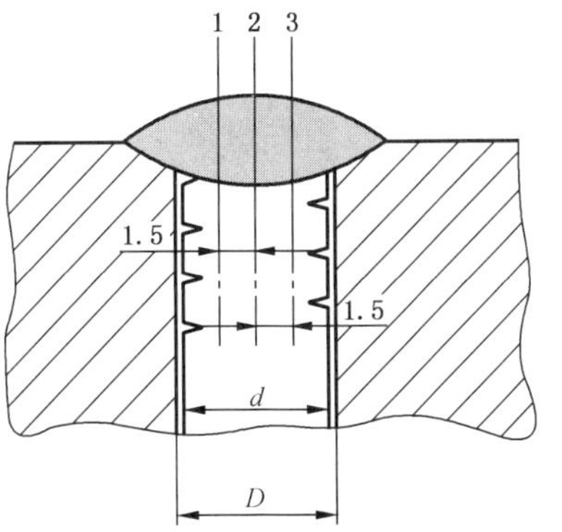

图5 金相检验和硬度试验的三个纵截面位置

6.2.5.3 裂纹氧化后的检验

没有发生破断时，缺口在载荷作用下可能会有裂纹产生，应采用下列氧化方法对裂纹做检查。

对氢致裂纹做氧化处理(在 250 ℃～300 ℃下保温 1 h)后，将插销试样施加纵向交变载荷使其产生疲劳开裂直至插销和底板分离为止。观察断面形貌，区分出氧化过的冷裂纹及随后疲劳扩展区。

6.2.5.4 硬度试验

按照 GB/T 2654 的规定测定插销热影响区的维氏硬度值 HV10。

7 试验报告

试验报告应包含下述内容：

a) 标准编号；

b) 底板和插销的标识；

c) 试件和插销材料(化学成分和力学性能)；

d) 插销尺寸(直径)；

e) 缺口种类(环形、螺形)；

f) 焊接及试验条件(焊接方法、焊接材料、扩散氢、焊接参数、预热、应力水平)；

g) 裂纹数量及长度、检测方法；

h) 破断时间、破断载荷(或持续时间)；

i) 试验准则：开裂或破断；

j) 冷却时间($t_{8/5}/t_{3/1}$)；

k) 硬度值。

试验报告示例参见附录 A。

附 录 A
（资料性附录）
插销试验报告

制造商：

试验目的：

<table>
<tr><td colspan="2" rowspan="2">试验描述：</td><td colspan="2">日期：</td></tr>
<tr><td colspan="2">试验编号：</td></tr>
<tr><td colspan="2">炉号：
其他细节：
化学成分：
力学性能：
屈服强度：
延伸率：</td><td colspan="2">材料厚度：
轧制方向：</td></tr>
<tr><td colspan="2">焊接细节</td><td colspan="2">方法</td></tr>
<tr><td>参数</td><td>试验焊缝</td><td>焊接材料</td><td>试验焊缝</td></tr>
<tr><td>焊条/焊丝直径</td><td></td><td>技术条件</td><td></td></tr>
<tr><td>焊接电流</td><td></td><td>型号</td><td></td></tr>
<tr><td>电压</td><td></td><td>保护气体、焊剂</td><td></td></tr>
<tr><td>极性</td><td></td><td>烘干条件</td><td></td></tr>
<tr><td>焊接速度</td><td></td><td colspan="2" rowspan="4">预热温度：
道间温度：
后热温度：
测量方法：</td></tr>
<tr><td>气体种类</td><td></td></tr>
<tr><td>气体流量</td><td></td></tr>
<tr><td>热输入</td><td></td></tr>
<tr><td colspan="2">测氢方法：</td><td colspan="2">日期：
结果：</td></tr>
</table>

<table>
<tr><td colspan="5">金相检验/硬度试验</td></tr>
<tr><td rowspan="2">剖面</td><td>金相检验</td><td colspan="3">硬度试验</td></tr>
<tr><td>结果(裂或不裂)</td><td>热影响区</td><td>焊缝金属</td><td>母材</td></tr>
<tr><td></td><td></td><td></td><td></td><td></td></tr>
<tr><td colspan="2">裂/不裂/失败</td><td colspan="3">硬度:最大值,最小值
平均值</td></tr>
<tr><td colspan="2">结论:开裂/不裂</td><td colspan="3">签名:</td></tr>
</table>

哈尔滨现代焊接技术生产力促进中心简介

哈尔滨现代焊接技术生产力促进中心是哈尔滨焊接研究所2000年4月投资创办的焊接技术服务机构。多年来，为推进广大中小企业的技术创新与经济发展，中心面向全国提供技术研发、技术咨询、技术培训和技术共享等焊接专业化特色服务。

其中技术培训业务分为焊接专业资格认证、焊接专业操作技能培训和焊接生产（工程）应用技术实战能力培训三个部分。

一、焊接专业资格认证

面向社会上已从事焊接工作或有意愿从事焊接工作，但未取得从业资格的人员，提供考前培训、考试评审、资质认证等服务。

目前我中心可以承办的焊接专业资质如下：

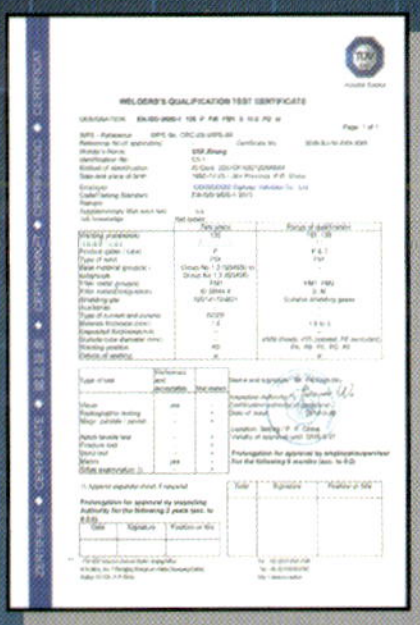

国际焊工ISO9606

国际焊接操作工ISO14732

无损检测人员ISO9712

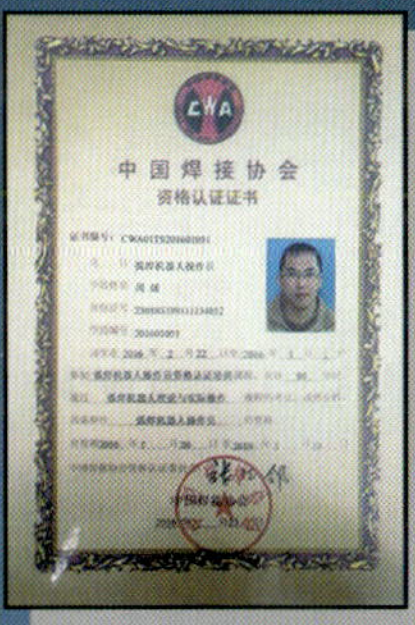

机器人操作员证书

卓越工程师证

特种设备作业人员证

铁素体不锈钢操作证书

职业资格证

二、焊接专业操作技能培训

面向有意于从事焊接工作或想提高自身焊接知识水平及操作能力的人员，提供配套的全科或单科焊接项目培训方案。

电　话：0451-86313038、13936243218
联系人：冷　冰
邮　箱：peixun@chinaweld.cn
网　址：www.chinaweld.cn
地　址：黑龙江省哈尔滨市松北区创新路2077号

宁夏焊接协会

宁夏焊接协会是由宁夏民政厅于2016年6月25日批准成立的非盈利性质社会团体组织，主要由宁夏地区从事与焊接有关的相关高校、研究机构、制造企业和商业单位及个人组成，其中焊接专业技术人员主要由宁夏焊接学会（宁夏机械工程学会焊接分会）原有人员组成。

协会开展的业务工作主要有：承接省级及以下人社部门、教育部门、工会、团委、质监及安监等部门的各类焊接技术培训鉴定和比赛，与教育部门和相关高校合作进行焊接技术相关专业的学历继续教育，为宁夏各类企业提供焊接技术的咨询服务，与区内高校合作进行焊接技术相关省级的科研项目立项研究，受中国焊接协会业务指导进行焊接新技术、新材料和新设备在宁夏地区的推广应用，宁夏焊接协会竭诚为焊接界各类朋友提供优质服务。

地址： 宁夏银川市西夏区大连西路工商学院西侧

联系电话：0951-2135076　13909512062

QQ：964321402

天津市焊接行业协会培训中心

天津市焊接行业协会焊接培训中心（以下简称中心）位于天津市西青区杨柳青。

中心以“管理规范、执教严谨、考核严格、证能统一”为宗旨，用科学化、规范化和程序化管理保证焊工培训考核质量。

← 理论教室

↓ 实操考场

↑

← 焊工培训

中心总面积约为2000平方米。多媒体教室可同时容纳200多人的理论培训；实操培训考场约700平方米，分设为32个焊接工位，视频监控系统和焊烟除尘系统实行考场全覆盖。

拥有各类焊接及相关设备80多台套，可同时开展焊条电弧焊、钨极氩弧焊、二氧化碳气体保护焊、埋弧焊、气焊等焊接方法的实操培考。母材类别涵盖碳钢、低合金钢、耐热钢、不锈钢以及有色金属等。拥有无损探伤设备、力学试验设备、机加工设备等数台套。

中心划分有综合办公室、焊接工艺实验室、考试监控室、档案室、力学性能及无损检测室、焊材库、工具库等工作区域。

↑ 综合办公区

中心现有培训认证专业人员20余人。其中焊接高级工程师2名、国际焊接工程师2名、焊接工程师4名、无损检验师2名、焊接高级技师5名、技师3名、目视检验师2名以及热处理持证人员等。

中 心 业 务 范 围

中心为企业提供焊接工艺评定的技术咨询服务（执行AWS D1.1;ISO 15614等标准）；

中心为社会提供以下焊工培训与资质考试：

（1）执行AWS D1.1标准的焊工培训与资质考试

（2）执行ISO 9606标准的焊工培训与资质考试

（3）执行DL/T 679标准的电力行业焊工培训与考试

（4）执行TSG Z6002标准的特种设备焊接操作人员培训与资质考试

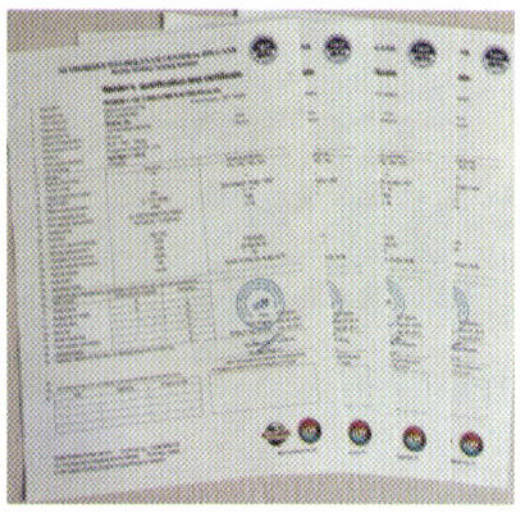

↑ AWS、ISO焊工证书

↑ 档案室

↑ 试件库

↑ 焊条烘干室

↑ 线切割机

↑ 力学试验机

焊接行业权威性期刊
2017年 Advertising position
attract investment 广告位热销中……
广告招商热线：0451-8635 3779
代表中国焊接学术水平
传播世界焊接科技成果
投稿平台
http://magazines.hwi.com.cn
★中国精品科技期刊
★RCCSE中国权威学术期刊
数据库检索：
美国《工程索引》（EI）
美国《化学文摘》（CA）
中文核心期刊
中国科技核心期刊
邮发代号：
《焊接》14—45
《焊接学报》14—17
《机械制造文摘—焊接分册》14—19
《CHINA WELDING》14—325
焊接杂志社
地址：机械科学研究院哈尔滨焊接研究所焊接杂志社
黑龙江省哈尔滨市松北区创新路2077号
邮编：150028 电话：0451-86325919 E-mail: hwihjzzs@163.com

焊接工艺

ICS 25.160.10
J 33

中华人民共和国国家标准

GB/T 5185—2005/ISO 4063:1998
代替 GB/T 5185—1985

焊接及相关工艺方法代号

Welding and allied processes—Nomenclature of processes and reference numbers

(ISO 4063:1998,IDT)

2005-08-10 发布　　2006-04-01 实施

中华人民共和国国家质量监督检验检疫总局
中国国家标准化管理委员会　发布

前　言

本标准等同采用ISO 4063:1998《焊接及相关工艺方法　焊接方法名称和代号》(英文版)。

为了保证标准的协调性和可操作性,本标准在等同转化国际标准时做了必要的编辑性改动。

与ISO 4063标准相比,本标准在内容方面主要有如下变化:

——直接采用了GB/T 3375《焊接术语》的定义;

——在正常的标注方法基础上,增加了代号的简化标注方法和示例。

本标准是对GB/T 5185—1985《金属焊接及钎焊方法在图样上的表示代号》的修订,与GB/T 5185—1985相比,主要有两方面变化:

——增加了新型的焊接方法;

——删除了一些陈旧、落后的焊接方法代号。

本标准自实施之日起代替GB/T 5185—1985。

本标准的附录A为资料性附录。

本标准由中国机械工业联合会提出。

本标准由全国焊接标准化技术委员会归口。

本标准负责起草单位:哈尔滨焊接研究所。

本标准主要起草人:朴东光。

本标准于1985年首次制定,本次系首次修订。

焊接及相关工艺方法代号

1 范围

本标准规定了焊接及相关工艺方法代号。

本标准规定的这种代号体系可用于计算机、图样、工作文件和焊接工艺规程等。

2 规范性引用文件

下列文件中的条款通过本标准的引用而成为本标准的条款。凡是注日期的引用文件，其随后所有的修改单(不包括勘误的内容)或修订版均不适用于本标准，然而，鼓励根据本标准达成协议的各方研究是否可使用这些文件的最新版本。凡是不注日期的引用文件，其最新版本适用于本标准。

GB/T 3375 焊接术语

3 标注方法

本标准所涉及的焊接及相关工艺方法，其定义按照 GB/T 3375 标准的相关规定。

需要对某种工艺方法做完整的标注时，应采用完整的标注方法，即“工艺方法＋标准编号＋工艺方法代号”。如“摩擦焊方法”可采用如下方法：

工艺方法 GB/T 5185—42

在不会产生误解的情况下，一般可以采用简化的方法，即仅标注代号。如“摩擦焊方法”可采用“42”表示。

4 焊接及相关工艺方法代号

每种工艺方法可通过代号加以识别。焊接及相关工艺方法一般采用三位数代号表示。其中，一位数代号表示工艺方法大类，二位数代号表示工艺方法分类，而三位数代号表示某种工艺方法。

焊接及相关工艺方法代号如下：

1 电弧焊

101 金属电弧焊

11 无气体保护的电弧焊
111 焊条电弧焊
112 重力焊
114 自保护药芯焊丝电弧焊

12 埋弧焊
121 单丝埋弧焊
122 带极埋弧焊
123 多丝埋弧焊
124 添加金属粉末的埋弧焊
125 药芯焊丝埋弧焊

13 熔化极气体保护电弧焊
131 熔化极惰性气体保护电弧焊(MIG)
135 熔化极非惰性气体保护电弧焊(MAG)
136 非惰性气体保护的药芯焊丝电弧焊
137 惰性气体保护的药芯焊丝电弧焊

14 非熔化极气体保护电弧焊
141 钨极惰性气体保护电弧焊(TIG)

15 等离子弧焊
151 等离子 MIG 焊
152 等离子粉末堆焊

18 其他电弧焊方法
185 磁激弧对焊

2 电阻焼

21 点焊
211 单面点焊
212 双面点焊

22 缝焊
221 搭接缝焊
222 压平缝焊
225 薄膜对接缝焊
226 加带缝焊

23 凸焊
231 单面凸焊
232 双面凸焊

24 闪光焊
241 预热闪光焊
242 无预热闪光焊

25 电阻对焊

29 其他电阻焊方法
291 高频电阻焊

3 气焊

31 氧燃气焊
311 氧乙炔焊
312 氧丙烷焊
313 氢氧焊

4 压力焊

41 超声波焊
42 摩擦焊
44 高机械能焊
441 爆炸焊
45 扩散焊
47 气压焊
48 冷压焊

5 高能束焊

51 电子束焊
511 真空电子束焊
512 非真空电子束焊

52 激光焊
521 固体激光焊
522 气体激光焊

7 其他焊接方法

71 铝热焊
72 电渣焊
73 气电立焊

74 感应焊
741 感应对焊
742 感应缝焊

75 光辐射焊
753 红外线焊

77 冲击电阻焊

78 螺柱焊
782 电阻螺柱焊
783 带瓷箍或保护气体的电弧螺柱焊
784 短路电弧螺柱焊
785 电容放电螺柱焊
786 带点火嘴的电容放电螺柱焊
787 带易熔颈箍的电弧螺柱焊
788 摩擦螺柱焊

8 切割和气刨

81 火焰切割

82 电弧切割
821 空气电弧切割
822 氧电弧切割

83 等离子弧切割
84 激光切割
86 火焰气刨

87 电弧气刨
871 空气电弧气刨
872 氧电弧气刨

88 等离子气刨

9 硬钎焊、软钎焊及钎接焊

91 硬钎焊
911 红外线硬纤焊
912 火焰硬钎焊
913 炉中硬钎焊
914 浸渍硬钎焊
915 盐浴硬钎焊
916 感应硬钎焊
918 电阻硬钎焊
919 扩散硬钎焊
924 真空硬钎焊

93 其他硬钎焊

94 软钎焊

941 红外线软钎焊
942 火焰软钎焊
943 炉中软钎焊
944 浸渍软钎焊
945 盐浴软钎焊
946 感应软钎焊
947 超声波软钎焊
948 电阻软钎焊
949 扩散软钎焊

951 波峰软钎焊
952 烙铁软钎焊
954 真空软钎焊
956 拖焊

96 其他软钎焊

97 钎接焊
971 气体钎接焊
972 电弧钎接焊

附　录　A
（资料性附录）
其他焊接方法

本附录给出了一些在旧标准(GB/T 5185—1985)中规定的焊接方法代号。这些焊接方法由于在技术上比较陈旧、落后，在标准更新时被删除了。但这些焊接方法仍可能用于某些特定场合，或者出现在以前的各种文件中。

这些焊接方法代号如下：

113　光焊丝电弧焊

115　涂层焊丝电弧焊

118　躺焊

149　原子氢焊

181　碳弧焊

32　空气燃气焊

321　空气乙炔焊

322　空气丙烷焊

43　锻焊

752　弧光光束焊

781　电弧螺柱焊

917　超声波硬钎焊

923　摩擦硬钎焊

953　刮擦软钎焊

ICS 25.160.10
J 33

中华人民共和国国家标准

GB/T 19866—2005/ISO 15607:2003

焊接工艺规程及评定的一般原则

Specification and qualification of welding procedures for metallic materials—General rules

(ISO 15607:2003,IDT)

2005-08-10 发布　　2006-04-01 实施

中华人民共和国国家质量监督检验检疫总局
中国国家标准化管理委员会　发布

前 言

本标准等同采用 ISO 15607:2003《金属材料焊接工艺规程及评定　一般原则》(英文版)。

为了保证标准的协调性和可操作性,本标准在等同转化国际标准时做了必要的编辑性改动。

与 ISO 15607 标准相比,本标准在内容方面主要有如下变化:

——直接采用了 GB/T 3375《焊接术语》的术语;

——删除了 ISO 15607 中的“缩略语”一章,在有关术语中增加了缩略语;

——不同焊接方法的工艺规程将由 ISO 15609 系列标准规定,该系列标准正在起草,为了保证标准的可操作性,本标准未规定焊接工艺规程的格式要求。

本标准系首次发布。

本标准的附录 A、附录 B 和附录 C 为资料性附录。

本标准由中国机械工业联合会提出。

本标准由全国焊接标准化技术委员会归口。

本标准负责起草单位:哈尔滨焊接研究所、哈尔滨焊接技术培训中心。

本标准主要起草人:朴东光、王林、钱强。

焊接工艺规程及评定的一般原则

1 范围

本标准规定了焊接工艺规程及评定的一般原则。

本标准适用于金属材料的手工焊、机械化焊接和自动焊。

2 规范性引用文件

下列文件中的条款通过本标准的引用而成为本标准的条款。凡是注日期的引用文件，其随后所有的修改单(不包括勘误的内容)或修订版均不适用于本标准，然而，鼓励根据本标准达成协议的各方研究是否可使用这些文件的最新版本。凡是不注日期的引用文件，其最新版本适用于本标准。

GB/T 3375 焊接术语

GB/T 5185 焊接及相关工艺方法代号

GB/T 19867.1 电弧焊焊接工艺规程

GB/T 19868.1 基于试验焊接材料的工艺评定

GB/T 19868.2 基于焊接经验的工艺评定

GB/T 19868.3 基于标准焊接规程的工艺评定

GB/T 19868.4 基于预生产焊接试验的工艺评定

GB/T 19869.1 钢、镍及镍合金的焊接工艺评定试验

3 术语和定义

在使用 GB/T 3375 标准中有关术语的基础上，本标准还采用了下列定义。

3.1

焊接工艺预规程 preliminary welding procedure specification (pWPS)

待评定的焊接工艺规程(WPS)。

3.2

工作指令 work instruction

适合在车间直接使用，经过简化的焊接工艺规程。

3.3

焊接工艺评定报告 welding procedure qualification record (WPQR)

记录评定焊接工艺过程中，有关试验数据及结果的文件。

3.4

焊接工艺评定试验 welding procedure test

为了评定焊接工艺，按照 pWPS 规定，制备、试验标准试件和试样并进行试验的过程。

3.5

预生产焊接试验 pre-production welding test

与焊接工艺评定试验功能相同，在典型生产条件下，用非标准试件进行的焊接试验。

3.6

标准焊接规程 standard welding procedure specification

其他制造商通过评定试验评定合格，并得到考官或考试机构认可的焊接工艺。标准焊接规程可能适用于所有的制造商。

3.7

焊接经验　previous welding experience

通过试验数据验证表明:制造商建立的生产焊接工艺在一定时间内焊接的焊缝质量始终合格。

3.8

试验的焊接材料　tested welding consumable

按照相关的焊接材料检验标准试验过的焊接材料或焊接材料组合。

3.9

主要变量　essential variable

要求评定的焊接条件。

3.10

非主要变量　non essential variable

在 WPS 中提出,但不要求做评定的焊接条件。

3.11

认可范围　range of qualification

针对某一焊接主要变量的认可范畴。

3.12

同种接头　homogeneous joint

焊缝金属和母材的力学性能和(或)化学成分无明显差异的焊接接头。

注:在无填充金属情况下,由类似母材形成的焊接接头可以视为同种接头。

3.13

异种接头　heterogeneous joint

焊缝金属和母材的力学性能和(或)化学成分有明显差异的焊接接头。

3.14

异种材质接头　dissimilar material joint

母材的力学性能和(或)化学成分有明显差异的焊接接头。

3.15

缺欠　imperfection

在焊接接头中因焊接产生的金属不连续、不致密或连接不良的现象,诸如裂纹、未焊透、气孔、夹渣等。

3.16

制造商　manufacturer

对焊接生产负责的某个组织。

3.17

考官　examiner

被指定评估焊接工艺是否符合规定要求的人。

3.18

考试机构　examining body

被指定评估焊接工艺是否符合规定要求的机构。

3.19

焊接材料供货商　manufacturer of consumables

制造焊接材料(或做焊材最终加工)的组织。

3.20

焊接管理人员　welding co-ordination personnel

对焊接及相关活动负责的某个人，其能力和知识通过培训、教育及(或)有关制造经验得到了证实。

4 焊接工艺规程主要内容

电弧焊焊接工艺规程的主要内容和具体格式参见 GB/T 19867.1 标准。

5 编制焊接工艺及其评定

5.1 概述

焊接工艺评定应在实际焊接生产之前进行。

制造商应利用生产经验和焊接技术方面的基础知识编制 pWPS，并确保其适合于实际工况。

每个 pWPS 可采用表 1 列出的某种方法进行评定。

表 1 评定方法

评定方法	应用说明
焊接工艺评定试验	应用普遍。 工艺评定试验不适于实际接头形状、拘束度、可达性的情况除外。
焊接材料试验	仅限于使用焊接材料的那些焊接方法。 焊接材料的试验应包括生产中使用的母材。 有关材料和其他参数的更多限制由 GB/T 19868.1 规定。
焊接经验	限于过去用过的焊接工艺，许多焊缝在类项、接头和材料方面相似。具体要求参见 GB/T 19868.2。
标准焊接规程	与焊接工艺评定试验相似，其限定范围参见 GB/T 19868.3。
预生产焊接试验	原则上可以经常使用，但要求在生产条件下制作试件。适合于批量生产。 具体要求参见 GB/T 19868.4。

如果评定涉及到试件的焊接，则试件应按照 pWPS 焊接。

WPQR 应包括所有变量(主要变量和非主要变量)以及相关标准规定的评定范围。制造商负责在 WPQR 的基础上编制用于生产焊接的 WPS(见附录 B)。

5.2 焊接工艺评定试验

该方法规定了如何通过标准试件的焊接和检验评定焊接工艺。

当焊接接头的性能对应用结构具有关键影响时，一般应采用这种方法来进行焊接工艺的评定。

GB/T 19869.1 标准规定了钢、镍及镍合金的焊接工艺评定试验方法。

5.3 基于试验焊接材料的工艺评定

该方法规定了如何使用试验的焊接材料评定焊接工艺。

这种评定方法适用于焊接不会明显降低热影响区性能的那些母材。

GB/T 19868.1 规定了采用试验焊接材料进行评定的方法。

5.4 基于焊接经验的工艺评定

该方法规定了如何通过展示以前合格的焊接能力评定焊接工艺。

制造商可以通过参照以前的经验评定焊接工艺，其条件是：有真实可信的文件证实其以前曾令人满意地焊制了相同的接头和材料种类。

只有从以前经验中获知焊接工艺确实可靠时，才可用于这种场合。

GB/T 19868.2 规定了利用以前经验进行评定的方法。

5.5 基于标准焊接规程的工艺评定

该方法规定了如何使用标准焊接规程评定焊接工艺。

制造商编制的 pWPS，如果其所有变量都处于某个标准焊接规程的允许范围内则可评定为合格。

标准焊接规程应在按照相关标准的焊接工艺评定试验基础上，以 WPS 或 pWPS 的形式颁布为规程。标准焊接规程的颁布和修改应经过原考评考官或考试机构同意。

标准焊接规程的应用也受使用者条件的约束。

GB/T 19868.3 规定了利用标准焊接工艺进行评定的方法。

5.6 基于预生产焊接试验的工艺评定

该方法规定了如何使用预生产焊接试验评定焊接工艺。

仅对某些焊缝性能在很大程度依靠某些条件(诸如：尺寸、拘束度、热传导效应)的焊接工艺而言，这种方法是可靠的评定方法。

当标准试件的形状和尺寸无法适宜地代表实际焊接的接头(如薄壁管上的附件焊缝)时，可以使用预生产焊接试验做评定。在这种情况下，应制作一个或多个特殊试件以模拟生产接头的主要特征。试验应在生产之前并按生产条件进行。

试件的试验和检验应按有关工艺评定试验标准进行，而且可以按接头性质用特殊试验补充或替代。

GB/T 19868.4 规定了利用预生产焊接试验进行评定的方法。

6 有效性

除非另有规定，评定在认可范围内保持有效。

附 录 A
（资料性附录）
焊接工艺规程及评定的国际标准体系

表 A.1 提供了焊接工艺规程及评定方面的国际标准体系。这些标准将陆续颁布实施，并根据情况及时转化为我国的国家标准。

表 A.1 焊接工艺规程及评定方面的国际标准体系

<table>
<tr><th>方法</th><th>弧焊</th><th>气焊</th><th>电子束焊接</th><th>激光焊</th><th>电阻焊</th><th>螺栓焊</th><th>摩擦焊</th></tr>
<tr><td>一般原则</td><td colspan="7">ISO 15607</td></tr>
<tr><td>分类指南</td><td colspan="3">ISO/TR 15608</td><td colspan="2">—</td><td colspan="2">ISO/TR 15608</td></tr>
<tr><td>WPS</td><td>ISO 15609-1</td><td>ISO 15609-2</td><td>ISO 15609-3</td><td>ISO 15609-4</td><td>ISO 15609-5</td><td>ISO 15609-6</td><td>ISO 15609-7</td></tr>
<tr><td>考核合格的焊材</td><td colspan="2">ISO 15610</td><td colspan="5">—</td></tr>
<tr><td>以前的焊接经验</td><td colspan="5">ISO 15611</td><td>ISO 15611
ISO 14555</td><td>ISO 15611
ISO 15620</td></tr>
<tr><td>标准工艺</td><td colspan="4">ISO 15612</td><td colspan="3">—</td></tr>
<tr><td>预生产焊接试验</td><td colspan="5">ISO 15613</td><td>ISO 15613
ISO 14555</td><td>ISO 15613
ISO 14555</td></tr>
<tr><td>焊接工艺
评定试验</td><td>ISO 15614:
-1 钢/镍及镍合金
-2 铝及铝合金
-3 铸铁
-4 铸铝抛光焊
-5 钛、锆及其合金
-6 铜及铜合金
-7 堆焊
-8 管-板
-9 高压湿焊
-10 高压干焊</td><td>ISO 15614:
-1 钢/镍及镍合金
-3 铸铁
-6 铜及铜合金
-7 堆焊</td><td colspan="2">ISO 15614:
-7 堆焊
-11 电子束焊接和激光焊</td><td>ISO 15614:
-12 点焊、缝焊和凸焊
-13 电阻对焊和闪光焊</td><td>ISO 14555</td><td>ISO 15620</td></tr>
</table>

附 录 B
（资料性附录）
焊接工艺规程的编制

焊接工艺规程的编制过程参见表B.1。

表B.1 焊接工艺规程的编制和使用

活　　动	结　　果	涉及到的有关方
制订工艺	pWPS	制造商
使用任一方法做评定	以有关评定标准为基础的 WPQR(包括有效范围)	制造商 考官/考试机构(适用时)
编制焊接工艺	以上述WPQR为基础的WPS	制造商
生产实施	WPS或工作指令副本	制造商

附 录 C
（资料性附录）
制定和评定 WPS 的流程图

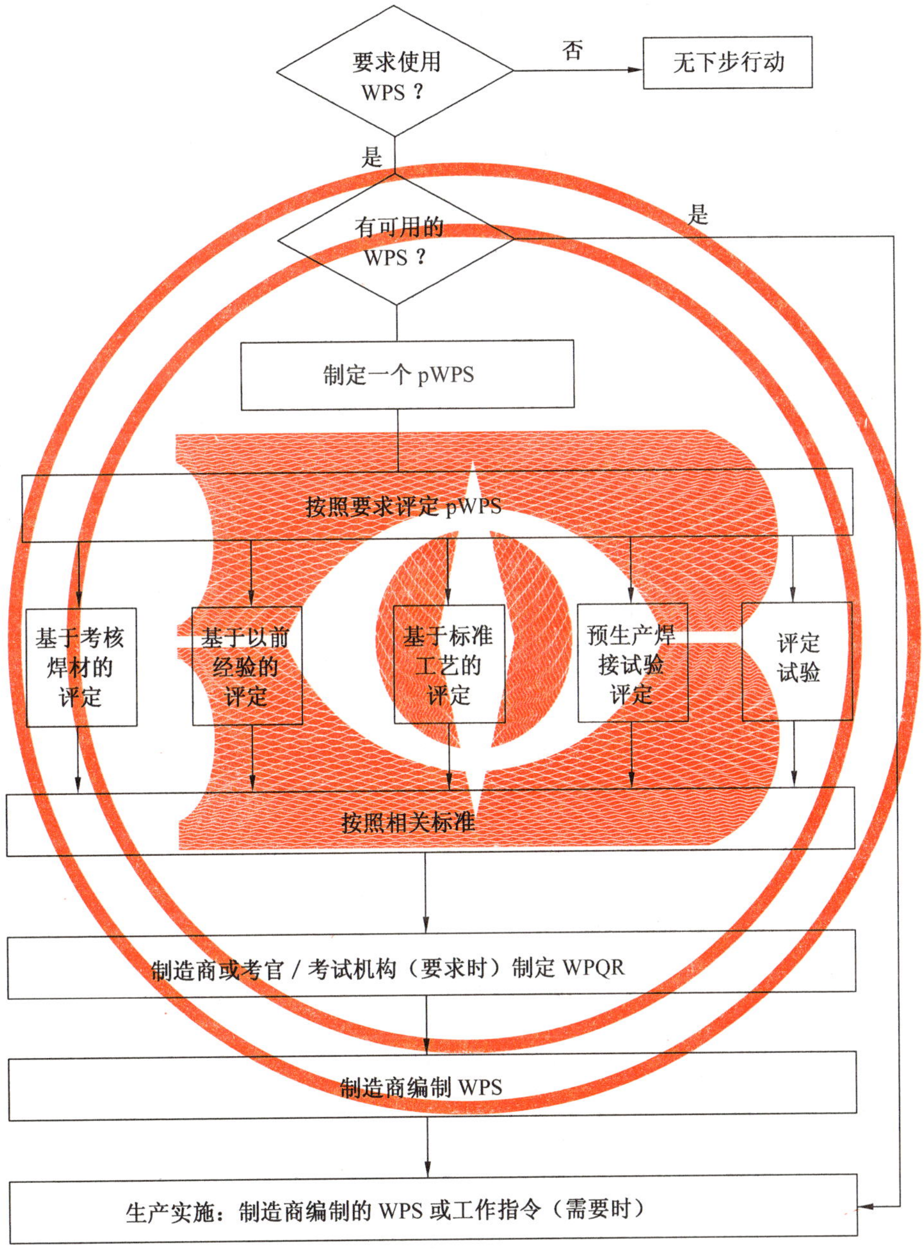

ICS 25.160.10
J 33

中华人民共和国国家标准

GB/T 19867.1—2005/ISO 15609-1:2004

电弧焊焊接工艺规程

Welding procedure specification for arc welding

(ISO 15609-1:2004, Specification and qualification of welding procedures for metallic materials—Welding procedure specification—Part 1: Arc welding, IDT)

2005-08-10 发布　　2006-04-01 实施

中华人民共和国国家质量监督检验检疫总局
中国国家标准化管理委员会　发布

前　言

本部分等同采用 ISO 15609-1:2004《金属材料焊接工艺规程及评定　焊接工艺规程　第1部分:电弧焊》(英文版)。

为了保证标准的协调性和可操作性,本标准在等同转化国际标准时做了必要的编辑性改动。

与 ISO 15609-1 标准相比,本部分在内容方面主要有如下变化:

——直接采用了 GB/T 3375《焊接术语》的术语;

——增加了附录 B,用于说明有关材料的类组划分;

——删除了 ISO 15609-1 标准 4.1 中与标准技术内容无关的表述部分,有关注解整合在本部分的 4.1 中;

——ISO 15609-1 标准的 4.4.13 有误,本部分做了调整处理。

本部分系首次发布。

本部分的附录 A、附录 B 为资料性附录。

本部分由中国机械工业联合会提出。

本部分由全国焊接标准化技术委员会归口。

本部分负责起草单位:哈尔滨焊接研究所、哈尔滨焊接技术培训中心。

本部分主要起草人:朴东光、王林、钱强。

电弧焊焊接工艺规程

1 范围

本部分规定了电弧焊焊接工艺规程的内容要求。本标准考虑了对焊接接头质量有影响的那些变量。

本部分适用于金属材料的电弧焊。

2 规范性引用文件

下列文件中的条款通过 GB/T 19867 的本部分的引用而成为本部分的条款。凡是注日期的引用文件，其随后所有的修改单(不包括勘误的内容)或修订版均不适用于本部分，然而，鼓励根据本部分达成协议的各方研究是否可使用这些文件的最新版本。凡是不注日期的引用文件，其最新版本适用于本部分。

GB/T 3375 焊接术语

GB/T 5185 焊接及相关工艺方法代号

GB/T 16672—1996 焊缝 工作位置 倾角和转角的定义

GB/T 18591—2001 焊接 预热温度、道间温度及预热维持温度的测定

GB/T 19866 焊接工艺规程及评定的一般原则

3 术语和定义

本部分采用了 GB/T 3375 和 GB/T 19866 中的有关术语和定义。

4 焊接工艺规程(WPS)的技术内容

4.1 一般原则

焊接工艺规程(WPS)应当包含执行焊接操作的必要信息。一般焊接工艺规程的内容参见 4.2～4.5，对于具体应用而言，可以根据实际情况做增减处理。

附录 A 给出了 WPS 格式的示例。

4.2 有关制造商的内容

——制造商名称；

——WPS 的名称和编号；

——焊接工艺评定报告(或其他所需文件)的编号。

4.3 有关母材的内容

4.3.1 母材种类

——材料型号、牌号及标准编号；

——材料类组。

4.3.2 材料尺寸

——接头的厚度范围；

——管子的外径范围。

4.4 所有焊接工艺的通用性内容

4.4.1 焊接方法

——使用的焊接方法可按 GB/T 5185 表示。

4.4.2　接头设计

——接头设计图/形状和尺寸或提供这类信息的标准编号；

——焊接次序可能对接头性能产生影响时，图样上应明确焊道次序。

4.4.3　焊接位置

使用的焊接位置应按照 GB/T 16672 要求。

4.4.4　接头制备

——接头制备的方法、清理、去污，包括使用的方法；

——装夹及定位焊接。

4.4.5　焊接技能

——必要的摆动：

a）对手工焊而言，焊道的最大宽度。

b）对机械化焊接和自动焊而言，摆动的最大幅度、频率和时间。

——焊炬、电极及/或焊丝的角度。

4.4.6　背面清根

——将要使用的方法；

——深度和形状。

4.4.7　衬垫

——衬垫的方法和类型，衬垫材料及尺寸；

——采用背面气体保护时，应明确气体标识。

4.4.8　焊接材料

——型号、制造商（生产厂及商标）；

——尺寸（规格）；

——保管和使用要求（烘干、大气暴露时间、再烘干等）。

4.4.9　电参数

——电流的种类（直流或交流）及极性；

——必要时，脉冲焊接详细信息（机器装置、程序选择）；

——电流范围。

4.4.10　机械化焊接及自动焊

——焊接速度范围；

——送丝（带）速度范围。

如果设备不允许控制两个参数中的任意一个，应规定替代的机器装置。因此，WPS 的应用范围应限制在特定类型的设备上。这一点适用于 4.4.9 和 4.4.10。

4.4.11　预热温度

——开始焊接及焊接时使用的最低温度；

——无预热要求时，焊接开始之前工件的最低温度。

4.4.12　道间温度

——各焊道之间的最高温度（必要时为最低温度）。

4.4.13　预热维持温度

——焊接中断时，焊接区域应当保持的最低温度。

4.4.11、4.4.12 和 4.4.13 的应用参见 GB/T 18591。

4.4.14　除氢后热

——温度范围；

——最少保温时间。

4.4.15 焊后热处理

应规定焊后热处理(或时效处理)的最少时间和温度范围,或者给出规定这类信息的标准编号。

4.4.16 保护气体

——应规定气体的名称、型号,必要时还应包括成分、制造商及商标。

4.4.17 热输入

有要求时,热输入的范围。

4.5 有关焊接方法的特殊内容

4.5.1 焊接方法 111(焊条电弧焊)

——对焊接方法 111 而言,为每根焊条熔敷的焊道长度或焊接速度。

4.5.2 焊接方法 12(埋弧焊)

——对于多丝系统而言,为焊丝的数量、配置和极性;

——导电管/导电嘴至工件表面的距离;

——焊剂:型号、制造商和商标;

——附加的填充金属;

——电压范围。

4.5.3 焊接方法 13(气体保护电弧焊)

——保护气体的流量和喷嘴直径;

——焊丝的数量;

——附加的填充金属;

——导电嘴/导电管至工件表面的距离;

——电压范围;

——金属过渡形态。

4.5.4 焊接方法 14(非熔化极气体保护焊)

——钨极的直径和型号;

——保护气体的流量和喷嘴直径;

——附加的填充金属。

4.5.5 焊接方法 15(等离子弧焊接)

——等离子气体参数,如:成分、喷嘴直径、流量;

——保护气体流量及喷嘴直径;

——焊枪种类;

——导电管/工件距离:喷嘴至工件表面的距离。

附 录 A
（资料性附录）
焊接工艺规程（WPS）

焊接工艺规程：

WPQR 编号：　　　　　　　　　　　制备及清理方法：

制造商：　　　　　　　　　　　　　母材规程：

金属过渡形态：　　　　　　　　　　材料厚度（mm）：

接头种类及焊缝种类：　　　　　　　外径（mm）：

焊缝制备细节（示意图）[1]：　　　　焊接位置：

接头设计	焊接次序

焊接细节

焊道	焊接方法	填充金属尺寸	电流/A	电压/V	电流种类/极性	送丝速度	焊道单长/移动速度	热输入[1]

焊接材料型号及制造商：

特殊衬垫或烘干：

气体/焊剂标识：保护：

　　　　　　　衬垫：

气体流量：　　保护：

　　　　　　　衬垫：

钨极种类及尺寸：

清根/衬垫的细节：

预热温度：

道间温度：

后热：

预热维持温度：

焊后热处理及（或）时效处理：

时间、温度、方法：

加热及冷却速度[1]：

其他信息[1]，如：

摆动（焊道的最大宽度）：

摆动：幅度、频率、暂停时间：

脉冲焊接细节：

导电管/工件距离：

等离子焊接细节：

焊枪角度：

制造商名称、签字及日期

1） 必要时。

附 录 B
（资料性附录）
钢材分类指南

根据 ISO/TR 15608 的钢材分类见表 B.1。

表 B.1 钢材类组

成分单位：%

类别	组别	钢种
1		屈服极限 R_{eh}≤460 N/mm^2，且成分为如下： C≤0.25；Si≤0.60；Mn≤1.70；Mo≤0.70[a]；S≤0.045；P≤0.045；Cu≤0.40[a]；Ni≤0.5[a]； Cr≤0.3(0.4 铸钢)；Nb≤0.05；V≤0.12[a]；Ti≤0.05
	1.1	屈服极限 R_{eh}≤275 N/mm^2 的钢
	1.2	屈服极限 275 N/mm^2<R_{eh}≤360 N/mm^2 的钢
	1.3	屈服极限 R_{eh}>360 N/mm^2 的细晶粒正火钢
	1.4	改进型耐候钢(某一种元素允许超标)
2		屈服极限 R_{eh}>360 N/mm^2 的热控轧处理的细晶粒钢和铸钢
	2.1	屈服极限 360 N/mm^2<R_{eh}≤460 N/mm^2 的热控轧处理的细晶粒钢和铸钢
	2.2	屈服极限 R_{eh}>460 N/mm^2 的热控轧处理的细晶粒钢和铸钢
3		屈服极限 R_{eh}>360 N/mm^2 的调质钢和沉淀硬化钢(不锈钢除外)
	3.1	屈服极限 360 N/mm^2<R_{eh}≤690 N/mm^2 的调质钢
	3.2	屈服极限 R_{eh}>690 N/mm^2 的调质钢
	3.3	沉淀硬化钢(不锈钢除外)
4		Mo≤0.7 且 V≤0.1 的低钒 Cr-Mo-(Ni)钢
	4.1	Cr≤0.3 且 Ni≤0.7 的钢
	4.2	Cr≤0.7 且 Ni≤1.5 的钢
5		Cr≤0.35 的无钒 Cr-Mo 钢[b]
	5.1	0.75≤Cr≤1.5 且 Mo≤0.7 的钢
	5.2	1.5<Cr≤3.5 且 0.7<Mo≤1.2 的钢
	5.3	3.5<Cr≤7.0 且 0.4<Mo≤0.7 的钢
	5.4	7.0<Cr≤10.5 且 0.7<Mo≤1.2 的钢
6		高钒 Cr-Mo-(Ni)合金钢
	6.1	0.3≤Cr≤0.75，Mo≤0.7，V≤0.35 的钢
	6.2	0.75<Cr≤3.5，0.7<Mo≤1.2，V≤0.35 的钢
	6.3	3.5<Cr≤7.0，Mo≤0.7，0.45≤V≤0.55 的钢
	6.4	7.0<Cr≤12.5，0.7<Mo≤1.2，V≤0.35 的钢
7		C≤0.35，10.5≤Cr≤30 的铁素体钢、马氏体钢或沉淀硬化不锈钢
	7.1	铁素体不锈钢
	7.2	马氏体不锈钢
	7.3	沉淀硬化不锈钢

表 B.1（续）

成分单位：%

类别	组别	钢种
8		奥氏体不锈钢
	8.1	Cr≤19 的奥氏体不锈钢
	8.2	Cr>19 的奥氏体不锈钢
	8.3	4.0<Mn≤12 的含锰奥氏体不锈钢
9		Ni≤10 的镍合金钢
	9.1	Ni≤3.0 的镍合金钢
	9.2	3.0<Ni≤8.0 的镍合金钢
	9.3	8.0<Ni≤10 的镍合金钢
10		奥氏体-铁素体双相不锈钢
	10.1	Cr≤24 的奥氏体-铁素体不锈钢
	10.2	Cr>24 的奥氏体-铁素体不锈钢
11		除 0.25<C≤0.5 外，其余成分与 1 类钢相同的钢[c]
	11.1	0.25<C≤0.35，其余成分与 1 类钢相同的钢
	11.2	0.35<C≤0.5，其余成分与 1 类钢相同的钢

注：按照钢的产品标准，R_{eh} 可用 $R_{p0.2}$ 或 $R_{t0.5}$ 代替。

a 当 Cr+Mo+Ni+Cu+V≤0.75 时，更高的值也可接受。

b "无钒"表示没特意添加该元素。

c 当 Cr+Mo+Ni+Cu+V≤1 时，更高的值也可接受。

ICS 25.160.10
J 33

中华人民共和国国家标准

GB/T 19867.2—2008/ISO 15609-2:2001

气焊焊接工艺规程

Welding procedure specification for gas welding

(ISO 15609-2:2001, Specification and qualification of welding procedures for metallic materials—Welding procedure specification—Part 2: Gas welding, IDT)

2008-03-31 发布　　2008-09-01 实施

中华人民共和国国家质量监督检验检疫总局
中国国家标准化管理委员会　发布

前　言

GB/T 19867 分为如下五部分：

——第 1 部分：电弧焊焊接工艺规程；

——第 2 部分：气焊焊接工艺规程；

——第 3 部分：电子束焊接工艺规程；

——第 4 部分：激光焊接工艺规程；

——第 5 部分：电阻焊焊接工艺规程。

本部分为 GB/T 19867 的第 2 部分。

本部分等同采用 ISO 15609-2:2001《金属材料焊接工艺规程及评定　焊接工艺规程　第 2 部分：气焊》(英文版)。

本部分等同翻译 ISO 15609-2:2001。为了便于使用，本部分做了下列编辑性改动：

——删除了国际标准的前言；

——将标准名称改为“气焊焊接工艺规程”；

——对 ISO 15609-2:2001 中引用的其他国际标准，有被等同采用为我国标准的用我国标准代替对应的国际标准，未被等同采用为我国标准的直接引用国际标准；

——规范性引用文件中增加了 GB/T 3375《焊接术语》；

——增加了附录 B，用于说明有关材料的类组划分。

本部分的附录 A、附录 B 为资料性附录。

本部分由全国焊接标准化技术委员会提出并归口。

本部分起草单位：哈尔滨焊接研究所、北京电力建设公司、哈尔滨焊接技术培训中心。

本部分主要起草人：朴东光、任永宁、王林。

气焊焊接工艺规程

1 范围

GB/T 19867 的本部分规定了气焊的工艺规程内容要求。本部分适用于气焊焊接方法。

2 规范性引用文件

下列文件中的条款通过 GB/T 19867 的本部分的引用而成为本部分的条款。凡是注日期的引用文件,其随后所有的修改单(不包括勘误的内容)或修订版均不适用于本部分,然而,鼓励根据本部分达成协议的各方研究是否可使用这些文件的最新版本。凡是不注日期的引用文件,其最新版本适用于本部分。

GB/T 3375 焊接术语

GB/T 5185 焊接及相关工艺方法代号(GB/T 5185—2005,ISO 4063:1998,IDT)

GB/T 16672 焊缝 工作位置 倾角和转角的定义(GB/T 16672—1996,idt ISO 6947:1993)

GB/T 19866 焊接工艺规程及评定的一般原则(GB/T 19866—2005,ISO 15607:2003,IDT)

ISO/TR 15608 焊接 金属材料分类指南

3 术语和定义

本部分采用 GB/T 3375 和 GB/T 19866 中的有关术语和定义。

4 焊接工艺规程(WPS)的技术内容

4.1 一般原则

焊接工艺规程(WPS)应当包含执行焊接操作的必要信息。一般焊接工艺规程的内容见 4.2～4.4,具体应用时,可以根据实际情况做增减处理。

附录 A 给出了 WPS 格式的示例。

4.2 有关制造商的内容

——制造商名称;

——WPS 的名称及编号;

——焊接工艺评定报告(或其他所需文件)的编号。

4.3 有关母材的内容

4.3.1 母材种类

——材料型号、牌号及相关标准编号;

——材料(钢材)类组(参见附录 B)。

4.3.2 材料尺寸

——接头的厚度范围;

——管子的外径范围。

4.4 焊接工艺的通用性内容

4.4.1 焊接方法

焊接方法应按 GB/T 5185 的规定表示。

4.4.2 接头设计

——包含形状和尺寸的接头设计图,或是提供相关内容的标准编号;

——焊接顺序可能对接头性能产生影响时,图样上应予以明确。

4.4.3 **焊接位置**

焊接位置应按 GB/T 16672 的规定表示。

4.4.4 **接头制备**

应提供有关坡口清理、去污、装夹具使用和定位焊接、打磨、气刨的内容(包括所采用的方法)。

4.4.5 **焊接操作方法**

应明确焊接操作方法,如左焊法(或右焊法)。

4.4.6 **焊接参数**

——喷嘴尺寸;

——燃气种类和压力;

——氧气压力;

——火焰类型。

4.4.7 **焊接材料**

型号、制造商及商标。

4.4.8 **焊接材料规格**

填充丝直径。

4.4.9 **焊后热处理**

应遵循的焊后热处理工艺(或单独的焊后热处理工艺规程)。

附 录 A
（资料性附录）
制造商的焊接工艺规程（WPS）

制造商的焊接工艺规程编号：
WPQR 编号：
制造商：
焊接方法：
接头种类：
焊接坡口示意图(必要时)：
坡口制备及清理方法：
母材型号：
母材类组：
材料厚度(mm)：
外径(mm)：
焊接位置：

接头设计	焊接顺序

焊 接 细 节

焊道	方法	焊接操作方法	焊接参数					焊接材料	
			喷嘴直径/mm	燃气种类	燃气压力/Pa	氧气压力/Pa	火焰类型	型号	规格/mm

焊后热处理：
方法、温度、时间：
加热及冷却速度：
备注：

制造商(名称、签字及日期)：

附 录 B
（资料性附录）
钢材分类指南

根据ISO/TR 15608的钢材分类见表B.1。

表B.1 钢材类组

成分用%表示

类别	组别	钢 种
1		屈服极限 $R_{eH}\leqslant460\ N/mm^2$，且成分如下： C≤0.25；Si≤0.60；Mn≤1.70；Mo≤0.70[a]；S≤0.045；P≤0.045；Cu≤0.40[a]； Ni≤0.5[a]；Cr≤0.3(0.4铸钢)；Nb≤0.05；V≤0.12[a]；Ti≤0.05
	1.1	屈服极限 $R_{eH}\leqslant275\ N/mm^2$ 的钢
	1.2	屈服极限 $275\ N/mm^2<R_{eH}\leqslant360\ N/mm^2$ 的钢
	1.3	屈服极限 $R_{eH}>360\ N/mm^2$ 的细晶粒正火钢
	1.4	改进型耐候钢(某一种元素允许超标)
2		屈服极限 $R_{eH}>360\ N/mm^2$ 的热控轧处理的细晶粒钢和铸钢
	2.1	屈服极限 $360\ N/mm^2<R_{eH}\leqslant460\ N/mm^2$ 的热控轧处理的细晶粒钢和铸钢
	2.2	屈服极限 $R_{eH}>460\ N/mm^2$ 的热控轧处理的细晶粒钢和铸钢
3		屈服极限 $R_{eH}>360\ N/mm^2$ 的调质钢和沉淀硬化钢(不锈钢除外)
	3.1	屈服极限 $360\ N/mm^2<R_{eH}\leqslant690\ N/mm^2$ 的调质钢
	3.2	屈服极限 $R_{eH}>690\ N/mm^2$ 的调质钢
	3.3	沉淀硬化钢(不锈钢除外)
4		Mo≤0.7且V≤0.1的低钒CrMo(Ni)钢
	4.1	Cr≤0.3且Ni≤0.7的钢
	4.2	Cr≤0.7且Ni≤1.5的钢
5		Cr≤0.35的无钒CrMo钢[b]
	5.1	0.75≤Cr≤1.5且Mo≤0.7的钢
	5.2	1.5<Cr≤3.5且0.7<Mo≤1.2的钢
	5.3	3.5<Cr≤7.0且0.4<Mo≤0.7的钢
	5.4	7.0<Cr≤10.5且0.7<Mo≤1.2的钢
6		高钒CrMo(Ni)合金钢
	6.1	0.3≤Cr≤0.75，Mo≤0.7，V≤0.35的钢
	6.2	0.75<Cr≤3.5，0.7<Mo≤1.2，V≤0.35的钢
	6.3	3.5<Cr≤7.0，Mo≤0.7，0.45≤V≤0.55的钢
	6.4	7.0<Cr≤12.5，0.7<Mo≤1.2，V≤0.35的钢
7		C≤0.35，10.5≤Cr≤30的铁素体钢、马氏体钢或沉淀硬化不锈钢
	7.1	铁素体不锈钢
	7.2	马氏体不锈钢
	7.3	沉淀硬化不锈钢
8		奥氏体不锈钢
	8.1	Cr≤19的奥氏体不锈钢
	8.2	Cr>19的奥氏体不锈钢
	8.3	4.0<Mn≤12的含锰奥氏体不锈钢

表 B.1（续）

成分用%表示

类别	组别	钢　种
9		Ni≤10 的镍合金钢
	9.1	Ni≤3.0 的镍合金钢
	9.2	3.0<Ni≤8.0 的镍合金钢
	9.3	8.0<Ni≤10 的镍合金钢
10		奥氏体-铁素体双相不锈钢
	10.1	Cr≤24 的奥氏体-铁素体不锈钢
	10.2	Cr>24 的奥氏体-铁素体不锈钢
11		除 0.25<C≤0.5 外，其余成分与 1 类钢相同的钢[c]
	11.1	0.25<C≤0.35，其余成分与 1 类钢相同的钢
	11.2	0.35<C≤0.5，其余成分与 1 类钢相同的钢

注：按照钢的产品标准，R_{eH} 可用 $R_{p0.2}$ 或 $R_{t0.5}$ 代替。

[a] 当 Cr+Mo+Ni+Cu+V≤0.75 时，更高的值也可接受。

[b] “无钒”表示没特意添加该元素。

[c] 当 Cr+Mo+Ni+Cu+V≤1 时，更高的值也可接受。

ICS 25.160.10
J 33

中华人民共和国国家标准

GB/T 19867.3—2008/ISO 15609-3:2004

电子束焊接工艺规程

Welding procedure specification for electron beam welding

(ISO 15609-3:2004, Specification and qualification of welding procedures for metallic materials—Welding procedure specification—Part 3: Electron beam welding, IDT)

2008-03-31 发布　　2008-09-01 实施

中华人民共和国国家质量监督检验检疫总局
中国国家标准化管理委员会　发布

前　言

GB/T 19867 分为如下五部分：

——第 1 部分：电弧焊焊接工艺规程；

——第 2 部分：气焊焊接工艺规程；

——第 3 部分：电子束焊接工艺规程；

——第 4 部分：激光焊接工艺规程；

——第 5 部分：电阻焊焊接工艺规程。

本部分为 GB/T 19867 的第 3 部分。

本部分等同采用 ISO 15609-3:2004《金属材料焊接工艺规程及评定　焊接工艺规程　第 3 部分：电子束焊》(英文版)。

本部分等同翻译 ISO 15609-3:2004。为了便于使用，本部分做了下列编辑性改动：

—— 删除了国际标准的前言；

—— 将标准名称改为“电子束焊接工艺规程”；

—— 对 ISO 15609-3:2004 中引用的其他国际标准，有被等同采用为我国标准的用我国标准代替对应的国际标准，未被等同采用为我国标准的直接引用国际标准；

——规范性引用文件中增加了 GB/T 3375《焊接术语》；

—— 增加了附录 B，用于说明有关材料的类组划分。

本部分的附录 A、附录 B 为资料性附录。

本标准由全国焊接标准化技术委员会提出并归口。

本标准负责起草单位：哈尔滨焊接研究所、中国船级社上海规范研究所、北京电力建设公司。

本标准主要起草人：朴东光、沈传钊、任永宁、王旭友、雷振。

电子束焊接工艺规程

1 范围

GB/T 19867 的本部分规定了电子束焊接的工艺规程内容要求。本部分适用于电子束焊接方法。

2 规范性引用文件

下列文件中的条款通过 GB/T 19867 的本部分的引用而成为本部分的条款。凡是注日期的引用文件，其随后所有的修改单(不包括勘误的内容)或修订版均不适用于本部分，然而，鼓励根据本部分达成协议的各方研究是否可使用这些文件的最新版本。凡是不注日期的引用文件，其最新版本适用于本部分。

GB/T 3375 焊接术语

GB/T 5185 焊接及相关工艺方法代号 (GB/T 5185—2005，ISO 4063:1998，IDT)

GB/T 16672 焊缝 工作位置 倾角和转角的定义 (GB/T 16672—1996，idt ISO 6947：1993)

GB/T 19866 焊接工艺规程及评定的一般原则 (GB/T 19866—2005，ISO 15607：2003，IDT)

ISO/TR 15608 焊接 金属材料分类指南

3 术语和定义

本部分采用 GB/T 3375 与 GB/T 19866 规定的术语和下列定义。

3.1

上升 slope up

焊接开始时，电子束功率有节制性的增加。

3.2

下降 slope down

焊接结束时，电子束功率有节制性的减少。电子束功率下降的区域就是工件上有束流减少现象发生的区域。该区域在不同焊接状态下，可能由一或两部分区域组成。

——全熔透焊接：全焊透的区域；熔深达到某一部分或者减少的区域。

——部分熔透的焊接：熔深持续减少的区域。

3.3

工作距离 working distance

工件表面与设备标准基准点(该点相对于实际聚焦镜中心点而言)之间的距离。

注：这仅是实际参照距离。

3.4

定位焊道 tacking pass

为将被焊部件固定在合适位置，在正式焊接前焊制的焊道。

注：定位焊道可能是连续或断续的不完全熔透焊道。

3.5

焊接焊道 welding pass

熔深达到规定深度的焊道。

3.6

修饰焊道　cosmetic pass

为了改善焊缝外观,在焊缝表面重新熔合的焊道。

注:该焊道由散焦束流或扫描束流完成。

3.7

搭接　overlap

在束流下降之前,焊道重新熔合的部分。

3.8

背面或正面支撑垫　back or front support

为了托住熔化的焊缝金属,在接头的背面或正面紧贴工件放置的衬垫。

3.9

束流　beam current

电子束中的电流数值。

3.10

脉冲束流　beam current pulsing

呈脉冲变化的电子束电流。

3.11

聚焦电流　focusing lens current

通过焦镜线圈的电流。

3.12

束流偏转　beam deflection

束流以电子枪轴线为中轴发生电磁偏转。

3.13

束振荡　beam oscillation

利用电磁力使束流产生的周期性偏转。

注:振荡的定义如下:

——信号形状,如圆形、横向、纵向等;

——信号幅度;

——频率;

——相对于焊接方向的定向。

4　焊接工艺规程(WPS)的技术内容

4.1　一般原则

焊接工艺规程(WPS)应当包含执行焊接操作的必要信息。一般焊接工艺规程的内容见4.2～4.16,具体应用时,可以根据实际情况做增减处理。

附录A给出了WPS格式的示例。

4.2　焊接方法

焊接方法应按照GB/T 5185规定的代号表示,电子束焊接方法的分类代号为51(其中真空电子束焊为511;非真空电子束焊为512)。

4.3　有关制造商的内容

——制造商名称。

——WPS的名称及编号。

——焊接工艺评定报告(或其他所需文件)的编号。

4.4 使用的设备

——指定电子束焊接设备的唯一标识；

1) 电子枪种类；

2) 阴极类型。

——填充材料的供给系统(如果采用的话)：应提供设计表述(图表)、填充材料相对于接头的位置、焊接方向及焊接部位。

4.5 有关母材的内容

4.5.1 母材种类/等级

——所使用的材料、衬垫或支撑垫的型号及相关标准；

——母材类型(如锻件、铸件、轧制件、热压成型件)及型号。

一个 WPS 可能包括一组材料。

4.5.2 材料尺寸

——接头的厚度范围；

——圆形工件的管子外径范围。

4.6 填充材料或其他附加材料

——在接头上所使用的填充材料或附加材料的型号及相关标准；

——在接头上所使用的填充材料或附加材料规格；

——在接头上所使用的填充材料或附加材料的特殊保管要求。

4.7 接头设计

接头形状、尺寸、公差(包括表面加工要求)的图样，或是提供相关内容的标准编号。

4.8 接头制备

——接头制备方法，清理及脱脂等；

——必要时，在 WPS 上应规定材料磁性的处理方法和要求；

——制备接头必要的保护及防护措施。

4.9 夹具、卡具及辅助工具

明确固定工件所采用的方法(包括手工定位焊)。

4.10 焊接位置

焊接位置应按 GB/T 16672 的规定表示。

4.11 背面及(或)正面支撑垫

明确类型及尺寸。

4.12 消磁处理

需要对构件做消磁处理时，应采用评定合格的消磁工艺规程，并给出该规程的编号。

4.13 焊接操作说明

焊接操作说明应显示所有焊道(定位焊道、焊接焊道、修饰焊道)的详细内容。

4.14 焊接参数

4.14.1 电参数

——加速电压(kV)；

——束流(mA)(使用脉冲时为脉冲参数)；

——聚焦电流(A)、电流控制设定值(任意单位)或离焦量；

——束流偏转：

1) 直流偏转，在工件表面上的偏离距离；

2) 交流振荡：形状、相对焊接方向的方位、频率、偏离尺寸；

——搭接、上升、下降(s、mm、deg)；

——升降的图形。

4.14.2 机械参数

——移动方向；

——表面移动速度(mm/min 或 mm/s)；

——移动速度的变化要求(必要时)；

——送丝速度、方向、位置及角度。

4.14.3 其他参数

——工作距离及/或电子枪至工件的距离(mm)；

——电子枪室压力(Pa 或 mbar)；

——工作室压力(Pa 或 mbar)。

4.15 预热及后热

要求预热、后热或焊后热处理时，WPS 应规定其温度、保温时间及其他操作说明。如果采用电子束进行预热或后热，相关参数应在 WPS 上做规定。

4.16 焊后的操作

包括所有机械加工、化学处理、热处理。

附 录 A
（资料性附录）
电子束焊接工艺规程(WPS)示例

WPS 编号：

WPQR 编号： 制备及清理方法：

设备标识：

——焊机：

——电子枪类型：

——阴极类型：

——填充材料供给系统：

母材型号： 1

2

材料厚度(mm) 1 ——外径(mm)：

2

填充材料或附加材料：

——型号： ——尺寸： ——保管：

接头种类：

——薄板或板材： ——圆柱形： ——轴向：

——径向：

——其他：

接头设计	焊接操作

夹具、卡具及辅助工具： 是□ 否□

——机械固定：

——定位焊方法：

背面支撑垫：是□ 否□

正面支撑垫：是□ 否□

准备			
消磁工艺规程编号			
规范参数			
	定位焊道	焊接焊道	修饰焊道
焊接位置			
焊接操作方法			
加速电压/V			
束流 —连续 —脉冲 频率 幅度 其他			
聚焦电流或焦点设定			
束流偏转 —直流偏转 —交流振荡 形状 频率 尺寸 纵向 横向			
搭接			
上升			
下降			
升降图形			
移动方向			
表面移动速度			
移动速度变化要求[a]			
送丝速度[a]			
工作距离			
电子枪室压力			
工作室压力			
附属设备			
—预热[a]			
—后热[a]			
焊后操作			
附加信息			
[a] 有要求时。			

制造商(名称、签字及日期)：

附 录 B
（资料性附录）
钢材分类指南

根据 ISO/TR 15608 的钢材分类见表 B.1。

表 B.1 钢材类组

成分用%表示

类 别	组 别	钢 种
1		屈服极限 R_{eH}≤460 N/mm²，且成分如下： C≤0.25；Si≤0.60；Mn≤1.70；Mo≤0.70[a]；S≤0.045；P≤0.045；Cu≤0.40[a]；Ni≤0.5a；Cr≤0.3(0.4 铸钢)；Nb≤0.05；V≤0.12[a]；Ti≤0.05
	1.1	屈服极限 R_{eH}≤275 N/mm² 的钢
	1.2	屈服极限 275 N/mm²<R_{eH}≤360 N/mm² 的钢
	1.3	屈服极限 R_{eH}>360 N/mm² 的细晶粒正火钢
	1.4	改进型耐候钢(某一种元素允许超标)
2		屈服极限 R_{eH}>360 N/mm² 的热控轧处理的细晶粒钢和铸钢
	2.1	屈服极限 360 N/mm²<R_{eH}≤460 N/mm² 的热控轧处理的细晶粒钢和铸钢
	2.2	屈服极限 R_{eH}>460 N/mm² 的热控轧处理的细晶粒钢和铸钢
3		屈服极限 R_{eH}>360 N/mm² 的调质钢和沉淀硬化钢(不锈钢除外)
	3.1	屈服极限 360 N/mm²<R_{eH}≤690 N/mm² 的调质钢
	3.2	屈服极限 R_{eH}>690 N/mm² 的调质钢
	3.3	沉淀硬化钢(不锈钢除外)
4		Mo≤0.7 且 V≤0.1 的低钒 CrMo(Ni)钢
	4.1	Cr≤0.3 且 Ni≤0.7 的钢
	4.2	Cr≤0.7 且 Ni≤1.5 的钢
5		Cr≤0.35 的无钒 CrMo 钢[b]
	5.1	0.75≤Cr≤1.5 且 Mo≤0.7 的钢
	5.2	1.5<Cr≤3.5 且 0.7<Mo≤1.2 的钢
	5.3	3.5<Cr≤7.0 且 0.4<Mo≤0.7 的钢
	5.4	7.0<Cr≤10.5 且 0.7<Mo≤1.2 的钢
6		高钒 CrMo(Ni)合金钢
	6.1	0.3≤Cr≤0.75，Mo≤0.7，V≤0.35 的钢
	6.2	0.75<Cr≤3.5，0.7<Mo≤1.2，V≤0.35 的钢
	6.3	3.5<Cr≤7.0，Mo≤0.7，0.45≤V≤0.55 的钢
	6.4	7.0<Cr≤12.5，0.7<Mo≤1.2，V≤0.35 的钢
7		C≤0.35，10.5≤Cr≤30 的铁素体钢、马氏体钢或沉淀硬化不锈钢
	7.1	铁素体不锈钢
	7.2	马氏体不锈钢

表 B.1（续）

成分用%表示

类别	组别	钢种
7	7.3	沉淀硬化不锈钢
8		奥氏体不锈钢
	8.1	Cr≤19 的奥氏体不锈钢
	8.2	Cr>19 的奥氏体不锈钢
	8.3	4.0<Mn≤12 的含锰奥氏体不锈钢
9		Ni≤10 的镍合金钢
	9.1	Ni≤3.0 的镍合金钢
	9.2	3.0<Ni≤8.0 的镍合金钢
	9.3	8.0<Ni≤10 的镍合金钢
10		奥氏体-铁素体双相不锈钢
	10.1	Cr≤24 的奥氏体-铁素体不锈钢
	10.2	Cr>24 的奥氏体-铁素体不锈钢
11		除 0.25<C≤0.5 外，其余成分与 1 类钢相同的钢[c]
	11.1	0.25<C≤0.35，其余成分与 1 类钢相同的钢
	11.2	0.35<C≤0.5，其余成分与 1 类钢相同的钢

注：按照钢的产品标准，R_{eH} 可用 $R_{p0.2}$ 或 $R_{t0.5}$ 代替。

[a] 当 Cr+Mo+Ni+Cu+V≤0.75 时，更高的值也可接受。

[b] “无钒”表示没特意添加该元素。

[c] 当 Cr+Mo+Ni+Cu+V≤1 时，更高的值也可接受。

ICS 25.160.10
J 33

中华人民共和国国家标准

GB/T 19867.4—2008/ISO 15609-4:2004

激光焊接工艺规程

Welding procedure specification for laser beam welding

(ISO 15609-4:2004, Specification and qualification of welding procedures for metallic materials—Welding procedure specification—Part 4: Laser beam welding, IDT)

2008-03-31 发布　　2008-09-01 实施

中华人民共和国国家质量监督检验检疫总局
中国国家标准化管理委员会　发布

前　言

GB/T 19867 分为如下五部分：

——第 1 部分：电弧焊焊接工艺规程；

——第 2 部分：气焊焊接工艺规程；

——第 3 部分：电子束焊接工艺规程；

——第 4 部分：激光焊接工艺规程；

——第 5 部分：电阻焊焊接工艺规程。

本部分为 GB/T 19867 的第 4 部分。

本部分等同采用 ISO 15609-4:2004《金属材料焊接工艺规程及评定　焊接工艺规程　第 4 部分：激光焊》(英文版)。

本部分等同翻译 ISO 15609-4:2004。为了便于使用，本部分做了下列编辑性改动：

——删除了国际标准的前言；

——将标准名称改为"激光焊接工艺规程"；

——对 ISO 15609-4:2004 中引用的其他国际标准，有被等同采用为我国标准的用我国标准代替对应的国际标准，未被等同采用为我国标准的直接引用国际标准；

——规范性引用文件中增加了 GB/T 3375《焊接术语》；

——增加了附录 B，用于说明有关材料的类组划分。

本部分的附录 A、附录 B 为资料性附录。

本标准由全国焊接标准化技术委员会提出并归口。

本标准负责起草单位：哈尔滨焊接研究所、中国船级社上海规范研究所、北京电力建设公司。

本标准主要起草人：朴东光、沈传钊、任永宁、王旭友、王威。

激光焊接工艺规程

1 范围

GB/T 19867 的本部分规定了激光焊的工艺规程内容要求。本部分适用于激光焊接方法。

2 规范性引用文件

下列文件中的条款通过 GB/T 19867 的本部分的引用而成为本部分的条款。凡是注日期的引用文件,其随后所有的修改单(不包括勘误的内容)或修订版均不适用于本部分,然而,鼓励根据本部分达成协议的各方研究是否可使用这些文件的最新版本。凡是不注日期的引用文件,其最新版本适用于本部分。

GB/T 3375 焊接术语

GB/T 5185 焊接及相关工艺方法代号(GB/T 5185—2005, ISO 4063:1998,IDT)

GB/T 16672 焊缝 工作位置 倾角和转角的定义(GB/T 16672—1996,idt ISO 6947: 1993)

GB/T 19866 焊接工艺规程及评定的一般原则(GB/T 19866—2005, ISO 15607: 2003, IDT)

ISO/TR 15608 焊接 金属材料分类指南

3 术语和定义

本部分采用 GB/T 3375 与 GB/T 19866 规定的术语和下列定义。

3.1

上升 slope up

焊接开始时,束流功率有节制性的增加。

3.2

下降 slope down

焊接结束时,束流功率有节制性的减少。束流功率下降的区域就是工件上有束流减少现象发生的区域。该区域在不同焊接状态下,可能由一或两部分组成。

——全熔透焊接:全焊透的区域;熔深达到某一部分或者减少的区域。

——部分熔透的焊接:熔深持续减少的区域。

3.3

工作距离 working distance

工件表面与设备标准基准点(该点相对实际聚焦镜或反射镜中点而言)之间的距离。

注:这仅是实际参照距离。

3.4

定位焊道 tacking pass

为将被焊部件固定在合适位置,而在正式焊接之前焊制的焊道。

注:定位焊道可能是连续或断续的不完全熔透焊道。

3.5

一般焊道 welding pass

熔深达到规定深度的焊道。

3.6

修饰焊道　cosmetic pass

为了改善焊缝外观，在焊缝表面重新熔合的焊道。

3.7

搭接　overlap

在束流下降之前，焊道重新熔合的部分。

3.8

背面或正面支撑垫　back or front support

为了托住熔化的焊缝金属，在接头的背面或正面紧贴工件放置的垫板。

3.9

焦距　focal length

在透镜或透镜系统中，基准面至焦点的距离。该基准面为入射线与反射线相交的平面。

注：在厚镜或透镜系统中，该基准面经常处于透镜内。为了安装，操作人员经常采用“背焦距”，所谓的“背焦距”是指聚焦镜面或透镜系统正面至焦点的距离。

3.10

焦点　focal spot

在聚焦系统以外，光束横截面最小的部分。

4　焊接工艺规程(WPS)的技术内容

4.1　一般原则

焊接工艺规程(WPS)应当包含执行焊接操作的必要信息。一般焊接工艺规程的内容见4.2～4.15，具体应用时，可以根据实际情况做增减处理。

附录A给出了WPS格式的示例。

4.2　焊接方法

按照GB/T 5185的规定，激光焊方法的分类代号为52(其中固体激光焊为521；气体激光焊为522)。

4.3　有关制造商的内容

——制造商名称。

——WPS的名称及编号。

——焊接工艺评定报告(或其他所需文件)的编号。

4.4　使用的设备

4.4.1　一般原则

激光焊接工艺规程应包含所用设备必要的信息标识。

4.4.2　激光焊接设备

——种类(如固体或气体)、型号、牌号；

——额定功率；

——连续波形或脉冲波形；

——组合的激光器数量；

——制造商提供的参数(或者是实测的数值)：

1)　光束模式；

2)　光束分散角；

3)　波长；

4)　光束偏振及方向。

4.4.3 光束传播和聚焦系统

——传播方式(光纤、束镜,包括所用的对中装置在内);

——光源至聚焦系统的距离,必要时;

——聚焦系统入口处的光束直径;

——焦距;

——额定的焦点尺寸及测试方法(有要求时);

——光束通道保护系统。

4.4.4 等离子抑制气体及保护气体系统

应明确地表示设计、喷嘴相对接头的位置、焊接方向及焊接部位。

4.4.5 填充材料供给系统

应明确地表示设计、填充材料供给系统相对接头的位置、焊接方向及焊接部位。

4.5 有关母材的内容

4.5.1 母材种类/等级

——所使用的材料、衬垫或支撑垫的型号及相关标准;

——母材类型(如锻件、铸件、轧制件、热压成形件)及型号。

一个 WPS 可能包含一组材料。

4.5.2 材料尺寸

——接头的厚度范围;

——圆形工件的管子外径范围。

4.6 填充材料或其他附加材料

——在接头上所使用的填充材料或附加材料的型号及相关标准;

——在接头上所使用的填充材料或附加材料规格;

——在接头上所使用的填充材料或附加材料的特殊保管要求。

如果填充材料或附加材料在使用前需要清理,应做规定。

4.7 接头设计

显示接头设计/形状、尺寸、公差(包括表面加工要求)的图样,或者是提供这类信息的其他标准的编号。

4.8 接头制备

——接头制备方法,清理及脱脂等;

——必要时,接头制备的防护措施;

——已制备接头的防护措施。

4.9 夹具、卡具及辅助工具

固定工件所采用的方法(包括手工定位焊、背面保护气体的布置)。

4.10 焊接位置

焊接位置应按 GB/T 16672 的规定表示。

4.11 衬垫

4.11.1 背面支撑垫

明确类型及尺寸。

4.11.2 背面气体

——气体种类;

——气体流量。

4.12 焊接操作说明

应采用示意图说明所有焊道(定位焊道、焊接焊道、修饰焊道)的细节内容。

4.13 焊接参数

4.13.1 光束参数

——焊接部位的激光束功率；

——二氧化碳激光器的 F 数(额定焦距/光束直径)；

——使用的脉冲参数：

1) 功率峰值；

2) 脉冲能量；

3) 脉冲频率；

4) 脉冲持续时间；

5) 脉冲波形。

——功率变化情况(包括下降或上升过程)；

——定位焊道细节；

——振荡模式、幅度、频率和持续时间；

——激光束的方向、偏振及相对接头和焊接方向的位置：

1) (两个方向的)角度；

2) 横向位置。

4.13.2 机械参数

——移动速度；

——移动速度的变化要求；

——送丝速度、方向、位置及角度。

4.13.3 等离子抑制气体、保护气体及背面气体的参数

——种类；

——气体流量；

——气体纯度；

——净化程序。

4.13.4 其他参数

——工作距离(mm)；

——保护气喷嘴相对工件的位置及方向。

4.14 焊前及焊后加热

要求预热、后热、焊后热处理时，WPS 应规定相应的温度、保温时间及其他操作的指令。采用激光束进行预热或后热时，WPS 应记录相关的参数。

4.15 焊后的操作

所有机械加工、化学处理和热处理。

附 录 A
(资料性附录)
激光焊工艺规程(WPS)示例

WPS 编号:

WPQR 编号:

设备标识:

——激光焊机:

——光束偏振:

——光束传输系统:

——光束聚焦系统:

——等离子抑制气体系统:

——等离子保护气体系统:

——填充材料供给系统:

母材型号: 1

2

材料厚度(mm): 1 ——外径(mm):

2

填充材料或附加材料:

——型号: ——尺寸: ——保管:

接头种类:

——薄板或板材: ——圆柱形: ——轴向:

——径向:

——其他:

接头设计	焊接操作

夹具、卡具及辅助工具: 是□ 否□

——机械固定:

——定位焊方法:

背面支撑: 是□ 否□

背面气体:

准备			
规范参数			
	定位焊道	焊接焊道	修饰焊道
焊接位置			
焊接技能			
工件处的光束功率 ——连续 ——二氧化碳激光器的 F 数 功率峰值 脉冲能量 脉冲频率 脉冲持续时间 波形			
功率变化情况 ——上升 ——搭接 ——下降 ——变化波形			
振荡 ——模式 ——幅度 ——频率 ——持续时间			
激光束方位角度 ——纵向 ——横向 ——(位置)			
移动速度			
移动速度变化情况			
送丝速率			
工作气体 ——型号和种类 ——流量			
保护气体 ——型号和种类 ——流量 ——净化程序			
工作距离			
保护气体喷嘴 ——位置 ——方向			
——预热[a] ——后热[a]			
焊后操作[a]			
[a] 有要求时。			

制造商(名称、签字及日期):

附 录 B
（资料性附录）
钢材分类指南

根据 ISO/TR 15608 的钢材分类见表 B.1。

表 B.1 钢材类组

成分用%表示

类别	组别	钢种
1		屈服极限 R_{eH}≤460 N/mm^2，且成分如下： C≤0.25，Si≤0.60，Mn≤1.70，Mo≤0.70[a]，S≤0.045，P≤0.045，Cu≤0.40[a]，Ni≤0.5[a]，Cr≤0.3(0.4 铸钢)，Nb≤0.05，V≤0.12[a]，Ti≤0.05
	1.1	屈服极限 R_{eH}≤275 N/mm^2 的钢
	1.2	屈服极限 275 N/mm^2<R_{eH}≤360 N/mm^2 的钢
	1.3	屈服极限 R_{eH}>360 N/mm^2 的细晶粒正火钢
	1.4	改进型耐候钢(某一种元素允许超标)
2		屈服极限 R_{eH}>360 N/mm^2 的热控轧处理的细晶粒钢和铸钢
	2.1	屈服极限 360 N/mm^2<R_{eH}≤460 N/mm^2 的热控轧处理的细晶粒钢和铸钢
	2.2	屈服极限 R_{eH}>460 N/mm^2 的热控轧处理的细晶粒钢和铸钢
3		屈服极限 R_{eH}>360 N/mm^2 的调质钢和沉淀硬化钢(不锈钢除外)
	3.1	屈服极限 360 N/mm^2<R_{eH}≤690 N/mm^2 的调质钢
	3.2	屈服极限 R_{eH}>690 N/mm^2 的调质钢
	3.3	沉淀硬化钢(不锈钢除外)
4		Mo≤0.7 且 V≤0.1 的低钒 CrMo(Ni)钢
	4.1	Cr≤0.3 且 Ni≤0.7 的钢
	4.2	Cr≤0.7 且 Ni≤1.5 的钢
5		Cr≤0.35 的无钒 CrMo 钢[b]
	5.1	0.75≤Cr≤1.5 且 Mo≤0.7 的钢
	5.2	1.5<Cr≤3.5 且 0.7<Mo≤1.2 的钢
	5.3	3.5<Cr≤7.0 且 0.4<Mo≤0.7 的钢
	5.4	7.0<Cr≤10.5 且 0.7<Mo≤1.2 的钢
6		高钒 CrMo(Ni)合金钢
	6.1	0.3≤Cr≤0.75，Mo≤0.7，V≤0.35 的钢
	6.2	0.75<Cr≤3.5，0.7<Mo≤1.2，V≤0.35 的钢
	6.3	3.5<Cr≤7.0，Mo≤0.7，0.45≤V≤0.55 的钢
	6.4	7.0<Cr≤12.5，0.7<Mo≤1.2，V≤0.35 的钢
7		C≤0.35，10.5≤Cr≤30 的铁素体钢、马氏体钢或沉淀硬化不锈钢
	7.1	铁素体不锈钢
	7.2	马氏体不锈钢
	7.3	沉淀硬化不锈钢

表 B.1（续）

成分用%表示

类别	组别	钢种
8		奥氏体不锈钢
	8.1	Cr≤19 的奥氏体不锈钢
	8.2	Cr>19 的奥氏体不锈钢
	8.3	4.0<Mn≤12 的含锰奥氏体不锈钢
9		Ni≤10 的镍合金钢
	9.1	Ni≤3.0 的镍合金钢
	9.2	3.0<Ni≤8.0 的镍合金钢
	9.3	8.0<Ni≤10 的镍合金钢
10		奥氏体-铁素体双相不锈钢
	10.1	Cr≤24 的奥氏体-铁素体不锈钢
	10.2	Cr>24 的奥氏体-铁素体不锈钢
11		除 0.25<C≤0.5 外，其余成分与 1 类钢相同的钢[c]
	11.1	0.25<C≤0.35，其余成分与 1 类钢相同的钢
	11.2	0.35<C≤0.5，其余成分与 1 类钢相同的钢

注：按照钢的产品标准，R_{eH} 可用 $R_{p0.2}$ 或 $R_{t0.5}$ 代替。

[a] 当 Cr+Mo+Ni+Cu+V≤0.75 时，更高的值也可接受。

[b] “无钒”表示没特意添加该元素。

[c] 当 Cr+Mo+Ni+Cu+V≤1 时，更高的值也可接受。

ICS 25.160.10
J 33

中华人民共和国国家标准

GB/T 19867.5—2008/ISO 15609-5:2004

电阻焊焊接工艺规程

Welding procedure specification for resistance welding

(ISO 15609-5:2004, Specification and qualification of welding procedures for metallic materials—Welding procedure specification—Part 5: Resistance welding, IDT)

2008-03-31 发布 2008-09-01 实施

中华人民共和国国家质量监督检验检疫总局
中国国家标准化管理委员会 发布

前　言

GB/T 19867 分为如下五部分：

——第 1 部分：电弧焊焊接工艺规程；

——第 2 部分：气焊焊接工艺规程；

——第 3 部分：电子束焊接工艺规程；

——第 4 部分：激光焊接工艺规程；

——第 5 部分：电阻焊焊接工艺规程。

本部分为 GB/T 19867 的第 5 部分。

本部分等同采用 ISO 15609-5:2004《金属材料焊接工艺规程及评定　焊接工艺规程　第 5 部分：电阻焊》(英文版)。

本部分等同翻译 ISO 15609-5:2004。为了便于使用，本部分做了下列编辑性改动：

——删除了国际标准的前言；

——将标准名称改为“电阻焊焊接工艺规程”；

——对 ISO 15609-5:2004 中引用的其他国际标准，有被等同采用为我国标准的用我国标准代替对应的国际标准。

本部分的附录 A、附录 B、附录 C 为资料性附录。

本标准由全国焊接标准化技术委员会提出并归口。

本标准负责起草单位：哈尔滨焊接研究所、中国船级社上海规范研究所、北京电力建设公司。

本标准主要起草人：朴东光、沈传钊、任永宁。

电阻焊焊接工艺规程

1 范围

GB/T 19867 的本部分规定了电阻焊的工艺规程内容要求。本部分适用于电阻点焊、对焊、缝焊和凸焊等焊接方法。

2 规范性引用文件

下列文件中的条款通过 GB/T 19867 的本部分的引用而成为本部分的条款。凡是注日期的引用文件,其随后所有的修改单(不包括勘误的内容)或修订版均不适用于本部分,然而,鼓励根据本部分达成协议的各方研究是否可使用这些文件的最新版本。凡是不注日期的引用文件,其最新版本适用于本部分。

GB/T 8366 电阻焊设备的额定值与运行条件(GB/T 8366—2004,ISO 669:2000,IDT)

GB/T 5185 焊接及相关工艺方法代号(GB/T 5185—2005, ISO 4063:1998,IDT)

GB/T 19866 焊接工艺规程及评定的一般原则 (GB/T 19866—2005, ISO 15607: 2003, IDT)

JB/T 3158 电阻点焊直电极 (JB/T 3158—1999,ISO 5184:1979,IDT)

JB/T 3948 电阻点焊电极帽(JB/T 3948—1999,ISO 5821:1979,IDT)

JB/T 8442.1 电阻焊水冷次级连接电缆 第 1 部分:双芯连接电缆尺寸和技术要求(JB/T 8442.1—1996, ISO 8205-1:2002,IDT)

JB/T 8442.2 电阻焊水冷次级连接电缆 第 2 部分:单芯连接电缆尺寸和技术要求(JB/T 8442.2—1996, ISO 8205-2:2002,IDT)

JB/T 9531 点焊 电极挡块和夹块(JB/T 9531—1999,ISO 5827:1983,IDT)

JB/T 10255—2001 电阻焊设备 电极接头外锥度1:10 第 1 部分: 圆锥度配合1:10(ISO 5183-1:1998,IDT)

JB/T 10256.1 电阻点焊 电极握杆 第 1 部分:锥度配合(JB/T 10256.1—2001, ISO 8430-1:1998, IDT)

JB/T 10256.2 电阻点焊 电极握杆 第 2 部分:莫氏锥度配合(JB/T 10256.2—2001, ISO 8430-2:1998,IDT)

JB/T 10256.3 电阻点焊 电极握杆 第 3 部分:末端插(JB/T 10256.1—2001, ISO 8430-1:1998, IDT)

3 术语和定义

本部分采用 GB/T 19866 和 GB/T 8366 规定的术语及定义。

4 焊接工艺规程(WPS)的技术内容

4.1 一般原则

焊接工艺规程(WPS)应当包含执行焊接操作的必要信息,至少应包含 4.2～4.4 所列的内容。具体应用时,可以根据实际情况做增减处理。

附录 A、附录 B 和附录 C 提供了 WPS 格式的示例。这些格式可根据实际应用需要做调整。

4.2 有关制造商的内容

——制造商名称;

——WPS的名称及编号；

——焊接工艺评定报告(或其他所需文件)的编号。

4.3 有关母材的内容

4.3.1 母材成分

——材料的型号及相关标准；

——涂层的种类、厚度、数量(需要时)。

4.3.2 母材尺寸

——接头处母材的厚度；

——对接焊时，管子或型材的横截面尺寸。

4.4 焊接工艺通则

4.4.1 焊接方法

使用的焊接方法按GB/T 5185表示。

——点焊(21)：

1) 手工：设备；焊具。

2) 多点焊：双面点焊；单面点焊；手压点焊；串联点焊。

3) 机械化：单阶；传输线；自动送进；机器人。

——缝焊(22)(滚点焊)：手工/导向/自动/机器人。

——凸焊(23)：单点/多点；凸起/实体。

——电阻对焊(25)：电阻焊/闪光焊/电容储能焊。

——胶接点焊：手工/机械化/机器人。

4.4.2 设备技术条件

设备型号和标识(参见GB/T 8366)。

4.4.3 接头设计

应当规定工件搭接量、边缘条件、焊点距、按照薄板厚度确定的焊接顺序和方式。相关标准对此有规定时，应符合标准规定。

注：可采用视图表示接头设计/轮廓。

4.4.4 表面或边缘的制备

——去污、丝刷、化学清洗等；

——对接焊时的所有机械加工边、面(如面层、抛光)；

——点焊、缝焊和凸焊时，去除的毛边。

4.4.5 焊接操作技术

——手工、多点、机械化、机器人焊接；

——附件详细情况、焊接顺序及/或模式，焊具角度或方位；

——工件固定、装卡或导向系统、定位焊等；

——控制变形、压痕、污染、腐蚀的程序(如采用正面或背面电极、保护气体等)。

注：还应考虑操作人员的保护。

4.4.6 电阻焊电极及附件

——电极的形状、尺寸和材质，应符合JB/T 3158规定，电极帽应符合JB/T 3948规定，电极卡头应符合JB/T 10255规定；

——背面电极的形状、尺寸和材质应符合JB/T 9531规定；

——附件的形状、尺寸和材质(如电极座、电缆、柔性管、分流器等)应符合JB/T 8442.1和JB/T 8442.2规定；

——公差应符合JB/T 10256.1、JB/T 10256.2和JB/T 10256.3的规定。

4.4.7 机器参数及控制装置

——焊接电流模式:连续交变电流、直流、高频、中频或电容放电、频率转换器;

——电流值大小(脉冲焊接时的电流级值及脉冲数量);

——焊接时间:加压及焊接时间程序(如预压时间、加压、焊接加热及冷却、脉冲数量、循环持续时间及焊后热处理,即回火循环);

——次级电压读取(信息记录);

——电极压力:大小及施加过程;

——焊接电流程序:上升、下降、恒定控制;

——通电时的缝焊速度;

——热处理;

——断电时的缝焊速度(滚点焊时为工件的移动速度,多点焊或多点凸焊也参照如此);

——焊机/变压器和电极的冷却要求;

——加热(切换)装置及变压器分头装置。

附 录 A
（资料性附录）
焊接工艺规程 第1部分:工艺要求

编号：

出版/版本：	
日期：	后续工序的工艺规程编号：
用户：	
制造商：	

产品	
描述：	质量要求：
组件名称：	产品标识[1]：
接头位置/操作代号	组件编号：
/标识代码[1]：	接头种类：
母材：	形式：
表面条件：	焊接方式/顺序(示意图)[1]：

工艺规程	
种类：	焊接速度(焊点/分钟)：
环境限制：	位置：
设备标识：	设备类型[2]：
手工/机械/自动：	设备规格/功率：
电极安装[1]：	工具[1]：
特殊使用要求：	电极更换/填料程序:附录C
电极夹头(钻头式/非钻头式)：	控制装置(程序)编号：
机器控制类型：	焊接电流种类：
机器控制识别编号：	监视器类型：
辅助设备的使用：	焊接电流(kV)：
动臂机构类型(气瓶式)[3]：	次级电压(V)：
缝焊或滚点焊：	电极压力(kN)：
电流持续时的	顶锻压力：
缝焊速度(m/min)：	冷却类型/流量(L/min)：
断电时的	规定的焊后热处理:附录C
缝焊速度(m/min)：	焊后热处理设备：

特殊说明：

编制：

日期：

1) 填写图样编号。

2) 填写标识字母，如：SP=基座式点焊设备；PW=凸焊设备；CG=便携式C型焊钳；MW=多点焊设备；SG=便携式焊具；PS=便携式缝焊设备；RW=焊接机器人；SW=缝焊设备。
细分类：D=双击式；H=水压式；S=缓降式；n=其他类型(如电磁)。

3) S=单击式；D=双击式；P=隔板；R=流量限定器。

附 录 B
（资料性附录）
焊接工艺规程 第2部分:质量验收要求

编号：

出版/版本：
日期：
用户：
制造商：

产品
描述：
组件名称：

产品标识[1)]：
组件编号：
接头种类：

接头位置/ 操作代号/ 标识代码[1)]：

质量要求：
产品：
焊点合格率：

焊缝种类：
验收准则：

接头的几何尺寸及物理性能

规定的试验值	实际参数值/mm	
（最小）熔核直径		
（最小/最大）熔核压痕		
（公称）电极压痕直径		
（最大）电极压痕深度		
（最大）薄板间距		

	最小参数值/kN	最小焊点直径/mm	断裂类型
撕裂试验			
剥离力			
剪切力			
横向拉力			
冲击力			

疲劳载荷(kN)及周期：
特殊说明：
编制：
日期：

腐蚀试验：

1) 填写图样编号。

附　录　C
（资料性附录）
焊接工艺规程　第3部分:焊机设定参数

编号：

出版/版本：
日期：
用户：
制造商：

产品
描述：
组件名称：
接头位置/操作代号/标识代码[1]：
产品标识[1]：
组件编号：
接头种类：

设备
设备/焊具类型：
台板/电极尺寸(mm)：
输出功率(kVA)：
电极帽编号：
控制继电器/程序控制器：
汽缸类型：
升起高度：
电极安装：
附件检查：
电极力(kN)：
安全措施：
位置(工作站)：
设备标识编号：
次级电缆/分流器规格(mm×mm)：
次级电缆种类和长度：
变压器型号：
控制继电器/程序控制器编号：
辅助工具：
冷却方式/流量(L/min)：
电极给进速度(m/min)：
启动信号源：
循环触发信号的结束：
焊点厚度尺寸：

焊接控制参数
预压时间(50或60赫兹/周期)：
预压时间(周期)：
焊接时间(周期)：
断电时间(周期)：
重复焊接时间(周期)：
保持时间(周期)：
断电时间(周期)：
监视器类型：
步进器控制类型：
设备/工具
机器控制设定：
焊接电流(kA)：
加热设定：
脉冲数：
焊接电流(kA)：
加热设定：
上升：
下降：
记录器动作：
步进器控制动作：
步进器控制程序：
电极条件：

1）　填写图样编号。

附件使用条件：　　　　　　　　　　　　工具条件：

焊后热处理：

特殊说明：

编制：

日期：

ICS 25.160.10
J 33

中华人民共和国国家标准

GB/T 19868.1—2005/ISO 15610:2003

基于试验焊接材料的工艺评定

Welding procedure qualification based on tested welding consumables

(ISO 15610:2003, Specification and qualification of welding procedures for metallic materials—Qualification based on tested welding consumables, IDT)

2005-08-10 发布　　　　2006-04-01 实施

中华人民共和国国家质量监督检验检疫总局
中国国家标准化管理委员会　发布

前　　言

本部分等同采用 ISO 15610:2003《金属材料焊接工艺规程及评定　基于试验焊接材料的工艺评定》(英文版)。

为了保证标准的协调性和可操作性,本标准在等同转化国际标准时做了必要的编辑性改动。

与 ISO 15610 相比,本部分在内容方面主要有如下变化:

——直接采用了 GB/T 3375《焊接术语》的术语;

——增加了附录 A 和附录 B,用于说明有关材料的类组划分。

本部分系首次发布。

本部分的附录 A、附录 B 为资料性附录。

本部分由中国机械工业联合会提出。

本部分由全国焊接标准化技术委员会归口。

本部分负责起草单位:哈尔滨焊接研究所、哈尔滨焊接技术培训中心。

本部分主要起草人:朴东光、钱强、王林。

基于试验焊接材料的工艺评定

1 范围

本部分规定了基于试验焊接材料的工艺评定要求。

本部分适用于焊接方法和母材如表1所示。

表1 适用的焊接方法

焊接方法代号（见 GB/T 5185）	种　类	适于钢材的方法	适于铝及铝合金的方法
111	焊条电弧焊	×	—
114	自保护药芯焊丝电弧焊	×	—
131	金属极惰性气体保护焊，MIG焊	×	×
135	金属极活性气体保护焊，MAG焊	×	—
136	药芯焊丝活性气体保护焊	×	—
137	药芯焊丝惰性气体保护焊	×	—
141	钨极惰性气体保护焊，TIG焊	×	×
15	等离子弧焊	×	×
3	气焊	×	—
注：×表示本部分适用的焊接方法。—表示本部分不适用的焊接方法。			

其他熔化焊方法的工艺评定也可参照本部分的有关规定。

本部分规定的工艺评定方法仅限于热影响区组织和性能无显著恶化的那些母材。

2 规范性引用文件

下列文件中的条款通过GB/T 19868的本部分的引用而成为本部分的条款。凡是注日期的引用文件，其随后所有的修改单（不包括勘误的内容）或修订版均不适用于本部分，然而，鼓励根据本部分达成协议的各方研究是否可使用这些文件的最新版本。凡是不注日期的引用文件，其最新版本适用于本部分。

GB/T 3375　焊接术语

GB/T 5185　焊接及相关工艺方法代号

GB/T 19866　焊接工艺规程及评定的一般原则

GB/T 19867.1　电弧焊焊接工艺规程

3 术语和定义

本部分采用了GB/T 3375和GB/T 19866中的有关术语和定义。

4 焊接工艺预规程（pWPS）

基于试验焊接材料的工艺评定应以GB/T 19867.1（或相关标准）规定的焊接工艺预规程（pWPS）为基础。焊接工艺预规程应规定焊接参数范围。

5 焊接工艺的评定

评定的主要内容包括：

——应用的母材技术条件；
——试验焊接材料制造商规定的焊接条件，诸如制造商颁布的文献；
——符合标准规定的pWPS及其实用性。

6 认可范围

6.1 概述

下述所有条件应当分别得到满足。

超出认可范围的变化需要用其他方法进行评定。

6.2 与焊接接头有关的内容

6.2.1 母材

本部分适用于表2限定的母材类组。母材类组的具体划分参见附录A和附录B。

表2 适用的材料类组

钢	铝及铝合金
1.1 8.1	21 22.1 22.2

本部分不适用于不同类组材料之间的接头，但22.1和22.2之间的接头除外。

6.2.2 母材厚度

本部分适用的母材厚度为3 mm～40 mm之间(3 mm≤t≤40 mm)。

6.2.3 角焊缝的焊缝有效厚度

本部分适用的角焊缝的焊缝有效厚度应大于等于3 mm(a≥3 mm)。

6.2.4 管子的直径

本部分适用于外径大于25 mm的管子(D>25 mm)。

6.3 焊接方法通则

6.3.1 多种焊接方法

只要采用试验焊接材料焊接，多种焊接方法的工艺是允许的。

6.3.2 焊接位置

焊接位置限于在制造商文献规定的那些位置。

6.3.3 焊接材料

认可仅限于所选的焊接材料的制造商和商标牌号。

6.3.4 电流种类

电流种类和极性限于制造商文献规定的范围。

6.4 对各种焊接方法的特殊要求

6.4.1 焊接方法131、135、136和137

正面和(或)背面的保护气体局限于制造商文献规定的范围。

评定局限于单丝焊接。

6.4.2 焊接方法141和15

正面和(或)背面的保护气体局限于制造商文献规定的范围。

7 有效期

只要符合焊接材料制造商推荐的焊接条件，则焊接工艺就一直有效。

8 焊接工艺评定报告(WPQR)

WPQR 应包括焊接材料制造商的有关文献副本(这些文献支持 pWPS 给出的焊接条件)和试验焊接材料符合标准的说明。GB/T 19867.1 规定的有关 WPS 事项也应包括在内。

如果 pWPS 符合制造商的文献,可由考官或考试机构签发认可。

附　录　A
（资料性附录）
钢材分类指南

根据 ISO/TR 15608 的钢材分类见表 A.1。

表 A.1　钢材类组

成分单位：%

类别	组别	钢　　种
1		屈服极限 $R_{eh}\leqslant 460\ N/mm^2$，且成分为如下： C≤0.25；Si≤0.60；Mn≤1.70；Mo≤0.70[a]；S≤0.045；P≤0.045；Cu≤0.40[a]；Ni≤0.5[a]；Cr≤0.3(0.4 铸钢)；Nb≤0.05；V≤0.12[a]；Ti≤0.05
	1.1	屈服极限 $R_{eh}\leqslant 275\ N/mm^2$ 的钢
	1.2	屈服极限 $275\ N/mm^2<R_{eh}\leqslant 360\ N/mm^2$ 的钢
	1.3	屈服极限 $R_{eh}>360\ N/mm^2$ 的细晶粒正火钢
	1.4	改进型耐候钢(某一种元素允许超标)
2		屈服极限 $R_{eh}>360\ N/mm^2$ 的热控轧处理的细晶粒钢和铸钢
	2.1	屈服极限 $360\ N/mm^2<R_{eh}\leqslant 460\ N/mm^2$ 的热控轧处理的细晶粒钢和铸钢
	2.2	屈服极限 $R_{eh}>460\ N/mm^2$ 的热控轧处理的细晶粒钢和铸钢
3		屈服极限 $R_{eh}>360\ N/mm^2$ 的调质钢和沉淀硬化钢(不锈钢除外)
	3.1	屈服极限 $360\ N/mm^2<R_{eh}\leqslant 690\ N/mm^2$ 的调质钢
	3.2	屈服极限 $R_{eh}>690\ N/mm^2$ 的调质钢
	3.3	沉淀硬化钢(不锈钢除外)
4		Mo≤0.7 且 V≤0.1 的低钒 Cr-Mo-(Ni)钢
	4.1	Cr≤0.3 且 Ni≤0.7 的钢
	4.2	Cr≤0.7 且 Ni≤1.5 的钢
5		Cr≤0.35 的无钒 Cr-Mo 钢[b]
	5.1	0.75≤Cr≤1.5 且 Mo≤0.7 的钢
	5.2	1.5<Cr≤3.5 且 0.7<Mo≤1.2 的钢
	5.3	3.5<Cr≤7.0 且 0.4<Mo≤0.7 的钢
	5.4	7.0<Cr≤10.5 且 0.7<Mo≤1.2 的钢
6		高钒 Cr-Mo-(Ni)合金钢
	6.1	0.3≤Cr≤0.75，Mo≤0.7，V≤0.35 的钢
	6.2	0.75<Cr≤3.5，0.7<Mo≤1.2，V≤0.35 的钢
	6.3	3.5<Cr≤7.0，Mo≤0.7，0.45≤V≤0.55 的钢
	6.4	7.0<Cr≤12.5，0.7<Mo≤1.2，V≤0.35 的钢
7		C≤0.35，10.5≤Cr≤30 的铁素体钢、马氏体钢或沉淀硬化不锈钢
	7.1	铁素体不锈钢
	7.2	马氏体不锈钢
	7.3	沉淀硬化不锈钢

表 A.1（续）

成分单位：%

类别	组别	钢　　种
8		奥氏体不锈钢
	8.1	Cr≤19 的奥氏体不锈钢
	8.2	Cr>19 的奥氏体不锈钢
	8.3	4.0<Mn≤12 的含锰奥氏体不锈钢
9		Ni≤10 的镍合金钢
	9.1	Ni≤3.0 的镍合金钢
	9.2	3.0<Ni≤8.0 的镍合金钢
	9.3	8.0<Ni≤10 的镍合金钢
10		奥氏体-铁素体双相不锈钢
	10.1	Cr≤24 的奥氏体-铁素体不锈钢
	10.2	Cr>24 的奥氏体-铁素体不锈钢[c]
11		0.25<C≤0.5，其余成分与 1 类钢相同的钢
	11.1	0.25<C≤0.35，其余成分与 1 类钢相同的钢
	11.2	0.35<C≤0.5，其余成分与 1 类钢相同的钢

注：按照钢的产品标准，R_{eh} 可用 $R_{p0.2}$ 或 $R_{t0.5}$ 代替。

a 当 Cr+Mo+Ni+Cu+V≤0.75 时，更高的值也可接受。

b “无钒”表示没特意添加该元素。

c 当 Cr+Mo+Ni+Cu+V≤1 时，更高的值也可接受。

附 录 B
（资料性附录）
铝及铝合金分类指南

根据ISO/TR 15608的铝及铝合金分类见表B.1。

表 B.1 铝及铝合金的类组

类别	组别	铝及铝合金种类
21		杂质（或合金含量）≤1%的纯铝
22		非热处理铝合金
	22.1	铝镁合金
	22.2	Mg≤1.5%的铝镁合金
	22.3	1.5%＜Mg≤3.5%的铝镁合金
	22.4	Mg＞3.5%的铝镁合金
23		热处理铝合金
	23.1	Al-Mg-Si合金
	23.2	Al-Zn-Mg合金
24		Cu≤1%的Al-Si合金
	24.1	Cu≤1%，5%＜Si＜15%的Al-Si合金
	24.2	Cu≤1%，5%＜Si＜15%，0.1%＜Mg＜0.80%的Al-Si-Mg合金
25		5.0%＜Si≤14.0%；1.0%＜Cu≤5.0%，Mg≤0.8%的Al-Si-Cu合金
26		2.0%＜Cu≤6.0%的Al-Cu合金
21、22、23一般为锻造材料，24、25、26为铸造材料。		

ICS 25.160.10
J 33

中华人民共和国国家标准

GB/T 19868.2—2005/ISO 15611:2003

基于焊接经验的工艺评定

Welding procedure qualification based on previous welding experience

(ISO 15611:2003, Specification and qualification of welding procedures for metallic materials—Qualification based on previous welding experience, IDT)

2005-08-10 发布 2006-04-01 实施

中华人民共和国国家质量监督检验检疫总局
中国国家标准化管理委员会 发布

前　言

本部分等同采用 ISO 15611:2003《金属材料焊接工艺规程及评定　基于焊接经验的工艺评定》(英文版)。

为了保证标准的协调性和可操作性,本标准在等同转化国际标准时做了必要的编辑性改动。

与 ISO 15611 相比,本部分在内容方面主要有如下变化:

——直接采用了 GB/T 3375《焊接术语》的术语;

本部分系首次发布。

本部分由中国机械工业联合会提出。

本部分由全国焊接标准化技术委员会归口。

本部分负责起草单位:哈尔滨焊接研究所、哈尔滨焊接技术培训中心。

本部分主要起草人:朴东光、钱强、王林。

基于焊接经验的工艺评定

1 范围

本部分规定了基于焊接经验的工艺评定要求。

本部分原则上适用于金属材料的焊接。但在实际应用时，具体的适用范围可根据相关标准或规程确定。

2 规范性引用文件

下列文件中的条款通过GB/T 19868的本部分的引用而成为本部分的条款。凡是注日期的引用文件，其随后所有的修改单(不包括勘误的内容)或修订版均不适用于本部分，然而，鼓励根据本部分达成协议的各方研究是否可使用这些文件的最新版本。凡是不注日期的引用文件，其最新版本适用于本部分。

GB/T 3375 焊接术语

GB/T 19866 焊接工艺规程及评定的一般原则

GB/T 19867.1 电弧焊焊接工艺规程

GB/T 19869.1 钢、镍及镍合金的焊接工艺评定试验

3 术语和定义

本部分采用了GB/T 3375和GB/T 19866中的有关术语和定义。

4 焊接工艺预规程(pWPS)

基于焊接经验的工艺评定应以GB/T 19867.1规定的焊接工艺预规程(pWPS)为基础。焊接工艺预规程(pWPS)应规定所有参数的范围。

5 焊接工艺的评定

评定的主要内容包括：

——根据GB/T 19867.1的焊接工艺预规程(pWPS)；

——现有焊接经验的文件(参见第6章)。

6 焊接经验

焊接经验需要通过文件化的试验(检验)数据和焊接生产报告(或产品正常服役的报告)等得到证实，具体包括：

a) 文件应当包括所有条件下的焊接产品试验的主要性能(如：无损检测、破坏性试验、泄漏或压力试验)，以及下列两者之一；

b) 在规定期限内至少1年的焊接生产报告；

或

c) 在规定期限内，焊缝服役良好的使用报告。

在一般条件下，规定期限可定为5年的时间。

7 认可范围

按照本部分评定焊接工艺的认可范围应当与GB/T 19869.1一致。

8 有效期

只要焊接生产是在规定的范围内进行(参见第6章),则基于焊接经验评定的焊接工艺就有效。

9 焊接工艺评定报告(WPQR)

WPQR应包括有关焊接经验的证实文件。

GB/T 19867.1标准有关WPS的事项也应包括在内。WPQR应由考官或考试机构签署名称和日期。

ICS 25.160.10
J 33

中华人民共和国国家标准

GB/T 19868.3—2005/ISO 15612:2004

基于标准焊接规程的工艺评定

Welding procedure qualification by adoption of a standard welding procedure

(ISO 15612:2004,
Specification and qualification of welding procedures for metallic materials—
Qualification by adoption of a standard welding procedure,IDT)

2005-08-10 发布　　2006-04-01 实施

中华人民共和国国家质量监督检验检疫总局
中国国家标准化管理委员会　发布

前　言

本部分等同采用ISO 15612:2004《金属材料焊接工艺规程及评定　基于标准焊接规程的工艺评定》(英文版)。

为了保证标准的协调性和可操作性,本部分在等同转化国际标准时做了必要的编辑性改动。

与ISO 15612相比,本部分在内容方面主要有如下变化:

——直接采用了GB/T 3375《焊接术语》的术语;

——增加了附录A、附录B、附录C和附录D,用于说明有关材料的类组划分。

本部分系首次发布。

本部分的附录A、附录B、附录C和附录D为资料性附录。

本部分由中国机械工业联合会提出。

本部分由全国焊接标准化技术委员会归口。

本部分负责起草单位:哈尔滨焊接研究所、哈尔滨焊接技术培训中心。

本部分主要起草人:朴东光、钱强、王林。

基于标准焊接规程的工艺评定

1 范围

本部分规定了基于标准焊接规程的工艺评定要求。

本部分适用于钢、铝及铝合金、铜及铜合金、镍及镍合金的焊接，但在实际应用时，具体的适用范围可根据相关标准或规程确定。

2 规范性引用文件

下列文件中的条款通过GB/T 19868的本部分的引用而成为本部分的条款。凡是注日期的引用文件，其随后所有的修改单(不包括勘误的内容)或修订版均不适用于本部分，然而，鼓励根据本部分达成协议的各方研究是否可使用这些文件的最新版本。凡是不注日期的引用文件，其最新版本适用于本部分。

GB/T 3375 焊接术语

GB/T 12467.1 焊接质量要求 金属材料的熔化焊 第1部分：选择及使用指南

GB/T 12467.2 焊接质量要求 金属材料的熔化焊 第2部分：完整质量要求

GB/T 12467.3 焊接质量要求 金属材料的熔化焊 第3部分：一般质量要求

GB/T 12467.4 焊接质量要求 金属材料的熔化焊 第4部分：基本质量要求

GB/T 15169—2003 钢熔化焊 焊工技能评定

GB/T 19419—2003 焊接管理 任务与职责

GB/T 19805 焊接操作工技能评定

GB/T 19866 焊接工艺规程及评定的一般原则

GB/T 19867.1 电弧焊焊接工艺规程

GB/T 19869.1 钢、镍及镍合金的焊接工艺评定试验

3 术语及定义

本部分采用了GB/T 3375和GB/T 19866的有关术语和定义。

4 焊接工艺预规程(pWPS)

基于标准焊接规程的评定应以GB/T 19867.1规定的焊接工艺预规程(pWPS)为基础。焊接工艺预规程应规定所有参数的范围。

5 基于标准焊接规程的评定

5.1 概述

焊接工艺的评定应当依据GB/T 19866，由某个考官或考试机构进行。试验和检验应确保按照GB/T 19869.1进行。

评定合格后，焊接工艺预规程应作为标准焊接工艺规程。

如5.2所述，超出GB/T 19869.1认可范围之外的变化需要重新评定。

焊接工艺应由制造商评定，必要时由考官或考试机构按照GB/T 19866确认。

5.2 母材

本部分适用于表1规定的母材类组。母材类组的具体划分参见附录A、附录B、附录C和附录D。

表 1 适用的母材类组

焊接工艺评定使用的母材类组	认可范围
1-11	1-1 1-11 11-11
8[a]	8-8
21	21-21
22.1-22.2	22.1-22.1 22.2-22.2 22.1-22.2
31～38[a]	焊接的各个类组及匹配的焊接材料
41～47	焊接的各个类组及匹配的焊接材料
[a] 对热裂纹非常敏感的合金除外。	

6 标准焊接规程的使用

6.1 概述

在遵循下述要求和限定条件的前提下，可以使用按照第 8 章编制起草的标准焊接规程，而且勿需再做其他试验。

6.2 使用标准焊接规程的制造商

制造商应合理地选择和使用标准焊接规程。

使用标准焊接规程的制造商应具备 GB/T 19419 规定的焊接管理条件并符合 GB/T 12470 规定的相关质量要求。

6.3 焊接设备

当生产中使用的焊接电源和焊接设备，其电特性和机械特性与评定试验所用电源、设备相同，并符合焊接工艺规程要求，则标准焊接规程得到认可使用。

生产中所使用的设备应当可以控制所有的主要焊接参数。

6.4 关于焊接操作人员

采用标准焊接规程施焊的操作人员应当按照 GB/T 15169(或 GB/T 19805)考试合格。

7 有效期

基于标准焊接规程评定合格的焊接工艺，在该标准焊接规程被撤销或修改之前保持有效。

8 文件编制

标准焊接规程应作为规程颁布并包含所有参数的范围。所有的限制条件(如：设备使用或环境条件)都应以适当的方式加以说明。规程可按照 GB/T 19869.1 要求，采用焊接工艺评定报告(WPQR)的格式。

新的 WPS 应由制造商签署名字和日期，必要时，再由考官和考试机构确认。任何改动或修订都需做重新评定。在标准焊接工艺的整个使用期间，评定依据的所有记录应当可以追朔其原始来源。

附 录 A
（资料性附录）
钢材分类指南

根据 ISO/TR 15608 的钢材分类见表 A.1。

表 A.1 钢材类组

成分单位：%

类别	组别	钢 种
1		屈服极限 R_{eh}≤460 N/mm^2，且成分为如下： C≤0.25；Si≤0.60；Mn≤1.70；Mo≤0.70[a]；S≤0.045；P≤0.045；Cu≤0.40[a]；Ni≤0.5[a]； Cr≤0.3(0.4 铸钢)；Nb≤0.05；V≤0.12[a]；Ti≤0.05
	1.1	屈服极限 R_{eh}≤275 N/mm^2 的钢
	1.2	屈服极限 275 N/mm^2<R_{eh}≤360 N/mm^2 的钢
	1.3	屈服极限 R_{eh}>360 N/mm^2 的细晶粒正火钢
	1.4	改进型耐候钢(某一种元素允许超标)
2		屈服极限 R_{eh}>360 N/mm^2 的热控轧处理的细晶粒钢和铸钢
	2.1	屈服极限 360 N/mm^2<R_{eh}≤460 N/mm^2 的热控轧处理的细晶粒钢和铸钢
	2.2	屈服极限 R_{eh}>460 N/mm^2 的热控轧处理的细晶粒钢和铸钢
3		屈服极限 R_{eh}>360 N/mm^2 的调质钢和沉淀硬化钢(不锈钢除外)
	3.1	屈服极限 360 N/mm^2<R_{eh}≤690 N/mm^2 的调质钢
	3.2	屈服极限 R_{eh}>690 N/mm^2 的调质钢
	3.3	沉淀硬化钢(不锈钢除外)
4		Mo≤0.7 且 V≤0.1 的低钒 Cr-Mo-(Ni)钢
	4.1	Cr≤0.3 且 Ni≤0.7 的钢
	4.2	Cr≤0.7 且 Ni≤1.5 的钢
5		Cr≤0.35 的无钒 Cr-Mo 钢[b]
	5.1	0.75≤Cr≤1.5 且 Mo≤0.7 的钢
	5.2	1.5<Cr≤3.5 且 0.7<Mo≤1.2 的钢
	5.3	3.5<Cr≤7.0 且 0.4<Mo≤0.7 的钢
	5.4	7.0<Cr≤10.5 且 0.7<Mo≤1.2 的钢
6		高钒 Cr-Mo-(Ni)合金钢
	6.1	0.3≤Cr≤0.75，Mo≤0.7，V≤0.35 的钢
	6.2	0.75<Cr≤3.5，0.7<Mo≤1.2，V≤0.35 的钢
	6.3	3.5<Cr≤7.0，Mo≤0.7，0.45≤V≤0.55 的钢
	6.4	7.0<Cr≤12.5，0.7<Mo≤1.2，V≤0.35 的钢
7		C≤0.35，10.5≤Cr≤30 的铁素体钢、马氏体钢或沉淀硬化不锈钢
	7.1	铁素体不锈钢
	7.2	马氏体不锈钢
	7.3	沉淀硬化不锈钢

表 A.1（续）

类别	组别	钢　　种
8		奥氏体不锈钢
	8.1	Cr≤19 的奥氏体不锈钢
	8.2	Cr>19 的奥氏体不锈钢
	8.3	4.0<Mn≤12 的含锰奥氏体不锈钢
9		Ni≤10 的镍合金钢
	9.1	Ni≤3.0 的镍合金钢
	9.2	3.0<Ni≤8.0 的镍合金钢
	9.3	8.0<Ni≤10 的镍合金钢
10		奥氏体-铁素体双相不锈钢
	10.1	Cr≤24 的奥氏体-铁素体不锈钢
	10.2	Cr>24 的奥氏体-铁素体不锈钢[c]
11		0.25<C≤0.5，其余成分与 1 类钢相同的钢
	11.1	0.25<C≤0.35，其余成分与 1 类钢相同的钢
	11.2	0.35<C≤0.5，其余成分与 1 类钢相同的钢

注：按照钢的产品标准，R_{eh} 可用 $R_{p0.2}$ 或 $R_{t0.5}$ 代替。

a　当 Cr+Mo+Ni+Cu+V≤0.75 时，更高的值也可接受。

b　“无钒”表示没特意添加该元素。

c　当 Cr+Mo+Ni+Cu+V≤1 时，更高的值也可接受。

附 录 B
（资料性附录）
铝及铝合金分类指南

根据 ISO/TR 15608 的铝及铝合金分类见表 B.1。

表 B.1 铝及铝合金的类组

类别	组别	铝及铝合金种类
21		杂质(或合金含量)≤1%的纯铝
22		非热处理铝合金
	22.1	铝镁合金
	22.2	Mg≤1.5%的铝镁合金
	22.3	1.5%<Mg≤3.5%的铝镁合金
	22.4	Mg>3.5%的铝镁合金
23		热处理铝合金
	23.1	Al-Mg-Si 合金
	23.2	Al-Zn-Mg 合金
24		Cu≤1%的 Al-Si 合金
	24.1	Cu≤1%,5%<Si<15%的 Al-Si 合金
	24.2	Cu≤1%,5%<Si<15%,0.1%<Mg<0.80%的 Al-Si-Mg 合金
25		5.0%<Si≤14.0%;1.0%<Cu≤5.0%,Mg≤0.8%的 Al-Si-Cu 合金
26		2.0%<Cu≤6.0%的 Al-Cu 合金
21、22、23 一般为锻材,24、25、26 为铸造材料。		

附 录 C
（资料性附录）
铜及铜合金分类指南

根据 ISO/TR 15608 的铜及铜合金分类见表 C.1

表 C.1 铜及铜合金的类组

类别	组别	铜及铜合金种类
31		纯铜
32		铜锌合金
	32.1	二元铜锌合金
	32.2	多元铜锌合金
33		铜钛合金
34		铜镍合金
35		铜铝合金
36		铜镍锌合金
37		31～36 类组以外的，合金含量(其他元素含量低于 5%)低的铜合金
38		31～36 类组以外的其他铜合金(其他元素含量等于或高于 5%)

附 录 D
（资料性附录）
镍及镍合金分类指南

根据 ISO/TR 15608 的镍及镍合金分类见表 D.1。

表 D.1 镍及镍合金的类组

类别	组别	镍及镍合金种类
41		纯镍
42		Ni≥45%，Cu≥10%的 Ni-Cu 合金
43		Ni≥40%的 Ni-Cr-Fe-Mo 合金
44		Ni≥45%；Mo≤32%的 Ni-Mo 合金
45		Ni≥30%的 Ni-Fe-Cr 合金
46		Ni≥45%；Co≥10%的 Ni-Cr-Co 合金
47		Ni≥45%的 Ni-Fe-Cr-Cu 合金
48		25%≤Ni≤45%；Fe≥20%的 Ni-Fe-Co-Cr-Mo-Cu 合金

ICS 25.160.10
J 33

中华人民共和国国家标准

GB/T 19868.4—2005/ISO 15613:2004

基于预生产焊接试验的工艺评定

Welding procedure qualification based on pre-production welding test

(ISO 15613:2004,Specification and qualification of welding procedures for metallic materials—Qualification based on pre-production welding test,IDT)

2005-08-10 发布　　2005-04-01 实施

中华人民共和国国家质量监督检验检疫总局
中国国家标准化管理委员会　发布

前　言

本部分等同采用 ISO 15613:2004《金属材料焊接工艺规程及评定　基于预生产焊接试验的评定》(英文版)。

为了保证标准的协调性和可操作性，本标准在等同转化国际标准时做了必要的编辑性改动。

与 ISO 15613 相比，本部分在内容方面主要有如下变化：

——直接采用了 GB/T 3375《焊接术语》的术语。

本部分系首次发布。

本部分由中国机械工业联合会提出。

本部分由全国焊接标准化技术委员会归口。

本部分负责起草单位：哈尔滨焊接研究所、哈尔滨焊接技术培训中心。

本部分主要起草人：朴东光、钱强、王林。

基于预生产焊接试验的工艺评定

1 范围

本部分规定了基于预生产焊接试验的焊接工艺评定要求。

本部分适用于金属材料的熔化焊和电阻焊。但在实际应用时，具体的适用范围可根据相关标准或规程确定。

2 规范性引用文件

下列文件中的条款通过 GB/T 19868 的本部分的引用而成为本部分的条款。凡是注日期的引用文件，其随后所有的修改单(不包括勘误的内容)或修订版均不适用于本部分，然而，鼓励根据本部分达成协议的各方研究是否可使用这些文件的最新版本。凡是不注日期的引用文件，其最新版本适用于本部分。

GB/T 3375 焊接术语

GB/T 19866 焊接工艺规程及评定的一般原则

GB/T 19867.1 电弧焊焊接工艺规程

GB/T 19869.1 钢、镍及镍合金的焊接工艺评定试验

3 术语及定义

本部分采用了 GB/T 3375 和 GB/T 19866 中的有关术语和定义。

4 焊接工艺预规程(pWPS)

焊接工艺预规程(pWPS)应按照 GB/T 19867.1 或有关标准制定。

5 焊接工艺的评定

焊接工艺应当由某个考官或考试机构按照 GB/T 19869.1 进行评定。

6 试件的焊接

试件的制备和焊接应在一般生产焊接条件下进行，以保证试件的形状和尺寸模拟结构的实际焊接条件。这也包括焊接位置和其他主要参数，如：应力条件、热效应、拘束方法、边缘条件。

采用实际构件时，应使用实际生产中的夹具和固定装置。

如果定位焊缝最终熔入接头，试件中也应包含定位焊缝。

7 试验

7.1 熔化焊

试件的试验应尽可能按 GB/T 19869.1 进行。

在一般情况下，应进行下列试验：

a) 外观检查(100%)；

b) 表面裂纹检测(对于非磁性材料仅做渗透检验)；

c) 硬度试验(抗拉强度 R_m<420 N/mm² 或屈服强度 R_e<275 N/mm² 的铁素体钢、奥氏体不锈钢、非热处理铝合金除外)；

d) 低倍金相检验(具体数量视结构形状而定)。

7.2 电阻焊

7.2.1 概述

具备条件的话,如果所有的条件相符合,如:设备、电极、材料(种类、表面、厚度)及焊接数据,可以参考其他 WPS 的结果。

7.2.2 搭接焊

一般情况下,搭接焊缝的预生产焊接试验包括:

a) 外观检查(100%);

b) 确定焊缝尺寸和断裂形态的工作车间试验;

c) 至少分别测定熔核直径、压痕和缝焊最小宽度的低倍金相检验(具体数量视结构形状或合同而定);

d) 预生产试件的凿裂试验。

7.2.3 对接焊缝

一般情况下,对接焊缝的预生产焊接试验包括:

a) 外观检查(渗透检验);

b) 破坏性试验,特别是弯曲试验或整个预生产试件的变形试验。

8 认可范围

8.1 概述

按照本部分评定的工艺仅适用于该预生产试验所使用的接头种类。

认可范围应符合 GB/T 19869.1 中焊接工艺评定试验的相关规定。此外,厚度的认可范围还适用于接头的每个构件和焊缝厚度。

电阻焊时,认可范围仅限于试验的预生产试件。

9 有效期

只要在规定的范围内进行焊接,基于预生产焊接试验评定合格的焊接工艺就有效。

10 焊接工艺评定报告(WPQR)

焊接工艺评定报告描述了每个试件(包括复试试件)的评估结果。GB/T 19869.1WPS 的所列有关事项,以及所有可能不符合第 7 章要求的特殊细节都应包括在内。如果未发现不符合特征或不合格的试验结果,详细记录焊接工艺评定试件结果的 WPQR 将得到认可,并由考官或考试机构签署姓名和日期。

为了进行统一的说明和数据评估,应使用 WPQR 格式详细记录焊接工艺和试验结果。

ICS 25.160.10
J 33

中华人民共和国国家标准

GB/T 19869.1—2005/ISO 15614-1:2004

钢、镍及镍合金的焊接工艺评定试验

Welding procedure qualification test for steels, nickel and nickel alloys

(ISO 15614-1:2004,
Specification and qualification of welding procedures for metallic materials—Welding procedure test—Part 1: Arc and gas welding of steels and arc welding of nickel and nickel alloys, IDT)

2005-08-10 发布　　2006-04-01 实施

中华人民共和国国家质量监督检验检疫总局
中国国家标准化管理委员会　发布

前 言

本部分等同采用ISO 15614-1:2004《金属材料焊接工艺规程及评定　焊接工艺评定试验　第1部分:钢的弧焊和气焊、镍及镍合金的弧焊》(英文版)。

为了保证标准的协调性和可操作性,本标准在等同转化国际标准时做了必要的编辑性改动。

与ISO 15614-1相比,本部分在内容方面主要有如下变化:

——直接采用了GB/T 3375《焊接术语》的术语;

——增加了附录B和附录C,用于说明有关材料的类组划分;

——增加了附录D,为焊接接头硬度测试点的确定提供指南。

本部分系首次发布。

本部分附录A、附录B、附录C和附录D为资料性附录。

本部分由中国机械工业联合会提出。

本部分由全国焊接标准化技术委员会归口。

本部分负责起草单位:哈尔滨焊接研究所、哈尔滨焊接技术培训中心、水利部水工金属结构质量检验测试中心、中国船级社上海规范研究所。

本部分主要起草人:朴东光、王林、钱强、张亚军、沈传钊。

钢、镍及镍合金的焊接工艺评定试验

1 范围

本部分规定了焊接工艺评定的试验方法和要求。

本部分适用于钢材的电弧焊和气焊，以及镍及镍合金的电弧焊。

评定其他熔化焊焊接工艺时也可参照本部分的有关要求。

2 规范性引用文件

下列文件中的条款通过 GB/T 19869 的本部分的引用而成为本部分的条款。凡是注日期的引用文件，其随后所有的修改单(不包括勘误的内容)或修订版均不适用于本部分，然而，鼓励根据本部分达成协议的各方研究是否可使用这些文件的最新版本。凡是不注日期的引用文件，其最新版本适用于本部分。

GB/T 2650 焊接接头冲击试验方法

GB/T 2651 焊接接头拉伸试验方法

GB/T 2652 焊缝及熔敷金属拉伸试验方法

GB/T 2653 焊接接头弯曲及压扁试验方法

GB/T 3375 焊接术语

GB/T 5185 焊接及相关工艺方法代号

GB/T 15169—2003 钢熔化焊焊工技能评定方法

GB/T 16672—1996 焊缝 工作位置 倾角和转角的定义

GB/T 19418 钢的弧焊接头 缺陷质量分级指南

GB/T 19805 焊接操作工技能评定

GB/T 19866 焊接工艺规程及评定的一般原则

GB/T 19867.1 电弧焊焊接工艺规程

GB/T 19868.4 基于预生产焊接试验的工艺评定

3 术语和定义

本部分采用了 GB/T 3375 和 GB/T 19866 中的有关术语和定义。

4 焊接工艺预规程(pWPS)

应按照 GB/T 19867.1 编制焊接工艺预规程。

5 焊接工艺评定试验

试件的焊接和试验应符合本部分第 6 章和第 7 章的要求。

在满足相关试验要求的前提条件下，按照本部分圆满完成焊接工艺试验的焊工或焊接操作工将取得 GB/T 15169 或 GB/T 19805 规定的资格。

6 试件

6.1 一般原则

应按照 6.2 的要求制备标准试件，使其焊接接头所使用的工艺应具有生产代表性。在产品/接头形式不需用本部分规定的这些标准试件时，要求采用 GB/T 19868.4。

6.2 试件的形状和尺寸

试件应具有足够的尺寸或数量以确保进行所有要求的试验。

为了做附加试验(或重新试验),允许制备附加试件(或尺寸更长的试件),具体要求参见7.6。

对于除支管连接(见图4)和角焊缝(见图3)以外的所有试件而言,母材厚度 t 表示板厚或管子的壁厚。

需要进行热影响区冲击试验时,应标记试件板材的轧制方向。

试件的厚度和管子外径应按照8.3.2.1～8.3.2.3要求选择。

试件的形状和最小尺寸应按如下要求:

6.2.1 全焊透的板对接焊缝

板对接焊缝试件应按图1制备。

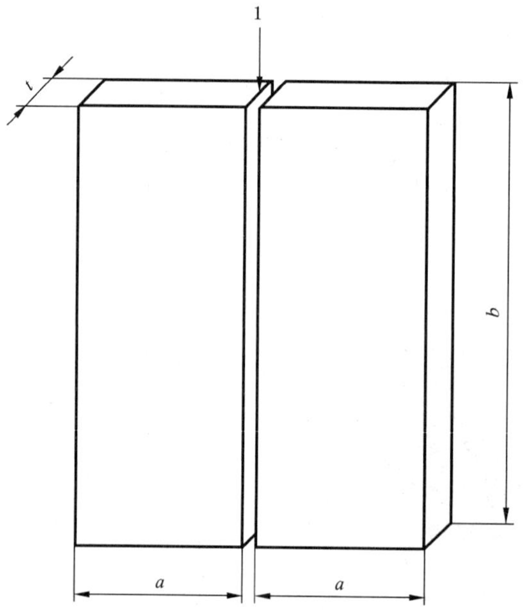

1——接头制备及组装按焊接工艺预规程(pWPS);

a——最小值150 mm;

b——最小值350 mm;

t——母材厚度。

图1 全焊透的板对接焊缝试件

6.2.2 全焊透的管对接焊缝

管子对接焊缝试件应按图2制备。

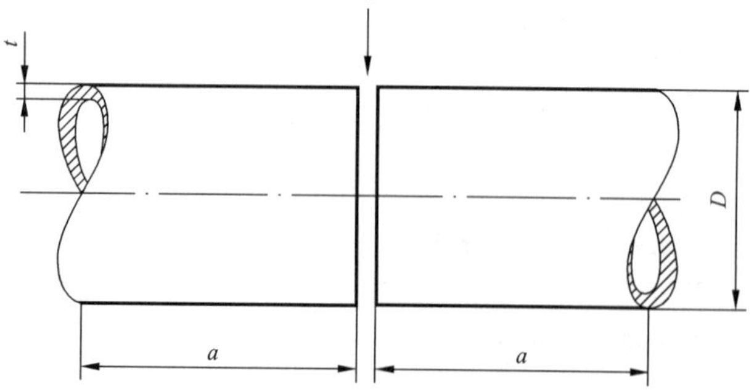

1——接头制备及组装按焊接工艺预规程(pWPS);

a——最小值150 mm;

D——管子外径;

t——母材厚度。

图2 全焊透的管对接焊缝试件

6.2.3 T型接头

T型接头试件应按图3制备。

T型接头可用于评定全焊透的对接接头或角焊缝。

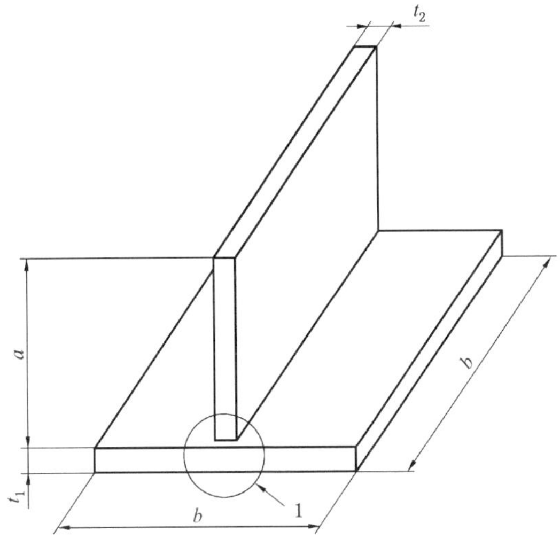

1——接头制备及组装按焊接工艺预规程(pWPS)；

a——最小值150 mm；

b——最小值350 mm；

t——母材厚度。

图3 T型接头试件

6.2.4 支接管连接

支接管试件应按图4制备。角度 α 为用于实际产品的最低值。

支接管可用于评定全焊透的接头(骑座式、插入式或全插式接头)或角焊缝。

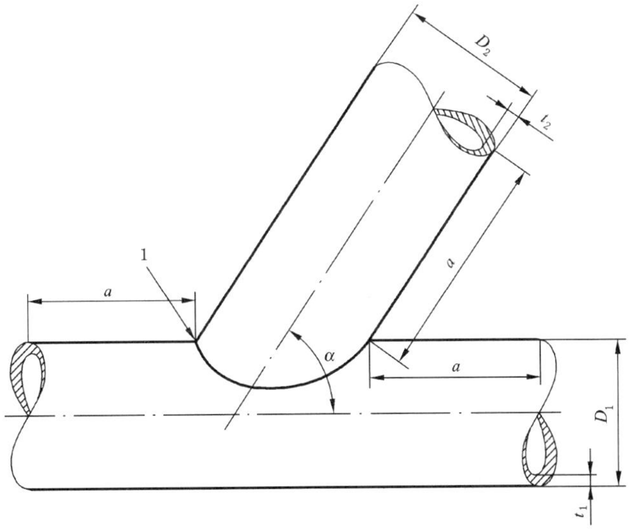

1——接头制备及组装按焊接工艺预规程(pWPS)；

α——支管角度；

a——最小值150 mm；

D_1——主管外径；

t_1——主管壁厚；

D_2——支管外径；

t_2——支管壁厚。

图4 支接管试件

6.3 试件的焊接

试件的制备和焊接应按照焊接工艺预规程，在其所代表的产品焊接条件下进行。试件的焊接位置、倾角和转角范围应符合 GB/T 16672 的规定。如定位焊缝最终熔入接头，试件中应包含定位焊缝。

试件的焊接及试验应由考官或考试机构监督。

7 试验和检验

7.1 试验内容

试验包括无损检验和破坏性试验，具体要求见表 1。

应用标准可能规定附加试验，如：

——焊缝纵向拉伸试验；

——全焊缝金属弯曲试验；

——腐蚀试验；

——化学分析；

——高倍金相检验；

——delta 铁素体检验；

——十字接头试验。

注：特殊应用、材料或制造条件可能要求比本标准规定试验更为完整的试验，以获得更多的信息，避免后期为取得附加试验数据而重复试验。

表 1 试件的试验和检验

试件	试验种类	试验内容	备注
全焊透的对接焊缝（图 1 和图 2）	外观	100%	—
	射线或超声	100%	a
	表面裂纹检测	100%	b
	横向拉伸	2 个试样	—
	横向弯曲	4 个试样	c
	冲击	2 组	d
	硬度	按要求进行	e
	低倍金相	1 个试样	—
全焊透的 T 型接头（图 3） 全焊透的支接管（图 4）	外观	100%	f
	表面裂纹检测	100%	b、f
	超声或射线	100%	a、f、g
	硬度	按要求进行	e、f
	低倍金相	2 个试样	f
角焊缝（图 3 和图 4）	外观	100%	f
	表面裂纹检测	100%	b、f
	低倍金相	2 个试样	e、f
	硬度	按要求进行	f

表 1（续）

试件	试验种类	试验内容	备注

a 超声波检验不适用于小于 8 mm(t<8 mm)的厚度，也不适用于 8、10、41～48 组材料。

b 渗透检验或磁粉检验。对于非磁性材料，采用渗透检验。

c 弯曲试验见 7.4.3。

d 厚度 t>12 mm 的母材，并有规定的冲击性能时要求，1 组为焊缝金属，1 组为热影响区。应用标准可能要求做 12 mm 以下的冲击试验。试验温度应由制造商根据实际应用或应用标准选择，但不得低于母材技术条件要求。附加试验参见 7.4.5。

e 不要求的母材：1.1、8、41～48 组材料。

f 详述的试验不提供接头力学性能方面的信息。这些性能与应用有关时，应进行附加的评定，如对接焊缝评定。

g 外径≤50 mm 时，不要求做超声波检验。外径>50 mm 而且无法实施超声波检验时，应进行射线检验。其前提条件是接头外形符合射线检验的实施条件并可获得有效的检验结果。

7.2 试样的位置及截取

试样的截取应按照图 5、图 6、图 7 和图 8 要求。

完成无损检验之后，允许避开缺欠部位，从合格的部位截取试样。

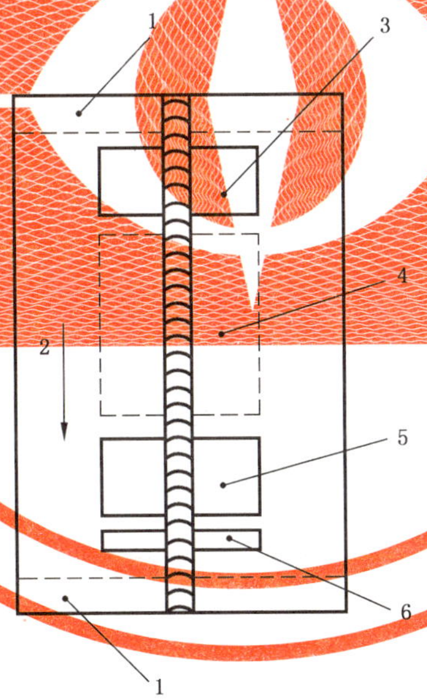

1——去除 25 mm；
2——焊接方向；
3——该部位：一个拉伸试样；弯曲试样；
4——该部位：有要求时，冲击和附加试样；
5——该部位：一个拉伸试样；弯曲试样；
6——该部位：一个金相试样；一个硬度试样。

图 5 板对接接头试样的位置

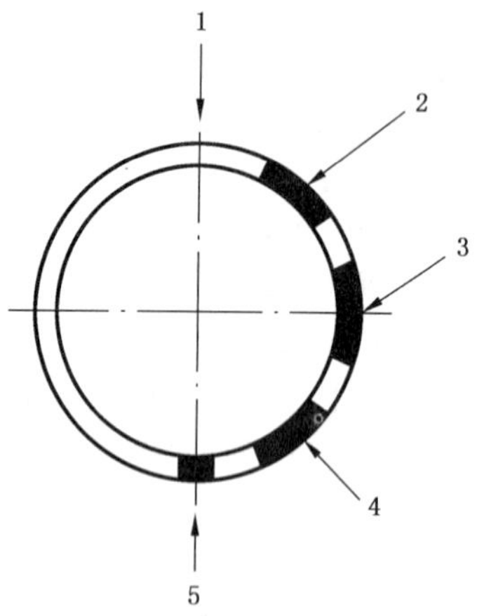

1——固定管的顶端；

2——该部位：一个拉伸试样；弯曲试样；

3——该部位：有要求时，冲击和附加试样；

4——该部位：一个拉伸试样；弯曲试样；

5——该部位：一个金相试样；一个硬度试样。

图6 管子对接接头试样的位置

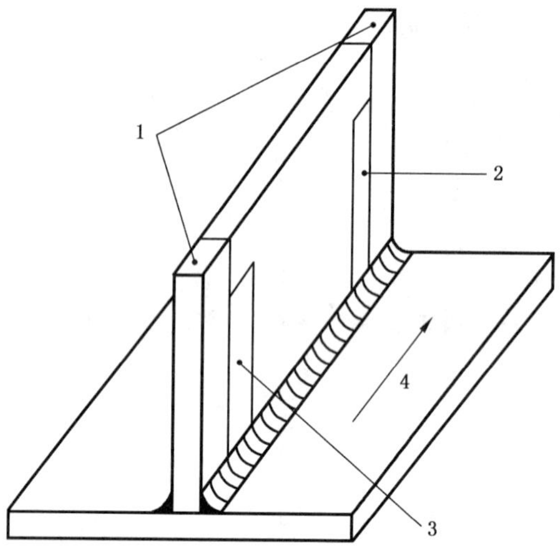

1——去除 25 mm；

2——金相试样；

3——金相试样及硬度试样；

4——焊接方向。

图7 T型接头试样的位置

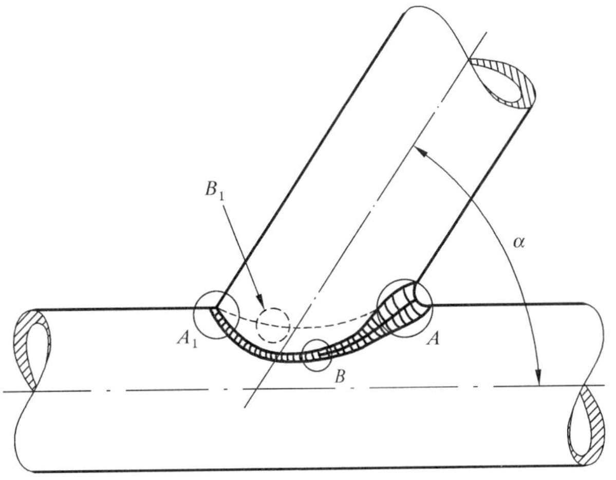

1——金相试样及硬度试样的取样部位(A、A_1 位置);

2——B、B_1 位置上的金相试样;

α——为支接管角度。

图 8 支接管或管子角焊缝试样的位置

7.3 无损检验

应在切割试件之前,在试件上进行 7.1 和表 1 规定的所有无损检验。所有规定的焊后热处理则在无损检验之前进行。

对于氢致裂纹敏感的材料,而且不规定进行后热或焊后热处理时,应延迟一段时间再做无损检验。

根据接头形状、工件的材料和要求,无损检验应按有关的检验标准或规程进行。

7.4 破坏性试验

7.4.1 一般原则

表 1 规定了试验的内容。

7.4.2 横向拉伸试验

对接接头横向拉伸试验的试样和试验应符合 GB/T 2651 规定。

对于外径大于 50 mm 的管子,应去除两面多余的焊缝金属,使得试样厚度与管壁厚相同。

对于外径小于或等于 50 mm 的管子,采用较小管子的整个截面时,允许保留管子内表面的焊缝余高。

除非试验之前另有规定,试样的拉伸强度一般不得低于母材的下限值。

对于异种母材的接头,拉伸强度一般不得低于较底强度母材的下限值。

7.4.3 弯曲试验

对接接头弯曲试验的试样和试验应符合 GB/T 2653 规定。

厚度小于 12 mm 时,应做两个正弯和两个背弯试验。当厚度大于或等于 12 mm 时,建议用四个侧弯代替两个正弯和两个背弯试验。

对于板子的异种钢或异种成分对接接头,可以采用一个纵向背弯或一个纵向正弯试样代替四个横向弯曲试验。

弯头(或内辊)的直径应为试样厚度的四倍,延伸率大于(或等于)20%的母材,弯曲角度应为 180°。而延伸率低于 20%的母材,弯头(或内辊)的直径可按下列公式确定:

$$d = (100 \times t_s)/A - t_s$$

式中:

d——弯头(或内辊)的直径;

t_s——弯曲试样的厚度;

A——材料规程要求的最低延伸率。

试验过程中，试样不应在任何方向出现大于 3 mm 的缺欠。评估时在试样边角出现的缺欠可以忽略。

7.4.4　低倍金相检验

应在一侧制备和腐蚀试样，以便清晰地显示出熔合线、热影响区和各层焊道。

低倍金相检验应包括未受到影响的母材，并且每个工艺试验至少做一次检验记录。

7.4.5　冲击试验

冲击试样和试验应符合相关标准(如 GB/T 2650)的要求。

冲击试验一般采用 V 型缺口试样，缺口可以开在焊缝金属或热影响区上。

VWT 型试样表示缺口开在焊缝金属，VHT 型试样表示缺口开在热影响区。其中：V 表示恰贝 V 型缺口；W 表示缺口开在焊缝金属；H 表示缺口开在热影响区；T 表示缺口开在厚度方向。

试样应在母材表面 2 mm 以下沿焊缝垂直截取。每个规定部位，各截取一组(3 个)试样。

热影响区缺口应距离熔合线 1～2 mm，焊缝金属缺口则开在焊缝中心线上。

厚度大于 50 mm 时，应取两组附加试样。一组取自焊缝金属，一组取自恰好位于中间厚度的热影响区或焊缝根部。

除非应用标准另有要求，冲击功一般应符合对应的母材标准。每组三个试样的平均值应满足规定的要求，单个值可以低于规定的最低平均值，但不得低于该数值的 70%。

对于异种钢接头，应采用每侧母材热影响区的试样进行冲击试验。

用一个试件评定多个焊接方法时，冲击试样应取自每个焊接方法施焊的焊缝金属和热影响区。

7.4.6　硬度试验

硬度试验应按有关标准进行。为了测量和记录焊接接头的硬度分布，压痕应打在焊缝、热影响区和母材上。厚度小于(或等于)5 mm 的材料，应在表面 2 mm 处打一排压痕。厚度超过 5 mm 的材料，应在焊接接头的上、下表面 2 mm 处各打一排压痕。双面焊缝、角焊缝和 T 型接头对接焊缝，可在根部区域增加一排压痕。具体测试点的选取可参见附录 D。

每排压痕应至少包含三个下列区域内的硬度测试点：

——焊缝；

——热影响区；

——母材。

热影响区内的第一个压痕应尽可能地靠近熔合线。

硬度试验的结果应当符合表 2 的要求。而 6 组(无热处理)、7 组、10 组和 11 组材料及任何异种材料接头的硬度要求应在试验之前规定。

表 2　允许的最大硬度值(HV10)

ISO/TR 15608 钢组	未经热处理	经热处理
1[a]、2	380	320
3[b]	450	380
4、5	380	320
6	—	350
9.1	350	300
9.2	450	350
9.3	450	350

a　如果有硬度试验要求。

b　对于 $R_{eh}>890\ N/mm^2$ 的钢，需要做特殊规定。

7.5 合格等级

如果试件内的缺欠符合 GB/T 19418 规定的 B 级限值要求(但下列缺陷种类除外,如:焊缝金属过多、凸度过大、焊缝厚度过大和塌陷,这些缺欠的限值为 C 级),则判定焊接工艺合格。

7.6 复试

如果试件不符合 7.5 规定的外观检验或无损检验要求,应再焊制一块试件并进行同样的试验。如果这块附加的试件仍无法满足这些要求,则焊接工艺评定失败。

如果试样仅因焊接缺陷而不符合 7.4 规定的破坏性试验要求,每个不符合项应附加两块试样。这些附加试样可取自同一块试件,或取自一个新焊制的试件。

如果这些附加试样中的某一个试样不符合这些要求,则焊接工艺评定失败。

如果拉伸试样不符合 7.4.2 要求,应加做两个同样的拉伸试样。这两个拉伸试样应满足 7.4.2 要求。

如单个硬度值高于表 2 规定值,应附加进行硬度试验。附加试验可在原试样的反面或原试验表面做充分打磨后进行。附加试验的硬度值不得高于表 2 的最大值。

对于恰贝冲击试验而言,一组试样的试验结果不合格时(如单个值低于规定值的 70%),可取三个附加试样进行附加试验。所有这些试样(附加试样与原始试样)的平均值不得低于要求的平均值。

8 认可范围

8.1 概述

超出认可范围的变化需要重新进行焊接工艺评定试验。

8.2 与制造商有关的条件

制造商按本标准通过焊接工艺评定试验评定合格的 pWPS,适用于该制造商相同技术和质量控制条件下的车间(或现场)焊接。

相同的技术和质量控制条件意味着制造商对所有焊接的实施责任。

8.3 与材料有关的条件

8.3.1 母材类组

为了尽量减少焊接工艺评定试验的数量,从焊接的角度出发将各类母材进行了类组划分。钢、镍及镍合金分类参见附录 B 和附录 C。

该类组体系之外的母材(或母材组合)需要做单独的焊接工艺评定。

如果某种材料可以归入多个类组(或分类组),应将其划分为较低的类别(或组别)。

注:相同类组中少许的成分差别不需要做重新评定。

8.3.1.1 钢

表 3 规定了钢的认可范围。

表 3 钢材各类组及分类组的认可范围

试件的材料类组(或分类组)	认可范围
1-1	1^a-1
2-2	2^a-2;1-1;2^a-1
3-3	3^a-3;1-1;2-1;2-2;3^a-1;3^a-2
4-4	4^b-4;4^b-1;4^b-2
5-5	5^b-5;5^b-1;5^b-2
6-6	6^b-6;6^b-1;6^b-2
7-7	7^c-7

表 3（续）

试件的材料类组(或分类组)	认可范围
7-3	7[b]-3;7[c]-1;7[c]-2
7-2	7[c]-2[a];7[c]-1
8-8	8[c]-8
8-6	8[c]-6[b];8[c]-1;8[c]-2;8[c]-4
8-5	8[c]-5[b];8[c]-1;8[c]-2;8[c]-4;8[c]-6.1;8[c]-6.2
8-3	8[c]-3[a];8[c]-1;8[c]-2
8-2	8[c]-2[a];8[c]-1
9-9	9[b]-9
10-10	10[b]-10
10-8	10[b]-8[c]
10-6	10[b]-6[b];10[b]-1;10[b]-2;10[b]-4
10-5	10[b]-5[b];10[b]-1;10[b]-2;10[b]-4;10[b]-6.1;10[b]-6.2
10-3	10[b]-3[a];10[b]-1;10[b]-2
10-2	10[b]-2[a];10[b]-1
11-11	11[b]-11;11[b]-1

a 包括同类组中屈服强度相同或较低的钢种。

b 包括同类组中所有分类组和较低的分类组。

c 包括同分类组中的钢。

8.3.1.2 镍及镍合金

表 4 规定了镍及镍合金的认可范围。

8.3.1.3 钢和镍(或镍合金)的异种接头

认可范围由表 4 给出。

表 4 镍合金及镍合金/钢类组的认可范围

试件的材料类组	认可范围
41-41	41[c]—41
42-42	41[c]-42
43-43	43[c]-43;45[c]-45;47[c]-47
44-44	44[c]-44
45-45	45[c]-45;43[c]-43[c]
46-46	46[c]-46
47-47	47[c]-47;45[c]-45[c];43[c]-43[c]
48-48	48[c]-48
41～48-2	41～48[c]-2[a];41～48[c]-1
41～48-3	41～48[c]-3[a];41～48[c]-2(或 1)
41～48-5	41～48[c]-5[b];41～48[c]-6.2(或 6.1、4、2、1)

表 4（续）

试件的材料类组	认可范围
41～48-6	41～48[c]-6[b]；41～48[c]-4(或 2、1)
注：对于 41～48 类组，用某类沉淀硬化合金进行的工艺评定将适用于该类组所有沉淀硬化合金与同类组中所有固熔合金的焊接。	
a 包括同类组中屈服强度相同或较低的钢种。 b 包括同类组中所有分类组和较低的分类组。 c 对于 41～48 类组，用某类固熔或沉淀硬化合金进行的工艺评定将分别适用于同类组所有沉淀硬化合金或固熔合金。	

8.3.2 母材厚度和管直径

8.3.2.1 概述

——对于一种焊接方法的评定而言，下列接头和焊缝的认可范围一般采用母材厚度和管子直径：

a) 对接接头；

b) 角焊缝(除母材厚度之外)，单道焊还可使用角焊缝有效厚度作为认可范围，见 8.3.2.2 和表 6。)；

c) 骑座式支接管接头；

d) 插入式(或全插式)支接管接头；

e) 全焊透板材的 T 型接头。

——对于多种焊接方法的评定而言，每种焊接方法的熔敷厚度可用来评定该焊接方法的认可范围。

8.3.2.2 对接接头、T 型接头、支接管及角焊缝的认可范围

表 5 和表 6 规定了不同试件厚度所对应的认可范围。

对于支接管和角焊缝而言，认可范围对两部分母材都适用。使用对接焊缝评定角焊缝时，可按照表 6 规定的认可范围。

8.3.2.3 管子和支接管直径的认可范围

用直径 D 进行的焊接工艺评定适用于表 7 给出的范围。

当管子外径大于 500 mm，或者在 PA 或 PC 转动位置上的管子外径大于 150 mm 时，板材的评定适用于管子。

8.3.3 支接管的角度

用支接管角度 α 进行的工艺评定，在 $\alpha \leqslant \alpha_1 \leqslant 90°$ 的条件下，适用于所有的支管角度 α_1。

表 5 对接焊缝的试件厚度和焊缝熔敷厚度的认可范围

试件厚度/焊缝熔敷厚度/ t	认可范围	
	(单焊道)	(多焊道)
$t \leqslant 3$	0.7 t～1.3 t	0.7 t～2 t
$3 < t \leqslant 12$	0.5 t(最小为 3)～1.3 t[a]	3～2 t[a]
$12 < t \leqslant 100$	0.5 t～1.1 t	0.5 t～2 t
$t > 100$	不适用	50～2 t
a 规定冲击值要求时，认可范围的上限值为 12 mm，冲击试验合格的不受此限制。		

表 6　角焊缝试件厚度和焊缝有效厚度的认可范围

试件厚度/t	认可范围		
	母材厚度	焊缝有效厚度	
		单焊道	多焊道
$t\leqslant 3$	0.7 t～2 t	0.75 a～1.5 a	无限制
$3<t<30$	0.5 t(最小为 3)～1.2 t	0.75 a～1.5 a	无限制
$t\geqslant 30$	≥5	*	无限制
注 1：a 为试件的焊缝有效厚度。 注 2：用对接焊缝评定角焊缝时，焊缝有效厚度认可范围可根据熔敷金属厚度确定。			
* 　仅对特殊应用而言，每个焊缝有效厚度应通过一个焊接工艺评定试验单独验证。			

表 7　管子和支接管的认可范围

试件的直径 D[a]	认可范围
$D\leqslant 25$	0.5 D～2 D
$D>25$	≥0.5 D(最小 25 mm)
注：对于中空结构，D 为较短边长。	
a　D 为主管或支管的外径。	

8.4　焊接工艺通用规则

8.4.1　焊接方法

机械化程度(手工、半机械化、全机械化和自动化)不同的焊接方法应单独评定。

评定仅对焊接工艺评定试验所用的焊接方法有效。

对于多种焊接方法的工艺而言，焊接工艺评定可针对每种方法采用单独的焊接工艺评定试验进行。也可以采用包括多种方法在内的一个工艺评定。这样的试验评定仅对多种方法工艺评定试验时所使用的焊接方法顺序有效。

注：不允许使用一个包含多种焊接方法的评定试验来评定某个焊接方法，但使用该焊接方法进行的试验符合本部分规定的除外。

8.4.2　焊接位置

任一位置(板或管子)上的焊接试验适用于所有位置(板或管子)的焊接，但 PG 和 J-L045 位置除外，这些位置需要做单独的评定。

有冲击和(或)硬度要求时，为了评定所有的位置，冲击试样应取自热输入最高的焊缝部位，而硬度试样则取自热输入最低的焊缝部位。

例如，板对接焊缝热输入最高的位置通常为 PF，而最低的位置为 PC。对于固定管焊缝而言，硬度试验应取自仰焊位置。

既无冲击要求，也无硬度要求时，任一位置(板或管子)上的焊接适用于所有位置(板或管子)的焊接。

为了满足硬度和冲击要求，要求在不同焊接位置焊制两块试件，除非要求在单一位置做评定。在要求评定所有焊接位置的场合下，两块试件应进行全面的外观检验和无损探伤。

以 10 组材料为例，热输入最高和最低的位置应分别用于冲击和硬度试验。

注：其他破坏性试样可取自任一试件。其中一个试件可减短。

8.4.3　接头/焊缝种类

评定试验所使用的焊接接头认可范围参见相关条款的限定(如直径、厚度)，并且：

a) 对接焊缝适用于全焊透及部分焊透的对接焊缝和角焊缝。角焊缝在生产焊接占主导地位时要求评定角焊缝。

b) 管子的对接接头适用于角度大于、等于60°支接管。

c) T型接头对接焊缝仅适用于T型接头对接焊缝和角焊缝[见8.4.3a)]。

d) 无衬垫的单面焊缝适用于双面焊缝和带衬垫的焊缝。

e) 带衬垫的焊缝适用于双面焊缝。

f) 未清根的双面焊缝适用于带清根的双面焊缝。

g) 角焊缝仅适用于角焊缝。

h) 对于给定的方法,不允许将多道熔敷改变为单焊道(或者是每侧一道),反之也不可以。

8.4.4 焊接材料、型号

只要焊接材料与评定用的焊接材料在标准型号方面力学性能相当,药皮、焊芯和焊剂种类相同,化学成分相同,氢含量相等或更低,评定就适用于这些焊接材料。

8.4.5 焊接材料、牌号(制造商和商标)

有冲击试验要求时,对于焊接方法111、114、12、136和137而言,有效范围限定在评定试验所使用的焊接材料牌号。当使用型号相同、牌号不同的其他焊接材料,采用与原始试验相同的规范焊接一块附加试件,而且附加试件的焊缝金属冲击试验合格时,则允许将有效范围扩大至该焊接材料牌号。型号和化学成分相同的实芯焊丝和填充丝无此限制。

8.4.6 焊接材料规格

在热输入规定的变化范围内(参见8.4.8),允许改变焊接材料的尺寸。

8.4.7 电流种类

给出的认可范围针对焊接工艺评定试验中所使用的电流种类(交流、直流、脉冲电流)和极性。对于焊接方法111,不要求冲击试验时,交流适合于直流(两个极性均可)。

8.4.8 热输入

有冲击试验要求时,认可的热输入上限可比试件焊接使用的热输入大25%。

有硬度试验要求时,认可的热输入下限可比试件焊接使用的热输入小25%。

如果焊接工艺评定试验用高、低两个热输入进行,则其中间的所有热输入也适用。

8.4.9 预热温度

要求预热时,评定的下限值就是焊接工艺评定试验开始之前所施加的名义预热温度。

8.4.10 道间温度

评定的上限值就是焊接工艺评定试验中达到的最高道间温度。

8.4.11 除氢后热

认可的后热温度和时间不得减少。可以增加后热,但不得省略。

8.4.12 焊后热处理温度

认可后,不允许增加或取消焊后热处理。

除非另有规定,认可的温度范围为焊接工艺评定试验所使用保温温度±20℃。有要求时,加热速度、冷却速度和保温时间应与生产对应一致。

8.4.13 初始热处理

沉淀硬化材料在焊接之前不允许改变其原始的热处理条件。

8.5 不同焊接方法的特殊要求

8.5.1 埋弧焊(12)

8.5.1.1 埋弧焊方法(121～125)的各个变量应当单独评定。

8.5.1.2 焊剂的认可范围仅局限于评定试验所使用的牌号和型号。

8.5.2 熔化极气体保护焊(131、135、136和137)

8.5.2.1 保护气体的认可局限于评定所用的气体型号。但是,CO_2 的含量不得超过评定试验所用量的10%。

8.5.2.2 认可仅局限于焊接工艺评定试验使用的焊丝配置(如:单丝或多丝)。

8.5.2.3 对于实芯焊丝和金属粉末芯焊丝而言,使用短路过渡的评定仅适用于短路过渡。使用喷射过渡和粗滴过渡的评定适用于喷射过渡和粗滴过渡两者。

8.5.3 钨极惰性气体保护焊(141)

8.5.3.1 保护气体和背面气体的认可局限于评定所用的气体型号。

8.5.3.2 无背面气体的评定适用于带背面气体的焊接工艺。

8.5.3.3 使用填充材料的焊接不适用于无填充材料的焊接,反之亦然。

8.5.4 等离子弧焊(15)

8.5.4.1 认可局限于焊接工艺试验所使用的等离子气体组分。

8.5.4.2 保护气体和背面气体的认可局限于评定所用的气体型号。

8.5.4.3 使用填充材料的焊接不适用于无填充材料的焊接,反之亦然。

8.5.5 氧乙炔焊(311)

使用填充材料的焊接不适用于无填充材料的焊接,反之亦然。

9 焊接工艺评定报告(WPQR)

焊接工艺评定报告表述了每个试件(包括复试试件)的评估结果。报告应包含GB/T 19867.1有关WPS的事项,以及按第7章要求否决项的详细情况。如果未发现否决项或不合格的试验结果,记述该焊接工艺评定试件结果的WPQR应得到认可并由考官或考试机构签名。

焊接工艺评定报告的格式应用来记录焊接工艺及试验结果的详细情况,以便于对数据做统一表述和评估。

附录A给出了焊接工艺评定报告的典型示例。

附　录　A
（资料性附录）
焊接工艺评定报告格式(WPQR)

焊接工艺评定—试验证书

制造商的 WPQR 编号：　　　　考官或考试机构：
制造商：　　　　代号：
地址：
规程/标准：
焊接日期：

认可范围
焊接方法：
接头及焊缝形式：
母材类组和分类组：
母材厚度(mm)：
焊缝金属厚度(mm)：
焊缝有效厚度(mm)：
单焊道/多焊道：
管子外径(mm)：
焊接材料型号：
焊接材料牌号：
焊接材料规格：
保护气体/焊剂型号：
背面气体型号：
焊接电流种类、极性：
金属过渡形态：
热输入：
焊接位置：
预热温度：
道间温度：
后热：
焊后热处理及：
其他信息(参见 8.5)：

兹证明考试焊缝的制备、焊接及检验符合上述规程/考核标准的要求。

地点：　　　　颁发日期：　　　　考官或考试机构
姓名、日期及签名

焊接试验报告

地点：
制造商的 pWPS 编号：
制造商的 WPQR 编号：
制造商：
焊工姓名：
焊接方法：
接头种类：
焊接接头详述(草图)：

考官或考试机构：
制备方法及清理：
母材规程：
材料厚度(mm)：
管子外径(mm)：
焊接位置：

接头设计	焊接顺序

焊接详述

焊道	焊接方法	焊材规格	电流/A	电压/V	电流种类/极性	送丝速度	焊接速度	热输入	金属过渡形态

焊接材料型号及牌号：
特殊烘干或干燥要求：
气体、焊剂：正面：
背面：
气体流量：正面：
背面：
钨极种类/尺寸：
背面清根/衬垫详述：
预热温度：
道间温度：
后热：
焊后热处理：
(时间、温度、方法：
加热及冷却速度)：

其他信息：
摆动(焊道的最大宽度)：
摆动：振幅、频率、停留时间：
脉冲焊接详述：
干伸长度：
等离子焊接详述：
焊枪角度：

制造商
姓名、日期及签名

考官或考试机构
姓名、日期及签名

试验结果

制造商的 WPQR 编号：

考官或考试机构：

代号：

外观检验：

渗透/磁粉检验：

射线检验：

超声波检验：

拉伸试验

温度：

种类/编号	R_{eh}/ N/mm²	R_m/ N/mm²	A %	Z %	断裂部位	备注
要求						

弯曲试验

压辊直径：

种类/编号	弯曲角度	延伸率	结果

低倍金相检验：

冲击试验　　种类：　　尺寸：　　要求：

缺口位置/方向	温度/℃	冲击值 1 2 3	平均值	备注

硬度试验

种类/载荷

测定部位(草图)：

母材：

热影响区：

焊缝金属：

其他试验：

备注：

试验按照____________标准的要求进行。

试验室报告编号：

试验结果符合/不符合：

试验在____________监督下进行。

考官或考试机构
姓名、日期及签名

附　录　B
（资料性附录）
钢材分类指南

根据 ISO/TR 15608 的钢材分类见表 B.1。

表 B.1　钢材类组

成分单位：%

类别	组别	钢　　种
1		屈服极限 R_{eh}≤460 N/mm^2，且成分为如下： C≤0.25；Si≤0.60；Mn≤1.70；Mo≤0.70[a]；S≤0.045；P≤0.045；Cu≤0.40[a]；Ni≤0.5[a]；Cr≤0.3(0.4 铸钢)；Nb≤0.05；V≤0.12[a]；Ti≤0.05
	1.1	屈服极限 R_{eh}≤275 N/mm^2 的钢
	1.2	屈服极限 275 N/mm^2<R_{eh}≤360 N/mm^2 的钢
	1.3	屈服极限 R_{eh}>360 N/mm^2 的细晶粒正火钢
	1.4	改进型耐大气腐蚀钢(某一种元素允许超标)
2		屈服极限 R_{eh}>360 N/mm^2 的热控轧处理的细晶粒钢和铸钢
	2.1	屈服极限 360 N/mm^2<R_{eh}≤460 N/mm^2 的热控轧处理的细晶粒钢和铸钢
	2.2	屈服极限 R_{eh}>460 N/mm^2 的热控轧处理的细晶粒钢和铸钢
3		屈服极限 R_{eh}>360 N/mm^2 的调质钢和沉淀硬化钢(不锈钢除外)
	3.1	屈服极限 360 N/mm^2<R_{eh}≤690 N/mm^2 的调质钢
	3.2	屈服极限 R_{eh}>690 N/mm^2 的调质钢
	3.3	沉淀硬化钢(不锈钢除外)
4		Mo≤0.7 且 V≤0.1 的低钒 Cr-Mo-(Ni)钢
	4.1	Cr≤0.3 且 Ni≤0.7 的钢
	4.2	Cr≤0.7 且 Ni≤1.5 的钢
5		Cr≤0.35 的无钒 Cr-Mo 钢[b]
	5.1	0.75≤Cr≤1.5 且 Mo≤0.7 的钢
	5.2	1.5<Cr≤3.5 且 0.7<Mo≤1.2 的钢
	5.3	3.5<Cr≤7.0 且 0.4<Mo≤0.7 的钢
	5.4	7.0<Cr≤10.5 且 0.7<Mo≤1.2 的钢
6		高钒 Cr-Mo-(Ni)合金钢
	6.1	0.3≤Cr≤0.75，Mo≤0.7，V≤0.35 的钢
	6.2	0.75<Cr≤3.5，0.7<Mo≤1.2，V≤0.35 的钢
	6.3	3.5<Cr≤7.0，Mo≤0.7，0.45≤V≤0.55 的钢
	6.4	7.0<Cr≤12.5，0.7<Mo≤1.2，V≤0.35 的钢
7		C≤0.35，10.5≤Cr≤30 的铁素体钢、马氏体钢或沉淀硬化不锈钢
	7.1	铁素体不锈钢
	7.2	马氏体不锈钢
	7.3	沉淀硬化不锈钢

表 B.1(续)　　成分单位:%

类别	组别	钢　　种
8		奥氏体不锈钢
	8.1	Cr≤19 的奥氏体不锈钢
	8.2	Cr>19 的奥氏体不锈钢
	8.3	4.0<Mn≤12 的含锰奥氏体不锈钢
9		Ni≤10 的镍合金钢
	9.1	Ni≤3.0 的镍合金钢
	9.2	3.0<Ni≤8.0 的镍合金钢
	9.3	8.0<Ni≤10 的镍合金钢
10		奥氏体-铁素体双相不锈钢
	10.1	Cr≤24 的奥氏体-铁素体不锈钢
	10.2	Cr>24 的奥氏体-铁素体不锈钢[c]
11		0.25<C≤0.5,其余成分与1类钢相同的钢
	11.1	0.25<C≤0.35,其余成分与1类钢相同的钢
	11.2	0.35<C≤0.5,其余成分与1类钢相同的钢

注:按照钢的产品标准,R_{eh}可用$R_{p0.2}$或$R_{t0.5}$代替。

a　当 Cr+Mo+Ni+Cu+V≤0.75 时,更高的值也可接受。

b　"无钒"表示没特意添加该元素。

c　当 Cr+Mo+Ni+Cu+V≤1 时,更高的值也可接受。

附　录　C
（资料性附录）
镍及镍合金分类指南

根据 ISO/TR 15608 的镍及镍合金分类见表 C.1。

表 C.1　镍及镍合金的类组

类别	组别	镍及镍合金种类
41		纯镍
42		Ni≥45%,Cu≥10%的 Ni-Cu 合金
43		Ni≥40%的 Ni-Cr-Fe-Mo 合金
44		Ni≥45%;Mo≤32%的 Ni-Mo 合金
45		Ni≥30%的 Ni-Fe-Cr 合金
46		Ni≥45%;Co≥10%的 Ni-Cr-Co 合金
47		Ni≥45%的 Ni-Fe-Cr-Cu 合金
48		25%≤Ni≤45%;Fe≥20%的 Ni-Fe-Co-Cr-Mo-Cu 合金

附　录　D
（资料性附录）
硬度试验指南

为了准确地测定焊接接头各区域的硬度，本附录根据 ISO 9015-1 推荐了不同接头硬度测定的方法（见图 D.1 和图 D.2）。

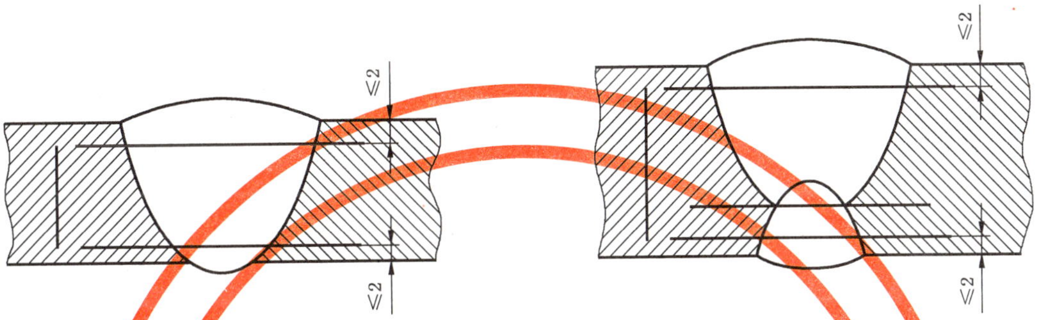

图 D.1　对接接头硬度测试点的选取

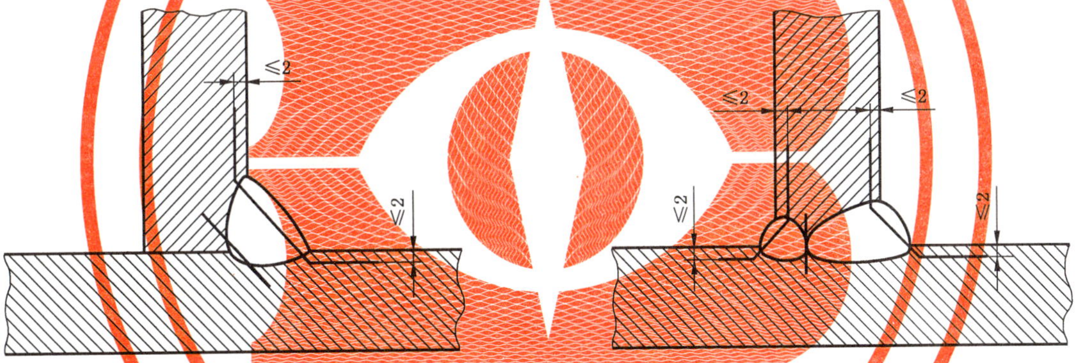

图 D.2　角焊缝接头硬度测试点的选取

ICS 25.160.10
J 33

中华人民共和国国家标准

GB/T 19869.2—2012

铝及铝合金的焊接工艺评定试验

Welding procedure qualification test for aluminum and its alloys

(ISO 15614-2:2005,Specification and qualification of welding procedure for metallic materials—Welding procedure test—Part 2:Arc welding of aluminum and its alloys,MOD)

2012-11-05 发布　　2013-03-01 实施

中华人民共和国国家质量监督检验检疫总局
中国国家标准化管理委员会　发布

前　　言

本标准按照 GB/T 1.1—2009 给出的规则起草。

本标准使用重新起草法修改采用 ISO 15614-2:2005《金属材料焊接工艺规程及评定　焊接工艺评定试验　第 2 部分:铝及铝合金的弧焊》(英文版)。

本标准与 ISO 15614-2:2005 的主要技术性差异及其原因如下:

——明确了各类缺欠的合格等级要求,以便于操作;

——增加了异种铝合金接头评定的附加试验,以满足评定的需求;

——工艺评定报告的格式和内容结合我国实际应用情况进行了调整,便于执行。

为了便于使用,本标准在转化国际标准时做了下列编辑性修改:

——删除了国际标准的前言;

——将 ISO 15614-2:2005 中引用的 ISO 标准,用我国对应的标准代替。

本标准由全国焊接标准化技术委员会(SAC/TC 55)提出并归口。

本标准起草单位:哈尔滨焊接研究所、哈尔滨焊接技术培训中心、山东索力得焊材有限公司、江苏中江焊丝有限公司。

本标准主要起草人:朴东光、王林、关常勇、嵇文斌、王克楠、苏金花。

铝及铝合金的焊接工艺评定试验

1 范围

本标准规定了铝及铝合金的焊接工艺评定试验方法和要求。

本标准适用于铝及铝合金的惰性气体保护电弧焊和等离子弧焊接。

评定铝合金的其他熔焊工艺时也可参照本标准的有关要求。

2 规范性引用文件

下列文件对于本文件的应用是必不可少的。凡是注日期的引用文件,仅注日期的版本适用于本文件。凡是不注日期的引用文件,其最新版本(包括所有的修改单)适用于本文件。

GB/T 2651—2008 焊接接头拉伸试验方法 (ISO 4136:2001,IDT)

GB/T 2653—2008 焊接接头弯曲试验方法 (ISO 5173:2000,IDT)

GB/T 3323—2005 金属熔化焊焊接接头射线照相

GB/T 16475—2008 变形铝及铝合金状态代号 (ISO 2107:2007,MOD)

GB/T 16672—1996 焊缝 工作位置 倾角和转角的定义 (idt ISO 6947:1990)

GB/T 19805—2005 焊接操作工 技能评定 (ISO 14732:1998,IDT)

GB/T 19866—2005 焊接工艺规程及评定的一般原则 (ISO 15607:2003,IDT)

GB/T 19867.1 电弧焊焊接工艺规程

GB/T 19868.4—2005 基于预生产焊接试验的工艺评定 (ISO 15613:2004,IDT)

GB/T 22087—2008 铝及铝合金的弧焊接头 缺欠质量分级指南 (ISO 10042:2005,IDT)

GB/T 24598—2009 铝及铝合金熔化焊焊工技能评定 (ISO 9606-2:2004,MOD)

GB/T 26955—2011 金属材料焊缝破坏性试验 焊缝宏观和微观检验 (ISO 17639:2003,MOD)

GB/T 27551—2011 金属材料焊缝破坏性试验 断裂试验(ISO 9017:2001,IDT)

ISO/TR 17671-4:2002 焊接 金属材料焊接推荐工艺 第4部分:铝及铝合金的弧焊(Welding—Recommendations for welding of metallic materials—Part 4:Arc welding of aluminium and aluminium alloys)

3 焊接工艺预规程(pWPS)

可参照 GB/T 19866 的相关要求编制焊接工艺预规程。

4 焊接工艺评定

试件的焊接和试验应符合第 6 章和第 7 章的要求。

在满足相关试验要求的前提条件下,按照本标准进行焊接工艺试验并合格的焊工或焊接操作工可视其具备 GB/T 24598 或 GB/T 19805 规定的资格。

5 试件

5.1 一般原则

试件应采用标准试件，其加工应符合6.2的相关要求。试件制备所采用的焊接工艺应与焊接工艺预规程一致，具有实际生产的代表性。标准试件不适用时，可考虑按照GB/T 19868.4，采用预生产焊接试件进行工艺试验。

5.2 试件的形状和尺寸

5.2.1 一般要求

试件应具有足够的尺寸(或数量)，以满足所要求的试验。

试验量较多时(如需要进行附加试验或复试)，允许制备附加试件(或尺寸更长的试件)。

除支接管和T型接头角焊缝试件之外(具体参见图3和图4)，所有对接板(或管子)的母材厚度应相同。

产品标准对工件的方向(如轧制方向)有要求时，应在试件上做标记。

试件的厚度和管子外径应按照7.3.2.1～7.3.2.4要求选择。

试件的形状和最小尺寸应按5.2.2～5.2.5要求。

5.2.2 全焊透的板对接焊缝试件

试件应按图1制备。

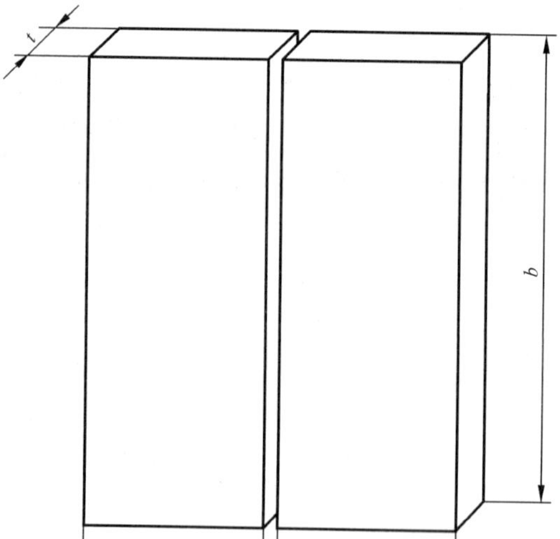

说明：

a——最小值150 mm(横向弯曲试样可能需要较大的尺寸，见6.4)；

b——最小值300 mm；

t——母材厚度。

图1 全焊透的板对接焊缝试件

5.2.3 全焊透的管对接焊缝试件

试件应按图2制备。

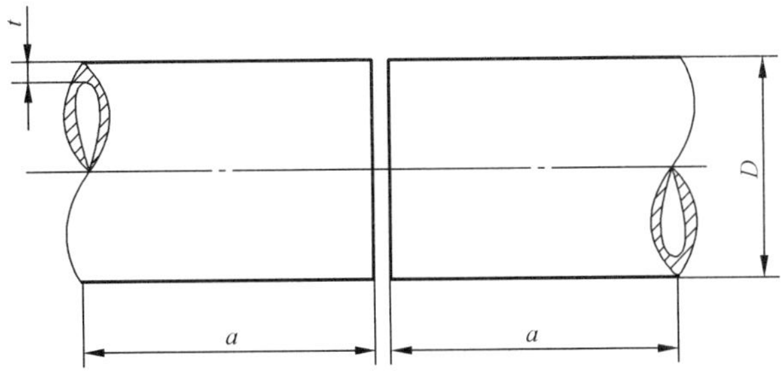

说明：
a——最小值 150 mm；
D——管子外径；
t——母材厚度。

图 2 全焊透的管对接焊缝试件

5.2.4 T 型接头试件

试件应按图 3 制备。

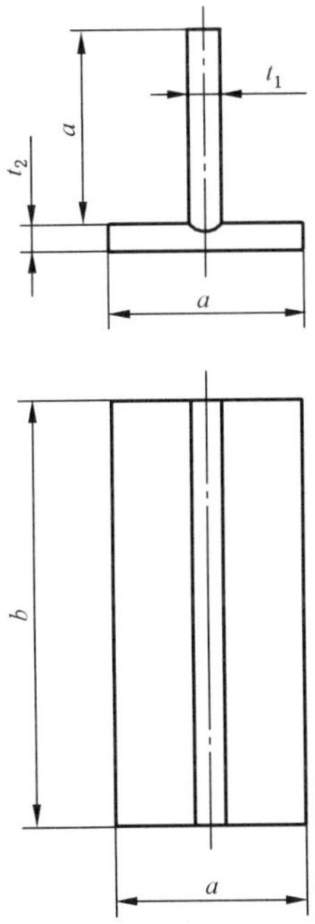

说明：
a——最小值 150 mm；
b——最小值 300 mm。

图 3 T 型接头试件

T 型接头可用于评定 T 型接头组合焊缝(全焊透的对接焊缝和角焊缝)。

5.2.5 支管接头试件

支接管试件应按图 4 制备。支管的角度 α 应取实际产品的最小值。

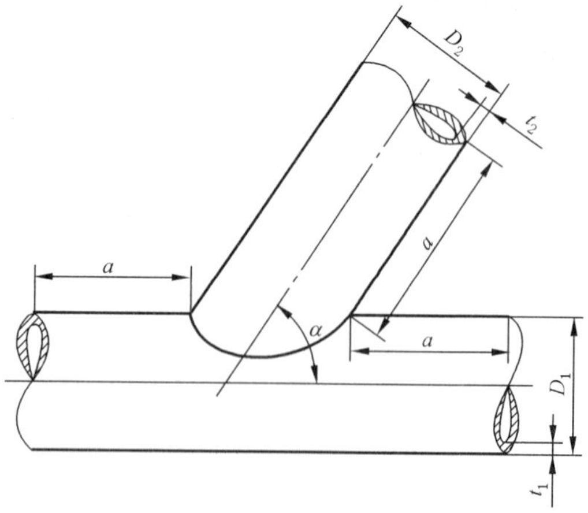

说明：

a——最小值 150 mm；

D_1——主管外径；

D_2——支管外径；

t_1——主管壁厚；

t_2——支管壁厚；

α——支管角度。

图 4　支管接头试件

5.3　试件的焊接

试件的焊接应按照焊接工艺预规程，在与实际生产相近的条件下进行。试件的焊接位置、倾角和转角范围应符合 GB/T 16672 的规定。如定位焊缝最终熔入接头，则试件中应包含定位焊缝。

试件的焊接及试验应在考官或考试机构监督下进行。

6　试验和检验

6.1　试验内容

试验包括无损检测和破坏性试验，具体要求见表 1。

表 1　试件的试验和检验

试件	试验种类	试验内容	备　　注
全焊透的对接焊缝 图 1 和图 2	外观 射线或超声波检测 渗透检测 横向拉伸 横向弯曲或断裂试验（铸件或铸锻件） 宏观检验 微观检验	100% 100% 100% 2 个试样 2 个正弯和 2 个背弯试样 1 个试样 1 个试样	— — — — [a] — [b]
全焊透的 T 型接头 图 3 全焊透的支接管[c] 图 4	外观 渗透检测 宏观检验 微观检验	100% 100% 4 个试样 1 个试样	— — [d] [b]

表 1（续）

试件	试验种类	试验内容	备　注
角焊缝[c] 图 3 和图 4	外观 渗透检测 宏观检验 微观检验	100% 100% 2 个试样 1 个试样	— — — [b]

[a] 厚度 $t \geqslant 12$ mm 时，可用 4 个侧弯试样代替 2 个正弯和 2 个背弯试样。
[b] 仅针对 23 类组（参见附录 B）及所有铸件而言。
[c] 这些试验不提供接头力学性能方面的数据。实际应用需要这些性能数据时，应做附加评定（如对接接头的试验评定）。
[d] 该类接头试件（如图 3 所示），可只做 2 个宏观检验。

产品标准可能规定附加试验，如：

——焊缝纵向拉伸试验；

——全焊缝金属弯曲试验（或测量延伸率的特殊焊缝金属弯曲试验）；

——测定屈服强度及/或延伸率的拉伸试验；

——化学分析；

——十字接头试验。

6.2 试样的截取位置

应按照图 5、图 6、图 7 和图 8 的要求截取试样。

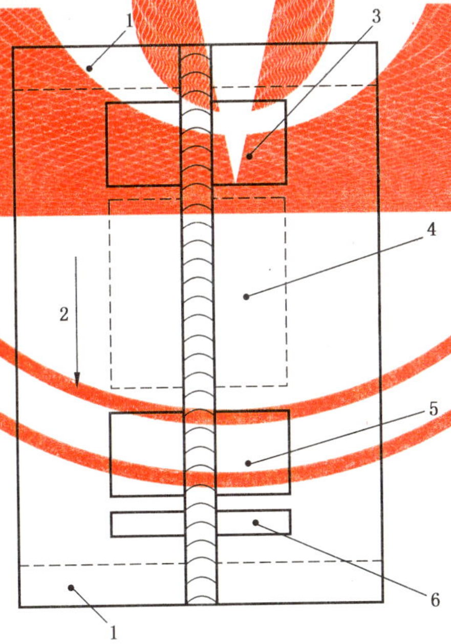

说明：
1——去除 25 mm；
2——焊接方向；
3——该部位：一个拉伸试样；弯曲试样或断裂试样；
4——该部位：附加试样（必要时）；
5——该部位：一个拉伸试样；弯曲试样或断裂试样；
6——该部位：一个宏观检验试样；一个微观检验试样。

图 5　板对接接头试样的位置

试样的截取应在无损检测合格后进行。

截取试样时，允许避开试件的缺欠部位(缺欠应在规定限值范围内)。

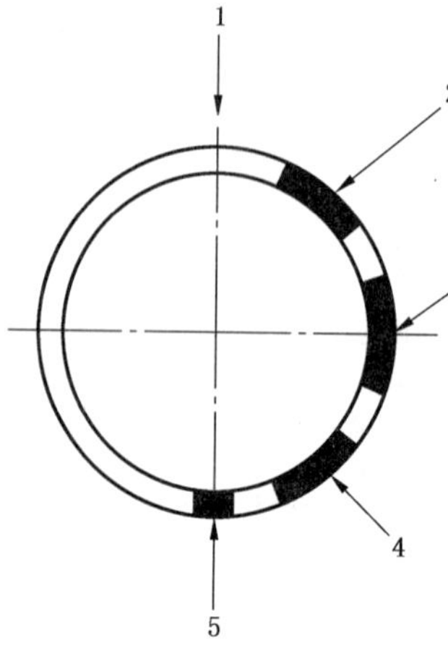

说明：

1——固定管的顶端；

2——该部位：一个拉伸试样；弯曲试样或断裂试样；

3——该部位：附加试样(必要时)；

4——该部位：一个拉伸试样；弯曲试样或断裂试样；

5——该部位：一个宏观检验试样；一个微观检验试样。

图6　管子对接接头试样的位置

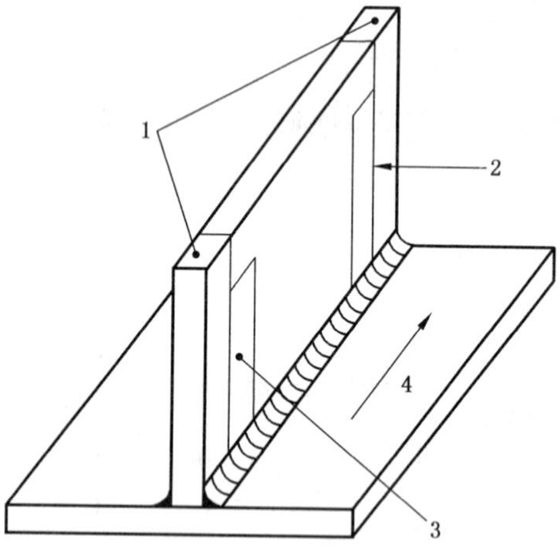

说明：

1——去除25 mm；

2——宏观检验试样和微观检验试样；

3——一个宏观检验试样；

4——焊接方向。

图7　T型接头试样的位置

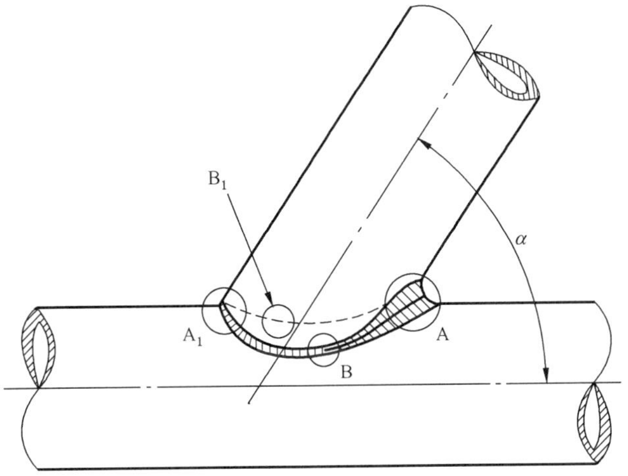

说明：

α——为支管角度；

1——宏观检验试样的取样部位（A、A_1、B、B_1 位置）；

2——微观检验试样的取样部位（A 位置）。

图 8　支管或管角焊缝试样的位置

6.3　无损检测

在切割试件之前，应对试件进行 6.1 和表 1 规定的无损检测。

无损检测的内容应根据接头形式、材料种类和要求，按表 1 选择，具体方法可参照相关的无损检测标准（如 GB/T 3323 等）。

6.4　破坏性试验

6.4.1　一般原则

试验内容参见表 1。

6.4.2　横向拉伸试验

对接接头横向拉伸试验的试样和试验应满足 GB/T 2651 的要求。

对于外径大于 50 mm 的管子，应去除两面的焊缝余高，使得试样厚度与管壁厚相同。

当采用小直径全截面管试样（外径小于或等于 50 mm）时，允许保留管子内表面的焊缝余高。

试样的拉伸强度不得低于相关标准对母材（类组 21、22 的“O”态）要求的下限值，参见表 2。

焊态下焊接试样的拉伸强度 $R_m(w)$ 应满足下列要求：

$$R_m(w)=R_m(pm)\times T$$

式中：

$R_m(w)$ 为焊态下焊接试样的拉伸强度。

$R_m(pm)$ 为相关标准要求的母材拉伸强度下限值。

T 为焊缝系数。

对于异种铝合金接头，应取最低的 $R_m(w)$ 值。

表 2　焊缝系数

材料类别或组别（见附录 B）	焊前母材的状态[a b]	焊后状态[c]	焊缝系数 $T=R_m(w)/R_m(pm)$
21	所有状态	焊态	1 [d]
22	所有状态	焊态	1 [d]
23.1	T4	自然时效	0.7
	T4	人工时效	0.7 [e f]
	T5 和 T6	自然时效	0.6
	T5 和 T6	人工时效	0.7 [e]
23.2	T4	自然时效	0.95
	T4	人工时效	0.75 [e f]
	T6	自然时效	0.75
	T6	人工时效	0.75 [f]
其他铝合金	所有状态	— [g]	— [g]

[a] 参见 GB/T 16475。

[b] 本表中未列出的其他状态母材，其 $R_m(w)$ 应按设计标准取值。

[c] 时效条件应符合设计规范。

[d] $R_m(pm)$ 以“O”态下规定的拉伸强度下限为准，不考虑试验时母材的状态。

[e] 试件在焊接完成后，开始试验之前做人工时效时，效率系数 T 适用于 T6 母材条件。

[f] 如果焊后做整体热处理，可以获得更高的性能。$R_m(w)$ 应按设计标准取值。

[g] 焊后的时效条件及 $R_m(w)$ 应按设计标准取值。

6.4.3　弯曲试验

对接接头弯曲试验的试样应符合 GB/T 2653 规定。

所有铝合金母材的弯曲角度均为 180°，弯心直径按照母材延伸率计算：

——延伸率大于 5%时：

$$d=(100\times t_s)/A-t_s$$

式中：

d ——弯心直径最大值；

t_s ——弯曲试样的厚度（包括侧弯试样在内）；

A ——材料标准要求的最低延伸率（异种铝合金接头应取较小值）。

表 3 给出了用某些延伸率和厚度计算的最大弯心直径示例。

为便于试验操作，弯心直径数值应取整数。

根据试验室条件，允许采用较小的弯心直径。

延伸率≤5%时，试验之前应做退火处理。弯心直径应采用规定的退火状态下的延伸率计算。

试验过程中，试样不应在任何方向出现大于 3 mm 的缺陷。评定时在试样边角处出现的缺陷可以忽略。

表 3 用某些延伸率和厚度计算的最大弯心直径示例

弯曲试样厚度 t_s mm	延伸率 A/%							
	8	10	12	15	17	20	25	35
	计算的最大弯心直径 d/mm							
4	46	36	29	23	20	16	12	7
6	69	54	44	34	29	24	18	11
8	92	72	59	45	39	32	24	15
10	115	90	73	57	49	40	30	19
12	138	108	88	68	59	48	36	22
15	172	135	110	85	73	60	45	28
20	230	180	147	113	98	80	60	37
25	288	225	183	142	122	100	75	46
30	345	270	220	170	146	120	90	56
35	402	315	257	198	171	140	105	65
40	460	360	293	227	195	160	120	74

6.4.4 断裂试验

对接接头断裂试验的试样和试验应符合 GB/T 27551 的规定。

6.4.5 宏观检验和微观检验

试样应按 GB/T 26955 规定制备并在一侧腐蚀，以清晰地显示出熔合线、热影响区和各层焊道。

低倍金相检测应包括未受到影响的母材。

在腐蚀过程中应注意避免产生类似裂纹的痕迹。

6.5 合格等级

如果试件的缺欠在 GB/T 22087 规定的 B 级限值范围内(但焊缝超高、角焊缝凸度过大、下塌除外，这些缺陷的限值为 C 级)，则判定焊接工艺评定合格。

6.6 复试

如果试件不符合 6.5 规定的外观检测或无损检测要求，应再按原条件焊制一块试件并进行同样的试验。如果这块复试的试件仍无法满足这些要求，则焊接工艺评定不合格。

如果试样仅因焊接缺陷而不符合 6.4 规定的破坏性试验要求，每个不符合项应附加两块试样。这些复试试样可取自同一块试件(如果材料足够大的话)，或取自一个新焊制的试件。

如果拉伸试样不符合 6.4.2 要求，每个不合格的试样应加做两个相同的拉伸试样。这两个拉伸试样应满足 6.4.2 要求。

每个复试试样应进行与原未合格试样相同的试验。复试试样中的任何一个不符合要求，则焊接工艺评定失败。

7 认可范围

7.1 概述

焊接工艺规程中的参数和条件发生改变并超出认可范围时,需要重新进行焊接工艺评定试验。

7.2 与制造商有关的条件

制造商按本标准通过焊接工艺评定试验评定合格的 pWPS,适用于该制造商制定相同车间(或现场)技术和质量控制条件下的焊接工艺规程。

7.3 与材料有关的条件

7.3.1 母材类组

为了尽量减少焊接工艺评定试验的数量,将铝及铝合金按照类组进行划分(参见附录 B)。

附录 B 未包含的母材(或母材组合)应单独进行焊接工艺评定。

永久衬垫材料应作为评定类组中的一种母材考虑。

表 4 给出了同种和异种铝及铝合金接头的认可范围。

表 4 未包含的异种铝合金接头应做特殊的评定试验,其认可范围只针对评定试验有效。

为了评定力学性能,异种铝合金接头可能需要做附加试验。

异种铝合金接头的评定,在使用相同焊接材料的条件下,对该类母材的低组别材料有效。

表 4 同种和异种铝合金接头的认可范围

试验的材料类组	同种接头认可范围类组	异种接头认可范围类组
21-21	21-21	不适用
22.1-22.1	22.1-22.1	22.1-22.2
	22.2-22.2	
22.2-22.2	22.2-22.2	22.1-22.2
	22.1-22.1	
22.3-22.3	22.3-22.3	22.1、22.2、22.3 和 22.4 之间的组合接头
	22.1-22.1	
	22.2-22.2	
	22.4-22.4	
22.4-22.4	22.4-22.4	22.1、22.2、22.3 和 22.4 之间的组合接头
	22.1-22.1	
	22.2-22.2	
	22.3-22.3	
23.1-23.1	23.1-23.1	22.1、22.2[a]、22.3[a] 和 22.4[a] 之间的组合接头
	22.1-22.1	
	22.2-22.2[a]	
	22.3-22.3[a]	
	22.4-22.4[a]	

表 4（续）

试验的材料类组	同种接头认可范围类组	异种接头认可范围类组
23.2-23.2	23.2-23.2	23.2-23.1 22.1、22.2[a]、22.3[a]和 22.4[a]之间的组合接头
	23.1-23.1	
	22.1-22.1	
	22.2-22.2[a]	
	22.3-22.3[a]	
	22.4-22.4[a]	
24.1-24.1	24.1-24.1	不适用
24.2-24.2	24.2-24.2	24.2-24.1 和 24.2-23.1[b]
	24.1-24.1	
	23.1-23.1[b]	
25-25	25-25	25-24.1 25-24.2
	24.1-24.1	
	24.2-24.2	
26-26	26-26	26 与 24.1[c]、24.2[c]或 25[c]的异种铝合金接头
	24.1-24.1[c]	
	24.2-24.2[c]	
	25-25[c]	

注：使用的焊接材料相同，则评定有效。

[a] 使用铝镁焊接材料。
[b] 使用铝硅焊接材料。
[c] 仅对铝合金铸件有效。

7.3.2 母材厚度和管直径

7.3.2.1 概述

公称厚度 t 具有如下含义：

a) 对接焊缝：
为母材厚度，母材厚度不同时为较薄的厚度。

b) 角焊缝：
为认可的母材厚度，母材厚度不同时为较薄的厚度。

表 5 中的每个厚度认可范围，还应符合 7.3.2.3 对角焊缝有效厚度 a 的认可范围要求。

c) 对于骑座式支接管：
为支管的厚度。

d) 对于插入式或全插式支接管：
为主管的厚度。

7.3.2.2 母材厚度的认可范围

表5规定了以厚度 t 进行的焊接工艺评定(单道焊及多道焊)厚度认可范围。

对组合焊的工艺评定,其每种焊接方法的熔敷厚度可用来评定该焊接方法的认可范围。

单道自动焊时,其熔敷厚度即为认可的最大厚度。

表5 板和管的母材厚度认可范围

单位为毫米

试件的厚度(t)	认可范围
$t\leqslant 3$	$0.5t\sim 2t$
$3<t\leqslant 20$	$3\sim 2t$
$t>20$	$\geqslant 0.8t$

7.3.2.3 角焊缝有效厚度的认可范围

在满足表5规定的基础上,还应符合表6关于角焊缝有效厚度的认可要求。

表6 板和管角焊缝有效厚度的认可范围

单位为毫米

试件的角焊缝有效厚度(a)	认可范围
$a<10$	$0.75a\sim 1.5a$
$a\geqslant 10$	$\geqslant 7.5$

采用对接焊缝评定角焊缝时,有效厚度的认可范围应按照熔敷的焊缝金属厚度。

实际产品以角焊缝为主时,可要求附加角焊缝的工艺评定。

7.3.2.4 管及支管直径的认可范围

用直径 D 进行的焊接工艺评定适用于表7给出的范围。

当管子外径大于500 mm,或者在PA或PC转动位置上的管子外径大于150 mm时,板材的评定适用于管子。

表7 管子和支接管直径的认可范围

单位为毫米

试件的直径 D[a]	认可范围
$D\leqslant 25$	$0.5D\sim 2D$
$D>25$	$\geqslant 0.5D$(最小25 mm)
注:对于中空结构,D 为较短边长。	
[a] D 为主管或支管的外径。	

7.3.3 支管的角度

用支管角度 α 进行的工艺评定,在 $\alpha\leqslant\alpha_1\leqslant 90^\circ$ 的条件下,适用于所有的支管角度 α_1。

7.4 焊接工艺通用规则

7.4.1 焊接方法

机械化程度(手工、半机械化、全机械化和自动化)不同的焊接方法应单独评定。

评定仅对焊接工艺评定试验所用的焊接方法有效。

对于包含多种焊接方法的工艺评定而言,可针对每种焊接方法单独评定;也可以采用多种焊接方法焊接一个工艺评定试件进行组合评定。组合评定合格的焊接方法顺序不允许变化,否则需要重新评定。

7.4.2 焊接位置

任一位置(板或管子)上的焊接试验适用于所有位置(板或管子)的焊接,但向下立焊位置(PG)和倾斜45°向下焊位置(J-L045)需要单独评定。

7.4.3 接头种类

表8规定了焊接工艺评定试验所用接头种类的认可范围。表8中横栏为给出的认可范围。

就某种焊接方法而言,不允许将多道焊改为单道焊(或者每面单道焊),反之也不允许。

表8 接头种类的认可范围

焊接工艺评定试件的接头种类			认可范围								
			板对接接头				管对接接头		支接管接头		角焊缝(板、管)
			单面焊		双面焊		单面焊		单面焊	双面焊	
			带衬垫	不带衬垫	清根	不清根	带衬垫	不带衬垫	—	—	—
板对接接头[b]	单面焊	带衬垫	X	—	X	—	X[a]	—	—	X[a]	X
		不带衬垫	X	X	X	X	X[a]	X[a]	X[a]	X[a]	X
	双面焊	清根	X	—	X	—	X[a]	—	—	X[a]	X
		不清根	X	—	X	X	—	—	—	X[a]	X
管对接接头	单面焊	带衬垫	X	—	X	—	X	—	—	X	X
		不带衬垫	X	X	X	X	X	X	X	X	X
支接管接头	单面焊	—	—	—	—	—	—	—	X	X	X
	双面焊	—	—	—	—	—	—	—	—	X	X
角焊缝(板、管)	—	—	—	—	—	—	—		—	—	X

注1:X表示WPS涵盖了这些接头种类。

注2:表示WPS未涵盖这些接头种类。

[a] 板可以认可直径大于500 mm的管子。

[b] 板对接接头认可了T型接头。

7.4.4 焊接材料、型号

铝合金焊丝的认可范围为相关标准(ISO/TR 17671-4)规定的同类铝合金焊丝。

7.4.5 电流种类

认可范围为焊接工艺评定试验所使用的电流种类(交流、直流、脉冲电流)和极性。

7.4.6 热输入

有焊接热输入控制要求时,在焊接热输入超出评定试验热输入值的25%条件下,应重新评定。

7.4.7 预热温度

有预热要求时,认可的下限值就是焊接工艺评定试验开始时的预热温度。

7.4.8 道间温度

认可的上限值就是焊接工艺评定试验中的最高道间温度。

7.4.9 焊后热处理或时效处理

应按照GB/T 16475在pWPS中规定焊后热处理或时效处理(如人工时效、自然时效)。

不允许增加或取消焊后热处理或时效处理。

pWPS规定的热处理温度或时效处理条件为其认可范围。

7.5 不同焊接方法的特殊要求

7.5.1 熔化极惰性气体保护电弧焊(131)

7.5.1.1 保护气体的认可局限于评定所用的气体型号。

7.5.1.2 认可仅局限于焊接工艺评定试验使用的焊丝配置(如:单丝或多丝)。

7.5.2 钨极惰性气体保护电弧焊(141)

7.5.2.1 保护气体及背面气体的认可范围限定于评定试验所用的气体型号。

7.5.3 等离子弧焊(15)

7.5.3.1 认可局限于焊接工艺评定试验所使用的等离子气体组分。

7.5.3.2 保护气体及背面气体的认可范围限定于评定试验所用的气体型号。

8 焊接工艺评定报告(WPQR)

焊接工艺评定报告应完整表述每个试件(包括复试试件)的评定结果。报告应包含GB/T 19867.1中WPS列出的参数,以及按第7章评定的详细情况。焊接工艺评定报告的格式应能够记录焊接工艺过程及试验结果,以便于对数据做统一说明和评定。

当所有试验全部合格时,该试件焊接工艺评定合格。合格的焊接工艺评定报告应由考官或考试机构签字确认。

附录A给出了焊接工艺评定报告的典型示例。

附 录 A
（资料性附录）
焊接工艺评定报告格式（WPQR）

焊接工艺评定—试验报告

制造商的 WPQR 编号：　　　　　　　　考官或考试机构：

制造商：　　　　　　　　　　　　　　代号：

地址：

规程/试验标准：

焊接日期：

认可范围

焊接方法：

接头及焊缝种类：

母材类组和分类组：

母材厚度(mm)：

焊缝厚度(mm)：

单焊道/多焊道：

管子外径(mm)：

焊接材料种类：

保护气体种类、流量：

背面气体种类、流量：

焊接电流种类、极性：

热输入：

焊接位置：

预热温度：

道间温度：

焊后热处理及/或时效处理：

其他信息：

兹证明考试焊缝的制备、焊接及检验符合上述规程/考核标准的要求。

地点：　　　　　　颁发日期：　　　　　　考官或考试机构

姓名、日期及签名

试件焊接记录

地点：
考官或考试机构：
制造商的 pWPS 编号：
制备方法及清理：
制造商的 WPQR 编号：
母材标准及型号：
制造商：
材料厚度(mm)：
焊工姓名：
管子外径(mm)：
焊接方法：
焊接位置：
接头种类：
焊接接头详述(草图)：

接头设计	焊接顺序

焊接详述

焊道	焊接 方法	焊材 规格	电流 A	电压 V	电流种类 /极性	送丝 速度	焊接 速度	热输入

焊接材料型号：
特殊烘干或干燥要求：
气体： 正面：
背面：
气体流量： 正面：
背面：
钨极种类/尺寸：
背面清根/衬垫详述：
预热温度：
道间温度：
焊后热处理及/或时效处理：
(时间、温度、方法、加热及冷却速度)：

其他信息：
摆动(焊道的最大宽度)：
摆动：幅度、频率、停留时间：
脉冲焊接详述：
干伸长度：
等离子焊接详述：
焊枪角度：

制造商
姓名、日期及签名

考官或考试机构
姓名、日期及签名

试验结果

制造商的 WPQR 编号：　　　　　　　　　　考官或考试机构：
代号：

无损检测

种类	合格	不合格	报告编号
外观检测			
渗透/磁粉检测			
射线检测			
超声波检测			

金相试验

种类	合格	不合格	报告编号
宏观检验			
微观检验			

破坏性试验

拉伸试验　是否要求？　是　否　　**试验温度：**

种类/编号	R_e N/mm²	R_m N/mm²	A %	Z %	断裂部位	备注

合格：　不合格：

弯曲试验

种类/编号	弯曲面	弯心直径	结果

合格：　不合格：

其他试验：
备注：

试验按照＿＿＿＿＿＿＿＿标准的要求进行。
试验报告编号：
试验结果符合/不符合：
试验在＿＿＿＿＿＿监督下进行。

考官或考试机构
姓名、日期及签名

附 录 B
（资料性附录）
铝及铝合金材料分类指南

铝材分类指南见表B.1。

表B.1 铝及铝合金的分类

类别	组别	铝及铝合金的种类
21		杂质(或合金含量)的纯铝
22		非热处理铝合金
	22.1	铝锰合金
	22.2	Mg≤1.5%的铝镁合金
	22.3	1.5%<Mg≤1.5%的铝镁合金
	22.4	Mg>3.5%的铝镁合金
23		热处理铝合金
	23.1	Al-Mg-Si 合金
	23.2	Al-Zn-Mg 合金
24		Cu≤1%的 Al-Si 合金
	24.1	Cu≤1%,5%<Si<15%的 Al-Si 合金
	24.2	Cu≤1%,5%<Si<15%,0.1%<Mg<0.80%的 Al-Si 合金
25		5.0%<Si≤14%;1.0%<Cu≤5.0%，Mg≤0.8%的 Al-Si-Cu 合金
	26	2.0%<Cu≤6.0%的 Al-Cu 合金
注：21、22、23 一般为锻材，24、25、26 为铸造材料。		

ICS 25.160.10
J 33

中华人民共和国国家标准

GB/T 22086—2008

铝及铝合金弧焊推荐工艺

Recommendations for welding of aluminium and aluminim alloys

(ISO/TR 17671-4:2002,Welding—Recommendations for welding of metallic materials—Part 4:Arc welding of aluminium and aluminium alloys,MOD)

2008-06-26 发布　　2009-01-01 实施

中华人民共和国国家质量监督检验检疫总局
中国国家标准化管理委员会　发布

前　言

本标准修改采用 ISO/TR 17671-4:2002《焊接　金属材料焊接推荐工艺　第 4 部分:铝及铝合金的弧焊》(英文版)。

本标准根据 ISO/TR 17671-4:2002 重新起草。本标准与 ISO/TR 17671-4:2002 相比,技术内容修改如下:

——增加了附录 A(资料性附录),用于说明铝及铝合金合金母材的类组划分,并将原标准附录 A 改为附录 B,附录 B 改为附录 C。

为了便于使用,本部分做了下列编辑性修改:

——删除了国际标准的前言;

——将标准名称改为"铝及铝合金弧焊推荐工艺";

——对 ISO/TR 17671-4:2002 中引用的其他国际标准,有被等同采用为我国标准的用我国标准代替对应的国际标准,未被等同采用为我国标准的直接引用国际标准;

——删除了规范性引用文件中的欧洲铝及铝合金母材标准。

本标准附录 A、附录 B、附录 C 为资料性附录。

本标准由全国焊接标准化技术委员会提出并归口。

本标准起草单位:长春轨道客车股份有限公司。

本标准主要起草人:宫文彪、王炎金、刘俊峰、陈永刚、劭力、王俊玖。

铝及铝合金弧焊推荐工艺

1 范围

本标准规定了铝及铝合金弧焊的推荐方法及工艺。

本标准适用于铝及铝合金材料的焊接。

2 规范性引用文件

下列文件中的条款通过本标准的引用而成为本标准的条款。凡是注日期的引用文件，其随后所有的修改单(不包括勘误的内容)或修订版均不适用于本标准，然而，鼓励根据本标准达成协议的各方研究是否可使用这些文件的最新版本。凡是不注日期的引用文件，其最新版本适用于本标准。

GB/T 985.3 铝及铝合金气体保护焊的推荐坡口(GB/T 985.3—2008，ISO 9692-3:2000，MOD)

GB/T 5185 焊接及相关工艺方法代号(GB/T 5185—2005，ISO 4063:1998，IDT)

GB/T 6417.1 金属熔化焊接头缺欠分类及说明(GB/T 6417.1—2005，ISO 6520-1:1998，IDT)

GB/T 16672—1996 焊缝 工作位置 倾角和转角的定义(idt ISO 6947:1993)

GB/T 18591—2001 焊接 预热温度、道间温度及预热维持温度的测量指南(ISO 13916:1996，IDT)

GB/T 22087 铝及铝合金弧焊接头 缺欠质量分级指南(GB/T 22087—2008，ISO 10042:2005，IDT)

ISO/TR 15608 焊接 金属材料分类体系指南

3 母材

3.1 概述

用于焊接的铝及铝合金母材应符合附录A的要求，此外，还应结合具体焊接条件，对母材规定特殊要求(包括化学成分、力学性能、表面光洁要求等)。

焊接永久性或临时性附加物(如加工工艺梁/定位板、引弧板和收弧板等)应与母材相匹配。

3.2 储存及保管

为防止腐蚀或污染，铝及铝合金储存时应避免与碳钢、铜等材料接触，并做清晰的标记。

4 影响焊接结构及构件性能的因素

附录B列出了因焊接可能产生的不利因素，这些因素仅限于一般的铝及铝合金冶金技术方面，同时也列出了其形成原因及解决措施。

在焊接结构的设计过程中，应考虑焊接对热影响区和焊缝性能的影响，热影响区和焊缝的力学性能一般低于母材。

在操作时，更应注意避免出现任何设计以外的热影响区，诸如临时附件的焊接、电弧擦伤等。

5 弧焊方法

焊接铝及铝合金时，可以采用如下焊接方法(焊接方法代号参见GB/T 5185)：

——131 熔化极惰性气体保护焊(MIG)；

——141 钨极惰性气体保护焊(TIG)；

——15 等离子弧焊。

也可考虑采用其他焊接方法(如激光焊、激光-MIG 复合焊、冷丝焊等)。

6 焊接材料

6.1 填充金属

填充金属(焊条或焊丝等)应与母材相匹配,参见附录 C。

填充金属应按相关标准或供应商推荐要求,储存在原包装内,置于在各种气候下能保持干燥的环境中。

在车间和生产现场拆开包装但未使用完的焊接材料应作标识,并作适当包装,妥善保管,以免混用、受潮或污染。

6.2 保护气体

铝及铝合金焊接通常采用氩气作为保护气体,也可以采用氦气、氦氩混合气体、氦氩氮混合气体保护以改善熔深、提高焊接速度、减少焊接缺欠。

保护气体应按照气体标准或相关的规程选择使用。

7 设备

铝及铝合金焊接所采用的设备应定期维护保养,确保其处于正常的状态。焊接回路部分的导线规格应大于或等于引出部分的导线规格。

8 接头形式

8.1 通则

铝及铝合金焊接的推荐坡口参见 GB/T 985.3,坡口间隙过大可能导致缺欠产生(诸如烧穿、变形等),因此,应尽量采用最小的间隙。

8.2 对接接头

8.2.1 通则

对接接头包括板对接、管对接和管-板对接要求焊透(包括 T 型接头在内)的接头。

8.2.2 完全熔透

8.2.2.1 单面焊

可采用如下方法焊接:

a) 不带衬垫;

b) 带临时衬垫;

c) 带永久衬垫;

d) 其他合适的方法。

8.2.2.2 双面焊

可采用如下方法焊接:

a) 第一面焊完后,再焊第二面;

b) 两面交替焊接,最后以两面对称的顺序完成焊接,这种方法变形量最小;

c) 先在背面施焊打底焊焊道(相当于衬垫),然后在正面清根,焊接;

d) 其他合适的方法。

8.2.3 部分熔透

8.2.3.1 单面焊

可采用如下方法焊接:

a) 焊至规定的熔深,但不焊透至另一面;

b) 其他合适的方法。

8.2.3.2 双面焊

可采用如下方法焊接：

a) 从一面焊至要求的熔深，然后从另一面焊至要求的熔深；

b) 从两面进行部分焊接，再以对称的次序焊至要求的熔深，这种方法变形量最小；

c) 从一面焊至要求的熔深，然后从另一面焊接密封焊道来完成焊接过程；

d) 其他合适的方法。

8.3 角焊缝

连接面的根部间隙要尽可能的小。

9 衬垫材料

9.1 永久衬垫材料

永久衬垫的材料型号参见附录A。

9.2 临时衬垫材料

临时衬垫可采用不锈钢、铜或陶瓷材料。但应注意防止铜或其他材料粘着或衬垫过热。采用不锈钢做衬垫时，仅考虑采用奥氏体不锈钢。

10 支管连接

10.1 通则

这种类型的接头一般用在圆形（或椭圆形）管的完全熔透焊缝和/或非完全熔透焊缝。所有的这些管连接的细节内容（例如：接头形式、构件之间的角度、坡口角、根部间隙等）应合理安排，以便采用合适的焊接工艺。

10.2 对接接头

由于支管连接的特点，支管接头通常为不同几何形状的单面坡口，坡口形状取决于主管和支管的尺寸及组对角度。是否采用衬垫应按工艺选择。

焊接骑座式支管接头时，应考虑保证整个支管上的焊缝厚度（或者设计图样规定的尺寸）；焊接插入式（或穿透式）支管接头时，应保证焊缝厚度不小于主管壁厚。

10.3 角接接头

支管连接处应该采用角焊缝，以使得整个接头尺寸满足设计要求。主管和支管的连接面尽量紧密结合、减少间隙，以免出现诸如烧穿和气孔过多等有害现象。

11 清根

对于完全熔透的双面对接焊，打底焊的背面焊缝需要清根。

清根推荐采用铣、刨等机械加工方法。加工时应采用非油质性润滑剂。如果采用打磨方法，砂轮应该为铝合金的专用类型。清根后应保证待焊部位清洁，无缺欠。

12 焊接坡口

坡口应采用机械方法，或采用激光、等离子、水射流或其他合适的方法加工。

当切割对相邻区域的性能产生有害影响时，应去除切割后的受损材料。切割之后首先应检查并确认切割面无裂纹。

为了避免对焊缝的不利影响，坡口表面和边缘应适合焊接工艺要求。坡口应当无裂纹、划痕，且干燥、无氧化、油污、油脂、油漆及水分等。在组对和焊接之前，坡口的熔化面及临近区域表面应该去油污和氧化层。为了避免再次污染及氧化，清理与焊接的间隔时间应尽可能短。

使用溶剂或其他方法去除油污后应采用机械方法去除表面的氧化层。去油污的化学试剂也可能会去除原始的表面氧化层。

13 焊接位置

焊接铝及铝合金时，尽量采用PA、PB焊接位置，但因条件限制也可采用PC、PD、PE和PF位置。焊接位置参见GB/T 16672。

14 错边

应按照GB/T 22087的相应质量等级控制错边，必要时，可确定更严格的限值要求。

15 预热温度及道间温度

表1推荐了各类铝合金的焊接预热温度及道间温度。此外，预热时间也应做适当控制，以免产生不利影响。

表1 推荐的预热温度和道间温度

母材	预热温度/℃	道间温度/℃
非热处理强化铝合金 1××× 3××× 5××× AlSi铸件 AlMg铸件	≤120[a]	≤120[a]
热处理强化铝合金 6××× AlSiMg铸件 AlSiCu铸件	≤120[a]	≤100
7×××	≤100[a]	≤80

注1：表中温度值仅为指南。这些数值可以经合同双方协商修改，并在焊接工艺规程中说明。

注2：Mg＞3.5%的合金组22.4(5×××)和合金组23.2(7×××)，在某些使用环境下会出现相析出，这些析出会增加剥落腐蚀和应力腐蚀裂纹敏感性。

[a] 延长加热时间会导致加工硬化铝合金发生局部退火，也会使可热处理强化铝合金产生过时效。

预热温度和道间温度的测量应参照GB/T 18591—2001的有关规定。

16 其他要求

16.1 焊道间的清理

每一焊道表面在施焊下一焊道之前，应使用不锈钢丝刷(或采用其他机械方法)清理。

16.2 检查

焊缝在被检之前，建议不要在其上画粉笔、涂漆或做其他类似的处理。

16.3 质量等级及不符合项纠正

焊接缺欠的验收等级应按照GB/T 22087(或者产品设计规范)的要求确定。缺陷的修复及不符合项的纠正应按照有关程序进行，并保持其可追溯性。

附 录 A
(资料性附录)
铝及铝合金母材的分类说明

根据ISO/TR 15608的铝及铝合金分类见表A.1。

表A.1 铝及铝合金母材的分类

类别	组别	主 要 成 分
21		杂质(或合金含量)≤1%的纯铝
22		非热处理强化铝合金
	22.1	铝锰合金
	22.2	Mg≤1.5%的铝镁合金
	22.3	1.5%<Mg≤3.5%的铝镁合金
	22.4	Mg>3.5%的铝镁合金
23		热处理强化铝合金
	23.1	Al-Mg-Si合金
	23.2	Al-Zn-Mg合金
24		Cu≤1%的Al-Si合金
	24.1	Cu≤1%,5%<Si<15%的Al-Si合金
	24.2	Cu≤1%,5%<Si<15%,0.1%<Mg<0.80%的Al-Si-Mg合金
25		5.0%<Si≤14%;1.0%<Cu≤5.0%,Mg≤0.8%的Al-Si-Cu合金
26		2.0%<Cu≤6.0%的Al-Cu合金
注:21、22、23一般为锻件,24、25、26为铸件。		

附 录 B
（资料性附录）
缺欠的产生及防止

虽然通过选择正确的工艺和焊接材料，可以比较容易地焊接多数铝及铝合金，但是在某些环境下，还可能出现某些缺欠。缺欠的出现可能是由于焊接材料的选取、焊接工艺参数的选择或者是母材/焊接材料结合的冶金效果造成。因而，可以通过选择合适的焊接参数或焊接材料减少或消除这些缺欠。表B.1给出了铝合金焊接常见的典型缺欠、产生原因及其防止措施。在安全要求较高的动载结构中，特别需要防止产生这些缺欠。

就焊缝质量而言，设计不足对焊缝的正常使用会带来不利影响。这些不利影响可能包括由于材料厚度不均匀导致的应力集中、由于接头过密和接近产生较高的残余应力。

对于加工硬化铝合金或可热处理强化铝合金而言，进行设计计算时，应该考虑焊接热影响区力学性能下降这一因素。但是，在焊接过程中还是应注意避免热输入过高导致热影响区软化区范围扩大。

保持焊枪和工件间正确的角度和距离也可以防止一些有害缺欠。送丝装置使用的材料应该与焊丝相匹配以避免污染和损坏焊丝。铝合金焊接使用的焊枪、电缆和导线，体积大且不容易在狭窄空间内操作，焊接结构设计人员就要考虑给焊枪和焊工足够的空间来进行所有接头的焊接。在某些场合，只能采用合适的坡口（带永久衬垫或临时衬垫）进行单面焊。

表 B.1 缺欠的产生及防止

缺 欠	主 要 原 因	防 止 措 施
气孔 例如： 线状气孔（2014）或团状气孔群（2013）	有污迹的焊丝。 焊丝表面潮湿。	改善焊丝清洁度，存储于工作区域露点以上的清洁环境中。
	焊缝区有油污。 连接表面潮湿。	焊接前清洁和干燥焊缝区，如：预热、焊前确保材料处于室温。
	焊丝/或母材含氢量过高。	如有必要，联系焊丝或母材的供应商或生产商解决。
	接头间隙过小。	改善焊接间隙，促进气体从熔池逸出。
	不合适的焊接位置PC、PD、PE、PG。	焊接位置尽可能采用PA、PB。
	气体析出时间太短。	提高热输入量或预热，改变焊缝前处理工艺。
	由于冷却水或气体供应系统泄漏，造成保护气体不纯。	消除泄漏现象。
	由于湿气侵入，造成保护气体不纯。 不合适的软管质量。	气体按相关标准或技术要求确定采用。确保软管质量，更换损坏的软管，软管应尽量短，尽可能采用铝合金专用软管。
	保护气流速太大或太小产生非层流气流。	采用合适的气体流量，避免紊流和空气卷入。
	电弧电压太高。	改善峰值电弧电压。
	焊枪角度太小	使用正确的焊枪角度

表 B.1（续）

缺　　欠	主 要 原 因	防 止 措 施
氧化夹杂物(303)	由于焊接中断或不充足的保护气流，使氧侵入电弧或熔池内导致氧化物形成。 焊缝区或前一道焊缝清理不彻底。 预热火焰含过多氧气。 TIG 焊添丝操作不正确	见气孔部分要求。 采用合适的气体流量，避免空气进入。 确保焊缝区域和前一道焊缝的清洁度。改善电弧条件。 可采用中性火焰。 不要将焊丝从保护气中移出
裂纹(100) 凝固裂纹 例:热裂纹(104) 例:液化裂纹	焊缝中存在低熔点共晶体。 内应力。 HAZ 晶界析出的低熔点共晶体	选择能确保焊接性能的填充材料。 使用收弧板，将收弧结束于工件之外，或收弧时采用适当的操作措施填满弧坑。 选择合适的焊接顺序可降低内应力和变形。 降低热输入和层间温度。 通过采用单道焊焊接技术降低裂纹敏感性。 降低内应力。 选择适合的焊丝(例如:4××× 系列)
金属夹杂(304) 钨夹杂(3041)	钨夹杂(TIG:141 和等离子弧焊:15)是由于焊接电流过高或在焊接过程中钨极接触到了熔池	根据钨极的类型和直径选择合适的焊接电流。 不要将钨极侵入到熔池中
铜夹杂(3042)	铜夹杂(MIG:131):由于焊嘴过热或熔断。 来自铜制衬垫	选择适合的焊炬和焊嘴。 采用短弧焊接。 如果必要，可用不锈钢、铝合金或陶瓷代替铜作为熔池衬垫
注：缺欠代号参见 GB/T 6417.1。		

附 录 C
（资料性附录）
焊接材料的选择建议

C.1 填充金属

选择焊丝通常基于以下几方面因素：

——与母材的化学成分相兼容，例如：焊接裂纹倾向；

——焊缝力学性能要求（需要将焊接热影响区和焊缝金属性能统一计算）；

——焊接部件或构件的后续处理，例如表面处理，阳极氧化和装饰抛光；

——焊缝要求的抗腐蚀能力；

——最佳焊接性。

最终的选择将根据产品实际需要，在上述几方面做综合平衡。

表 C.1 提供了各类铝及铝合金焊丝的相关信息。表 C.2 推荐了若干条件下铝及铝合金焊丝的选择建议。

表 C.1 铝及铝合金焊丝

类别	型号	化学成分代号	备注
1×××	SAL1450 SAL1080A	A199.5Ti A199.8	Ti 通过晶界强化降低了焊缝金属的裂纹倾向
3×××	SAL3103	AlMn1	
4×××	SAL4043A SAL4046 SAL4047A SAL4018	AlSi5 AlSi10Mg AlSi12(A) AlSi7Mg	4×××类焊丝在阳极氧化或暴露于空气中时会变成暗灰色，其强度会随 Si 的增加而提高。该种焊丝焊接后的焊缝颜色和铸造铝合金母材不搭配。 这种合金专门应用在预防由于高稀释及高收缩而形成的凝固裂纹
5×××	SAL5249 SAL5754	AlMg2Mn0.8Zr AlMg3	当良好抗腐蚀性和颜色匹配是重要要求时，焊丝的 Mg 含量必须和母材搭配。 当焊缝金属的高屈服点和高断裂强度是重要要求时，应使用含 Mg 量为 4.5%～5%的焊丝。
	SAL5556A SAL5183 SAL5087 SAL5356	AlMg5.2Mn AlMg4.5Mn0.7(A) AlMg4.5MnZr AlMg5Cr(A)	Cr 和 Zr 通过晶界强化降低了焊缝金属的裂纹倾向。 Zr 降低热裂倾向

表 C.2　焊丝选择

母材									
Al	4 1 4								
AlMn	4 或 5 1 4	3 或 4 3 4							
AlMg <1%[a]	4 或 5 1 4	4 4 4	4 4 4						
AlMg 3%	4 或 5 5[b] 4 或 5	5 5[b] 或 3 4	5 5[b] 4	5 5[b] 5					
AlMg 5%[c]	5 5 5	5 5 5	5 5 5	5 5 5	5 5 5				
AlMgSi[d]	4 或 5 5 4	4 或 5 5 4	4 或 5 5 4	5 5 4	5 5 4	5 或 4 5 4			
AlZnMg	5 5 5	5 5 5	5 5 5	5 5 5	5 5 5	5 5 5	5 5 5		
AlSiCu <1%[e,f]	4 4 4	4 4 4	4 4 4	4 4 4	4 4 4	4 4 4	4 4 4	4 4 4	
AlSiMg[e]	4 4 4	4 4 4	4 4 4	4 4 4	4 4 4	4 4 4	4 4 4	4 4 4	4 4 4

表 C.2(续)

AlSiCu[e,f]	4 4 4	4 4 4	4 4 4	4 4 4	4 4 4	4 4 4	4 4 4	4 4 4	4 4 4	4 4 4	
AlCu[c]	Nr[g]	Nr[g]	Nr[g]	Nr[g]	Nr[g]	4 4 4	4 4 4	4 4 4	4 4 4	4 4 4	Nr[g] Nr[g] 4
母材	Al	AlMn	AlMg <1%	AlMg 3%	AlMg 5%	AlMgSi	AlZnMg	AlSiCu <1%	AlSiMg	AlSiCu	AlCu

注1：当母材含 Mg≥2%时，使用型号为 AlSi5 或 AlSi10 的焊丝焊接时(或当母材含 Si≥2%，使用型号为 AlMg5 的焊丝焊接时)，过多的 Mg2Si 相会在焊接熔合线处沉淀析出，从而使焊缝产生脆化现象。这种母材和焊丝的组合不推荐在承受动载荷或冲击载荷的结构使用。如果这种搭配不可避免，应该使用 AlMg5 或 AlSi5 型焊丝。

注2：表中母材取决于化学成分，而与材料形式无关。

注3：每栏焊丝类别的选择出于如下考虑：

第一行：最佳力学性能；

第二行：最佳耐腐蚀性能；

第三行：最佳焊接性能。

a 在无焊丝焊接的条件下，这种合金极易形成凝固裂纹。这种情况下，可通过压紧夹具或在熔池内提高 Mg 含量为 3%以上的方法来预防。

b 表 B.1 中的 5×××类焊丝在 Mg≤3%时具有较好的抗晶间腐蚀和/或应力腐蚀能，在有潜在晶间腐蚀和/或应力腐蚀的环境中，焊丝金属中 Mg 含量应等于或不明显超过母材的 Mg 含量。

c 在确定的环境条件下，如温度范围≥65 ℃，含 Mg>3%的铝合金可能易产生晶间腐蚀和/或应力腐蚀。这种易腐蚀性随含 Mg 量和/或冷作硬化程度的提高而升高。应该考虑到这种焊缝稀释带来的耐腐蚀性能降低的影响。

d 这类合金不推荐采用不填充焊丝的自熔焊(如 TIG 焊)，因为这样易形成凝固裂纹。

e 焊丝中 Si 含量的选择应该与铸态母材金属严格搭配。

f 当铸造铝合金为压铸件时，由于气体含量较高而不适合焊接。

g 不推荐，与母材金属不匹配。

C.2 保护气体

当进行铝及铝合金焊接时，焊接保护气体的选择对其生产效率和最终焊缝质量都有着重要影响。

由于铝及铝合金对气体的敏感性，特别是氢和氧，因此应当采用诸如氩和氦做保护气体。

虽然氩气是铝及铝合金焊接时广泛使用的保护气体，但是使用氦气、氦氩混合气体、氦氩氮混合气体也有如下优点(纯氦气只限于直流的 TIG 焊中)：

——增加熔深和改善焊缝成形；

——提高焊接速度；

——可焊接厚度范围大；

——降低预热温度；

——减少诸如气孔等焊接缺陷。

当提高氦氩混合气体中氦的含量时，焊缝熔深将会增加、变宽，焊缝余高将会降低。

对于任何厚度的材料，都可以通过向氩气中添加氦气来提高焊接速度。这是由于氦从电弧中导热的能力要高于氩。提高焊接速度也可以减小焊接热影响区的尺寸。

使用含氦较高的混合气所产生的高热量输入促进了对较厚工件的焊接。然而，除了自动焊以外，高氦含量的混合气通常不推荐使用在厚度小于 3 mm 的材料上。

使用含氦的混合气所产生的附加热量集中也可以减少诸如气孔和未熔合等缺陷的产生。

ICS 25.160.20
J 33

中华人民共和国国家标准

GB/T 25776—2010

焊接材料焊接工艺性能评定方法

Qualification methods of welding procedure for welding consumables

2010-12-23 发布 2011-06-01 实施

中华人民共和国国家质量监督检验检疫总局
中国国家标准化管理委员会 发布

前　言

本标准由全国焊接标准化技术委员会(SAC/TC 55)提出并归口。

本标准起草单位:哈尔滨焊接研究所、常州华通焊丝有限公司、四川大西洋焊接材料股份有限公司、天津市金桥焊材集团有限公司、北京金威焊材有限公司、建德市新安江电焊条厂。

本标准起草人:储继君、李振华、李春范、陈义岗、侯永泰、崔晓东、洪韬。

焊接材料焊接工艺性能评定方法

1 范围

本标准规定了焊接材料的电弧稳定性、脱渣性、再引弧性能、飞溅率、熔化系数、熔敷效率及焊接发尘量等焊接工艺性能的评定方法。

本标准适用于焊条电弧焊、熔化极气体保护电弧焊、药芯焊丝电弧焊等焊接用钢、镍及镍合金、铜及铜合金、铝及铝合金等焊接材料的焊接工艺性能评定。

2 术语和定义

下列术语和定义适用于本标准。

2.1

交流电弧稳定性 AC arc stability

采用交流焊接电源施焊时，电弧保持稳定燃烧的程度。

2.2

脱渣性 detachability

渣壳从焊缝表面脱落的难易程度。

2.3

再引弧性能 reignition capability

焊接一段时间停弧后，重新引燃电弧的能力。

2.4

飞溅率 spatter loss rate

飞溅损失的量与熔化的焊丝(或焊条)量的百分比。

2.5

熔化系数 melting coefficient

熔焊过程中，单位电流、单位时间内，焊芯(或焊丝)的熔化量[g/(A·h)]。

2.6

熔敷效率 deposition efficiency

熔敷金属量与熔化的填充金属(焊芯或焊丝)量的百分比。

2.7

焊接发尘量 total amount of weld fumes

焊接时，单位质量的焊接材料(焊条或焊丝)所产生的烟尘量[g/kg]。

3 评定方法

3.1 一般原则

在评定中如无特殊要求，焊接电流采用制造厂推荐的最大电流的90%，交直流两用的焊接材料采用交流施焊，焊接电压和烘干等规范采用制造厂推荐规范。除镍、铜、铝采用相应的试板外，其他焊接材料采用与其熔敷金属化学成分相当的试板或碳含量不超过0.2%的碳锰焊接结构钢，试板的表面应经打磨或机械加工，以去除油污、氧化皮等。

电弧稳定性、熔化系数、熔敷效率等项目也可采用相应仪器进行评定。

3.2 电焊条评定方法

3.2.1 交流电弧稳定性

试验应采用交流焊接电源，在尺寸为 400 mm×100 mm×(12～20)mm 的试板上施焊一条焊道，焊条的剩余长度约为 50 mm。在施焊过程中，观察灭弧、喘息次数。每种焊条测定三根，取其算术平均值。

3.2.2 脱渣性

试验在单块尺寸为 400 mm×100 mm×(14～16)mm 的两块试板对接坡口内焊接，焊前点焊固定试板，直径不大于 ϕ5.0 mm 的焊条坡口角度为 70°±1°，直径大于 ϕ5.0 mm 的焊条坡口角度为 90°±1°，钝边为 1 mm～3 mm，不留根部间隙。

焊接时采用单道焊，焊条不摆动，焊道长度和熔化焊条长度比值约为 1∶1.3，焊条的剩余长度约 50 mm。试板焊接后，立即将焊道朝下水平置于锤击平台上，保证落球锤击在试板中心位置。将质量为 2 kg 的铁球置于 1.3 m 高的支架上。焊后 1 min，使铁球从固定的落点，以初速度为零的自由落体状态锤击试板中心。

酸性焊条连续锤击三次，碱性焊条连续锤击五次，按公式(1)计算脱渣率。每种焊条测定两次，取其算术平均值。

$$D=\frac{l_0-l}{l_0}\times 100\% \qquad \cdots\cdots(1)$$

式中：

D——脱渣率；

l_0——焊道总长度，单位为毫米(mm)；

l——未脱渣总长度，单位为毫米(mm)。

其中，未脱渣总长度 l 按公式(2)计算。

$$l=l_1+l_2+0.2\times l_3 \qquad \cdots\cdots(2)$$

式中：

l——未脱渣总长度，单位为毫米(mm)；

l_1——未脱渣长度[1]，单位为毫米(mm)；

l_2——严重粘渣长度[2]，单位为毫米(mm)；

l_3——轻微粘渣长度[3]，单位为毫米(mm)。

3.2.3 再引弧性能

试验前，准备尺寸为 400 mm×100 mm×(12～20)mm 的施焊试板和尺寸为 200 mm×100 mm×(12～20)mm 的再引弧试板，再引弧试板必须无氧化皮和锈蚀，平整光洁与导线接触良好。

焊条在施焊板上焊接 15 s 停弧，停弧至规定的“间隔”时间后，在再引弧板上进行再引弧。再引弧时以焊条熔化端与钢板垂直接触，不做敲击动作，不得破坏焊条套筒。

同一“间隔”时间用三根焊条分别进行，每次再引弧前均须焊接 15 s。三根焊条中有两根以上出现电弧闪光或短路状态即判定为通过，另换一组焊条进行下一“间隔”时间的判定。

酸性焊条“间隔”时间从 5 s 起，碱性焊条从 1 s 起。

3.2.4 飞溅率

将尺寸为 300 mm×50 mm×20 mm 的试板立放在厚度大于 3 mm 的紫铜板上，在紫铜板上放置

---

1) 未脱渣——渣完全未脱，呈焊后原始状态。

2) 严重粘渣——渣表面脱落，仍有薄渣层，不露焊道金属表面。

3) 轻微粘渣——焊道侧面有粘渣，焊道部分露出焊道金属或渣表面脱落，断续地露出焊道金属。

一个用约 1 mm 厚的紫铜薄板围成的高 400 mm 的圆筒，其周长为 1 500 mm～2 000 mm，以防止飞溅物散失。

试验在圆筒内进行，焊条熔化至剩余长度约 50 mm 处灭弧。每组试验取三根焊条，分别在三块试板上施焊。焊前称量焊条质量，焊后称量焊条头和飞溅物的质量，称量精确至 0.01 g，按公式(3)计算飞溅率。

$$S=\frac{m}{m_1-m_2}\times 100\% \qquad \cdots\cdots(3)$$

式中：

S——飞溅率；

m——飞溅物总质量，单位为克(g)；

m_1——焊条总质量，单位为克(g)；

m_2——焊条头总质量，单位为克(g)。

3.2.5 熔化系数

试板尺寸为 300 mm×50 mm×20 mm。每组试验取三根焊条，分别在三块试板上施焊，焊条剩余长度约为 50 mm。焊前测量焊条长度，焊接时准确记录焊接电流和焊接时间。焊后将剩余焊条去掉药皮，用细砂纸磨光，测量焊后焊芯长度，称量焊后焊芯质量，称量精确至 0.1 g，按公式(4)计算熔化系数。

$$M=\frac{m_1-m_2}{I\times t} \qquad \cdots\cdots(4)$$

式中：

M——熔化系数；

m_1——焊前焊芯的总质量，单位为克(g)；

m_2——焊后焊芯的总质量，单位为克(g)；

I——焊接电流，单位为安培(A)；

t——焊接时间，单位为小时(h)。

其中，焊前焊芯的总质量 m_1 按公式(5)计算。

$$m_1=\frac{l_0\times m_2}{l} \qquad \cdots\cdots(5)$$

式中：

m_1——焊前焊芯的总质量，单位为克(g)；

l_0——焊条总长度，单位为毫米(mm)；

m_2——焊后焊芯的总质量，单位为克(g)；

l——焊后焊芯总长度，单位为毫米(mm)。

3.2.6 熔敷效率

每组试验取三根焊条，分别在尺寸为 300 mm×50 mm×20 mm 的三块试板上施焊，焊条剩余长度约 50 mm。焊前测量焊条长度和称量试板质量，焊后再称量试板质量，称量精确至 0.1 g。焊后将剩余焊条去掉药皮，用细砂纸磨光，测量焊后焊芯长度和称量质量，称量精确至 0.1 g。按公式(6)计算熔敷效率。

$$E=\frac{m_1}{m_2}\times 100\% \qquad \cdots\cdots(6)$$

式中：

E——熔敷效率；

m_1——焊条熔敷金属总质量，单位为克(g)；

m_2——熔化焊芯的总质量，单位为克(g)。

其中，焊条熔敷金属总质量 m_1 按公式(7)计算。

$$m_1 = m_4 - m_3 \qquad \cdots\cdots(7)$$

式中：

m_1——焊条熔敷金属总质量，单位为克(g)；

m_4——焊后试板总质量，单位为克(g)；

m_3——焊前试板总质量，单位为克(g)。

熔化焊芯的总质量 m_2 按公式(8)计算。

$$m_2 = \frac{l_0 - l}{l} \times m_5 \qquad \cdots\cdots(8)$$

式中：

m_2——熔化焊芯的总质量，单位为克(g)；

l_0——焊条总长度，单位为毫米(mm)；

l——焊后焊芯总长度，单位为毫米(mm)；

m_5——焊后焊芯的总质量，单位为克(g)。

3.2.7　焊接发尘量

3.2.7.1　焊条焊接发尘量采用抽气捕集法进行测定。试验装置为一个直径约 500 mm，高约 600 mm，体积约 0.12 m^3 的半封闭容器，其示意图见图 1。

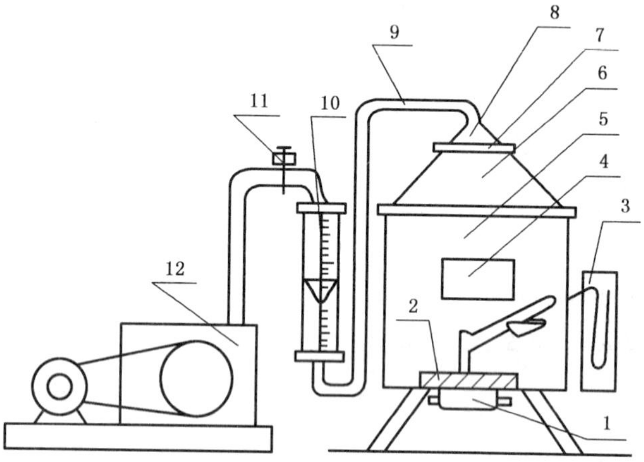

1——冷却水；

2——试板；

3——U 型水压计；

4——观察孔；

5——筒体；

6——大锥体；

7——滤纸和铜网；

8——小锥体；

9——胶管；

10——流量计；

11——二通活塞；

12——真空泵。

图 1　焊接发尘量试验装置示意图

3.2.7.2　试板尺寸为 300 mm×200 mm×(12～20)mm。每组试验采用三根焊条，试验前称量三根焊条的质量，精确至 0.1 g。将三张慢速定量滤纸及装有约 5 g 脱脂棉的纸袋同时放入干燥皿中干燥 2 h 以上，然后分别迅速用 1/10 000 分析天平称量质量。试验前擦净测尘装置的筒体和大小锥体的内壁，然后用吹风机吹干。

3.2.7.3 将试板及焊条放在筒体内，然后将一张滤纸放在小锥体开口处的铜网下面并紧固大小锥体。接通冷却水，开动真空泵，打开二通活塞，抽气量调节到 5 m^3/h，观察 U 型水压计的水压差是否正常，筒体内应为负压，然后进行施焊。焊接时，焊条应尽量垂直不摆动，两个焊道相距 10 mm 以上，焊条剩余长度约 50 mm。停焊后继续抽气 5 min，关闭二通活塞，打开小锥体取下集尘滤纸折叠后单独放在小纸袋中保存。用称过质量的少量脱脂棉擦净小锥体内壁的尘，将带尘的棉花放回原处。

3.2.7.4 重复上述操作，焊完三根焊条后打开大小锥体帽，用剩余的脱脂棉擦净大筒体和大小锥体内壁上的尘，将带尘的棉花放回原处。为了避免混入飞溅颗粒，大筒体下部 180 mm 处以下不擦。

3.2.7.5 将带尘脱脂棉及滤纸一同放入干燥皿中，干燥时间与称量原始质量前的干燥时间相同，然后进行第二次称重，并称量三根焊条头的总质量。按公式(9)计算焊接发尘量。

$$F=\frac{\Delta g_1+\Delta g_2}{\Delta g_3}\times 1\,000 \qquad \cdots\cdots(9)$$

式中：

F——焊接发尘量；

Δg_1——三张滤纸集尘前后质量差，单位为克(g)；

Δg_2——棉花集尘前后质量差，单位为克(g)；

Δg_3——三根焊条焊接前后质量差，单位为克(g)。

3.3 其他焊接材料评定方法

其他焊接材料焊接工艺性能的评定，可参照上述电焊条焊接工艺性能的评定方法进行。

4 评定记录

评定记录应包括以下内容：

a) 试板和焊接材料
- ——试板材料；
- ——试板尺寸；
- ——焊接材料型号、牌号；
- ——焊接材料的批号或炉号；
- ——焊接材料尺寸；
- ——焊接材料的烘干规范(如需要)。

b) 采用的焊接条件
- ——焊接方法；
- ——焊接电源；
- ——电流类型和极性；
- ——焊接电流(送丝速度)、焊接电压和焊接速度；
- ——电源空载电压(如需要)；
- ——干伸长；
- ——保护气类型和流量。

c) 与本标准规定不一致的情况。

d) 试验结果
- ——原始数据；
- ——测试结果。

ICS 25.160.10
J 33

GB

中华人民共和国国家标准

GB/T 29710—2013

电子束及激光焊接工艺评定试验方法

Electron and laser beam welding procedure test method

(ISO 15614-11:2002,Specification and qualification of welding procedures for materials—Welding procedure test—Part 11:Electron and laser beam welding,MOD)

2013-09-18 发布 2014-06-01 实施

中华人民共和国国家质量监督检验检疫总局
中国国家标准化管理委员会 发布

前　　言

本标准按照 GB/T 1.1—2009 给出的规则起草。

本标准使用重新起草法修改采用 ISO 15614-11:2002《金属材料焊接工艺规程及评定　焊接工艺评定试验　第 11 部分:电子束及激光焊接》(英文版)。

本标准与 ISO 15614-11:2002 的技术性差异及其原因如下:

——关于规范性引用文件,本标准做了具有技术性差异的调整,以适应我国的技术条件。调整的情况集中反映在第 2 章"规范性引用文件"中,具体调整如下:

- 将 ISO 15614-11:2002 中引用的国际标准和欧洲标准,用我国对应的标准代替;
- 增加引用了 JB/T 6061—2007 和 JB/T 6062—2007(见第 7 章)。

本标准还作了下列编辑性修改:

——删除了国际标准的前言;

——对附录 A 中的"焊接工艺评定报告"的格式和内容做了部分调整。

本标准由全国焊接标准化技术委员会(SAC/TC 55)提出并归口。

本标准起草单位:哈尔滨焊接研究所、哈尔滨焊接技术培训中心、上海市特种设备监督检验技术研究院。

本标准主要起草人:朴东光、王克楠、顾福明、苏金花、王旭友、王林。

电子束及激光焊接工艺评定试验方法

1 范围

本标准规定了电子束及激光焊接工艺评定试验方法。

本标准适用于各类金属材料的电子束焊接和激光焊接。

2 规范性引用文件

下列文件对于本文件的应用是必不可少的。凡是注日期的引用文件,仅注日期的版本适用于本文件。凡是不注日期的引用文件,其最新版本(包括所有的修改单)适用于本文件。

GB/T 2651—2008 焊接接头拉伸试验方法(ISO 4136:2001,IDT)

GB/T 2653—2008 焊接接头弯曲试验方法(ISO 5173:2000,IDT)

GB/T 3323—2005 金属熔化焊焊接接头射线照相

GB/T 5185—2005 焊接及相关工艺方法代号(ISO 4063:1998,IDT)

GB/T 11345 焊缝无损检测 超声检测 技术、检测等级和评估(GB/T 11345—2013,ISO 17640:2010,MOD)

GB/T 16672—1996 焊缝 工作位置 倾角和转角的定义(ISO 6947:1993,IDT)

GB/T 19866—2005 焊接工艺规程及评定的一般原则(ISO 15607:2003,IDT)

GB/T 19867.3—2008 电子束焊接工艺规程(ISO 15609-3:2004,IDT)

GB/T 19867.4—2008 激光焊接工艺规程(ISO 15609-4:2004,IDT)

GB/T 22085.1—2008 电子束及激光焊接接头 缺欠质量分级指南 第1部分:钢(ISO 13919-1:1996,IDT)

GB/T 22085.2—2008 电子束及激光焊接接头 缺欠质量分级指南 第2部分:铝及铝合金(ISO 13919-2:2001,IDT)

GB/T 26955—2011 金属材料焊缝破坏性试验 焊缝宏观和微观检验(ISO 17639:2003,MOD)

JB/T 6061—2007 无损检测 焊缝磁粉检测

JB/T 6062—2007 无损检测 焊缝渗透检测

ISO 22826:2005 金属材料焊缝的破坏性试验 激光和电子束焊接接头的硬度试验(Vickers 和 Knoop 硬度试验)(Destructive tests on welds in metallic materials—Hardness testing of narrow joints welded by laser and electron beam (Vickers and Knoop hardness tests))

3 术语和定义

GB/T 19866、GB/T 19867.3 和 GB/T 19867.4 界定的术语和定义适用于本文件。

4 焊接工艺预规程(pWPS)

电子束焊接工艺预规程应参照 GB/T 19867.3 编制,激光焊接工艺预规程应参照 GB/T 19867.4 编制。这些参数应规定允许范围。

5 焊接工艺评定试验

试件的焊接和试验应符合第 6 章和第 7 章的要求。

钢、铝及铝合金电子束及激光焊接质量缺欠的评定可按照 GB/T 22085.1 和 GB/T 22085.2 规定。具体等级要求应按产品标准(或设计要求)确定。

6 试件

6.1 一般原则

按照 6.2 规定,可用一个(或多个)标准试件代替涵盖实际产品焊接组件。

6.2 试件的形状和尺寸

试件应具有足够的尺寸,满足试验需要。

试件的厚度及(或)管子外径应按照 8.5.2.1～8.5.2.2 要求选择。

无其他规定时,试件的形状及最小尺寸应符合本标准要求。而且,试件的长度应满足取样数量需求(如表 1～表 3 所示)。

试件应做典型设计,规定构件及接头的几何形式。

试验量较多时(如需要进行附加试验或参照 7.5 复试),允许制备附加试件(或尺寸更长的试件)。

产品标准或规范要求时,板材试件应做轧制方向标记。

6.2.1 板对接焊缝试件

试件应按图 1 制备。

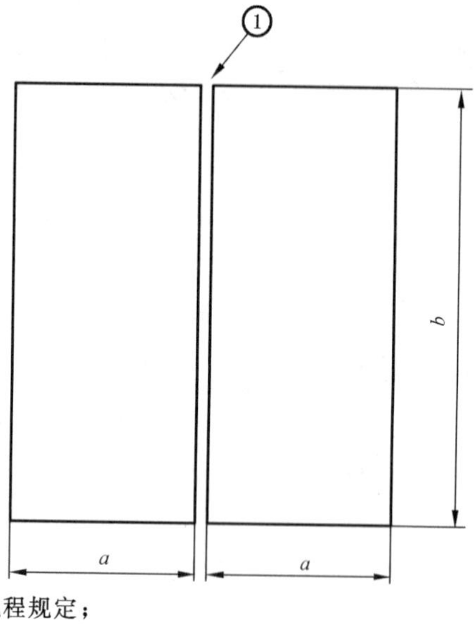

① 坡口及组对符合焊接工艺预规程规定;

$a=3t$ 至少 150 mm;

$b=6t$ 至少 300 mm;

厚度不同时,t 为较小值。

图 1 板对接焊缝试件

6.2.2 管对接焊缝试件

试件应按图 2a)或图 2b)制备。使用小直径管时，可能需要若干试件。

直径 D 在 150 mm 以上且大于 $20t$ 的管子，其焊接工艺评定可在板对接焊缝试件上进行。试验应考虑焊缝的搭接和功率衰减的部位。

6.2.2.1 管子径向对接焊缝试件[参见图 2 a)]

6.2.2.2 管子(或管板)轴向对接焊缝试件[参见图 2 b)]

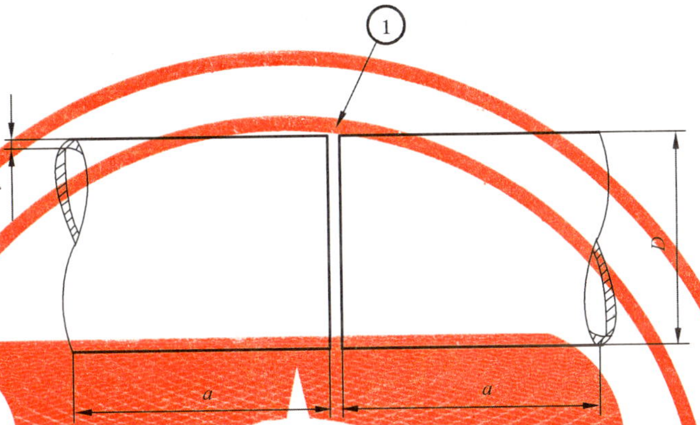

① 坡口及组对符合焊接工艺预规程规定；

$a=3t$ 至少 150 mm；

D 为管子外径；

厚度不同时，t 为较小值。

a) 管子径向对接焊缝试件

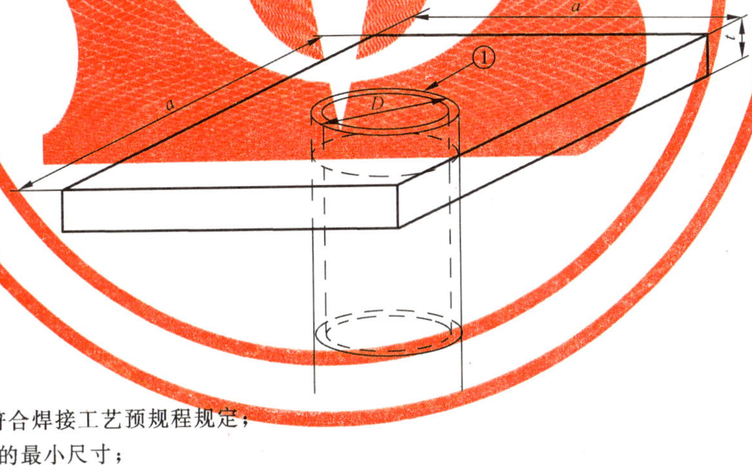

① 坡口及组对符合焊接工艺预规程规定；

a ——板或管子的最小尺寸；

D ——管子外径；

$a \geqslant D+6t$，至少 $D+150$ mm。

t ——板厚。

b) 管子(或管板)轴向对接焊缝试件

图 2 管子及管板对接焊缝试件

6.2.3 其他试件

6.2.3.1 T 型接头试件

试件如图 3 所示。

T 型接头可细分如下：

a) 单面焊 T 型对接；

b) 双面焊 T 型对接；

c) 单面或双面焊角焊缝(不完全熔透)；

d) T 型穿透焊缝。

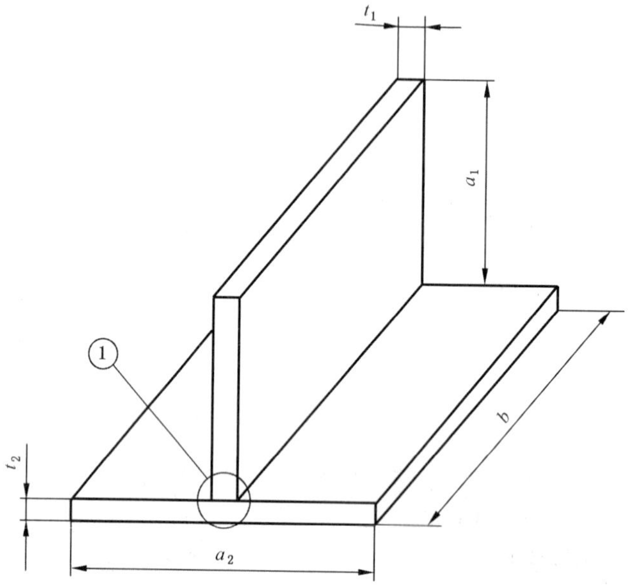

① 坡口及组对符合焊接工艺预规程规定；

对于 a)、b)、c)形式：

$a_1 \geqslant 6t_1$；至少 50 mm；

$a_2 \geqslant 6t_1$；至少 100 mm；

$b \geqslant 300$ mm；

t_1 和 t_2 为厚度。

对于 d)形式：

$a_1 \geqslant 6t_2$；至少 50 mm；

$a_2 \geqslant 6t_2$；至少 100 mm；

$b \geqslant 300$ mm。

图 3 T 型接头试件

6.2.3.2 搭接穿透焊缝试件

搭接穿透焊缝(双层)如图 4 所示。

这种焊缝可以是全焊透焊缝，也可以是不完全焊透的焊缝。

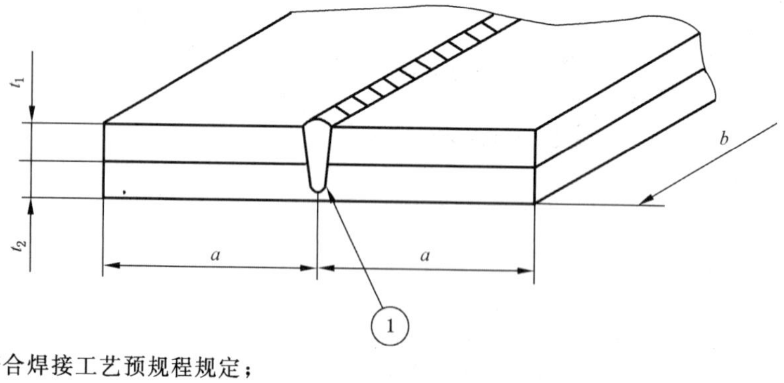

① 坡口及组对符合焊接工艺预规程规定；

$a \geqslant 4\ (t_1+t_2)$；至少 100 mm；

$b \geqslant 300$ mm；

t_1 和 t_2 为厚度。

注：该接头可能由三层(或更多层)板组成。

图 4 搭接穿透焊缝试件

6.3 试件的焊接

试件的制备及焊接应按照焊接工艺预规程，并在与实际焊接生产环境相近的条件下进行。

定位焊缝最终熔入接头时，试件也应包含定位焊缝。

试件的焊接及试验应在考官或考试机构监督下进行。

7 试验及检验

7.1 试验及检验范围

试验和检验包括无损检测和破坏性试验，具体要求参见表1、表2和表3。

表1 B级焊缝的试验及检验

试件	试验/检验种类	试验/检验范围	备注
对接焊缝 图1和图2	目视检验	100%	—
	射线检验	100%	a
	超声检验	100%	a
	表面裂纹检验	100%	b
	金相试验	至少1个截面	c
	硬度试验	有要求时	d
	横向弯曲	有要求时： 2个背弯和2个面弯	e —
	纵向弯曲	有要求时： 1个背弯和1个面弯	f
	横向拉伸	2个试样	g
	韧性	1组试样	h
T型接头 图3[i]	目视检验	100%	—
	表面裂纹检验	100%	b
	超声检验	100%	j
	硬度试验	有要求时	—
	金相试验	2个截面	c
	其他试验	有要求时	
搭接焊缝 图4	目视检验	100%	—
	金相试验	2个截面	c
	其他试验(如：硬度、密封、剪切)	有要求时	—

a 射线检验(或超声波检验)均可。

b 渗透检验或磁粉检验。对于非磁性材料，采用渗透检验。

c 板对接焊缝要求1个截面；管子对接焊缝(见图6)要求3个截面；每个焊接位置(见GB/T 16672)各一个，这些截面做宏观或微观金相检验。

d 是否做硬度试验，视母材和焊材条件。

e 当厚度大于20 mm时，可用4个侧弯代替2个面弯和2个背弯。

f 异质接头性能不均匀时可用纵向弯曲代替横向弯曲试验。

g 不适用于图2b)的管板对接焊缝。

h 根据材料和厚度情况，可从焊缝(或热影响区)处截取一组(或多组)试样(图2b的对接焊缝除外)。母材有韧性要求(或产品标准有规定)时，才考虑做冲击试验。无验温度规定时，可仅考虑室温韧性。具体韧性试验要求参见7.4.3。在使用填充材料的情况下，应从焊缝的表层和根部区域取附加的冲击试样。

i 通过其他方法无法评定WPS时，应考虑做附加试验用来验证构件的力学性能。

j 超声衰减(或材料厚度的原因)而使超声波检验无法实施的情况除外。

表 2 C 级焊缝的试验及检验

试件	试验/检验种类	试验/检验范围	备注
对接焊缝 图 1 和图 2	目视检验 射线检验 超声检验 表面裂纹检验 金相试验 硬度试验 横向弯曲 纵向弯曲 横向拉伸	100% 100% 100% 100% 至少 1 个截面 有要求时 有要求时： 2 个背弯和 2 个面弯 有要求时： 1 个背弯和 1 个面弯 2 个试样	— a a b c d e — f g
T 型接头 图 3[h]	目视检验 表面裂纹检验 超声检验 硬度试验 金相试验 其他试验	100% 100% 100% 有要求时 2 个截面 有要求时	— b i — c —
搭接焊缝 图 4	目视检验 金相试验 其他试验(如:硬度、密封、剪切)	100% 2 个截面 有要求时	— c —

[a] 射线检验(或超声波检验)均可。
[b] 渗透检验或磁粉检验。对于非磁性材料,采用渗透检验。
[c] 板对接焊缝要求 1 个截面;管子对接焊缝(见图 6)要求 3 个截面;每个标准位置(见 GB/T 16672)各一个,这些截面做宏观或微观金相检验。
[d] 是否做硬度试验,视母材和焊材条件。
[e] 当厚度大于 20 mm 时,可用 4 个侧弯代替 2 个面弯和 2 个背弯。
[f] 异质接头性能不均匀时可用纵向弯曲代替横向弯曲试验。
[g] 不适用于图 2b)的管板对接焊缝。
[h] 通过其他方法无法评定 WPS 时,应考虑做附加试验用来验证构件的力学性能。
[i] 超声衰减(或材料厚度的原因)而使超声波检验无法实施的情况除外。

表 3 D 级焊缝的试验及检验

试件	试验/检验种类	试验/检验范围	备注
对接焊缝 图 1 和图 2	目视检验 射线检验 超声检验 表面裂纹检验 金相试验	100% 100% 100% 100% 至少 1 个截面	— — — — a
T 型接头 图 3	目视检验 表面裂纹检验 超声检验 金相试验	100% 有要求时 有要求时 1 个截面	— — — a

表 3（续）

试件	试验/检验种类	试验/检验范围	备注
搭接焊缝 图 4	目视检验 金相试验	100% 至少 1 个截面	— [a]

[a] 板对接焊缝要求 1 个截面；管子对接焊缝（见图 6）要求 3 个截面；每个标准位置（见 GB/T 16672）各一个，这些截面做宏观或微观金相检验。

7.2 试样的位置及截取

试样的截取应按照图 5～图 8 要求。

在搭接部位，应从如下位置截取两个金相试样：

——一个取自搭接部位；

——一个取自束流衰减的焊缝区域。

如果由于束流衰减前搭接部位太小，无法截取两个试样时，则仅在束流衰减焊缝区截取一个试样。

在规范有要求时，也可从该部位截取其他试样。

试样应在无损检验的合格部位内截取。允许避开未超标的缺陷部位截取试样，参见 7.3.2。

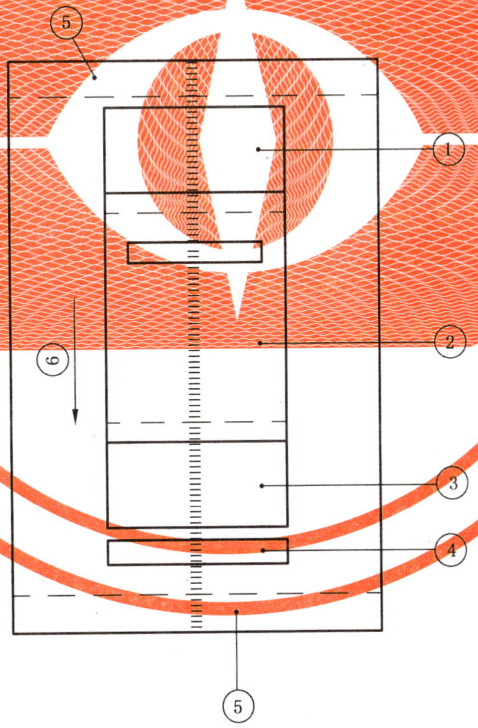

说明：

1——区域 1 一个拉伸试样；一个面弯和一个背弯试样或两个侧弯试样；

2——区域 2 冲击和附加试样（有要求时）；

3——区域 3 一个拉伸试样；一个面弯和一个背弯试样或两个侧弯试样；

4——区域 4 金相试样/硬度试样（有要求时）；

5——去除：$t \leqslant 25$ mm 时，去除 25 mm；$t > 25$ mm 时，至少去除 50 mm；

6——焊接方向。

图 5 板对接焊缝试样的位置

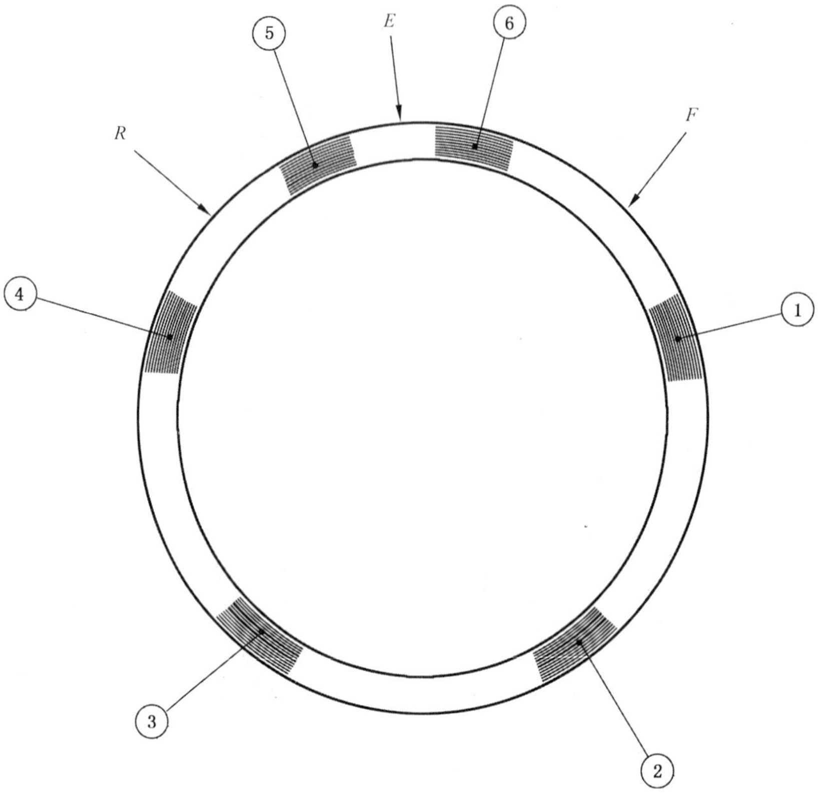

说明：

1——区域 1 一个拉伸试样；一个面弯和一个背弯试样或两个侧弯试样[a]；

2——区域 2 冲击和附加试样(有要求时)[a]；

3——区域 3 一个拉伸试样；一个面弯和一个背弯试样或两个侧弯试样[a]；

4——区域 4 金相试样/硬度试样(有要求时)[a]；

5——区域 5 一个金相试样；

6——区域 6 一个金相试样；

R——开始搭接的部位；

E——束流功率开始衰减的部位；

F——束流功率结束衰减的部位。

[a] 指 1、2、3、4 区应避开 *RE* 和 *EF* 区域，而且全位置焊接时，每个标准焊接位置应做附加金相检验。

图 6　管子对接焊缝试样的位置

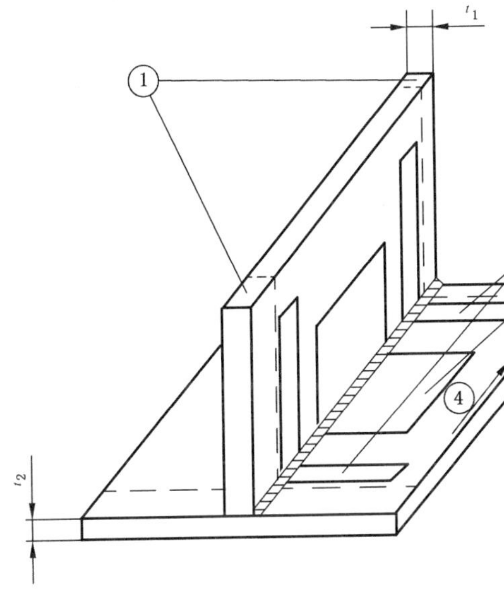

说明：
1——去除：t_1（或 t_2）≤25 mm 时，去除 25 mm；t_1（或 t_2）＞25 mm 时，至少去除 50 mm；
2——金相试样/硬度试样（有要求时）；
3——其他试样；
4——焊接方向。

a） 单面（或双面焊）的 T 型接头对接焊缝或角焊缝（不完全熔透）

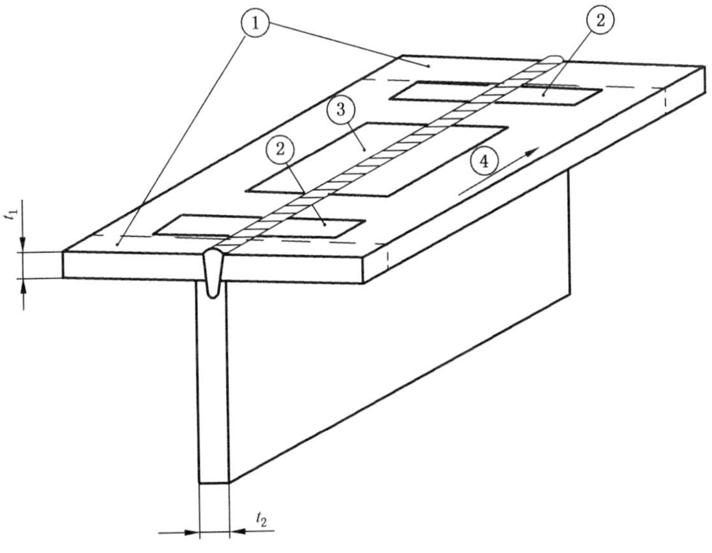

说明：
1——去除：t_1（或 t_2）≤25 mm 时，去除 25 mm；t_1（或 t_2）＞25 mm 时，至少去除 50 mm；
2——金相试样/硬度试样（有要求时）；
3——其他试样；
4——焊接方向。

b） 穿透焊缝

图 7 T 型接头试样的位置

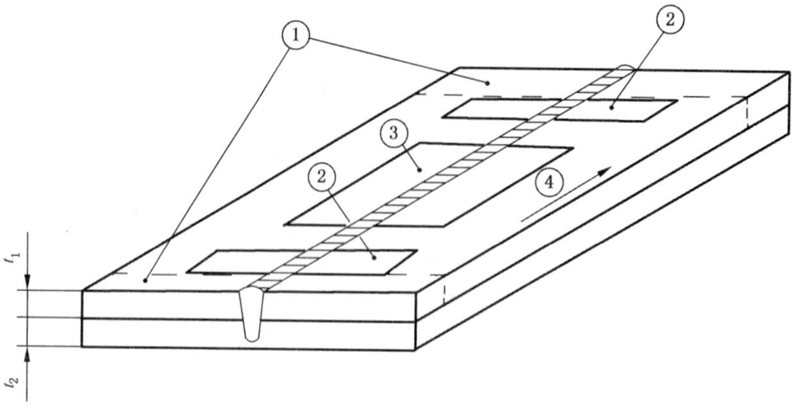

说明：

1——去除：t_1（或 t_2）≤25 mm 时，去除 25 mm；t_1（或 t_2）>25 mm 时，至少去除 50 mm；

2——金相试样/硬度试样（有要求时）；

3——其他试样；

4——焊接方向。

图 8　搭接穿透焊缝试样的位置

7.3　无损检验

7.3.1　方法

所有试件应在完成要求的焊后热处理后，按照 7.1 要求进行目视检验和无损检验，然后才可解剖。

根据接头形状、工件的材料，无损检验应按 GB/T 26955、GB/T 3323、GB/T 11345、JB/T 6061 和 JB/T 6062 进行。

7.3.2　合格等级

如果试件满足下列标准规定的质量等级要求，则焊接工艺为合格：

——GB/T 22085.1 钢（无厚度限制）；

——GB/T 22085.2 铝及铝合金。

7.4　破坏性试验

7.4.1　横向拉伸试验

7.4.1.1　方法

横向拉伸试验应在室温（或其他规定的温度）下进行。对接接头横向拉伸的试样及试验方法应符合 GB/T 2651 要求。

对于外径大于 50 mm 的管子，焊缝正面和背面的余高应去除，使得试样的厚度与管子厚度相同。

对于外径小于等于 50 mm 的管子，当采用小直径管子的整个截面时，管子内表面多余的焊缝金属可以保留。

7.4.1.2　合格等级

对于 B 或 C 级焊缝，试样的拉伸强度不得低于产品标准规定的最小值。

7.4.2 弯曲试验

7.4.2.1 方法

对接接头的弯曲试样及试验应符合 GB/T 2653 要求。

异种(或异质)材料的板对接接头，可用两个纵弯试样(一个面弯和一个背弯)来代替横向弯曲试样。

无其他规定时，弯曲角度应为 180°。弯心直径按照相关技术条件选取。

7.4.2.2 合格等级

无其他规定时，试样在弯曲过程中不得在任何方向出现长度超过 3 mm 的任何缺陷。出现在试样边缘不是由于焊接缺欠所引发的缺陷可以在评估时忽略。

7.4.3 韧性试验

考虑到窄接头(诸如电子束焊缝和激光焊缝)做韧性试验有难度，所采用的试验方法和合格等级应在相关技术文件中规定。

7.4.4 硬度试验

7.4.4.1 方法

应按照 ISO 22826 采用显微维氏硬度试验。

7.4.4.2 合格等级

试验载荷和测得的硬度值应满足被焊工件的设计要求，并符合产品标准规定。

7.4.5 金相检验

7.4.5.1 方法

宏观金相检验应按照 GB/T 26955 进行，用肉眼或低倍放大镜(50 倍以下)观察检验。

宏观检验可能包括未受到影响的母材部分。微观金相检验应按照 GB/T 26955 进行。

对 B 级焊缝，检验应包括宏观和微观金相检验。检验结果应附有相应的金相照片。

对 C 级焊缝，可仅做宏观金相检验，检验结果应附有相应的金相照片。

对 D 级焊缝，可仅做宏观金相检验，检验结果可附有相应的金相照片。

7.4.5.2 合格等级

缺欠的合格等级可依据不同材料选择，具体等级要求参照相应技术条件确定(钢的合格等级推荐参照 GB/T 22085.1，铝及铝合金的合格等级推荐参照 GB/T 22085.2)。

7.5 复试

试件不符合 7.3.2 规定的目视检验或其他无损检验要求时，应再焊制一块试件做同样的检验。

如果附加的这个试件仍不符合相关要求，该焊接工艺评定不合格。

如果试样不符合 7.4 的要求是因某个允许的缺欠造成的时，可再制取一个试样。该试样可取自同一试件(材料足够时)，或取自相同试验条件下的另一新试件。

如果附加的这个试样仍不符合相关要求，该焊接工艺评定不合格。

8 认可范围

8.1 一般原则

本章规定的所有条件应得到满足。超出规定范围需要重新进行焊接工艺评定。

8.2 制造商

制造商评定合格的焊接工艺对该制造商同样技术和质量控制条件下的车间焊接有效。

8.3 设备

评定合格的焊接工艺仅对所使用的设备(电子束枪和激光系统)有效。

8.4 夹具、固定装置及工具

评定合格的焊接工艺仅对规程确定的夹具、固定装置及工具有效。

8.5 母材

8.5.1 分类型号

评定合格的焊接工艺仅对试件的母材牌号(或不同牌号条件下的牌号组合)有效。

评定合格的工艺可延用到规程规定的等效牌号。

8.5.2 试件尺寸

8.5.2.1 厚度

按照熔深对厚度的认可范围如表 4 所示。

表 4 厚度的认可范围

单位为毫米

熔深	B 级	C 级	D 级
$s<5$	$t\pm20\%$	$t\pm25\%$	$t\pm30\%$
$5\leqslant s\leqslant25$	$t\pm15\%$	$t\pm20\%$	$t\pm25\%$
$s>25$	$t\pm10\%$	$t\pm15\%$	$t\pm20\%$
注:t 为试件的厚度;s 为熔深。有衬垫时,s 可能大于 t;有封底焊缝(或密封焊缝)时,s 也可能小于 t。			

对于每个厚度范围,制造商可以调节工艺参数来获得要求的熔深。

8.5.2.2 管子的直径

表 5 给出了直径的认可范围。

表 5 直径的认可范围

单位为毫米

试件的直径	认可范围
D	$\geqslant0.75D$

8.6 焊接材料

评定合格的焊接工艺仅对所用的焊接材料有效(牌号或型号、形式和规格)。

8.7 接头形式

评定合格的焊接工艺仅对所用的接头形式有效,其间隙及错边限值由焊接工艺规程确定。焊接工艺规程则应符合 GB/T 19867.3 和 GB/T 19867.4 的要求。

8.8 衬垫

增加或者取消衬垫均需要重新做工艺评定。

衬垫包括如下 3 种形式:

——外加垫板;

——锁底(一般为在一个工件上加工形成的托板);

——起衬垫作用的焊缝(通常为采用其他方法在试件根部施焊的焊缝)。

在最后一种情况下,熔敷焊缝的实施条件应与评定试验一致,不得更改。

8.9 焊缝种类

评定合格的焊接工艺仅对评定试验所用的焊缝种类有效,"全焊透焊缝"与"不完全焊透焊缝"的工艺评定不可相互替代。

8.10 焊接位置

评定合格的焊接工艺仅对评定试验所使用的焊接位置(定义参见 GB/T 16672)有效。

8.11 焊接参数

8.11.1 电子束焊接

评定合格的焊接工艺仅对焊接工艺规程(GB/T 19867.3)中规定的参数范围有效。

8.11.2 激光焊接

评定合格的焊接工艺仅对焊接工艺规程(GB/T 19867.4)中规定的参数范围有效。

8.12 预热

有预热要求时,下述情况需重做评定:

——取消预热;

——预热温度超出规定的范围。

8.13 焊后热处理

有焊后热处理要求时,下述情况需重做评定:

——取消焊后热处理;

——焊后热处理参数超出规定的范围。

8.14 焊道数量

评定合格的焊接工艺仅对评定试验的焊道数范围有效。

8.15 有效期

焊接设备未做重大更改(如搬迁、大修等),评定合格的焊接工艺则有效。

9 焊接工艺评定报告

焊接工艺评定报告应采用合适的格式,详细记录评定的试验项目和结果。附录A给出了焊接工艺评定报告的示例。

附 录 A
（资料性附录）
焊接工艺评定报告格式（WPQR）

焊接工艺评定——试验证书

制造商的 WPQR 编号：

考官或考试机构：

代号：

制造商：

地址：

规范/标准：

焊接日期：

认可范围：

焊接方法：

设备：

接头种类/形式：

熔深：

母材：

厚度/mm：

外径/mm：

焊接材料种类：

真空：

保护气体： 等离子气体： 背面保护气体：

焊接位置：

预热：

焊后热处理：

其他信息：

试样的制备、焊接及检验符合上述规范/标准的要求。

地点：	颁发日期：	考官或考试机构 姓名、日期及签名

焊接试验详细报告

焊接工艺规程

电子束焊接工艺规程参见 GB/T 19867.3 的附录 A,激光焊接工艺规程参见 GB/T 19867.4 的附录 A。

试验结果

试件标识:

无损检验:

试验人员:

目视检验: 要求 是□ 否□

射线检验: 要求 是□ 否□

胶片型号: 标记:

超声检验: 要求 是□ 否□

渗透检验: 要求 是□ 否□

无缺欠	有缺欠	
	合格	不合格

破坏性检验:

横向拉伸试验: 要求 是□ 否□

试验人员:

试样种类: 标准试样□ 非标试样□ 焊缝加工平齐:是□ 否□

试样		尺寸	*Rm* N/mm²	延伸率 %	断裂部位			备注
标识	种类				母材	HAZ	焊缝	

弯曲试验: 试验人员:

横向弯曲试验: 要求 是□ 否□

纵向弯曲试验: 要求 是□ 否□

试样		尺寸 mm	弯心直径 mm	间距 mm	弯曲条件			弯曲角度	备注
标识	种类				面弯	背弯	侧弯		

试件标识:

冲击试验: 要求 是□ 否□

试验人员:

编号	缺口部位横截面 cm²	温度 ℃	位置				冲击功 J		备注
			试样		缺口				
			中心	表面	焊缝	HAZ	单值	平均值	

硬度试验：　　要求　　是□　　否□

试验人员：

试样示意图	测量点位置 N°	结果

金相检验：　　要求　　是□　　否□

试验人员：

其他试验：

试验依据：

试验报告编号：

试验结果：　　合格□　　不合格□

试验在__________监督下进行。　　考官或考试机构

姓名、日期及签名